U0790038

国外信息科学与技术优秀图书系列

薄膜光学

（第4版）

Thin-Film Optical Filters

(Fourth Edition)

〔美〕 H. Angus Macleod 著

徐德刚　贾东方　王与烨　钟　凯　译

王占山　张锦龙　审校

科 学 出 版 社

北　京

图字:01-2011-8197 号

内 容 简 介

本书是薄膜光学方面的一本经典著作,全书共 17 章,系统地介绍了薄膜光学的基本理论、各种薄膜光学器件的设计和应用以及薄膜光学器件的技术基础,具体内容包括:薄膜光学的基本理论和设计方法、减反射膜、中性反射镜和分光镜、多层高反射膜、截止滤光片、带通滤光片、倾斜入射薄膜、薄膜材料、镀膜技术、影响薄膜性能的因素、膜厚均匀性与厚度监控、滤光片规格与环境影响、滤光片和薄膜的应用。全书内容翔实,概念清楚,层次分明,实用性强,而且紧密结合了薄膜光学领域的新问题和新成果。

本书既可作为物理学、化学、工程材料、光电信息技术等专业或领域的高年级本科生、研究生的教材,也可供从事薄膜光学和镀膜技术的科研人员、工程技术人员参考学习。

Thin-Film Optical Filters(Fourth Edition) H. Angus Macleod

ⓒ 2010 by Taylor and Francis Group, LLC
All Rights Reserved.
Authorized translation from English language edition published by CRC Press, CRC Press is an imprint of Taylor & Francis Group, an Informa business.
本书封面贴有 Taylor & Francis 集团防伪标签,未贴防伪标签属未获授权的非法行为。

图书在版编目(CIP)数据

薄膜光学:第 4 版/(美)麦克劳德(Macleod,H. A.)著;徐德刚等译.
—北京:科学出版社,2016.3
(国外信息科学与技术优秀图书系列)
书名原文:Thin-Film Optical Filters(Fourth Edition)
ISBN 978-7-03-047392-9

Ⅰ. ①薄… Ⅱ. ①麦… ②徐… Ⅲ. ①薄膜光学 Ⅳ. ①O484.4

中国版本图书馆 CIP 数据核字(2016)第 033258 号

责任编辑:余 丁 闫 悦 / 责任校对:郭瑞芝
责任印制:吴兆东 / 封面设计:迷底书装

科学出版社 出版
北京东黄城根北街 16 号
邮政编码:100717
http://www.sciencep.com
北京建宏印刷有限公司 印刷
科学出版社发行 各地新华书店经销
*
2016 年 3 月第 一 版 开本:787×1092 1/16
2022 年 1 月第七次印刷 印张:36 1/2
字数:808 000

定价:299.00 元
(如有印装质量问题,我社负责调换)

序

自20世纪30年代以来，现代薄膜光学技术的发展突飞猛进，极大地促进了现代光学仪器性能的提高。另一方面，随着激光技术、光电子技术、光通信技术等的发展，薄膜光学器件也进入了全面发展的阶段。目前薄膜光学器件已经广泛应用到光学与光学工程领域，如光通信技术、激光技术、光刻技术、航空航天技术，可以说：没有薄膜光学技术的发展，就没有现代光学仪器和测控技术的发展。

随着科学技术的进步，薄膜光学技术无论是从广度还是深度都得到了显著发展，涉及几乎所有前沿学科和新兴学科。目前，关于薄膜光学技术的书籍较多，但这些书籍绝大部分偏重理论，实用性强的技术书籍还比较缺乏。国际著名薄膜光学专家麦克劳德（H. Angus Macleod）先生的 *Thin-Film Optical Filters* 一书是国际上非常有影响的关于薄膜光学器件的权威著作，自20世纪60年代以来历经四版，其内容不断更新，每一版都反映了薄膜光学技术发展的一个新阶段。本书没有对薄膜光学的原理进行全面阐述，而是针对典型的薄膜光学器件的设计、制作、性能及应用进行了详述，并编入了必要的薄膜光学的理论基础，以便读者进行薄膜光学器件膜系的设计计算。本书实用性强，论述深入浅出，图文并茂，书中还列出了一系列薄膜光学材料的特性，方便读者查阅。

本书的翻译团队是长期工作在激光和光电子领域的一线科研人员，具有丰富的薄膜光学器件的实践经验，对薄膜光学器件的性能和特性具有很深的理解，完全胜任本书的翻译工作。本书的审校工作由同济大学多年从事薄膜光学研究的王占山教授和张锦龙副教授担任，保证了本书的专业性和系统性。相信本书的出版必将推动我国薄膜光学技术的发展。

本书原书名 *Thin-Film Optical Filters*，直译为《光学薄膜滤光片》，考虑本书几乎涵盖了薄膜光学的全部内容，再经与麦克劳德先生讨论，决定将中译本的书名改为《薄膜光学》。同时，麦克劳德先生欣然答应专门为中译本撰写序言，在此对麦克劳德先生的大力支持和帮助表示衷心感谢。

中国科学院院士

姚建铨

2015年8月

译 者 序

随着科学技术的发展,作为现代光学重要分支之一的薄膜光学有了很大的进展,特别是随着光通信技术、激光技术等的发展,薄膜光学也得到了迅猛发展。目前,薄膜光学器件的应用领域日益广泛,涉及通信、国防、计算机、航天、汽车等领域。

本书作者是国际享誉盛名的薄膜光学技术专家、美国亚利桑那大学的安格斯·麦克劳德教授。本书特色之处在于将薄膜光学器件的设计、制作、性能及应用做了科学的归纳和剖析,根据导纳图和矢量方法讨论了薄膜光学的基本原理和技术,详细阐述了各种光学薄膜的设计,如减反射膜、高反射膜、截止滤光片、带通滤光片等光学器件,并给出了薄膜光学器件在激光、天文和大气温度探测等方面应用的一些例子。与第三版相比,本版中还添加了一些新的薄膜光学技术内容,如光学薄膜色度学以及光学薄膜的增益等。

本书主要内容包括:薄膜光学的基本理论和设计方法、减反射膜、中性反射镜和分光镜、多层高反射膜、截止滤光片、带通滤光片、倾斜入射薄膜、光学薄膜色度学、镀膜工艺及薄膜材料、影响薄膜性能的因素、膜厚均匀性与厚度监控、滤光片规格与环境影响、光学薄膜的应用等。

本书的翻译工作是在天津大学激光与光电子研究所的同仁们参与下完成的,具体分工如下:贾东方译第 1 ~6 章和术语;钟凯译第 7 ~8 章和 12 章;徐德刚译第 9 ~11 章和第 17 章;王与烨译第 13 ~16 章;徐德刚、贾东方负责全书统稿。同济大学王占山教授、张锦龙副教授和中国科学院姚建铨院士对全书的翻译文稿进行了审校。

由于译者学识水平所限,疏漏乃至错误在所难免,恳请广大读者及专家不吝赐教,提出修改意见,我们将不胜感激。

译 者

2015 年 8 月

中译本序

在20世纪60年代光学快速发展初期，我非常幸运地开始了薄膜光学的研究生涯。几乎任何光学系统都需要光学薄膜，因此，薄膜光学一直伴随着光学的发展而快速发展。本书的第一版是1969年出版的，是在亚当·希尔格出版公司（第一版的出版公司）的内维尔·古德曼邀请且给予了持续支持和鼓励下完成的，我对他一直心怀感激。

自20世纪60年代以来，薄膜光学领域变化巨大。开始时，镀膜工艺过程几乎全是热蒸发，控制膜层厚度最精确的方法是靠受过严格训练的工作人员首先读取并解释图表记录仪上的数据，然后在正确的时刻手动停止镀膜过程。计算机具有强大的功能，并可按照约定（有时可以提前几天）完成相应的程序。光学薄膜设计通常是在设计经验和一些标准膜系特性计算技巧指导下，依据实际镀膜设备的性能调整一些简单已知结构完成的。目前，可供选择的镀膜方式很多，同时这些镀膜设备都包含自动控制系统，另外，我们还容易拥有功能强大的计算机系统。

人们可能猜想薄膜光学的巨大进步会减小薄膜光学工作者对设计技巧和制作经验的需求，事实上这样的需求一直在增加，这也正是本书的主要目的。在本书第一版序言中，我说这本书是为我自己写的，我尽最大努力将其写成这样的书，是我第一次进入薄膜光学领域时希望读到的书。事实证明这与许多读者的需求完美地结合在一起，因此，我在几个版本中都保留了这一风格。我非常高兴得知本书被译成中文，衷心感谢翻译团队完成了如此艰巨的任务。多年来，我从中国朋友和同行那里学习到了很多，希望通过本书这种微小的方式能够反馈给他们一些。

安格斯·麦克劳德

2015年11月20日

第四版前言

从某种程度上说，写书的第一版是非常容易的，或许我应该说，写第一版比准备后续版本的困难要少。在第四版面世前，读者对本书的内容和特点有着强烈的期待。因此，作者在某种程度上必须在增加最新内容的同时，保持原书的风格。斟酌添加和省略的内容是非常困难的事情。现代光学薄膜设计实质上完全通过计算机，通常运用优化技术来实现。然而，计算机不能消除读者对光学薄膜设计基本原理知识的需求。我想，这些需求也是读者对本书的期待。而且，我也意识到，读者虽然有可能喜新厌旧，但是也希望在新版本中能够找到旧版本中的重要知识点。因此，我决定在新版本中保留了早期光学薄膜设计的大部分阐述，因为这些内容对于我们理解光学薄膜的设计是非常重要的。尽管有些应用和阐述的内容相当陈旧，但是它们的确解释了光学薄膜是怎样与系统密不可分的，因此我保留了这部分内容。在整部书中，我涵盖了尽量多的光学薄膜新内容，增加了关于色度的一章内容，这部分内容在光学薄膜技术中越来越重要，尽管光学薄膜色度学主要是学术兴趣问题，但不能忽视它在光学薄膜中的影响，这是一个引人入胜的课题。对软 X 射线薄膜领域我非常纠结，遗憾的是，本版本没有包含这部分内容。这是一个老的综合设计问题：我们不得不在某些地方停一下。

非常感谢朋友们和同事们的大力帮助，除了宝贵的建议和忠告，还包括（我必须承认）修改意见。光学薄膜技术领域对我钟爱有加，非常感谢国际光学薄膜大家庭对我的无私支持和友好帮助，没有谁能比他们更心胸开阔了。这是一个科学无国界的好例子。

感谢所有的人：读者、出版者、朋友、同事、家庭、特别是我的妻子安妮。

H. Angus Macleod

符号和缩写

以下列表给出了本书中用到的重要符号。书中尽量保持符号的一致性,但保留了几个众所周知的常用符号,它们在本领域中得到广泛使用,改变这些符号会带来很大的混淆。这就意味着在一些情况下,相同的符号在不同的位置可能表示不同的物理量。希望以下列表能够将符号表达清晰,一些不重要的符号以及仅仅在小篇幅被定义和使用的符号未列出。

A	吸收率,介质吸收功率与入射功率的比值。
$\mathcal{A}$	可能吸收率,在膜层吸收计算时使用的物理量,它等于$1-\psi$,其中ψ是可能透射率。
B	界面处(通常指膜层的前界面)归一化的总切向电场强度,它在第2章中开始还短暂表示过磁感应强度。
C	界面处(通常指膜层的前界面)归一化的总切向磁场强度。
d_q	薄膜第q层的物理厚度。
$\boldsymbol{E}$	电磁场中的电场强度矢量。
$\mathcal{E}$	总的切向电场强度振幅,即平行于薄膜边界方向的电场强度。
$\mathscr{E}$	电场强度振幅。
E	周期对称膜层的等效导纳。
F	用在法布里-珀罗干涉仪理论中的函数。
$\mathscr{F}$	精细度,法布里-珀罗干涉仪中相邻干涉峰值间距和干涉峰半高宽的比值。
g	$g=\dfrac{\lambda_0}{\lambda}=\dfrac{\nu_0}{\nu}$,有时称为相对波长,或者是相对波数,或者是波长比。λ_0和ν_0分别是参考波长和参考波数。光学薄膜膜层的光学厚度是根据一定的参数定义的,这些参数对于设计光学薄膜非常重要,通常尽可能接近四分之一波长。
$\boldsymbol{H}$	电磁场中的磁场强度矢量。
$\mathcal{H}$	总的切向磁场强度振幅,即平行于薄膜边界方向的磁场强度。
$\mathscr{H}$	磁场强度振幅。
H	代表高折射率介质四分之一波长厚薄层的简化符号。
I	光波的辐照度,即单位面积上的功率。遗憾的是,SI中辐照度用E表示,但用E表示会在辐照度和电场强度中引起歧义;更加严重的是,I在SI中表示强度(表示点光源在单位立体角内发射功率的大小)。这两个遗憾导致老的强度定义和当前的辐照度定义一样。
k	消光系数,消光系数表明了光学吸收的存在。用复折射率N表示为$N=n-\mathrm{i}k$。
L	代表低折射率介质四分之一波长厚薄层的简化符号。

M　代表中间折射率介质四分之一波长厚薄层的简化符号,也常用于表示矩阵元素,或者表示矩阵元素的数组。

N　表示复折射率 $n-\mathrm{i}k$。

n　折射率,有时也表示复折射率的实部。

n^*　窄带滤光片的有效折射率,表示当入射光倾斜入射时,窄带滤光片的透射峰值能够与相同波长垂直入射时窄带滤光片的透射峰值一致的等效膜的折射率。

p　填充密度,表示薄膜固体体积与总体积的比值。

p　p 偏振,表示平行于入射面的电场强度矢量,有时也表示横向磁场 TM。

R　反射率,表示在光学器件边界处反射光和入射光辐照度的比值,或者是总反射光功率和总入射光功率的比值。

s　s 偏振,表示垂直于入射面的电场强度矢量,有时也表示横向电场 TE。

T　透射率,表示在光学器件边界处透射光和入射光辐照度的比值,或者是总透射光功率和总入射光功率的比值。

TE　见 s 偏振。

TM　见 p 偏振。

x,y,z　坐标轴。在薄膜或物体表面,通常选择 z 轴从正向进入入射面,x 轴通常选在入射面内,x,y、z 轴满足右手定则。

$\bar{x}$, $\bar{y}$, $\bar{z}$　定义 CIE1931 标准色度观察者的三色匹配函数。

X, Y, Z　三色刺激值,它们是对某种颜色感觉的三种原色的刺激程度之量的表示。

x,y,z　色度坐标,$X/(X+Y+Z)$, $Y/(X+Y+Z)$, $Z/(X+Y+Z)$,通常 z 可以略去,因为通过归一化分量使三个值的总和恒等于 1。

$X+\mathrm{i}Z$　复表面光学导纳。

y　材料的特征光学导纳,在 SI 中(单位是西门子)用 $N\mathscr{Y}$表示,等于$(n-\mathrm{i}k)\mathscr{Y}$;在自由空间光学导纳单位中用$\mathscr{Y}$表示,等于 N 或 $n-\mathrm{i}k$。

Y　表面光学导纳,指的是在平行于光学薄膜边界的表面上,磁场切向分量与电场切向分量的比值,$Y=C/B$。

$\mathscr{Y}$　自由空间光学导纳(2.6544×10^{-3}S)。

y_0　入射介质的特征光学导纳。

y_m 或 y_{sub}　出射介质或基底的特征光学导纳。

α　吸收系数,等于 $4\pi k/\lambda$,单位为 cm^{-1}。

α,β,γ　三个方向余弦,也就是光波波矢方向与三个坐标轴夹角的余弦值。

β　通常替代金属薄膜的 $2\pi kd/\lambda$ 的符号。

γ　对称光学膜层的等效相位厚度。

Δ　相对相位延迟,在通常光学薄膜符号的约定中,反射时相对相位延迟等于 $\varphi_p-\varphi_s\pm180°$,透射时相对相位延迟等于 $\varphi_p-\varphi_s$。

Δ　等于 η_p/η_s,其中 η 是修正的倾斜光学导纳,常用于无偏振膜系设计。

δ	膜层的相位厚度,用 $2\pi(n-\mathrm{i}k)d/\lambda$ 表示。
ε	表示容差讨论中的小误差。
ε	介质的介电常数。
η	倾斜光学导纳。
ϑ	入射角。
κ	有时称为波数,$\kappa=2\pi(n-\mathrm{i}k)/\lambda$,其中$\lambda$是自由空间的波长。应该注意波数这个术语在使用中容易混淆,因为有时也用 ν 表示波数。
λ	光波长,在本书中,除了第 2 章的开头部分,该符号一直表示自由空间中的波长。
λ_0	参考波长。在光学镀膜中,薄膜的光学厚度是用参考波长来定义的,通常选择重要膜层的厚度尽可能接近参考波长的四分之一。
ν	波数。$\nu=1/\lambda$,单位经常采用 cm^{-1}(有时候称为凯塞,严格地说 SI 单位应该是 m^{-1})。
ν_0	参考波数,等于 $1/\lambda_0$。
μ	磁导率,用在第 2 章的前半部分中。
ρ	振幅反射系数,在早期版本的第 2 章中还用来表示电荷密度。
τ	振幅透射系数。
φ	相位差,常用在反射和透射中。
ψ	可能透射率,等于 $T/(1-R)$或者是两个不同界面 $\mathrm{Re}(BC^*)$ 的比值。它代表从光学薄膜系统中出射的光功率与入射的光功率的比值,无吸收系统的可能透射率等于 1。

目　　录

第1章 引 言

本书是为光学薄膜的制造者与使用者撰写的入门著作,其宗旨不是阐述薄膜光学的全部细节问题,而是只作为触及薄膜光学原理的本领域已有著作的一个补充。出于完整性的考虑,本书重复了教科书中的一些必要信息,并向读者展示了更丰富的信息资源。本书主要内容包括光学薄膜的设计、制造、性能及应用,并编入了薄膜光学必要的数学基础,以便读者进行薄膜的计算。本书尽可能给出统一的处理方法,而其他一些分析方法在书中不予讨论。

1968—1969 年,本书首次面世,当时只有几本书涵盖了相关研究内容。现在,情况已经有了变化,一批相关书籍先后面世,本章的参考文献中列出了其中的一些。但在今天,一本著作的"半衰期"是如此之短,知识实际上是"消失"了。其实,追溯早期的一些著作是很有价值的,至今我们仍可以从 Heavens[1]、Holland[2]、Anders[3]和 Knittl[4]等人的著作中汲取有用的知识。

本书不可能容纳全部薄膜光学器件的内容,而只能详述其中的一些类型。因此,对书中内容做适当取舍是必要的,这主要取决于作者的喜好和知识。光学薄膜的含义已经相当广泛,包括减反射膜和高反射膜等。

1.1 早期的历史

历史通常可能比较复杂,它是通过历史学家讲给我们的。由于文化的差异,历史学家试图以听众能够理解的方式解释历史,而我们也只能获取历史不完整的一角,知识的历史也不例外。为简化叙述,我们通常拾取一定的事件和个体,并将它们相互关联起来。但是,知识是在一个非常宽的领域上发展起来的,这有点像潮汐的出现。知识依赖于研究成果的网络化,如果一个个体没有取得必需的进展,另外一个个体也会取得进展。知识接受了在那个时候它所需要的进展,同时忽略了它不需要的那种进展,如此反复。我们发现,特定个体的发明实际上是他人预见的,只是时间有出入,或者没有注意到它们。以下对本学科历史的简短说明,就属于这种情况。真实的说明超出了我们能力所及,因此我们拾取几个事件和个体,并将它们联系起来。当然,还有许多其他路径直通历史,这取决于作者的喜好和知识所限。

人们很早就知道金属薄层,但如果考虑作为现代薄膜光学的萌芽的干涉现象,那么最早的可称为现代薄膜光学的研究工作是由波义耳和虎克完成的,他们对薄膜材料呈现的颜色进行了研究。牛顿利用这些颜色来测量薄膜的厚度,这就是所谓的"牛顿环"现象[5]。这种现象的解释在今天被认为是极其简单的:它仅仅是由于光在厚度变化的单层薄膜内的干涉所致。但是,因为在那个时代关于光的本性的理论远远落后于客观实际,所以这种现象和同一时期牛顿对薄膜所做的一系列类似的观察结果,过了约一百年以后才为科学家们所接受。1801 年 11

月12日，托马斯·杨[6]在英国皇家协会发表著名的贝克莱演讲时，阐述了光的干涉原理，并对这种效应做了第一个圆满的解释。正如Crew所指出[7]，“这种简单而又惊人的重要事实——投射到同一点上的两束光线可以彼此叠加而在该点产生暗影——据我看来，是一个突出的发现，为此全世界都要感谢托马斯·杨”。

杨氏(Young)理论远未获得广泛接受，实际上，杨成为残酷个人攻击的牺牲品，为了保全自己，他面临极大的困难。杨氏理论逐渐被重视，这在很大程度上取决于菲涅耳及其同事的工作[8]，菲涅耳进一步传播了杨所主张的光的波动理论。1816年，菲涅耳发现，两束垂直偏振的光不会发生干涉现象，由此证实了光波本质上是横波。随后，菲涅耳将杨氏干涉原理和惠更斯的光传播思想结合起来，形成了优美的衍射理论。菲涅耳将光的波动理论建立在坚实的基础上，而且从未动摇过。对于薄膜工作者来说，描述单一边界上反射光和透射光的振幅和相位的菲涅耳定律，同样非常重要。Knittl[9]提醒我们，是菲涅耳首次通过对无限条光线求和，来决定厚玻璃片的透射；是泊松得到干涉效应的一个重要结果，即半波厚度的薄膜不会改变表面的反射，而折射率为$(n_0n_1)^{1/2}$的四分之一波厚度的薄膜，能使折射率为n_1和n_0的两种介质之间表面的反射率降至零。菲涅耳逝于1827年，年仅39岁。

1873年，麦克斯韦的巨著《论电与磁》[10]问世了，这时分析薄膜光学问题所必需的全部基本理论才宣告完成。夫琅禾费于1817年制成了可以说是第一批减反射膜，较详细地引用他的观察结果是值得的，因为这些论述表明，甚至在那样早的时代，夫琅禾费就对产生这类效应的物理原因有了相当透彻的理解。下面是夫琅禾费原著其中一段的译文，其原文收集在1888年出版的文集中[11]。

在引证我关于这个题目所做的实验之前，先介绍我所采用的方法，用它可在短期内鉴别出玻璃是否能抗大气的影响。一块长期暴露于大气而被蚀刻的玻璃，若将其一个表面研磨并尽可能精细地抛光，然后用浓硫酸或浓硝酸浸湿这个表面的一部分，如浸湿一半表面，并让酸蚀作用经历24小时。将酸清洗干净之后便可发现，经酸浸的那部分表面反射的光强远低于另一半表面反射的光强，即酸浸过的那部分表面暗然失泽，不过丝毫未遭蚀刻，因为其透射光仍和另一半表面一样，以致仔细检查也不能找出差别来。但若使光接近垂直入射，则很容易检查出两半表面反射光的强弱差别。玻璃越易失泽和遭到蚀刻，这种差别就越大。若玻璃表面抛光不太精细，则上述差别就不太明显。对于不易失泽的玻璃，硫酸与硝酸便不起作用……经过硫酸或硝酸的这种处理之后，有些品牌的玻璃表面呈现美丽鲜艳的色彩，若使光沿各种不同角度入射，则色彩宛如肥皂泡一样变幻无穷。

1819年，夫琅禾费在对正文所加的附录中写到：

对于所有的透明介质来说，只要它们很薄，其反射光均呈现色彩。例如，若将酒精薄薄地涂敷在抛光的玻璃上，并使之逐渐蒸发，在蒸发即将结束时，便出现与失泽玻璃一样的色彩。若将虫胶溶在相当大量的酒精中，并将此溶液极薄地涂敷在抛光的温热金属表面上，则酒精将迅速蒸发掉，而留下的虫胶便形成一层透明坚硬的釉，如果这层釉足够薄，则将显现色彩。由于因失泽而显现色彩的玻璃，当入射光的倾斜角变大或变小时，其色彩随之变幻。所以,毫无疑义,这些色彩与肥皂泡的彩虹、两块抛光的玻璃平板相叠合时呈现的色彩,或概括地说与透明薄膜的色彩,有着完全相同的性质。因此,在显现出色彩的失泽玻璃表面上必然有薄薄一层玻璃质,它的折射率不同于其基底玻璃的折射率。只要玻璃表面局部失掉了某种成分,或在表面层玻璃的某种成分与有关材料组合成为新的透明物质时,就会出现上述情况。

夫琅禾费显然没有按这一独特方法去发展玻璃的减反射膜,可能是因为在那个时代,光学组件尚不十分复杂,因而对减反射膜的需求也就不那么迫切;也可能是因为夫琅禾费疏忽了关键之处:失泽玻璃不仅反射率降低,而且透射率也得到了增加。

1886年,瑞利向英国皇家协会报告了光在近似垂直入射时菲涅耳反射定律的实验验证[12],为使测量和预期之间达到令人满意的一致,他发现有必要使用刚抛光的玻璃,因为失泽的冕玻璃平板的反射率比刚抛光的玻璃板更低,原因是玻璃上形成了薄薄的一层膜,它的折射率低于其基底材料的折射率。瑞利显然是不知道夫琅禾费更早期的工作。

其后于1891年,泰勒的名著《望远镜物镜的调整与试验》的初版问世了,其中写到“关于上面所提及的失泽,在使用了几年后的普通物镜的火石玻璃透镜上是十分明显的。我们很高兴能够使这种火石玻璃的拥有者放心,通常用怀疑眼光看待的这层使玻璃失泽的薄膜,正是观测者的挚友,因为它增加了物镜的透射率”[13,14]。

事实上,泰勒发展了一种用化学蚀刻产生失泽的加工方法[15],Kollmorgen继承了这一工作,并进一步发展了化学蚀刻法,使之用于处理各种不同类型的玻璃[16]。

同时,在19世纪,干涉度量学取得了巨大进展。从薄膜角度来看,最有意义的进展是1899年出现的法布里-珀罗(Fabry-Perot)干涉仪[17],它已成为薄膜滤光片的一种基本的结构形式。

20世纪30年代,薄膜光学的发展更加迅猛,正是在这一时期,我们认识到现代薄膜光学镀膜技术的开端。1932年,Rouard[18]观察到,极薄的金属膜会减小玻璃板的内反射,但能增加它的外反射。1934年,Bauer[19]在研究卤化物的基本光学性质时,附带制得了能降低反射率的膜层;而Pfund[20]将硫化锌蒸镀在玻璃片上制成迈克尔逊(Michelson)干涉仪的低损耗分光镜,他还提到,二氧化钛是一种更适合的材料。1936年,Strong[21]在减反射膜方面做了积极的工作。他通过蒸发氟化物制作不均匀的膜层,使玻璃对可见光的反射率降低了89%,这是一个令人印象深刻的数字。1939年,Geffcken[22]镀制出第一批金属-介质薄膜干涉滤光片。Thelen[23]高度评价了Geffcken的工作,他指出“Geffcken的工作提高了减反射膜的性能,并创造了著名的四分之一波-半波-四分之一波的设计”。

有几种因素可能导致了该领域的这次爆炸式发展。光学系统,尤其是照相机的物镜,越来越复杂,由此带来对减反射膜的需求。望远镜和双目镜,尤其在军用中,也通过减反膜得到极大改善。与此同时,制作过程也越来越可靠。虽然差不多在19世纪中叶就发明了溅射法,在20世纪初叶又发明了真空蒸发法,但它们显然不能作为实用的镀膜方法,主要困难是当时缺乏真正适用的抽气机。大约到了20世纪30年代,Burch关于扩散泵油的工作才使得制造镀膜用的油扩散泵成为可能。这对相关研究工作提供了巨大的帮助,尽管汞扩散泵在一段时间内仍在有效使用,尤其是在德国。第二次世界大战使减反射膜的生产呈爆炸式增长,这当然加快了发展进程。但是,即使没有战争,这种爆炸式增长也会发生,因为光学的发展已经到了必须采用镀膜技术的阶段。从此,薄膜光学的发展突飞猛进。没有镀膜技术的现代光学是无法想象的,几乎想象不出有这样的光学设备,它不依赖于光学镀膜技术就能实现自己的性能。具有 100 多层膜的滤光片也不再少见,在科学和技术的每个分支中几乎都能找到它们的应用。

1.2 光学薄膜

首先,我们假设薄膜材料没有吸收或其他损耗。为了定性地了解薄膜光学器件的性能,有必要介绍几个简单的概念。第一,光在两种介质界面上的振幅反射系数为$(1-\rho)/(1+\rho)$,其中ρ为界面处两种材料的光学导纳之比,在光学领域,它也等于折射率的比,反射率(辐照度之比)为上式的平方。第二,当光从光疏介质入射到光密介质时,反射光有 180°相位的变化;当光从光密介质入射到光疏介质时,反射光相位与入射光相同。第三,光在薄膜上下两个表面反射形成的两个分量将按如下方式重新合成:当它们的相对相移为 180°时,合振幅便是两个分量振幅之差;当相对相移为零或为 360°的倍数时,合振幅便是两个分量振幅之和。前一种情况称为两光束发生相消干涉,后一种情况称为相长干涉。在相对相移为其他值的情况下,干涉将介于这两种可能性之间。

减反射膜或多或少取决于薄膜上下两表面的反射光彼此完全相消的情况(图 1.1)。设基底折射率为n_{sub},膜层折射率为n_1,入射介质几乎在所有情况均为空气,折射率为n_0。为使两束光完全相消,膜层上下两界面的反射光强度应相等,这意味着每一界面处的折射率之比应相等,即$n_0/n_1=n_1/n_{sub}$或$n_1=(n_0n_{sub})^{1/2}$。它表明,膜层折射率应介于空气折射率(取为 1)与基底折射率(至少为 1.52)之间。在减反射膜的上下两个界面,反射都发生在折射率小的介质内。所以,为保证两个反射光的相对相移为 180°,膜层的光学厚度应为$\lambda/4$(λ为减反射膜工作的波长)。

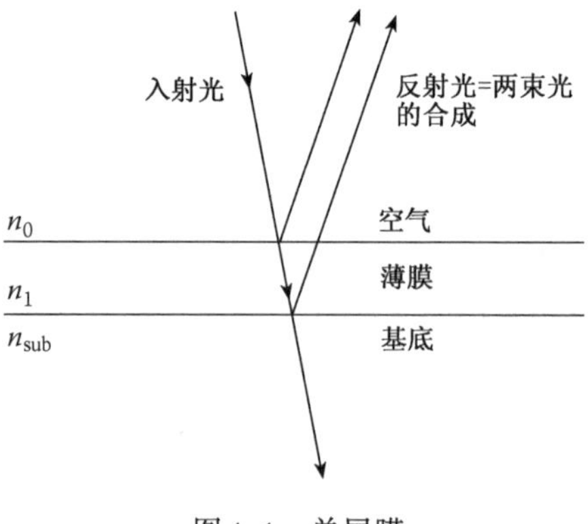

图 1.1 单层膜

因此,简单的减反射膜是单层膜,膜层材料的折射率等于基底折射率的平方根,膜层光学厚度是波长的四分之一。在减反射膜的一章里将要谈到,现在已有了其他更好的减反射膜,而且它所包含的膜层数更多,减反的波段更宽。

膜系的另一基本类型是由高低折射率交替、每层光学厚度均为 $\lambda/4$ 组成的多层膜,如图 1.2 所示。在高折射率层内,反射光不因反射而发生任何相移;而在低折射率层内,反射光的相移则为 180°。容易看出,入射光经膜系的各相继界面反射而产生的各个分量,在前表面重现时其相位全都一样,因此它们将发生相长干涉。这意味着膜系的有效反射率可以达到很高(要求多高可有多高,只要增加膜系的层数即可),这是高反射膜的基本形式。若已制得这样的膜系,则可发现,它的高反射带仅跨越有限的波段,此波段宽度取决于高、低折射率之比。一旦超出此波段,反射率快速降为一低值。由于这一特性,所以常用 $\lambda/4$ 多层膜作为组成许多类型膜系的基本单元。$\lambda/4$ 膜系可作为长波通滤光片、短波通滤光片、简单的高反射膜(如激光反射镜)和薄膜型法布里–珀罗干涉仪的反射镜(图 1.3),它是光学膜系的另一基本类型,在第 5 章和第 7 章中将对其进行详述,这里仅指出这种干涉滤光片的结构,它由两个高反射膜夹以厚度常为 $\lambda/2$ 的间隔层组成。间隔层内的多光束干涉使得滤光片在一狭窄波带上具有极高的透射率,间隔层厚度正是该波带中心波长一半的整数倍。像集成电路一样,可以使两个或多个法布里–珀罗滤光片耦合得到方形的通带。

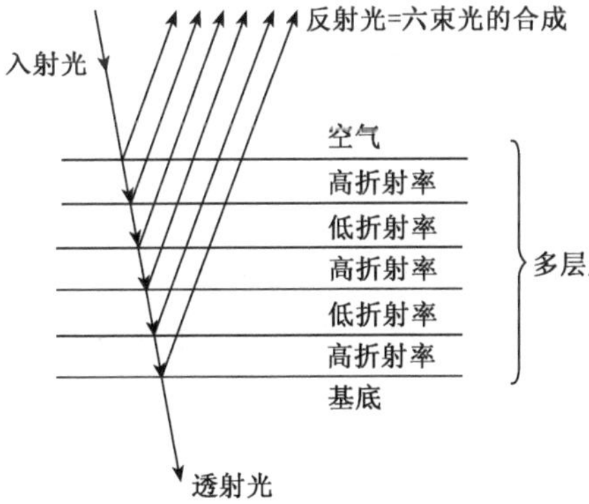

图 1.2　高低折射率材料交替的每层厚度均为 $\lambda/4$ 的多层膜

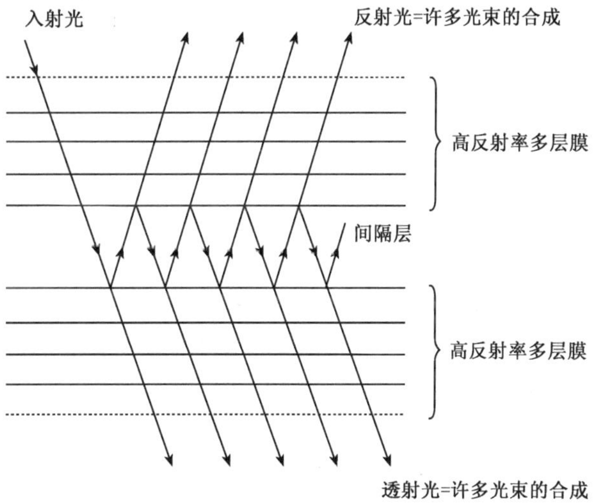

图 1.3　表示间隔层内多次反射的法布里–珀罗滤光片示意图

在绝大多数情况下,假设薄膜均是完全透明的,所以没有任何能量被吸收,于是滤光片的反射特性与其透射特性互补。这一事实可用来制造诸如二向分色镜之类的器件,而这种分色镜可用于彩色投影机中将颜色分开。

以上简要描述忽略了大多数膜层内的多次反射。为了准确地计算膜系的特性,必须将这些额外的反射考虑进去,这涉及极其复杂的计算。在推导按全新形式求解分层介质中的麦克斯韦方程时，已找到另一种更为有效的途径。事实上，这就是讨论数学基础的第2章中所采用的主要方法。其解以很规整的2×2矩阵的连乘形式出现，每一矩阵代表一层膜。可惜，虽然这种解具有显而易见的完美形式，但矩阵乘积的运算仍是极其冗长而费时的工作，特别是存在吸收层且光谱范围较宽时。研究人员宁愿用计算机解出膜系的特性，计算机的运算速度快且直观明了，因此用其他计算方法几乎没有任何意义。即便袖珍计算器(特别是可编程的那种)也能起到很好的作用。尽管现代计算机的功能强大，但是技巧和经验对成功设计薄膜仍起主要作用。计算机不会提高人们对薄膜设计的理解，这点在本书中是很重要的。在计算机还比较昂贵、笨重、稀有的时代，提出了许多近似计算方法，这些方法目前已经不再使用，但它们使人们理解到，直截了当的计算不可能成功，即使它非常快速。因此，我们有很多这样的技术，而这些技术通常在历史教科书中介绍。矩阵方法本身有很多优点，例如，基于矩阵的代数操作，可以发展功能强大的设计方法，这些也将在本书中涉及。绘图法在薄膜特性的可视化方面也很有用，有很多这样的方法，但在本书中，我们特别关注称为导纳图的这种方法。作者发现，很多年来这种方法都能提供很大的帮助。绘图法没有做任何近似(除了绘制中可能出现的近似外)，从这个意义上讲，它是一种精确的方法。但是，这种方法通常是为了帮助理解，而不是一种计算工具。

在多层膜系的设计中，要求我们事先找到能实现特定性能的膜层的分布，这比直接计算给定多层膜系的特性要复杂得多。一般问题没有精确的解析解。通常的设计方法是，首先通过分析、经验和使用众所周知的构造模块，获得滤光片的一种可能的结构，然后通过计算机计算该结构的性能，完成评价工作。根据计算结果，调整提出的设计方案并重新计算，直至得到满意的解为止。利用计算机可以自发地进行这种调整过程，这一过程通常称为优化。另一个有关的术语是综合设计，它和调整一样，是构造多层膜系过程的一部分。综合设计的最终目的是完成多层膜系的结构设计，是没有性能规格外的膜系起始信息，但在正常情况下，要提供一些起始信息，如使用的材料，膜层的总厚度或一个粗略的起始膜系设计。

优化技术的成功应用主要取决于性能接近所要求值的膜系初始解。在这些条件下，优化容易实现。优化过程是通过调整膜系参数使得表示在优化的任何阶段内膜系能达到的性能与其要求性能间差别的评价系数最小(有时也采用使评价系数最大的准则)来实现的。各种不同优化方法的主要区别表现在用于调整膜系设计规则细节上，这主要是由于在设计过程中有大量需要优化的参数，优化通常是将参数的收缩范围控制在差不多达到设计要求的初始设计的很小区域内。在没有初始条件的综合设计中，实际上存在无数的设计结果，所以应非常仔细地组织控制优化收缩过程的准则。最有效的优化设计包括两部分，其一是有效的优化算法，其二是如何改变膜系结构。这两部分交替进行，直到获得一个好的膜系结构。随着计算机的发展，膜系自动优化设计变得越来越重要，但是，一个熟练的设计者所取得的设计成果要比他没有任何技能时所取得的设计成果多很多，无论是在膜系优化方面还是在综合设计方面，这点都千真万确。如果一个人对他(她)正在从事的工作比较熟悉的话，将比不熟悉自己工作的人更加成功，这点也千真万确。和薄膜光学基本原理相比，这一学科分支与计算技术更有关系，因此，大大超出了本书的范围。Liddell[24]的专著与较近的

Furman 和 Tikhonravov[25]的专著对各种优化方法做了较好的阐述。目前,对光学薄膜能达到的性能的主要限制是精确制作具有正确光学常数和膜层厚度的镀膜技术,而不是优化设计方法的缺陷。

制作光学薄膜的通用技术可以归为物理气相沉积或者说真空工艺过程,是从气相凝结成薄膜。最直接的方法也是传统的方法为热蒸发,这种方法目前仍在大量使用。由于热蒸发薄膜中的缺陷,最近几年已加快向荷能粒子工艺过程转移。在这种工艺中,将机械动量转移给正在生长的薄膜材料,这可以通过粒子轰击或增加到达的薄膜材料的动量来实现,动量增加驱使最外面的沉积材料深入到膜里,从而提高了薄膜的密度。这些过程将在本书后面的章节中简单介绍,更多的信息可在下面列出的参考文献中找到。

参考文献

[1] Heavens O S 1955 *Optical Properties of Thin Solid Films* (London: Butterworths Scientific Publications)

[2] Holland L 1956 *Vacuum Deposition of Thin Films* (London: Chapman and Hall)

[3] Anders H 1965 *Dünne Schichten für die Optik* (English translation: *Thin films in optics*, *Focal Press*, 1967) (Stuttgart: Wissenschaftliche Verlagsgesellschaft mbH)

[4] Knittl Z 1976 *Optics of Thin Films* (London: John Wiley and Sons)

[5] Newton S I 1704 *Opticks or a Treatise of the Reflections*, *Refractions*, *Inflections and Colours of Light* (London: The Royal Society)

[6] Young T 1802 On the theory of light and colours (The 1801 Bakerian Lecture) *Philosophical Transactions of the Royal Society of London* **92** 12-48

[7] Crew H 1930 Thomas Young's place in the history of the wave theory of light *Journal of the Optical Society of America* **20** 3-10

[8] de Senarmont H, Verdet E, and Fresnel L eds 1866-1870 *Oeuvres Completes d'Augustin Fresnel* (Paris: Imprimerie Impériale)

[9] Knittl Z 1978 Fresnel historique et actuel *Optica Acta* **25** 167-173

[10] Maxwell J C 1873 *A Treatise on Electricity and Magnetism* (Oxford: Clarendon Press)

[11] von Fraunhofer J 1888 *Versuche über die Ursachen des Anlaufens und Mattwerdens des Glases und die Mittel*, *denselben zuvorzukommen*, *in Joseph von Fraunhofer's Gesammelte Schriften* (München: Verlag der Koniglich Bayerischen Akademieder Wissenschaften)

[12] Rayleigh L 1886 On the intensity of light reflected from certain surfaces at nearly perpendicular incidence *Proceedings of the Royal Society of London* **41** 275-294

[13] Taylor H D 1891 *On the adjustment and testing of Telescopic Objectives* (York/London: T Cooke & Sons)

[14] Taylor H D 1983 *The Adjustment and Testing of Telescopic Objectives* ed 5 (Bristol: Adam Hilger)

[15] Taylor H D 1904 *Lenses* United Kingdom Patent 29561

[16] F Kollmorgen 1916 Light transmission through telescopes. *Transactions of the American Illumination Engineering Society* **11** 220-228

[17] Fabry C and Perot A 1899 Theory et applications d'une nouvelle méthode de spectroscopie interférentielle *Annales des Chimie et des Physique*, *Paris*, *7th Series* **16** 115-144

[18] Rouard P 1932 Sur le pouvoir réflecteur des métaux en lames très minces *Contes Rendus de l'Academie de Science* **195** 869-872

[19] Bauer G 1934 Absolutwerte der optischen Absorptionskonstanten von Alkalihalogenidkristallen im Gebiet ihrer ultravioletten Eigenfrequenzen *Annalen der Physik Lpz 5th* Series **19** 434-464

[20] Pfund A H 1934 Highly reflecting films of zinc sulphide *Journal of the Optical Society of America* **24** 99-102

[21] Strong J 1936 On a method of decreasing the reflection from non-metallic substances *Journal of the Optical Society of America* **26** 73-74

[22] Geffcken W 1939 *Interferenzlichtfilter* Germany Patent 716153

[23] Thelen A 1997 *The pioneering contributions of W Geffcken*, in *Thin Films on Glass* Bach H and Krause D Editors (Berlin/Heidelberg: Springer-Verlag) 227-239

[24] Liddell H M 1981 *Computer-aided techniques for the design of multilayer filters* (Bristol: Adam Hilger)

[25] Furman S A and Tikhonravov A V 1992 *Basics of Optics of Multilayer Systems* (Gif-sur-Yvette: Editions Frontières)

第 2 章　基本理论

本章主要介绍为计算多层薄膜的特性所必需的一些基本理论。为使已经阅读过这部分的读者更容易发现一些基本结果，或者使未读过这部分的读者能理解本书的剩余部分，2.7节对这些原理进行了总结。

2.1　麦克斯韦方程和平面电磁波

处理薄膜问题最有效的方法是解麦克斯韦方程和适当的物质方程。对于各向同性介质，这些方程为

$$\mathrm{curl}\boldsymbol{H} = \nabla \times \boldsymbol{H} = \boldsymbol{j} + \partial \boldsymbol{D}/\partial t \tag{2.1}$$

$$\mathrm{curl}\boldsymbol{E} = \nabla \times \boldsymbol{E} = -\partial \boldsymbol{B}/\partial t \tag{2.2}$$

$$\mathrm{div}\boldsymbol{D} = \nabla \bullet \boldsymbol{D} = \rho \tag{2.3}$$

$$\mathrm{div}\boldsymbol{B} = \nabla \bullet \boldsymbol{B} = 0 \tag{2.4}$$

$$\boldsymbol{j} = \sigma \boldsymbol{E} \tag{2.5}$$

$$\boldsymbol{D} = \varepsilon \boldsymbol{E} \tag{2.6}$$

$$\boldsymbol{B} = \mu \boldsymbol{H} \tag{2.7}$$

式中，黑斜体符号表示矢量。在各向异性介质中，式(2.1)~式(2.7)要比在各向同性介质中复杂得多，此时σ、ε、μ不再是标量，而是变成了张量。在 Yeh[1]、Hodgkinson 和 Wu[2]的著作中对各向异性介质做了介绍。

本书尽可能地使用国际单位制(SI)，表2.1所示为式中各个量的定义和SI单位。

表 2.1　SI 单位和符号

符　号	物　理　量	SI 单位	SI 单位的符号
$\boldsymbol{E}$	电场强度	伏/米	$\mathrm{V \cdot m^{-1}}$
$\boldsymbol{D}$	电位移矢量	库/米^2	$\mathrm{C \cdot m^{-2}}$
$\boldsymbol{H}$	磁场强度	安/米	$\mathrm{A \cdot m^{-1}}$
$\boldsymbol{j}$	电流密度	安/米^2	$\mathrm{A \cdot m^{-2}}$
$\boldsymbol{B}$	磁感应强度或磁通密度	特	T
ρ	电荷密度	库/米^3	$\mathrm{C \cdot m^{-3}}$
σ	电导率	西/米	$\mathrm{S \cdot m^{-1}}$
μ	磁导率	亨/米	$\mathrm{H \cdot m^{-1}}$
ε	介电常数	法/米	$\mathrm{F \cdot m^{-1}}$

对于上述方程,有以下关系式:

$$\varepsilon=\varepsilon_r\varepsilon_0 \tag{2.8}$$

$$\mu=\mu_r\mu_0 \tag{2.9}$$

$$\varepsilon_0=1/(\mu_0c^2) \tag{2.10}$$

式中,ε_0、μ_0分别为自由空间中的介电常数和磁导率,ε_r、μ_r分别为相对介电常数和相对磁导率,c 为自由空间中的光速。ε_0、μ_0和 c 是重要的常数,其值如表 2.2 所示。

表 2.2　c、ε_0和μ_0的值

符号	物理量	值
c	自由空间光速	$2.997925\times10^8\,\mathrm{m\cdot s^{-1}}$
μ_0	自由空间磁导率	$4\pi\times10^{-7}\,\mathrm{H\cdot m^{-1}}$
ε_0	自由空间介电常数	$8.8541853\times10^{-12}\,\mathrm{F\cdot m^{-1}}$

正常情况下,式(2.8)~式(2.10)中的参数与 $\boldsymbol{E}$ 或 $\boldsymbol{H}$ 无关,因此属于线性现象。

下面的分析是简要的、不完整的。若要详尽而严格地处理电磁场方程,读者可参阅 Born 与 Wolf 合著的《光学原理》(*Principles of Optics*)一书[3]。

假设在介质中没有空间电荷,即 ρ 等于零,则式(2.3)变成

$$\mathrm{div}\boldsymbol{D}=\varepsilon(\nabla\bullet\boldsymbol{E})=0 \tag{2.11}$$

解关于 $\boldsymbol{E}$ 的方程

$$\nabla\times(\nabla\times\boldsymbol{E})=\nabla(\nabla\bullet\boldsymbol{E})-\nabla^2\boldsymbol{E}=-\mu\frac{\partial}{\partial t}(\nabla\times\boldsymbol{H})=-\mu\sigma\frac{\partial\boldsymbol{E}}{\partial t}-\mu\varepsilon\frac{\partial^2\boldsymbol{E}}{\partial t^2} \tag{2.12}$$

即

$$\nabla^2\boldsymbol{E}=\varepsilon\mu\frac{\partial^2\boldsymbol{E}}{\partial t^2}+\mu\sigma\frac{\partial\boldsymbol{E}}{\partial t} \tag{2.13}$$

对于 $\boldsymbol{H}$ 也有类似的表达式。

首先,要寻找式(2.13)具有线偏振平面简谐波(或平面偏振,该术语与线偏振的含义相同)形式的解,并选取该波的复数形式,其物理意义与表达式的实部或虚部相联系, 即

$$\boldsymbol{E}=\boldsymbol{\mathcal{E}}\exp[\mathrm{i}\omega(t-z/v)] \tag{2.14}$$

代表以速度 v 沿 z 轴传播的一个波,其中,$\boldsymbol{\mathcal{E}}$是该波的矢量振幅,ω 是角频率。注意到,我们处理的是线性现象,即波在具有不同性质的介质中传播时 ω 是不变的。用波的复数形式表示可以容易地处理相位变化,这可以通过将它们包含在复振幅中来实现。如果在式(2.14)中包含相对相位 φ,则它可变为

$$\boldsymbol{E}=\boldsymbol{\mathcal{E}}\exp\{\mathrm{i}[\omega(t-z/v)+\varphi\ ]\}=\boldsymbol{\mathcal{E}}\exp(\mathrm{i}\varphi)\exp[\mathrm{i}\omega(t-z/v)] \tag{2.15}$$

式中,$\boldsymbol{\mathcal{E}}\exp(\mathrm{i}\varphi)$为复矢量振幅。复标量振幅为$\mathcal{E}\exp(\mathrm{i}\varphi)$,其中$\mathcal{E}=|\boldsymbol{\mathcal{E}}|$。与式(2.14)相比,式(2.15)多了相位 φ,用复振幅替代式(2.14)中的振幅就可得到式(2.15)。

对于式(2.14)的指数部分,本节按惯例先写时间变量,再写空间变量。这样在改变波的方向时,只需简单将“-”号改为“+”号(使空间方向倒转)即可。还有一种写法,即先写空间变量,再写时间变量,这种写法试图通过从“-”到“+”的符号改变使波反转,但这将导致时间轴的反转,而不是空间方向的反转。本书始终坚持式(2.14)的写法。

要使式(2.14)成为方程(2.13)的解,还必须使

$$\omega^2/v^2 = \omega^2\varepsilon\mu - \mathrm{i}\omega\mu\sigma \tag{2.16}$$

在真空中,有 $\sigma=0$ 和 $v=c$,于是由式(2.16)可得

$$c^2 = 1/(\varepsilon_0\mu_0) \tag{2.17}$$

它与式(2.10)完全相同。用式(2.17)乘以式(2.16)并除以 ω^2,可得

$$\frac{c^2}{v^2} = \frac{\varepsilon\mu}{\varepsilon_0\mu_0} - \mathrm{i}\frac{\mu\sigma}{\omega\varepsilon_0\mu_0}$$

显然,c/v 是介质固有的一个无量纲参数,将它记为 N,则

$$N^2 = \varepsilon_r\mu_r - \mathrm{i}\frac{\mu_r\sigma}{\omega\varepsilon_0} \tag{2.18}$$

这意味着 N 的形式为

$$N = c/v = n - \mathrm{i}k \tag{2.19}$$

由式(2.18)可知,N 有两个可能的解。但由于物理学上的原因,应选取 n 为正值的解。N 称为介质的复折射率,n 称为折射率的实部(或简单称为折射率,因为在理想的介质材料中 N 是实数),k 称为消光系数。

如果各个变量都是实数(实际并非如此),则由式(2.18)可得

$$n^2 - k^2 = \varepsilon_r\mu_r \tag{2.20}$$

$$2nk = \frac{\mu_r\sigma}{\omega\varepsilon_0} \tag{2.21}$$

式(2.14)可以写成

$$\boldsymbol{E} = \boldsymbol{\mathcal{E}}\exp[\mathrm{i}\omega t - \mathrm{i}(2\pi N/\lambda)z] \tag{2.22}$$

式中,自由空间中的波长 $\lambda=2\pi c/\omega$。

将 $N=n-\mathrm{i}k$ 代入式(2.22)中,可得

$$\boldsymbol{E} = \boldsymbol{\mathcal{E}}\exp[-(2\pi k/\lambda)z]\exp\{\mathrm{i}[\omega t - (2\pi n/\lambda)z]\} \tag{2.23}$$

式中,k 表示介质吸收的程度。$\lambda/(2\pi k)$ 是波的振幅衰减为其初始值的 $1/\mathrm{e}$ 时的距离。

波在介质中行进距离 z 所产生的相移与在真空中行进距离 nz 所产生的相移相同。因此,nz 称为光程(光学距离),以便与几何距离(实际距离)相区别。在薄膜光学中,通常更关心的是薄膜的光学厚度,而不是它的几何厚度。

由于 $\boldsymbol{E}$ 是恒定的,所以式(2.22)代表沿 z 轴传播的线偏振平面波。对于沿(α,β,γ)方向传播的类似的平面波,式(2.22)变为

$$\boldsymbol{E} = \boldsymbol{\mathcal{E}}\exp\{\mathrm{i}[\omega t - (2\pi n/\lambda)(\alpha x + \beta y + \gamma z)]\} \tag{2.24}$$

这是吸收介质中波的最简单形式。在不同吸收薄膜组成的膜系中,有时我们要被迫接受波的一个更复杂的表达式。

由麦克斯韦方程可以推导出这类波的几个重要关系。假设波沿单位矢量 $\hat{s}$ 的方向传播，即

$$\hat{\boldsymbol{s}} = \alpha\boldsymbol{i} + \beta\boldsymbol{j} + \gamma\boldsymbol{k}$$

式中，$\boldsymbol{i}$、$\boldsymbol{j}$、$\boldsymbol{k}$ 分别是沿 x、y、z 轴的单位矢量。由式(2.24)可得

$$\partial\boldsymbol{E}/\partial t = \mathrm{i}\omega\boldsymbol{E}$$

由式(2.1)、式(2.5)和式(2.6)，可得

$$\mathrm{curl}\boldsymbol{H} = \sigma\boldsymbol{E} + \varepsilon\partial\boldsymbol{E}/\partial t = (\sigma + \mathrm{i}\omega\varepsilon)\boldsymbol{E} = \mathrm{i}\frac{\omega N^2}{c^2\mu}\boldsymbol{E}$$

式中

$$\mathrm{curl} = \left(\frac{\partial}{\partial x}\boldsymbol{i} + \frac{\partial}{\partial y}\boldsymbol{j} + \frac{\partial}{\partial z}\boldsymbol{k}\right)\times$$

式中，“ ×”表示矢量积，而

$$\frac{\partial}{\partial x} = -\mathrm{i}\frac{2\pi N}{\lambda}\alpha = -\mathrm{i}\frac{\omega N}{c}\alpha, \qquad \frac{\partial}{\partial y} = -\mathrm{i}\frac{\omega N}{c}\beta, \qquad \frac{\partial}{\partial z} = -\mathrm{i}\frac{\omega N}{c}\gamma$$

于是

$$\mathrm{curl}\boldsymbol{H} = -\mathrm{i}\frac{\omega N}{c}(\hat{\boldsymbol{s}}\times\boldsymbol{H})$$

这样

$$-\mathrm{i}\frac{\omega N}{c}(\hat{\boldsymbol{s}}\times\boldsymbol{H}) = \mathrm{i}\frac{\omega N^2}{c^2\mu}\boldsymbol{E}$$

也就是

$$(\hat{\boldsymbol{s}}\times\boldsymbol{H}) = -\frac{N}{c\mu}\boldsymbol{E} \tag{2.25}$$

类似地，有

$$\frac{N}{c\mu}(\hat{\boldsymbol{s}}\times\boldsymbol{E}) = \boldsymbol{H} \tag{2.26}$$

因此，对于线偏振平面电磁波，$\boldsymbol{E}$、$\boldsymbol{H}$ 和 $\hat{s}$ 相互垂直，构成右手定则。物理量 $N/c\mu$ 具有导纳的量纲，称为介质的特征光学导纳，记为 y。在自由空间中，光学导纳可表示为

$$\mathscr{Y} = (\varepsilon_0/\mu_0)^{1/2} = 2.6544\times10^{-3}\ \mathrm{S} \tag{2.27}$$

因为

$$\mu = \mu_{\mathrm{r}}\mu_0 \tag{2.28}$$

光频下直接的磁相互作用非常小，因此 μ_{r} 事实上为 1。于是可以写成

$$y = N\mathscr{Y} \tag{2.29}$$

和

$$\boldsymbol{H} = y(\hat{\boldsymbol{s}}\times\boldsymbol{E}) = N\mathscr{Y}(\hat{\boldsymbol{s}}\times\boldsymbol{E}) \tag{2.30}$$

2.1.1 坡印亭矢量

电磁辐射的一个重要特性是,它是能量传递的一种形式,而且是与波相联系的能量,可在物理上观测。通过单位面积的能量瞬时流量,由坡印亭矢量给出

$$\boldsymbol{S}=\boldsymbol{E}\times\boldsymbol{H} \tag{2.31}$$

式中,矢量的方向就是能流的方向。

当对复数进行加减运算或用一个实数乘以它们时,它们的实部和虚部保持独立,这样的操作称为线性操作。由于干涉计算涉及波的叠加,所以可以采用复数波,这样可以给运算带来很多方便。但是,当计算两个复数的乘积时,结果中实部和虚部相互混合,这样的操作称为非线性操作,此时就不能直接利用波的复数形式。坡印亭矢量的表达式是一个非线性表达式($\boldsymbol{H}$ 乘以 $\boldsymbol{E}$),因此采用波的复数形式会有麻烦,应采用波表达式的实部或虚部。波的实的正弦或余弦形式表明,结果中出现了平方,这样坡印亭矢量的瞬时值是振荡的,且振荡频率等于该波频率的两倍。我们将注意力转移到平均值,因为平均值才是对测量结果有意义的。这定义为辐照度(或在旧的单位制中定义为强度)[注意,在 SI 单位中强度的定义不同,它表示点光源发出的单位立体角中的光功率],在 SI 单位中,辐照度是用 W/m^2 作为测量单位的。对本书而言,SI 单位一个不利的特性是,辐照度的符号也为 E,这样区分辐照度和电场就非常困难。而这两个物理量在本书研究的领域都是极其重要的,因此必须区分它们,于是本书采用一个非标准的符号 $\boldsymbol{I}$(不利的是,它还是强度的单位)来表示辐照度。坡印亭矢量平均值的计算涉及对实数表达式在一个周期上的积分,但波的复数形式实际上简化了该计算。对于简谐波来说,利用波的复数形式可以推导出辐照度的一个简单表达式,而且避免了求积分。该表达式为

$$\boldsymbol{I}=\frac{1}{2}\mathrm{Re}(\boldsymbol{E}\times\boldsymbol{H}^*) \tag{2.32}$$

式中,* 表示复共轭。应强调的是,式(2.32)必须用复数形式。当辐照度和波的能流的方向相同时,作为一个矢量,辐照度 $\boldsymbol{I}$ 写成式(2.32)的形式。更通常的标量辐照度 I 只是表示矢量辐照度 $\boldsymbol{I}$ 的大小。因为 $\boldsymbol{E}$ 和 $\boldsymbol{H}$ 相互垂直,式(2.32)可写为

$$I=\frac{1}{2}\mathrm{Re}(EH^*) \tag{2.33}$$

式中,E 和 H 是标量大小。

需要着重指出的是,对于净辐照度,式(2.32)中的电场和磁场应是包括所有波的总场,在坡印亭矢量的推导中暗含了这点。当计算反射率和透射率时,我们还将考虑这点。

对于单一均匀的简谐波(见式(2.24)),有

$$\boldsymbol{H}=y(\hat{s}\times\boldsymbol{E})$$

于是

$$\boldsymbol{I}=\mathrm{Re}\left(\frac{1}{2}y\boldsymbol{E}\boldsymbol{E}^*\hat{s}\right)=\frac{1}{2}n\mathscr{Y}\boldsymbol{E}\boldsymbol{E}^*\hat{s} \tag{2.34}$$

根据式(2.24),有

$$E = \mathcal{E}\exp[\mathrm{i}\omega t - (2\pi[n - \mathrm{i}k]/\lambda)(\alpha x + \beta y + \gamma z)]$$
$$= \mathcal{E}\exp[-(2\pi k/\lambda)(\alpha x + \beta y + \gamma z)]\exp[\mathrm{i}\omega t - (2\pi n/\lambda)(\alpha x + \beta y + \gamma z)]$$

于是

$$EE^* = \mathcal{E}\mathcal{E}^*\exp[-(4\pi k/\lambda)(\alpha x + \beta y + \gamma z)]$$

且

$$I = \frac{1}{2}n\mathscr{Y}|\mathcal{E}|^2\exp[-(4\pi k/\lambda)(\alpha x + \beta y + \gamma z)]$$

式中,$(\alpha x + \beta y + \gamma z)$是沿传播方向的距离,于是辐照度在$\lambda/(4\pi k)$的距离上降至初始值的$1/\mathrm{e}$,这一距离的倒数定义为吸收系数$\alpha$,即

$$\alpha = 4\pi k/\lambda \tag{2.35}$$

吸收系数α不可与方向余弦相混淆,但是

$$|\mathcal{E}|\exp[-(2\pi k/\lambda)(\alpha x + \beta y + \gamma z)]$$

实际上是在点(x,y,z)处波的振幅,因此更简单的是将辐照度写成

$$I = \frac{1}{2}n\mathscr{Y}(\text{振幅})^2 \tag{2.36}$$

或

$$I \propto n \times (\text{振幅})^2 \tag{2.37}$$

这一表达式优于常用的表达式

$$I \propto (\text{振幅})^2 \tag{2.38}$$

式(2.37)经常用来比较辐照度、计算反射率或透射率。例如,如果两个波在折射率不同的介质中传播时,则使用式(2.38)就会出错,而使用式(2.37)将n包括在内则不会出错。

2.2 简单边界

光学薄膜通常包含各种均匀介质之间的许多边界,我们希望计算这些边界对入射波的影响。单边界的反射是最简单的情况,首先考虑无吸收的介质,也就是$k=0$。

入射到单界面上的平面波前如图2.1所示。平面简谐波入射到将入射介质和出射介质分开的表面上,包含表面法线和入射波传播方向的平面称为入射面,选取z轴作为垂直于表面的方向,x轴与之垂直,也在入射面内。在边界处,$\boldsymbol{E}$和$\boldsymbol{H}$的切向分量——也就是沿边界的分量——是连续的,因为没有任何机制来改变它们。在光学薄膜理论中,这一边界条件是基础。

现在遇到的基本问题是,边界条件与入射波横向的边界并不一致。特征导纳的不连续意味着在一个简单的边界上功率不连续是不可能的,通过在入射介质中引入反射波,能马上解决这个问题,当然,这也直接与我们的实验一致。于是,目标变为计算3个波(入射波、反射波和透射波)的相对参数,但是,这又引入了更复杂的问题。我们将利用边界条件建立一组方程,可以从中获取所需要的关系。复杂性在于,反射波将以与其他波不同的方式传播,因此相位因

子也会不同,这大大增加了计算的复杂性。通过定义 $z=0$ 为边界,消除边界处相位因子的 z 项,可以使问题大大简化。这样,对于界面上 x、y 和 t 的所有值,切向分量都应当是连续的。

因此,就有了 3 个简谐波:入射波、反射波和透射波。透射波和反射波的 $\hat{s}$ 矢量的方向余弦分别为 $(\alpha_t,\beta_t,\gamma_t)$ 和 $(\alpha_r,\beta_r,\gamma_r)$,并且已经知道了入射波的方向。因此,可以将相位因子写成下面的形式。

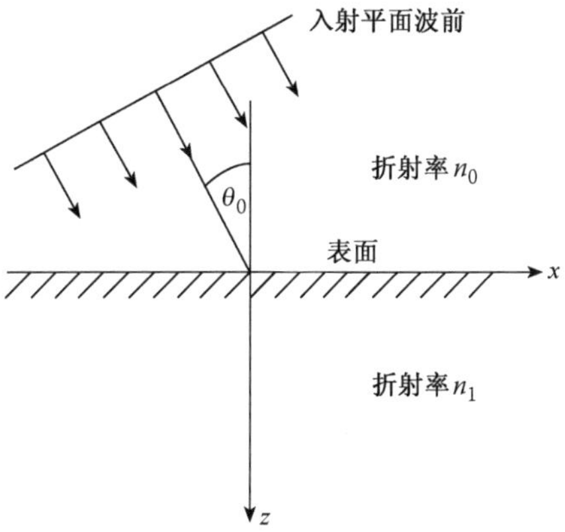

图 2.1 入射到单界面上的平面波前

入射波: $\exp\{i[\omega t-(2\pi n_0/\lambda_i)(x\sin\vartheta_0+z\cos\vartheta_0)]\}$

反射波: $\exp\{i[\omega t-(2\pi n_0/\lambda_r)(\alpha_r x+\beta_r y+\gamma_r z)]\}$

透射波: $\exp\{i[\omega t-(2\pi n_1/\lambda_t)(\alpha_t x+\beta_t y+\gamma_t z)]\}$

这些波的相对相位包含在复振幅中。对于 $z=0$ 处的所有 x、y、t,相位因子都要满足边界条件,这意味着这些变量的系数必须分别相等。因为频率是常数,自由空间中的波长也是常数,于是

$$0\equiv n_0\beta_r\equiv n_1\beta_t \tag{2.39}$$

也就是说,反射、透射(或折射)光线的方向被限制在入射面内。反过来,这说明反射波和透射波的方向余弦为

$$\alpha=\sin\vartheta \qquad \gamma=\cos\vartheta \tag{2.40}$$

还有

$$n_0\sin\vartheta_0\equiv n_0\alpha_r\equiv n_1\alpha_t$$

于是,如果反射角和折射角分别为 ϑ_r 和 ϑ_t,则

$$\vartheta_0=\vartheta_r \tag{2.41}$$

也就是说,反射角等于入射角,且有

$$n_0\sin\vartheta_0=n_1\sin\vartheta_t$$

如果用 ϑ_1 替代 ϑ_t,结果看起来更对称,表示为

$$n_0\sin\vartheta_0=n_1\sin\vartheta_1 \tag{2.42}$$

这就是我们熟悉的折射定律,γ_r 和 γ_t 由式(2.40)给出,或者表示为

$$\alpha_r^2+\gamma_r^2=1, \qquad \alpha_t^2+\gamma_t^2=1 \tag{2.43}$$

注意,对于反射光线,利用式(2.43)开根号时必须取负号,这样光束才能以正确的方向传播。

2.2.1 垂直入射

首先讨论入射波是线偏振平面谐波的垂直入射的情况。坐标轴如图 2.2 所示,xy 平面是边界平面,选择入射波沿 z 轴传播,且 $\boldsymbol{E}$ 矢量的正方向沿 x 轴,这样 $\boldsymbol{H}$ 矢量的正方向沿 y 轴。显然,满足边界条件的那些波是线偏振的,且与入射波在相同的平面内。

沿同样方向传播的两个波的相位差的物理意义马上就可看到。沿相反方向传播的两个波

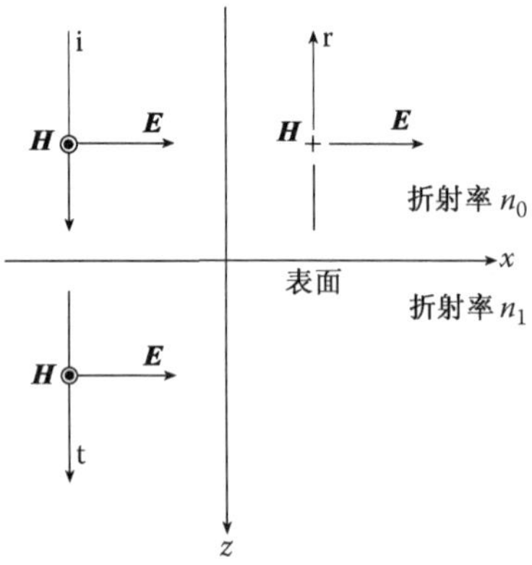

图 2.2　垂直入射时，反射波和透射波的电场强度和磁场强度矢量正方向的习惯定义

的相位差没有绝对的意义，除非首先定义一个测量相位差的参考面。这是因为以相同频率沿相反方向传播的两个波的相位差中有 $\pm 4\pi ns/\lambda$项，这里 s 是沿传播方向测量的距离。因此，在进行下一步之前，需要定义测量反向传播光束之间相对相位的参考点。因为已将边界定义为 $z=0$，所以可沿用这一思想，将边界定义为反射相移应该定义的那个平面。

于是，另一个问题出现了。波同时具有电场和磁场，它们的传播方向构成右手定则，因为反射波的传播方向发生倒转，其电场和磁场的取向不能再与入射波保持相同，否则，它们不再遵守右手定则。因此，需要决定如何处理这一问题。从波与物质相互作用的角度来看，电场是最重要的，因此我们将定义电场的方向。

按照惯例选择相位参考面和电场方向，因为我们有完全的选择自由，所以任何自洽的方案都是可以的。我们必须确信，一旦做出某种选择，就必须坚持这种选择。但是，一个好的法则从不会使问题复杂化，因此应选择最方便且最不复杂的法则。定义所有相关波的 $\boldsymbol{E}$ 的正方向均沿 x 轴，这样入射波和透射波的磁场强度矢量的方向沿 y 轴，但反射波的磁场强度矢量的方向沿 y 轴的负方向。

现在考虑边界条件，因为已经确信相位因子是满足边界条件的，所以这里只需考虑振幅，并将其中的任何相位变化包括在内。

(1)沿边界的电场强度矢量连续：

$$\mathcal{E}_{\mathrm{i}}+\mathcal{E}_{\mathrm{r}}=\mathcal{E}_{\mathrm{t}} \tag{2.44}$$

(2)沿边界的磁场强度矢量连续：

$$\mathcal{H}_{\mathrm{i}}-\mathcal{H}_{\mathrm{r}}=\mathcal{H}_{\mathrm{t}}$$

根据对正方向的约定，式中必须取负号。电场强度和磁场强度通过特征导纳相联系，为

$$y_0\mathcal{E}_{\mathrm{i}}-y_0\mathcal{E}_{\mathrm{r}}=y_1\mathcal{E}_{\mathrm{t}} \tag{2.45}$$

利用矢量关系式(2.30)和式(2.44)，也可以推导出上式。消去$\mathcal{E}_{\mathrm{t}}$后可得

$$y_1(\mathcal{E}_{\mathrm{i}}+\mathcal{E}_{\mathrm{r}})=y_0(\mathcal{E}_{\mathrm{i}}-\mathcal{E}_{\mathrm{r}})$$

也就是

$$\frac{\mathcal{E}_{\mathrm{r}}}{\mathcal{E}_{\mathrm{i}}}=\frac{y_0-y_1}{y_0+y_1}=\frac{n_0-n_1}{n_0+n_1} \tag{2.46}$$

以上关系式的第二部分成立，是因为在光频下，有

$$y=n\mathcal{Y}$$

类似地，消去$\mathcal{E}_{\mathrm{r}}$后可得

$$\frac{\mathcal{E}_{\mathrm{t}}}{\mathcal{E}_{\mathrm{i}}}=\frac{2y_0}{y_0+y_1}=\frac{2n_0}{n_0+n_1} \tag{2.47}$$

这些量称为振幅反射系数和透射系数,分别记为 ρ 和 τ,这样有

$$\rho=\frac{y_0-y_1}{y_0+y_1}=\frac{n_0-n_1}{n_0+n_1} \tag{2.48}$$

$$\tau=\frac{2y_0}{y_0+y_1}=\frac{2n_0}{n_0+n_1} \tag{2.49}$$

在这种特殊情况下,y 都是实数,因此这两个量也是实数。τ 总是一个正的实数,这表明根据相位约定,界面处的入射波和透射波之间没有相移。ρ 的特性表明,只要 $n_0>n_1$,界面处的入射波和反射波之间就没有相移;但如果 $n_0<n_1$,则 ρ 的值变为负的,界面处的入射波和反射波之间有 π 相移。

现在检验边界处的能量平衡。电场强度和磁场强度总的切向分量沿边界连续,但由于边界的厚度为零,它既不能提供能量,也不能从不同的波中提取能量。在这种情况下,坡印亭矢量沿边界是连续的,因此可以写成

$$\textbf{净辐照度}=\mathrm{Re}\left[\frac{1}{2}(\mathcal{E}_\mathrm{i}+\mathcal{E}_\mathrm{r})(y_0\mathcal{E}_\mathrm{i}-y_0\mathcal{E}_\mathrm{r})^*\right]=\mathrm{Re}\left[\frac{1}{2}\mathcal{E}_\mathrm{i}(y_1\mathcal{E}_\mathrm{t})^*\right]$$

其中,利用了 $\mathrm{Re}(\boldsymbol{E}\times\boldsymbol{H}^*/2)$ 和式(2.44)、式(2.45)。这样

$$\mathcal{E}_\mathrm{r}=\rho\mathcal{E}_\mathrm{i}\qquad \mathcal{E}_\mathrm{t}=\tau\mathcal{E}_\mathrm{i}$$

也就是

$$\textbf{净辐照度}=\frac{1}{2}y_0\mathcal{E}_\mathrm{i}\mathcal{E}_\mathrm{i}^*(1-\rho^2)=\frac{1}{2}y_0\mathcal{E}_\mathrm{i}\mathcal{E}_\mathrm{i}^*(y_1/y_0)\tau^2 \tag{2.50}$$

我们认可 $y_0\mathcal{E}_\mathrm{i}\mathcal{E}_\mathrm{i}^*/2$ 为入射光束的辐照度 I_i,$\rho^2y_0\mathcal{E}_\mathrm{i}\mathcal{E}_\mathrm{i}^*/2=\rho^2I_\mathrm{i}$ 为反射光束的辐照度 I_r,$(y_1/y_0)\times\tau^2y_0\mathcal{E}_\mathrm{i}\mathcal{E}_\mathrm{i}^*/2=(y_1/y_0)\tau^2I_\mathrm{i}$ 为透射光束的辐照度 I_t。定义反射率 R 为反射辐照度和入射辐照度的比率,透射率 T 为透射辐照度和入射辐照度的比率,于是

$$\begin{aligned}T&=\frac{I_\mathrm{t}}{I_\mathrm{i}}=\frac{y_1}{y_0}\tau^2=\frac{4y_0y_1}{(y_0+y_1)^2}=\frac{4n_0n_1}{(n_0+n_1)^2}\\R&=\frac{I_\mathrm{r}}{I_\mathrm{i}}=\rho^2=\left(\frac{y_0-y_1}{y_0+y_1}\right)^2=\left(\frac{n_0-n_1}{n_0+n_1}\right)^2\end{aligned} \tag{2.51}$$

由式(2.50),并利用式(2.51)可得

$$(1-R)=T \tag{2.52}$$

因此,式(2.50)、式(2.51)和式(2.52)与将辐照度分割成入射、反射和透射辐照度的思想一致,它们能被处理成分离的波,第二种介质中的能流只是入射辐照度和反射辐照度的简单差值。注意到目前为止,我们假设介质没有任何吸收;随后将看到,当介质出现吸收时,情况会有所改变。

2.2.2　倾斜入射

现在考虑倾斜入射的情况,仍保留无吸收介质的条件。对于入射波矢量振幅的任意方向,

我们很快发现应用边界条件可以得到反射波和透射波矢量振幅的复杂表达式。幸运的是,入射波存在两个方位,使我们可以直截了当地计算。这两个方位是位于入射面内的电场强度矢量振幅(图 2.1 中的 xy 平面)和与入射面垂直的电场强度矢量振幅(平行于图 2.1 中的 y 轴)。在这两种情形的每一种中,透射和反射电场强度矢量振幅的取向都与入射波的相同,因此,任意偏振的任何入射波都可以分割成具有这两种简单取向的两个分量。每种情形的透射和反射分量可以分开计算,然后将它们组合到一起就会得到所要的结果。因此,只需要考虑这两个取向,它们有特殊的称谓。

电场强度矢量位于入射面内的波称为 p 偏振波,有时也称为 TM 波(横磁波);电场强度矢量垂直于入射面的波称为 s 偏振波,有时也称为 TE 波(横电波)。p 和 s 分别来自德语 parallel(平行的)和 senkrecht(垂直的)。实际中在计算反射振幅和透射振幅之前,必须选择矢量的不同参考方向,并根据它们计算相位差。我们这次仍有选择的完全自由,但一旦建立了某个约定,就必须坚持这种约定,正如在垂直入射的情形中那样。本书中采用的约定如图 2.3 所示,与垂直入射时建立的约定一致。在一些著作中,对 p 偏振的反射光采用了相反的约定,这会导致与垂直入射时推导的结果不一致,因此要尽量避免这种情况。需要注意的是,对于椭圆偏振光,由于参考方向一致的原因,用椭圆偏光法计算 p 偏振光时,标准的约定与图 2.3 中的相反。因此,当比较椭圆偏光法的参数与我们所用表达式的结果时,通常需要在 p 偏振反射的结果中引入 180°的相移。

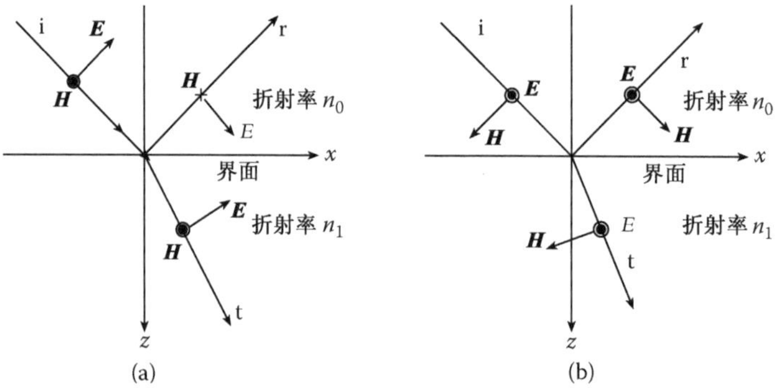

图 2.3 (a)p 偏振光(TM 波)的电场强度和磁场强度矢量正方向的约定;
(b)s 偏振光(TE 波)的电场强度和磁场强度矢量正方向的约定

现在就可以应用边界条件了,因为已经保证相位因子是正确的,只需要考虑矢量振幅。

1. p 偏振光

(1)电场强度分量平行于边界,并沿边界连续,因此有

$$\mathcal{E}_\mathrm{i}\cos\vartheta_0+\mathcal{E}_\mathrm{r}\cos\vartheta_0=\mathcal{E}_\mathrm{t}\cos\vartheta_1 \tag{2.53}$$

(2)磁场强度分量平行于边界,并沿边界连续。

这里需要计算磁场强度矢量振幅,这可以通过将式(2.30)直接作用到式(2.53)上得到,也可以通过图 2.3 并经过转换$\mathcal{H}=y\,\mathcal{E}$得到(因为磁场强度矢量已经平行于边界),即

$$y_0\mathcal{E}_\mathrm{i}-y_0\mathcal{E}_\mathrm{r}=y_1\mathcal{E}_\mathrm{t} \tag{2.54}$$

根据这两个式子先消掉$\mathscr{E}_t$再消掉$\mathscr{E}_r$，得到$\mathscr{E}_r/\mathscr{E}_i$和$\mathscr{E}_t/\mathscr{E}_i$的表达式为

$$\frac{\mathscr{E}_r}{\mathscr{E}_i}=\frac{y_0\cos\vartheta_1-y_1\cos\vartheta_0}{y_0\cos\vartheta_1+y_1\cos\vartheta_0}$$
$$\frac{\mathscr{E}_t}{\mathscr{E}_i}=\frac{2y_0\cos\vartheta_0}{y_0\cos\vartheta_1+y_1\cos\vartheta_0} \tag{2.55}$$

然后，令

$$R=\left(\frac{\mathscr{E}_r}{\mathscr{E}_i}\right)^2,\quad T=\frac{y_1}{y_0}\left(\frac{\mathscr{E}_t}{\mathscr{E}_i}\right)^2$$

乍一看，这是符合逻辑的。但是，当计算出结果的表达式时，发现 $R+T\neq1$。实际上，在计算中没任何错误。我们还计算了沿波传播方向测量的辐照度，并且透射波是以与入射波不同的角度倾斜的。这就留下一个问题：接受这个定义将意味着拒绝承认 $R+T=1$ 的法则。

通过改变 T 的定义，将它对角度的依赖关系包括进去，就可以纠正这一情况。但是，通常更愿意接受另外一种处理方法，即利用与界面垂直的能流的分量，这样在这些计算中涉及的 $\boldsymbol{E}$ 和 $\boldsymbol{H}$ 矢量都平行于边界。当处理波的振幅问题时，因为直接利用了边界条件，看起来是合理的。注意，当采用限制光束（如激光器的输出）时，用辐照度的垂直能流定义的无限平面波的反射率和透射率，与用总光功率的比值定义的反射率和透射率绝对一致。

薄膜光学中利用的是平行于边界的 $\boldsymbol{E}$ 和 $\boldsymbol{H}$ 的分量，在和振幅有关的表达式 ρ 和τ中，它们称为切向分量。注意，在光学的其他领域中，振幅表达式采用 $\boldsymbol{E}$ 和 $\boldsymbol{H}$ 的所有分量表示，而反射率和透射率采用辐照度的分量表示。振幅系数称为菲涅耳系数，薄膜系数并不是菲涅耳系数（垂直入射除外），尽管实际中只有两者的 p 偏振的振幅透射系数有差别。

我们计算了 $\boldsymbol{E}$ 和 $\boldsymbol{H}$ 的切向分量（即平行于边界的分量），目的是将它们应用在式（2.53）和式（2.54）中，但对它们引入特定的符号$\mathcal{E}$和$\mathcal{H}$更为方便。这样可以写为

$$\mathcal{E}_i=\mathscr{E}_i\cos\vartheta_0,\quad \mathcal{H}_i=\mathscr{H}_i=y_0\mathscr{E}_i=\frac{y_0}{\cos\vartheta_0}\mathcal{E}_i \tag{2.56}$$

$$\mathcal{E}_r=\mathscr{E}_r\cos\vartheta_0,\quad \mathcal{H}_r=\frac{y_0}{\cos\vartheta_0}\mathcal{E}_r \tag{2.57}$$

$$\mathcal{E}_t=\mathscr{E}_t\cos\vartheta_1,\quad \mathcal{H}_t=\frac{y_1}{\cos\vartheta_1}\mathcal{E}_t \tag{2.58}$$

这些矢量的取向与光垂直入射时的情况完全相同。式（2.53）和式（2.54）还可以写成下面的形式：

（1）电场强度矢量平行于边界

$$\mathcal{E}_i+\mathcal{E}_r=\mathcal{E}_t$$

（2）磁场强度矢量平行于边界

$$\frac{y_0}{\cos\vartheta_0}\mathcal{H}_i-\frac{y_0}{\cos\vartheta_0}\mathcal{H}_r=\frac{y_1}{\cos\vartheta_1}\mathcal{H}_t$$

通过与垂直入射时采用的类似步骤，可得

$$\rho_p = \frac{\mathcal{E}_r}{\mathcal{E}_i} = \left(\frac{y_0}{\cos\vartheta_0} - \frac{y_1}{\cos\vartheta_1}\right) \Big/ \left(\frac{y_0}{\cos\vartheta_0} + \frac{y_1}{\cos\vartheta_1}\right) \tag{2.59}$$

$$\tau_p = \frac{\mathcal{E}_t}{\mathcal{E}_i} = \left(\frac{2y_0}{\cos\vartheta_0}\right) \Big/ \left(\frac{y_0}{\cos\vartheta_0} + \frac{y_1}{\cos\vartheta_1}\right) \tag{2.60}$$

$$R_p = \left[\left(\frac{y_0}{\cos\vartheta_0} - \frac{y_1}{\cos\vartheta_1}\right) \Big/ \left(\frac{y_0}{\cos\vartheta_0} + \frac{y_1}{\cos\vartheta_1}\right)\right]^2 \tag{2.61}$$

$$T_p = \left(\frac{4y_0y_1}{\cos\vartheta_0\cos\vartheta_1}\right) \Big/ \left(\frac{y_0}{\cos\vartheta_0} + \frac{y_1}{\cos\vartheta_1}\right)^2 \tag{2.62}$$

式中，$y_0 = n_0\mathscr{Y}$且 $y_1 = n_1\mathscr{Y}$，同时满足 $R + T = 1$ 的法则。在上面的表达式中，下标 p 表示 p 偏振。

必须指出的是，现在τ_p的表达式不同于菲涅耳振幅透射系数的表达式(2.55)。幸运的是，式(2.55)和式(2.61)中的反射系数相同；因为反射系数用的更多些，所以困扰就少些。

2. s 偏振光

在 s 偏振的情形中，平行于边界的电磁场分量的振幅为

$$\mathcal{E}_i = \mathscr{E}_i, \quad \mathcal{H}_i = \mathscr{H}_i\cos\vartheta_0 = (y_0\cos\vartheta_0)\mathcal{E}_i$$

$$\mathcal{E}_r = \mathscr{E}_r, \quad \mathcal{H}_r = \mathscr{H}_r\cos\vartheta_0 = (y_0\cos\vartheta_0)\mathcal{E}_r$$

$$\mathcal{E}_t = \mathscr{E}_t, \quad \mathcal{H}_t = (y_1\cos\vartheta_1)\mathcal{E}_t$$

这里，切向分量的取向恰好与垂直入射时的相同。通过类似的分析可得

$$\rho_s = \frac{\mathcal{E}_r}{\mathcal{E}_i} = (y_0\cos\vartheta_0 - y_1\cos\vartheta_1)/(y_0\cos\vartheta_0 + y_1\cos\vartheta_1) \tag{2.63}$$

$$\tau_s = \frac{\mathcal{E}_t}{\mathcal{E}_i} = (2y_0\cos\vartheta_0)/(y_0\cos\vartheta_0 + y_1\cos\vartheta_1) \tag{2.64}$$

$$R_s = [(y_0\cos\vartheta_0 - y_1\cos\vartheta_1)/(y_0\cos\vartheta_0 + y_1\cos\vartheta_1)]^2 \tag{2.65}$$

$$T_p = (4y_0\cos\vartheta_0 y_1\cos\vartheta_1)/(y_0\cos\vartheta_0 + y_1\cos\vartheta_1)^2 \tag{2.66}$$

式中，仍有 $y_0 = n_0\mathscr{Y}$且 $y_1 = n_1\mathscr{Y}$，同时满足 $R + T = 1$ 的法则，下标 s 表示 s 偏振。

2.2.3 倾斜入射的光学导纳

到目前为止，我们推导的表达式都是它们传统的形式(除了采用切向分量而不是完全的矢量振幅外)，其中含有不同介质的特征导纳，或折射率与自由空间中的导纳$\mathscr{Y}$。但是，当考虑薄膜的特性时，这种符号会出现更多，也变得越来越棘手。

由式(2.30)可得 $\boldsymbol{H} = y(\hat{s}\times\boldsymbol{E})$，这里 $y = N\mathscr{Y}$为光学导纳。我们发现，用 $\boldsymbol{E}$ 和 $\boldsymbol{H}$ 平行于边界的分量$\mathcal{E}$和$\mathcal{H}$处理问题会很方便，因此引入倾斜入射的光学导纳 η，它和$\mathcal{E}$、$\mathcal{H}$的关系为

$$\eta = \frac{\mathcal{H}}{\mathcal{E}} \tag{2.67}$$

当垂直入射时，$\eta = y = n\mathscr{Y}$，而当斜入射时有

$$\eta_p = \frac{y}{\cos\vartheta} = \frac{n\mathscr{Y}}{\cos\vartheta} \tag{2.68}$$

$$\eta_s = y\cos\vartheta = n\mathscr{Y}\cos\vartheta \tag{2.69}$$

其中，式(2.68)和式(2.69)中的 ϑ 和 y 是适合于特定介质的值，必须用折射定律(2.42)来计算 ϑ。于是，在所有情况下，可以写成

$$\rho = \left(\frac{\eta_0 - \eta_1}{\eta_0 + \eta_1}\right), \qquad \tau = \frac{2\eta_0}{\eta_0 + \eta_1} \tag{2.70}$$

$$R = \left(\frac{\eta_0 - \eta_1}{\eta_0 + \eta_1}\right)^2, \qquad T = \frac{4\eta_0\eta_1}{(\eta_0 + \eta_1)^2} \tag{2.71}$$

这些公式可用来计算两种无限大介质之间形成的单一界面的反射率。例如，反射率随入射角的变化如图2.4所示，在这种情况下，材料没有吸收。可以看出，p偏振光(TM)的反射率在某个确定的角度下为零，这一特殊的入射角称为布儒斯特角。它特别重要，尤其是在要求光电元件端面窗口的反射损耗必须接近于零的场合，布儒斯特角有很多应用。若想得到线偏振光，一个很好的选择是使光按布儒斯特角入射到一个平板上，以布儒斯特角反射的光也是线偏振的，其电场强度矢量与入射面垂直。这就提供了鉴别起偏器和检偏器绝对方向的一种方法，而用其他鉴别方法非常困难。

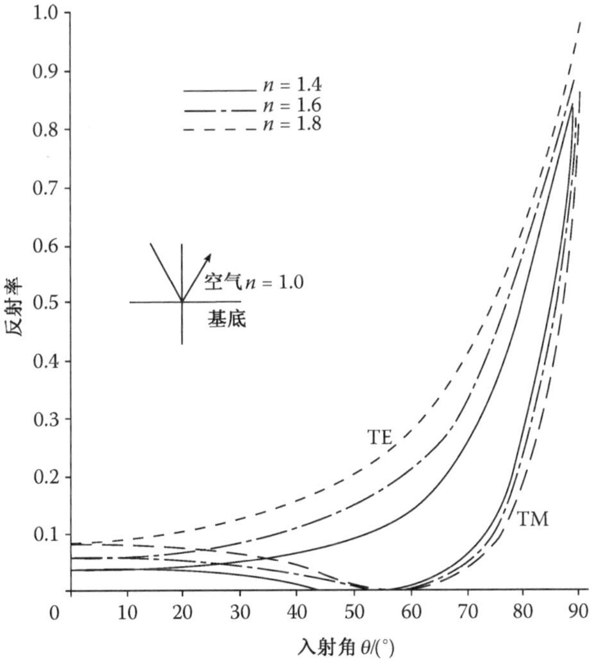

图2.4　当折射率取不同值时，反射率随入射角的变化

布儒斯特角表达式的推导如下，因为 p 偏振光的反射率为零，所以由式(2.61)可得

$$\frac{y_0}{\cos\vartheta_0}=\frac{n_0\mathscr{Y}}{\cos\vartheta_0}=\frac{y_1}{\cos\vartheta_1}=\frac{n_1\mathscr{Y}}{\cos\vartheta_1}$$

折射定律又给出了 ϑ_0 和 ϑ_1 之间的另一个关系

$$n_0\sin\vartheta_0=n_1\sin\vartheta_1$$

从这两个式子中消去 ϑ_1，便得到 ϑ_0 的表示式为

$$\tan\vartheta_0=n_1/n_0 \tag{2.72}$$

注意，以上推导利用了对光频成立的关系 $y=n\mathscr{Y}$。

图 2.5 给出了一些介质材料的倾斜导纳随空气中的入射角的变化，注意到当折射率增加时，两个倾斜导纳的分叉(偏振分离)变小。

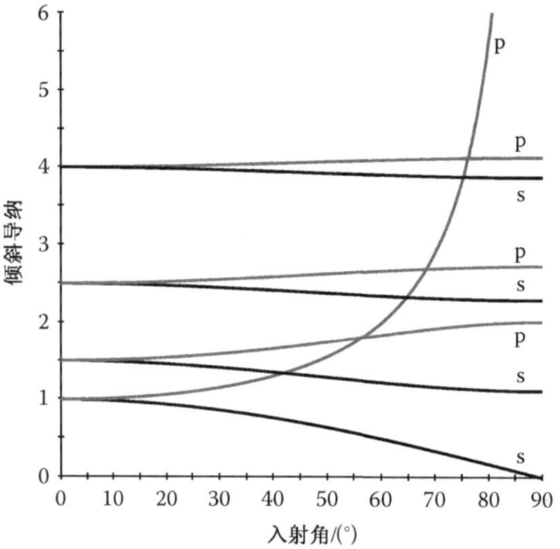

图 2.5　几种介质材料(无吸收)的倾斜导纳随空气中入射角的变化

2.2.4　吸收介质中的垂直入射

当介质存在吸收时，需要对上面的结果进行修正。首先，考虑垂直入射的情况，并写成

$$N_0=n_0-\mathrm{i}k_0$$

$$N_1=n_1-\mathrm{i}k_1$$

$$y_0=N_0\mathscr{Y}=(n_0-\mathrm{i}k_0)\mathscr{Y}$$

$$y_1=N_1\mathscr{Y}=(n_1-\mathrm{i}k_1)\mathscr{Y}$$

分析过程与无损耗介质的相同，边界条件也与前面一样。

(1)电场强度矢量沿边界连续：

$$\mathcal{E}_\mathrm{i}+\mathcal{E}_\mathrm{r}=\mathcal{E}_\mathrm{t}$$

(2)磁矢量沿边界连续：

$$y_0\mathcal{E}_i - y_0\mathcal{E}_r = y_1\mathcal{E}_t$$

先消去$\mathcal{E}_t$再消去$\mathcal{E}_r$，可以得到振幅系数的表达式为

$$\rho = \frac{\mathcal{E}_r}{\mathcal{E}_i} = \frac{y_0 - y_1}{y_0 + y_1} = \frac{(n_0 - \mathrm{i}k_0)\mathcal{Y} - (n_1 - \mathrm{i}k_1)\mathcal{Y}}{(n_0 - \mathrm{i}k_0)\mathcal{Y} + (n_1 - \mathrm{i}k_1)\mathcal{Y}} = \frac{(n_0 - n_1) - \mathrm{i}(k_0 - k_1)}{(n_0 + n_1) - \mathrm{i}(k_0 + k_1)} \tag{2.73}$$

$$\tau = \frac{\mathcal{E}_t}{\mathcal{E}_i} = \frac{2y_0}{y_0 - y_1} = \frac{2(n_0 - \mathrm{i}k_0)\mathcal{Y}}{(n_0 - \mathrm{i}k_0)\mathcal{Y} + (n_1 - \mathrm{i}k_1)\mathcal{Y}} = \frac{2(n_0 - \mathrm{i}k_0)}{(n_0 + n_1) - \mathrm{i}(k_0 + k_1)} \tag{2.74}$$

当我们试图将这一思路延伸到反射率和透射率时，麻烦就开始了。仍保持垂直入射的条件不变，按照无吸收介质采用的方法，计算每种介质边界处的坡印亭矢量并令它们的值相等。在入射介质中，由此得到的电场和磁场分别为

$$\mathcal{E}_i + \mathcal{E}_r = \mathcal{E}_i(1+\rho)$$

和

$$\mathcal{H}_i - \mathcal{H}_r = y_0(1-\rho)\mathcal{E}_i$$

其中，利用了电场强度和磁场强度矢量的切向分量的符号。在第二种介质中，电场强度和磁场强度分别为$\tau\mathcal{E}_i$和$y_1\tau\mathcal{E}_i$。于是，边界两侧的净辐照度分别为

介质0： $$I = \mathrm{Re}\left\{\frac{1}{2}[\mathcal{E}_i(1+\rho)][y_0^*(1-\rho^*)\mathcal{E}_i^*]\right\}$$

介质1： $$I = \mathrm{Re}\left\{\frac{1}{2}[\tau\mathcal{E}_i][y_1^*\tau^*\mathcal{E}_i^*]\right\}$$

令这两个值相等，可得在边界处有

$$\begin{gathered}\mathrm{Re}\left[\frac{1}{2}y_0^*\mathcal{E}_i\mathcal{E}_i^*(1+\rho-\rho^*-\rho\rho^*)\right] = \frac{1}{2}\mathrm{Re}(y_1)\tau\tau^*\mathcal{E}_i\mathcal{E}_i^* \\ \frac{1}{2}\mathrm{Re}(y_0^*)\mathcal{E}_i\mathcal{E}_i^* - \frac{1}{2}\mathrm{Re}(y_0^*)\rho\rho^*\mathcal{E}_i\mathcal{E}_i^* + \frac{1}{2}\mathrm{Re}[y_0^*(\rho-\rho^*)]\mathcal{E}_i\mathcal{E}_i^* = \frac{1}{2}\mathrm{Re}(y_1)\tau\tau^*\mathcal{E}_i\mathcal{E}_i^*\end{gathered} \tag{2.75}$$

将垂直入射条件下式(2.75)不同项的结果代入，可得

$$I_i - RI_i + \frac{1}{2}\mathrm{Re}[y_0^*(\rho-\rho^*)]\mathcal{E}_i\mathcal{E}_i^* = TI_i \tag{2.76}$$

式中，$\rho-\rho^*$是虚数，这意味着若y_0为实数，式(2.76)中的第三项为零，其他项构成了入射、反射和透射辐照度，并且这些项达到平衡。若y_0为复数，则它的虚部与虚数($\rho-\rho^*$)结合，可以得到$T+R\neq 1$的结果。分析中涉及的辐照度实际上是厚度为零的边界处的值，从波移走能量或馈赠能量给波均是不可能的，因此，前面假设的辐照度可以分成单独的入射辐照度、反射辐照度和透射辐照度是不正确的。困难源于入射场和透射场之间的耦合，这种耦合只有在吸收介质中发生，当计算能量输运时必须要考虑。振幅系数的表达式完全正确。人们对这种现象有了很好的理解，很多人进行过描述，但可能 Berning[4] 的论述最容易理解。

附加项在k^2/n^2的量级。对要进行的任何合理的实验，入射介质的吸收必须足够小，这样

才能以可以接受的小误差完成必要的比较测量。在这些情形中,误差小得难以察觉。尽管在多层薄膜中我们处理的是吸收介质,但入射介质不能是强吸收的;如果假设入射介质没有吸收,则也不会太失去一般性。因为振幅系数的表达式是正确的,所以对吸收介质中振幅的任何计算都是正确的。我们必须确保反射率的计算是在透明介质中进行的,有了这条限制,就可以得到

$$R=\left(\frac{y_0-y_1}{y_0+y_1}\right)\left(\frac{y_0-y_1}{y_0+y_1}\right)^* \tag{2.77}$$

$$T=\frac{4y_0\operatorname{Re}(y_1)}{(y_0+y_1)(y_0+y_1)^*} \tag{2.78}$$

式中,y_0是实数。

我们已经回避了与在 y_0为复数的介质中定义反射率有关的问题,只有当入射介质的增益或吸收足够小时才定义它的反射率。但是,若不定义反射率,在处理减反射的意义时就会有麻烦,实际中存在与吸收基底后表面镀的减反射膜有关的情况。我们确实需要处理这个问题,尽管迄今尚未讨论过减反射膜。在此处讨论这个问题是比较方便的,因为我们有了相关理论基础。有关讨论最早是在 1995 年出版的[5]。

通常,减反射膜的目的是减小反射率。但是,减小反射率的目的常常是为了相应地增加透射率。尽管吸收或放大介质很少存在用反射率表示的问题,但有时必须处理这样的平板问题:平板两侧的材料要增加总的透射率。因此,在这种背景下,定义减反射膜为实际中可以增加透射率并使之最大化的薄膜。但是,为了完成这个定义,首先需要定义什么是透射率。

在系统的出射一侧测量辐照度不会有任何问题,即使出射介质是有吸收的。对于测量入射辐照度则要更困难些,但如果移走透射结构,并用一个无限大的入射介质材料替代它,那么就可以定义辐照度。这样,透射率简单等于这两个值的比,也就是

$$I_{\text{inc}}=\frac{1}{2}\operatorname{Re}(y_0)\mathcal{E}_{\text{i}}\mathcal{E}_{\text{i}}^*$$

并且

$$T=\frac{\frac{1}{2}\operatorname{Re}(y_1)\mathcal{E}_{\text{t}}\mathcal{E}_{\text{t}}^*}{\frac{1}{2}\operatorname{Re}(y_0)\mathcal{E}_{\text{i}}\mathcal{E}_{\text{i}}^*}$$

通过一个很小的处理

$$T=1-\rho\rho^*+\frac{\operatorname{Re}[y_0^*(\rho-\rho^*)]}{\operatorname{Re}(y_0)} \tag{2.79}$$

后,与式(2.76)完全一致。

另一种形式采用

$$\mathcal{E}_{\text{t}}=\frac{2y_0}{(y_0+y_1)}\mathcal{E}_{\text{i}}$$

因此

$$T=\frac{4y_0y_0^*\operatorname{Re}(y_1)}{\operatorname{Re}(y_0)\cdot\left[(y_0+y_1)(y_0+y_1)^*\right]} \tag{2.80}$$

现在,令表面镀有一个介质膜系,其引入了导纳 Y。当不存在吸收时,进入薄膜系统的净辐照度必须仍等于出射辐照度,即

$$T=\frac{4y_0y_0^*\operatorname{Re}(Y)}{\operatorname{Re}(y_0)\cdot\left[(y_0+Y)(y_0+Y)^*\right]} \tag{2.81}$$

令 $Y=\alpha+i\beta$,于是

$$T=\frac{4\alpha(n_0^2+k_0^2)}{n_0\left[(n_0+\alpha)^2+(k_0-\beta)^2\right]}$$

容易证明,当

$$Y=\alpha+i\beta=n_0+ik_0=(n_0-ik_0)^* \tag{2.82}$$

时 T 达到最大值。

因此,膜系的匹配导纳应是入射导纳的复共轭。对于这一理想的匹配,透射率变为

$$T=\left(1+\frac{k_0^2}{n_0^2}\right)$$

上式的值大于1,这不是错误,而是透射率的定义带来的结果。在一个波长的距离内,辐照度大约降低到原来的 $1/(4\pi k_0)$ 倍,这要比 $k_0{}^2/n_0{}^2$ 的任何正常值大一些,这是因为在其他场合下,辐照度是按指数减小的。造成这种现象的原因在于出现了界面,而且辐照度减小的速率是周期波动的。注意,如果薄膜被设计成 n_0-ik_0 而不是它的复共轭,则透射率就是1。

介质膜将导纳 y_1 变换到导纳 y_0^*,反过来,还可以将导纳 y_0 正好变换到导纳 y_1^*。后面讨论诱导透射滤光片时将更具体地处理这个问题。于是,在最佳镀膜条件下,将在两个方向上得到同样的最高透射率。这意味着,对于相同的入射介质和出射介质中的吸收基底,前、后表面应镀有完全相似的减反射膜。

尽管还有点不成熟,但为方便起见,这里要提到,材料的镀膜薄片特性的计算涉及多光束,这些光束可以相干合成也可以非相干合成。相干情况下就是常见的干涉计算,在处理诱导透射滤光片时再对此讨论。我们将会看到,当吸收膜变厚时,诱导透射滤光片的匹配法则趋向于式(2.82)。乍一看,非相干情况更不明显。对于多光束计算,对反射光束的估计是必需的。这样的计算表明,吸收不是很高,不能完全消除在系统中维持往返移动的某个光束。反过来,这意味着在一个波长距离上的损耗可以忽略;换句话说,$4\pi k_0$ 非常小,其影响大小的上限为 $k_0{}^2/n_0{}^2$,这仍不起多大作用。为使非相干计算合适,必须扰乱相位以"洗去"它的影响。为进行这一计算,可以假设相位扰乱源于孔径上反射面的位置变化。式(2.82)中附加项的相位被锁定到反射面,这样在可选为参考面的任何平面上,附加项的平均将为零,因为 ρ 具有在全

部四个象限内变化的相位。因此，对于多光束计算，反射率可简单取为 $\rho\rho^*$。当 k_0^2/n_0^2 的值比较大时，吸收将非常高，这对自动忽略多光束的影响就足够了。

2.2.5 吸收介质中的倾斜入射

在前面的章节中，把倾斜入射限制在透明入射介质、吸收出射介质。首要目标是保证相位因子一致，利用前面的一些结果，可以将相位因子写成下面的形式。

$$\exp\{\mathrm{i}[\omega t-(2\pi n_0/\lambda)(x\sin\vartheta_0+z\cos\vartheta_0)]\}\quad（入射）$$

$$\exp\{\mathrm{i}[\omega t-(2\pi n_0/\lambda)(x\sin\vartheta_0-z\cos\vartheta_0)]\}\quad（反射）$$

$$\exp\{\mathrm{i}[\omega t-(2\pi\{n_1-\mathrm{i}k_1\}/\lambda)(\alpha x+\gamma z)]\}\quad（透射）$$

式中，只有透射相位因子中的 α 和 γ 是未知的。当 $z=0$ 时，对所有 x 和 t，相位因子必须完全相等，这意味着

$$\alpha=\frac{n_0\sin\vartheta_0}{(n_1-\mathrm{i}k_1)}$$

而且，由于 $\alpha^2+\gamma^2=1$，有

$$\gamma=(1-\alpha^2)^{1/2}$$

上面的方程有两个解，必须决定应该取哪个解。我们注意到对 $(n_1-\mathrm{i}k_1)\alpha$ 和 $(n_1-\mathrm{i}k_1)\gamma$ 有严格的要求。

$$(n_1-\mathrm{i}k_1)\gamma=\left[(n_1-\mathrm{i}k_1)^2-n_0^2\sin^2\vartheta_0\right]^{1/2}$$

$$=\left[n_1^2-k_1^2-n_0^2\sin^2\vartheta_0-\mathrm{i}2n_1k_1\right]^{1/2}\tag{2.83}$$

方根内的量在第三象限或第四象限，所以方根在第二象限（$-a+\mathrm{i}b$ 的形式）或第四象限（$a-\mathrm{i}b$ 的形式）。如果考虑当将这些值代入到相位因子中时会发生什么，就会发现第四象限的解一定是正确的，因为这导致振幅随 z 呈指数衰减；第二象限的解导致振幅随 z 增加，这意味着波沿相反方向传播。第四象限的解也与无吸收的解一致。因此，透射波相位因子的形式为

$$\exp\{\mathrm{i}[\omega t-(2\pi n_0\sin\vartheta_0 x/\lambda)-(2\pi/\lambda)(a-\mathrm{i}b)z]\}$$

$$=\exp(-2\pi bz/\lambda)\exp\{\mathrm{i}[\omega t-(2\pi n_0\sin\vartheta_0 x/\lambda)-(2\pi az/\lambda)]\}$$

式中

$$(a-\mathrm{i}b)=[n_1^2-k_1^2-n_0^2\sin^2\vartheta_0-\mathrm{i}2n_1k_1]^{1/2}$$

具有这种相位因子的波称为非均匀波，其振幅沿 z 轴呈指数衰减，而传播方向由方向余弦决定，可以通过下式得到：

$$(2\pi n_0\sin\vartheta_0 x/\lambda)+(2\pi az/\lambda)$$

这种波的存在为选择考虑平行于边界的场分量和垂直于边界的能流，提供了另一个很好的理由。

这里必须注意，如果考虑到可能出现复角，无吸收介质情况下的公式可以同样应用于吸收

介质的情况,于是写成

$$(n_1 - \mathrm{i}k_1)\sin\vartheta_1 = n_0 \sin\vartheta_0$$

$$\alpha = \sin\vartheta_1$$

$$\gamma = \cos\vartheta_1$$

$$(a - \mathrm{i}b) = (n_1 - \mathrm{i}k_1)\cos\vartheta_1$$

振幅的计算遵循前面同样的方法。但是,前面没有分析非均匀波所隐含的意义,我们主要关心的是与这样的波相联系的倾斜导纳的计算。因为波的 x、y 和 t 变量都包含在相位因子中,可以写成

$$\mathrm{curl} \equiv \left(\frac{\partial}{\partial x}\boldsymbol{i} + \frac{\partial}{\partial x}\boldsymbol{j} + \frac{\partial}{\partial x}\boldsymbol{k}\right) \times$$

$$\equiv \left(-\mathrm{i}\frac{2\pi N}{\lambda}\alpha\boldsymbol{i} - \mathrm{i}\frac{2\pi N}{\lambda}\gamma\boldsymbol{k}\right) \times$$

并且

$$\frac{\partial}{\partial t} \equiv \mathrm{i}\omega$$

式中,$\boldsymbol{k}$ 是 z 方向上的单位矢量,不要与消光系数 k 相混淆。

对于 p 偏振波,$\boldsymbol{H}$ 矢量平行于 y 方向的边界,因此 $\boldsymbol{H} = \mathcal{H}_y\boldsymbol{j}$,于是 $\boldsymbol{E}$ 平行于边界的分量在 x 方向,即$\mathcal{E}_x\boldsymbol{i}$。与前面一样,遵照推导式(2.25)的分析过程,

$$\mathrm{curl}\boldsymbol{H} = \sigma\boldsymbol{E} + \varepsilon\frac{\partial\boldsymbol{E}}{\partial t} = (\sigma + \mathrm{i}\omega\varepsilon)\boldsymbol{E} = \frac{\mathrm{i}\omega N^2}{c^2\mu}\boldsymbol{E}$$

现在,curl$\boldsymbol{H}$ 的切向分量沿 x 方向,因此

$$-\mathrm{i}\frac{2\pi N}{\lambda}\gamma(\boldsymbol{k}\times\boldsymbol{j})\mathcal{H}_y = \mathrm{i}\frac{\omega N^2}{c^2\mu}\mathcal{E}_x\boldsymbol{i}$$

但

$$-(\boldsymbol{k}\times\boldsymbol{j}) = \boldsymbol{i}$$

于是

$$\eta_{\mathrm{p}} = \frac{\mathcal{H}_y}{\mathcal{E}_x} = \frac{\omega N\lambda}{2\pi c^2\mu\gamma} = \frac{N}{c\mu\gamma} = \frac{N\mathcal{Y}}{\gamma} = \frac{y}{\gamma}$$

对于 s 偏振波,利用

$$\mathrm{curl}\boldsymbol{E} = -\frac{\partial\boldsymbol{B}}{\partial t} = -\mu\frac{\partial\boldsymbol{H}}{\partial t}$$

现在 $\boldsymbol{E}$ 沿 y 轴,通过与 p 偏振波类似的分析,可得

$$\eta_{\mathrm{s}} = \frac{\mathcal{H}_x}{\mathcal{E}_y} = N\mathcal{Y}\gamma = y\gamma \tag{2.84}$$

假设 ϑ 允许为复数,现在 γ 可以看成 $\cos\vartheta$,于是

$$\begin{aligned}\eta_p &= y/\cos\vartheta \\ \eta_s &= y\cos\vartheta\end{aligned} \tag{2.85}$$

作为另一种选择,还可以利用式(2.83)和式(2.84),并结合 $y=(n-\mathrm{i}k)\mathscr{Y}$ 可得

$$\eta_s = \mathscr{Y}\left[n_1^2 - k_1^2 - n_0^2\sin^2\vartheta_0 - \mathrm{i}2n_1k_1\right]^{1/2} \tag{2.86}$$

第四象限的解是正确的解,于是

$$\eta_p = \frac{y^2}{\eta_s} \tag{2.87}$$

这种形式与式(2.85)完全一致,但避免了与象限有关的任何问题。于是,与前面一样,振幅和辐照度系数变为

$$\rho = \frac{\eta_0 - \eta_1}{\eta_0 + \eta_1} \tag{2.88}$$

$$\tau = \frac{2\eta_0}{\eta_0 + \eta_1} \tag{2.89}$$

$$R = \left(\frac{\eta_0 - \eta_1}{\eta_0 + \eta_1}\right)\left(\frac{\eta_0 - \eta_1}{\eta_0 + \eta_1}\right)^* \tag{2.90}$$

$$T = \frac{4\eta_0\,\mathrm{Re}(\eta_1)}{(\eta_0+\eta_1)(\eta_0+\eta_1)^*} \tag{2.91}$$

当然,对于无吸收介质,这些表达式也是正确的。

2.3　单层薄膜的反射率

上述分析可以直接推广到在基底表面镀以平行平面薄膜的情况。两个(或更多个)界面意味着通过连续的反射可以产生很多光束,而且膜的特性将决定于这些光束的和。当在反射或透射光中能够检测到完全的干涉效应时,我们就说膜是"薄"的,这种情况被描述为相干的。当检测不到干涉效应时,我们就说膜是"厚"的,这种情况被描述为不相干的。相干和不相干取决于不同光束之间有无固定的相位关系,而这又依赖于光和接收机的特性以及膜的质量。在不同的光照条件下,同样的膜既可以是薄的,也可以是厚的。通常情况下,我们发现基底上的膜可以处理成薄的,而支撑膜的基底可以看成是厚的。厚膜和基底将在本章的最后讨论,这里我们只关注薄膜。

平面波在薄膜上的入射如图 2.6 所示,为方便起见,引入一个新符号,将入射方向的波用符号"+"(即正方向行进)表示,而反方向的波用符号"−"(即反方向行进)表示。

薄膜、入射介质和基底之间的界面用符号 a 和 b 表示,处理方法可以与前面讨论的简单边界的处理方法完全相同。考虑波的切向分量,在基底中没有反向行进的波,而在薄膜中的波可

分为一正向行进的波和一反向行进的波。于是在此界面 $\boldsymbol{E}$ 和 $\boldsymbol{H}$ 的切向分量为

$$\mathcal{E}_b=\mathcal{E}_{1b}^{+}+\mathcal{E}_{1b}^{-}$$

$$\mathcal{H}_b=\eta_1\mathcal{E}_{1b}^{+}-\eta_1\mathcal{E}_{1b}^{-}$$

式中,忽略了公共相位因子,并用$\mathcal{E}_b$和$\mathcal{H}_b$表示所得结果。因此

$$\mathcal{E}_{1b}^{+}=\frac{1}{2}(\mathcal{H}_b/\eta_1+\mathcal{E}_b) \tag{2.92}$$

$$\mathcal{E}_{1b}^{-}=\frac{1}{2}(-\mathcal{H}_b/\eta_1+\mathcal{E}_b) \tag{2.93}$$

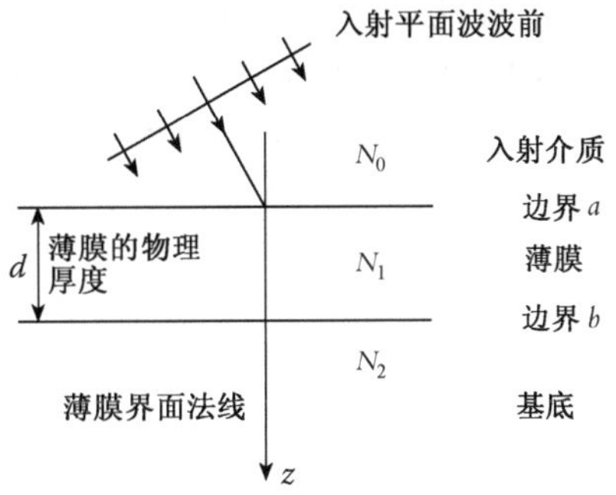

图 2.6　平面波在薄膜上的入射

$$\mathcal{H}_{1b}^{+}=\eta_1\mathcal{E}_{1b}^{+}=\frac{1}{2}(\mathcal{H}_b+\eta_1\mathcal{E}_b) \tag{2.94}$$

$$\mathcal{H}_{1b}^{-}=-\eta_1\mathcal{E}_{1b}^{-}=\frac{1}{2}(\mathcal{H}_b-\eta_1\mathcal{E}_b) \tag{2.95}$$

对于另一个界面 a 上具有相同坐标(x,y)的点,只要改变波的相位因子,使其坐标 z 由 0 移动到 $-d$,就可确定它们在同一瞬时的状况。正向行进的波的相位因子应乘以 $\exp(\mathrm{i}\delta)$,其中

$$\delta=2\pi N_1 d\cos\vartheta_1/\lambda$$

ϑ_1 可以为复数,而反向行进波的相位因子应乘以 $\exp(-\mathrm{i}\delta)$。当膜是薄膜时,上述方法是有效的。现在,利用式(2.92)~式(2.95),可以得到 $\boldsymbol{E}$ 和 $\boldsymbol{H}$ 在界面 a 的值为

$$\mathcal{E}_{1a}^{+}=\mathcal{E}_{1b}^{+}\mathrm{e}^{\mathrm{i}\delta}=\frac{1}{2}(\mathcal{H}_b/\eta_1+\mathcal{E}_b)\mathrm{e}^{\mathrm{i}\delta}$$

$$\mathcal{E}_{1a}^{-}=\mathcal{E}_{1b}^{-}\mathrm{e}^{\mathrm{i}\delta}=\frac{1}{2}(-\mathcal{H}_b/\eta_1+\mathcal{E}_b)\mathrm{e}^{-\mathrm{i}\delta}$$

$$\mathcal{H}_{1a}^{+}=\mathcal{H}_{1b}^{+}\mathrm{e}^{\mathrm{i}\delta}=\frac{1}{2}(\mathcal{H}_b+\eta_1\mathcal{E}_b)\mathrm{e}^{\mathrm{i}\delta}$$

$$\mathcal{H}_{1a}^{-}=\mathcal{H}_{1b}^{+}\mathrm{e}^{\mathrm{i}\delta}=\frac{1}{2}(\mathcal{H}_b-\eta_1\mathcal{E}_b)\mathrm{e}^{-\mathrm{i}\delta}$$

因此

$$\mathcal{E}_a=\mathcal{E}_{1a}^{+}+\mathcal{E}_{1a}^{-}=\mathcal{E}_b\left(\frac{\mathrm{e}^{\mathrm{i}\delta}+\mathrm{e}^{-\mathrm{i}\delta}}{2}\right)+\mathcal{H}_b\left(\frac{\mathrm{e}^{\mathrm{i}\delta}-\mathrm{e}^{-\mathrm{i}\delta}}{2\eta_1}\right)=\mathcal{E}_b\cos\delta+\mathcal{H}_b\frac{\mathrm{i}\sin\delta}{\eta_1}$$

$$\mathcal{H}_a=\mathcal{H}_{1a}^{+}+\mathcal{H}_{1a}^{-}=\mathcal{E}_b\eta_1\left(\frac{\mathrm{e}^{\mathrm{i}\delta}-\mathrm{e}^{-\mathrm{i}\delta}}{2}\right)+\mathcal{H}_b\left(\frac{\mathrm{e}^{\mathrm{i}\delta}+\mathrm{e}^{-\mathrm{i}\delta}}{2}\right)=\mathcal{E}_b\mathrm{i}\eta_1\sin\delta+\mathcal{H}_b\cos\delta$$

这两个式子可用矩阵形式写成

$$\begin{bmatrix}\mathcal{E}_a\\ \mathcal{H}_a\end{bmatrix}=\begin{bmatrix}\cos\delta & (\mathrm{i}\sin\delta)/\eta_1\\ \mathrm{i}\eta_1\sin\delta & \cos\delta\end{bmatrix}\begin{bmatrix}\mathcal{E}_b\\ \mathcal{H}_b\end{bmatrix} \tag{2.96}$$

因为 $\boldsymbol{E}$ 和 $\boldsymbol{H}$ 的切向分量在界面两边是连续的,而且由于在基底中仅有一正向行进的波,所以就把入射界面的 $\boldsymbol{E}$ 和 $\boldsymbol{H}$ 的切向分量与透过最后界面的 $\boldsymbol{E}$ 和 $\boldsymbol{H}$ 的切向分量联系起来。式(2.96)右边的 2 ×2 矩阵称为薄膜的特征矩阵。

仿照式(2.67),将膜系的输入光学导纳定义为

$$Y = \mathcal{H}_a/\mathcal{E}_a \tag{2.97}$$

因此,问题就变成仅仅是求在光学导纳为 η_0 的入射介质和光学导纳为 Y 的膜系之间的单一界面的反射率,故

$$\begin{aligned} \rho &= \frac{\eta_0 - Y}{\eta_0 + Y} \\ R &= \left(\frac{\eta_0 - Y}{\eta_0 + Y}\right)\left(\frac{\eta_0 - Y}{\eta_0 + Y}\right)^* \end{aligned} \tag{2.98}$$

将式(2.96)除以$\mathcal{E}_b$后把其归一化为

$$\begin{bmatrix} \mathcal{E}_a/\mathcal{E}_b \\ \mathcal{H}_a/\mathcal{E}_b \end{bmatrix} = \begin{bmatrix} B \\ C \end{bmatrix} = \begin{bmatrix} \cos\delta & (\mathrm{i}\sin\delta)/\eta_1 \\ \mathrm{i}\eta_1\sin\delta & \cos\delta \end{bmatrix}\begin{bmatrix} 1 \\ \eta_2 \end{bmatrix} \tag{2.99}$$

通过前界面归一化的电场 B 和磁场 C,可以得到膜系的特性。显然,由式(2.97)和式(2.99),可以写成

$$Y = \frac{\mathcal{H}_a}{\mathcal{E}_a} = \frac{C}{B} = \frac{\eta_2\cos\delta + \mathrm{i}\eta_1\sin\delta}{\cos\delta + \mathrm{i}(\eta_2/\eta_1)\sin\delta} \tag{2.100}$$

根据式(2.100)和式(2.98),可以计算出反射率,其中

$$\begin{bmatrix} B \\ C \end{bmatrix}$$

称为膜系的特征矩阵。

2.4　多层膜系的反射率

如图 2.7 所示,假设在前一节讨论的单层膜上再加一层膜,并将此时最后的一个界面标记为 c,则紧贴基底的膜层的特征矩阵为

$$\begin{bmatrix} \cos\delta & (\mathrm{i}\sin\delta_2)/\eta_2 \\ \mathrm{i}\eta_2\sin\delta_2 & \cos\delta_2 \end{bmatrix} \tag{2.101}$$

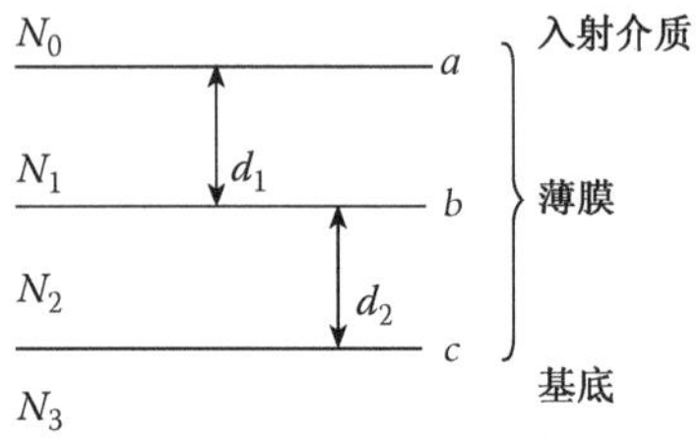

图 2.7　双层膜

由式(2.96)可得

$$\begin{bmatrix} \mathcal{E}_b \\ \mathcal{H}_b \end{bmatrix} = \begin{bmatrix} \cos\delta_2 & (\mathrm{i}\sin\delta_2)/\eta_2 \\ \mathrm{i}\eta_2\sin\delta_2 & \cos\delta_2 \end{bmatrix}\begin{bmatrix} \mathcal{E}_c \\ \mathcal{H}_c \end{bmatrix}$$

将式(2.96)再用一次,便可求得在界面 a 处的参数,即

$$\begin{bmatrix} \mathcal{E}_a \\ \mathcal{H}_a \end{bmatrix} = \begin{bmatrix} \cos\delta_1 & (\mathrm{i}\sin\delta_1)/\eta_1 \\ \mathrm{i}\eta_1\sin\delta_1 & \cos\delta_1 \end{bmatrix} \begin{bmatrix} \cos\delta_2 & (\mathrm{i}\sin\delta_2)/\eta_2 \\ \mathrm{i}\eta_2\sin\delta_2 & \cos\delta_2 \end{bmatrix} \begin{bmatrix} \mathcal{E}_c \\ \mathcal{H}_c \end{bmatrix}$$

与式(2.99)类比,可得整个膜系的特征矩阵为

$$\begin{bmatrix} B \\ C \end{bmatrix} = \begin{bmatrix} \cos\delta_1 & (\mathrm{i}\sin\delta_1)/\eta_1 \\ \mathrm{i}\eta_1\sin\delta_1 & \cos\delta_1 \end{bmatrix} \begin{bmatrix} \cos\delta_2 & (\mathrm{i}\sin\delta_2)/\eta_2 \\ \mathrm{i}\eta_2\sin\delta_2 & \cos\delta_2 \end{bmatrix} \begin{bmatrix} 1 \\ \eta_3 \end{bmatrix}$$

同前面一样,$Y=C/B$。由式(2.98)得到膜系的振幅反射系数和反射率分别为

$$\rho = \frac{\eta_0 - Y}{\eta_0 + Y}$$

$$R = \left(\frac{\eta_0 - Y}{\eta_0 + Y}\right)\left(\frac{\eta_0 - Y}{\eta_0 + Y}\right)^* \tag{2.102}$$

这一结果可以直接推广到 q 层膜系的一般情况。此时,整个膜系的特征矩阵就等于每一层膜的矩阵顺次相乘,即

$$\begin{bmatrix} B \\ C \end{bmatrix} = \left\{\prod_{r=1}^{q} \begin{bmatrix} \cos\delta_r & (\mathrm{i}\sin\delta_r)/\eta_r \\ \mathrm{i}\eta_r\sin\delta_r & \cos\delta_r \end{bmatrix}\right\} \begin{bmatrix} 1 \\ \eta_m \end{bmatrix} \tag{2.103}$$

式中

$$\delta_r = \frac{2\pi N_r d_r \cos\vartheta_r}{\lambda}$$

$$\eta_r = \mathscr{Y} N_r \cos\vartheta_r \quad \text{对于 s 偏振波(TE 波)}$$

$$\eta_r = \mathscr{Y} N_r / \cos\vartheta_r \quad \text{对于 p 偏振波(TM 波)}$$

并用下标 m 表示基底或出射介质。

$$\eta_m = \mathscr{Y} N_m \cos\vartheta_m \quad \text{对于 s 偏振波(TE 波)}$$

$$\eta_m = \mathscr{Y} N_m / \cos\vartheta_m \quad \text{对于 p 偏振波(TM 波)}$$

如果给定入射角 ϑ_0,那么可由折射定律求出 ϑ_r 的值,即

$$N_0 \sin\vartheta_0 = N_r \sin\vartheta_r = N_m \sin\vartheta_m \tag{2.104}$$

式(2.103)在薄膜光学中具有特别重要的意义,它构成几乎全部计算的基础。

薄膜特征矩阵的一个有用的性质是,其行列式等于1,就是说任意多个这样的矩阵乘积的行列式也等于1。

为避免符号和象限上的困难,在吸收介质中,相位厚度和导纳为

$$\delta_r = (2\pi/\lambda) d_r (n_r^2 - k_r^2 - n_0^2 \sin^2\vartheta_0 - 2\mathrm{i} n_r k_r)^{1/2} \tag{2.105}$$

第四象限的解是正确解,于是

$$\eta_{rs} = \mathscr{Y} (n_r^2 - k_r^2 - n_0^2 \sin^2\vartheta_0 - 2\mathrm{i} n_r k_r)^{1/2} \tag{2.106}$$

也位于第四象限,并且

$$\eta_{rp}=\frac{y_r^2}{\eta_{rs}}=\frac{\mathscr{Y}^2(n_r-\mathrm{i}k_r)^2}{\eta_{rs}} \tag{2.107}$$

研究反射光束的相移是有用的。令 $Y=a+\mathrm{i}b$，于是当 η_0 为实数时有

$$\rho=\frac{\eta_0-a-\mathrm{i}b}{\eta_0+a+\mathrm{i}b}$$

$$=\frac{(\eta_0^2-a^2-b^2)-\mathrm{i}(2b\eta_0)}{(\eta_0+a)^2+b^2}$$

即

$$\tan\varphi=\frac{-2b\eta_0}{\eta_0^2-a^2-b^2} \tag{2.108}$$

式中，φ 是相移。当然，这里必须解释一下，上面的结果是建立在图 2.3 中的符号约定的基础上的。这样分别保持分子和分母的符号非常重要，否则，就不能唯一地指定象限。法则很简单，与 ρ 相联系的矢量位于象限内。通过将分母处理成 x 轴，分子处理成 y 轴，可以推导出下面的方案：

分子	+	+	−	−
分母	+	−	+	−
象限	第一象限	第二象限	第四象限	第三象限

需要特别注意，计算反射光束相移的参考平面是多层膜的前表面。

2.5　反射率、透射率和吸收率

式(2.103)中包含了足够的信息，可以计算膜系的透射率和吸收率。为了使计算有实际意义，要求入射介质应是透明的，也就是说 η_0 必须为实数。基底不要求透明，但所计算的透射率是指透射到基底中的那部分所占比例，而不是穿透基底的那部分。

首先，计算膜系出射端的净辐照度。不妨取第 k 个界面，净辐照度为

$$I_k=\frac{1}{2}\mathrm{Re}(\mathcal{E}_k\mathcal{H}_k^*)$$

式中，还是处理垂直于界面的辐照度的分量，即

$$\begin{aligned} I_k&=\frac{1}{2}\mathrm{Re}(\mathcal{E}_k\eta_m^*\mathcal{E}_k^*)\\ &=\frac{1}{2}\mathrm{Re}(\eta_m^*)\mathcal{E}_k\mathcal{E}_k^* \end{aligned} \tag{2.109}$$

如果膜系的特征矩阵为

$$\begin{bmatrix} B\\ C \end{bmatrix}$$

则进入膜系的净辐照度为

$$I_a = \frac{1}{2}\mathrm{Re}(BC^*)\mathcal{E}_k\mathcal{E}_k^* \tag{2.110}$$

令入射辐照度为 I_i,则式(2.110)表示实际进入膜系的辐照度为 $(1-R)I_i$,即

$$(1-R)I_i = \frac{1}{2}\mathrm{Re}(BC^*)\mathcal{E}_k\mathcal{E}_k^*$$

即

$$I_i = \frac{\mathrm{Re}(BC^*)\mathcal{E}_k\mathcal{E}_k^*}{2(1-R)}$$

式(2.109)表示离开膜系并进入基底的辐照度,因此,透射率 T 为

$$T = \frac{I_k}{I_i} = \frac{\mathrm{Re}(\eta_m)(1-R)}{\mathrm{Re}(BC^*)} \tag{2.111}$$

吸收率 A 与 R 和 T 的关系为

$$1 = R + T + A$$

因此

$$A = 1 - R - T = (1-R)\left(1 - \frac{\mathrm{Re}(\eta_m)}{\mathrm{Re}(BC^*)}\right) \tag{2.112}$$

当每一层膜都没有吸收时,很容易证明上述表达式与 $A=0$ 从而 $T+R=1$ 是一致的。此时对于各个膜层,矩阵的行列式等于1,并且任意多个这样的矩阵乘积的行列式也等于1。矩阵的乘积可以表示为

$$\begin{bmatrix} \alpha & \mathrm{i}\beta \\ \mathrm{i}\gamma & \delta \end{bmatrix}$$

式中,$\alpha\delta+\gamma\beta=1$。因为没有吸收,故 α、β、γ、δ 全为实数。

$$\begin{bmatrix} B \\ C \end{bmatrix} \begin{bmatrix} \alpha & \mathrm{i}\beta \\ \mathrm{i}\gamma & \delta \end{bmatrix} \begin{bmatrix} 1 \\ \eta_m \end{bmatrix} = \begin{bmatrix} \alpha + \mathrm{i}\beta\eta_m \\ \delta\eta_m + \mathrm{i}\gamma \end{bmatrix}$$

即

$$\begin{aligned} \mathrm{Re}(BC^*) &= \mathrm{Re}[(\alpha + \mathrm{i}\beta\eta_m)(\delta\eta_m - \mathrm{i}\gamma)] = (\alpha\delta + \gamma\beta)\mathrm{Re}(\eta_m) \\ &= \mathrm{Re}(\eta_m) \end{aligned}$$

这样就得到了所要求的结果。

可以将式(2.111)和式(2.112)整理成更好的形式。由式(2.98)可得

$$R = \left(\frac{\eta_0 B - C}{\eta_0 B + C}\right)\left(\frac{\eta_0 B - C}{\eta_0 B + C}\right)^* \tag{2.113}$$

于是

$$1 - R = \frac{2\eta_0(BC^* + B^*C)}{(\eta_0 B + C)(\eta_0 B + C)^*} \tag{2.114}$$

将此结果代入式(2.111),得到

$$T=\frac{4\eta_0\operatorname{Re}(\eta_m)}{(\eta_0B+C)(\eta_0B+C)^*} \tag{2.115}$$

代入式(2.112)得到

$$A=\frac{4\eta_0\operatorname{Re}(BC^*-\eta_m)}{(\eta_0B+C)(\eta_0B+C)^*} \tag{2.116}$$

式(2.113)、式(2.115)和式(2.116)是 R、T 和 A 的最有用的表达式。

在本章后面的部分,将要讨论的一个重要的量是 $T/(1-R)$,它被称为可能透射率,用 ψ 表示。由式(2.111)可得

$$\psi=\frac{T}{1-R}=\frac{\operatorname{Re}(\eta_m)}{\operatorname{Re}(BC^*)} \tag{2.117}$$

反射导致的相位变化(式(2.108))还可以写成与式(2.113)~式(2.116)一致的形式,即

$$\varphi=\arctan\left(\frac{\operatorname{Im}\left[\eta_m\left(BC^*-CB^*\right)\right]}{\left(\eta_m^2BB^*-CC^*\right)}\right) \tag{2.118}$$

φ 的象限同样由式(2.108)中分子和分母的符号给定。反射导致的相位变化是在多层膜的前表面测量的。

有时透射引起的相移比较重要,这可以通过与求反射引起的相移类似的方法得到。我们用 ζ 代表该相移,并定义它为进入出射介质的透射波与前表面处的入射波(也就是当入射波进入多层膜时)之间的相位差。出射面处的电场强度振幅已经归一化为 1,因此相位可以取为 0,这样只需找到包含 B 和 C 的入射振幅的表达式即可。

因为这些是归一化的总切向电场强度和磁场强度,所以可以写成

$$\mathcal{E}_i+\mathcal{E}_r=B$$

$$\eta_0\mathcal{E}_i-\eta_0\mathcal{E}_r=C$$

消去 E_r后可得

$$\mathcal{E}_i=\frac{1}{2}\left(B+\frac{C}{\eta_0}\right)$$

振幅透射系数为

$$\tau=\frac{2\eta_0}{\eta_0B+C}=\frac{2\eta_0(\eta_0B+C)^*}{(\eta_0B+C)(\eta_0B+C)^*}$$

因此

$$\zeta=\arctan\left[\frac{-\operatorname{Im}(\eta_0B+C)}{\operatorname{Re}(\eta_0B+C)}\right] \tag{2.119}$$

再次强调,分别保持分子和分母的符号很重要。这样,与式(2.108)一样,象限同样由分子和分母的符号确定。

2.6 单 位

到目前,我们采用的是SI单位,在SI单位中,y,η和Y的单位是西门子。很多有关薄膜的文献,特别是早期的文献,采用的都是高斯单位。在高斯单位制中,自由空间中的导纳$\mathscr{Y}=1$,由于$y=N\mathscr{Y}$,垂直入射时y(光学导纳)和N(折射率)在数值上相等,尽管N是一个没有单位的数。而在SI单位中情况就不同了,这时$\mathscr{Y}=2.6544\times10^{-3}$S。如果用西门子作为单位来测量$y$和$\eta$,则$Y$在数值上等于$N$,与高斯单位制中的相同。这是一个非常正确的过程,而且所有物理量(如反射率、透射率、吸收率和可能透射率)的表达式都保持不变。将这应用于式(2.103)和式(2.113)~式(2.117),当计算绝对辐照度而不是相对辐照度或推导磁场时,必须小心处理。特别是,式(2.96)变为

$$\begin{bmatrix}\mathcal{E}_a\\ \mathcal{H}_a/\mathscr{Y}\end{bmatrix}=\begin{bmatrix}\cos\delta & (\mathrm{i}\sin\delta)/\eta_1\\ \mathrm{i}\eta_1\sin\delta & \cos\delta\end{bmatrix}\begin{bmatrix}\mathcal{E}_b\\ \mathcal{H}_b/\mathscr{Y}\end{bmatrix} \tag{2.120}$$

式中,η是用自由空间单位测量的,本书中大部分属于这种情况。在一些情况下,特别是当采用图解方法时,将采用自由空间单位,否则标度将非常烦琐。

2.7 重要结果总结

到现在,已经阐述了理解本书剩余章节所必需的所有基本理论,这部分内容所占的篇幅有点过长,因此现将主要结果总结一下。需要说明的是,以下公式的编号指的是它们所代表的物理量在本书中被首次引入时公式的编号。

折射率定义为自由空间中的光速c与介质中的光速v的比值。当折射率为实数时,它用n表示;折射率常常是个复数,这时用N表示为

$$N=c/v=n-\mathrm{i}k \tag{2.19}$$

式中,N通常称为复折射率,n为实折射率(或通常简称为折射率),k为消光系数。N通常是波长λ的函数。

k与吸收系数α的关系为

$$\alpha=4\pi k/\lambda \tag{2.35}$$

光波是一种电磁波,均匀线偏振的平面简谐波(或单色波)可以表示成

$$\boldsymbol{E}=\mathscr{E}\exp[\mathrm{i}\omega t-(2\pi N/\lambda)z+\varphi] \tag{2.22}$$

式中,z是沿传播方向的距离,$\boldsymbol{E}$是电场强度,$\mathscr{E}$是电场强度振幅,φ是任意相位。磁场强度$\boldsymbol{H}$也有类似的表达式为

$$\boldsymbol{H}=\mathscr{H}\exp[\mathrm{i}\omega t-(2\pi N/\lambda)z+\varphi'] \tag{2.121}$$

式中,φ、φ'和N是不相干的。物理意义要通过以上表达式的实部(或虚部)阐述。因此,光波在介质中传播距离d后的相位变化为

$$-\frac{2\pi Nd}{\lambda}=-\frac{2\pi nd}{\lambda}+\mathrm{i}\frac{2\pi kd}{\lambda} \tag{2.122}$$

虚部可以解释为振幅的衰减(代入式(2.22)中即可)。注意,习惯上称光波传播距离 d 后有一个相位延迟(或相位滞后)。

光学导纳定义为磁场强度与电场强度的比(式(2.25)~式(2.30)),即

$$y=H/E$$

y 通常是复数,但在自由空间中,y 是实数,并记为$\mathscr{Y}$,表示为

$$\mathscr{Y}=2.6544\times 10^{-3}\mathrm{S} \tag{2.123}$$

介质的光学导纳与折射率的关系为

$$y=N\mathscr{Y} \tag{2.124}$$

在高斯单位制中,$\mathscr{Y}$等于 1,y 和 N 在数值上相同。在 SI 单位中,如果用自由空间单位$\mathscr{Y}$表示 y,则可以使 y 和 N 在数值上相等。所有表达式(包括反射率、透射率等等,甚至一些比值)仍然成立,但在计算绝对辐照度时要小心,尽管它们在薄膜光学中并不常用,除非涉及损伤研究。

光的辐照度定义为光波每单位面积上的平均能流,表示为

$$I=\frac{1}{2}\mathrm{Re}(EH^{*}) \tag{2.33}$$

上式还可以写为

$$I=\frac{1}{2}n\mathscr{Y}EE^{*} \tag{2.125}$$

式中,* 表示复共轭。

在两种介质(入射介质用下标 0 表示,出射介质用下标 1 表示)的边界,入射光束被分成反射光束和透射光束。当垂直入射时,有

$$\rho=\frac{\mathcal{E}_{\mathrm{r}}}{\mathcal{E}_{\mathrm{i}}}=\frac{y_0-y_1}{y_0+y_1}=\frac{(n_0-\mathrm{i}k_0)\mathscr{Y}-(n_1-\mathrm{i}k_1)\mathscr{Y}}{(n_0-\mathrm{i}k_0)\mathscr{Y}+(n_1-\mathrm{i}k_1)\mathscr{Y}}=\frac{(n_0-n_1)-\mathrm{i}(k_0-k_1)}{(n_0+n_1)-\mathrm{i}(k_0+k_1)} \tag{2.73}$$

$$\tau=\frac{\mathcal{E}_{\mathrm{t}}}{\mathcal{E}_{\mathrm{i}}}=\frac{2y_0}{y_0-y_1}=\frac{2(n_0-\mathrm{i}k_0)\mathscr{Y}}{(n_0-\mathrm{i}k_0)\mathscr{Y}+(n_1-\mathrm{i}k_1)\mathscr{Y}}=\frac{2(n_0-\mathrm{i}k_0)}{(n_0+n_1)-\mathrm{i}(k_0+k_1)} \tag{2.74}$$

式中,ρ 是振幅反射系数,τ 是振幅透射系数。

定义反射率和透射率有一些根本的困难,除非入射介质是无吸收的,即 N_0 和 y_0 是实数。在这种情况下,反射率和透射率分别为

$$R=\rho\rho^{*}\left(\frac{y_0-y_1}{y_0+y_1}\right)\left(\frac{y_0-y_1}{y_0+y_1}\right)^{*} \tag{2.77}$$

$$T=\frac{4y_0\,\mathrm{Re}(y_1)}{(y_0+y_1)(y_0+y_1)^{*}} \tag{2.78}$$

计算斜入射时的反射率和透射率时,将光波分成两个线偏振分量会更为简单,其中一个分量的电场强度位于入射面内,称为 p 偏振分量(或 TM(横磁)分量),而另一个分量的电场强

度垂直于入射面,称为 s 偏振分量(或 TE(横电)分量)。这两个波的传播可以独立地处理。如果只考虑能流垂直于边界而电场、磁场平行于边界的情况,那么计算可以进一步简化,因为这时只有一个公式,且与均匀波的相同。

我们必须引入倾斜光学导纳 η 的思想,它表示为

$$\eta_p = \frac{N\mathscr{Y}}{\cos\vartheta} \quad (\text{p偏振波})$$
$$\eta_s = N\mathscr{Y}\cos\vartheta \quad (\text{s偏振波}) \tag{2.85}$$

式中,N 和 ϑ 可以表示 N_0 和 ϑ_0,也可以表示 N_1 和 ϑ_1。ϑ_1 由折射定律给出,即

$$N_0 \sin\vartheta_0 = N_1 \sin\vartheta_1 \tag{2.126}$$

将 η_p 或 η_s 记为 η,对于两个偏振方向的任意一个,有

$$\rho = \frac{\eta_0 - \eta_1}{\eta_0 + \eta_1} \tag{2.88}$$

$$\tau = \frac{2\eta_0}{\eta_0 + \eta_1} \tag{2.89}$$

如果 η_0 是实数,则有

$$R = \left(\frac{\eta_0 - \eta_1}{\eta_0 + \eta_1}\right)\left(\frac{\eta_0 - \eta_1}{\eta_0 + \eta_1}\right)^* \tag{2.90}$$

$$T = \frac{4\eta_0 \operatorname{Re}(\eta_1)}{(\eta_0+\eta_1)(\eta_0+\eta_1)^*} \tag{2.91}$$

光波垂直于边界传播距离 d 后,获得的相移为 $-2\pi Nd\cos\vartheta/\lambda$。

膜系的反射率可以通过光学导纳的概念来计算。用一个单一表面替代多层膜,单一表面引入的导纳等于总切向磁场强度与总切向电场强度的比,可以写为

$$Y = C/B \tag{2.127}$$

其中

$$\begin{bmatrix} B \\ C \end{bmatrix} = \left\{\prod_{r=1}^{q} \begin{bmatrix} \cos\delta_r & (\mathrm{i}\sin\delta_r)/\eta_r \\ \mathrm{i}\eta_r \sin\delta_r & \cos\delta_r \end{bmatrix}\right\} \begin{bmatrix} 1 \\ \eta_m \end{bmatrix} \tag{2.103}$$

式中,$\delta_r = 2\pi Nd\cos\vartheta/\lambda$,$\eta_m$ 等于基底导纳。

乘法的顺序很重要。如果 q 是贴着基底的膜层,则乘法的顺序应为

$$\begin{bmatrix} B \\ C \end{bmatrix} = [M_1][M_2]\cdots[M_q]\begin{bmatrix} 1 \\ \eta_m \end{bmatrix} \tag{2.128}$$

式中,M_1 表示第 1 个膜层的矩阵,以此类推。Y 和 η 的单位相同:如果 η 的单位是西门子,则 Y 的单位也是西门子;如果 η 采用自由空间单位(也就是 Y 的单位),则 Y 也是自由空间单位。与单一表面的情况相同,对于反射率和透射率 η_0 必须是实数,这样才有正确的物理意义。加上这个限制条件,则有

$$R=\left(\frac{\eta_0 B-C}{\eta_0 B+C}\right)\left(\frac{\eta_0 B-C}{\eta_0 B+C}\right)^* \tag{2.113}$$

$$T=\frac{4\eta_0 \operatorname{Re}(\eta_m)}{(\eta_0 B+C)(\eta_0 B+C)^*} \tag{2.115}$$

$$A=\frac{4\eta_0 \operatorname{Re}(BC^*-\eta_m)}{(\eta_0 B+C)(\eta_0 B+C)^*} \tag{2.116}$$

$$\psi=\text{可能透射率}=\frac{T}{(1-R)}=\frac{\operatorname{Re}(\eta_m)}{\operatorname{Re}(BC^*)} \tag{2.117}$$

在多层膜的前表面测得的反射相移为

$$\varphi=\arctan\left(\frac{\operatorname{Im}\left[\eta_m\left(BC^*-CB^*\right)\right]}{\left(\eta_m^2 BB^*-CC^*\right)}\right) \tag{2.118}$$

透射相移(离开多层膜的出射波与进入多层膜的入射波之间的相移)为

$$\zeta=\arctan\left[\frac{-\operatorname{Im}(\eta_0 B+C)}{\operatorname{Re}(\eta_0 B+C)}\right] \tag{2.119}$$

这些表达式中分子和分母的符号必须保留,这样象限由下表给出:

分子	+	+	−	−
分母	+	−	+	−
象限	第一象限	第二象限	第四象限	第三象限

尽管式(2.103)看起来很简单,如果不借助于一些辅助方法,其数值计算是极其烦琐的。即便有计算机的帮助,要确定一个仅有几层膜的透明膜系在一两个波长处的特性,其工作量也是令人望而生畏的。因此,至少需要一台容量合适的可编程计算器来完成这项工作,而更大的计算通常需要计算机来完成。

可是,单纯地把计算数据输入计算机并不能方便地看出膜系的性能。然而,为设计光学膜系并彻底弄清其适用范围,又要求对膜系的性能有深入的了解。所以,对特征矩阵的性质进行了研究,得到了若干对上述问题很有助益的结果。同时发现近似法,特别是图解法,是很有使用价值的。

2.8　可能透射率

从理论的角度,与反射率相比,透射率是一个不容易得到的参数。反射率是多层膜前表面的导纳的函数;为计算透射率,还需要更多的信息。与透射率有关的一个更容易理解的有用概念是可能透射率。

单层膜或多层膜系的可能透射率等于离开后界面(或出口)的辐照度与进入前界面的辐照度的比值,这个概念是 Berning 和 Turner 引入的[6],在设计金属-介质滤光片和计算全介质

多层膜中的损耗时,要经常使用这个概念。可能透射率用ψ表示,定义为

$$\psi=\frac{I_{\text{exit}}}{I_{\text{enter}}}=\frac{T}{1-R} \tag{2.129}$$

它等于离开膜系的辐照度与实际进入膜系的净辐照度的比值。对于完整的系统,实际进入的净辐照度等于入射辐照度和反射辐照度之差。注意,为了和反射率和透射率的定义一致,我们关心的辐照度是指垂直分量。

膜系的可能透射率简单等于各个子膜系的可能透射率的乘积。图2.8给出了构成一个完整系统的膜系的子单元,显然

$$\psi=\frac{I_e}{I_i}=\frac{I_d}{I_a}=\frac{I_b}{I_a}\frac{I_c}{I_b}\frac{I_b}{I_c}=\psi_1\psi_2\psi_3 \tag{2.130}$$

可能透射率通过单层或多层膜的参数固定,或通过出射界面处结构的特性固定。如果没有反射损耗,它就代表透射率。因此,可能透射率是期望得到的最大透射率的量度。根据定义,可能透射率不会受沉积在前表面的任何透明结构的影响,而透射率会受影响,因此为了保证透射率等于可能透射率,加到前表面上的膜层必须使实际进入膜系的辐照度最大化,这意味着将整个膜系的反射率降至为零,或换言之,加减反射膜。但是,可能透射率受出射界面处任何的结构变化的影响,用这种方法可以使子膜系的可能透射率最大化。

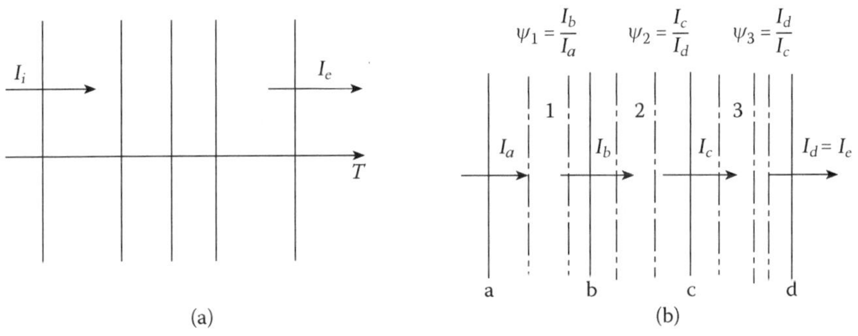

图2.8 (a)膜系;(b)由几个子单元组成的膜系的可能透射率

但是,式(2.129)有一个问题,即反射率的定义是针对无损耗介质的。只要我们将辐照度解释为通过适当界面的净辐照度,则式(2.130)仍是正确的。在薄膜的任意组合的特性的矩阵表达式中,我们用B和C表示任意界面处适当的归一化电场和磁场,于是净归一化辐照度为(1/2)Re(BC^*)。因为我们处理的是比值问题,可以将因子(1/2)略去,并用Re(BC^*)替代式(2.129)和(2.130)中的辐照度。

现在可以看出,用单层或多层子膜系的参数以及后表面的光学导纳,就足以定义可能透射率了。完整多层膜的特性可表示为

$$\begin{bmatrix}B\\C\end{bmatrix}=[M_1][M_2]\cdots[M_a][M_b][M_c]\cdots[M_p][M_q]\begin{bmatrix}1\\\eta_m\end{bmatrix}$$

其中,我们希望计算子膜系的可能透射率$[M_a]$ $[M_b]$ $[M_c]$。令子膜系右边的矩阵的乘积为

$$\begin{bmatrix} B_e \\ C_e \end{bmatrix}$$

若

$$\begin{bmatrix} B_i \\ C_i \end{bmatrix} = [M_a][M_b][M_c]\begin{bmatrix} B_e \\ C_e \end{bmatrix} \tag{2.131}$$

则有

$$\psi = \frac{\mathrm{Re}\left(B_e C_e^*\right)}{\mathrm{Re}\left(B_i C_i^*\right)} \tag{2.132}$$

将式(2.131)两边同除以 B_e,可得

$$\begin{bmatrix} B_i' \\ C_i' \end{bmatrix} = [M_a][M_b][M_c]\begin{bmatrix} 1 \\ Y_e \end{bmatrix}$$

式中,$Y_e = C_e/B_e$,$B_1' = B_1/B_e$,$C_1' = C_1/C_e$,可能透射率为

$$\psi = \frac{\mathrm{Re}(Y_e)}{\mathrm{Re}\left(B_i' C_i'^*\right)} = \frac{\mathrm{Re}\left(C_e/B_e\right)}{\mathrm{Re}\left[\left(B_i/B_e\right)\left(C_i^*/B_e^*\right)\right]} = \frac{B_e B_e^* \,\mathrm{Re}\left(C_e/B_e\right)}{\mathrm{Re}\left(B_i C_i^*\right)}$$

$$= \frac{\mathrm{Re}\left(B_e^* C_e\right)}{\mathrm{Re}\left(B_i C_i^*\right)} = \frac{\mathrm{Re}\left(B_e C_e^*\right)}{\mathrm{Re}\left(B_i C_i^*\right)}$$

与式(2.132)相同。于是,任何子膜系的可能透射率仅由子膜系的单层或多层膜和出射界面处结构的光学导纳的特性决定。

涉及可能透射率的更多的表达式也可以按要求推导出。

2.9 膜系透射率定理

膜系的透射率与光的传播方向无关,这也适用于膜层有吸收的情况。Abelès[7,8]证明了这一结果,他发展了薄膜分析的矩阵光学方法。令膜系不同膜层的矩阵为

$$[M_1], [M_2], \ldots [M_q]$$

并假设每侧的大块介质是透明的。对应两个可能的传播方向的矩阵的两个乘积可以写为

$$[M] = [M_1][M_2][M_3], \ldots [M_q]$$

和

$$[M'] = [M_q][M_{q-1}]\ldots[M_2][M_1]$$

因为不管是否存在吸收,矩阵采用的是对角项相等的形式。可以看出,如果表示为

$$[M] = [a_{ij}], \qquad [M'] = [a_{ij}']$$

则有

$$a_{ij}=a'_{ij}\left(i\neq j\right),\qquad a_{11}=a'_{22},\qquad a_{22}=a'_{11}$$

这可以用归纳法简单证明。

将膜系一侧的介质记为 η_0,另一侧的介质记为 η_m,其中 η_0 挨着膜系中的第 1 层膜。对于第一个传播方向,特征矩阵由式(2.103)给出,即

$$\begin{bmatrix}B\\C\end{bmatrix}=[M]\begin{bmatrix}1\\\eta_m\end{bmatrix}$$

且

$$B=a_{11}+a_{12}\eta_m\qquad C=a_{21}+a_{22}\eta_m$$

对于第二个传播方向,有

$$B=a'_{11}+a'_{12}\eta_0=a_{22}+a_{12}\eta_0$$

$$C=a'_{21}+a'_{22}\eta_0=a_{21}+a_{11}\eta_0$$

于是由式(2.115)得到膜系透射率的两个表达式为

$$T=\frac{4\eta_0\eta_m}{\left|\eta_0\left(a_{11}+a_{12}\eta_m\right)+a_{21}+a_{22}\eta_m\right|^2}$$

$$T'=\frac{4\eta_m\eta_0}{\left|\eta_m\left(a_{22}+a_{12}\eta_0\right)+a_{21}+a_{11}\eta_0\right|^2}$$

它们完全相等。

当然,这一法则不能用于膜系的反射率,只有当任一膜层中没有吸收时,膜系两侧的反射率才相等。

在其他情况下,这一表达式说明,使光仅沿一个方向传播的单行镜,不能用简单的光学薄膜构建。一般而言,所谓的单行镜具有高反射率,但透射率并不为零,它的工作依赖于两侧光照条件的差别。

2.10 相 干 性

相干性是量化产生可检测干涉效应的能力的一个概念。尽管相干性常常用来描述一束光的特性,但将它视为一个完整的光学系统的特性要好得多。通常用"相干的"来描述出现最大干涉效应的情况,用"非相干的"来描述完全没有干涉效应的情况,介于这两个极限之间的情况称为"部分相干的"。这里,简单考虑对光学薄膜应用比较重要的相干性的几个方面。不需要什么前提条件,可以想象我们正在进行某项实验。我们发现,如果在测量中存在严重的起伏,将会比较困难。同样的考虑也适用于相干性的思想。假设在我们讨论的所有情形中,所描述的现象是稳定的,这意味着尽管波可能有变化,但它们的统计特性并不随时间变化,这样只要在一个足够长的时间上对它们取平均即可,或对足够多的情况取平均,正如我们正在进行某项实验。

一如既往，可利用相互作用的线性特征，并用谐波的对应频谱表示一个任意的波。首先考虑来自单一频谱元的两个光束，假设它们是线偏振的平面波，具有相同的偏振态，一起沿 z 方向传播，复振幅分别为$\mathcal{E}_1$和$\mathcal{E}_2$。在 $z=0$ 和 $t=0$ 时这两个光束的相位分别是 φ_1 和 φ_2，且 φ_1 和 φ_2 含在复振幅中。现在，将两束光波组合起来。因为两束光波的偏振相同，总的电场和磁场应分别等于两个对应分量的简单相加，因此所得的辐照度应为

$$\begin{aligned}I&=\frac{1}{2}\mathrm{Re}\left[(E_1+E_2)(H_1+H_2)^*\right]=\frac{1}{2}\mathrm{Re}\left[(E_1+E_2)y^*(E_1+E_2)^*\right]\\&=\frac{1}{2}\mathrm{Re}(y)E_1E_1^*+\frac{1}{2}\mathrm{Re}(y)E_2E_2^*+\mathrm{Re}(y)\mathrm{Re}(E_1E_2^*)\end{aligned}\tag{2.133}$$

$$\begin{aligned}I&=I_1+I_2+\mathrm{Re}(y)\mathrm{Re}(\mathcal{E}_1\mathcal{E}_2^*)\\&=I_1+I_2+2\sqrt{I_1I_2}\cos(\varphi_1-\varphi_2)\end{aligned}\tag{2.134}$$

现在想象更多的光波被涉及进来，这些光波可以有不同的频率，或不同的相位，或不同的振幅。它们也对总的辐照度有贡献，于是总辐照度等于各个辐照度的和再加上干涉项的和，这一切都依赖于参数沿不同光波的扩展。干涉项可以使总的辐照度增强或减弱，因为它们可正可负；干涉项还可以一起被抵消掉或取某个中间值。把第一种情况称为“相干的”，第二种情况称为“非相干的”，中间情况称为“部分相干的”。

干涉项的混乱可能源于光源的变化，这也可等效为系统任何其他特性的变化。例如，如果涉及薄膜，可能是薄膜厚度沿孔径的变化。基底通常足够厚且它们的厚度中包含足够多的变量，不会观察到干涉效应，也就是说，基底通常表现为非相干特性。

任何实际系统中的光波都不是无限大的线偏振平面简谐波，而且系统的组件也不是完美的。几个简单的参数有助于评估系统的相干性，为方便起见，考虑它们作为光的功能（光的相干性），虽然需要记住最终重要的是系统的相干性。从光束中的某个点画出两条光线，并让它们通过一定的干涉效应产生条纹。现在把引出两条光线的点缓慢分开，随着两点之间距离的增加，干涉条纹逐渐变得不明显。当条纹正好消失的时候，可以取此时两点之间的距离作为相干性的量度。如果两点沿光的传播方向分开，则称这个距离为相干长度；如果光不是来自两个点，而是来自初始光的一个完整面积，则条纹恰好消失的面积称为相干面积；如果来自一个体积，则称为相干体积。如果不移动点，而是以一个变化的时间延迟某条光线，则条纹恰好消失时的延迟称为相干时间。显然，相干时间恰好等于光传播一个相干长度所用的时间。相干长度和相干时间是特别有用的概念，它们非常简单，但能解释很多困扰我们的其他现象。

下面用原始光的频谱分量来表示它，假设频谱是连续的，中心波长为 λ，带宽为 $\Delta\lambda$。用具有可变光程差的这束光产生干涉条纹，每个波长将产生它自己的条纹。当增加光程差时，条纹将变模糊，并且对比度下降。条纹恰好消失时的光程差可以作为相干长度的量度，可以定义该点为在两个条纹之间的间隔上条纹变模糊的点。换言之，最短波长处的级次为 m 的条纹恰好与最长波长处的级次为 $m-1$ 的条纹重合。

$$\text{光程差}=m\left(\lambda-\frac{\Delta\lambda}{2}\right)=(m-1)\left(\lambda+\frac{\Delta\lambda}{2}\right)\tag{2.135}$$

$$相干长度=\left(m-\frac{1}{2}\right)\cdot\lambda=\frac{\lambda^2}{\Delta\lambda} \tag{2.136}$$

$$相干时间=\frac{\lambda^2}{c\Delta\lambda} \tag{2.137}$$

式中，c =299.792458nm/fs。

入射的锥形光束也有相干效应，我们可以计算它的有效相干长度，这个量比较有用。如果 ϑ 是入射光锥半角度，并且入射光锥轴垂直入射，则利用近似的二维模型，可以把式(2.135)重新写为

$$m\lambda=(m+1)\lambda\cos\vartheta \tag{2.138}$$

由上述类似的过程，可得

$$相干长度=m\lambda=\frac{\lambda\cos\vartheta}{1-\cos\vartheta}\simeq\frac{2\lambda}{\vartheta^2} \tag{2.139}$$

如果角 ϑ 用度做单位，则有

$$相干长度=\frac{7\times10^3\lambda}{\vartheta^2} \tag{2.140}$$

式中，ϑ 是特定薄膜结构内部的角度。如果入射介质的折射率不同，则可以利用式(2.140)的近似形式，即

$$相干长度=\frac{7\times10^3\lambda\eta_1^2}{n_0^2\vartheta^2} \tag{2.141}$$

式中，n_0是入射介质的折射率，n_1是所研究薄膜的折射率或膜层的有效折射率。该相干长度是入射光锥特性和薄膜特性的函数。

当出现几个彼此无关的效应(如入射光锥和带宽)时，将各个相干长度组合起来的一个合理法则为

$$\frac{1}{L}=\sqrt{\frac{1}{L_a^2}+\frac{1}{L_b^2}+\cdots} \tag{2.142}$$

图2.9给出了计算得到的1mm厚玻璃基底中的条纹，其中未镀膜表面是严格平行的。当用零线宽(相干长度无限大)的光扫描时，条纹有最大的理论振幅，这是完全相干的情形。当用0.2nm线宽(对应5mm的相干长度)的光扫描时，条纹的振幅大致减半，这是部分相干的情形。当用2nm线宽(对应0.5mm的相干长度)的光扫描时，条纹实际上消失，这是非相干的情形。

在本书中讨论薄膜的特性时，假设光是完全相干的；当处理基底时，假设光是完全非相干的。但是，这里深入一点研究部分相干的概念可能是值得的，关键在于式(2.133)中的干涉项 $\mathrm{Re}(y)\mathrm{Re}(E_1E_2^*)$。尽管讨论该表达式时假设 E_1 和 E_2 代表简谐波，其推导过程仍相当普遍，E_1 和 E_2 可代表任意波，唯一条件是介质的特征导纳 y 应是常数，这样磁场 H 可以用 yE 替代。

假设 E_1 和 E_2 之间的本质差别是相位角 φ，因此干涉现象是 φ 的函数。现在如果允许 E_1 和 E_2 代表相当普遍的波，则 φ 没有意义，也不起重要作用，因为只有对简谐波 φ 才有意义。但

是，E_1 和 E_2 都是时间的函数，因此，可以引入一个可变的时间延迟 τ 来替代 φ，为使问题简单化，只取 $E_1E_2^*$ 部分。既然已经使波更加具有一般性，我们应在一个足够长的时间上取平均，或对足够多的测量次数取平均。于是获得互相干函数为

$$\Gamma_{12}(\tau)=\langle E_1(t+\tau)E_2^*(t)\rangle=\lim_{T\to\infty}\frac{1}{2T}\int_{-T}^{T}E_1(t+\tau)E_2^*(t)\mathrm{d}t \tag{2.143}$$

$$\gamma_{12}(\tau)=\frac{\Gamma_{12}(\tau)}{\sqrt{\Gamma_{11}(0)}\sqrt{\Gamma_{22}(0)}}=\frac{\langle E_1(t+\tau)E_2^*(t)\rangle}{\sqrt{\langle E_1(t)E_1^*(t)\rangle}\sqrt{\langle E_2(t)E_2^*(t)\rangle}} \tag{2.144}$$

式中，$\gamma_{12}(\tau)$ 称为复相干度。

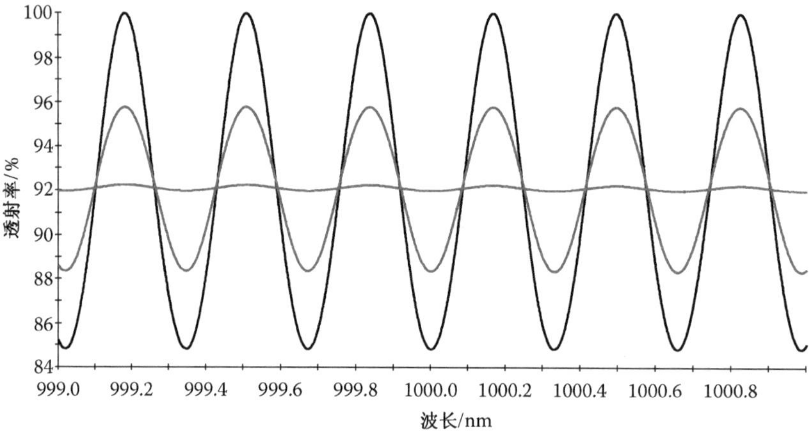

图 2.9　用零线宽、0.2nm 线宽（相干长度 5mm）和 2nm 线宽（相干长度 0.5mm）的光照射 1mm 厚的平行的玻璃基底时得到的条纹，随着相干长度的减小条纹振幅减小

现在，将式(2.133)重写为

$$\begin{aligned}I&=\frac{1}{2}\mathrm{Re}(y)\langle E_1(t)E_1^*(t)\rangle+\frac{1}{2}\mathrm{Re}(y)\langle E_2(t)E_2^*(t)\rangle\\&\quad+\mathrm{Re}(y)\mathrm{Re}(\langle E_1(t+\tau)E_2^*(t)\rangle)\\&=\frac{1}{2}\mathrm{Re}(y)\langle E_1(t)E_1^*(t)\rangle+\frac{1}{2}\mathrm{Re}(y)\langle E_2(t)E_2^*(t)\rangle\\&\quad+\mathrm{Re}(y)\sqrt{\langle E_1(t)E_1^*(t)\rangle\langle E_2(t)E_2^*(t)\rangle}\,\mathrm{Re}[\gamma_{12}(\tau)]\\&=I_1+I_2+2\sqrt{I_1I_2}\,\mathrm{Re}[\gamma_{12}(\tau)]\end{aligned} \tag{2.145}$$

可以看出，复相干度的实部与干涉条纹形状相联系。当条纹远非余弦或正弦分布时，可以定义条纹可见度为

$$V=\frac{I_{\max}-I_{\min}}{I_{\max}+I_{\min}} \tag{2.146}$$

干涉条纹是一个周期函数,我们如何得到它的最大值和最小值呢?这就是复相干度被证明特别有用的地方。尽管复相干度的实部是一个有起伏的函数,整个复数形式实际上是一个旋转矢量。因此,旋转矢量的大小表示干涉条纹函数的振幅,可见度可表示为

$$V=\frac{2\sqrt{I_1I_2}\left|\gamma_{12}(\tau)\right|}{I_1+I_2} \tag{2.147}$$

当 I_1 和 I_2 相等时,干涉条纹可见度有最大值 $|\gamma_{12}|$。

利用式(2.144)直接求复相干度的值不大容易,但式(2.147)将它与干涉条纹的可见度简单联系起来。在产生相干函数的过程中,我们已经关注了时间变量,但显然这还可以用长度表示。相干时间和相干长度就是复相干度的大小减小到足够低时的时间和长度,具体大小的选择要依据如何使特定计算最方便来定。

有关相干性的内容还很多,但这一部分的简介已经覆盖了对薄膜光学比较重要的主要方面。

2.11　两个或多个表面的非相干反射

迄今,我们将基底处理成一个具有无限厚度的材料的单边平板,在几乎所有实际情况中,基底具有有限厚度,其后表面反射部分能量,并影响膜系的性能。

基底的厚度一般比光波长大得多,基底两个表面平面度和平行度的变化比波长小得多,而入射光也通常并不是专门准直的。在这些条件下,观察从基底前后表面反射的光的干涉效应是不可能的。因此,基底称为"厚"的。与光在基底的两面之间传播的距离相比,相干长度较小,它是任何干涉效应中基本的光程差。如果将不同光波的叠加描述成非相干的,而不是相干的,则在式(2.134)中,干涉项为零,剩下的只是对辐照度的求和,而不是振幅的矢量和。

采用的符号如图2.10中所示。波被基底的前后表面依次反射,辐照度的和为

$$R=R_a^+ +T_a^+R_b^+T_a^-\left[1+R_a^-R_b^+ +\left(R_a^-R_b^+\right)^2+\cdots\right]$$

$$=R_a^+ +\left[T_a^+R_b^+T_a^-/\left(1-R_a^-R_b^+\right)\right]$$

由于 T^+ 和 T^- 总是相等,即

$$T_a^+=T_a^-=T_a$$

因此

$$R=\frac{R_a^+ +R_b^+\left(T_a^2-R_a^-R_b^+\right)}{1-R_a^-R_b^+}$$

如果在膜层内没有吸收,则有

$$R_a^+=R_a^-=R_a,\qquad 1=R_a+T_a$$

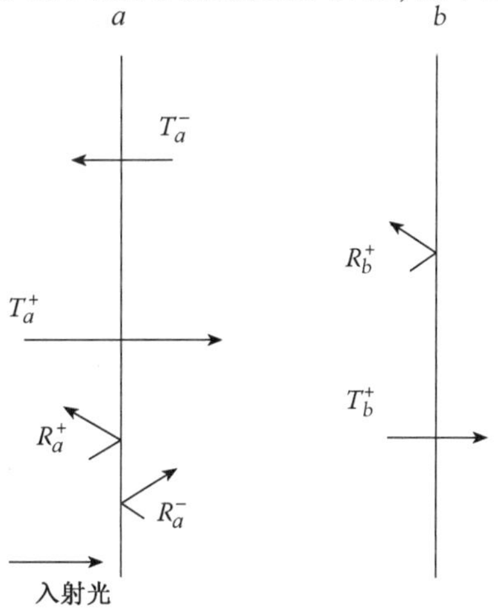

图2.10　在计算两个或多个表面的非相干反射时采用的符号

因此

$$R = \frac{R_a + R_b - 2R_aR_b}{1 - R_aR_b}$$

类似地

$$T = T_a^+T_b^+\left[1 + R_a^-R_b^+ + \left(R_a^-R_b^+\right)^2 + \dots\right] = \frac{T_aT_b}{1 - R_a^-R_b^+}$$

如果没有吸收,则有

$$T = \frac{T_aT_b}{1 - R_aR_b} \tag{2.148}$$

或

$$T = \left(\frac{1}{T_a} + \frac{1}{T_b} - 1\right)^{-1} \tag{2.149}$$

因为

$$R_a = 1 - T_a \qquad R_b = 1 - T_b$$

解方程(2.149)需要的列线图可以容易地构造:在图纸上画出两条相互垂直的轴,取它们的交点作为零点,并在轴上标出透射率的两个线性的相等的标尺。一条轴标记为 T_a,另一条轴标记为 T_b。T_a和 T_b之间的夹角被第三条轴分成相等的两部分,并将第三条轴标记为 T。为此,过 T_a轴上 100% 的透射率点和 T_b上选定的透射率点连一直线,该直线与 T 轴的截距就等于透射率 T 的值。用这种方式就可以标出完整的标尺,这种类型的完整的列线图如图2.11 所示。

当没有吸收时,以上分析可以简单推广到多个表面。例如,考虑两个基底(四个表面)的情况,这四条轴可以标记为 T_a、T_b、T_c和 T_d。根据式(2.149),可以得到第一个基底的透射率为

$$T_1 = \left(\frac{1}{T_a} + \frac{1}{T_b} - 1\right)^{-1}$$

即

$$\frac{1}{T_1} = \frac{1}{T_a} + \frac{1}{T_b} - 1$$

类似地,第二个基底的透射率为

$$\frac{1}{T_2} = \frac{1}{T_c} + \frac{1}{T_d} - 1$$

再次利用式(2.149),可以得到通过所有四个表面的透射率为

$$\frac{1}{T} = \frac{1}{T_1} + \frac{1}{T_2} - 1$$

即

$$T = \left(\frac{1}{T_a} + \frac{1}{T_b} + \frac{1}{T_c} + \frac{1}{T_d} - 3\right)^{-1} \tag{2.150}$$

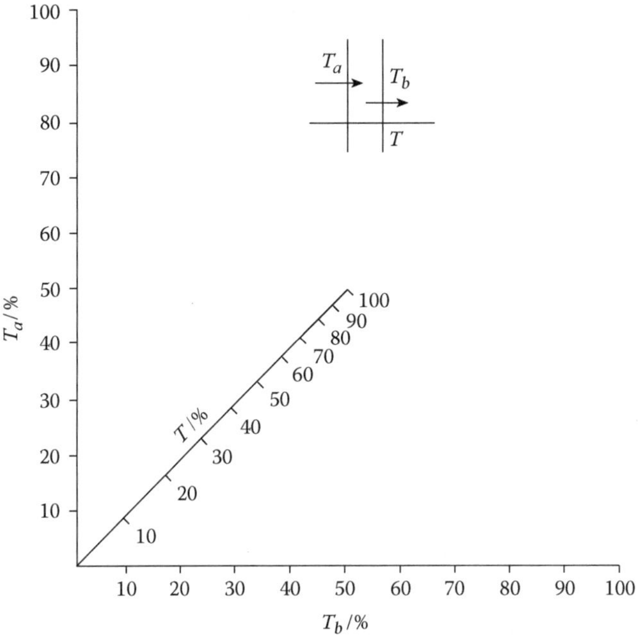

图 2.11 由每个表面的透射率计算厚透明板的总透射率的列线图

当处理一系列表面时,以上计算的迭代特性就显得比较笨拙。根据 Baumeister 等[9]的研究成果,利用一种新方法可以得到更加有用的矩阵计算形式。这种方法的重点在辐照流上,假设镀膜表面之间的介质的吸收足够小,那么早期提到的耦合问题可以忽略。符号的定义如图 2.12 所示。

光的方向用通常的“+”或“−”号表示,a 和 b 是被介质 m(内部透射率为 T_{mint})隔开的两个膜层。最后的介质为出射介质,此处“−”向行进的照度应为零。通过图 2.12 中列出的步骤可以由 $I^+_{(m+1)b}$ 和 $I^-_{(m+1)b}$ 推导出 I^+_{ma} 和 I^-_{ma},其他的显而易见。

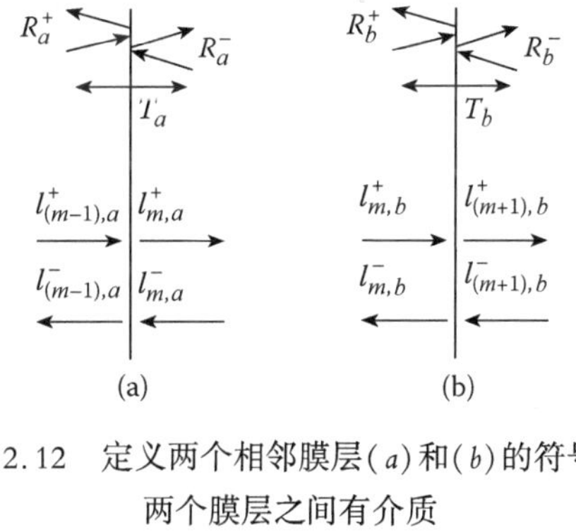

图 2.12 定义两个相邻膜层(a)和(b)的符号,两个膜层之间有介质

标记为 b 的膜层两侧的照度之间的关系为

$$I^+_{(m+1)b} = T_b I^+_{mb} + R^-_b I^-_{(m+1)b}$$

$$I^-_{mb} = R^+_b I^+_{mb} + T_b I^-_{(m+1)b}$$

可以巧妙处理成

$$I^-_{mb} = \frac{1}{T_b}\left\{R^+_b I^+_{(m+1)b} + \left(T^2_b - R^-_b R^+_b\right) I^-_{(m+1)b}\right\}$$

$$I^+_{mb} = \frac{1}{T_b}\left\{I^+_{(m+1)b} - R^-_b I^-_{(m+1)b}\right\}$$

写成矩阵形式为

$$\begin{bmatrix} I^-_{mb} \\ I^+_{mb} \end{bmatrix} = \begin{bmatrix} \dfrac{T_b^2 - R_b^- R_b^+}{T_b} & \dfrac{R_b^+}{T_b} \\ \dfrac{-R_b^-}{T_b} & \dfrac{1}{T_b} \end{bmatrix} \begin{bmatrix} I^-_{(m+1)b} \\ I^+_{(m+1)b} \end{bmatrix} \tag{2.151}$$

通过介质的转换为

$$\begin{bmatrix} I^-_{ma} \\ I^+_{ma} \end{bmatrix} = \begin{bmatrix} T_{m\text{int}} & 0 \\ 0 & \dfrac{1}{T_{m\text{int}}} \end{bmatrix} \begin{bmatrix} I^-_{mb} \\ I^+_{mb} \end{bmatrix} \tag{2.152}$$

式(2.151)和式(2.152)可以接连应用于不同的膜层和中间介质。

参考文献

[1] Yeh P 1988 *Optical Waves in Layered Media*(New York: John Wiley and Sons)

[2] Hodgkinson I J and Wu Q h 1997 *Birefringent Thin Films and Polarizing Elements*(Singapore: World Scientific Publishing Co Pte Ltd)

[3] Born M and Wolf E 2002 *Principles of Optics: Electromagnetic Theory of Propagation, Interference and Diffraction of Light* ed 7 (New York: Cambridge University Press)

[4] Berning P H 1963 *Theory and calculations of optical thin films*, in *Physics of Thin Films* Hass G, Editor (New York/London: Academic Press)69-121

[5] Macleod H A 1995 *Antireflection coatings on absorbing substrates* in 38th Annual Technical Conference, Chicago, Society of Vacuum Coaters, 172-175

[6] Berning P H and Turner A F 1957 Induced transmission in absorbing films applied to band pass filter design *Journal of the Optical Society of America* **47** 230-239

[7] Abelés F 1950 Recherches sur la propagation des ondes électromagnéiques sinusoïdales dans les milieus stratifiés. Applications aux couches minces. I *Annales de Physique, 12th Series* **5** 596-540

[8] Abelès F 1950 Recherches sur la propagation des ondes électromagnétiques sinusoïdales dans les milieus stratifiés. Applications aux couches minces. II *Annales de Physique, 12th Series* **5** 706-784

[9] Baumeister P, Hahn R, and Harrison D 1972 The radiant transmittance of tandem arrays of filters *Optica Acta* **19** 853-864

第 3 章　光学薄膜计算与设计的一些方法

前面章节处理的是基本理论,最终目的是获得描述膜系基本特性的正确表达式,我们通常用它们计算薄膜的特性。除了简单的计算外,还有更多的工作要做,如薄膜的设计、制作、应用等。有许多技巧可以帮助我们,有些技巧基于较老的近似计算方法,它们先于数字计算机。现在利用这些近似方法更多的是为了尽快理解薄膜的特性,而不是计算其性能。其他的是一些精确计算的方法,我们可以把它们用在近似计算中。有些技巧是基于特征矩阵本身的特性。

3.1　λ/4 和 λ/2 光学厚度

如果单层膜的光学厚度等于 $\lambda/4$ 或 $\lambda/2$ 的整数倍,则其特征矩阵具有简单的形式。即如果

$$\delta = m(\pi/4) \qquad m = 0, 1, 2, 3, \cdots$$

当 m 为偶数时,$\cos\delta = \pm 1$ 且 $\sin\delta = 0$,所以厚度为 $\lambda/2$ 的整数倍的膜层的特征矩阵为

$$\pm\begin{bmatrix} 1 & 0 \\ 0 & 1 \end{bmatrix}$$

这是一个单位矩阵,对膜系的反射率毫无影响,就像完全没有该膜层一样。这个结果是很有用的,因此,半波长($\lambda/2$)厚的膜层有时被称为虚设层。在计算任何膜系的特性时,半波膜层可以完全略去,而不至于改变计算结果。当然,这只对特定的波长(膜层厚度等于半波长)才成立。

当 m 为奇数时,由于 $\sin\delta = \pm 1$ 且 $\cos\delta = 0$,所以厚度为 $\lambda/4$ 的奇数倍的膜层的特征矩阵为

$$\pm\begin{bmatrix} 0 & \mathrm{i}/\eta \\ \mathrm{i}\eta & 0 \end{bmatrix}$$

这不像半波膜层那样简单,但这样的矩阵还是容易计算的。特别是,如果基底或膜系具有等效光学导纳 Y,那么加上一个厚度为 $\lambda/4$ 的奇数倍的、特征光学导纳为 η 的膜层后,将使膜系的等效光学导纳变为 η^2/Y。这个特性使得一连串的 $\lambda/4$ 膜层很容易进行计算。例如,一个 5 层 $\lambda/4$ 膜系,其等效光学导纳即为

$$Y = \frac{\eta_1^2\eta_3^2\eta_5^2}{\eta_2^2\eta_4^2\eta_m}$$

式中的符号代表它们常用的意义。

由于由光学厚度为 $\lambda/4$ 和 $\lambda/2$ 的膜层组成的膜系比较简单,所以膜系设计常常用参考波长的 1/4 的倍数来表征。通常只用两种,有时也用三种不同的材料构造膜系。$\lambda/4$ 光学厚度

的常用缩写符号是 H、M 和 L，其中 H 是指三种材料中折射率最高者，M 为中间折射率材料，而 L 为最低的折射率材料。$\lambda/2$ 光学厚度标记为 HH、MM、LL 或 2H、2M 等。

3.2 导纳轨迹

导纳图和后面将要介绍的史密斯圆图、反射率图一样普遍，是基于适当方程的精确解的一种图解方法。我们想象多层膜是在基底上一层一层逐步建立起来的，并始终在最后的入射介质中。反过来，每一层膜都从零厚度增加到它自己的最终值，这样就可以计算出每一层膜的导纳，并画出它的轨迹。或者，我们可以想象多层膜已经构建好，一个参考平面连续地滑过各层膜，多层膜结构的导纳轨迹一直到画出的那个平面。这两种观点都是正确的，结果也相同。注意，只有第一种可能适用于反射率图，只有第二种可能适用于史密斯圆图。介质膜层的导纳轨迹采用一连串圆弧甚至完整的圆的形式，每个圆弧对应一个单层膜，它们在对应不同膜层之间界面的点处相连。理想金属的导纳图可以用圆弧表示，吸收介质的导纳图是螺旋轨迹。尽管导纳图可以用来定量计算，但它甚至不能和小型的可编程计算器竞争，它的最大优点是使特定多层膜的特性可视化。

当参考平面从基底表面移动到多层膜的前表面时，我们计算并画出在参考平面处输入光学导纳的变化。矩阵表达式为

$$\begin{bmatrix} B \\ C \end{bmatrix} = \left\{ \prod_{r=1}^{q} \begin{bmatrix} \cos\delta_r & (\mathrm{i}\sin\delta_r)/\eta_r \\ \mathrm{i}\eta_r\sin\delta_r & \cos\delta_r \end{bmatrix} \right\} \begin{bmatrix} 1 \\ \eta_m \end{bmatrix}$$

$Y = C/B$ 是膜系的输入光学导纳。对于第 r 层膜，有

$$\begin{bmatrix} B \\ C \end{bmatrix} = \begin{bmatrix} \cos\delta_r & (\mathrm{i}\sin\delta_r)/\eta_r \\ \mathrm{i}\eta_r\sin\delta_r & \cos\delta_r \end{bmatrix} \begin{bmatrix} B' \\ C' \end{bmatrix}$$

由于它正是我们感兴趣的光学导纳，将上式两边同除以 B' 后可得

$$\begin{bmatrix} B/B' \\ C/B' \end{bmatrix} = \begin{bmatrix} \cos\delta_r & (\mathrm{i}\sin\delta_r)/\eta_r \\ \mathrm{i}\eta_r\sin\delta_r & \cos\delta_r \end{bmatrix} \begin{bmatrix} 1 \\ Y' \end{bmatrix}$$

$Y' = C/B'$ 表示在膜层的输出一侧结构的光学导纳。现在，可以得到输入导纳的轨迹为

$$Y = \frac{C}{B} = \frac{C/B'}{B/B'}$$

令

$$Y = x + \mathrm{i}y$$

和

$$Y' = \alpha + \mathrm{i}\beta$$

并设所研究的膜层是介质，因此 η_r 和 δ_r 都是实数，于是

$$Y = x + \mathrm{i}y = \frac{(\alpha + \mathrm{i}\beta)\cos\delta_r + \mathrm{i}\eta_r \sin\delta_r}{\cos\delta_r + (\alpha + \mathrm{i}\beta)(\mathrm{i}\sin\delta_r)/\eta_r}$$

$$= \frac{\alpha\cos\delta_r + \mathrm{i}(\beta\cos\delta_r + \eta_r\sin\delta_r)}{[\cos\delta_r - (\beta/\eta_r)\sin\delta_r] + i(\alpha/\eta_r)\sin\delta_r}$$

令上式两边的实部和虚部分别相等,可得

$$x[\cos\delta_r - (\beta/\eta_r)\sin\delta_r] - (y\alpha/\eta_r)\sin\delta_r = \alpha\cos\delta_r \tag{3.1}$$

$$y[\cos\delta_r - (\beta/\eta_r)\sin\delta_r] + (x\alpha/\eta_r)\sin\delta_r = \beta\cos\delta_r + \eta_r\sin\delta_r \tag{3.2}$$

消去 δ_r后可得

$$x^2 + y^2 - x[(\alpha^2 + \beta^2 + \eta_r^2)/\alpha] + \eta_r^2 = 0 \tag{3.3}$$

它表示圆心在[$(\alpha^2 + \beta^2 + \eta_r^2)/2\alpha, 0$](即在实轴上)的一个圆,而且该圆过点($\alpha, \beta$),这也是圆的起点。圆是沿顺时针方向绘出的,通过令式(3.2)中的 $\beta = 0$ 看出来。

与振幅反射系数的轨迹一样,可以采用同样的方法在复平面内画出导纳轨迹。

δ_r的标尺也可以画在图上。令 $\beta = 0$,由式(3.1)和式(3.2)可得

$$x - (y\alpha/\eta_r)\tan\delta_r = \alpha$$

$$y + (x\alpha/\eta_r)\tan\delta_r = \eta_r\tan\delta_r$$

消去 α 可得

$$x^2 + y^2 - y(\tan\delta_r - 1/\tan\delta_r) - \eta_r^2 = 0 \tag{3.4}$$

它表示圆心为

$$(0, (\eta_r/2)(\tan\delta_r - 1/\tan\delta_r))$$

的一个圆,圆心在虚轴上,并且该圆过点(η_r,0)。δ_r最简单的等高线为 $\delta_r = 0, \pi/2, \pi, 3\pi/2, \cdots$,与实轴重合;以及 $\delta_r = \pi/4, 3\pi/4, 5\pi/4, \cdots$,它表示中心在原点且过点($\eta_r$,0)的圆。对于起点不在实轴上的膜层,$\delta_r$的同样的等高线仍可以使用,只是需要对 δ_r的值进行修正。

图 3.1 所示为沉积在导纳为 α 的透明基底上的薄膜的导纳轨迹。起点为(α,0),随着厚度增加到四分之一波长,沿顺时针方向描绘出一个半圆,它与实轴在点(η_r^2/α,0)再次相交。再经过四分之一波长的厚度,描绘出整个圆。我们可以选择导纳轨迹上的任意一点作为起点,而不会改变它的形式,唯一差别是标尺 δ_r有一个偏移。

如果愿意,还可以将等反射率线加到图上。这些等反射率线是圆心在实轴上的圆,圆心和半径分别为

$$(\eta_0(1+R)/(1-R), 0) \quad \text{和} \quad 2\eta_0(R)^{1/2}/(1-R) \tag{3.5}$$

式中,η_0为入射介质的导纳。因为入射介质材料加到基底表面上对它的反射率无影响,等反射率圆必须也是导纳为 η_0的材料的导纳圆。

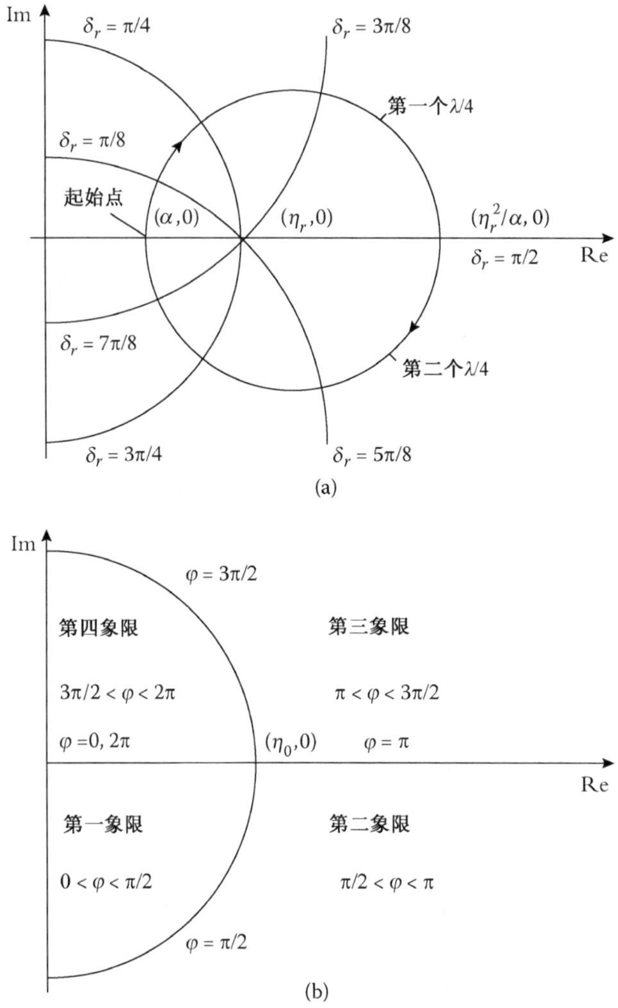

图 3.1　(a)单层介质薄膜的导纳图;(b)常数反射相移 φ 的等高线也可以绘在导纳图中

(图(a)中,轨迹是中心在实轴上的圆,沿顺时针方向绘出。假设特征导纳为 Υ 的薄膜沉积到实导纳为 α 的基底或膜系上。注意到,轨迹与实轴两个交点处的导纳的乘积总等于 Υ^2,即薄膜特征导纳的平方。等效相位厚度的等高线也绘在导纳图上。图(b)中,这些等高线都是圆心在虚轴上的圆,并通过实轴上对应入射介质的导纳 η_0 的点。最重要的四个等相位面是 0、$\pi/2$、π 、$3\pi/2$,它们用实轴和中心在原点且通过点 η_0 的圆表示。这些都在图中表示出,图中还标出了 φ 的不同象限对应的区域)

反射相位也比较重要,等相位面与 δ_r 的等高线并无不同。我们可以采用类似的步骤确定等相位面,最重要的等相位面是 0 $\pi/2$、π、$3\pi/2$,也就是各个象限之间的边界。第一和第四象限以及第二和第三象限之间的边界简单为实轴,而第一和第二以及第三和第四象限之间的边界为圆心是原点且过点(η_0,0)的一个圆。这些等相位面如图 3.1(b)所示,其中还标记出了各个象限。

如果目的是画出导纳图,让 η 采用 $\mathcal{Y}$(自由空间导纳)的单位比较方便,这样光学导纳就与折射率具有相同的数值,当然,这仅对垂直入射的情况。

这种方法还可以用与振幅反射系数轨迹相同的例子说明,即

空气 | LH | 玻璃

这里,玻璃的折射率为 1.52;空气的折射率为 1.0;H 和 L 分别为四分之一波长的硫化锌(n=2.35)和冰晶石(n=1.35)。

在自由空间单位中,起始导纳为玻璃的导纳 1.52。第一层(四分之一波长厚)终端在实轴上的导纳为 $2.35^2/1.52=3.633$,第二层(也是四分之一波长厚)终端在实轴上的导纳为 $1.35^2/3.633=0.5016$。圆是沿顺时针方向绘出的,每层的导纳轨迹是一个半圆,圆心在实轴上。图 3.2 所示为完整的导纳轨迹。

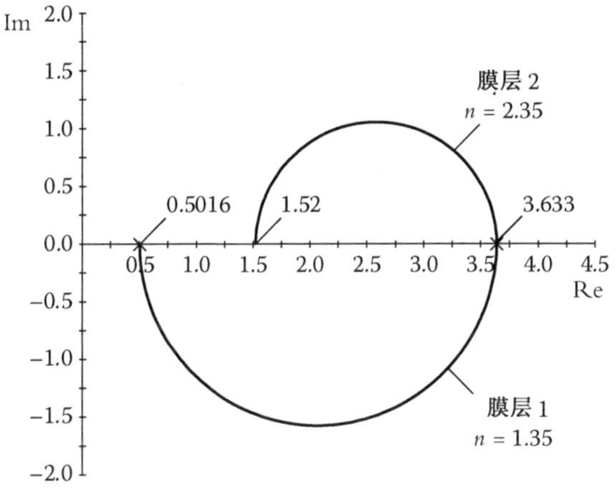

图 3.2　薄膜为空气 |LH |玻璃的导纳轨迹

(其中,L 的折射率为 1.35,H 的折射率为 2.35,空气和玻璃的折射率分别为 1.00 和 1.52。该薄膜与图 3.12 的薄膜相同,注意导纳图的形状也与图 3.12 相似)

金属和其他吸收层也可以包括进去,尽管涉及的计算量很大,需要计算机的帮助。图 3.3 所示为应用于金属层的两个导纳轨迹,其中一个始于 1.0 的导纳,另一个始于 1.52(自由空间单位)的导纳。金属的 k/n 比率越高,轨迹就越接近中心在原点的圆。对于图 3.3,轨迹相比理想情况有了一些畸变,环沿实轴方向弯曲。如果在图中加入等折射率线,对于 1.0 和 1.52 的起始导纳,它对应的导纳分别为 1.52 和 1.0,因此轨迹对应从空气中的玻璃上金属层的内反射和外反射,由图可见当金属层极薄时,内反射率较小,而对于同样的厚度外反射率持续增加(如图 5.7 所示)。金属的 k/n 比率越小,轨迹越偏离理想的圆。事实上这些起始于 1.0 的轨迹最初环成第一象限,因此它们实际上再次切断实轴,即使有时在点 1.52 处的内反射率为零。

通过用光学导纳处理整个膜系,问题大大简化了,这对计算振幅反射系数或反射率不会有任何影响。透射率也比较重要。严格地讲,在矩阵计算中我们需要保持 B 和 C 的值。光学导纳还不够,对于介质膜系,我们知道透射率为 $1-R$,但对于包含吸收层的膜系,一些辅助的计

算是必要的。就很多用途而言,反射率就足够了。由于图解方法是可视化的需要,而不是计算的需要,透射率信息的缺乏不是一个严重缺陷。但是,直接从导纳图确实可以得到关于膜层的透射率和损耗的有用信息,这些将在下面的章节中处理。

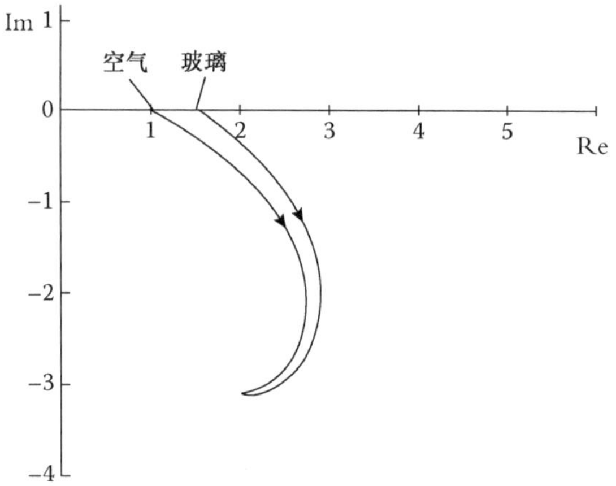

图 3.3 金属铬($n-\mathrm{i}k=2-\mathrm{i}3$)的导纳图

(导纳轨迹的起点 1.00 和 1.52 分别对应空气和玻璃的折射率。注意到,最初的方向是朝图的右下方,这意味着对于沉积到玻璃上薄膜的内反射情形(即空气为基底,玻璃为入射介质,左边的那个轨迹),反射率先减小后增大,而外反射(即玻璃为基底,空气为入射介质,右边的那个轨迹)总是增大的,即使是对于极薄的膜层。当膜层非常厚时,轨迹终止于点 $2-\mathrm{i}3$,因此薄膜与体材料是光学不可区分的)

3.3 导纳图中的电场和损耗

任何材料的光学特性主要由电子和它们与电磁扰动的相互作用决定。任何光学材料都是由原子或分子构成的,而原子又是由较重的带正电荷的原子核和围绕它的带负电荷的电子构成的。与较重的带正电荷的原子核相比,电子较轻,可以移动。电场可以对带电粒子施加力的作用,即使带电粒子处于静止状态;但只有当带电粒子运动时,磁场才能对其起作用。对于任何显著的作用,粒子必须以与光速相差不多的速度运动。在光波的极高频率下,电磁相互作用实际上为零。在前面建立基本理论时,利用了相对磁导率为 1 这个假设。因此,光与材料的相互作用,完全是通过电场。电场强度振幅较大时,相互作用势也较强。当用光照射光学薄膜时,就会形成驻波图样,这表现为电场强度振幅随波长和它在薄膜中的位置而显著变化。导纳图可以作为评价这些振幅变化的一种简单方法,而根据振幅变化可以推测出损耗,有时甚至会得到令人吃惊的结果。

在这部分的讨论中,我们局限于垂直入射的情况,斜入射的情况略微展开。

计算光学薄膜特性的基本矩阵方法,事实上已经包含了电场,因此只需要稍做改动就可以得到它。利用符号的通常意义,矩阵表达式为

$$\begin{bmatrix} B \\ C \end{bmatrix} = \begin{bmatrix} \cos\delta & \dfrac{\mathrm{i}\sin\delta}{y} \\ \mathrm{i}y\sin\delta & \cos\delta \end{bmatrix} \begin{bmatrix} 1 \\ y_{\mathrm{exit}} \end{bmatrix}$$

式中，B、C 和其他列矩阵中的对应项是归一化的总的切向电场强度和磁场强度。导纳也是归一化的，因此它们采用自由空间单位，而不是 SI 单位。因此，首先要做的是将表达式还原成它们的基本形式：

$$\begin{bmatrix} E' \\ H' \end{bmatrix} = \begin{bmatrix} \cos\delta & \dfrac{\mathrm{i}\sin\delta}{y} \\ \mathrm{i}y\sin\delta & \cos\delta \end{bmatrix} \begin{bmatrix} E \\ H \end{bmatrix}$$

式中，y 采用自由空间单位，为将它变成 SI 单位，必须写成

$$y = (n - \mathrm{i}k)\mathscr{Y}$$

式中，$\mathscr{Y}$为自由空间的导纳；E 和 H 为包含了相对相位的复切向振幅。

为得到通过多层膜的总的切向电场强度振幅的绝对值，可以有很多种方法。最简单的是对出射界面处（也就是与基底的分界面）的最终的切向分量赋值，它通过透射率与入射辐照度相联系。如果入射辐照度为 I_{inc}，则

$$\frac{1}{2}\mathrm{Re}\left(E_{\mathrm{exit}} \cdot H_{\mathrm{exit}}^{*}\right) = T \cdot I_{\mathrm{inc}}$$

但是

$$H_{\mathrm{exit}} = y_{\mathrm{exit}} E_{\mathrm{exit}}$$

因此

$$\frac{1}{2}\mathrm{Re}\left(E_{\mathrm{exit}} \cdot y_{\mathrm{exit}}^{*} E_{\mathrm{exit}}^{*}\right) = T \cdot I_{\mathrm{inc}}$$

既然

$$E \cdot E^{*} = \mathcal{E}^{2}$$

稍做处理后，可得

$$E_{\mathrm{exit}} = \mathcal{E}_{\mathrm{exit}} = \sqrt{\frac{2T \cdot I_{\mathrm{inc}}}{y_{\mathrm{exit}}}}$$

式中，y_{exit}必须采用 SI 单位（也就是西门子）。

如果多层膜系完全是没有吸收的，则整个膜系导纳的变化（画在导纳图上的物理量）和电场强度振幅之间有一个简单的联系。图 3.4 所示为在导纳图中介质材料的常数电场强度振幅线。

多层膜中任一点的导纳为总的切向磁场强度和电场强度的比值，这些总的切向场还给出了多层膜透射的总的净辐照度。既然该多层膜系是无损耗的，沿整个多层膜系透射辐照度为常数。把这些综合起来，可得

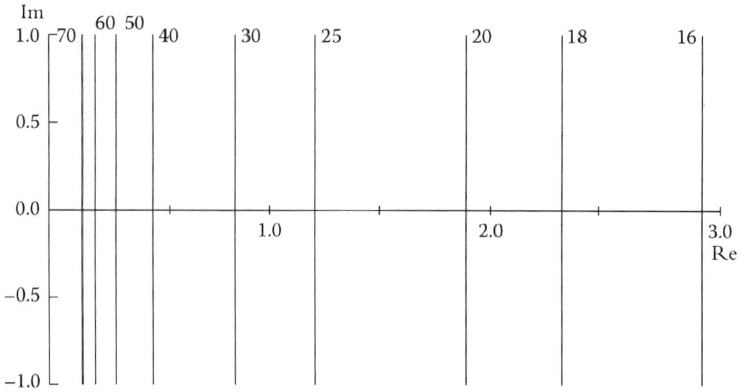

图 3.4　导纳图中介质材料的常数电场强度振幅线

(如果透射辐照度为 1W/m²,则图中数值的单位为 V/m)

$$I_{out}=\frac{1}{2}\mathrm{Re}\left(E\cdot H^*\right)$$

$$=\frac{1}{2}\mathrm{Re}\left(E\cdot Y^*E^*\right)$$

$$=\frac{1}{2}\mathcal{E}^2\cdot\mathrm{Re}\left(Y\right)$$

即

$$\mathcal{E}=\sqrt{\frac{2I_{out}}{\mathrm{Re}(Y)}}=\sqrt{\frac{2T\cdot I_{inc}}{\mathrm{Re}(Y)}}\propto\frac{1}{\sqrt{\mathrm{Re}(Y)}} \tag{3.6}$$

因此,常数电场强度的等高线是垂直于导纳图中的实轴的直线。如果 Y 采用自由空间单位,则式(3.6)变为

$$\mathcal{E}=27.46\sqrt{\frac{T\cdot I_{inc}}{\mathrm{Re}(Y)}}\ \ \mathrm{V/m} \tag{3.7}$$

现在考虑嵌在多层膜系中的一个极薄的吸收层,如何求这个吸收层的吸收呢?结果包含在下面的表达式中:

$$\begin{bmatrix}E'\\H'\end{bmatrix}=\begin{bmatrix}\cos\delta & \dfrac{\mathrm{i}\sin\delta}{y}\\ \mathrm{i}y\sin\delta & \cos\delta\end{bmatrix}\begin{bmatrix}E\\H\end{bmatrix}$$

式中,输入和输出辐照度分别为

$$I_{in}=\frac{1}{2}\mathrm{Re}(E'\cdot H'^*)\quad 和\quad I_{exit}=\frac{1}{2}\mathrm{Re}(E\cdot H^*)$$

膜层吸收导致的辐照度损耗等于这两个量的差。现在让吸收层极薄,它的吸收 δ 为

$$\delta=\frac{2\pi\left(n-\mathrm{i}k\right)d}{\lambda}=\alpha-\mathrm{i}\beta \tag{3.8}$$

式(3.8)定义了 α 和 β 两个量。吸收层极薄意味着 d/λ 应足够小,以使 α 和 β 均小到难以察觉,而不管 n 或 k 有多大。这样,

$$\begin{bmatrix} E' \\ H' \end{bmatrix} = \begin{bmatrix} \cos(\alpha - \mathrm{i}\beta) & \dfrac{\mathrm{i}\sin(\alpha - \mathrm{i}\beta)}{y} \\ \mathrm{i}y\sin(\alpha - \mathrm{i}\beta) & \cos\left(\alpha - \mathrm{i}\beta\right) \end{bmatrix} \begin{bmatrix} E \\ H \end{bmatrix}$$

$$= \begin{bmatrix} 1 & \dfrac{\mathrm{i}(\alpha - \mathrm{i}\beta)}{(n - \mathrm{i}k)\mathscr{Y}} \\ \mathrm{i}(\alpha - \mathrm{i}\beta)(n - \mathrm{i}k)\mathscr{Y} & 1 \end{bmatrix} \begin{bmatrix} E \\ H \end{bmatrix}$$

$$= \begin{bmatrix} E + \dfrac{\mathrm{i}(\alpha - \mathrm{i}\beta)H}{(n - \mathrm{i}k)\mathscr{Y}} \\ \mathrm{i}(\alpha - \mathrm{i}\beta)(n - \mathrm{i}k)\mathscr{Y}E + H \end{bmatrix}$$

式中,只包括了 α 和 β 的一次项。

该薄层入口处的辐照度为

$$\begin{aligned} I_{\mathrm{in}} &= \frac{1}{2}\mathrm{Re}\left[\left\{E + \frac{\mathrm{i}(\alpha - \mathrm{i}\beta)H}{(n - \mathrm{i}k)\mathscr{Y}}\right\} \cdot \left\{\mathrm{i}\left(\alpha - \mathrm{i}\beta\right)\left(n - \mathrm{i}k\right)\mathscr{Y}E + H\right\}^*\right] \\ &= \frac{1}{2}\mathrm{Re}\left[E \cdot H^* + E \cdot \left\{-\mathrm{i}\left(\alpha + \mathrm{i}\beta\right)\left(n + \mathrm{i}k\right)\mathscr{Y}E^*\right\}\right] \\ &\quad + \frac{1}{2}\mathrm{Re}\left[\frac{\mathrm{i}\left(\alpha - \mathrm{i}\beta\right)H \cdot H^*}{\left(n - \mathrm{i}k\right)\mathscr{Y}}\right] \end{aligned} \tag{3.9}$$

式(3.9)中的第二项简化为

$$\begin{aligned} \frac{1}{2}\mathrm{Re}\left[\frac{\mathrm{i}(\alpha - \mathrm{i}\beta)H \cdot H^*}{(n - \mathrm{i}k)\mathscr{Y}}\right] &= \frac{1}{2}\mathrm{Rc}\left[\frac{\mathrm{i}(\alpha - \mathrm{i}\beta)(n + \mathrm{i}k)H \cdot H^*}{(n^2 + k^2)\mathscr{Y}}\right] \\ &= \frac{1}{2}\mathrm{Re}\left[\frac{\left\{\beta n - \alpha k + \mathrm{i}(\alpha n + \beta k)\right\}H \cdot H^*}{(n^2 + k^2)\mathscr{Y}}\right] \\ &= \frac{1}{2}\left[\frac{(\beta n - \alpha k)H \cdot H^*}{(n^2 + k^2)\mathscr{Y}}\right] \end{aligned}$$

但是

$$\beta n - \alpha k = \frac{2\pi k d}{\lambda}n - \frac{2\pi n d}{\lambda}k = 0$$

由第一项可得

$$\begin{aligned} I_{\mathrm{in}} &= \frac{1}{2}\mathrm{Re}\left[E \cdot H^* + E \cdot \left\{-\mathrm{i}(\alpha + \mathrm{i}\beta)(n + \mathrm{i}k)\mathscr{Y}E^*\right\}\right] \\ &= \frac{1}{2}\mathrm{Re}\left[E \cdot H^*\right] + \frac{1}{2}\left[(\alpha k + \beta n)\mathscr{Y}E \cdot E^*\right] \end{aligned}$$

式中

$$\alpha k+\beta n=\frac{4\pi nkd}{\lambda},\qquad E\cdot E^{*}=\mathcal{E}^{2}$$

因此,吸收的辐照度由入射辐照度与出射辐照度的差给出,也就是

$$I_{\text{absorbed}}=\frac{2\pi nkd}{\lambda}\cdot\mathscr{Y}\cdot\mathcal{E}^{2}\tag{3.10}$$

吸收能量的大小正比于 n 和 k 的乘积,它们必须都是非零的,这样才能产生吸收。金属和介质的吸收都比较小,其中金属的 n 小到难以察觉,而介质的 k 小到难以察觉。上式中包含 n 和 k 的因子可以认为是相位厚度乘以 k,或 β 乘以 n。因此,物理量 nk 是衡量任何给定材料中的损耗的一个有用的指标。

现在,我们需要考虑对多层膜的吸收率 A 的贡献。这更困难一些,因此需要进一步引入一个概念,它将在后面的章节中用到。

一个薄膜系统任何一个单元的可能透射率 ψ 定义为输出辐照度与输入辐照度的比值,其中输入辐照度指的是净辐照度,而不是入射辐照度。在处理吸收系统时,可能透射率相比透射率有几个优点,因为它完全避免了吸收介质中与混合坡印亭矢量相联系的问题。一个完整系统的可能透射率等于各个可能透射率的乘积。

$$\psi=\frac{I_{\text{exit}}}{I_{\text{in}}}$$

$$\psi_{\text{system}}=\psi_{1}\cdot\psi_{2}\cdot\psi_{3}\cdot\psi_{4}\cdot\psi_{5}\cdots\psi_{q}$$

最终的总透射率为

$$T=(1-R)\cdot\psi_{\text{system}}$$

薄膜单元的可能透射率为

$$\psi=\frac{I_{\text{exit}}}{I_{\text{in}}}=1-\frac{I_{\text{absorbed}}}{I_{\text{in}}}=1-\mathscr{A}$$

式中,$\mathscr{A}$为可能吸收率。但是

$$I_{\text{in}}=\frac{1}{2}\mathscr{Y}\cdot\operatorname{Re}(Y)\cdot\mathcal{E}^{2}$$

式中,Y 采用的是自由空间单位。于是

$$\psi=1-\mathscr{A}=1-\frac{2\pi nkd}{\lambda}\cdot\frac{2}{\operatorname{Re}(Y)}\tag{3.11}$$

这一结果为用可能吸收率解释导纳轨迹提供了可能性。

当吸收被限制到一个极薄膜层而多层膜的其余部分实际上是透明的时,可以简单明了地从可能吸收转移到吸收,这样吸收率 A 为

$$A=(1-R)\mathscr{A}$$

但是,如果吸收分布到整个膜系上,计算就会复杂得多。通常,吸收是通过整个膜系的标准矩阵表达式计算的,这也是完全正确的。但是,我们寻找的是估算整个膜系的吸收和吸收变化的

一种方法,假设给定了膜系的导纳轨迹或电场分布。假设吸收相当小,膜层可以视为具有相等光学厚度和消光系数(因此$\mathcal{A}$的表达式的第一个因子是一个常数)的一连串切片,每个切片都有一个取决于光学导纳实部的可能吸收率,如式(3.11)所指。于是,总的可能透射率等于各个可能透射率的乘积,即

$$\begin{aligned}\psi &= \psi_1 \cdot \psi_2 \cdot \psi_3 \cdot \psi_4 \cdots \\ &= (1-\mathcal{A}_1)\cdot(1-\mathcal{A}_2)\cdot(1-\mathcal{A}_3)\cdots \\ &= 1-(\mathcal{A}_1+\mathcal{A}_2+\mathcal{A}_3+\mathcal{A}_4+\cdots)+\mathcal{A}_1\mathcal{A}_2+\cdots\end{aligned}$$

如果可能吸收率足够小,乘积项可以忽略,则总的可能吸收率由各个可能吸收率的和给出:

$$\mathcal{A} = \mathcal{A}_1+\mathcal{A}_2+\mathcal{A}_3+\mathcal{A}_4+\cdots \tag{3.12}$$

用积分形式可以将上式写为

$$\mathcal{A} = \sum_j \mathcal{A}_j = \int_\delta \frac{2k}{\mathrm{Re}(Y)}\mathrm{d}\delta = \int_\beta \frac{2n}{\mathrm{Re}(Y)}\mathrm{d}\beta \tag{3.13}$$

如果要求精确的答案,我们需要借助于计算机和一种极为简单的快速算法。为理解这一结果,通常我们希望知道如何能增加或减小吸收率,或者希望发现特别需要避免的污染或造成散射的粗糙度的敏感区域。为回答这些问题,通常需要一个能表明趋势的大致答案。

3.4 矢 量 法

矢量法是一种很有用的方法,特别是在设计减反射膜时。这种方法有两个假设前提:第一,膜层没有吸收;第二,在确定多层膜的特性时,只考虑入射波在每个界面的单次反射。在某些情况下,矢量法的误差很显著,特别是在多层膜存在较高的总反射率时,但在大多数类型的减反射膜中误差却很小。

现在研究图 3.5 所示的膜系。如果膜层没有吸收,那么 $N_r = n_r$,并且 $k_r = 0$,于是各个界面的振幅反射系数为

$$\rho = \frac{n_{r-1}-n_r}{n_{r-1}+n_r}$$

根据 n_{r-1} 和 n_r 的相对大小,上式的值可正可负。

各膜层的相位厚度为 $\delta_1, \delta_2, \cdots$,其中

$$\delta_r = 2\pi n_r d_r / \lambda$$

$\lambda/4$ 光学厚度代表 90°相位厚度,$\lambda/2$ 光学厚度代表 180°相位厚度。

如图 3.5 所示,合成的振幅反射系数由每个界面的反射系数的矢量和确定。每个界面的反射系数都联系着一个特定的相位滞后,它对应光波从入射表面进至该界面而又回到入射表面的过程。

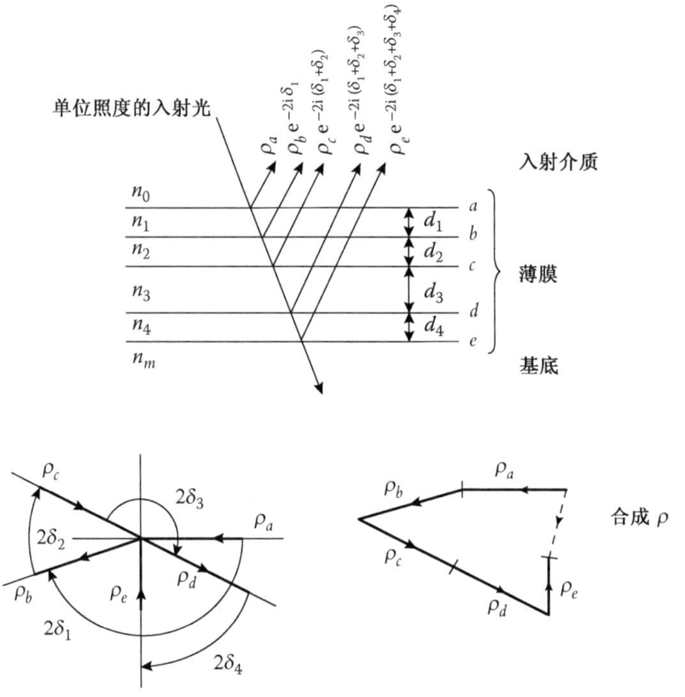

表示矢量方向的极坐标图　　　　求解合成振幅的矢量多边形

图 3.5　矢量法

(矢量的模和相位角为 $\rho_a=(n_0-n_1)/(n_0+n_1)$, $\delta_1=2\pi n_1 d_1/\lambda$; $\rho_b=(n_1-n_2)/(n_1+n_2)$, $\delta_2=2\pi n_2 d_2/\lambda$ 等。注意,矢量的模必须带符号,图中 ρ_a、ρ_c 和 ρ_e 均带负号。还要注意,由于两个相继矢量之间的夹角等于相位滞后,所以在极坐标中所有角度 δ_1、δ_2 等都是负值)

$$\rho=\rho_a+\rho_b\exp(-2i\delta_1)+\rho_c\exp[-2i(\delta_1+\delta_2)]$$

$$+\rho_d\exp[-2i(\delta_1+\delta_2+\delta_3)]+\cdots$$

上式可以用解析法求和,或者更经常的是用图解法求和。因为两个相继矢量之间的夹角为 $2\delta_1$、$2\delta_2$、$2\delta_3$ 等,因此图解法更为方便。

如果膜层的光学厚度照例表示为某一参考波长 λ_0 的 1/4 的倍数,那就简化了膜层对任意波长的相位厚度的换算。假设第 r 层膜的光学厚度为 $t_r\lambda_0/4$,那么它对波长 λ 的相位厚度就是 $\delta_r=90°t_r\lambda_0/\lambda$ 弧度。

实际中很容易发现,矢量的角度和方向很容易混淆(特别是反射系数为负时)。为此,首先在极坐标图上画出方向矢量,然后将其变换成一个矢量多边形,这比直接画出矢量多边形要简单得多。必须记住,合成矢量表示振幅反射系数,应当将它平方后才能得到反射率。

图 3.5 所示为一种典型的例子。在第 4 章讨论减反射膜时,将广泛地使用矢量法。

3.5　赫平折射率

在讨论截止滤光片的第 6 章中,将推导出一个关于设计滤光片的极其重要的结果。简言之,就是任何三个薄膜特征矩阵的对称乘积,都可用一个矩阵来替代。这个矩阵的形式和单层膜的相同,因此它具有一个等效厚度和一个等效光学导纳。当然这只是一种数学方法,并非真正的物理效应。但是这个结果对于鉴别许多滤光片的设计特性是很有用的,因为这些滤光片可以分解为一连串的薄膜的对称组合。在一定的条件下,这种方法还允许用高、低折射率材料的对称组合替代折射率介于二者之间的一个膜层,这在设计减反射膜时特别有用,减反射膜常常需要 $\lambda/4$ 厚的中等折射率的膜层,而这样的折射率往往是无法得到的。这些“困难”膜层可以用现有材料的对称组合来替代,因此限制了结构所要求的材料的总数,这是一个附加的优点。

等效光学导纳经常称为赫平(Herpin)(其发明者)折射率,而对称的薄膜组合又称为 Epstein 周期,因为在处理等效光学导纳在滤光片设计上的应用方面 Epstein 是最重要的早期文献中两篇论文的作者。

相关公式的具体推导留到第 6 章,那里将充分利用等效光学导纳这个概念。

3.6　膜系计算的迭代方法

矢量法的成功使用促使人们思考,能否计入每个界面的二次以上的多次反射,而不是仅仅只计算一次反射,以使结果更加精确。实际上,由此可以得出薄膜问题的另一种解法,这可以追溯到泊松(Poisson)计算薄膜特性的较早方法(见第 1 章)。只考虑垂直入射的情形可使问题比较简单。当材料是透明的时,可以非常简单地将垂直入射的表达式改成适用于非垂直入射的情形;而当材料有吸收时,就有些困难。下面首先考虑单层薄膜,各种参数由图 3.6 定义。

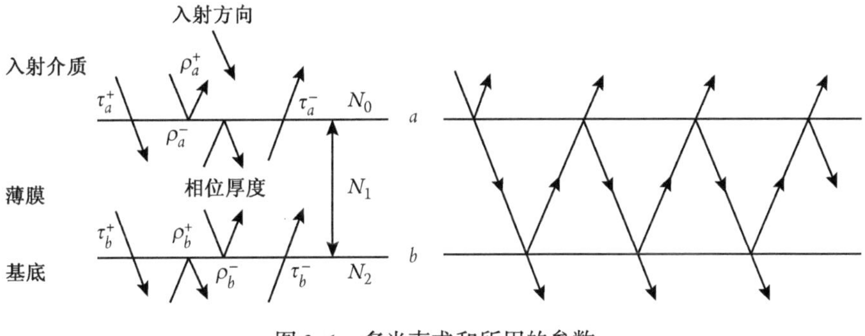

图 3.6　多光束求和所用的参数

合成振幅反射系数为

$$\begin{aligned}\rho^{+} &= \rho_a^{+} + \tau_a^{+}\rho_b^{+}\tau_a^{-}e^{-2i\delta} + \tau_a^{+}\rho_b^{+}\rho_a^{-}\rho_b^{+}\tau_a^{-}e^{-4i\delta} \\ &\quad + \tau_a^{+}\rho_b^{+}\rho_a^{-}\rho_b^{+}\rho_a^{-}\rho_b^{+}\tau_a^{-}e^{-6i\delta} \\ &= \rho_a^{+} + \frac{\rho_b^{+}\tau_a^{+}\tau_a^{-}e^{-2i\delta}}{1-\rho_b^{+}\rho_a^{-}e^{-2i\delta}}\end{aligned}$$

但是

$$\tau_a^{+}\tau_a^{-} = \frac{4N_0N_1}{(N_0+N_1)^2} = 1-\rho$$

并且 $\rho_a^{-} = \rho_a^{+}$，因此

$$\rho^{+} = \frac{\rho_a^{+} + \rho_b^{+}e^{-2i\delta}}{1+\rho_b^{+}\rho_a^{+}e^{-2i\delta}} \tag{3.14}$$

类似地，有

$$\tau^{+} = \tau_a^{+}\tau_b^{+}\rho_b^{+}e^{-i\delta} + \tau_a^{+}\rho_b^{+}\rho_a^{-}\tau_b^{+}e^{-3i\delta} + \tau_a^{+}\rho_b^{+}\rho_a^{-}\rho_b^{+}\rho_a^{-}\tau_b^{+}e^{-5i\delta}$$

可简化为

$$\begin{aligned}\tau^{+} &= \frac{\tau_a^{+}\tau_b^{+}e^{-i\delta}}{1-\rho_a^{-}\rho_b^{+}e^{-2i\delta}} \\ &= \frac{\tau_a^{+}\tau_b^{+}e^{-i\delta}}{1+\rho_a^{+}\rho_b^{+}e^{-2i\delta}}\end{aligned} \tag{3.15}$$

重复使用这些公式，可计算多层膜系。首先计算出最后两个界面，然后可用一个具有合成系数的等效界面来替代这两个界面。再计算这一等效界面和倒数第三个界面，如此等等。

利用下面的式子可以将合成振幅透射和反射系数 τ^{+} 和 ρ^{+} 转化成透射率和反射率，即

$$R = (\rho^{+})(\rho^{+})^{*}$$

$$T = \frac{n_2}{n_0}(\tau^{+})(\tau^{+})^{*}$$

式中，n_2 和 n_0 分别为基底（或出射介质）和入射介质的折射率。为使这两个表达式有意义，我们必须像前面一样，将入射介质限制为透明的，即 $N_0 = n_0$。对出射介质就没有这样的限制，折射率可以是复数，即 $N_2 = n_1 - ik_2$。

沿着这条思路也可以导出一种矩阵方法。在介质 0 中界面 a 的电场强度矢量 $\mathcal{E}_0^{+}$ 和 $\mathcal{E}_0^{-}$ 可以用膜层 1 中界面 b 的电场强度矢量 $\mathcal{E}_1^{+}$ 和 $\mathcal{E}_1^{-}$ 来表示（图 3.7）。

$$\begin{bmatrix}\mathcal{E}_0^{+} \\ \mathcal{E}_0^{-}\end{bmatrix} = \frac{1}{\tau_a^{+}}\begin{bmatrix} e^{i\delta_1} & \rho_a^{+}e^{-i\delta_1} \\ \rho_a^{+}e^{i\delta_1} & e^{-i\delta_1}\end{bmatrix}\begin{bmatrix}\mathcal{E}_1^{+} \\ \mathcal{E}_1^{-}\end{bmatrix} \tag{3.16}$$

如果 $\mathcal{E}_2^+$ 是介质 2 中电场强度振幅的切向分量，由于在这种介质中只有一个正向传播波，则有

$$\begin{bmatrix}\mathcal{E}_1^+\\ \mathcal{E}_1^-\end{bmatrix}=\frac{1}{\tau_b^+}\begin{bmatrix}1\\ \rho_b^+\end{bmatrix}\mathcal{E}_2^+ \tag{3.17}$$

式(3.16)和式(3.17)可以推广到多层膜的情况。需要注意的一点是，ρ_a^+ 和 τ_a^+ 必须指恰当介质中边界处的反射和透射系数。也就是，所有反射系数 ρ 和透射系数 τ 的计算必须是针对多层膜中的边界的。因此，如果向已有的一个多层膜加上额外的一个膜层，则不但增加了一个界面，而且还改变了现在成为倒数第二个界面的振幅反射和透射系数。于是，有两个膜层必须重新计算，而不是一个膜层。

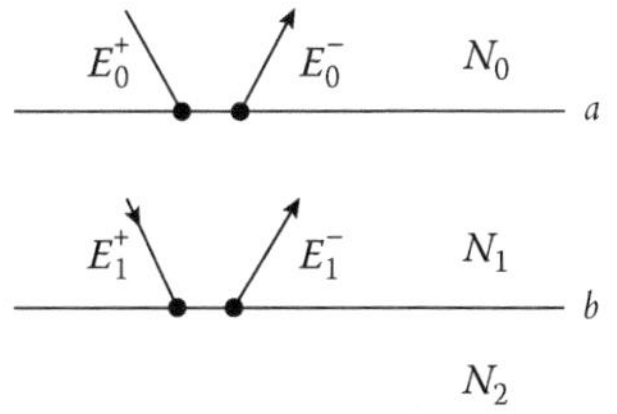

图 3.7　两个界面处的正向和反向传播波

如果包含吸收，则公式保持原样，只不过参数 ρ、τ 和 δ 变成复数。

3.7　多层膜设计的史密斯方法

1958 年，雷丁大学的史密斯[1]指出，根据式(3.15)可以得出一种有用的设计方法。这种方法也称为有效界面法，首先从多层膜中任意选出一个膜层，然后考虑该膜层中的多次反射，则该膜层两个界面处的反射和透射系数就是它两侧整个结构的反射和透射系数。当然，对多光束求和的方法非常古老，现在这种方法的特点是它所应用的方式。尽管史密斯描述的这种方法主要处理的是多层介质膜问题，但可以扩展到处理吸收膜层。同前面一样，在推导过程中我们只局限于垂直入射的情形。如果膜层是透明的，可以较容易地把表达式推广到斜入射的情形。符号如图 3.8 所示。

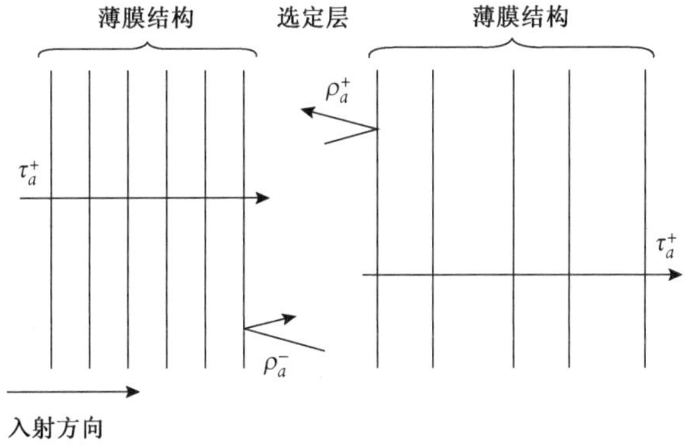

图 3.8　史密斯方法中与有效界面相联系的物理量

根据式(3.15),有

$$\tau^+ = \frac{\tau_a^+ \tau_b^+ \mathrm{e}^{-\mathrm{i}\delta}}{1-\rho_a^- \rho_b^+ \mathrm{e}^{-2\mathrm{i}\delta}}$$

式中

$$\delta = 2\pi N d/\lambda$$

因为 $N = n - \mathrm{i}k$,我们可以将 δ 写成

$$\delta = 2\pi\left(n-\mathrm{i}k\right)d/\lambda = \alpha + \mathrm{i}\beta$$

并且

$$\mathrm{e}^{-\mathrm{i}\delta} = \mathrm{e}^{-\beta}\mathrm{e}^{-\mathrm{i}\alpha}$$

式中,$\alpha = 2\pi nd/\lambda$为膜层的相位厚度;$\beta = 2\pi kd/\lambda$。现在,令

$$T = \frac{n_m}{n_0}\left(\tau^+\right)\left(\tau^+\right)^*$$

式中,n_m为出射介质折射率的实部;n_0为入射介质的折射率。

$$T = \frac{n_m}{n_0}\frac{\left(\tau_a^+\right)\left(\tau_a^+\right)^*\left(\tau_b^+\right)\left(\tau_b^+\right)^*\mathrm{e}^{-2\beta}}{\left(1-\rho_a^-\rho_b^+\mathrm{e}^{-2\beta}\mathrm{e}^{-2\mathrm{i}\alpha}\right)\left(1-\rho_a^-\rho_b^+\mathrm{e}^{-2\beta}\mathrm{e}^{-2\mathrm{i}\alpha}\right)^*}$$

现在,令

$$\tau_a^+ = \left|\tau_a^+\right|\mathrm{e}^{\mathrm{i}\varphi_a'} \qquad \rho_a^- = \left|\rho_a^-\right|\mathrm{e}^{\mathrm{i}\varphi_a}$$

$$\tau_b^+ = \left|\tau_b^+\right|\mathrm{e}^{\mathrm{i}\varphi_b'} \qquad \rho_b^+ = \left|\rho_b^+\right|\mathrm{e}^{\mathrm{i}\varphi_b}$$

则有

$$T = \frac{n_m}{n_0}\frac{\left|\tau_a^+\right|^2\left|\tau_b^+\right|^2\mathrm{e}^{-2\beta}}{\left(1-\left|\rho_a^-\right|\left|\rho_b^+\right|\mathrm{e}^{\mathrm{i}(\varphi_a+\varphi_b)}\mathrm{e}^{-2\beta}\mathrm{e}^{-2\mathrm{i}\alpha}\right)\left(1-\left|\rho_a^-\right|\left|\rho_b^+\right|\mathrm{e}^{-\mathrm{i}(\varphi_a+\varphi_b)}\mathrm{e}^{-2\beta}\mathrm{e}^{2\mathrm{i}\alpha}\right)}$$

即

$$T = \frac{n_m}{n_0}\frac{\left|\tau_a^+\right|^2\left|\tau_b^+\right|^2\mathrm{e}^{-2\beta}}{\left[1-\left|\rho_a^-\right|^2\left|\rho_b^+\right|^2\mathrm{e}^{-4\beta}-2\left|\rho_a^-\right|\left|\rho_b^+\right|\mathrm{e}^{-2\beta}\cos(\varphi_a+\varphi_b-2\alpha)\right]} \tag{3.18}$$

用 $1-2\sin^2[(\varphi_a+\varphi_b)/2-\alpha]$替代 $\cos(\varphi_a+\varphi_b-2\alpha)$,可以得到很简便的表达式。将上式代换并做些整理后可得

$$T = \frac{n_m}{n_0}\frac{\left|\tau_a^+\right|^2\left|\tau_b^+\right|^2\mathrm{e}^{-2\beta}}{\left(1-\left|\rho_a^-\right|\left|\rho_b^+\right|\mathrm{e}^{-2\beta}\right)^2}\cdot\left[1+\frac{4\left|\rho_a^-\right|\left|\rho_b^+\right|\mathrm{e}^{-2\beta}}{\left(1-\left|\rho_a^-\right|\left|\rho_b^+\right|\mathrm{e}^{-2\beta}\right)^2}\times\sin^2\left(\frac{\varphi_a+\varphi_b}{2}-\frac{2\pi nd}{\lambda}\right)\right]^{-1} \tag{3.19}$$

如果所选的膜层没有吸收,也就是$\beta=0$,则对吸收介质中反射率的限制将不再适用,我们可以写成

$$T_a=\frac{n}{n_0}\left|\tau_a^+\right|^2 \qquad R_a^-=\left|\rho_a^-\right|^2$$
$$T_b=\frac{n_m}{n}\left|\tau_b^+\right|^2 \qquad R_a^-=\left|\rho_b^+\right|^2$$

$$T=\frac{T_aT_b}{\left[1-\left(R_a^-R_b^+\right)^{1/2}\right]^2}\cdot\left[1+\frac{4R_a^-R_b^+}{\left[1-\left(R_a^-R_b^+\right)^{1/2}\right]^2}\times\sin^2\left(\frac{\varphi_a+\varphi_b}{2}-\frac{2\pi nd}{\lambda}\right)\right]^{-1} \tag{3.20}$$

这是更经常被引用的一个式子。

这种方法主要用来分析特定类型的滤光片的特性,在设计中是很有价值的。当然,这一方法还不是确定多层膜特性的最方便方法——最好的方法是直接应用特征矩阵公式。式(3.19)或式(3.20)可以使一层膜或几层膜的组合从膜系中分离出来,单独考察它以及它的变化对整个膜系性能的影响。史密斯的原始论文中收入了这一方法的大量实例,并进行了深入的研究。在后面研究各种类型的带通滤光片时,还将用到这种方法。

3.8　史密斯圆图

史密斯圆图[2,3]是同一大类很多不同方法中的一种,这类方法的最初目的是简化计算。因为史密斯圆图出现在文献中最多,在本书的其余部分很少用它,所以在这里还是把它单独列出来。这一方法取决于膜系的三种性质。

(1)因为在界面的两侧 **E** 和 **H** 的切向分量是连续的,所以等效光学导纳也是连续的。这在阐述矩阵方法的章节中实际上已提到了,但是没有明确说明。

(2)在任何薄膜中,例如在图 3.9 的膜层 q 中,膜层内任一平面的振幅反射系数 ρ 与远离入射波的膜层边缘处的振幅反射系数 ρ_m 的关系为

$$\rho=\rho_m\mathrm{e}^{-2\mathrm{i}\delta} \tag{3.21}$$

式中,δ 为界面 m 和所考虑平面之间的那部分膜层的相位厚度。

这一点是显而易见的,只要将 $\rho_a^+=0$ 代入式(3.15)中即可得到证明,这是因为所考虑的平面实际是光学导纳相同的两种介质之间的一个假想的界面。

(3)任何膜系,若其入射表面的光学导纳为 Y,则其振幅反射系数由式(3.14)给出,也就是

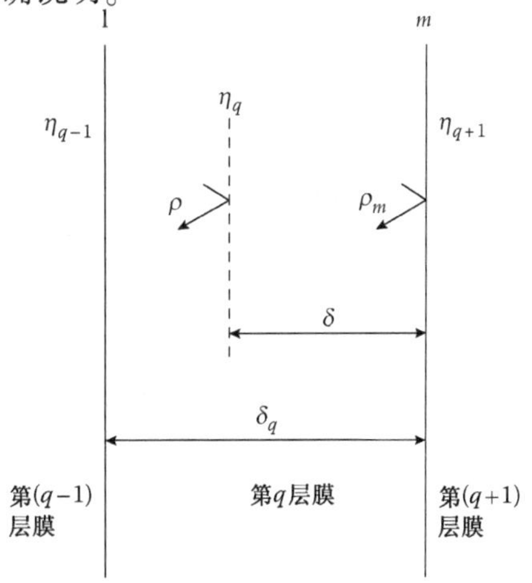

图 3.9　史密斯圆图描述中用到的参数

$$\rho=\frac{\eta_0-Y}{\eta_0+Y}=\frac{1-Y/\eta_0}{1+Y/\eta_0} \tag{3.22}$$

式中，η_0为入射介质的光学导纳；Y/η_0有时称为约化的光学导纳。

利用上述三种性质，可计算膜系中任一膜层的作用，其步骤如下。

(1)给出远离入射边的膜层边界处的振幅反射系数ρ_m。

(2)在边界l内侧的膜层的振幅反射系数由式(3.21)给出：

$$\rho=\rho_m e^{-2i\delta_q} \tag{3.23}$$

(3)在边界l内侧的膜层的光学导纳由式(3.22)给出：

$$\rho=\frac{1-Y/\eta_q}{1+Y/\eta_q} \tag{3.24}$$

即

$$\frac{Y}{\eta_q}=\frac{1-\rho}{1+\rho} \tag{3.25}$$

(4)由上述膜系的第一种性质决定，在边界l的入射一侧的光学导纳仍为Y。约化的光学导纳为Y/η_{q-1}，其中

$$\frac{Y}{\eta_{q-1}}=\frac{\eta_q}{\eta_{q-1}}\cdot\frac{Y}{\eta_q} \tag{3.26}$$

(5)用公式

$$\rho_l=\frac{1-Y/\eta_{q-1}}{1+Y/\eta_{q-1}} \tag{3.27}$$

求出边界l入射一侧的振幅反射系数ρ_l。

这样，计算任何膜系的振幅反射系数，就只是从膜系远离入射波的那边开始，将式(3.23)～式(3.27)逐层地重复运用而已。

这种计算可以用任意方式进行，也可以作为计算机程序的基础。这个问题类似于高频传输线中遇到的问题，现在已经设计出一种简单的图解方法。最难计算的部分是式(3.25)和式(3.27)。图3.10所示的圆图把X和Z的值联系起来，其中

$$X=\frac{1-Z}{1+Z} \tag{3.28}$$

图3.10称为史密斯圆图，是以它的发明者Smith P. H.(不要与前面的Smith S. D.相混淆)命名的[2]。图中Z在极坐标中绘出，对应的X的实部和虚部由正交圆读出。

围绕圆图的外圈加上标尺，使式(3.23)的计算非常简单：只需绕着圆图的中心将对应于ρ_m的点旋转相应的角度$2\delta_q$即得。标尺按照光学厚度进行刻度，而光学厚度以特定波长为量度单位，以便使角度实际为$2\times\delta_q$。

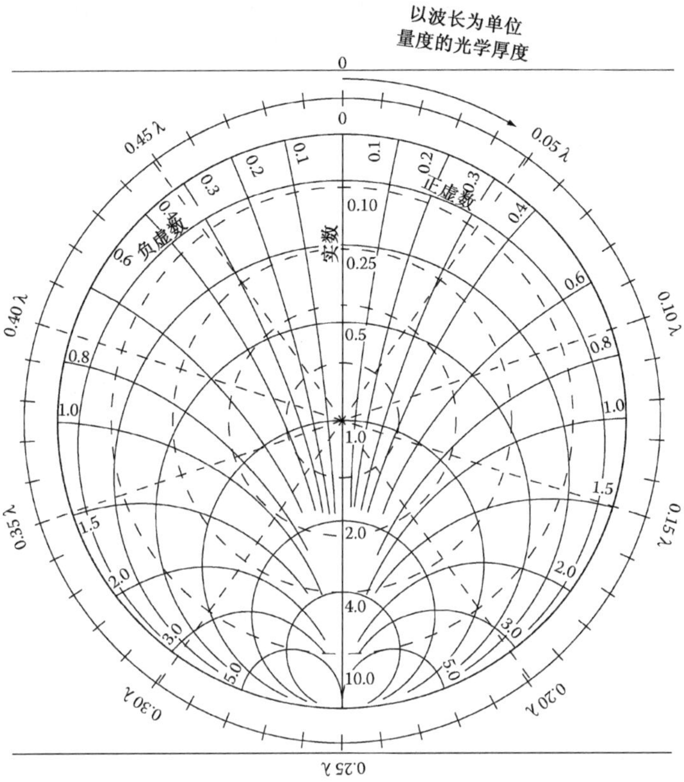

图 3.10　史密斯圆图

(虚线圆是等振幅反射系数(ρ)圆。从最小到最大,这些圆对应于ρ=0.2、0.4、0.6、0.8 和 1(最外的实线圆)。实线圆是约化的光学导纳的等实部圆和等虚部圆。注意,0.25λ的光学厚度对应 90°的相位厚度。引自 *High frequency transmission lines*, Willis Jackson, pp. 129 and 146, 3rd edition, London: Methuen 1951)

3.9　反射率圆图

反射圆图有时也简称为圆图,Berning[4]最早引入了这种方法;Apfel[5]大大发展了它在薄膜设计中的应用,并对此做了详细描述。根据 Apfel 的论文,Frank Rock 于 20 世纪 50 年代中期发明了这一方法,用它可以得到与导纳图看起来类似的图。

反射圆图的尺度和形状与史密斯圆图类似,确实,两者可以采用相同的坐标系和备用图纸,因此容易对这两种方法产生混淆。但是,史密斯圆图和反射率圆图这两种方法确实有很大的不同。史密斯圆图用一个参考平面滑过已经存在的多层膜,并在平面内绘出净振幅反射系数的轨迹。因此,当参考平面越过一个界面时,轨迹便存在不连续性。介质圆的轨迹是以圆点为中心的。反射率圆图假设多层膜正在构造中,因此,振幅反射系数的入射介质就是整个多层膜的入射介质,这也能产生圆,但所得的轨迹中不存在不连续性,而且各个介质圆不再以圆点为中心。

式(3.14)给出了因加入一个单层膜而导致振幅反射系数变化的表达式,即

$$\rho^+ = \frac{\rho_a^+ + \rho_b^+ e^{-2i\delta}}{1+\rho_b^+\rho_a^+ e^{-2i\delta}}$$

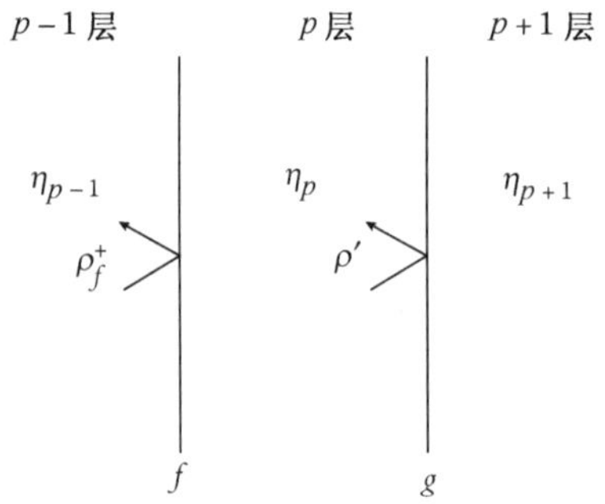

图 3.11　反射率圆图方法中的参数

正如已经指出的那样,反复利用这个式子,则可以计算多层膜的特性。想象我们已经到达计算的第 p 层膜,涉及的量如图 3.11 所示,其中 ρ_f^+ 是第($p-1$)层的外界面(标记为 f)的振幅反射系数,即

$$\rho_f^+ = \frac{\eta_{p-1} - \eta_p}{\eta_{p-1} + \eta_p}$$

图 3.11 中的 ρ' 是第 p 层膜的内界面的振幅反射系数,不要把它与第 q 个界面的振幅反射系数 ρ_q 相混淆。由此得到第 f 个界面的振幅反射系数 ρ 为

$$\rho = \frac{\rho_f^+ + \rho' e^{-2i\delta}}{1+\rho_f^+\rho' e^{-2i\delta}} \tag{3.29}$$

假设正在处理的是介质材料,则 ρ_f^+ 将是一个实数。ρ' 可以是一个复数,但因为它后面的因子 $e^{-2i\delta}$,可以包括任何相位角。我们绘出 ρ 在复平面内随 δ 变化的轨迹。为简化分析,可以用 $x+iy$ 替代 ρ,用 $\alpha+i\beta$ 替代 $\rho' e^{-2i\delta}$,其中

$$\left(\alpha^2+\beta^2\right)^{1/2} = |\rho'|$$

于是

$$x+iy = \frac{\rho_f^+ + \alpha + i\beta}{1+\rho_f^+(\alpha+i\beta)}$$

将上式两边同时乘以右边的分母,并令所得表达式的实部和虚部分别相等,可得

$$x\left(1+\rho_f^+\alpha\right) - y\rho_f^+\beta = \rho_f^+ + \alpha$$

$$y\left(1+\rho_f^+\alpha\right) + x\rho_f^+\beta = \beta$$

即

$$\left(x-\rho_f^+\right) = \alpha x\left(1-x\rho_f^+\right) + \beta y\rho_f^+$$

$$y = -\alpha y\rho_f^+ + \beta(1-x\rho_f^+)$$

为求轨迹,将以上两个式子分别取平方并相加,可得

$$\left(x-\rho_f^+\right)^2 + y^2 = \left(\alpha^2+\beta^2\right)\left[\left(1-x\rho_f^+\right)^2 + \left(\rho_f^+ y\right)^2\right]$$

$$= |\rho'|^2\left[\left(1-x\rho_f^+\right)^2 + \left(\rho_f^+ y\right)^2\right]$$

通过简单的运算,上式可以变为

$$x^2\left(1-|\rho'|^2\rho_f^{+2}\right)+y^2\left(1-|\rho'|^2\rho_f^{+2}\right)-2x\rho_f^+\left(1-|\rho'|^2\right)+\rho_f^{+2}-|\rho'|^2=0 \tag{3.30}$$

这是一个圆的方程,圆心为

$$\left(\frac{\rho_f^+\left(1-|\rho'|^2\right)}{\left(1-|\rho'|^2\rho_f^{+2}\right)},0\right)$$

即圆心在实轴上。半径为

$$\frac{|\rho'|\left(1-\rho_f^{+2}\right)}{\left(1-|\rho'|^2\rho_f^{+2}\right)}$$

因此,当膜层厚度允许从零稳定增加时,反射系数的轨迹是一个圆。$\lambda/2$ 膜层画出来是一个完整的圆;如果 $\lambda/4$ 膜层始于实轴,画出来是一个半圆,否则将略微比一个半圆或多或少,这依赖于准确的起点。在所有情形中,圆都是顺时针画出的。

对应单层膜的导纳轨迹非常简单明了,而对应两层或多层膜的轨迹要略微复杂一些。每一膜层导纳轨迹的形式是一个圆弧,始于上一膜层的终点。复杂性源于每次都必须执行辅助的计算,以从上一膜层 ρ' 的终止值计算出它的当前值。下面举个例子来说明这点。

考虑折射率为 1.52 的玻璃基底,在它上面首先沉积一层厚度为 $\lambda/4$、折射率为 2.35 的硫化锌, 然后再沉积一层厚度同样为 $\lambda/4$、折射率为 1.35 的冰晶石。折射率为 1.0 的空气作为入射介质。

利用式(3.29)很容易实现圆的计算,以计算出终点。可以知道,由于圆心在实轴上,因此起点完全指定了圆的特性。

第一层 ρ_f^+ 和 ρ' 的值为

$$\rho_f^+=\frac{1.0-2.35}{1.0+2.35}=-0.4030$$

$$\rho'=\frac{2.35-1.52}{2.35+1.52}=0.2144$$

该层的起点为

$$\rho=\frac{\rho_f^++\rho'}{1+\rho_f^+\rho'}=-0.2063$$

它对应空气中裸玻璃的振幅反射系数。

对于 $\lambda/4$ 厚的膜层,$e^{-2i\delta}=-1$,因此 ρ 的终点值为

$$\rho=\frac{\rho_f^+-\rho'}{1-\rho_f^+\rho'}=-0.5683$$

轨迹到这点为一个半圆,ρ 的这个值对应空气中玻璃上硫化锌 $\lambda/4$ 膜层的振幅反射系数。为将轨迹持续到下一膜层,ρ_f^+ 和 ρ' 需要新的值。显然,$(\rho_f^+)_{\text{new}}$ 是空气–冰晶石界面的外反射系数,且

$$\left(\rho_f^+\right)_{\text{new}}=\frac{1.0-1.52}{1.0+1.52}=-0.1489$$

$(\rho')_{\text{new}}$要更困难，它是基底加 $\lambda/4$ 厚的硫化锌在冰晶石中的振幅反射系数，而不是在空气中的振幅反射系数。可以用标准的矩阵方法或简单利用下式的变换来计算$(\rho')_{\text{new}}$。

$$\rho=(\rho)_{\text{old}}=\frac{\left(\rho_f^+\right)_{\text{new}}+(\rho')_{\text{new}}}{1+\left(\rho_f^+\right)_{\text{new}}(\rho')_{\text{new}}}$$

只有当新膜层的起点与旧膜层的终点一致时，上式才成立。经过计算可得

$$(\rho')_{\text{new}}=\frac{(\rho)_{\text{old}}-\left(\rho_f^+\right)_{\text{new}}}{1-(\rho)_{\text{old}}\left(\rho_f^+\right)_{\text{new}}}$$

在这种情形下$(\rho)_{\text{old}}=-0.5683$，因此

$$(\rho')_{\text{new}}=\frac{-0.5683-(-0.1489)}{1-(-0.5683)(-0.1489)}=-0.4582$$

新轨迹是另一个半圆，起始于实轴上的点 −0.5683，终止于点

$$\rho=\frac{\left(\rho_f^+\right)_{\text{new}}-(\rho')_{\text{new}}}{1-\left(\rho_f^+\right)_{\text{new}}(\rho')_{\text{new}}}=0.3319$$

轨迹如图 3.12 所示。

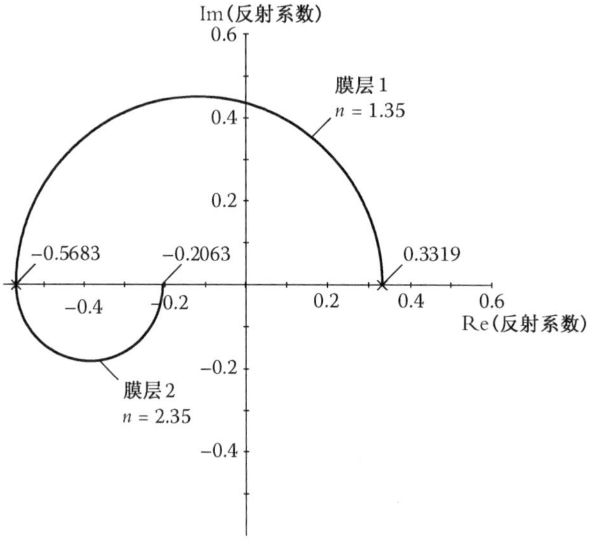

图 3.12 膜层空气 |LH |玻璃的反射率圆图或振幅反射系数轨迹

（其中，L 表示折射率为 1.35 的 $\lambda/4$ 厚的层，H 表示折射率为 2.35 的 $\lambda/4$ 厚的层，空气和玻璃的折射率分别为 1.00 和 1.52）

与史密斯圆图相比，反射率圆图方法的优点是轨迹是连续的，因为每一膜层的终点就

是下一膜层的起点。对应特定折射率的所有可能的轨迹形成一组嵌套的圆,圆心位于实轴上。可以绘出这些圆,以形成在一个设计中所涉及的每种材料的一个模板,这使绘图的任务大大简化。

因为史密斯圆图方法基于振幅反射系数的实轴和虚轴,实际上轨迹可以绘在与史密斯圆图同样的图上。在这种情形下,严格地讲,不能称为史密斯圆图。

利用这种方法 Apfel[5] 给出了设计滤光片的许多实例,他还将这种方法扩展到包括吸收层(如金属)的情形。

参 考 文 献

[1] Smith S D 1958 Design of multilayer filters by considering two effective interfaces *Journal of the Optical Society of America* **48** 43-50

[2] Smith P H 1939 Transmission line calculator *Electronics* **12** 29-31

[3] Smith P H 1969 *Electronic applications of the Smith Chart* (New York: McGraw Hill Book Company)

[4] Berning P H 1963 *Theory and calculations of optical thin films*, in *Physics of Thin Films* Hass G Editor (New York/London: Academic Press)69-121

[5] Apfel J H 1972 Graphics in optical coating design *Applied Optics* **11** 1303-1312

第 4 章　减 反 射 膜

正如第 1 章中提到的,减反射膜(增透膜)是薄膜光学前期的主要内容。在所有的可能应用中,减反射膜已经对技术光学产生了巨大的影响。在今天,减反射膜的产量远远高于其他所有光学薄膜的产量。在一些应用中,减反射膜只是用来减少表面的反射;而在其他应用中,减反射膜不仅用来减小反射率,而且还用来增大透射率。复合透镜中未镀膜冕牌玻璃的单面透射率只有 96% ,而火石玻璃透镜的透射率低至 90% 。大多数仪器包含许多个串置的光学元件,若元件表面不镀减反射膜,则仪器的总透射率将很低。除此之外,各个表面的反射光最终都能到达焦平面,产生幻象或光晕,降低了图像的对比度。特别是用在摄影和电视中的变焦镜头,可能包括 20 个或者更多个光学元件,若不镀减反射膜,变焦镜头必将彻底失效。

减反射膜可由简单的单层膜直至十二层以上的多层膜构成,前者能使某一波长的反射率实际为零,后者则在某一波段具有实际为零的反射率。在每一种特定的应用中,所用减反射膜的类型与多种因素有关,诸如基底材料、波长区域、要求的性能以及成本等。

在可见光区,最常用的基底材料是折射率约为 1.52 的冕牌玻璃。它与折射率非常高的红外材料大不相同,因此,将减反射膜分为低折射率基底和高折射率基底两类,是较为方便的,这大体对应于可见光区和红外区。从设计的角度来看,具有高折射率基底的减反射膜更加简单明了,因此首先考虑这种减反射膜。

减反射膜的设计没有系统的方法,经常采用反复试验并辅以一些近似方法(如第 2 章的图解法)获得满意的膜层结构。一经实现后,便通过计算机进一步优化设计。在这一章中我们还使用了一些其他方法,一方面是因为它们的可用性,另一方面是因为它们的互补性。所有的性能曲线都是通过矩阵方法计算得到的。在大多数情况下,我们认为材料是透明的。

绝大多数减反射膜需要将光学元件匹配到空气中。在标准温度和大气压下,空气的折射率是 1.0003,在实际中我们可以将它取为 1。

玻璃减反射膜的最早使用是在可见光区。后面将看到,工作于可见光区中心波长的镀制在玻璃上的单层减反射膜反射的光呈现明显的洋红色,外观与“失泽”玻璃不同。在第 1 章中我们已提到“失泽”层对老化的火石玻璃物镜的积极影响,因此从“失泽”的意义上讲,在这一关系中应用了“增透”这个术语,镀膜行为称为“增透”,镀膜的器件称为“增透的”。

4.1　高折射率基底上的减反射膜

本书中高折射率这个术语不能准确定义为超出某个明确的下限值,它仅仅意味着与可以得到的薄膜材料相比,基底具有足够高的折射率,以确保高性能减反射膜的设计能完全或几乎完全包含折射率比基底低的所有膜层。这种高折射率基底一般用在红外波段。锗的折射率在

4.0 左右,每个面的反射耗损在 36% 左右;硅的折射率在 3.5 左右,反射耗损在 31% 左右。像锗、硅这样的半导体是非常常见的,如果没有减反射膜,这些材料是完全不能大规模应用的。一般来说,从百分之几到百分之三十的反射耗损都是可以接受的,只有在少数应用中,要求反射耗损低于百分之一。

4.1.1　单层减反射膜

单层膜是形式最简单的减反射膜。下面研究图 4.1 所示的单层减反射膜的矢量图。膜有两个界面就有两个矢量,每个矢量表示在一个界面上的振幅反射系数。

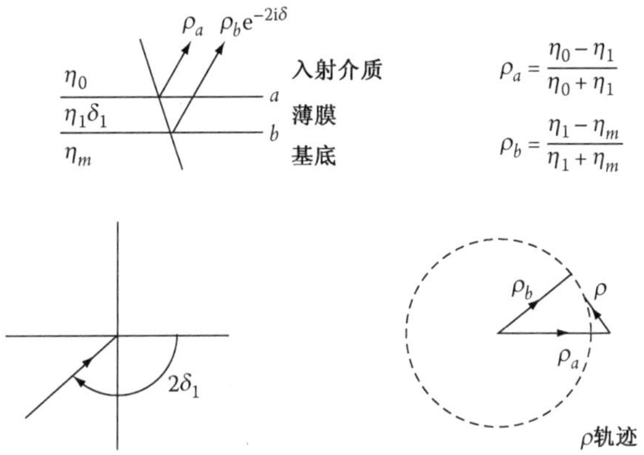

图 4.1　单层减反射膜的矢量图

如果入射介质是空气,薄膜的折射率比基底的折射率低,每个界面的反射系数就会是负数,这在界面处表示出现一个 180°的相位改变,合矢量的轨迹为一圆周。当膜层的相位厚度为 90°,即膜层的光学厚度为某个波长的四分之一时,两个矢量的方向完全相反,合矢量便有最小值。如果矢量的模相等,则对该波长而言,两个矢量将完全抵消,于是出现零反射率。按图 4.1 所示的符号,这个条件就是

$$\frac{y_0-y_1}{y_0+y_1}=\frac{y_1-y_m}{y_1+y_m}$$

这需要

$$\frac{y_1}{y_0}=\frac{y_m}{y_1}$$

或

$$y_1=\left(y_0y_m\right)^{1/2} \tag{4.1}$$

在光频范围还可以写成

$$n_1=\left(n_0n_m\right)^{1/2}$$

在斜入射时,式(4.1)中的导纳 y 应该用合适的 $\boldsymbol{\eta}$ 来替代。尽管这个结果是由近似方法推导的,但是已经足够精确了。在第 2 章中,镀有光学厚度为 $\lambda/4$ 的膜层的基底,其等效光学导纳为

$$Y = y_1^2 / y_m$$

式中,y_1为材料的导纳;y_m为基底的导纳。因此反射率可以写成

$$R = \left(\frac{y_0 - Y}{y_0 + Y}\right)^2 = \left(\frac{y_0 - y_1^2/y_m}{y_0 + y_1^2/y_m}\right)^2$$

这是一个精确的结果。显然,如果 y_1取式(4.1)的值,反射率将为零。

对于一个理想的减反射膜来说,材料的光学厚度应等于$\lambda/4$,并且光学导纳等于基底与介质导纳乘积的平方根。现实中,找到具有严格符合要求的光学导纳的材料的可能性不大。假设存在小的误差ε,则 y_1可以表示为

$$y_1 = (1+\varepsilon)\cdot(y_0 y_m)^{1/2}$$

假设ε足够小,反射率为

$$R = \left(\frac{-2\varepsilon - \varepsilon^2}{2 + 2\varepsilon + \varepsilon^2}\right)^2 \approx \varepsilon^2$$

因此,如果 y_1有 10% 的误差,就会产生 1% 的残留反射率。

硫化锌在 2μm 波长的折射率为 2.2 左右,而在 15μm 波长的折射率为 2.15 左右。当硫化锌用作$\lambda/4$ 减反射膜时,它在 0.4～25μm 波长范围有足够的透明性。锗、硅、砷化镓、砷化铟、锑化铟等都可以作为单层硫化锌减反射膜的基底。Cox 和 Hass[1] 描述了一种制作硬且牢固的硫化锌薄膜的工艺过程,镀膜之前先通过辉光放电清洁基底,然后立即在 150℃左右的温度下镀膜。镀有单层硫化锌减反射膜的锗基底的透射率曲线如图 4.2 所示。

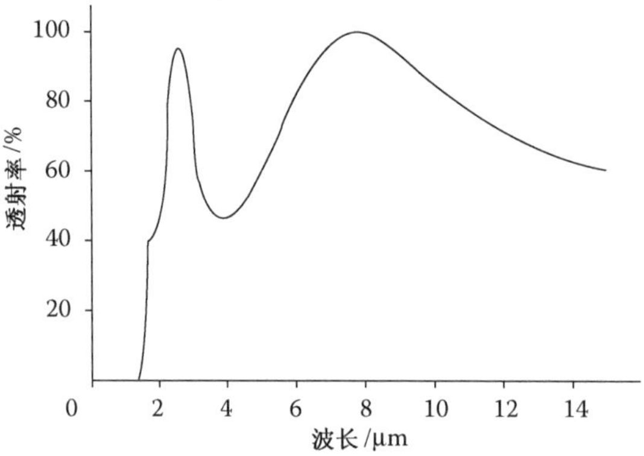

图 4.2　用硫化锌两面增透(对 8μm 波长)的锗基底的透射率

(引自 Sir Howard Grubb, Parson & Co Ltd)

即使在最好的条件下沉积,如果硫化锌长期暴露在潮湿的环境中,其性能也会劣化。用氧化铈或者一氧化硅可以生产出更硬更坚固的薄膜。在 200℃或更高的温度下将氧化铈沉积到基底上,可以制成坚硬耐用的薄膜,它在 2μm 波长下的折射率为 2.2。可惜的是,和许多其他

材料一样，由于吸收了水蒸气，氧化铈在3μm处有一个小吸收带。一氧化硅没有这样的吸收带，所以Cox和Hass推荐它作为锗和硅基底在红外区的最适合的镀膜材料。在良好的真空条件下以较高速率蒸发的一氧化硅的折射率为1.9左右。图4.3给出了两面镀有一氧化硅薄膜的硅基底的透射率。

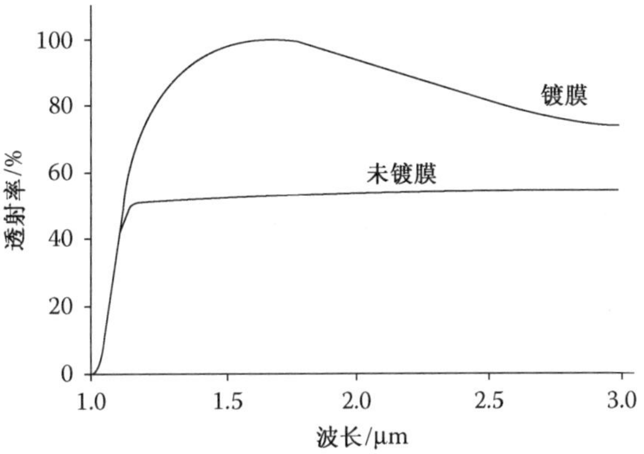

图4.3　镀和未镀$\lambda/4$(波长为1.7μm)厚一氧化硅减反射膜的1.5mm厚硅基底的透射率
(引自Cox J T and Hass G. *Journal of the Optical Society of America*, 48, 677-680, 1958)

到目前为止，我们在数值计算中仅仅考虑了垂直入射的情况。斜入射的情况和垂直入射的情况类似，只是膜层的有效相位厚度减小了，这是由相位厚度

$$\delta=(2\pi nd\cos\vartheta)/\lambda$$

中的余弦项造成的，因而最佳波长要更短些。此时应使用更普遍的光学导纳η_p或η_s来替代折射率，并且由于TE波和TM波的光学导纳不同，所以偏振效应一目了然。在可见光区，偏振对高折射率基底薄膜的影响要比对低折射率基底薄膜的影响更小一些。图4.4所示为当将折射率为2.2的硫化锌镀在折射率为4.0的锗基底上时，在不同入射角下计算得到的特性曲线。

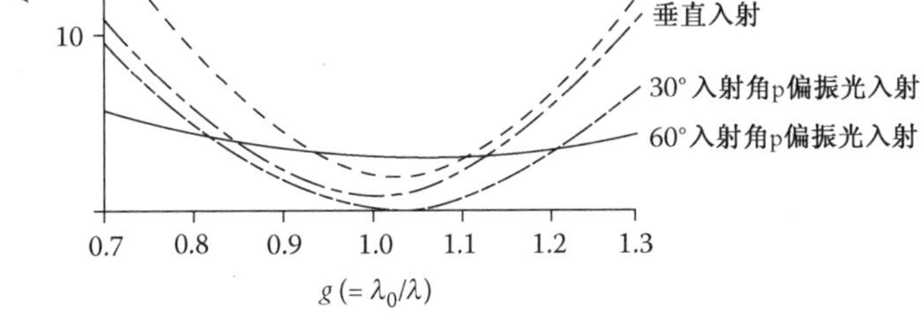

图4.4　对于锗(n=4.0)基底上的硫化锌(n=2.2)薄膜，在不同入射角时计算的特性曲线

这种计算相当简单,还可以采用矩阵方法。基底上单层膜的特征矩阵为

$$\begin{bmatrix} B \\ C \end{bmatrix} = \begin{bmatrix} \cos\delta_1 & \dfrac{\mathrm{i}\sin\delta_1}{\eta_1} \\ \mathrm{i}\eta_1\sin\delta_1 & \cos\delta_1 \end{bmatrix} \begin{bmatrix} 1 \\ \eta_m \end{bmatrix}$$

即

$$\begin{bmatrix} B \\ C \end{bmatrix} = \begin{bmatrix} \cos\delta_1 + \mathrm{i}(\eta_m/\eta_1)\sin\delta_1 \\ \eta_m\cos\delta_1 + \mathrm{i}\eta_1\sin\delta_1 \end{bmatrix}$$

这些符号的意义见第 2 章。

$$\text{对每种材料}\begin{cases} \eta_{\mathrm{p}} = y/\cos\vartheta \\ \eta_{\mathrm{s}} = y\cos\vartheta \end{cases}$$

$$\delta_1 = (2\pi n_1 d_1 \cos\vartheta_1)/\lambda$$

并且

$$n_0\sin\vartheta_0 = n_1\sin\vartheta_1 = n_m\sin\vartheta_m$$

当光垂直入射时,如果薄膜的光学厚度是某一波长 λ_0 的四分之一,即 $n_1 d_1 = \lambda_0/4$,则有

$$\delta_1 = \frac{\pi}{2}\left(\frac{\lambda_0}{\lambda}\right)\cos\vartheta_1$$

因此,新的最优化波长为 $\lambda_0\cos\vartheta_1$。

振幅反射系数为

$$\begin{aligned} \rho &= \frac{\eta_0 - Y}{\eta_0 + Y} = \frac{\eta_0 - C/B}{\eta_0 + C/B} \\ &= \frac{(\eta_0 - \eta_m)\cos\delta_1 + \mathrm{i}\left[(\eta_0\eta_m/\eta_1) - \eta_1\right]\sin\delta_1}{(\eta_0 + \eta_m)\cos\delta_1 + \mathrm{i}\left[(\eta_0\eta_m/\eta_1) + \eta_1\right]\sin\delta_1} \end{aligned} \tag{4.2}$$

反射率为

$$R = \frac{(\eta_0 - \eta_m)^2\cos^2\delta_1 + \left[(\eta_0\eta_m/\eta_1) - \eta_1\right]^2\sin^2\delta_1}{(\eta_0 + \eta_m)^2\cos^2\delta_1 + \left[(\eta_0\eta_m/\eta_1) + \eta_1\right]^2\sin^2\delta_1} \tag{4.3}$$

该表达式看起来很简单,但不要被它迷惑,因为增加层数或考虑膜层吸收,都会马上增加问题的复杂性,甚至能达到让人完全丧失信心的程度。

图 4.5 所示的单层薄膜的导纳图对我们是有益的,在第 2 章中已对导纳轨迹做了讨论。这里只考虑垂直入射的情况,并且导纳采用自由空间单位,这样它们在数值上就等于材料的折射率。在这种情形下,单层薄膜的导纳轨迹是一个圆,它始于实轴上的点 4.0,对应锗基底的导纳值。圆心在实轴上,圆和实轴在点 $2.2^2/4.0 = 1.21$ 处再次相交,1.21 对应 $\lambda/4$ 厚度。特别注意到,由于圆与实轴的这两个交点是确定的,则无须计算圆心的位置。我们可以在轨迹图中标出 δ_1 的大小,由于 $\delta_1 = 2\pi n_1 d_1/\lambda$,可以假设 λ 为常数,用光学厚度替代 δ_1,或者假设折射率不随波长变化,而是一个常数,对于一个给定的光学厚度,可以用 $g(=\lambda_0/\lambda)$ 来标记 δ_1 的大小。

这些不同大小的曲线已经加在图上,其中 g 的大小假设 λ_0 为膜层的光学厚度等于其四分之一的那个波长。

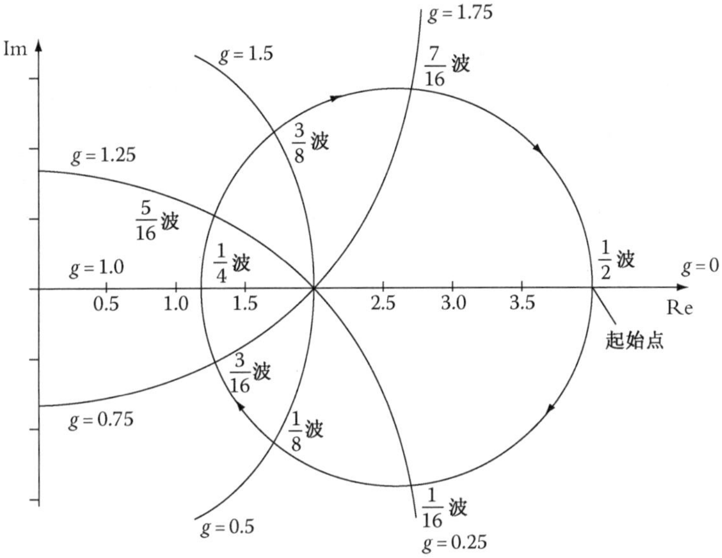

图 4.5　锗(n =4.0)基底上镀有单层硫化锌(n =2.2)薄膜的导纳图

这是一个非常简单的导纳图,它主要是为了阐明其原理。在这一章中我们还会用到导纳图。一般情况下,给出波长的一个值和每个膜层光学厚度的一个值,就可以画出这些导纳图。

4.1.2　双层减反射膜

就所涉及的单层膜的设计而言,其缺点是可调整的参数有限。从图 4.5 的导纳轨迹可以看出,只有在轨迹通过的点(1,0)处(或更一般地,当轨迹通过点(y_0,0)时),才能得到零反射率,这必须对应一个半圆或 $\lambda/4$ 的光学厚度(或严格地说,对应 $\lambda/4$ 的奇数倍)。膜层的折射率或光学导纳唯一地定义为 $y_1 = (y_0 y_m)^{1/2}$,因此,这在单层膜的设计中没有机动的余地。在实际中,折射率是一个不可以随意改变的参数,适用的薄膜材料是有限的,设计人员不得不选取那些实用的材料。更有效的途径是采用更多的膜层,先列出各膜层所能得到的折射率,然后改变各膜层厚度以得到零反射率。当然,单层膜仅在一个波长处有零反射率,并在一个较窄的区域上有较低的反射率,要想在更宽的区域内具有较高的性能,则需要多层膜。

现在,这种大量的设计工作是用自动优化方法完成的,这是一个完美的明智的且有效的发展。本书其他部分对自动优化方法做了简短的描述,它们对减反射膜的设计尤其有价值,也是强烈推荐的。此外,在这里我们还关心对薄膜结构的理解,特别是每一层膜所起的作用,如果不能理解这些,当结果不理想或者出错时我们就会完全陷于被动。如果有一个好的起始设计,自动优化设计方法运行起来将更加有效。因此,在这一章中我们花大量时间介绍一些传统的设计方法,不是因为它们在实际的设计工作中还占有一席之地,而是因为它们涉及薄膜结构的知识,并且非常有趣。

首先我们考虑在某一个波长处实现零反射率的问题,并且尝试用双层薄膜实现零反射率。因为正在处理的是高折射率基底,所以先研究折射率比基底折射率低的膜层的组合。图 4.6 所示为一种可能的矢量图。假设任何一个矢量模不大于其余两个矢量模之和,则在某一波长处实现零反射率就有两组可能的厚度。如图 4.6(a)所示的较薄的组合有最好的性能,一般应选择这种组合。在一些方法中,用导纳图可以更容易实现可视化设计。通常,采用自由空间单位画导纳图,这样它在数值上与折射率相同。图 4.7 所示为两种可能的方案,通过画出对应折射率 n_1 且过 n_0 的圆,以及对应折射率 n_2 且过 n_m 的圆,就可以得到这两种方案。假设这两个圆相交,则有可能用它们做减反射膜,两个交点对应薄膜的两个厚度值。

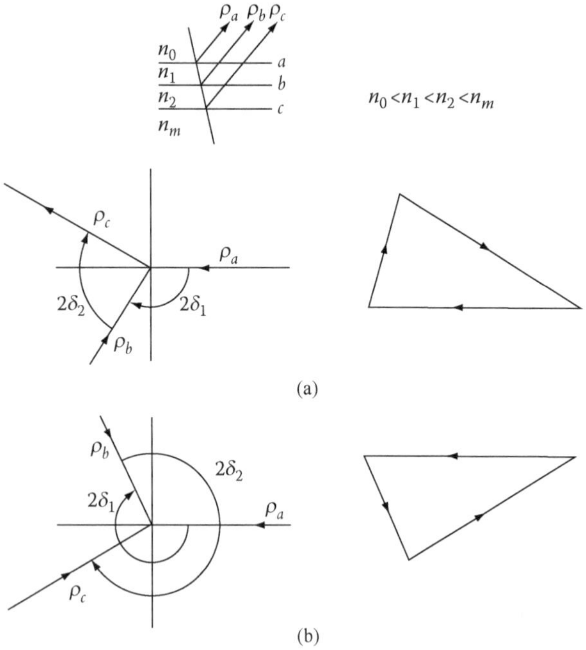

图 4.6　双层减反射膜的矢量图
(可选择膜层的厚度使矢量三角形闭合,
(a)和(b)两种方式都得到了零反射率)

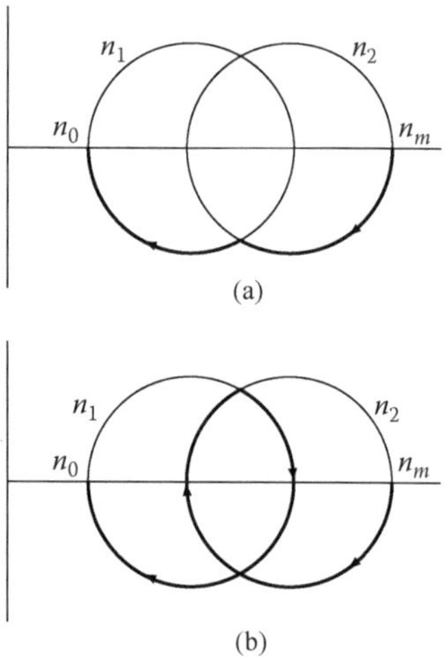

图 4.7　双层减反射膜的导纳图
((a)和(b)分别是两种可能的解)

这是一种非常重要的薄膜,其含义要比只增透高折射率基底广泛,因此需要更详细地说明。采用矩阵方法并遵循 Catalan 的分析[2],只是符号做了改变,以与此处系统的符号一致。膜系的特征矩阵为

$$\begin{bmatrix} B \\ C \end{bmatrix} = \begin{bmatrix} \cos\delta_1 & \dfrac{\mathrm{i}\sin\delta_1}{y_1} \\ \mathrm{i}y_1\sin\delta_1 & \cos\delta_1 \end{bmatrix} \begin{bmatrix} \cos\delta_2 & \dfrac{\mathrm{i}\sin\delta_2}{y_2} \\ \mathrm{i}y_2\sin\delta_2 & \cos\delta_2 \end{bmatrix} \begin{bmatrix} 1 \\ y_m \end{bmatrix}$$

$$= \begin{bmatrix} \cos\delta_1\left[\cos\delta_2 + \mathrm{i}\left(y_m/y_2\right)\sin\delta_2\right] + \mathrm{i}\sin\delta_1\left(y_m\cos\delta_2 + \mathrm{i}y_2\sin\delta_2\right)/y_1 \\ \mathrm{i}y_1\sin\delta_1\left[\cos\delta_2 + \mathrm{i}\left(y_m/y_2\right)\sin\delta_2\right] + \cos\delta_1\left(y_m\cos\delta_2 + \mathrm{i}y_2\sin\delta_2\right) \end{bmatrix}$$

如果光学导纳 Y 等于 y_0，即

$$
\begin{aligned}
& \mathrm{i}y_1\sin\delta_1\left[\cos\delta_2+\mathrm{i}(y_m/y_2)\sin\delta_2\right]+\cos\delta_1(y_m\cos\delta_2+\mathrm{i}y_2\sin\delta_2) \\
&= y_0\left\{\cos\delta_1\left[\cos\delta_2+\mathrm{i}(y_m/y_2)\sin\delta_2\right]+\mathrm{i}\sin\delta_1(y_m\cos\delta_2+\mathrm{i}y_2\sin\delta_2)/y_1\right\}
\end{aligned}
$$

则反射率为零。由表达式中的实部和虚部分别相等，可得

$$
\begin{aligned}
& -(y_1y_m/y_2)\sin\delta_1\sin\delta_2+y_m\cos\delta_1\cos\delta_2 \\
&= y_0\cos\delta_1\cos\delta_2-(y_0y_2/y_1)\sin\delta_1\sin\delta_2
\end{aligned}
$$

和

$$
\begin{aligned}
& y_1\sin\delta_1\cos\delta_2+y_2\cos\delta_1\sin\delta_2 \\
&= (y_0y_m/y_2)\cos\delta_1\sin\delta_2+(y_0y_m/y_1)\sin\delta_1\cos\delta_2
\end{aligned}
$$

即

$$
\begin{aligned}
\tan\delta_1\tan\delta_2 &= (y_m-y_0)\left[(y_1y_m/y_2)-(y_0y_2/y_1)\right] \\
&= y_1y_2(y_m-y_0)/(y_1^2y_m-y_0y_2^2)
\end{aligned}
\tag{4.4}
$$

和

$$
\tan\delta_2/\tan\delta_1=y_2(y_0y_m-y_1^2)/\left[y_1(y_2^2-y_0y_m)\right] \tag{4.5}
$$

由此得到

$$
\begin{aligned}
\tan^2\delta_1 &= \frac{(y_m-y_0)(y_2^2-y_0y_m)y_1^2}{(y_1^2y_m-y_0y_2^2)(y_0y_m-y_1^2)} \\
\tan^2\delta_2 &= \frac{(y_m-y_0)(y_0y_m-y_1^2)y_2^2}{(y_1^2y_m-y_0y_2^2)(y_2^2-y_0y_m)}
\end{aligned}
\tag{4.6}
$$

由这两个方程求得的 δ_1 和 δ_2 的值必须是正确配对的，这很容易做到，只要保证它们同时满足上面的两个方程即可，或者通过画导纳图的草图求得。

对存在的解，或换种方式，对导纳图中相交的圆，式(4.6)右边必须为正，这样 δ_1 和 δ_2 为实数，这就要求以下三个表达式

$$(y_2^2-y_0y_m) \tag{4.7}$$

$$(y_1^2y_m-y_0y_2^2) \tag{4.8}$$

$$(y_0y_m-y_1^2) \tag{4.9}$$

都是正的，或者任意两个为负而第三个为正。图 4.8 中对此做了总结，其中，图 4.8(d)对应图 4.7 的有效性条件，该图也称为舒斯特图，以其发起人命名[3]。

图 4.8(d)的左上角 $y_1\geqslant(y_0y_m)^{1/2}\geqslant y_2$ 的阴影区，给出了一种有用的薄膜。对于锗，光在空气中垂直入射时，$(y_0y_m)^{1/2}=2.0$。由于 y_1 的值没有上限，故可以方便地选取折射率为 4.0 的锗；而 y_2 可以选取折射率为 1.38 的氟化镁、折射率为 1.57 的氟化钕镨、折射率为 1.59 的氟

化铈,或者任何其他类似的材料。这种结构的优点是:牢固性较差的低折射率膜层被高折射率膜层保护起来,就牢固性来讲,锗膜在这方面是非常好的。图 4.9 所示为这种薄膜的实例。通常,正如此例所示,薄膜的总厚度略小于 $\lambda/4$,以增加薄膜的耐久性。Cox[4] 对此做了很多的讨论。

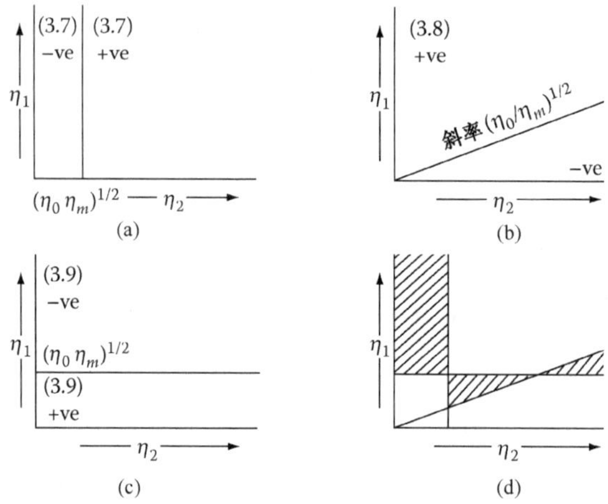

图 4.8 舒斯特图的绘制

(图(d)是图(a)、(b)、(c)的组合,图(d)的阴影区是存在实数解的区域)

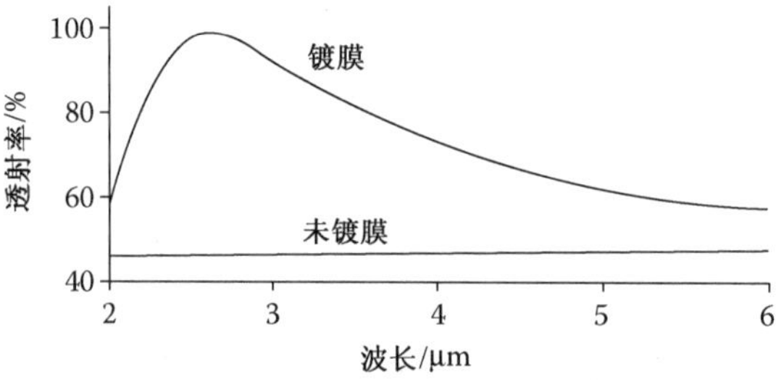

图 4.9 镀有双层减反射膜的锗基底的透射率

(内层为氟化镁膜(在 1.03μm 处,$nd=\lambda/4$),外层为锗膜(在 0.61μm 处,$nd=\lambda/4$)。引自 Cox J T. *Journal of the Optical Society of America*, 51, 1406-1408,1961)

可惜的是,这种类型的双层膜比单层膜的有效增透区更窄,不能满足某些使用要求。为了展宽低反射区,可以用双层膜甚至多层膜。通常采用的途径是,选取各层膜的厚度等于 $\lambda/4$ 的整数倍,然后确定为得到预期特性各层膜所应具有的折射率。

一种有效的膜系是由两层 $\lambda/4$ 厚的膜层组成的,如图 4.10 所示。其中(a)、(b)、(c)分别对应三个不同波长的矢量图的形状。在波长 $\lambda=(3/4)\lambda_0$ 和 $\lambda=(3/2)\lambda_0$ 时,三角形的三个矢量互成 60°的倾角。假定矢量的模全相等,则三角形是闭合的,因而在这些波长处的反射率为零。这一条件可写为

$$\frac{y_1}{y_0}=\frac{y_2}{y_1}=\frac{y_m}{y_2}$$

对 y_1 和 y_2 求解，可得

$$y_1^3 = y_0^2 y_m$$
$$y_2^3 = y_0 y_m^2 \tag{4.10}$$

在参考波长 λ_0（膜层厚度为 $\lambda_0/4$）处的反射率为

$$R = \left(\frac{y_0 - \left(y_1^2/y_2^2\right)y_m}{y_0 + \left(y_1^2/y_2^2\right)y_m}\right)^2$$
$$= \left(\frac{1-\left(y_m/y_0\right)^{1/3}}{1+\left(y_m/y_0\right)^{1/3}}\right)^2$$

这样就大大降低了没有薄膜基底的反射率。

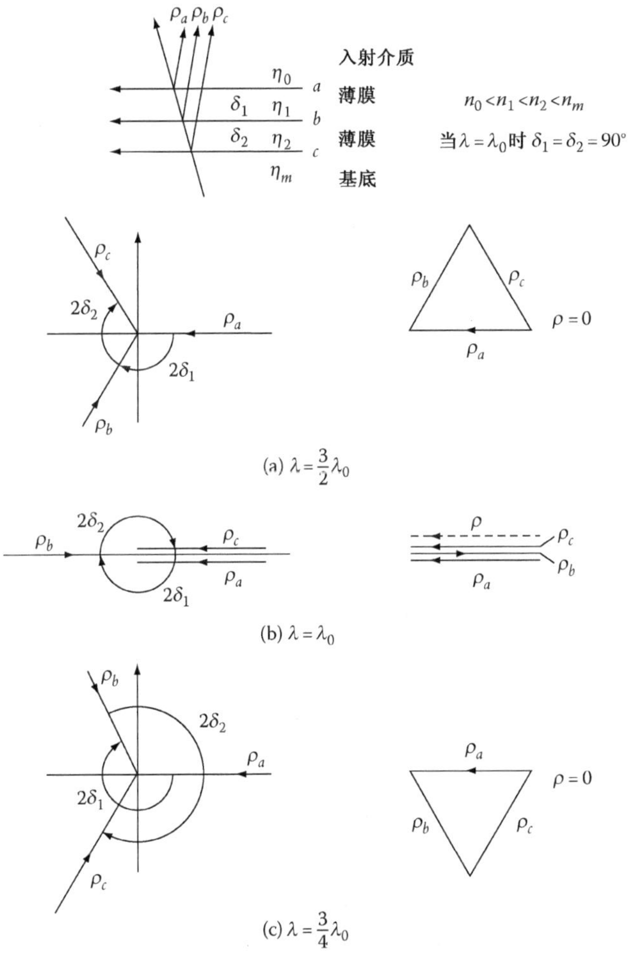

图 4.10 高折射率基底上的 $\lambda/4$-$\lambda/4$ 减反射膜的矢量图

（图(a)、(b)、(c)分别代表(3/2) λ_0、λ_0、(3/4) λ_0 的波长）

对于折射率为 4.0 的锗,光在空气中垂直入射时,所要求的各膜层的折射率为 $n_1=1.59$, $n_2=2.5$,在 λ_0 处反射率为 5.6% 。镀于硫化砷(As_2S_3) 和硒化砷(As_2Se_3) 基底上的类似膜系,其理论曲线和实测曲线分别如图 4.11(b) 和图 4.11(c) 所示。

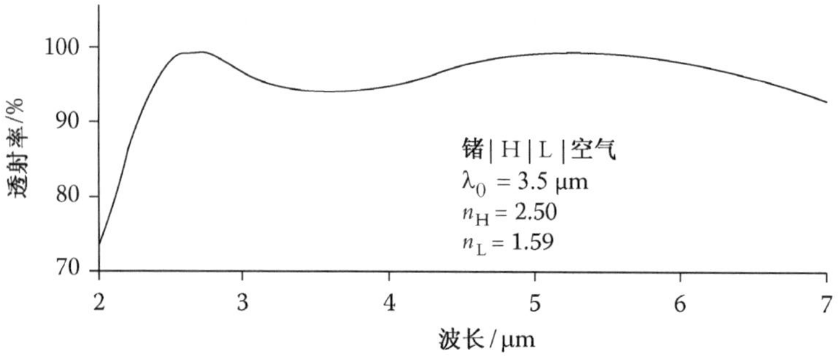

(a)

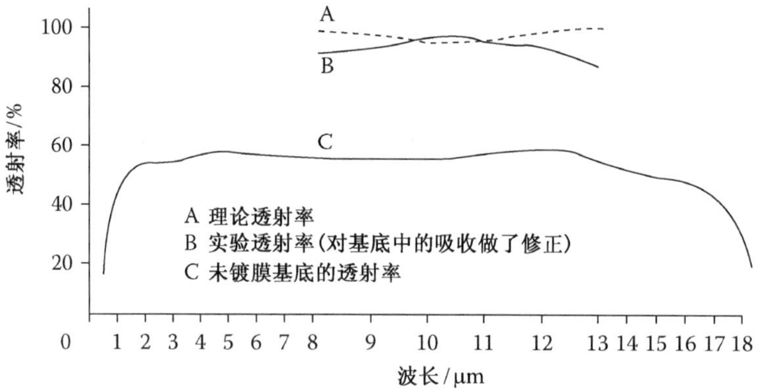

(b)

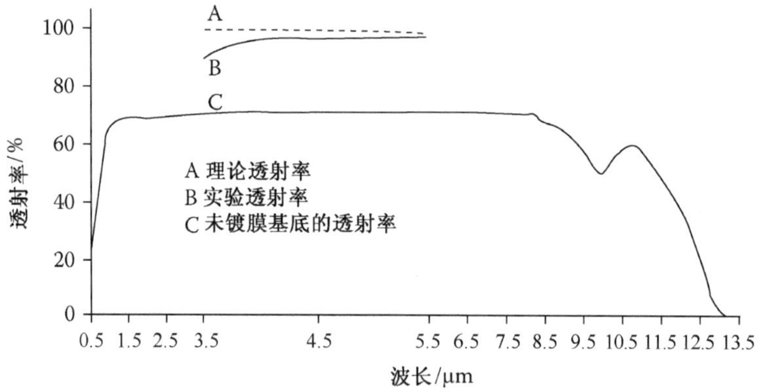

(c)

图 4.11　高折射率基底上的双层减反射膜

((a)镀于锗基底上单面的 $\lambda/4$-$\lambda/4$ 减反射膜的理论透射率曲线;(b)镀于硫化砷玻璃两面的类似膜系的理论与实测透射率曲线;(c)镀于硒化砷玻璃两面的类似膜系的理论与实测透射率曲线)

上述描述的这种膜系是各层厚度相等的减反射膜的一种特例。为计算普遍的零反射率条件,最简捷的办法是回到导出式(4.6)的分析。

令 δ_1 和 δ_2 相等,将其写为 δ,并注意到,如果 λ_0 是膜层光学厚度的四分之一处的波长,则

$$\delta = \frac{\pi}{2}\left(\frac{\lambda_0}{\lambda}\right)$$

由式(4.5)可得

$$y_2\left(y_0 y_m - y_1^2\right) = y_1\left(y_2^2 - y_0 y_m\right)$$

即

$$y_0 y_m = y_1 y_2$$

这是零反射率的必要条件。

由式(4.4)可得

$$\tan^2\delta = \frac{y_1 y_2\left(y_m - y_0\right)}{y_1^2 y_m - y_0 y_2^2} = \frac{y_0 y_m\left(y_m - y_0\right)}{y_1^2 y_m - y_0 y_2^2}$$

如果 δ 是第一象限的解,则 δ 有两个解:

$$\delta = \delta' \text{ 或 } \delta = \pi - \delta'$$

故 λ 有两个值:

$$\lambda = \left(\frac{\pi/2}{\delta}\right)\lambda_0$$

在所有实际情况中,y_m 都大于 y_0,因而只有当

$$y_1^2 y_m - y_0 y_2^2 \geqslant 0$$

时,以上关于 $\tan^2\delta$ 的方程才有实数解。以上不等式的左边与式(4.8)相同。

图4.12所示的舒斯特图给出了光在空气中垂直入射时锗板所允许的 y_1 和 y_2 的值。膜系特征曲线的形式和图4.11中的类似。反射率在参考波长 λ_0 处升至最大值,λ_0 位于两个零反射率波长之间。波长 λ_0 处的反射率,可以很容易地求得。在此波长处,$\delta=\pi/2$,膜层厚度等于 $\lambda_0/4$,因此,光学导纳为

$$\frac{y_1^2}{y_1^2}y_m$$

反射率为

$$R = \left(\frac{y_0 - \left(y_1^2/y_2^2\right)y_m}{y_0 + \left(y_1^2/y_2^2\right)y_m}\right)^2 \tag{4.11}$$

现在考虑 y_m 比较大的情况。当 $y_1 = y_2$ 时,在波长 λ_0 处的反射率等于无薄膜基底的反射率。如

果 $y_1 > y_2$，则反射率比无薄膜基底的更高。因此，为使解全都有效，y_1 应该小于 y_2。在图 4.12 中已标出满足此条件的区域。

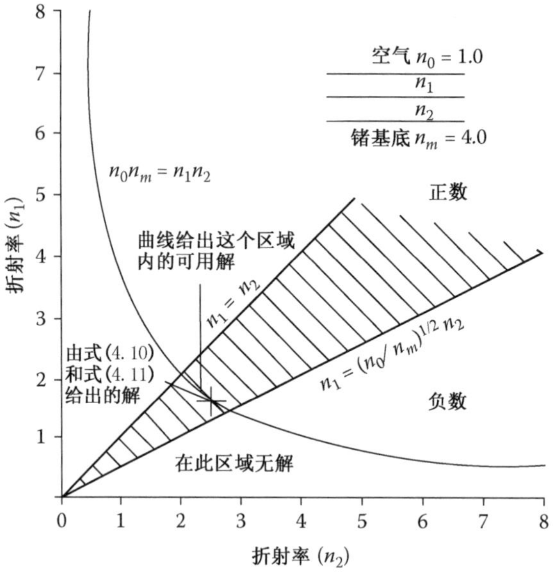

图 4.12　锗基底上 λ/4-λ/4 减反射膜的舒斯特图，它表示出膜层折射率的可能值

4.1.3　多层膜

图 4.13 给出了锗基底上三层膜的矢量图，每一膜层都为 $\lambda_0/4$ 厚。如果 $y_m > y_3 > y_2 > y_1 > y_0$，则在 $2\lambda_0/3$、λ_0、$2\lambda_0$ 处这些矢量彼此方向相反，如图所示；假设每个矢量的模相等，则在这些波长处可以完全抵消，反射率为零。

这种三层膜和图 4.10 的 λ/4-λ/4 双层膜类似，但是双层膜的两个零点在 $3\lambda_0/4$ 和 $3\lambda_0/2$ 处，而三层膜的零点在从 $2\lambda_0/3$ 到 $2\lambda_0$ 的更宽范围。

矢量模相等的条件为

$$\frac{y_1}{y_0} = \frac{y_2}{y_1} = \frac{y_3}{y_2} = \frac{y_m}{y_3}$$

做些处理后，可得

$$\begin{aligned} y_1^4 &= y_0^3 y_m \\ y_2^4 &= y_0^2 y_m^2 \\ y_3^4 &= y_0 y_m^3 \end{aligned} \tag{4.12}$$

当光从空气中垂直入射到锗基底时，

$$n_0 = 1.00 \qquad n_m = 4.00$$

每一层膜需要的折射率为

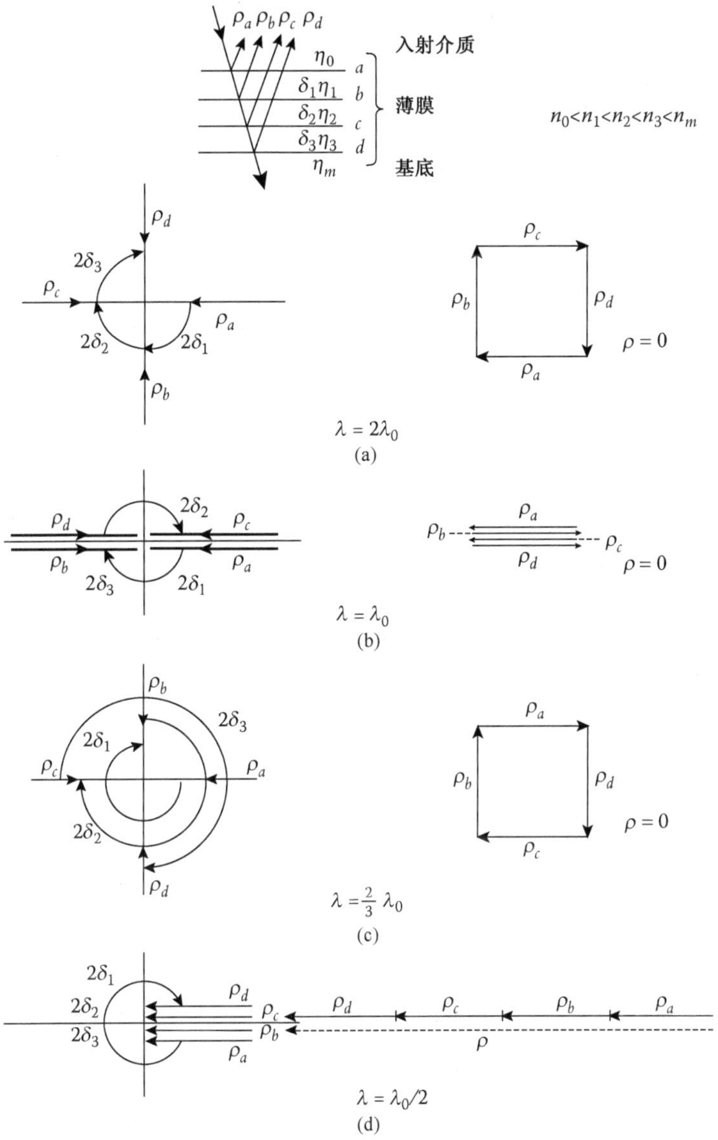

图 4.13　高折射率基底上的 $\lambda/4$-$\lambda/4$-$\lambda/4$ 减反射膜的矢量图

（图(a)、(b)、(c)、(d)分别代表 $2\lambda_0$、λ_0、$2\lambda_0/3$、$\lambda_0/2$ 的波长）

$$n_1 = 1.41$$
$$n_2 = 2.00$$
$$n_3 = 2.83$$

在实际应用中选择与理论值相近的膜层，首先是紧贴基底的折射率为 3.3 的硅膜层，然后是折射率为 2.2 的二氧化铈膜层，最后是折射率为 1.35 的氟化镁膜层，该三层膜在 λ_0 = 3.5μm 时的特性如图 4.14 所示。Cox 等[5]对用于红外区的这种三层膜，以及单层膜和双层膜做了介绍。三层膜的精确理论也是由与双层膜理论同样的方式发展而来的，但是计算要更加复杂。

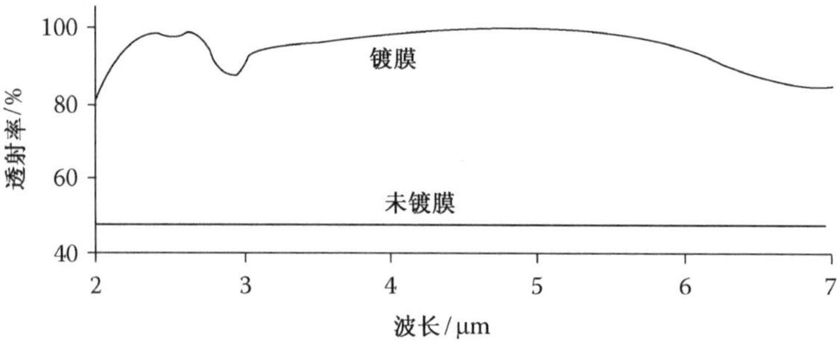

图 4.14　镀有减反射膜 $MgF_2+CeO_2+Si(n_1d_1=n_2d_2=n_3d_3=\lambda/4,\lambda=3.5\mu m)$ 的锗基底的实测透射率

（引自 Cox J T, Hass G and Jacobus G E. *Journal of the Optical Society of America*, 51, 714-718, 1961）

将矢量法推广到处理四层膜是相当容易的，这种膜在 $5\lambda_0/8$、$5\lambda_0/6$、$5\lambda_0/4$、$5\lambda_0/2$ 处的反射率为零，该区域要比三层膜的宽。五层膜也同样简单明了。这些薄膜的实用价值很大程度上取决于它们的应用，对于很多应用，双层膜就足够了。

由双层膜到三层膜虽然只增加了一层膜，但已使三层膜的理论比双层膜的复杂得多，设计的可能组合方式也相当多。因此，用各种方法给出有可能实现可接受性能的方案并排除不符合要求的那些，要比详细计算其性能更有价值。性能的准确计算可以采用第 2 章的步骤。

这类特别有用的方法中的一种是由 Musset 和 Thelen[6] 根据史密斯的有效边界法提出来的。我们回想一下第 2 章的相关内容，该方法将一个膜系分解成两个子膜系，分别用下标 a、b 表示。于是多层膜的总透射率为

$$T=\left(\frac{T_aT_b}{\left(1-R_a^{1/2}R_b^{1/2}\right)^2}\right)\times\left[1+\frac{4R_a^{1/2}R_b^{1/2}}{\left(1-R_a^{1/2}R_b^{1/2}\right)^2}\sin^2\left(\frac{\varphi_a+\varphi_b-2\delta}{2}\right)\right]^{-1}\qquad(4.13)$$

假设没有吸收，则 $T_a=1-R_a$，$T_b=1-R_b$。

式(4.13)右边两个相乘的表达式的最大可能值均为 1，此时透射率可取最大值。为此，这两个表达式分别取最大值，第一个表达式

$$\frac{T_aT_b}{\left(1-R_a^{1/2}R_b^{1/2}\right)^2}$$

当且仅当 $R_a=R_b$ 时才为 1，而第二个表达式

$$\left[1+\frac{4R_a^{1/2}R_b^{1/2}}{\left(1-R_a^{1/2}R_b^{1/2}\right)}\sin^2\left(\frac{\varphi_a+\varphi_b-2\delta}{2}\right)\right]^{-1}$$

当且仅当

$$\sin^2\left(\frac{\varphi_a+\varphi_b-2\delta}{2}\right)=0$$

时才为 1。于是,理想减反射膜首先应满足

$$R_a=R_b$$

这就是 Musset 和 Thelen 所称的振幅条件;另外,还要满足

$$\frac{\varphi_a+\varphi_b-2\delta}{2}=m\pi$$

这称为相位条件。振幅条件是两个子膜系的函数;相位条件可以通过调整间隔层的厚度来满足。利用 Musset 和 Thelen 提出的一种方法,可以使振幅条件对所有波长都能满足,但是相位条件仅对一些有限的离散波长满足。对于其他波长,性能在不同程度上偏离理想值。

保持光学厚度为常数,当光学导纳同时乘以一个常数因子或者同时取倒数时,透射率与反射率保持不变。这些特性可以比较容易地通过特征矩阵来证明[7],它们可以保证子膜系具有相等的反射率,因此只要满足相位条件,就可以得到理想的减反射膜。根据 Musset 和 Thelen 的描述,我们可以想象有一个由两个子膜系 a、b 组成且中间有导纳为 y_i的介质层的多层膜,如图 4.15 所示。在这里,不限制该介质层的折射率和厚度,但在后面将明确它们。子膜系 a 的两面分别与 y_0和 y_i接界,而子膜系 b 的两面分别与 y_i和 y_m接界。现在,我们就可以利用适当的法则使振幅条件满足。首先建立一个任意的子膜系 a,然后保留其光学厚度不变,而将导纳乘以一个常数或者取倒数,从而将子膜系 a 转化为子膜系 b。Mausset 和 Thelen 将前一个过程归类为Ⅰ类,后一个过程归类为Ⅱ类。

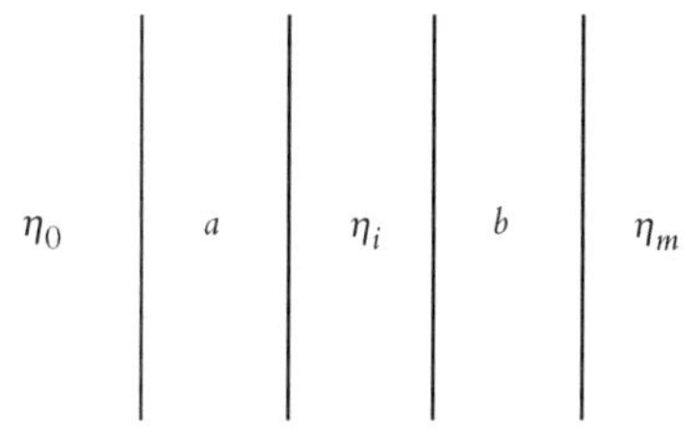

图 4.15　通过介质层从中间隔开的两个子膜系 a、b 组成的多层减反射膜

对于Ⅰ类系统必须有

$$y_m f=y_i$$

$$y_i f=y_0$$

因此

$$y_i=(y_0 y_m)^{1/2}$$

和

$$f=(y_0/y_m)^{1/2}$$

这样对任意的 y_a,有对应的 y_b为 $y_a(y_0/y_m)^{1/2}$。

另一方面,对于Ⅱ类系统有

$$f/y_m = y_0$$

$$f/y_i = y_i$$

$$f/y_a = y_b$$

即

$$y_i = (y_0 y_m)^{1/2} \qquad f = y_0 y_m$$

这样对任意的 y_a,有对应的 y_b 为 $y_b = y_0 y_m / y_a$。

在这些子膜系中,对膜层的厚度与数量没有限制,但它们的数值必须相等,而且若利用 $\lambda/4$ 膜层会更加简单。一旦子膜系 a、b 建立起来,在所有波长处振幅条件就自动满足,因此只要满足相位条件即可。不是在所有的波长处都能够满足相位条件,因为这个问题比较复杂,最好回避它;采用厚度为零且导纳为 y_i 的膜层(这种情况下该膜层可以漏掉)或与膜系的其他膜层一样的 $\lambda/4$ 膜层,问题就会简单许多。

下面考虑光在空气中垂直入射到锗基底的情况。对于这种情况,$n_0 = 1.00$, $n_m = 4.00$,Ⅰ类和Ⅱ类系统均有 $n_i = (n_0 n_m)^{1/2} = 2.0$。首先,对于子膜系 a,我们直接采用 $\lambda/4$ 膜层匹配基底和耦合介质,即

n_1	n_a $(n_i n_m)^{1/2}$	n_m
2.0	2.826	4.0

对Ⅰ类和Ⅱ类系统的子膜系 b,有

n_0	n_b	n_i
1.0	1.414	2.0

如果耦合膜层的厚度允许减小为零,则两个子膜系连在一起,形成双层膜结构;如果耦合膜层的厚度等于 $\lambda_0/4$,则形成三层膜结构。对于前一种类型,设计方式为

空气	1.414	2.282	锗
1.0	$0.25\lambda_0$	$0.25\lambda_0$	4.0

对于后一种类型,设计方式为

空气	1.414	2.0	锗
1.0	$0.25\lambda_0$	$0.25\lambda_0$	4.0

第一种设计方式只有一个零反射率,第二种设计方式和矢量法计算的三层膜结构类似,有三个零反射率,如图 4.16 所示。

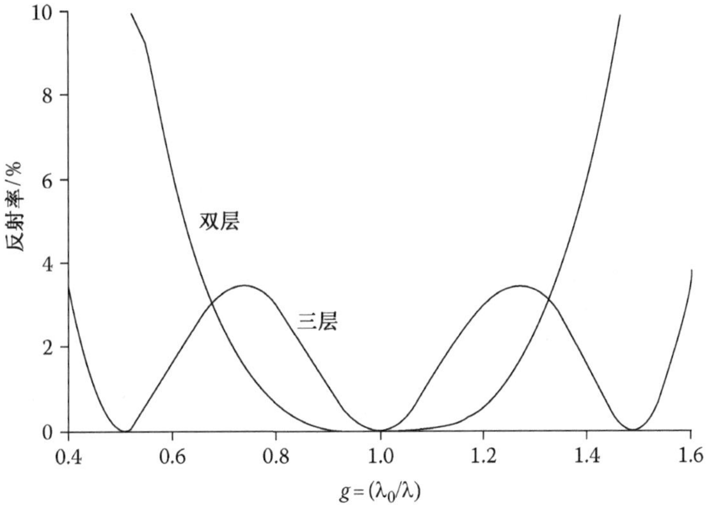

图 4.16 根据 Mussett 和 Thelen 的方法设计的锗基底上减反射膜的理论特性曲线

（双层膜：

空气	1.414	2.858	锗
1.00	$0.25\lambda_0$	$0.25\lambda_0$	4.00

，三层膜：

空气	1.414	2.00	2.858	锗
1.00	$0.25\lambda_0$	$0.25\lambda_0$	$0.25\lambda_0$	4.00

。引自 Musset A and Thelen A. Multilayer antireflection coatings, in *Progress in Optics*, Wolf E Ed. North Holland, Amsterdam, 201-237, 1966）

子膜系不需要 n_m到 n_i和 n_i到 n_0的完美匹配。例如，可以通过矢量法推导双层膜：

$$n_0=1.0$$

$$n_b=(1.0\times 4.0)^{1/3}=1.587$$

$$n_m=2.0$$

由此给出完整的双层膜和三层膜的结构如下。

Ⅰ类为

空气	1.587	3.174	锗
1.0	$0.25\lambda_0$	$0.25\lambda_0$	4.0

空气	1.587	2.0	3.174	锗
1.0	$0.25\lambda_0$	$0.25\lambda_0$	$0.25\lambda_0$	4.0

Ⅱ类为

空气	1.587	2.520	锗
1.0	$0.25\lambda_0$	$0.25\lambda_0$	4.0

空气	1.587	2.0	2.520	锗
1.0	$0.25\lambda_0$	$0.25\lambda_0$	$0.25\lambda_0$	4.0

Ⅱ类第一种设计方案和矢量法的类似，图 4.17 所示为特性曲线。

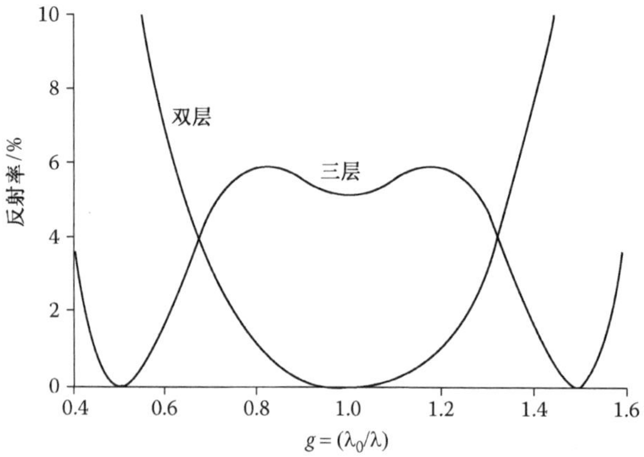

(a)

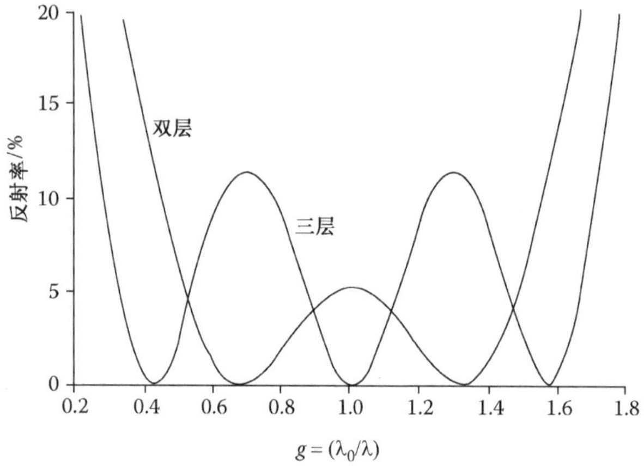

(b)

图 4.17 (a)根据 Mussett 和 Thelen 的方法设计的锗基底上Ⅰ类减反射膜的理论特性曲线；(b)根据 Mussett 和 Thelen 的方法设计的锗基底上Ⅱ类减反射膜的理论特性曲线[6]

(图(a)中 双层膜：

空气	1.587	3.174	锗
1.00	$0.25\lambda_0$	$0.25\lambda_0$	4.00

，三层膜：

空气	1.587	2.00	3.174	锗
1.00	$0.25\lambda_0$	$0.25\lambda_0$	$0.25\lambda_0$	4.00

；

图(b)中 双层膜：

空气	1.587	2.520	锗
1.00	$0.25\lambda_0$	$0.25\lambda_0$	4.00

，三层膜：

空气	1.587	2.00	2.520	锗
1.00	$0.25\lambda_0$	$0.25\lambda_0$	$0.25\lambda_0$	4.00

。

引自 Musset A and Thelen A. Multilayer antireflection coatings, in *Progress in Optics*, Wolf E Ed. North Holland, Amsterdam, 201-237, 1966)

计算以上类型的双层膜、三层膜的反射率零点位置和残留最大反射率的解析表达式是由 Musset 和 Thelen 给出的，这种方法可以容易地推广到四层膜、五层膜的计算。

杨[8]基于多层膜理论与微波传输线理论的对应关系，发展了 $\lambda/4$ 光学厚度薄膜的另一种设计方法，给出了对设计各层厚度均为 $\lambda/4$ 的多层膜有用的一组表格。在给定的带宽和可允许的最大反射率下，用这种方法可以迅速以最少的膜层得到满足具体要求的薄膜。当然，与我们正在讨论的其他方法一样，这种方法没有考虑实现假设折射率的可能性，但是，在采用实际折射率的薄膜设计中，最优化的解决方案是非常有用的起始点。

4.2 低折射率基底上的减反射膜

尽管高折射率基底上的减反射膜理论可以同样应用到低折射率基底的情形,但是由于缺少低折射率的坚固的材料,问题变得严重得多。折射率为1.38的氟化镁是实际中可得到的折射率最低的材料,这马上使以目前讨论的方法实现所能得到的设计变得不大可能。与高折射率材料相比,低折射率基底上减反射膜的设计方法的系统性较差,而且涉及更多的直觉和反复试验。

常用的低折射率材料是冕牌玻璃,薄膜经常用在从400nm到700nm的可见光范围。具有类似或者更高折射率的塑料材料的使用正在增加,特别是在眼镜的镜片中。这里,为了讨论大部分薄膜,我们假设玻璃的折射率为1.52,尽管它会因玻璃类型和波长的不同有些许变化。虽然以下讨论更多是针对冕牌玻璃减反射膜,但这些方法也可以同样用在其他低折射率材料的情形。首先研究最简单的薄膜——单层膜。

4.2.1 单层减反射膜

这里,可以利用针对高折射率材料的有关表达式。最优单层膜是光学厚度等于四分之一中心波长λ_0的薄膜,其光学导纳为

$$y_1 = \left(y_0 y_m\right)^{1/2} \tag{4.14}$$

对于空气中的冕牌玻璃,这意味着

$$y_1 = \left(1.0 \times 1.52\right)^{1/2} = 1.23$$

正如前面已经提到的,目前氟化镁是能够使用的最低折射率的材料,在500nm时其折射率为1.38。尽管不够理想,但是确实有了很大的改进。最小的反射率为

$$R = \left(\frac{y_0 - y_1^2/y_m}{y_0 + y_1^2/y_m}\right)^2 \tag{4.15}$$

即每个表面的反射率等于1.3%。

当光斜入射时,膜层的相位厚度将会减小,因此对于一个给定的膜层厚度,对应最小值的波长变短。在计算反射率时,应使用适合入射角和偏振面的光学导纳值。图4.18所示为在折射率为1.52的基底上氟化镁单层膜的反射率随入射角变化的变化。

4.2.2 双层减反射膜

由于没有合适的低折射率材料,单层膜不能实现零反射率。凭直觉,当将一薄层高折射率材料放到基底上时,基底的折射率会显得更高,因此随后的氟化镁膜层会更有效。证明情况确实如此,而我们已经讨论过高折射率基底的双层膜并做了完整的分析。

我们研究折射率为1.52的玻璃上薄膜的舒斯特图(图4.8),其再现结果如图4.19所示。假设最低折射率为1.38,现实中可能的折射率的上限为2.45,于是可能的解被限制在图中阴

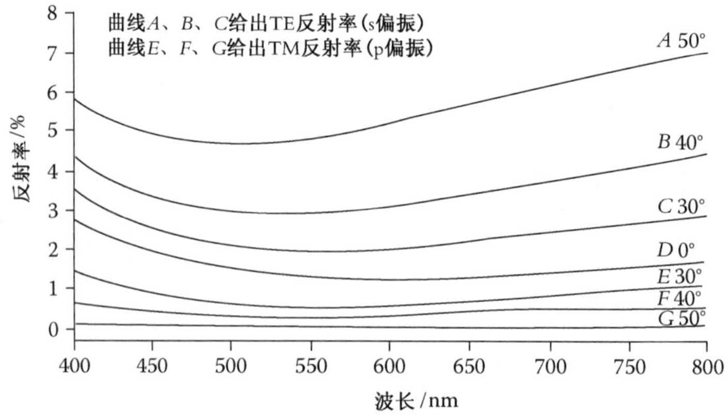

图 4.18　折射率为 1.52 的玻璃上镀折射率为 1.38 的单层 MgF_2 膜在几个不同入射角时计算的反射率

（膜层的光学厚度等于垂直入射时波长 600nm 的四分之一）

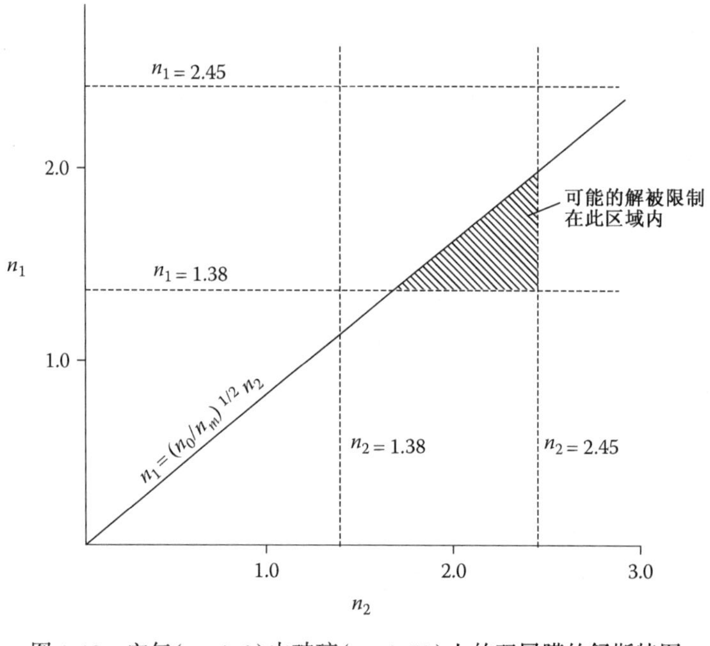

图 4.19　空气(n=1.0)中玻璃(n=1.52)上的双层膜的舒斯特图

（假设膜层的可能折射率被限制在 1.38～2.45 范围）

影部分，该部分由三条线围成，即

$$y_1 = 1.38,\quad y_2 = 2.45,\quad y_1 = y_2(y_0/y_m)^{1/2}$$

其中线

$$y_1 = y_2(y_0/y_m)^{1/2}$$

上的解包含两个 $\lambda/4$ 膜层，其他地方的解包含厚度不等的双层膜，其中一层膜的厚度大于 $\lambda/4$，

另一层膜的厚度小于 $\lambda/4$。膜层厚度的表达式为

$$\tan^2\delta_1=\frac{(y_m-y_0)(y_2^2-y_0y_m)y_1^2}{(y_1^2y_m-y_0y_2^2)(y_0y_m-y_1^2)}$$
$$\tan^2\delta_2=\frac{(y_m-y_0)(y_0y_m-y_2^2)y_1^2}{(y_1^2y_m-y_0y_2^2)(y_1^2-y_0y_m)} \tag{4.16}$$

例如，取高折射率膜层的折射率值为 2.2，对应二氧化铈；低折射率膜层的折射率值为 1.38，对应氟化镁。于是，两组可能的解分别为

$$\delta_1/2\pi=0.3208,\quad \delta_2/2\pi=0.05877$$

和

$$\delta_1/2\pi=0.1792,\quad \delta_2/2\pi=0.4412$$

图 4.20 画出了这两组解。显然，与单层膜相比，双层膜的反射率只有一个最小值，而且带宽较窄。另外，高折射率膜层越薄，带宽越宽。对基底折射率的其他值，该薄膜也是有效的。基底的折射率越高，高折射率膜层越薄，薄膜的工作带宽就越大。

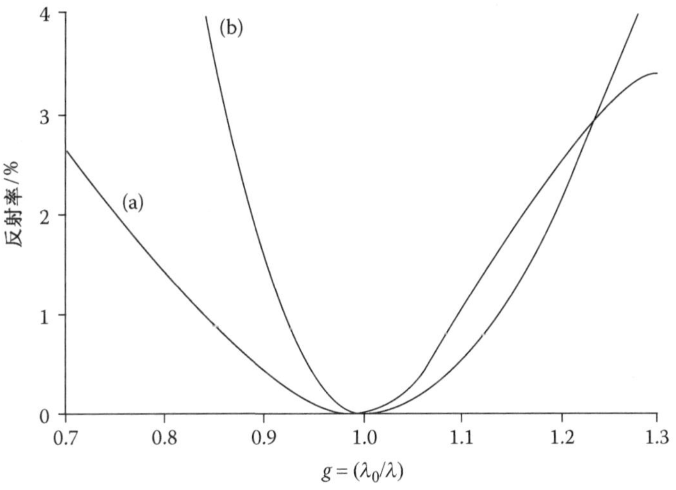

图 4.20 玻璃上的双层减反射膜

((a) 空气 1.00 | 1.38 $0.321\lambda_0$ | 2.20 $0.0588\lambda_0$ | 玻璃 1.52; (b) 空气 1.00 | 1.38 $0.179\lambda_0$ | 2.20 $0.441\lambda_0$ | 玻璃 1.52,

(a)是经常被选用的，因为带宽较宽。由于这种特性曲线只有一个最小值，也常称为 V 形膜)

根据 Catalan[2] 的方法画出有关曲线，它们给出了 δ_1 和 δ_2 的值随着紧贴基底的膜层的折射率的变化，这些曲线如图 4.21 所示，从中可以得到感兴趣的几点结论。首先，正如舒斯特图早已预期的，有一些区域是没有解的。其次，也是更重要的，当膜层的折射率增加时，曲线变平坦，而且光学厚度的些许改变伴随着折射率的改变。薄膜制备的困难之一就是对膜层折射率的控制，特别是对高折射率膜层的折射率的控制，在这方面曲线显示薄膜性能有很高的稳定性。

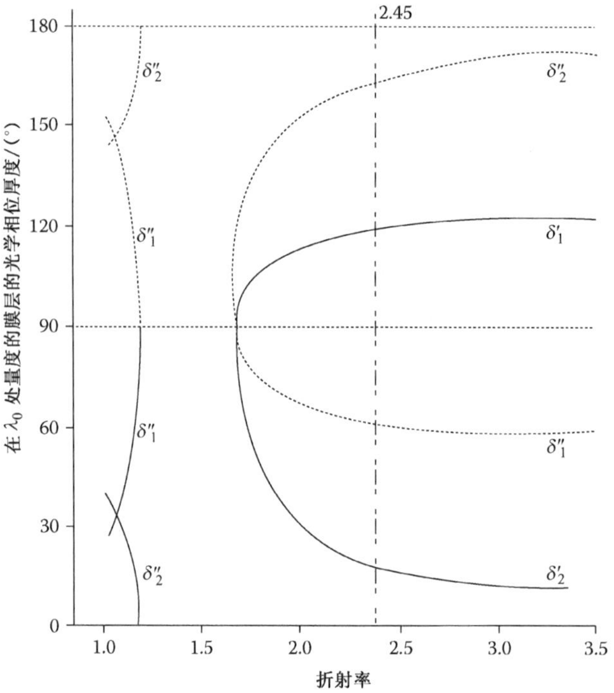

图 4.21　垂直入射时双层减反射膜的最佳厚度

（图中画出了由式(4.7)和式(4.8)给出的光学相位厚度 δ_1 和 δ_2 随高折射率膜层的折射率 n_2 的变化。假定低折射率膜层为折射率为 1.38 的 MgF_2，对于每一对折射率值 n_1 和 n_2，式(4.7)和式(4.8)有两对可能的解，分别标为 δ_1'、δ_2' 和 δ_1''、δ_2''。虚线对应 Catalan 在他的计算中用到的氧化铋的折射率 2.45。引自 Cox J T. *Journal of the Optical Society of America*, 51, 1406-1408, 1961）

公式并不局限于垂直入射的情况。Catalan 还计算了以折射率为 1.5 的玻璃为基底、由折射率为 1.38 的氟化镁和折射率为 2.45 的氧化铋组成的双层膜的反射率随角度的变化，如图 4.22 和图 4.23 所示。直到入射角等于 20°时，性能仍非常好，但当入射角超过 20°时，性能就开始下降。

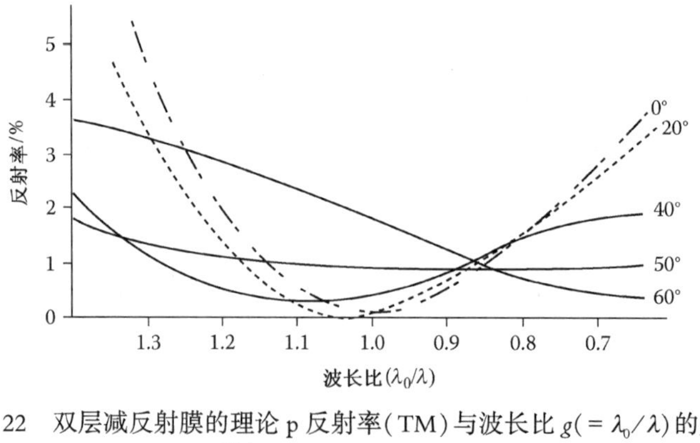

图 4.22　双层减反射膜的理论 p 反射率(TM)与波长比 $g(=\lambda_0/\lambda)$ 的关系

（其中，$n_0=1.00$，$n_1=1.38$，$n_2=2.45$，$n_m=1.50$。引自 Cox J T. *Journal of the Optical Society of America*, 51, 1406-1408, 1961）

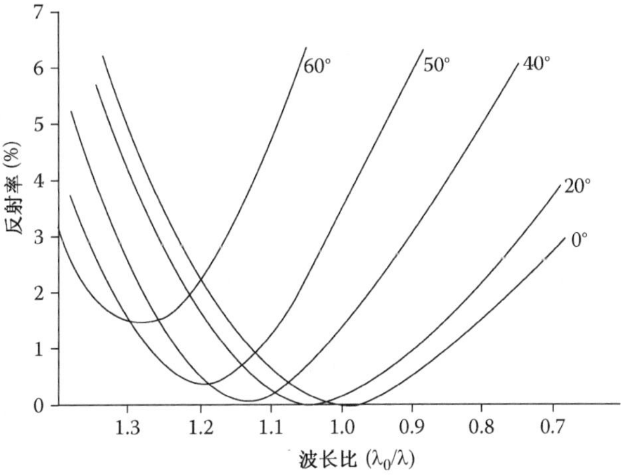

图 4.23　双层减反射膜的理论 s 反射率(TE)与波长比 $g(=\lambda_0/\lambda)$ 的关系

(其中,$n_0=1.00$,$n_1=1.38$,$n_2=2.45$,$n_m=1.50$。引自 Cox J T. *Journal of the Optical Society of America*, 51, 1406-1408,1961)

设计一种斜入射而不是垂直入射的薄膜也是非常必要的。Turbadar[9] 已经考虑过这个问题,并且公布了一种 45°入射的设计方案。依然是以折射率为 1.5 的玻璃为基底,材料为折射率为 2.45 的氧化铋和折射率为 1.38 的氟化镁。当氧化铋紧贴基底时,表 4.1 给出四个可能的解。

表 4.1　45°入射时,玻璃($n=1.5$)上镀的双层膜的设计

		氧化铋	氟化镁
s 偏振(TE 波)	s′	$0.065\lambda_0$	$0.376\lambda_0$
	s″	$0.457\lambda_0$	$0.206\lambda_0$
p 偏振(TM 波)	p′	$0.021\lambda_0$	$0.382\lambda_0$
	p″	$0.501\lambda_0$	$0.201\lambda_0$

资料来源:Turbadar T, *Optica Acta*, 11, 159-170, 1964.

在不同条件下各种设计的特性曲线,包括误差的影响,都可计算出来。现在,我们可以在电脑上很快地绘制出这些特性曲线,这在当时是不可能做到的。包括等反射率等高线在内的曲线是特别有价值的,这些曲线可以更容易地绘制出,并不意味着它们的用途减小了,因此在图 4.24 中给出了相关结果。

这种双层减反射膜的导纳图在性能可视化方面是非常有用的。这个图包括两个圆:第一个圆对应着低折射率膜层 y_1,它通过点$(y_0,0)$,如果要使反射率为零,还通过点$(y_1^2/y_0,0)$;第二个圆对应着高折射率膜层 y_2,它通过对应基底的点$(y_m,0)$以及点$(y_2^2/y_m,0)$。如果这两个圆相交,就可以存在这种类型的双层减反射膜,如图 4.25 所示。为得到希望的零反射率,导纳图有两种可能的结构。回想起在实轴上开始和结束的半圆对应 $\lambda/4$ 波长,就可以看出高折射率膜层比 $\lambda/4$ 厚,而低折射率膜层比 $\lambda/4$ 薄,或者相反。当 y_2 圆恰好与 y_1 圆内切时,就会出现两个膜层的厚度都等于 $\lambda/4$ 的特殊情况,这时有

$$y_1^2/y_0=y_2^2/y_m$$

或

$$y_1 = y_2 \left(y_0 / y_m\right)^{1/2}$$

这就是舒斯特图中斜线的公式。图 4.26 所示为这种膜在 $\lambda = \lambda_0$ 时的导纳图和理论性能曲线。

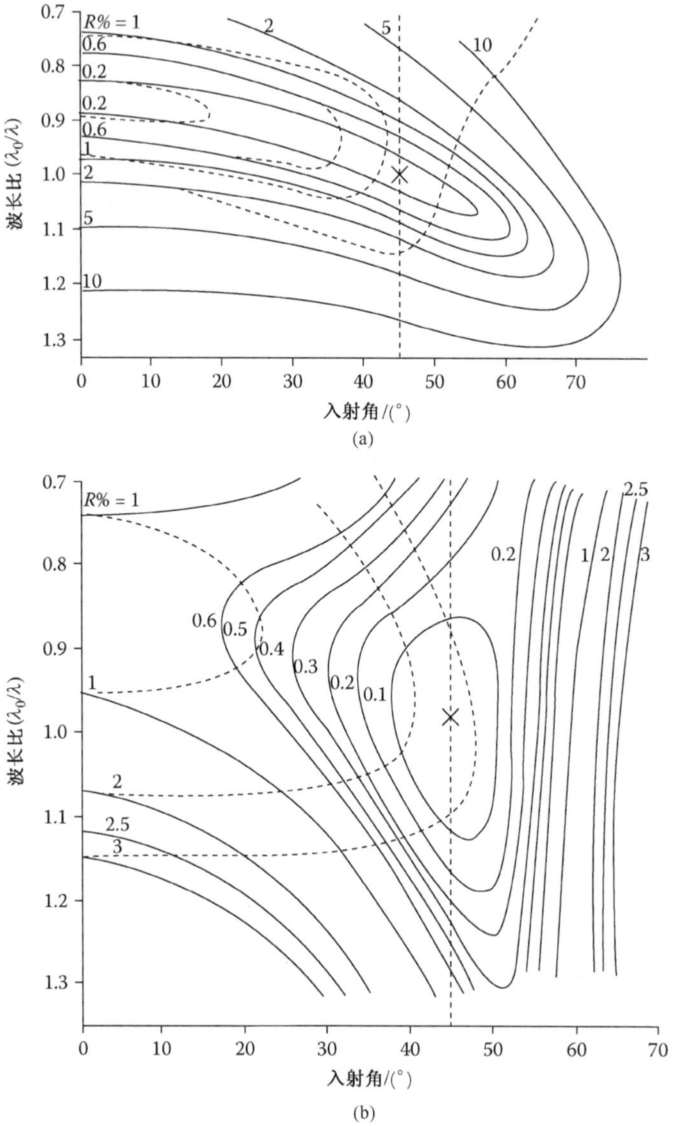

图 4.24　(a)玻璃上双层减反射膜的等反射率曲线，$n_0 = 1.00$，$n_1 = 1.38$，$n_2 = 2.45$，$n_m = 1.50$。在 45°入射时膜层厚度对 TE 波的反射率最小，即表 4.1 中的 s′。实线代表 s 反射(TE 波)，虚线代表 p 反射(TM 波)；(b)玻璃上双层减反射膜的等反射率曲线，$n_0 = 1.00$，$n_1 = 1.38$，$n_2 = 2.45$，$n_m = 1.50$。在 45°入射时膜层厚度对 TM 波的反射率最小，即表 4.1 中的 p′，实线代表 p 反射(TM 波)，虚线代表 s 反射(TE 波)

(引自 Turbadar T. *Optica Acta*, 11, 159-170, 1964)

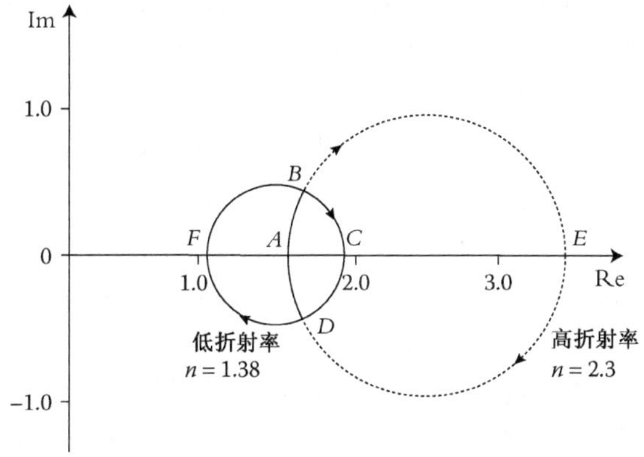

图 4.25 两种不同减反射膜设计方案的导纳图

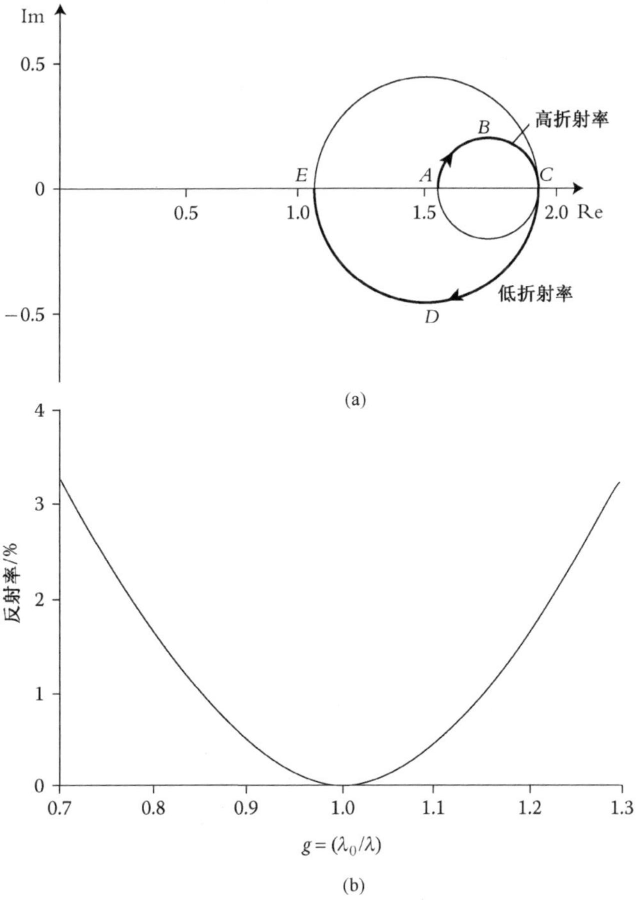

图 4.26 双层减反射膜的特例，(a)导纳轨迹；(b)理论特性曲线

（膜层厚度变为 $\lambda/4$，图 4.25 的两个解合为一个。设计方案为

空气	1.38	1.70	玻璃
1.00	$0.25\lambda_0$	$0.25\lambda_0$	1.52

）

迄今考虑的所有双层膜的反射率都只有一个最小值，在 $\lambda=\lambda_0$ 时该最小值理论上可以为零。与单层膜相比，双层膜在最小值两侧的反射率上升得较快。另一种双层膜利用了 $\lambda/2$ 膜层的展宽效应，得到了比单层膜更好的性能，它把比基底折射率高的 $\lambda/2$ 膜层插到基底和 $\lambda/4$ 低折射率膜层之间。例如，我们再次以折射率为 1.38 的氟化镁作为低折射率膜层，于是对于折射率为 1.52 的基底，高折射率膜层的折射率最好在 1.7～1.9。若基底折射率为 1.7，则高折射率层的折射率应增加到 1.9～2.1。通过绘制如图 4.27 所示的导纳图，容易理解 $\lambda/2$ 膜层是通过何种方式改变薄膜性能的。随着 g 值从 1 减小，高折射率膜层导纳轨迹末尾的开口部分补偿了低折射率膜层导纳轨迹的变短；当 g 从 1 增大时，也存在类似的现象，通过交叠，高折射率膜层的导纳轨迹补偿了低折射率膜层导纳轨迹的拉长。$\lambda/2$ 膜层的折射率必须比基底的折射率高，否则，$\lambda/2$ 膜层导纳圆的开口应拖着低折射率膜层的导纳轨迹离点 $g=1.0$ 更远，因此使反射率进一步增加，并有效窄化了性能曲线。这种结构的一个重要特性是，在参考波长处，$\lambda/2$ 膜层的第二个 $\lambda/4$ 部分和下一个 $\lambda/4$ 膜层的轨迹应在实轴的同一侧。

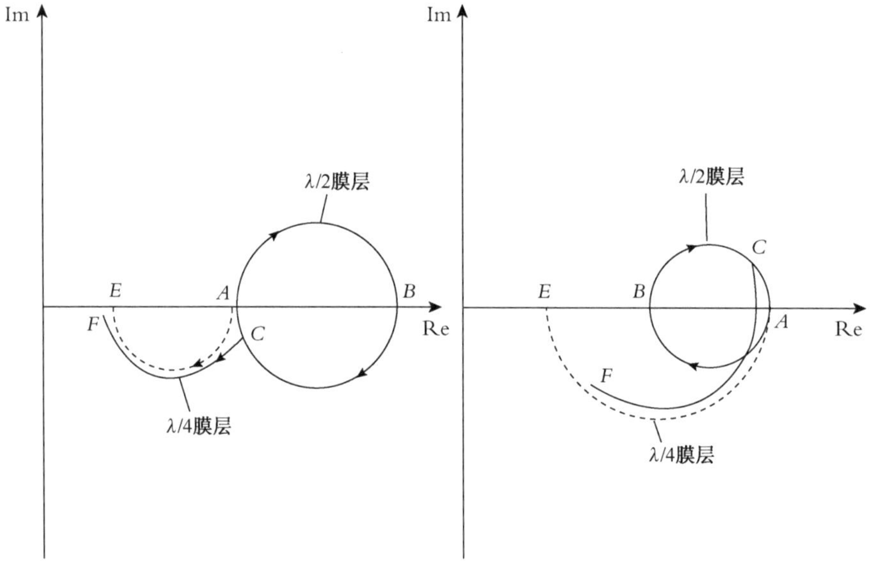

(a)　　　　(b)

图 4.27　$\lambda/2$ 扩展减反带宽膜的作用

（曲线 AE 代表低折射率 $\lambda/4$ 膜层，在它与基底之间是 $\lambda/2$ 膜层即 ABA。在(a)中 $\lambda/2$ 膜层的折射率高于基底的折射率，随着 $g=\lambda_0/\lambda$ 的变化，$\lambda/2$ 膜层使 $\lambda/4$ 膜层的导纳轨迹末尾维持在点 E 附近，同时反射率保持较小值。A、B、C、F 代表了 g 的值小于 1 的导纳轨迹。g 的值大于 1 时，会使 C 点在实轴之上，导纳轨迹略长于整圆和半圆。(b)所示为低折射率 $\lambda/2$ 膜层对应的图。随着 g 的变化，端点会迅速地从 E 点脱离，而且反射率迅速升高。因此，(a)中会被整平，而(b)中不会。含 $\lambda/2$ 扩展减反带宽膜作用的另一个膜系：$\dfrac{\text{空气}}{1.00}\left|\dfrac{1.38}{0.25\lambda_0}\right|\dfrac{1.90}{0.5\lambda_0}\left|\dfrac{\text{玻璃}}{1.52}\right.$ 的反射率曲线如图 4.31 中的曲线(a)。根据其性能曲线的形状，后一种减反射膜有时称为 W 形膜）

4.2.3 多层减反射膜

考虑到可用材料的折射率存在限制,在实际应用中,使用双层膜所能得到的性能改善很有限。为了实现更高的性能,必须增加减反射膜的层数。

Thetford[10]发明了一种设计三层减反射膜的方法,这种膜在两个波长处的反射率为零,并且相比双层膜具有在更宽的范围内都保持低反射率的特性。这种设计方案包括紧贴基底的中间折射率膜层,然后是高折射率膜层,最外面是低折射率膜层。折射率在一开始就被选定,并且由这种方法能够产生必要的膜层厚度。因为可用的材料有限,所以指定膜层的折射率而不是膜层厚度,这是一个优点。尽管实际中要通过对起始设计的优化才能有效地完成薄膜的设计,然而根据 Thetford 的方法所做的努力仍是值得的,因为这是一个很好的使用矢量图的实例,有助于我们加深理解。

这种设计方法的基础是矢量法以及史密斯方法(有效界面法)。我们记得,当且仅当选定间隔层两侧结构的反射率相等,同时选定间隔层具有适当的厚度,可使所设计波长的光在选定间隔层中往返一次(即在膜层的每个界面受到一次反射后)所经受的相位变化为零或 2π 的整数倍时,膜系的透射率才为 1。如果选定间隔层的相位厚度为 δ,则这相当于

$$\varphi+\varphi'-2\delta=2s\pi \qquad s=0,\pm 1,\pm 2,\cdots \tag{4.17}$$

式中,φ 和 φ' 为膜层的边界处振幅反射系数的相位。Thetford 以中间层为基准,将膜系分为两个部分,然后用矢量法分别计算它们的振幅反射系数,同时在图上进行核验。他首先选定左右两部分的膜层厚度,使其对参考波长的反射率相等。然后求出每部分的反射率随波长变化的表达式,再根据该表达式找出比前一波长更短的第二个波长值,在该波长处两个反射率再次相等。再下一步则需要通过计算确定中间膜层的厚度,使相位条件在第一个波长处得到满足,从而使整个膜系对该波长的反射率为零,然后检验在第二个波长是否也同时满足这个相位条件。如果满足,则整个膜系对这个波长的反射率也为零,设计即告完成。如果条件不满足,则可改用稍微不同的初始条件对参考波长重新计算。这种反复试验被证明是得到最终解的一种快速方法。剩下的最后一步,就是精确地计算所设计膜系的性能,以做复验。

三层减反射膜如图 4.28 所示,Thetford 所用的符号已被改正过来,以与本书的用法相一致。两个结构的矢量图如图 4.28 中(b)和(c)所示,其合成矢量图如(d)所示。各矢量的取向使合成振幅反射系数 ρ 和 ρ' 的长度相等,但相位不必相同。在图示的解中,ρ 和 ρ' 都位于第四象限,这个初始条件是很容易达到的。所有要求是一个与矢量 ρ_a 和 ρ_d 的轨迹相交的圆。我们可以把这个初始条件取作对应于参考波长 λ_0。在图 4.28(e)的第一个解的上面,绘出了对应较短波长 λ_1 的第二个解。对应于第二个解的 δ_1 和 δ_3 的值,由对应于 λ_0 的值乘以 λ_0/λ_1 得到。此时,ρ 在第一象限,而 ρ' 仍在第四象限。为求第二个解,Thetford 推导出反射率随波长变化的近似表达式,这个表达式给出了很准确的结果。

由图可见,对应 ρ 和 ρ' 的反射率由下式给出:

$$\rho^2=\rho_a^2+\rho_b^2+2\rho_a\rho_b\cos 2\delta_1 \tag{4.18}$$

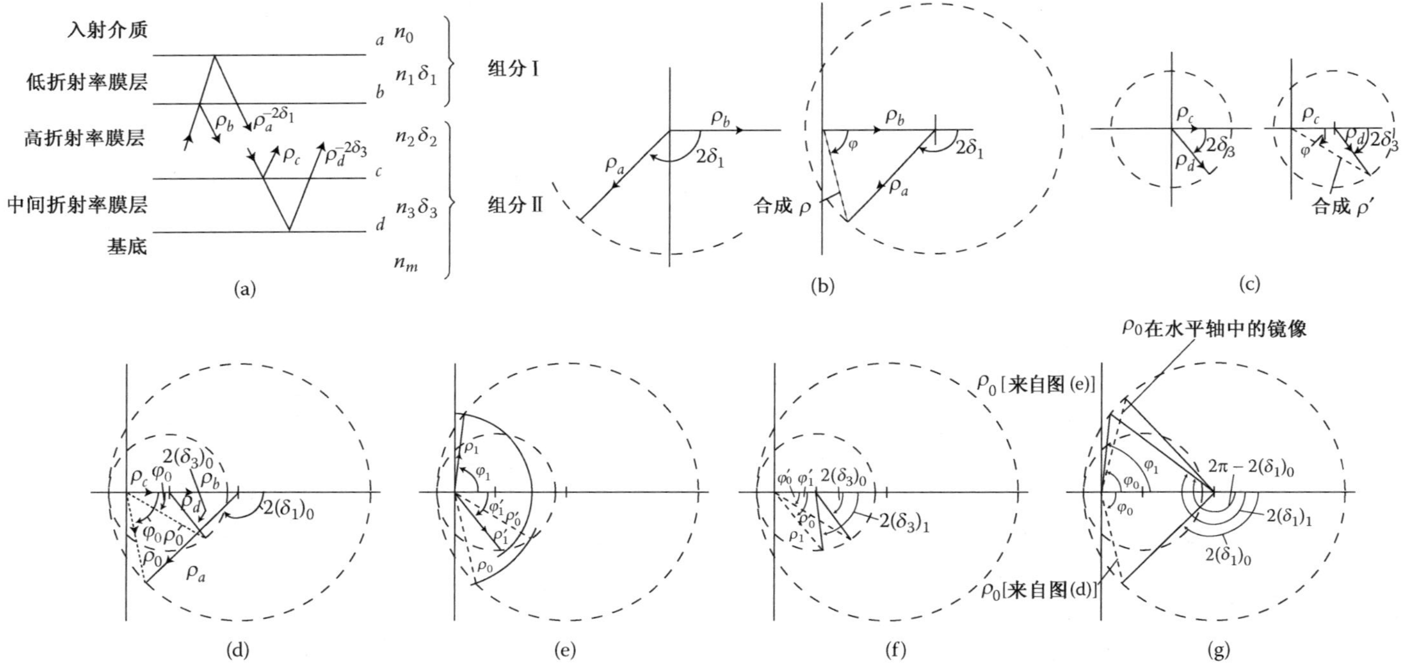

图4.28　设计减反射膜的Thetford 方法。(a)将三层减反射膜分成I、II两个部分，它们位于高折射率的中间膜层的两侧；(b)为组分I的矢量图；(c)为组分II的矢量图；(d)为组分I和组分II叠加的矢量图，并指出ρ和ρ'一种可能的方位(这样它们的模就可以相等)；(e)为ρ和ρ'的另一种方位，这里仍令ρ和ρ'的模相等，同时还表示出(d)的情形。图中略去了ρ_a、ρ_b、ρ_c、ρ_d；(f)表示由(d)和(e)可得φ'的两种可能方位；(g)表示ρ_0在水平轴中的镜像

(引自Thetford A. *Optica Acta*, 16,37-44,1969)

和

$$(\rho')^2 = \rho_c^2 + \rho_d^2 + 2\rho_c\rho_d\cos 2\delta_3 \tag{4.19}$$

对于波长的一个相当小的变化，通过对式(4.18)和式(4.19)进行微分，我们可以找到 ρ^2 和 $(\rho')^2$ 的相应变化：

$$\Delta(\rho)^2 = -4\rho_a\rho_b\sin 2\delta_1 \times \Delta\delta_1$$

$$\Delta\left[(\rho')^2\right] = -4\rho_c\rho_d\sin 2\delta_3 \times \Delta\delta_3$$

由于我们感兴趣的 $(\rho')^2$ 的两个值都位于第四象限，又完全没有任何转向值，故可以直接采用近似表示式，得出

$$\Delta\left[(\rho')^2\right] = -4\rho_c\rho_d\sin 2(\delta_3)_0 \times \Delta\delta_3$$

$$\Delta\delta_3 = \left(\frac{\lambda_0}{\lambda_1} - 1\right)(\delta_3)_0$$

这是当波长由 λ_0 变到 λ_1 时 $(\rho')^2$ 对应的变化情况，式中 $(\delta_3)_0$ 对应 λ_0 的相位厚度。

然而，ρ^2 就没有这么简单了，它要在两个解之间通过一个转向值。Thetford 观察到在图 4.28(c)中，水平轴上 ρ 的镜像也会给出相同的合成 ρ^2（虽然相位角不同），并且它十分接近所要求的解。ρ_a 的这个新方位 $(2\delta_1)$ 的角度值为 $2\pi - 2(\delta_1)_0$。若此角度按下式变化：

$$\Delta\delta_1 = \left[\left(1 + \frac{\lambda_0}{\lambda_1}\right)(\delta_1)_0 - \pi\right] \tag{4.20}$$

则将会使 ρ_a 依次转至恰好正确的位置上，从而可以通过使用合适的近似公式计算，来找到 ρ^2 从位置 ρ_a 开始，大小为 $\Delta\delta_1$（式(4.20)）的变化。于是，$\Delta(\rho^2)$ 由下式给出：

$$\Delta(\rho^2) = -4\rho_a\rho_b\sin\left[2\pi - 2(\delta_1)_0\right]\left[\left(1 + \frac{\lambda_0}{\lambda_1}\right)(\delta_1)_0 - \pi\right]$$

$$= 4\rho_a\rho_b\sin 2(\delta_1)_0\left[\left(1 + \frac{\lambda_0}{\lambda_1}\right)(\delta_1)_0 - \pi\right]$$

现在必须使 $\Delta[(\rho')^2] = \Delta(\rho^2)$，从而解出 λ_1。下一步我们考察相位条件和中间膜层的厚度。

从第一个解的矢量图中，可以得出 ρ 和 ρ' 的相位角 φ_0 和 φ'_0 以及 λ_0。满足零反射率条件的中间膜层所必需的相位厚度由式(4.17)给出：

$$2(\delta_2) = 2\pi + \varphi_0 + \varphi'_0$$

这里应注意，在上式中必须把 φ_0 和 φ'_0 的符号包含在内（在图 4.28(d)中均取负号），并将 s 取作 +1，从而给出 $(\delta_2)_0$ 的可能的最薄厚度（正值）。下一步从矢量图寻找与 λ_1 相关的相位角 φ_1 和 φ'_1，如果这些值满足表达式，即

$$2\left(\delta_2\right)_0 \frac{\lambda_0}{\lambda_1} = 2\pi + \varphi_1 + \varphi'_1 \tag{4.21}$$

那么我们就知道有正确的解。各层膜对 λ_0 的相位角分别由 $(\delta_1)_0$、$(\pi_1)_0$ 和 $(\delta_1)_0$ 给出，将它们除以 $\pi/2$ 便可得到用 $\lambda_0/4$ 表示的各层膜的光学厚度。但是，如果在 λ_1 处相位条件不能满足，则必须从头开始，再试行一组新的解。实际上，只要将式(4.21)的误差绘制成曲线(如以 $(\delta_1)_0$ 为变量)，就会迅速找到满意的解。

Thetford 指出这种三层减反射膜的一个优点是，一旦相位条件在 λ_0 和 λ_1 处都得到了满足，那么在 λ_0 和 λ_1 之间的所有波长，这个条件都近似得到满足。这意味着这种设计将会有一个相当宽的且其间没有任何明显高反射峰的低反射区。Thetford 的部分设计如图 4.29 所示，它给出了三层减反射膜的特性随中间膜层折射率变化的曲线。这种三层减反射膜相比双层减反射膜有了相当大的改进。

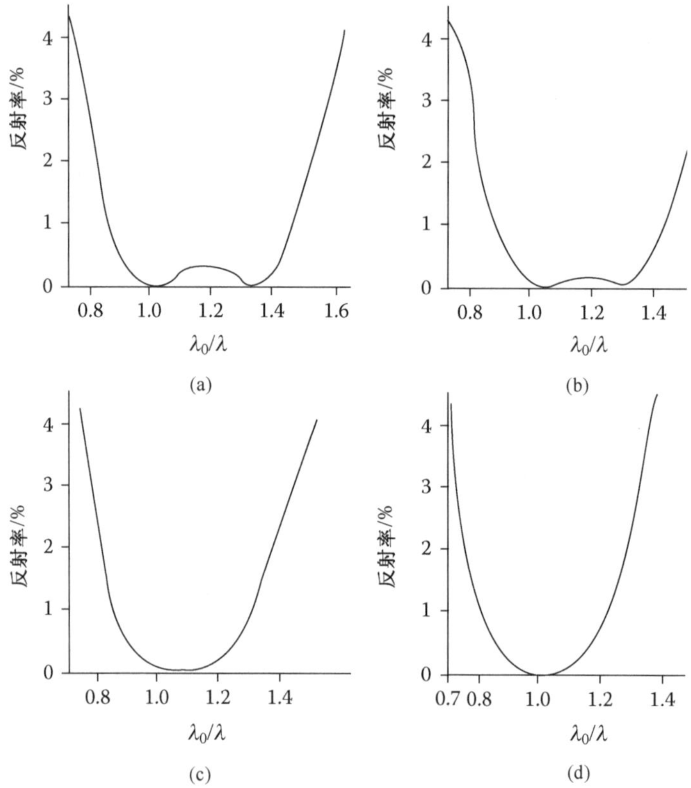

图 4.29 Thetford 设计的三层减反射膜的反射率的计算值

((a) $n_0 = 1.00,\ n_1 = 1.38,\ n_2 = 2.00,\ n_3 = 1.80,\ n_4 = n_m = 1.52,\ n_1d_1 = 0.205\lambda_0,\ n_2d_2 = 0.336\lambda_0, n_3d_3 = 0.132\lambda_0$；

(b) $n_0 = 1.00,\ n_1 = 1.38,\ n_2 = 2.10,\ n_3 = 1.80,\ n_4 = n_m = 1.52,\ n_1d_1 = 0.225\lambda_0,\ n_2d_2 = 0.359\lambda_0, n_3d_3 = 0.152\lambda_0$；

(c) $n_0 = 1.00,\ n_1 = 1.38,\ n_2 = 2.20,\ n_3 = 1.80,\ n_4 = n_m = 1.52,\ n_1d_1 = 0.227\lambda_0,\ n_2d_2 = 0.338\lambda_0, n_3d_3 = 0.170\lambda_0$；

(d) $n_0 = 1.00,\ n_1 = 1.38,\ n_2 = 2.40,\ n_3 = 1.80,\ n_4 = n_m = 1.52,\ n_1d_1 = 0.247\lambda_0,\ n_2d_2 = 0.445\lambda_0, n_3d_3 = 0.181\lambda_0$)

想要建立可接受的反射率特性的 n_1、n_2 和 n_3 取值范围的解析表达式并不容易。总的来说，如果导纳图在外观上没有过分偏离图 4.28 的形式，也就是说 ρ 的两个位置在最小值(对应 $2\delta_1=\pi$)附近，那么就能得到一个好的减反射膜。

如果要求不用三种折射率而只用两种折射率构造膜系，则用高、低折射率交替的四层膜也能获得类似的性能。Thetford[11] 已经使用类似的方法设计出这样的膜系，他沿靠近空气的高折射率膜层将膜系(此时紧贴玻璃的是高折射率膜层)分开，从而使紧接玻璃的高、低折射率膜层组合，替代三层膜设计中的中等折射率膜层。如果这两层膜的厚度足够小，那么得到的阿尔冈图与三层膜设计的没有很大差别。因为在这种情况下，表达式很复杂，Thetford 并没有试图给出一个解析解，而是通过反复试验得到看来合理的设计。这样设计的膜系的反射特性如图 4.30 所示。后来，Butler C. 通过计算机对这个解进行了优化，得到了最佳性能。经过这样改进的膜系的特性如图 4.30 所示。

也有很多膜系包含一些厚度等于 $\lambda/4$ 或 $\lambda/2$ 光学厚度的膜层，这种膜系可以看作一些双层膜设计的变形。

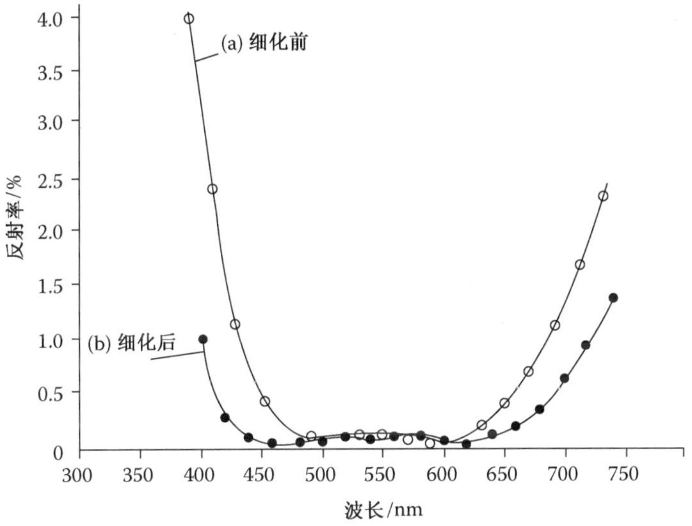

图 4.30　经过计算机优化之前和优化之后的玻璃基底上四层减反射膜的反射率的计算值

((a) 优化前：$n_0=1.00$, $n_1=n_3=1.38$, $n_2=n_4=2.10$, $n_3=1.80$, $n_5=nm=1.52$, $n_1d_1=0.21\lambda_0$, $n_2d_2=0.37\lambda_0$, $n_3d_3=0.036\lambda_0$, $n_4d_4=0.070\lambda_0$；
(b) 优化后：$n_0=1.00$, $n_1=n_3=1.38$, $n_2=n_4=2.10$, $n_3=1.80$, $n_5=nm=1.52$, $n_1d_1=0.216\lambda_0$, $n_2d_2=0.458\lambda_0$, $n_3d_3=0.072\lambda_0$, $n_4d_4=0.049\lambda_0$)

首先考虑一种双层膜，它由基底、一个 $\lambda/2$ 膜层和一个 $\lambda/4$ 膜层构成，其中 $\lambda/2$ 膜层位于 $\lambda/4$ 膜层和基底中间。该双层膜在低反射区中心的位置有一个反射峰，这个峰对应单层膜的最小反射率，因为在那个波长处，厚度为 $\lambda/2$ 的膜层是虚设层。我们可以通过将 $\lambda/2$ 膜层分割为两个折射率有细微差别的 $\lambda/4$ 膜层来减少峰值，但在一定程度上保持 $\lambda/4$ 膜层的平坦效应。第一个 $\lambda/4$ 膜层可以保留折射率为 1.9，尽管这绝不是一个关键问题。如果使第二个 $\lambda/$

4 膜层有稍高的折射率为 2.0，那么这个设计变为

空气	1.38	2.0	1.9	玻璃
1.0	$0.25\lambda_0$	$0.25\lambda_0$	$0.25\lambda_0$	1.52

我们发现，在 λ_0 处反射率从 1.26% 降到 0.38%，这种特性持续的范围相当广。进一步增加中间膜层的折射率到 2.13，设计变为

空气	1.38	2.13	1.9	玻璃
1.0	$0.25\lambda_0$	$0.25\lambda_0$	$0.25\lambda_0$	1.52

就可以将 λ_0 处的反射率降至接近零的值，而薄膜的宽度减小得更加明显。这两层膜的特性曲线如图 4.31 所示。

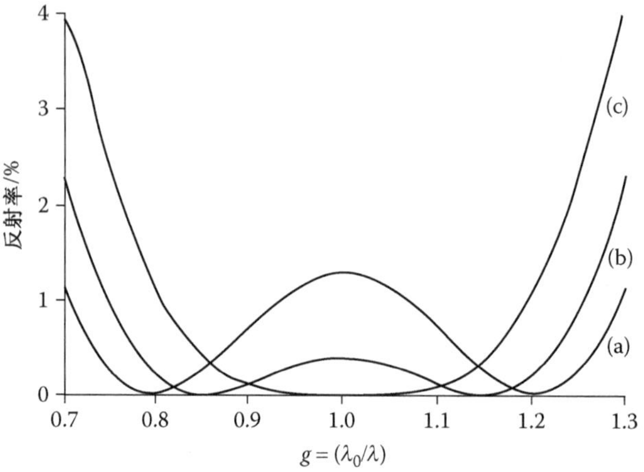

图 4.31　包含三层 $\lambda/4$ 膜层的减反射膜特性的改进

((a)原始膜：

空气	1.38	1.90	1.9	玻璃
1.00	$0.25\lambda_0$	$0.25\lambda_0$	$0.25\lambda_0$	1.52

，两个折射率为 1.9 的 $\lambda/4$ 膜层可以构成一个 $\lambda/2$ 膜层。根据其曲线形状，这种薄膜称为 W 形膜；(b)中间膜层的折射率增加到 2.0；(c)中间膜层的折射率增加到 2.13)

薄膜减反宽度的进一步增加可以通过加入一层低折射率的 $\lambda/2$ 膜层到基底上来实现，导纳图如图 4.32 所示，可以看到 $\lambda/2$ 膜层导纳图的最后一部分和下一膜层导纳轨迹的开始部分都位于实轴的同一侧，位于同一位置、折射率比基底高的 $\lambda/2$ 膜层将是虚设层。通过一定数量的反复试验可以得到如图 4.32 的设计，即

空气	1.38	1.905	1.76	1.38	玻璃
1.0	$0.25\lambda_0$	$0.25\lambda_0$	$0.25\lambda_0$	$0.5\lambda_0$	1.52

和

空气	1.38	2.13	1.38	2.30	1.38	玻璃
1.0	$0.25\lambda_0$	$0.25\lambda_0$	$0.25\lambda_0$	$0.25\lambda_0$	$0.5\lambda_0$	1.52

一个替代方法是,通过在两个 $\lambda/4$ 膜层之间加入 $\lambda/2$ 膜层来扩展减反带宽图 4.26 中的 $\lambda/4$-$\lambda/4$ 膜层设计。当然,为了实现扩大减反带宽,它必须有较高的折射率,这样导纳图才能够形成如图 4.33 的形式。这种膜经常被称为 $\lambda/4$-$\lambda/2$-$\lambda/4$ 膜。这种通用型的薄膜可以追溯到 20 世纪 40 年代,当时由 Luther、Lockhart 和 King 提出[12]。然而,能够解释不同膜层功能的系统的设计方法,直到 Cox、Hass 和 Thelen 做了详细的研究后才得以提出[13]。经过一定量的反复试验,得到了如图 4.34 所示的特性。然而,$\lambda/2$ 膜层的折射率值在 2.0～2.4 范围时才能得到较好的结果。Cox 等通过改变 $\lambda/4$ 膜层来研究相关的效应,发现冕牌玻璃要得到最好的结果需要使最外层折射率的范围在 1.35～1.45,最里层折射率的范围在 1.65～1.70。在设计中,最外层是最关键的。

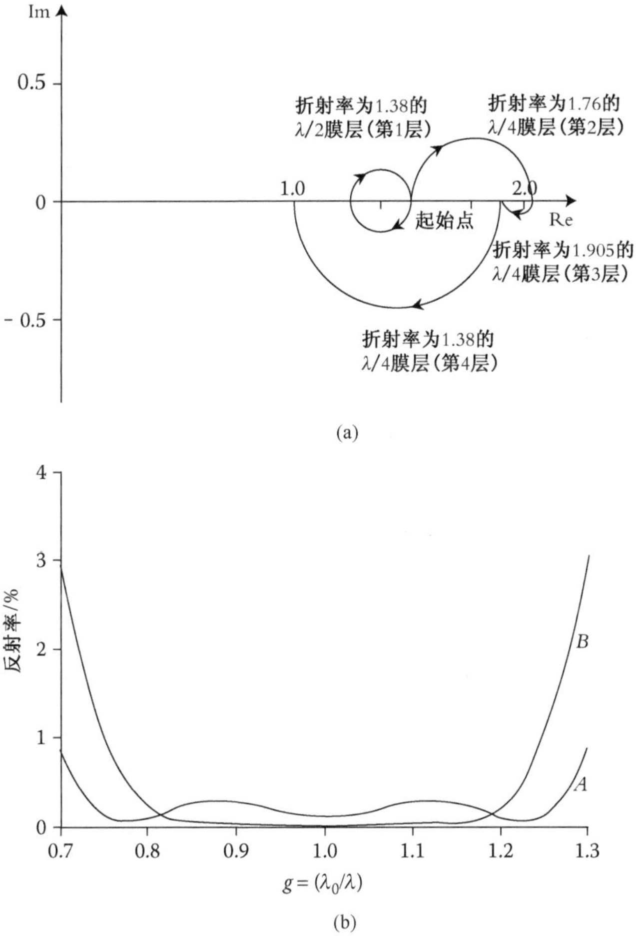

图 4.32 (a)薄膜:

空气	1.38	1.905	1.76	1.38	玻璃
1.00	$0.25\lambda_0$	$0.25\lambda_0$	$0.25\lambda_0$	$0.5\lambda_0$	1.52

的导纳轨迹;(b)图 4.32(a)中薄膜的特性曲线,以及紧贴基底增加一个折射率为 1.38 的 $\lambda/2$ 扩展减反带宽膜层的图 4.31 中薄膜 c 的特性曲线

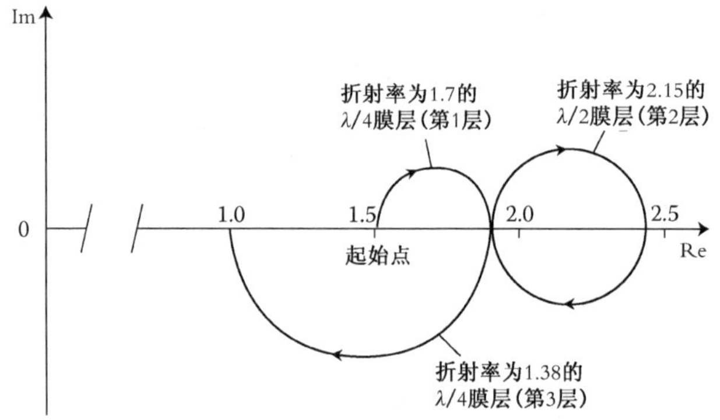

图 4.33　$\lambda/4$-$\lambda/2$-$\lambda/4$ 膜：

空气	1.38	2.15	1.70	玻璃
1.0	$0.25\lambda_0$	$0.5\lambda_0$	$0.25\lambda_0$	1.52

的导纳轨迹

（$\lambda/2$ 膜层起到展宽减反带宽两个 $\lambda/4$ 膜层特性的作用）

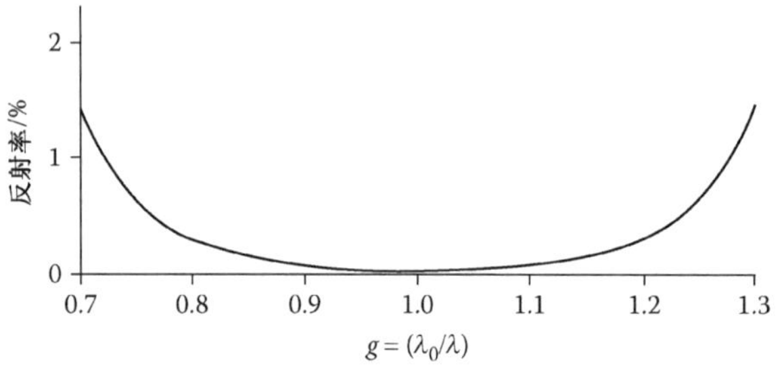

图 4.34　图 4.31 所示的 $\lambda/4$-$\lambda/2$-$\lambda/4$ 膜的反射率的计算值

图 4.35 也来自 Cox 等的论文，该图给出了测量由折射率为 1.38 的氟化镁、折射率为 2.1 的氧化锆和折射率为 1.63 且蒸发非常缓慢的氟化铈所组成的实验膜的反射率，可见在中间范围反射率略有增长。这个膜是对理论的一个非常好的验证。

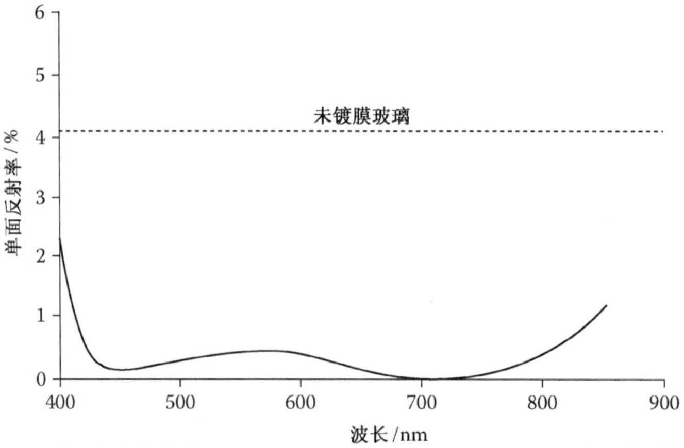

图 4.35　在 λ_0 =550nm 处，玻璃上镀有 MgF_2 + ZrO_2 + CeF_3 的 $\lambda/4$-$\lambda/2$-$\lambda/4$ 减反射膜的反射率的测量曲线

（引自 Cox J T, Hass G and Thelen A. *Journal of the Optical Society of America*, 52, 965-969, 1962）

入射角变化所产生的影响也得到了研究。图 4.36 所示为 Cox 等设计的用于垂直入射的减反射膜，当入射角倾斜到 50°时的计算结果。倾斜达到 20°时，减反射膜的性能仍很好，但超过 30°便开始变坏。当然，这种减反射膜可以设计成用于倾斜入射的情况。Turbadar[14] 发表了一个用于 45°入射角的减反射膜的详细设计报告。每一具体设计视光是 s 偏振或是 p 偏振而定。图 4.37 所示为用于这两种设计的一系列等反射率曲线。

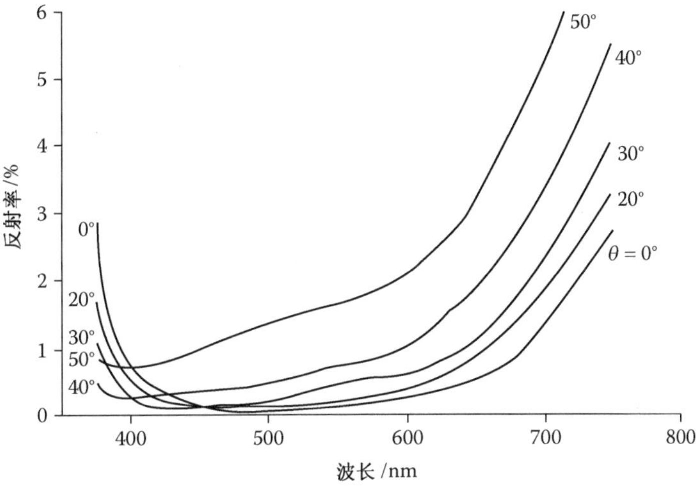

图 4.36　在不同的入射角下，玻璃上镀有 $\lambda/4$-$\lambda/2$-$\lambda/4$ 减反射膜的计算反射率与波长的关系（$n_0=1.00$，$n_1=1.38$，$n_2=2.2$，$n_3=1.70$，$n_m=1.51$。引自 Cox J T, Hass G and Thelen A. *Journal of the Optical Society of America*, 52, 96-969, 1962）

$\lambda/4$-$\lambda/2$-$\lambda/4$ 膜是早期为低折射率玻璃所设计的最重要的一种多层膜，它对这个领域后来的发展有非常显著的影响。

$\lambda/2$ 膜层对 $\lambda/4$-$\lambda/4$ 膜系减反带宽的扩大促使我们考虑插入一个类似的 $\lambda/2$ 膜层到图 4.25 中的双层膜中。这里，使用与紧贴基底的膜层具有相同折射率的膜层有一个优点。我们不能在高、低折射率膜层的界面处分割减反射膜，因为导纳图显示不出正确的减反带宽扩大。相反，必须在低折射率导纳圆与实轴相交处分割减反射膜，这样画出的图如图 4.38 所示。于是，膜层的设计变为

空气	1.38	2.30	1.38	2.30	**玻璃**
1.0	$0.25\lambda_0$	$0.5\lambda_0$	$0.0734\lambda_0$	$0.0522\lambda_0$	1.52

这次，选高折射率膜层的折射率为 2.30，所得薄膜的特性如图 4.39 所示。这个导纳图和 $\lambda/4$-$\lambda/2$-$\lambda/4$ 膜设计的导纳图有很多相似之处。这种设计方法最初要归功于弗兰克·罗克，他在推导时利用了反射率圆图而不是导纳轨迹的特性。

Vermeulen[15] 通过完全不同的方式实现了相近的最终设计结果。实际中，找到 $\lambda/4$-$\lambda/2$-$\lambda/4$ 膜设计中的中间折射率的准确值是有难度的，并且 Vermeulen 意识到，如果在高折射率膜层上沉积不到 $\lambda/4$ 厚的低折射率膜层，可以使反射率的最大转向值比只用 $\lambda/4$ 厚的高折射率膜层

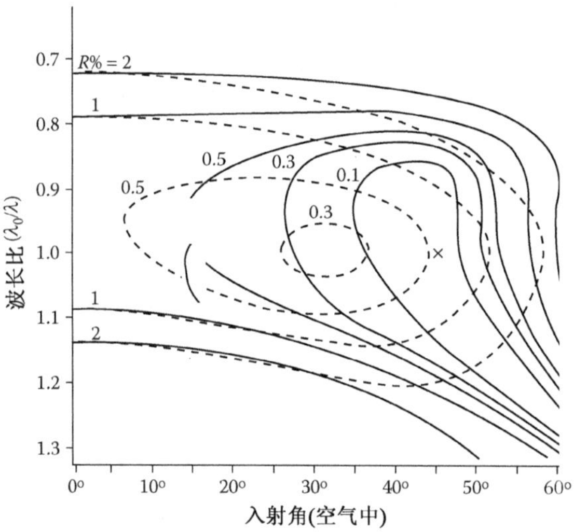

(a)

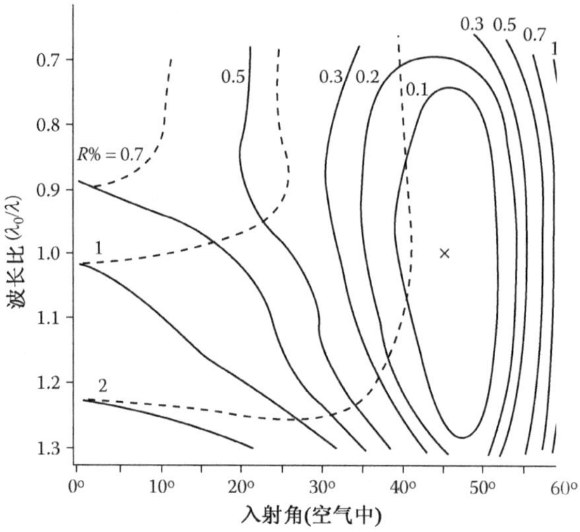

(b)

图 4.37　(a)设计用于45°入射角的冕牌玻璃上 $\lambda/4$-$\lambda/2$-$\lambda/4$ 减反射膜的等反射率曲线。所选折射率使 s 偏振分量(TE)有最好的性能。$n_0=1.00$，$n_1=1.35$，$n_2=2.45$，$n_3=1.70$，$n_m=1.50$，实线代表 TE 偏振，虚线代表 TM 偏振。(b)设计用于45°入射角的冕牌玻璃上 $\lambda/4$-$\lambda/2$-$\lambda/4$ 减反射膜的等反射率曲线。所选折射率使 p 偏振分量(TM)有最好的性能。$n_0=1.00$，$n_1=1.40$，$n_2=1.75$，$n_3=1.58$，$n_m=1.50$，实线代表 TM 偏振，虚线代表 TE 偏振

(引自 Turbadar T. *Optica Acta*, 11, 195-205, 1964)

所实现的值低。因此，他设计了一个双层高、低折射率膜层的组合来得到一个与折射率为 1.70 的 $\lambda/4$-$\lambda/2$-$\lambda/4$ 膜相同的转向值，并且发现这种好的性能是能够保持的。当然，反射率中的转向值必须对应导纳圆与实轴的交点。后面还会提到这种薄膜。

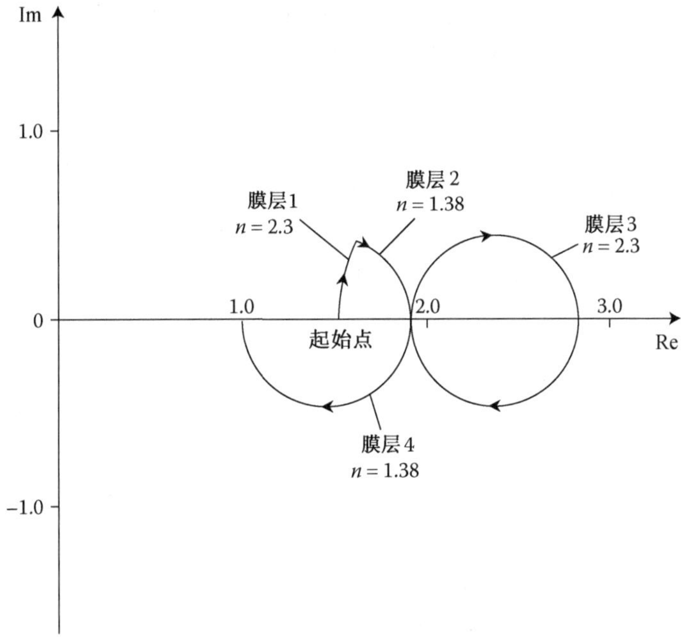

图 4.38　对于图 4.25 的双层减反射膜，在低折射率膜层的导纳圆与实轴相交处插入高折射率扩展减反带宽膜层所得的导纳图

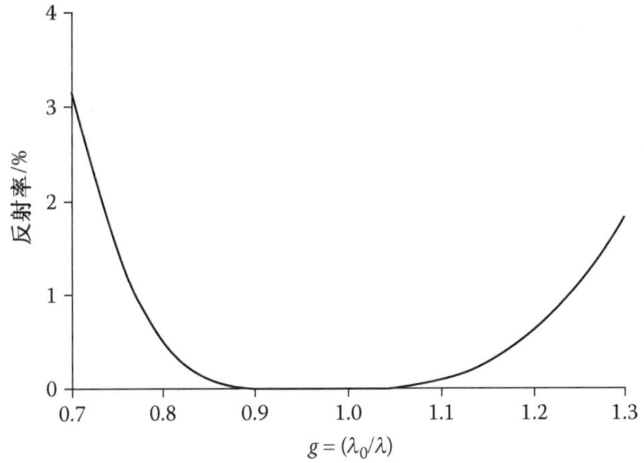

图 4.39　图 4.38 薄膜的特性曲线

（尽管是由图 4.38 的导纳图得到的，和 Vermeulen 的设计有相同的结果，但设计方案有很大的不同）

$\lambda/4$-$\lambda/2$-$\lambda/4$ 膜的性能还可以通过用两个 $\lambda/4$ 膜层来替代中间折射率膜层而得到进一步改善，紧贴基底的膜层应该有比基底更小的折射率。这种通用类型的一个实际薄膜如图 4.40 所示，反复试验得到设计如下：

空气	1.38	2.05	1.60	1.45	玻璃
1.0	$0.25\lambda_0$	$0.5\lambda_0$	$0.25\lambda_0$	$0.25\lambda_0$	1.52

理论性能如图 4.41 所示。Cox 和 Hass[17]以及 Musset 和 Thelen[6]给出了折射率值略有差别的类似设计。Ward[18]公布了一个非常有用的膜,他根据现有的材料而不是追求最佳性能来选择折射率。Ward、Musset 和 Thelen[6]还给出了基底折射率不是 1.52 的四层膜的例子。

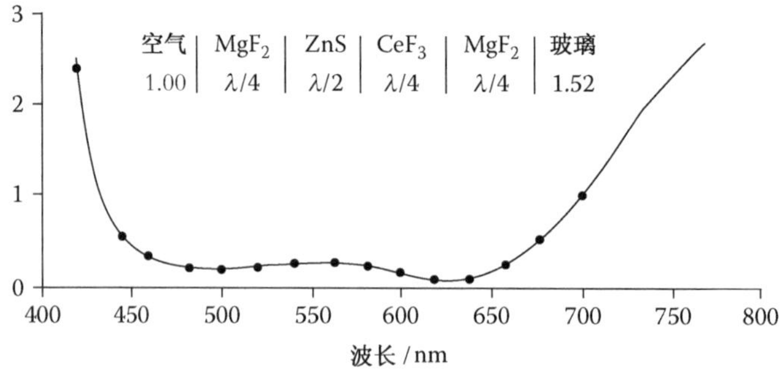

图 4.40　冕牌玻璃上四层减反射膜的反射率测量曲线

(结果是针对单表面的情况。引自 Shadbolt M J. Measured results of four-layer antireflection coating deposition. Sira Institute, Chislehurst, Kent, UK Private Communication, 1967)

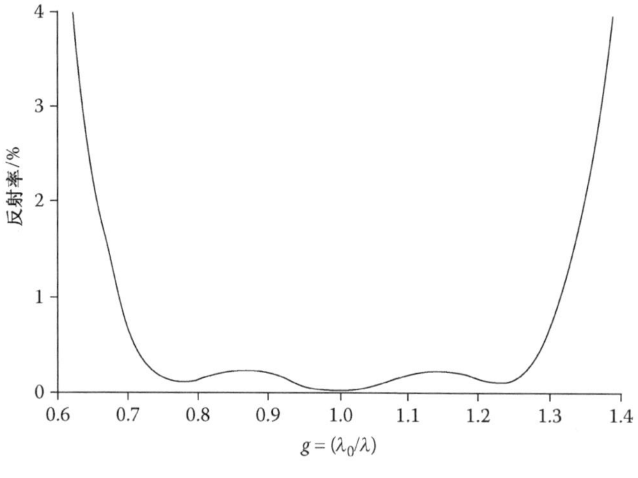

图 4.41　四层减反射膜的特性曲线

(膜的设计为

空气	1.38	2.05	1.60	1.45	玻璃
1.00	$0.25\lambda_0$	$0.5\lambda_0$	$0.25\lambda_0$	$0.25\lambda_0$	1.52

)

进一步的四层膜设计可以通过将 $\lambda/4$-$\lambda/2$-$\lambda/4$ 膜的 $\lambda/2$ 膜层分割为两个 $\lambda/4$ 膜层,并通过调节折射率来改进性能。用类似的方式可以由图 4.41 的四层膜推导五层膜(图 4.42)的设计为

空气	1.38	1.86	1.94	1.65	1.47	玻璃
1.00	$0.25\lambda_0$	$0.25\lambda_0$	$0.25\lambda_0$	$0.25\lambda_0$	$0.25\lambda_0$	1.52

显然,构造这种膜的可能性很大,但是,问题也较大,因为并不是所有需要的折射率值都能够容易地得到。其中的一个解决方案将会在下一节中讨论。

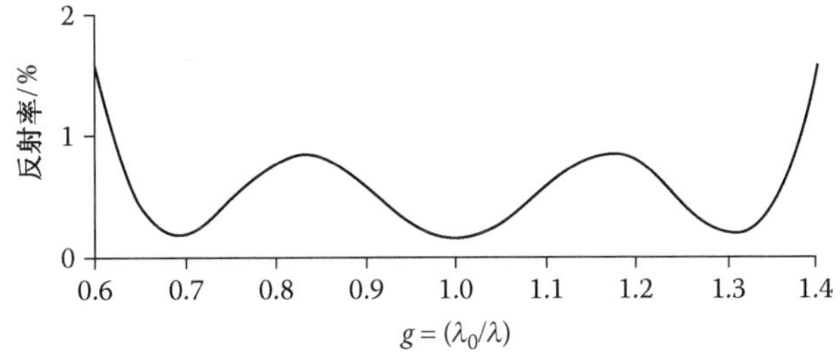

图 4.42 五层减反射膜的特性曲线

(其中用两个 $\lambda/4$ 膜层替代图 4.41 中的 $\lambda/2$ 膜层,并且对折射率的值做了调整,设计为

空气	1.38	1.86	1.94	1.65	1.47	玻璃
1.00	$0.25\lambda_0$	$0.25\lambda_0$	$0.25\lambda_0$	$0.25\lambda_0$	$0.25\lambda_0$	1.52

)

一个很有趣的基于高、低折射率膜层交替排列的四层膜的设计已经由 Reichert[19] 提出来。可惜的是,他没有给出设计方法的全部细节,其中各膜层的厚度和材料如表 4.2 所示,注意厚度指的是光学厚度。这种膜的反射率曲线如图 4.43 所示,比图 4.30 所示的未经优化的薄膜的性能略好,但不如经过优化的薄膜的曲线。

表 4.2 Reichert 设计方案

材料	折射率	光学厚度/nm
空气	1.00	大块材料
MgF_2	1.37	161
TiO_2	2.28	78.5
MgF_2	1.37	56.5
TiO_2	2.28	54
玻璃	1.52	大块材料

资料来源: Reichert C, Optische Werke A G, Improvements in or relating to optical components having reflection-reducing coatings, UK Patent 991,635, 1962.

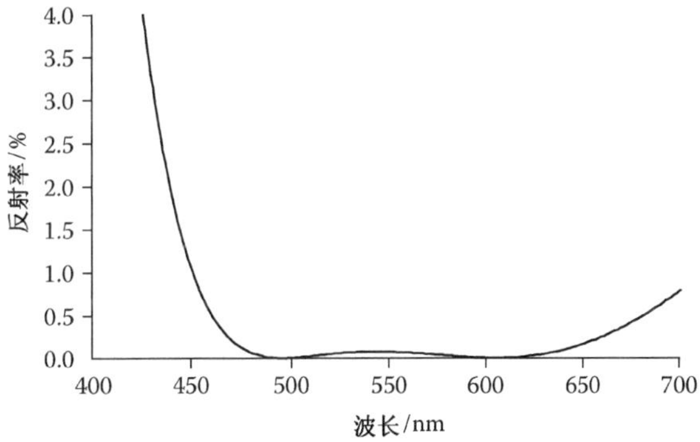

图 4.43 Reichert 的两种材料四层减反射膜的特性曲线

尽管我们没有描述 Reichert 的设计方法,但它仍然是尝试理解薄膜功能的一个好的练习方法。为此,最简单的方法是画一个导纳图,减反射膜以 550nm 为中心,画出这个波长处的导纳图。

导纳图 4.44 说明,Reichert 的设计可以通过把两个 Vermeulen 设计应用到图 4.31 中的 W 形膜及其三层膜变形来推导。Reichert 膜的一个特别有趣的特点是,相比推导它的 W 形膜,Reichert 膜要薄得多。Vermeulen 膜的等价物在薄膜设计中是 $\lambda/2$ 膜层(具有扩展减反带宽作用)非常好的替代物。当后面考虑缓冲层时,会再次提到这种结构。

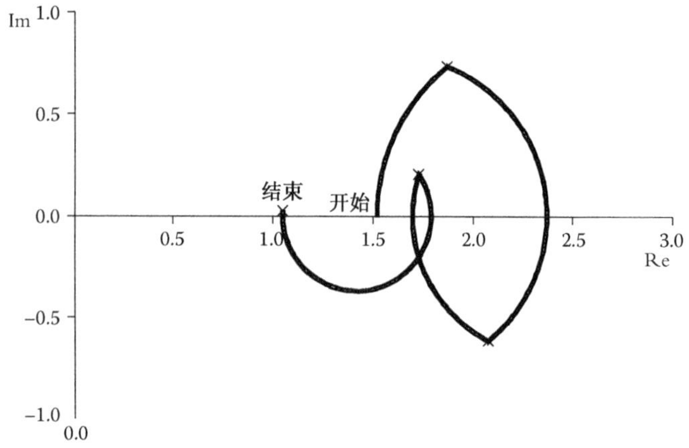

图 4.44　在 550nm 处 Reichert 设计方案的导纳轨迹

4.3　等效膜层

在减反射膜设计的第一阶段使用一系列或多个 $\lambda/4$ 膜层有很大的好处，因为这种薄膜的特性曲线关于 $g=1.0$ 对称。但是，在设计中经常会出现问题，因为这种方式所要求的折射率通常不能对应可用材料的折射率。通过高、低折射率材料混合产生中间折射率膜层是一种成功的方法(见第 11 章)，但一种更直接的方法是将膜层用只包含一种高折射率和一种低折射率材料的等效膜层来替代。这两种材料可以是经过试验证明效果良好的稳定材料，它们的特性已在工厂的很多生产线中得到确定，可以用于薄膜的生产。为了阐述这种方法，假定两种材料的折射率为 2.30 和 1.38，大致分别对应二氧化钛和氟化镁的折射率。

要提到的第一种方法是 Vermeulen 法[15]，这在前面已经提到过，它将一个 $\lambda/4$ 膜层用一个双层膜的等价物替代。双层减反射膜的分析已经给出，假定被替代的 $\lambda/4$ 膜层的导纳轨迹在实轴上有预定的起止点。因此，这种替代只对那些在推导过程中导纳轨迹有明确的起止点，以及初始膜层厚度是其四分之一的那个波长有效。如果实际情况逐渐偏离这些理想条件，那么这种双层膜的替代就会逐渐变得不合要求。因此，我们建议在计算折射率的时候，画一个粗略的导纳图，以防止挑选了错误的膜层厚度值。在起始导纳是 1.52 而终止导纳是 1.9044 的特殊情况下，可以保证折射率为 1.38 的最外边的 $\lambda/4$ 膜层会在实轴上的点 1.00 处终止。当然，高折射率膜层应紧贴基底。根据式(4.6)并选择一对合适的解，即高、低折射率膜层的厚度分别为 0.05217 倍和 0.07339 倍的全波长，通过加入一个折射率为2.30的 $\lambda/2$ 膜层和折射率为 1.38 的 $\lambda/4$ 膜层来完成这个设计。这种薄膜的特性曲线如图 4.39 所示，这里通过完全不同的方法得到了这个结果。

我们已经提到，如表 4.2 所示的四层 Reichert 膜，可以看成一个如图 4.31 所示的 Vermeulen 膜的等价物。

为了得到一个不依赖于起始点的能够替代 $\lambda/4$ 膜层的方法，借助于 Epstein[20] 提出的包括对称周期的方法和第 2 章简要提到的赫平折射率。任何对称的组合膜层都可以等同于一个具有等效相位厚度和等效光学导纳的单层膜。在这一具体应用中，我们只考虑 ABA 方式的组合。首先选定用来构造薄膜的 A、B 两种材料的折射率，然后对于薄膜的每个 $\lambda/4$ 膜层，构造一个三层对称周期（这三层对称周期的相位厚度为 $\lambda/4$）以及一个等效光学导纳（等于最初要求的光学导纳）。

为了进一步的处理，需要得到一个对称周期的等效相位厚度和等效光学导纳的表达式，稍后将会在第 7 章中进行推导。既然对称周期是 ABA 形式，那么

$$y_E = y_A \times \left(\frac{\sin 2\delta_A \cos\delta_B + \frac{1}{2}\left[(y_B/y_A)+(y_A/y_B)\right]\cos 2\delta_A \sin\delta_B + \frac{1}{2}\left[(y_B/y_A)-(y_A/y_B)\right]\sin\delta_B}{\sin 2\delta_A \cos\delta_B + \frac{1}{2}\left[(y_B/y_A)+(y_A/y_B)\right]\cos 2\delta_A \sin\delta_B - \frac{1}{2}\left[(y_B/y_A)-(y_A/y_B)\right]\sin\delta_B} \right)^{1/2} \tag{4.22}$$

$$\cos\gamma = \cos 2\delta_A \cos\delta_B - \frac{1}{2}\left[(y_B/y_A)+(y_A/y_B)\right]\sin 2\delta_A \sin\delta_B \tag{4.23}$$

式中，y_E 为等效光学导纳；γ 为等效相位厚度。这种对称组合的重要特点是，不管导纳轨迹的起点怎样，它表现为相位厚度为 γ、光学导纳为 y_E 的一个单层膜。

在这种特殊情形下，对称组合的等效光学厚度应等于 $\lambda/4$，即

$$\begin{aligned}\cos\gamma &= \cos(\pi/2) = 0 \\ &= \cos 2\delta_A \cos\delta_B - \frac{1}{2}\left[(y_B/y_A)+(y_A/y_B)\right]\sin 2\delta_A \sin\delta_B\end{aligned}$$

由此给出

$$\tan 2\delta_A \tan\delta_B = \frac{2y_A y_B}{y_A^2 + y_B^2} \tag{4.24}$$

将它代入式(4.22)中，并对所得表达式适当处理，可得

$$y_E = y_A \left(\frac{1+\left[(y_B^2 - y_A^2)/(y_B^2 + y_A^2)\right]\cos 2\delta_A}{1-\left[(y_B^2 - y_A^2)/(y_B^2 + y_A^2)\right]\cos 2\delta_A} \right)^{1/2} \tag{4.25}$$

由此可得

$$\cos 2\delta_A = \frac{(y_B^2 + y_A^2)/(y_E^2 - y_A^2)}{(y_B^2 - y_A^2)/(y_E^2 + y_A^2)} \tag{4.26}$$

δ_B 由式(4.24)给出，即

$$\tan\delta_B = \frac{2y_A y_B}{y_A^2 + y_B^2} \cdot \frac{1}{\tan 2\delta_A} \tag{4.27}$$

于是，光学厚度为

$$\frac{n_{\mathrm{A}}d_{\mathrm{A}}}{\lambda_0}=\frac{\delta_{\mathrm{A}}}{2\pi}\ (\text{在}\ \lambda_0\ \text{处})$$

$$\frac{n_{\mathrm{B}}d_{\mathrm{B}}}{\lambda_0}=\frac{\delta_{\mathrm{B}}}{2\pi}\ (\text{在}\ \lambda_0\ \text{处}) \tag{4.28}$$

如果需要一个 $\lambda/2$ 膜层的等效组合，那么它就可以被当成是两个 $\lambda/4$ 膜层的连续排列。

作为这种方法应用的一个实例，我们列出如图 4.32 所示的四层膜为

空气	1.38	2.13	1.9	1.38	玻璃
1.0	$0.25\lambda_0$	$0.25\lambda_0$	$0.25\lambda_0$	$0.25\lambda_0$	1.52

必须被替代的膜层是折射率为 2.13 和 1.90 的 $\lambda/4$ 膜层。对每个这种膜层组合来说，有两种可能，HLH 或 LHL，即

$$\begin{matrix}2.13\\0.25\lambda_0\end{matrix}\rightarrow\begin{cases}\begin{array}{c|c|c}1.38 & 2.30 & 1.38\\0.04128\lambda_0 & 0.15861\lambda_0 & 0.04128\lambda_0\end{array}\\[2ex]\begin{array}{c|c|c}2.30 & 1.38 & 2.30\\0.11193\lambda_0 & 0.0230\lambda_0 & 0.11198\lambda_0\end{array}\end{cases}$$

$$\begin{matrix}1.90\\0.25\lambda_0\end{matrix}\rightarrow\begin{cases}\begin{array}{c|c|c}1.38 & 2.30 & 1.38\\0.06793\lambda_0 & 0.10438\lambda_0 & 0.06793\lambda_0\end{array}\\[2ex]\begin{array}{c|c|c}2.30 & 1.38 & 2.30\\0.09216\lambda_0 & 0.05868\lambda_0 & 0.09216\lambda_0\end{array}\end{cases}$$

作为表征对称周期和所替代膜层契合程度的指示，等效光学导纳和等效光学厚度随 g 的变化如图 4.45 所示。

现在，可以在实际的设计中替代减反射膜的膜层了。对于每一个相关膜层，有两种可能的替代方法。但在 HLH 和 LHL 组合混合的时候，最后的设计容易使膜层的数目过多。因此只考虑两种可能，一种基于 HLH 周期，另一种基于 LHL 周期，如表 4.3 所示。

表 4.3　图 4.46 的设计方案

膜 层 数	LHL 周期的设计方案		HLH 周期的设计方案	
	折射率	厚度	折射率	厚度
0	1.0	入射介质	1.0	入射介质
1	1.38	$0.29128\lambda_0$	1.38	$0.25\lambda_0$
2	2.30	$0.15861\lambda_0$	2.30	$0.11198\lambda_0$
3	1.38	$0.10921\lambda_0$	1.38	$0.02302\lambda_0$
4	2.30	$0.10438\lambda_0$	2.30	$0.20414\lambda_0$
5	1.38	$0.56793\lambda_0$	1.38	$0.05868\lambda_0$
6	1.52	基底	2.30	$0.09216\lambda_0$
7			1.38	$0.5\lambda_0$
8			1.52	基底

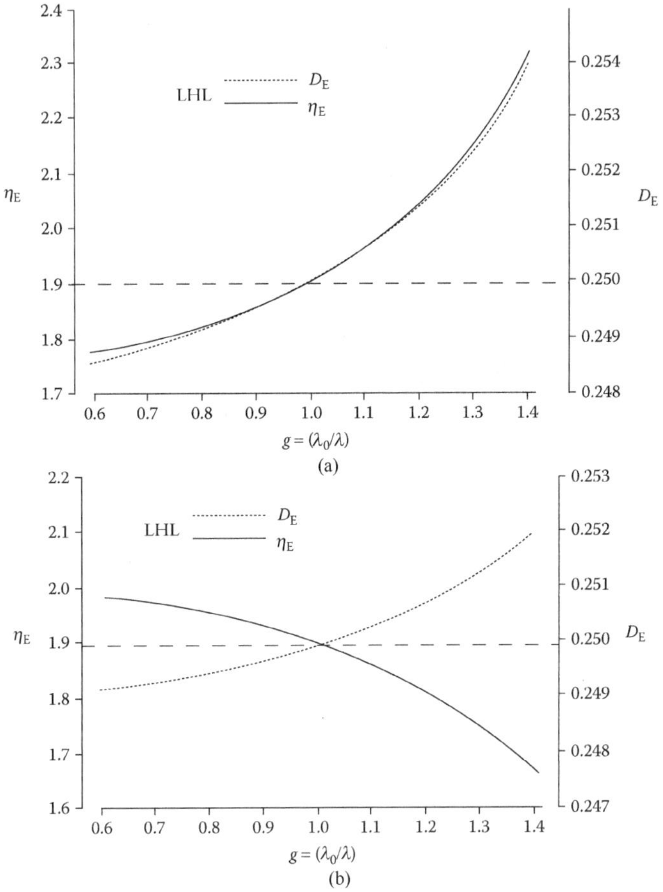

图 4.45　替代折射率为 1.90 的 $\lambda/4$ 膜层的对称周期的等效光学导纳和等效光学厚度随 $g(=\lambda_0/\lambda)$ 的变化关系

（对称代换用的高折射率为 2.30，低折射率为 1.38。(a) LHL 组合；(b) HLH 组合。对于完美匹配，不论 g 为何值，D_E 和 y_E 分别在 $0.25\lambda_0$ 和 1.9 处应均为常数）

这些薄膜和最初设计薄膜的光谱特性如图 4.46 所示。由图 4.45 可见，由于有效色散的存在，这种替代的性能会略低。但是，设计过程不需要在这点停住，因为该设计可以作为优化过程的一个很好的起点。图 4.47 所示为一种经过优化的薄膜的性能。实际中，这种优化包括允许材料折射率的色散，而在生产试验中也会对它进行一定的调整。

如果需要在一个更宽的区域上具有这种性能，那么这种明显的等效周期的色散就会成为一个问题。这种色散可以通过使用 $\lambda/8$ 厚的等效周期（替代 $\lambda/4$ 膜层）来减小，即最初设计中的每个 $\lambda/4$ 膜层用两个连续的 $\lambda/8$ 周期来替代。这会大大增加膜层数，而适用方程的解也变得更加复杂。

Schulz 等[21]提出了一种包含等效膜层的有趣的设计方法。我们先从折射率比入射介质的折射率高的基底开始，然后假设有各种材料，能够组成由一系列 $\lambda/4$ 膜层（其折射率由基底的折

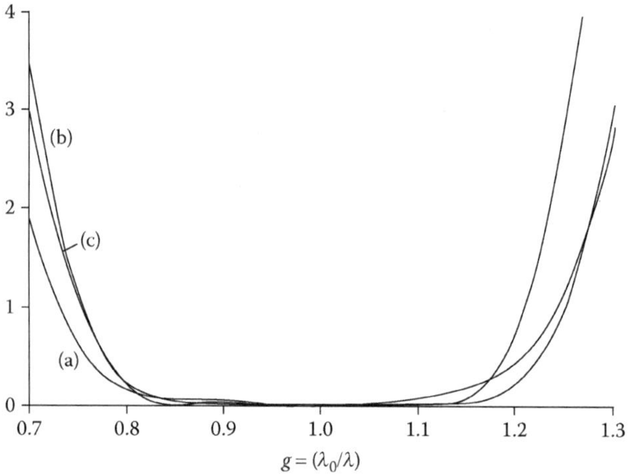

图 4.46　表 4.3 设计方案的特性曲线

((a)基于 LHL 周期的五层膜设计方案的特性曲线;(b)基于 HLH 周期的七层膜设计方案的特性曲线;(c)由(a)、(b)得到的最初四层膜设计方案的特性曲线)

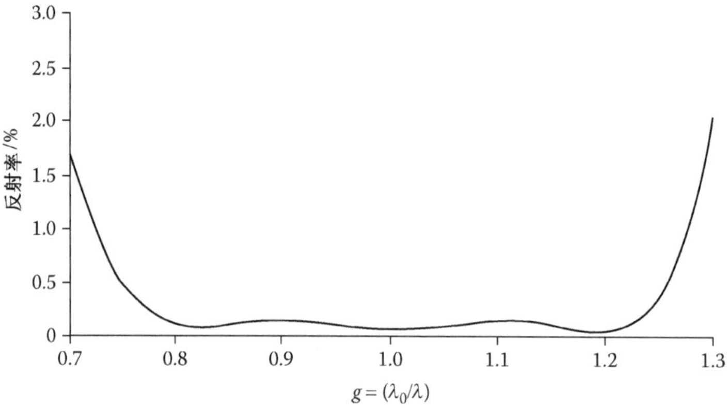

图 4.47　根据表 4.3 和图 4.46 对五层膜设计优化后的特性曲线

(设计为

空气						玻璃
1.0	1.38 $0.29735\lambda_0$	2.30 $0.1252\lambda_0$	1.38 $0.1244\lambda_0$	2.30 $0.0874\lambda_0$	1.38 $0.5597\lambda_0$	1.52

)

射率逐渐减小到入射介质的折射率)构成的有效的减反射膜。本章较前的部分描述了这一通用类型的几种薄膜。折射率变化的最重要方面是,它必须变化得足够平缓,尤其是不能在性能上表现出突然的逆向变化。根据所需性能的细节,还有许多系统的方法来得到最佳值。从 Thelen 那里可以得到这方面的更多信息[22]。这里使用基于 4.1.3 节中的一种相当简单的膜层分布。

使 $\lambda/4$ 膜层的折射率在所有界面上都基于一个相同的振幅反射系数,那么

$$\frac{y_0}{y_1}=\frac{y_1}{y_2}=\frac{y_2}{y_3}=\cdots=\frac{y_q}{y_{\text{sub}}}=f \tag{4.29}$$

和

$$f = \sqrt[q+1]{\frac{y_0}{y_{sub}}} \tag{4.30}$$

我们就得以计算各个必需的膜层的折射率。图 4.48 所示为组成的减反射膜六层阶跃折射率变化。

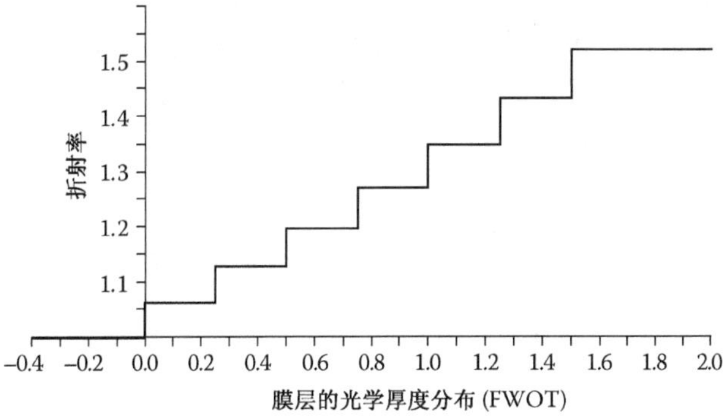

图 4.48　匹配玻璃（n = 1.52）和空气（n = 1）减反射膜的六层阶跃折射率变化

以这种方式设计的六层膜的性能如图 4.49 和图 4.50 所示。除了在膜层具有 $\lambda/2$ 整数倍的光学厚度的 g 的那些值外，作为 g 的函数的薄膜的性能非常好。

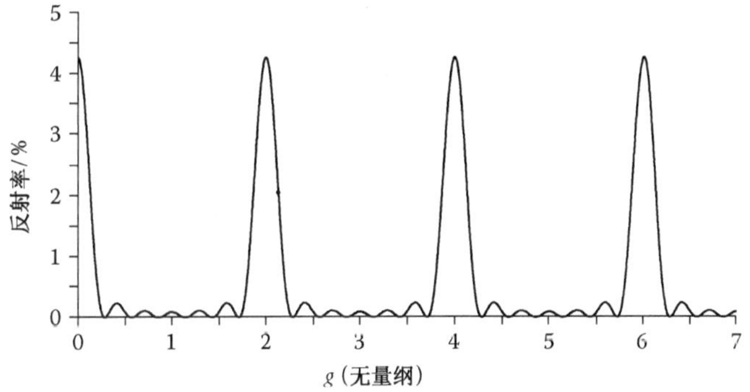

图 4.49　图 4.48 所示的六层阶跃减反射膜的性能曲线与 g 的关系

（在 $\lambda/2$ 厚度的整数倍处反射率会出现峰值）

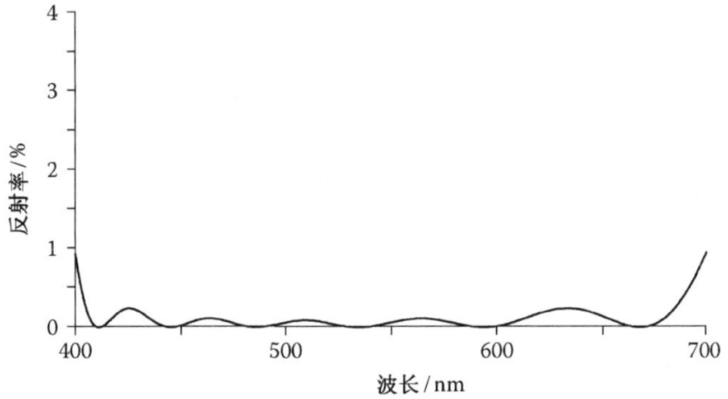

图 4.50　图 4.49 中 g 的值介于 2 和 4 之间时减反射区域恰好覆盖可见光区

可惜,我们没有办法构造这样一种薄膜,因为缺乏必要的低折射率材料。然而,如图 4.49 所示,薄膜的性能在 g 的每个奇数值处都会重复。g 的值在 2 和 4 之间时,$3\lambda/4$ 厚的薄膜的特性曲线减反射区域足够宽,能够覆盖可见光区,如图 4.50 所示。尽管不能替代低折射率的 $\lambda/4$ 膜层,但涉及三个 $\lambda/4$ 膜层的设计没有难度。有几个可能的解决方案,其中特别有用的一个解决方案是,膜系的大多数组成部分采用低折射率材料,而中间很薄的膜层采用高折射率材料。

将原来的膜层用三层对称排列的膜层来替代,并对最后的设计结果进行仔细优化,可以得到如图 4.51 所示的膜层分布,其特性曲线如图 4.52 所示。

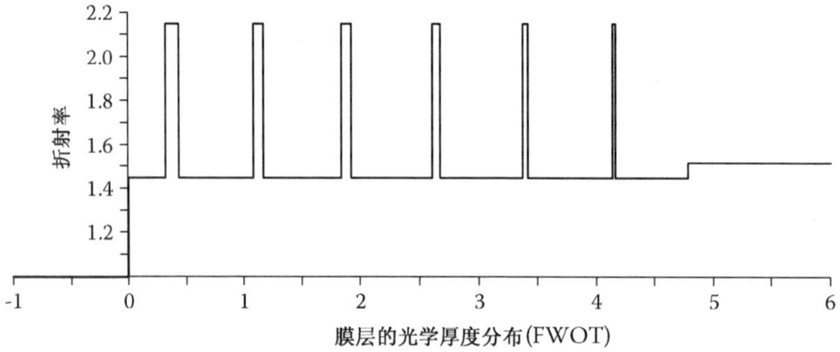

图 4.51 用三层等价膜层替代三个 $\lambda/4$ 膜层并略作优化,其特性曲线如图 4.52 所示

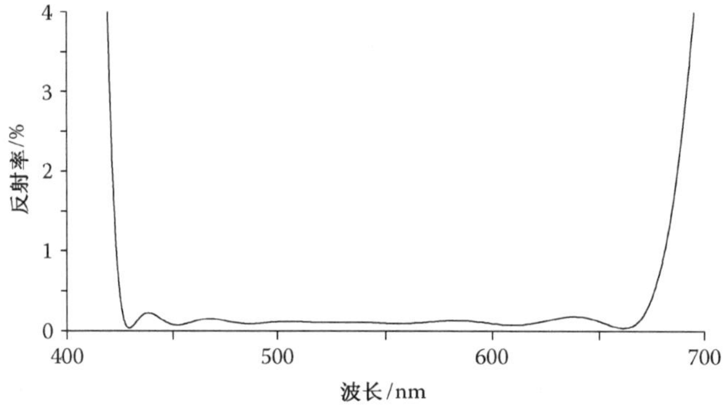

图 4.52 图 4.51 设计方案的特性曲线

(以略微增加残留反射率为代价,可以适当增加减反射膜特性曲线的宽度)

尽管目前的设计基于对称周期,但这种一系列低折射率膜层中间夹有高折射率膜层的设计原理可以扩展到许多其他膜系中,如那些不是基于对称周期方法且具有更宽低反射率区域的膜系。这些膜通常都很薄,如图 4.51 设计的薄膜实际厚度是 1.6μm。但这在采用塑料材料基底上的减反射膜的设计中有特别的好处,因为膜层自身也扮演着“硬层”的角色。因为底层塑料有易弯曲的特性,所以当点荷载施加到上面时,制造普通减反射膜的材料变得很脆弱并且容易破碎,通过加上一层硬的不易弯曲的“硬层”(通常是丙烯酸塑料)到上面,塑料表面的强度就能够得到加强。当前制造薄膜的材料是厚的二氧化硅,它牢固且坚硬,可以支撑比普通减反射膜大得多的点载荷,因此可以省去“硬层”。

到目前为止,绝大多数等效膜层都是基于对称结构的。Schallenberg 等提出了一种不同的等效方法[23-25],可以将任意多层膜的反射率的计算简化成下面的矩阵表示,将各个特征矩阵相乘,得到的就是代表整个多层膜的一个乘积矩阵。只要这些膜层是理想介质,那么物理量 Mxy 就是实数。

$$\begin{bmatrix} B \\ C \end{bmatrix} = \begin{bmatrix} M_{11} & \mathrm{i}M_{12} \\ \mathrm{i}M_{21} & M_{22} \end{bmatrix} \begin{bmatrix} 1 \\ y_{\mathrm{sub}} \end{bmatrix} = \begin{bmatrix} M_{11} + \mathrm{i}y_{\mathrm{sub}}M_{12} \\ y_{\mathrm{sub}}M_{22} + \mathrm{i}M_{21} \end{bmatrix} \tag{4.31}$$

反射率由下式给出:

$$R = \left| \frac{y_0 B - C}{y_0 B + C} \right|^2 = \frac{M_{11}^2 \left(y_0 - y_{\mathrm{sub}} \dfrac{M_{22}}{M_{11}} \right)^2 + M_{12}^2 \left(y_0 y_{\mathrm{sub}} - \dfrac{M_{21}}{M_{12}} \right)^2}{M_{11}^2 \left(y_0 + y_{\mathrm{sub}} \dfrac{M_{22}}{M_{11}} \right)^2 + M_{12}^2 \left(y_0 y_{\mathrm{sub}} + \dfrac{M_{21}}{M_{12}} \right)^2} \tag{4.32}$$

我们可以定义两个新的物理量:

$$E = \sqrt{\frac{M_{21}}{M_{12}}} \quad \text{和} \quad S = y_{\mathrm{sub}} \frac{M_{22}}{M_{11}} \tag{4.33}$$

式中,E 为等效的膜堆导纳;S 为等效的基底导纳。将这两个值代入式(4.32)可得

$$R = \frac{M_{11}^2 (y_0 - S)^2 + M_{12}^2 (y_0 y_{\mathrm{sub}} - E^2)^2}{M_{11}^2 (y_0 + S)^2 + M_{12}^2 (y_0 y_{\mathrm{sub}} + E^2)^2} \tag{4.34}$$

显然,当下式成立时,反射率为零,即

$$S = y_0 \quad \text{和} \quad E = \sqrt{y_0 y_{\mathrm{sub}}} \tag{4.35}$$

然而,如果式(4.35)的条件不满足并且减反射膜由一系列 $\lambda/4$ 膜层组成,则 M_{11} 和 M_{12} 将会以这样的方式振荡:当一个为零时,另一个取最大值。于是,反射率将会在两个极值 R_E 和 R_S 之间变化,分别由下式给出:

$$R_s = \frac{(y_0 - S)^2}{(y_0 + S)^2} \quad \text{和} \quad R_E = \frac{(y_0 y_{\mathrm{sub}} - E^2)^2}{(y_0 y_{\mathrm{sub}} + E^2)^2} \tag{4.36}$$

要得到包含几个膜层的薄膜的解析解不是很难,Schallenberg 等给出了一些例子[23-25]。

我们岔开话题,来讨论一下如图 4.48 所示的由按降序排列的一系列 $\lambda/4$ 膜层组成的薄膜的设计。该系列薄膜可以模拟成一个非均匀膜层(本章后面将看到),而真正的非均匀膜层能使波长短于 2 倍膜层光学厚度的光得到减反。因此,如果所有膜层在 $g=1$ 处等于 $\lambda/4$ 厚,则由 q 个 $\lambda/4$ 膜层组成的膜系大致在 $g=1/q$ 处有一个下限,尽管在这种情况下,减反射性在各膜层变为 $\lambda/2$ 厚也就是当 $g=2$ 时失效。既然 $g=2$ 附近的干涉条件和 $g=0$ 附近的相同,减反射区将会从 $g=1/q$ 增加到 $2-(1/q)$,是原来的 $2q-1$ 倍,显然,q 越宽,低反射区的范围越宽。这个粗略的值可以很好地适用于如图 4.48 所示的一系列 $\lambda/4$ 膜层,但当考虑的是最大平坦减反区域的减反射膜时,所给出的估计值过于乐观。最大平坦减反区域的减反射膜应包含一系列按降序排列的 $\lambda/4$ 膜层,但为了不在减反射区有波纹,需要选择一些特定的排列。

尽管它们有宽的低反射率区域,消除低反射区域的反射波纹意味着膜系的带宽相比本节前面给出的那些图的带宽有所减小。

Schallenberg[25]指出,最大平坦减反区域的设计还遵循式(4.36),特别是等效膜堆的导纳必须等于$(y_0y_{sub})^{1/2}$,式(4.36)中R_E的表达式正好满足$\lambda/4$法则。在基底加入一个$\lambda/4$膜层使导纳变为E^2/y_{sub},再使用导纳为$y_0\times E^2/y_{sub}$的平方根的另一个$\lambda/4$膜层,可以实现减反射膜。我们可以将其以非常普通的方式应用在一系列$\lambda/4$膜层上。这个$\lambda/4$单层膜把y_{sub}和y_0联系起来,因此必须有一个$y_1=(y_0y_{sub})^{1/2}$的导纳值。一个双$\lambda/4$膜层的设计可以通过第一个$\lambda/4$膜层将y_{sub}和y_1联系起来,通过第二个$\lambda/4$膜层将y_1和y_0联系起来。两个$\lambda/4$膜层的导纳将会是$y_{sub}^{3/4}y_0^{1/4}$和$y_{sub}^{1/4}y_0^{3/4}$。对于一个三层膜,我们将y_{sub}和$y_{sub}^{3/4}y_0^{1/4}$,$y_{sub}^{3/4}y_0^{1/4}$和$y_{sub}^{1/4}y_0^{3/4}$以及$y_{sub}^{1/4}y_0^{3/4}$和y_0联系起来,它们给出各膜层的导纳分别为$y_{sub}^{7/8}y_0^{1/8}$、$y_{sub}^{4/8}y_0^{4/8}$、$y_{sub}^{1/8}y_0^{7/8}$。Schallenberg 的排列如表4.4所示,它可以很容易地推广到更多层膜的设计,这避免了以往所需要的复杂计算。

表4.4　最大平坦减反区域的减反射膜的 Schallenberg 设计方法

1层	2层	3层	4层	5层	6层
					y_0
				y_0	
			y_0		$y_0^{63/64}y_{sub}^{1/64}$
		y_0		$y_0^{31/32}y_{sub}^{1/32}$	
	y_0		$y_0^{15/16}y_{sub}^{1/16}$		$y_0^{57/64}y_{sub}^{7/64}$
y_0		$y_0^{7/8}y_{sub}^{1/8}$		$y_0^{26/32}y_{sub}^{6/32}$	
	$y_0^{3/4}y_{sub}^{1/4}$		$y_0^{11/16}y_{sub}^{5/16}$		$y_0^{42/64}y_{sub}^{22/64}$
$y_0^{1/2}y_{sub}^{1/2}$		$y_0^{4/8}y_{sub}^{4/8}$		$y_0^{16/32}y_{sub}^{16/32}$	
	$y_0^{1/4}y_{sub}^{3/4}$		$y_0^{5/16}y_{sub}^{11/16}$		$y_0^{22/64}y_{sub}^{42/64}$
y_{sub}		$y_0^{1/8}y_{sub}^{7/8}$		$y_0^{6/32}y_{sub}^{26/32}$	
	y_{sub}		$y_0^{1/16}y_{sub}^{15/16}$		$y_0^{7/64}y_{sub}^{57/64}$
		y_{sub}		$y_0^{1/32}y_{sub}^{31/32}$	
			y_{sub}		$y_0^{1/64}y_{sub}^{63/64}$
				y_{sub}	

表4.5　图4.53和图4.54的设计方案

膜层数	折射率
入射介质	1.00
1	1.0219
2	1.1637
3	1.6105
4	2.4837
5	3.4372
6	3.9143
基底	4.00

这种基于折射率为4.00的锗的六层膜,若以空气为入射介质,所需要的折射率见表4.5。因为许多有特定折射率的材料还得不到,这种设计目前还无法实现,但它可以用于阐述这种方法并作为替代方法的基础,就像之前描述的那样。以3μm为参考波长计算的特性曲线如图4.53所示,对应的导纳图如图4.54所示。

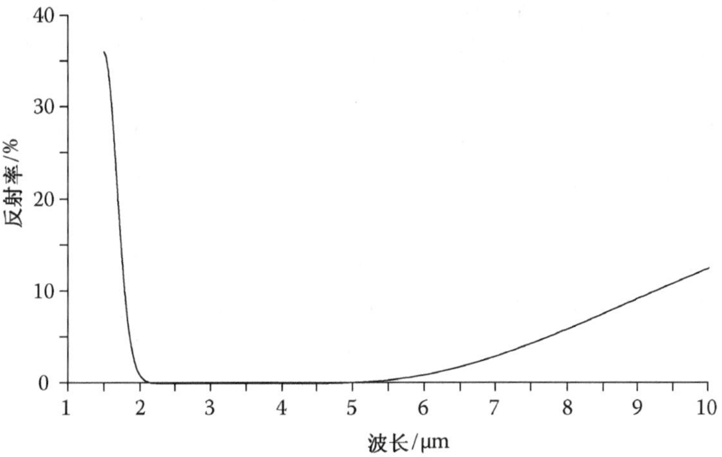

图 4.53　在参考波长 3μm 处,表 4.5 所示薄膜的特性曲线
(此时薄膜所需材料的折射率无法满足,因而不能直接构造)

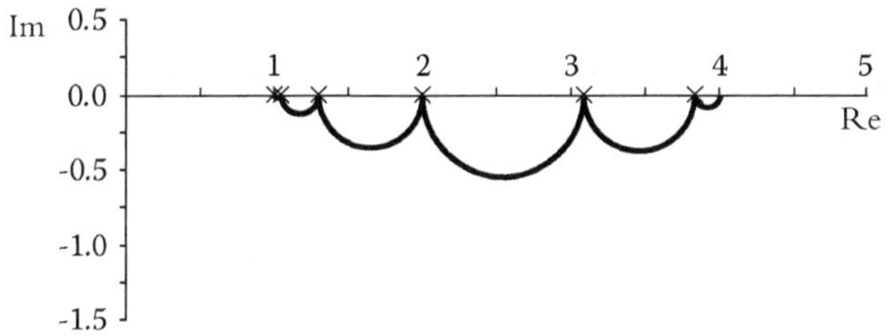

图 4.54　在参考波长处,图 4.53 所示的最大平坦化薄膜的导纳图

4.4　具有两个零点的减反射膜

在有些特殊应用中,要求减反射膜在特定的波长处而不是在一个宽光谱区有零反射率点。一个最常见的应用是倍频,减反射膜需要工作在两个波长,其中一个波长是另一个波长的二倍。

满足这个要求的最简单的薄膜是之前考虑的 $\lambda/4$-$\lambda/4$ 膜。这种膜有两个零反射率点,分别在 $\lambda=3\lambda_0/4$ 和 $\lambda=3\lambda_0/2$ 处,这正是我们所需要的。条件为

$$
\begin{aligned}
n_1 &= (n_0^2 n_m)^{1/3} \\
n_2 &= (n_0 n_m^2)^{1/3}
\end{aligned}
\qquad (4.37)
$$

这种薄膜的首要问题还是关于低折射率基底的。因为 n 的最小值为 1.38,所以根据式(4.37),所能容许的基底最小折射率为 $1.38^3=2.63$。因此,这种薄膜只适用于高折射率基底。

一种在λ和2λ处需要减反射膜的常见材料是铌酸锂,其折射率大约为2.25, $\lambda/4$-$\lambda/4$膜的折射率应为1.310和1.717,反射损耗为0.2%,这可以满足许多应用。当高折射率膜层的折射率介于1.7和1.8之间的任何值时,都能实现类似的性能。

如果这种性能不能够满足要求,那么就需要加入一个额外的膜层。假设保持膜层厚度为$\lambda/4$和$\lambda/4$的倍数,就可以保持关于$g=1$的对称性,因此只需考虑$g=2/3$处的性能,因为在$g=3/4$处是自动相等的。从矢量图的角度看,$\lambda/4$-$\lambda/4$膜的问题在于第一个界面的振幅反射系数ρ_a太大了,矢量彼此以120°角倾斜,对于零反射率,矢量的模应该相等,因此它们形成等边三角形。如果加入一个折射率为n_3的额外的$\lambda/4$膜层,将会存在四个矢量,第四个矢量ρ_d将沿ρ_a的方向。如果ρ_d与ρ_a反方向,也就是说,如果$n_3>n_m$,那么有可能使其中两个矢量和的模与另外两个矢量和的模相等,这可以通过下面的设计来实现:

空气	1.38	1.808	2.368	铌酸锂
1.0	$0.25\lambda_0$	$0.25\lambda_0$	$0.25\lambda_0$	2.25

我们可以取n_3为硫化锌的折射率2.35,n_2可以是1.75~1.85范围内的任何值,使$g=2/3$处的最小反射率低于0.1%。

还有许多其他可能的膜层组合。在第一层用$\lambda/2$替代$\lambda/4$可以得到类似的改善,这是通过与ρ_c的组合(意味着$n_2>n_3$)实现的。因此理想的设计是

空气	1.38	1.81	1.72	铌酸锂
1.0	$0.5\lambda_0$	$0.25\lambda_0$	$0.25\lambda_0$	2.25

如果我们的目的仅仅是使反射率降到0.1%以下,那么n_2和n_3的取值还是有一定灵活性的。有趣的是,这种膜和$\lambda/4$-$\lambda/4$膜有一定的相似性。$\lambda/4$-$\lambda/4$膜还有一个零反射率点位于$g=8/3$处。如果在上述设计中,内$\lambda/4$膜层被合并到折射率为1.75左右的$\lambda/2$膜层中的话,那么这种膜将会与$\lambda/4$-$\lambda/4$膜在$g=4/3$和$g=8/3$处相同。图4.55所示为这些薄膜的性能。

这种利用第四个矢量来裁剪其余三个矢量中的一个矢量的长度,以获得低反射率的方法也可以推广到低折射率基底的情形。当然,现在的这种薄膜已经与开始的$\lambda/4$-$\lambda/4$膜差别很大了。一种基于此方法的$\lambda/4$-$\lambda/4$-$\lambda/4$膜的设计为

空气	1.38	1.808	2.368	玻璃
1.0	$0.25\lambda_0$	$0.25\lambda_0$	$0.25\lambda_0$	2.25

它的特性曲线如图4.56所示,假定监控波长是707nm,两个零点位于530nm和1.06μm处。

Mouchart[27]也考虑过通过对减反射膜进行改进使其在两个波长处的反射率为零。在所有膜层的厚度均被事先指定为$\lambda/4$的倍数的薄膜中,除了最后的两个膜层外,绝对可以选定其他所有膜层的折射率,而最后两个膜层的折射率可以根据其他膜层的折射率值计算。计算包含一个八阶方程的解,它可以通过Mouchart推导的表达式建立。在减反射波长处,$\partial R^2/\partial\lambda^2$的

值与薄膜的带宽成反比,这个值可以帮助我们从众多候选中选择更有前途的设计,以用于薄膜的生产。Mouchart 还考虑了这种三层膜的一些细节问题。

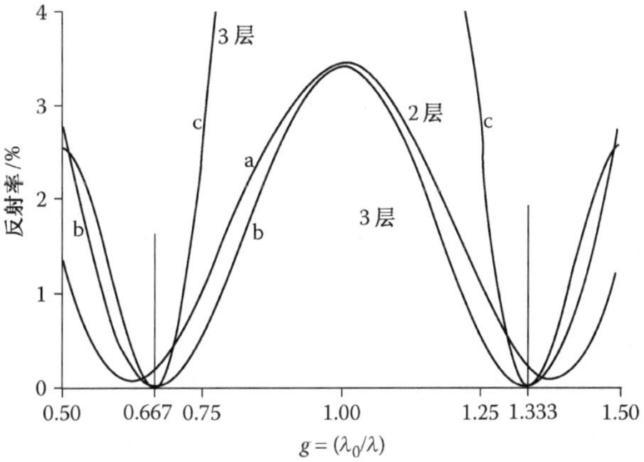

图 4.55　在铌酸锂(n =2.25)这样的高折射率基底上具有两个零反射率的不同薄膜的特性曲线

(两个零点的理想位置为 g =0.667 和 g =1.333,曲线(a)为

空气	1.38	1.72	铌酸锂
1.0	$0.25\lambda_0$	$0.25\lambda_0$	2.25

;曲线(b)为

空气	1.38	1.808	2.368	铌酸锂
1.0	$0.25\lambda_0$	$0.25\lambda_0$	$0.25\lambda_0$	2.25

,曲线(c)为

空气	1.38	1.81	1.72	铌酸锂
1.0	$0.5\lambda_0$	$0.25\lambda_0$	$0.25\lambda_0$	2.25

)

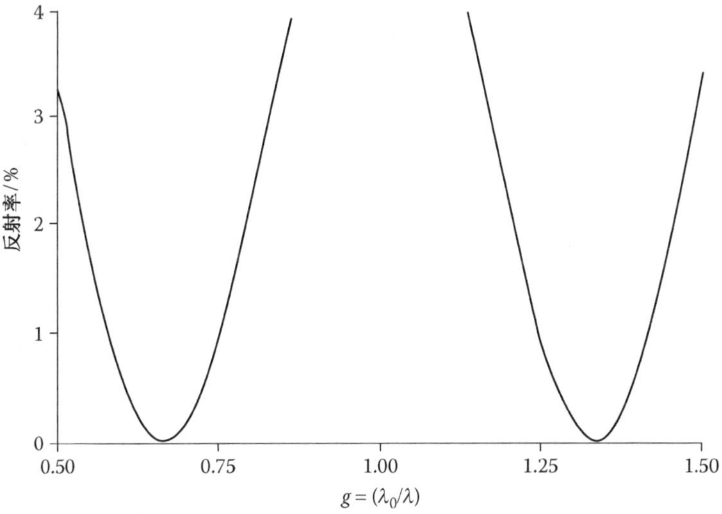

图 4.56　在低折射率基底上三层双零反射率减反射膜的特性曲线

(设计方案(在 λ_0 =707nm 处)为

空气	1.38	1.585	1.82	玻璃
1.0	$0.25\lambda_0$	$0.25\lambda_0$	$0.25\lambda_0$	1.52

,这种方法可以推广到四个甚至更多个 $\lambda/4$ 膜层。由于表达式烦琐,不能简化为一个简单的公式,最终的设计方案需要通过反复试验。实际上,许多参数都只有一种解,展宽最小反射率范围的优化过程中需要用到其他过程。Baumeister[26] 等给出很多有趣的设计)

4.5 可见光及红外区的减反射膜

我们经常需要减反射膜横跨可见光区，并且也需要减小对红外光(对应激光)的反射率。在视觉信息与激光共享的仪器中，如外科器械、测量仪器等，这种薄膜是必需的。这种薄膜有很多种设计，但制造商们很少公开。设计主要是一个反复试验的过程，最后的设计过程是用具有良好功能的材料的组合替代那些不能得到或难以得到的材料，并优化这些设计，将实际材料光学常数的色散考虑进去，并补偿与对称周期有关的明显色散。在这一节中，我们只考虑最基本的设计过程，忽略色散并且在大多数情况下保留折射率的理想值。假定基底是折射率为1.52的玻璃，入射介质是折射率为1.0的空气。

在可见光区和近红外区的某个波长，具有低反射率的最简单的薄膜是由低折射率材料组成的厚度为$3\lambda_0/4$的单层膜，这种膜在λ_0和$3\lambda_0$处的反射率都比较低。可惜的是，折射率的最小值为1.38(对应氟化镁)，这使得残留反射率的最小值等于1.25%。这种膜在可见光区的性能要比那种$\lambda/4$单层膜的好(带宽更窄)，因为它的膜层厚度等于后者的三倍。氟化镁膜层可以看作位于一个内$\lambda/2$膜层之上的一个外$\lambda/4$膜层，并且在它们中间可以引入一个高折射率(1.8)的$\lambda/2$扩展减反射带宽的膜层，从而得到如下的设计：

空气 | LHHLL | 玻璃

可惜的是，当加入$\lambda/2$膜层使特性曲线在可见光区变得平坦时，它却破坏了薄膜在$3\lambda_0$处(红外区)的性能，此处它有三分之二个$\lambda_0/4$厚。解决方案是使该膜层在可见光区等于三个$\lambda_0/2$厚，这样它对于$3\lambda_0$而言仍然是半波层，因此是虚设的。这样设计就变成

空气 | L6H2L | 玻璃

其特性曲线如图4.57所示，这里参考波长为510nm。尽管因为扩展减反射带宽的膜层是正常膜层的三倍厚，在蓝色和红色光区反射会急剧增加，但可见光区的特性曲线依然以正常的方式变得很平坦。尽管由于$\lambda/2$膜层的存在曲线略有歪曲，在1.53μm附近的红外区反射率的最小值依然存在。也许最让人惊讶的特性是，在840nm波长处出现了第三个非常深的最低点。我们用导纳图来帮助理解产生这个下陷的原因。

图4.58所示为薄膜在840nm波长处的导纳图。第二层即折射率为1.8的膜层，在这个波长处几乎有两个$\lambda/2$厚，因此它几乎描述了两个完整的周期。将折射率等于1.38的两个膜层导纳轨迹的末尾连接起来，我们几乎得到了零反射率。两个低折射率膜层的导纳轨迹对波长的变化并不很敏感，因此下陷的位置几乎完全由高折射率膜层固定，其厚度的变化会改变下陷的位置。使高折射率膜层变得更薄些，如厚度变为波长的1.0倍而不是1.5倍，将会使下陷位置移向更长的波长处。以下设计的薄膜的特性曲线如图4.59所示，即

空气 | L4H2L | 玻璃

现在，下陷很接近我们期望的波长1.06μm。

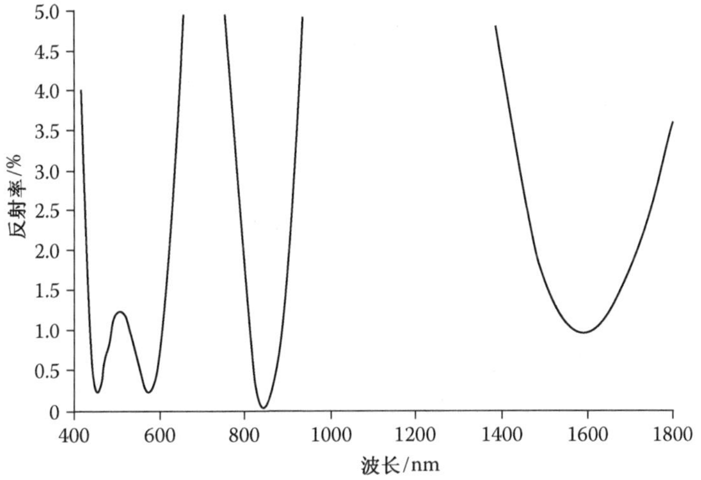

图 4.57 薄膜:空气(1.0) |L6H2L |玻璃(1.52)的特性曲线
(L 为折射率为 1.38 的 $\lambda/4$ 膜层,H 为折射率为 1.8 的 $\lambda/4$ 膜层, λ_0 =510nm)

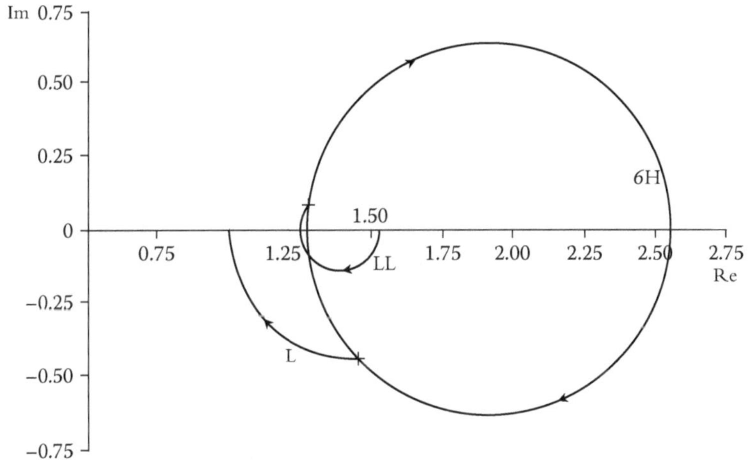

图 4.58 在 840nm 波长处,图 4.57 所示薄膜的导纳图,对应的不希望的尖锐零点解释了“凹”现象

一种在可见光区有很好的性能但在 1.06μm 处有高反射率的薄膜是 $\lambda/4$-$\lambda/2$-$\lambda/4$ 膜。这种膜在 λ_0处的导纳图如图 4.33 所示,导纳轨迹与实轴在 1.9 和 2.45 处相交。可以在这些点分别插入折射率为 1.9 或 2.45 的膜层,而不会对 λ_0处的性能有任何影响。无论它们的厚度如何,这些膜层的导纳轨迹仅仅为一些点。这样的膜层称作“缓冲层”,最初由 Mouchart[28] 提出。在参考波长处,缓冲层不产生任何影响;而在其他波长处,缓冲层导纳轨迹的起始点偏离它们的参考波长位置,对薄膜的性能造成重要的影响。缓冲层在一些方面和 $\lambda/2$ 膜层类似,由于它们的精准厚度,在 λ_0 处可以视为“虚设层”,但对其他波长还是有较大影响,可以通过调整折射率使特性曲线变得尖锐或者平坦。缓冲层的折射率有精确的值,但厚度可以是任意的,通

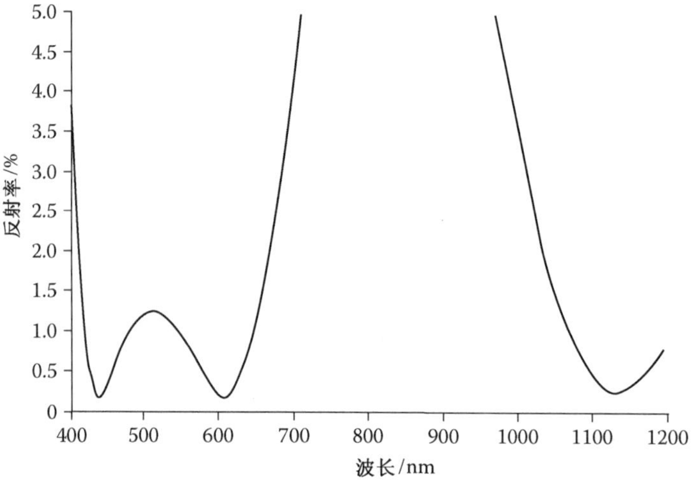

图 4.59　薄膜:空气(1.0) |L4H2L |玻璃(1.52)的特性曲线

(L 为折射率为 1.38 的 $\lambda/4$ 膜层,H 为折射率为 1.8 的 $\lambda/4$ 膜层,λ_0 =510nm。需要注意的是与图 4.57 相比下陷移到了更长波长处)

过选择厚度值可以调整在不等于 λ_0 的其他波长处薄膜的性能。这里我们尝试用缓冲层来调整 1.06μm 处薄膜的性能。一个缓冲层是不够的,需要插入折射率为 1.9 的两个缓冲层,因此设计方案变成

$$空气|\ LB'HHB''N\ |玻璃$$

式中,y_L =1.38,y_H =2.15,y_N =1.70。B′和 B″是导纳值为 1.9 的缓冲层。通过反复试验确定了 B′的值为 0.342λ_0,B″的值为 0.084λ_0。但是,尽管缓冲层明显减小了在 1.06μm 波长处的反射率,但它们使薄膜在可见光区的性能特性或多或少发生了畸变,如图 4.60 所示。只有通过优化设计才能获得完全令人满意的性能。最终的设计方案为

空气	1.38	1.90	2.15	1.90	1.70	玻璃
1.00	$0.2667\lambda_0$	$0.3085\lambda_0$	$0.5395\lambda_0$	$0.1316\lambda_0$	$0.1796\lambda_0$	1.52

其特性曲线如图 4.60 所示。

目前用于可见光区及 1.06μm 的许多设计方案,仅仅包括高、低折射率的两种材料。有很多种方法可以实现这类设计,上面的理想膜层可以用以前讨论的对称周期来替代。由于在宽波长范围内使对称周期和膜层匹配比较困难,这类设计很少能立即被接受,因此通常需要通过计算机优化。

图 4.61 所示为通过计算机优化实现的六层薄膜:

空气	1.38	2.25	1.38	2.25	1.38	2.25	玻璃
1.00	$0.3003\lambda_0$	$0.1281\lambda_0$	$0.0657\lambda_0$	$0.6789\lambda_0$	$0.0718\lambda_0$	$0.0840\lambda_0$	1.52

的特性曲线。这些薄膜中的缓冲层是非常有用的。当波长偏离膜层厚度等于其波长一半时,

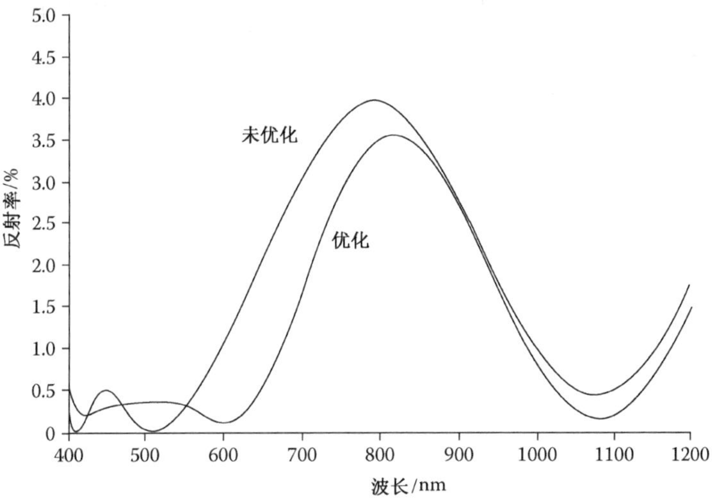

图 4.60 薄膜:空气(1.0) |LB′HHB″M |玻璃(1.52)的特性曲线

(L、H、M 分别为折射率为 1.38、2.15、1.70的 $\lambda/4$ 膜层。B′、B″分别为折射率为 1.8、厚度为 0.342 λ_0 和 0.084 λ_0 的缓冲层, λ_0 =510nm。第二种特性曲线的设计方案是经过优化的。优化的设计方案见正文)

半波“虚设层”会迅速修正特性曲线。而缓冲层的反应要缓慢得多,因此当需要在一个宽光谱区保持低反射率时,它们非常有用。缓冲层的困难是,它们的折射率通过其中插入膜层的导纳轨迹的轴交叉确定。相应于正在使用的特殊材料,其折射率的值一般是有限的,为把这些膜层作为缓冲层,必须设计出适当导纳值处的轴交叉,双 Vermeulen 结构使这成为可能。在图 4.44 中,通过简单调整构成该结构的膜层的厚度,可以移走最右面的轴交叉。直截了当地说,轴交叉应该和设计中采用的高折射率膜层的折射率相一致。这在表 4.6 中的第一种设计方案中已经实现了,注意厚度指的是光学厚度,因此它们可以直接和表 4.6 中的那些设计做比较。

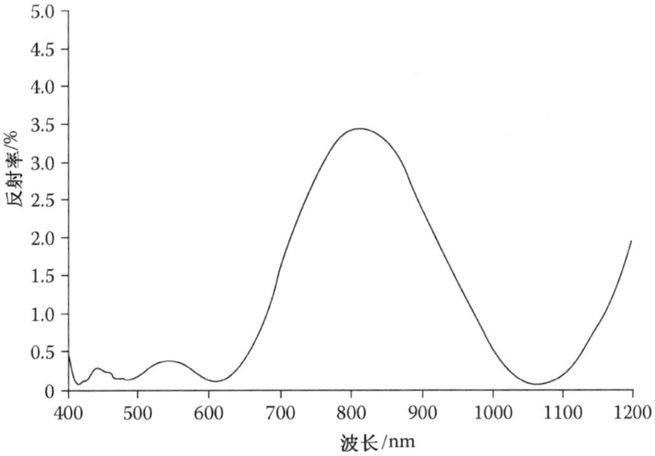

图 4.61 在可见光区域 1.06μm 处六层减反射膜的特性曲线

(参考波长为 510nm,设计方案见正文)

图 4.62 所示为经过调整的薄膜的导纳轨迹。为在可见光区得到很好的特性,安排了轴交叉并调整了薄膜最后三层的设计。图 4.63 所示为薄膜的特性图,表 4.6 的第一列给出了该薄膜的设计方案。加入二氧化钛缓冲层后,导纳轨迹不随缓冲层的厚度而改变。通过反复尝试调整缓冲层,薄膜的特性有了很大的改善,如图 4.63 所示。

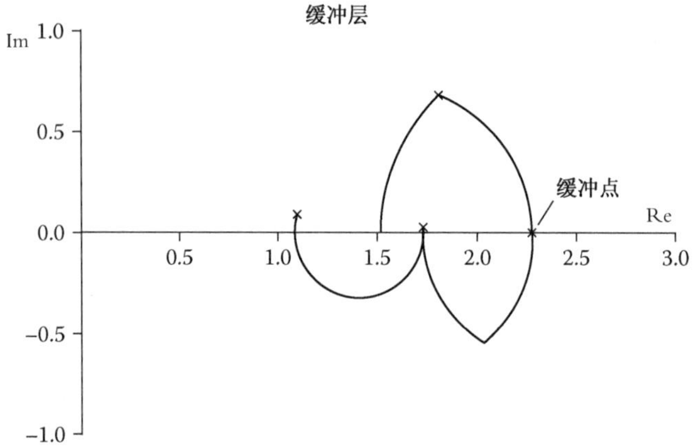

图 4.62　调整后薄膜的导纳图,在轴交叉点 2.28 处插入缓冲层

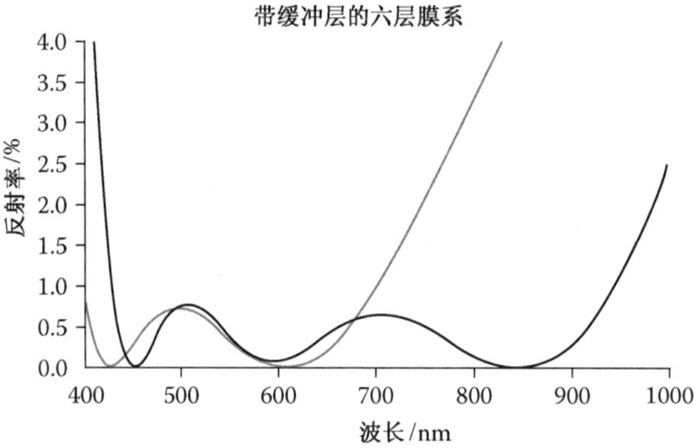

图 4.63　原始四层膜的特性曲线如图中灰线所示。增加缓冲层后变为六层膜系,调整缓冲层厚度小于半波长时的特性曲线如图中黑线所示
(设计方案见表 4.6)

表 4.6　缓冲层的引入

材　料	折　射　率	初始设计	带缓冲层的设计方案	带缓冲层及虚设层的设计方案
		光学厚度/nm	光学厚度/nm	光学厚度/nm
空气	1.00	大块材料	大块材料	大块材料
MgF_2	1.37	154.47	154.47	140.80
TiO_2	2.28	57.96	57.96	50.70
MgF_2	1.37	22.66	22.66	17.46

续表

材 料	折 射 率	初始设计	带缓冲层的设计方案	带缓冲层及虚设层的设计方案
		光学厚度/nm	光学厚度/nm	光学厚度/nm
TiO_2	2.28	…	247.50	240.84
MgF_2	1.37	35.06	35.06	44.31
TiO_2	2.28	49.23	49.23	39.99
MgF_2	1.37	…	…	294.54
玻璃	1.52	大块材料	大块材料	大块材料

在玻璃基底与薄膜之间插入一个低折射率的 $\lambda/2$ 膜层,然后对所有膜层进行优化,最终所得薄膜的特性曲线如图 4.64 所示。这个特性曲线与我们用折射率已知的七层膜可能得到的特性曲线一样好。特性曲线的显著改进需要更多的膜层。

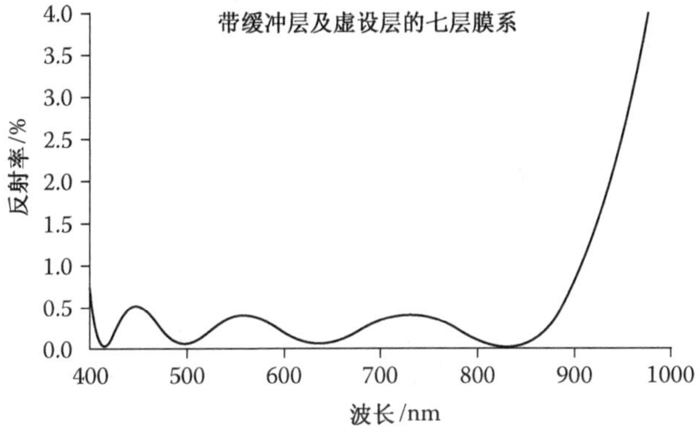

图 4.64 七层减反射膜系的特性曲线
(设计方案见表 4.6)

低折射基底减反射膜特性的主要决定因素是设计材料的最小折射率。氟化镁是通常的选择,但并不是理想的选择,因为它有高的张应力,为了耐用必须将它沉积到热的基底上。二氧化硅更坚固,也更稳定,相比氟化镁会优先考虑,尽管二氧化硅的折射率(1.45)比氟化镁的折射率(1.38)大。因此,在多层膜结构中,选用二氧化硅作为低折射率材料是相当普遍的,但仍用氟化镁作为最外层的材料。紧贴空气的膜层是非常重要的,而分布在薄膜内部的膜层就没有这么重要了。

4.6 非均匀层

非均匀层是指折射率在整个层厚度上变化的膜层。正如我们将在第 11 章中看到的,通常使用的大多数材料都是不均匀的。这些不均匀性通常非常小,除了在一些要求最精确最严格的薄膜中,可以安全地把这些膜层视为均匀层。但是,有一些膜层的非均匀性比较明显,已经影响到了减反射膜的特性。在一个性能特性良好的减反射膜中,如果用这种非均匀层替代均匀层,出现性能下降是正常的结果。假设非均匀性不大,通过调整其他膜层的折射率可以得到很好的修正,正如 Ogura[29] 指出的,$\lambda/4$-$\lambda/2$-$\lambda/4$ 膜中高折射率膜层的折射率随厚度的轻微减小实际上可以展宽特性曲线。二氧化锆是一种常用的材料,在室温下沉积时其折射率随膜层厚度的增加而增大,但是在基底温度高于 200℃的条件下沉积时,其折射率随膜层厚度的增加而减小。Vermeulen[30] 已经考虑到二氧化锆的这种非均匀性对 $\lambda/4$-$\lambda/2$-$\lambda/4$ 镀膜的影响,并指出可以通过调整中间膜层的折射率来修正非均匀性,使这一章里提到的双层膜结构[15] 可以完全得到修正。这种非均匀性是固有的,而且相对来说比较小。通过蒸镀组分随膜层厚度变化的混合物,可以得到具有非常大的非均匀性的膜层,用这种膜层可以构造完全新型的减反射膜。

Jacobsson[31] 和 Knittl[32] 对这种非均匀层的精确计算方法做了综述。最简单的方法就是把非均匀层分解成大量的薄的子膜层,每一个子膜层都可以用具有同样厚度和平均折射率的均匀层替代,这样平缓变化的非均匀层就可以用一系列具有小的阶梯变化的均匀层替代,然后当成由均匀子膜层组成的多层膜来计算,而用现代计算机计算大量的子膜层是没有困难的。尽管这只是一个近似,在实际应用中这些结果和那些已经通过精确计算得到的结果完全相同(在一些情况下,精确计算的确存在)。

为此,我们可以从高折射率基底多层减反射膜的起始点着手解析这种薄膜的原理。当减反射膜的层数越来越多时,薄膜的性能,即带宽以及低反射区中的最大反射率,会得到稳步改善。在膜层数无限增多的极限情况下,相邻两膜层之间光学导纳的跃变将会变成无限小。如果多层膜的总光学厚度保持一个常数不变,则随着膜层数的增加,每一膜层的厚度将趋向于零;多层膜将与具有同样光学厚度的单层膜没有区别,只是光学导纳从基底的值平缓地变化到入射介质的值。

如果多层膜含有 n 层,则总的光学厚度为 $n\lambda_0/4$,可以标记为 T。从短波长边

$$\lambda_S = \frac{(n+1)}{n} \cdot \frac{\lambda_0}{2}$$

到长波长边

$$\lambda_L = (n+1) \cdot \frac{\lambda_0}{2}$$

反射率将会有 n 个零值。用总的光学厚度 T 表示,这些边界波长为

$$\lambda_S = \frac{2(n+1)}{n^2} \cdot T$$

$$\lambda_L = \frac{2(n+1)}{n} \cdot T$$

在 $2\lambda_L$ 波长或更长波长处,矢量图中的箭头被限制在第三或第四象限中,故减反射膜不再有效。

如果 n 趋向于无限大,但 T 保持有限值,则多层膜趋向于非均匀单层膜,这时 λ_S 趋向于零,而 λ_L 趋向于 $2T$。同时,在这两个边界之间的所有波长,膜系的反射率都为零。因此,折射

率平缓变化的非均匀膜,在波长短于薄膜的两倍光学厚度的整个区域内,是一种完美的减反射膜。在比边界值长的波长区域内,薄膜的性能变坏,而在等于薄膜的四倍光学厚度的波长,薄膜便失去效用。

当然,实际上不存在折射率低于 1 的可用材料,而任何非均匀膜的折射率最低只能是 1.35 左右。例如,氟化镁在红外区的折射率为 1.35,镀有这种膜的元件,其反射率将与氟化镁基底的反射率相等,即每个表面的反射率为 2.2% 。

Jacobsson 和 Martensson[33] 在锗基底上实际已镀出这类非均匀减反射膜。这些膜是按下述方法镀制的:同时蒸发锗和氟化镁,在整个蒸镀期间,改变它们的相对比例,以使两种材料的折射率之间能平缓过渡,所得特性曲线如图 4.65 所示。这种特殊膜的几何厚度取为 1.2μm,为了求出薄膜的光学厚度,假设折射率随几何厚度呈线性变化(主要因为别的假设变化规律会导致计算非常困难。当然,那样做结果可能更加准确),因此,光学厚度就等于几何厚度乘以薄膜的两个终端折射率的平均值。这个薄膜的折射率从 4.0 开始到 1.35 结束,其平均值为 2.68,因此光学厚度是 2.68 ×1.2μm,也就是 3.2μm。由此可知,对 6.4μm 以前的全部波长,薄膜将具有很好的减反射特性;在 6.4μm 以后,透射率逐渐降低,直至波长为 4 ×3.2μm,即 12.8μm,薄膜不再有效。镀膜元件的透射率曲线(图 4.65)已证明确实如此。

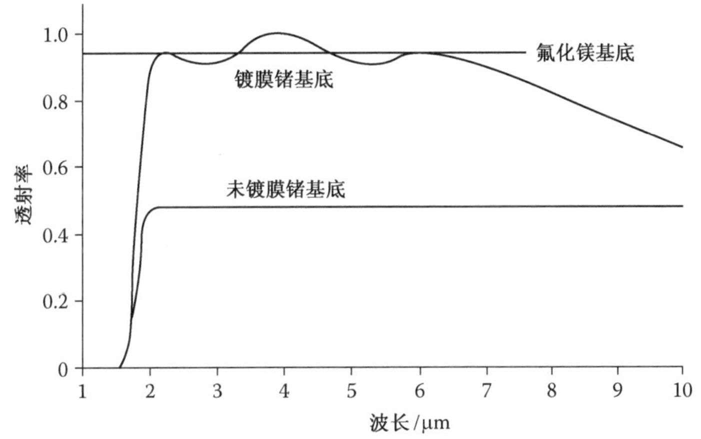

图 4.65　两面镀有厚度为 1.2μm 的非均匀 Ge-MgF_2膜的锗基底的透射率测量值

(引自 Jacobsson R and Martensson J O. *Applied Optics*, 5, 29-34, 1966)

Berning[34] 建议用赫平折射率的概念设计减反射膜。这种减反射膜是由一种高折射率的均匀膜层和一种低折射率的均匀膜层组成的,可以阶跃近似成一个非均匀膜层。由于人们对均匀膜层已有很好的了解并且其材料稳定,因此比理想的非均匀膜层制备起来更容易。他还提出了一种制备锗减反射膜的设计方案,这种减反射膜包含了 39 个锗和氟化镁的交替层,等价于 20 个折射率渐减的 $\lambda/4$ 膜层。

对于由均匀膜层组成的薄膜,最大的限制是缺少低折射率的材料。与基底和空气匹配的非均匀单层膜的折射率最小为 1.38,意味着这种薄膜的残留反射率为 2.5% ,这限制了它们在高折射率基底的使用。对于低折射率基底,均匀膜层或许能用来改善设计的性能。

4.7 更多信息

本章不可能覆盖有关减反射膜领域的全部内容，Cox 和 Hass[17]、Musset 和 Thelen[6]给出了更多的补充材料。在 Knittl[32]的著作中，也有对其他技术方法的非常有用的说明。

参考文献

[1] Cox J T and Hass G 1958 Antireflection coatings for germanium and silicon in the infrared *Journal of the Optical Society of America* **48** 677-680

[2] Catalan L A 1962 Some computed optical properties of antireflection coatings *Journal of the Optical Society of America* **52** 437-440

[3] Schuster K 1949 Anwendung der Vierpoltheorie auf die Probleme der optischen Reflexionsminderung, Reflexionsverstarkung, und der interferenzfilter *Annalender Physik, 6th Series* **4** 352-356

[4] Cox J T 1961 Special type of double-layer antireflection coefficient for infrared optical materials with high refractive index *Journal of the Optical Society of America* **51** 1406-1408

[5] Cox J T, Hass G, and Jacobus G F 1961 Infrared filters of antireflected Si, Ge, InAs and InSb *Journal of the Optical Society of America* **51** 714-718

[6] Musset A and Thelen A 1966 *Multilayer antireflection coatings*, *in Progress in Optics* Wolf E Editor (Amsterdam: North Holland) 201-237

[7] Thelen A 1969 *Design of multilayer interference filters*, in *Physics of Thin Films* Hass G and Thun R E Editors (New York/London: Academic Press) 47-86

[8] Young L 1961 Synthesis of multiple antireflection films over a prescribed frequency band *Journal of the Optical Society of America* **51** 967-974

[9] Turbadar T 1964 Equireflectance contours of double layer antireflection coatings *Optica Acta* **11** 159-170

[10] Thetford A 1969 A method of designing three-layer anti-reflection coatings *Optica Acta* **16** 37-44

[11] Thetford A 1968 *Four-layer coating design* University of Reading, UK Private Communication

[12] Luther B, Lockhart J, and King P 1947 Three-layered reflection-reducing coatings *Journal of the Optical Society of America* **37** 689-694

[13] Cox J T, Hass G, and Thelen A 1962 Triple-layer antireflection coating on glass for the visible and near infrared *Journal of the Optical Society of America* **52** 965-969

[14] Turbadar T 1964 Equireflectance contours of triple-layer antireflection coatings *Optica Acta* **11** 195-205

[15] Vermeulen A J 1971 Some phenomena connected with the optical monitoring of thin-film deposition and their application to optical coatings *Optica Acta* **18** 531-538

[16] Shadbolt M J 1967 *Measured results of four-layer antireflection coating deposition* Sira Institute, Chislehurst, Kent, UK Private Communication

[17] Cox J T and Hass G 1964 *Antireflection coatings*, *in Physics of Thin Films* Hass G and Thun R E Editors (New York and London: Academic Press) 239-304

[18] Ward J 1972 Towards invisible glass *Vacuum* **22** 369-375

[19] C Reichert Optische Werke AG 1962 *Improvements in or relating to optical components having reflection-reducing coatings* UK Patent 991,635

[20] Epstein L I 1952 The design of optical filters *Journal of the Optical Society of America* **42** 806-810

[21] Schulz U, Schallenberg U B, and Kaiser N 2003 Symmetrical periods in antireflective coatings for plastic optics *Applied Optics* **42** 1346-1351

[22] Thelen A 1988 *Design of Optical Interference Coatings* (New York: McGraw-Hill Book Company)

[23] Schallenberg U B, Schulz U, and Kaiser N 2004 Multicycle AR coatings: a theoretical approach *Proceedings of the Society of Photo-Optical Instrumentation Engineers* **5250** 357-366

[24] Schallenberg U B 2006 Antireflection design concepts with equivalent layers *Appl Opt* **45** 1507-1514

[25] Schallenberg U 2008 Design principles for broadband AR coatings *Proceedings of the Society of Photo-Optical Instrumentation Engineers* **7101** 710103-1-710103-8

[26] Baumeister P W, Moore R, and Walsh K 1977 Application of linear programming to antireflection coating design *Journal of the Optical Society of America* **67** 1039-1045

[27] Mouchart J 1978 Thin film optical coatings. 6: Design method for two given wavelength antireflection coatings *Applied Optics* **17** 1458-1465

[28] Mouchart J 1978 Thin film optical coatings. 5: Buffer layer theory *Applied Optics* **17** 72-75

[29] Ogura S 1975 *Some features of the behaviour of optical thin films* PhD Thesis Newcastle upon Tyne Polytechnic

[30] Vermeulen A J 1976 Influence of inhomogeneous refractive indices in multilayer anti-reflection coatings *Optica Acta* **23** 71-79

[31] Jacobsson R 1975 Inhomogeneous and coevaporated homogeneous films for optical applications *Physics of Thin Films* 8 51-98

[32] Knittl Z 1976 *Optics of Thin Films* (London: John Wiley and Sons)

[33] Jacobsson R and Martensson J O 1966 Evaporated inhomogeneous thin films *Applied Optics* **5** 29-34

[34] Berning P H 1962 Use of equivalent films in the design of infrared multilayer antireflection coatings *Journal of the Optical Society of America* **52** 431-436

第 5 章　中性反射镜和分光镜

5.1　高反射薄膜

将入射光大部分反射回去的薄膜，与前一章增透光学元件的减反射膜几乎同样重要。在绝大多数情况下，对这些薄膜的唯一要求是光谱反射率应尽可能的高。下面将会看到，在一些特殊应用场合，不仅反射率应当很高，而且要求薄膜的吸收率很小。对于光学仪器中的反射镜来说，由于简单金属膜的特性已能满足常用要求，因而我们首先来研究金属膜。在某些应用中，若要求的反射率高于金属膜所能达到的数值，则可在金属膜上加镀额外的介质层，以提高它们的反射率。全介质多层反射膜兼有最大反射率和最小吸收率，并可透射不被它们反射的能量，这些将在下一章讨论。

5.1.1　金属膜反射镜

图 5.1 所示为常用金属膜的反射特性[1]。

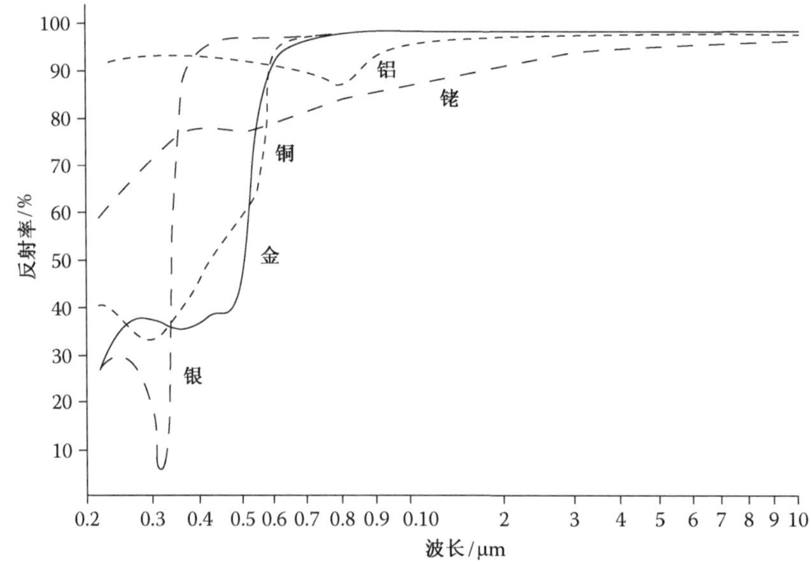

图 5.1　新镀的铝、铜、金、铑和银膜的反射率与波长(0.2～10μm)的关系[1]

(引自 Hass G. *Journal of the Optical Society of America*, 45, 945-952, 1955)

银一度是最盛行的金属材料，直到 20 世纪 30 年代中期，它是精密光学仪器的主要反射膜材料，一般是在液体中用化学方法镀制的。液体化学镀制法用于生产建筑中使用的反射镜，在这种应用中,用极薄的一层锡保证银膜与玻璃表面的键合,并通过加入铜外层来保护银膜。在外表面应用中,银与空气中的氧发生反应,因为形成硫化银而失去光泽。但因为银膜刚镀完后具有高反射率以及银极易蒸发的性能,故仍用它作为短期使用元件的常用材料。银也常常用在那些需要暂时镀膜的元件,如检验平面度的干涉仪平板。在下一节中,我们将更完整地论述具有保护膜的银膜。

20 世纪 30 年代,作为天文反射镜的先驱者,John Strong [2] 用蒸镀的铝膜替代化学方法制作的银膜。

铝容易蒸发,有较好的紫外、可见光和红外反射率,同时又能牢固地黏附到包括塑料在内的大多数材料上,因此,铝是镀制反射镜最常用的金属材料。虽然铝镜在镀好之后表面总是立即形成薄的氧化层,有助于防止镜面受到进一步的腐蚀,但是在使用过程中,铝镜的反射率仍然逐渐下降。因为在使用中,特别是若铝镜完全暴露在外部工作,那么灰尘和污物不可避免地聚集在镜面上,从而使反射率下降。大多数仪器的性能,并不因反射率的轻微下降而受到严重影响。但是在那些着眼于最大限度地收集光能的情况下,由于很难做到清洗铝镜的同时而又不损坏膜层,所以采用将镀件定期重镀的方法。这种情况特别适用于大型反射式天文望远镜。因为主反射镜很大很重,通常用专门安装在天文台的镀膜机将望远镜的主反射镜每年重新镀一次铝膜,并且在蒸镀时通常不旋转它们,而是用多个蒸发源来保证薄膜厚度的均匀性。铝至今仍用在大多数望远镜中,但一些最新的望远镜蒸镀有包含银保护膜的更先进的金属膜。

金可能是镀制红外反射膜的最好材料。由于在可见光区金膜的反射率迅速下降,所以实际上金膜只有在波长超过 700nm 后才采用。金镀于玻璃上,会形成易受损伤的较软的薄膜,但是金却能与铬膜或镍铬(含 80% 的镍和 20% 的铬的电阻)膜牢固地黏附,因此,在金膜与玻璃基底之间,常用铬膜或镍铬膜作为间隔层。

铑(Rh)和铂(Pt)的反射率远低于上述其他金属,只有在那些对抗腐蚀有特殊要求的情况下才使用它们。这两种金属膜都能牢固地黏附在玻璃上。牙科用的反射镜所处的外部环境非常糟糕,必须通过加热消毒,因此通常镀有铑膜。铑膜还用在一些汽车的后视镜中,后视镜经常是前表面反射镜,在汽车的外边,容易受天气、清洁过程的影响,在做清洁处理时要格外小心。早期的文章指出[3],铑膜的优势在于它比铝膜具有更好的稳定性。

铬比铑便宜一些,也常常用在汽车的后视镜中。

5.1.2　金属膜的保护

大多数金属膜比坚硬的介质膜软,容易划痕。例如,未经保护的蒸镀铝膜,用棉花擦拭即能损坏,而金膜和银膜更软。当需要定期清洗反射镜时,这个严重缺点就显得更突出了。对此,一种解决方案是定期重镀,另一种解决方案是在金属膜上加镀另外的介质层,这样既改进了薄膜的强度,又保护了薄膜不受大气腐蚀。金属上单层介质膜的特性对说明第 2 章中的计算方法有用,后面我们还将得到一些相关结果,因此在这上面花费一点时间是有必要的。

首先,图 5.2 所示的导纳图给出了加上介质层后膜系特性的定性描述。金属的光学导纳总是位于第四象限,因此,当加入介质层后,反射率必须减小,直到膜系的导纳轨迹与实轴相交

(我们回想到,当入射介质中介质层的导纳轨迹位于第四象限(实轴下面)时,反射率总是减小,而当导纳轨迹位于第一象限(实轴上面)时,反射率总是增大)。当介质层的厚度不到 $\lambda/4$ 时,反射率出现最小值;而当介质层的厚度达到这个值的两倍时,具有介质保护层的金属膜的反射率将减小。反射率的减小与特定的金属和介质层的折射率很有关系。

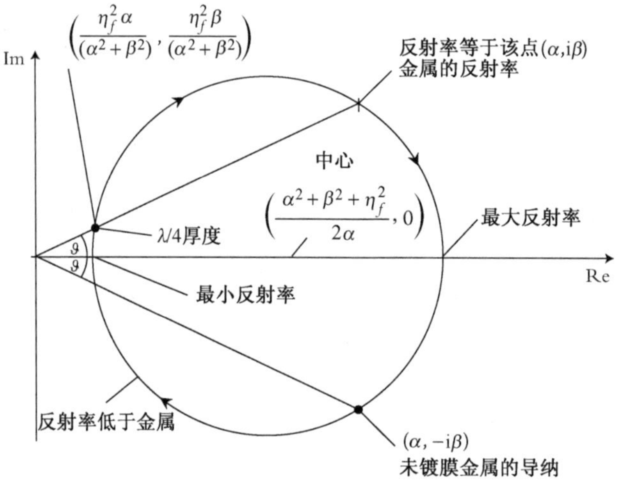

图 5.2 金属膜上蒸镀介质层的膜系的导纳图

(金属导纳通常更接近虚轴,但为了更清晰些,在图中从虚轴移开。介质层的导纳轨迹始于未镀膜金属的导纳值,寻找四分之一波长点的构造方法和其他参数将在文中做出解释)

通过一个简单的构造,我们可以标记 $\lambda/4$ 介质层厚度的位置。从原点到介质层导纳轨迹的起始点画一条直线,这就是金属导纳 $\alpha-\mathrm{i}\beta$,它位于第四象限。这条直线与实轴的夹角为 ϑ。然后,还是通过原点在第一象限内画一条与实轴同样成 ϑ 角的直线,该直线与介质层导纳轨迹相交出两点,其中一个点是 $\alpha+\mathrm{i}\beta$,在此处膜系的反射率等于未镀膜金属的反射率。第二个点是

$$\left(\frac{\eta_f^2\alpha}{(\alpha^2+\beta^2)}, \frac{\eta_f^2\beta}{(\alpha^2+\beta^2)}\right) \text{即} \frac{\eta_f^2}{(\alpha-\mathrm{i}\beta)}$$

这里,膜层显然等于 $\lambda/4$ 厚。实际中,这是寻找 $\lambda/4$ 膜层导纳轨迹终点的一种有用的构造方法。

我们可以直接推导出各种参数的解析表达式,特别是轨迹与实轴的交点,知道它们对应的最大和最小反射率。

特征矩阵为

$$\begin{bmatrix} B \\ C \end{bmatrix} = \begin{bmatrix} \cos\delta_f & \mathrm{i}(\sin\delta_f/\eta_f) \\ \mathrm{i}\eta_f\sin\delta_f & \cos\delta_f \end{bmatrix} \begin{bmatrix} 1 \\ \alpha-\mathrm{i}\beta \end{bmatrix} \tag{5.1}$$

式中,$\alpha-\mathrm{i}\beta$ 为金属的特征导纳,也就是垂直入射时的 $\Upsilon(n_m-\mathrm{i}k_m)$;$\delta_f=2\pi n_f d_f\cos\vartheta_f/\lambda$,$\eta_f$为材料的特征导纳。于是

$$\begin{bmatrix} B \\ C \end{bmatrix} = \begin{bmatrix} \cos\delta_f + (\beta\sin\delta_f/\eta_f) + \mathrm{i}(\alpha\sin\delta_f/\eta_f) \\ \alpha\cos\delta_f + \mathrm{i}(\eta_f\sin\delta_f - \beta\cos\delta_f) \end{bmatrix}$$

现在,在轨迹与实轴的交点,记为 μ 的导纳必须为实数。但是

$$\mu = C/B$$

令实部和虚部分别相等,可得

$$\alpha\cos\delta_f = \mu\left[\cos\delta_f + (\beta\sin\delta_f/\eta_f)\right] \tag{5.2}$$

$$\eta_f\sin\delta_f - \beta\cos\delta_f = \mu(\alpha\sin\delta_f/\eta_f) \tag{5.3}$$

先消去 μ,可得

$$(\alpha\cos\delta_f)(\alpha\sin\delta_f)/\eta_f = (\eta_f\sin\delta_f - \beta\cos\delta_f)\left[\cos\delta_f + (\beta\sin\delta_f/\eta_f)\right]$$

也就是

$$\left[(\alpha^2+\beta^2-\eta_f^2)/(2\eta_f)\right]\sin(2\delta_f) = -\beta\cos(2\delta_f)$$

于是

$$\tan(2\delta_f) = 2\beta\eta_f/(\eta_f^2-\alpha^2-\beta^2)$$

因此

$$\delta_f = \frac{1}{2}\arctan\left[2\beta\eta_f/(\eta_f^2-\alpha^2-\beta^2)\right] + \frac{m\pi}{2} \quad m = 0, 1, 2, 3, \cdots \tag{5.4}$$

或

$$D_f/\lambda_0 = \left[1/(4\pi)\right]\arctan\left[2\beta\eta_f/(\eta_f^2-\alpha^2-\beta^2)\right] + m/4 \tag{5.5}$$

式中,反正切函数取第一或第二象限,因此 $m=0$ 时 δ_f为正,表示与实轴的第一个交点,此处薄膜厚度小于或最多等于 $\lambda/4$。Park[4] 利用略微不同的方法推导出相似的结论。

将式(5.2)和式(5.3)重新写成下面的形式,可以求出 μ 的值:

$$(\mu-\alpha)\cos\delta_f + (\beta\mu/\eta_f)\sin\delta_f = 0$$

$$\beta\cos\delta_f + \left[(\mu\alpha/\eta_f) - \eta_f\right]\sin\delta_f = 0$$

消去 δ_f,可得

$$(\mu-\alpha)\left[(\mu\alpha/\eta_f) - \eta_f\right] - \beta(\mu\beta/\eta_f) = 0$$

两个解为

$$\mu = \left[(\alpha^2+\beta^2+\eta_f^2)/(2\alpha)\right] \pm \left\{\left[(\alpha^2+\beta^2+\eta_f^2)/(2\alpha)\right]^2 - \eta_f^2\right\}^{1/2}$$

但对于计算而言,这不是最好的形式。我们知道,两个解 μ_1 和 μ_2 通过 $\mu_1\mu_2 = \eta_f^2$ 相联系,因此写成

$$\mu_1 = 2\alpha\eta_f^2 \Big/ \left\{(\alpha^2+\beta^2+\eta_f^2) + \left[(\alpha^2+\beta^2+\eta_f^2)^2 - 4\alpha^2\eta_f^2\right]^{1/2}\right\} \tag{5.6}$$

$$\mu_2 = \left[\left(\alpha^2+\beta^2+\eta_f^2\right)/\left(2\alpha\right)\right]+\left\{\left[\left(\alpha^2+\beta^2+\eta_f^2\right)/\left(2\alpha\right)\right]^2-\eta_f^2\right\}^{1/2} \tag{5.7}$$

对应第一个交点(式(5.4)中的 $m=0$)的值为

$$\mu_1 = 2\alpha\eta_f^2\Big/\left\{\left(\alpha^2+\beta^2+\eta_f^2\right)+\left[\left(\alpha^2+\beta^2+\eta_f^2\right)^2-4\alpha^2\eta_f^2\right]^{1/2}\right\}$$

通常,

$$\left(\alpha^2+\beta^2+\eta_f^2\right)^2 \gg 4\alpha^2\eta_f^2$$

在这种情况下,

$$\mu_1 = \alpha\eta_f^2/\left(\alpha^2+\beta^2+\eta_f^2\right) \tag{5.8}$$

$$\mu_2 = \left(\alpha^2+\beta^2+\eta_f^2\right)/\alpha \tag{5.9}$$

反射率的极值为

$$R_{\min} = \left[\left(\eta_0-\mu_1\right)/\left(\eta_0+\mu_1\right)\right]^2 \tag{5.10}$$

$$R_{\max} = \left[\left(\eta_0-\mu_2\right)/\left(\eta_0+\mu_2\right)\right]^2 \tag{5.11}$$

介质膜的折射率越高,反射率的最小值下降得越厉害。在最大值处,反射率增加到大于裸金属的反射率,但是,对于通常用作反射器的金属膜,这种增加并不明显,因此我们更愿意选择折射率较低的薄膜作为保护层。例如,我们考虑在 546nm 具有 0.82 −i5.99[5] 的折射率的铝,它可以采用折射率为 1.45 的石英作为保护层,也可以采用折射率为 2.3 的氧化铈作为高折射率保护层。表 5.1 中的结果是由式(5.5)~式(5.7)、式(5.10)和式(5.11)计算得到的。显然,如果用高折射率膜层来保护金属层,对膜层厚度的监控必须非常精确,否则反射率面临急剧下降的风险。此外,与高折射率保护层相联系的高反射率区相当窄。

表 5.1　铝上镀保护层的反射率极值

铝 (0.82 −i5.99)	$R_{未镀膜}$/%	$R_{\min}$/%	$D_{\min}$ (全波)	$R_{\max}$/%	$D_{\max}$ (全波)
SiO_2(1.45)	91.63	83.64	0.2128	91.86	0.4628
CeO_2(2.30)	91.63	65.90	0.1925	92.44	0.4425

在可见光区,铝可能是最常见的反射镜镀膜材料。除了前面提到的二氧化硅和氧化铈外,还有许多材料可用来保护铝膜。总体上讲,最佳的材料是二氧化硅,或称为石英(尽管严格地讲,石英指天然的矿石)。如果要求最高的反射率,则半波长厚的二氧化硅是最佳选择。一氧化硅(SiO)也是一种非常有效的保护材料,但它在光谱的蓝端具有强烈的吸收,使复合膜的反射率较低,而且因为一氧化硅的折射率较高,与二氧化硅相比,它使最小反射率下降得更厉害。氧化铝(Al_2O_3)是另一种可用的材料,通常称为蓝宝石(尽管严格来说蓝宝石指的是结晶形式)。氧化铝可以进行真空蒸镀,或用电镀技术对铝膜进行阳极氧化[1]以形成坚硬的氧化铝膜层。对金膜和银膜的保护则更困难,因为很难得到能与它们相黏附的膜层。金膜有时用一

氧化硅保护，但黏附性并不总令人完全满意。因为金的抗失泽性比银好得多，若细心处置，不加保护也可使用。研究发现，氧化铝对银具有极好的黏附性[6,7]，但它好像不能有效地抗潮，因此，氧化铝主要用作银和氧化硅膜层之间的键合层，这种结构具有较好的抗潮能力，尽管氧化硅与银的黏附性较弱，但与氧化铝的黏附性较强。Hass 和他的同事们[7]给出了镀膜的更多细节。原始材料可以是一氧化硅，但为了降低光谱蓝端的吸收，氧化硅应通过化学反应过程蒸镀（见第 11 章），此时，实际的氧化硅产物介于一氧化硅（SiO）和二氧化硅（SiO_2）之间。采用这样的镀膜方法，可以在 0.45 ~ 20μm 的可见光区和红外区获得大于 95% 的反射率。

氧化铝和氧化硅在大于 8μm 的波长区具有吸收，这是 Pellicori[8]发现的。Cox 和 Hass[9]从理论上证明，用这两种材料作为保护层的反射镜的反射谱在入射角大于 45°时表现出一个很深的下陷。利用在这个区域没有吸收的材料作为保护层，可以避免下陷的出现。氧化镁就是这样的材料，但它必须镀在热基底上（温度超过 2000℃），这样才能稳定。如果在室温下镀膜，金属膜有最佳的性能，因此，只有当镀膜完成后，才可以对基底加热。

20 世纪 30 年代，Strong[2]引入了蒸镀铝膜来替代化学方法制作银膜，以用于反射式望远镜中的反射镜。70 年来，这种蒸镀铝膜的方法实际上没有什么变化。天文望远镜通常希望尽可能工作在一个宽光谱区域，而铝膜覆盖了紫外、可见光和红外区，比其他任何材料的工作范围都要宽。但是，有一个问题，特别是在红外区，红外源被观察的可信度主要取决于反射镜自身的热辐射，当然，这又取决于反射镜镀膜材料的热辐射本领。在红外区，具有最高反射率和最低辐射率的材料是银，但银也有一些缺点，如它在紫外区的反射率较低，并且耐环境性较差。人们已尝试开发一种银基膜，这种膜更加稳定，并且在紫外区的反射较强[10]。迄今，还没有一种银基膜被广泛接受，但是，人们已对一些新一代望远镜进行了优化，使它们工作在红外区，这些仪器采用的薄膜就是带有保护层的银基膜[11,12]。位于智利和夏威夷的两个双子座望远镜（主反射镜直径为 8m）镀的就是这种银基膜，采用的镀膜技术称为磁控溅射。其中玻璃上的一薄层 $NiCrN_x$膜起到与银键合的作用，然后用极薄的一层 $NiCrN_x$膜和较厚的一层氮化硅膜来保护银膜。标准薄膜结构由 6.5nm 的 $NiCrN_x$膜，110nm 的银膜，0.6nm 的 $NiCrN_x$膜和 8.5nm 的 SiN_x膜组成，薄膜的均匀性优于 1nm。当然，双子座望远镜薄膜的成功鼓舞人们将其用到其他的望远镜上。

5.1.3　总系统性能与增加金属膜反射率

在任何复杂的光学仪器中，串置着许多反射组件，系统的总透射率将由各个组件反射率的乘积给出。图 5.3 所示为串置多个组件的任一系统的总透射率，这些组件具有相同的反射率。由图可知，即使用最好的金属膜，如有十个镀膜组件，仪器的总透射率还是低的。如果仪器必须在较宽的波长范围内使用，那就很难减小这种情况的影响。例如，大多数分光计有十个以上的反射面，其总透射率极低，但要求工作在很宽范围——波长变化可能高达 25∶1。分光计的设计者通常考虑了这种透射损失，并以此设计仪器的其余部分。

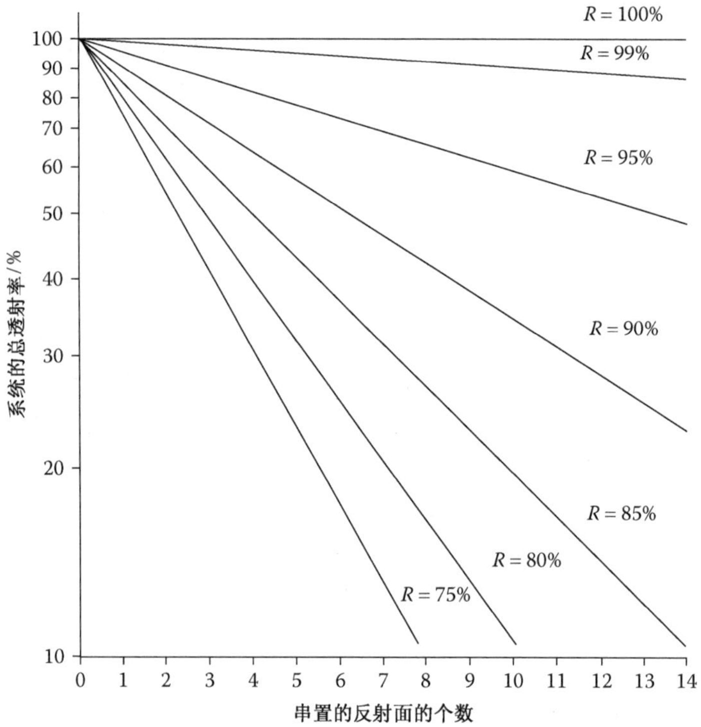

图 5.3 串置多个反射元件的光学系统的总透射率

在波长范围要求较窄的情况下，如可见光区或者单一波长，可在纯金属膜上加镀另外的介质层，以增加它的反射率。

金属的特征导纳可写为 $n-\mathrm{i}k$，在空气中垂直入射时，其反射率为

$$R=\left|\frac{1-(n-\mathrm{i}k)}{1+(n-\mathrm{i}k)}\right|^2=\frac{(1-n)^2+k^2}{(1+n)^2+k^2}=\frac{1-\left[2n/\left(1+n^2+k^2\right)\right]}{1+\left[2n/\left(1+n^2+k^2\right)\right]} \tag{5.12}$$

第 3 章已指出，当在膜系上添加一层折射率为 n(等于自由空间单位的导纳)、光学厚度为 $\lambda/4$ 的膜层时，新膜系的光学导纳由 Y 变成 n^2/Y。

如果在金属膜上镀以折射率为 n_1 和 n_2 的两层 $\lambda/4$ 厚的介质膜，并且 n_2 紧贴金属膜，那么垂直入射时的光学导纳为

$$\left(\frac{n_1}{n_2}\right)^2(n-\mathrm{i}k)$$

在空气中垂直入射时，其反射率为

$$R=\left|\frac{1-(n_1/n_2)^2(n-\mathrm{i}k)}{1+(n_1/n_2)^2(n-\mathrm{i}k)}\right|^2=\frac{\left[1-(n_1/n_2)^2 n\right]^2+(n_1/n_2)^4 k^2}{\left[1+(n_1/n_2)^2 n\right]^2+(n_1/n_2)^4 k^2}$$

即

$$R=\frac{1-\left[2\left(n_1/n_2\right)^2 n\right]\Big/\left[1+\left(n_1/n_2\right)^4\left(n^2+k^2\right)\right]}{1+\left[2\left(n_1/n_2\right)^2 n\right]\Big/\left[1+\left(n_1/n_2\right)^4\left(n^2+k^2\right)\right]} \tag{5.13}$$

当不等式

$$\frac{2\left(n_1/n_2\right)^2 n}{1+\left(n_1/n_2\right)^4\left(n^2+k^2\right)}<\frac{2n}{1+n^2+k^2} \tag{5.14}$$

在

$$\left(\frac{n_1}{n_2}\right)^2>1\ \text{或}\ \left(\frac{n_1}{n_2}\right)^2<\frac{1}{n^2+k^2} \tag{5.15}$$

的条件下得以满足时（假设 $n^2+k^2\geqslant 1$），则式(5.13)给出的反射率将大于式(5.12)给出的纯金属膜的反射率。

式(5.15)的第一个解比第二个解更有实际价值，故后者可略去。第一个解表明，用一对 $\lambda/4$ 厚的介质膜（$n_1/n_2>1$），可以提高金属膜的反射率（n_1层是外层，n_2层紧贴金属膜）。比值 n_1/n_2越高，反射率的增加越大。

举例来说，若考虑金属铝，在波长 550nm 处，其 $n-\mathrm{i}k=0.82-\mathrm{i}5.99$，则由式(5.13)可知，未加镀介质膜的铝膜的反射率约为 91.6%。如果在铝膜上加镀两个 $\lambda/4$ 膜层：紧贴着铝膜的是氧化硅（$n_2=1.45$）膜，接着是氧化钛（$n_1=2.40$）膜，则 $n_1/n_2=1.655$，从式(5.13)可知，反射率跳变为 96.4%。

利用 $A=(1-R)$ 可以迅速得到近似的结果。当加镀两层介质膜时，A 大致降低为 $A/(n_1/n_2)^2$。将上述 n_1、n_2的数值代入可知，铝膜最初的 A 值是 9.4%，而在加镀介质膜后 A 降低到 3.45%，这相当于反射率增加到 96.5%（而不是更准确的数值 96.4%）。

加镀第二对这样的介质膜，甚至可使反射率进一步增加——接近 99%。加镀更多对 $\lambda/4$ 膜层，可以得到更高的反射率。

可惜，反射率得以增加的区域是有限的。在可见光区，反射率有实质上的增加。而在这个区域之外，反射率比纯金属膜的还低。Jenkins[13] 测量了加镀六层 $\lambda/4$ 冰晶石膜（$n_2=1.35$）和硫化锌膜（$n_1=2.35$）的铝膜的反射率，用波长 $\lambda=550$nm 进行膜层厚度监控。这样改进的铝膜，在宽度为 280nm 的波长区域内，其反射率大于 95%；而在主波长附近，其反射率大于 99%。用氟化镁、二氧化硅、氧化铝作为低折射率材料，用氧化铈或氧化钛作为高折射率材料，可得到更加牢固的镀层。为了获得最大的牢固性，介质膜应沉积到热基底上。但是，如果把铝膜沉积到热基底上，将会发生严重的散射，因此，只有当铝膜的沉积完成后，才能对基底加热。图 5.4 所示为用四个 $\lambda/4$ 膜层改进的铝膜的反射率，它增加了整个可见光区的反射率。

我们已经较严密地考虑了金属膜上加镀单介质膜的特性，正如 Park[4] 指出的那样，为得到最小反射率，介质膜的厚度应为（见式(5.5)）

$$D_f=\left\{\arctan\left[2\beta\eta_f\Big/\left(\eta_f^2-\alpha^2-\beta^2\right)\right]\right\}\left[\lambda_0\Big/(4\pi)\right]$$

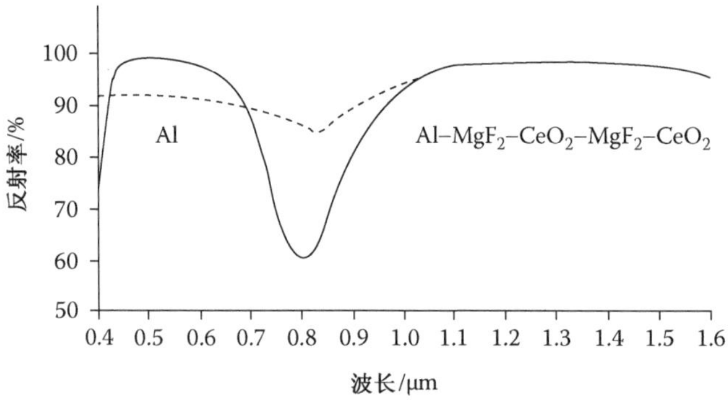

图 5.4　蒸镀的铝膜加镀 MgF_2、CeO_2 膜与不加镀时反射率同波长(0.4～1.6μm)的关系

(引自 Hass G. *Journal of the Optical Society of America*, 45, 945-952, 1955)

式中,α-iβ 为金属膜的导纳,角度在第一或第二象限中。如果想使反射率增加到最大可能值,紧贴金属膜的低折射率膜层应为此厚度。考虑一下导纳图,情况确实如此。当然,不紧贴金属膜的其他膜层仍保持 $\lambda/4$ 厚度。但是,通常简单的 $\lambda/4$ 厚的膜层已给出足够满意的结果,特别是在可见光区,由此得到的性能上的差别并不大。

5.1.4　紫外反射膜

镀制紫外高反射膜比镀制可见光区和红外区的高反射膜要困难得多。Madden[14] 曾对有关技术进行过很详细的评论,后来 Hass 和 Hunter[15] 对很多细节进行了补充,因此下面的叙述只是简略总结。

铝是已知最适于镀制紫外(到 100nm 左右)反射膜的材料。为得到最好的结果,铝膜应以很高的速率——如果可能,应是 40nm/s 或更高——蒸镀在冷基底上,基底的温度不应当超过 50℃,同时压强为 10^{-6}Torr(1.33×10^{-4}Pa)或更低。铝必须是最纯的。Hass 和 Tousey[16] 引用的结果指出,如果用纯度为 99.99% 的铝,那么铝膜的紫外反射率比用纯度为 99.5% 的铝有很大改进(在波长 150nm 处高出 10%)。实际上得到的铝膜的反射率比理论值要低得多,在短波端尤其如此,这是由于表面形成的薄氧化层降低了反射率的缘故,即使氧气分压强低于 10^{-6}Torr(1.33×10^{-4}Pa)的量级,这种氧化作用也会发生。因此,未经保护的铝膜暴露于大气中,将不可避免地出现反射率随时间迅速下降的情况。当氧化层的厚度足以阻止铝膜被进一步氧化时,铝膜的反射率才稳定下来,但是这种情况只能在短波区的反射率已经大大降低后才能发生。

人们努力寻找防止铝膜氧化的保护材料。用氟化镁 MgF_2(膜层很牢固)和氟化锂 LiF(膜层强度较差)做保护材料,得到了很有希望的结果(氟化锂晶体是很有用的紫外窗口材料)。图 5.5 和图 5.6 所示为加镀氟化镁[17] 和氟化锂[18] 保护层对铝膜反射率的影响。反射率的增加除了干涉作用的影响外,部分是由于没有氧化所致。

镀铝膜后必须立即蒸镀保护层,以便尽量减少氧化作用发生。为此,通常同时采用两个蒸发源,并在铝膜蒸镀完毕时,以挡板遮住铝源,然后同时打开氟化镁或氟化锂蒸发源。在铝膜上加镀氟化镁保护层作为紫外反射膜,现已成为标准工艺。

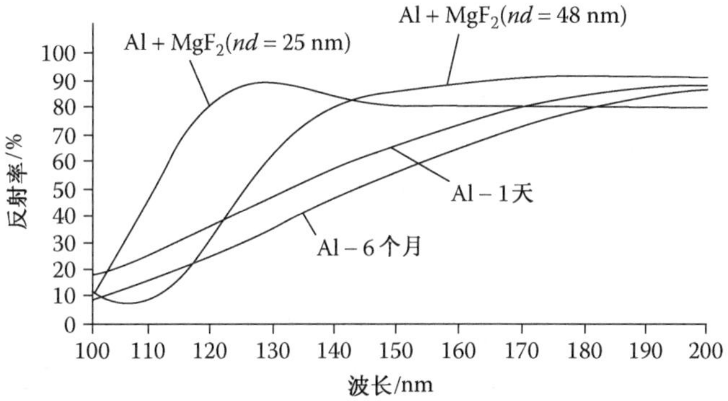

图 5.5　加镀与不加镀两种厚度的 MgF_2 保护膜时,蒸镀铝膜的反射率随波长(100～200nm)的变化曲线

(引自 Canfield L R, Hass G and Waylonis J E. *Applied Optics*, 5, 5-50, 1966)

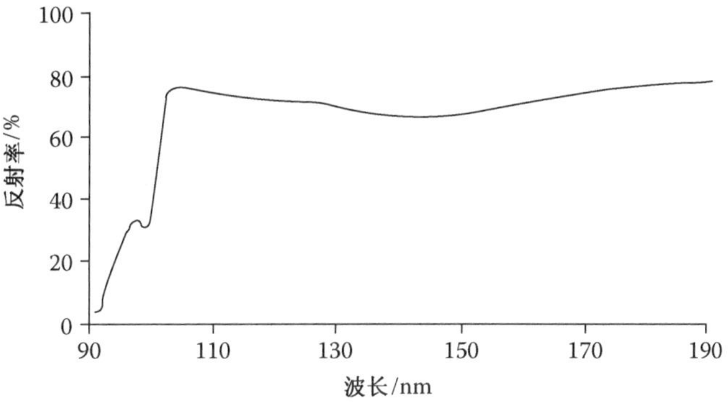

图 5.6　加镀 14nm 厚的 LiF 膜的蒸镀铝膜的反射率随波长(90～190nm)的变化曲线

(在蒸镀完成后 10 分钟开始测量。引自 Cox J T, Hass G and Waylonis J E. *Applied Optics*, 7, 1535-1539, 1968)

Canfield 等[17]曾详细地研究了铝膜和氟化镁膜组成的膜系,研究结果表明,如果氟化镁膜的厚度大于 10nm,这种膜系可承受紫外辐射和电子(每平方厘米 10^{16} 个能量为 1MeV 的电子)以及质子(每平方厘米 10^{12} 个能量为 5MeV 的质子)的轰击而不被破坏。

5.2　中性分光镜

把一束光分成两部分的器件称为分光镜。分光镜的功能部分一般是一个镀膜的平面,它在一定的波长范围内具有特定的反射率和透射率。入射光被此平面分为透射部分和反射部分。通常这个平面是倾斜的,因此入射光和反射光便分离开来。分光镜的预定反射率值和透射率的值因其用途不同而相异。本节所考虑的分光镜是中性分光镜,在所涉及的整个波长区域,它的反射率和透射率的理论值保持恒定。

通常用百分率表示透射率和反射率的理想值来规定中性分光镜,记为 *T/R*。50/50 的分光镜可能是最常用的。

5.2.1 金属膜分光镜

有时用一个未镀膜的表面做分光镜。除此之外,最简单的分光镜是由镀在玻璃板上的金属膜构成的。在可见光区常用的各种金属中,银的吸收最小,所以银是习惯上用作分光镜的最盛行的材料。虽然现代的商用分光镜,通常由诸如金属铬制成(铬膜不易被摩擦和腐蚀所损伤),但是,一般还常把 50/50 的分光镜称为“半镀银”分光镜。

所有金属分光镜都包含吸收损耗。金属膜的透射率与其测量方向无关,而反射率则不同。从空气一侧测得的反射率比从玻璃一侧测得的要略高些,但是完全透明的薄膜就不会出现这种效应。由于 $T+A+R=1$,所以基底一侧的反射率的降低意味着该侧的吸收率必然总是更大些。图 5.7 所示的铂膜的反射率和透射率曲线[19]证实了这种情况。由于反射率的这种差异,所以要得到最高的效率,金属分光镜应始终按图 5.8 所示的正确方法使用。

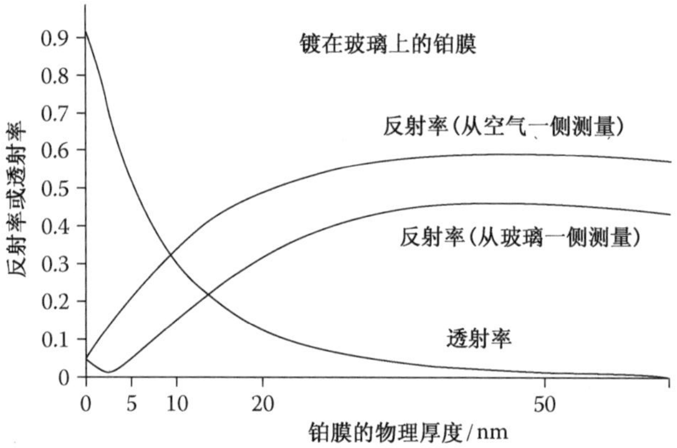

图 5.7 由金属的光学常数计算的玻璃上铂膜的反射率和透射率曲线

(引自 Heavens O S. *Optical Properties of Thin Solid Films*, Butterworths Scientific Publications, London, 1955)

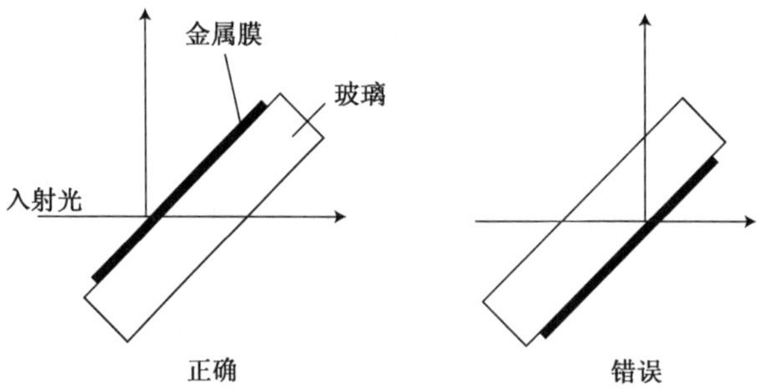

图 5.8 金属分光镜的正确使用方法

若在金属分光镜上加镀一层介质膜,则可减少其吸收损失。Pohlack[20]把这种方法用于铬膜。图 5.9 所示为他的一些测量结果。

图 5.9 中的第一组结果是对玻璃上(折射率为 1.52)的纯铬膜,从空气一侧和玻璃一侧测

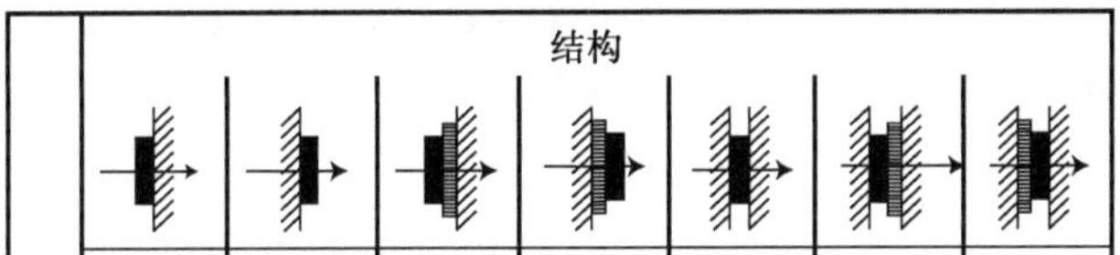

R	0.28	0.09	0.47	0.03	0.17	0.33	0.02
T	0.32	0.32	0.32	0.32	0.34	0.42	0.42
A	0.40	0.59	0.21	0.65	0.49	0.25	0.56

空气 $n = 1.0$　铬 $n = 2 - i3$　硫化锌（$\lambda/4$厚）$n = 2.4$　玻璃 $n = 1.52$

——→入射光的方向

图 5.9　当光波长为 550nm 并且垂直入射时，玻璃上半反射铬膜的反射率、透射率和吸收率的数值
（这些值显示出加一层 $\lambda/4$ 厚的硫化锌膜对铬膜的影响。引自 Pohlack H. Beitrag zur Optik dünnster Metallschichten, in *Jenaer Jahrbuch*, VEB Carl Zeiss, Jena, 241-245, 1953）

量的数值。第二组结果表示，在金属与玻璃之间加进一层 $\lambda/4$ 厚的高折射率膜层（图中是折射率约为 2.4 的硫化锌膜）之后，铬膜吸收率的降低情况。所加进的这层介质膜在金属膜的背面形成减反射膜，在从玻璃一侧入射的反射率和透射率的结果中，可以很明显地看出这种增透作用。此时，透射率严格地保持不变，但反射率却大大降低。图中还显示，当铬膜的前表面与保护玻璃片胶合后，其有、无减反射膜的差异情况。当减反射膜镀在金属膜的后表面时，光从金属膜前表面入射时金属膜的吸收率将大大降低。

Shkliarevskii 和 Avdeenko[21] 用一种类似的减反射膜减少了金属膜中的吸收，从而增加了透明度，但他们所用的减反射膜不是介质膜，而是一层金属膜。他们发现，在热基底上（约 300℃）镀一层银膜，然后在室温下将铝膜叠镀到银膜上，则铝膜的透明度便可增大到 3.5 倍（在波长 1μm 处）或 2.5 倍（在波长 700nm 处），而在铝-空气界面的反射率却无任何减小。由于单纯的铝膜不能实现这种功能，因此推测起来，大概存在某种微结构效应，或者金属银在如此高的温度下可能会转换成介质。

如果分光镜被恰当使用，那么在玻璃—膜层界面产生的反射率的降低，可以用来抑制杂散光。这些杂散光首先来自玻璃板背面的反射，其次来自玻璃-膜层界面的反射。

当分光镜倾斜时，复杂性在于两个偏振的反射率是不同的：s 反射率（或 TE）高于 p 反射率（或 TM），这在计算分光镜的效率时是必须要考虑的。Anders[22] 介绍了一种计算效率和杂散光特性的方法。

在某些光学系统中，通常不能使用平面分光镜。在金属膜后面若没有减反射膜，则分光镜背面的反射光可能产生其他影响。在某些场合，穿过分光板的光线是未经准直的，于是引入了像差。为克服这些困难，可以使用如图 5.10 所示的立方体分光镜。虽然在这种结构中，金属膜的吸收率要更大些（因为这是两个表面而不是一个表面），但现在金属膜是紧贴着折射率大于 1 的介质的。由于胶合后的系统保护了金属膜，所以材料的选择范围是很广的。尽管铬、铝和金也是常用的材料，但是最常用的材料还是银。

铬膜呈现出对可见光几乎完全中性的分光性能。两个偏振光的吸收率约为 55%；s 反射率约为 30% ,而 p 反射率约为 15% 。银膜的特性随波长变化较大,在光谱的蓝端其反射率下降,但是吸收率比铬要小(在波长 550nm 时约小于 10%),s 反射率为 50% ,而 p 反射率为 30% 。Anders[22] 给出了几种不同金属分光镜的特性曲线。

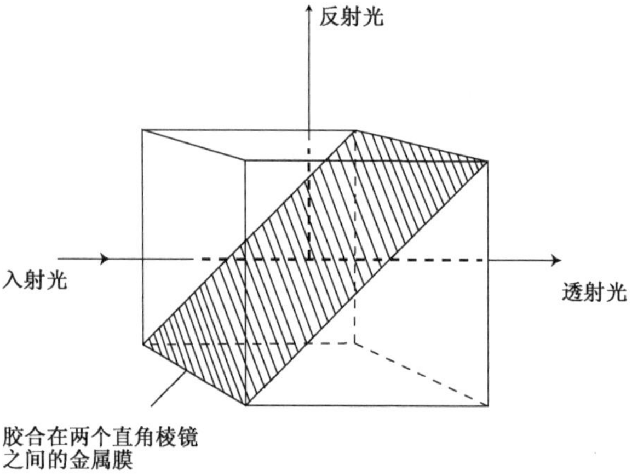

图 5.10　分光棱镜

5.2.2　介质膜分光镜

在许多光学仪器中,一般是光线经过透射后便伴随着反射,或者情况相反。这两种情况都采用同样的或同类型的分光镜。例如,在双光束干涉仪中,光束首先通过一个分光镜分开,然后又经同一分光镜(如迈克尔逊干涉仪的情形)或另一分光镜(如马赫-曾德尔干涉仪的情形)组合起来。考虑到所包含的具体偏振态,仪器的有效透射率等于分光镜的反射率与透射率的乘积。一个理想的分光镜,其 TR 值为 0.25;大多数金属膜分光镜的 TR 值约为 0.08 或 0.10。其主要损失来自金属膜的吸收。

就乘积 TR 而言,用透明的高折射率 $\lambda/4$ 单层介质膜替代金属膜,可以得到一个性能改进了的分光镜。在垂直入射时,$\lambda/4$ 介质膜的反射率为

$$R=\left[\frac{y_0-y_1^2/y_{\text{sub}}}{y_0+y_1^2/y_{\text{sub}}}\right]^2=\left[\frac{\eta_0-\eta_1^2/\eta_{\text{sub}}}{\eta_0+\eta_1^2/\eta_{\text{sub}}}\right]^2$$

在空气中入射角为 45°时,反射率的峰值向短波方面移动。此时计算峰值反射率必须用相应的光学导纳,即

$$R=\left[\frac{\eta_0-\eta_1^2/\eta_{\text{sub}}}{\eta_0+\eta_1^2/\eta_{\text{sub}}}\right]^2$$

由于光学导纳 η 随偏振光而变,所以 R 将有两个值:R_s 和 R_p。

图 5.11 所示为在折射率为 1.52 的玻璃上,镀制一层折射率在 1 ~3 的 $\lambda/4$ 膜,当垂直入射和 45°入射时,其峰值反射率随折射率变化的情况。在 45°入射时,非偏振光的峰值反射率 $(R_s+R_p)/2$ 不超过垂直入射时峰值反射率的 1.5% 。

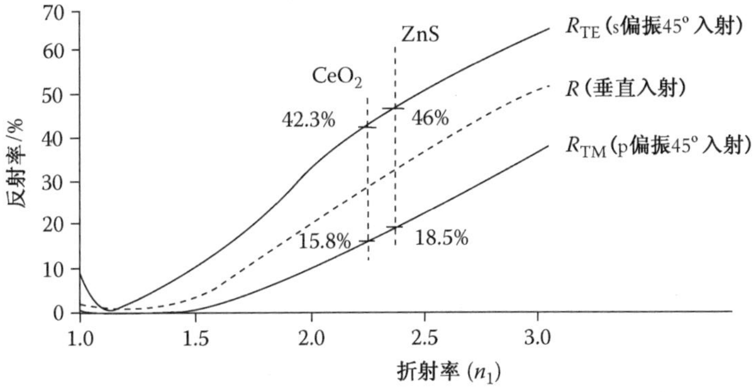

图 5.11　在玻璃(折射率 1.52)上镀制折射率为 n_1的 $\lambda/4$ 厚的薄膜,光在空气中垂直入射和 45°入射时的峰值反射率

折射率为 2.35 的硫化锌(ZnS)是制作分光镜的常用材料。在 45°入射时,则有

$$(TR)_s = (0.46 \times 0.54) = 0.248$$

$$(TR)_p = (0.185 \times 0.815) = 0.151$$

和

$$(TR)_{非偏振} = \frac{1}{2}(0.248 + 0.151) = 0.200$$

$(TR)_{非偏振}$不能用 $T_{平均}R_{平均}$来计算,因为光经受一次反射或透射后,光变成了部分偏振光。

如果需要更牢固的膜,二氧化钛(TiO_2)或二氧化铈(CeO_2)是比较好的选择。二氧化铈的折射率约为 2.25,此时

$$(TR)_s = (0.423 \times 0.577) = 0.244$$

$$(TR)_p = (0.158 \times 0.842) = 0.133$$

$$(TR)_{非偏振} = 0.189$$

显然,即使介质膜分光镜的分光特性更倾向于 70/30 而不是 50/50,但比起金属膜分光镜的性能还是要好得多。图 5.12 所示为一个典型的 70/30 分光镜的透射率曲线,表明了透射率在其峰值两侧的变化情况。

在高真空中蒸发纯钛(Ti),然后在空气中加热到 420℃,使钛膜氧化为二氧化钛(TiO_2),可以制成分光特性为 55/45 的分光镜。这样形成的二氧化钛具有金红石结构,其折射率为 2.8。在真空度较低时镀制的钛膜会氧化成锐钛矿结构,它具有更低的折射率。Holland 等[23]在一篇文章中描述了镀制这种类型的大尺寸(17in ×13in①)分光镜。

在中心波长两侧反射率的下降对单层分光镜有不利影响。通过加入 $\lambda/2$ 膜层,可以使单层减反射膜的反射谱加宽,因此单层 $\lambda/4$ 分光镜也能够加宽。导纳圆也有这样的特性,这可

① 1in = 2.54cm。

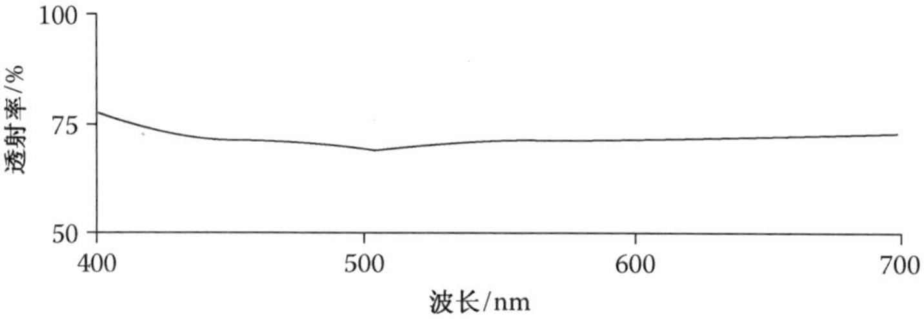

图 5.12　一个 70/30 的介质膜分光镜在 45°入射时测得的透射率曲线
(引自 Sir Howard Grubb, Parson & Co Ltd)

以通过在高折射率 $\lambda/4$ 膜层和玻璃基底之间加镀低折射率 $\lambda/2$ 膜层,或在 $\lambda/4$ 膜层上加镀折射率更高的 $\lambda/2$ 膜层来实现。对于后一种解决方案,实际中不存在合适的材料,因此加镀低折射率 $\lambda/2$ 膜层是唯一可能的方法。导纳图如图 5.13 所示,分光镜的特性如图 5.14 所示。

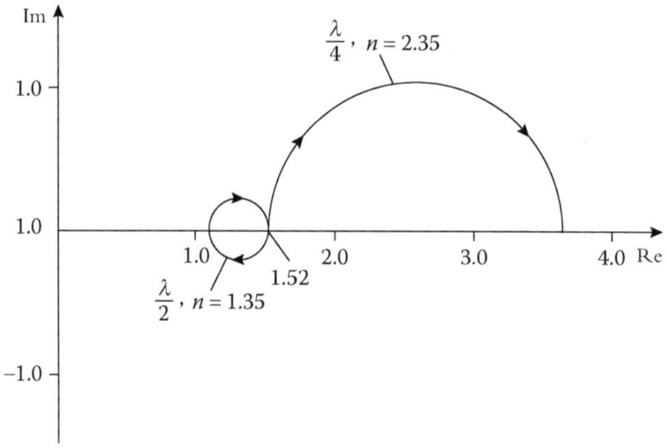

图 5.13　双层膜分光镜在波长 λ_0 的导纳图
(高折射率的 $\lambda/4$ 膜层给出要求的高反射率,低折射率的 $\lambda/2$ 膜层使分光镜的特性在整个可见光区平坦化)

这种技术对具有更高反射率的多层膜也很有效。利用四层膜 A |LHLH |G 可以获得大约 50% 的反射率,在多层膜的玻璃基底上再加入 $\lambda/2$ 厚的低折射率膜层,即膜变为 A |LHLHLL |G,可以使反射谱变平坦。图 5.14 所示为计算得到的这种分光镜的特性,Knittl[24] 对 $\lambda/2$ 膜层所起的作用进行了详细讨论。

如上所述,在不适宜用平面分光镜的某些情况下,必须用分光棱镜。可惜的是,介质分光镜所存在的最大问题,即对 p 偏振光的反射率较低,在分光棱镜中会变得更加严重。这个道理很简单:光在玻璃中以 45°入射时,其有效入射角要比空气中的 45°入射角大得多。因此,偏振分光作用就更大,从而使 p 偏振光的分光特性变得很差,以致这种分光镜在大多数场合不能使用。所以,只有金属膜可以直接用作分光棱镜和合光棱镜。不过,正如我们将要在第 9 章中看到的,在制造大孔径的偏振器时,介质膜的这种缺点可以转化为优点。

如果忘掉实际问题而只考虑理论,可以看出,用两种介质材料在设计这些薄膜时灵活性不

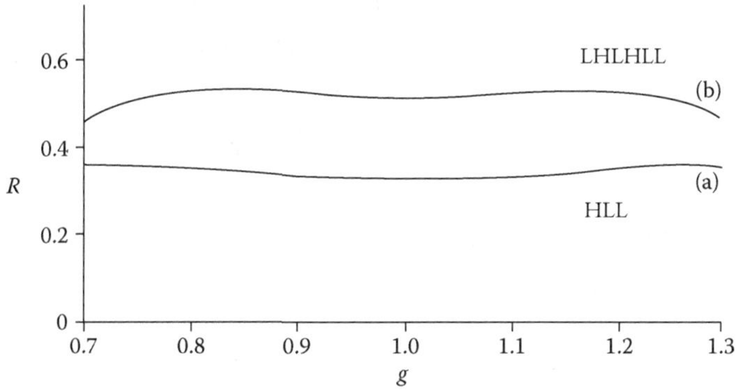

图 5.14　(a)图 5.13 中所示的分光镜的特性,设计方案:A(1.00) |HLL |G(1.52),其中 L 表示折射率为 1.35 的 $\lambda/4$ 膜层,H 表示折射率为 2.35 的 $\lambda/4$ 膜层;(b)设计成 A(1.00) |LHLHLL |G(1.52)的分光镜的特性,其中 H 和 L 膜层的折射率同(a)

够,在斜入射时要求给出两种偏振的特性。p 偏振和 s 偏振的相位厚度相等,除了薄膜的外表面外(此处薄膜与两种周边介质接触),实质上只存在一个界面。如果用三种介质材料而不是两种介质材料,难度会有所降低,因为存在三个不同的界面。但是这并不能将一个不可能的问题转化为一个容易的问题,而是将一个近乎不可能的问题转化为一个非常困难的问题。通过功能强大的计算机确实实现了这样的设计,但是过程非常复杂。在 Ciosek 等[25]的一篇比较有用的论文中,给出了处理包含两种介质材料的平面分光镜(在一个极有限的光谱区域是非偏振的)问题的方法,并对非偏振介质分光镜的整个问题做了注释。

5.3　中性滤光片

在一个宽的光谱区,用来均等地降低入射光束强度的滤光片,叫做中性滤光片。

中性滤光片的特性通常用光学密度 D 来定义,即

$$D = \log_{10}(I_0/I_T) = -\log_{10} T$$

式中,I_0为入射光照度;I_T为透射光照度,T 的变化范围为 0 ~ 1。

对中性滤光片使用“吸收”或“吸收率”等术语是不正确的,因为这两个术语表示的是膜层实际吸收能量占总能量的比例,而在中性滤光片中,一部分入射能量是被反射回去的。

光学密度用对数表示的优点是,若串置两个或多个中性滤光片,则其效果很容易计算:总光学密度简单等于各个密度的总和(假定在各个滤光片之间不发生多次反射,否则将以第 2 章中的式(2.148)的方式影响计算结果)。

薄膜中性滤光片由单层金属膜构成。为了使滤光片有较好的透射率,应适当选择金属膜的厚度。铑、钯、钨、铬以及其他金属,都在某种程度上被采用过,但是蒸镀镍铬合金(大约 80% 的镍和 20% 的铬)所得到的特性最好。由于铬或镍铬合金是标准的电阻丝(电阻丝就是这种组合),因而容易得到。Banning[26] 描述过这种方法——铬或镍铬合金应在 10^{-4} Torr

(1.33 ×10 $^{-2}$Pa)或更高的真空条件下用粗的钨丝螺旋圈蒸镀。用这种方法可以镀制光学密度为1.5左右的中性膜,其对应的透射率为3% 。如果膜镀得较厚,那么由于存在过量的铬,薄膜就不是中性的,而是倾向于具有较高的红外光透射率。这些薄膜很牢固,不需要任何保护,特别是若在镀好后加热到大约2000℃,薄膜就更加牢固。

在玻璃上镀制镍铬膜构成的中性滤光片,其某些特性曲线如图5.15所示。在整个可见光区及近红外区(到波长2μm),这些滤光片是相当中性的。事实上,如果使用石英基底,则在0.24 ~2μm的波长范围,滤光片的特性都很好。

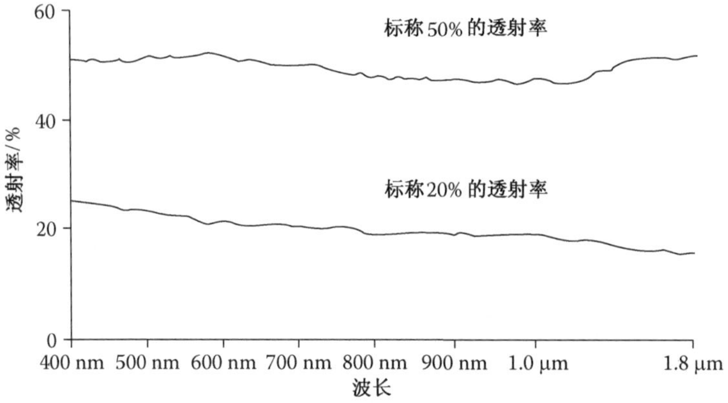

图5.15 测量的在玻璃基底上镀制镍铬膜构成的中性滤光片的透射率曲线

(引自 Sir Howard Grubb, Parson & Co Ltd)

参考文献

[1] Hass G 1955 Filmed surfaces for reflecting optics *Journal of the Optical Society of America* **45** 945-952

[2] Strong J 1936 The evaporation process and its application to the aluminizing of large telescope mirrors *Astrophysical Journal* **83** 401-423

[3] Auwärter M 1939 Rhodium mirrors for scientific purposes *Journal of Applied Physics* **10** 705-710

[4] Park K C 1964 The extreme values of reflectivity and the condition for zero reflection from thin dielectric films on metal *Applied Optics* **3** 877-881

[5] Hass G and Hadley L 1972 *Optical constants of metals*, in *American Institute of Physics Handbook* Gray D E Editor (New York/London: McGraw-Hill Book Company) 6.124-6.156

[6] Cox J T, Hass G, and Hunter W R 1975 Infrared reflectance of silicon oxide and magnesium fluoride protected aluminum mirrors at various angles of incidence from 8μm to 12μm *Applied Optics* **14** 1247-1250

[7] Hass G, Heaney J B, Herzig H, Osantowski J F, and Triolo J J 1975 Reflectance and durability of Ag mirrors coated with thin layers of Al_2O_3 plus reactively deposited silicon oxide *Applied Optics* **14** 2639-2644

[8] Pellicori S F 1974 Private communication (Santa Barbara Research Center, Goleta, CA)

[9] Cox J T and Hass G 1978 Protected Al mirrors with high reflectance in the 8 −12μm region from normal to high angles of incidence *Applied Optics* **17** 2125-2126

[10] Song D Y, Sprague R W, Macleod H A, and Jacobson M R 1985 Progress in the development of a durable silver-based high-reflectance coating for astronomical telescopes *Applied Optics* **24** 1164-1170

[11] Boccas M 2004 Coating Gemini's mirrors with protected silver *Gemini Newsletter* **29** 9-13

[12] Jacobson M R, Kneale R C, Gillett F C, Raybould K, Filhaber J F, Carniglia C K, Laird R, Kitchens D, Shimshock R P, and Booth D C 1998 Development of silver coating options for the Gemini 8 – m telescopes project. *Proceedings of the Society of Photo-Optical Instrumentation Engineers* **3352** 477-502

[13] Jenkins F A 1958 Extension du domaine spectral de pouvoir réflecteur élevé des couches multiples dielectriques *Journal de Physique et le Radium* **19** 301-306

[14] Madden R P 1963 *Preparation and Measurement of Reflecting Coatings for the Vacuum Ultraviolet*, in *Physics of Thin Films*, *Vol* 1 Hass G Editor (New York/London: Academic Press) 123-186

[15] Hass G and Hunter W R 1978 *The Use of Evaporated Films For Space Applications: Extreme Ultraviolet Astronomy and Temperature Control of Satellites*, in *Physics of Thin Films* Hass G and Francombe M H Editors (New York/San Francisco/London: Academic Press) 71-166

[16] Hass G and Tousey R 1959 Reflecting coatings for the extreme ultraviolet *Journal of the Optical Society of America* **49** 593-602

[17] Canfield L R, Hass G, and Waylonis J E 1966 Further studies on MgF_2-overcoated aluminium mirrors with highest reflectance in the vacuum ultraviolet *Applied Optics* **5** 45-50

[18] Cox J T, Hass G, and Waylonis J E 1968 Further studies on LiF-overcoated aluminium mirrors with highest reflectance in the vacuum ultraviolet *Applied Optics* **7** 1535-1539

[19] Heavens O S 1955 *Optical Properties of Thin Solid Films* (London: Butterworths Scientific Publications)

[20] Pohlack H 1953 *Beitrag zur Optik dünnster Metallschichten*, in *Jenaer Jahrbuch* (Jena: VEB Carl Zeiss) 241-245

[21] Shkliarevskii I N and Avdeenko A A 1959 Increasing the transparency of metallic coatings *Optics and Spectroscopy* **6** 439-443

[22] Anders H 1965 *Dünne Schichten für die Optik* (English translation: *Thin Films in Optics*, *Focal Press*, 1967) (Stuttgart: Wissenschaftliche Verlagsgesellschaft mbH)

[23] Holland L, Hacking K, and Putner T 1953 The preparation of titanium dioxide beam-splitters of large surface area *Vacuum* **3** 159-161

[24] Knittl Z 1976 *Optics of Thin Films* (London: John Wiley and Sons)

[25] Ciosek J, Dobrowolski J A, Clarke G A, and Laframboise G 1999 Design and manufacture of all – dielectric nonpolarizing beam splitters *Applied Optics* **38** 1244-1250

[26] Banning M 1947 Neutral density filters of Chromel A *Journal of the Optical Society of America* **37** 686-687

第 6 章　多层高反射膜

前一章讨论的金属膜包含许多吸收损耗,虽然不太好,但在很简单的系统中,其性能仍能基本满足要求。在有些应用中,金属膜的吸收率太高,反射率太低,这些应用包括多光束干涉仪、谐振器(由于包含多次连续反射,吸收率很高)和高功率系统(吸收的能量足以损害或毁坏膜层)。我们已经看到,增加不透明金属膜反射率的一种方法是加入介质膜层,这降低了吸收率,但有效透射率为零。对于需透射没反射部分的光谱高反射膜,需要多层全介质膜。本章主要围绕最成功的多光束干涉仪——法布里–珀罗干涉仪进行阐述。后面可以看到,这种干涉仪对发展薄膜带通滤光片起了非常重要的作用,这也是本章具体考虑它的深层次原因。

6.1　法布里–珀罗干涉仪

在 1899 年首先由法布里和珀罗[1]阐述,并以他们的名字命名的干涉仪,对薄膜光学的发展有着深远的影响。这是一种多光束干涉仪,因为其中有大量光束参与干涉。各种多光束干涉仪的原理是相似的,其区别主要在于具体形式。它们的共同特征是:条纹比双光束干涉仪的条纹细锐得多,因此改进了测量精度和分辨率。多光束干涉仪在几乎所有光学教程中(如 Born 和 Wolf 的著作[2])都有介绍。

法布里–珀罗干涉仪是由两块间距为 d_s的平板构成的,平板经过校准后,应以很高的精度相互平行。通常是用殷钢或石英做的间隔环来保持两块平板的间距。两块平板和一个间隔环组成一个标准具,一般在两块平板的内表面镀以薄膜,以增加其反射率。

标准具的结构如图 6.1 所示,其中右边的图给出振幅反射系数和透射系数的定义。前面第 3 章中的式(3.20)已给出基本理论,则平面波的透射率为

$$T = \frac{T_a T_b}{\left[(1-R_a^- R_b^+)^{1/2}\right]^2}\left[1+\frac{4(R_a^- R_b^+)^{1/2}}{\left[(1-R_a^- R_b^+)^{1/2}\right]^2}\sin^2\left(\frac{\varphi_a+\varphi_b}{2}-\delta\right)\right]^{-1} \tag{6.1}$$

式中,$\delta=(2\pi\, n_s d_s \cos\vartheta_s)/\lambda$,$d_s$和 n_s分别为间隔层的物理厚度和折射率。式(6.1)与式(3.20)相似,只是对 δ 进行了修正,以包括光以 ϑ_s角倾斜入射的情况。为简化讨论,令两个表面的反射率和透射率相等,而且在反射时没有相位变化,即令 $\varphi_a=\varphi_b$,于是

$$T = \frac{T_s^2}{(1-R_s)^2}\frac{1}{1+\left[4R_s/(1-R_s)^2\right]\sin^2\delta} \tag{6.2}$$

记

$$F=\frac{4R_s}{(1-R_s)^2} \tag{6.3}$$

这样有

$$T=\frac{T_s^2}{(1-R_s)^2}\frac{1}{1+F\sin^2\delta} \tag{6.4}$$

如果反射层不存在吸收,则有

$$1-R_s=T_s$$

和

$$T=\frac{1}{1+F\sin^2\delta} \tag{6.5}$$

函数的形式如图 6.2 所示,图中以 δ 为变量绘出了 T 的曲线。在 $\delta=m\pi(m=0,\pm1,\pm2,\cdots)$ 的各点,T 有极大值,在这些极大值的正中间是极小值。T 的各相继峰值称为条纹,m 称为所指条纹的级次。

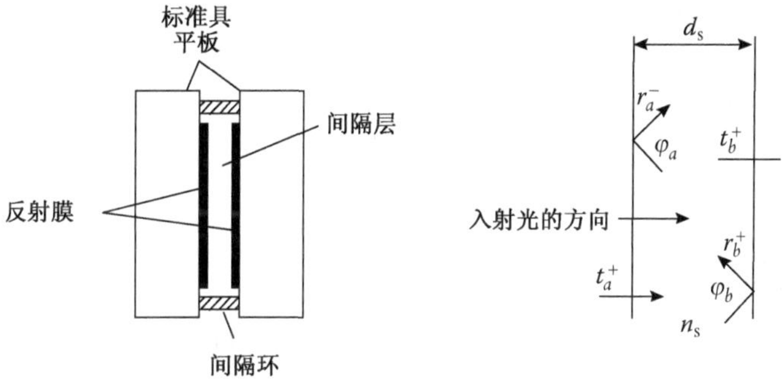

图 6.1　法布里-珀罗标准具

(图中的振幅系数要转换成式(6.1)中辐照度的系数)

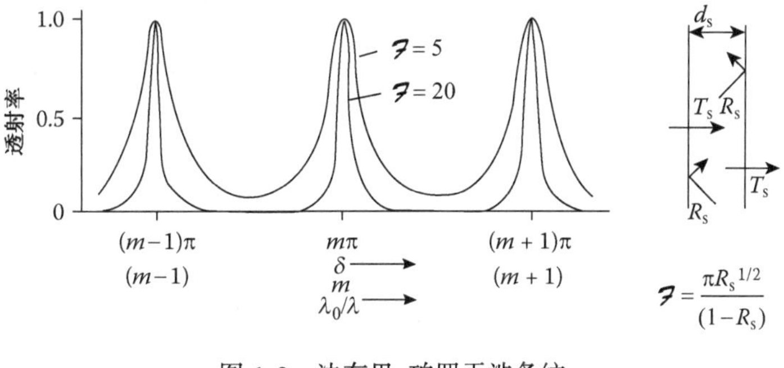

图 6.2　法布里-珀罗干涉条纹

随着 F 的增加,条纹的宽度将大大变窄。相邻条纹的间距与半宽度(在半峰值透射点测得的条纹宽度)的比值,叫做干涉仪的“精细度”,记作$\mathcal{F}$。从式(6.5)可定出对应于半峰值透射率的 δ 值为

$$0.5=\frac{1}{1+F\sin^2\delta}$$

如果 δ 足够小，可以用 δ^2 替代 $\sin^2\delta$，于是

$$\delta=\frac{1}{F^{1/2}}$$

这就是条纹的半宽度。由于相邻条纹的间距等于π，因此

$$\mathcal{F}=\frac{\pi F^{1/2}}{2}=\frac{\pi R_s^{1/2}}{(1-R_s)} \tag{6.6}$$

法布里-珀罗干涉仪主要用来研究谱线的精细结构。来自待测光源的光经干涉仪而产生条纹，测量作为标准具物理参数的函数的条纹图样，可以得到谱线各种组分非常精确的波长值。两种最普通的用法是：①入射光高度准直，并垂直入射。②以某一固定角度入射，改变间隔层厚度以扫描条纹；或者保持间隔层厚度不变，改变入射角 ϑ_s 以扫描条纹。对应于这两种方法的可能设置如图 6.3 所示。

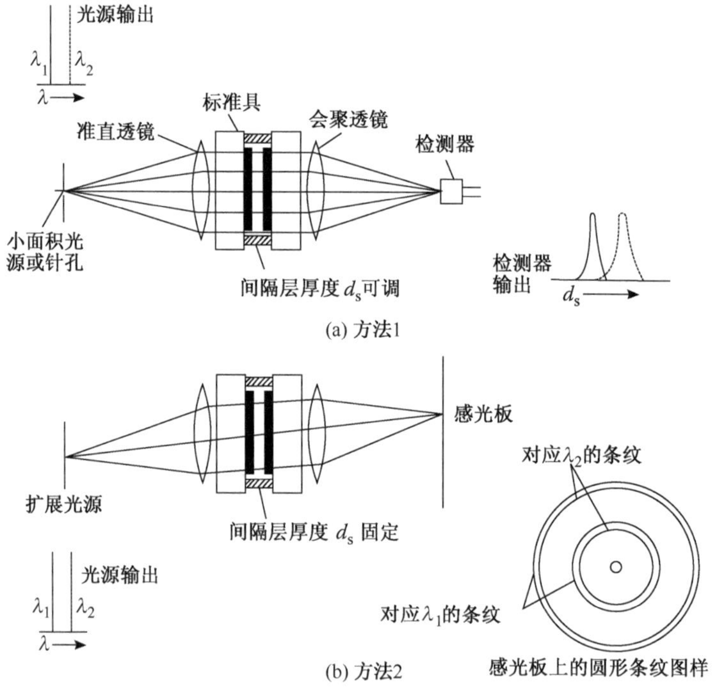

图 6.3　法布里-珀罗干涉仪的两种结构

干涉仪的“精细度”实际上是受到限制的，一般最大可达 25 左右，偶尔例外可达到 50，这主要是由平板本身不完善所致。要制造平面度优于 $\lambda/100$ 的平板（如 λ =546nm）是极其困难的。由于平板的平面度变化引起 d_s 局部改变，因而 δ 变化，致使条纹移动。这些变化应不大于条纹的宽度，否则仪器的亮度将受损失。Chabbal[3] 曾详细地考虑了这个问题，但是对于我们现在的

目的，做如下假设已足够了：对于一对平面度为 $\lambda/100$ 的平板（也就是误差不大于 $\pm\lambda/200$），间隔层厚度的起伏将是 $\pm\lambda/100$ 的量级。当平板的表面缺陷是球形凹陷或者球形隆起时，就会出现这种情况。同时，这表示 δ 的起伏将是 $\pm2\pi/100$，相当于总的起伏幅度为 $2\pi/50$。当条纹宽度低于此值后，再进一步减小时，系统的分辨率也不因此而再增高，而只是降低了总亮度，所以 $2\pi/50$ 就是条纹宽度的下限。由于条纹间距等于π，这一条件就等效于精细度的上限为$\pi/(2\pi/50)$，也就是 25。更一般的是，如果平板足够平，使得间隔层厚度的总起伏不大于 λ/p（不等于说每个平板的平面度起伏不大于 λ/p），则干涉仪的精细度不大于 $p/2$。

光学仪器的分辨率通常由瑞利判据确定。这个判据关联着强度分布的具体形式为

$$I(\delta)=\left[\frac{\sin(\delta/2)}{\delta/2}\right]^2 I_{\max} \tag{6.7}$$

这种强度分布类型是由衍射作用而不是干涉作用产生的。如果一个波长的强度极大值恰好落在另一个波长的第一零值强度上，那么仪器刚好能够分辨所考虑的这两个波长。可知，如果两个分量的强度相等，那么在合成条纹图样中，位于两个极大值之间的极小值强度将是每个分量强度的 $8/\pi^2$ 倍。在法布里-珀罗干涉仪中，由于条纹的形式不同，按式(6.7)变化的强度零值和依次减弱的极大值的图样是看不见的。因此，瑞利判据在这里不能直接应用。Born 和 Wolf [2] 曾建议，在这种情况下可以用适当的其他形式的判据——在合成条纹图样中，当峰值之间的合成强度是每个峰值强度的 $8/\pi^2$ 倍时，两个等强度的谱线恰好能够分辨。基于此，他们指出，法布里-珀罗干涉仪的分辨率为

$$\frac{\lambda}{\Delta\lambda}=0.97m\mathcal{F}$$

这实际上与下式没有多少区别，即

$$\frac{\lambda}{\Delta\lambda}=m\mathcal{F} \tag{6.8}$$

它等于相应级次的峰值波长与条纹半宽度的比。因此条纹半宽度是最有用的参数，因为它以最简单的形式直接与仪器的分辨率相联系。在第 8 章讨论带通滤光片时，我们将多次用到半宽度的概念。

由于分辨率等于精细度和干涉级次的乘积，所以低精细度并不一定就意味着低分辨率，只是表明要得到高分辨率，干涉仪必须工作在高干涉级次。这就是说，用波长量度的相邻级次的间距很小——在高级次时近似为 λ/m。如果不采取措施限制干涉仪接收的波长范围，就不能说明条纹图样。用某种合适的滤光板与标准具串置，可以达到这种极限，这种滤光片可以是第 8 章中讨论的薄膜滤光片。另一种方法是将该标准具与别的较低级次的标准具串置，调整分辨率使条纹只落在所研究的波长范围，而把其他波长范围的条纹移去，也就是将低级次低分辨率仪器的宽条纹间距（所谓自由光谱范围）同高级次高分辨率仪器的窄自由光谱范围相结合。一个更简单方便的方法——或许是最常用的方法，是加进一个摄谱仪，并且一般同扫描干涉仪的第二种方法（保持 d_s 恒定而改变 ϑ_s）结合使用。摄谱仪的分辨率不需要很高，其入射狭缝可

以很宽。通常摄谱仪置于图 6.3 中感光板的位置,所以它接收到一个下至圆形条纹图样中心的宽带。于是在摄谱仪的底板上显示出一个低分辨率的光谱条纹图样,条纹图样对应着谱线的精细结构成分。

到现在为止,我们所研究的法布里-珀罗干涉仪忽略了反射膜的吸收。式(6.4)包含吸收:

$$T = \frac{T_s^2}{(1-R_s)^2}\frac{1}{1+F\sin^2\delta}$$

令 A_s为每个反射膜的吸收率,则有

$$1 = R_s + T_s + A_s$$

于是,式(6.4)变为

$$T = \frac{T_s^2}{(T_s+A_s)^2}\frac{1}{1+F\sin^2\delta}$$

即

$$T = \frac{1}{(1+A_s/T_s)^2}\frac{1}{1+F\sin^2\delta} \tag{6.9}$$

显然,A_s/T_s是很重要的参数。

图 6.4 所示的曲线把标准具的透射率和精细度联系起来,还给出了反射膜的吸收率。只要知道 R_s、T_s和 A_s的变化方式,在此图上就可以绘制出任何类型的反射膜的这种特性。银膜在波长 550nm 和金膜在波长 1.1μm 时的特性曲线就是以这样的方法绘出的。绘制这些曲线的数据取自 Mayer[4] 的著作,还有一些其他的资料[5-7],特别是关于银的资料,其结果与上述曲线多少有些不同。不过,图 6.4 所示的曲线足以说明,即使用对可见光和近红外区反射效果最好的金属银,当标准具的精细度超过 20 以后,其性能也会很快就开始恶化,因而银膜也不足以做最好的干涉仪平板,用多层全介质膜便可以大大改进干涉仪的性能。

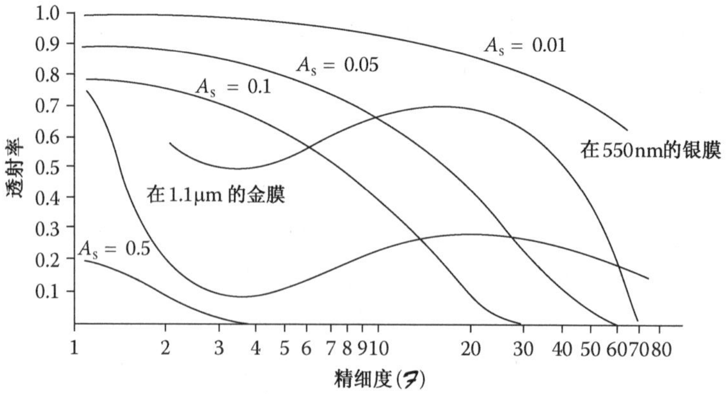

图 6.4　标准具的反射膜具有各种吸收率时,其透射率同精细度的关系

6.2　多层介质膜

第 1 章曾提到，用折射率高低交替的每层 $\lambda/4$ 厚的介质膜系，能够得到高反射率。这是因为当从膜系所有界面上反射的光束回到前表面时它们具有相同的相位，从而发生相长干涉。在 3.1 节中曾给出 $\lambda/4$ 多层膜的光学导纳的表达式。如果 n_H 和 n_L 是高、低折射率膜层的折射率，并使介质膜系两边的最外层都是高折射率膜层，那么

$$Y=\frac{n_H^{2p+2}}{n_L^{2p}n_{sub}} \tag{6.10}$$

式中，n_{sub} 为基底的折射率；$2p+1$ 为膜系的层数。

在空气或自由空间中，反射率则为

$$R=\left[\frac{1-n_H^{2p+2}/\left(n_L^{2p}n_{sub}\right)}{1+n_H^{2p+2}/\left(n_L^{2p}n_{sub}\right)}\right]^2 \tag{6.11}$$

膜层数越多，反射率越大。若膜层数给定为奇数，则高折射率膜层作为最外层总能得到最大的反射率。

如果

$$\frac{n_H^{2p+2}}{n_L^{2p}n_{sub}}>1$$

那么

$$R\simeq 1-4\frac{n_L^{2p}n_{sub}}{n_H^{2p+2}}$$

并且

$$T\simeq 4\frac{n_L^{2p}n_{sub}}{n_H^{2p+2}} \tag{6.12}$$

这表明，当膜系的反射率很高时，额外加镀两层膜将使膜系的透射率减小 $(n_L/n_H)^2$ 倍。

假定所用材料都是透明的，则可使多层介质膜的吸收率达到非常小的值。后面我们还要讨论这个课题，但这里可以看到，在光谱的可见光区，吸收率可以小于 0.01%。

不过，多层介质膜有两个缺点。第一，反射相移是变化的，这比某单一缺陷更复杂；第二，也是更严重的，它只能在一个有限的波长区域内得到高反射率。

利用导纳图可以定性看出相移是如何变化的。通常，如果多层膜由奇数层组成，其最外层常是高折射率膜层，那么在最后一层的外表面，导纳图将位于实轴上，且具有大的正值，如图 6.5 所示，以与图 3.1(b) 同样的方式在图 6.5 中标记出象限。显然，对于参考波长（所有各层膜的光学厚度都等于这个波长的四分之一）膜系的相移等于π。如果波长略微增加，导纳轨迹从 $\lambda/4$ 厚对应的半圆轻微收缩，导纳轨迹的终点向上移到第三象限。如果波长减小，导纳轨迹的终点将移到第二象限。因此，相移随波长增加。另外，如果膜系终止于低折

射率的 $\lambda/4$ 膜层，则在参考波长处导纳为实数，但其值小于 1，于是反射相移为零。此时，当波长增大时导纳轨迹的终点移到第一象限，当波长减小时导纳轨迹的终点移到第四象限。

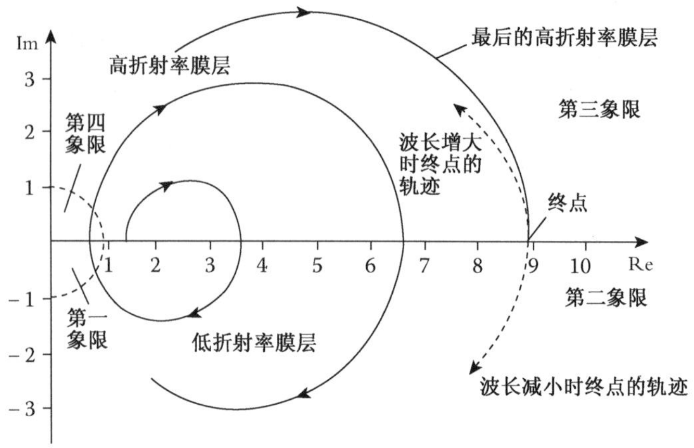

图 6.5　终止于高折射率膜层的 $\lambda/4$ 膜系的导纳图

（图中标记出了反射相移 φ 所在的象限（与图 3.1(b) 中的对应）。当波长减小时，φ 移到第二象限，而当波长增大时，φ 移到第三象限）

为研究相移和相移色散对干涉仪工作的影响，我们回到最初的公式，即式(6.1)。在分析中我们曾假定来自反射膜的相移为零，从而推得在下式给出的波长位置，将得到透射率峰值：

$$\delta = m\pi$$

式中，$m = 0, \pm1, \pm2, \cdots$，如果我们现在允许 φ_a 和 φ_b 不为零，那么透射率峰值的位置将由下式给出：

$$\delta = q\pi - \frac{\varphi_a + \varphi_b}{2}$$

式中，$q = 0, \pm1, \pm2, \cdots$，相移 φ_a 和 φ_b 的作用只是单纯地移动了峰值波长的位置。如果干涉级次足够高（我们看到的大多数干涉仪都是利用高干涉级次），那么移动量是十分小的。相移和任何相移色散对干涉仪波长定位的影响都可以用 Stanley 和 Andrew[8] 描述的方法完全消除，这种方法使用两个厚度不同的间隔层。

图 6.6 所示为一个典型的 $\lambda/4$ 多层介质膜的特性。可以看出，高反射区的宽度是有限的。在曲线“平台”的两边，反射率陡然降为小的振荡值。继续增加膜层数，并不影响高反射区的宽度，只是增大了反射区内的反射率及区外振荡的个数。

高反射区的宽度可以用下述方法计算。如果多层膜由 q 个重复的基本周期构成，而基本周期由两层、三层或任意所需层数的膜层组成，那么多层膜的特征矩阵便为

$$[\mathscr{M}] = [M]^q$$

式中，$[M]$ 是基本周期的矩阵。将 M 写成

$$\begin{bmatrix} M_{11} & M_{12} \\ M_{21} & M_{22} \end{bmatrix}$$

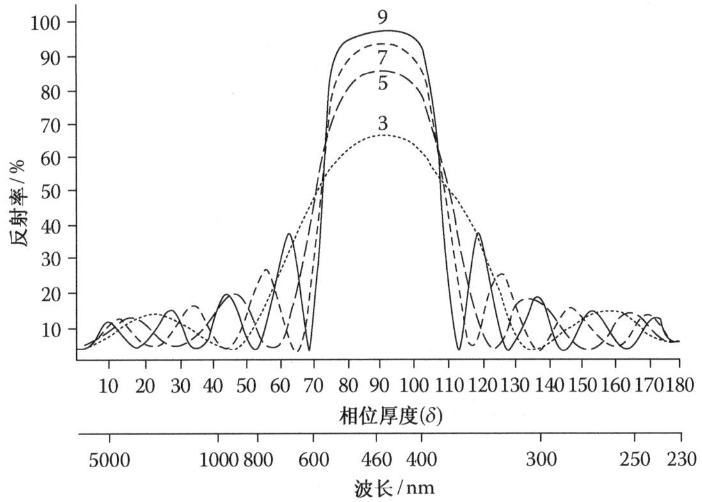

图 6.6　当光垂直入射时,透明基底上由 $\lambda/4$ 厚的高、低折射率膜层交替组成的介质膜的反射率与相位厚度 $\delta=2\pi nd/\lambda$(上标尺)或波长 λ(下标尺)的关系

(膜层数被当作一个参数标在曲线上。$\lambda_0=460\text{nm}$, $n_H=2.3$, $n_L=1.38$, $n_s=1.52$。引自 Penselin S and Steudel A. *Zeitschrift für Physik*, 142, 21-41, 1955)

则可以证明,对于满足下式的各个波长:

$$\left|\frac{M_{11}+M_{22}}{2}\right|\geqslant 1 \tag{6.13}$$

反射率将随周期数的增加而稳定地增大,因此,这是高反射区必定存在的条件。反射区的边界由下式确定,即

$$\left|\frac{M_{11}+M_{22}}{2}\right|=1 \tag{6.14}$$

关于这个结果的严格证明有：Born 和 Wolf[2] 给出了一种证明,而 Welford[10] 则有另一种论证。Epstein[11] 给出了对这个结果的判别(不是证明)方法,以下叙述他的判别方法。

如果在光学导纳为 η_{sub} 的基底上,膜系的特征矩阵为

$$\begin{bmatrix} B \\ C \end{bmatrix}$$

那么,如果 η_{sub} 为实数,则由式(2.115)可得

$$T=\frac{4\eta_0\eta_{sub}}{(\eta_0 B+C)(\eta_0 B+C)^*}=\frac{4\eta_0\eta_{sub}}{|\eta_0 B+C|^2}$$

式中,η_0 为入射介质的光学导纳。如上所述,令膜系的特征矩阵为

$$[\mathscr{M}]=\begin{bmatrix} \mathscr{M}_{11} & \mathscr{M}_{12} \\ \mathscr{M}_{21} & \mathscr{M}_{22} \end{bmatrix}$$

于是有

$$\begin{bmatrix} B \\ C \end{bmatrix} = \begin{bmatrix} \mathscr{M}_{11} & \mathscr{M}_{12} \\ \mathscr{M}_{21} & \mathscr{M}_{22} \end{bmatrix} \begin{bmatrix} 1 \\ \eta_{\text{sub}} \end{bmatrix} = \begin{bmatrix} \mathscr{M}_{11} + \eta_{\text{sub}} \mathscr{M}_{12} \\ \eta_{\text{sub}} \mathscr{M}_{22} + \mathscr{M}_{21} \end{bmatrix}$$

可得

$$T = \frac{4\eta_0 \eta_{\text{sub}}}{\left| \eta_0 (\mathscr{M}_{11} + \eta_{\text{sub}} \mathscr{M}_{12}) + \eta_{\text{sub}} \mathscr{M}_{22} + \mathscr{M}_{21} \right|^2}$$

如果没有吸收,$\mathscr{M}_{11}$和$\mathscr{M}_{22}$是实数,而$\mathscr{M}_{12}$和$\mathscr{M}_{21}$是虚数,则有

$$T = \frac{4\eta_0 \eta_{\text{sub}}}{\left| \eta_0 \mathscr{M}_{11} + \eta_{\text{sub}} \mathscr{M}_{22} \right|^2 + \left| \eta_0 \eta_{\text{sub}} \mathscr{M}_{12} + \mathscr{M}_{21} \right|^2} \tag{6.15}$$

在没有镀多层介质膜时,基底的透射率为

$$T_{\text{sub}} = \frac{4\eta_0 \eta_{\text{sub}}}{(\eta_0 + \eta_{\text{sub}})^2} \tag{6.16}$$

为了简化讨论,令 $\eta_0 = \eta_{\text{sub}}$,由式(6.15)和式(6.16)可知,当

$$\left| \frac{\mathscr{M}_{11} + \mathscr{M}_{22}}{2} \right| > 1$$

时,不管 M_{12}和 M_{21}取何值,T 将小于 T_{sub}。现在,如果

$$\left| \frac{M_{11} + M_{22}}{2} \right| > 1$$

式中,[M]为多层膜基本周期的矩阵,那么一般而言,当周期数增加时,即当 q 趋于无穷大时,有

$$\left| \frac{\mathscr{M}_{11} + \mathscr{M}_{22}}{2} \right| \to \infty$$

这种看似真实的结论可以首先由[M]的自乘看出来。将 N_{ab}用[M]^{2}表示,即

$$N_{11} + N_{22} = M_{11}^2 + 2M_{12}M_{21} + M_{22}^2$$

因为矩阵[M]的行列式等于1,则有

$$2M_{12}M_{21} = 2M_{11}M_{22} - 2$$

因此

$$N_{11} + N_{22} = M_{11}^2 + 2M_{11}M_{22} + M_{22}^2 - 2 = (M_{11} + M_{22})^2 - 2$$

令

$$\left| \frac{M_{11} + M_{22}}{2} \right| = 1 + \varepsilon$$

则

$$N_{11} + N_{22} = (2 + 2\varepsilon)^2 - 2 = 2 + 8\varepsilon + 4\varepsilon^2$$

因此,先将[M]平方,然后再将所得的结果平方,如此等等,就可以看出

$$\text{当} q \to \infty \text{时} \quad \left| \frac{\mathcal{M}_{11} + \mathcal{M}_{22}}{2} \right| \to \infty$$

至此,我们所考虑的 $\lambda/4$ 多层介质膜是由许多个双层膜周期外加一高折射率膜层构成的,每个周期的特征矩阵为

$$[M] = \begin{bmatrix} \cos\delta & (\mathrm{i}\sin\delta)/n_{\mathrm{L}} \\ \mathrm{i}n_{\mathrm{L}}\sin\delta & \cos\delta \end{bmatrix} \begin{bmatrix} \cos\delta & (\mathrm{i}\sin\delta)/n_{\mathrm{H}} \\ \mathrm{i}n_{\mathrm{H}}\sin\delta & \cos\delta \end{bmatrix}$$

由于两个膜层的光学厚度相等,所以相位厚度 δ 没有任何下标。

$$\frac{M_{11} + M_{22}}{2} = \cos^2\delta - \frac{1}{2}\left(\frac{n_{\mathrm{H}}}{n_{\mathrm{L}}} + \frac{n_{\mathrm{L}}}{n_{\mathrm{H}}}\right)\sin^2\delta$$

该表达式的右边不能大于 +1,所以为求高反射区的边界值,我们必须令

$$-1 = \cos^2\delta_{\mathrm{e}} - \frac{1}{2}\left(\frac{n_{\mathrm{H}}}{n_{\mathrm{L}}} + \frac{n_{\mathrm{L}}}{n_{\mathrm{H}}}\right)\sin^2\delta_{\mathrm{e}}$$

稍加整理可得

$$\cos^2\delta_{\mathrm{e}} = \left(\frac{n_{\mathrm{H}} - n_{\mathrm{L}}}{n_{\mathrm{H}} + n_{\mathrm{L}}}\right)^2$$

既然

$$\delta = \frac{\pi}{2}\frac{\lambda_0}{\lambda} = \frac{\pi}{2}g$$

式中,λ_0 照例为各层膜的光学厚度为其四分之一的那个波长;g 为 λ_0/λ。令高反射区的边界值为

$$\delta_{\mathrm{e}} = \frac{\pi}{2}g_{\mathrm{e}} = \frac{\pi}{2}(1 \pm \Delta g)$$

因此

$$\cos^2\delta_{\mathrm{e}} = \sin^2\left(\pm\frac{\pi\Delta g}{2}\right)$$

高反射区的带宽等于 $2\Delta g$,于是

$$\Delta g = \frac{2}{\pi}\arcsin\left(\frac{n_{\mathrm{H}} - n_{\mathrm{L}}}{n_{\mathrm{H}} + n_{\mathrm{L}}}\right)$$

这表明高反射区的宽度仅仅同构成多层膜的两种材料的折射率有关。折射率的比值越大,高反射带越宽。图 6.7 所示为 Δg 与折射率的比值的关系。

至此我们仅仅考虑了主反射区,即各层膜的厚度为主反射区中心波长的 1/4。很显然,在所有那些波长——各层膜厚度为其 1/4 的奇数倍,还存在着高反射区。如果主反射区的中心波长是 λ_0,那么以 $\lambda_0/3$、$\lambda_0/5$、$\lambda_0/7$、$\lambda_0/9$ 等为中心波长,同时也存在着高反射区。

对于各层膜的光学厚度为其 1/4 的偶数倍的那些波长(这同光学厚度为 1/2 波长的整数倍是一样的)来说,所有膜层如同虚设,因而反射率就等于未镀膜基底的反射率。

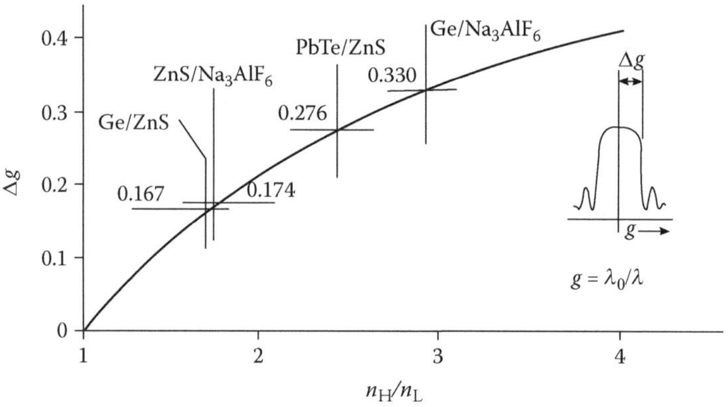

图 6.7　$\lambda/4$ 膜系的高反射区的宽度与材料折射率的比值 n_H/n_L 的关系

确定主反射区 Δg 的分析,也适用于所有更高级次的反射区,因此它们的边界值为

$$g_0 \pm \Delta g,\ 3g_0 \pm \Delta g,\ 5g_0 \pm \Delta g$$

等,更高级次的反射曲线如图 6.8 所示。

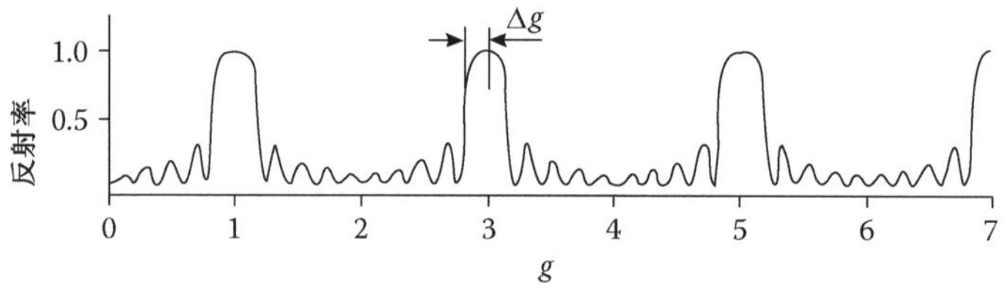

图 6.8　玻璃(n_{sub} =1.52)上镀九层硫化锌(n_H =2.35)和冰晶石(n_L =1.35)的反射率
(图中给出了更高级次的高反射区)

在可见光区,所使用的材料主要取决于具体应用,其中硫化锌和冰晶石作为该波段一种古老的材料组合,现在仍经常使用。尽管这两种材料的抗环境能力比氧化物材料差得多,但它们确实拥有一些优势:这两种材料都容易从简单的热源蒸发,即使蒸镀到冷基底上,也能得到优良的光学性能。这就是说,避免了非常精密的干涉仪平板因受热而变形的危险。膜层对潮气的侵蚀是比较敏感的,因而应当留心不让潮气凝结到膜层上(如冷的平板暴露于湿热的空气中时就可能发生),否则,膜层就会破损。手指的触摸无论如何都须避免。

不过,薄层的柔软性还可以转化为优点:标准具的平板是极其昂贵的,如果膜层容易去掉,那么平板可以重镀以用在别的波长。在热水中长时间浸泡,常常足以去掉硫化锌和冰晶石膜层。当用这种方法未能完全除尽膜层时,在水中加进两三滴盐酸就会迅速使膜层脱掉。显然,这样做应当非常仔细,并且应将平板立刻放在流水中冲洗,以免伤蚀表面。

当薄膜用于要求更高的场合,特别是必须暴露在恶劣的环境中时,一般需要选择硬的氧化物材料,其中二氧化硅可以作为低折射率材料,二氧化钛、五氧化钽或五氧化铌可以作为高折射率材料。当要求高激光损伤阈值时,经常选择氧化铪作为高折射率材料,很容易获得不到 0.5% 的吸收率,小心处理可以获得 0.1% 的吸收率,加倍小心甚至可以获得 0.0001% 的吸收率。更多先进的窄带滤光片(将在下一章介绍)要求反射结构具有更低的吸收等级。在热蒸镀工艺中,氧化物材料需要更高的源温度,像硫化锌可以直接简单通过舟源加热,而冰晶石必须用电子束源加热,这将在后面的章节中详细介绍。氟化镁作为一种硬材料,常常用在可见光区的减反射膜中,它具有较低的折射率,这点比较吸引人。但是,氟化镁用在高反射率多层膜中就不是很可靠,因为要承受很高的固有张力。

硫化锌在紫外区有吸收。在 300～400nm 的波长区,硫化锌可以用三氧化锑替代,三氧化锑和冰晶石可以通过简单的热源蒸镀到冷基底上。对这种组合至少应当像处理硫化锌和冰晶石那样,仔细地进行处理。更硬的材料是二氧化铪和二氧化硅。

对于红外区,折射率为 4.0(波长大于 1.8μm)的锗,或者折射率为 5.7(波长大于 3.5μm)的碲化铅,都是可用于滤光片的好的高折射率材料,它们可用在 12μm 以上的波段。折射率为 2.35 的硫化锌,是可用至波长为 20μm 的低折射率材料。在近红外光区,一氧化硅作为低折射率材料常常和锗组合使用。氟化钍作为低折射率材料,具有很多理想的特性,只是它具有放射性,应用受到限制,但它对需要高功率高反射率膜的二氧化碳激光器仍是必需的,此时氟化钍常常与作为高折射率材料的硒化锌组合使用。可惜的是,锗和大部分高折射率半导体一样,其消光系数随着温度的升高而显著增加,因此在高功率应用中需要散热。许多氟化物,如氟化铈、氟化钇以及它们的混合物也可以用作低折射率材料(直到大约 12μm 的波长)。后面将对这些材料做更具体的论述。

在膜层中能量的损失与所用的镀膜技术及材料本身有很大的关系。在准备镀膜机和基底时要非常仔细,每件东西都应当细心清洗。如果要求多层膜具有极好的性能,那么 Perry[12] 和 Heitmann[13] 的两篇文章很值得参考。这些作者描述了激光器反射镜的镀膜方法,在那里要求能量损失必须比法布里-珀罗干涉仪至少低一个数量级。

6.2.1　宽高反射区的多层全介质膜

$\lambda/4$ 多层膜所能得到的高反射区是有限的,在某些场合很难使用,因而曾努力改进设计以展宽这个区域。大多数设计是使膜系相继各层的厚度“参差”,形成规则递增,目的在于确保对十分宽的区域内的任何波长 λ,膜系中都有足够多的膜层,其光学厚度足够接近 $\lambda/4$,以实现对 λ 的高反射率。

Penselin 和 Steudel[9] 可能是这种方法的第一个尝试者,他们镀制了大量的多层膜,其中膜层厚度按调和级数变化。他们所发表的最好的 13 层膜的结果如图 6.9 中的曲线(b)所示。Baumeister 和 Stone[14] 开发了一种简单的基于计算机的方法,以优化他们的反射镜,其中最好的 15 层膜的结果如图 6.9 中的曲线(c)所示。

Heavens 和 Liddell[15] 采用了类似的方法。他们计算了大量多层膜系的反射率曲线,这些膜系的各层厚度或者是算术递增,或者是几何递增。若用相同的层数,则几何递增给出了略宽的反射区。计算中假设高折射率为 2.36(硫化锌),低折射率为 1.39 (氟化镁),基底折射率为 1.53(玻璃)。算术递增的公差值在 −0.05 ~ +0.05 范围,而几何递增的公比值在0.95 ~1.05 范围,其中几何递增的 35 层膜的特性曲线如图 6.10 所示。

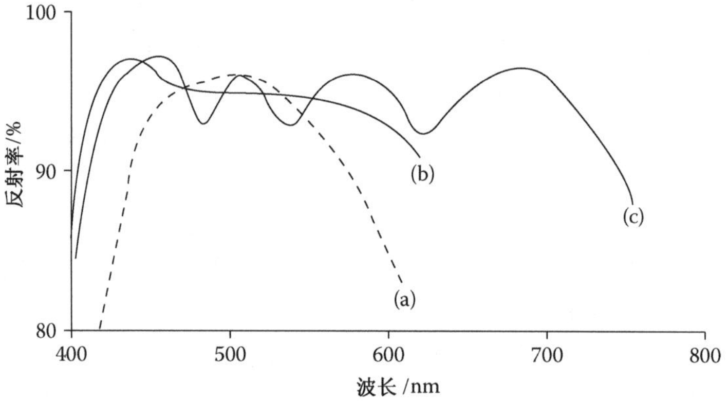

图 6.9　宽带多层膜反射器

((a)7 层 $\lambda/4$ 膜系的计算曲线;(b)13 层宽带设计的实测反射率;(c)15 层另一种设计的实测反射率。引自 Baumeister P W and Stone J M. *Journal of the Optical Society of America*, 46, 228-229, 1956)

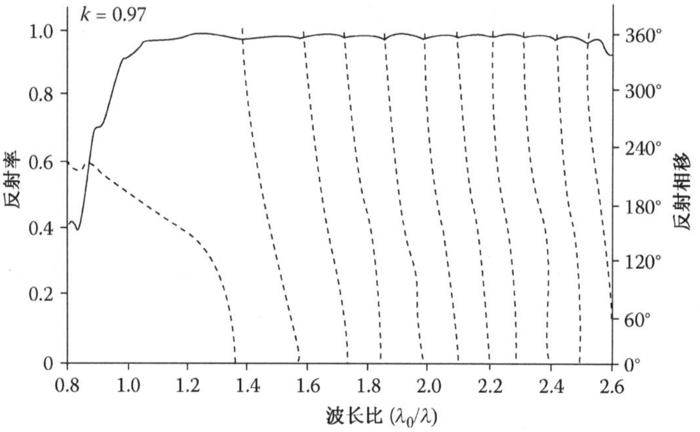

图 6.10　玻璃上 35 层几何递增膜系的反射率(实线)和反射相移(虚线)

(n_0=1.00,n_H=2.36,n_L=1.39,n_{sub}=1.53,公比 k=0.97。引自 Heavens O S and Liddell H M. *Applied Optics*, 5,373-376, 1966)

与减反射膜的情形一样,还可以用计算机优化的方法提高膜系最初的不太令人满意的特性。Baumeister 和 Stone[14,16] 率先将这种方法用在光学薄膜中,他们通过反复试验得到一个 15 层膜的原始设计,它具有展宽的高反射区,但反射率曲线有多个不可接受的大的“凹陷”。设计的目的是使膜系在一个很宽的波段内,都能给出大约 95% 的反射率。材料为硫化锌和冰晶石,其折射率分别为 2.3 和 1.35,基底为玻璃,其折射率未给出。最终的结果如图 6.9 的曲线(c)所示,设计细节列在表 6.1 中。当时由于计算机的限制,优化网格划分还是很粗陋的——只包含了五个点,而且还须假设各膜层厚度之间的具体关系,以便将独立变量的个数缩减为五个。这是 1956 年的事,所用的计算机是 IBM 的卡片编程的计算器。此后,技术上的进步与计算机功能的增强保持了同步。1971 年,Pelletier 等[17] 描述了反射镜的计算机设计和优化,如图 6.11 所示,其中计算时考虑了材料光学特性色散的影响。

表 6.1　Baumeister 和 Stone 设计[14]的 15 层膜

膜 层 数	材　料	折 射 率	膜层厚度是其 1/4 的波长/nm
	空气入射介质	1.00	大块材料
1	ZnS	2.30	414.0
2	Na_3AlF_6	1.35	414.0
3	ZnS	2.30	414.0
4	Na_3AlF_6	1.35	434.8
5	ZnS	2.30	463.7
6	Na_3AlF_6	1.35	463.7
7	ZnS	2.30	520.5
8	Na_3AlF_6	1.35	517.0
9	ZnS	2.30	626.2
10	Na_3AlF_6	1.35	701.3
11	ZnS	2.30	575.7
12	Na_3AlF_6	1.35	666.7
13	ZnS	2.30	690.8
14	Na_3AlF_6	1.35	690.8
15	ZnS	2.30	690.8
	玻璃		大块材料

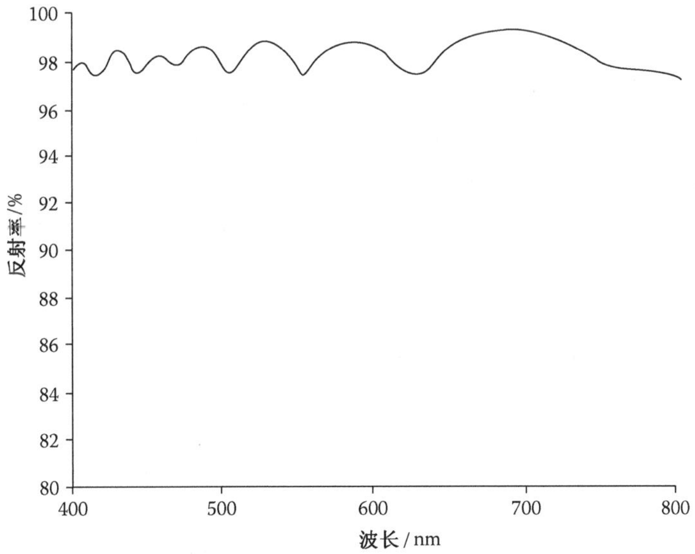

图 6.11　用于可见光和近红外区的 21 层高反射膜的设计和计算得到的特性
（在优化设计和特性计算时考虑了材料折射率的色散效应。引自 Pelletier E, Klapisch M and Giacomo P. *Nouvelle Revue d'Optique Appliquee*, 2, 247-254, 1971）

尤其简单的方法是在一个 $\lambda/4$ 多层膜上叠镀另一个中心波长不同的多层膜。Turner 和 Baumeister[18]曾详细考虑了这种方法。可惜的是，如果每个多层膜都是由奇数层构成，并且最外层的折射率相同,那么在叠镀之后,高反射区的中心将出现透射率峰值。这个峰值的出现,是因为两个多层膜的作用很像法布里–珀罗干涉仪的反射板。如前所述,在法布里–珀罗干涉仪中,如果间隔层两边反射板的反射率和透射率相等,那么对于满足下式的波长:

$$\frac{\varphi_a+\varphi_b-2\delta}{2}=q\pi$$

整个装置的透射率为1,式中,$q=0,\pm1,\pm2,\cdots$。

将这种情况示意地绘在图6.12上。两个多层膜的组合系统在它们的交界处被分开,由其间存留的自由空间构成间隔层。图中也表示出与每个反射系数相联系的相位角 φ。在两个多层膜的中心波长的平均值处,有

$$\varphi_a+\varphi_b=2\pi$$

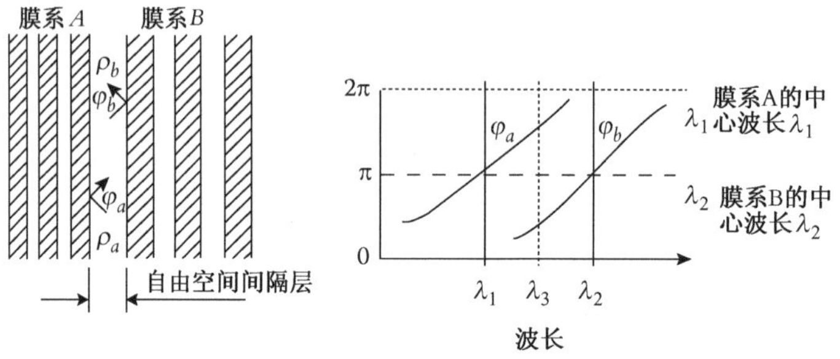

图6.12 在波长 λ_3 处,$\varphi_a+\varphi_b=\pi$,由对称性 $(\lambda_2/\lambda_3)-1=1-(\lambda_1/\lambda_3)$,即 $\lambda_3=(\lambda_1+\lambda_2)/2$

同时由于对称关系,在这个波长处两个多层膜的反射率相等。因此,如果 $2\delta=0$,也就是说只要减小自由空间间隔层,使它完全消失,那么透射率为1的条件将完全得到满足。因此,如果叠镀两个多层膜,使它们的特性曲线在两个监控波长的平均值处相交,那么始终将存在一个峰值透射率。从 Turner 和 Baumeister[18] 的文章中摘取的图6.13就表示这种情况,其中曲线 A 和曲线 B 是测得的两个 $\lambda/4$ 多层高反射膜的反射率,每个多层膜有相同的奇数层,并且都起止于高折射率膜层,曲线 C 表示由这两个多层膜组合成的膜系的实测反射率。可以清楚地看到,反射率曲线中有一个透射"凹陷"。由于在薄膜厚度监控或测量中存在实验误差,所以测量的"凹陷"未能达到理论上的最低点。

若使关系式:

$$\frac{\varphi_a+\varphi_b-2\delta}{2}=q\pi$$

不再成立,则可消去透射"凹陷"。Turner 和 Baumeister[18] 在两个多层膜之间加进厚度为平均波长的四分之一的低折射率膜层,便十分简单地得到了这种结果。这个插入层使 δ 的值等于 $\pi/2$,从而使 $(\varphi_a+\varphi_b-2\delta)/2$ 的值也等于 $\pi/2$,正好对应于最小透射率或最大反射率。如曲线 D 所示,"凹陷"已完全消失,得到宽阔平顶的反射率曲线。

Turner 和 Baumeister[18] 还从稍微不同的角度,考虑了宽带反射镜的设计问题。虽然推理完全不同,但是得到了类似上面的结果。如果由许多个这样的周期:

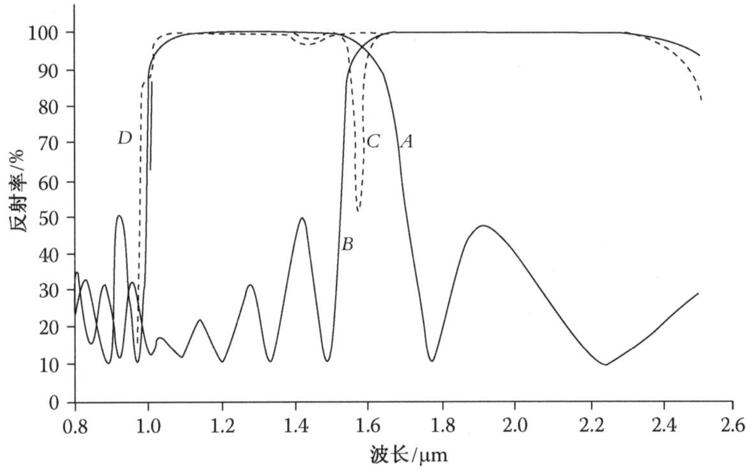

图 6.13　两个高反射区略微交叠的 $\lambda/4$ 膜系的实测反射率

(各个膜系的反射率为实线所示。曲线 A:A |0.8(HLHLHLHLH) |G;曲线 B:A |1.2(HLHLHLHLH) |G。这两个膜系组合成一个膜系后,则在交叠区域存在一个反射率极小值,即曲线 C(长点画线):A |0.8(HLHLHLHLH)1.2(HLHLHLHLH) |G。插入 L 层后便消去了反射率极小值(通过破坏相移π这个条件),即曲线 D(点画线):G |0.8(HLHLHLHLH) L |1.2(HLHLHLHLH) |G。其中 G 表示玻璃基底(n = 1.52),A 表示空气入射介质(n =1.00),H 和 L 分别表示厚度为 $\lambda_0/4$ 的辉锑矿高折射率膜层和锥冰晶石低折射率膜层。参考波长 λ_0 =1.6μm。引自 Turner A E and Baumeister P W. *Applied Optics*, 5, 69-76, 1966)

$$\frac{H}{2}L\frac{H}{2} \quad 或 \quad \frac{L}{2}H\frac{L}{2}$$

构成多层膜系,那么这个膜系在数学上可表示为这样的一个单层膜:其厚度与多层膜的实际厚度相近,并有实数光学导纳。这种数学等效关系在高反射区之外的所有区域都得到了很好的保持。而在高反射区内,上述单层膜的厚度和光学导纳两者都是虚数。前面第 4 章中已指出这个结果,并将在下面两章中进行更详细的讨论。现在只要注意到这个关系确实存在就够了。如果一个单层膜的折射率为实数,它叠镀到一个反射率为 100% 的反射镜上面,则不会出现干涉的极大值和极小值。若反射镜的反射率不到 100% ,则叠镀后将存在干涉极大值和极小值,但是很弱。因此,在叠镀上去的多层膜具有实数折射率的区域内,如果下面的多层膜有足够多的层数,那么它的高反射率将保持不变。两个多层膜的高反射区或者恰好相接但不交叠,此时不存在反射率极小值;或者交叠,但反射率极小值将被抑制。因为由每个多层膜的一个 $\lambda/8$ 膜层合成的中心膜层,其厚度正是两个监控波长平均值的四分之一。正如上面已指出的,这有效地移去了任何反射率极小值。图 6.14(a)所示为两个镀在氟化钡(BaF_2)基底上的相同膜系:

$$\left(\frac{L}{2}H\frac{L}{2}\right)^4$$

的实测反射率。这样的两个多层膜叠镀在同一基底上,它们的高反射区恰好相接。

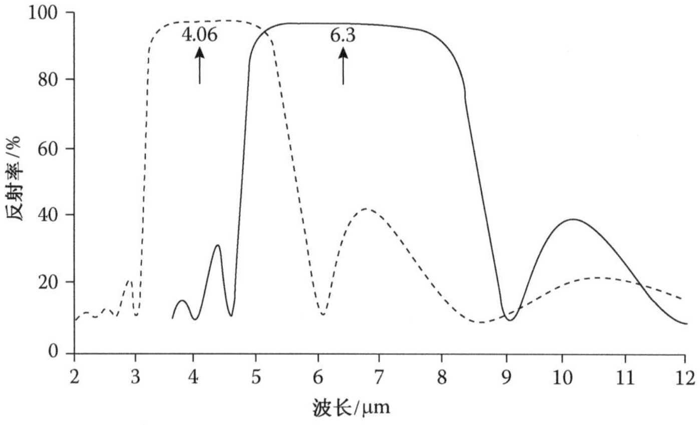

(a)

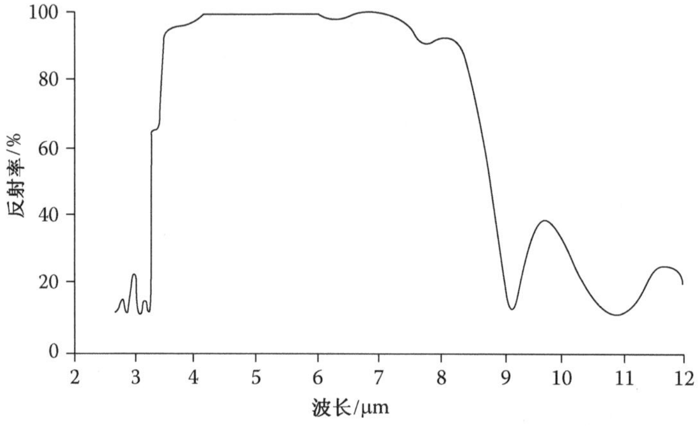

(b)

图 6.14　(a) BaF_2基底上的两个膜系 A |(0.5LH0.5L)^4 |G 的实测反射率,(b)图(a)中的两个膜系组合成一个膜系的实测反射率,表明高反射区变宽

(G 表示 BaF_2,A 表示空气,H 和 L 分别表示厚度为 $\lambda_0/4$ 的辉锑矿高折射率膜层和锥冰晶石低折射率膜层。参考波长 λ_0 =4.06μm(虚线)或 6.3μm(实线)。引自 Turner A E and Baumeister P W. *Applied Optics*, 5, 69-76, 1966)

6.2.2　薄膜均匀性的要求

我们所考虑的宽带反射膜的一个特征是,反射相移随波长的变化比单纯 $\lambda/4$ 多层膜要快得多。前面已多次指出,如果把这样的反射膜用于法布里-珀罗干涉仪以确定波长,则将造成很多困难。实际上,Stanley 和 Andrew[8] 提出使用两个间隔层的方法,完全消除了哪怕是相移随波长最急速变化的影响。但是该方法又带来另外的影响——这正是 Ramsay 和 Ciddor[19] 的一篇引人注目的报告的论题,他们用类似于 Baumeister 和 Stone 设计的 13 层膜,其设计方案列于表 6.2。

膜镀在直径为 75 mm 的平板上，从膜的中心到边缘厚度均匀性在 1 ~2nm 范围。不过，当镀后检验平板面形时，平板在波长 $\lambda = 546\text{nm}$ 时显出 $\lambda/60$ 的凹面，而在波长 588nm 时很均匀，并在波长 $\lambda = 644\text{nm}$ 时出现 $\lambda/10$ 的凸面。当然，这种平板面形变化仅仅是表观上的。在平板上镀银膜的试验表明，凹面大概是 $\lambda/60$。表观面形变化是由膜层厚度起伏和反射相移变化两者引起的。

表 6.2　Ramsay 和 Ciddor 反射镜的设计

膜层数	材料	膜层厚度为其 1/4 的波长/nm
	空气入射介质	大块材料
1	ZnS	454
2	Na_3AlF_6	355
3	ZnS	385
4	Na_3AlF_6	392
5	ZnS	571
6	Na_3AlF_6	535
7	ZnS	539
8	Na_3AlF_6	573
9	ZnS	562
10	Na_3AlF_6	594
11	ZnS	720
12	Na_3AlF_6	671
13	ZnS	589
	熔石英基底	

事实上，Giacomo[20] 于 1958 年曾发表一种理论解释了上述效应，同时他提出对薄膜厚度均匀性要求的若干估计。他得到的结果是：间隔层的表观厚度起伏（用相位角单位测量）等于膜厚均匀性的误差（测量的物理厚度的变化）乘以因子：

$$\left(\frac{v}{e}\frac{\partial\varphi}{\partial v} + 4\pi v\right)$$

式中，e 为薄膜的总厚度（物理厚度）；$v = 1/\lambda$ 为波数；φ 为薄膜表面的反射相移。这一结果可以用另一种方式来表述：若取 $\Delta\rho_m$ 为间隔层厚度的最大允许误差（用相位角单位测量），那么膜厚均匀性必须优于

$$\frac{\Delta e}{e} = \frac{\Delta\rho_m}{\left[(\partial\varphi / \partial v) + 4\pi e\right]v}$$

Giacomo 指出，上式中 $\partial\varphi/\partial v$（一般为负值）和 $4\pi e$ 两项可以相互抵消或部分抵消，因此这样设计的膜系对厚度均匀性误差就不那么敏感。Ramsay 和 Ciddor[19] 进一步指出，表达式中的这两项在薄膜的整个高反射区内，虽然会发生抵消或部分抵消，但其量值是变化的。这表明在某些情况下，薄膜厚度均匀性误差造成的表观面形变化可能在这整个区域内由凹变凸，或反过来由凸变到凹。他们所考虑的具体膜系正是这样的，这种表面曲率的变化特别难处理。这表明必须在整个工作区域检验干涉仪的平面度，而不能照惯例只在一个方便的波长进行检验。

对于常用的 $\lambda/4$ 多层膜，$\partial\varphi/\partial v$ 的值远小于 $4\pi e$。例如，硫化锌和冰晶石的七层膜，在可见光区 $4\pi e$ 的数值约为 $+21.5\mu\text{m}$，而 $\partial\varphi/\partial v$ 仅为 $-1.5\mu\text{m}$。因而所要求的厚度均匀性可以直接根据"精细度"要求以及薄膜的物理厚度计算出来，而完全可略去相移变化的影响。不过对于宽带多层膜的情况，$\partial\varphi/\partial v$ 的值大得多，在某些波长将超过 $4\pi e$ 的值。例如，在 Giacomo 引证的一种情况下，$\partial\varphi/\partial v$ 的值达到 $-125\mu\text{m}$，完全压倒了厚度 $4\pi e$ 的影响。Heavens 和 Liddell[15] 在他们的文章中引用了"参差"多层膜系的 $\partial\varphi/\partial v$ 的值：从 $10\mu\text{m}$ 到 $26\mu\text{m}$ 不等。因此在这些"参差"膜系中，会出现表面曲率的变化，此时试图简单从薄膜厚度和"精细度"的规格来计算所要求的厚度均匀性是危险的。在第 8 章中分析了一种带通滤光片薄膜厚度的随机误差，这个分析在某些方面，特别是它的最终结果，与上述是非常相似的。

表 6.3　Ciddor 设计的反射镜

膜层数	折射率	膜层厚度为其 1/4 的波长/nm
	1.00	大块材料
1	1.35	309
2	2.30	866
3	1.35	969
4	2.30	436
5	1.35	521
6	2.30	369
7	1.35	484
8	2.30	441
9	1.35	795
10	2.30	768
	1.46	大块材料—基底

值得注意的是,有可能设计这样一种膜系:在整个工作区域内这两项几乎完全相互抵消。Ramsay 和 Ciddor[19] 提出了这种可能性,此后 Ciddor[21] 又进了一步,做出几种可能的设计,特别成功的是设计了一个反射膜系,在可见光区的大部分波段,它都具有大约 75% 的反射率。与一个薄膜厚度变化而相移完全不变的反射膜系相比,这个膜系对厚度均匀性的敏感度大约降低至 1/3。这个设计选用折射率为 1.46 的基底以及折射率为 2.30 和 1.35 的材料,即对应于熔石英上镀以硫化锌和冰晶石。各层膜的厚度列于表 6.3。在 400 ~650nm 波长区域,该膜系的反射率为常数(变化不超过 ±2%)。若干涉仪平板镀以这种反射膜,则它的平面度往往比镀纯粹缺乏几何均匀性的膜要好得多。

6.3　损　　耗

若采用无损耗材料,可以得到的 $\lambda/4$ 膜系的反射率只取决于膜层数;如果是高反射率,则每增加两层膜就会使透射率降低至原来的 $(n_L/n_H)^2$。实际中,最终可以得到的反射率要受限于膜系的损耗,这些损耗可以是散射损耗,也可以是吸收损耗。

理论上,散射损耗是由于膜层中的缺陷(如灰尘)或表面粗糙引起的,降低散射损耗的方法是关注工艺细节和完好保存。吸收损耗是材料的特性,可以是本征损耗,也可以是杂质、组分或结构引起的损耗。吸收损耗与材料的消光系数有关,考虑由具有小但非零消光系数的弱吸收膜层组成的 $\lambda/4$ 膜系的吸收损耗是有用的,其表达式已由几位研究者推导出。我们这里采用的方法是对 Hemingway 和 Lissberger[22] 建议方法的改进。

我们使用第 2 章中介绍的可能的透射率的概念,将多层膜分割成几个子膜系,每个子膜系有它自己的可能的透射率,整个膜系的可能的透射率等于各个子膜系可能的透射率的乘积。

对于整个膜系,可能的透射率可以写成

$$\psi = \frac{T}{1-R}$$

于是,如果 A 是吸收率,则有

$$1-\psi = \frac{1-R-T}{1-R} = \frac{A}{1-R}$$

和

$$A = (1-R)(1-\psi)$$

这样 $0 \leqslant \psi \leqslant 1$,因此我们可以对每个膜层引入 $\mathcal{A}_f$ 这个物理量,并写成

$$\psi_f = 1 - \mathcal{A}_f$$

由于我们只考虑弱吸收,可能的透射率将很接近于 1,因此$\mathcal{A}_f$将很小。这样整个膜系的可能透射率将由下式给出,即

$$\psi = \prod_{f=1}^{p} \psi_f = \prod_{f=1}^{p} (1 - \mathcal{A}_f)$$

$$= 1 - \sum_{f=1}^{p} \mathcal{A}_f + \cdots$$

现在我们只考虑一个单层膜。根据式(2.132),相关的参数包含在下式中:

$$\begin{bmatrix} B \\ C \end{bmatrix} = \begin{bmatrix} \cos\delta_f & \mathrm{i}(\sin\delta_f)/y_f \\ \mathrm{i}y_f \sin\delta_f & \cos\delta_f \end{bmatrix} \begin{bmatrix} 1 \\ y_e \end{bmatrix}$$

和

$$\psi = \frac{\mathrm{Re}\,(y_e)}{\mathrm{Re}\,(BC^*)}$$

还有

$$y_f = n_f - \mathrm{i}k_f \ (\text{自由空间单位})$$

$$\delta_f = 2\pi(n_f - \mathrm{i}k_f)d_f/\lambda$$

$$= 2\pi n_f d_f/\lambda - \mathrm{i}2\pi k_f d_f/\lambda$$

$$= \alpha - \mathrm{i}\beta$$

式中,k_f和 β 为小量。

如果我们将每个单层膜近似视为 $\lambda/4$ 膜,可以令

$$\alpha = [(\pi/2) + \varepsilon]$$

式中,ε 为小量。于是有

$$\cos\delta_f \approx (-\varepsilon + \mathrm{i}\beta)$$

$$\sin\delta_f \approx 1$$

矩阵表达式变为

$$\begin{bmatrix} B \\ C \end{bmatrix} = \begin{bmatrix} (-\varepsilon + \mathrm{i}\beta) & \mathrm{i}/(n - \mathrm{i}k) \\ \mathrm{i}(n - \mathrm{i}k) & (-\varepsilon + \mathrm{i}\beta) \end{bmatrix} \begin{bmatrix} 1 \\ y_e \end{bmatrix}$$

式中

$$\begin{bmatrix} B \\ C \end{bmatrix} = \begin{bmatrix} (-\varepsilon + \mathrm{i}\beta) + \mathrm{i}y_e/(n - \mathrm{i}k) \\ \mathrm{i}(n - \mathrm{i}k) + y_e(-\varepsilon + \mathrm{i}\beta) \end{bmatrix}$$

因此

$$BC^* = \left[(-\varepsilon + \mathrm{i}\beta) + \mathrm{i}y_e/(n - \mathrm{i}k)\right]\left[\mathrm{i}(n - \mathrm{i}k) + y_e(-\varepsilon + \mathrm{i}\beta)\right]^*$$

假设 y_e 为实数,因为我们处理的是 $\lambda/4$ 膜系,忽略上式中 k、β 和 ε 的二次项,可得

$$\mathrm{Re}(BC^*) = (\beta n + y_e + y_e^2\beta/n)$$

和

$$\psi_f = \frac{y_e}{(\beta n + y_e + y_e^2\beta/n)} = \frac{1}{1+\beta\left[(n/y_e) + (y_e/n)\right]}$$

由于 β 为小量,则有

$$\psi_f = 1 - \beta\left[(n/y_e) + (y_e/n)\right]$$

和

$$\mathcal{A}_f = 1 - \psi_f = \beta\left[(n/y_e) + (y_e/n)\right]$$

下面我们必须求

$$(1 - R)\sum \mathcal{A}_f$$

为此,我们需要每个界面处 y_e 的值。让 $\lambda/4$ 膜系终止于高折射率膜层,则整个膜系的导纳将为 Y,这里 Y 是大的实数。如果我们将入射介质的导纳记为 y_0(采用自由空间单位时它等于 n_0,也是实数),则有

$$R = \left[\frac{y_0 - Y}{y_0 + Y}\right]^2$$

如果 Y 足够大,

$$1 - R = 1 - [1 - 4y_0/Y] = 4y_o/Y$$

进一步,因为 Y 是终止导纳,所有膜层的厚度均为 $\lambda/4$,每个界面处的导纳遵循下面的模式:

Y	$\frac{y_H^2}{Y}$	$\frac{y_L^2 Y}{y_H^2}$	$\frac{y_H^4}{y_L^2 Y}$	$\frac{y_L^4 Y}{y_H^4}$	$\frac{y_H^6}{y_L^4 Y}$	$\frac{y_L^6 Y}{y_H^6}$
y_0	n_H	n_L	n_H	n_L	n_H	n_L

这样

$$\begin{aligned} A &= (1 - R)\sum_{f=1}^{p}\mathcal{A}_f \\ &= \frac{4y_0}{Y}\left[\left(\frac{y_H}{y_H^2/Y} + \frac{y_H^2/Y}{y_H}\right)\beta_H + \left(\frac{y_L}{y_L^2 Y/y_H^2} + \frac{y_L^2 Y/y_H^2}{y_L}\right)\beta_L \right. \\ &\quad \left. + \left(\frac{y_H}{y_H^4/y_L^2 Y} + \frac{y_H^4/y_L^2 Y}{y_H}\right)\beta_H + \cdots\right] \end{aligned}$$

即

$$A = 4y_0\left[\left(\frac{1}{y_H}+\frac{y_H}{Y^2}\right)\beta_H+\left(\frac{y_L}{y_H^2}+\frac{y_H^2}{y_LY^2}\right)\beta_L+\left(\frac{y_L^2}{y_H^3}+\frac{y_H^3}{y_L^2Y^2}\right)\beta_H+\cdots\right]$$

因为 β_H 和 β_L 较小而 Y 较大,可以忽略 β/Y^2 项,于是吸收率可以写为

$$A = 4y_0\left[\left(\frac{1}{y_H}+\frac{y_L^2}{y_H^3}+\frac{y_L^4}{y_H^5}+\cdots\right)\beta_H+\left(\frac{y_L}{y_H^2}+\frac{y_L^3}{y_H^4}+\frac{y_L^5}{y_H^6}+\cdots\right)\beta_L\right]$$

$(y_L/y_H)^2$ 小于 1。尽管膜系不是无限的,我们可以假设膜层足够多,因此把它假设成无限的所带来的误差非常小。

于是

$$A = 4y_0\left(\frac{\beta_H/y_H}{1-(y_L/y_H)^2}+\frac{y_L\beta_L/y_H^2}{1-(y_L/y_H)^2}\right)=\frac{4y_0(y_H\beta_H+y_L\beta_L)}{(y_H^2-y_L^2)}$$

而

$$y\beta = y\left(\frac{2\pi kd}{\lambda}\right)=\left(\frac{2\pi nd}{\lambda}\right)k$$

式中,由于我们使用的是自由空间单位,用 n 替代了 k。由于各个膜层均为 $\lambda/4$ 厚,有

$$\frac{2\pi nd}{\lambda}=\frac{\pi}{2}$$

因此

$$A = \frac{2\pi n_0(k_H+k_L)}{(n_H^2-n_L^2)}\quad\text{(最后的高折射率膜层)}$$

对于多层膜终止于低折射率膜层的情况,可以按同样的方式处理。最后一层低折射率膜层的作用是降低反射率,从而增加了吸收率。吸收率为

$$A = \frac{2\pi}{n_0}\left[\frac{(n_H^2k_L+n_L^2k_H)}{(n_H^2-n_L^2)}\right]\quad\text{(最后的低折射率膜层)}$$

例如,我们考虑这样的一个多层膜:$k_H=k_L=0.0001$,$n_H=2.35$,$n_L=1.35$,空气折射率 $n_0=1.00$。该膜系的吸收率为

$A=0.03\%$(最外面是高折射率膜层)

$A=0.12\%$(最外面是低折射率膜层)

实际上,在光谱的长波区域,硫化锌和冰晶石膜系的损耗可以小于 0.001%,假设该损耗完全由一种材料引起,则要求 k 的值必须小于 6×10^{-6}。对于五氧化钽和二氧化硅 $\lambda/4$ 多层膜系,已有损耗在 1μm 波长为 1ppm(即 0.0001%)的报道,这与 k 值的数量级一致。在这样低的损耗下,反射镜上小的污染就会成为重要的额外损耗源。

从绝对意义上讲,在任意给定的 $\lambda/4$ 膜系中,吸收损耗对反射率的影响要比对透射率的

影响大。Giacomo[23,24]证明,$\Delta T/T$ 和 $\Delta R/R$ 在同样的数量级,因此,由于 $R \gg T$,所以 $\Delta T \gg \Delta R$。在后面的章节中,我们还要回到损耗这一问题。

参考文献

[1] Fabry C and Perot A 1899 Theory et applications d'une nouvelle méthode de spectroscopie interférentielle *Annales des Chimie et des Physique*, *Paris*, *7th Series* **16** 115-144

[2] Born M and Wolf E 2002 *Principles of Optics*: *Electromagnetic Theory of Propagation*, *Interference and Diffraction of Light ed* 7 (New York: Cambridge University Press)

[3] Chabbal R 1958 Finesse limité d'un Fabry-Perot formé de lames imparfaites *Journal de Physique et le Radium* **19** 295-300

[4] Mayer H 1950 *Physik dünner Schichten* (Stuttgart: Wissenschaftliche Verlagsgesellschaft mbH)

[5] Kuhn H and Wilson B A 1950 Reflectivity of thin silver films and their use in interferometry *Proceedings of the Physical Society B* **63** 745-755

[6] Oppenheim U 1956 Semireflecting silver films for infrared interferometry *Journal of the Optical Society of America* **46** 628-633

[7] Palik E D ed 1985 *Handbook of Optical Constants of Solids* (New York: Academic Press Inc)

[8] Stanley R W and Andrew K L 1964 Use of dielectric coatings in absolute wavelength measurements with a Fabry-Perot interferometer *Journal of the Optical Society of America* **54** 625-627

[9] Penselin S and Steudel A 1955 Fabry-Perot-Interferometerverspiegelungen aus dielektrischen Vielfachschichten *Zeitschrift für Physik* **142** 21-41

[10] Welford W T (writing as W Weinstein) 1954 Computations in thin film optics *Vacuum* **4** 3-19

[11] Epstein L I 1955 Improvements in heat reflecting filters *Journal of the Optical Society of America* **45** 360-362

[12] Perry D L 1965 Low loss multilayer dielectric mirrors *Applied Optics* **4** 987-991

[13] Heitmann W 1966 Extrem hochreflektierende dielektrische Spiegelschichten mit Zincselenid *Zeitschrift für Angewandte Physik* **21** 503-508

[14] Baumeister P W and Stone J M 1956 Broad-band multilayer film for Fabry-Perot interferometers *Journal of the Optical Society of America* **46** 228-229

[15] Heavens O S and Liddell H M 1966 Staggered broad-band reflecting multilayers *Applied* Optics **5** 373-376

[16] Baumeister P W 1958 Design of multilayer filters by successive approximations *Journal of the Optical Society of America* **48** 955-958

[17] Pelletier E, Klapisch M, and Giacomo P 1971 Synthèse d'empilements de couches minces *Nouvelle Revue d'Optique Appliquée* **2** 247-254

[18] Turner A F and Baumeister P W 1966 Multilayer mirrors with high reflectance over an extended spectral region *Applied Optics* **5** 69-76

[19] Ramsay J V and Ciddor P E 1967 Apparent shape of broad band multilayer reflecting surfaces *Applied Optics* **6** 2003-2004

[20] Giacomo P 1958 Proprietes chromatiques des couches reflechissantes multidielectriques *Journal de Physique et le Radium* **19** 307-311

[21] Ciddor P E 1968 Minimization of the apparent curvature of multilayer reflecting surfaces *Applied Optics* **7** 2328-2329

[22] Hemingway D J and Lissberger P H 1973 Properties of weakly absorbing multilayer systems in terms of the concept of potential transmittance *Optica Acta* **20** 85-96

[23] Giacomo P 1956 Les couches réfléchissantes multidiélectriques appliquées a l'interférometre de Fabry-Perot. Etude théorique et expérimentale des couchesréelles. I *Revue d'Optique* **35** 317-354

[24] Giacomo P 1956 Les couches réfléchissantes multidiélectriques appliquées a l'interférometre de Fabry-Perot. Etude théorique et expérimentale des couchesréelles. II *Revue d'Optique* **35** 442-467

第 7 章　截止滤光片

光学性能从截止区到透射区发生突变的滤光片,称作截止滤光片。截止滤光片分为两大类:长波通滤光片和短波通滤光片。它们有各种不同的形成机制,其结构也有多种不同的形式。下面仅讨论薄膜型截止滤光片,这些滤光片是根据吸收效应或干涉效应,或者两者同时工作的。

7.1　薄膜型吸收滤光片

薄膜型吸收滤光片由某种材料的单层膜构成,这种材料的吸收边正好位于要求的波长。这类滤光片通常具有长波通特性。半导体在其本征吸收边从不透明突变到透明,因此可作为优质长波通截止滤光片的有效材料。薄膜型吸收滤光片的吸收边虽然不像干涉滤光片那样陡峭,但它们简单且容易制造。通常唯一的麻烦在于,这类材料的折射率较高,从而在透射区引起高反射损耗。例如,锗的吸收边在 1.65μm,其折射率为 4.0。为获得有效的截止度,锗膜所需的厚度至少要有若干个 $\lambda/4$。因此,在透射区将出现若干明显的干涉条纹,表示反射率从基底的反射率值经各级干涉极值,变化到膜厚为 $\lambda/4$ 奇数倍的反射率的 68%(在玻璃基底上的情况)。若在基底和锗膜之间以及锗膜和空气之间加镀减反射膜,反射损耗的问题则很容易解决,通常用单层 $\lambda/4$ 减反射膜就足够了。为得到最佳匹配,要求玻璃基底和锗膜之间的减反射膜的折射率是 2.46,而锗和空气之间的是 2.0。硫化锌(ZnS)的折射率是 2.35,足够接近这两个匹配值。若用硫化锌做减反射膜,那么在锗膜厚度为 $\lambda/4$ 奇数倍的那些波长,反射率为

$$\left[\frac{1-(2.35^4)/(4^2\times 1.52)}{1+(2.35^4)/(4^2\times 1.52)}\right]^2=1.3\%$$

而在锗膜厚度为 $\lambda/2$ 整数倍的那些波长(此时锗膜表现为一个虚设层,两层 ZnS 组合起来形成 $\lambda/2$ 膜层,因而也是虚设层),反射率等于 4%,即基底的反射率。于是这个膜系的反射率值将在 1.3% 和 4% 之间振荡。

以这种方式构成的纯吸收滤光片的其他常用材料,还包括二氧化铈——形成对紫外光截止而对可见光透射的滤光片,硅——形成截止限在 1μm 波长的长波通滤光片,以及碲化铅——形成截止限在 3.4μm 波长的长波通滤光片。

实际碲化铅滤光片的特性如图 7.1 所示,图中同时给出了膜层设计。两个减反射硫化锌膜层的厚度取为 $\lambda/4$(λ=3.0μm)。如果膜层厚度增加到(1/4) ×4.5μm,那么可能得到更好的结果。

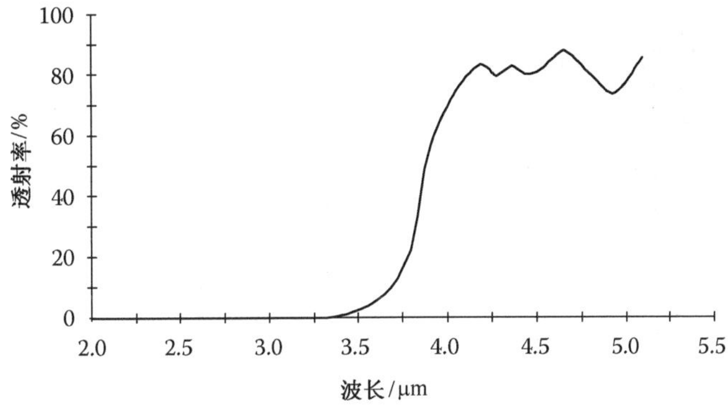

图 7.1　碲化铅滤光片的实测特性

(曲线在 4.25μm 处的小"凹陷"可能是空气中的 CO_2 引起测量分光计稍微不平衡所致。滤光片的设计为 $\frac{\lambda/4}{\mathrm{ZnS}}\left|\frac{30\times\lambda/4}{\mathrm{PbTe}}\right|\frac{\lambda/4}{\mathrm{ZnS}}\left|\frac{\mathrm{CaF_2}}{\text{基底}}\right.$，参考波长 $\lambda_0=3.0\mu m$。引自 Sir Howard Grubb，Parson & Co Ltd)

7.2　干涉截止滤光片

基本的介质反射结构是 $\lambda/4$ 膜系，它的特征是，一个有限的高反射区被具有相对高透射率的区域包围着，透射谱具有复杂的波纹结构，从反射到透射的过渡相当陡峭，且锐度随结构层数的增加而增大。因此，$\lambda/4$ 膜系在性能上与短波通或长波通滤光片类似。将这种膜系转换成有用的截止滤光片，意味着要压缩通带区的波纹，这在过去是一项相当困难的工作，但今天这项工作已经大大简化了，因为优化可以使用功能强大的计算机完成。本章后面我们将讨论这一过程。尽管较早的解析方法已被计算机辅助设计所替代，但前者仍然有用，因为它可以加深理解，而仅仅依靠计算机辅助设计是达不到这个目的的。因此，我们从研究一些基本的理论开始。

7.2.1　$\lambda/4$ 多层膜

干涉截止滤光片的基本类型是前一章讨论的 $\lambda/4$ 多层膜。如前所述，这类膜系的透射率曲线(作为波长的函数)的主要特征，是一连串的高反射带中(即低透射带)间隔高透射带。图 7.2 所示为 $\lambda/4$ 多层膜的透射率曲线的形状，虽然图示的特定材料的组合对波长超过 2μm 的红外区域有用，但对任何一对折射率比值相当高的材料，该曲线都具有代表性。

图 7.2 表示的膜系可以用作截止限为 5.0μm 的长波通滤光片，或用作截止限为 3.3μm 的短波通滤光片。通过改变监控波长，这些截止限的位置可以随意移动。

有时在特殊情况下，如只需截止波长范围特别窄的光，或者对于波长超过滤光片截止限的光，检测器本身已不灵敏，那么此时滤光片的截止带宽就足够用。不过在大多数情况下，是希望截止短于某一特定波长或者长于该波长的所有光。因此，应当设法展宽图 7.2 所示的截止带，通常的方法是用干涉滤光片同吸收滤光片的组合。

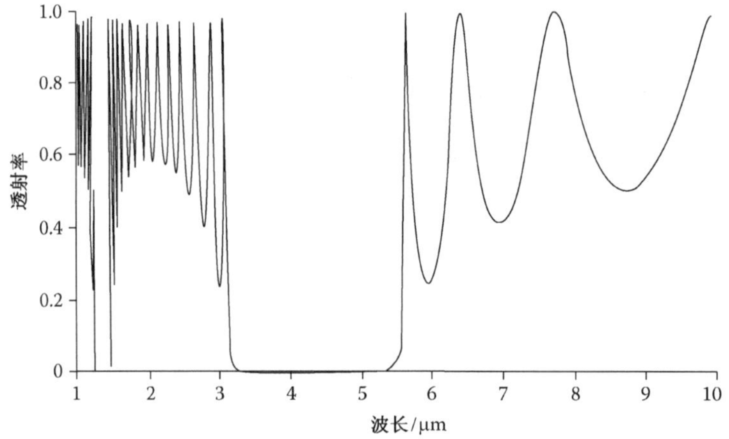

图 7.2　折射率为 1.42 的基底上镀以 13 层 $\lambda/4$ 锗膜(折射率 4.0)和一氧化硅膜(折射率 1.70)的计算透射率曲线

(监控波长 λ=4.0μm)

吸收滤光片的截止带一般有很高的截止度,但是由于它们依赖于主材料的基本光学性质,所以它们的特性是不可改变的,吸收边的位置是固定的。干涉吸收滤光片则把两者的最佳特性——即吸收滤光片的深截止度和干涉滤光片的“灵活性”综合起来。干涉膜系可以镀在一个作为基底的吸收滤光片上,或者有时干涉层由这样的材料制成:它们本身的吸收限在干涉截止带内。在吸收区域,这种滤光片的性能很像上一节所讲的纯吸收滤光片。

下面将简要讨论改变截止带宽的其他方法,但是现在我们的注意力必须转到更困难的问题——通带内透射率曲线的波纹幅度。如图 7.2 的曲线所示,波纹是很深的,如果设法将其压缩,那么滤光片的性能将会得到很大的改善。

在压缩波纹之前,我们应当首先研究出现波纹的原因,这不是一件容易的事,因为这在数学上是很烦琐的。1952 年 Epstein[1] 曾发表一篇极其重要的论文,该论文奠定了一种方法的基础。这种方法给出了对问题的必要鉴别,不仅能够预见膜系的特性,而且能够改进它的性能。

7.2.2　对称多层膜和赫平折射率

Epstein[1] 写于 1952 年的文章处理了对称组合膜系与单层膜的数学等效问题,这是至今设计薄膜滤光片最有效的方法的开端。

任何薄膜组合,只要它的一半是另一半的镜像,就可以认为这种组合是对称的。最简单的例子是三层膜组合:中间膜层被夹在两个相同的外膜层之间。如果一个多层膜系可以分为许多个相同的对称周期,那么可以证明,在性能上这个膜系等效于一个厚度与之相近而光学导纳可以计算的单层膜。这是一个最重要的结论,可惜的是,这牵涉到等效光学特性的准确计算问题。不过,滤光片的基本形式比较容易确定,它可作为定性分析的前导。滤光片的基本形式一经确定,就可用计算机完成准确计算。

首先考虑一个由无吸收的介质组成的对称三层膜周期 pqp,这个组合的特征矩阵为

$$\begin{bmatrix} M_{11} & M_{12} \\ M_{21} & M_{22} \end{bmatrix} = \begin{bmatrix} \cos\delta_p & (\mathrm{i}\sin\delta_p)/\eta_p \\ \mathrm{i}\eta_p\sin\delta_p & \cos\delta_p \end{bmatrix} \begin{bmatrix} \cos\delta_q & (\mathrm{i}\sin\delta_q)/\eta_p \\ \mathrm{i}\eta_q\sin\delta_q & \cos\delta_q \end{bmatrix} \times \begin{bmatrix} \cos\delta_p & (\mathrm{i}\sin\delta_p)/\eta_p \\ \mathrm{i}\eta_p\sin\delta_p & \cos\delta_p \end{bmatrix} \tag{7.1}$$

式中,我们使用了更普遍的倾斜光学导纳 η,下标 p 表示第 p 层而不是偏振态。先做乘法运算,我们求得

$$M_{11} = \cos 2\delta_p \cos\delta_q - \frac{1}{2}\left(\frac{\eta_q}{\eta_p} + \frac{\eta_p}{\eta_q}\right)\sin 2\delta_p \sin\delta_q \tag{7.2}$$

$$M_{12} = \frac{\mathrm{i}}{\eta_p}\left[\sin 2\delta_p \cos\delta_q + \frac{1}{2}\left(\frac{\eta_q}{\eta_p} + \frac{\eta_p}{\eta_q}\right)\cos 2\delta_p \sin\delta_q + \frac{1}{2}\left(\frac{\eta_p}{\eta_q} - \frac{\eta_q}{\eta_p}\right)\sin\delta_q\right] \tag{7.3}$$

$$M_{21} = \mathrm{i}\eta_p\left[\sin 2\delta_p \cos\delta_q + \frac{1}{2}\left(\frac{\eta_q}{\eta_p} + \frac{\eta_p}{\eta_q}\right)\cos 2\delta_p \sin\delta_q - \frac{1}{2}\left(\frac{\eta_p}{\eta_q} - \frac{\eta_q}{\eta_p}\right)\sin\delta_q\right] \tag{7.4}$$

和

$$M_{22} = M_{11} \tag{7.5}$$

这个乘积矩阵包含四个元素,但是,式(7.5)意味着只有三个独立的元素。可以证明,因为每个矩阵的行列式都等于 1,乘积矩阵的行列式也等于 1,这就额外增加了另一个关系,因此矩阵可以用两个独立的变量表示。这两个独立的变量可以根据我们的喜好任意选取,重要的是我们必须能毫不含糊地用它们重构乘积矩阵。

令这两个独立变量记为 γ 和 E,这样有

$$M_{11} = \cos\gamma = M_{22} \tag{7.6}$$

$$M_{12} = \frac{\mathrm{i}\sin\gamma}{E} \tag{7.7}$$

和

$$M_{21} = \mathrm{i}E\sin\gamma \tag{7.8}$$

矩阵的行列式仍等于 1,而且各个矩阵元素是两独立变量的单值函数。这些量同一个相位厚度为 γ、光学导纳为 E 的单层膜具有完全相同的形式,我们分别称这两个量为等效相位厚度和等效光学导纳,E 有时也称为赫平光学导纳,这是以这一领域的早期工作者来命名的。

我们可以利用式(7.6)~式(7.8)解出 γ 和 E,当然,解是多值的。因为我们是用这些解重构矩阵,所以可以选择对我们最有意义的值。因此,我们选择 γ 的值使其最接近对称周期的总相位厚度。E 的解可以从平方根推导出,通常我们取正根。

$$\gamma = \arccos M_{11} \tag{7.9}$$

$$E = \sqrt{\frac{M_{21}}{M_{12}}} \tag{7.10}$$

在不对称的组合中，M_{11}不等于M_{22}，因此，这样的组合不能用一个单层膜替代。

容易证明，这个结果能够推广到由任意多层膜组成的任何对称周期。首先划定多层膜的中心三层，它们独自形成一个对称组合，这样便可用一个单层膜来替代。然后这个等效膜层连同紧挨它的两层膜，又被取做第二个对称三层膜组合，依次用一个单层膜来替代。重复这个过程，直到所有膜层都被替代，于是便形成一个等效单层膜。

这一结果的重要性在于它既容易得到解释（单层膜的特性比多层膜显而易见得多），又容易将单个周期的结果推广到由多个周期组成的多层膜。

如果一个多层膜由s个相同的对称周期组成，每个对称周期有一等效相位厚度γ和等效光学导纳E，那么从物理学的角度可知，这个多层膜将等效于一个具有相位厚度$s\gamma$和光学导纳E的单层膜。这个结果很容易由下式推得：

$$\begin{bmatrix} \cos\gamma & \mathrm{i}\sin\gamma/E \\ \mathrm{i}E\sin\gamma & \cos\gamma \end{bmatrix}^s = \begin{bmatrix} \cos(s\gamma) & \mathrm{i}\sin(s\gamma)/E \\ \mathrm{i}E\sin(s\gamma) & \cos(s\gamma) \end{bmatrix} \tag{7.11}$$

必须强调的是，等效单层膜实质上不能在每个方面都严格替代对称组合膜，它只不过是多个矩阵乘积的数学表示而已。例如，入射角变化的影响就不能用变多层膜为单层膜这种等效方法来估计。

到目前为止，我们做的所有工作都可以应用于有吸收的膜层和无损耗的膜层。这里，我们只限于讨论无损耗的膜层，以及消光系数k等于零的那些膜层，这时M_{11}和M_{22}（等于M_{11}）为实数，而M_{12}和M_{21}为虚数。当实际计算矩阵元时会发现，存在$M_{11} < -1$即$\cos\gamma < -1$的区域。从这个表达式不能解出实数的γ，因而在这个区域γ是虚数。由于矩阵的行列式必须等于1，因此M_{12}和M_{21}的符号必须相反，而E必须也是个虚数。我们可以通过两种方式考虑这个结果。虚数γ和E构成一个矩阵，该矩阵与理想金属膜的矩阵不同，金属膜厚度的增加将导致更高的反射率；相反，因为$|M_{11}+M_{12}|/2>1$，当基本周期增加时，反射率必须趋近于1。γ和E为虚数的条件意味着存在一个高反射区，或者说一个禁带。在禁带外，γ和E都是实数，多层膜看起来像一个介质平板，随着周期的增加，条纹变得越来越密集，因此该区域对应一个通带。通带和禁带的边界由$M_{11}=-1$确定。

我们还可以写出γ和E的表达式。通带内等效光学导纳的表达式相当复杂，由式(7.3)～式(7.8)可得

$$\begin{aligned} E &= +\left(\frac{M_{21}}{M_{12}}\right)^{1/2} \\ &= +\left[\frac{\eta_p^2\left\{\sin 2\delta_p\cos\delta_q + \dfrac{1}{2}\left(\dfrac{\eta_q}{\eta_p}+\dfrac{\eta_p}{\eta_q}\right)\cos 2\delta_p\sin\delta_q - \dfrac{1}{2}\left(\dfrac{\eta_p}{\eta_q}-\dfrac{\eta_q}{\eta_p}\right)\sin\delta_q\right\}}{\sin 2\delta_p\cos\delta_q + \dfrac{1}{2}\left(\dfrac{\eta_q}{\eta_p}+\dfrac{\eta_p}{\eta_q}\right)\cos 2\delta_p\sin\delta_q + \dfrac{1}{2}\left(\dfrac{\eta_p}{\eta_q}-\dfrac{\eta_q}{\eta_p}\right)\sin\delta_p}\right] \end{aligned} \tag{7.12}$$

由式(7.2)可得γ的表达式为

$$\gamma=\arccos\left[\cos 2\delta_p\cos\delta_q-\frac{1}{2}\left(\frac{\eta_q}{\eta_p}+\frac{\eta_p}{\eta_q}\right)\sin 2\delta_p\sin\delta_q\right] \tag{7.13}$$

下面我们针对 $\lambda/4$ 多层膜的简单情况开始讨论这两个表达式。

1. 赫平折射率用于 $\lambda/4$ 多层膜

现在回到 $\lambda/4$ 多层膜。我们看到,如果对设计做简单的修改,那么上述结果便可以直接应用。很简单,只需在 $\lambda/4$ 多层膜的每一侧加一个 $\lambda/8$ 膜层即可。如果原膜系是起止于高折射率膜层,则要求加一对低折射率膜层,或与之相反。两种可能的结构是

$$\frac{\mathrm{H}}{2}\mathrm{LHLHLH}\ldots\mathrm{HL}\frac{\mathrm{H}}{2}$$

和

$$\frac{\mathrm{L}}{2}\mathrm{HLHLHL}\ldots\mathrm{LH}\frac{\mathrm{L}}{2}$$

我们还可以将这两种结构立刻替代为

$$\frac{\mathrm{H}}{2}\mathrm{L}\frac{\mathrm{H}}{2}\frac{\mathrm{H}}{2}\mathrm{L}\frac{\mathrm{H}}{2}\frac{\mathrm{H}}{2}\mathrm{L}\frac{\mathrm{H}}{2}\frac{\mathrm{H}}{2}\cdots\frac{\mathrm{H}}{2}\frac{\mathrm{H}}{2}\mathrm{L}\frac{\mathrm{H}}{2}$$

和

$$\frac{\mathrm{L}}{2}\mathrm{H}\frac{\mathrm{L}}{2}\frac{\mathrm{L}}{2}\mathrm{H}\frac{\mathrm{L}}{2}\frac{\mathrm{L}}{2}\mathrm{H}\frac{\mathrm{L}}{2}\frac{\mathrm{L}}{2}\cdots\frac{\mathrm{L}}{2}\frac{\mathrm{L}}{2}\mathrm{H}\frac{\mathrm{L}}{2}$$

它们可以分别写为

$$\left[\frac{\mathrm{H}}{2}\mathrm{L}\frac{\mathrm{H}}{2}\right]^s \quad \text{和} \quad \left[\frac{\mathrm{L}}{2}\mathrm{H}\frac{\mathrm{L}}{2}\right]^s$$

这两种结构的基本周期分别是(H/2)L(H/2)和(L/2)H(L/2)。于是应用式(7.1)~式(7.11)的结果,将上面两个多层膜用单层膜来替代,从而得出通带的特性,同时禁带的范围也是容易计算的。我们首先研究禁带的宽度。如上所述,禁带的边界由 $M_{11}=-1$ 确定。应用式(7.2),这相当于

$$\cos 2\delta_p\cos\delta_q-\frac{1}{2}\left(\frac{\eta_q}{\eta_p}+\frac{\eta_p}{\eta_q}\right)\sin 2\delta_p\sin\delta_q=-1 \tag{7.14}$$

这正好是前一章所得的未曾修正的 $\lambda/4$ 多层膜宽度的同一表达式,在那里,δ 被替代成 $(\pi/2)g$,式中,$g=\lambda_0/\lambda$(或 $g=v/v_0$,v 为波数)。禁带边界定义为

$$\delta_{\mathrm{e}}=\frac{\pi}{2}(1\pm\Delta g)$$

因此总的禁带宽度为

$$2\Delta g=2\Delta\left(\frac{\lambda_0}{\lambda}\right)$$

式中,

$$\Delta g=\frac{2}{\pi}\arcsin\left|\frac{\eta_q-\eta_p}{\eta_q+\eta_p}\right| \tag{7.15}$$

这些表达式的曲线绘在图 6.7 中。因此,不论基本周期是(H/2)L(H/2)还是(L/2)H(L/2),禁带宽度是完全相同的。当然,可能有其他形式的三层膜组合,其中心膜层的厚度并不等于外层膜厚度的两倍。在本章和下一章中我们将研究一些别的可能结构,因为它们具有某些有益的特性。但是仅就禁带的宽度而言,Vera[2] 已经证明:当三层对称周期的中心膜层的厚度为 $\lambda/4$、每个外膜层的厚度为 $\lambda/8$ 时,将得到最大的禁带宽度。

下面我们来研究通带。首先讨论等效光学导纳,然后讨论等效光学厚度。式(7.12)给出了通带等效光学导纳的表达式,式(7.13)给出了 γ 的表达式。用这种方法计算的硫化锌与冰晶石组合的等效光学导纳和等效光学厚度如图 7.3 所示,这是这种周期的一个极为典型的曲线形式。一旦算出等效光学导纳和等效光学厚度,滤光片在通带的特性及其以后性能的改善,就比较容易处理了。这些将在本章后面更详细地讨论。

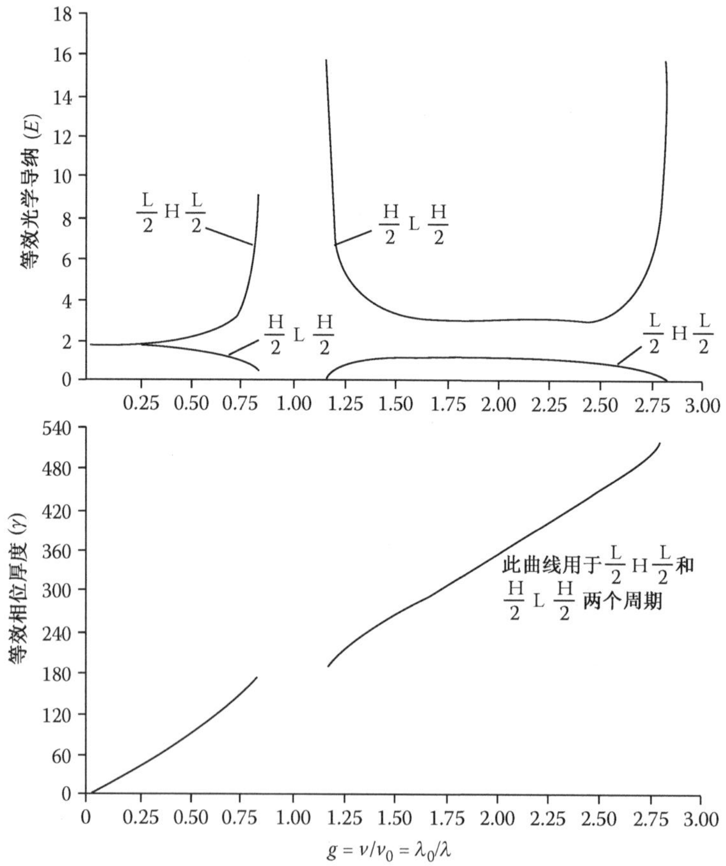

图 7.3 在垂直入射时硫化锌(n=2.35)和冰晶石(n=1.35)组成的对称周期组合的等效光学导纳(E)和等效相位厚度(γ)

这些表达式用解析方法不是特别容易处理，但对(H/2)L(H/2)和(L/2)H(L/2)周期，可以做一些简化处理。首先，我们研究等效光学导纳表达式(见式(7.12))的某些特性。

我们将式(7.12)的两边同除以 η_p，便可将这个表达式归一化，此时 E 仅仅是 δ_p、δ_q 和比值 η_p/η_q 的函数。接着，可做进一步的简化，即令 $2\delta_p=\delta_q$，那么 E/η_p 的表达式变为

$$\frac{E}{\eta_p}=\left[\frac{\left\{1+\frac{1}{2}\left[\rho+(1/\rho)\right]\right\}\cos\delta_q\sin\delta_q-\frac{1}{2}\left[\rho-(1/\rho)\right]\sin\delta_q}{\left\{1+\frac{1}{2}\left[\rho+(1/\rho)\right]\right\}\cos\delta_q\sin\delta_q+\frac{1}{2}\left[\rho-(1/\rho)\right]\sin\delta_q}\right]^{\frac{1}{2}} \tag{7.16}$$

式中，$\rho=\eta_p/\eta_q$。现在就容易看出下面的两个关系式是正确的，我们写成 $(E/\eta_p)(\rho,\delta_q)$ 的形式是因为它是变量 ρ 和 δ_q 的函数。

$$\frac{E}{\eta_p}(\rho,\pi-\delta_q)=\frac{1}{(E/\eta_p)(\rho,\delta_q)} \tag{7.17}$$

$$\frac{E}{\eta_p}\left(\frac{1}{\rho},\delta_q\right)=\frac{1}{(E/\eta_p)(\rho,\delta_q)} \tag{7.18}$$

事实上对于所有的对称周期，哪怕是含有非均匀膜层，这些关系都是正确的。Thelen[3] 给出了这些关系和其他公式的一般表述和证明。

Thelen 指出了如何利用这些关系来减轻计算宽波段内的等效光学导纳的工作量。这个问题在今天已经不那么重要，因为计算机可以帮我们做所有必要的计算。但是，通过 Thelen 发表的论文，我们容易更好地理解参数的变化和它们对膜层光学常数的依赖关系，图 7.4 和图 7.5 再现了这些结果。纵坐标采用对数坐标，其优点是使曲线的各个区域与第一区域重复，这直接来自式(7.17)和式(7.18)。所用的光学导纳比值全都大于 1，对于小于 1 的比值，可以从式(7.18)的曲线推得等效光学导纳值。对数坐标还意味着，只需重新修定 $\eta_p/\eta_q=k$ 的等效光学导纳轨迹，即给出相应于 $\eta_q/\eta_p=1/k$ 的等效光学导纳轨迹。因此图 7.5 复制了图 7.4 第一区域曲线的放大图，它给出绘制等效光学导纳轨迹所需要的全部信息。

注意到 E 的极限值也是有用的，因为

$$E\to(\eta_p\eta_q)^{\frac{1}{2}}\ (\text{当}\ \delta_q\to 0\ \text{时}) \tag{7.19}$$

和

$$E\to\eta_p(\eta_p/\eta_q)^{\frac{1}{2}}\ (\text{当}\ \delta_q\to\pi\ \text{时}) \tag{7.20}$$

周期的等效相位厚度由式(7.2)给出，为

$$\gamma=\arccos\left[\cos^2\delta_q-\frac{1}{2}\left(\rho+\frac{1}{\rho}\right)\sin^2\delta_q\right] \tag{7.21}$$

γ 的这个表达式是多值的，但选取最接近 $(2\delta_p+\delta_q)$ 的值(即各层膜实际相位厚度总和的 γ 值)是最容易说明问题的。从 γ 的实际表达式可清楚看到，不论光学导纳比值大于 1 还是小于 1，

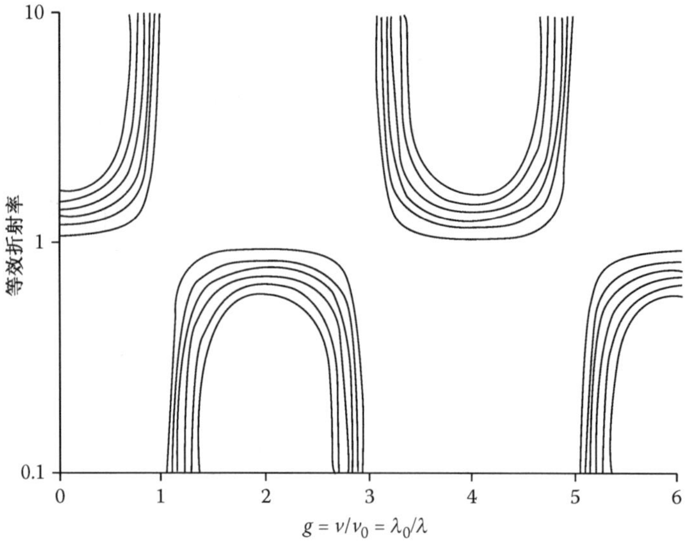

图 7.4　周期为(L/2)H(L/2)的膜系的等效折射率(即垂直入射时的光学导纳值)

(n_L =1.00,参数 n_H/n_L 的取值为 1.23、1.50、1.75、2.0、2.5、3.0。n_H/n_L 的值越大,曲线的阻带越宽。引自 Thelen A. *Journal of the Optical Society of America*, 56, 1533-1538, 1966)

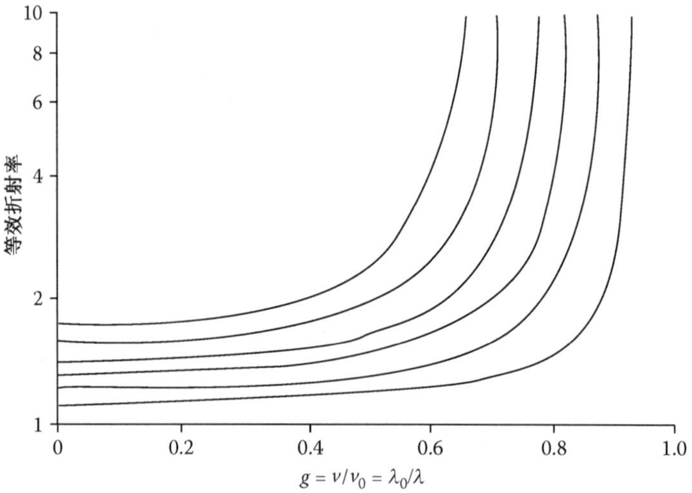

图 7.5　图 7.4 第一区域曲线的放大图

(引自 Thelen A. *Journal of the Optical Society of America*, 56, 1533-1538, 1966)

都是没有关系的,因为对应于 ρ 的相位厚度等于对应于 $1/\rho$ 的相位厚度。同样引自 Thelen 论文的图 7.6,给出了图 7.4 和图 7.5 中的对称组合膜的相位厚度。由于明显的对称性,所以此图也给出了绘制等效相位厚度曲线所需的全部数据。只在高反射带的边缘,等效厚度才显著地偏离真实厚度。在通带的任何其他位置,等效相位厚度几乎严格地等于组合膜的真实相位厚度。

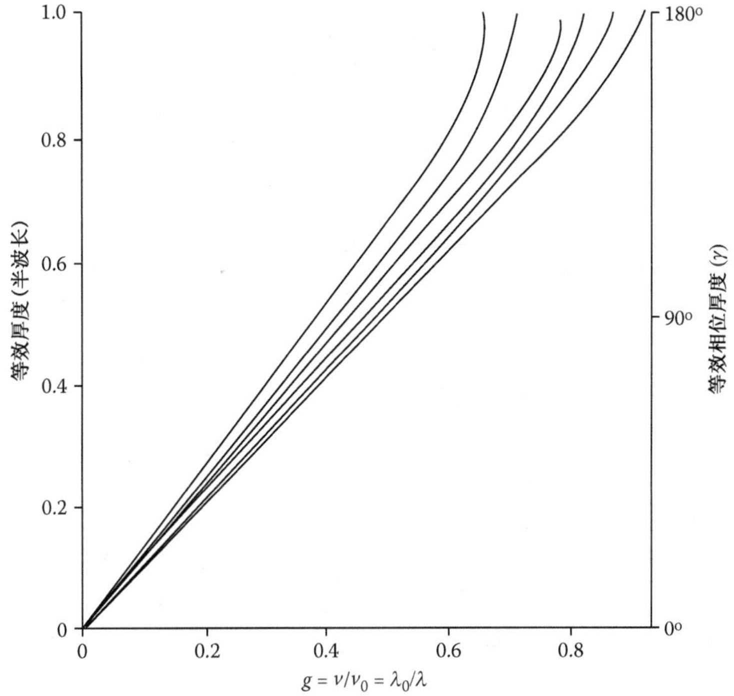

图7.6　图7.4描述的膜系的等效厚度

(引自 Thelen A. *Journal of the Optical Society of America*, 56, 1533-1538, 1966)

2. 赫平折射率用于非 λ/4 多层膜

前面描绘的所有曲线都是关于周期 λ/8 | λ/4 | λ/8 的,如果各层膜的相对厚度不同于这种结构,那么等效光学导纳也就不同。前面已指出,非上述结构的组合膜的反射带必定更窄。从 $g\to 0$ 时等效光学导纳的数值可以得到它的变化方式的某些概念。令 $2\delta_p/\delta_q=\Psi$,那么由式(7.12)可得

$$E=\eta_p\left[\frac{\dfrac{\sin 2\delta_p}{\sin\delta_q}\cos\delta_q+\dfrac{1}{2}\left(\dfrac{\eta_q}{\eta_p}+\dfrac{\eta_p}{\eta_q}\right)\cos 2\delta_p-\dfrac{1}{2}\left(\dfrac{\eta_p}{\eta_q}-\dfrac{\eta_q}{\eta_p}\right)}{\dfrac{\sin 2\delta_p}{\sin\delta_q}\cos\delta_q+\dfrac{1}{2}\left(\dfrac{\eta_q}{\eta_p}+\dfrac{\eta_p}{\eta_q}\right)\cos 2\delta_p+\dfrac{1}{2}\left(\dfrac{\eta_p}{\eta_q}-\dfrac{\eta_q}{\eta_p}\right)}\right]^{\frac{1}{2}} \tag{7.22}$$

当 $g\to 0$ 时,$\sin 2\delta_p/\sin\delta_p\to\Psi$,即

$$E\to\eta_p\left[\frac{\psi+\dfrac{1}{2}\left(\dfrac{\eta_q}{\eta_p}+\dfrac{\eta_p}{\eta_q}\right)-\dfrac{1}{2}\left(\dfrac{\eta_p}{\eta_q}-\dfrac{\eta_q}{\eta_p}\right)}{\psi+\dfrac{1}{2}\left(\dfrac{\eta_q}{\eta_p}+\dfrac{\eta_p}{\eta_q}\right)+\dfrac{1}{2}\left(\dfrac{\eta_p}{\eta_q}-\dfrac{\eta_q}{\eta_p}\right)}\right]^{\frac{1}{2}}$$

整理后我们得到

$$E=\eta_p\left[\frac{\psi+(\eta_q/\eta_p)}{\psi+(\eta_p/\eta_q)}\right]^{\frac{1}{2}} \tag{7.23}$$

这个结果表明，对于小的 g 值，可以在 η_p 和 η_q 值之间的整个范围内改变等效光学导纳值，但不能超出这个范围。在关于减反射膜的一章（第 4 章）里已经指出，这一结果常常用来确定等效组合膜，以替代那些折射率无法实现的膜层。

Epstein[1] 通过改变组合膜的厚度比值，更加详细地考察了等效光学导纳的变化，并列表给出硫化锌/冰晶石多层膜的几种结果。Ufford 和 Baumeister[4] 给出的一组曲线对利用有效光学导纳设计多层膜有所帮助。

当研究 $g=2$ 附近的等效光学导纳时，得到了某些初看起来有些意外的结果。当 $g\to2$ 时，$2\delta\to\pi$ 且 $\delta_p\to\pi$，因此，根据式（7.22），可得

$$E\to\eta_p\left[\frac{-1-\frac{1}{2}\left(\frac{\eta_q}{\eta_p}+\frac{\eta_p}{\eta_q}\right)\cos2\delta_p-\frac{1}{2}\left(\frac{\eta_p}{\eta_q}-\frac{\eta_q}{\eta_p}\right)}{-1-\frac{1}{2}\left(\frac{\eta_q}{\eta_p}+\frac{\eta_p}{\eta_q}\right)+\frac{1}{2}\left(\frac{\eta_p}{\eta_q}-\frac{\eta_q}{\eta_p}\right)}\right]^{\frac{1}{2}}=\left(\frac{\eta_p}{\eta_q}\right)^{\frac{1}{2}} \tag{7.24}$$

这是一个非常简单明了的结果。正如刚才考虑过的 $g\to0$ 的情形一样，现在令 $2\delta_p/\delta_q=\varPsi$。让 $g\to2$，因此 $2\delta_p+\delta_q\to2\pi$（这种情况下，我们定义 $g=\lambda_0/\lambda$，并假定 λ_0 为使 $2\delta_p+\delta_q=\pi$ 的波长）。

当 $g\to2$ 时，有

$$\cos2\delta_p\to\cos(2\pi-\delta_q)=\cos\delta_q$$

$$\sin2\delta_p\to\sin(2\pi-\delta_q)=-\sin\delta_q$$

和 $\delta_p\to2\pi/(1+\varPsi)$，所以

$$\begin{aligned}E&=\eta_p\left[\frac{-\sin\delta_q\cos\delta_q+\frac{1}{2}\left(\frac{\eta_q}{\eta_p}+\frac{\eta_p}{\eta_q}\right)\cos\delta_q\sin\delta_q-\frac{1}{2}\left(\frac{\eta_p}{\eta_q}-\frac{\eta_q}{\eta_p}\right)\sin\delta_q}{-\sin\delta_q\cos\delta_q+\frac{1}{2}\left(\frac{\eta_q}{\eta_p}+\frac{\eta_p}{\eta_q}\right)\cos\delta_q\sin\delta_q-\frac{1}{2}\left(\frac{\eta_p}{\eta_q}-\frac{\eta_q}{\eta_p}\right)\sin\delta_q}\right]^{\frac{1}{2}}\\&=\eta_p\left[\frac{-\cos\delta_q\left\{1-\frac{1}{2}\left(\frac{\eta_q}{\eta_p}+\frac{\eta_p}{\eta_q}\right)\right\}-\frac{1}{2}\left(\frac{\eta_p}{\eta_q}-\frac{\eta_q}{\eta_p}\right)}{-\cos\delta_q\left\{1-\frac{1}{2}\left(\frac{\eta_q}{\eta_p}+\frac{\eta_p}{\eta_q}\right)\right\}+\frac{1}{2}\left(\frac{\eta_p}{\eta_q}-\frac{\eta_q}{\eta_p}\right)}\right]^{\frac{1}{2}}\end{aligned} \tag{7.25}$$

式中，$\cos\delta_q=\cos[2\pi/(1+\varPsi)]$。

不论 $\varPsi$ 取何值，平方根号内的数都是负的，这意味着等效光学导纳是虚数。即使 $\varPsi\to1$，可望得到与式（7.24）的结果一致的极限情况，光学导纳仍是虚数。对这个明显的矛盾现说明如下：正如我们曾经看到的，虚数的等效光学导纳指示一个高反射带。首先考虑理想的 $\lambda_0/8\mid\lambda_0/4\mid\lambda_0/8$ 的多层膜。在对应于 $g=2$ 的波长，简单的理论指出，基底的反射率将不因镀有多层膜而改变，

因为多层膜的每个周期都表现为具有实数光学导纳的一个全波长层,因此皆为虚设层。更仔细地观察多层膜的结构,我们可以看出:所有各层膜的厚度都是半波长厚,这也能够用事实来说明。如果厚度比值改变,那么各层膜不再是半波长厚,从而不能当作虚设层。事实上,上述结果的理论表明,此时出现了一个高反射带。

因此,在对应于 $g=2$ 的波长,短波通滤光片的透射率对各层膜的相对厚度的误差是很敏感的。即使一个小的误差,也会引起一个反射率峰值的出现。如果误差很小,那么这种准高反射带就很窄,所以在短波通滤光片的透射曲线中,出现明显的“凹陷”是十分普遍的特性,并且也是难以消除的,这种“凹陷”有时称为“半波孔”。

7.2.3　性能计算

下面我们计算滤光片的某些性能。

1. 禁带边缘的透射率

高反射带或禁带的透射率是滤光片的一个重要参数。Thelen[3]给出了计算禁带边缘透射率的有效方法,他的分析如下。

假设多层膜由 s 个基本周期组成,则膜系的特征矩阵为

$$[M]^s=\begin{bmatrix}\cos\gamma & \mathrm{i}\sin\gamma/E\\ \mathrm{i}E\sin\gamma & \cos\gamma\end{bmatrix}^s=\begin{bmatrix}\cos(s\gamma) & \mathrm{i}\sin(s\gamma)/E\\ \mathrm{i}E\sin(s\gamma) & \cos(s\gamma)\end{bmatrix}$$

我们知道,在禁带的边缘有 $\cos(s\gamma)\to1$, $\sin(s\gamma)\to0$,并且 $E\to0$ 或 ∞(视膜系的具体组合而定)。既然

$$\frac{\sin(s\gamma)}{\sin\gamma}\to s\ (\text{当}\sin\gamma\to0\text{时})$$

因此在禁带的边缘,矩阵趋近于

$$\begin{bmatrix}1 & \mathrm{i}s\sin\gamma/E\\ \mathrm{i}Es\sin\gamma & 1\end{bmatrix}=\begin{bmatrix}1 & sM_{12}\\ sM_{21} & 1\end{bmatrix}$$

M_{12}或 M_{21}将趋近于零,因为

$$M_{11}M_{22}-M_{12}M_{21}=1$$

根据 M_{12}或 M_{21}哪个将趋近于零,矩阵可写为

$$\begin{bmatrix}1 & sM_{12}\\ 0 & 1\end{bmatrix}\text{或}\begin{bmatrix}1 & 0\\ sM_{21} & 1\end{bmatrix}$$

如果 η_0是入射介质的光学导纳,η_{sub}是基底的光学导纳,那么多层膜在禁带边缘的透射率由式(2.115)给出为

$$T=\frac{4\eta_0\eta_m}{(\eta_0B+C)(\eta_0B+C)^*}$$

如果 $M_{21}=0$，则

$$\begin{bmatrix} B \\ C \end{bmatrix} = \begin{bmatrix} 1 & sM_{12} \\ 0 & 1 \end{bmatrix} \begin{bmatrix} 1 \\ \eta_{\text{sub}} \end{bmatrix} = \begin{bmatrix} 1 + n_{\text{sub}} sM_{12} \\ \eta_{\text{sub}} \end{bmatrix}$$

或者，如果 $M_{12}=0$，则

$$\begin{bmatrix} B \\ C \end{bmatrix} = \begin{bmatrix} 1 & 0 \\ sM_{21} & 1 \end{bmatrix} \begin{bmatrix} 1 \\ \eta_{\text{sub}} \end{bmatrix} = \begin{bmatrix} 1 \\ n_{\text{sub}} + sM_{21} \end{bmatrix}$$

如果没有吸收，则

$$T = \frac{4\eta_0\eta_{\text{sub}}}{(\eta_0+\eta_{\text{sub}})^2 + (s\eta_0\eta_{\text{sub}} + |M_{12}|)^2} \quad (\text{当} M_{21}=0 \text{时}) \tag{7.26}$$

$$T = \frac{4\eta_0\eta_{\text{sub}}}{(\eta_0+\eta_{\text{sub}})^2 + (s|M_{21}|)^2} \quad (\text{当} M_{12}=0 \text{时}) \tag{7.27}$$

为使 M_{12} 或 M_{21} 等于零，要求

$$\sin 2\delta_p \cos\delta_q + \frac{1}{2}\left(\frac{\eta_q}{\eta_p}+\frac{\eta_p}{\eta_q}\right)\cos 2\delta_p \sin\delta_q = \mp\frac{1}{2}\left(\frac{\eta_p}{\eta_q}-\frac{\eta_q}{\eta_p}\right)\sin\delta_q$$

如果 M_{12} 为零，可以导出

$$|M_{21}| = \left|\eta_p\left(\frac{\eta_p}{\eta_q}-\frac{\eta_q}{\eta_p}\right)\sin\delta_q\right| \tag{7.28}$$

或者，如果 M_{21} 为零，则有

$$|M_{12}| = \left|\frac{1}{\eta_p}\left(\frac{\eta_p}{\eta_q}-\frac{\eta_q}{\eta_p}\right)\sin\delta_q\right| \tag{7.29}$$

现在，将余下的讨论局限于 $\lambda/8\mid\lambda/4\mid\lambda/8$ 膜系。在高反射带的边缘，式(7.14)变为

$$\cos^2\delta_q - \frac{1}{2}\left(\frac{\eta_q}{\eta_p}+\frac{\eta_p}{\eta_q}\right)\sin^2\delta_q = -1$$

做一定化简后可得

$$\sin^2\delta_q = \frac{4\eta_p\eta_q}{(\eta_p+\eta_q)^2} \tag{7.30}$$

于是

$$|M_{21}|^2 = \left|\frac{4\eta_p(\eta_p-\eta_q)^2}{\eta_q}\right| \quad (\text{若}\ M_{12}=0) \tag{7.31}$$

$$|M_{12}|^2 = \left|\frac{4(\eta_p-\eta_q)^2}{\eta_p^3\eta_q}\right| \quad (\text{若}\ M_{21}=0) \tag{7.32}$$

为给出高反射带边缘的透射率，这些表达式应按下述规则用于式(7.26)和式(7.27)，即如果等效光学导纳 E 为 0，则 $M_{21}=0$；如果等效光学导纳 E 为 ∞，则 $M_{12}=0$。

2. 禁带中心的透射率

对于简单的 $\lambda/4$ 多层膜,在第 6 章中已经给出它在高反射带中心的透射率的表达式。现在讨论的多层膜,其透射率具有相同的数量级,但膜系最外面的 $\lambda/8$ 膜层使事情复杂化了。这种膜系可以表示为

$$\frac{p}{2}q\frac{p}{2}\frac{p}{2}q\frac{p}{2}\cdots\frac{p}{2}q\frac{p}{2}$$

即

$$\frac{p}{2}qpqpqp\cdots q\frac{p}{2}$$

如果有 s 个周期,那么在表达式中膜层 q 将出现 s 次。在高反射区的中心,矩阵乘积为

$$\begin{aligned}&\begin{bmatrix}\frac{1}{\sqrt{2}} & \frac{\mathrm{i}}{\eta_p\sqrt{2}}\\ \frac{\mathrm{i}\eta_p}{\sqrt{2}} & \frac{1}{\sqrt{2}}\end{bmatrix}\begin{bmatrix}0 & \frac{\mathrm{i}}{\eta_q}\\ \mathrm{i}\eta_q & 0\end{bmatrix}\begin{bmatrix}0 & \frac{\mathrm{i}}{\eta_p}\\ \mathrm{i}\eta_p & 0\end{bmatrix}\cdots\begin{bmatrix}0 & \frac{\mathrm{i}}{\eta_q}\\ \mathrm{i}\eta_q & 0\end{bmatrix}\begin{bmatrix}\frac{1}{\sqrt{2}} & \frac{\mathrm{i}}{\eta_p\sqrt{2}}\\ \frac{\mathrm{i}\eta_p}{\sqrt{2}} & \frac{1}{\sqrt{2}}\end{bmatrix}\\
&=\begin{bmatrix}\frac{1}{\sqrt{2}} & \frac{\mathrm{i}}{\eta_p\sqrt{2}}\\ \frac{\mathrm{i}\eta_p}{\sqrt{2}} & \frac{1}{\sqrt{2}}\end{bmatrix}\begin{bmatrix}0 & \frac{\mathrm{i}}{\eta_q}\\ \mathrm{i}\eta_q & 0\end{bmatrix}\begin{bmatrix}-\frac{\eta_q}{\eta_p} & 0\\ 0 & -\frac{\eta_p}{\eta_q}\end{bmatrix}^{s-1}\begin{bmatrix}\frac{1}{\sqrt{2}} & \frac{\mathrm{i}}{\eta_p\sqrt{2}}\\ \frac{\mathrm{i}\eta_p}{\sqrt{2}} & \frac{1}{\sqrt{2}}\end{bmatrix}\\
&=\frac{1}{2}\begin{bmatrix}\left(-\frac{\eta_q}{\eta_p}\right)^s+\left(-\frac{\eta_p}{\eta_q}\right)^s & \frac{\mathrm{i}}{\eta_p}\left\{\left(-\frac{\eta_q}{\eta_p}\right)^s-\left(-\frac{\eta_p}{\eta_q}\right)^s\right\}\\ \mathrm{i}\eta_p\left\{\left(-\frac{\eta_p}{\eta_q}\right)^s-\left(-\frac{\eta_q}{\eta_p}\right)^s\right\} & \left(-\frac{\eta_q}{\eta_p}\right)^s+\left(-\frac{\eta_p}{\eta_q}\right)^s\end{bmatrix}\end{aligned}\tag{7.33}$$

令 η_{sub} 表示基底的光学导纳,那么

$$\begin{bmatrix}B\\C\end{bmatrix}=\frac{1}{2}\begin{bmatrix}\left(-\frac{\eta_q}{\eta_p}\right)^s+\left(-\frac{\eta_p}{\eta_q}\right)^s+\frac{\mathrm{i}\eta_{\text{sub}}}{\eta_p}\left\{\left(-\frac{\eta_q}{\eta_p}\right)^s-\left(-\frac{\eta_p}{\eta_q}\right)^s\right\}\\ \eta_{\text{sub}}\left\{\left(-\frac{\eta_q}{\eta_p}\right)^s+\left(-\frac{\eta_p}{\eta_q}\right)^s\right\}+\mathrm{i}\eta_p\left\{\left(-\frac{\eta_p}{\eta_q}\right)^s-\left(-\frac{\eta_q}{\eta_p}\right)^s\right\}\end{bmatrix}\tag{7.34}$$

式(2.115)给出

$$\begin{aligned}T&=\frac{4\eta_0\eta_{\text{sub}}}{(\eta_0B+C)(\eta_0B+C)^*}\\
&=\frac{16\eta_0\eta_{\text{sub}}}{\left[(\eta_0+\eta_{\text{sub}})\left\{\left(-\frac{\eta_q}{\eta_p}\right)^s+\left(-\frac{\eta_p}{\eta_q}\right)^s\right\}\right]^2+\left[\left(\frac{\eta_0\eta_{\text{sub}}}{\eta_p}-\eta_p\right)\left\{\left(-\frac{\eta_q}{\eta_p}\right)^s-\left(-\frac{\eta_p}{\eta_q}\right)^s\right\}\right]^2}\end{aligned}\tag{7.35}$$

如果 s 足够大(通常就是这种情形),以至于

$$\left(\frac{\eta_H}{\eta_L}\right)^s \gg \left(\frac{\eta_L}{\eta_H}\right)^s$$

那么表达式可以简化为

$$T = \frac{16\eta_0\eta_{sub}}{(\eta_H/\eta_L)^{2s}\left[(\eta_0+\eta_{sub})^2+\left\{(\eta_0\eta_{sub}/\eta_p)-\eta_p\right\}^2\right]} \tag{7.36}$$

式中,根据对称周期的最外层膜,η_p可以是 η_H或 η_L。

3. 通带的透射率

在通带,多层膜好像一个光学厚度和光学导纳都略有不同的单层膜。下面考虑[(L/2)H(L/2)]^{s}的情形。图 7.7 所示为周期[(L/2)H(L/2)]的等效光学导纳(E)曲线的一部分,图中还给出了等效相位厚度 γ。在无吸收的基底上镀实际的单层透明膜,其反射率在两个极值之间振荡;这两个极值对应于膜厚等于 $\lambda/4$ 的整数倍。当膜层厚度等于 $\lambda/4$ 的偶数倍即 $\lambda/2$

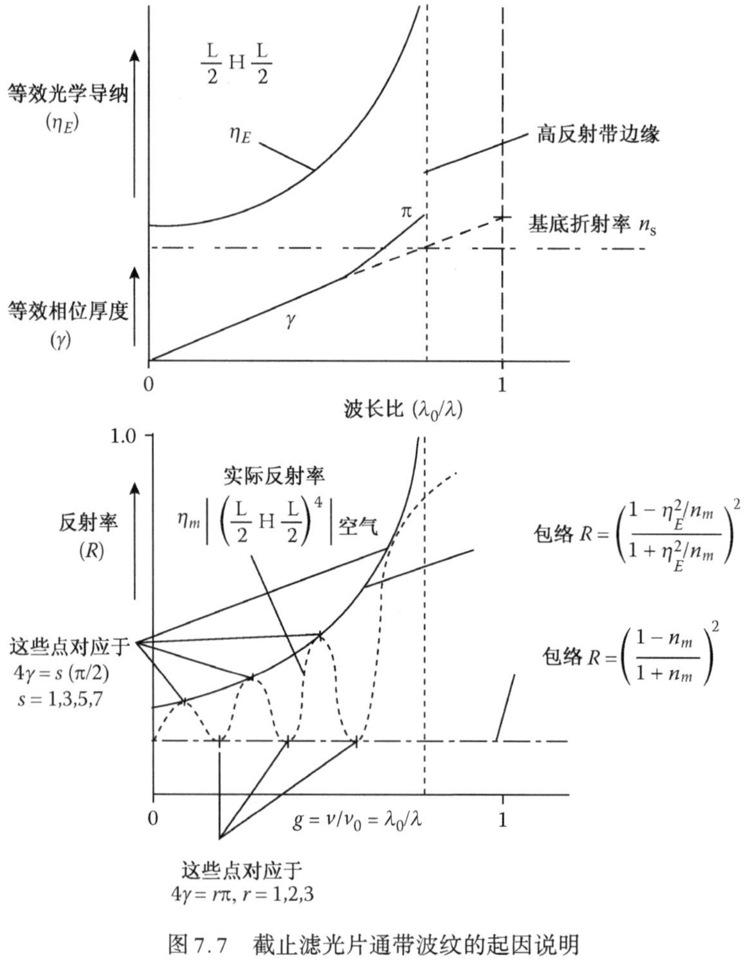

图 7.7　截止滤光片通带波纹的起因说明

的整数倍时，该膜层是一个虚设层，好像不存在一样，因此反射率等于基底的反射率；当膜层厚度等于 $\lambda/4$ 的奇数倍时，那么依材料的折射率是高于还是低于基底的折射率，反射率将出现极大值或极小值。因此，如果 η_f 是材料的光学导纳，η_{sub} 是基底的光学导纳，而 η_0 是入射介质的光学导纳，那么相应于膜层厚度为 $\lambda/4$ 的偶数倍，反射率将是 $[(\eta_0-\eta_{sub})/(\eta_0+\eta_{sub})]^2$，而相应于膜层厚度为 $\lambda/4$ 的奇数倍，反射率将是

$$\left(\frac{\eta_0-\eta_f^2/\eta_{sub}}{\eta_0+\eta_f^2/\eta_{sub}}\right)^2$$

不管薄膜的实际厚度是多少，我们绘出两条直线为

$$R=\left(\frac{\eta_0-\eta_{sub}}{\eta_0+\eta_{sub}}\right)^2 \tag{7.37}$$

和

$$R=\left(\frac{\eta_0-\eta_f^2/\eta_{sub}}{\eta_0+\eta_f^2/\eta_{sub}}\right)^2 \tag{7.38}$$

它们是反射率极大值和极小值的轨迹，也就是薄膜的反射率曲线的包络。如果薄膜的光学厚度等于 D，那么满足式(7.37)的那些极值的实际位置将由

$$D=2m\lambda/4\quad m=0,1,2,3,4,\cdots$$

给出，而满足式(7.38)的那些极值的实际位置将由

$$D=(2m+1)\lambda/4$$

给出，即这些极值分别位于下式给定的波长：

$$\lambda=4D/2m=2D/m$$

和

$$\lambda=4D/(2m+1)$$

现在我们回过头来研究多层膜。由于多层膜能够用一个单层膜替代，所以多层膜的反射率将在两个数值之间振荡，即在基底的反射率

$$R=\left(\frac{\eta_0-\eta_{sub}}{\eta_0+\eta_{sub}}\right)^2 \tag{7.39}$$

和下式给定的反射率

$$R=\left(\frac{\eta_0-E^2/\eta_{sub}}{\eta_0+E^2/\eta_{sub}}\right)^2 \tag{7.40}$$

之间振荡。这里，我们已将式(7.38)中的 η_f 替换成基本周期的等效光学导纳 E。由于 E 是变量，因此式(7.40)表示一条曲线而不是直线。为找到极大值和极小值的位置，我们寻找 $g=\lambda_0/\lambda$ 的这些值：它们使多层膜的总厚度等于 $\lambda/4$ 的整数倍，这等于说总相位厚度应是 $\pi/2$ 的整数倍——奇数倍对应于式(7.40)，而偶数倍对应于式(7.39)。如果多层膜有 s 个周期，那么

等效相位厚度将是 $s\gamma$。当单个周期的等效相位厚度 γ 等于 $\pi/2s$ 的整数倍时，也就是

$$\gamma = m\pi/2s \quad m=1,3,5,7,\cdots \text{ 对应式(7.40)}$$

和

$$\gamma = m\pi/s \quad m=1,2,3,4,\cdots \text{ 对应式(7.39)}$$

恰在通带的边缘处，等效相位厚度为 π，这样我们期望多层膜的作用相当于一个虚设层。但是，该点的等效光学导纳可以为零，也可以为无穷大。因此，多层膜不能这样处理，实际上，我们利用了前面推导的式(7.26)～式(7.36)。

图 7.7 说明了这种情况，它取四个周期的多层膜作为例子。不过重要的是，反射率曲线的包络并不随周期数而改变。滤光片的通带内出现大量波纹的原因现在还不清楚，这可能是由于基底、多层膜及入射介质的等效光学导纳不匹配的缘故。要压缩波纹，则要求更好的匹配。

4. 通带波纹的压缩

压缩通带波纹有许多不同的途径，最简单的是选取一个组合膜，使其等效光学导纳与基底的相近。如果来自基底的反射损失不是很大，那么这种方法必将产生足够好的结果。图 7.3 所示的组合[(H/2)L(H/2)](其中 $n_H=2.35$，$n_L=1.35$)给出玻璃上一个长波通滤光片的可用特性，事实也的确如此。这种滤光片的特性绘在图 7.8 中。组合[(L/2)H(L/2)]具有更好的短波通滤波特性，为了便于比较也绘在图 7.8 中。不过，通常实用的材料并不一定就具有适合的等效光学导纳，因而必须选取压缩波纹的其他方案。

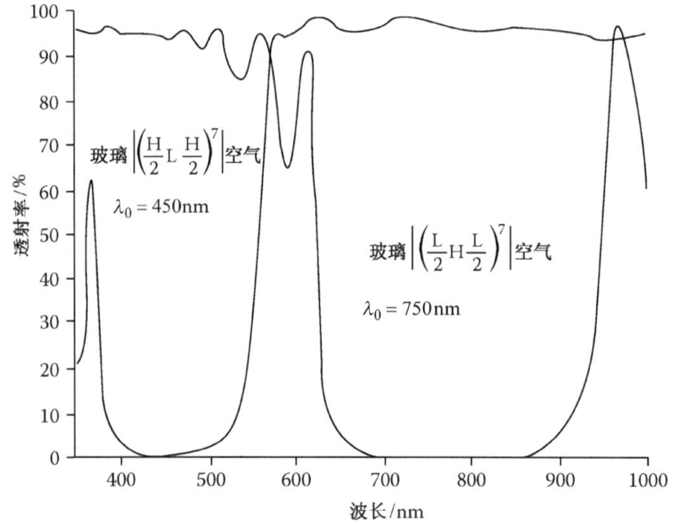

图 7.8　15 层长波通滤光片和 15 层短波通滤光片的计算透射率

Welford[5] 提出了一种压缩波纹的很简单的方法，但似乎使用得不多。这种方法是简单地改变基本周期内的膜层厚度，使其等效光学导纳变到更接近预期值。要使这种方法有效，则要求基底保持低的反射率，即基底应具有低折射率。在可见光区玻璃是十分满意的基底材料，但是这种方法不能不加修改便用于红外区，如用于硅板和锗板。

更常用的方法是在多层膜的每一侧加镀匹配层，使它同基底以及入射介质匹配起来。如果在多层膜与基底之间插入一个光学导纳为 η_3 的 $\lambda/4$ 膜层，而在多层膜与入射介质之间插入一个光学导纳为 η_1 的 $\lambda/4$ 膜层，只要

$$\eta_3=(\eta_{\text{sub}}E)^{\frac{1}{2}} \quad 和 \quad \eta_1=(\eta_0 E)^{\frac{1}{2}} \tag{7.41}$$

就将得到良好的匹配。

将插入膜层单纯地当作多层膜边界的减反射膜，只要计算多层膜在某些特定波长的特性，便可迅速检验该膜是否具有要求的性能。在这些特定波长处，多层膜的等效厚度要么为 $\lambda/4$ 的奇数倍，要么为 $\lambda/4$ 的偶数倍。正如前面一样，我们绘出了反射率曲线的包络。在多层膜的表现如同一个 $\lambda/4$ 单层膜的那些波长处，膜系的等效光学导纳恰好为

$$Y=\frac{\eta_1^2\eta_3^2}{E^2\eta_{\text{sub}}}$$

因此反射率为

$$R=\left[\frac{\eta_0-\left(\eta_1^2\eta_3^2\right)/\left(E^2\eta_{\text{sub}}\right)}{\eta_0+\left(\eta_1^2\eta_3^2\right)/\left(E^2\eta_{\text{sub}}\right)}\right]^2 \tag{7.42}$$

如果

$$\eta_1^2\eta_3^2=E^2\eta_0\eta_{\text{sub}} \tag{7.43}$$

反射率将为零。当多层膜表现为如同一个 $\lambda/2$ 膜层时，它是虚设的，其反射率为

$$R=\left[\frac{\eta_0-\eta_1^2\eta_{\text{sub}}/\eta_3^2}{\eta_0+\eta_1^2\eta_{\text{sub}}/\eta_3^2}\right]^2 \tag{7.44}$$

如果

$$\frac{\eta_1^2}{\eta_3^2}=\frac{\eta_0}{\eta_{\text{sub}}} \tag{7.45}$$

那么反射率将为零。解关于 η_1 和 η_3 的式(7.43)和式(7.45)，便如我们预期的得到式(7.41)。如果理想的匹配层不存在，那么将任何可用材料的相应光学导纳代入式(7.42)和式(7.44)，便能够迅速检验它的合适度。

图 7.9 所示为一个短波通滤光片在加镀匹配层前、后的特性。最终的反射率包络由式(7.42)和式(7.44)给出，计算得到的滤光片的性能如图 7.10 所示。当 g 的值从 1.25 增加时，波纹要比根据包络计算预测的略大，这是因为根据包络计算是以 $\lambda/4$ 匹配层为基础的，而这仅对 $g=1.25$ 才严格成立。

5. 设计程序小结

现在归纳一下截止滤光片的简单设计程序。首先选取折射率不同的两种材料，要求它们在通带内是透明的，用以构成结构为 $[(L/2)H(L/2)]^s$ 或 $[(H/2)L(H/2)]^s$ 的多层膜。一般是选取两种折射率的比值尽可能大的材料，以便用给定的周期数得到最宽的截止带和最大的截止度。截止带的宽度由式(7.15)确定，其曲线如图 6.7 所示。截止带边缘的截止度由

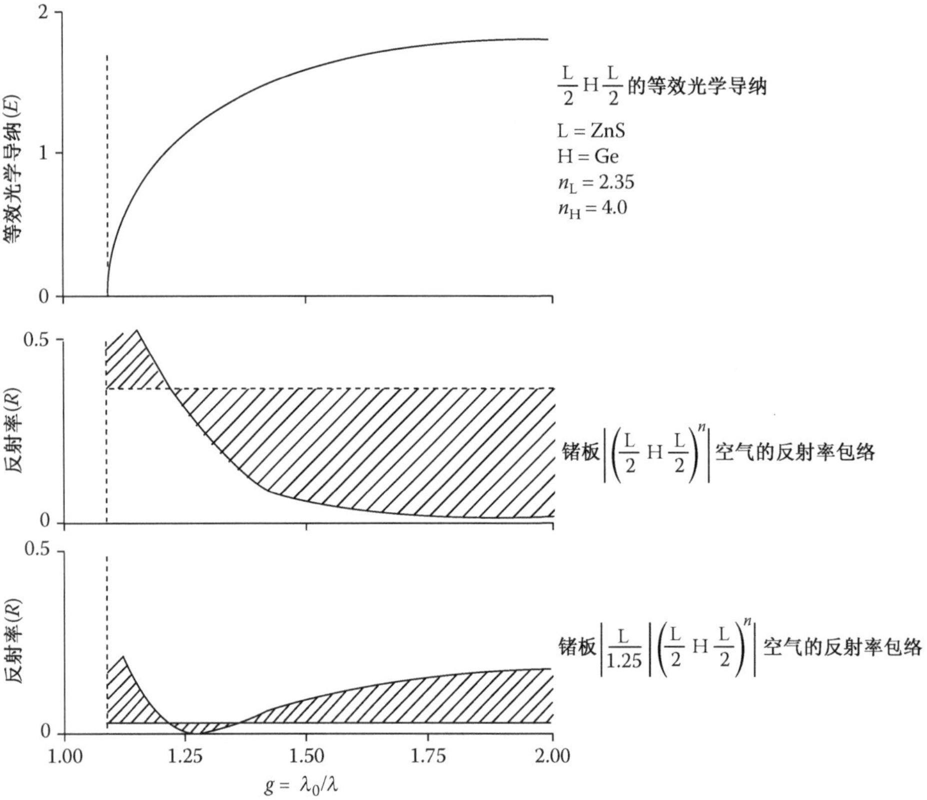

图 7.9　在锗板上用硫化锌(ZnS)和锗(Ge)构成短波通滤光片的设计步骤

式(7.26)、式(7.27)、式(7.31)和式(7.32)确定;而截止带中心则由式(7.36)确定。其次,必须计算膜系的等效光学导纳,这可以使用计算机或者借助于图 7.5 所示的设计曲线来完成。式(7.19)和式(7.20)给出的限制 E 值的公式对绘制内插曲线是有用的。现在可以用式(7.39)和式(7.40)绘制反射率曲线的包络,从而立即得到可能有的波纹的一些概念。如果需要的话,用图 7.6 的 γ 曲线和 7.2.3 节中第四小节给出的方法,可以找到波纹的"峰"和"谷"的位置。如果波纹已足够小,那么下一步可以略去,于是设计即告完成。如果波纹不满足要求,那么应在多层膜与基底之间以及多层膜与入射介质之间插入匹配层。匹配层对于最重要的波长来说应是 $\lambda/4$ 膜,其光学导纳必须尽可能接近下式给定的值:

$$\eta_3 = (\eta_{sub}E)^{\frac{1}{2}} \quad 和 \quad \eta_1 = (\eta_0 E)^{\frac{1}{2}}$$

式中,η_1 为多层膜与入射介质之间的匹配光学导纳;η_3 为多层膜与基底之间的匹配光学导纳。一般来说,光学导纳值恰好满足需要的材料实际上是不存在的,因而必须做一个折中的选择。为了检验这种选择的有效性,可以用式(7.42)和式(7.44)计算出新的反射率曲线的包络。

我们通过如图 7.9 和图 7.10 所示的基于锗基底上硫化锌和锗的短波通滤光片说明了这种设计方法。

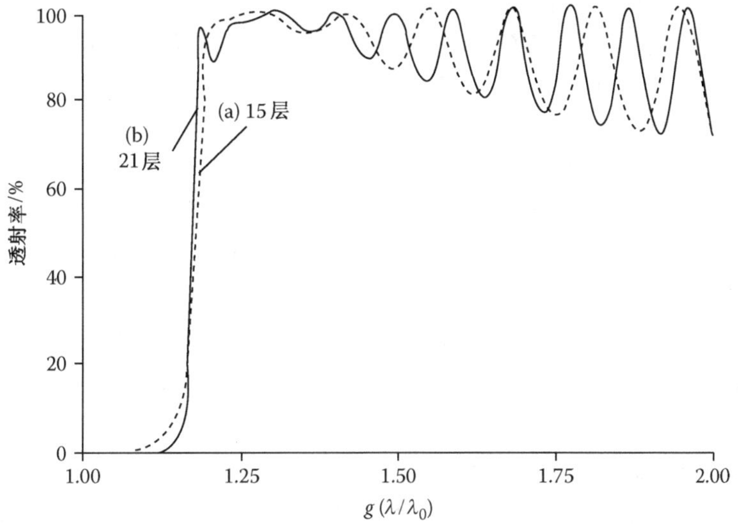

图 7.10　根据图 6.9 的设计[A |(0.5LH0.5L)^{s}L/1.25 |Ge,其中 A 为空气,Ge 为锗,n_L =2.35,n_H =4.0,n_{Ge} =4.0 和 n_A =1.00]计算的滤光片的性能。(a)q =7;(b)q =10

迄今为止的描述主要是系统的解析方法,因为这种方法容易理解,尽管在应用中还要涉及一定的体力劳动。实际中我们更多的是使用计算机,这样可使等效参数和波纹性能的计算又快又简单。

6. *消除波纹的更复杂的方法*

目前,消除波纹的最普遍的方法是计算机优化,这将在本书后面的部分详细介绍。计算机不能用像“改善”、“更好”、“更坏”等术语,它们处理的是数字,其逻辑是基于一个数是大于还是小于另一个数。对于能够改进设计的计算机而言,对任何改进的评价必须以数字为基础,数字的变化对应性能的改进或劣化。通常,数字减小说明性能提高,但并不总是这样。因此,这个称为品质因数的数可以代表计算机的性能。品质因数是通过一组法则计算的,称为评价函数,它存在于计算机内。品质因数经常用一个数字表示,它反映了当前设计性能和希望性能或目标性能的差距。在优化过程中,计算机通过改变设计来逐步减小当前设计性能和目标性能间的这一差距(定义为品质因数),不同优化过程在计算机改变设计所遵循的指令上有差别,但目的都是保证收敛到尽可能满意的品质因数。

Baumeister[6] 将计算机优化引入光学薄膜的设计中,他通过计算机编程来估计膜层厚度的微小变化对评价函数的影响。评价函数代表薄膜的性能与理想值的偏差。最初的设计远不是理想的,需要通过连续改变膜层厚度来逐步改进薄膜的性能。任一膜层的最佳厚度都与其他膜层的厚度无关,因此每一膜层厚度的改变不是很大,不会冒不稳定的风险。自从 Baumeister 的早期工作以来,计算机的速度和容量已经有了显著提高,但方法的本质没变。现在更常见的是估计所有厚度可变膜层的变化范围,而不是相继改变它们,同时做这些变化,并用新的评价函数计算,然后,估计进一步的变化,并重复这一过程。评价某种改变的方式是经常使用的各种优化方法间的主要差别。如果把评价函数处理成 $p+1$ 维空间中的一个表面,且膜层厚度这个变量与 p 无关,则通常的方法是确定评价表面斜率的方向,然后改变膜层厚度。虽然目前存在很多不同优化方法,但比较后发现,没有一个通用的最好方法[7]。

计算机优化是一种功能强大的辅助设计方法,但只能对一个起始设计起作用,它通过改变设计来提高性能。没有起始解的完全设计,设计优化不太常用,当优化达到一个僵局(也就是最小的品质因数仍不能令人满意时),需要加入综合设计过程使设计复杂化。综合设计是 Dobrowolshi[8]于 20 世纪 60 年代引入的。优化和综合设计在设计上的使用是与计算机的改进和可用性同步成长的。

优化和综合设计过程寻找能够接受的设计的参数空间,但它们不能发现参数空间中不存在的东西。无论计算机的功能如何强大,也不能发现不存在或不能存在的设计,它们无法理解可行性。因此,高效的计算机优化方法的存在,一点也不意味着解析设计方法过时了,可以抛弃了。解析方法告诉我们设计的可行性和存在性,使我们避免将时间浪费在不现实的找寻中,并帮助我们建立计算机优化的设计。因此,在考虑计算机优化的使用前,我们花一点时间关注一下历史上出现的一些解析方法。

但是,应该时刻牢记的是,截止滤光片(或任何光学薄膜)的制造并不是一件容易的事情,除非一个简单设计的期望性能正在制造过程中实现。在消除误差源之前,任何更复杂的尝试都意义不大。

改进设计的第一个明显的方法是提高匹配层的效率。在关于减反射膜的一章里,我们曾讨论过许多多层膜,它们给出比单层膜更好的性能,最终的性能是用非均匀膜层获得的。可惜的是,正如我们已经看到的,非均匀膜层的主要问题在于能否得到小于 1.35 左右的折射率值。如果我们需要与空气匹配,就要求这个条件。不过,Jacobsson[9]已简要地处理了用非均匀膜层使多层膜长波通滤光片与锗板相匹配的问题。滤光片的结构为 $[(H/2)L(H/2)]^6$,由折射率为 4.0 的锗和折射率为 1.80 的一氧化硅构成,以非均匀膜层的形式镀在锗基底上。他的文章给出了如图 7.11 所示的三条曲线。曲线 1 是镀在玻璃(折射率为 1.52)基底上的多层膜。在通带内,当波长接近通带边缘时,由于多层膜的等效光学导纳从 $(1.8\times4.0)^{1/2}=2.7$ 逐渐降到零(这与边缘附近基底的光学导纳值相差不大),因此正如我们所预期的,透射率是很高的。当将同一个多层膜镀在锗板上(折射率为 4.0)时,如曲线 2 所示,严重的失配引起很大的波纹出现。在锗板与多层膜之间插入一个非均匀膜层,其折射率从靠锗板那边的 4.0 变到靠多层膜这边的 1.52,所得的特性曲线 3 正好近似于最初的玻璃基底上多层膜的特性。

Baumeister[6]研究的一个实例是短波通滤光片,他最终得到的设计提供了一种类似于 Young 和 Cristal[10]的新途径。在第 3 章曾指出,Young 根据用于微波滤光片的 $\lambda/4$ 变换器,提出了一种设计减反射膜的方法。减反射膜由一连串的 $\lambda/4$ 膜层构成,其折射率值从一种介质稳步递进到另一种介质。Young 给出了一系列表格,来设计给定带宽和波纹要求的减反射膜。

Young 和 Cristal 在他们的文章中解释说,他们研究了 Baumeister 的滤光片,并且认为这种设计可以表示为一连串的对称周期:周期的厚度从膜系中心到外层稳步增加。他们从相似性发现,这关系到每层膜都被对称周期替代的减反射膜。然后他们用微波技术设计一个膜系,将

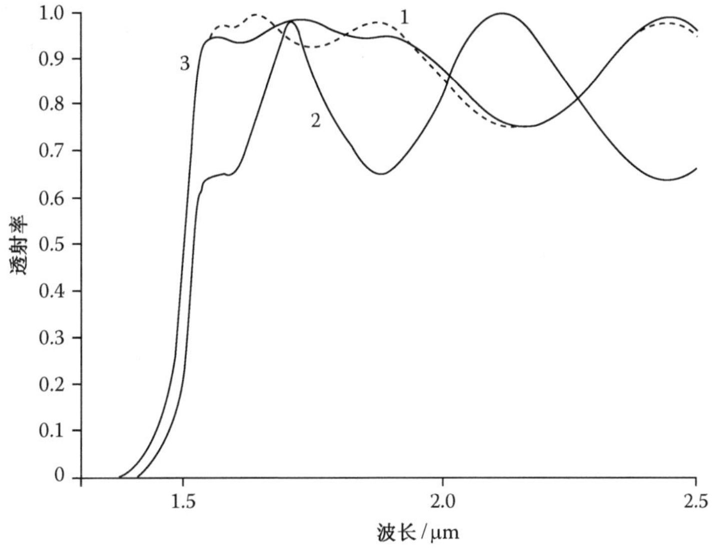

图 7.11　多层膜的透射率与波长的关系

(曲线 1：基底折射率 n_{sub} =1.52；曲线 2：基底折射率 n_{sub} =4.00；曲线 3：基底折射率 n_{sub} =4.00，并在基底与多层膜之间插入非均匀膜层。引自 Jacobsson R. *Journal of the Optical Society of America*, 54, 422-423, 1964)

滤光片中心的光学导纳(他们假设为 0.6)同空气的光学导纳(等于 1)匹配起来，外边的每一层膜则用一个等效周期来替代。这个设计表示为表 7.1 中的滤光片 B。Young 和 Cristal 给出的滤光片的各膜层厚度在表中已被分解为它们的对称周期。这个滤光片连同他们设计的另一个滤光片以及 Baumeister 的原始设计的特性如图 7.12 所示，所有的膜层厚度均列在表 7.2 中。为了简化讨论，Young 和 Cristal 在设计多层膜滤光片时，使其两边均同空气相匹配，而不像通常那样一边是玻璃，另一边是空气。

表 7.1　图 7.13 中滤光片 *B* 和图 7.14 中滤光片 *D* 的设计

膜层数	折射率	滤光片 *B* 膜层厚度			滤光片 *D* 膜层厚度		
1	1.38	47.50°	47.50°		48.56°	48.56°	
2	2.35	95.00°	95.00°	1	97.12°	97.12°	1
3	1.38	93.25°	47.50° 45.75°		94.69°	48.56° 46.13°	
4	2.35	91.50°	91.50°	2	92.25°	92.25°	2
5	1.38	90.00°	45.75° 44.25°		90.38°	46.13° 44.25°	
6	2.35	88.50°	88.50°	3	88.50°	88.50°	3
7	1.38	87.50°	44.25° 43.25°		87.38°	44.25 43.25°	
8	2.35	86.50°	86.50°	4	86.25°	86.25°	4

续表

膜层数	折射率	滤光片 B 膜层厚度			滤光片 D 膜层厚度		
9	1.38	86.50°	43.25° 43.25°		86.26°	43.13° 43.13°	
10	2.35	86.50°	86.50°	5	86.25°	86.25°	5
11	1.38	87.50°	43.25° 44.25°		87.38°	43.13° 44.25°	
12	2.35	88.50°	88.50°	6	88.50°	88.50°	6
13	1.38	90.00°	44.25° 45.75°		90.38°	44.25° 46.13°	
14	2.35	91.50°	91.50°	7	92.25°	92.25°	7
15	1.38	93.25°	45.75° 47.50°		94.69°	46.13° 48.56°	
16	2.35	95.00°	95.00°	8	97.12°	97.12°	8
17	1.38	47.50°	47.50°		48.50°	48.56°	

注：每种情况下的第二列表示滤光片的组成周期

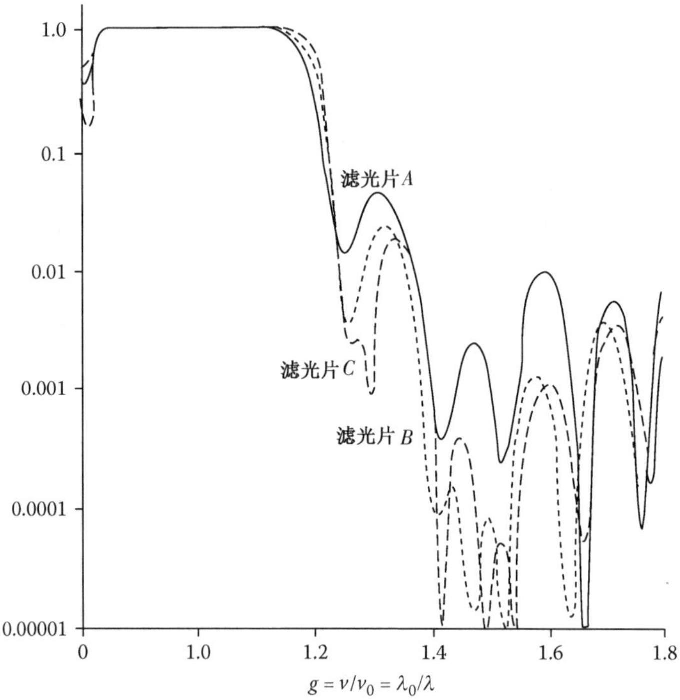

图 7.12　三种短波通滤光片设计的反射率曲线

（滤光片 *A*、*B*、*C* 具有不等的膜层厚度。引自 Young L and Crystal E G. *Applied Optics*, 5, 77-80, 1966）

表 7.2　图 7.12 中的三种滤光片的设计

膜层数	厚度(°)		
	滤光片 *A*	滤光片 *B*	滤光片 *C*
1	46.00	47.50	46.60
2	96.00	95.00	93.20
3	93.20	93.25	91.70
4	91.70	91.50	90.20
5	91.10	90.00	89.15
6	89.75	88.50	88.10
7	87.50	87.50	87.30
8	86.05	86.50	86.50
9	86.70	86.50	86.50
10	86.05	86.50	86.50
11	87.50	87.50	87.30
12	89.75	88.50	88.10
13	91.10	90.00	89.15
14	91.70	91.50	90.20
15	93.20	93.25	91.70
16	96.00	95.00	93.20
17	46.00	47.50	46.60

滤光片 *A*：Baumeister 滤光片的一半；其中空气一侧对称地重复；可参考 Baumeister 论文的设计 IX[6]。

滤光片 *B*：基于标准变换器的新设计，带宽为 1.5。

滤光片 *C*：基于标准变换器的新设计，带宽为 1.6。

Young 和 Cristal 没有详尽讨论他们的设计程序，但是从滤光片的最后设计可以推演出来。按照 Baumeister 的方法，假设膜层的低折射率为 1.38，高折射率为 2.30。首先，计算单个周期的等效光学导纳曲线，如图 7.13 所示。对应于相位厚度为 240°的波长被选作最佳值。根据 240°对应的等效光学导纳值，直观地选取 0.6 作为膜系中心的光学导纳值。设计一个由四个 $3\lambda/4$ 膜层构成的减反射膜，并使计算得到的减反射膜的光学导纳值同空气相匹配。然后依照图 7.13 所示的设计方法，改变每个周期的厚度，使三层对称周期同这些光学导纳值相匹配。这意味着光学导纳是理想的，但膜层厚度却不理想。不过，正如由图 7.12 看到的，减反射膜对膜层厚度误差不是很敏感，所以得到的性能是很好的。

一种相似的途径是应用第 4 章中叙述的多层减反射膜。由于对称周期的等效光学导纳随波长变化，对一个波长的任何最佳化只有在窄波段内才是严格正确的，因而采取多层减反射膜这样的简单途径可以与较复杂的方法得到同样好的效果。对应相位厚度 240°（对设计波长而言），我们找到单个周期的等效光学导纳值为 0.8。我们意图在最后的设计中，使所有周期都以这个参考单周期为中心对称放置，所以我们假定这个周期应能起到膜系中心与外边空气之间的一个 $3\lambda/4$ 减反射膜的作用，于是便找到膜系中心的起始光学导纳值。因此，滤光片中心的光学导纳值应是 $0.8^2=0.64$。接着我们设计一个四层减反射膜来替代这个基本周期。所采用的公式为

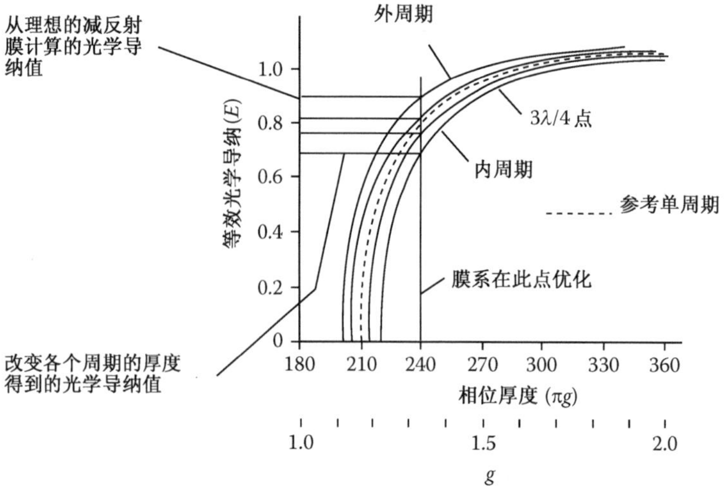

图7.13　一个使光学导纳(0.6)同空气匹配的理想四层减反射膜的等效光学导纳曲线
(其光学导纳值沿等效光学导纳轴标出。参考周期用虚线表示；标在 g 轴上的数值是特指这个周期的。改变每个周期相对这个参考单周期的总厚度，得到移开的四条实线，致使四个对称周期在对应于240°参考相位厚度的波长具有希望的导纳值)

$$\eta_1=\eta_0(\eta_c/\eta_0)^{\frac{1}{5}}\qquad \eta_3=\eta_0(\eta_c/\eta_0)^{\frac{3}{5}}$$

$$\eta_2=\eta_0(\eta_c/\eta_0)^{\frac{2}{5}}\qquad \eta_4=\eta_0(\eta_c/\eta_0)^{\frac{4}{5}}$$

式中，η_0为空气的导纳；η_c为滤光片中心的导纳。取 $\eta_0=1.0$ 和 $\eta_c=0.64$，这些光学导纳值为

$$\eta_1=0.91\qquad \eta_2=0.84\qquad \eta_3=0.76\qquad \eta_4=0.70$$

具有这些等效光学导纳值的单个周期，其总相位厚度(πg)的值为

$$\pi g_1=259^\circ\qquad \pi g_2=246^\circ\qquad \pi g_3=236^\circ\qquad \pi g_4=230^\circ$$

对于设计波长具有指定光学导纳值的每个周期，在监控波长测得的各层膜的相位厚度为

$$\text{周期}1\begin{cases}\dfrac{L}{2}45^\circ\times\dfrac{\pi g_1}{240^\circ}\\ H90^\circ\times\dfrac{\pi g_1}{240^\circ}\\ \dfrac{L}{2}45^\circ\times\dfrac{\pi g_1}{240^\circ}\end{cases}\qquad \text{周期}2\begin{cases}\dfrac{L}{2}45^\circ\times\dfrac{\pi g_2}{240^\circ}\\ H90^\circ\times\dfrac{\pi g_2}{240^\circ}\\ \dfrac{L}{2}45^\circ\times\dfrac{\pi g_2}{240^\circ}\end{cases}$$

等。这些结果就是表7.1中所示滤光片 D 的结果。滤光片 D 的透射率如图7.14所示。

Thelen[3]指出，等效光学导纳在滤光片截止边附近急剧变化是设计截止滤光片的主要困难。在离开截止边若干距离即等效光学导纳曲线平坦的地方，使多层膜同基底相匹配是很简单的。但在截止边附近按简单设计，光学导纳的变化通常会引起透射率曲线出现明显的“凹陷”。Thelen 设计了一种处理“凹陷”的巧妙方法，这涉及一个单层减反射膜的等效问题。在

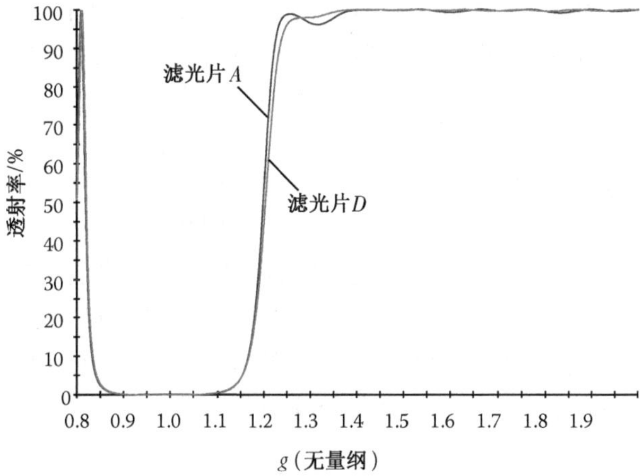

图 7.14　表 7.1 中滤光片 D 和滤光片 A 计算透射率的比较

由多个相同的基本周期组成的原始多层膜与基底之间，他增加了第二个多层膜：它与第一个多层膜相似(具有相同的基本周期)，只是厚度变了，使得在光学导纳曲线陡峭部分的中心点，它的等效光学导纳等于第一个多层膜的等效光学导纳同基底光学导纳乘积的平方根。适当选取第二个多层膜的周期数，使其在该点的厚度等于 $\lambda/4$ 的奇数倍，从而满足完全减反射条件。图 7.15 所示为 Thelen 设计的薄膜的特性。

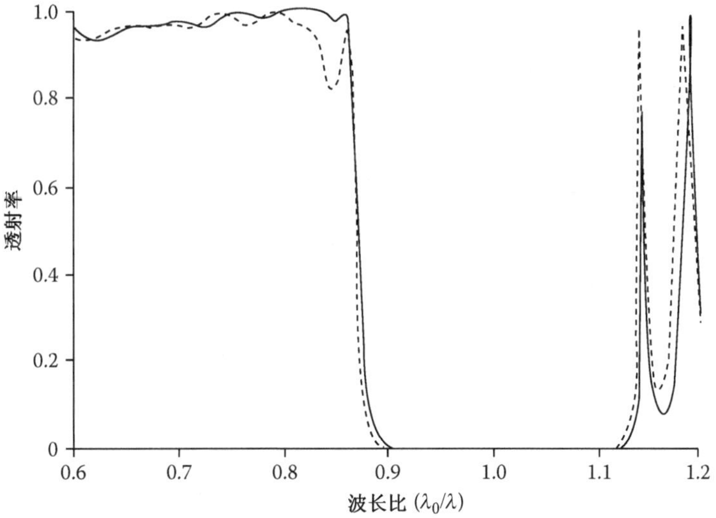

图 7.15　两种滤光片计算特性的比较

(滤光片为 1.00 |(0.5HL0.5H)^{15} |1.52(虚线)；1.00 |(0.5HL0.5H)^{12}[(1/1.05)(0.5HL0.5H)^{3}] |1.52(实线)；其中 $n_H=2.3$，$n_L=1.56$。引自 Thelen A. *Journal of the Optical Society of America*, 56, 1533-1538, 1966)

Seeley 和 Smith[11] 发展了一种不同的方法，他们将集总电路的合成结果用于薄膜滤光片的设计。Young 的设计方法的一个特征是，折射率值不能预先规定。由于所用的折射率范围有限，所以引起设计上的困难。正如我们看到过的，在某些情况下构造具有指定的等效折射率的三层膜周期时，困难可以避免。但即使这样，还是有它的局限性。因此，Seeley 研究了另一种方法，它允许设计者一开始就可规定折射率的值，而通过调节各层膜的厚度来得到最终的性能。在由电感和电容组成的集总电子滤波器中，仅仅规定了一个参数即导纳。在薄膜滤光片中，每一层膜有两个参数即折射率和厚度。因此光学设计者可以预先固定多层滤光片的各个折射率值，而后模拟集总电子滤波器以计算膜层厚度。但是正如 Welford[5] 指出的，薄膜系统与集总电子滤波器之间的模拟是不严格的。事实上，薄膜在行为上同波导相同。不过，Seeley 设计了一种使模拟严密的方法，但它只适用于一个频率。在所有其他的频率，模拟仅仅是近似的。如果严格对应的频率选在滤光片的截止点，那么发现在常用的工作区域，滤光片的特性足够接近电子滤波器，而使电子滤波器特性最佳化的技术是完全成熟的。

Seeley 的方法是从一个所期望类型（长波通、短波通或带通）的具有最佳特性的电子滤波器出发，将薄膜滤光片的元件顺次逐个变换为等效电路，在某个频率时，这个等效电路正是多层薄膜的严格模拟。这个程序表示在图 7.16 和图 7.17 中。Seeley 在他的设计工作中，常常选用 Tchebyshev 等波纹多项式设计的电子滤波器。当同时考虑通带边缘的陡度和带内的波纹时，这种多项式最适合方形通带。由此，Seeley 和 Smith[12] 给出了设计长波通滤光片的简单规则。

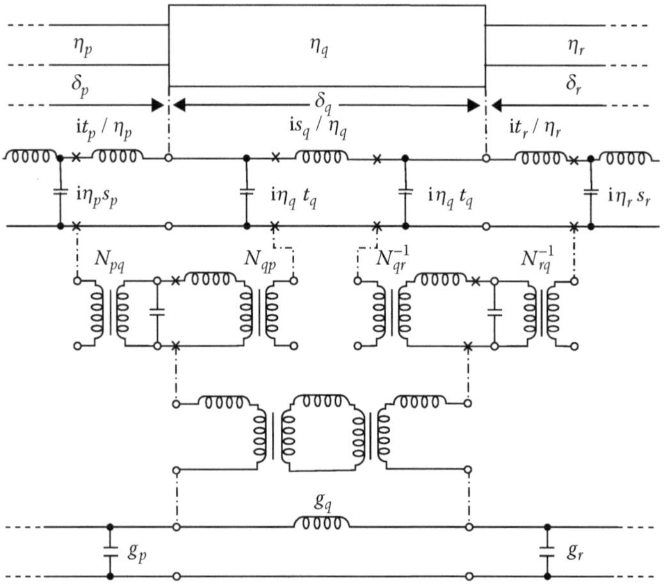

图 7.16　Seeley 使用的图式变换

（先把高折射率膜层用 T 电路代换，低折射率膜层用 π 电路代换。Seeley 利用这个程序逐步将多层薄膜滤光片变换成集总电子滤波器，电子滤波器的单元可以与薄膜的光学厚度相同，而薄膜的折射率完全独立地规定。引自 Dr. J S Seeley）

（1）基底的光学导纳 η_{sub} 应介于 η_H 和 η_L 之间，即多层膜的高折射膜层和低折射膜层的光

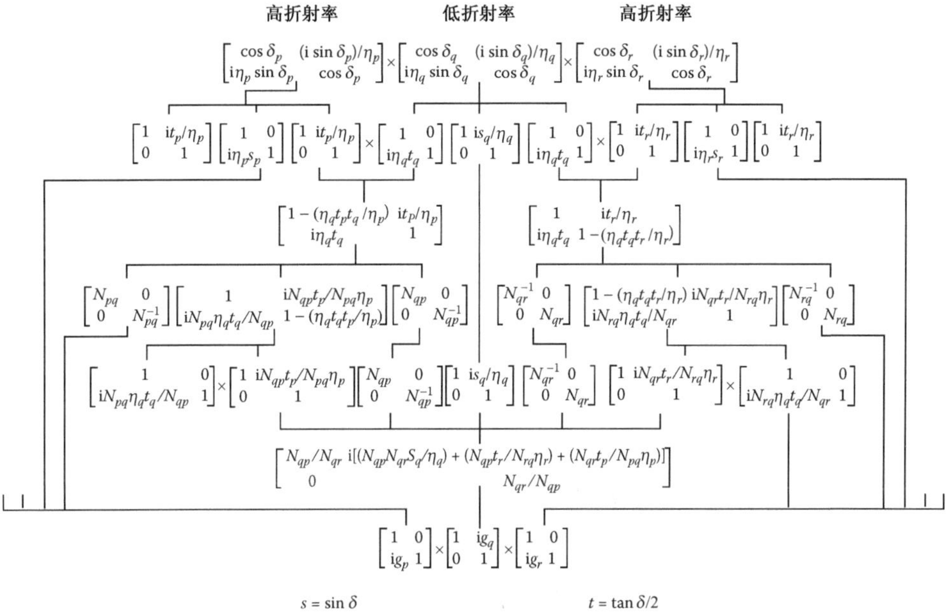

图 7.17　Seeley 变换：在集总电路的截止频率处进行操作，所有变量均对截止频率进行了归一化

（设计导致用 $g_p, g_q, g_r, \cdots$ 表示的关于 $\delta_p, \delta_q, \delta_r, \cdots$ 的方程组相当复杂，这些方程组不能解析求解，但可以迭代。近似解推导为高折射率膜层：$\sin\delta_p=\dfrac{g_p}{(\eta_H/\eta_{sub})+(\eta_L/\eta_{sub})}$；低折射率膜层：$\sin\delta_q=\dfrac{g_q}{(\eta_{sub}/\eta_L)+(\eta_{sub}/\eta_H)}$。对于长波通滤光片，$\delta$ 在 0 到 $\pi/2$ 之间，而对于短波通滤光片，δ 在 $\pi/2$ 到 π 之间。在推导这两个表达式时，所有光学导纳已对终端光学导纳（基底）归一化，所以我们将 η_p 写为 η_H/η_{sub}，而将 η_q 写为 η_L/η_{sub}，其中 η_H 和 η_L 分别为高折射率膜层和低折射率膜层的光学导纳）

学导纳之间。如果这个条件不满足，那么必须在基底与多层膜之间插入一个匹配膜层或一个匹配的多层组合膜。

（2）如果 $\eta_H/\eta_{sub}>\eta_{sub}/\eta_L$，则紧贴基底的第一层应是高折射率膜层；如果 $\eta_{sub}/\eta_L>\eta_H/\eta_{sub}$，则紧贴基底的第一层应是低折射率膜层。

（3）通带内的波纹比为

$$\left(\frac{\eta_H}{\eta_{sub}}-\frac{\eta_{sub}}{\eta_L}\right)^2\left(\frac{\eta_H}{\eta_{sub}}+\frac{\eta_{sub}}{\eta_L}\right)^{-2}$$

（4）用碲化铅（PbTe）和硫化锌（ZnS）作材料镀在锗板上的滤光片，其各膜层相位厚度的比例如表 7.3 所示。紧贴基底的第一层膜和所有其他奇数层膜（包括减反射膜）是 ZnS（$n=2.2$），其余的偶数层膜是 PbTe（$n=5.1$），基底锗的折射率是 4.0。

（5）由于低折射率材料通常可使基底同空气很好地匹配，所以滤光片多层膜系的前层应具有高折射率。图 7.18 所示为表 7.3 列出的滤光片设计的计算透射率曲线。Seeley 等[11]更详细地描述了这种方法。

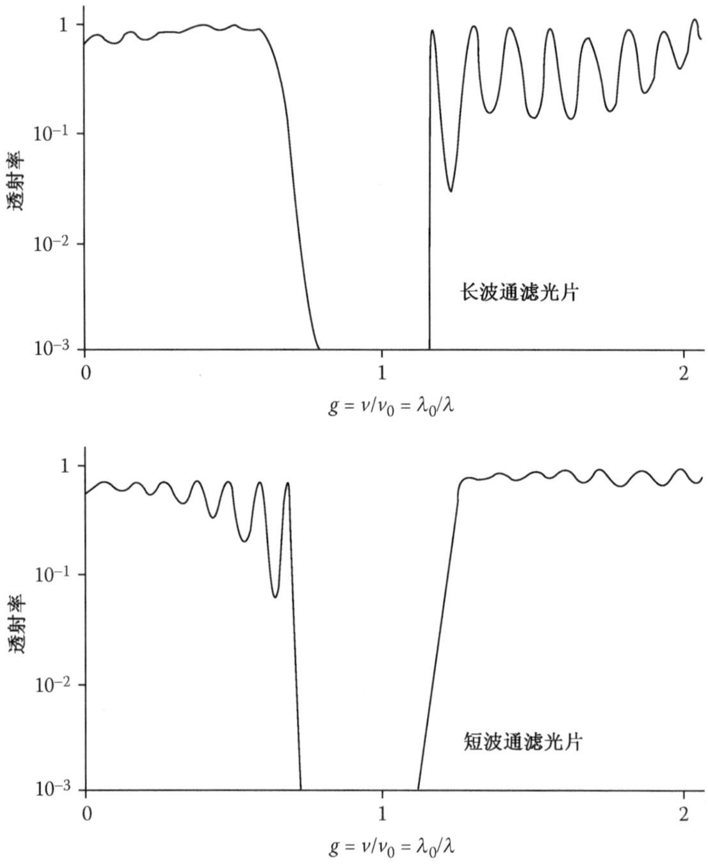

图 7.18 表 7.3 给出的 14 层薄膜滤光片的计算透射率

（ν_0和λ_0分别是频率和波长，在此点中心薄层的厚度为$\lambda_0/4$。引自 Seeley J S and Smith S D. *Applied Optics*, 5,81-85,1966）

表 7.3 列出的滤光片设计的计算透射率曲线绘于图 7.18，在其他文献中更详细地描述了这种方法[11,12]。

表 7.3 图 7.18 的滤光片的设计

膜层数	相对厚度	
	长波通	短波通
1 和 14	0.55	1.25
2 和 13	0.82	1.11
3 和 12	0.92	1.05
4 和 11	0.96	1.025
5 和 10	0.98	1.015
6 和 9	0.99	1.01
7 和 8	1.00	1.00
15(减反射)	2.00	0.50

迄今讨论的所有这些方法都可追溯到大型计算机刚可用时。在将设计提交给计算机之前，重要的是尽可能完成初步设计工作。我们在这里重复这些方法，是因为它们对我们理解设计，以及能否解决的那些问题有很大帮助。现代设计方法更大程度上利用了计算机，通常称为计算机辅助设计。

从前面的章节我们知道，截止滤光片实质上由基于$\lambda/4$膜系的结构组成，从该结构与周边介质的失配可以推演出滤光片的特性。在截止带或高反射带,失配很严重,因此可以获得高反射率。失配属于实导纳和虚导纳的本性,在这两种介质之间插入介质膜层对高反射率实质上没有影响。在通带(或可能的通带)区域,失配本质上介于两个实导纳之间,这导致通常称为波纹的干涉条纹的产生。这里,匹配膜系形式的介质膜层可以用来减小失配,从而减小波纹。于是,一个有用的过程是建立通常基于 $\lambda/4$ 膜系(具有正确的截止区和可能的通带区)的一种结构,并设计适当的匹配结构以把波纹降至可以接受的水平。这更像设计一个减反射膜,只是薄膜结构表现出比单纯介质材料复杂得多的色散。但是,计算机在处理复杂色散时像处理简单色散那样成功,用户只是简单地用正确的指令建立问题。下面我们说明简单长波通截止滤光片的设计方法。为简化论述,我们用无色散材料,其中薄膜的折射率为1.45和2.15,基底的折射率为1.52,并将截止区的长波边设置为700nm。

"边"是一个模糊的术语,其具体含义要看滤光片供应商的意思。在有些情形中,把5%的透射率点取为边波长,而在另外一些情形中,把50%的透射率点取为边波长。这里,我们用通带(更确切地说是高透射率)的起始点作为边波长。如果这不令人满意,可以调整参考波长,以获得任何希望的定义。我们从参考波长为608nm的 $\lambda/4$ 膜系入手。要用多少层膜总是一个困难的问题,幸运的是,利用相当快的计算机反复试验可成为一种完全可行的简便方法。设计过程就是在滤光片(我们保留 $\lambda/4$ 膜层的形式)芯区的两侧构建匹配膜系,这些匹配膜系能减小一点边的陡度。我们从大致具有所希望形状的 $\lambda/4$ 膜系开始,这是滤光片的芯层。然后,在滤光片芯层的两侧加入足够多的 $\lambda/4$ 膜层,以形成匹配结构。我们锁定 $\lambda/4$ 多层膜芯层,这样它不参与优化过程,我们指定通带中的透射率为优化目标。具有28层芯层且芯层每侧有10层匹配结构的长波通滤光片的设计结果如图7.19所示。

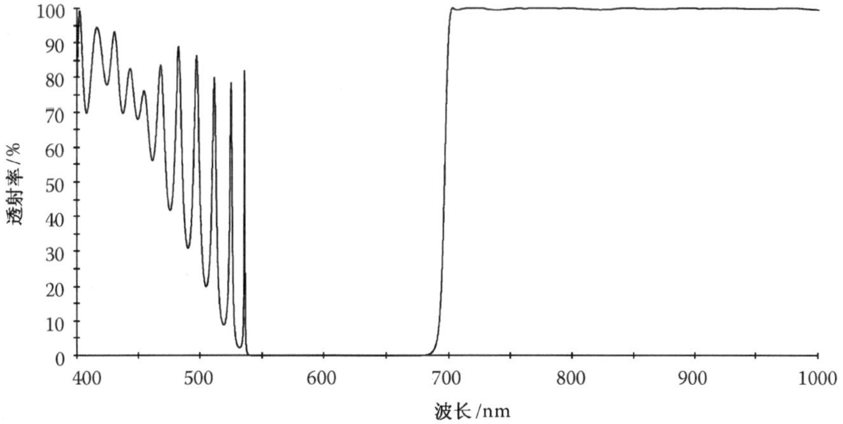

图7.19　48膜层长波通滤光片的透射率

(每侧最外面的10层膜经过细化,以减小通带区的波纹,其余膜层形成一个 $\lambda/4$ 芯层)

这通常是一个极快的过程,它不但具有避免需要指定截止区的优点,还避免了截止区中目标点之间尖峰的出现,当所有膜层都参与优化时,这些尖峰将成为一个难题。

对于有些优化过程,特别是极快的优化过程,可以仔细考虑评价值表面,将某些膜层厚度减小到零,但从中恢复起来很困难。一种好的技术,尤其是这些情形中的技术,应能建立逐步优化的匹配系统。

一旦设计被建立起来,检验截止性能,以及通过增加或减少膜层数适当改变起始设计都将变得简单起来。

短波通滤光片可以用本质上相同的方法设计,但是,应当记住的是,通带区域的可能宽度受限于更高反射级次的出现。它们不能单纯通过外部的匹配层消除,而是需要一种很不同的方法,这将在本章后面介绍。

7. 实用滤光片

因为多层截止滤光片的禁带宽度是有限的,所以通常的实用滤光片必须由多层滤光片与辅助滤光片组合而成,这些辅助滤光片可给出经常需要的宽截止区。辅助滤光片可以由多层膜构成,由此展宽禁带的某些方法将在下一节叙述。通常的辅助滤光片是吸收型的,具有宽截止区和不可改变的特性。这些吸收滤光片可以按许多不同的方式与多层膜滤光片组合:它们可以简单地与镀有多层膜的基底叠置,或者基底自身可以是吸收滤光片,或者多层膜的材料同时兼做薄膜吸收滤光片。

在可见光区和近紫外区,有各种各样的实用玻璃滤光片,它们解决了大部分问题,特别是解决了长波通滤光片的问题。在红外光区,情况稍微困难些。为了把主滤光片禁带的边缘与其最靠近的合适的吸收滤光片衔接起来,完整的滤光片往往需要由几个多层膜系组成。图 7.20 所示为一些具有长波通特性的红外吸收滤光片。图 7.21 所示为一些具有短波通特性的红外吸收滤光片。

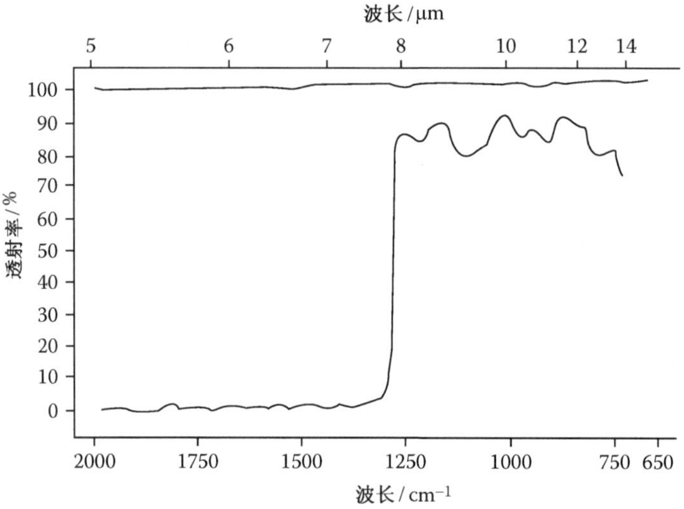

图 7.20　截止边为 1250cm^{-1}($8\mu\text{m}$)的实用长波通滤光片的实测透射率
(引自 OCLI Optical Coatings Ltd)

可惜的是,并非所有这些材料目前都容易获得。为得到长波通特性,半导体如硅(截止边为 $1\mu\text{m}$)、锗(截止边为 $1.65\mu\text{m}$)是最适合的材料。同时截止边为 $3.4\mu\text{m}$ 的砷化铟,以及截止边为 $7.2\mu\text{m}$ 的锑化铟,也是可用的。但是因为它们的吸收较高,只能做成极薄的薄片使用。

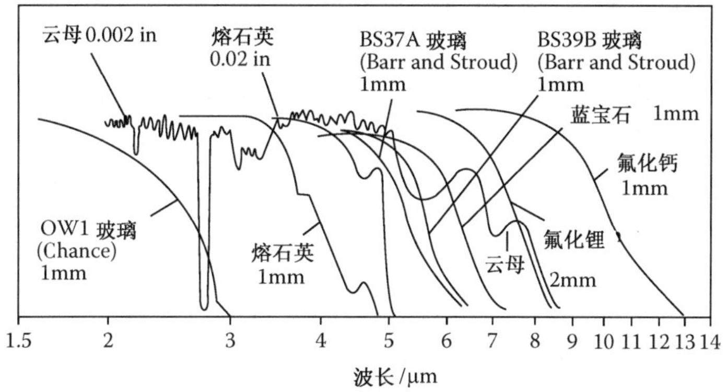

图 7.21　供短波通吸收滤光片选用的红外材料

(引自 Sir Howard Grubb, Parson & Co Ltd)

锑化铟薄片厚 0.013μm 左右，砷化铟薄片稍微比它厚一点。这意味着这两种薄片是极易碎的，因而只能制成直径较为有限的圆形，通常其直径不大于 2.0cm。

由一个截止滤光片与一个吸收滤光片组合而成的长波通滤光片，其实测透射率曲线如图 7.22 所示。这个滤光片原是设计用作短波截止滤光片的，与通带位置在 15μm 的窄带滤光片配合使用。它由两个组件构成：锗板上镀以碲化铅和硫化锌的多层膜滤光片，再叠置一个锑化铟吸收滤光片。从对数图上可以看到，所得的截止度是很深的。

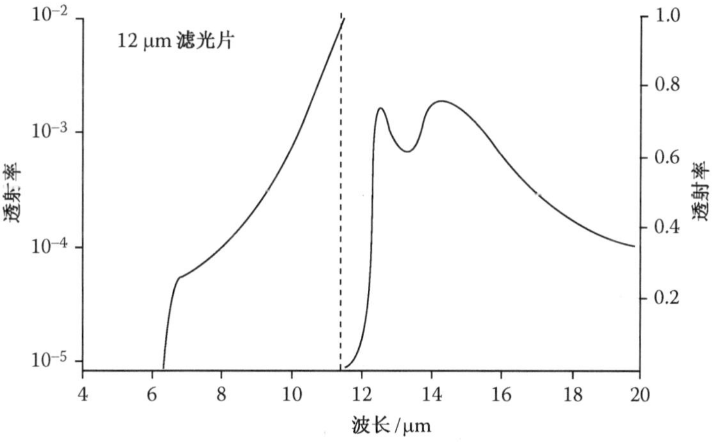

图 7.22　截止边在 12μm 的多层膜截止滤光片的实测透射率

(其中用一个辅助的锑化铟滤光片确保对短于 7μm 的波长有很好的截止。

引自 Seeley J S and Smith S D. *Applied Optics*, 5, 81-85, 1966)

8. 用干涉法展宽截止区

展宽反射区的最方便和最直接的方法，是使第二个 $\lambda/4$ 多层膜与第一个 $\lambda/4$ 多层膜相叠置，并确保它们的截止区相交叠。第二个多层膜最好是镀在第二个基底上，或者镀在第一个多层膜基底的背面，这样可以避免不希望的干涉，但仍有一些多光束效应能导致令人失望的性能。

我们希望组件的透射率由下式给出：

$$T = T_a T_b \tag{7.46}$$

式中，T_a和 T_b为单个多层膜的透射率。如果传播损耗单纯是由吸收引起的，就属于这种情形；但如果多光束在表面之间来回反射，这些光束将到达接收器，透射率将变大。

当所有光束都被收集并对信号有贡献时，就会出现最差的情况，其完整的理论已经在第 2 章中给出。在完全没有吸收且所有光束均被收集的最差情况下，透射率为

$$T = \frac{1}{(1/T_a)+(1/T_b)-1} \tag{7.47}$$

如果 T_a和 T_b相等且都较小，所得的透射率恰好是单个多层膜透射率的一半，而不是它们的乘积。不管结构如何，净透射率不会大于 T_a和 T_b中较小的那个。

为避免这种现象，基底的厚度应适当或略呈楔形。能够减小反射光束功率的任何工作都是值得的；在两个表面之间插入吸收材料，哪怕只有很小的吸收，也是有帮助的。

当多层膜系不可能镀在与另一个膜系隔开的表面上，而必须直接叠镀在另一膜系上面时，就会出现更困难的情况。在这种情况下，必须防止在组合膜系的截止区内产生透射率极大值。在第 6 章讨论展宽 $\lambda/4$ 多层膜的高反射带时，已讨论过这个问题。

如果将组合膜系分解成两个分开的多层膜，那么透射率极大值将出现在满足 $(\varphi_a+\varphi_b)/2 = m\pi$ 的所有波长处，其中 $m=0, \pm1, \pm2, \cdots$，透射率的极大值为

$$T = \frac{|\tau_a^+|^2 |\tau_b^+|^2}{\left(1-|\rho_a^-||\rho_b^+|\right)^2} = \frac{T_a T_b}{\left[1-(R_a R_b)^{\frac{1}{2}}\right]^2} \tag{7.48}$$

如果没有吸收，那么这个表达式意味着要使透射率极大值很小，R_a和 R_b之差应尽可能大。使一个多层膜的层数足够多，并使其在另一个多层膜的通带内保持尽可能高的反射率，就可以做到这一点。

更确切地说，从反射率曲线的包络（它不随周期数改变），可以找到组成复合滤光片的某个多层膜在其通带的最高反射率。如果用 R_p 标记这个反射率，那么可以确信，只要选取另一个多层膜的周期数足够多，使其禁带的最低反射率 R_s 足够高，确保

$$\frac{(1-R_\mathrm{p})(1-R_\mathrm{s})}{\left[1-(R_\mathrm{p}R_\mathrm{s})^{\frac{1}{2}}\right]^2} \leqslant T_\mathrm{c} \tag{7.49}$$

则这个设计就是可取的，式中，T_c为复合滤光片截止区的允许透射率值。这个公式给出的结果是过低的，因为实际得到的透射率与反射率和反射相移有关。

两个多层膜的高反射区相交叠的地方，是另一个“危险”区，必须通过匹配这两个多层膜，使在该区绝不能存在$(\varphi_a+\varphi_b)/2 = m\pi$ 的关系。前一章叙述过处理这个问题的方法，在两个 $\lambda/4$ 多层膜之间插入一个中等厚度的膜层，其效果相当于把两个结构为$[(\mathrm{L}/2)\mathrm{H}(\mathrm{L}/2)]^m$或$[(\mathrm{H}/2)\mathrm{L}(\mathrm{H}/2)]^m$的相同的多层膜叠置在一起。

式(7.49)还意味着，复合滤光片的某一部分应该比别的部分有更多的周期。在压缩主滤光

片通带的波纹时,其禁带另一侧的波纹肯定增大。因此,如果组合两个多层膜滤光片,一个的截止区将与较大的波纹区交叠,而另一个的截止区将与较小的波纹区交叠。由于“大波纹”意味着高 R_p,所以如果在整个组合膜系的截止区要求同样的截止度,那么前一个多层膜应比后一个多层膜具有更多的周期。图 7.23 所示为由两个截止滤光片组合成一个复合滤光片的情况,其组合后的性能如图 7.24 所示。可以看出,一个多层膜所产生的尖锐的波纹,在复合滤光片的截止区能反映出来。这种波纹仅限于截止区部分,为抑制其影响,相应的多层膜必须有更多的周期。

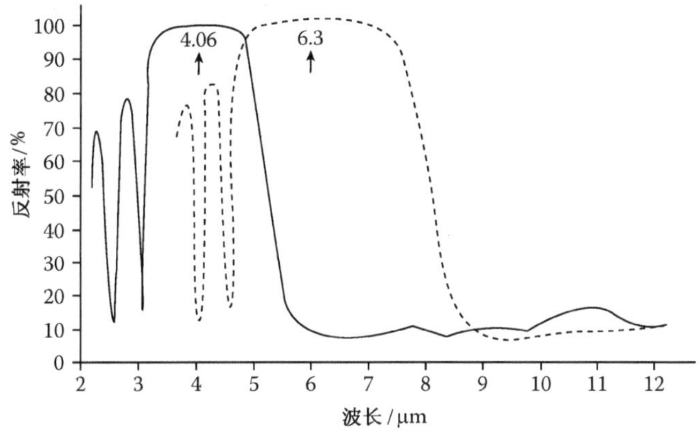

图 7.23　两个长波通多层膜 A |(0.5HL0.5H)^4 |BaF_2滤光片的实测反射率

(其中 H 和 L 分别表示厚度为 $\lambda_0/4$ 的辉锑矿和锥冰晶石,λ_0 =4.06μm 或 6.3μm,A 表示空气,基底(BaF_2)为氟化钡。引自 Turner A E and Baumeister P W. *Applied Optics*, 5, 69-76, 1966)

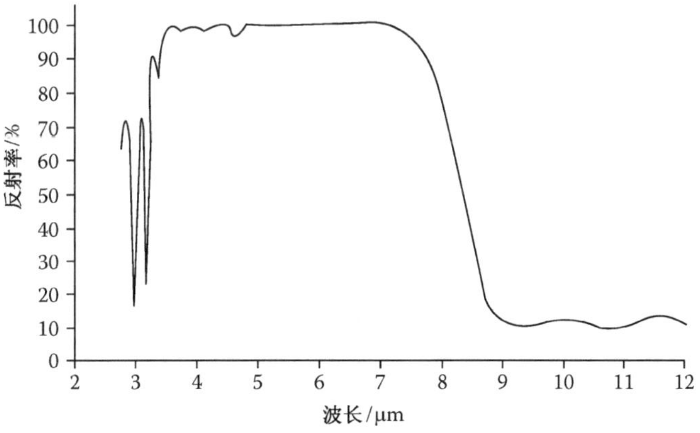

图 7.24　将图 7.23 的两个长波通滤光片叠置成一个膜系以展宽高反射区的实测反射率

(引自 Turner A E and Baumeister P W. *Applied Optics*, 5, 69-76, 1966)

对于短波通滤光片也有同样的步骤,但存在额外的高反射级次这个问题,在下一节中将处理这个问题。

当前,短波通滤光片的普遍要求是阻隔近红外区而透射可见光区。这些滤光片用在不同方面,但常见的一种应用是降低硅接收器的红外敏感性,这种接收器可以用在数码相机中。截止区的宽度超出了单个 $\lambda/4$ 多层膜的能力,因此我们需要加宽截止区。我们可以用已讨论的方法中的一种或几种来完成这项工作,幸运的是,通常的要求是能够满足的,而无须抑制三次峰,因此简单明了的两种材料结构就足够了。

图 7.25 所示的滤光片是通过对所有膜层优化设计的,从如图所示的一个渐缩的设计开始,涉及了所有膜层的优化。空气 $|(LH)^{20}|$ 玻璃在 $\lambda_0=800$nm 处开始,实际上也可以获得不可区分的最终设计结果。优化过程获得了尖锐的边界,这是通过将滤光片的第一半装配到具有需要的短波边陡度的 $\lambda/4$ 多层膜中实现的。调整剩余膜层,满足截止区中长波部分的要求,轻调所有膜层的厚度实现通带中的匹配。不同的优化方法似乎都能接近相同的最终设计。

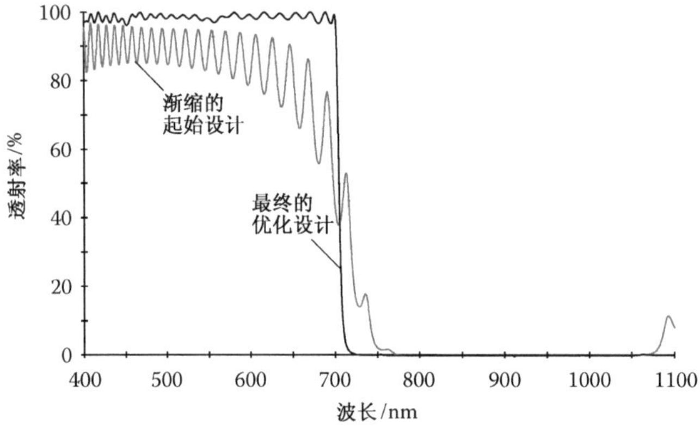

图 7.25 具有展宽截止区的短波通滤光片的性能

(这是一个 40 层设计,$n_L=1.45$ 和 $n_H=2.35$ 分别大致对应 SiO_2 和 TiO_2 的折射率。基底是折射率为 1.52 的玻璃,入射介质是 $n=1.00$ 的空气。线性渐缩的 40 层膜系(最外层为低折射率膜层)作为设计的起始点,然后对整个膜系细化以得到最终的性能)

这种采用优化的设计方法(即有一个足够接近需求的初始设计,以及能够合理确定一个令人满意的终点的存在),是一种典型的更现代的光学薄膜设计方法。这确实需要薄膜结构的知识才可能成功,但它省去了烦琐的体力劳动,而在过去这经常是薄膜设计的主要特征。

9. 通带的展宽

正如前面已经指出的,短波通滤光片因为有更高级次的截止区,所以它的通带宽度是很有限的。尽管这并非总是令人不安的,但有时就要求宽得多的短波通带,如某些类型的热反射镜。Epstein[14] 首先考虑过这个问题,而 Thelen[15] 做过更为广泛的研究。

Epstein 的分析如下:将多层膜表示为 s 个周期,每个周期的形式是

$$M=\begin{bmatrix} M_{11} & M_{12} \\ M_{21} & M_{22} \end{bmatrix}$$

如果单个周期被视为好像浸没在一种光学导纳为 η 的介质中,那么这个周期的透射系数为

$$\tau=\frac{2\eta_0}{\eta_0 B+C}=\frac{2\eta}{\eta\left[(M_{11}+M_{22})+\left\{\eta M_{12}+(M_{21}/\eta)\right\}\right]}$$

式中，η_0、B 和 C 的意义同第 2 章中的解释。令 $\tau = |\tau| e^{i\varphi}$，则有

$$\frac{1}{2}\left[(M_{11}+M_{22})+\left\{\eta M_{12}+(M_{21}/\eta)\right\}\right]=\frac{\cos\varphi-\mathrm{i}\sin\varphi}{|\tau|}$$

如果该周期是透明的，那么令等式两边的实部相等可得

$$\frac{1}{2}(M_{11}+M_{22})=\frac{\cos\varphi}{|\tau|}$$

如果忽略受到周期内各个界面反射两次以上的光束，则有

$$\varphi \simeq \sum\delta$$

这就是周期的总相位厚度。

当 $\sum\delta = m\pi$ 时，$\cos\varphi = \pm 1$，并且如果 $|\tau| < 1$，则有

$$\frac{1}{2}\left|(M_{11}+M_{22})\right|>1$$

结果出现高反射区。但是，如果 $|\tau| = 1$，则有

$$\frac{1}{2}\left|(M_{11}+M_{22})\right|=1$$

高反射区将被抑制。对于简单的多层膜 $[(L/2)H(L/2)]^s$ 或 $[(H/2)L(H/2)]^s$，当 $|\tau| = 2m\pi$ 时，$m = 1,2,3,4,\cdots$，偶数级次的高反射区将被抑制。如上所述，只要使各层膜的相对厚度略微改变，就足以使 τ 降低，从而将通带变为高反射区。

将此结果以另一种方式表述为：只要多层膜各个周期的总光学厚度等于 $\lambda/2$ 的整数倍，则高反射区就可能存在；并且只有当 $|\tau| = 1$ 时，高反射区才被抑制。Epstein 在他的论文中应用这个结果设计了一个多层膜，使其第四和第五级次的高反射区被抑制。Thelen 推广了 Epstein 的分析，用来抑制任何两个或任何三个相继的高反射区。下面我们讨论这种方法。

Thelen 仿照 Epstein[15] 的做法，假定一个包含三种材料的五层膜结构 ABCBA 作为多层膜系的基本周期。注意到，如果假想该基本周期被浸没在介质 M 中，那么在要求抑制的波长处，组合 AB 就成为 C 在 M 中的减反射膜。在构造最终的多层膜系时，首先可以认为介质 M 存在于相继周期之间，然后使其厚度递减直至恰好消失。厚度递减过程给予不同级次的高反射区以不变的抑制作用。因此，在后面设计程序中，M 是逐步去掉的，其选取是十分任意的。减反射膜 AB 最初的类型是 Muchmore 所给出的[16]。Thelen 改变了他的结果如下所示。

用通常的符号加注相应的脚标 A、B、C 和 M，以表示膜层的各个参数。令 A 和 B 的光学厚度相等，即

$$\delta_A = \delta_B \tag{7.50}$$

并令

$$\eta_A\eta_B = \eta_C\eta_M \tag{7.51}$$

那么透射率为 1 的那些波长由下式确定：

$$\tan^2\delta_A' = \frac{\eta_A\eta_B-\eta_C^2}{\eta_B^2-(\eta_A\eta_C^2/\eta_B)} \tag{7.52}$$

这个结果可以由式(4.4)和式(4.5)推导出。如果在这些式子中,用下标 A、B、C 和 M 分别替代 1、2、sub 和 0,那么由式(4.5)可知,条件 $\delta_A=\delta_B$ 就相当于 $\eta_A\eta_B=\eta_C\eta_M$,于是由式(4.4)可以立即得出式(7.52)。

式(7.52)给出的两个解 δ'_A 和 $\pi-\delta'_A$ 都是可能的。可以指定 δ'_A 对应于 λ_1,而 $\pi-\delta'_A$ 对应于 λ_2,这里的 λ_1 和 λ_2 是受到抑制的两个波长。对这两个方程求解 δ'_A,可得

$$\delta'_A=\frac{\pi}{1+(\lambda_1/\lambda_2)} \tag{7.53}$$

将此解代入式(7.52),有

$$\tan^2\frac{\pi}{1+(\lambda_1/\lambda_2)}=\frac{\eta_A\eta_B-\eta_C^2}{\eta_B^2-(\eta_A\eta_C^2/\eta_B)} \tag{7.54}$$

这就确定了膜系的全部设计。膜层 A 的光学厚度可以由式(7.53)求出,为

$$\frac{\lambda_1\lambda_2}{2(\lambda_1+\lambda_2)} \tag{7.55}$$

还需求出的另一个量是膜层 C 的光学厚度。我们首先注意到,周期的总光学厚度等于 $\lambda_0/2$,这里 λ_0 是第一级次高反射区的中心波长。膜层 A 和 B 的光学厚度已经规定相等,所以膜层 C 的光学厚度为

$$\frac{\lambda_0}{2}-\frac{2\lambda_1\lambda_2}{2(\lambda_1+\lambda_2)} \tag{7.56}$$

为帮助计算人为引入的介质 M,在结果中完全消失而不显现出来。可以随意选定光学导纳 η_A、η_B 和 η_C 中的任意两个,然后由式(7.54)求出第三个的值。

Thelen 在他的论文中给出了大量的多层膜系的实例,这些膜系具有不同的抑制区,特别有用的是第二级次和第三级次高反射区受到抑制的多层膜系。受到抑制的波长为

$$\lambda_1=\lambda_0/2 \qquad \lambda_2=\lambda_0/3$$

并且发现所有膜层的光学厚度都等于 $\lambda_0/10$。选定膜层的两个折射率值,剩下的一个折射率值由式(7.54)解出。为了迅速地进行计算,Thelen 给出了联系这三个量的算图。第二级次和第三级次的高反射区被抑制的多层膜系的透射率曲线如图 7.26 所示。

Thelen 也考虑了一个第二级次、第三级次和第四级次高反射区全被抑制的多层膜,它成立的条件如下。

膜层厚度为

A: $\lambda_0/12$

B: $\lambda_0/12$

C: $\lambda_0/6$

折射率为

$$\eta_B=(\eta_A\eta_C)^{1/2}$$

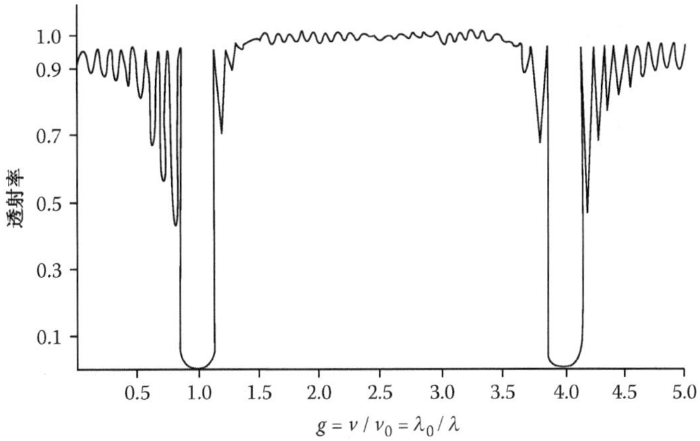

图 7.26　滤光片（入射介质 |(ABCBA)^{10}A |基底）的计算透射率与 g 的关系

（n_{sub} =1.50，n_0 =1.00，n_A =1.38，n_B =1.90，n_C =2.30。引自 Thelen A. *Journal of the Optical Society of America*, 53, 1266-1270, 1963）

图 7.27 所示为一个多层膜的透射率曲线，它的第二级次、第三级次和第四级次高反射区就是按这种方式被抑制的。

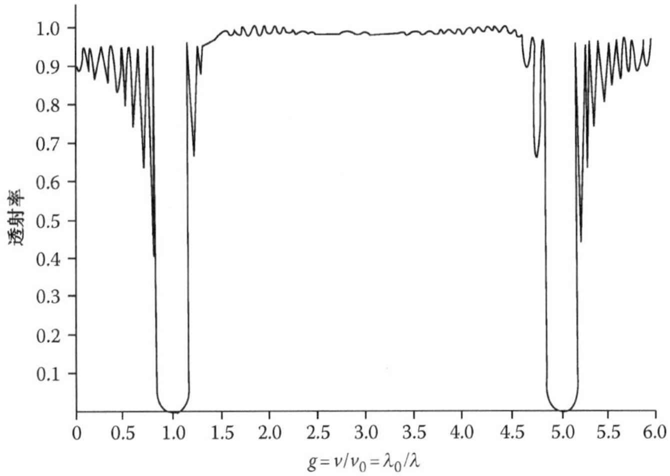

图 7.27　滤光片（入射介质 |(AB2CBA)^{10}A |基底）的计算透射率与 g 的关系

（n_{sub} =1.50，n_0 =1.00，n_A =1.38，n_B =1.781，n_C =2.30。引自 Thelen A. *Journal of the Optical Society of America*, 53, 1266-1270, 1963）

已经设计出一种热反射镜，它由第二、第三级次以及第二、第三、第四级次高反射区被抑制的多层膜加上通常的 $\lambda/4$ 多层膜组合而成，其计算光谱透射率曲线如图 7.28 所示。镀制这种膜系确实是一项艰巨的任务。

短波通滤光片的一个普遍问题是所谓的半波孔。半波孔的标识是，在基本参考波长的一半处（此处膜层厚度为 $\lambda/4$）透射率出现一个窄的凹陷。基于 $\lambda/4$ 膜层的结构中第二级次峰

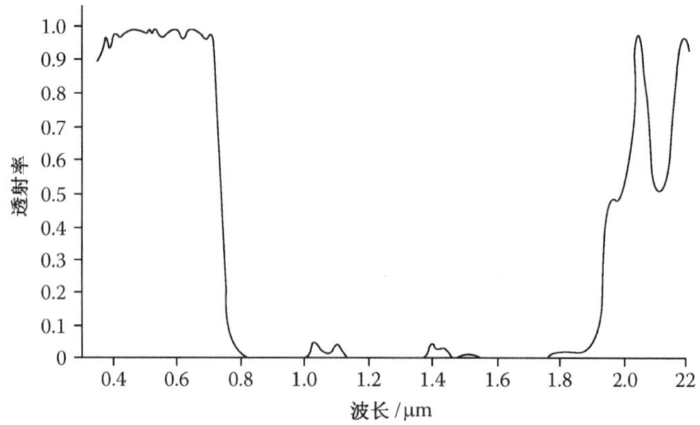

图 7.28　三层膜系的热反射镜的计算透射率

(设计为入射介质$\left|\left[1.1\left(\frac{1}{2}AC\frac{1}{2}A\right)\right]\left(\frac{1}{2}AC\frac{1}{2}A\right)^5\left[1.25\left(\frac{1}{2}AC\frac{1}{2}A\right)\right]\quad[0.57(ADCDA)]^8[0.642(ADCDA)]^8\frac{1}{2}A\right|$基底

其中 $\lambda_0=860nm$，$n_{基底}=1.50$，$n_M=1.00$，$n_A=1.38$，$n_B=1.781$，$n_C=2.30$，$n_D=1.90$。

引自 Thelen A. *Journal of the Optical Society of America*, 53, 1266-1270, 1963)

缺失的原因是，$\lambda/4$ 膜层同时变成了 $\lambda/2$ 膜层，因此成为虚设层。破坏这种关系的任何因素都会导致第二级次峰的缺失，并表现为半波孔。这个问题我们在讨论式(7.25)时已经做了评述。我们将利用折射率为 1.45 和 2.15(分别大致对应二氧化硅和五氧化钽的折射率)的无色散材料简单验证半波孔。

图 7.29 所示为基于$(0.5LH0.5L)^{25}$结构的经典短波通滤光片的特性，其中参考波长为 1000nm，并对两侧最外面的六层膜进行了优化。图中还简单讨论了经过改进的短波通滤光片，当该滤光片以 40°的入射角(入射介质为空气)倾斜时，结果如图 7.30 所示，其中在透射率谱左侧大约对应 $\lambda_0/2$ 的波长处出现一个尖锐的凹陷，这就是半波孔。

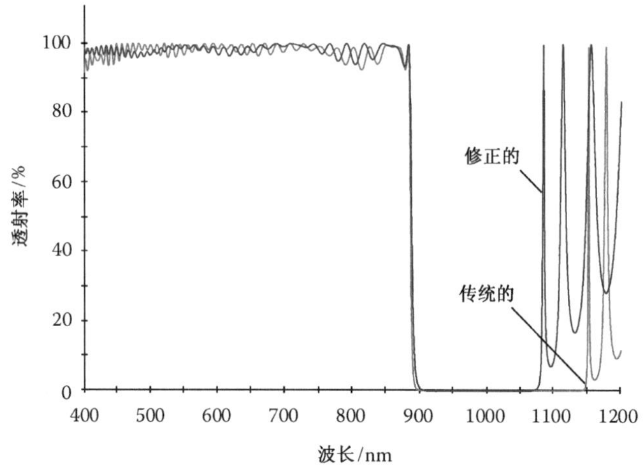

图 7.29　两个短波通滤光片在垂直入射时的透射率曲线

(图中的传统滤光片基于 51 层 $\lambda/4$ 膜系，并通过调整最外层以抑制波纹；改进的滤光片是插入文中讨论的减反射膜的 51 层膜系，设计中所用材料是无色散的，折射率为 1.45 和 2.15，大致对应二氧化硅和五氧化钽的折射率)

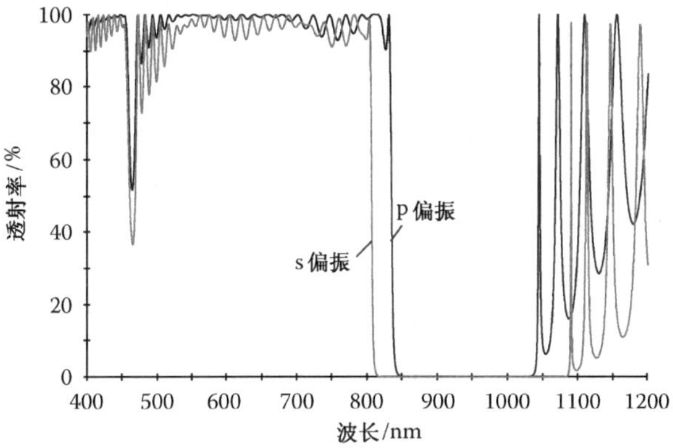

图 7.30　图 7.29 的传统滤光片在光以 40°角入射(空气是入射介质)时的特性
(在 450～500nm 的波长区半波孔清晰可见)

我们用与 Thelen 类似的方法来抑制这个半波孔。在这种情形中,只想消除一个反射级次(二级),这要求在高折射率膜层和低折射率膜层之间每个界面处镀一层减反射膜,并且该减反射膜只能有效减小第二级次波长处的反射。为了简化制造,采用与基本设计中所用材料相同的两种材料。

经常使用包含相同两种材料的双层膜来匹配高折射率膜层和低折射率膜层,图 7.31 所示的导纳图清楚说明了这一点。导纳圆上对应材料导纳值的实轴上的点总在圆内,于是每个导纳点将位于一个圆的圆周上,并在另一个圆的内部,因此这两个导纳圆总是相交的。从一个导纳图到另一个导纳图将存在一个连续路径,也就是存在一个合理的减反射膜。可以证明,在这种特殊的情况下,两个膜层的光学厚度相等。显然,有两个解,我们取较薄的那个。

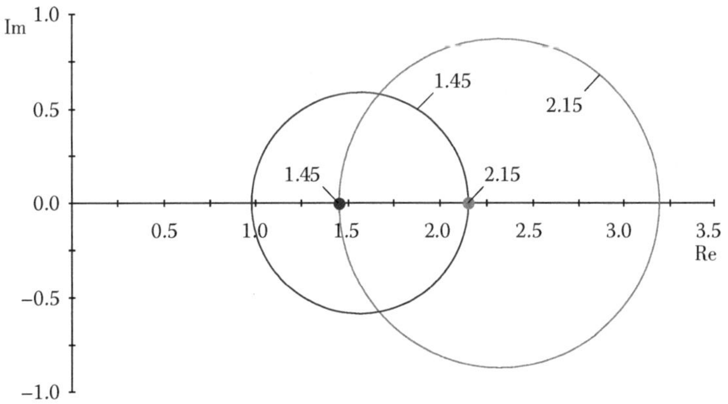

图 7.31　导纳图的几何形状表明,穿过交替膜层的两个导纳圆总会相交,
因此从一个导纳到另一个导纳将存在一个连续路径

对于这两种材料,在实现减反射的波长处所要求的光学厚度均为 0.08159,而在参考波长处光学厚度将是减反射膜的光学厚度的一半。插入减反射膜意味着对原始 λ/4 结构的每一

膜层移走相等的光学厚度,因此,起始的膜层设计为

$$(0.3368L\ 0.1632H\ 0.1632L\ 0.6737H\ 0.1632L\ 0.1632H\ 0.3368L)^{25}$$

下一步是优化原始膜系最外面的五层(不是减反射部分),以给出如图7.29所示的改进膜系的性能。原始$\lambda/4$膜系的变化对高反射区的宽度有不利影响,因此,在优化之前调整边缘的位置与传统设计的边缘一致,这意味着将参考波长改为965nm。

该滤光片在空气中倾斜40°导致出现如图7.32所示的特性曲线,半波孔几乎消失。残留的凹陷是因为减反射膜是为垂直入射设计的。通过略微调整减反射膜的厚度,还能进一步减小凹陷,但太大的调整将导致在垂直入射时开始出现半波孔。

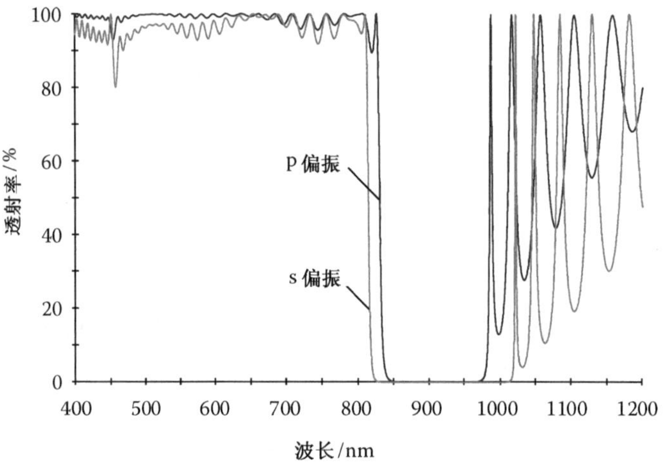

图7.32　图7.29中的改进设计在40°入射时的特性,半波孔几乎消失

10. 通带的压缩

单纯的$\lambda/4$多层膜不存在偶数级次的高反射区,但有时让这些高反射区出现是有用的。应用前一节的方法,可以比较简单地使偶数级次反射区的反射率得以提高。为使分析更简单,我们假定基本周期的形式是AB而不是(A/2)B(A/2)。基本结果一经确定,如果需要的话,可以很容易变换为(A/2)B(A/2)的形式。在通常的$\lambda/4$多层膜中,偶数级次的高反射区被抑制的原因是,在那里每层膜的厚度是$\lambda/2$的整数倍,因而基本周期的$|t|=1$。所以要求高反射区出现,就将导致这个条件被破坏。为此,应当增加一层膜的厚度而减小另一层膜的厚度,但要保持总的光学厚度不变。偏离半波长条件越远,反射率峰值就越明显。

现在讨论以下这种情况:要求反射区出现在波长λ_0、$\lambda_0/2$和$\lambda_0/3$处,而不能出现在波长$\lambda_0/4$处。使$n_A d_A = n_B d_B/3$且$n_A d_A = \lambda_0/8$,这个条件就会得到满足。因此,基本的多层膜系的形式为

$$\frac{H}{2}\frac{3L}{2}\frac{H}{2}\frac{3L}{2}\frac{H}{2}\frac{3L}{2}\cdots\frac{3L}{2}$$

或者

$$\frac{L}{2}\frac{3H}{2}\frac{L}{2}\frac{3H}{2}\frac{L}{2}\frac{3H}{2}\cdots\frac{3H}{2}$$

在波长 $\lambda=\lambda_0/4$ 处的反射率峰值受到了抑制,因为在那里各层膜的厚度是 $\lambda_0/2$ 的整数倍。

这种方法可以用来产生任意多个高反射区。不过应当注意,膜层厚度偏离理想的 $\lambda_0/4$ 越远,多层膜的第一级次高反射区就越窄。

11. 边缘陡度

对于长波通和短波通滤光片,边缘陡度通常不是一个非常重要的参数。为了得到滤光片截止区所要求的截止度,所必需的膜层数一般将同时产生完全够用的边缘陡度。不过,如果要求一个超常的边缘陡度,那么最容易的改进方法还是采用更多的膜层。但膜层数增多将引起通带的波纹明显增加,因为通带的第一个极小值将更靠近边缘,于是反射率曲线的包络将向边缘方向扩展。如果膜层数需要增加很多,则宜用更先进的压缩波纹技术。

不改变设计的基本概念而又增加边缘陡度的另一种方法是利用多层膜系的高级次反射区。对于膜层数一定的多层膜系,其反射区的边缘陡度将随级次成正比增加。这里有两个障碍:第一,截止区的宽度随高反射区级次的增高而减小,此时叠加一个工作在第一级次高反射区的多层膜系,便可将截止区展宽;第二个障碍更为严重,膜系的膜层厚度允许误差也随高反射区级次的增高而减小,这是因为膜系的特性并不直接依赖于各层膜的相位厚度,而是依赖于膜层厚度的正弦和余弦。例如,对于第五级次高反射区,各层膜的相位厚度大于 2π。因此,对于第一级次截止滤光片,膜层厚度可以允许的随机误差在 5% 的量级,而对于第五级次滤光片允许的随机误差却在 1% 的量级。使用较高级次的截止滤光片,一个更为实际的困难是每层膜要耗费非常多的材料。

参考文献

[1] Epstein L I 1952 The design of optical filters *Journal of the Optical Society of America* **42** 806-810

[2] Vera J J 1964 Some properties of multilayer films with periodic structure *Optica Acta* **11** 315-331

[3] Thelen A 1966 Equivalent layers in multilayer filters *Journal of the Optical Society of America* **56** 1533-1538

[4] Ufford C and Baumeister P 1974 Graphical aids in the use of equivalent index in multilayer-filter design *Journal of the Optical Society of America* **64** 329-334

[5] Welford W T (writing as W Weinstein) 1954 Computations in thin film optics *Vacuum* **4** 3-19

[6] Baumeister P W 1958 Design of multilayer filters by successive approximations *Journal of the Optical Society of America* **48** 955-958

[7] Dobrowolski J A and Kemp R A 1990 Refinement of optical multilayer systems with different optimization procedures *Applied Optics* **29** 2876-2893

[8] Dobrowolski J A 1965 Completely automatic synthesis of optical thin film systems *Applied Optics* **4** 937-946

[9] Jacobsson R 1964 Matching a multilayer stack to a high-refractive－index substrate by means of an inhomogeneous layer *Journal of the Optical Society of America* **54** 422-423

[10] Young L and Crystal E G 1966 On a dielectric fiber (sic) by Baumeister *Applied Optics* **5** 77-80

[11] Seeley J S, Liddell H M, and Chen T C 1973 Extraction of Tschebysheff design data for the klowpass dielectric multilayer *Optica Acta* **20** 641-661

[12] Seeley J S and Smith S D 1966 High performance blocking filters for the region 1μ to 20μ *Applied Optics* **5** 81-85

[13] Turner A F and Baumeister P W 1966 Multilayer mirrors with high reflectance over an extended spectral region *Applied Optics* **5** 69-76

[14] Epstein L I 1955 Improvements in heat reflecting filters *Journal of the Optical Society of America* **45** 360-362

[15] Thelen A 1963 Multilayer filters with wide transmission bands *Journal of the Optical Society of America* **53** 1266-1270

[16] Muchmore R B 1948 Optimum band width for two layer anti-reflection films *Journal of the Optical Society of America* **38** 20-26

第 8 章　带通滤光片

透射带两侧邻接截止带的滤光片,叫做带通滤光片。为得到通带最宽的滤光片,最适合的结构是把第 7 章讨论的长波通滤光片和短波通滤光片组合起来。不过,对于通带较窄的滤光片,这种方法就不太成功,因为很难得到预期的定位精度和边缘陡度。因此需使用别的方法,其中包括用单一膜系同时产生通带和截止带。这类方法的最简单情况是法布里-珀罗薄膜滤光片,也就是在第 6 章中已经描述过的法布里-珀罗干涉仪的一种改进。法布里-珀罗标准具中的间隔层相当于一个谐振腔,因此也常称作腔层。法布里-珀罗滤光片也可以称作单腔滤光片。单腔滤光片具有三角形的通带,而且已经发现通过一系列简单的滤光片组合在一起,就像调谐电路那样,可以对滤光片进行改进。这种组合在一起的滤光片被称作多腔滤光片。这个术语并不总是那么简单,这些腔层厚度通常是一个 $\lambda/2$ 或 $\lambda/2$ 的整数倍,因此这种滤光片早期的名称叫做多半波滤光片,现在有时也会使用这一名称。双腔滤光片早期被称作双半波滤光片(DHW),三腔滤光片被称作三半波滤光片(THW)。

8.1　宽带滤光片

带通滤光片可以粗略地分为宽带滤光片和窄带滤光片。这两类之间没有明确的界限,因而对一种特定的滤光片的标称,取决于应用以及与之相比较的其他滤光片。为了便于叙述,我们用“宽带滤光片”表示具有 20% 或更大带宽的滤光片,它们由长波通滤光片和短波通滤光片组合而成,最好的组合是将两个滤光片分别镀在一个基底的两个表面上。为给出尽可能大的透射率,设计时必须使每个截止滤光片同基底及环境介质相匹配,这种设计程序已经在第 7 章研究过。这类滤光片的特性如图 8.1 所示。

不过,也可以将两个组成部分镀在基底的同一边,这是 Epstein[1] 在他早期关于对称周期的文章中研究过的问题。主要困难在于,要组合两个多层膜,使通带的透射率最大,同时使一个多层膜不在另一个多层膜的截止区产生透射率峰值。通带的透射率取决于第一个膜系同基底、第二个膜系同第一个膜系以及第二个膜系同环境介质的相互匹配。根据不同膜系的等效导纳值,可能需要插入适当的 $\lambda/4$ 匹配膜层,或采取某种更复杂的匹配技术。

在可见光波段,用硫化锌和冰晶石组成的 $[(H/2)L(H/2)]^s$ 膜系作为长波通滤光片表现出很好的特性:在离边缘不太远的通带中的各个波长,其垂直入射时的等效导纳接近于 1。因此,可以用它与空气邻接而不致失配。膜系 $[(L/2)H(L/2)]^s$ 作为短波通滤光片,其等效导纳值略低于第一个膜系,因而能够彼此直接邻接而无须匹配膜层。在可见光区,基底是折射率为 1.52 的玻璃,因此第二个膜系与基底之间严重失配,这就需要插入一个匹配膜层。好在当

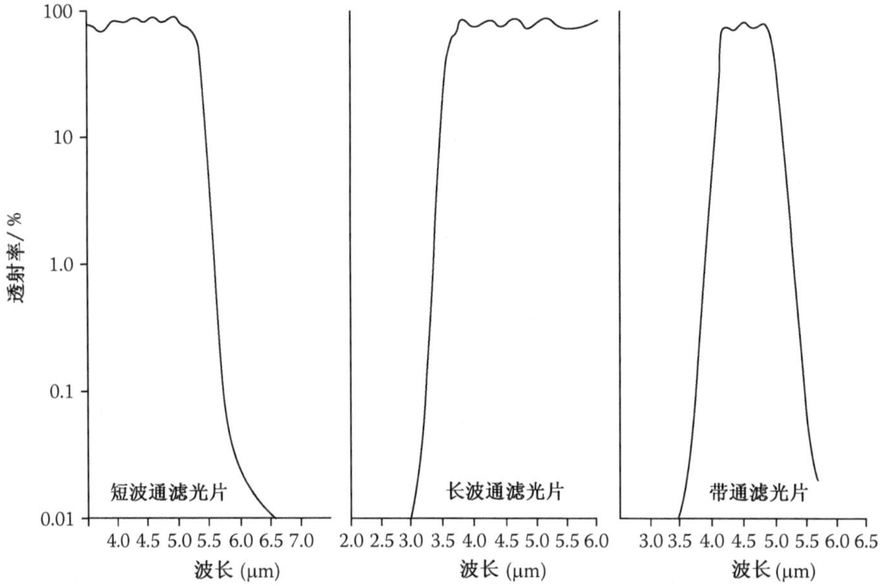

图 8.1　叠置两个分离的截止滤光片以构成带通滤光片(引自 Standard Telephones and Cables Ltd)

[(L/2)H(L/2)]^s 的总相位厚度为 270°,也就是有效厚度为 3λ/4 时,恰好具有匹配的导纳值。最终设计的反射率曲线如图 8.2(b)所示,两个膜系相应的导纳如图 8.2(a)所示。曲线 *A* 表示短波通滤光片[(L/2)H(L/2)]^{4}的导纳,曲线 *B* 表示长波通滤光片[(H/2)L(H/2)]^{4}的导纳,全部设计列在表 8.1 中。两个滤光片的边缘完全可以任意地选取,因而可以按要求移动。

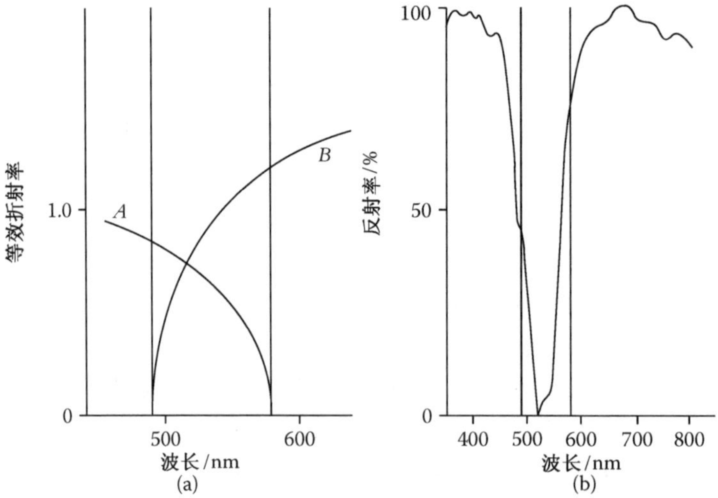

图 8.2　(a)组成带通滤光片的两个对称周期膜系的等效导纳;(b)带通滤光片的计算反射率曲线(曲线 *A* 为(0.5LH0.5L);曲线 *B* 为(0.5HL0.5H),其中 n_L =1.38,n_H =2.30。这个滤光片由膜系 *A* 和膜系 *B* 组合而成,其全部设计见表 8.1。引自 Epstein L I. *Journal of the Optical Society of America*, 42,806-810,1952)

表 8.1　Epstein 的带通滤光片设计

膜层折射率	在 546nm 处测量的每一膜层的相位厚度/(°)	膜层折射率	在 546nm 处测量的每一膜层的相位厚度/(°)
1.52	大块材料	2.30	55.4
1.38	67.3	1.38	33.9
2.30	134.5	2.30	67.9
1.38	122.7	1.38	67.9
2.30	110.8	2.30	67.9
1.38	110.8	1.38	67.9
2.30	110.8	2.30	67.9
1.38	110.8	1.38	67.9
2.30	110.8	2.30	67.9
1.38	110.8	1.38	67.9
2.30	110.8	2.30	33.9
1.38	110.8	1.00	大块材料

资料来源：Epstein L I, *Journal of the Optical Society of America*, 42, 806-810, 1952.

为避免每个膜系的截止区出现透射率峰值，最好的办法是，在镀膜时不使它们的高反射区交叠。短波通滤光片的整个截止带总是落在长波通滤光片的通带上面，但是如果可能的话，更高级次的截止带不应当与长波通滤光片的截止带相叠加。在第 7 章中已经研究过同类型截止滤光片的组合，所讨论的原则也适用于现在的情况。应当记住，虽然在正常的短波通滤光片的特性曲线中不存在第二级次反射率峰值，但是任一膜层的厚度误差都可能引起小的峰值出现。倘若误差足够明显而又叠加在另一个滤光片的截止区，那就可能引起透射率峰值出现，透射率极大值的表达式为

$$T_{\max} = \frac{T_a T_b}{[1-(R_a R_b)^{1/2}]^2}$$

上式只有在相位条件满足时才成立。

8.2　窄带滤光片

8.2.1　金属-介质单腔滤光片

最简单的薄膜窄带滤光片是根据第 6 章中讨论的法布里-珀罗干涉仪制成的。按最初的形式，法布里-珀罗干涉仪是由两块相同的间距为 d 的平行反射板组成的。对于平行光线，除了一系列按相等波数间隔分开的很窄的透射带以外，其余所有波长的透射率都很低。这个器件可以替换成一个完全的薄膜组合——由两个金属反射膜层中间夹一个介质膜层组成(图 8.3)，介质膜层取代了中间的间隔层。早期的术语将这一层叫做“间隔层”，但如今大都趋于称之为“腔层”。除了间隔层具有大于 1 的折射率以外，这种薄膜滤光片的特性分析与常用的标准具是完全相同的，但是在其他方面存在一些重要差别。

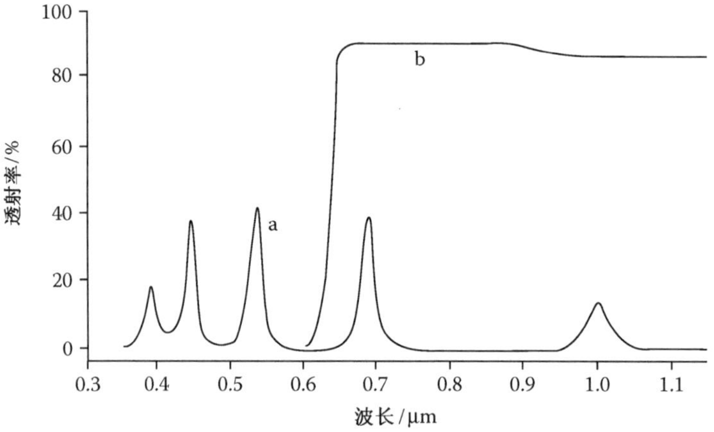

图 8.3　用于可见光区的金属-介质滤光片的特性(曲线 a);曲线 b 是吸收玻璃滤光片的透射率,它可用于抑制短波长边带
(引自 Barr & Stroud Ltd)

虽然基底的表面应当高度抛光,但不必加工到标准具平板所需要的精密公差。假设在镀膜机中蒸汽流是均匀的,那么薄膜将与基底的外形相同而不呈现任何厚度变化,这意味着法布里-珀罗薄膜滤光片可以用于比标准具低得多的干涉级次。的确,事实证明也必须用在较低的干涉级次,因为薄膜腔层的厚度超过第四级次就开始显得“粗糙”。腔层的“粗糙”展宽了通带,降低了峰值透射率,使得更高级次完全失去了任何优越性。这种简单类型的滤光片称为金属-介质法布里-珀罗滤光片,或单腔滤光片,以便同后面将要讨论的全介质法布里-珀罗滤光片相区别。

下面有必要再次简要分析一下单腔滤光片的特性。这次将计入来自反射膜的相移的影响。以式(3.20)作为分析的出发点:

$$T_F = \frac{T_a T_b}{[1-(R_a R_b)^{1/2}]^2} \frac{1}{1+F\sin^2\left[\frac{1}{2}(\varphi_a+\varphi_b)-\delta\right]} \tag{8.1}$$

式中

$$F = \frac{4(R_a R_b)^{1/2}}{[1-(R_a R_b)^{1/2}]^2}$$

以及

$$\delta = \frac{2\pi nd\cos\vartheta}{\lambda}$$

我们对式(3.20)进行了修改,将反射率的“+”号和“-”号去掉。下面的分析除了计入 φ_a 和 φ_b 的影响外,同第 5 章的分析过程是相似的。透射率极大值的位置由下式确定:

$$\frac{2\pi nd\cos\vartheta}{\lambda} - \frac{\varphi_a+\varphi_b}{2} = m\pi \qquad m = 0, \pm 1, \pm 2, \pm 3, \cdots \tag{8.2}$$

在式中我们选取 $-m$ 而不是 $+m$，是因为规定 $(\varphi_a+\varphi_b)/2<\pi$。如果我们引入波数 ν 替代波长，分析更加简单。此时透射率峰值的位置为

$$\frac{1}{\lambda}=\nu=\frac{m\pi+(\varphi_a+\varphi_b)/2}{2\pi nd\cos\vartheta}=\frac{1}{2nd\cos\vartheta}\left(m+\frac{\varphi_a+\varphi_b}{2\pi}\right) \tag{8.3}$$

根据某一特定的金属材料、基底的厚度和折射率、腔层的折射率，反射相移 φ 将在第一或第二象限。因此，$(\varphi_a+\varphi_b)/(2\pi)$ 将是 0 和 1 之间的正数，对于可见光区中间的银材料，大约是 0.7。如果我们用 m 表示级次，将会存在一个零级峰值。垂直入射时这个峰值大约是 $nd/0.35$，所以这个峰值对应的波长为 λ_0，腔层的光学厚度应该是 $0.35\lambda_0$。对第一级次的峰值，腔层的光学厚度应当在 $0.85\lambda_0$ 左右。

薄膜单腔（或法布里-珀罗）滤光片的分辨率，可以完全按干涉仪那样来定义。正如第 6 章所述，分辨率的一个方便的定义为

$$\frac{\text{峰值波长}}{\text{通带半宽度}}$$

式中，通带半宽度是指在峰值透射率的一半处测得的通带宽度。因为半宽度可以很快转换成分辨率，而且由于它非常形象，所以半宽度是可以描述各种窄带滤光片性能的参数，而不仅仅是单腔滤光片。也有其他测量带宽的方法，有时采取与半宽度相应的方式，如相对于峰值透射率的不同分数 0.9 或 0.1。有时候，特别是在通信应用中，这些值经常以峰值为标准，用 dB 来表示。

现在我们岔开话题解释一下这种不同的标度。dB 是分贝的符号，这是功率水平比较的一个单位，在这里，是光照度的比较。这种标度采用对数形式。分贝这个单位并不属于国际单位制（SI），但它在国际上被广泛接受和使用。它的基础是贝尔——一个起源于贝尔电话实验室，也是用 Bell 的名字命名的单位。贝尔的定义是：对两个功率的比值求以 10 为底的对数。如果功率下降，这个值将是负数。如果乘以 10 这个值将更加方便，也就是分贝标度。因此，光照度 I_1 与光照度 I_0 的比较用分贝单位可表示为

$$L(\text{dB})=10\log_{10}\left(\frac{I_1}{I_0}\right) \tag{8.4}$$

负数代表损耗，正数代表增益。I_1/I_0 可以代表用绝对单位表示的透射率或反射率。为了将透射率转化成分贝单位，我们采用下式：

$$T(\text{dB})=10\log_{10}[T(\text{abs})] \tag{8.5}$$

例如，透射率为 50%，也就是 0.5，用分贝表示就是 -3.01dB。有时这可以称为 3.01dB 的插入损耗，因为它代表了功率的下降。分贝标度的优点是可以累加，两个元件串接在一起，一个插入损耗为 2dB，另一个为 4dB，那么总的插入损耗就是 $(2+4)$ dB $=6$dB。

在分辨率和分辨力的这个问题上多花一点时间是值得的。假设通带足够窄，也就是说 F 足够大，在峰值附近我们可以用 $-m\pi-\Delta\delta$ 替代

$$\frac{\varphi_a+\varphi_b}{2}-\delta$$

并用 $(\Delta\delta)^2$ 替代

$$\sin^2\left(\frac{\varphi_a+\varphi_b}{2}-\delta\right)$$

这里，我们假设在整个通带内 φ_a 和 φ_b 都是常数，或者其变化比 δ 慢得多。

半峰值带宽或半宽度的位置，可以由下式的半峰值透射率点得到，即

$$F\sin^2\left(\frac{\varphi_a+\varphi_b}{2}-\delta\right)=1$$

然后，通过上面给出的近似，可以表示为

$$(\Delta\delta_h)^2=\frac{1}{F}$$

换言之，通带的半宽度为

$$2\Delta\delta_h=2/F^{1/2}$$

精细度定义为条纹间隔与条纹半宽度的比值，用符号 $\mathcal{F}$ 表示。当从一个条纹移动到另一个条纹时，δ 的改变量恰好是 π，因此

$$\mathcal{F}=\frac{\pi F^{1/2}}{2} \tag{8.6}$$

既然 $\nu\propto\delta$，$\nu_0/\Delta\nu_h=\delta_0/2\Delta\delta_h$，其中 ν_0 和 δ_0 分别对应于透射率峰值的波数和腔层的相位厚度，而 $\Delta\nu_h$ 和 $2\Delta\delta_h$ 为半宽度的对应值。峰值波数与半宽度的比值为

$$\frac{\nu_0}{\Delta\nu_h}=F\left(m+\frac{\varphi_a+\varphi_b}{2\pi}\right)$$

对于第 m 级次的峰值，由于

$$\delta_0=m\pi+\frac{\varphi_a+\varphi_b}{2}$$

峰值位置与用波数表示的半宽度之比恰好同用波长表示的一样，即

$$\frac{\nu_0}{\Delta\nu_h}=\frac{\lambda_0}{\Delta\lambda_h} \tag{8.7}$$

式中，λ_0 的表达式为

$$\lambda_0=\frac{2nd\cos\vartheta}{m+(\varphi_a+\varphi_b)/2\pi}$$

这在第 6 章中已经讨论过了。

制作金属-介质滤光片是很简单的，需要注意的主要问题是，金属层应尽可能快地蒸镀在冷基底上。在可见光区和近红外区，用银和冰晶石可以获得最好的结果，而在紫外区最好的组合则是铝和氟化镁或冰晶石。在蒸镀之后膜层应尽快地与盖片胶合，使膜层得到保护，这样做也使金属层两侧的介质折射率相等。

Turner[2] 引用了用于可见光区的金属-介质滤光片的若干结果，可作为预期特性的典型。这些滤光片由银反射膜和氟化镁腔构成。对于第一级次腔，滤光片在波长 531nm 处得到了

30% 的峰值透射率，带宽为 13nm。对于第二级次腔，类似的滤光片在波长 535nm 处的峰值透射率为 26%，带宽为 7nm。金属-介质滤光片通常最高使用到第三级次，因为第四级次以上，间隔层中的散射明显增大，使得用在这些级次上的效果大大变差。一个典型的可见光波段金属-介质滤光片的特性曲线如图 8.3 所示，其特征透射峰在 0.69μm，对应第三级次。由于更高级次的峰构成的短波边带很容易通过添加一个吸收玻璃滤光片来消除，这个吸收滤光片胶合在金属-介质滤光片上面，表现为一个玻璃盖片。这样的滤光片也如图 8.3 所示，它是一种宽带吸收玻璃，可用于可见光及近红外波段，具有长波通的特性。但可惜的是，吸收滤光片很少可以用于抑制长波边带。如果探测器对这些长波长不敏感，就不存在任何问题了。对于可见光及近红外波段的商用金属-介质滤光片，通常具有长波边带，但这些边带是超出这一波段常用的探测器，如光电阴极、感光乳剂等的探测极限。长波边带的抑制必须要集成为滤光片的一部分，虽然这样一来对于给定的带宽峰值透射率降低了，使用金属-介质滤光片的第一级次就有它的优越性了，因为它们通常不具有长波边带。从理论上讲，在很长的波长上，总存在一个对应于零级次的透射率峰值。但通常此峰值不会出现，部分原因是出现零级干涉的波长达到之前，基底就已经截止了长波通带，同时也因为材料本身的特性已经发生了根本变化。后面我们将考虑一种特殊类型的金属-介质滤光片，即诱导透射滤光片。它可以得到高得多的透射率，虽然其半带宽更宽，但没有长波边带，因而常被用作长波抑制滤光片。

对于紫外滤光片，银的表现不佳，而铝是最合适的金属材料，介质材料可以选择氟化镁。在波长超过 300nm 的紫外区，只有少数几种适用的胶合剂（当波长短于 200nm 时一种也没有），因此紫外滤光片不可能像可见光滤光片那样在膜层上胶合盖片来进行保护。因此，常用的方法是在最外层的金属与空气之间添加一层额外的介质膜层进行保护。由于这些膜层可以减弱铝的氧化，因此非常有效。铝的氧化非常迅速，会引起滤光片性能的下降，甚至在很低的压强下。这种氧化现象在第 5 章中已经提到过。根据 Bates 和 Bradley[3] 的报道，它们并不能使滤光片完全稳定，反而会出现轻微的红移。最外层的介质膜的第二个功能就是作为减反射膜，因此可以增加滤光片的透射率。这并不是主要问题所在（对于怎样改善金属-介质滤光片的性能将在本章后面讨论），但任何可以改善紫外滤光片性能的技术，都是很受欢迎的，即使是非常有限的改善。部分第一级次金属-介质单腔滤光片的性能曲线如图 8.4 所示。

在反射膜具有吸收并且两个反射膜不完全匹配时，单腔滤光片的透射率公式也可以用来确定峰值透射率。首先，令两个反射膜的反射率相等，并且用 A 表示吸收率，则

$$R+T+A=1 \tag{8.8}$$

那么峰值透射率为

$$(T_F)_{峰值}=\frac{T^2}{(1-R)^2}$$

利用式(8.8)，得

$$(T_F)_{峰值}=\frac{1}{(1+A/T)^2} \tag{8.9}$$

正如法布里-珀罗干涉仪一样，式(8.9)表明，当存在吸收时，峰值透射率的值由比值 A/T 决定。

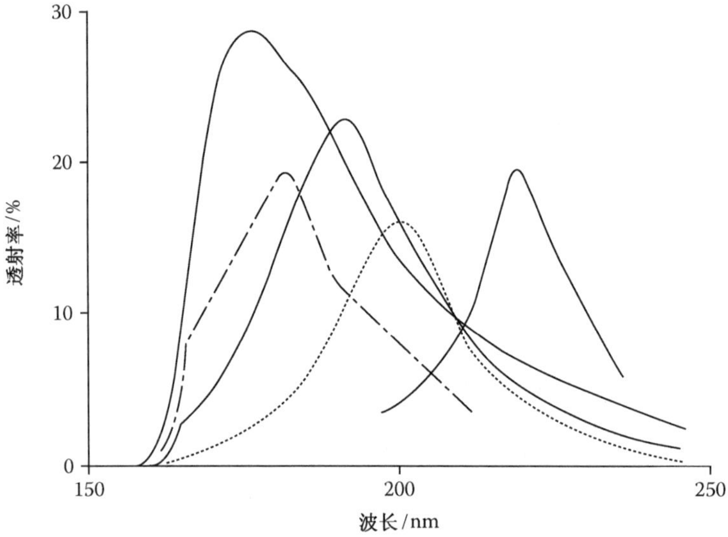

图 8.4　镀在光谱纯石英基底上的用于远紫外区的金属-介质滤光片的实测透射率曲线

（引自 Bates B and Bradley D J. *Applied Optics*, 5, 971-975, 1966）

为了估计两个反射膜所要求的匹配精度，假定吸收为零，则峰值透射率由下式给出：

$$(T_F)_{峰值} = \frac{T_a T_b}{[1-(R_a R_b)^{1/2}]^2} \tag{8.10}$$

式中，下标 a 和 b 分别表示两个反射膜。令

$$R_b = R_a - \Delta_a \tag{8.11}$$

式中，Δ_a是匹配误差，所以 $T_b = T_a + \Delta_a$。我们可以写成

$$\begin{aligned}(T_F)_{峰值} &= \frac{T_a(T_a+\Delta_a)}{\{1-[R_a(R_a-\Delta_a)]^{1/2}\}^2} \\ &= \frac{T_a(T_a+\Delta_a)}{\left\{1-R_a\left[1-\frac{1}{2}(\Delta_a/R_a)+\dots\right]\right\}^2}\end{aligned} \tag{8.12}$$

现在假定Δ_a足够小，可以与 R_a 相比拟，则可以只取式(8.12)中的前两项。稍加整理可得

$$(T_F)_{峰值} = \frac{T_a^2}{(1-R_a)^2}\frac{1+(\Delta_a/T_a)}{\left[1+\frac{1}{2}(\Delta_a/T_a)\right]^2} \tag{8.13}$$

上式右边的第一部分是两个反射膜没有任何匹配误差时峰值透射率的表达式，第二部分表明失配是如何影响峰值透射率的。第二部分如图 8.5 所示，图中横坐标是 $T_b/T_a = 1+\Delta_a/T_a$。显然，单腔滤光片对匹配误差非常不敏感，甚至在两个反射膜的透射率不匹配度达到 3 时，仍然可以得到 75% 的峰值透射率。

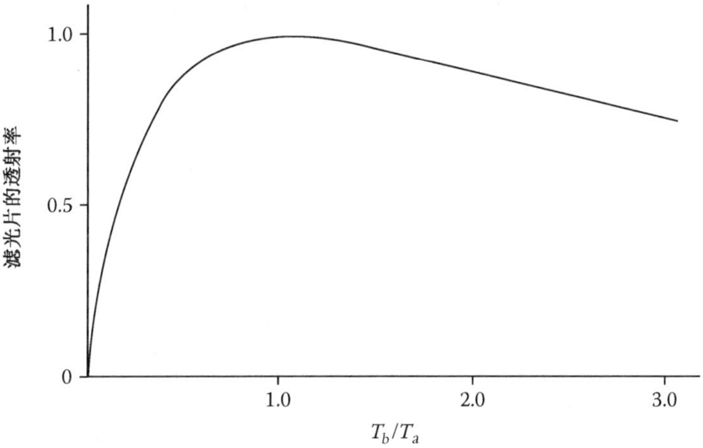

图 8.5　反射膜不匹配的单腔或法布里-珀罗滤光片的理论峰值透射率

8.2.2　全介质单腔滤光片

如果必须改进滤光片的性能，正如我们在常用的法布里-珀罗标准具中所达到的那样，金属反射膜应当替换成全介质多层膜。

全介质滤光片的结构如图 8.6 所示，它与具有介质反射膜和固体薄膜腔层（间隔层）的常用标准具基本相同，并且金属-介质滤光片的特性在这里也适用。这里，虽然要求基底必须进行很好的抛光，但不必加工到很高的平面度，因为如果镀膜机蒸镀结构的几何形状是适当的，那么薄膜一定与基底形状是完全一致的，而没有厚度变化。

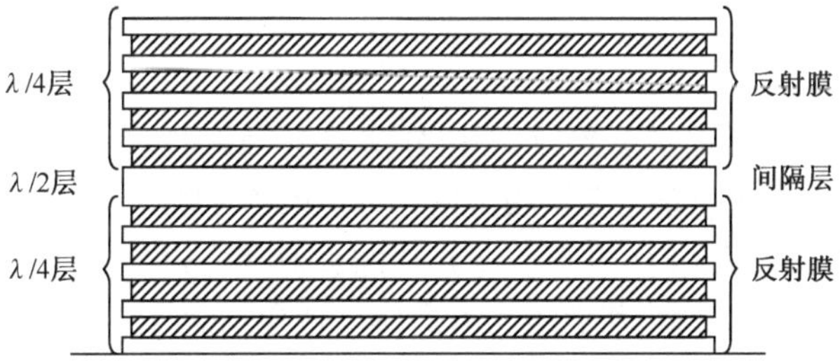

图 8.6　全介质单腔滤光片的结构示意图

全介质滤光片的带宽可以按以下方法计算。如果每个多层膜的反射率足够高，则

$$F=\frac{4R}{(1-R)^2}\simeq\frac{4}{T^2}$$

从而

$$\frac{\lambda_0}{\Delta\lambda_h}=m\mathcal{F}=\frac{m\pi F^{1/2}}{2}\simeq\frac{m\pi}{T}\qquad(8.14)$$

当膜层数给定时，用高折射率膜层作为最外层将得到最大反射率，所以实际上只有图 8.7 所示

的两种情形需要考虑。如果腔层不包括在内,每个多层反射膜的高折射率膜层的总数为 x,那么对于高折射率腔的情况,多层膜的透射率将是

$$T=\frac{4n_{\mathrm{L}}^{2x}n_s}{n_{\mathrm{H}}^{2x+1}}$$

而对于低折射率腔的情况,透射率为

$$T=\frac{4n_{\mathrm{L}}^{2x-1}n_s}{n_{\mathrm{H}}^{2x}}$$

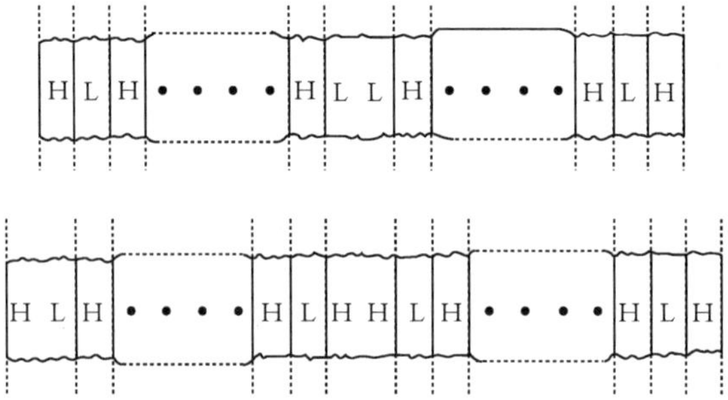

图 8.7　全介质单腔滤光片(或法布里-珀罗滤光片)的两种基本类型的结构

将这些结果代入带宽的表达式,对于高折射率腔可求出

$$\frac{\Delta\lambda_h}{\lambda_0}=\frac{4n_{\mathrm{L}}^{2x}n_s}{m\pi n_{\mathrm{H}}^{2x+1}} \tag{8.15}$$

而对于低折射率腔有

$$\frac{\Delta\lambda_h}{\lambda_0}=\frac{4n_{\mathrm{L}}^{2x-1}n_s}{m\pi n_{\mathrm{H}}^{2x}} \tag{8.16}$$

这里选用半宽比 $\Delta\lambda_h/\lambda_0$ 作为重要参数,而不用分辨率 $\lambda_0/\Delta\lambda_h$,这是习惯用法。

在这些公式中,我们完全忽略了多层膜反射相移色散的影响。正如在第 6 章中看到的,相移并不是常数。相移改变的意义在于,在单腔滤光片的透射率公式中,它增大了 $[(\varphi_a+\varphi_b)/2]-\delta$ 随波长的变化率,因此压缩了带宽,从而增大了式(8.15)和式(8.16)中的分辨率。

Seeley[4] 详细研究了全介质滤光片,通过对滤光片透射率的表达式做一些近似,得到了第一级次的半宽度公式。这些公式只不过是在略微调整的基础上,对式(8.15)和式(8.16)乘以因子 $(n_{\mathrm{H}}-n_{\mathrm{L}})/n_{\mathrm{H}}$。我们可以将 Seeley 的分析推广到第 m 级次的全介质滤光片。

我们回想前面讲过的内容,半峰值点由下式给出:

$$F\sin^2[(2\pi D/\lambda)-\varphi]=1 \tag{8.17}$$

式中,鉴于滤光片的对称性非常好,我们已经用 φ 替代了 $(\varphi_a+\varphi_b)/2$。采用 $g=\lambda_0/\lambda=\nu/\nu_0$ 会简化分析的过程。在滤光片的透射率峰值处,$g=1.0$。假定 g 改变很小的量 Δg,则

$$2\pi D/\lambda=m\pi(1+\Delta g)$$

从而

$$\varphi = \varphi_0 + \frac{\mathrm{d}\varphi}{\mathrm{d}g}\Delta g$$

因此,式(8.17)可以写成

$$F\sin^2\left(m\pi(1+\Delta g) - \varphi_0 - \frac{\mathrm{d}\varphi}{\mathrm{d}g}\Delta g\right) = 1$$

我们知道,φ_0 等于 0 或π。采用与前面相同的近似,有

$$F\left(m\pi\Delta g - \frac{\mathrm{d}\varphi}{\mathrm{d}g}\Delta g\right)^2 = 1$$

或

$$\Delta g = F^{-1/2}\left(m\pi - \frac{\mathrm{d}\varphi}{\mathrm{d}g}\right)^{-1}$$

半宽度为 $2\Delta g$,因此

$$\begin{aligned} 2\Delta g = \frac{\Delta\nu_h}{\nu_0} = \frac{\Delta\lambda_h}{\lambda_0} &= 2F^{-1/2}\left(m\pi - \frac{\mathrm{d}\varphi}{\mathrm{d}g}\right)^{-1} \\ &= \frac{2}{m\pi F^{1/2}}\left(1 - \frac{1}{m\pi}\frac{\mathrm{d}\varphi}{\mathrm{d}g}\right)^{-1} \end{aligned} \tag{8.18}$$

现在需要得到 $\mathrm{d}\varphi/\mathrm{d}g$ 的值。我们采用 Seeley 的方法,当然并不是完全与他的方法相同。由于后面还需要这些结果,我们选取一个更加通用的方法。介质 $\lambda/4$ 膜层的矩阵为

$$\begin{bmatrix} \cos\delta & \mathrm{i}\sin\delta/\eta \\ \mathrm{i}\eta\sin\delta & \cos\delta \end{bmatrix}$$

式中,像往常一样,我们用 η 表示光学导纳,采用自由空间单位。现在,对于接近 $\lambda/4$ 的膜层,可以写成

$$\delta = \pi/2 + \varepsilon$$

式中, ε 为一个小量。从而

$$\cos\delta \simeq -\varepsilon \qquad \sin\delta \simeq 1$$

因此矩阵可以写成

$$\begin{bmatrix} -\varepsilon & \mathrm{i}/\eta \\ \mathrm{i}\eta & -\varepsilon \end{bmatrix}$$

我们限定仅对邻接基底的高折射率 $\lambda/4$ 多层膜进行分析,存在两种情况:膜层数为偶数或奇数。

1. 第一种情况:膜层数为偶数($2x$)

这种情况下多层膜的矩阵为

$$\begin{bmatrix} B \\ C \end{bmatrix} = [\mathrm{L}][\mathrm{H}][\mathrm{L}]\cdots[\mathrm{L}][\mathrm{H}]\begin{bmatrix} 1 \\ \eta_{\mathrm{sub}} \end{bmatrix}$$

式中

$$[\mathrm{L}] = \begin{bmatrix} -\varepsilon_{\mathrm{L}} & \mathrm{i}/\eta_{\mathrm{L}} \\ \mathrm{i}\eta_{\mathrm{L}} & -\varepsilon_{\mathrm{L}} \end{bmatrix}$$

$$[\mathrm{H}] = \begin{bmatrix} -\varepsilon_{\mathrm{H}} & \mathrm{i}/\eta_{\mathrm{H}} \\ \mathrm{i}\eta_{\mathrm{H}} & -\varepsilon_{\mathrm{H}} \end{bmatrix}$$

从而

$$\begin{aligned} \begin{bmatrix} B \\ C \end{bmatrix} &= \{[\mathrm{L}][\mathrm{H}]\}^x \begin{bmatrix} 1 \\ \eta_{\mathrm{sub}} \end{bmatrix} \\ &= \begin{bmatrix} -\left(\dfrac{\eta_{\mathrm{H}}}{\eta_{\mathrm{L}}}\right) & -\mathrm{i}\left(\dfrac{\varepsilon_{\mathrm{L}}}{\eta_{\mathrm{H}}} + \dfrac{\varepsilon_{\mathrm{H}}}{\eta_{\mathrm{L}}}\right) \\ -\mathrm{i}(\eta_{\mathrm{L}}\varepsilon_{\mathrm{H}} + \eta_{\mathrm{H}}\varepsilon_{\mathrm{L}}) & -\left(\dfrac{\eta_{\mathrm{L}}}{\eta_{\mathrm{H}}}\right) \end{bmatrix}^x \begin{bmatrix} 1 \\ \eta_{\mathrm{sub}} \end{bmatrix} \\ &= \begin{bmatrix} M_{11} & \mathrm{i}M_{12} \\ \mathrm{i}M_{21} & M_{22} \end{bmatrix} \begin{bmatrix} 1 \\ \eta_{\mathrm{sub}} \end{bmatrix} \end{aligned}$$

我们的问题在于获得 M_{11}、M_{12}、M_{21} 和 M_{22} 的表达式。在计算时，忽略了 ε 的所有二次和高次项，在 M_{11} 和 M_{22} 中含有 ε 的二次和高次项，因此

$$M_{11} = (-1)^x \left(\frac{\eta_{\mathrm{H}}}{\eta_{\mathrm{L}}}\right)^x$$

$$M_{22} = (-1)^x \left(\frac{\eta_{\mathrm{L}}}{\eta_{\mathrm{H}}}\right)^x$$

M_{12} 和 M_{21} 含有 ε 的一次、三次及更高次项。一次项为

$$\begin{aligned} M_{12} &= -\left(\frac{\varepsilon_{\mathrm{L}}}{\eta_{\mathrm{H}}} + \frac{\varepsilon_{\mathrm{H}}}{\eta_{\mathrm{L}}}\right)\left(-\frac{\eta_{\mathrm{L}}}{\eta_{\mathrm{H}}}\right)^{x-1} + \left(-\frac{\eta_{\mathrm{H}}}{\eta_{\mathrm{L}}}\right)\left[-\left(\frac{\varepsilon_{\mathrm{L}}}{\eta_{\mathrm{H}}} + \frac{\varepsilon_{\mathrm{H}}}{\eta_{\mathrm{L}}}\right)\right]\left(-\frac{\eta_{\mathrm{L}}}{\eta_{\mathrm{H}}}\right)^{x-2} + \cdots \\ &\quad + \left(-\frac{\eta_{\mathrm{H}}}{\eta_{\mathrm{L}}}\right)^p \left[-\left(\frac{\varepsilon_{\mathrm{L}}}{\eta_{\mathrm{H}}} + \frac{\varepsilon_{\mathrm{H}}}{\eta_{\mathrm{L}}}\right)\right]\left(-\frac{\eta_{\mathrm{L}}}{\eta_{\mathrm{H}}}\right)^{x-p-1} + \cdots \\ &\quad + \left(-\frac{\eta_{\mathrm{H}}}{\eta_{\mathrm{L}}}\right)^{x-1} \left[-\left(\frac{\varepsilon_{\mathrm{L}}}{\eta_{\mathrm{H}}} + \frac{\varepsilon_{\mathrm{H}}}{\eta_{\mathrm{L}}}\right)\right] \\ &= (-1)^x \left(\frac{\varepsilon_{\mathrm{L}}}{\eta_{\mathrm{H}}} + \frac{\varepsilon_{\mathrm{H}}}{\eta_{\mathrm{L}}}\right)\left[\left(\frac{\eta_{\mathrm{L}}}{\eta_{\mathrm{H}}}\right)^{x-1} + \left(\frac{\eta_{\mathrm{L}}}{\eta_{\mathrm{H}}}\right)^{x-3} + \cdots + \left(\frac{\eta_{\mathrm{H}}}{\eta_{\mathrm{L}}}\right)^{x-1}\right] \end{aligned}$$

换言之，由于$(\eta_L/\eta_H)<1$，

$$M_{12}=(-1)^x\left(\frac{\varepsilon_L}{\eta_H}+\frac{\varepsilon_H}{\eta_L}\right)\left(\frac{\eta_L}{\eta_H}\right)^{x-1}\times\left[\left(\frac{\eta_L}{\eta_H}\right)^{2x-2}+\left(\frac{\eta_L}{\eta_H}\right)^{2x-4}+\cdots+\left(\frac{\eta_L}{\eta_H}\right)^{2}+1\right]$$

$$=(-1)^x\left(\frac{\varepsilon_L}{\eta_H}+\frac{\varepsilon_H}{\eta_L}\right)\left(\frac{\eta_L}{\eta_H}\right)^{x-1}\left[1-\left(\frac{\eta_L}{\eta_H}\right)^{2x}\right]\left[1-\left(\frac{\eta_L}{\eta_H}\right)^{2}\right]^{-1}$$

现在假设 x 足够大而(η_L/η_H)足够小，与 1 相比可以忽略$(\eta_L/\eta_H)^{2x}$，经过调整，表达式变为

$$M_{12}=\frac{(-1)^x\eta_H\eta_L\left(\frac{\eta_H}{\eta_L}\right)^x\left(\frac{\varepsilon_L}{\eta_H}+\frac{\varepsilon_H}{\eta_H}\right)}{(\eta_H^2-\eta_L^2)}$$

利用同样的过程可以得到

$$M_{21}=\frac{(-1)^x\eta_H\eta_L\left(\frac{\eta_H}{\eta_L}\right)^x(\eta_L\varepsilon_L+\eta_H\varepsilon_H)}{\left(\eta_H^2-\eta_L^2\right)}$$

2. 第二种情况：膜层数为奇数$(2x+1)$

这种情况下多层膜的矩阵为

$$\begin{bmatrix}B\\C\end{bmatrix}=[H][L][H][L]\cdots[L][H]\begin{bmatrix}1\\\eta_{sub}\end{bmatrix}=[H]\{[L][H]\}^x\begin{bmatrix}1\\\eta_{sub}\end{bmatrix}$$

我们可以表示成

$$\begin{bmatrix}N_{11} & iN_{12}\\ iN_{21} & N_{22}\end{bmatrix}\begin{bmatrix}1\\\eta_{sub}\end{bmatrix}$$

只不过是前面的结果乘以下面的因子：

$$\begin{bmatrix}-\varepsilon_H & i/\eta_H\\ i\eta_H & -\varepsilon_H\end{bmatrix}$$

那么可得

$$N_{11}=-\varepsilon_H M_{11}-M_{21}/\eta_H=(-1)^{x+1}\left(\frac{\eta_H}{\eta_L}\right)^x\frac{(\varepsilon_L\eta_H\eta_L+\varepsilon_H\eta_H^2)}{(\eta_H^2-\eta_L^2)}$$

$$N_{12}=-\varepsilon_H M_{12}+M_{22}/\eta_H=(-1)^x\left(\frac{\eta_L}{\eta_H}\right)^x\frac{1}{\eta_H}$$

$$N_{21}=\eta_{\mathrm{H}}M_{11}-\varepsilon_{\mathrm{H}}M_{21}=(-1)^{x}\left(\frac{\eta_{\mathrm{H}}}{\eta_{\mathrm{L}}}\right)^{x}\eta_{\mathrm{H}}$$

$$N_{22}=-\varepsilon_{\mathrm{H}}M_{22}-\eta_{\mathrm{H}}M_{12}=(-1)^{x+1}\left(\frac{\eta_{\mathrm{H}}}{\eta_{\mathrm{L}}}\right)^{x}\frac{\eta_{\mathrm{H}}^{2}\eta_{\mathrm{L}}(\varepsilon_{\mathrm{L}}/\eta_{\mathrm{H}}+\varepsilon_{\mathrm{H}}/\eta_{\mathrm{L}})}{(\eta_{\mathrm{H}}^{2}-\eta_{\mathrm{L}}^{2})}$$

式中，与$(\eta_{\mathrm{H}}/\eta_{\mathrm{L}})^{x}$相比，$(\eta_{\mathrm{L}}/\eta_{\mathrm{H}})^{x}$项被忽略掉了。

3. 相移：第一种情况

现在我们可以计算反射相移了。首先，我们设入射介质的导纳为η_0，那么

$$\begin{bmatrix}B\\C\end{bmatrix}=\begin{bmatrix}M_{11} & \mathrm{i}M_{12}\\ \mathrm{i}M_{21} & M_{22}\end{bmatrix}\begin{bmatrix}1\\ \eta_{\mathrm{sub}}\end{bmatrix}=\begin{bmatrix}M_{11}+\mathrm{i}\eta_{\mathrm{sub}}M_{12}\\ \eta_{\mathrm{sub}}M_{22}+\mathrm{i}M_{21}\end{bmatrix}$$

$$\begin{aligned}\rho&=\frac{\eta_0B-C}{\eta_0B+C}=\frac{\eta_0(M_{11}+\mathrm{i}\eta_{\mathrm{sub}}M_{12})-\eta_{\mathrm{sub}}M_{22}-\mathrm{i}M_{21}}{\eta_0(M_{11}+\mathrm{i}\eta_{\mathrm{sub}}M_{12})+\eta_{\mathrm{sub}}M_{22}+\mathrm{i}M_{21}}\\&=\frac{(\eta_0M_{11}-\eta_{\mathrm{sub}}M_{22})+\mathrm{i}(\eta_0\eta_{\mathrm{sub}}M_{12}-M_{21})}{(\eta_0M_{11}+\eta_{\mathrm{sub}}M_{22})+\mathrm{i}(\eta_0\eta_{\mathrm{sub}}M_{12}+M_{21})}\end{aligned}\tag{8.19}$$

$$\tan\varphi=\frac{2\eta_0\eta_{\mathrm{sub}}^2M_{12}M_{22}-2\eta_0M_{11}M_{21}}{\eta_0^2M_{11}^2-\eta_{\mathrm{sub}}^2M_{22}^2+\eta_0^2\eta_{\mathrm{sub}}^2M_{12}^2-M_{21}^2}\tag{8.20}$$

插入合适的表示式，再一次忽略ε的二次和高次项，以及$(\eta_{\mathrm{L}}/\eta_{\mathrm{H}})^{x}$项。对于(LH…LHLH | η_{sub})结构，我们得到φ的表达式为

$$\tan\varphi=\frac{-2\eta_{\mathrm{H}}\eta_{\mathrm{L}}(\eta_{\mathrm{L}}\varepsilon_{\mathrm{H}}+\eta_{\mathrm{H}}\varepsilon_{\mathrm{L}})}{\eta_0(\eta_{\mathrm{H}}^2-\eta_{\mathrm{L}}^2)}\tag{8.21}$$

4. 相移：第二种情况

ρ的表达式与式(8.19)相似，其中M已经替换为N了。那么，采用与第一种情况相同的分析过程，对于(HLH…LHLH |η_{sub})结构，我们可以得到

$$\tan\varphi=\frac{-2\eta_0(\eta_{\mathrm{L}}\varepsilon_{\mathrm{L}}+\eta_{\mathrm{H}}\varepsilon_{\mathrm{H}})}{(\eta_{\mathrm{H}}^2-\eta_{\mathrm{L}}^2)}\tag{8.22}$$

式(8.21)和式(8.22)都是通用形式，后面我们还会用到。为了实现我们现在的目的，需要做一些简化。

$$\delta=\frac{2\pi nd}{\lambda}=2\pi nd\nu=2\pi nd\nu_0(\nu/\nu_0)=(\pi/2)g$$

因此

$$\varepsilon_{\mathrm{H}}=\varepsilon_{\mathrm{L}}=(\pi/2)g-\pi/2=(\pi/2)(g-1)$$

同时，考虑法布里-珀罗滤光片的结构，在第一种情况下入射介质为高折射率间隔层，在第二种

情况下入射介质为低折射率间隔层。因此,对于这两种情况的法布里-珀罗滤光片有

$$\tan\varphi=\frac{-\pi n_{\mathrm{L}}}{(n_{\mathrm{H}}-n_{\mathrm{L}})}(g-1)$$

现在,考虑 φ 接近π或 0 的情况。那么

$$\frac{\mathrm{d}\varphi}{\mathrm{d}g}=\frac{-\pi\eta_{\mathrm{L}}}{(\eta_{\mathrm{H}}-\eta_{\mathrm{L}})}$$

这是 Seeley 得到的结果。将上式代入式(8.18),可得

$$\frac{\Delta\nu_h}{\nu_0}=\frac{\Delta\lambda_h}{\lambda_0}=\frac{2}{m\pi F^{1/2}}\left(\frac{\eta_{\mathrm{H}}-\eta_{\mathrm{L}}}{\eta_{\mathrm{H}}-\eta_{\mathrm{L}}+\eta_{\mathrm{L}}/m}\right)$$

从而,第 m 级次全介质法布里-珀罗滤光片的半宽度表达式变为以下形式。

对于高折射率腔有

$$\left(\frac{\Delta\lambda_h}{\lambda}\right)_{\mathrm{H}}=\frac{4\eta_{\mathrm{sub}}\eta_{\mathrm{L}}^{2x}}{m\pi\eta_{\mathrm{H}}^{2x+1}}\frac{(\eta_{\mathrm{H}}-\eta_{\mathrm{L}})}{(\eta_{\mathrm{H}}-\eta_{\mathrm{L}}+\eta_{\mathrm{L}}/m)}\tag{8.23}$$

对于低折射率腔有

$$\left(\frac{\Delta\lambda_h}{\lambda}\right)_{\mathrm{L}}=\frac{4\eta_{\mathrm{sub}}\eta_{\mathrm{L}}^{2x-1}}{m\pi\eta_{\mathrm{H}}^{2x}}\frac{(\eta_{\mathrm{H}}-\eta_{\mathrm{L}})}{(\eta_{\mathrm{H}}-\eta_{\mathrm{L}}+\eta_{\mathrm{L}}/m)}\tag{8.24}$$

这些公式只不过是前面的结果乘以因子$(\eta_{\mathrm{H}}-\eta_{\mathrm{L}})/(\eta_{\mathrm{H}}-\eta_{\mathrm{L}}+\eta_{\mathrm{L}}/m)$。需要注意的是,这些结果都是针对第一级次反射膜层和第 m 级次腔的。显然,两种折射率的数值越接近,腔级次 m 越小,则相移的影响就越大。对于可见光和近红外波段的材料硫化锌和冰晶石来说,第一级次腔的这个因子为 0.43;而红外材料如硫化锌和碲化铅的因子更大,大约为 0.57。典型的全介质窄带单腔(或法布里-珀罗)滤光片的特性如图 8.8 和图 8.9 所示。

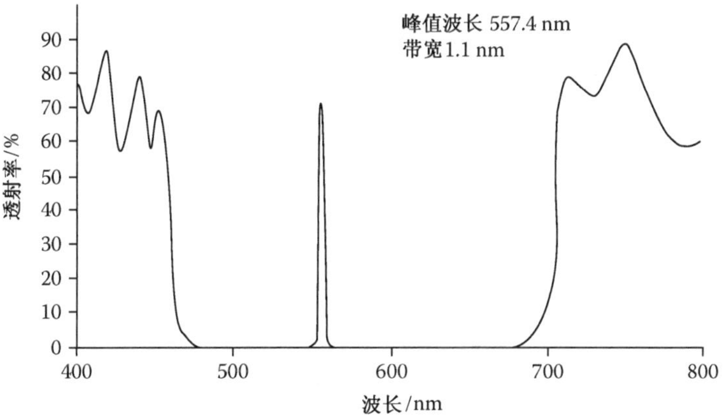

图 8.8　没有抑制边带的全介质窄带滤光片的实测透射率曲线

(所用的材料是硫化锌和冰晶石。引自 Sir Howard Grubb, Parson & Co Ltd)

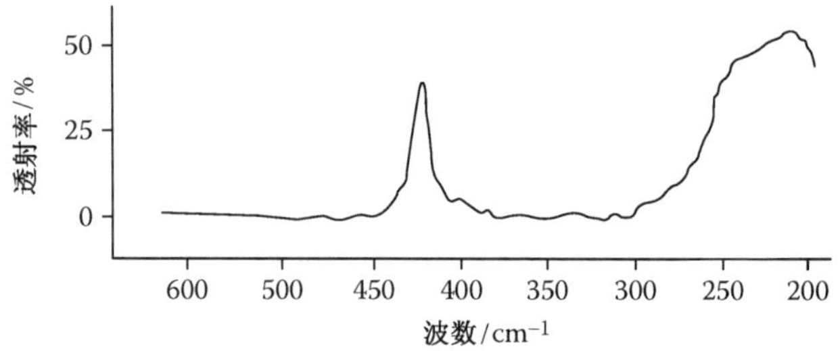

图 8.9　用于远红外区的法布里–珀罗滤光片的实测透射率

（设计为空气 |LHLHHLH |锗膜，H 代表 $\lambda/4$ 锗膜，L 代表 $\lambda/4$CsI 膜。基底的背面没有增透，因此滤光片的实际透射率为 50%。引自 Sir Howard Grubb，Parson & Co Ltd）

由于全介质多层膜反射镜只在有限的区域是有效的，因此滤光片透射率峰值的两边会出现透射边带，在大多数应用中，必须将它们抑制掉。短波边带很容易去掉，只要在介质滤光片上叠加一个长波通吸收滤光片就行了，其很容易由大量供应商生产的抛光玻璃圆片得到。可惜的是，有些可以利用的吸收滤光片虽然能够有效地抑制长波边带，但因其短波方面的透射率太低，故往往大大降低了整个滤光片的峰值透射率。对这个问题最好的解决办法是，干脆不用吸收滤光片，而是把前面讨论的金属–介质滤光片或者随后将要讨论的多腔滤光片，当作截止滤光片使用。因为一级次金属–介质滤光片没有长波边带，它们用在这种场合是非常成功的。事实上，可以在全介质滤光片的沉积过程中，将金属–介质截止滤光片沉积在上面，只要使用窄带滤光片本身作为测试玻璃（直接监控）来对膜层进行监控就可以。当然，更多的时候会采用一个完全独立的金属–介质滤光片。通常将构成最终的滤光片的各个部分胶合成一个整体。

在结束单腔滤光片的讨论之前，我们可以审查一下滤光片各个膜层的吸收损耗，类似于在第 6 章中针对 $\lambda/4$ 多层膜所做的工作。很多研究者已经研究过这个问题。下面的说明主要是基于 Hemingway 和 Lissberger 的工作[5]，但做了小的改动。

我们直接应用第 6 章中的方法。回顾第 6 章，给出弱吸收多层膜中的损耗为

$$A=(1-R)\sum\mathscr{A}$$

对于 $\lambda/4$ 膜层，

$$\mathscr{A}=\beta\left(\frac{n}{y_{\mathrm{e}}}+\frac{y_{\mathrm{e}}}{n}\right)$$

$$\beta=\frac{2\pi kd}{\lambda}=\frac{2\pi nd}{\lambda}\frac{k}{n}=\frac{\pi}{2}\frac{k}{n}$$

式中，y_{e}为膜层出射一侧结构的导纳，采用自由空间单位；$n-\mathrm{i}k$ 为膜层的折射率；d 为膜层几何厚度，对于 $\lambda/4$ 膜层，$nd=\lambda/4$。

多层膜的结构如表 8.2 所示，其中给出了每个界面的导纳 y_{e}，并且表中包括了高折射率腔和低折射率腔的表达式。假定反射膜系从高折射率膜层开始，不包括腔层每个反射膜系有 x 层。

表 8.2　用于计算窄带滤光片损耗的参数

入射方向

↓	$n_{sub}=n_0$
n_H	n_H^2/n_{sub}
n_L	$n_L^2 n_{sub}/n_H^2$
n_H	$n_H^4/(n_L^2 n_{sub})$
n_L	$n_L^4 n_{sub}/n_H^4$
⋮	$n_H^{2x-2}/(n_L^{2x-4}n_{sub})$
n_L	$n_L^{2x-2}n_{sub}/n_H^{2x-2}$
n_H	$n_H^{2x}/(n_L^{2x-2}n_{sub})$
↙	↘

	$n_H^{2x}/(n_L^{2x-2}n_{sub})$
n_L	$n_L^{2x}n_{sub}/n_H^{2x}$
腔…	$n_L^{2x}n_{sub}/n_H^{2x}$
n_L	$n_H^{2x}/(n_L^{2x-2}n_{sub})$
↘	

	$n_H^{2x}/(n_L^{2x-2}n_{sub})$
n_L	$n_L^{2x}n_{sub}/n_H^{2x}$
n_H	$n_H^{2x+2}/(n_L^{2x}n_{sub})$
腔…	$n_H^{2x+2}/(n_L^{2x}n_{sub})$
n_L	$n_L^{2x}n_{sub}/n_H^{2x}$
n_H	$n_H^{2x}/(n_L^{2x-2}n_{sub})$
↙	

	$n_H^{2x}/(n_L^{2x-2}n_{sub})$
n_H	$n_L^{2x-2}n_{sub}/n_H^{2x-2}$
⋮	$n_H^4/(n_L^2 n_{sub})$
n_H	$n_L^2 n_{sub}/n_H^2$
n_L	n_H^2/n_{sub}
n_H	n_{sub}

首先我们考虑低折射率腔的情况，

$$\sum \mathcal{A}=\beta_H\left(\frac{n_{sub}}{n_H}+\frac{n_H}{n_{sub}}\right)+\beta_L\left(\frac{n_H^2}{n_L n_{sub}}+\frac{n_L n_{sub}}{n_H^2}\right)$$
$$+\beta_H\left(\frac{n_L^2 n_{sub}}{n_H^3}+\frac{n_H^3}{n_L^2 n_{sub}}\right)+\beta_L\left(\frac{n_H^4}{n_L^2 n_{sub}}+\frac{n_L^2 n_{sub}}{n_H^4}\right)+\cdots$$

$$
\begin{aligned}
&+\beta_{\mathrm{L}}\left(\frac{n_{\mathrm{H}}^{2x-2}}{n_{\mathrm{L}}^{2x-3}n_{\mathrm{sub}}}+\frac{n_{\mathrm{L}}^{2x-3}n_{\mathrm{sub}}}{n_{\mathrm{H}}^{2x-2}}\right)+\beta_{\mathrm{H}}\left(\frac{n_{\mathrm{H}}^{2x-1}}{n_{\mathrm{L}}^{2x-2}n_{\mathrm{sub}}}+\frac{n_{\mathrm{L}}^{2x-2}n_{\mathrm{sub}}}{n_{\mathrm{H}}^{2x-1}}\right)\\
&+m\left[\beta_{\mathrm{L}}\left(\frac{n_{\mathrm{H}}^{2x}}{n_{\mathrm{L}}^{2x-1}n_{\mathrm{sub}}}+\frac{n_{\mathrm{L}}^{2x-1}n_{\mathrm{sub}}}{n_{\mathrm{H}}^{2x}}\right)+\beta_{\mathrm{H}}\left(\frac{n_{\mathrm{H}}^{2x}}{n_{\mathrm{L}}^{2x-1}n_{\mathrm{sub}}}+\frac{n_{\mathrm{L}}^{2x-1}n_{\mathrm{sub}}}{n_{\mathrm{H}}^{2x}}\right)\right]\\
&+\beta_{\mathrm{H}}\left(\frac{n_{\mathrm{H}}^{2x-1}}{n_{\mathrm{L}}^{2x-2}n_{\mathrm{sub}}}+\frac{n_{\mathrm{L}}^{2x-2}n_{\mathrm{sub}}}{n_{\mathrm{H}}^{2x-1}}\right)+\cdots+\beta_{\mathrm{H}}\left(\frac{n_{\mathrm{sub}}}{n_{\mathrm{H}}}+\frac{n_{\mathrm{H}}}{n_{\mathrm{sub}}}\right)
\end{aligned}
$$

式中，第一项与最后一项是重复的，腔包括 $2m$ 个 $\lambda/4$ 膜层。重新组合上式，可以得到

$$
\begin{aligned}
\sum\mathcal{A}=&2\beta_{\mathrm{H}}\left(\frac{n_{\mathrm{sub}}}{n_{\mathrm{H}}}+\frac{n_{\mathrm{L}}^{2}n_{\mathrm{sub}}}{n_{\mathrm{H}}^{3}}+\frac{n_{\mathrm{L}}^{4}n_{\mathrm{sub}}}{n_{\mathrm{H}}^{5}}+\cdots+\frac{n_{\mathrm{L}}^{2x-2}n_{\mathrm{sub}}}{n_{\mathrm{H}}^{2x-1}}\right)\\
&+2\beta_{\mathrm{H}}\left(\frac{n_{\mathrm{H}}}{n_{\mathrm{sub}}}+\frac{n_{\mathrm{H}}^{3}}{n_{\mathrm{L}}^{2}n_{\mathrm{sub}}}+\frac{n_{\mathrm{H}}^{5}}{n_{\mathrm{L}}^{4}n_{\mathrm{sub}}}+\cdots+\frac{n_{\mathrm{H}}^{2x-1}}{n_{\mathrm{L}}^{2x-2}n_{\mathrm{sub}}}\right)\\
&+2\beta_{\mathrm{L}}\left(\frac{n_{\mathrm{L}}n_{\mathrm{sub}}}{n_{\mathrm{H}}^{2}}+\frac{n_{\mathrm{L}}^{3}n_{\mathrm{sub}}}{n_{\mathrm{H}}^{4}}+\cdots+\frac{n_{\mathrm{L}}^{2x-3}n_{\mathrm{sub}}}{n_{\mathrm{H}}^{2x-2}}\right)\\
&+2\beta_{\mathrm{L}}\left(\frac{n_{\mathrm{H}}^{2}}{n_{\mathrm{L}}n_{\mathrm{sub}}}+\frac{n_{\mathrm{H}}^{4}}{n_{\mathrm{L}}^{3}n_{\mathrm{sub}}}+\cdots+\frac{n_{\mathrm{H}}^{2x-2}}{n_{\mathrm{L}}^{2x-3}n_{\mathrm{sub}}}\right)\\
&+2m\beta_{\mathrm{L}}\left(\frac{n_{\mathrm{H}}^{2x}}{n_{\mathrm{L}}^{2x-1}n_{\mathrm{sub}}}+\frac{n_{\mathrm{L}}^{2x-1}n_{\mathrm{sub}}}{n_{\mathrm{H}}^{2x}}\right)
\end{aligned}
$$

$$
\begin{aligned}
\sum\mathcal{A}=&2\beta_{\mathrm{H}}\frac{n_{\mathrm{sub}}}{n_{\mathrm{H}}}\frac{[1-(n_{\mathrm{L}}/n_{\mathrm{H}})^{2x}]}{[1-(n_{\mathrm{L}}/n_{\mathrm{H}})^{2}]}\\
&+2\beta_{\mathrm{H}}\frac{n_{\mathrm{H}}^{2x-1}}{n_{\mathrm{L}}^{2x-2}n_{\mathrm{sub}}}\frac{[1-(n_{\mathrm{L}}/n_{\mathrm{H}})^{2x-2}]}{[1-(n_{\mathrm{L}}/n_{\mathrm{H}})^{2}]}\\
&+2\beta_{\mathrm{L}}\frac{n_{\mathrm{L}}n_{\mathrm{sub}}}{n_{\mathrm{H}}^{2}}\frac{[1-(n_{\mathrm{L}}/n_{\mathrm{H}})^{2x-2}]}{[1-(n_{\mathrm{L}}/n_{\mathrm{H}})^{2}]}\\
&+2\beta_{\mathrm{L}}\frac{n_{\mathrm{H}}^{2x-2}}{n_{\mathrm{H}}^{2x-3}n_{\mathrm{sub}}}\frac{[1-(n_{\mathrm{L}}/n_{\mathrm{H}})^{2x-2}]}{[1-(n_{\mathrm{L}}/n_{\mathrm{H}})^{2}]}\\
&+2m\beta_{\mathrm{L}}+\frac{n_{\mathrm{H}}^{2x}}{n_{\mathrm{L}}^{2x-1}n_{\mathrm{sub}}}+\frac{n_{\mathrm{L}}^{2x-1}n_{\mathrm{sub}}}{n_{\mathrm{H}}^{2x}}
\end{aligned}
$$

式中，我们已经对相似项进行了组合(因为有两个镜)，最后一项代表腔层。前四项为几何级数，因此，由于$(n_{\mathrm{L}}/n_{\mathrm{H}})<1$，而 x 一般比较大，我们可以采取近似，与$(n_{\mathrm{L}}/n_{\mathrm{sub}})(n_{\mathrm{H}}/n_{\mathrm{L}})^{2x-1}$相比，忽略分子中含$(n_{\mathrm{L}}/n_{\mathrm{H}})^{2x}$的项，以及含 $n_{\mathrm{sub}}/n_{\mathrm{H}}$的项，$(n_{\mathrm{L}}/n_{\mathrm{H}})$通常比 1 小得多，等等。那么表达式简化为

$$\sum \mathcal{A} = 2\beta_H \frac{n_H^{2x-1}}{n_L^{2x-2} n_{sub}} \frac{1}{[1-(n_L/n_H)^2]} + 2\beta_L \frac{n_H^{2x-2}}{n_L^{2x-3} n_{sub}} \frac{1}{[1-(n_L/n_H)^2]} + 2m\beta_L \frac{n_H^{2x}}{n_L^{2x-1} n_{sub}}$$

但是

$$\beta_H = \frac{2\pi n_H d}{\lambda} \frac{k_H}{n_H} = \frac{\pi}{2} \frac{k_H}{n_H}$$

$$\beta_L = \frac{\pi}{2} \frac{k_L}{n_L}$$

因此

$$\sum \mathcal{A} = \frac{\dfrac{\pi k_H n_H^{2x}}{n_{sub} n_L^{2x-2}} + \dfrac{\pi k_L n_H^{2x}}{n_{sub} n_L^{2x-2}}}{(n_H^2 - n_L^2)} + \frac{\pi m k_L n_H^{2x}}{n_L^{2x} n_{sub}} = \frac{\pi n_H^{2x}}{n_{sub} n_L^{2x}} \left[\frac{n_L^2 (k_H + k_L)}{(n_H^2 - n_L^2)} + m k_L \right]$$

吸收率由 $A = (1-R)\sum \mathcal{A}$ 给出。如果入射介质的折射率为 n_0，那么由于表 8.2 中的终止导纳为 n_{sub}，则

$$R = \left[\frac{n_0 - n_{sub}}{n_0 + n_{sub}} \right]^2$$

因此

$$(1-R) = \frac{4 n_0 n_{sub}}{(n_0 + n_{sub})^2}$$

根据上述表达式，$\sum \mathcal{A}$ 应当乘以因子 $4n_0 n_{sub}/(n_0 + n_{sub})^2$ 才能得到吸收率。然而，滤光片应当设计成与入射介质的匹配足够好，因此，这个因子应当为 1 或足够接近 1。那么吸收率就可以由 $\sum \mathcal{A}$ 给出。对于低折射率腔，可得到

$$A = \frac{\pi n_H^{2x}}{n_{sub} n_L^{2x}} \left[\frac{n_L^2 (k_H + k_L)}{(n_H^2 - n_L^2)} + m k_L \right] \tag{8.25}$$

对于高折射率腔我们用类似的方法分析。采用相同的近似，可以得到

$$A = \frac{\pi n_H^{2x}}{n_{sub} n_L^{2x}} \left[\frac{n_L^2 k_H + n_H^2 k_L}{(n_H^2 - n_L^2)} + m k_H \right] \tag{8.26}$$

需要注意的是，由于 x 是高折射率膜层的个数，对于同样的 x，式(8.26)代表的滤光片要比式(8.25)代表的滤光片更窄。

如果我们将式(8.23)和式(8.24)代入式(8.25)和式(8.26)中,可以得到另一组有用的可选择的表达式。

高折射率腔为

$$A=4\frac{\lambda_0}{\Delta\lambda_h}\frac{\{k_{\mathrm{H}}[m+(1-m)(n_{\mathrm{L}}/n_{\mathrm{H}})^2]+k_{\mathrm{L}}\}}{(n_{\mathrm{H}}+n_{\mathrm{L}})[m+(1-m)(n_{\mathrm{L}}/n_{\mathrm{H}})]} \tag{8.27}$$

低折射率腔为

$$A=4\frac{\lambda_0}{\Delta\lambda_h}\frac{\{k_{\mathrm{L}}(n_{\mathrm{H}}/n_{\mathrm{L}})[m+(1-m)(n_{\mathrm{L}}/n_{\mathrm{H}})^2]+(n_{\mathrm{L}}/n_{\mathrm{H}})k_{\mathrm{H}}\}}{(n_{\mathrm{H}}+n_{\mathrm{L}})[m+(1-m)(n_{\mathrm{L}}/n_{\mathrm{H}})]} \tag{8.28}$$

图8.10所示为法布里-珀罗滤光片的 A 值,其中 $n_{\mathrm{H}}=2.35$,$n_{\mathrm{L}}=1.35$ 分别为硫化锌和冰晶石的典型值。$(\lambda_0/\Delta\lambda_h)$ 取100,k_{H} 和 k_{L} 为0或0.0001。$(\lambda_0/\Delta\lambda_h)$ 或 k 的其他值的影响可以通过乘以一个合适的因子来估算。当 $k(\lambda_0/\Delta\lambda_h)$ 值小于0.1时,上述近似是合理的。

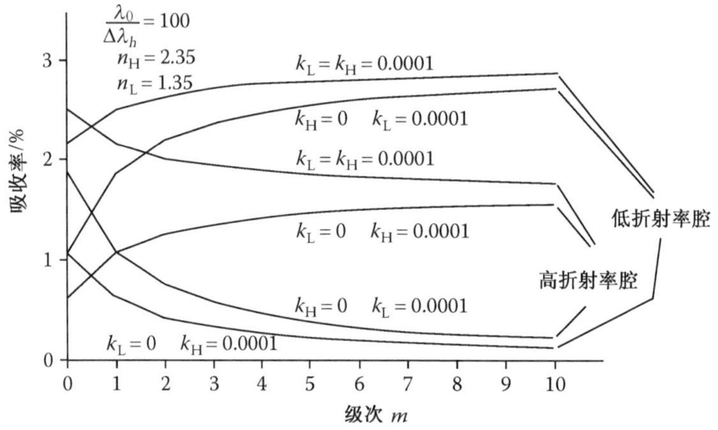

图8.10　单腔滤光片的吸收率(用百分比表示)与级次 m 的函数关系

($\lambda_0/\Delta\lambda_h$ 取100,消光系数 k_{H} 和 k_{L} 为0.0001或0。取其他值时可以通过乘以一个合适的数值来进行修正。$n_{\mathrm{H}}=2.35$,$n_{\mathrm{L}}=1.35$。这些结果是由式(8.27)和式(8.28)计算的)

由图8.10得出通用的结论是不容易的,因为这些结果都取决于 k_{H} 和 k_{L} 的相对值。然而,除了 k_{L} 非常小的情况,常选用高折射率腔。因为高折射率腔与低折射率腔相比,在倾斜、能量提取(energy grasp)以及滤光片的制作对性能的影响方面有很多很好的理由。

在可见光和近红外光谱区,硫化锌、冰晶石等材料可以制作半宽度小于0.1nm的滤光片,同时峰值透射率也不错。可惜,对这样的滤光片来说,一致性是一个主要的困难。单腔滤光片在峰值透射率的90%处,其宽度为半宽度的三分之一。如果一致性达到这样的标准是不错的,即在整个滤光片的表面,峰值波长的变化不超过半宽度的三分之一;这就意味着在缺乏一致性的条件下,半宽度的有效增加可以保持在4.5%以内,而峰值透射率的下降小于3%(这些数据可以由我们后面在评价滤光片对未准直入射光的性能时,即将导出的表达式计算得到)。对于半宽度小于0.1nm的滤光片,这一法则意味着膜层厚度的变化量小于0.03nm或0.006%,即便是对很小的滤光片,这一条件已经非常苛刻。半宽度为0.3~0.5nm的滤光片的要求较低，只要采取一定的措施，制作起来比较容易。对于更窄的滤光片，通常采用固体标准具滤光片，这也是我们接下来将要讨论的。

8.2.3　固体标准具滤光片

固体标准具滤光片，有时也被称作固体间隔层滤光片，它是一种高级次的单腔滤光片（法布里-珀罗滤光片），腔内包含一个光学薄片或切割的晶体。在腔层（间隔层）的两侧以常规的方法沉积反射薄膜，因此腔层还相当于基底。这样就避免了在全薄膜窄带滤光片中存在的一致性问题，而厚的腔层不受伴随高级次薄膜滤光片出现的散射损耗的影响。与常规的空气间隔层法布里-珀罗标准具相比，固体标准具滤光片的强度和稳定性要高得多，而加工的难度相似。高级次意味着每一级次之间的间隔较小，如果采用常规的薄膜窄带滤光片则需要通过串置来消除不需要的级次。

较早报道利用云母来制作这种类型滤光片的是 Dobrowolski[6]，他实现了 0.3nm 的半宽度，并因为第一次这样使用云母而获得 Billings 奖。Dobrowolski 实现了非常窄的通带，这也是此种方法首次完整的描述。云母很容易切成两面平行的平整薄片，但自然双折射又带来一个问题，也就是说通带的位置取决于偏振面。通带的这种分裂可以通过设置云母的厚度来消除，使其在需要的波长成为一个 $\lambda/2$ 波片或多个 $\lambda/2$ 波片。如果两个折射率分别为 n_o 和 n_e，也就意味着

$$\frac{2\pi(n_o - n_e)d}{\lambda} = p\pi \quad p = 0, \pm 1, \pm 2, \ldots$$

对于不同的偏振面，腔的级次由下式给出

$$m = \frac{n_o p}{(n_o - n_e)} \quad \text{或} \quad m = \frac{n_e p}{(n_o - n_e)}$$

这两个值的区别在于 p，但由于 p 的值很小，带宽实际是相同的。对于大 m 值级次的差异大约为 λ/m。Dobrowolski 发现，最大的级次间隔（对应 $p=1$）是在 546.1nm 处的 1.64nm。对于这种大约 60μm 厚的腔层，可以制作半宽度约为 0.1nm（最窄 0.085nm）的滤光片。对于较窄的滤光片峰值透射率可达到 50%，宽一点（半宽度约为 0.3nm）的峰值透射率可达到 80%。

固体标准具滤光片一些比较新的研究工作集中在使用光学工作材料作为腔层上。这是这种滤光片的基础，表面必须很好地抛光以具有足够的平整度和平行度。迄今为止，制作这样的滤光片最完善的报道来自于 Austin[7]。他制作了 50μm 厚的熔石英薄片，平整度也满足要求，在可见光波段半宽度窄至 0.1nm；对于厚一些的薄片，实现了带宽窄至 0.005nm。在可见光波段，厚度为 50μm 的熔石英腔级次之间的间隔大约为 1.4nm，这就允许比较容易地利用常规薄膜窄带滤光片对不需要的级次进行抑制。

光学滤光片的工作过程容易对腔表面的平整度产生误差，而这最终是与厚度无关的。我们用 Δd 来表示由于平整度不够以及其他任何影响平整度的条件对厚度带来的变化。这种腔厚度的变化会引起峰值波长的偏移，我们可以对这些偏移采取绝对的限制，即偏移量最多是滤光片带宽的一半。那么，这将会引起半宽度增加 10% 以上，峰值透射率降低 7% 以上（需要再次利用后面将要推导的滤光片对于非准直光的性能表达式）。可以写出

$$\Delta\lambda_0/\lambda_0 = \Delta D/D = \Delta d/d \leqslant 0.5\Delta\lambda_h/\lambda_0$$

式中，D 为腔的光学厚度 nd；$\Delta\lambda_0$ 为峰值波长的误差；$\Delta\lambda_h$ 为半宽度。然而

$$\text{分辨率} = \lambda_0/\Delta\lambda_h = m\mathcal{F}$$

因为

$$D = m\lambda_0/2$$

所以，

$$\mathcal{F} = \frac{0.25\lambda_0}{\Delta D}$$

在可见光波段可以实现的 ΔD 在 $\lambda/100$ 量级，这表明精细度的极限值在 25 左右，与腔厚度无关。高分辨率可以由级次数 m 实现，而 m 同时决定了腔厚度（$D = m\lambda_0/2$）和各级次之间的间距（λ_0/m）。例如，对于 500nm 处半宽度为 0.01nm 的滤光片，分辨率为 50 000。精细度 25 意味着级次为 2000，腔层的光学厚度为 500μm，级次之间的间距为 0.25nm。这种级次之间的间距范围受到严格的限制，表明很难直接使用薄膜滤光片来抑制边带。取而代之的，可以使用厚一些的固体标准具滤光片，其相应的级次间距要小一些。反过来，此时就可以用薄膜滤光片来抑制边带。对于半宽度为 0.1nm 的滤光片，需要腔光学厚度为 50μm，级次间距为 2.5nm。

对于熔石英腔的固体标准具滤光片，峰值波长随温度的变化系数是 0.005nm℃$^{-1}$，可以利用温度对滤光片进行精细调节。

Candille 和 Saurel[8] 曾使用聚酯薄膜作为腔层，他们的滤光片与本章后面将要讲到的多腔型滤光片完全一样。聚酯薄膜的作用是作为基底和高级次腔，其中一个反射镜包含一个低级次单腔滤光片，既可以作为截止滤光片来消除聚酯薄膜部分不需要的多余级次，也可以作为一个额外的腔来使通带的边缘更加陡峭。通带的位置可以通过改变聚酯薄膜的张力来实现。这种滤光片不像其他固体标准具滤光片那么窄，已经实现的半宽度为 0.8～1nm。

红外波段的固体标准具滤光片也已实现。Smith 和 Pidgeon[9] 使用厚度为 780μm 左右的抛光锗片，在 700cm^{-1}处的级次为 400。双面都镀膜，膜层由里而外为 $\lambda/4$ 的硫化锌和 $\lambda/4$ 的碲化铅，整体反射率为 62%，条纹半宽度为 0.1cm^{-1}，级次间距为 1.6cm^{-1}。这种特别的结构与 CO_2的 R 支光谱（14.5μm 附近间隔 1.6cm^{-1}）多个相邻级次完全匹配。因此，级次间的分离不是问题。

Roche 和 Title[10] 报道了一系列用于红外波段的固体标准具滤光片。这些滤光片的直径约为 13mm，分辨率为 3×10^4，制作技术见 Austin[7] 的报道。当波长等于或小于 3.5μm 时，熔石英腔是满足要求的。对于更长的波段，人们发现氧化钇和氧化钍的混合物 Yttralox 非常适合。利用这种材料制作的固体标准具滤光片在 3.334μm 处半宽度窄至 0.2nm，在 4.62μm 处半宽度窄至 0.8nm。在这些波长处，可以达到的精细度为 30～40，半宽度的极限值受可允许的级次间距的影响，这也决定了附加截止滤光片的配置。

最近，Floriot 等[11] 在将固体标准具滤光片用于光通信方面取得了突破性进展。这些滤光片实际上是多腔滤光片，不是单腔滤光片，在这里提到这些工作比较方便。我们很快将会看到单腔滤光片的边缘可以相当地陡峭，因此滤光片的响应更接近于矩形，而多腔滤光片相干地耦合在一起以获得一个组合的干涉响应。这些腔结构的耦合通常是由一个 $\lambda/4$ 膜层来完成的，

这一膜层叫做“耦合层”。多腔滤光片的缺点是制作困难，远远超过单腔滤光片。用于光通信方面的极窄带的滤光片设计可能需要超过 100 个膜层，有时甚至超过 200 个。如果这样的滤光片由固体标准具组成，与单腔固体标准具滤光片相同，可以降低设计的复杂性，而且制作方便。当然，各个腔之间的耦合存在难度，但这可以通过使用空气作为耦合材料来解决，而其厚度可以通过压电器件来精细调节。事实上，空气耦合层的厚度可以大大超过 $\lambda/4$，在我们描述的滤光片中，通常设置为略超过 20 个 $\lambda/4$。为了获得最佳性能，耦合层以及每一个耦合层两侧的膜层厚度需要一起优化。在实际的滤光片中，这一优化改进过程在滤光片制作的合适的时机要重复进行，以对制作过程中产生的任何可能的误差进行补偿。最先制作出来的滤光片，腔厚度并不一定与需要的厚度完全一致，它们由 10mm ×10mm 的石英片组成，用可调谐激光器产生的干涉条纹来进行检验，然后通过在它们表面沉积一层二氧化硅膜来改变厚度。最终的滤光片只允许束腰尺寸为 250μm 的光束通过，所以最初测试用激光 3 弧秒平行度是满足要求的。通过设置不同的腔厚度可以部分解决自由光谱范围受限制的问题，因此那些接近不同标准具的基本波长的透射峰不会准确重合。

一个典型的四腔结构的滤光片设计方案实例如下：

$$1.09H(LH)^2\ 246C\ (HL)^2\ 1.05H\ 20.66A\ 1.13H(LH)^2\ 500C$$
$$(HL)^2\ 1.09H\ 24.79A\ 1.06H\ (LH)^2\ 412C\ (HL)^2\ 1.02H\ 31.11A$$
$$0.73H\ (LH)2\ 298C\ (HL)2\ 1.27H$$

其中的 H，L 符号代表在参考波长 1550nm 处的 $\lambda/4$ 膜层厚度，C 是折射率为 1.44 的二氧化硅腔材料，H 代表折射率为 2.09（Ta_2O_5）的高折射率 $\lambda/4$ 膜层，L 代表折射率为 1.46（SiO_2）的低折射率 $\lambda/4$ 膜层，A 代表 $\lambda/4$ 厚的空气，入射及出射介质都是空气。这种设计方案的滤光片计算出来的性能如图 8.11 所示，其在条纹方面的表现非常好。一般来说，对这种性能级别的滤光片，如果倾斜入射其性能将会大大下降，导致透射率曲线的扭曲。而通过图中可以看出，这一固体标准具滤光片没有表现出任何可察觉的扭曲现象。

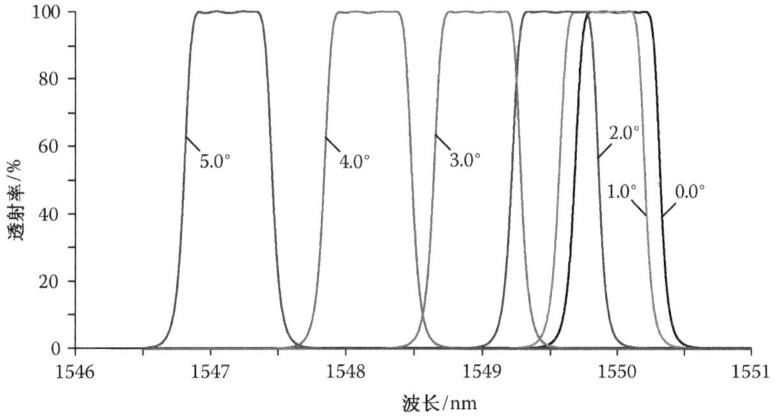

图 8.11　固体标准具滤光片在光垂直入射及角度递增入射条件下的计算透射率曲线
（其设计方案见正文。在条纹方面的表现尤其优异，即便是在入射角度增加时。引自 Floriot J，Lemarchand E and Lequime M. *Applied Optics*，45，1349-1355，2006）

8.2.4 入射角变化的影响

正如我们从其他类型的膜系所看到的那样,全介质单腔滤光片的特性随入射角而变化,并且这种效应在某些时候显得特别重要。例如,当考虑通过滤光片的光锥可允许的焦比,或者为了确定任一应用中光线的最大倾斜角时,就属于这种情况。滤光片的特性随入射角变化并非完全是不利的,因为这种效应可以用于调节那些通带位置偏离期望波长的滤光片——从制造者的观点来看这是非常重要的,因为这可使要求非常严格的制作公差能够稍稍放宽。

倾斜效应已为许多人所研究,其中主要的是 Dufour 和 Herpin[12]、Lissberger[13]、Lissberger 和 Wilcock[14],以及 Pidgeon 和 Smith[15]。对于我们现在的目的来说,将沿用 Pidgeon 和 Smith 的结果,因为它们的结果在形式上更加适合。

1. 平行光的简单倾斜

倾斜入射时薄膜的相位厚度为 $\delta=2\pi nd\cos\vartheta/\lambda$,这可以解释成一种看上去光学厚度为 $nd\cos\vartheta/\lambda$的材料,并且光学厚度随入射角变化,当倾斜时,膜层的厚度减小。虽然光学导纳随倾角的变化而改变,但是在窄带滤光片中起主导作用的效应是厚度的变化,它使滤光片的通带向短波长移动。

对于腔层折射率为 n^* 的理想单腔滤光片,不管入射角及波长为多少,反射相移为固定的 0 或者 π,可写出 m 级次峰值波长的位置为

$$\frac{2\pi n^* d\cos\vartheta}{\lambda}=\frac{2\pi n^* d}{\lambda_0}\frac{\lambda_0}{\lambda}\cos\vartheta=m\pi$$

式中,λ 为新的倾斜的峰值波长;λ_0 为垂直入射时的峰值波长。我们可以用 g 替代 λ_0/λ,后面写成 $1+\Delta g$。那么,由于 $2\pi n^* d/\lambda_0=m\pi$,有

$$1+\Delta g=\frac{1}{\cos\vartheta}$$

因此

$$\Delta g=\frac{1}{\cos\vartheta}-1$$

如果在空气中的入射角是 ϑ_0,那么

$$\vartheta=\arcsin(\sin\vartheta_0/n^*)$$

漂移量 Δg 用 ϑ_0 和 n^* 表示。那么对这种理想的滤光片,倾斜效应就可以简单地由腔层折射率和入射角的大小估算出来。

对于小角度入射,该漂移量为

$$\Delta g=\frac{\Delta\nu}{\nu_0}=\frac{\Delta\lambda}{\lambda_0}=\frac{\vartheta_0^2}{2n^{*2}} \tag{8.29}$$

腔层的折射率 n^* 决定了滤光片的性能对倾角的敏感度,即折射率越大,滤光片受到的影响越小。

对于实际的滤光片，反射层也受倾角的影响，因此峰值波长漂移的计算也就更加复杂。然而，Pedgeon 和 Smith[15] 已经表明，漂移量与腔层折射率为 n^* 的理想滤光片类似（n^* 的大小在滤光片的高折射率和低折射率之间）。n^* 称为有效折射率，有效折射率的概念在较大入射角度的情况下也适用，如达到 20°或 30°甚至更大，这取决于制作滤光片的膜层的折射率。

我们可以采用与寻找金属-介质滤光片峰值波长相似的方法（式(8.3)）来估算有效折射率。仍然假设入射角很小，与垂直入射时的峰值相比，g 值的变化也很小。

同前面一样，峰值波长的位置由下式给出，即

$$\sin^2\left[\frac{2\pi nd\cos\vartheta}{\lambda}-\varphi\right]=0 \tag{8.30}$$

在垂直入射时，

$$\sin^2\left[\frac{2\pi nd}{\lambda_0}-\varphi_0\right]=0 \tag{8.31}$$

由于 φ_0 等于 0 或 π，因此当符合下面条件时可满足式(8.31)，即

$$2\pi nd/\lambda_0=m\pi \quad m=0,\ 1,\ 2,\ \cdots$$

用 $g(=\lambda_0/\lambda=\nu/\nu_0)$ 表示，分析过程又一次变得简单了。式(8.30)变成

$$\sin^2[(2\pi nd/\lambda_0)g\cos\vartheta-\varphi_0-\Delta\varphi]=0 \tag{8.32}$$

写成

$$g=1+\Delta g \quad \text{和} \quad \cos\vartheta\simeq 1-\vartheta^2/2$$

然而，应当考虑外入射角 ϑ_0，而我们假设它指的是自由空间中的角度（如果不是，可以做适当的修正），于是

$$n\sin\vartheta=n_0\sin\vartheta_0=\sin\vartheta_0$$

利用式(8.32)，

$$\sin^2[(2\pi nd/\lambda_0)-\varphi_0+m\pi\Delta g-(m\pi\vartheta_0^2/2n^2)-\Delta\varphi]=0$$

就是新的峰值位置满足的条件，这需要满足

$$m\pi\Delta g-(m\pi\vartheta_0^2/2n^2)-\Delta\varphi=0 \tag{8.33}$$

既然 $\Delta\varphi$ 是 ϑ 和 Δg 的函数，为了求 $\Delta\varphi$ 的值我们回到式(8.20)和式(8.21)。但是，由于我们处理的是相对于垂直入射这种参考条件的微扰情况，所以用 n 替代 η。反射镜的膜层都是 $\lambda/4$ 层，因此 ε 由下式给出，即

$$\frac{\pi}{2}+\varepsilon=\left[\frac{2\pi nd}{\lambda_0}\right]g\cos\vartheta=\left(\frac{\pi}{2}\right)(1+\Delta g)\left(1-\frac{\vartheta^2}{2}\right)$$

但是

$$\vartheta=\frac{\vartheta_0}{n}$$

因此

$$\varepsilon=\frac{\pi}{2}\Delta g-\frac{\pi\vartheta_0^2}{4n^2}$$

对于 ε_L 和 ε_H，对应的 n 分别是 n_L 或 n_H。

到了这一阶段，我们就不得不分别考虑高折射率腔和低折射率腔两种情况了。

2. 第一种情况：高折射率腔

由式(8.21)，用 n_H 替代 η_0，可得

$$\begin{aligned}\Delta\varphi&=\frac{2n_L^2}{(n_H^2-n_L^2)}\varepsilon_H-\frac{2n_Hn_L}{(n_H^2-n_L^2)}\varepsilon_L\\&=-\frac{2n_L^2}{(n_H^2-n_L^2)}\left(\frac{\pi}{2}\Delta g-\frac{\pi\vartheta_0^2}{4n_H^2}\right)-\frac{2n_Hn_L}{(n_H^2-n_L^2)}\left(\frac{\pi}{2}\Delta g-\frac{\pi\vartheta_0^2}{4n_L^2}\right)\\&=-\frac{\pi n_L}{(n_H-n_L)}\Delta g+\frac{\pi}{2}\frac{(n_L^2+n_H^2-n_Ln_H)}{n_H^2n_L(n_H-n_L)}\vartheta_0^2\end{aligned}$$

式(8.33)变成

$$m\pi\Delta g-\frac{m\pi\vartheta_0^2}{2n_H^2}+\frac{\pi n_L}{(n_H-n_L)}\Delta g-\frac{\pi}{2}\frac{(n_L^2+n_H^2-n_Ln_H)}{n_H^2n_L(n_H-n_L)}\vartheta_0^2=0$$

通过化简后可得

$$\Delta g=\frac{1}{n_H^2}\left[\frac{m-1-(m-1)\dfrac{n_L}{n_H}+\dfrac{n_H}{n_L}}{m-(m-1)\dfrac{n_L}{n_H}}\right]\frac{\vartheta_0^2}{2}$$

但是，将上式与式(8.29)相比较，可以发现

$$n^{*2}=\frac{n_H^2\left[m-(m-1)\dfrac{n_L}{n_H}\right]}{\left[m-1-(m-1)\dfrac{n_L}{n_H}+\dfrac{n_H}{n_L}\right]}$$

或

$$n^*=n_H\left[\frac{m-(m-1)\dfrac{n_L}{n_H}}{m-1-(m-1)\dfrac{n_L}{n_H}+\dfrac{n_H}{n_L}}\right]^{\frac{1}{2}}\tag{8.34}$$

对于一级次滤光片

$$n^*=(n_Hn_L)^{\frac{1}{2}}\tag{8.35}$$

这就是 Pidgeon 和 Smith 得到的结果。正如我们期望的，随着 $m\to\infty$，$n^*\to n_H$。

3. 第二种情况:低折射率腔

这种情况下,除了使用式(8.22)以外,分析过程与第一种情况完全相同。式(8.33)中的 n 就变成了 n_L,即

$$n^* = n_L \left[\frac{m-(m-1)\dfrac{n_L}{n_H}}{m - m\dfrac{n_L}{n_H} + \left(\dfrac{n_L}{n_H}\right)^2} \right]^{\frac{1}{2}} \tag{8.36}$$

对于一级次滤光片有

$$n^* = \frac{n_L}{\left[1 - \dfrac{n_L}{n_H} + \left(\dfrac{n_L}{n_H}\right)^2\right]^{\frac{1}{2}}} \tag{8.37}$$

这也是 Pidgeon 和 Smith 给出的表达式,我们再次注意到随着 $m \to \infty$,$n^* \to n_L$。

有效折射率 n^* 随着低/高折射率腔的级次数的变化而改变,其典型的曲线如图 8.12 所示。

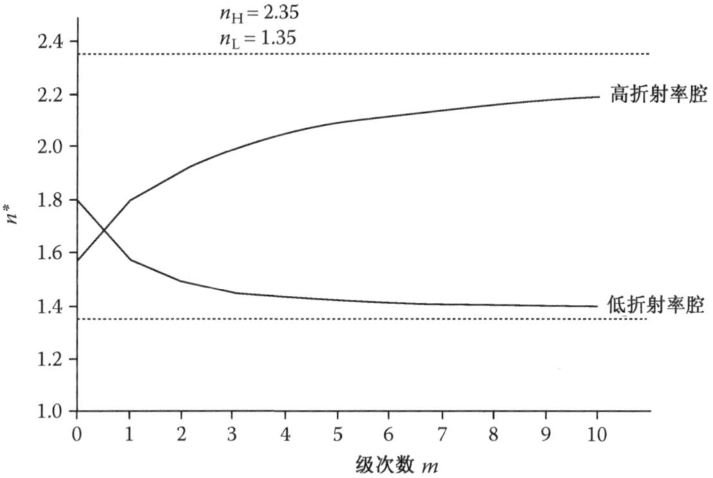

图 8.12　单腔滤光片中有效折射率 n^* 随级次数 m 的变化关系图

(滤光片由硫化锌(折射率 n =2.35)和冰晶石(折射率 n =1.35)构成。这些结果是由式(8.34)和式(8.36)计算出来的)

Pidgeon 和 Smith 对红外波段的窄带滤光片进行了实验测量。所讨论的设计为

(a)L | 锗 | LHLH LL HLH | 空气

(b)L | 锗 | LHLHL HH LHLH | 空气

式中,H 代表 $\lambda/4$ 厚的碲化铅;L 代表 $\lambda/4$ 厚的硫化锌,峰值波长大约在 15μm 附近。波长漂移的计算采用了适当的方法——利用 n^* 和全矩阵方法,没有采用近似。结果 n^* 与计算值的匹配入射角达到了 40°,而 n^* 变化的不准确度只有 ±2% ,实验结果与理论预测符合得很好。部分结果如图 8.13 和图 8.14 所示。

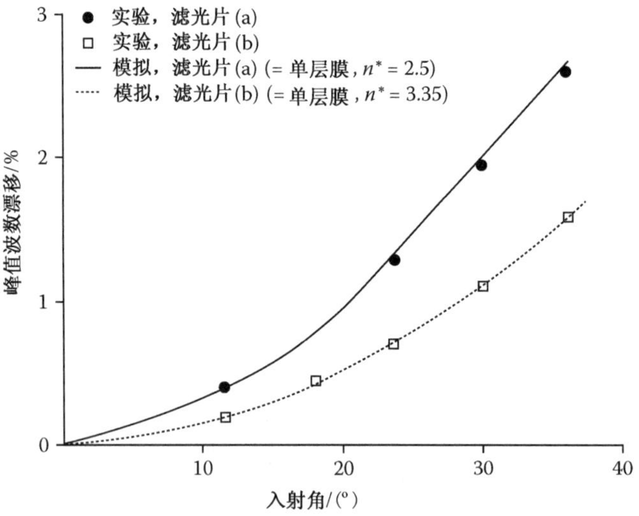

图 8.13　平行光束入射到两个单腔滤光片上时，峰值波数随扫描角度的变化

（两种情况下单层曲线与计算曲线 n 的不符合度为 ±2% 。引自 Pidgeon C R and Smith S D. *Journal of the Optical Society of America*, 54, 1459-1466, 1964）

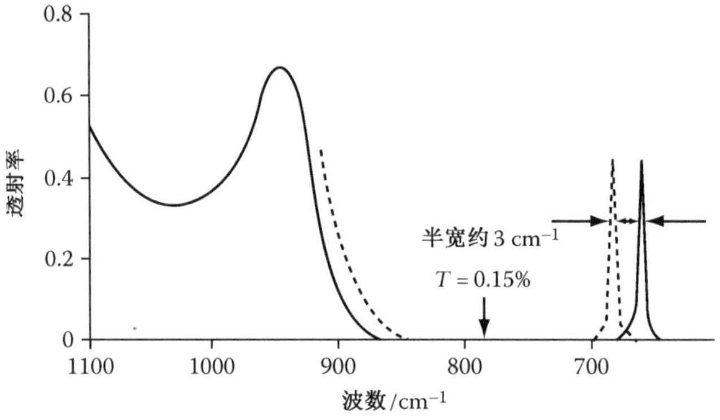

图 8.14　类型(b)的两个滤光片的实测透射率

（设计为空气 |HLHLHHLHLHL |锗基底 |L |空气（H = PbTe, L = ZnS）。引自 Pidgeon C R and Smith S D. *Journal of the Optical Society of America*, 54, 1459-1466, 1964）

入射角是在介质中而不是在自由空间中量度的，若在自由空间中量度，则式(8.29)变成

$$\Delta g=\frac{\Delta\nu}{\nu_0}=\frac{\Delta\lambda}{\lambda_0}=\frac{n_0\vartheta_0^2}{2n^{*2}} \tag{8.38}$$

式中，ϑ_0 用弧度作为单位。

如果 ϑ_0 用度作单位来量度，那么

$$\Delta g=\frac{\Delta\nu}{\nu_0}=\frac{\Delta\lambda}{\lambda_0}=1.5\times10^{-4}\frac{n_0\vartheta_0^2}{n^{*2}} \tag{8.39}$$

4. 入射光锥的影响

我们的分析可以更深入一些，以讨论峰值透射率和带宽恶化的问题，这一点在入射光不完全平行时更加明显。Lissberger 和 Wilcock[14]，以及 Pidgeon 和 Smith[15]在这一问题上得到了基本一致的结论。

他们首先假定，对于平行入射光束，滤光片倾斜的唯一影响是使其通带移向较短的波长区域（或较大的波数区域），而峰值透射率和带宽实际保持不变。对于会聚或发散的入射光，对所有入射角的透射率曲线积分，便得出了滤光片的特性。如果用波数或 g 而不是用波长表示，分析更为简单。如果 ν_0 是对应于垂直入射时的峰值波数，而 ν_Θ 是相应于入射角 Θ 的峰值波数，那么下述情况似乎是合理的：当光锥内从 0 到 Θ 的所有入射角均被计入时，最终的峰值透射率应当出现在上述的两个波数极端值的平均值处。我们一会儿将要证明这一点。新的峰值是

$$\nu_{\text{峰值}} = \nu_0 + \frac{1}{2}\Delta\nu' \tag{8.40}$$

其中

$$\Delta\nu' = \nu_\Theta - \nu_0 = \nu_0 \frac{\Theta^2}{2n^{*2}}$$

当然，滤光片的有效通带显得更宽。由于这个过程实际上是一个具有带宽 W_0（垂直入射时的滤光片半带宽）的函数和另一个具有带宽 $\Delta\nu'$（入射角从 0 变到 Θ 时，峰值波数的变化）的函数的卷积，因此合成带宽似乎可由它们平方和的平方根给出，如式(8.41)。这一点是确定无疑的，我们也将给出证明。

$$W_\Theta^2 = W_0^2 + (\Delta\nu')^2 \tag{8.41}$$

峰值透射率下降为

$$\hat{T}_\Theta = \left(\frac{W_0}{\Delta\nu'}\right)\arctan\left(\frac{\Delta\nu'}{W_0}\right) \tag{8.42}$$

分析过程如下。

我们认为入射光是光锥的形式，半角度为 Θ，也就是光锥的焦比为 $1/(2\tan\Theta)$。假设对平行光来说，倾斜滤光片不过是将其特性曲线向短波方向移动，而带宽和峰值透射率保持不变。我们可以认为对于具有均匀球面波前形式的光辐照，滤光片正好在其中心。那么，任何角度入射的光通量将与由球面上所截的面积成正比。

对于比较小的 ϑ 值，入射到滤光片的光通量与 $\vartheta \mathrm{d}\vartheta$ 成正比。那么，滤光片的合成透射率是由总透射通量除以总入射通量给出的。可以忽略这些比例常量，因为它们在运算过程中抵消了。

利用这种简化方法，总入射通量与

$$\int_0^\Theta \vartheta \mathrm{d}\vartheta = \frac{1}{2}\Theta^2$$

成正比。透射总通量与

$$\int_0^{\Theta}\vartheta T(\vartheta)\mathrm{d}\vartheta$$

成正比。对于小的 ϑ 和 Δg 值,可以令

$$T=\frac{1}{1+\left\{\frac{2}{\Delta g_h}\left(\Delta g-\frac{\vartheta_0^2}{2n^{*2}}\right)\right\}^2}$$

式中,Δg_h为垂直入射时以 g 为单位的滤光片的半宽度。这一表达式可以从 n^* 的概念直接得到。那么滤光片的透射率为

$$\begin{aligned}T&=\frac{2}{\Theta^2}\int_0^{\Theta}\frac{\vartheta_0\mathrm{d}\vartheta_0}{1+\left\{\frac{2}{\Delta g_h}\left(\Delta g-\frac{\vartheta_0^2}{2n^{*2}}\right)\right\}^2}\\&=-\frac{2}{\Theta^2}\frac{n^{*2}\Delta g_h}{2}\left[\arctan\left\{\frac{2}{\Delta g_h}\left(\Delta g-\frac{\vartheta_0^2}{2n^{*2}}\right)\right\}\right]_0^{\Theta}\\&=\frac{1}{2}\frac{\Delta g_h}{(\Theta^2/2n^{*2})}\left[\arctan\left(2\frac{\Delta g}{\Delta g_h}\right)-\arctan\left\{2\left(\frac{\Delta g}{\Delta g_h}-\frac{\Theta^2}{2n^{*2}}\frac{1}{\Delta g_h}\right)\right\}\right]\end{aligned}\tag{8.43}$$

其中,方括号中的表达式是两个不同入射角度的差值,我们对其取正切,那么这一表达式的反正切可以给出一种改进的形式为

$$T=\frac{1}{2}\frac{\Delta g_h}{\left(\Theta^2/2n^{*2}\right)}\left[\arctan\left(\frac{\left(\frac{2}{\Delta g_h}\right)\left(\frac{\Theta^2}{2n^{*2}}\right)}{1+\left(\frac{2}{\Delta g_h}\right)^2\left\{\Delta g\left(\Delta g-\frac{\Theta^2}{2n^{*2}}\right)\right\}}\right)\right]\tag{8.44}$$

对 Δg 微分,我们找到导数为零的点,因此最大透射率点在

$$\Delta g=\frac{1}{2}\frac{\Theta^2}{2n^{*2}}$$

然而,$\Theta^2/(2n^{*2})$为入射角度为 Θ 时峰值的漂移量,因此,对于半角度为 Θ 的光锥,滤光片的峰值波长为光垂直入射的对应值与以 Θ 角入射时的对应值(由式(8.40)给出)的平均值。那么,峰值透射率可以表示为式(8.43),即

$$\begin{aligned}T&=\frac{1}{2}\frac{\Delta g_h}{(\Theta^2/2n^{*2})}\left[\arctan\left(\frac{(\Theta^2/2n^{*2})}{\Delta g_h}\right)-\arctan\left(-\frac{(\Theta^2/2n^{*2})}{\Delta g_h}\right)\right]\\&=\frac{\Delta g_h}{(\Theta^2/2n^{*2})}\arctan\left(\frac{(\Theta^2/2n^{*2})}{\Delta g_h}\right)\end{aligned}$$

这是与式(8.42)对应的。

半峰值点根据表达式(8.44)得出的峰值透射率为一半时对应的 Δg 值给出,也就是

$$\frac{1}{2}\frac{\Delta g_h}{(\Theta^2/2n^{*2})}\left[\arctan\left(\frac{\left(\frac{2}{\Delta g_h}\right)\left(\frac{\Theta^2}{2n^{*2}}\right)}{1+\left(\frac{2}{\Delta g_h}\right)^2\left\{\Delta g\left(\Delta g-\frac{\Theta^2}{2n^{*2}}\right)\right\}}\right)\right]$$

$$=\frac{1}{2}\frac{\Delta g_h}{(\Theta^2/2n^{*2})}\arctan\left(\frac{(\Theta^2/2n^{*2})}{\Delta g_h}\right)$$

这一方程当

$$1+\left(\frac{2}{\Delta g_h}\right)^2\left\{\Delta g\left(\Delta g-\frac{\Theta^2}{2n^{*2}}\right)\right\}=2$$

也就是

$$\Delta g\left(\Delta g-\frac{\Theta^2}{2n^{*2}}\right)-\left(\frac{\Delta g_h}{2}\right)^2=0$$

时可以满足。我们感兴趣的是这一方程两个根的差，它给出了滤光片透射率曲线的宽度为

$$(\Delta g_1-\Delta g_2)=\left[\left(\frac{\Theta^2}{2n^{*2}}\right)+(\Delta g_h)^2\right]^{\frac{1}{2}}$$

这是与式(8.41)完全对应的。

由于

$$\arctan x=x-\frac{x^3}{3}+\frac{x^5}{5}-\frac{x^7}{7}+\cdots \quad 若\ |x|\leqslant 1$$

当$(\Delta\nu'/W_0)$较小时，可以写成

$$\hat{T}_\Theta=1-\frac{1}{3}\left(\frac{\Delta\nu'}{W_0}\right)^2 \tag{8.45}$$

如果用 FR 表示入射光的焦比，那么对于 2 ~ ∞ 的值，近似式

$$\Theta=1/[2\mathrm{FR}]$$

是相当好的。利用这个近似式，我们找到 $\Delta\nu'$的另一个表示形式，它在某些情况下可能是有用的，即

$$\Delta\nu'=\frac{\nu_0}{8n^{*2}(\mathrm{FR})^2}$$

我们可以将这种分析方法推广到非垂直入射的具有半角度 Θ 的光锥的情况，只需做一些简单的假设。如果光锥的入射角为χ，那么入射角的范围为$\chi\pm\Theta$。

如果$\chi<\Theta$，那么我们可以假设结果简化成垂直入射的光锥，其半角度为$\chi+\Theta$。

如果$\chi>\Theta$，那么我们有三个频率，ν_0表示垂直入射，ν_1表示入射角为$\chi-\Theta$，ν_2表示入射角为$\chi+\Theta$。新的滤光片峰值可以认为是

$$v_{峰值}=\frac{1}{2}(v_1+v_2)=\frac{\chi^2+\Theta^2}{2n^{*2}}v_0 \qquad (\chi\text{ 和 }\Theta\text{ 以弧度为单位}) \tag{8.46}$$

或者

$$v_{峰值}=\frac{1.52\times10^{-4}(\chi^2+\Theta^2)}{n^{*2}}v_0 \qquad (\chi\text{ 和 }\Theta\text{ 以度为单位}) \tag{8.47}$$

半宽度为

$$[W_0^2+(v_2-v_1)^2]^{1/2} \tag{8.48}$$

其中，

$$(v_2-v_1)=\frac{2\chi\Theta}{n^{*2}}v_0 \qquad (\chi\text{ 和 }\Theta\text{ 以弧度为单位}) \tag{8.49}$$

或

$$(v_2-v_1)=\frac{6.09\times10^{-4}\chi\Theta}{n^{*2}}v_0 \qquad (\chi\text{ 和 }\Theta\text{ 以度为单位}) \tag{8.50}$$

峰值透射率为

$$\frac{W_0}{(v_2-v_1)}\arctan\left[\frac{(v_2-v_1)}{W_0}\right]\simeq 1-\frac{1}{3}\left[\frac{(v_2-v_1)}{W_0}\right]^2 \tag{8.51}$$

(v_2-v_1)与$\chi\Theta$成正比，而且 Hernandez[16] 已经发现实际滤光片的测量结果与利用上述表达式的理论计算结果($\chi\Theta$ 值达到$(10°)^2$)之间符合得相当好。

我们可以通过利用这些表达式计算一个由硫化锌和冰晶石制作的可见光波段的滤光片来进行阐述。假设滤光片为低折射率一级次滤光片，带宽为 1%。

对于这个滤光片，我们计算出 $n^*=1.55$。假设峰值透射率减少 10% 为可接受的极限值，那么由式(8.51)可得

$$(v_2-v_1)/W_0=0.55$$

由峰值透射率的降低带来的半宽度增加为

$$(1+0.55^2)^{\frac{1}{2}}\ W_0=1.14W_0$$

或者基本带宽增加了 14%。

对于垂直入射，容许的光锥半角度为

$$1.5\times10^{-4}\left(\frac{\Theta^2}{n^{*2}}\right)=\Delta v=0.55W_0=0.55\times0.01 \qquad (\Theta\text{ 以度为单位})$$

也就是

$$\Theta=\left[\frac{1.55^2\times0.55\times0.01}{1.5\times10^{-4}}\right]^{\frac{1}{2}}=9.4°$$

这样的一个光锥在垂直入射时，会引起滤光片峰值向短波长或高频方向漂移，频率的漂移量为

$$\frac{1}{2}\frac{\Delta\nu'}{\nu_0}=\frac{0.55\times0.01}{2}=0.275\%$$

在光锥斜入射时,有

$$\frac{6.09\times10^{-4}\chi\Theta}{n^{*2}}\nu_0=\nu_2-\nu_1=0.55\times0.01$$

也就是

$$\chi\Theta=\frac{1.55^2\times0.55\times0.01}{6.09\times10^{-4}}=21.7\ (°)^2$$

这就意味着滤光片可以用于半角度为 2°的光锥,入射角可达 21.7(°)^2/2° =10.9°,如果光锥半角度为 3°,入射角可达 7°,等等。

一个非常重要的结果是光锥垂直入射时有峰值波长(意味着一个滤光片在这种配置下使用时的最大效率)的漂移,在垂直平行光入射时的峰值波长应当稍长一些,以便补偿这种漂移。

8.2.5　边带阻隔

全介质滤光片有一个缺点:反射膜的高反射区在宽度上是有限的,因此滤光片的截止区是受限制的。在近紫外、可见光和近红外波段,可以借鉴与金属-介质滤光片相同的方法,使用具有长波通特性的吸收滤光片对峰值短波一侧的透射边带进行抑制或阻隔。长波边带通常更难解决,这些可能是在探测器灵敏度范围之外的,因此也不需要消除,但如果它们是有害的,通常用来消除它们的方法是增加一个没有长波边带的一级次金属-介质滤光片。它通常比窄带滤光片宽得多,这样峰值透射率可能就比较高。金属-介质部分通常作为一个独立的器件添加上去,但也可以沉积在基本的法布里-珀罗滤光片上。通常使用双腔金属-介质滤光片,而不是简单的法布里-珀罗滤光片。我们下一个讨论的话题是多腔滤光片。

8.3　多腔滤光片

简单的全介质法布里-珀罗滤光片的透射率曲线,并不是理想的形状。可以证明,在任何级次的滤光片中,透射能量的一半是在半带宽之外的(假定入射光束的能量随波长均匀分布),因此透射率曲线越接近矩形越好。进一步说,单腔滤光片的最大截止度是完全由半带宽和级次决定的。因此,越宽的滤光片截止度越低,同时透射率曲线的形状也不太令人满意。

当多个调谐电路相耦合时,合成的相应曲线比单个调谐电路更接近矩形,通带外面的截止度也比单个调谐电路高得多;对于单腔滤光片也发现了相似的结果。如果将两个或更多个这种滤光片串联起来放置,那么可以得到与调谐电路非常相像的曲线,其形状也有很大改善。滤光片可以是金属-介质滤光片,也可以是全介质滤光片,其基本结构为

|反射膜|半波腔|反射膜|半波腔|反射膜|

外面的反射膜要比中心反射膜的作用小得多,这种结构的名称也各种各样,早期被称作“双半

波”或 DHW 滤光片,但现在通常称作“双腔滤光片”。全介质双腔滤光片的一些典型例子如图 8.15 所示。

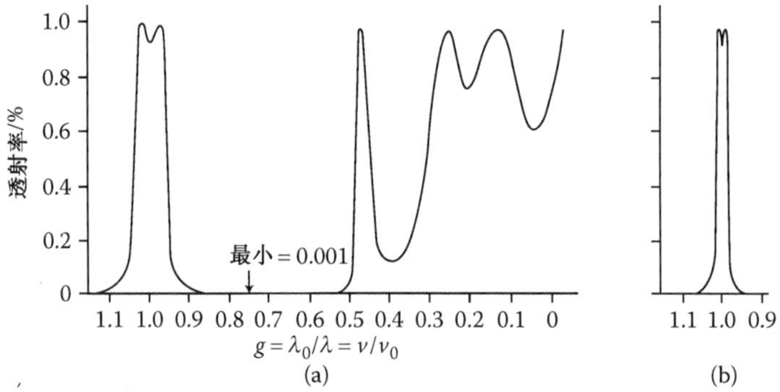

图 8.15 (a)HLLHLHLLH 结构的计算透射率曲线;(b)HLHHLHLHHLH 结构的计算透射率曲线(两种情况下,n_H =4.0,n_L =1.35。引自 Smith S D. *Journal of the Optical Society of America*, 48, 43-50, 1958)

可以肯定的是,20 世纪 50 年代早期,Turner 和他的合作者在博士伦公司就已经设计出了这种滤光片,但这些结果只是发表在 1950 ~ 1968 年的市政厅合同报告上[17]。最早的滤光片是三腔(三个半波)型的,在博士伦公司被称作 WADI(wide-band all-dielectric interference filters)[18]。之后,双腔(两个半波)滤光片出现,并于 1957 年已经在博士伦公司进入日常应用了,它们最初被称作 TADI。市政厅的合同报告中饶有兴趣地对此作了深入阐述,表明了在当时博士伦公司的工作是多么的先进。等效导纳的概念被应用到设计 WADI 滤光片和对边带进行阻隔的截止滤光片上,多层减反射膜也得到了深刻的理解。

Smith[19]第一个发表了用于带通滤光片的完整的理论描述,下面我们首先叙述这种方法。

在传统的单腔或法布里-珀罗滤光片中,反射膜系在通带内的反射率差不多是常数。正如我们已经看到的,反射相移的色散有助于压缩带宽,但并不改变通带的基本形状。Smith 提出一个想法——使用反射率急剧变化的反射膜系,以得到更好的通带形状。在 3.7 节我们已经推导出一个完整的滤光片透射率的基本表达式,其中假设了 β =0,也就是说,间隔层(腔)存在吸收。由 Smith 的公式,也就是式(3.19)有

$$T = \frac{|\tau_a^+|^2 |\tau_b^+|^2}{\left(1-|\rho_a^-||\rho_b^+|\right)^2}\left[1+\frac{4|\rho_a^-||\rho_b^+|}{\left(1-|\rho_a^-||\rho_b^+|\right)^2}\sin^2\frac{\varphi_a+\varphi_b-2\delta}{2}\right]^{-1} \tag{8.52}$$

可以看出,只有当选定间隔层两边的反射率相等时,在任意波长处才能够得到高透射率。当然,相位条件也必须满足。可以选择正确的间隔层厚度,使得

$$\left|\frac{\varphi_a+\varphi_b}{2}-\delta\right| = m\pi$$

在这些表达式中,符号的含义与图 3.8 中给出的相同。

Smith 指出,在峰值波长附近,合理的低反射率具有优越性,这意味着吸收对峰值透射率的限制作用较小。在单腔滤光片中,低反射率意味着宽通带。但 Smith 安排反射率刚一偏离

峰值波长就开始显著变化来压缩带宽。这种情况的说明如图 8.16 所示，这个图表示出双腔滤光片最简单的形式，其结构为 HHLHH，其中 HH 是半波长间隔层，L 是耦合层。在下面的讨论中为了简单起见，我们将忽略任何基底。滤光片的特性用一个间隔层两边的反射率来描述：R_1是高折射率膜层与环境介质（我们选取折射率为 1 的空气）界面的反射率，为常数；R_2是间隔层另一边的膜系的反射率。在间隔层厚度为其一半的 λ_0处，R_2很低；而在 λ_0的两边，R_2上升。残留反射率是由四分之一波长的 L 层引起的。在波长为 λ' 和 λ''时，反射率 R_1 和 R_2相等。如果相位条件也满足，那么我们有望得到高的透射率，事实正是如此。图 8.16 中所示的膜系的透射率曲线，其形状是一个有陡峭边缘并包含两个紧靠在一起的透射峰的通带，在两个峰之间有一个浅的凹陷，与法布里-珀罗滤光片的通带形状相比，这更接近理想的矩形。

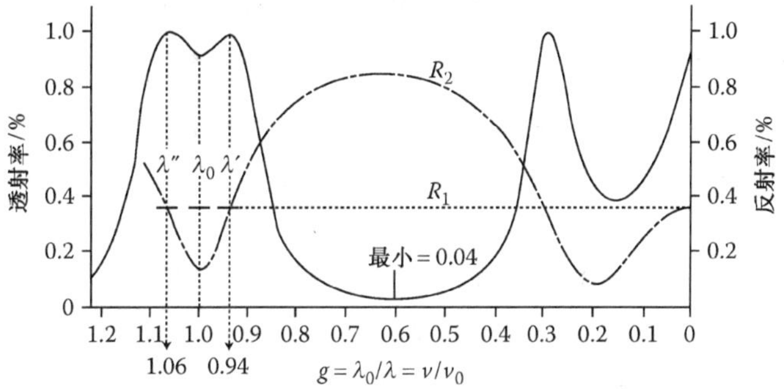

图 8.16　滤光片 HHLHH 的计算透射率曲线以及用来说明的反射率曲线 R_1和 R_2

（n_H =4.0，n_L =1.35。引自 Smith S D. *Journal of the Optical Society of America*, 48, 43-50, 1958）

滤光片透射率的 Smith 公式可以写为

$$T(\lambda)=T_0(\lambda)\frac{1}{1+F(\lambda)\sin^2[(\varphi_1+\varphi_2)/2-\delta]} \tag{8.53}$$

式中，

$$T_0(\lambda)=\frac{(1-R_1)(1-R_2)}{[1-(R_1R_2)^{\frac{1}{2}}]^2} \tag{8.54}$$

$$F(\lambda)=\frac{4(R_1R_2)^{\frac{1}{2}}}{[1-(R_1R_2)^{\frac{1}{2}}]^2} \tag{8.55}$$

现在这两个量都是变量，因为它们包含的 R_2（如图 8.16 所示）是变量。两个函数的形式同时表示在图 8.17 中。在离开峰值所在的波长，$T_0(\lambda)$低而 $F(\lambda)$高，共同作用的结果是使截止度增加。在峰值波长附近，$T_0(\lambda)$高，而同样重要的是 $F(\lambda)$低，这样便产生高透射率，它对吸收的影响是不敏感的。正如我们前面指出的，峰值透射率依赖于比值 A/T，这里 A 是反射膜系的吸收率，T 是透射率。显然，为了得到滤光片相同的总透射率，T 越大，A 可以越高。

双腔滤光片通带典型的双峰形状是由于曲线 R_1 和 R_2相交于彼此分开的两点而产生的。还可以出现其他两种情况：如果相位条件满足，曲线 R_1 和 R_2只在一点相交，这时膜系有一个单峰，理论上其透射率为 1；或者两条曲线完全不相交，这时膜系将显示一个透射率低于 1 的

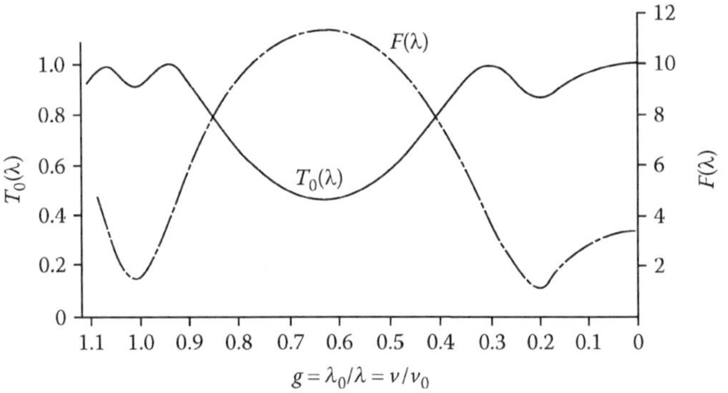

图 8.17 滤光片 HHLHH 的 $T_0(\lambda)$ 和 $F(\lambda)$ 曲线

(引自 Smith S D. *Journal of the Optical Society of America*, 48, 43-50, 1958)

单峰,其确切数值取决于 R_1 和 R_2 在它们最靠近处的相对大小。在设计时必须避免第三种情况。对于双峰滤光片的一个要求是,两个峰值中间的凹陷应当浅,这意味着在波长为 λ_0 时,R_1 和 R_2 不应当相差太多。

在研究了最简单的双腔滤光片后,我们必须研究更复杂的情况。我们已经考察了两个反射膜系的系统,其中一个反射膜系的反射率在所关心的区域内大致保持常数,而另一个反射膜系的反射率在通带内应等于或接近于前者的反射率,但在通带之外却应当急剧增加。在峰值波长处,简单的单腔滤光片实际具有零反射率,但在峰值波长的两边,反射率迅速上升。如果将一个单纯的 $\lambda/4$ 多层膜叠加在单腔结构上,那么最后的组合将具有所希望的特性,即在中心波长处,反射率等于单纯 $\lambda/4$ 多层膜的反射率,而在中心波长的两边,反射率急剧增加。因此,我们可以用一个反射率大致恒定的单纯 $\lambda/4$ 多层膜当作间隔层一侧的反射膜;在间隔层的另一侧,用一个完全相同的多层膜与一个单腔滤光片组合起来。如果反射率恰好在 λ_0 处匹配,将产生一个单峰滤光片。如果反射膜与单腔滤光片相组合的反射率被调整到稍低于反射膜本身的反射率,那么将得到双峰透射率曲线。这是常用的结构,而通常出现这种情况的本质原因是,在反射膜与附加的单腔结构之间额外插入一个 $\lambda/4$ 膜层,这就避免了半波长层的出现,而半波长层会扰乱远离峰值的反射率的变化。在滤光片中,这一膜层是作为一种耦合层出现的。图 8.18 说明了这种情况。

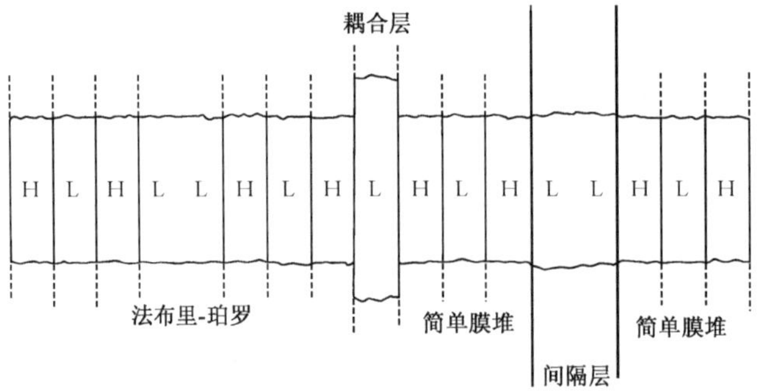

图 8.18 双腔滤光片的结构

(法布里-珀罗或单腔滤光片与邻近的简单膜堆构成一个反射层。另一个反射层是间隔层(腔)右侧的简单膜堆)

至此,我们完全没有考虑滤光片的基底,然而,基底当然是整个结构的一部分,是必须考虑在内的。基底在滤光片的一侧,而且会改变所在侧的反射率。反射率的这种改变很容易计算,特别是如果基底与单纯 $\lambda/4$ 多层膜在间隔层(腔)的同一侧时就更好计算。单纯多层膜的恒定反射率一般比较大,因此如果基底的折射率为 n_{sub},那么当紧贴基底的膜层是低折射率膜层时,多层膜自身的透射率$(1-R_1)$将变成$(1-R_1)/n_{sub}$;而当紧贴基底的膜层是高折射率膜层时,$(1-R_1)$将变成 $n_{sub}(1-R_1)$。

由于反射率的这种改变可能很大,特别是在 n_{sub}较大的时候,所以在设计一开始就应当将基底考虑进去,而且从设计开始就考虑通常是很方便的。基底可以看成是单纯多层膜的一部分,调节 R_1以包含之。倘若间隔层两侧的两个膜系在特定波长的反射率被设置成总是相等,那么整个滤光片的透射率将是 1。

例如,我们研究一个镀在锗(Ge)基底上的滤光片的情况,用硫化锌做低折射率膜层,锗做高折射率膜层。令腔是低折射率膜层,并且用锗|LHLL 表示锗基底上的反射膜系,其中 LL 是腔层。反射膜系的透射率近似为 $T_1=4n_L^{\ 3}/n_H^{\ 2}n_{Ge}$,由于基底和高折射率膜层是同一种材料,因此 T_1近似为 $4n_L^{\ 3}/n_H^{\ 3}$。在腔的另一侧,我们从组合 LLHLH|空气着手,它表示一个基本的反射膜系,其中 LL 还是腔层。这个组合的透射率是 $T_2=4n_L^{\ 3}n_H^{\ 4}$,也就是 T_1的 $1/n_H$倍。显然彼此不平衡,第二个反射膜系必须调整。如果紧贴空气加一个低折射率膜层,那么透射率变成 $T_2=4n_L^{\ 5}/n_H^{\ 4}$。由于 $n_L^{\ 2}$近似等于锗的折射率,所以此时 T_1和 T_2相等,于是单腔滤光片可以叠加到第二个反射膜系上,以给出所要求形状的反射率曲线。这一附加的单腔滤光片可以选取任一种形式,但这里采用下面的组合是方便的,它与已经得到的组合几乎完全相同。此时滤光片的全部设计是

锗 | LH LL HLH L HLH LL HLH | 空气

滤光片的性能曲线如图 8.19 所示。

验证滤光片是否具有高透射率的另一种方法,是应用 $\lambda/2$ 膜层实为虚设层的概念。双腔滤光片中各层膜的厚度常常是通带中心波长的 1/4 或 1/2,上述滤光片就是如此,因此作为说明这种方法的例子。首先注意到,两个腔都是 $\lambda/2$ 膜层,移去它们不会影响透射率。这样,在中心波长处,滤光片的透射率将与下面的膜系相同,即

锗 | LH HLH L HLH HLH | 空气

其中,有两对 HH 层,它们同样可以移去;剩下两对 LL 层,可以依次再移去。按此方式几乎所有层都可以移去,最后剩下

锗 | L | 空气

正如我们已经知道的,单层 $\lambda/4$ 硫化锌膜正是锗基底很好的减反射膜,所以在通带的中心波长处,滤光片有高透射率。

Knittl[20, 21]曾使用另一种多光束方法来研究双腔滤光片的设计。本质上,他将多光束组合应用于第一个腔层,然后将结果再用到第二个腔层的多光束组合,由此得出的表达式与

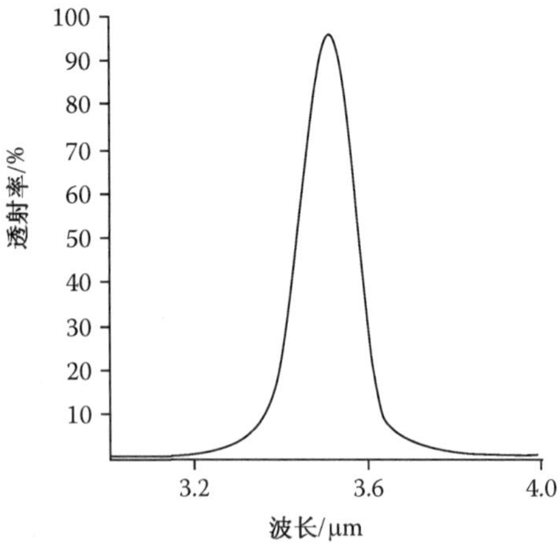

图 8.19　双腔滤光片的计算透射率
（设计为空气 |LHLLHLHLHLHLLHLH |锗。基底为锗（n =4.0）;H = 锗（n =4.0）,L = 硫化锌（n =2.35）;入射介质为空气（n =1.0））

Smith 的并无不同,虽然稍微复杂一些,但只有相位在整个通带内发生变化,这是它的优点。将反射及透射系数的大小看作常数是没有问题的,这也就意味着包含这些数值的参数也是不变的。表达式的形式对掌控整个透射率要简单得多,因此很容易确定极大值和极小值的大小和位置。在这里我们不会深入讨论这种方法,因为 Knittl[21] 已经介绍得很全面了。

当然,可能的设计类型并不限于双腔(双半波,DHW)滤光片,还存在甚至包含更多半波长层的其他类型的滤光片。前面提到的 Turner 早期设计的一种滤光片——WADI,其组成是在一个简单的单腔滤光片的任意一侧叠加一个 $\lambda/2$ 膜层和几个 $\lambda/4$ 膜层。这些额外膜层的作用是改变主腔任意一侧反射膜系的特性,从而使通带被展宽,同时使边缘变得更陡峭。类似地,可以再次重复双腔滤光片中基本的单腔单元,以得到三半波(THW)滤光片,它有相同的带宽,但边缘更陡。虽然 WADI 和 THW 滤光片最初的设计理论略有区别,但其结果非常一致,如今通常称作"三腔滤光片",甚至可以用更多的腔层构成多腔滤光片。当包含许多腔层时,我们曾经用以分析滤光片的方法就变得更加烦琐了——甚至验证滤光片通带透射率高低的简单方法,也都失效了。其原因将在 8.3.1 节说明,而且在 8.3.1 节我们将考虑由 Thelen 提出的一种非常有效的设计方法。

8.3.1　Thelen 分析法

我们至今还没有找到计算双腔及三腔滤光片带宽的任何一种简便的方法。前面的设计方法只不过是保证滤光片在通带内有高透射率,以及通带具有陡峭的边缘。虽然带宽可以算出,但要得到预定的设计宽度,必须用试错法。事实上,可用透射率的公式计算,即

$$T = T_0 \frac{1}{1 + F_0 \sin^2 \delta}$$

但是由于反射率的相位必须计入 δ 之中,因此计算可能是很困难的。在判别多腔滤光片的基本特性时,这个表示式很有用,可是对于系统设计,则发现以等效导纳概念为基础的方法更为有效。

在第 7 章中已经指出,任何对称膜系都可以替换成一个具有等效导纳和光学厚度的单层膜,等效导纳和光学厚度两者都随波长变化,但可以计算出。Thelen[22] 应用这种概念发展了一种非常有效的系统的设计方法,它预测出包括带宽在内的滤光片的全部性能特征。这种方法的基础是将多腔滤光片分割成一系列的对称周期,求出等效导纳便可预测周期的特性。下

面就以我们已经研究过的设计为例来说明：

锗 | LHLLHLHLHLHLLHLH | 空气

它可以分开排成

锗 | LHL LHLHLHLHL LHLH | 空气

决定滤光片特性的是中心部分 LHLHLHLHL，这是一个对称的膜系。因此，它可以替换成一个单层膜，这个膜具有常见的一系列高反射区（这里导纳是虚数）和透射区（这里导纳是实数）。我们关心的是后者，因为它们表示最终的滤光片的通带。必须使对称的中心部分同基底以及周围空气相匹配，为此，在其每一边增加匹配层，这就是滤光片中剩下那些膜层的作用。完全匹配的条件很容易确定，因为这些匹配层的光学厚度都是 $\lambda/4$。

这种设计方法的一个最有用的特性是，滤光片的中心部分可以重复许多次，使通带的边缘更加陡峭，并且改进了截止度而又不会明显地影响带宽。

为了简单明了地预测滤光片的特性，Thelen 推算出基本周期的带宽公式。我们在这里使用 Thelen 的方法，并做了一些小的改动使其符合对单腔滤光片进行分析的形式。为了将级次高于 1 的滤光片包含在内，我们将基本周期写成

$$H^m LHLHLH\cdots LH^m \text{ 或 } L^m HLHLHL\cdots HL^m$$

其中有 $2x+1$ 个膜层，最外面的层数为 $x+1$，其他的为 x，m 表示级次数。我们已经提到 Seeley[4] 是如何在探索单腔滤光片表达式的过程中，得到关于折射率高、低交替的 $\lambda/4$ 膜系的特征矩阵乘积的近似公式的。采用与 Seeley 相似的方法，我们可以将 $\lambda/4$ 膜层的特征矩阵写成

$$\begin{bmatrix} -\varepsilon & \mathrm{i}/n \\ \mathrm{i}n & -\varepsilon \end{bmatrix} \tag{8.56}$$

式中，$\varepsilon=(\pi/2)(g-1)$，$g=\lambda_0/\lambda$，用 n 同时表示折射率和特征导纳。这个表达式仅适用于膜层厚度接近于四分之一波长的那些波长。首先，考虑 m 为奇数的情况，将 m 写成 $2q+1$。那么采用相同程度的近似，H^m 或 L^m 的矩阵为

$$(-1)^q \begin{bmatrix} -m\varepsilon & \mathrm{i}/n \\ \mathrm{i}n & -m\varepsilon \end{bmatrix}$$

忽略 ε 的二次及高次项，那么由对称周期构成的 $2x-1$ 个膜层的乘积为

$$\begin{bmatrix} M_{11} & \mathrm{i}M_{12} \\ \mathrm{i}M_{21} & M_{22} \end{bmatrix} \tag{8.57}$$

式中，

$$M_{11}=M_{22}=(-1)^{x+2q}(-\varepsilon)\left[m\left(\frac{n_1}{n_2}\right)^x+\left(\frac{n_1}{n_2}\right)^{x-1}+\left(\frac{n_1}{n_2}\right)^{x-2}+\cdots+\left(\frac{n_2}{n_1}\right)^{x-1}+m\left(\frac{n_2}{n_1}\right)^x\right]$$

$$\mathrm{i}M_{12}=\mathrm{i}(-1)^x/[(n_1/n_2)^x n_1]$$

和

$$\mathrm{i}M_{21}=\mathrm{i}(-1)^x[(n_1/n_2)^x n_1]$$

现在要从这个表达式解析地导出滤光片的半宽度是不容易的。因此,Thelen 不去推导半宽度,而是选取某些波长以确定通带的边界。对于这些波长有

$$\frac{1}{2}|M_{11}+M_{22}|=1$$

因为 $M_{11}=M_{22}$,故

$$|M_{11}|=1$$

这些点离半峰值透射点不会太远,特别是当通带边缘很陡峭的时候更是如此。将其应用于式(8.57),可以得到

$$|M_{11}|=\varepsilon\left[m\left(\frac{n_1}{n_2}\right)^x+\left(\frac{n_1}{n_2}\right)^{x-1}+\left(\frac{n_1}{n_2}\right)^{x-2}+\cdots+\left(\frac{n_2}{n_1}\right)^{x-1}+m\left(\frac{n_2}{n_1}\right)^x\right]=1 \tag{8.58}$$

这一表达式对于 n_1 和 n_2 而言是非常对称的形式。如果将 n_1 和 n_2 替换成 n_{H} 和 n_{L} 并忽略其差别,可以得到同样的表达式为

$$\varepsilon\left[m\left(\frac{n_{\mathrm{H}}}{n_{\mathrm{L}}}\right)^x+\left(\frac{n_{\mathrm{H}}}{n_{\mathrm{L}}}\right)^{x-1}+\left(\frac{n_{\mathrm{H}}}{n_{\mathrm{L}}}\right)^{x-2}+\cdots+\left(\frac{n_{\mathrm{L}}}{n_{\mathrm{H}}}\right)^{x-1}+m\left(\frac{n_{\mathrm{L}}}{n_{\mathrm{H}}}\right)^x\right]=1$$

也就是

$$\varepsilon\left[(m-1)\left(\frac{n_{\mathrm{H}}}{n_{\mathrm{L}}}\right)^x+(m-1)\left(\frac{n_{\mathrm{L}}}{n_{\mathrm{H}}}\right)^x+\left(\frac{n_{\mathrm{H}}}{n_{\mathrm{L}}}\right)^x\left(\frac{1-(n_{\mathrm{L}}/n_{\mathrm{H}})^{x+1}}{1-(n_{\mathrm{L}}/n_{\mathrm{H}})}\right)\right]=1$$

与单腔滤光片的情况相同,这里用到了几何级数求和的公式。现在我们忽略($n_{\mathrm{L}}/n_{\mathrm{H}}$)的 x 及更高次幂,得到

$$\varepsilon\left(\frac{n_{\mathrm{H}}}{n_{\mathrm{L}}}\right)^x\left\{(m-1)+\frac{1}{1-(n_{\mathrm{L}}/n_{\mathrm{H}})}\right\}=1$$

也就是

$$\varepsilon=\left(\frac{n_{\mathrm{L}}}{n_{\mathrm{H}}}\right)^x\frac{[1-(n_{\mathrm{L}}/n_{\mathrm{H}})]}{[m-(m-1)(n_{\mathrm{L}}/n_{\mathrm{H}})]} \tag{8.59}$$

带宽为

$$\left|\frac{\Delta\lambda_{\mathrm{B}}}{\lambda_0}\right|=\left|\frac{\Delta\nu_{\mathrm{B}}}{\nu_0}\right|=2(g-1)=\frac{4\varepsilon}{\pi}$$

因此,对式(8.59)稍作整理可得

$$\left|\frac{\Delta\lambda_{\mathrm{B}}}{\lambda_0}\right|=\frac{4}{m\pi}\left(\frac{n_{\mathrm{L}}}{n_{\mathrm{H}}}\right)^x\frac{(n_{\mathrm{H}}-n_{\mathrm{L}})}{(n_{\mathrm{H}}-n_{\mathrm{L}}+n_{\mathrm{L}}/m)} \tag{8.60}$$

等效导纳为

$$E=\left(\frac{M_{21}}{M_{12}}\right)^{\frac{1}{2}}=\left(\frac{n_1}{n_2}\right)^x n_1 \tag{8.61}$$

当 m 为偶数也就是 $m=2q$ 时，可以采用类似的方法。此时，H^m 或 L^m 的矩阵为

$$(-1)^q\begin{bmatrix}1 & \mathrm{i}m\varepsilon/n\\ \mathrm{i}m\varepsilon n & 1\end{bmatrix}$$

通过类似的整理，忽略 ε 的一次以上的项，得到

$$\left|\frac{\Delta\lambda_B}{\lambda_0}\right|=\frac{4}{m\pi}\left(\frac{n_L}{n_H}\right)^x\frac{(n_H-n_L)}{(n_H-n_L+n_L/m)}$$

这与式(8.60)完全相同，但是等效导纳为

$$E=\left(\frac{M_{21}}{M_{12}}\right)^{\frac{1}{2}}=\left(\frac{n_2}{n_1}\right)^{x-1}n_2$$

这是可以理解的，由于 m 值为偶数，膜层 L^m 或 H^m 表现为虚设层。

式(8.60)应当与单腔滤光片的表达式(8.23)和式(8.24)进行比较。如果我们将多腔滤光片分割成一系列单腔滤光片，那么在每个反射膜中的膜层数是基本对称周期的一半。因此，式(8.23)、式(8.24)和式(8.60)都是一致的。

为了完成整个设计，我们应当使基本周期与基底和周围介质相匹配。首先我们考虑一级次滤光片的情况，高级次滤光片需要进行修正是显而易见的。那么，对于一个一级次滤光片，可以通过在周期上添加多个 $\lambda/4$ 膜层以实现最好的匹配。第一个膜层的折射率应为 n_1，下一个为 n_2，如此类推，折射率按通常方式交替。那么对称周期与匹配层组合的等效导纳将为

$$\frac{n_1^{?y}}{n_2^{2(y-1)}}\left(\frac{n_2}{n_1}\right)^x\frac{1}{n_2}\quad \text{或}\quad \left(\frac{n_2}{n_1}\right)^{2y}n_2\left(\frac{n_1}{n_2}\right)^x$$

两式分别有 y 层折射率为 n_1 的膜和 $(y-1)$ 层或 y 层折射率为 n_2 的膜。同时我们利用了这样的事实：将折射率为 n 的 $\lambda/4$ 膜层叠加到等效导纳为 E 的膜系上，则膜系的导纳变为 n^2/E，也就是 $\lambda/4$ 法则。

在靠基底的一侧，应使等效导纳等于基底的折射率；而在另一侧，应使之等于周围介质的折射率。下面的讨论将说明这种方法。

当我们试图应用这个公式来设计多腔滤光片的时候，我们意外地发现：以前考察过的，似乎令人满意的许多设计，现在都不满足匹配条件。例如，考虑本节前一部分所得到的设计：

锗 | LH LL HLH L HLH LL HLH | 空气

式中，L 代表折射率为 2.35 的硫化锌膜，H 代表折射率为 4.0 的锗膜。中心周期为 LHLHLHLHL，其等效导纳为 n_L^5/n_H^4。LHL 组合使该等效导纳变为

$$\frac{n_L^4}{n_H^2}\frac{n_H^4}{n_L^5}=\frac{n_H^2}{n_L}$$

这同锗基底明显不匹配。在另一侧,LHLH 组合使导纳变为

$$\frac{n_H^4}{n_L^4}\frac{n_L^5}{n_H^4}=n_L$$

这与空气也不能很好地匹配。

对这个明显的矛盾解释如下:在这种特殊情况下,当计入中心对称周期的相位厚度时,整个滤光片的透射率为 1,因为它满足前一节给出的 Smith 条件。但是,在一个宽的波长区域,如果滤光片的带宽并不比单个条纹窄得多,那么将会看到明显的透射条纹。加在中心对称周期上的额外周期,其作用是减小条纹宽度,使它们靠得更近。假如有足够多的对称周期,条纹宽度将小于滤光片的带宽,因而它们表现为叠加于通带之上的明显的波纹。图 8.20 清楚地说明了这种情况。

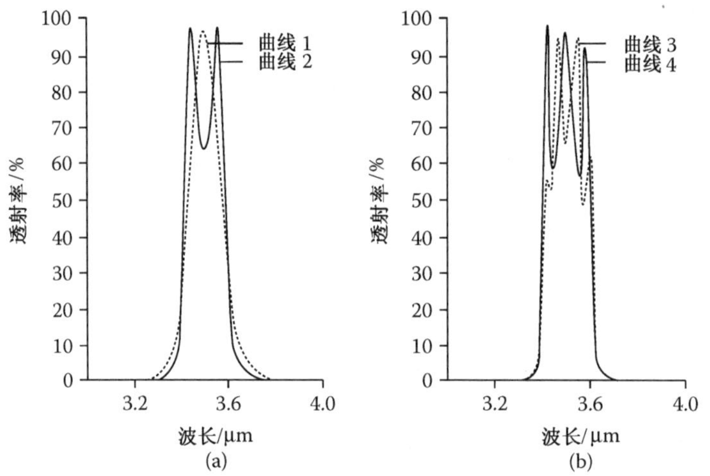

图 8.20　(a)三腔滤光片的计算透射率。(b)五腔滤光片的计算透射率

(图(a)中曲线 1:空气 |LHLHL(LHLHLHLHL)^{2}LHL |锗;曲线 2 表示在曲线 1 的设计中略去贴近空气的 L 层的影响:空气 |HLHL(LHLHLHLHL)^{2}LHL |锗;曲线 3:空气 |HLHL(LHLHLHLHL)^{4}LHL |锗;曲线 4 与曲线 3 设计相同,但有额外的 L 层:空气 |LHLHL(LHLHLHLHL)^{4}LHL |锗。有无 L 层对通带的波纹影响不大。对于所有曲线,H = 锗膜(n_H =4.0),L = 硫化锌膜(n_L =2.35))

当外加一个 L 层时,三腔结构仍然是可以接受的,而五腔结构就完全没有用处。有无最外面的 L 层并不影响膜系的特性,只不过调换了条纹的位置。因此,消去半波长层以预估通带透射率的简单方法就失效了,因为它仅仅能保证波长 λ_0 与条纹峰值相重合。

考察在锗基底上用两种材料构成滤光片的各种可能的组合是有益的,其中中心部分可以按要求重复许多次。表 8.3 所示为直至中心部分达 11 层的各种组合。

这些组合的任何一种,其有效性很容易检验。以中心部分含 9 个周期的第四个组合为例,这里对称周期的等效导纳为 n_H^5/n_L^4。在锗基底和中心部分之间的 LHLH 部分,将导纳变换为

$$\frac{n_L^4}{n_H^4}\frac{n_H^5}{n_L^4}=n_H$$

这与锗是完全匹配的。在另一端的匹配段是 HLH,它将导纳变换为

$$\frac{n_H^4}{n_L^2}\frac{n_L^4}{n_H^5}=\frac{n_L^2}{n_H}$$

由于硫化锌是对锗增透的良好材料,所以这里给出了对空气的良好匹配。

表 8.3　多腔滤光片合适的组成部分

锗的匹配组合	对称周期	空气的匹配组合
Ge |L	LHL	|空气(已经匹配)
Ge |LH	HLHLH	H |空气
Ge |LHL	LHLHLHL	LH |空气
Ge |LHLH	HLHLHLHLH	HLH |空气
Ge |LHLHL	LHLHLHLHLHL	LHLH |空气

L:ZnS, n_L =2.35 H:Ge, n_H =4.0。

对于高级次的滤光片,设计匹配层的方法是类似的。然而,如果想要,我们可以选择在匹配层临近对称周期的那一部分添加半波长层,使构成的腔的级次与其他的相同。例如,基于表 8.3 的第四个例子,周期 HHHLHLHLHLHHH 可以由锗 |LHLH 和 HLH |空气来匹配,或者用锗 |LHLHHH 和 HHHLH |空气来匹配,使得所有的腔不论周期数是多少都具有相同的级次。

因此,这种方法给出了设计多腔滤光片所必需的全部知识。在每种特定的情形中,禁带的边缘陡度和截止度将决定基本的对称周期的数目。通常,因为在建立各个公式时做了近似处理,同时因为带宽的定义不一定就是半宽度(虽然两者相差不会太远),所以在实际制作滤光片之前,应当用准确的计算来检验设计。同时建议估计制作中允许的误差,因为想要得到超过实际可能的性能是没有意义的尝试。如果尝试采用了要求不高的滤光片性能,结果可能会更差。在第 13 章中将讨论估测制作误差的情况。典型的多腔滤光片的特性如图 8.21 所示。

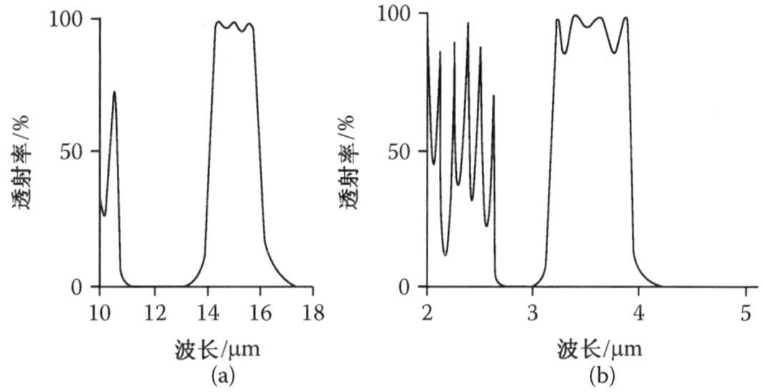

图 8.21　(a)多腔滤光片的透射率,设计为空气 |HHL H LHHL LHHLH |锗,H = PbTe(n =5.0);L = ZnS(n =2.35),λ_0 =15μm;(b)多腔滤光片的透射率,设计为空气 |HHLH LHHLH LHHL H LHHLH LHH |石英,H = Ge(n =4.0);L = ZnS(n =2.35);石英基底(n =1.45),λ_0 =3.5μm
(引自 Sir Howard Grubb, Parson & Co Ltd)

8.4　多腔滤光片更高的性能

图 8.21(b)的曲线给出了多腔滤光片通带的方形特性,但也显示出这种设计的一个固有问题——"兔耳朵",或通带两侧的明显的透射峰。随着周期数的增加,这种情况可能变得更糟。图 8.22 中清楚地显示了这一点。

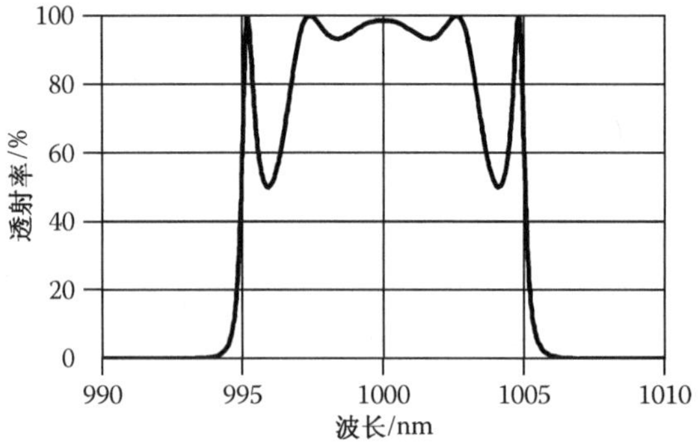

图 8.22　具有一个芯层和五个对称周期的多腔滤光片

（设计为玻璃 |HLHLHLH(HLHLHLHLHLHLHLH)^{5}HLHLHLH |玻璃，$n_H=2.35$，$n_L=1.35$，$n_{玻璃}=1.52$，$\lambda_0=1000$nm。注意通带边缘处非常明显的透射峰有时被称为“兔耳朵”）

这个问题产生的原因是对称周期等效导纳的色散。在设计过程中，认为等效导纳在整个通带内是定值，但实际上，它的变化是相当大的，在通带边缘处趋近于 0 或者无穷（图 8.23）。这与截止滤光片实际是相同的问题，为了更好地抑制波纹，需要一个具有相似色散特性的匹配系统。对于带通滤光片，移动周期更加困难，因为需要在通带的两个边缘抑制波纹。然而，受移动周期技术的启发，我们找到了一种方法——由对称系统实现部分匹配，这一系统具有适当形式的色散，因此即使需要与周围介质匹配的等效导纳是变化的，其匹配效果仍然很好。我们正在处理的任何一种对称周期将具有奇数个 $\lambda/4$ 膜层，因此在 $g=1$ 时的等效相位厚度将是$\pi/2$的奇数倍，这就意味着周期本身可以用作简单的匹配膜系。由于这种类型的滤光片通带通常很窄，在整个通带宽度内的匹配条件不会变化太大。为了利用这种可能性，我们至少要找到几对对称周期，使得一对周期能够用作另一对周期之间的匹配膜系。试图找到两个或更多个周期，而且它们在 $g=1$ 时具有合适的关系，使得与基底或入射介质之间相匹配是困难的。但是，如果我们能够找到这样的两个周期：它们具有不同的宽度，但中心导纳相同，我们就可以继续使用表 8.3 中所示的直接匹配关系（利用一系列的 $\lambda/4$ 膜层，其在通带中心的匹配是完美的）。对于更高级次的周期也存在解决办法。

在一个对称周期的外面继续增加半波长层，既不改变通带中心处的等效导纳，也不改变等效导纳变化的曲率。图 8.24 表示 HLHLHLHLHLH、HHHLHLHLHLHLHHH、HLLLHLHLHLHLLLH 和 HHHLLLHLHLHLHLLLHHH 的导纳，它们在 $g=1$ 时的值都是 n_H^6/n_L^5，并且当 g 的值偏离 1 时导纳都逐渐增加。较宽曲线的导纳值介于较窄曲线的导纳值与所有在 $g=1$ 时的导纳值之间，它们都代表 $g=1$ 时的奇数个 $\lambda/4$ 膜层，但当 g 变化时，较宽的曲线比较窄的曲线更加接近奇数个 $\lambda/4$ 膜层，因此这些较宽的曲线可以用于较窄的曲线和具有恒定导纳（n_H^6/n_L^5）的介质的匹配。周期与所需导纳的理想值最为接近的一个作为最佳选择。采用一个以上的更宽的匹配系统并不经常能得到很好的结果，因为它们的色散曲线各异。那么，同前面一样，无色散的理想介质与入射及出射介质之间的匹配就是一个非常简单的一系列 $\lambda/4$ 膜层的问题了。

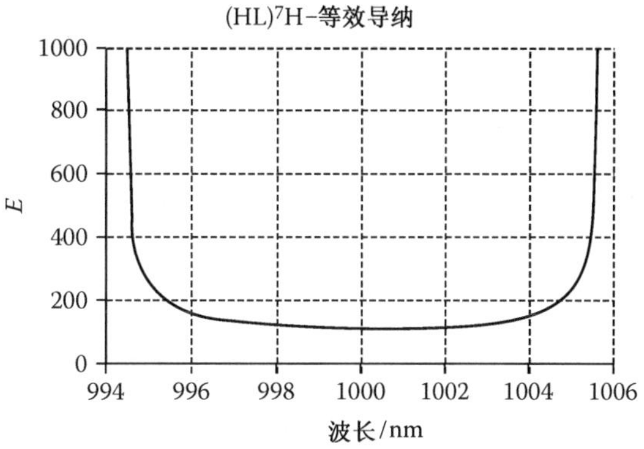

图 8.23　$(HL)^7H$ 在潜在通带内的等效导纳

（注意在通带边缘附近的快速变化。等效导纳的这种色散对于匹配一种实质上无色散的介质是非常困难的）

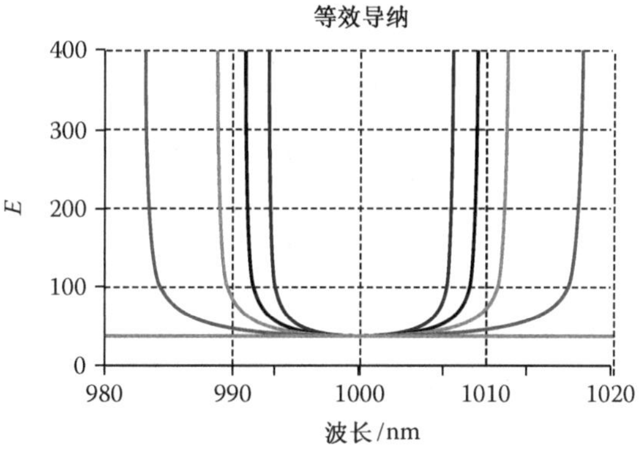

图 8.24　对称周期的等效导纳由窄到宽的次序：HHHLLLHLHLHLHLLLHHH、HHHLHLHLHLHLHHH、HLLLHLHLHLHLLLH 和 HLHLHLHLHLH。

（H 代表特征导纳 2.35，L 为 1.35。直线代表 $g=1$ 时所有对称周期的导纳）

图 8.24 中的简单例子采用了两个这样的周期：HLHLHLHLHLH 和 HHHLHLHLHLHLHHH。

对于玻璃 |HLHLH HLHLHLHLHLH（HHHLHLHLHLHLHHH）^{q}HLHLHLHLHLH HLHLH |玻璃结构，两个这样周期的滤光片的特性曲线如图 8.25 和图 8.26 所示。

我们需要得到这样的滤光片的带宽表达式，这主要是由最高级次的周期决定的。如果将最高级次周期的表达式写成：

$$mABABA\cdots BmA$$

其中包含 $2x+1$ 个膜层，包括膜层 mA，那么与前面的定义方式相同，可以得到带宽表达式为

$$\frac{\Delta\lambda}{\lambda_0}=\frac{4}{m\pi}\left(\frac{n_L}{n_H}\right)^x\frac{(n_H-n_L)}{(n_H-n_L+n_L/m)} \qquad (8.62)$$

如果 $m=1$，这一表达式就简化为我们已经推导出的形式。利用该式计算图 8.25 和图 8.26 中滤光片的带宽为 0.018，也就是通带边缘为 991nm 和 1009.1nm。

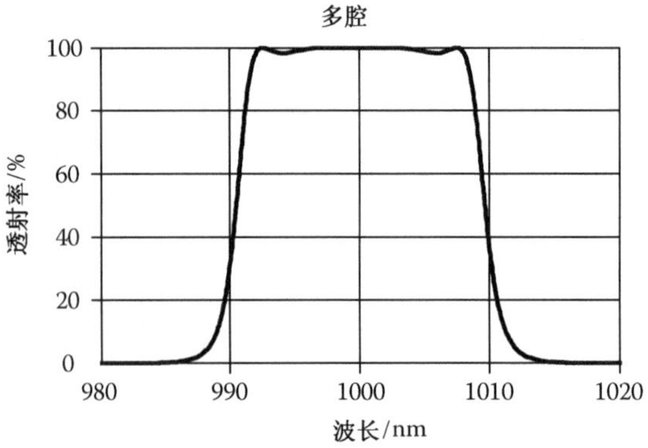

图 8.25　与图 8.22 类似,但采用级次增加的周期结构来改善通带波纹的多腔滤光片
(设计为玻璃 |HLHLH HLHLHLHLHLH(HHHLHLHLHLHLHHH)^{2}HLHLHL HLHLH HLHLH |玻璃,
n_H =2.35,n_L =1.35,$n_{玻璃}$ =1.52,λ_0 =1000nm。注意与图 8.22 相比通带的顶端平坦多了)

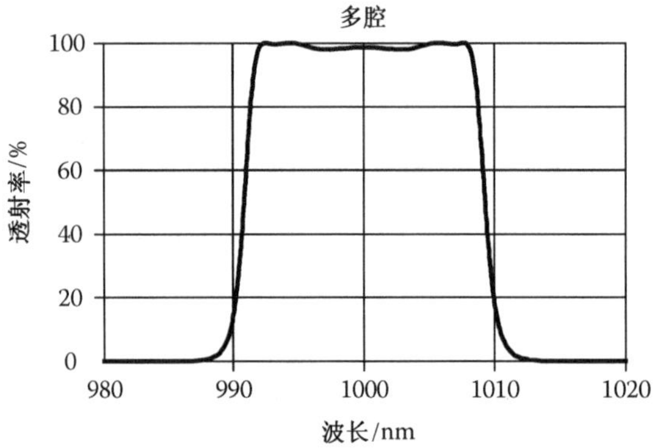

图 8.26　与图 8.25 类似,但具有三个中央高级次周期(而不是两个)的多腔滤光片
(设计为玻璃 |HLHLH HLHLHLHLHLH(HHHLHLHLHLHLHHH)^{3}HLHLHL HLHLH HLHLH |玻璃,
n_H =2.35,n_L =1.35,$n_{玻璃}$ =1.52,λ_0 =1000nm)

当然,很明显图 8.24 所示的是一种特殊情况,其中所有的对称周期在参考波长处都具有不变的等效导纳,这种特性并不是绝对必需的。具有变化的中心等效导纳,同时最终的组合与周围介质相匹配,而导纳色散的波纹特性又非常好,这样的匹配系统是可能的。因此,对于任意给定的带宽,存在很多个可选择的设计方案。选择最佳方案基本上可以由计算机来操作完成,其中最佳的定义涉及含波纹、带宽、边缘陡度等参数的评价函数,它们需要合适的权重。

到目前为止的设计过程都是利用 $\lambda/4$ 膜层,在后文中将会看到在滤光片的制作过程中这是有必要的。有效的沉积误差自然补偿过程存在于 $\lambda/4$ 膜层构成的系统中,但对于非 $\lambda/4$ 膜层的设计大部分不存在。

在图 8.25 和图 8.26 所示的设计中假设入射和出射介质实际上是不变的。当滤光片嵌入系统中,或者可能黏合到其外表面的覆盖层中,这种情况都是符合的。由于它们结构的对称性,参考波长处从滤光片到外部介质的导纳,就是耦合层的特征导纳。在刚才考虑的设计中,耦合层都是低折射率膜层,与玻璃的折射率非常接近。因此,滤光片与周围介质在参考波长处的匹配是非常好的。但是,在某些情况下,入射和出射介质差别很大,或者耦合层的折射率与介质之间的匹配并不很好。最近,主要受光通信方面应用的推动,已经逐渐采用非常稳定的材料如二氧化硅和氧化钽,且制作过程采用离子辅助沉积和离子束溅射工艺,这样可以得到非常稳定而且坚固的膜层。这些方法使得滤光片的应用不再需要在其表面进行保护,这在良好校正的系统中可能是一个巨大的优点,然而,这会带来对称性缺失的问题。当然,前面我们考虑过的红外窄带滤光片并不是对称的,但是在那种场合下对峰值透射率和抑制波纹方面的要求要低得多。

在这种情况下,构建一个 V 形的双层减反射膜与利用其他方法不匹配的介质(通常入射一侧为空气)来实现匹配,通常是足够的。这一匹配膜层不会受结构其他部分的灵敏度以及这样一个减反射膜通常的容许度的限制。这种滤光片的一个实例如图 8.27 所示,若采用对数坐标,该滤光片的特性如图 8.28 所示。但是要注意,这种形状的滤光片对入射角的敏感度增加了,在下一部分我们将解决这一问题。

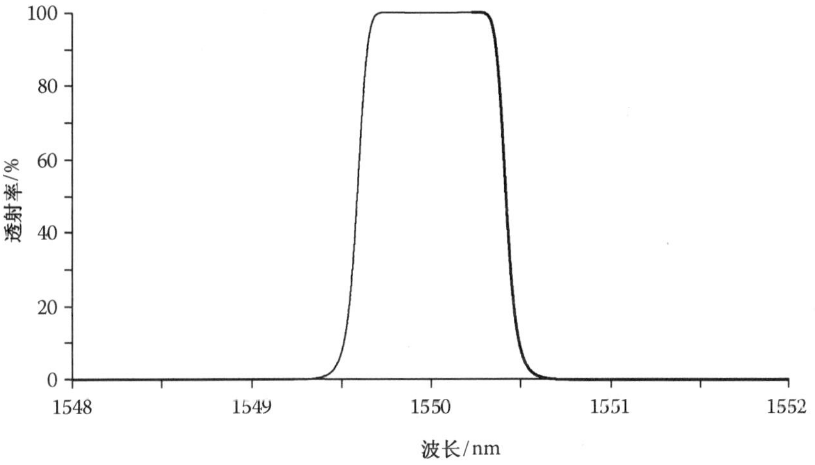

图 8.27　滤光片的特性

(设计为空气 |[1.2462 L 0.3458H] (HL)^{15} H (HHHH (HL)^{15} HHHHH)^{2}(HL)^{15} H (HL)^{7} H|玻璃, λ_0 =1550nm, n_H =2.15, n_L =1.45(分别与 Ta_2O_5 和 SiO_2 接近), $n_{玻璃}$ =1.52, $n_{空气}$ =1.00。方括号中的结构为 V 形减反射膜)

通常 V 形膜就足够了,但如果还需要更好的特性,那么可以在滤光片和入射介质之间、滤光片和基底之间,或者两者都有,应用三层、四层甚至五层减反射膜。减反射膜的容许度一般不会像滤光片的其他部分那样严格。

性能非常高的窄带滤光片的设计主要受限于所需要的能够成功制作出来的结构,这意味着只有有限范围材料的 $\lambda/4$ 或多个 $\lambda/4$ 膜层可用,这种限制可能最终会因为制作技术的进步而放宽。如果忽略这些限制,由微波波段沿用过来的技术可以直接套用在光频波段。假设我们有连续范围折射率的材料可供选择,或者完全不受厚度的限制,那么就可以设计理论上具有十分优异性能的滤光片。Baumeister[23-25] 阐述了这种方法。

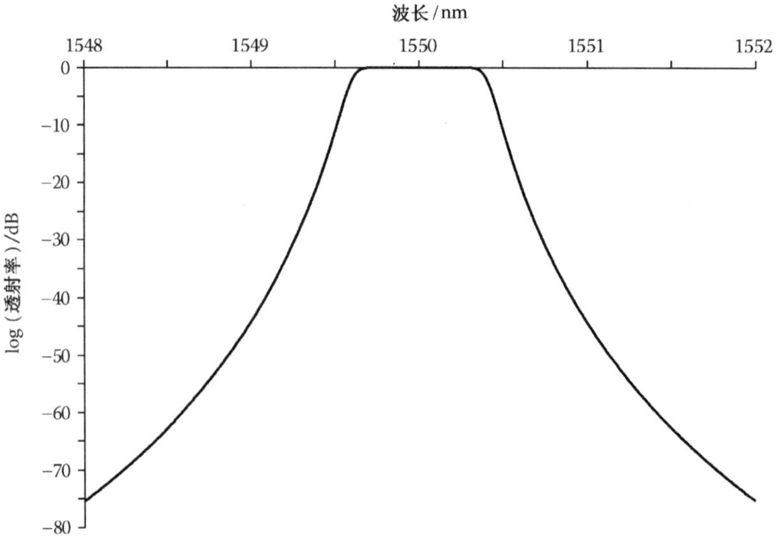

图 8.28　用对数坐标表示的图 8.27 所示的滤光片的特性
（这一滤光片具有典型的用于 200GHz 通道间隔的 DWDM 分束器的特性）

Baumeister 的设计是基于驻波比参数的方法。在入射介质中，净电场强度振幅随位置的变化而变化，变化范围从$\mathcal{E}_1+\mathcal{E}_2$到$\mathcal{E}_1-\mathcal{E}_2$，其中，$\mathcal{E}_1$和$\mathcal{E}_2$为两束光的振幅。驻波比定义为

$$V=\frac{\mathcal{E}_1+\mathcal{E}_2}{\mathcal{E}_1-\mathcal{E}_2}=\frac{1+\sqrt{R}}{1-\sqrt{R}} \tag{8.63}$$

式中，R 为反射率。驻波比参数的一个优点是，当需要关注的系统导纳为实数时其形式非常简单。令表面的导纳为 Y，入射介质的特征导纳为 y_0，两者都是实数，那么驻波比为

$$V=\frac{y_0}{Y}\quad \text{或}\quad V=\frac{Y}{y_0} \tag{8.64}$$

无论哪个都是大于 1 的。

作为起始设计的微波结构的设计基于波导中一系列的可变光圈反射镜，其中每一个都被调整到一个给定的驻波比，同时假设这一特定的反射镜与其他的反射镜是隔离的，它们被与腔等效的部分分离开。在 Baumeister 的方法中，这些反射镜由薄膜结构替代，而薄膜结构由相继腔层的材料隔开。例如，如果两个相继腔层的折射率都是 n_L，并且用五个交错的 n_H 和 n_L 的 $\lambda/4$ 膜层将它们隔开，那么驻波比将是 $n_H{}^6/n_L{}^6$。为了准确达到所需要的驻波比，这种方法必不可少地需要利用分数厚度或特殊的特征导纳。这些特征导纳可以通过引入对称周期来实现，虽然它们将包含部分厚度。一旦达到了准确的驻波比，结构特性的色散就必须加以考虑，而且通常需要做一定的手动调整，如用三个 $\lambda/4$ 膜层替代单个 $\lambda/4$ 膜层和改变腔的级次等。

用这种方法实现的两种材料 13 层腔的一个设计实例如图 8.29 所示，这一设计利用 $\lambda/4$ 结构作为反射镜，但每个结构的最后一层是用于调整导纳以达到所需驻波比准确值的 $\lambda/4$ 膜层。然后，通过使用一个三层对称周期来实现导纳的调整。最终的设计包含 346 层，如下所示：

空气 | 0.241L 2.499H 1.241L H $(LH)^3$ 2L $(HL)^5$ 1.3257H 0.3329L 1.3257H $(LH)^5$
2L $(HL)^5$ H 1.2077L 0.5671H 1.2077L H $(LH)^5$ 2L $(HL)^6$ 1.4654H 0.0654L
1.4654H $(LH)^6$ 2L $(HL)^6$ 1.4251H 0.1419L 1.4251H $(LH)^6$ 2L $(HL)^6$ 1.4072H
0.1759L 1.4072H $(LH)^6$ 2L $(HL)^6$ 1.4001H 0.1894L 1.4001H $(LH)^6$ 2L $(HL)^6$
1.4001H 0.1894L 1.4001H $(LH)^6$ 2L $(HL)^6$ 1.4072H 0.1759L 1.4072H $(LH)^6$
2L $(HL)^6$ 1.4251H 0.1419L 1.4251H $(LH)^6$ 2L $(HL)^6$ 1.4654H 0.0654L 1.4654H
$(LH)^6$ 2L $(HL)^5$ H 1.2077L 0.5671H 1.2077L H $(LH)^5$ 2L $(HL)^5$ 1.3257H 0.3329L
1.3257H $(LH)^5$ 2L $(HL)^4$ H 2.628L 1.818H | **玻璃**

其中，$n_{空气}=1.00$，$n_H=2.065$，$n_L=1.47$，$n_{玻璃}=1.50$。

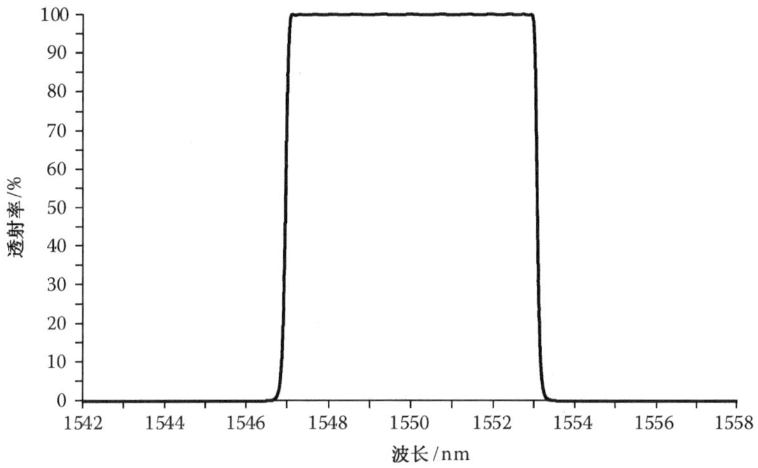

图 8.29　Baumeister 设计的 346 层滤光片的特性

（引自 Baumeister P. *Applied Optics*, 42, 2407-2414, 2003）

如果限制设计只能使用两种材料的 $\lambda/4$ 膜层，或者多个 $\lambda/4$ 膜层，那么通常就不可能与所需的驻波比完全匹配，设计过程也就只能简单地尝试尽量接近匹配状态，使通带的波纹的增加不太明显。

8.4.1　倾斜的影响

到目前为止，在多腔滤光片的设计中没有涉及的是滤光片对入射角改变的敏感度。Thelen[22]研究过这个问题，并研究了包含由高折射率和低折射率 $\lambda/4$ 膜层交替组成的对称周期的那些类型，以及间隔层为一级次的那些类型，最终他得到的单腔滤光片的表达式与 Pidgeon 和 Smith 的完全相同。只要考虑了对角度的依赖性，滤光片就似乎表现为一个单层膜，并且有效折射率为

$$n^*=(n_1n_2)^{1/2}$$

式中，$n_1>n_2$，或者

$$n^*=\frac{n_1}{[1-(n_1/n_2)+(n_1/n_2)^2]^{1/2}}$$

式中，$n_2>n_1$。

因此，对于更高级次的滤光片，我们利用式(8.34)和式(8.36)时应当注意它的适用范围。

图 8.30 表示简单的三腔窄带滤光片在倾斜时的特性,设计为

$$\text{空气} \mid 1.21L\ 0.38H\ (HL)^7\ HHHHHH(LH)^7\ L\ (HL)^7\ HHHHHH(LH)^7\ L\ (HL)7\ HHHHHH(LH)^7 \mid \text{玻璃}$$

其中,$n_{空气}=1.00$,$n_H=2.065$,$n_L=1.47$,$n_{玻璃}=1.50$。

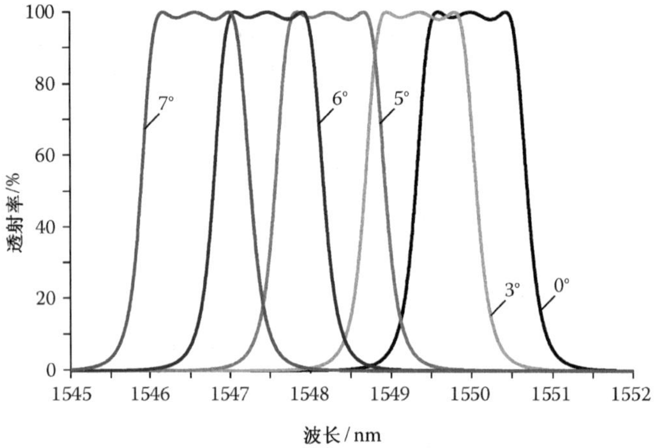

图 8.30 简单三腔窄带滤光片的特性随空气中入射角的变化

(所有腔层都完全相同。随着角度的增加特性曲线并没有明显的失真。当以 15°入射(并未显示在图中)时,将出现明显的偏振分离,但其他情况下特性曲线并没有失真)

可惜的是,其中可能会有问题。图 8.27 所示的滤光片使用不同级次的腔来实现良好的波纹特性,这些腔随着入射角度的变化而以稍微不同的速度移动,因为它们的有效折射率发生微小的变化。失调的腔会严重影响多腔滤光片的性能,图 8.31 很清楚地表示了这一点。滤光片通带的形状随着入射角度的增加而发生明显的劣化。

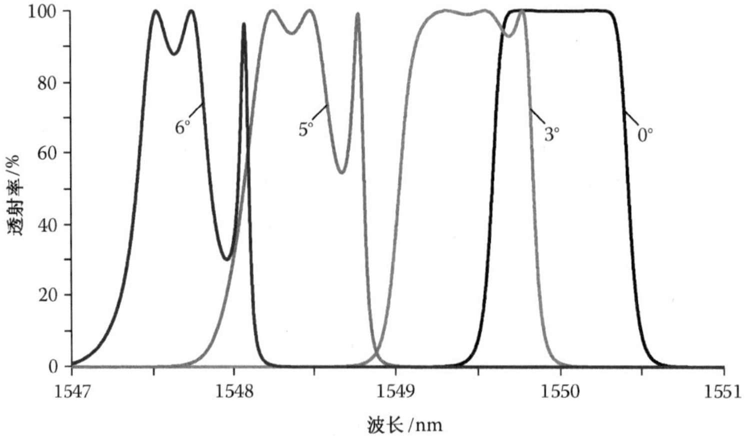

图 8.31 图 8.27 所示的滤光片在光垂直入射(最右侧)及一定角度(3°、5°和 6°)入射时的性能

(当入射角度为 3°时已经出现了可分辨的失真,随着角度的增加失真更加严重。偏振分离可以忽略)

为了改善倾斜入射的性能,我们需要使腔的有效折射率更接近。这种滤光片的设计包含高折射率腔,因此高级次的腔将具有更高的有效折射率。在这些腔结构中加入更多低折射率膜层是最直接的办法。这里,试错法通常是最简单明了的方法。各种各样的方法都是可能的,如将单个低折射率 $\lambda/4$ 膜层改为三个 $\lambda/4$ 膜层,但是对于这种特殊滤光片的情况,改变腔的一个或多个高折射率半波长层,使其成为低折射率半波长层,会得到相当好的效果。最佳的配置似乎是

$$\text{空气}|1.2676L\ 0.3379H\ (HL)^7\ H\ (HL)^{15}\ H\ (HLLH(HL)^{15}\ H\ HLLH)^2$$
$$(HL)^{15}\ H\ (HL)^7\ H|\ \text{玻璃}$$

相应的折射率数值与图 8.27 完全相同。这就得到了倾斜入射时的性能,如图 8.32 所示。

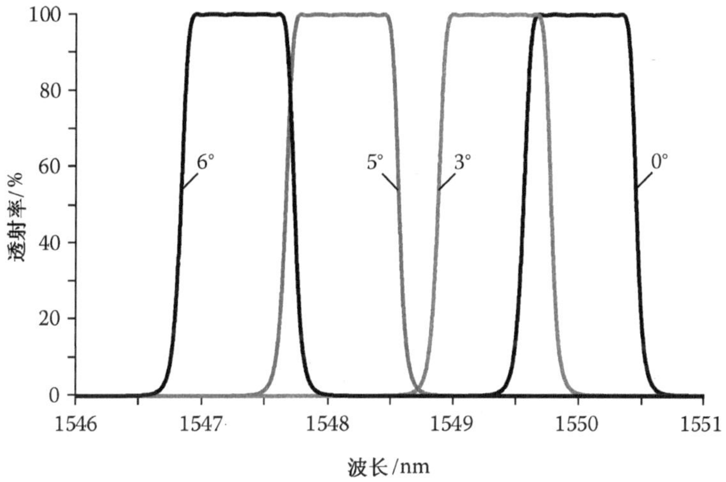

图 8.32　修改设计后滤光片在倾斜入射时的性能,此时腔以相近的速率随角度移动
(注意,现在这一滤光片的有效折射率比图 8.31 中的略小一些。即使在 15°入射时(未显示在图中)滤光片的特性曲线仍然没有失真,但存在可以分辨的偏振分离)

图 8.29 的设计使用了相同级次的腔层,因此得到了与图 8.32 相近的倾斜入射性能。

对倾斜角度不敏感的滤光片,其另一个优点是,它们普遍对一种特殊类型的膜层均匀性误差本质上不敏感。对窄带滤光片沉积膜层厚度的监控通常是“直接”的——也就是发生在每一个正在制作的实际滤光片上,这可以为成功制作窄带滤光片提供了必要的误差补偿。不过,在监控范围之外,沉积膜层厚度可能会变化,事实上这种变化在生产光通信用滤光片中是经常发生的。这里,在沉积过程后,一个大的滤光片最终被切成小的滤光片,而且峰值波长的不同使得滤光片可以用于不同的信道。保证这样的高、低折射率膜层的厚度变化始终保持完全步调一致是很困难的。相对厚度误差对滤光片透射率特性的影响与改变入射角相似。因此,对入射角变化不敏感,意味着对膜层一致性的相对误差也不敏感,从而提高了可用器件的产量。

8.4.2　多腔滤光片的损耗

多腔滤光片的损耗可以进行估算,方法与法布里-珀罗滤光片相同。由于设计方案多,以至于得到一种完全通用的方法是很困难的。但是,我们可以从假设基本对称单元与两端完美匹配开始入手,基本对称单元导纳的方案如表 8.4 所示。

表 8.4　基本对称单元的导纳

	n_1^x/n_2^{x-1}
n_1	
	n_2^{x-1}/n_1^{x-2}
n_2	
	n_1^{x-2}/n_2^{x-3}
n_1	
	n_2^{x-3}/n_1^{x-4}
⋮	
	n_1^{x-2}/n_2^{x-3}
n_2	
	n_2^{x-1}/n_1^{x-2}
n_1	
	n_1^x/n_2^{x-1}

与单腔滤光片的方法相同,可以写出

$$\sum\mathcal{A}=\beta_1\left[\left(\frac{n_1}{n_2}\right)^{x-1}+\left(\frac{n_2}{n_1}\right)^{x-1}\right]+\beta_2\left[\left(\frac{n_1}{n_2}\right)^{x-2}+\left(\frac{n_2}{n_1}\right)^{x-2}\right]$$
$$+\beta_1\left[\left(\frac{n_1}{n_2}\right)^{x-3}+\left(\frac{n_2}{n_1}\right)^{x-3}\right]+\cdots+\beta_2\left[\left(\frac{n_2}{n_1}\right)^{x-2}+\left(\frac{n_1}{n_2}\right)^{x-2}\right]$$
$$+\beta_1\left[\left(\frac{n_2}{n_1}\right)^{x-1}+\left(\frac{n_1}{n_2}\right)^{x-1}\right]$$

也就是

$$\sum\mathcal{A}=\beta_1\left\{\left[\left(\frac{n_1}{n_2}\right)^{x-1}+\left(\frac{n_1}{n_2}\right)^{x-3}+\cdots+\left(\frac{n_2}{n_1}\right)^{x-1}\right]\right.$$
$$\left.+\left[\left(\frac{n_2}{n_1}\right)^{x-1}+\left(\frac{n_2}{n_1}\right)^{x-3}+\cdots+\left(\frac{n_1}{n_2}\right)^{x-1}\right]\right\}_1$$
$$+\beta_2\left\{\left[\left(\frac{n_2}{n_1}\right)^{x-1}+\left(\frac{n_2}{n_1}\right)^{x-3}+\cdots+\left(\frac{n_1}{n_2}\right)^{x-1}\right]\right.$$
$$\left.+\left[\left(\frac{n_1}{n_2}\right)^{x-1}+\left(\frac{n_1}{n_2}\right)^{x-3}+\cdots+\left(\frac{n_2}{n_1}\right)^{x-1}\right]\right\}$$

我们注意到,每一对的第二个表达式都与第一个表达式相同,但阶次相反。

膜层为 $\lambda/4$ 层,与前面相同,因此可以写出

$$\beta_1=\frac{\pi}{2}\frac{k_1}{n_1}\qquad \text{和} \qquad \beta_2=\frac{\pi}{2}\frac{k_2}{n_2}$$

我们再一次分成高折射率腔和低折射率腔两种情况讨论。

1. 第一种情况:高折射率腔

我们用 n_H 替代 n_1,k_H 替代 k_1,n_L 替代 n_2,k_L 替代 k_2。那么,与前面相同,与 1 相比,忽略 $(n_L/n_H)^x$ 项,得

$$\sum \mathcal{A} = \frac{\pi(k_{\mathrm{H}}/n_{\mathrm{H}})(n_{\mathrm{H}}/n_{\mathrm{L}})^{x-1}}{1-(n_{\mathrm{L}}/n_{\mathrm{H}})^2} + \frac{\pi(k_{\mathrm{L}}/n_{\mathrm{L}})(n_{\mathrm{H}}/n_{\mathrm{L}})^{x-2}}{1-(n_{\mathrm{L}}/n_{\mathrm{H}})^2}$$

$$= \pi\left(\frac{n_{\mathrm{H}}}{n_{\mathrm{L}}}\right)^x \frac{n_{\mathrm{L}}(k_{\mathrm{H}}+k_{\mathrm{L}})}{(n_{\mathrm{H}}^2-n_{\mathrm{L}}^2)}$$

现在对于式(8.60)，当 $m=1$ 时，得到

$$\left|\frac{\Delta\lambda_{\mathrm{B}}}{\lambda_0}\right| = \frac{4}{\pi}\left(\frac{n_{\mathrm{L}}}{n_{\mathrm{H}}}\right)^x \frac{(n_{\mathrm{H}}-n_{\mathrm{L}})}{n_{\mathrm{H}}}$$

因此，

$$\sum \mathcal{A} = 4\left(\frac{\lambda_0}{\Delta\lambda_{\mathrm{B}}}\right)\frac{n_{\mathrm{L}}(k_{\mathrm{H}}+k_{\mathrm{L}})}{n_{\mathrm{H}}(n_{\mathrm{H}}+n_{\mathrm{L}})}$$

现在得到了一个基本对称单元的损耗。如果进一步增加基本单元，每一个都具有相同的损耗。除此之外，滤光片的每一端都有匹配膜系，如果我们认为它们仅仅是增加了与其中一个基本对称单元相同的损耗，这是不对的。总的单元数与腔的个数是相等的。如果将其用 q 来表示，那么对于双腔滤光片 $q=2$，以此类推。我们也可以假设 $R=0$，因此，吸收损耗变为

$$A = q\pi\left(\frac{n_{\mathrm{H}}}{n_{\mathrm{L}}}\right)^x \frac{n_{\mathrm{L}}(k_{\mathrm{H}}+k_{\mathrm{L}})}{(n_{\mathrm{H}}^2-n_{\mathrm{L}}^2)} \tag{8.65}$$

或者

$$A = 4q\left(\frac{\lambda_0}{\Delta\lambda_{\mathrm{B}}}\right)\frac{n_{\mathrm{L}}(k_{\mathrm{H}}+k_{\mathrm{L}})}{n_{\mathrm{H}}(n_{\mathrm{H}}+n_{\mathrm{L}})} \tag{8.66}$$

2. 第二种情况：低折射率腔

利用同样的方法，可得

$$A = q\pi\left(\frac{n_{\mathrm{H}}}{n_{\mathrm{L}}}\right)^x \frac{(n_{\mathrm{H}}^2 k_{\mathrm{L}}+n_{\mathrm{L}}^2 k_{\mathrm{H}})}{n_{\mathrm{H}}(n_{\mathrm{H}}^2-n_{\mathrm{L}}^2)} \tag{8.67}$$

或者

$$A = 4q\left(\frac{\lambda_0}{\Delta\lambda_{\mathrm{B}}}\right)\left(\frac{n_{\mathrm{L}}}{n_{\mathrm{H}}}\right)\frac{[k_{\mathrm{L}}(n_{\mathrm{H}}/n_{\mathrm{L}})+k_{\mathrm{H}}(n_{\mathrm{L}}/n_{\mathrm{H}})]}{(n_{\mathrm{H}}+n_{\mathrm{L}})} \tag{8.68}$$

式(8.66)和式(8.68)大约是单腔滤光片(具有相同半宽度)的 q 倍，这并不令人惊讶。

8.4.3　补充材料

到目前为止，我们讨论的多腔滤光片都是可见光和红外波段的，但它们肯定也可以用于任意光谱范围，只要有合适的薄膜材料即可。Barr[26] 曾讨论过用于可见光和紫外波段的滤光片，至今仍然很有意义。Nielson 和 Ring[27] 研究了所有的近紫外介质滤光片，不论是单腔还是多腔类型的。他们所使用的是冰晶石和碲化铅，以及冰晶石和三氧化锑的组合，前者用于 250～320nm 波段，后者用于 320～400nm 波段。先不管这些材料所需的沉积技术，这样的滤光片与

可见光及红外波段滤光片的主要区别在于高折射率与低折射率值非常接近,这样对同样的截止区,就需要更多的膜层。在大多数情况下 Nielson 和 Ring 的滤光片将基本单元限制为 17 层或 19 层,这样完整的双腔滤光片就分别包含 31 层或 39 层。Malherbe[28] 描述了一种用于 205.5nm 的氟化镧和氟化镁滤光片,其基本单元有 51 层(高折射率一级次腔),完整的设计是 $(HL)^{12}HH(LH)^{25}H(LH)^{12}$,总共有 99 层,实测的带宽为 2.5nm。

8.5 相位色散滤光片

相位色散滤光片的出现,使得用于光通信领域的窄带滤光片提前成功诞生,而且它也是寻求设计窄带滤光片的一种尝试,以避免传统滤光片在制作过程中的一些本质上的困难。在当时,人们发现制作半宽度低于 0.3% (相对峰值波长)的传统滤光片变得异常困难。而当腔变得更厚,可能超过第四级次时,通过使用高级次腔来改善峰值位置的尝试也不再有效,因为这同时增加了腔的"粗糙度"。对于窄带滤光片以及制作困难的原因,我们还有很多需要了解,这些内容将在下面的章节中具体阐述。目前一个主要的问题是潮湿引起的峰值波长的漂移,虽然一段时间内这一问题并不为人所知。相位色散滤光片并没有最终达到解决窄带滤光片的问题,然而,它确实具有一些非常有意思的特性,而且设计背后的基本原理也是值得讨论的。

具有展宽带宽的反射膜系,即原来打算用作传统的法布里-珀罗标准具的反射膜系(第 6 章中曾经描述过),显示了大的反射相位色散,这启发了 Baumeister 和 Jenkins[29],根据这个事实可以构成一种新型滤光片。在这种滤光片中,压窄带宽几乎完全是依靠相位色散的作用,而不是依靠多层反射膜的高反射率。他们称这种滤光片为"相位色散滤光片",它十分简单,由一个全介质单腔滤光片构成,只是在滤光片腔的两边,不是常用的 $\lambda/4$ 多层介质膜系,而是由层厚不同的多层膜构成的反射镜。反射相位的迅速变化,使这种滤光片的带宽和峰值波长的位置对腔厚度误差的敏感度比其他情形要低得多。

这些结果,包括他们自己[29]和 Jeppesen[30] 最终得到的结果都是可取的,尽管未曾完全成功地达到理论上可能的性能,但这正说明需要研究滤光片任何一层的误差对峰值波长位置的影响[31]。这种研究的意义在于,膜层(除了腔外)的厚度和均匀性的随机误差,可能造成理论与实际之间的差异。如果在一个实际的滤光片中,误差引起峰值波长沿滤光片表面的位置而变化,那么滤光片的积分响应特性将比它的任何一个微小的局部都有更宽的通带和更低的透射率,而这些微小的局部却完全可以达到理论上的特性。似乎可以设计一种滤光片,使它对层厚误差的敏感度最小,因而对一个给定的膜层"粗糙度",可得到最窄的可能带宽。

Giacomo 等[31]的发现可以总结如下(论文中的符号已经略加改变,使其与本书一致)。全介质多层滤光片的峰值为

$$\frac{\varphi_a+\varphi_b}{2}-\delta=m\pi \tag{8.69}$$

其中

$$\delta=\frac{2\pi n_c d_c}{\lambda}=2\pi n_c d_c \nu$$

式中，d_c为腔层的物理厚度，其他符号与常用的含义相同。

当第 i 层的厚度变化 Δd_i，第 j 层变化 Δd_j，而腔层变化 Δd_c时，峰值波数的相应变化 $\Delta\nu$ 由下式给出为

$$\sum_i \frac{\partial\varphi_a}{\partial d_i}\Delta d_i+\sum_j \frac{\partial\varphi_b}{\partial d_j}\Delta d_j-2\frac{\partial\delta}{\partial d_c}\Delta d_c+\left(\frac{\partial\varphi_a}{\partial\nu}+\frac{\partial\varphi_b}{\partial\nu}-2\frac{\partial\delta}{\partial\nu}\right)\Delta\nu=0 \tag{8.70}$$

因为

$$\frac{\partial\delta}{\partial d_c}=2\pi n_c\nu=\frac{\delta}{d_c} \tag{8.71}$$

和

$$\frac{\partial\delta}{\partial\nu}=2\pi n_c d_c=\frac{\delta}{\nu} \tag{8.72}$$

同时由于在每个薄膜矩阵中 d_i和 ν 仅仅出现在量值 $\delta_i=2\pi n_i d_i \nu$ 中，那么

$$\sum_i \frac{\partial\varphi_a}{\partial d_i}\Delta_0 d_i=\frac{\partial\varphi_a}{\partial\nu}\Delta_0\nu$$

对 φ_b也有类似的关系。式中 Δ_0表示由下式关联的 d_i的变化为

$$\frac{\Delta_0 d_i}{d_i}=\frac{\Delta_0\nu}{\nu}$$

得到

$$\frac{\partial\varphi_a}{\partial\nu}=\sum_i\left(\frac{\partial\varphi_a}{\partial d_i}\frac{d_i}{\nu}\right) \tag{8.73}$$

这与 Δ_0的具体选择无关。对 φ_b有一个类似的表达式。将式(8.71)、式(8.72)和式(8.73)代入式(8.70)中，可得

$$\sum_i\left(\frac{\partial\varphi_a}{\partial d_i}\Delta d_i\right)+\sum_j\left(\frac{\partial\varphi_b}{\partial d_j}\Delta d_j\right)-2\delta\frac{\Delta d_c}{d_c}+\left[\sum_i\left(\frac{\partial\varphi_a}{\partial d_i}d_i\right)+\sum_j\left(\frac{\partial\varphi_b}{\partial d_j}d_j\right)-2\delta\right]\frac{\Delta\nu}{\nu}=0$$

也就是

$$\frac{\Delta\nu}{\nu}=-\frac{\left[\sum_i\left(\frac{\partial\varphi_a}{\partial d_i}d_i\alpha_i\right)+\sum_j\left(\frac{\partial\varphi_b}{\partial d_j}d_j\alpha_j\right)-2\delta\alpha_c\right]}{\left[\sum_i\left(\frac{\partial\varphi_a}{\partial d_i}d_i\right)+\sum_j\left(\frac{\partial\varphi_b}{\partial d_j}d_j\right)-2\delta\right]} \tag{8.74}$$

式中

$$\alpha_i=\frac{\Delta d_i}{d_i}$$

既然在一个实际的滤光片中,膜层厚度的涨落或“粗糙度”具有完全的随机特性,那么为了处理滤光片任何可察觉区域的特性,我们必须引入均方差。膜系中的每一层可以看作由大量的薄的基元层组合而成,这些层的厚度接近平均厚度,但它们彼此独立地按完全随机的方式涨落。那么滤光片任一层厚度的均方根变化,可以认为正比于它的厚度的平方根,这可以写成

$$\varepsilon_i = kd_i^{1/2}$$

式中,k 可以假定对所有膜层都是相同的,与厚度无关。如果 a_i 是第 i 层厚度的均方根变化,那么

$$a_i = \frac{\varepsilon_i}{d_i} = \frac{k}{d_i^{1/2}}$$

式中

$$a_i = \overline{\alpha_i^2}$$

现在我们定义 β 为

$$\beta^2 = \overline{\left(\frac{\Delta\nu}{\nu}\right)^2}$$

那么

$$\beta^2 = \frac{\left[\sum_i\left[\left(\frac{\partial\varphi_a}{\partial d_i}d_i\right)^2 a_i^2\right] + \sum_j\left[\left(\frac{\partial\varphi_b}{\partial d_j}d_j\right)^2 a_j^2\right] + 4\delta^2\alpha_c^2\right]}{\left[\sum_i\left(\frac{\partial\varphi_a}{\partial d_i}d_i\right) + \sum_j\left(\frac{\partial\varphi_b}{\partial d_j}d_j\right) - 2\delta\right]^2}$$

写为

$$\beta^2 = \frac{k^2\sum_{k=1}^{q}\left(\frac{1}{d_k}A_k^2\right)}{\left(\sum_{k=1}^{q}A_k\right)^2} \tag{8.75}$$

式中

$$A_k = \frac{\partial\varphi_a}{\partial d_k}d_k \quad \text{或} \quad \frac{\partial\varphi_b}{\partial d_k}d_k \quad \text{或} \quad -2\delta$$

哪一个都是合适的。q 是滤光片的层数。当

$$\frac{A_k}{d_k} = \frac{A_l}{d_l} = \cdots \tag{8.76}$$

时式(8.75)具有最小值,于是

$$\beta^2 = k^2/T \tag{8.77}$$

式中,T 为滤光片的总厚度。

一般情况下,

$$\beta \geqslant k/T^{1/2}$$

我们可以期望得到一个极限分辨率为

$$R = T^{1/2}/k \tag{8.78}$$

借助式(8.73),式(8.76)的条件可以推演为

$$\frac{\partial \varphi_a}{\partial d_k} = \frac{\partial \varphi_b}{\partial d_j} = -4\pi n_c \nu$$

所以

$$\nu\left(\frac{\partial \varphi_a}{\partial \nu}\right) = \sum_i \left(\frac{\partial \varphi_a}{\partial d_i} d_i\right) = -4\pi n_c d_m \nu$$

对反射镜 b 有同样的结果,式中 d_m =反射镜的总厚度,这给出

$$\frac{\partial \varphi_a}{\partial \nu} = -4\pi n_c d_m \tag{8.79}$$

这便是解为极大值的必要而不充分条件,它可以用来初步检验任何特定的多层反射镜能否使用。

常规的 $\lambda/4$ 多层膜远不满足这一条件,但是层厚不同的多层膜就大有希望。Giacomo 等[31]在他们的论文中对一个膜厚不同多层膜反射镜同一个常规的 $\lambda/4$ 多层膜反射镜作了比较:两个反射镜都有 15 层,对宽带反射镜他们引用的是波数在 17 000cm^{-1}的结果,而对常规的反射镜是波数在 20 000cm^{-1}的结果。

式(8.79)可以写成

$$\sum_i \left(\frac{\partial \varphi_a}{\partial d_i} d_i\right) = \sum_i \frac{\partial \varphi_a}{\partial \alpha_i} = -4\pi n_c d_m \nu$$

从表 8.5 可知

$$-\sum_i \frac{\partial \varphi_a}{\partial \alpha_i} = 30.662$$

并且

$$4\pi n_c d_m \nu = 34.5$$

因此根据前面的式(8.79)来看,前景极好。

表 8.5　宽带反射镜和常规反射镜的参数

膜层数	宽带薄膜				常规薄膜		
	厚度 d_i(μm)	折射率 n	$\partial\varphi/\partial d_i$(μm^{-1})	$\partial\varphi/\partial\alpha_i$	厚度 d_i(μm)	$\partial\varphi/\partial d_i$(μm^{-1})	$\partial\varphi/\partial\alpha_i$
基底		1.52					
1	0.0751	2.30	0.32	0.024	0.0543	0.01	0.001
2	0.1279	1.35	0.60	0.076	0.0926	0.02	0.002

续表

膜层数	宽带薄膜				常规薄膜		
	厚度 d_i(μm)	折射率 n	$\partial\varphi/\partial d_i$(μm^{-1})	$\partial\varphi\partial\alpha_i$	厚度 d_i(μm)	$\partial\varphi/\partial d_i$(μm^{-1})	$\partial\varphi/\partial\alpha_i$
3	0.0751	2.30	1.97	0.148	0.0543	0.05	0.003
4	0.1235	1.35	1.85	0.229	0.0926	0.06	0.005
5	0.0626	2.30	4.75	0.298	0.0543	0.16	0.009
6	0.1299	1.35	4.60	0.597	0.0926	0.16	0.015
7	0.0681	2.30	11.68	0.795	0.0543	0.48	0.026
8	0.0957	1.35	10.63	1.018	0.0926	0.48	0.044
9	0.0566	2.30	30.85	1.746	0.0543	1.39	0.075
10	0.0859	1.35	30.37	2.608	0.0926	1.39	0.128
11	0.0504	2.30	78.33	3.948	0.0543	4.03	0.219
12	0.0805	1.35	62.33	5.019	0.0926	4.03	0.373
13	0.0450	2.30	121.58	5.471	0.0543	11.69	0.635
14	0.0767	1.35	65.41	5.015	0.0926	11.69	1.082
15	0.0450	2.30	81.59	3.672	0.0543	33.92	1.843
入射介质		1.35					
合计	1.1978		506.8	30.662	1.0829	69.53	4.460

资料来源：After Giacomo P, Baumeister PW, and Jenkins F A, *Proceedings of the Physical Society*, 73, 480-489, 1959.

不过,这不是一个充分条件。我们必须计算 β 与 k 之间的实际关系,并将它与式(8.77)给出的理论条件做比较。由于

$$A_i = d_i\frac{\partial\varphi}{\partial d_i} = \frac{\partial\varphi}{\partial\alpha_i}$$

这正是表中给出的每种反射镜的最后一列,将其代入式(8.75),便得到一个使用宽带反射镜的滤光片的 β 值为

$$\beta = 1.023k$$

这可以与表 8.5 的常规 $\lambda/4$ 多层膜反射镜的 β 值相比较,按同样的方式可得这个 β 值

$$\beta = 1.289k$$

若滤光片的总厚度为 2.35μm,则由式(8.77)给出的 β 的理论极小值为

$$\beta = 0.652k$$

k 的单位是 μm$^{1/2}$。

因此,虽然相位色散滤光片使用了表 8.5 中的反射镜,根据判据(式(8.79))好像是有希望的,但事实上它的性能却令人有些失望。不过,它比简单的常规滤光片确实好一些。迄今为止,还没有提出一个能更好地满足式(8.76)的设计。

图 8.33 所示为 Ritchie[32] 得到的一些未曾发表的结果。这种滤光片使用硫化锌和冰晶石作材料,用玻璃作基底。具体设计由表 8.6 给出。用波长 1.348μm 的光来监控实验滤光片,给出了峰值波长及对应的带宽为

1.047μm,带宽 3.0nm

1.159μm，带宽 2.5nm

1.282μm，带宽 4.0nm

理论上，带宽应当分别是 0.8nm、1.7nm 和 4.6nm。

表 8.6　图 8.33 中滤光片的反射镜设计

膜层数	材料	以 λ_0 为单位的光学厚度	膜层数	材料	以 λ_0 为单位的光学厚度
1	ZnS	0.2375	10	Na_3AlF_6	0.1498
2	Na_3AlF_6	0.2257	11	ZnS	0.1423
3	ZnS	0.2143	12	Na_3AlF_6	0.1352
4	Na_3AlF_6	0.2036	13	ZnS	0.1285
5	ZnS	0.1934	14	Na_3AlF_6	0.1220
6	Na_3AlF_6	0.1838	15	ZnS	0.1159
7	ZnS	0.1746	16	Na_3AlF_6	0.1101
8	Na_3AlF_6	0.1649	17	ZnS	0.1046
9	ZnS	0.1576	腔	Na_3AlF_6	0.5000

注：这 17 层与另一个互为镜像的 17 层相接

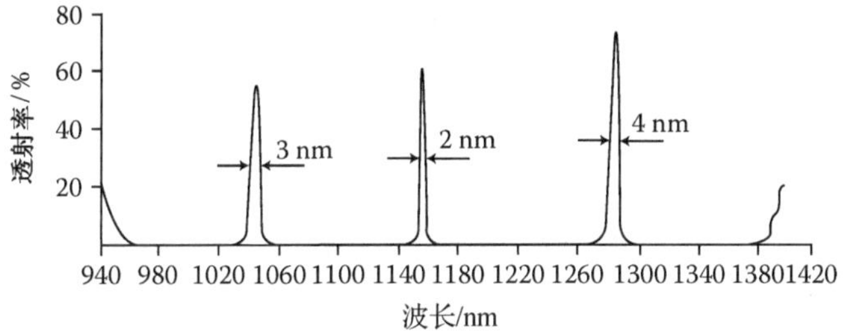

图 8.33　35 层相位色散滤光片的实测透射率

（设计由表 8.6 给出。引自 Ritchie E S. Unpublished work on Ministry of Technology Contract KX/LSO/C. B.70(a)）

8.6　多腔金属-介质滤光片

金属-介质滤光片在抑制窄带全介质滤光片的长波边带时是必不可少的，而这种长波边带是滤光片本身不可避免的，尤其是在波长非常短的光谱区域。但是，与全介质滤光片不同，它的缺点是本征吸收非常严重。在单腔滤光片中，这就意味着通带必须足够宽以实现足够的峰值透射率，透射率曲线的形状也远远达不到理想状态。将金属-介质滤光片单元与多腔滤光片组合在一起是可能的，而且更加接近矩形的理想形状，但是损耗可能很高。

这样的金属-介质滤光片的准确设计方案可能是冗长而繁杂的，通常要经过反复试验。多腔金属-介质滤光片可以通过在一个单腔金属-介质滤光片的顶部沉积另一个单腔金属-介质滤光片并简单将它们耦合起来制成，不需要耦合层。

我们以银这种金属为例来阐述这种情况，它在 550nm 处的折射率为 $0.055-i3.32$[33]。正如前面提到的，单腔滤光片腔的厚度在峰值波长处应远小于半波长，以使光在银与介质的界面处反射时允许相位改变。当银层足够厚可以用作反射镜时，相位随银膜厚度的变化非常小，因此我们可以假设它与极限值——材料为无穷厚时的相同,这一近似是合理的。我们可以利用式(5.5)来计算腔的厚度。式(5.5)计算出来的正好是滤光片的一半,因为由它给出的介质材料厚度可以得到实导纳值,在金属-介质组合体外表面处相位改变为零。再增加另一个完全相似的结构,使两个介质膜层面对面放置,它们就组合构成了一个单腔,得到的滤光片是满足式(8.2)的相位条件的。

我们选择腔的折射率为1.35,与冰晶石的接近,那么腔厚度的一半为

$$D_c = \frac{1}{4\pi}\arctan\left(\frac{2\beta n_c}{n_c^2 - \alpha^2 - \beta^2}\right) \tag{8.80}$$

式中,$\alpha - i\beta$ 为金属的折射率;n_c为冰晶石腔的折射率,角度取第一或第二象限。

将 $\alpha - i\beta = 0.055 - i3.32$ 和 $n_c = 1.35$ 代入,我们得到

$$D_c = 0.18855$$

因此腔的厚度应当是0.3771倍的全波长。

我们可以选择金属膜层的厚度为35nm,这是完全任意的,只是为了阐述的需要。于是,单腔滤光片表示为(其中银为几何厚度,而冰晶石为光学厚度)

玻璃	银 35 nm	冰晶石 0.3771 λ_0	银 35 nm	玻璃

双腔滤光片正好是这种结构重复两次:

玻璃	银 35 nm	冰晶石 0.3771 λ_0	银 70 nm	冰晶石 0.3771 λ_0	银 35 nm	玻璃

这些滤光片的透射率曲线如图8.34所示,它们的峰值稍稍偏离550nm,这是由在设计过程中固有的近似造成的。

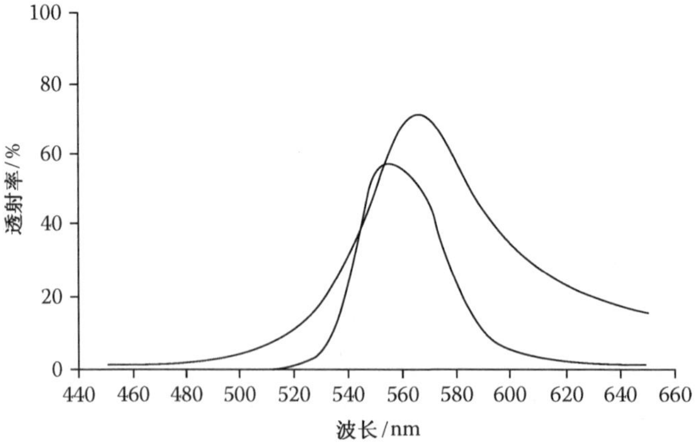

图8.34 滤光片的透射率随波长的变化关系

(设计为 玻璃 | 银 35 nm | 冰晶石 0.3771λ_0 | 银 35 nm | 玻璃 和 玻璃 | 银 35 nm | 冰晶石 0.3771λ_0 | 银 70 nm | 冰晶石 0.3771λ_0 | 银 35 nm | 玻璃

其中,$\lambda_0 = 550$nm,$n - ik = 0.055 - i3.32$,$n_{玻璃} = 1.52$,$n_{冰晶石} = 1.35$,忽略了材料的色散)

单腔滤光片的峰值透射率是相当不错的,但其三角形的形状意味着截止度并不好,即使是在峰值波长附近也是如此。双腔滤光片的透射率曲线的形状稍好一些,但是其峰值透射率又差了许多。截止度可以通过增加金属膜层的厚度来实现,但要以牺牲峰值透射率为条件。

我们所讲述的设计过程是十分粗糙的,只是简单地考虑保证滤光片的峰值中心接近所期望的波长。要么接受现有的峰值透射率和带宽,要么尝试新的金属膜层的厚度,否则滤光片的性能是没法进行优化的。

鉴于这种设计方法在本质上不能令人满意,Berning 和 Turner[34] 发展了一种新的设计金属-介质滤光片的方法,这种方法强调保证滤光片通带的最大透射率。为了实现这一目的,他们提出了可能透射率的概念并创造了一种新型的金属-介质滤光片,被称作诱导透射滤光片。

8.6.1　诱导透射滤光片

假如在滤光片中给定了金属层的厚度,它最大可能的峰值透射率是多少? 怎样才能设计滤光片使其达到这一透射率? 这是 Berning 和 Truner[34] 所面临与解决的基本问题。这里给出的技术进步就是基于他们的方法,但是已经进行了调整使其更符合本书的通用形式。

可能透射率的概念已经在第 2 章中提到了,它用于分析介质多层膜的损耗。我们在这里重新提起单层膜或多层膜的可能透射率 ψ,它定义为出射后表面的辐照度与实际进入前表面的辐照度的比值,代表当前表面反射率为零时单层膜或多层膜的透射率。只要固定了金属层的参数,其可能透射率就完全由膜层出射面结构的导纳决定。除此之外,还能确定能够实现最大可能透射率的特殊的导纳值。一旦正确的出射导纳确定,为了达到最大的可能透射率,只要在前表面镀一层膜使反射率降到零就足够了。最大可能透射率是金属层厚度的函数。

设计过程如下所述。首先,给出金属层在峰值波长处的光学常数。然后,选择金属层的厚度,就可以找到最大的可能透射率以及膜层出射面的匹配导纳(需要它产生所需要的可能透射率)。通常对于最大的可能透射率,存在一个最小的可以接受的数值,这就确定了金属层厚度的上限。然后,需要设计一个介质膜系,以在膜层的后表面给出正确的匹配导纳,而该介质膜系通常是直接沉积在基底上的。为了使入射介质与滤光片前表面的金属-介质膜系相匹配,还需要加一个介质系统,这样滤光片就完成了。这些步骤中所用到的方法将在后面讲述。金属层的匹配导纳是这样的:介质膜系只能在一个有限的区域内有效地匹配,而在这一区域以外其性能迅速下降,正是这种性能的快速下降决定了滤光片通带的范围。

在我们继续讲解之前,需要可能透射率和匹配导纳的解析表达式。这需要比较长的复杂的分析过程,这一过程并不难懂,但比较复杂,需要花费较多的时间。

1. 可能透射率

我们将分析对象限定为只有一个金属吸收层的膜系。可能透射率与膜系的矩阵有关,如第 2 章所示。对于所讨论的薄膜,我们有

$$\begin{bmatrix} B_i \\ C_i \end{bmatrix} = [M] \begin{bmatrix} 1 \\ Y_e \end{bmatrix}$$

式中,$[M]$ 为金属层的特征矩阵;Y_e 为终止结构的导纳。那么可能透射率 ψ 为

$$\psi = \frac{\mathrm{Re}(Y_{\mathrm{e}})}{\mathrm{Re}(B_i C_i^*)} \tag{8.81}$$

令出射导纳为 $X+\mathrm{i}Z$。那么

$$\begin{bmatrix} B_i \\ C_i \end{bmatrix} = \begin{bmatrix} \cos\delta & (\mathrm{i}\sin\delta)/y \\ \mathrm{i}y\sin\delta & \cos\delta \end{bmatrix} \begin{bmatrix} 1 \\ X+\mathrm{i}Z \end{bmatrix}$$

其中

$$\begin{aligned} \delta &= 2\pi(n-\mathrm{i}k)d/\lambda = (2\pi nd)/\lambda - \mathrm{i}(2\pi kd)/\lambda \\ &= \alpha - \mathrm{i}\beta \\ \alpha &= (2\pi nd)/\lambda \\ \beta &= (2\pi kd)/\lambda \end{aligned}$$

如果采用自由空间单位,那么

$$y = n - \mathrm{i}k$$

现在

$$\begin{aligned} (B_i C_i^*) &= [\cos\delta + \mathrm{i}(\sin\delta/y)(X+\mathrm{i}Z)][\mathrm{i}y\sin\delta + \cos\delta(X+\mathrm{i}Z)]^* \\ &= [\cos\delta + \mathrm{i}(\sin\delta/y)(X+\mathrm{i}Z)][-\mathrm{i}y^*\sin\delta^* + \cos\delta^*(X-\mathrm{i}Z)] \\ &= -\mathrm{i}y^*\cos\delta\sin\delta^* + \frac{\sin\delta\sin\delta^* y^{*2}(X+\mathrm{i}Z)}{yy^*} \\ &\quad + \cos\delta\cos\delta^*(X-\mathrm{i}Z) + \frac{\mathrm{i}\sin\delta\cos\delta^* y^*(X+\mathrm{i}Z)(X-\mathrm{i}Z)}{yy^*} \end{aligned}$$

我们需要该表达式的实部,对每一项依次讨论。

$$\begin{aligned} -\mathrm{i}y^*\cos\delta\sin\delta^* = &-\mathrm{i}(n+\mathrm{i}k)(\cos\alpha\cosh\beta - \mathrm{i}\sin\alpha\sinh\beta) \\ &\times(\sin\alpha\cosh\beta + \mathrm{i}\cos\alpha\sinh\beta) \end{aligned}$$

经过简单整理,上式的实部为

$$\mathrm{Re}(-\mathrm{i}y^*\cos\delta\sin\delta^*) = n\sinh\beta\cosh\beta + k\cos\alpha\sin\alpha$$

类似地,

$$\begin{aligned} \mathrm{Re}\left(\frac{\sin\delta\sin\delta^* y^{*2}(X+\mathrm{i}Z)}{yy^*}\right) = &\frac{X(n^2-k^2)-2nkZ}{(n^2+k^2)} \\ &\times(\sin^2\alpha\cosh^2\beta + \cos^2\alpha\sinh^2\beta) \end{aligned}$$

$$\mathrm{Re}[\cos\delta\cos\delta^*(X-\mathrm{i}Z)] = X(\cos^2\alpha\cosh^2\beta + \sin^2\alpha\sinh^2\beta)$$

$$\mathrm{Re}\left(\frac{\mathrm{i}\sin\delta\cos\delta^* y^*(X+\mathrm{i}Z)(X-\mathrm{i}Z)}{yy^*}\right) = \frac{X^2+Z^2}{(n^2+k^2)}(n\sinh\beta\cosh\beta - k\sin\alpha\cos\alpha)$$

于是,可能透射率为

$$\psi=\left[\frac{(n^2-k^2-2nkZ/X)}{(n^2+k^2)}(\sin^2\alpha\cosh^2\beta+\cos^2\alpha\sinh^2\beta)\right.$$
$$+(\cos^2\alpha\cosh^2\beta+\sin^2\alpha\sinh^2\beta)$$
$$+(1/X)(n\sinh\beta\cosh\beta+k\cos\alpha\sin\alpha)\tag{8.82}$$
$$\left.+\frac{X^2+Z^2}{X(n^2+k^2)}(n\sinh\beta\cosh\beta-k\cos\alpha\sin\alpha)\right]^{-1}$$

2. 最佳出射导纳

下一步推导 X 和 Z 的最佳值。由式(8.82)可得

$$\frac{1}{\psi}=\left[\frac{p(n^2-k^2-2nkZ/X)}{(n^2+k^2)}+q+\frac{r}{X}+\frac{s(X^2+Z^2)}{X(n^2+k^2)}\right]\tag{8.83}$$

式中，p、q、r 和 s 为式(8.82)中对应表达式的简称。ψ 总是正值，而且是一个通用的函数形式，因此对于 ψ 的一个极值，$1/\psi$ 也存在一个极值。我们完全可以将最佳输出导纳写成

$$\frac{\partial}{\partial X}\left(\frac{1}{\psi}\right)=0\quad\text{和}\quad\frac{\partial}{\partial Z}\left(\frac{1}{\psi}\right)=0$$

也就是

$$\frac{p\cdot 2nkZ}{X^2(n^2+k^2)}-\frac{r}{X^2}+\frac{s}{(n^2+k^2)}-\frac{sZ^2}{X^2(n^2+k^2)}=0\tag{8.84}$$

和

$$\frac{p(-2nk)}{X(n^2+k^2)}+\frac{2sZ}{X(n^2+k^2)}=0\tag{8.85}$$

由式(8.85)可得

$$Z=\frac{nkp}{s}$$

将其代入式(8.84)，可得

$$X^2=\frac{r(n^2+k^2)}{s}-\frac{n^2k^2p^2}{s^2}$$

那么，代入 p、r 和 s 的合适形式，由式(8.82)和式(8.83)可得

$$X=\left[\frac{(n^2+k^2)(n\sinh\beta\cosh\beta+k\sin\alpha\cos\alpha)}{(n\sinh\beta\cosh\beta-k\sin\alpha\cos\alpha)}\right.$$
$$\left.-\frac{n^2k^2(\sin^2\alpha\cosh^2\beta+\cos^2\alpha\sinh^2\beta)^2}{(n\sinh\beta\cosh\beta-k\sin\alpha\cos\alpha)^2}\right]^{\frac{1}{2}}\tag{8.86}$$

$$Z=\frac{nk(\sin^2\alpha\cosh^2\beta+\cos^2\alpha\sinh^2\beta)}{(n\sinh\beta\cosh\beta-\sin\alpha\cos\alpha)}\tag{8.87}$$

我们注意到对于大的 β 值，$X\to n$，$Z\to k$，也就是

$$Y_e\to(n+\mathrm{i}k)=(n-\mathrm{i}k)^*$$

3. 最大可能透射率

将由式(8.86)和式(8.87)求出的 X 和 Z 值代入式(8.82),可以得到最大可能透射率。这些求解可以利用计算机或计算器来很好地完成,因此单独求最大可能透射率的解析解意义不大。

4. 匹配膜系

我们必须设计出一个介质膜系,当它沉积到基底上时,其等效导纳为

$$Y = X + \mathrm{i}Z$$

这可以通过如图 8.35 所示的示意图来说明:基底导纳 $n_s - \mathrm{i}k_s$ 终止于一个介质膜系,使得最终等效导纳为 $X + \mathrm{i}Z$。现在,介质膜系的导纳图始终沿顺时针方向。因此,如果我们作出导纳图沿 x 轴的镜像并使箭头取相反的方向,就可以得到完全相同的一组圆——也就是说,膜层厚度完全相同——但是顺序相反(最初是 ABC,现在是 CBA),而且它们使初始导纳 $X - \mathrm{i}Z$($X + \mathrm{i}Z$ 的复共轭)与终止导纳 $n_s + \mathrm{i}k_s$(基底折射率的复共轭)相匹配。在我们的滤光片中,基底的折射率为实数,也就是 $k_s = 0$,那么将 $(X - \mathrm{i}Z)$ 与 n_s 相匹配比将 n_s 与 $(X + \mathrm{i}Z)$ 相匹配更简单明了。

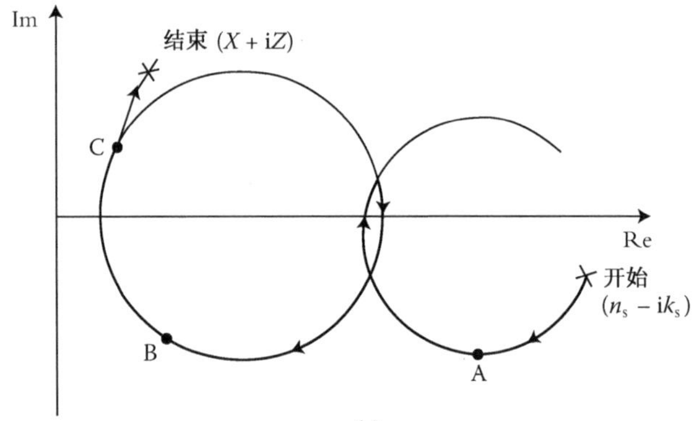

(a)

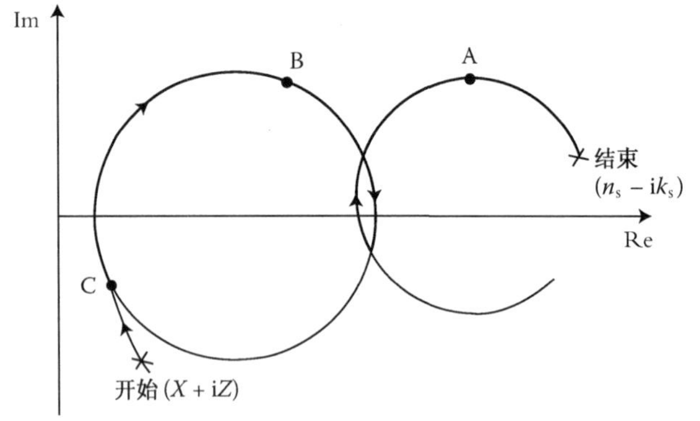

(b)

图 8.35　(a)使起始导纳$(n_s + \mathrm{i}k_s)$与终止导纳$(X + \mathrm{i}Z)$相匹配的任意介质膜系的导纳示意图;(b)将图(a)沿 x 轴取镜像,并将箭头反向。这与(a)中的多层膜完全相同,但次序相反,使导纳$(X - \mathrm{i}Z)$(即$(X + \mathrm{i}Z)^*$)与$(n_s + \mathrm{i}k_s)$(即$(n_s - \mathrm{i}k_s)^*$)相匹配

虽然有无数个可能的解决方法,但最简单的方法是:首先,增加一个相位匹配介质膜使导纳$(X-\mathrm{i}Z)$变为实数值,然后,增加一系列的 $\lambda/4$ 膜层使得到的实导纳与基底相匹配。我们将举几个例子对这种方法进行说明。现在,我们回顾在第 5 章中所进行的必要分析。在当时,薄膜的光学厚度用下式给出:

$$D=\frac{1}{4\pi}\arctan\left[\frac{2Zn_f}{(n_f^2-X^2-Z^2)}\right] \tag{8.88}$$

上式将会把导纳$(X-\mathrm{i}Z)$转换为实数导纳(其中正切在第一或第二象限取值),则

$$\mu=\frac{2Xn_f^2}{(X^2+Z^2+n_f^2)+[(X^2+Z^2+n_f^2)^2-4X^2n_f^2]^{1/2}} \tag{8.89}$$

薄膜的特征导纳 n_f可以高也可以低,但 μ 将始终低于基底的导纳(除了几种很不常见的场合外),因为这是式(8.88)和式(8.89)给出的 n_f的轨迹与实轴的第一个交点。

由于基底导纳将始终大于 1,用于匹配 μ 和 n_s的 $\lambda/4$ 膜系应当始于低折射率 $\lambda/4$ 膜层。接下来,高折射率膜层和低折射率膜层交替出现,用试错法得到准确数值。

为了完成设计,我们需要知道金属层前表面的等效导纳,然后,构建一个匹配膜系使其与入射介质相匹配。

5. 等效导纳的前表面

如果金属层出射面处结构的导纳为式(8.86)和式(8.87)给出的最佳值$(X+\mathrm{i}Z)$,那么可以得出,金属层前表面的等效导纳就是复共轭$(X-\mathrm{i}Z)$。这一结论的解析证明虽然不是很难,但需要花费大量的时间,在这里我们只是进行逻辑上的验证。

考虑一个包含一层金属层的滤光片,其两侧与周围介质的匹配由介质膜系实现。令膜系的透射率等于最大可能透射率,并且使金属层后端处结构的导纳为最佳导纳$(X+\mathrm{i}Z)$。令前表面导纳为$(\xi+\mathrm{i}\eta)$,它与入射介质完美匹配。现在我们知道,不管光线的入射方向如何,透射率都是相同的。因此,我们将滤光片反转,光线沿相反的方向传播。膜系的透射率必将又一次等于最大可能透射率。现在金属层新的出射面,也就是最初入射端处结构的导纳,必定是$(X+\mathrm{i}Z)$。但是,由于膜层是介质,介质导纳为实数,它必须也是$(\xi+\mathrm{i}\eta)$的复共轭,也就是$(\xi-\mathrm{i}\eta)$。所以,$(\xi+\mathrm{i}\eta)$必定是$(X-\mathrm{i}Z)$,从而证明了结论。

因此,将前表面与入射介质相匹配的过程与后表面的完全相同,而且如果入射介质与后表面的出射介质确实完全一致,就像黏合的滤光片组合,那么前面的介质部分与后面的完全相同。

8.6.2　滤光片设计实例

现在我们可以尝试滤光片的一些设计。选用与先前的金属-介质滤光片相同的材料——银,并再一次设置其厚度为 70nm,波长同样是 550nm,这时银的光学常数为 0.055 −i3.32[33]。

滤光片的介质材料的折射率为 1.35 和 2.35,分别对应冰晶石和硫化锌的折射率。基底为玻璃,$n=1.52$,滤光片表面将会有一片盖玻片进行保护,因此我们还可以使用 $n=1.52$ 作为

入射介质的折射率，

$$\alpha = 2\pi nd/\lambda = 0.04398$$

$$\beta = 2\pi kd/\lambda = 2.6549$$

由式(8.86)和式(8.87)，得到光学导纳

$$X + iZ = 0.4572 + i3.4693$$

将其代入式(8.82)可得

$$\psi = 80.50\%$$

我们既可以选择高折射率也可以选择低折射率的相位匹配膜层。首先选择低折射率，由式(8.88)可以得到折射率为1.35的膜层，其光学厚度为0.19174个波长。由式(8.89)可得，要与基底的折射率1.52相匹配，μ 值应当是0.05934。我们从一个低折射率 $\lambda/4$ 膜层开始，采用如下所示的可能导纳序列，即

$$\frac{n_L^2}{\mu},\ \frac{n_H^2\mu}{n_L^2},\ \frac{n_L^4}{n_H^2\mu},\ \frac{n_H^4\mu}{n_L^4}\quad \cdots$$

直到充分接近1.52。这种情况下每一种类型的最佳配置包括三个膜层，

$$\frac{n_H^6\mu}{n_L^6} = 1.6511$$

等价于在与基底的界面处，损耗为0.2%。

到现在为止，设计的结构为

$$银|L''LHLHLH|玻璃 \tag{8.90}$$

式中，L″ =0.19174 λ_0。它可以与如下的L层组合成为一个单层膜 L′ =0.25 +0.19174 = 0.44174 λ_0，也就是

$$银|L'HLHLH|玻璃$$

由于介质与基底相同，那么前端的匹配膜系将与后端的完全相同，因此完整的设计为

$$玻璃|HLHLH\ L'\ 银\ L'HLHLH|玻璃$$

其中，

银 = 70 nm (物理厚度)
L″= 0.44174 λ_0(光学厚度)
H, L = 0.25 λ_0
λ_0 = 550 nm

这一设计的性能如图8.36所示。为了给出一个更清晰的关于固有特性的概念，银的色散并未考虑在内。峰值中心确实在550nm，透射率的实际值也等于预测值。

高折射率匹配层的情况也可以通过完全相同的方法来处理。当折射率等于2.35时，式(8.88)给出光学厚度为0.1561，式(8.89)给出 μ 值为0.1426。另一方面，匹配的 $\lambda/4$ 多层膜应当从低折射率膜层开始。下面是两种可能的配置，其中H′代表0.1561个波长：

$$银|H'LHLH|玻璃$$

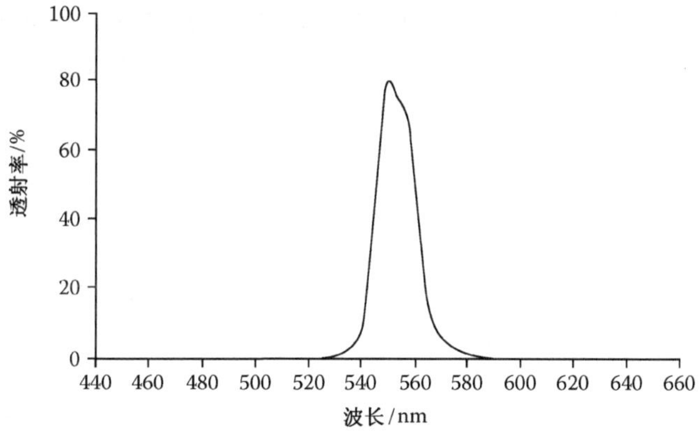

图 8.36　设计为玻璃|HLHLH L′Ag L′HLHLH|玻璃的计算性能

（其中 $n_{玻璃}$ =1.52，银 =70nm（物理厚度），折射率 0.055 −i3.32；H =0.25 λ_0（光学厚度），折射率 2.35；L =0.25 λ_0（光学厚度），折射率 1.35，L′ =0.4417 λ_0（光学厚度），折射率 1.35；λ_0 =550nm。色散未考虑在内）

式中，$n_H{}^4\mu/n_L{}^4$ =1.310，也就是在玻璃的界面处损耗为 0.6%。或者

银|H′LHLHL|玻璃

式中，$n_H{}^4\mu/n_L{}^4$ =1.392，也就是在玻璃的界面处损耗为 0.2%。

我们选择第二种方案，完整的设计可以写成

玻璃|LHLHL H′ 银 H′LHLHL|玻璃

其中，

银= 70 nm (物理厚度)
H′ = 0.1561 λ_0 (光学厚度)
H, L= 0.25 λ_0

这一设计的性能如图 8.37 所示，其中，银的色散也未考虑在内。峰值透射率与预测值相同。

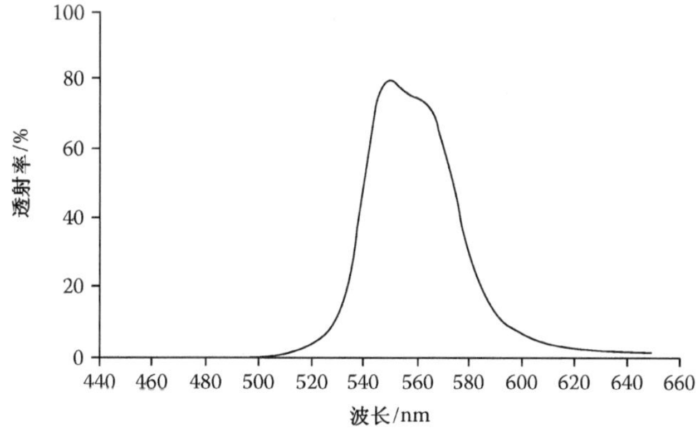

图 8.37　设计为玻璃|LHLHL H′ 银 H′LHLHL|玻璃的计算性能

（其中 $n_{玻璃}$ =1.52，银 =70nm（物理厚度），折射率 0.055 −i3.32；H =0.25 λ_0（光学厚度），折射率 2.35；L =0.25 λ_0（光学厚度），折射率 1.35，H′ =0.1561 λ_0（光学厚度），折射率 2.35；λ_0 =550nm。色散未考虑在内）

然而,当我们在扩展的波长区域作图时,这些设计中(包括本章前面部分讨论的金属-介质滤光片)任意一个的性能在长波部分都不尽如人意,一个例子是如图 8.38 所示的低折射率匹配的诱导透射滤光片。对于在本章前面部分介绍的滤光片,上升部分更加光滑,但幅度与这里的情况是同一量级的,事实上,上升部分是在于我们做了零色散的假设,这意味着 β 随 λ 的增加而降低。α 总是比较小的,金属层的性能主要由 β 决定。但是,在整个可见光和近红外波段,银的 k 基本上是随 λ 的增加而增大的,因此 k/λ 在 400nm ~2.0μm 波段基本保持不变(变化范围在 ±20% 以内)。事实上,这种特性对大多数高性能金属是通用的。色散完全改变了曲线的形状,这也是一级次金属-介质滤光片没有长波边带的原因。

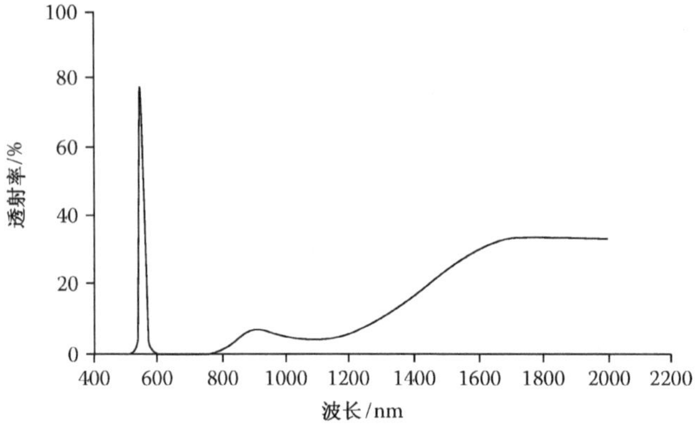

图 8.38　如图 8.36 所示设计在较宽的光谱区域计算的透射率(不考虑色散)

将色散考虑在内,诱导透射滤光片的性能明显提高,如图 8.39 所示。但是,更细致地观察截止度(图 8.40),可以看出并不是很高,在大部分范围内截止度在 0.01% 和 0.1% 之间,在 850nm 附近截止度提高到 0.15%。这一等级的截止度在某些应用场合是可以接受的,所以诱导透射滤光片是一种非常有用而且成本低廉的通用滤光片。色散在峰值长波一侧对性能有所改善,但在短波一侧使性能降低了,为了使滤光片更加完善,通常要在诱导透射滤光片上黏合一个长波通吸收玻璃滤光片。

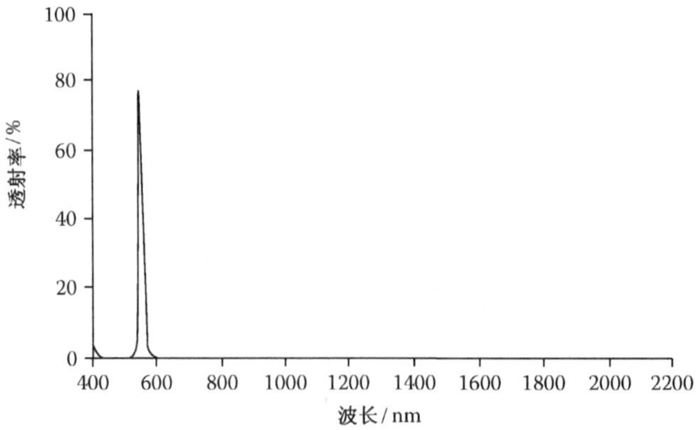

图 8.39　考虑色散时如图 8.36 和图 8.38 所示设计的计算透射率

(长波区域透射率的增加消失了,但在 400nm 处有明显的透射)

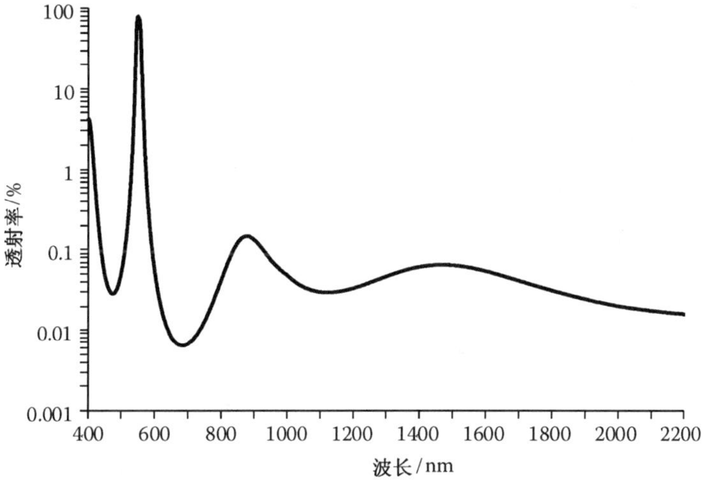

图 8.40　用对数坐标表示的如图 8.39 所示的滤光片的性能

为了改善基本滤光片的截止度,需要进一步增加金属层。最简单的配置就是这些新加的金属层与第一个金属层的厚度完全相同,整个滤光片可能的透射率将会是单独每一层可能的透射率的乘积。所有金属层最终的导纳可以很简单地组合成最优值,从而使滤光片具有最佳性能。唯一需要的就是位于金属层之间的一层介质层,其厚度是由式(8.88)给出的第一个匹配层厚度的两倍。我们可以解释为何是这样一种情况:假设基底上的一个匹配多层膜完全覆盖第一个金属层,由于它的最终导纳是最优化的,输入导纳将是其复共轭,这是我们已经讨论过的。增加式(8.88)给出的厚度将会使导纳为实数,也就是说,导纳的轨迹到达了实轴。继续增加完全相同的厚度给出的等效输入导纳必定是金属输入导纳的复共轭,也就等于最优化导纳。这一过程在需要时可以重复。

回到我们的例子,在完美匹配时,双金属层诱导透射滤光片的峰值透射率为 $\psi^2=(0.80501)^2$,也就是 64.8%;三金属层滤光片的为 $\psi^3=(0.80501)^3$,也就是 52.17%;等等。

那么,由式(8.90)可以得到基于低折射率匹配层的设计:

$$\begin{aligned}&\text{玻璃}|\text{HLHLHL L}''\ \text{银 L}''\text{L}''\ \text{银 L}''\ \text{LHLHLH 玻璃}\\&=\text{玻璃}|\text{HLHLHL}'\ \text{银 L}'''\ \text{银 L}'\text{HLHLH}|\text{玻璃}\end{aligned}\tag{8.91}$$

其中,

$$\begin{aligned}&\text{L}'=0.25+0.19174=0.44174\ \lambda_0\\&\text{L}''=0.19174\ \lambda_0\\&\text{L}'''=2\times 0.191\ 74=0.38348\ \lambda_0\\&\text{银}=70\ \text{nm}\end{aligned}$$

和

$$\text{玻璃}|\text{HLHLH L}'\ \text{银 L}'''\ \text{银 L}'''\ \text{银 L}'\ \text{HLHLH}|\text{玻璃}\tag{8.92}$$

这两种滤光片用对数坐标表示的性能曲线如图 8.41 所示,可以看到有了明显的改善。

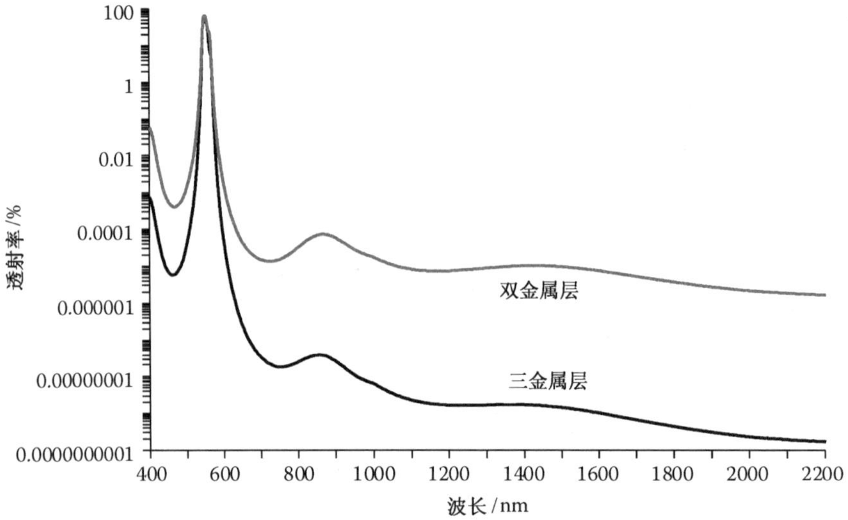

图 8.41 用对数坐标表示的双金属层(式(8.91))和三金属层(式(8.92))滤光片设计的性能

(与图 8.40 所示的单金属层设计相比,截止度改善了几个数量级)

可惜的是,这些设计虽然具有预计的峰值透射率,但通带的形状不佳,在长波一侧有凸起存在。这一凸起可以通过在用L‴表示的膜层上增加一个额外的半波长层来消除,也就是

$$\text{玻璃}|\text{HLHLH L}'\ \text{银}\ \text{L}^{IV}\ \text{银}\ \text{L}'\text{HLHLH}|\text{玻璃} \tag{8.93}$$

和

$$\text{玻璃}|\text{HLHLHL}'\ \text{银}\,\text{L}^{IV}\,\text{银}\,\text{L}^{IV}\,\text{银}\,\text{L}'\,\text{HLHLH}|\text{玻璃} \tag{8.94}$$

其中

$$\text{L}^{IV} = 0.5 + 0.38348 = 0.88348\ \lambda_0$$

图 8.42 中实线所示为式(8.91)和式(8.92)设计的形式,可以很清楚地看到凸起的存在;如式(8.93)和式(8.94)所示的改进设计的透射率形状也在图中用虚线给出。

图 8.42 中的计算并没有考虑色散的影响。考虑色散的影响,在宽范围的截止度如图 8.43 所示。可惜的是,修改后的设计(见式(8.93)和式(8.94))在 1100nm 处就像一个金属-介质-金属(这样的滤光片通常简写为 M-D-M)或金属-介质-金属-介质-金属(M-D-M-D-M)滤光片,漏光的区域很窄,前者上升到 0.15% 左右,后者上升到 0.05% 左右。除此之外,截止度是非常好的:对于前者,900nm 处为 0.0001% 量级,1.5μm 处为 0.000015% 量级;对于后者,900nm 处为 0.0000001% 量级,1.5μm 处为 $3\times10^{-9}\%$ 量级。

如果上述的漏光并不重要,滤光片可以任意使用,只需像前面所述的那样增加一个吸收型的长波通滤光片。为了抑制全介质滤光片的边带,最好是使用式(8.91)和式(8.92)那种类型的滤光片,因为通带两侧的形状相对不那么重要。这些滤光片的截止度非常好,而且漏光现象消失了。

滤光片带宽的大小很难去解析地预测,最直接的方法就是计算滤光片的透射率曲线。

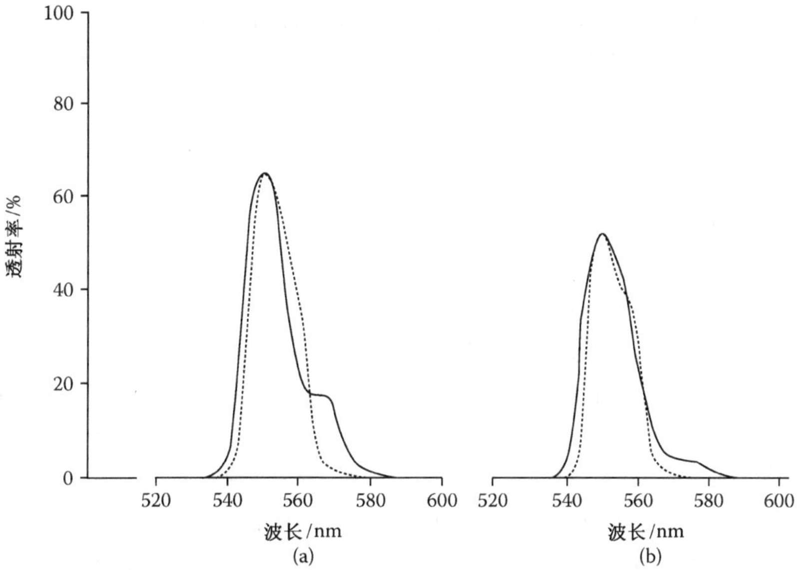

图 8.42　(a)双金属层与(b)三金属层设计的诱导透射滤光片的性能

(忽略了色散的影响。实线代表式(8.91)和式(8.92)的设计,每种情况的峰值长波一侧有假的凸起,可以通过增加半波层来消除,如图中虚线所示,它们分别是由式(8.93)和式(8.94)推得的)

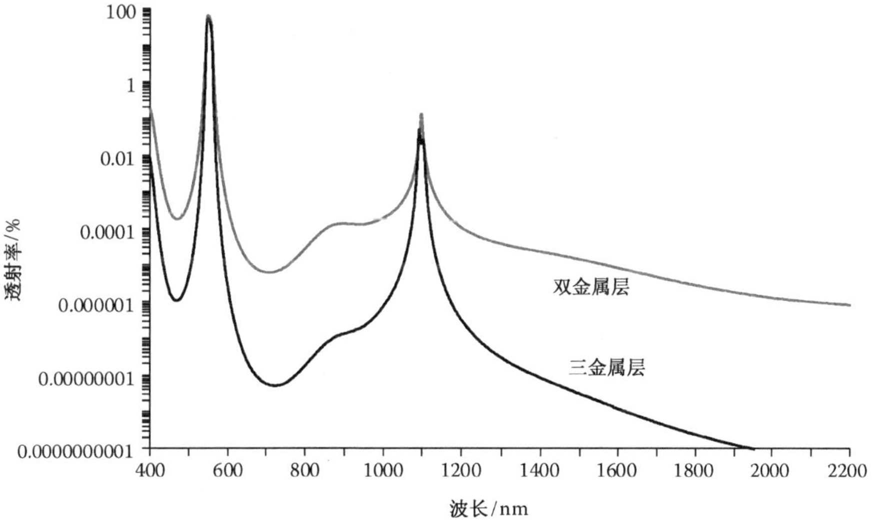

图 8.43　式(8.93)和式(8.94)的设计在扩展波段的性能

(1050nm 处的尖峰是因为金属层间厚的介质结构起到了低质量腔的作用)

Berning 和 Truner[34] 提出了一种衡量金属在诱导透射滤光片中的可能作用的品质因数——k/n。这一比值越大,整个滤光片的性能越好。我们在第 3 章中曾经用过一个衡量可能损耗的因数 nk,这一值越小,损耗就越小。

只有一层金属层的可见光波段诱导透射滤光片的制作相对简单,可以用试错法确定金属层的厚度。如果金属层的厚度比最佳值小,通带的宽度就会增加,峰值透射率升高,带来的副作用就是远离峰值的背景透射率升高。如果继续减小金属层厚度,通带将会出现明显的分裂现象,最终会变成两个分离的峰。另一方面,如果银层太厚,透射峰将变窄,峰值透射率减小。通常对厚度采用一个折中的最佳值——峰仍然保持是一个,但只要继续减小银层的厚度就会分裂为两个。实际制作过程中,一个可以用于滤光片第一次尝试得比较好的近似是沉积第一个介质多层膜并测量其透射率。银层可以利用干净的监控玻璃来沉积,那么光密度就是介质多层膜的两倍,然后制作另一半的腔,并且用新的监控后来测量。测量整个滤光片的透射率就可以迅速得到银层的厚度应如何改变才能优化设计,通常一次或两次测试就足以得到最佳参数。如果在优化之后,远离峰值的背景截止度仍不理想,那么银的用量就不足。由于两层介质膜的厚度已经是最佳值,在设计中每一层应当增加一对 $\lambda/4$ 膜层,然后继续重复使用试错法进行优化。这也会使带宽变窄,但通常用于背景透射率高的情形。

在紫外波段,可用的金属并不具有像银在可见光波段那么好的性能,因此,保证滤光片的设计尽量得到优化是非常重要的,否则滤光片的性能会非常差。在这方面 Baumeister 等[35]曾发表过一篇非常重要的文章。在这一波段常用的金属是铝,这些研究者得到的带有铝金属层的滤光片的实际性能和计算性能如图 8.44 所示,所得结果是非常理想的,实测曲线和理论曲线的吻合度也很好。

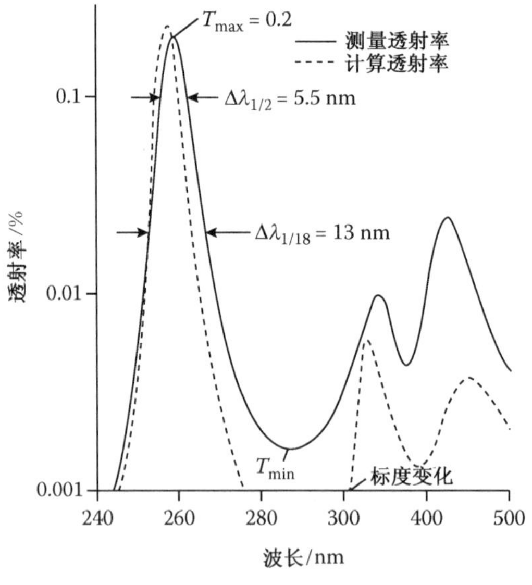

图 8.44　紫外波段诱导透射滤光片的计算及实测透射率

(设计为空气 |HLHLHLH 1.76L 铝 1.76L HLHLHLH |石英,其中 H = PbF_2(n_H =2.0),L = Na_3AlF_6(n_L =1.36)。铝层的物理厚度为 40nm,λ_0 =253.6nm。引自 Baumeister P W, Costich V R and Pieper S C. *Applied Optics*, 4,911-913, 1965)

很多研究者已经对诱导透射滤光片进行了大量的研究工作。MacDonald[36]对金属-介质多层膜进行了评论。Lissberger[37]对诱导透射滤光片进行了有用的总结。Maier[38]描述了多腔诱导透射滤光片。Macleod[39]在他发表的文章中介绍了另一种包含对称周期的金属-介质滤光片的设计。McKenney[40]、Landau 和 Lissberger[41]也曾对包含对称周期的金属-介质滤光片进行过研究。

8.7　滤光片的实测性能

关于滤光片的实测性能方面的资料发表的不是很多,因而对于一个有探求精神的使用者来说,资料主要来源于制造者所发表的文献。现代生产的滤光片的性能随时都在改进,因此这些信息很难长期保存。在两篇文献[42,43]中给出了商品滤光片的许多测试结果,虽然它们在时间上比较久了,但仍然是有用的资源。

Blifford 研究了四个不同厂家的产品特性,波长范围覆盖 300 ~ 1100nm。他发现峰值波长随入射角的变化与已经确定的关系(见 8.2.4 节)相似。不足的是缺乏关于设计和材料的资料,因此不能检验有效折射率的表达式。倾斜入射的敏感度从 $P=0.22$ 变化到 $P=0.51$,这里 P 对应式(8.29)、式(8.38)和式(8.39)中的量 $1/n^{*2}$。Blifford 提出,在没有别的资源可利用的情况下,P 的平均值 0.35 或许是最好的数据。还发现峰值透射率随入射角的变化,但这种变化对每个滤光片是不固定的,因而很明显,通常必须测量每个滤光片。这种效应可能来自用以抑制边带的吸收滤光片,因为它们的边缘波长并不随入射角有任何的移动,入射角较大时,它们可能会影响干涉部分的通带。在所考虑的大多数情况下,对于 5° ~ 10°的入射角,峰值透射率的变化小于 10% 。

文献中还测量了几种情况下峰值透射率沿滤光片表面位置的变化。对于一个峰值波长为 500nm,而带宽未明确指出的(从文章中别处给出的资料看,带宽可能是 2.1nm)典型滤光片,峰值透射率的极值是 54% 和 60% 。实际上这是常见的峰值波长、带宽和峰值透射率发生改变的一个方面,虽然幅度变化的范围可以从很小到很大。这主要是因为在滤光片膜层上黏合盖玻片之前大气中水汽的吸附引起的,其解决方法将在第 12 章中详细介绍。相比可见光和近红外滤光片,红外滤光片受这种效应的影响看起来要小一些。

Blifford 测量的另一个参数是峰值波长随温度的变化。当温度从 −60℃变化到 +60℃时,引起峰值波长的变化从 $+0.01\text{nm}℃^{-1}$ 到 $+0.03\text{nm}℃^{-1}$,在这个温度范围内,发现关系是线性的;而通带形状和峰值透射率即使有变化,也非常小。在大多数情况下,发现带宽和峰值透射率的温度系数小于 $0.01℃^{-1}$。Pelletier 和他的同伴[44]同样对可见光波段的滤光片进行了仔细研究。任意一个滤光片的峰值波长随温度的变化都是光学厚度随温度变化系数的函数,这取决于滤光片的设计,尤其是腔使用的材料。通过对不同滤光片设计的测量,得出的不同膜层材料的光学厚度系数为

$$\text{硫化锌}\ (4.8 \pm 1.0) \times 10^{-5}℃^{-1}$$

$$\text{冰晶石}\ (3.1 \pm 0.7) \times 10^{-5}℃^{-1}$$

在宽温度范围内窄带滤光片随温度的周期性变化呈现滞后现象。如果滤光片未经胶合,当温度加热到 100℃时,这种滞后现象变得非常明显。通常限定在温度变化的第一个周期,峰值波

长呈现出向短波移动的形式,这是由水的解吸附作用引起的,这种情况将在第 12 章中再次进行讨论。

我们对光学薄膜随温度变化效应的想法随着 Takahashi[45] 的一篇重要论文而发生了彻底的改变。通过含能过程(见第 11 章)沉积的薄膜通常比热蒸发薄膜呈现出低的温度系数,即使不考虑水汽的吸附与解吸附效应也是如此。乍看起来这是一个非常令人吃惊的结果,但可以利用微结构去解释这种现象。在热蒸发的薄膜中,松散叠加的各部分侧面的热膨胀会随着温度的变化使滤光片的变化增大。在含能沉积的薄膜中,剩下的每一部分中间没有空隙,因此材料实际上是块状的,呈现出块状材料的特性。随着温度的变化,滤光片特性的改变与块状材料预期的一致。事实确实如此,Takahashi[45] 指出在多腔窄带滤光片中(对其他类型的滤光片也是如此),一旦设计方案和材料选定,基底的热膨胀系数主要决定了滤光片的特性,甚至可以改变引起的光谱漂移的方向。基底和膜层侧向不同的膨胀或收缩引起的膜层的应力由泊松比转化为薄膜表面垂直方向的膨胀或收缩。由于薄膜材料的膨胀系数通常高于基底,随着温度的增加,双折射伴随着薄膜膨胀引起光学厚度增加,使滤光片的特性向长波方向移动。随着这种模型的建立与更深入的理解,对于含能沉积的光通信用氧化锂/二氧化硅滤光片,在 1550nm 处峰值波长温度系数的改变率已达到了 3pm℃$^{-1}$(pm 也就是 0.001nm,这个数值也就代表了 0.0002% ℃$^{-1}$),达到 1pm℃$^{-1}$也是可能的。我们将在第 12 章中继续回到这一模型进行更详细的讨论。

Title 和他的同事们[46,47] 对一种不同的效应(虽然是相关的)进行了研究。他们通过高强度的光照,使滤光片的特性向短波方向实现了几十纳米的永久性改变,并伴随着通带形状的扭曲。这些滤光片的工作波长是 H_α(656.3nm),据他们的解释,改变的原因在于硫化锌材料性质的改变,但改变的基本原理仍然不为人所知。在紫外线的作用下,尤其是在水汽存在的条件下,硫化锌可以转化为氧化锌,观察到的改变可能就是由这种机理引起的。

滤光片表面,以及随着时间、温度、照度水平的变化而发生的可能的性能改变,在设计含内置滤光片的设备时应牢记。

Baumeister[48] 在一份调查报告中对可以实现的不同类型的窄带滤光片的性能进行了比较。

Baker 和 Yen[42] 对红外滤光片的特性随入射角和温度的变化进行了研究,并对理论和实验结果进行了报道。他们准确地计算了入射角变化的影响,并给出了预期的峰值波长的变化。但是直至入射角大到 50°时,带宽的变化还是很小的。他们同时还计算出,直到入射角为 45°时,峰值透射率和通带形状都仍然保持不变。当入射角大于 50°时,通带形状和峰值透射率逐渐变差。这些计算已经通过对实际滤光片的测量所证实。

同时,他们从理论和实验上研究了温度变化的影响。与 Blifford 研究的波长较短的滤光片相同,随着温度的升高,他们测得的峰值波长向长波移动。当温度低到液氦温度时,滤光片峰值透射率稍有降低,或主通带形状略有变化。不过,在温度高于 50℃时,透射率出现严重下降。虽然他们在文章中没有说明原因,但可能是由于用锗作基底或材料的原因。因为在温度升高到 50℃以上时,锗的透射率常常表现出明显下降。Baker 和 Yen 强调指出,设计对入射角变化最不敏感的滤光片，通常对温度变化却是最敏感的，反过来也一样。他们引用的峰值波长的温度系数从 +0.0035% ℃$^{-1}$变化到 +0.0125% ℃$^{-1}$。可惜的是，文章既没有给出滤光片所用的材料，也没有给出设计实例，但是这些数字或许可用于大多数红外干涉滤光片。

Grubb Parsons 对红外滤光片的温度变化进行了类似的测量，所用的材料是硫化锌和碲化铅，滤光片具有一级次的高折射率腔层，给出的峰值波长的温度系数是 −0.0135% ℃$^{-1}$。这些滤光片属于第 15 章描述的选择斩波辐射计一类。用碲化铅作为滤光片的一种材料，通常具有负的温度系数。碲化铅的负温度系数在补偿硫化锌的正温度系数时非常有用，Evans 等[49]已经利用碲化铅成功设计并制作出具有零温度系数的滤光片。

参 考 文 献

[1] Epstein L I 1952 The design of optical filters *Journal of the Optical Society of America* **42** 806-810

[2] Turner A F 1950 Some current developments in multilayer optical films *Journal de Physique et le Radium* **11** 443-460

[3] Bates B and Bradley D J 1966 Interference filters for the far ultraviolet (1700A to 2400A) *Applied Optics* **5** 971-975

[4] Seeley J S 1964 Resolving power of multilayer filters *Journal of the Optical Society of America* **54** 342-346

[5] Hemingway D J and Lissberger P H 1973 Properties of weakly absorbing multilayer systems in terms of the concept of potential transmittance *Optica Acta* **20** 85-96

[6] Dobrowolski J A 1959 Mica interference filters with transmission bands of very narrow half-widths *Journal of the Optical Society of America* **49** 794-806

[7] Austin R R 1972 The use of solid etalon devices as narrow band interference filters *Optical Engineering* **11** 65-69

[8] Candille M and Saurel J M 1974 Réalisation de filtres "double onde" a bandes passantes très étroites sur supports en matière plastique (mylar) *Optica Acta* **21**947-962

[9] Smith S D and Pidgeon C R 1963 Application of multiple beam interferometric methods to the study of CO2 emission at 15μm *Mémoires de la Société Royale des Sciences Liège 5th Series* **9** 336-349

[10] Roche A E and Title A M 1974 Tilt tunable ultra narrow-band filters for high resolution photometry *Applied Optics* **14** 765-770

[11] Floriot J, Lemarchand F, and Lequime M 2006 Solid-spaced filters: an alternative for narrow-bandpass applications *Applied Optics* **45** 1349-1355

[12] Dufour C and Herpin A 1954 Applications des methodes matricielles au calcul d'ensembles complexes de couches minces alternees *Optica Acta* **1** 1-8

[13] Lissberger P H 1959 Properties of all-dielectric filters. I. A new method of calculation *Journal of the Optical Society of America* **49** 121-125

[14] Lissberger P H and Wilcock W L 1959 Properties of all-dielectric interference filters. II. Filters in parallel beams of light incident obliquely and in convergent beams *Journal of the Optical Society of America* **49** 126-130

[15] Pidgeon C R and Smith S D 1964 Resolving power of multilayer filters in nonparallel light *Journal of the Optical Society of America* **54** 1459-1466

[16] Hernandez G 1974 Analytical description of a Fabry Perot spectrometer. 3: Offaxis behaviour and interference filters *Applied Optics* **13** 2654-2661

[17] For example, Reports 4, 5 and 6 of Contract DA-44-009-eng-1113 covering the period January-October 1953. The contract reports were once obtainable from the Engineer Research and Development Laboratories, Fort Belvoir, Virginia 22060, USA, but are now, unfortunately, out of print.

[18] Turner A F 1952 Wide pass band multilayer filters *Journal of the Optical Society of America* **42** 878(a)

[19] Smith S D 1958 Design of multilayer filters by considering two effective interfaces *Journal of the Optical Society of America* **48** 43-50

[20] Knittl Z 1965 *Dielektrische Interferenzfilter mit rechteckigem Maximum*, in *Proc Coll on Thin Films* (Budapest: 153-161

[21] Knittl Z 1976 *Optics of Thin Films* (London: John Wiley and Sons)

[22] Thelen A 1966 Equivalent layers in multilayer filters *Journal of the Optical Society of America* **56** 1533-1538

[23] Baumeister P 2001 Design of a coarse WDM bandpass filter using the Thelen bandpass design method *Opt. Express* **9** 652-657

[24] Baumeister P 2003 Application of microwave technology to design an optical multilayer bandpass filter *Applied Optics* **42** 2407-2414

[25] Baumeister P W 1982 Use of microwave prototype filters to design multilayer dielectric bandpass filters *Applied Optics* **21** 2965-2967

[26] Barr E E 1974 Visible and ultraviolet bandpass filters *Proceedings of the Society of Photo-Optical Instrumentation Engineers* **50** 87-118

[27] Neilson R G T and Ring J 1967 Interference filters for the near ultra-violet *Journal de Physique* **28** C2,270—C2, 275

[28] Malherbe A 1974 Interference filters for the far ultraviolet *Applied Optics* **13** 1275-1276

[29] Baumeister P W and Jenkins F A 1957 Dispersion of the phase change for dielectric multilayers. Application to the interference filter *Journal of the Optical Society of America* **47** 57-61

[30] Baumeister P W, Jenkins F A, and Jeppesen M A 1959 Characteristics of the phase-dispersion interference filter *Journal of the Optical Society of America* **49** 1188-1190

[31] Giacomo P, Baumeister P W, and Jenkins F A 1959 On the limiting bandwidth of interference filters *Proceedings of the Physical Society* **73** 480-489

[32] Ritchie F S. Unpublished work on Ministry of Technology Contract KX/LSO/C. B. 70(a).

[33] Hass G and Hadley L 1972 *Optical constants of metals*, in *American Institute of Physics Handbook* Gray D E Editor (New York/London: McGraw-Hill Book Company) 6. 124-6. 156

[34] Berning P H and Turner A F 1957 Induced transmission in absorbing films applied to band pass filter design *Journal of the Optical Society of America* **47** 230-239

[35] Baumeister P W, Costich V R, and Pieper S C 1965 Bandpass filters for the ultraviolet *Applied Optics* **4** 911-913

[36] MacDonald J 1971 *Metal-Dielectric Multilayers* (London: Adam Hilger)

[37] Lissberger P H 1981 Coatings with induced transmission *Applied Optics* **20** 95-104

[38] Maier R L 1967 2M interference filters for the ultraviolet *Thin Solid Films* **1** 31-37

[39] Macleod H A 1978 A new approach to the design of metal-dielectric thin-film optical coatings *Optica Acta* **25** 93-106

[40] McKenney D B 1969 *Ultraviolet interference filters with metal-dielectric stacks* PhD Dissertation University of Arizona
[41] Landau B V and Lissberger P H 1972 Theory of induced-transmission filters in terms of the concept of equivalent layers *Journal of the Optical Society of America* **62** 1258-1264
[42] Baker M L and Yen V L 1967 Effects of the variation of angle of incidence and temperature on infrared filter characteristics *Applied Optics* **6** 1343-1351
[43] Blifford I H 1966 Factors affecting the performance of commercial interference filters *Applied Optics* **5** 105-111
[44] Pelletier E, Roche P, and Bertrand L 1974 On the limiting bandwidth of interference filters: influence of temperature during production *Optica Acta* **21** 927-946
[45] Takahashi H 1995 Temperature stability of thin-film narrow-bandpass filters produced by ion-assisted deposition *Applied Optics* **34** 667-675
[46] Title A M 1974 Drift in interference filters. 2: Radiation effects *Applied Optics* **13** 2680-2684
[47] Title A M, Pope T P, and Andelin J P 1974 Drift in interference filters. Part 1 *Applied Optics* **13** 2675-2679
[48] Baumeister P W 1973 Thin films and interferometry. 13 March 1973 *Applied Optics* **12** 1993-1994
[49] Evans C S, Hunneman R, Seeley J S, and Whatley A 1976 Filters for $\nu 2$ band of CO_2: monitoring and control of layer deposition *Applied Optics* **15** 2736-2745

第 9 章　倾斜入射薄膜

我们已经从第 2 章中知道，当薄膜相对于入射光倾斜时，它的特性会发生变化，并且这种变化的方式取决于入射角。我们已经研究了倾斜入射时窄带滤光片引入的相移，窄带滤光片是一个简单的例子，因为它的倾角通常很小，并且我们可以假设相移主要来源于膜层的相位厚度，这一参数受到每一个偏振面的同等影响。然而对于大一些的倾角，导纳也会受到影响，因而每一个偏振面的特性也会受到影响，而这些特性可以在某种程度上加以控制，并用来制作相位延迟器及偏振器。另外，特性的差异会引起一些问题，尽管不可能完全抵消这些效应，但是我们还是有一些方法可以加以改进，以得到一个更好的结果。乍一看镀介质膜的反射镜会发生一些奇异的效应。在一些条件下，当入射角比较大的时候，对于一个偏振面来说可以存在剧烈的吸收带。本章从倾斜效应的导纳图开始，我们可以定性地解释很多种不同倾斜膜的特性，包括镀膜反射镜，以及对传统倾斜导纳形式的微小修正。接下来描述偏振器及一些相位延迟器。一些不存在偏振分离的薄膜，如二向色滤光片，以及它们减轻偏振分离的方法，也在本章中给出了表述。本章的最后将介绍一些大入射角条件下的减反射膜。

本章中的一些材料已在之前的章节中有过讨论，但为了保持连贯性，一些必要的重复是有益的。

9.1　修正导纳和倾斜导纳图

导纳的形式以及光倾斜入射时薄膜的相位厚度已经在第 2 章中给出，并且我们在考虑一些薄膜的性能，包括窄带滤光片的问题的时候，已经用到了它们。对于介质材料，它们为

$$\delta=\frac{2\pi nd\cos\vartheta}{\lambda} \tag{9.1}$$

$$\eta_{\mathrm{s}}=y\cos\vartheta \tag{9.2}$$

$$\eta_{\mathrm{p}}=\frac{y^2}{\eta_{\mathrm{s}}}=\frac{y}{\cos\vartheta} \tag{9.3}$$

其中，

$$n_0\sin\vartheta_0=n_1\sin\vartheta_1=n_2\sin\vartheta_2=\cdots \tag{9.4}$$

n，y，d 和 ϑ 是与特定材料相对应的值，下角标“0”和往常一样代表入射介质。

如果 n 和 y 的值可以是复数，我们可以采用另外一组算式来求解，这组算式与式(9.1)～式(9.3)略微不同。入射介质保持其实数性质，这样它没有吸收。入射角 ϑ 允许采用复数形式，以便让 $\sin\vartheta$ 为复数。然而，如果注意到，我们需要的是 $\cos\vartheta$，而 $\cos^2\vartheta$ 恰好等于 $1-\sin^2\vartheta$，我们就可以避免复数角度。于是，当吸收材料被考虑进去之后，我们得到新的一组

算式为

$$\delta=\frac{2\pi d(n^2-k^2-n_0^2\sin^2\vartheta_0-2\mathrm{i}nk)^{\frac{1}{2}}}{\lambda} \tag{9.5}$$

式中，平方根必须取第四象限，即

$$\eta_s=(n^2-k^2-n_0^2\sin^2\vartheta_0-2\mathrm{i}nk)^{\frac{1}{2}} \tag{9.6}$$

和

$$\eta_p=\frac{(n-\mathrm{i}k)^2}{\eta_s} \tag{9.7}$$

式中，我们采用了自由空间单位。

这两组关系是完全兼容的，当 $\cos\vartheta$ 可以为复数时，式(9.1)～式(9.3)转化为式(9.5)～式(9.7)。

在非垂直入射的情况下，多层膜性能的计算可以简单地将上述表达式代入进行。应该强调一下，入射介质、基底及薄膜都应该采用合适的倾角。可惜的是，入射导纳的变化使得导纳图的使用变得非常复杂。等反射率和等相位曲线取决于入射介质的导纳，因此，我们需要为 s 偏振准备一套方案，为 p 偏振准备另一套方案。此外，当入射角发生变化时，我们还需要每次都准备新的方案。庆幸的是，有一种方法可以绕过这个问题，并且这种方法还有其他好处。

Thelen[1] 告诉我们，如果所有导纳都乘以或除以一个常数，多层膜的性能不受影响。事实上，人们通常将导纳与自由空间中的导纳相除，这样垂直入射的导纳就在数值上与折射率相等。我们现在提出将导纳进行进一步的修正，将 s 偏振的导纳除以 $\cos\vartheta_0$，将 p 偏振的导纳乘以 $\cos\vartheta_0$。对于 s 和 p 偏振来说，这有助于保持在垂直入射时入射介质的导纳，无论入射角度是多少。这也意味着导纳图的等反射率和等相位轮廓保持它们在垂直入射时的值，无论入射角或者是偏振面的角度是多少。我们简单地把这些导纳变为修正的导纳，对于介质材料，它们的表达式变为

$$\eta_s=\frac{y\cos\vartheta}{\cos\vartheta_0} \tag{9.8}$$

和

$$\eta_p=\frac{y\cos\vartheta_0}{\cos\vartheta} \tag{9.9}$$

对于吸收材料有

$$\eta_s=\frac{(n^2-k^2-n_0^2\sin^2\vartheta_0-2\mathrm{i}nk)^{\frac{1}{2}}}{\cos\vartheta_0} \tag{9.10}$$

和

$$\eta_p=\frac{(n-\mathrm{i}k)^2}{\eta_s} \tag{9.11}$$

其中，平方根的正确解为第四象限的解。

代入修正后的导纳值,反射率、透射率、吸收率和相位变化的值在透射和反射过程中都保持不变。既然这些表达式包括 $\cos\vartheta_0$ 和 $\cos\vartheta$,而这些与入射介质的导纳相联系,入射介质的修正导纳对入射介质折射率的依赖关系将会在某种程度上不同于未修正的传统导纳。然而,我们应该看到修正导纳的确存在一些优势。

首先考虑纯粹的介质材料。在这种情况下,假如 $n_0\sin\vartheta_0$ 比薄膜的折射率 n 小,那么修正导纳的两个值都是正实数。然而,如果 n_0 比 n 要大,那么 ϑ_0 有一个实数值,并且在这个取值时 $n_0\sin\vartheta_0$ 与 n 相等。这个角被称为临界角,并且当入射角大于临界角时,导纳为复数。我们稍后将会考虑入射角大于临界角的情况,先考虑入射角小于临界角的情况,此时导纳为实数。

首先,考虑入射介质为折射率等于 1 的空气的情形。我们知道,所有透明薄膜材料的折射率都大于 1。图 9.1 所示为一些薄膜材料的修正导纳随入射角的变化。各种材料的 p 导纳轨迹与直线 $n=1$ 相交的角度值被称为布儒斯特角,在这个角度单表面的 p 分量的反射率为 0。s 分量的导纳一直向远离直线 $n=1$ 的方向增长,所以单表面的 s 分量的反射率随入射角单调增加。既然所有的材料都具有电介质的特性,那么它们修正后的光学厚度为实数。因此,尽管需要为入射角的影响做一个修正,在非垂直入射的情况下,四分之一波或半波的膜层也可以像在垂直入射情况下一样进行制作。要特别注意的是,光学厚度随入射角的变化而变化,而不是随偏振面变化。

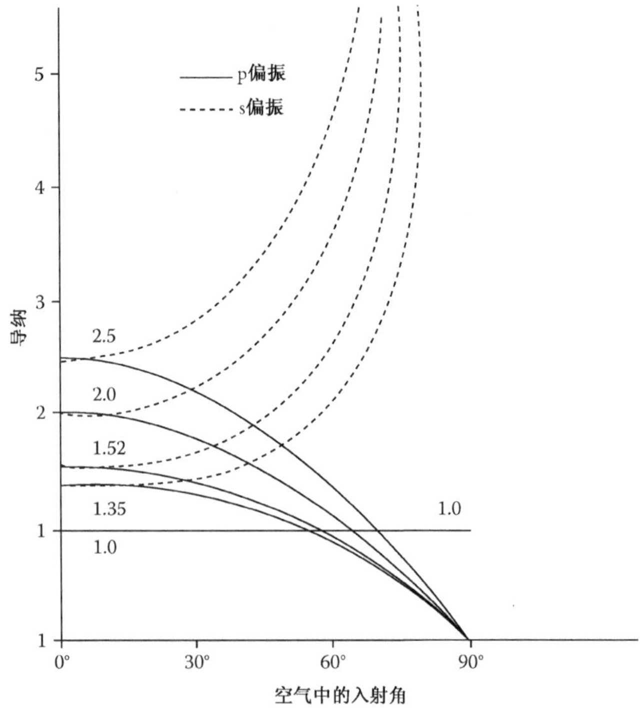

图 9.1　折射率为 1.0、1.35、1.52、2.0、2.5 的材料的修正 p 导纳和 s 导纳

(包含 $\cos\vartheta$ 的额外因子,入射介质的折射率为 1.0)

从图9.1中可以直接得出几个推论。第一,对于给定的任意一对折射率,s导纳随入射角的增加而增大,而p导纳相反。由于四分之一波长多层膜的高反射区的宽度随这些导纳比的降低而减小,p偏振光的宽度比s偏振光的宽度要窄。不久我们将看到,这个结果会被用在一种非常有用的偏振器中。介质层的导纳值的分离同时也意味着,当膜层厚度偏离四分之一波长厚度时,从高反射率的薄膜上反射回的p偏振光和s偏振光会有相对的相位延迟。这个结果可以用于相位延迟器的设计,并且我们将会给出一个简单的说明。曲线图也帮助我们思考在大入射角条件下减反射镀膜应考虑的问题。人们经常需要在折射率为1.52左右的冕牌玻璃上镀减反射膜。对于一个完美的单层膜,应该有一种四分之一波长厚度的材料,这种材料的光学导纳值等于玻璃与入射介质导纳乘积的平方根。当在空气中垂直入射的情况下,当然没有折射率为1.23的足够结实的材料。对于大一些的入射角,s偏振光的反射率一直向远离其垂直入射值的方向增加,并且一个完美的单层减反射膜所要求的导纳值始终在实际材料的范围之外,与之相对应的是较低的折射率。然而,p偏振光的行为却恰好相反,并且在50°~70°的范围内,减反射膜所要求的导纳值都在可能的范围之内。当然,在入射角等于布儒斯特角时,不需要镀膜。对于大于布儒斯特角的入射角来说,所需要材料的折射率大于玻璃的折射率。注意布儒斯特条件暗示了两个解决p偏振减反射膜的办法,另一个办法通常对应一个非常低的难以达到的折射率。大入射角的减反射膜稍后也将进行讨论。

当入射介质具有较高的折射率时(在薄膜材料能达到的范围之内),介质材料的行为会在某种程度上更加复杂一些。图9.2所示为当入射介质是折射率为1.52的玻璃时,导纳值的变化情况。和往常一样,s偏振和p偏振的导纳曲线随入射角的增加而相互远离。对于折射率低于玻璃的材料,达到临界角具有可能性,并且在这个点处,导纳值或者为零,或者为无穷,并从图中消失。它们在入射角大于临界角时的行为将会简要地讨论。一个更进一步的非常重要的特点为,不同于折射率高于入射介质时p偏振的导纳随入射角的增加而降低,折射率低于入射介质时,p偏振的导纳会增加。所有导纳曲线与入射介质导纳在布儒斯特角相截,但现在一个新的现象已经很明显,折射率低于入射介质的材料的p偏振导纳曲线与相对应的具有较高折射率的材料的曲线相交。于是我们立即可以得到一个推论,由这样的成对材料组成的四分之一波长波堆的多层膜,在交点所对应的入射角上,将会很简单地表现为材料的一个厚板。假如基底、薄膜和入射介质的导纳没有很大的不同,p偏振的反射率就会降低。s偏振的导纳比例很大,因为随着入射角的变大,它们的分离程度加大,因此相应的s偏振的反射率就高,并且高反射区的宽度加大。这就是我们在接下来的章节中要介绍的MacNeille偏振分束镜[2]的基本原理。有用的入射角的范围部分取决于p偏振导纳曲线在交点两侧的分离比例,这个比例可以由图进行估计。

除了有导纳的偏振分离外,在入射角小于临界角时介质层的行为比较简单,并没有比垂直入射时更加复杂。当入射角超过临界角之后,介质层的行为变得更加复杂,更加有趣,并且在引入金属层之后,情况变得更加陌生,尤其是当金属层与介质层相组合的时候。

我们已经知道,介质层在光垂直入射时的导纳轨迹为一个圆,圆心在实轴上。当入射角小于临界角时,倾斜的介质层仍然具有圆形的导纳轨迹,这一点可以用同样的方法计算倾斜导纳

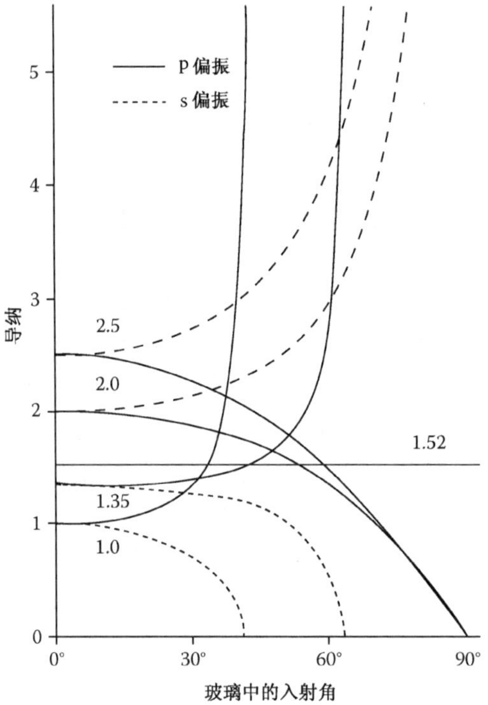

图 9.2 折射率为 1.0、1.35、1.52、2.0、2.5 的材料的修正 p 导纳和 s 导纳
（包含 $\cos\vartheta$ 的额外因子，入射介质的折射率为 1.52）

来得到。假如我们要画修正导纳的曲线，导纳图上的等反射率圆和等相位圆将和垂直入射时保持一致，无论是对 s 偏振还是 p 偏振。

金属层的导纳相比介质层要复杂一些。对于无损耗的金属，它的折射率，进而它的光学导纳，是纯虚数并且可以表示为 $-\mathrm{i}k$。对于这样的金属，它的导纳轨迹是一系列圆，圆心在实轴上，并且这些曲线经过虚轴上的 $\mathrm{i}k$ 和 $-\mathrm{i}k$ 两点。图 9.3 所示为一个典型的形式。像介质层一样，图中的圆形轨迹为顺时针起始于 $\mathrm{i}k$ 点，终止于 $-\mathrm{i}k$ 点。对于实际的金属层，事实上它的导纳轨迹与这个理想模型有一定偏差。但是如果这个金属有比较高的品质，即 k/n 比值比较高，那么所得到的导纳轨迹就与理想情况比较相似了。看起来似乎导纳图被从原始位置轻微地进行了旋转，使得所有圆相交的两个点分别为 $(n, -k)$ 和 $(-n, k)$，尽管这些圆永远达不到点 $(-n, k)$，因为导纳的轨迹被限制在了导纳图的第一和第二象限。图 9.4 所示为计算的金属银的一系列光学导纳轨迹，$n-\mathrm{i}k=0.075-\mathrm{i}3.41$ 说明了这一典型行为[3]，尽管相对于理想结果的偏离是非常小的。现在轨迹的方向或许更适合表述为在 $(n, -k)$ 终止，因为尽管大多数仍然被表述为顺时针方向，一些特定的被截断的曲线现在也可能起始于左端点，并且其中的一些为严格的逆时针方向。我们在这章的讨论中将忽略不具备高品质的金属，也就是那些曲线类似于一系列螺旋形并且终止于 $(n, -k)$ 点的金属。如果是斜入射，将会发生什么呢？

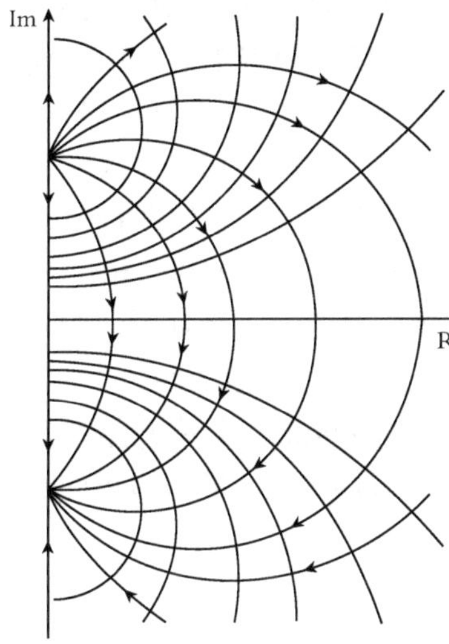

图9.3　导纳为 $-ik$ 的理想金属的导纳轨迹
(轨迹起始于点 ik,终止于点 $-ik$。图中还给出了等厚度线,它们的间距是不固定的。对于s偏振的受抑全反射(FTR)膜层,也可以得到类似的轨迹;对于p偏振的FTR膜层,轨迹的形状相似,但是沿相反的方向)

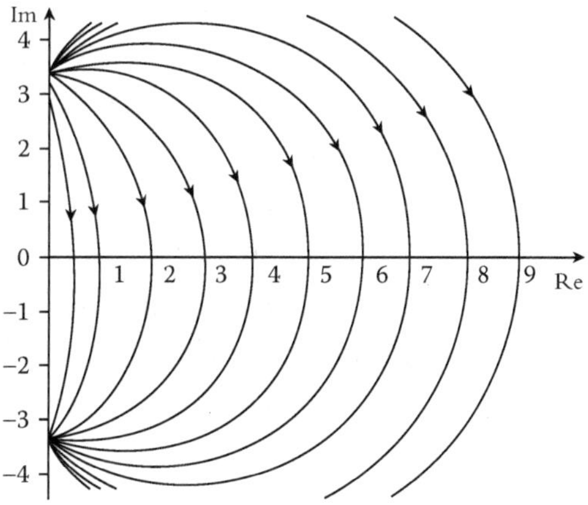

图9.4　在可见光区垂直入射时银的导纳轨迹
(假设光学常数为0.075 −i3.51。引自 Berning P H and Turner A F. *Journal of the Optical Society of America*, 47,230-239,1957)

垂直入射时相位厚度为

$$\delta=\frac{2\pi(n-\mathrm{i}k)d}{\lambda} \tag{9.12}$$

虚部占主要地位。斜入射时相位厚度变为

$$\delta=\frac{2\pi(n^2-k^2-n_0^2\sin^2\vartheta_0-2\mathrm{i}nk)^{1/2}d}{\lambda} \tag{9.13}$$

仍然在第四象限。既然 $n_0\sin\vartheta_0$ 相对于 k 来说一般比较小,那么它对相位厚度的影响就很小。它轻微地减小了实部并增大了虚部,但是影响很小,并且与垂直入射时的行为本质上类似。例如,当在空气中入射角为80°时,银的相位厚度从 $2\pi(0.075-\mathrm{i}3.41)d/\lambda$ 变为 $2\pi(0.00721-\mathrm{i}3.549)d/\lambda$。因此,修正导纳的变化主要来自于 $\cos\vartheta_0$ 项。实部与虚部的比例几乎保持不变,p导纳简单移向原点(实部虚部都减小),s导纳远离原点。因此,倾斜的高品质金属层的主要影响为:对于s偏振导纳轨迹扩展,对于p偏振导纳轨迹收缩,而基本形状保持不变。

9.2　导纳图的应用

修正光学导纳的移动意味着从大块金属的反射相移随入射角变化而变化。对于银或者其他高品质金属来说,在垂直入射时相移发生在第二象限。随着入射角的增大,p偏振导纳向原点的移动意味着p偏振相移是朝向第一象限的。我们知道等反射率圆与实轴相交于两个点,

由此可得到 y_0。因此我们知道,图 9.5 中的等反射率圆 ACB,与金属的导纳直线相切于 C 点,必须满足 $OA \cdot OB = y_0^2$。由几何知识可知,$OC^2 = OA \cdot OB$,即必须等于 y_0^2。以原点为圆心并且通过实轴上的点 y_0 的圆把导纳图的低象限分割为第一和第二象限的反射相移,如图 9.5 所示,并且一定通过 C 点。因此 C 点代表最小的 p 反射率和 90°的反射相移。因为这一现象在某种程度上与介质表面的布儒斯特现象相似,因此这一角度被称为准布儒斯特角。在准布儒斯特角,s 反射相移不完全是 180°,因此入射角需要稍微增加以使两种偏振的相位差变为 90°,这个稍微大一点的角称作主角。我们可以看到,准布儒斯特角的一个合理近似为 $\cos\vartheta_0 = y_0/(n^2 + k^2)^{1/2}$。对于空气中光学常数为(0.075 − i3.41)的银来说,这个角大约为 73°。精确计算得出的结果接近 72°。s 偏振光的反射率一直增加,然而 p 偏振光的反射率开始时首先轻微地下降到一个极小值,这一下降发生在导纳图中的修正导纳穿过第一、二象限边界的时候。在极小值之后,p 偏振光的反射率上升,在掠入射时升到 100% 。

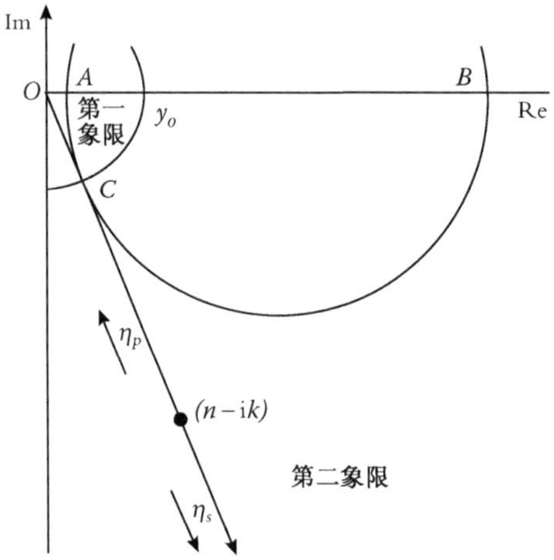

图 9.5　当入射角增加时,典型高品质金属修正导纳的变化

(在垂直入射时,s 偏振和 p 偏振的导纳均为 $n - \mathrm{i}k$。当 ϑ_0 增加时,$\cos\vartheta_0$ 从垂直入射时的 1 逐渐减小到掠入射时的 0,因此,修正的 η_p 向原点降低,而 η_s 则移开。由几何知识可知,最小的 p 反射率出现在 C 点,此处反射相移穿过第二和第一象限的边界)

现在我们研究当金属层镀上介质层将会发生什么。图 9.6 给出了这种结构的导纳示意图。假如介质层的导纳 n_f 小于 $(\eta_m \eta_m^*)^{1/2}$,其中 η_m 是金属层的导纳,那么导纳轨迹的圆将会越过连接原点与起始点的直线,如图所示。对于导纳大于入射介质的介质层来说,反射率随厚度的增加而减小,而轨迹处于导纳图中的第四象限。在与实轴的交点处,反射率最小。随后反射率开始增大,但是在 η_f^2/η_m 给出的四分之一波长厚度所代表的点 A' 处,它始终低于裸金属的反射率。只有在 A'' 处反射率回归到它的初始值。金属银的反射率的下降通常很小,但是对于铝来说,下降值可能会非常大。因而银通常被镀上四分之一波长的保护层,而对于铝来说,尤其是当对反射率有要求时,会镀上半波长厚度的保护层。膜层的折射率越高,反射率极小值越低,因此低折射率的保护层,如硅,更受欢迎。

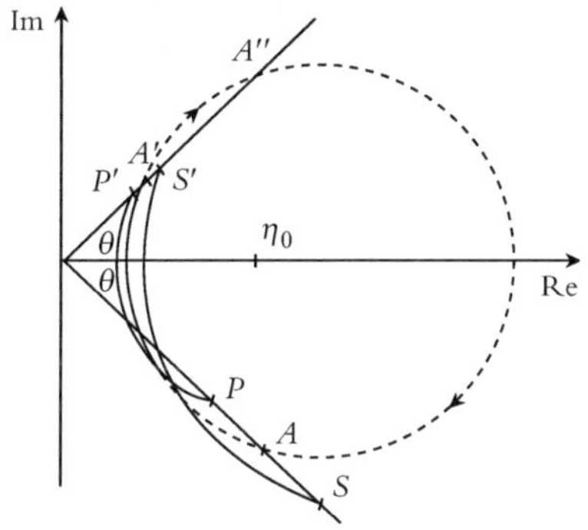

图9.6　金属表面上介质薄膜的导纳示意图

（垂直入射时，金属导纳位于点 A，A'代表 $\lambda/4$ 厚的材料，而 A''代表反射率回到起始值时的点。最低的反射率由 AA'与实轴的交点给出。斜入射时，p 偏振光导纳轨迹由 PP'给出，s 偏振光导纳轨迹由 SS'给出）

当金属-介质组合膜倾斜时，金属层的 p 偏振光导纳滑向原点，并且反射率下降。而 s 偏振光导纳逐渐远离原点，反射率上升。介质层 p 偏振光的导纳下降，而 s 偏振光的导纳上升。对于接近四分之一波长厚度的介质层，这些变化补偿了裸金属导纳的变化，当然，对于金属银来说，是轻微补偿。镀膜金属的 p 偏振光的反射率倾向于比 s 偏振光的反射率略高。

最后，对于入射角非常大的情况，介质层的 p 偏振光的导纳下降至入射介质的导纳之下，而现在轨迹在第四象限的部分代表增大的反射率。这意味着当介质层很薄的时候，介质层事实上轻微地增大了金属的反射率，而不是减小了它。这样，尽管 p 偏振光反射率依赖于介质层的最终厚度，但它也会变得很高。对于 s 偏振光来说，当入射角趋近于 90°时，介质层导纳趋近于无穷。因此，介质层导纳的轨迹越来越趋近于一条垂线。当金属导纳远离原点时，它在实轴上的投影向右移动，最终穿过入射介质导纳的轨迹并趋向于无穷。因此，一定有一个很大的入射角，在这个角处介质层导纳的轨迹与实轴相交于入射介质的导纳。如果选择一个可以使轨迹终止于这一点的厚度，那么金属-介质组合膜层的反射率将变为零。在一个特定的入射角或介质层厚度的一个精确取值处，这种情况就会发生，并且反射率中的凹陷将会随入射角迅速变化。Nevière 和 Vincent 利用一种不同的分析方式（基于在一个有损耗波导中的布儒斯特吸收现象）[4]，提出对于 s 偏振光上述行为可以发生在带有薄介质层的金属中。既然 s 偏振光的修正导纳在折射率大于入射介质折射率的情况下随入射角的增大而增加，这就成为观察上述效应的一个必要条件。在反射偏振器件的设计中，金属上沉积两层介质膜所增加的灵活性已经得到了利用[5]。

Cox 等[6]报道了一个不同的现象，该现象与一个铝制、镀有一层二氧化硅保护层的远红外反射镜有关。二氧化硅在 8μm 以上的区域吸收强烈，在刚好大于 8μm 的波长上，n 和 k 的值分别为 0.4 和 0.3。在垂直入射时，导纳的轨迹为螺旋形，终止于二氧化硅的导纳，并且沿顺时针方向，与之前讨论的银的轨迹相同。在非垂直入射时，膜层的 s 偏振导纳和相位因子保持在第四象限，因此二氧化硅的特性与垂直入射时相似。然而，p 偏振导纳移向第一象限，并且在大约 40°入射角时进入第一象限。这种相位厚度在第四象限，而光学导纳在第一象限的材料的特性与正常材料不同,螺旋线沿逆时针方向,而不是顺时针。在 8.1μm 处铝的导纳大约为 18.35 −i55.75,并且对于60°入射角的 p 偏振光来说,修正导纳变为 9.176 −i27.87。介质的导纳轨迹向实轴下降,如图 9.7 所示,并且在 150nm 厚度时,在点(1,0)附近终止,这样反射率接近零。

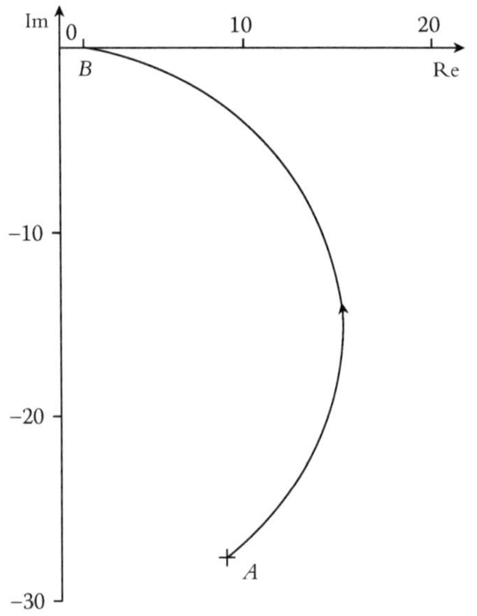

图 9.7　铝(18.35 −i55.75)上 150nm 厚 SiO_2(0.39 −i0.29)薄膜的 p 偏振导纳轨迹

(入射角为 60°,A 是对应铝的修正导纳的点,螺旋轨迹沿逆时针方向弯曲将 A 点移到低反射率区)

这一行为有别于折射率大于入射介质的无损耗介质表面层的正常行为。然而,我们应该看到它确实与一种激发表面电磁波的技术具有相似性,这种技术我们将会简单说明,其中的耦合介质是折射率低于入射介质的介质层,并且入射角大于临界角。

我们现在回到介质材料,研究当入射角超过临界角的情况。式(9.10)、式(9.11)和式(9.12)是相关的,并且我们有 $k=0$ 以及 $n_0\sin\vartheta_0>n$。由式(9.13),垂直入射时的相位厚度 $2\pi nd/\lambda$ 在斜入射时变为

$$\delta=\frac{2\pi(n^2-n_0^2\sin^2\vartheta_0)^{1/2}d}{\lambda}$$

即

$$\delta=-\mathrm{i}\frac{2\pi(n_0^2\sin^2\vartheta_0-n^2)^{1/2}d}{\lambda}\tag{9.14}$$

同样,第四象限的解为我们要的解,舍去第二象限的解,于是修正导纳为

$$\begin{aligned}\eta_s&=-\mathrm{i}\frac{(n_0^2\sin^2\vartheta_0-n^2)^{1/2}}{\cos\vartheta_0}\\\eta_p&=\frac{n^2}{\eta_s}\end{aligned}\tag{9.15}$$

既然 η_s是负虚数，那么 η_p一定为正虚数。修正导纳的特性如图 9.8 所示。对于工作在临界角之上的一个薄膜材料来说，s 偏振的特性与理想金属的特性是不可分的。我们有一系列圆心在实轴上的圆，它们沿顺时针方向并且终止于负虚轴上的 η_s点。对于 p 偏振光来说，在一个重要的方面其特性是不同的。这里，负虚数相位厚度与正虚数导纳的组合颠倒了绘出圆的方式，使得尽管这些圆的圆心依然在原点，但它们沿逆时针方向并且终止于正实轴上的 η_p点。这种行为在接下来将体现出其重要性。我们假设一束光以大于临界角入射到一个棱镜的斜边，为了画出下面的图形，假设入射介质的折射率为 1.52。

对于未镀膜的斜边，第二种介质为折射率等于 1 的空气。p 偏振光的修正导纳是正虚数，并且随 ϑ_0的增大在虚轴上向原点下降；反射率等于 1，图 9.8 所示为相移变化范围从 180°至 0°，中间穿越了第三和第四象限。s 偏振光的反射率同样也等于 1，但是导纳为负虚数，并且在虚轴上从零点向负无穷方向下降，这样 s 偏振光的相移随 ϑ_0的变化从零开始增加，经过第一和第二象限，增加至 180°。既然入射介质的导纳为 1.52，以原点为中心的圆具有 1.52 的半径。

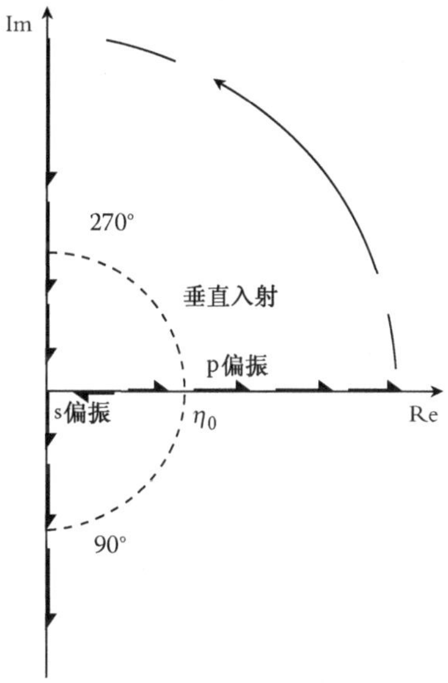

图 9.8　相对于折射率更高的入射介质，自由空间的 s 偏振和 p 偏振的修正导纳的变化
（η_0是入射导纳。s 偏振导纳沿实轴减小，直到在临界角时变为零，然后转向虚轴的负方向，并当入射角趋于 90°时变成负无穷大的虚数；p 偏振导纳沿实轴增大，在布儒斯特角时通过 η_0，在临界角时变为无穷大，切换成正无穷大的虚数，然后沿虚轴滑落，并当入射角趋于 90°时变为零）

现在在斜边上镀一层薄膜。由于我们将玻璃棱镜看作入射介质，周围的空气就是基底。于是，薄膜的导纳起始于虚轴。假如薄膜没有损耗，那么薄膜-基底组合的导纳必须保持在虚轴上。如果薄膜的导纳为虚数，组合的导纳将简单移向薄膜的导纳。然而，如果薄膜的导纳是实数，组合的导纳将会沿着虚轴的正向移动，每二分之一波长厚度回到起始点。修正导纳越低，轨迹移向原点越慢，并且远离原点的点移动越快。对于较高的导纳来说，第一、四象限之间

的相位变化会减慢,而第二、三象限之间的相位变化会加快。这样通过选择一个合适的折射率及厚度的薄膜,甚至加入附加层[8-10],可以使 p 偏振和 s 偏振的相对相位变化具有一个比较宽的取值范围。

给定轴上的起始点,使导纳离开这个点的唯一方法就是加一个吸收层。我们回到金属的导纳轨迹(图 9.4),可以看到,对于一系列起始于虚轴的导纳值,金属的导纳轨迹离开虚轴,回转并与实轴切割。折射率为 1.52 的入射介质倾斜时的特性,与图 9.4 中的从折射率等于 1 的介质垂直入射到金属层时的特性很相似。图 9.9 所示为光路图及导纳轨迹。对于一段范围很窄的起始值,金属轨迹与实轴在接近入射导纳处相交,并且如果金属厚度恰好使轨迹在交点处终止,那么膜系的反射率将会变得很低。对于特定的入射角和金属厚度,反射率将会变为零。这一条件对入射角很敏感,这一点我们应该有心理准备。既然金属导纳的变化比空气基底要慢,那么零反射率条件不复存在,即使倾角很小,这一点可以用杠杆原理来理解。反射率降至一个很低的值这一现象,带有尖峰共振(sharp resonance)的特点,可以认为是金属薄膜表面一种表面等离子体波或者等离子体的产生。这种由 Kretschmann 和 Raether [7] 提出的膜系,不适用于没有经过修正的 s 偏振光。对于 s 偏振基底的导纳现在在实轴的负数端,因此任何沉积的金属都会将组合的导纳移向大块金属的导纳。

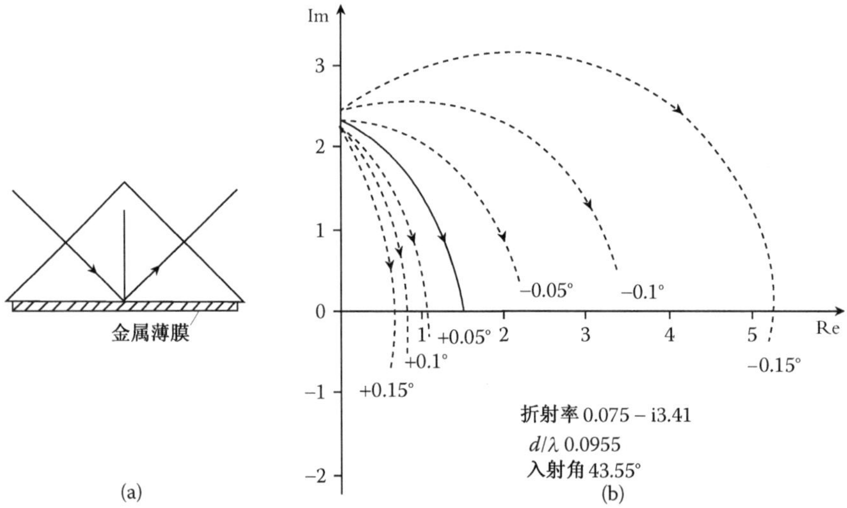

图 9.9　(a)耦合到表面的等离子体波[7];(b)对应(a)中结构的 p 偏振导纳轨迹:实线对应最佳入射角和金属(银)膜厚度,虚线对应改变入射角后(在每条曲线上标出)的结果

Otto [11] 提出了另一种耦合方案,即通过 FTR(frustrated total reflectance,受抑全反射)层中的倏逝波来激发表面波的方法。我们来回忆一下,在大于临界角的情况下,p 偏振导纳的轨迹是逆时针方向的一个圆,意味着这种膜层可以用作大块金属的耦合。这里金属作为基底,并且导纳轨迹起始于第四象限。对于 p 偏振光,介质 FTR 层具有与实轴相交的导纳轨迹。那么很显然,对于正确的入射角及介质层厚度,反射率可以为零。Raether[12] 深入研究了表面等离子体振荡及它们的应用。Abelès[13] 在他关于薄膜光学性质的著作中总结了这些效应的光学特征。

现在我们回到第一种耦合情况,研究一下在金属上紧邻周围的空气沉积一个薄层会发生什么情况。导纳起始点在以前是起始于虚轴的,但现在介质层改变了起始点的位置。因为金属的导纳轨迹在虚轴上是相距很近的一簇曲线,几乎相交,于是起始点一个很小的变化就能使曲线产生很大的变化,同时也改变了曲线与实轴的交点,导致反射率发生巨大的变化(图 9.10)。外加的薄介质层给金属层的内反射带来的这一很大的变化,已经被用在金属表面吸收的污染物薄层的研究中,用这种方式可以探测几个"埃"的薄层厚度。假如薄层非常薄,那么系统一个附加的倾斜足以将金属的导纳轨迹与实轴的交点拉回到入射导纳,于是这个效应可以被看作共振的偏移,而不是减弱。

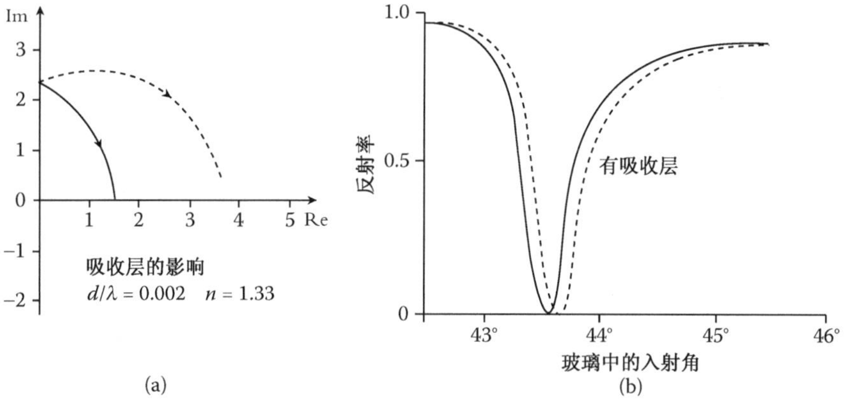

图 9.10　(a)薄的吸收层对图 9.9 中银的表面的影响。实线是最佳结果,虚线是由吸收层导致的金属轨迹的改变;(b)有和没有吸收层时计算得到的反射率随入射角的变化

这个结果帮助我们得出一个类似的激发 s 偏振光共振的方法。主要的问题是导纳起始点在负虚轴上,而这意味着接下来的金属导纳轨迹将继续处在第四象限,不会与实轴相交而出现零反射率。金属表面与周围空气之间加上一层介质膜,可以使金属导纳轨迹的起始点移至正虚轴上,这样镀膜金属 s 偏振光的导纳轨迹可以与实轴相交,与未镀膜金属的 p 偏振光采用同样的方式。而且,对于 p 偏振光和 s 偏振光,低的反射率将会随每个半波长介质层的添加而循环出现。Greenland 和 Billington[14] 利用这一性质来观察作为金属-介质干涉滤光片的间隔层的光学薄膜。Harrick 和 Turner[15] 提出的诱导吸收腔的工作,也可以通过这种方式来进行解释,尽管不是基于这一方法。

在某些条件下,也可以使 s 偏振共振和 p 偏振共振在某一个角度下距离足够近,从而可以同时测量这两种偏振共振[16,17]。最外层表面的电场依然保持比较强,使得对增加的膜层的敏感度保持不下降。增加的 s 偏振共振给出了检测材料结构的新信息。图 9.11 所示为典型的谐振,外层介质是水,这在生物化学研究里很普遍,外层 SiO_2 的粗糙特性说明探测器可以被清洗,可重复利用,这也是相比于裸金属的另外一个优点。

长程表面等离子体是一个有意思的现象[18,19]。同样,光必须是 p 偏振的。其中利用了比传统情况更薄的金属层,并且金属层被介质包围,入射角大于临界角,为了能够支持倏逝

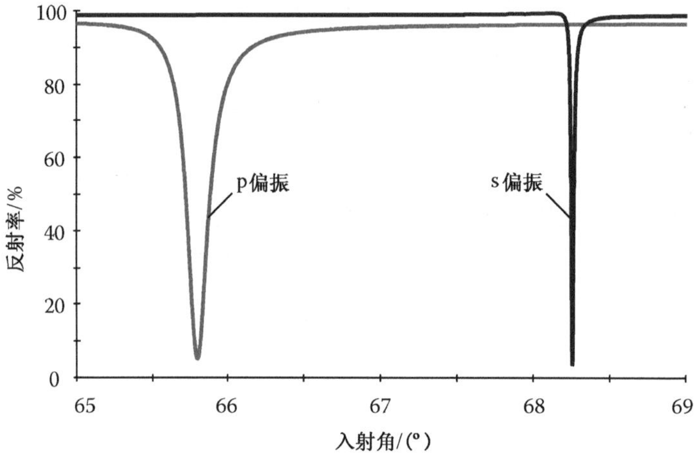

图 9.11　用厚的低折射率膜层(SiO_2)镀银膜得到的 p 偏振光和 s 偏振光在 632.8nm 处的共振

(外层介质是水而不是空气,银膜的厚度为 51.1nm,SiO_2 的厚度为 502.3nm。入射介质是硼硅酸盐玻璃,注意到两个谐振都要比图 9.10 中的窄得多)

波。在膜系的反射率中诱导出极窄的共振,相比于传统的表面等离子体,这意味着更低的损耗,也就是更远的传播距离。长程表面等离子体共振的典型结果和装置如图 9.12 所示。我们又一次利用无限大平面波来激发共振,这可以利用导纳图来理解它。

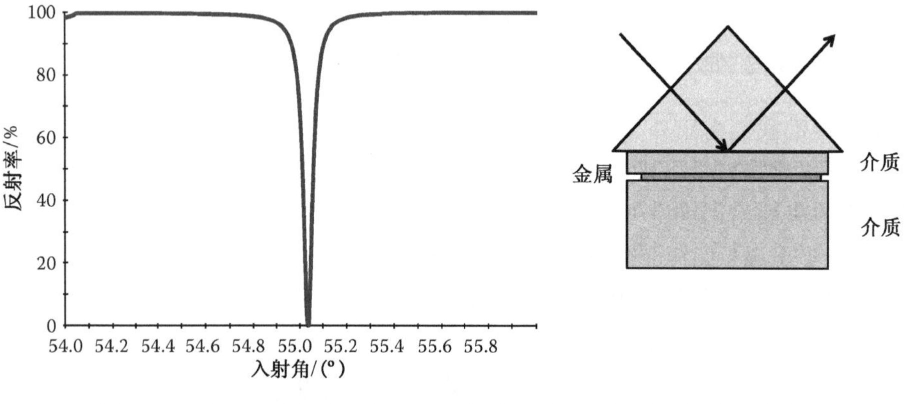

图 9.12　长程表面等离子体共振,同前面一样,对于 p 偏振光存在共振

(入射介质的折射率为 1.8,银膜的厚度为 20.64nm,前面被 1037nm 厚的 SiO_2 包围,后面被大块 SiO_2 包围。波长为 632.8nm)

图 9.13 所示为共振时的导纳图。银后面的大块材料 SiO_2 是系统的有效基底。由于入射角大于临界角,p 偏振光导纳是正虚数,于是导纳起始点在虚轴的正端。银的导纳轨迹绕了一个大圆,并终止于使 SiO_2 的导纳轨迹的起点,在实轴之下并且靠近虚轴。最后一层(前端)也是 SiO_2,入射角同样大于临界角,因此它的 p 偏振光导纳也是正虚数。

这意味着导纳轨迹沿逆时针方向环绕,并且终止于入射介质的导纳,在这里导纳值为 1.8。

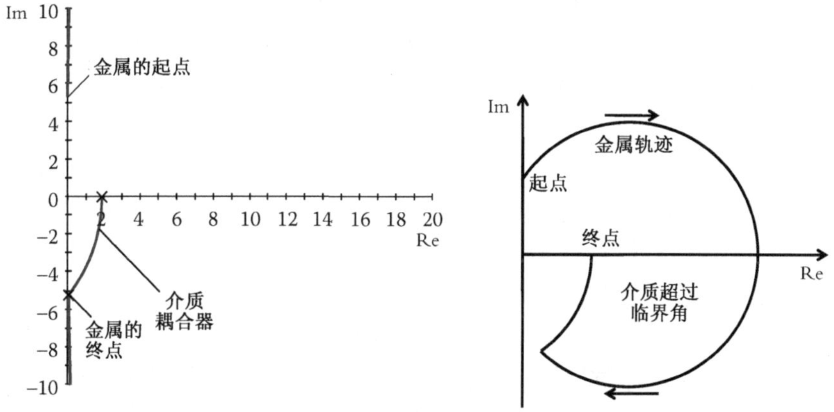

图 9.13　与长程表面等离子体相联系的 p 偏振导纳轨迹

(在折射率为 1.8 的入射介质中的入射角为 55.035°,对于金属银后面的大块材料 SiO_2,这超过了临界角,因此轨迹的起点在虚轴的正端。银的轨迹环呈圆形,并在实轴下面接近虚轴的地方终止,因此后面的入射角超过临界角的 SiO_2 的导纳轨迹环呈圆形,终止于入射介质的导纳处(这种情况下为 1.8)。注意到利用了修正导纳,还注意到对于 p 偏振光,入射角超过了临界角,介质材料的导纳轨迹是逆时针方向的圆)

随着入射角的变化,导纳轨迹巨大的长度意味着条件的快速变化,也就是系统的 p 偏振光反射率有一个很窄的凹陷及等离子体的损耗更低。总的电场振幅如图 9.14 所示,金属层的电场极弱,这说明损耗很低,场几乎(但不完全)垂直于金属表面。

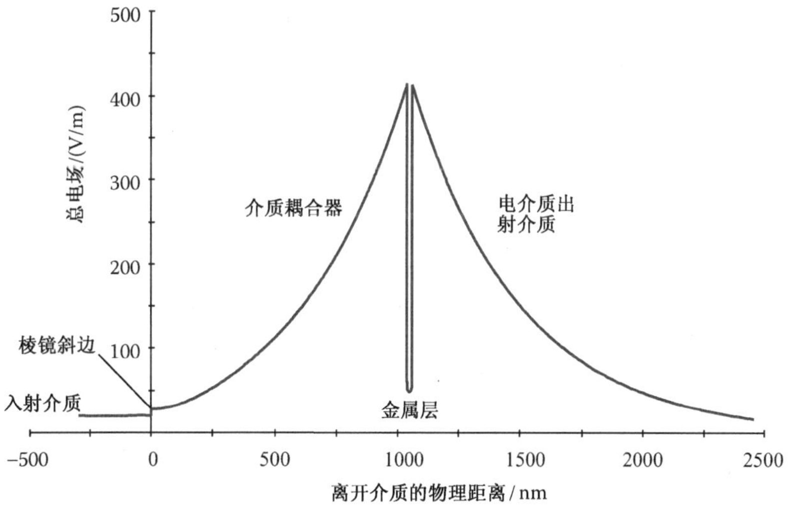

图 9.14　通过系统的共振处的总电场振幅

(注意金属(即银膜)中的电场非常弱,因此损耗要比传统单侧表面等离子体的小。电场是以 V/m 为单位绘出的,假设输入功率为 1W/m^2)

Dragila 等[20]描述了一个被介质层包围的金属层在入射角大于临界角时的意外的透

明现象。如图 9.15 所示,他们通过金属层双面的耦合等离子体波来解释这一现象。这实际上和长程等离子体是相同的,除了这是增强的透射率而不是增强的等离子体范围外。这一问题[21,22]可以当作诱导透射滤光片及最大透射率来考虑,它们存在于一个简单的介质-金属-介质三层膜的设计中。任何吸收层的最大可能透射率可以在这样的情况下得到:后表面的导纳取最佳值,而这一值只取决于膜层的几何厚度(d/λ)及它的光学常数,在第 8 章中介绍过这一理论。这个最佳的导纳在第一象限,并且可以利用已经给出的解析表达式计算得出。这里我们有相同的入射和出射介质,靠近基底的低折射率材料的 p 偏振导纳轨迹在第一象限中逆时针旋转,起始于出射介质的导纳,朝向虚轴并最终止于其与虚轴的交点,该交点对应修正倾斜导纳。在临界角以上的范围内,p 偏振导纳沿虚轴的正端从无穷变为零。金属的最佳导纳变化缓慢,并且它对应位于介质层导纳轨迹上的给定金属厚度最佳导纳的合适角度。剩下的设计就是在金属的前端加上与后端相同的一层。

图 9.16 所示为这一类型的滤光片的导纳图,图 9.17 所示为它的具体性能,图 9.18 所示为通过这类滤光片后总电场的分布。入射和出射介质都是高折射率玻璃(n =1.8),波长取为 632.8nm,银膜厚度为 80nm,光学常数为 0.0666 −i4.0452。低折射率材料为硅(n =1.45),第一层和第三层的物理厚度都是 314nm。确定了波长、银膜厚度、介质层折射率之后,介质层的厚度及入射角就确定了。

注意图 9.16 中金属层和随后的介质层(也就是第二层和第三层)的导纳轨迹的相似性,相应的膜层如图 9.15 所示。事实上,在这种滤光片中,保证金属层高度透明的机制与保证长程表面等离子体低损耗的机制是一样的。一个几乎相同的机制可以解释具有规则小孔阵列的金属薄膜的诱导透明现象[23,24]。Bonod 等[25]将这一现象解释为光在入射一侧被小孔阵列散射

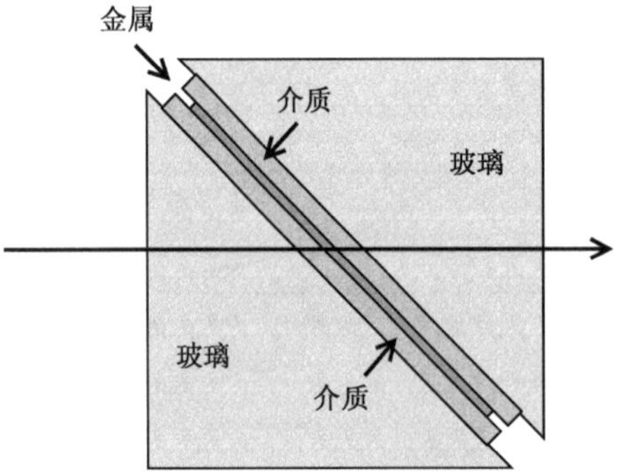

图 9.15　工作在临界角以上的被两个介质层包围的金属膜(银)的结构

(引自 Dragila R, Lutherda B and Vukovic S. *Physical Review Letters*, 55,1117-1120, 1985)

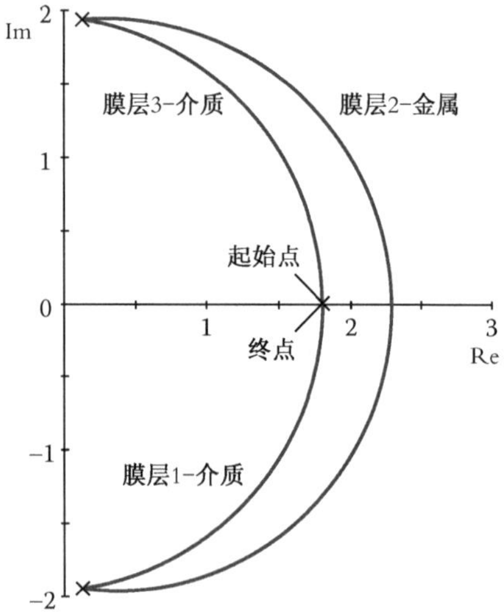

图 9.16　文中描述的诱导透射滤光片的导纳图

(介质层逆时针方向的 p 轨迹与银轨迹的顺时针旋转相反。设计为 1.8 |1.45,344nm(0.0666 −i4.0452),80nm,1.45,344nm |1.8, λ =632.8nm, ϑ_0 =59.44°)

进入表面等离子体,这样引发了金属另一侧一个同样的等离子体,然后被小孔散射到入射光的方向。当然,经过计算,在两侧分别加入衍射光栅,可以起到同样的作用。金属中的电场被减弱,同样,损耗也减弱了。这一方案最大的优点就是它可以适用于垂直入射,最大可能的透射率正如第 8 章的诱导透射理论所预言的那样。

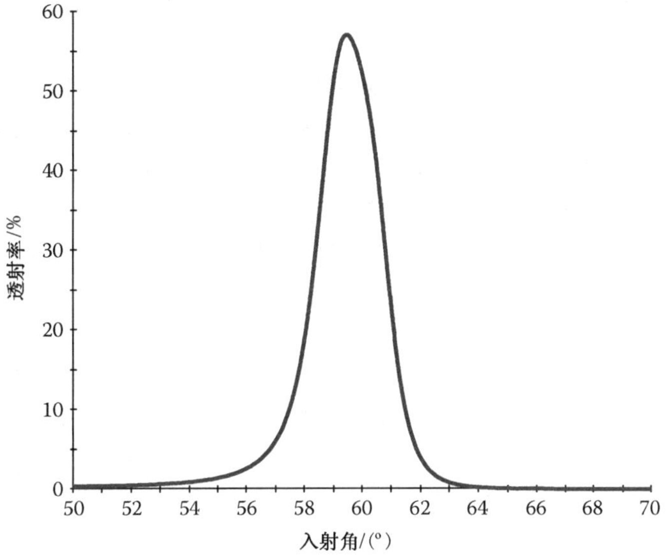

图 9.17　图 9.16 中的滤光片的性能随入射角的变化
(波长 λ=632.8nm。峰值透射率指的是在某个入射角下该厚度的银膜可能达到的最大透射率)

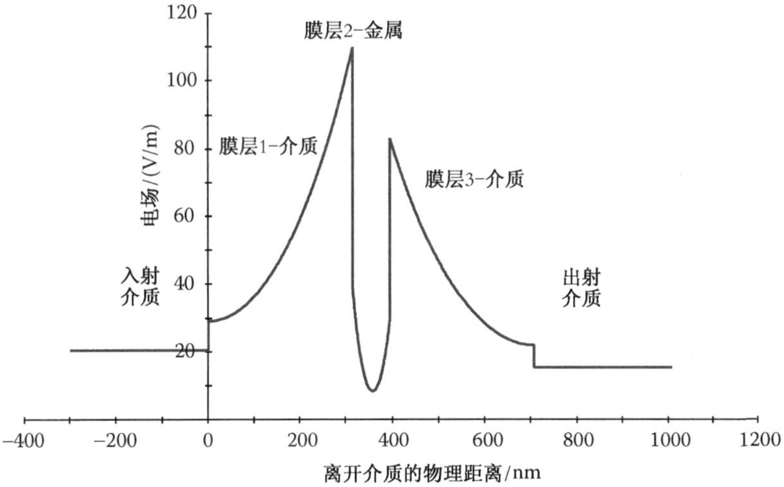

图 9.18　通过图 9.16 和图 9.17 的滤光片后总电场的分布
(注意到它与图 9.14 中长程等离子体的总电场分布有相似性)

9.3 偏 振 器

9.3.1 布儒斯特角偏振分束器

这种分束器最早由 MacNeille(这一器件的发明者)[2]委托 Banning[26]制造出来,因此这种器件经常被称为 MacNeille 偏振器。

这种器件的原理是,总是能够找到一个入射角,使两种折射率不同的材料的界面满足布儒斯特条件。当该条件满足时,p 偏振光的反射率为零,s 偏振光部分反射和透射。为了增加 s 偏振光的反射率,保持 p 偏振光的透射率为 1 或非常接近 1,这两种材料可以被做成多层反射膜结构。在适当的入射角下,膜层的厚度应该等于四分之一波长。

当计算正常薄膜材料的布儒斯特角时,我们会发现若以空气作为入射介质,则该角度大于 90°,换言之,超过了材料的掠入射角。通过在玻璃棱镜中构造多层膜滤光片,使光能够以大于空气作为入射介质时的角度入射到多层膜结构上,则上述问题得到了解决。具体方案见图 9.19。

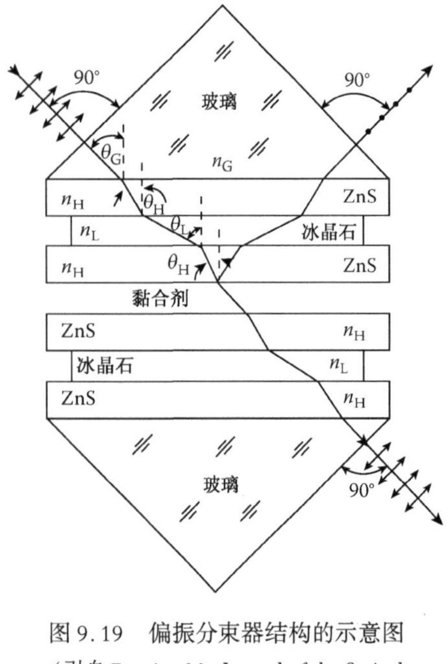

图 9.19 偏振分束器结构的示意图
(引自 Banning M. *Journal of the Optical Society of America*, 37, 792-792, 1947)

这种设计的计算比较简单明了。考虑两种材料,折射率分别为 n_H 和 n_L,其中 H 和 L 分别代表高折射率和低折射率。当入射角满足

$$\frac{n_H}{\cos\vartheta_H}=\frac{n_L}{\cos\vartheta_L} \tag{9.16}$$

时,满足布儒斯特条件,其中

$$n_H\sin\vartheta_H=n_L\sin\vartheta_L=n_G\sin\vartheta_G \tag{9.17}$$

G 代表玻璃棱镜。由这些方程可以简单地解出 ϑ_H,即

$$\sin^2\vartheta_H=\frac{n_L^2}{n_H^2+n_L^2} \tag{9.18}$$

我们将利用这个形式的解(一个更加熟悉的形式为 $\tan^2\vartheta_H=n_L^2/n_H^2$)。

给定各膜层参数,有两种可能的设计方案。我们可以先确定玻璃的折射率,然后计算棱镜摆放的角度。或者我们先确定棱镜的角度,45°是一个合适的取值,然后计算需要的玻璃折射率。Banning 采用的是后一种方案。

首先假设 $\vartheta_G=45°$的条件必须满足,利用式(9.17)和式(9.18),得到

$$\sin^2\vartheta_H=\frac{n_G^2\sin^2\vartheta_G}{n_H^2}=\frac{n_G^2}{2n_H^2}\qquad(\text{当}\ \vartheta_G=45°\text{时})$$

即

$$n_G^2=\frac{2n_H^2n_L^2}{n_H^2+n_L^2} \tag{9.19}$$

这就是 Banning 所得到的条件。

然而，如果 n_G 固定，那么由式(9.17)和式(9.18)，我们有

$$\frac{n_G^2\sin^2\vartheta_G}{n_H^2}=\sin^2\vartheta_H=\frac{n_L^2}{n_H^2+n_L^2}$$

即

$$\sin^2\vartheta_G=\frac{n_H^2n_L^2}{n_G^2(n_H^2+n_L^2)} \tag{9.20}$$

Banning 利用了折射率为 2.30 的硫化锌和在 10^{-3}Torr (0.133Pa)的气压下蒸发冰晶石得到的一个折射率约为 1.25 的多孔层。如果棱镜摆放角度为 45°，利用这些折射率值，很容易得到玻璃的折射率为 1.55。对于更常见的折射率为 1.35 的冰晶石和折射率为 2.35 的硫化锌，玻璃的折射率应为 1.66。然而，对于折射率为 1.52 的玻璃，利用第二对材料，入射角应为 50.5°。

可以计算出中心波长处的反射率为

$$R=\left[\frac{\eta_G-(\eta_H^2/\eta_G)(\eta_H/\eta_L)^{q-1}}{\eta_G+(\eta_H^2/\eta_G)(\eta_H/\eta_L)^{q-1}}\right] \tag{9.21}$$

式中，q 为膜层数，并且假设 q 为奇数。

对于 s 波	对于 p 波
$\eta_G=n_G\cos\vartheta_G$	$\eta_G=n_G/\cos\vartheta_G$
$\eta_H=n_H\cos\vartheta_H$	$\eta_H=n_H/\cos\vartheta_H$
$\eta_L=n_L\cos\vartheta_L$	$\eta_L=n_L/\cos\vartheta_L$

现在，对于 p 偏振光，通过我们附加的条件 $\eta_H=\eta_L$，可得

$$\begin{aligned}R_p&=\left[\frac{\eta_G-(\eta_H^2/\eta_G)}{\eta_G+(\eta_H^2/\eta_G)}\right]^2\\&=\left[\left(\frac{n_G^2\cos^2\vartheta_H}{n_H^2\cos\vartheta_G}-1\right)\Big/\left(\frac{n_G^2\cos^2\vartheta_H}{n_H^2\cos^2\vartheta_G}+1\right)\right]\end{aligned} \tag{9.22}$$

类似地，可得

$$R_s=\left[\frac{n_G^2\cos^2\vartheta_G-n_H^2\cos^2\vartheta_H\left(\dfrac{n_H\cos\vartheta_H}{n_L\cos\vartheta_L}\right)^{q-1}}{n_G^2\cos^2\vartheta_G+n_H^2\cos^2\vartheta_H\left(\dfrac{n_H\cos\vartheta_H}{n_L\cos\vartheta_L}\right)^{q-1}}\right]^2 \tag{9.23}$$

现在

$$\frac{n_H\cos\vartheta_L}{n_L\cos\vartheta_H}=1$$

于是

$$\frac{n_{\mathrm{H}}\cos\vartheta_{\mathrm{H}}}{n_{\mathrm{L}}\cos\vartheta_{\mathrm{L}}}=\frac{n_{\mathrm{H}}^{2}}{n_{\mathrm{L}}^{2}}$$

并且

$$R_{\mathrm{s}}=\left[\frac{n_{\mathrm{G}}^{2}\cos^{2}\vartheta_{\mathrm{G}}-n_{\mathrm{H}}^{2}\cos^{2}\vartheta_{\mathrm{H}}\left(\dfrac{n_{\mathrm{H}}}{n_{\mathrm{L}}}\right)^{2(q-1)}}{n_{\mathrm{G}}^{2}\cos^{2}\vartheta_{\mathrm{G}}+n_{\mathrm{H}}^{2}\cos^{2}\vartheta_{\mathrm{H}}\left(\dfrac{n_{\mathrm{H}}}{n_{\mathrm{L}}}\right)^{2(q-1)}}\right]^{2} \tag{9.24}$$

透射光的偏振度为

$$P_{\mathrm{T}}=\frac{T_{\mathrm{p}}-T_{\mathrm{s}}}{T_{\mathrm{p}}+T_{\mathrm{s}}}=\frac{1-R_{\mathrm{p}}-1+R_{\mathrm{s}}}{1-R_{\mathrm{p}}+1-R_{\mathrm{s}}}=\frac{R_{\mathrm{s}}-R_{\mathrm{p}}}{2-R_{\mathrm{p}}-R_{\mathrm{s}}} \tag{9.25}$$

反射光的偏振度为

$$P_{R}=\frac{R_{\mathrm{s}}-R_{\mathrm{p}}}{R_{\mathrm{s}}+R_{\mathrm{p}}} \tag{9.26}$$

可以看出，总的来说，对于比较少的层数，反射光的偏振比透射光的偏振要好，但是对于很多层来说，反射光的偏振不如透射光的偏振。

薄膜分束器的制作比第 5 章讨论的立方分束器的制作要简单。我们可以镀任意层数的薄膜。Banning 最初准备镀三层膜，可能是因为当时实际条件所带来的困难，因此准备了两层膜，在组成立方体的每个棱镜的斜边镀一层膜，如图 9.19 所示，两个棱镜随后被粘在一起。现在沉积 21 层膜几乎没有困难，如果需要的话甚至可以沉积更多层，并且这些膜可以很方便地被镀在一个棱镜上，另一个棱镜不镀，只是与第一个棱镜粘好就可以了。

这种偏振分束器相比其他种类的偏振器，如玻片堆(pile-of-plates)偏振器，一个很大的优点就是它有宽光谱范围及大物理孔径。可惜，它的缺点是角度范围有限，尤其是在该光谱范围的中心，部分原因是布儒斯特条件只有恰好在设计的角度上才能够满足。当入射角偏离这一条件时，p 偏振光的一个残留反射峰逐渐在中心区域出现。而在远离中心的区域性能仍比较好，即使已经在很大程度上偏离了最佳值。举例来说，我们可以考虑设计一个 7 层的硫化锌和冰晶石分束器，玻璃折射率为 1.52，此时 550nm 波长对应光谱中心区域。由于膜堆与玻璃材料之间的失配(薄膜材料与基底不能同时满足布儒斯特角条件，如图 9.2 所示)，当设计角度为 50.4°时，p 偏振光的残留反射率为 1.6%。由于频带中心移向短波长，当玻璃中入射面倾斜至 55°(也就是空气中角度倾斜至 7°)时，510nm 处的反射率提升至 25%，440nm 处的反射率提升至 30% 以上。然而，650nm 处的反射率几乎没有变化。螺旋光线的情况更加复杂，偏振性能的测量参照了包含轴向光线的入射主平面的 s 和 p 偏振方向，螺旋光线使得入射平面相对于主平面有了旋转。这样，螺旋光线的 s 和 p 平面不再包含轴向光线。即使 s 偏振光的透射率非常低，其中也包含 p 偏振光分量，在平行于 s 方向泄漏的光可以十分明显。事实上，若给定入射光锥的顶角，则偏振度受到限制，并且无法通过增加更多的膜层来进行改进。

可以通过增大入射角来减少泄漏。Li 和 Dobrowolski[27] 描述了这样一种偏振器，其中一种材料工作在临界角之上，这也在很大程度上提高了 p 偏振光可能达到的性能，缺点是在比较小的入射角的情况下需要更多的玻璃。

Clapham[28] 给出了偏振棱镜的研究细节。

9.3.2　偏振片

$\lambda/4$ 膜堆高反射区的宽度是所用的两种材料导纳比值的函数，这一比值随入射角变化而变化，并且对 s 偏振光和 p 偏振光有所不同。我们回忆一下：

$$\eta_s = n\cos\vartheta \quad 而 \quad \eta_p = n/\cos\vartheta$$

于是

$$\eta_{Hs}/\eta_{Ls} = \cos\vartheta_H/\cos\vartheta_L$$

并且

$$\eta_{Hp}/\eta_{Lp} = \cos\vartheta_L/\cos\vartheta_H$$

由此

$$\frac{(\eta_H/\eta_L)_s}{(\eta_H/\eta_L)_p} = \frac{\cos^2\vartheta_H}{\cos^2\vartheta_L} \tag{9.27}$$

因子 $\cos^2\vartheta_H/\cos^2\vartheta_L$ 总是小于 1，于是 p 偏振高反射区的宽度总是小于 s 偏振的。在 p 偏振高反射区之外，s 偏振高反射区之内的区域，s 偏振的透射率很低，但是 p 偏振的透射率很高，于是器件可以作为偏振器。这一区域比较窄，因此这样的器件不会工作在一个很宽的波长范围。但是对于单波长，如激光，它可以非常有效地工作。为了完成器件的设计，有必要减少 p 偏振透射带中的波纹。第 7 章中介绍的方法可以用于实现这一功能。最有效的解析方法可能是 Thelen 的周期移动方法，因为它正好工作在通带的边缘，这一点很重要。现在，最外层的计算机优化越来越常用。我们常常利用这一器件作为长波通滤光片，因为这需要更薄的膜层以及比短波通滤光片更少的材料。器件的后表面需要镀上 p 偏振光的减反射膜。如果器件工作在布儒斯特角，我们可以忽略上述条件。Songer[29] 描述了这样一种偏振器的设计，如图 9.20 所示。在功率较高的情况下，相比于棱镜或 MacNeille 型偏振器，偏振片比较有优势。

事实上任何一种透射和反射边界明显的膜层都具备成为偏振器的潜质。有人认为窄带滤光片相比于作为偏振片薄膜基础的简单 $\lambda/4$ 膜堆更有优势，因为在沉积过程中对器件的监控更加直接[30]。

9.3.3　偏振分光棱镜

偏振器嵌入棱镜中的一个优势是，有效入射角可以非常大——比入射介质为空气的时候大得多。这增强了偏振分离，使之具有比入射介质为空气的情况下更宽的高偏振度区域。即使不能达到布儒斯特角条件，在入射光功率不太高的时候，利用这种设计也有优势。Netterfield[31] 考虑了这种偏振器的设计细节，他的论文值得我们深入思考。

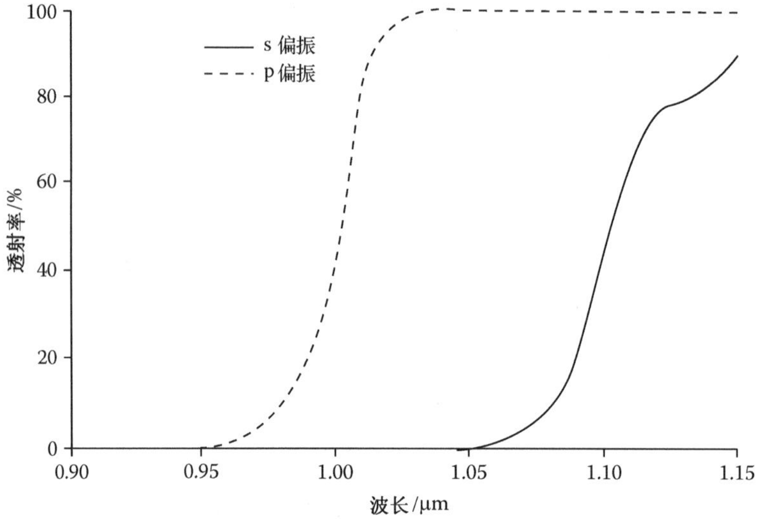

图 9.20　1.06μm 偏振片的特征曲线

(设计为空气 |$(0.5H'L0.5H')^3(0.5H''L''0.5H'')^8(0.5H'L'0.5H')^3$ |玻璃,其中, H′ =1.010H, L′ =1.146L, H″ =1.076H, L″ = 1.220L, n_H = 2.25, n_L =1.45, λ_0 =0.9μm, ϑ_0 =56.5°。引自 Songer L. *Optical Spectra*, 12,45-50,1978)

9.4　无偏振薄膜

避免偏振问题的薄膜设计相比偏振薄膜的设计更加困难,并且现在还没有完全有效的方法。膜层相位厚度及光学导纳的变化无法避免,因此,我们能做的最好打算就是排列一系列膜层,使 p 偏振和 s 偏振的行为尽量一致。很明显,入射角或波长范围越大,解决起来越困难。目前的技术只有在很有限的波长和入射角范围内有效(在很窄的角度范围内有效)。我们所用的主要分析技术几乎都来自 Thelen[32, 33]。

9.4.1　中等入射角的截止滤光片

这一部分完全以 Thelen[33] 的一篇重要论文为基础,但是我们对原始论文表达式中的符号进行了改动,以便与本书其他部分保持一致。因此,在阅读原文的时候要注意这个方面,尤其是,对原文中 x 的定义有轻微改动。

在 p 偏振光反射率没有受到严重影响的入射角,斜入射时使用截止滤光片的主要影响是使得两个偏振面相分离。这限制了边沿的陡度,达不到非偏振光的程度。通带比较有限的截止滤光片可以利用带通滤光片构造,但是因为带通滤光片同样受到偏振分离的影响,s 偏振光的带宽收缩,而 p 偏振光的带宽延展,它们具有同样的问题。然而有一种方法可以移动带通滤光片的通带,使两个边缘重合,这使截止滤光片的带宽没有很大的延展,这样对于一个给定的入射角,没有偏振分离。带通滤光片的峰位可以认为是腔厚度及两侧膜堆反射相移的函数。斜入射时,膜堆反射的 s 偏振光和 p 偏振光的相对相移可以通过增加或减少材料来进行修正。

这还会改变两种偏振通带峰值的相对位置，并且如果调整得比较精确，两个边缘可以重合。当然，这只能对一个入射角有效。随着入射角偏离设计值，分离又会重新出现。

我们放弃了刚才所描述的方法，而是采用了基于对称周期的多腔滤光片设计。举一个典型的多腔滤光片的设计实例，即

$$\text{入射介质}|\text{匹配层}\ (\text{对称膜堆})^q\text{匹配层}|\text{基底}$$

对称膜堆构成了滤光片的基础，可以用一个简单的与单层膜具有相同形式的矩阵来表示，参见第 8 章。通带边缘由可使矩阵对角项为 1、非对角项为 0 的波长决定，也就是说，如果矩阵为

$$\begin{bmatrix} N_{11} & \mathrm{i}N_{12} \\ \mathrm{i}N_{21} & N_{22} \end{bmatrix}$$

那么通带的边缘为

$$N_{11} = N_{22} = \pm 1$$

设计过程保证了对于合适的入射角这个条件可以满足。

我们可以考虑对称周期为 $2x+1$ 层 $\lambda/4$ 膜堆，且在对称周期两侧有相同的额外的两层，即

$$fB\ ABAB\cdots A\ fB$$

式中，A 和 B 代表 $\lambda/4$ 膜层，f 是一个修正因子，其目的是利用 $\lambda/4$ 的厚度得到偏离 $\lambda/4$ 的外层厚度。可以将整个矩阵写成 $f\mathrm{B\ M}\ f\mathrm{B}$，其中 $\mathrm{M} = \mathrm{ABAB\cdots A}$，得到

$$\begin{bmatrix} \cos\alpha & \mathrm{i}\sin\alpha/\eta_{\mathrm{B}} \\ \mathrm{i}\eta_{\mathrm{B}}\sin\alpha & \cos\alpha \end{bmatrix}\begin{bmatrix} M_{11} & \mathrm{i}M_{12} \\ \mathrm{i}M_{21} & M_{1} \end{bmatrix}\begin{bmatrix} \cos\alpha & \mathrm{i}\sin\alpha/\eta_{\mathrm{B}} \\ \mathrm{i}\eta_{\mathrm{B}}\sin\alpha & \cos\alpha \end{bmatrix}$$

于是在每个偏振面的区域边缘 N_{11} 可以表示为

$$N_{11} = N_{22} = M_{11}\cos 2\alpha - 0.5(M_{12}\eta_{\mathrm{B}} - M_{21}/\eta_{\mathrm{B}})\sin 2\alpha = \pm 1 \tag{9.28}$$

两个偏振面必须同时满足这一条件，才能使通带的边缘能够重合。事实上，当需要用试错法来满足式(9.28)时，可以利用由除了 $\lambda/4$ 以外厚度组成的对称周期。计算机可以带来很多帮助。对于 $\lambda/4$ 膜堆，我们可从第 8 章"窄带滤光片的设计"推导的表达式中寻找一些帮助。从式(8.57)开始分析，令 $m=1$，$q=0$，有

$$\begin{aligned} M_{11} &= (M_{22} =)(-1)^x(-\varepsilon)[(\eta_{\mathrm{A}}/\eta_{\mathrm{B}})^x + \cdots + (\eta_{\mathrm{B}}/\eta_{\mathrm{A}})^x] \\ \mathrm{i}M_{12} &= \mathrm{i}(-1)^x/[(\eta_{\mathrm{A}}/\eta_{\mathrm{B}})^x\eta_{\mathrm{A}}] \\ \mathrm{i}M_{21} &= \mathrm{i}(-1)^x[(\eta_{\mathrm{A}}/\eta_{\mathrm{B}})^x\eta_{\mathrm{A}}] \end{aligned} \tag{9.29}$$

ε 和前面一样，表示与 $\lambda/4$ 的微小偏差，即 $\varepsilon = (\pi/2)(g-1)$。注意到 $2x+1$ 现在是内膜堆的层数，总的层数应包括最外层偏离 $\lambda/4$ 的膜层，为 $2x+3$。现在，利用与第 8 章中相同的过程，可以写出式(9.29)中系数的表达式为

$$\begin{aligned} M_{11} &= \frac{(-1)^x(-\varepsilon)(\eta_{\mathrm{H}}/\eta_{\mathrm{L}})^x}{(1-\eta_{\mathrm{L}}/\eta_{\mathrm{H}})} \\ &= (-1)^x(-\varepsilon)P \end{aligned}$$

以及

$$0.5(M_{12}\eta_B - M_{21}/\eta_B) = 0.5(-1)^x[(\eta_B/\eta_A)^{x+1} + \cdots + (\eta_A/\eta_B)^{x+1}]$$
$$= (-1)^x Q$$

其中

$$P = \frac{(\eta_H/\eta_L)^x}{(1-\eta_L/\eta_H)} \qquad Q = 0.5(\eta_H/\eta_L)^{x+1}$$

于是两个方程变为

$$\begin{aligned} \pm 1 &= \varepsilon P_p \cos 2\alpha + Q_p \sin 2\alpha \\ \pm 1 &= \varepsilon P_s \cos 2\alpha + Q_s \sin 2\alpha \end{aligned} \tag{9.30}$$

对于 α 和 ε 有

$$\sin 2\alpha = \pm \frac{P_s - P_p}{(P_s Q_p - P_p Q_s)} \tag{9.31}$$

$$\varepsilon = \frac{\pm 1 - Q_p \sin 2\alpha}{P_p \cos 2\alpha} \tag{9.32}$$

现在

$$\varepsilon = (\pi/2)(1-g), \qquad g = \lambda_0/\lambda$$

$$\alpha = (\pi/2)(\lambda_R/\lambda) = (\pi/2)(\lambda_R/\lambda_0)g = (\pi/2)fg$$

于是

$$f = \alpha/(\pi g/2) = \alpha/[(\pi/2) - \varepsilon] \tag{9.33}$$

可以得到两个 f 值。通常,大的值对应于短波通滤光片,小的值对应于长波通滤光片。

α 和 ε 的具体值比较重要,在数值例子的框架下进行讨论比较好。我们尝试一个空气中45°的长波通滤光片的设计,它具有对称周期:

$$f\text{L HLHLHLH } f\text{L}$$

式中,H 代表折射率2.35;L 代表折射率1.35。内膜堆有7 层,对应 $2x+1$,于是 x 在这里为3。我们将用修正导纳,对于这一组合为(下角标 S 和 A 分别对应基底(n =1.52)及空气(n = 1.00))

$$\eta_{Hs} = 3.1694 \qquad \eta_{Ls} = 1.6264$$
$$\eta_{Ss} = 1.9028 \qquad \eta_{As} = 1.0000$$
$$\eta_{Hp} = 1.7425 \qquad \eta_{Lp} = 1.1206$$
$$\eta_{Sp} = 1.2142 \qquad \eta_{Ap} = 1.0000$$

那么

$$P_s = 15.201 \qquad P_p = 10.535$$
$$Q_s = 7.211 \qquad Q_p = 1.0000$$

由此给出 $\sin\alpha = \pm 0.1480$。

现在,处于未受干扰状态的最外薄层将会是 $\lambda/4$ 层,于是我们寻找的两个解将会接近

$2\alpha=\pi$，即在第二和第三象限。保持结果在正确的次序并且发现

$$2\alpha=\pi\pm0.1485=3.2901\ 或\ 2.9931$$

于是，在两种情况下，$\cos 2\alpha=0.9890$，因此

$$\varepsilon=\pm(1+2.923\times0.148)/(-10.535\times0.9890)=\pm(-0.1375)$$

于是

$$f=(3.2901/2)/[(\pi/2)-0.1375]=1.148$$

以及

$$g=1-(2\times0.1375)/\pi=0.9125$$

和

$$f=(2.9931/2)/[(\pi/2)+0.1375]=0.876$$

以及

$$g=1+(2\times0.1375)/\pi=1.088$$

我们取第二个解，它对应于长波通滤光片。现在需要考虑匹配条件，由于在尝试得到通带延展很小的截止滤光片两个偏振面的一致边缘，我们将着重研究通带边缘处的性能，并不关心远离它时的性能。利用对称周期方法，基本周期为

0.876L HLHLHLH 0.876L

式中，H 和 L 分别为折射率为 2.35 和 1.35 的 $\lambda/4$ 膜层，并且 45°角入射。对于 s 偏振和 p 偏振对称周期等效导纳的计算如表 9.1 所示，同样，它们是修正导纳。我们使匹配发生在 $g=1.08$。在周期中的 L 层旁加入一个 HLHL 组合，使得 p 偏振的导纳为 0.9625，s 偏振的导纳为 1.416。我们需要匹配的介质在 p 偏振时，对于空气的修正导纳为 1.0，对于玻璃的修正导纳为 1.24，而对于 s 偏振这两个导纳分别为 1.0 和 1.903。因此，作为第一次尝试，这一匹配可能是足够的。由于匹配发生在 $g=1.08$，匹配膜系中四层的厚度必须用因子 1.0/1.08 修正。为了完成设计，我们需要确保所有膜层都满足 45°角入射，这意味着将它们 45°角入射时的有效厚度乘以因子 $1/\cos\vartheta$。

表 9.1 对称周期(0.876LHLHLHLH0.876L)的等效导纳及相位厚度。其中 L和H分别代表45°角入射时折射率为1.35和2.35的 $\lambda/4$ 膜层

g	s 偏振		p 偏振	
	E(修正)	γ/π	E(修正)	γ/π
1.04	虚值		0.1946	4.4372
1.05	0.0949	4.2955	0.2018	4.4372
1.06	0.1190	4.4454	0.1993	4.5884
1.07	0.1202	4.5786	0.1861	4.6652
1.08	0.0982	4.7211	0.1588	4.7486
1.09	虚值		0.1049	4.8530
1.10	虚值		虚值	

最终的设计如下,所有的厚度都是垂直入射时的值,即

$$\text{空气} \mid (0.971\,\mathrm{H}\ 1.087\,\mathrm{L})^2(1.028\,\mathrm{L}(1.049\,\mathrm{H}\ 1.174\,\mathrm{L})^3\ 1.049\,\mathrm{H}\ 1.028\,\mathrm{L})^q\ (1.087\,\mathrm{L}\ 0.971\,\mathrm{H})^2 \mid \text{玻璃}$$

$q=4$ 时的性能如图 9.21 所示。由于 p 偏振光导纳在获得高反射率方面没有 s 偏振光导纳有效,s 偏振边缘的陡度某种程度上更大,于是两个边缘在它们的上端重合。f 因子的调整可以上下移动边缘重合点。Thelen 给出了很多设计例子,其中一些基于包含厚度不等于 $\lambda/4$ 的对称周期。

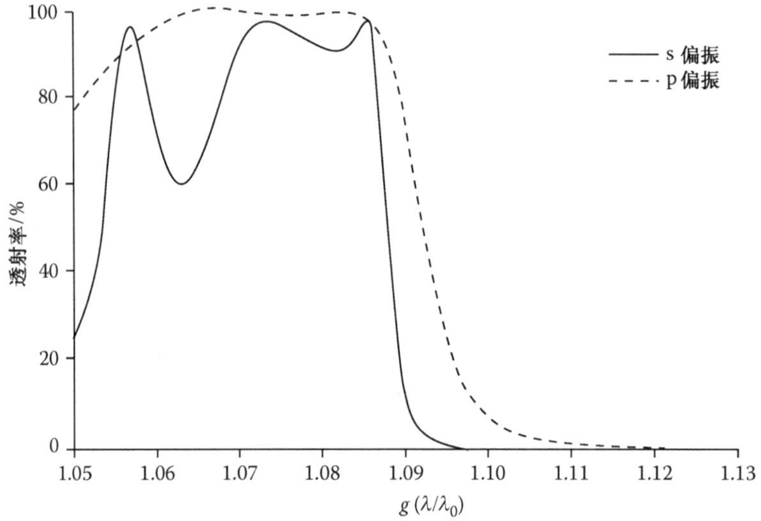

图 9.21　计算得到的无偏振截止滤光片的性能

(利用 Thelen[33] 的方法设计,在空气中使用,入射角为 45°。多层结构在正文中给出)

9.4.2　大入射角时的反射膜

在非常大入射角的情况下,反射膜对 p 偏振光的反射率急剧下降。这对于嵌入玻璃中的薄膜,如偏振分光棱锥,是尤其符合的,并且我们已经看到了怎样利用它们制作好的偏振器。p 偏振光的导纳不适合高反射率,因此为了提高 p 偏振光反射率我们必须使用较多的膜层——比垂直入射时多很多。同时,s 偏振光反射率必须显著下降,否则它将大大超过 p 偏振能达到的范围。我们在这里利用的方法是基于 Thelen[32] 提出的另一种方法。很多学者研究了这个问题;为了细致了解对称周期在设计斜入射反射膜中的应用,Knittl 和 Houserkova[34] 的论文很有参考价值。

我们考虑一个 $\lambda/4$ 膜堆,基底上的这样一个膜堆的表面导纳在光垂直入射时为

$$Y=\frac{y_1^2y_3^2y_5^2\cdots y_{\mathrm{sub}}}{y_2^2y_4^2y_6^2\cdots} \tag{9.34}$$

如果层数是偶数,y_{sub} 在分子中;如果是奇数,则在分母中。

垂直入射时,反射率为

$$R=\left[\frac{y_0-Y}{y_0+Y}\right]^2$$

现在,如果 $\lambda/4$ 膜堆倾斜,膜厚厚度调整至特定入射角,则反射率的表达式将会与之相似,只是一定要用合适的倾斜导纳。这里我们用修正导纳,这样 y_0将保持不变。于是 Y变为

$$Y=\frac{\eta_1^2\eta_3^2\eta_5^2\cdots\ \eta_{\text{sub}}}{\eta_2^2\eta_4^2\eta_6^2\cdots}\tag{9.35}$$

为了使 p 偏振和 s 偏振的反射率相等,p 偏振和 s 偏振的修正导纳必须相等,或者

$$\frac{y_0-Y_{\text{p}}}{y_0+Y_{\text{p}}}=\frac{Y_{\text{s}}-y_0}{Y_{\text{s}}-y_0}$$

然而,第二个条件可以简化为 $Y_{\text{s}}Y_{\text{p}}=y_0^2$,并且由于 $\eta_{\text{p}}\eta_{\text{s}}=y^2$,这将等同于一系列四分之一波长厚度,如果垂直入射,反射率将为零,这并不是一个好的结果,因为我们在寻找高反射率。

如果我们将 $(\eta_{1\text{p}}/\eta_{1\text{s}})$写为 Δ_1,其他膜层做类似的处理,那么第一个条件为

$$\frac{\Delta_1^2\Delta_3^2\Delta_5^2\cdots\ \Delta_{\text{sub}}}{\Delta_2^2\Delta_4^2\Delta_6^2}=1\tag{9.36}$$

注意 Thelen 的论文没有用修正导纳,所以在表达式中引入了入射介质。接下来的工作就是尝试寻找材料的一个组合,使得条件(式(9.36))得到满足;同时寻找导纳的值,使得要求的反射率得到满足。

一个例子可以帮助我们理解这种方法。表 9.2 给出了在 45°角入射时玻璃($n=1.52$)的修正导纳的一些值。在这个例子中,基底和入射介质的材料相同。可能的方案有很多种,但最直接的方法是寻找三种材料 H、L 和 M,其中 M 具有中等折射率,使得

$$\Delta_{\text{H}}\Delta_{\text{L}}=\Delta_{\text{M}}^2\tag{9.37}$$

于是多层膜结构可以为…HMLMHMLMHMLM …,导纳的形式为

$$Y=\frac{\eta_{\text{H}}^2\eta_{\text{L}}^2\eta_{\text{H}}^2\cdots}{\eta_{\text{M}}^2\eta_{\text{M}}^2\eta_{\text{M}}^2\cdots}\tag{9.38}$$

膜层数可以选择,使得能够达到所要求的反射率。基底在式(9.38)中没有出现,因为正如已经提到的,它与入射介质具有相同的材料,因此 $\Delta_{\text{sub}}=1$。当基底为不同材料时,可能会存在一个轻微的残留失配,但是实际困难在于实现精确匹配。理论上,清除残留失配是可能的,通过加入使基底与入射介质相匹配的一个额外的部分即可。

表 9.2　光在折射率为 1.52 的入射介质中以 45°角入射时不同材料的修正导纳

η_f	$1/\cos\vartheta$	η_{p}	η_{s}	$\Delta(=\eta_{\text{p}}/\eta_{\text{s}})$
1.35	1.6526	1.5776	1.1553	1.3656
1.38	1.5943	1.5558	1.2241	1.2710
1.45	1.4898	1.5275	1.3765	1.1097
1.52	1.4142	1.5200	1.5200	1.0000

续表

η_f	$1/\cos\vartheta$	η_p	η_s	$\Delta(=\eta_p/\eta_s)$
1.57	1.3719	1.5230	1.6185	0.9410
1.65	1.3180	1.5377	1.7705	0.8685
1.70	1.2907	1.5515	1.8627	0.8330
1.75	1.2672	1.5680	1.9531	0.8028
1.80	1.2466	1.5867	2.0419	0.7771
1.85	1.2286	1.6072	2.1295	0.7548
1.90	1.2127	1.6292	2.2158	0.7353
1.95	1.1985	1.6525	2.3010	0.7182
2.00	1.1858	1.6770	2.3853	0.7030
2.05	1.1744	1.7023	2.4687	0.6895
2.10	1.1640	1.7285	2.5514	0.6775
2.15	1.1546	1.7554	2.6334	0.6666
2.20	1.1461	1.7829	2.7147	0.6568
2.25	1.1383	1.8110	2.7955	0.6478
2.30	1.1311	1.8396	2.8757	0.6397
2.35	1.1245	1.8686	2.9554	0.6323
2.40	1.1184	1.8980	3.0347	0.6254

从表9.2中可以看到在45°角入射时膜层是近似匹配的，此时折射率分别为1.35、2.25和1.57。对于这个组合，有

$$\frac{\Delta_H\Delta_L}{\Delta_M^2}=\frac{1.3656\times0.6478}{0.941^2}=0.999$$

由于上述类型的一个四层膜周期，p偏振光导纳的增加为

$$\frac{\eta_{Hp}^2\eta_{Lp}^2}{\eta_{Mp}^4}=\frac{1.811^2\times1.578^2}{1.523^2}=1.518$$

八个周期的值为28.2——即32膜层的反射率为87%。H、L和M三层的组合是比较灵活的，只要H和L是偶数，M是奇数。这种设计得出的薄膜性能如图9.22所示，基本周期为四个四分之一波长厚度。只要基本周期是半波长厚的整数倍，那么高反射区就存在。由于在这个例子中有四个四分之一波长厚度，可以在$g=0.5$和$g=1.5$处得到额外的高反射区。$g=0.5$（即$\lambda=2\times510=1020$nm）处的峰在图中的长波端是可见的。

通过对材料修正导纳的检验，我们知道了薄膜是如何达到所期望的性能的。每一个第二对膜层会降低下一对膜层的s偏振反射率，而略微增加p偏振反射率。为了得到高反射率，需要很多膜层。反射率对角度的敏感性相当高，而且几乎没有办法改善这一点。

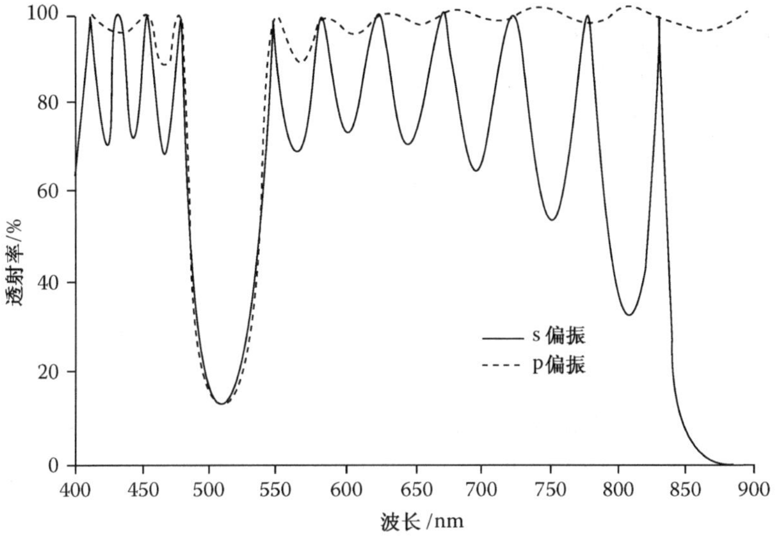

图9.22　计算得到的在玻璃中以45°角入射时非偏振反射器的性能

（薄膜利用Thelen[32]的方法设计得到，具体为：玻璃 | (1.38H 1.372M 1.653L 1.372M)^8 |玻璃，其中 n_H =2.25，n_M =1.57，n_L =1.35，$n_{玻璃}$ =1.52，λ_0 =510nm）

9.4.3　大入射角时的截止滤光片

对9.4.2节的处理方法做些改进，可以设计用于大入射角的截止滤光片。我们不能指望以适当的膜层数完成这一设计，要利用刚刚计算的例子来描述这一方法，性能如图9.22所示。我们想利用这个器件作为一个长波通滤光片，因此需要消除峰值长波长一侧的波纹。由于截止度不够好，因此需要使用更多的膜层。一个20周期的结构可以达到在整个区域的透射率低于0.1%，但是这样会出现波纹。于是我们选择使用24周期，并且使用两侧最外边的8层作为匹配的基础。最简单的实现方法就是使用计算机进行优化。对于这样的膜层数我们需要对膜层厚度进行更加精确的估计，于是在进行优化之前最终设计为

$$玻璃 \mid (1.13827H\ 1.37187M\ 1.65262L\ 1.37187M)^{24} \mid 玻璃$$

优化之后的性能如图9.23所示。

短波通滤光片或其他材料的滤光片可以利用同样的方式进行设计，这种设计对于材料和入射角非常敏感。

截止区的宽度很有限，并且宽度小于传统的两种材料截止滤光片分离区的宽度。如果要求不是很严格，增加一个玻璃吸收滤光片可能是最实际的解决办法。否则，将需要在稍微短些的波长处额外增加一个干涉元件。

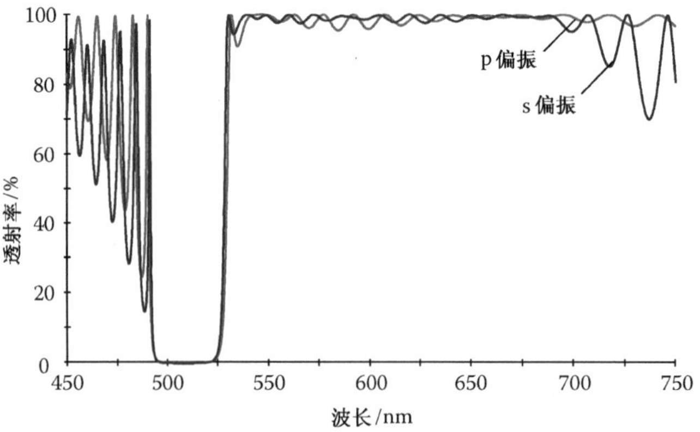

图 9.23　非偏振截止滤光片的计算结果,在玻璃中以 45°角入射

(设计方案为玻璃 |(1.13827H 1.37187M 1.65262L 1.37187M)[24] | 玻璃,其中 n_H =2.35, n_M =1.57, n_L =1.35, $n_{玻璃}$ =1.52, λ_0 = 510nm)

9.5 减反射膜

大入射角减反射膜设计的难度远高于垂直入射的情形,只考虑一个偏振面的情形会简单一些。此时问题转化为在合适的入射角下将导纳转化成倾斜或修正的光学导纳,并利用这些值来设计膜层,设计方式与垂直入射的情形基本相同。主要的问题在于可利用的导纳区域与垂直入射时不同,尤其是在 s 偏振时。我们首先简要讨论存在一种偏振的减反射膜,随后讨论两种偏振的情况,此时存在的一个额外问题是两个偏振态具有完全不同的导纳值。

为了简化对设计的讨论,我们假设在空气中入射角等于 60°,基底折射率为 1.5,可能的膜层折射率为 1.3, 1.4, 1.5, …, 2.5。真正的设计会基于可得到的折射率,这将会更加受到限制,并可能需要更多膜层。修正导纳的值 $\Delta(=\eta_p/\eta_s)$ 在表 9.3 中给出。

表 9.3　在折射率为 1.0 的入射介质中以 60°角入射时,不同材料的修正导纳

n_f	$1/\cos\vartheta$	η_p	η_s	$\Delta(=\eta_p/\eta_s)$
1.00	2.0000	1.0000	1.0000	1.0000
1.30	1.3409	0.8716	1.9391	0.4495
1.40	1.2727	0.8909	2.2000	0.4050
1.50	1.2247	0.9186	2.4495	0.3750
1.60	1.1893	0.9514	2.6907	0.3536
1.70	1.1621	0.9878	2.9258	0.3376
1.80	1.1407	1.0266	3.1560	0.3253
1.90	1.1235	1.0673	3.3823	0.3156
2.00	1.1094	1.1094	3.6056	0.3077
2.10	1.0977	1.1526	3.8262	0.3012
2.20	1.0878	1.1966	4.0448	0.2958
2.30	1.0794	1.2414	4.2615	0.2913
2.40	1.0722	1.2867	4.4766	0.2874
2.50	1.0660	1.3325	4.6904	0.2841

9.5.1　仅 p 偏振的情形

在 60°角入射时，基底的修正 p 偏振光导纳只有 0.9186，由此得到一个小于 0.2% 的 p 偏振单面反射率，这对大多数应用是可以接受的。60°的入射角只是略大于布儒斯特角，如果需要更低的反射率，就需要一个单独的 $\lambda/4$ 膜层，其导纳为 $(0.9186\times1.0000)^{1/2}$，即 0.9584。这在表 9.3 中对应一个略大于 1.6 的折射率，这个值大于基底的折射率。随着入射角逐渐增大(远离 60°角)，需要的折射率会逐渐增大。最终，在非常大的入射角下，需要的单层折射率会高于最大的可能得到的折射率值，在这种情况下，基于像空气 |HL |玻璃的组合在合适的入射角处就会需要四分之一波长的厚度。这样的薄膜只工作在一个很小的入射角范围内，并且因为所需的精度很难制作。如果可能的话，最好能够重新设计光学系统以避免这样的设计。

9.5.2　仅 s 偏振的情形

基底的修正 s 偏振光导纳为 2.449，实现完美减反射所需的单层膜导纳是 $(2.4495\times1.0000)^{1/2}$ 或者 1.5650，低于可实现的范围。问题与垂直入射时相似，垂直入射时我们没有具有足够低折射率的材料。解决方案类似，起初我们通过添加一个高导纳的 $\lambda/4$ 膜层，提高基底的导纳至足够高。在这里膜层折射率为 1.9 或导纳为 3.3823 是比较合适的，从而得出设计方案为导纳等于 $3.38232/2.449$ 或 4.6713，这需要一个导纳为 $(4.6713\times1.0000)^{1/2}$ 或 2.1613 的半波长膜层才能完成。这最接近折射率 1.4，导纳 2.2000，并且这种组合的残留反射率为 0.03%，相对于反射率为 17.7% 的未镀膜基底是一个相当大的进步。我们不能期望这样一个薄膜能够满足很宽的工作范围，图 9.24 证实了这一点。可以通过在两个四分之一薄膜层之间

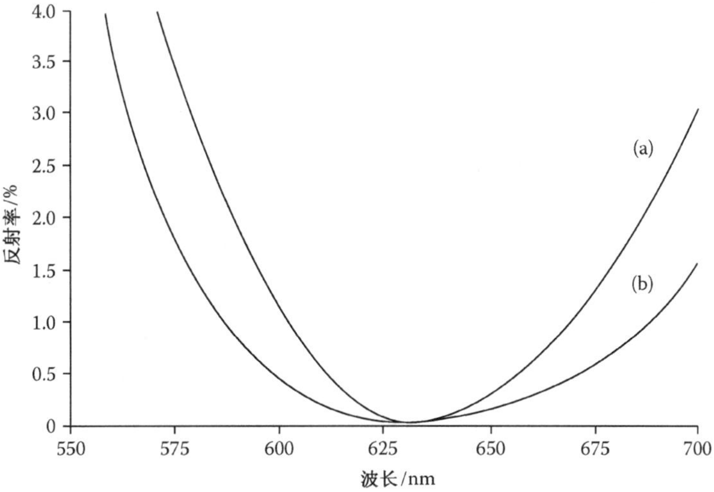

图 9.24　在空气中以 60°角入射时，s 偏振光的减反射膜

((a)空气 |1.273L 1.123H |玻璃；(b)空气 | 1.273L 1.123H 2.682A |玻璃，其中 $n_L=1.4$，$n_H=1.9$，$n_{空气}=1.3$，$n_{玻璃}=1.5$，$\lambda_0=632.8$nm)

加一个高导纳半波层,或者紧邻基底加一个低导纳半波长膜层,作为一个小的改进。后一种方法也在图中给出。用垂直入射厚度表示,两种设计为

空气 | 1.273L 1.123H | 玻璃

和

空气 | 1.273L 1.123H 2.682A | 玻璃

式中,L、H 和 A 分别代表折射率为 1.4、1.9 和 1.3 的垂直入射四分之一波长膜层。这些设计对 p 偏振光的反射率很高,因而它们只适合定义 s 偏振光的反射率。

同样,在任何时候都最好尽可能避免设计这种减反射膜,而是重新设计仪器的光学系统,以使 s 偏振光被反射,同时 p 偏振光被透射。

9.5.3 s 偏振和 p 偏振同时存在的情形

对 s 偏振光和 p 偏振光同时保持低的反射率几乎是一个不可能完成的任务,并且应该作为最后一个且非常昂贵的类型来尝试。这里介绍一种方法,可以在一个狭窄的波长区域内使这种设计是有效的。我们仍利用表 9.3 中给出的折射率范围设计一个薄膜,在空气中折射率为 1.5 的基底上实现低的 s 偏振和 p 偏振反射率。

我们只利用 $\lambda/4$ 膜层厚度,以及一个与之前设计高反射率膜层相似的设计方法,但是加了一个额外的条件,即基底和膜层的 p 偏振和 s 偏振导纳都应该为 1,从而和入射介质相匹配。这意味着

$$\frac{\Delta_1^2\Delta_3^2\Delta_5^2\cdots\Delta_{sub}}{\Delta_2^2\Delta_4^2\Delta_6^2}=1 \tag{9.39}$$

和

$$Y=\frac{\eta_{1s}^2\eta_{3s}^2\eta_{5s}^2\cdots\eta_{sub,s}}{\eta_{2s}^2\eta_{4s}^2\eta_{6s}^2\cdots}=1 \tag{9.40}$$

式(9.39)保证了 p 反射率等于 s 反射率,式(9.40)保证 s 反射率和 p 反射率都为零。由表 9.3 得到起始值为 $\Delta_{sub}=0.3750$,$\eta_{sub}=2.4495$。经过反复试验可以得出:通过加一个 $\lambda/4$ 膜层,最好的结果对应 1.3 的折射率,此时 $\Delta_1^2/\Delta_{sub}=0.4495^2/0.3750=0.5387$,并且 $\eta_{1s}^2/\eta_{sub}=1.9391^2/2.4495=1.5350$。其他组合在各自的例子中给出了远离 1 的结果。采用折射率为 1.3 的 $\lambda/4$ 膜层作为薄膜的第一层,我们还需要一个膜层组合以提供一个修正因子,对于 Δ 为 1.3624,η_s为 0.8071。增加一个膜层不能满足要求,但当增加两个膜层(其中一层为高折射率膜层,另一层为低折射率膜层)时,我们发现能够修正 Δ,但是对于 η_s项是不够的。这个两层膜的组合最接近要求的一组参数的折射率为 1.8 和 1.3,因此目前的设计为

空气 | $n=1.3$ | $n=1.8$ | $n=1.3$ | 玻璃

这里,Δ 为 $(0.44952\times0.44952)/(0.32532\times0.375)=1.0288$,$\eta_s$为 $(1.93912\times0.93912)/(3.15602\times2.4495)=0.5795$。然而,折射率为 2.5 和 1.4 的组合可以得到一个对 Δ 几乎相同的修正,而对 η_s却不同。这使得我们可以同时使用这两种组合,构造一个四层的结构以修正

η_s值,并且不会对 Δ 造成影响。Δ 的修正因子为(0.44952 ×0.28412)/(0.40502 ×0.32532) = 0.9396,η_s的修正因子为(1.93912 ×4.69042)/(2.20002 ×3.15602) =1.7159。这样产生了一个修正后的 Δ 值为 0.9396 ×1.0288 = 0.9667,η_s值为 1.7159 ×0.5795 =0.9944。七层膜可以有很多种排列方法,而不会改变参考波长处的反射率。所需要的只是折射率为 1.3 和 2.5 的膜层应为奇数层,而折射率为 1.4 和 1.8 的膜层应为偶数层。这里将它们按折射率的值从基底降序排列,得到设计结果为

空气 | 1.3409L 1.2727A 1.3409L 1.1407B 1.3409L 1.1407B 1.066H | 玻璃

其中,n_L =1.30,n_A = 1.40,n_B =1.80,n_H =2.50。

参考波长为 632.8nm,计算得到的这种薄膜的性能如图 9.25 所示。正如我们猜测的,低反射率区很窄。利用同样的方法获得了另一种设计,但基底折射率为 1.52,采用了折射率从 1.35 至 2.40 的 10 个膜层,设计为

空气 | 1.3036L 1.1748A 1.3036L 1.1748A 1.3036L 1.1407B
1.0722H 1.1235C 1.0722H 1.1235C | 玻璃

其中,n_L =1.35,n_A =1.65,n_B =1.80,n_C =1.90,n_H =2.40,$n_{玻璃}$ =1.52 和 $n_{空气}$ = 1.00。性能曲线与图 9.25 所示的类似。

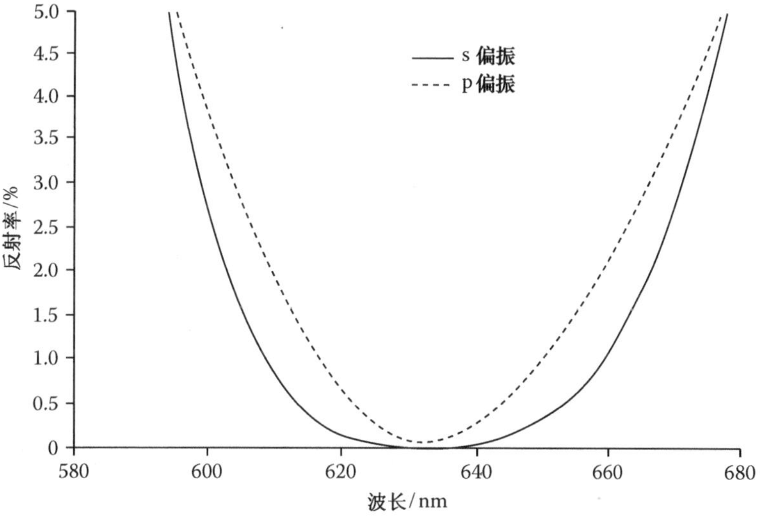

图 9.25　玻璃的减反射膜的计算结果,在空气中以 60°角入射,p 偏振和 s 偏振都具有低反射率
(λ_0 =632.8nm,正文中给出了具体设计)

前面两节中 p 偏振和 s 偏振具有相同性能的成功设计体现出了利用两种以上材料的优势,其中的原因很容易理解。只有两种材料时,对于两种偏振斜入射时的相位厚度正好相等。界面的性质没有灵活性,*A* 材料和 *B* 材料的界面与 *B* 材料和 *A* 材料的界面具有相同的特性,除了 180°的相移外。因此,我们实际上没有办法独立改变偏振敏感的特性。利用三种材料,由于具有三种不同的界面性质,设计的灵活性有了一些增加,但也付出了一些代价,薄膜在斜入射时的性能对折射率的准确值很敏感。

理想的减反射膜当然是非均匀膜,在第 4 章中已有讨论。只要折射率是光滑且连续变化的,薄膜的特性对折射率的分布就不敏感。只要它的总相位厚度大于 1/2 个波长,就可以有效地减反射。因此,当减反射膜倾斜的时候,尽管折射率分布稍微有一些变化,但只要入射角小于使相位厚度小于 1/2 波长的值,减反射的特性就依然保持。

可惜的是,在斜入射时,寻找一种可以作为非均匀膜最外部分的低折射率材料比较困难。

9.6　相位延迟器

在很多应用中,光线的偏振态十分重要,光学表面有、无薄膜都会改变这一性质。这种偏振态改变的知识对研究初始偏振态十分重要。偏振态改变的测量是一个很重要的表面和薄膜表征工具,对偏振态的人为操作可以通过对薄膜的特殊设计来实现。在我们检验和量化这些偏振性质之前,需要对一些术语和规定加以定义。

9.6.1　椭圆偏光参数和相对相位延迟

我们假设有一束由两个完全相干的正交电场定义的完全偏振的光束,于是椭圆偏光的参数 Ψ 和 Δ 定义为

$$\tan\psi=\left|\frac{\mathcal{E}_x}{\mathcal{E}_y}\right| \quad \text{和} \quad \Delta=\varphi_x-\varphi_y \tag{9.41}$$

Δ 也叫相对相位延迟或相位延迟。注意 Ψ 和 Δ 与参考轴的选择有关,同时还要注意这个 Δ 不要与式(9.36)及后面公式中的 Δ 相混淆。当考虑表面反射时,将参考轴与 p 和 s 的方向相对应会很方便。于是我们想到用 Ψ 和 Δ 表示表面或者薄膜的特性。定义它们为

$$\tan\psi=\left|\frac{\rho_{\mathrm{p}}}{\rho_{\mathrm{s}}}\right| \text{或} \left|\frac{\tau_{\mathrm{p}}}{\tau_{\mathrm{s}}}\right| \quad \text{和} \quad \Delta=\varphi_{\mathrm{p}}-\varphi_{\mathrm{s}} \tag{9.42}$$

然而,有一个小问题。这一约定需要参考轴和传播方向(也就是 s、p 的方向)有一致的手性(旋转方向)。第 2 章中关于薄膜的约定,入射和透射为右手螺旋,但反射为左手螺旋。为了使复杂程度最小化,椭圆偏光的约定丢掉了反射光线中的 p 方向。这给垂直入射情形带来了麻烦,因为垂直入射时没有入射面,并且线偏振光的行为不依赖于方向。因此,薄膜在正方向保留第 2 章中的约定,只需修改 Δ 的定义为

$$\begin{aligned} &\Delta=\varphi_{\mathrm{p}}-\varphi_{\mathrm{s}} \quad (\text{透射}) \\ &\Delta=\varphi-\varphi_{\mathrm{s}}\pm\pi \quad (\text{反射}) \end{aligned} \tag{9.43}$$

这还有助于消除垂直入射时的复杂性。垂直入射时,从薄膜表面反射回的圆偏振光保持了圆偏振特性,但是改变了手性,这意味着相对延迟 Δ 为 π 或 180°,幸运的是,这与表达式(9.43)一致。因此,Ψ 的值为 45°,Δ 的值为 180°或 π。因此可以使用由任何一对垂直的轴所构成的传播方向的右手系,不用修改 Ψ 和 Δ 的值。

垂直入射的反射有时被称为半波片或者半波相位延迟器。这不是一个很好的叫法，因为它没有表现得像一个正常的半波相位延迟器，如我们不能用它去旋转偏振面。随后我们将更加细致地研究相位延迟器。

9.6.2　多个表面镀膜的椭圆偏光参数和相对相位延迟

对光线绝对相位的了解需要准确知道光线穿过的路径长度。在一个光学系统中，这一长度通常是未知的，甚至没有所需要的精度。为了了解对光线偏振的影响，绝对相位通常是不需要的，只要了解参考分量之间的相位差即可。这样，除非有光学谐振腔在偏振分量之间引入不同的相位差，我们通常忽略由传播所带来的偏振分量之间的相位差，只考虑表面出现的相位差。由于重要的是相位差，我们可以简单地使用 Δ。如果需要分离每个偏振分量的相位，可以将 p 偏振分量的最终值取为净的 Δ，而将 s 偏振的取为零。

在斜入射时，ψ 和 Δ 起初是针对入射面定义的。假如接下来的反射或透射的入射面不变，那么对多个表面效应的分析将变得简单。由于 p 方向和 s 方向完全相互独立，那么忽略元件之间的相移，可以写成

$$
\begin{aligned}
\rho_{\mathrm{p}} &= \rho_{\mathrm{p1}} \cdot \rho_{\mathrm{p2}} \cdot \rho_{\mathrm{p3}} \cdots \\
\rho_{\mathrm{s}} &= \rho_{\mathrm{p1}} \cdot \rho_{\mathrm{p2}} \cdot \rho_{\mathrm{p3}} \cdots
\end{aligned}
\tag{9.44}
$$

对于透射的情况可以将所有的 ρ 替换为 τ，并且这里必须对 ρ_{p} 采用椭圆偏光的规定。于是有

$$
\begin{aligned}
\tan\psi &= \tan\psi_1 \cdot \tan\psi_2 \cdot \tan\psi_2 \cdots \\
\Delta &= \Delta_1 + \Delta_2 + \Delta_3 + \ldots
\end{aligned}
\tag{9.45}
$$

如果入射面不一致的话，组合会更加复杂，因此从 ψ 和 Δ 的角度来思考没有多大用处。由于入射面总是包含光线，我们将会面临每一个新入射面绕光线方向的旋转问题，这可以通过旋转琼斯矩阵来解决[35-37]。

首先，我们需要选择入射波电场的参考方向，它们可以是从上一个元件中出射光束的 p 和 s 方向。接下来，令 ϑ 为 p 和 s 的新方向绕传播方向的旋转角。计算过程为

$$
\begin{bmatrix} \mathcal{E}_{\mathrm{p}'} \\ \mathcal{E}_{\mathrm{s}'} \end{bmatrix} = \begin{bmatrix} \rho_{\mathrm{p}'} & 0 \\ 0 & \rho_{\mathrm{s}'} \end{bmatrix} \begin{bmatrix} \cos\vartheta & \sin\vartheta \\ -\sin\vartheta & \cos\vartheta \end{bmatrix} \begin{bmatrix} \mathcal{E}_{\mathrm{p}} \\ \mathcal{E}_{\mathrm{s}} \end{bmatrix}
\tag{9.46}
$$

式中，$\mathcal{E}_{\mathrm{p}'}$ 和 $\mathcal{E}_{\mathrm{s}'}$ 分别指最终出射光束的 p 和 s 方向。同样，对于 ρ_{p} 使用椭圆偏光的规定。

琼斯矩阵方法需要跟踪参考方向以及它们的旋转，这相当困难，需要引入复杂的辅助计算，尤其是当研究透射率而不是反射率的时候。另一种方法需要建立一个三维参考轴，作为整体的参考。矢量分析是处理这些计算的最直接方法。一旦框架建立起来，就只需明确各个表面的法线方向、材料和膜层，以及是否涉及反射或透射。

这些计算最重要的先决条件是要头脑清晰。

9.6.3　相位延迟器

相位延迟器引入了两个正交偏振面之间的相对相移，并用它们的相对相位延迟量 Δ 表

征。最常见的相位延迟器是由双折射材料制成的对不同偏振方向具有不同折射率的波片。如果这些折射率用 n_a和 n_b表示,那么忽略波片表面的所有效应,引入的相对相移为 $2\pi(n_a-n_b)d/\lambda$,这里 d 是波片的物理厚度。通常,对应折射率较低的方向称为波片的快轴。这一术语有助于对相对相移的理解,但是没有对专业语言进行很好的组织。双折射相位延迟器是一个很直观的器件,使用简单,并且能够很好地保持光束的传播方向。然而它也有不足,大尺寸的相位延迟器很难制成,并且价格极高。其表面通常具有反射损耗,因而可能需要镀减反射膜以降低反射率,而这与 $1/\lambda$有关系。无色散的相位延迟器更加复杂,通常使用两种或更多种材料。薄膜相位延迟器可以避免这些问题。

各向同性材料在垂直入射时没有偏振敏感性。当它们倾斜放置时,s 偏振光和 p 偏振光的性质会有所不同,这是它们用于相位延迟器的基础。

薄膜的相位厚度对于 s 偏振光和 p 偏振光是相同的。对于一个透射器件,反射率应该较低,因而光束更容易透射过去,同时两个偏振方向具有相同的相位延迟。只有在窄带滤光片中,光束被存储在腔内,从而使我们可以看到比较明显的偏振差异,于是这种器件被更多地用做偏振器件,而不是相位延迟器。实用的薄膜延迟器总是反射器件,由于光的偏振态甚至可以在没有相对相移的时候被一个比较小的反射率差改变,因此这些器件的 s 和 p 反射率应该尽可能地接近,这通常意味着使反射率尽可能高。

在考虑薄膜相位延迟器的设计之前,需要考虑我们的规定。我们专门研究倾斜反射及偏振态变化的光束,因而可以很方便地使用器件或者薄膜的椭圆偏光参数 Ψ 和 Δ、式(9.42)和式(9.43)来描述。因为我们试图使反射率差对偏振态无影响,于是 Ψ 通常为 45°。

我们应该简单考虑一下 Ψ 不为 45°的情形。假设入射线偏振光的偏振方向相对入射面为 45°,这样 s 偏振光和 p 偏振光的振幅是相等的。于是,考虑到用 Ψ 表征的反射的影响,新的偏振面将会相对 s 偏振方向旋转 Ψ 角度。事实上,Ψ 常常导致线偏振光偏振面的旋转。当入射光的偏振方向与入射面成 45°时,上述因素带来的影响最大。在椭圆偏振光的规定中角度是相对于 s 偏振方向的(与 Ψ 的约定一致),因此旋转量在这种情况下就变成了 $\varepsilon=(45°-\Psi)$。圆偏振光将会变得稍微有点椭圆,就像用来产生它的初始线偏光从与四分之一波片的轴夹角 45°的位置旋转了 ε 角。我们用 Ψ 作为薄膜相位延迟器的一个特征量。

9.6.4 简单的相位延迟器

相位延迟器的最简单形式不完全是一个严格的薄膜系统。当入射角小于临界角时,与在一个简单的介质表面处反射有关的 Ψ 和 Δ 没有什么用处。Ψ 的变化范围从 45°到零,再到 45°,而 Δ 开始于 180°,当入射角 ϑ 上升至掠入射角和临界角两个值中较小的一个时,Δ 变为零。当入射角大于临界角时情况就有所不同了,这时要求入射介质的折射率大于出射介质。此时 Ψ 依然为 45°,而 Δ 从零上升至第一象限的最大值,随后下降至零,如图 9.26 所示。延迟角度正好为 45°的入射角有两个值,利用这样的两次反射,总的 Δ 为 90°,也就是实现了 $\lambda/4$ 延迟器。一个利用这种效应制作成的器件被称作菲涅耳菱形镜(图 9.27)。

高品质的金属层可以用作一个很简单的相位延迟器。随着入射角的变化,一个高品质金属

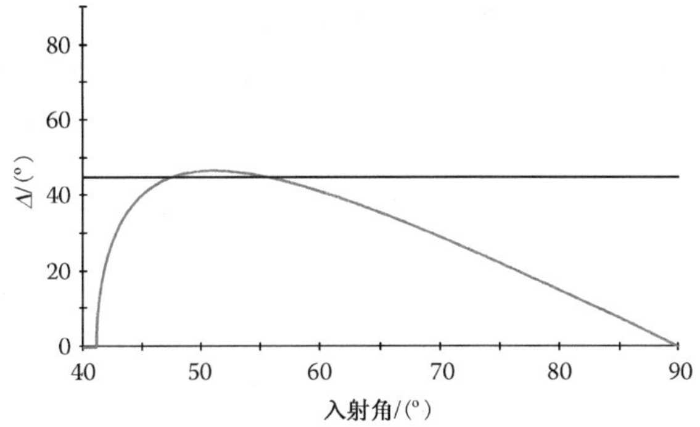

图 9.26　Δ 随入射角的变化，在玻璃表面（折射率 1.52）发生全内反射
（Δ 在入射角为 47.6°和 55.4°时为 45°）

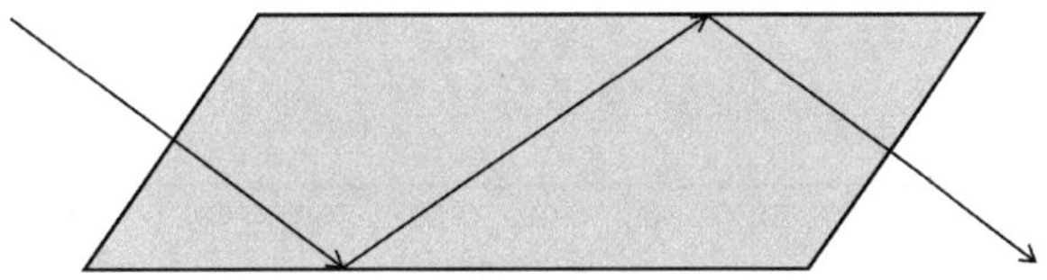

图 9.27　菲涅耳菱形镜示意图
（器件内的两次反射产生了总的延迟 Δ 为 90°）

层的导纳（修正导纳）可以具有很高的准确度，为 $\eta_s = (n - \mathrm{i}k)/\cos\vartheta_0$ 和 $\eta_p = (n - \mathrm{i}k)\cos\vartheta_0$。因而随着入射角的增大，s 偏振光导纳和 p 偏振光导纳沿着一条直线从垂直入射时的 $(n - \mathrm{i}k)$ 开始移动，p 偏振移向原点，而 s 偏振远离原点。这一行为如图 9.5 所示。垂直入射的相移是相等的，而随着入射角的变化，相移逐渐分离，p 相移在掠入射时减少至零，而 s 相移在掠入射时增加至 180°。于是相位延迟 Δ 在垂直入射时为 180°，而在掠入射时降低为零。记住，额外的 180°需要计入 Δ 中。计算得到银在 600nm 的特性如图 9.28 所示，Ψ 接近 45°，在接近准布儒斯特角时 Ψ 约为 44.5°，此时 R_p 最小。

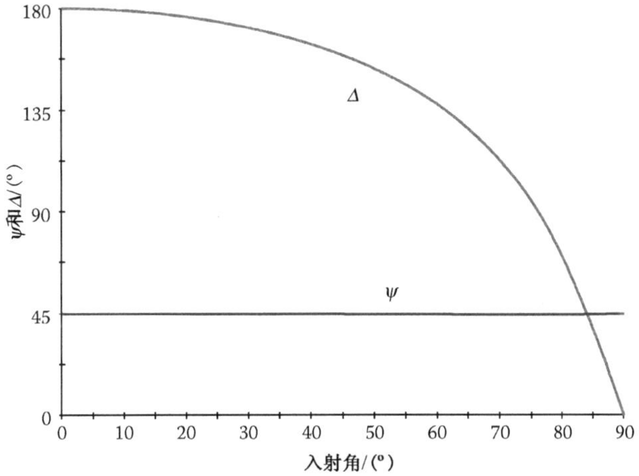

图 9.28　计算得到的不透明银膜在 600nm 处的相位延迟 Δ 和 Ψ，光学常数为（0.06 − i3.75）

金属上薄介质膜层的影响类似于无光泽的膜层,能够略微降低相位延迟的大小。图 9.29 所示为 3nm 厚折射率为 1.70 的材料对相位延迟的影响。p 偏振曲线比 s 偏振曲线下降得更快,因此 p 偏振相移更加迅速地移入第一象限,这意味着 Δ 值减小,并且其最大值减小大约 4°。

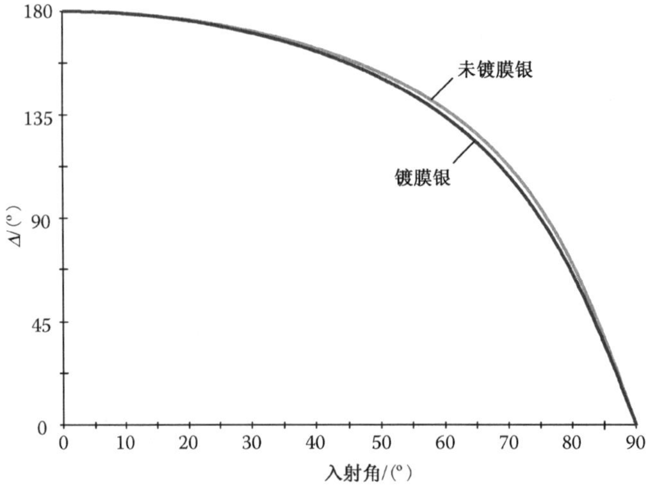

图 9.29　图 9.28 中银表面的薄介质层的影响

(一个 3nm 厚、折射率为 1.70 的膜层略微降低了延迟的大小。没有介质层的银的曲线在上方,以与具有介质层的情况相对比。两条曲线在这个范围内几乎相同但是中心处下降了约 4°)

当然,相位延迟的大小随波长及入射角变化,但是这个简单的金属膜相位延迟器十分实用,特别是在一个相对较好的实验环境下使用刚镀制的镜片。

工作在临界角之上的简单表面的相位延迟可以被一层薄膜改变。例如,菲涅耳菱形镜性能几乎不受波长的影响,但是玻璃的色散导致了相位延迟随着波长的减小而增加。菲涅耳菱形镜的一个不足是它对角度的敏感性。通过在每个表面镀膜,菲涅耳菱形镜的性能可以在这两个方向进行大幅度的改进。King[38] 制作出了在 330 ~600nm 波长范围内相位延迟变化不到 0.4°的菲涅耳菱形镜,他采用硬冕牌玻璃制作,其中一面镀上 20nm 厚的氟化镁。随后 Lostis[9] 给出了通过增加一层薄膜大幅度改善棱镜斜边相位延迟的一个早期实例。

我们选择从 45°入射角开始,棱镜材料为玻璃(n =1.52),空气为最外层介质。这一入射角大于临界角。为了有一个定性的认识,首先假设已经在棱镜斜边添加了一层介质膜,光在斜边被完全反射。假如没有损耗,光仍将被全部反射,但是 Δ 的值将会变化。我们可以通过考虑一个简单的假设来理解这一变化,这一假设为棱镜满足 $\varphi_s=\varphi_p=0$,这意味着导纳在原点。假设薄膜折射率足够高,因此 p 偏振光和 s 偏振光导纳为实数,当然,它们具有不同的值。如果折射率相对于玻璃足够高,那么 s 偏振光导纳会很高,而 p 偏振光导纳会很低(注意这里的导纳为修正导纳)。对于一个低折射率膜层,p 偏振光导纳高于 s 偏振光导纳。图 9.2 清楚说明了这一点。在虚轴上八分之一波长的厚度在 η_p 和 η_s 处达到,此时第三、四象限的边界为 η_p 和 η_s 两个值中间的点 y_0。

增加的八分之一波长膜层将 p 和 s 偏振导纳的轨迹移向对应于不同反射相移的点,对于一个高折射率膜层，p 偏振光导纳会落后于 s 偏振光导纳。当厚度变为 $\lambda/4$ 时，s 偏振光和 p 偏振光导纳保持一致，延迟依然是 180°。对于第二个 $\lambda/4$ 膜层，情况变得相反，延迟增加到 180°以上。对于低折射率膜层，p 偏振光和 s 偏振光导纳反转，相位延迟的变化与高折射率膜层的相反，尽管低折射率膜层会由于具有较大的 $\cos\vartheta$ 项而使导纳圆更密。图 9.2 中偏振分离的程度同样表示能达到的最大的 Δ 值。

图 9.30 所示为高折射率膜层（$n=2.40$）和低折射率膜层（$n=1.38$）的精确计算结果。一个高导纳的膜层（在折射率为 2.40 时大约 0.08 个波长厚度）可以在以 45°角入射时，在一次反射中产生 90°的延迟。图 9.31 给出了当以 45°角入射时，相位延迟量随波长的变化。

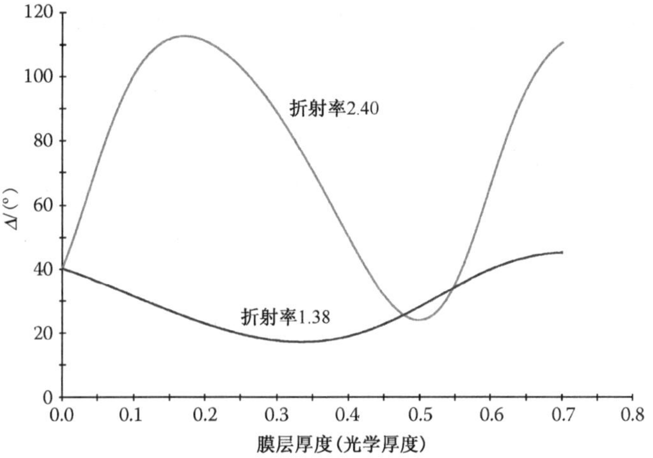

图 9.30　在折射率为 1.52 的棱镜中 45°全内反射产生的相位延迟 Δ，在斜边外表面镀折射率为 2.40 或 1.38 的膜层

（空气为外部介质；大约 0.08 个波长厚度（垂直入射时测量），折射率为 2.40 的膜层在一次反射过程中产生了 90°的延迟）

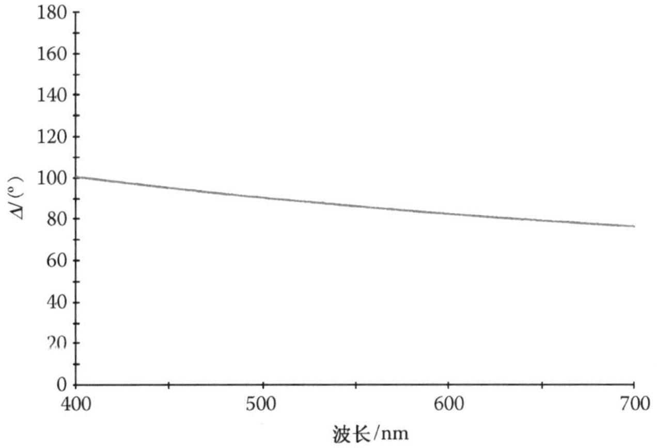

图 9.31　45°入射时相位延迟随波长的变化

（设计为玻璃（$n=1.52$）|$0.062\lambda_0$ $n=2.40$|空气，$\lambda_0=510$nm）

9.6.5　单波长多层膜相位延迟器

在很多应用中,需要能够在 s 偏振和 p 偏振之间引入指定相位延迟的反射膜。特别是,一些高功率的激光谐振腔需要在 45°角入射时,在 s 偏振和 p 偏振之间引入能够产生 90°相移的薄膜。在这个目标下为红外波段设计的薄膜已经被设计和制作出来,它们采用镀有多层介质膜的银膜形式。

Southwell[39,40]提出了第一个设计方案,他利用了计算机优化的方法。随后 Apfel[41,42]发明了一个解析方法,也就是我们接下来要介绍的。这种薄膜的工作原理是,增加一个介质层不会影响一个反射率为 1 的系统的反射率,它只会带来反射过程中微小的相位变化。光斜入射时,每个偏振面的相位变化都会不同。通过以正确的顺序增加膜层,可以得到在某个入射角和波长条件下任何想要的 s 偏振和 p 偏振的相位差。在实际应用中,银膜被用作基本的反射膜,尽管反射率略低于 1,但在红外波段这一反射率足够高,人们可以忽略任何其他可能引入的误差。当然,使用金属层作为起始的反射器并不是必须的,介质膜堆同样有效,但是需要很多膜层。

Apfel 方法的基础为相位延迟(被 Apfel 记为 D)随平均相移 A 的变化,这里 A 为增加的一个给定折射率膜层厚度的函数。为了简化,我们沿用这个符号,但是在接下来的剩余部分,我们将这一符号及其派生出来的符号都做了修改,以和本书剩余部分保持一致(尤其注意 Apfel 将 D 定义为 p 和 s 的相移差。我们还是使用通常的符号约定 Δ ,于是 $D=\Delta$)。

我们将使用修正导纳,于是 $\eta_0 = y_0$ 。这一方法的起始点为一个反射率为 1 的反射镜,即一个虚数导纳的表面。令 p 偏振的虚导纳为 $\mathrm{i}\beta$,s 偏振的虚导纳为 $-\mathrm{i}\beta$,于是对于这一表面有

$$\left|\rho_{\mathrm{p}}\right|\mathrm{e}^{\mathrm{i}\varphi_{\mathrm{p}}}=\mathrm{e}^{\mathrm{i}\varphi_{\mathrm{p}}}=\frac{(\eta_0-\mathrm{i}\beta)}{(\eta_0+\mathrm{i}\beta)}=\frac{(y_0-\mathrm{i}\beta)}{(y_0+\mathrm{i}\beta)} \tag{9.47}$$

即

$$\tan\left(\frac{\varphi_{\mathrm{p}}}{2}\right)=\frac{-\beta}{y_0} \tag{9.48}$$

以及

$$\tan\left(\frac{\varphi_{\mathrm{s}}}{2}\right)=\frac{\beta}{y_0} \tag{9.49}$$

φ 的这两个值相等,但符号相反。当满足

$$\beta=-y_0\tan\left(\frac{\xi}{2}\right) \tag{9.50}$$

时,它们可以被表示为 $\pm\xi$ 。从导纳图的形式,我们可以看出 β 为正数, φ_{p} 应在第三或第四象限,于是 $\tan(\varphi_{\mathrm{p}}/2)$ 为负数,这证实了式(9.48)和式(9.50)中的符号。

现在我们增加相位厚度为 δ_1、导纳为 η_1 的一个膜层到基底上，η_1 对应于合适的偏振，有

$$\begin{bmatrix} B \\ C \end{bmatrix} = \begin{bmatrix} \cos\delta_1 & \mathrm{i}(\sin\delta)/\eta_1 \\ \mathrm{i}\eta_1\sin\delta_1 & \cos\delta_1 \end{bmatrix} \begin{bmatrix} 1 \\ \mathrm{i}\beta \end{bmatrix} = \begin{bmatrix} \cos\delta_1 - (\beta/\eta_1)\sin\delta_1 \\ \mathrm{i}(\eta_1\sin\delta_1 + \beta\cos\delta_1) \end{bmatrix} \tag{9.51}$$

相移 φ_p 由式(9.51)给出，为

$$\tan(\varphi_p/2) = \frac{-(\eta_1\sin\delta_1 + \beta\cos\delta_1)}{y_0[\cos\delta_1 - (\beta/\eta_1)\sin\delta_1]} \tag{9.52}$$

而对于 φ_s，有

$$\tan(\varphi_s/2) = \frac{-(\eta_1\sin\delta_1 - \beta\cos\delta_1)}{y_0[\cos\delta_1 + (\beta/\eta_1)\sin\delta_1]} \tag{9.53}$$

为了适当调整式(9.52)和式(9.53)，应该有 $\beta \to \infty$。

为了画出 D-A 曲线，我们选择起始点为 $D = \Delta = 2\xi \pm 180°$ 及 $A = 0$，画出相位差随平均相位变化的曲线，这些都可以通过式(9.52)和式(9.53)计算出来。ξ 的不同值能够得出一族曲线，然而，有一个和主要范围相关联的小问题：如果这个范围被限定在 360°，那么对于每一个可能的 A 值就有两个 D 值相对应。Apfel 的曲线只给出了其中一个解，最好允许 D 的范围从 −360° 到 360°，这样可以将两个解分开。那么我们需要对结果进行一定的操作，以使结果进入正确的范围，从而使结果的曲线比较清晰。这一族曲线的横坐标为厚度单位，如图 9.32 所示，向左厚度增加。注意曲线在图左侧消失，又重新在图的右侧出现，并且图的顶部和底部具有同样的特点。

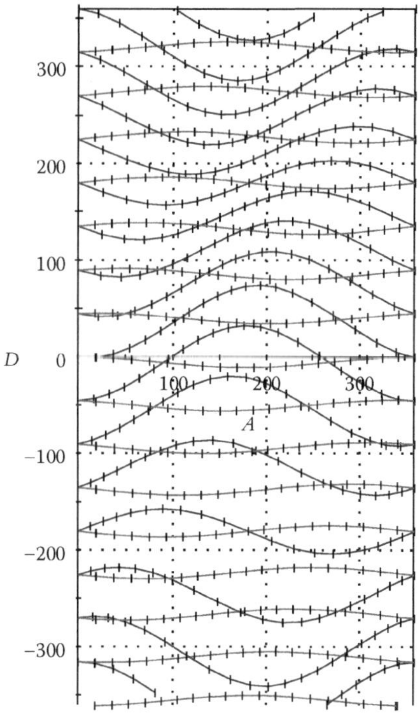

图 9.32 折射率为 1.52 的玻璃棱镜的斜边上所镀薄膜的 D-A 曲线

（以 45° 入射角从内部照射。较平直的灰色曲线对应折射率为 1.45 的薄膜，较尖锐的黑色曲线对应折射率为 2.15 的薄膜。图中以波长的 1/40 为间隔插入了标记）

现在可以从曲线中确定任何厚度的膜层组合导致的相位延迟，薄膜是将介质材料加到反射率为 1 的任意基底上而成的，由于不同材料的曲线不重合，通过将不同曲线首尾连接的方法，可以到达图中的任意点。

图 9.33 描述了这一方法，这里我们设计了一个相位延迟器以产生 180° 的相位延迟。起始点为临界角之上的玻璃-空气界面。每一层的性质由相关的曲线决定，并终止于极值点，这保

证了最有效的设计。这一设计最终的延迟量为 172°,并且这一设计对于四层结构来说是最合适的。要使结果更好,则需要再增加一层。相位延迟与波长的关系如图 9.34 所示。

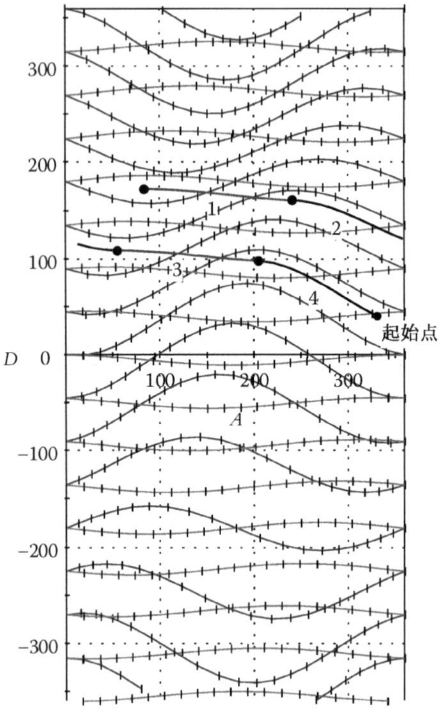

图 9.33　最终设计得到的产生 180°相位延迟的 *D-A* 曲线

(四层结构为 1.52 |1.2533L 0.8950H 1.1935L 0.6902H |空气。设计波长为 λ_0 =600nm, n_H =2.15, n_L =1.45。在折射率为 1.52 的入射介质中的入射角为 45°。最终得到的相位延迟为 172°。要使结果更好,则需要再增加一层)

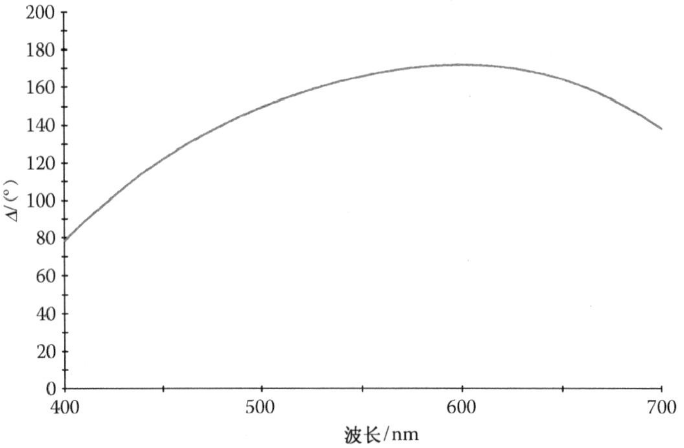

图 9.34　相位延迟随波长的变化

(在玻璃中入射角为 45°,设计过程如图 9.33 所示。在设计波长 600nm 处的相位延迟为 172°)

计算机优化和综合设计对于相位延迟器的设计是很有效的技术手段。这种图形技术一个实用的方面在于,它可以清楚告诉我们所需的最少膜层数以及它们的近似厚度。一旦得知了这些信息,就可以很好地进行自动设计。

9.6.6 多波长多层膜相位延迟器

现在还没有针对宽波长范围的薄膜相位延迟器的解析设计方法。幸运的是,正如上文中提到的,由于针对相位延迟优化和综合设计的功能强大的计算机程序的存在,使这种系统的设计工作相当简单明了。正如在前面章节中强调的,我们推荐使用反射,而不是透射。并且,可能的话最好使用处于临界角之上的表面,利用其自然的全反射特性,这样可以减少很多设计过程中的困难和复杂程度。

表 9.4 给出了一个典型的 90°相位延迟器的设计,其性能如图 9.35 所示。为了简化,假设材料没有色散。设计的复杂程度与对容差的要求有很大关系。在 400 ~700nm 的范围内,Δ 的变化大部分在 ±0.5°以内,在区域的两个边缘稍微大一些。为了减小这一变化,需要使用更多的膜层。

表 9.4　图 9.35 中相位延迟器的设计

膜　层	材　料	折　射　率	厚度(光学厚度)
介质	1.52	1.5200	
1	2.40	2.4000	0.06390
2	1.38	1.3800	0.13084
3	2.40	2.4000	0.08567
基底	空气	1.0000	

注:参考波长为 510nm,入射角为 45°

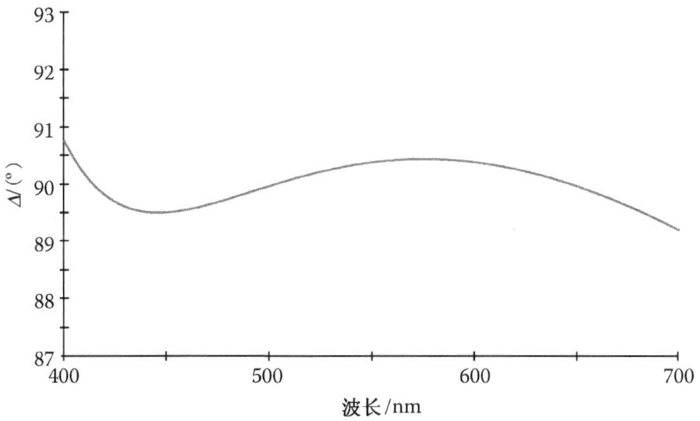

图 9.35　基于折射率为 1.52 的棱镜上的一个三层膜系统的相位延迟 Δ

(内部入射角为 45°,薄膜的设计在表 9.4 中给出)

利用处于临界角之上的棱镜的好处是,无论介质层厚度如何,如果棱镜损耗很低,那么总为全反射。另外,在薄膜材料中传播角度很大时,p 偏振光导纳和 s 偏振光导纳较大的分离也会大大简化设计。入射角度小于临界角时，这些优势便不复存在。另外，设计过程很相似。我们需要高反射率，通过使用介质或者介质-金属膜系能够实现这一点。必须有足够多的膜层数以使附加的相位延迟修饰层不会导致反射率的显著下降。

由于相对延迟是正是负一般没有什么区别，所以最佳选择就是使优化目标值相对起始值的降低尽可能小，这利用了介质膜应有的性质。我们不能期望这样的相位延迟器能够具有全内反射相位延迟器一样的性能，它的性能总的来说比较差，除非它起始于高品质的金属，否则膜层数会很多。

表 9.5 图 9.36 和图 9.37 的相位延迟器的设计

膜层	折射率	厚度(光学厚度)
介质	1.0000	
1	1.4500	0.185990
2	2.4000	0.360087
3	1.4500	0.408571
4	2.4000	0.364333
5	1.4500	0.374153
6	2.4000	0.344197
7	1.4500	0.380938
8	2.4000	0.329630
9	1.4500	0.344621
10	2.4000	0.291818
11	1.4500	0.368586
12	2.4000	0.079470
13	2.4000	0.261612
14	1.4500	0.286358
15	2.4000	0.261612
第 16 至 31 层是 14 层和 15 层的重复		
32	1.4500	0.286358
33	2.4000	0.261612
基底	1.5200	

注：参考波长为 600nm，空气中入射角为 45°

表 9.5 给出了一个完全由介质材料制成的 90°延迟器设计的例子，空气中入射角为 45°，它的相位延迟和 Ψ 分别由图 9.36 和图 9.37 给出。基本的反射器是一个 21 层四分之一膜堆，参考波长为 600nm，45°角入射。它由折射率为 1.45 和 2.40 的材料组成，设计成在 550～650nm 范围内能够满足 90°延迟的目标。最终的延迟波动明显大于内反射时的情形，并且满足性能要求的波长范围也较小。能够达到所要相位延迟的膜层数为 12 层，该薄膜的 Ψ 值由图 9.37 给出，并且相对于图中数值的任何偏差要明显小于相对所得的 Δ 值的偏差。

棱镜系统经常用于视觉光学仪器，通过某种方式来处理所成的像。它在潜望镜中作为一个转换镜，而在望远镜中作为一个校正镜，在这样的系统中内反射起很重要的作用。单独的全反射表面将像的对称性倒置，也就是说，它改变了图像的手性。在视觉图像中，对称性倒置一般是不希望的，而且它通常容易受系统旋转的影响。屋脊棱镜反射器能够保持像的对称性，从而解决了大部分问题。

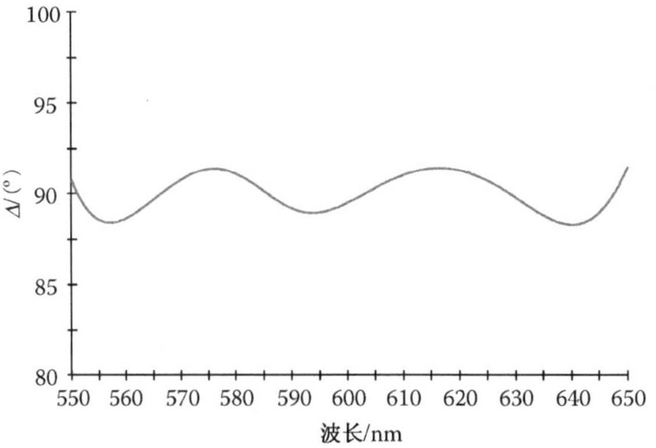

图 9.36 从介质反射器反射的相位延迟 Δ

(在空气中光以 45°角入射，用折射率为 2.40 和 1.45 的材料与外部修正层制成 45°基本反射器。设计见表 9.5)

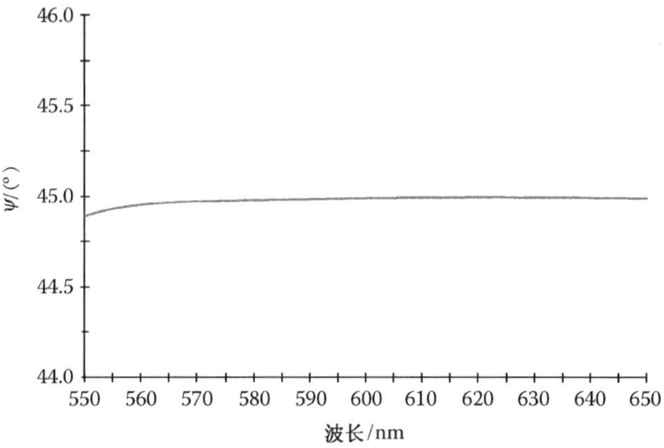

图 9.37　图 9.36 和表 9.5 中相位延迟器的 Ψ 值

这种反射镜包括两个内反射面，它们之间呈 90°，很像房顶。很多直角棱镜系统具有奇数个反射面，法线共面。它们颠倒了像的对称性，并且易受旋转的影响，因而不能用在如双目镜一类的仪器中。将其中一个反射面替换为屋脊棱镜，就可以保持对称性不受影响，并且消除了旋转的影响。别汉棱镜经常在紧凑的双目镜中替代双保罗棱镜，就是一个很好的例子。

然而，在解决了对称问题以及旋转敏感性问题的同时，屋脊棱镜带来了另一个问题。成像时一半的光与另一半的光以相反的顺序入射到两个反射面，每一次反射对光的偏振态都会有一些影响，即使进行了精确准直。两个反射面的总影响取决于入射到两个反射面的顺序。如果两部分光的偏振态最终产生了很大的不同，那么产生的像就会由每一部分的点扩展函数组成，而不是完整光阑的单一窄带函数。当偏振的影响使两部分的光具有相同的偏振角但有半波长的相位差时，那么点扩展函数的中心最大值就会消失，于是出现了两个像。这是一个古老的问题，Mahan[43,44] 曾对其做出了详细的解释。我们可以从 Rabinovitch 和 Toker[10] 那里找到更多的关于这一问题以及一些其他类似问题的最新信息。

为了避免这一问题，在屋脊棱镜每一个反射面上的相对相位延迟 Δ 都应该为 180°。如果入射光方向相对屋脊棱镜呈 45°，此时入射面平分两个反射面的夹角，而入射光相对于每个反射面呈 60°。当入射光穿过屋脊时，两个入射面呈 70.5°。我们假设入射光是线偏振的。180° 的 Δ 表示 p 偏振分量（注意这里是椭圆偏光规定，不是常规的薄膜的规定）被反转了，这等效于偏振方向绕着光线方向旋转了两个它和 s 方向的夹角。两个 s 方向在屋脊的平面中，而双倍的旋转角使得偏振面转了 180°。无论入射到反射面的顺序如何，这一结果都不变，因此两个不同的通过屋脊棱镜的路径最终产生相同的出射偏振。这一结果对于 Δ 为零或其他中间值的时候不成立。于是我们在设计的时候不仅需要考虑反射面的特性，还需要考虑入射角的问题。Ito 和 Noguchi[45] 研究了视觉系统中可以接受的容差问题，利用一个略微不同的方法，得到了相同的结论。实验结果使他们认为，对于最好的像来说，Δ 的误差应该在任何情况下都不大于 90°，最好能够控制在 20°以下。

在内部以 60°角入射到没有镀膜的玻璃表面,其中屋脊棱镜折射率为 1.52,可以将偏振向相反方向旋转,也可以将大的椭圆偏振引入线偏振入射光中,相对旋转角约为 66°,这显然是无法令人满意的。简单的银膜有时被用在大于临界角的条件下,减少简单平面受偏振的影响,因为它能够提供略大于 90°的相位延迟(图 9.38),优于未镀膜的玻璃,但是相比于 180° ±20°,则不是很让人满意。

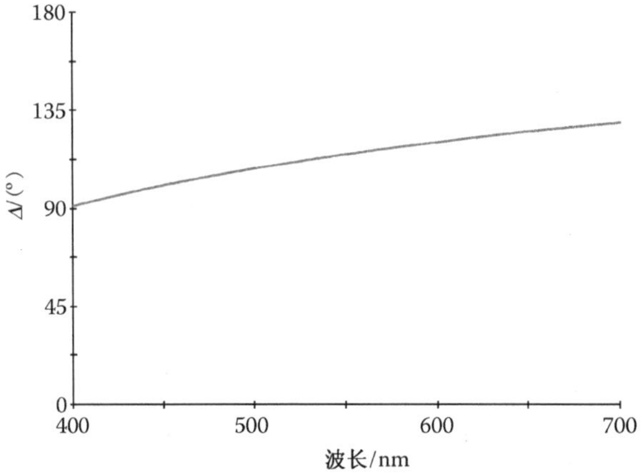

图 9.38　以 60°角入射的银膜的相对相位延迟

(在屋脊棱镜中入射角为 45°。尽管延迟和理想的 180°相差不到 90°,还是和理想的 20°相差较远)

在不透明的银镀上镀制类似五氧化二钽(物理厚度约为 80nm)的简单薄膜可以实现约 180°的 Δ 值,此时也伴随着反射率的略微降低,尤其是在可见光的蓝端。图 9.39 给出了这样一种特性。这种情况满足 Ito 和 Noguchi[45] 提出的 ±20°的容差。为了进一步改进性能,我们需要多层介质膜,包括五层或者更多,这样能够容易实现 5°以内的精度。

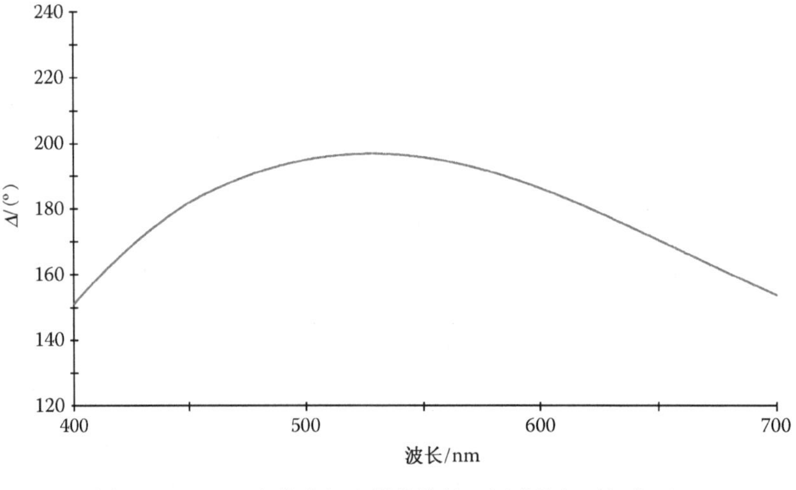

图 9.39　以 60°角从内部入射的简单双层膜的相对相位延迟

(在镀有不透明银膜玻璃上镀制 80nm 厚的 Ta_2O_5)

9.7　光学隧穿滤光片

在窄带滤光片发展的早期,制作过程中的一个主要障碍就是构造具有足够低损耗的反射膜堆,一个可能的解决途径为受抑全内反射,这一现象为人所知已有一段时间。如果光以大于临界角入射,正常情况下会被完全反射。但是,入射光实际上会透射进第二种介质一段距离,并且呈指数衰减。假如第二种介质比一个波长略厚,衰减会比较完全,于是反射率为 1。如果第二种介质非常薄,那么当透射波遇到与第三种介质的界面时,衰减可能不完全。那如果传播光的入射角小于临界角,在第三种介质中将会出现一部分入射光,因而第一个界面处的反射就不完全。正如 Baumeister[46] 指出的,这一现象与基本粒子穿过势垒的行为很相似,因此他利用光学隧穿一词来表述这一现象。这一效应最重要的特点是通过改变第一层和第三层介质之间受抑层的厚度,能够将受抑全内反射调整到任何希望值。

基于这种效应的滤光片的制作方法与偏振分束器十分类似(见 9.3.1 节)。棱镜的斜边首先镀上一层低折射率的受抑层,使光以大于临界角的角度入射,临界角是棱镜角度、折射率以及受抑层折射率的函数。接下来的腔层的折射率必须高于受抑层的折射率,使得存在实数传播角,它的下一层是另一个受抑层。之后将它们整体与第二块棱镜相黏结,形成一个棱镜块,对角面上的入射角必须大于由下式给出的角ψ:

$$\sin\psi = n_F/n_G$$

式中,n_F为受抑层的折射率;n_G为玻璃棱镜的折射率。当 $n_F = 1.35$,$n_G = 1.52$ 时,我们算出 $\psi = 63°$,一个相当大的角度。通常利用折射率高一些(接近 1.7)的玻璃,以使得角度尽可能小。

乍一看,尽管光学隧穿或者受抑全反射(FTR)似乎非常简单和吸引人,但是它们有一些巨大的理论上的缺点。首先,两个偏振面之间会出现峰值波长的巨大偏移。在可见光区,该典型值在 100nm 量级,p 偏振面的峰值在更短的波长,这样大的偏振分离的出现是由于器件需要大入射角。尽管腔的相位厚度不随偏振变化,但在界面处的相位改变确实会变化。大入射角的另一个后果是滤光片的角度敏感性非常大,已经计算出变化值达到 5nm/弧度。[46]

与这些缺点伴随而来的是 FTR 给出的十分令人失望的结果,远不如理论上的预期,FTR 滤光片在制作过程的困难至少与制造传统的法布里-珀罗滤光片相当。因此,人们对于 FTR 滤光片的兴趣主要在理论上,这种滤光片从未有商品出现。

Baumeister[46] 详细地给出了他的理论,同时还研究了大量的相关文献。他称受抑层为隧道层,认为它是个无损耗金属层,这意味着所有种类的滤光片,包括诱导透射滤光片,可以使用隧道层。文章中涉及了其中的很多种设计。Baumeister 得出了一个结论,即似乎没有诱导透射和 FTR 单腔型隧道层滤光片的实际应用。然而,他提及了实现一种长波通滤光片的可能性,该滤光片使用多层隧道层,中间使用介质层隔开,这样可以实现边缘的短波端具有无限截止度这一优势。这种滤光片也有一些严重的不足,滤光片接近边缘区域的特性具有很强的偏振分离,可以通过在棱镜前表面增加一个传统的截止滤光片来解决这一问题。然而,第二个不足更加严重:当滤光片倾斜至能够使入射角接近垂直入射的方向时,禁带中会出现通带。Baumeister 给出的曲线显示了一个很小的透射尖峰,即使相对于设计值来说,内部只倾斜 1°或者外部倾斜 2.7°。

虽然 Baumeister 的文章中有一点悲观情绪,Li 和 Dobrowolski[27]重新拾起了高效薄膜偏振器的制作工作。当一种材料作为隧道层工作在临界角以上时,对于玻璃中大约 45°角的 p 偏振光,高、低折射率材料之间非常低的导纳比所带来的困难在大入射角时会消失。尽管设计理念更加复杂,但是计算机的使用可以克服其中的复杂性,因此自动优化和综合设计是非常有效的方法。

参考文献

[1] Thelen A 1966 Equivalent layers in multilayer filters *Journal of the Optical Society of America* **56** 1533-1538

[2] MacNeille S M Eastman Kodak Company 1946 *Beam splitter* US Patent 2,403,731

[3] Berning P H and Turner A F 1957 Induced transmission in absorbing films applied to band pass filter design *Journal of the Optical Society of America* **47** 230-239

[4] Nevière M and Vincent P 1980 Brewster phenomena in a lossy waveguide used just under the cut-off thickness *Journal d'Optique* **11** 153-159

[5] Ruiz-Urbieta M, Sparrow E M, and Parikh P D 1975 Two-film reflection polarizers: theory and application *Applied Optics* **14** 486-492

[6] Cox J T, Hass G, and Hunter W R 1975 Infrared reflectance of silicon oxide and magnesium fluoride protected aluminum mirrors at various angles of incidence from 8μm to 12μm *Applied Optics* **14** 1247-1250

[7] Kretschmann E and Raether H 1968 Radiative decay of non-radiative surface plasmons excited by light *Zeitschrift für Naturforschung* **23A** 2135-2136

[8] Clapham P B, Downs M J, and King R J 1969 Some applications of thin films to polarization devices *Applied Optics* **8** 1965-1974

[9] Lostis M P 1957 Etude et realisation d'une lame demi-onde en utilisant les proprietes des couches minces *Journal de Physique et le Radium* **18** 51S-52S

[10] Rabinovitch K and Toker G 1994 Polarization effects in optical thin films *Proceedings of the Society of Photo-Optical Instrumentation Engineers* **2253** 89-102

[11] Otto A 1968 Excitation of non-radiative surface plasma waves in silver by the method of frustrated total reflection *Zeitschrift für Physik* **216** 398-410

[12] Raether H 1977 *Surface plasma oscillations and their applications*, in *Physics of Thin Films* Hass G and Francombe M H Editors (New York/San Francisco/London: Academic Press) 145-261

[13] Abelès F 1976 Optical properties of very thin films *Thin Solid Films* **34** 291-302

[14] Greenland K M and Billington C 1950 The construction of interference filters for the transmission of specified wavelengths *Journal de Physique et le Radium* **11** 418-421

[15] Harrick J and Turner A F 1970 A thin film optical cavity to induce absorption of thermal emission *Applied Optics* **9** 2111-2114

[16] Salamon Z, Macleod H A, and Tollin G 1997 Coupled plasmon-waveguide resonators: A new spectroscopic

tool for probing proteolipid film structure and properties *Biophysical Journal* **73** 2791-2797

[17] Salamon Z, Tollin G, Macleod H A, and Stevenson I C 1998 *Thin layer surface resonators: a new spectroscopic tool for probing dielectric film structure and properties in 41st Annual Technical Conference Proceedings* Boston Society of Vacuum Coaters 238-242

[18] Craig A E, Olson G A, and Sarid D 1983 Experimental observation of the longrange surface-plasmon polariton *Optics Letters* **8** 380-382

[19] Quail J C, Rako J G, and Simon H J 1983 Long-range surface-plasmon modes in silver and aluminum films *Optics Letters* **8** 377-379

[20] Dragila R, Lutherda B, and Vukovic S 1985 High transparency of classically opaque metallic films *Physical Review Letters* **55** 1117-1120

[21] Macleod H A 1992 *Unconventional coatings*, in *Tutorials in Optics* Moore D T Editor (Washington, DC: Optical Society of America) 121-135

[22] Macleod A and Clark C 2001 *Evanescent waves and some of their applications* in *44rd Annual Technical Conference Proceedings* Philadelphia Society of Vacuum Coaters 75-80

[23] Ebbesen T W, Ghaemi H F, Thio T, and Wolff P A NEC Research Institute, Inc 1999 *Sub-wavelength aperture arrays with enhanced light transmission* US Patent 5,973,316

[24] Ebbesen T W, Lezec H J, Ghaemi H F, Thio T, and Wolff P A 1998 Extraordinary optical transmission through subwavelength hole arrays *Nature* **391** 667-669

[25] Bonod N, Enoch S, Li L, Popov E, and Nevière M 2003 Resonant optical transmission through thin metallic films with and without holes *Optics Express* **11** 482-490

[26] Banning M 1947 Practical methods of making and using multilayer filters *Journal of the Optical Society of America* **37** 792-792

[27] Li L and Dobrowolski J A 2000 High-performance thin-film polarizing beam splitter operating at angles greater than the critical angle *Applied Optics* **39** 2754-2771

[28] Clapham P B 1969 *The preparation of thin film polarizers* Report OP. MET. 7 (Teddington, UK, National Physical Laboratory)

[29] Songer L 1978 The design and fabrication of a thin film polarizer *Optical Spectra* **12** (10) 45-50

[30] Blanc D, Lissberger P H, and Roy A 1979 The design, preparation and optical measurement of thin film polarizers *Thin Solid Films* **57** 191-198

[31] Netterfield R P 1977 Practical thin-film polarizing beam splitters *Optica Acta* **24** 69-79

[32] Thelen A 1976 Nonpolarizing interference films inside a glass cube *Applied Optics* **15** 2983-2985

[33] Thelen A 1981 Nonpolarizing edge filters *Journal of the Optical Society of America* **71** 309-314

[34] Knittl Z and Houserkova H 1982 Equivalent layers in oblique incidence: the problem of unsplit admittances and depolarization of partial reflectors *Applied Optics* **11** 2055-2068

[35] Jones R C 1941 A new calculus for the treatment of optical systems. I Description and discussion of the calculus *Journal of the Optical Society of America* **31** 488-493

[36] Henry Hurwitz J and Jones R C 1941 A new calculus for the treatment of optical systems. II Proof of three general equivalence theorems *Journal of the Optical Society of America* **31** 493-499

[37] Jones R C 1941 A new calculus for the treatment of optical systems. III The Sohnke theory of optical activity *Journal of the Optical Society of America* **31** 500-503

[38] King R J 1966 Quarter wave retardation systems based on the Fresnel rhomb *Journal of Scientific Instruments* **43** 617-622

[39] Southwell W H 1979 Multilayer coatings producing 90° phase change *Applied Optics* **18** 1875

[40] Southwell W H 1980 Multilayer coating design achieving a broadband 90° phase shift *Applied Optics* **19** 2688-2692

[41] Apfel J H 1981 Graphical method to design multilayer phase retarders *Applied Optics* **20** 1024-1029

[42] Apfel J H 1984 Graphical method to design internal reflection phase retarders *Appl. Opt.* **23** 1178-1183

[43] Mahan A I 1945 Focal plane anomalies in roof prisms *Journal of the Optical Society of America* **35** 623-645

[44] Mahan A I 1947 Focal plane anomalies in telescopic systems *Journal of the Optical Society of America* **37** 852-867

[45] Ito T and Noguchi M 2001 *Viewing optical instrument having roof prism and a roof prism* US Patent 6,304,395

[46] Baumeister P W 1967 Optical tunneling and its application to optical filters *Applied Optics* **6** 897-905

第 10 章　光学薄膜色度学

在光学薄膜领域工作的人都知道光学镀膜可以呈现出非常有吸引力的颜色，这些颜色源于干涉效应增强了待定可见光谱的反射率或透射率,并抑制了其他部分。尽管光的透射和反射伴随着颜色出现,但很久以前人们就发现在反射光中可以观察到更鲜艳的颜色。通过设计薄膜可以得到想要的光谱特性,也可以通过设计得到需要的颜色。这个问题和普通的设计相比有点复杂,原因在于颜色自身的性质。颜色是人对发光刺激的反应,这个反应随着个体观察者而变化，由于薄膜自身不发光,那么想观察颜色就需要一个光源。通过使用代表平均特性的理论标准,我们避免了个体观察者和光源的固有差异,并允许我们消除问题的主观属性,提出明确的要求,然后设计目标即可呈现出来,但是仍然存在问题。为了观察颜色就必须有合适大小的反射光和透射光，这反过来也对得到的结果产生重要影响。更进一步的要求是薄膜能够易于大规模廉价生产。本章对光学薄膜色度学方面进行简略介绍。

10.1　颜色的定义

颜色[1]是人类对光谱特性的主观反应。人眼有两种不同的感受体形式,即视锥细胞和视杆细胞。视锥细胞支配视网膜的中心,而视杆细胞则大量分布在视网膜外围。视锥细胞看起来非常像杆状,但是有非常细微的锥尖,正是这些锥尖来感知颜色。视杆细胞负责光照较弱环境下的视觉感知,以对不同的光谱响应加以区分。正常的眼睛有三种不同形式的视锥细胞,我们把这三种细胞的响应称为红、绿、蓝。不同的响应之间是有重叠的,特别是绿和红。世界上95% 的人能对任何特殊颜色的响应质量达成一致,正是这个协议允许我们对颜色进行客观的定义。

我们无法直接测量颜色响应，因此如同其他主观现象,我们必须把自己的感知和公认的标准进行比较测量。这些标准可能采取不同的形式,比如一套带颜色的物体,如瓷砖,但是现在普遍接受的系统是基于使用三个标准的照明源,一个产生红光感觉,一个产生绿光感觉,一个产生蓝光感觉。

人们通过眼睛将光转换成红、绿、蓝响应的组合,在配色过程中我们可以把任何颜色表示为源于标准源的一个红、绿、蓝刺激的组合,这个过程更恰当地称为原发性刺激。颜色的测量就是从原发性刺激中推导出光的三个量，并且组合在一起来产生和所测得的颜色相同的响应。幸运的是,人类对颜色响应的特性是这样的,我们可以把标准光的三个量看作三个独立的色坐标，由于和颜色匹配实验的高度一致性,可以将大量主观测验的结果转化为典型的客观测量。

色纯度的概念是很容易理解的,并且我们可以接受的最纯粹的颜色响应是从单一光谱或谱线推导出的。我们习惯于依照其光谱来表示照度，如果知道每条谱线的色坐标,即各个标准光的量,那么,由于过程是线性的,我们可以通过简单地加入适当的量来推导所关心的特定颜色的坐标,这是颜色客观测量的基础。每条光谱线的坐标集合被称为色匹配函数。

尽管不同国家、不同行业间存在不同的颜色表达方式和规范的系统,但是最重要的也是现在最普遍的,是国际照明委员会(CIE)定义的系统。国际照明委员会于 1913 年成立,是国际公认的设定色度和光度标准的主要机构。1913 年,CIE 定义了一个标准观察者,它由基于三个固定基本颜色刺激的色匹配函数组成,这个色匹配函数是初级刺激需要再现的可见光谱所有谱线的刺, 各谱线有相等的辐射功率。

正如人们所预期的那样,已经证实不可能用任意三种实际的基本刺激匹配出光谱的所有谱线, 负值是必需的, 通过加入适量的基本刺激的颜色来匹配,负值可以在实际的实验中调节,但是这种复杂的颜色规格不受欢迎。CIE 提出非常聪明的解决方案,既然色匹配函数是基于基本刺激的,对它们进行定义以便于在色匹配时只有正值。结果是,尽管刺激大致对应于红、绿、蓝,但是它们的色纯度远远不同于任何单一谱线。这在实际中是不可能得到的,但是它也没必要构建出来, 目的只是为了定义色匹配函数, 这样我们就可以参考基本刺激,简单地命名为 X、Y 和 Z,分别对应于红、绿和蓝, 相应的色匹配函数分别命名为 $\bar{x}(\lambda)$、$\bar{y}(\lambda)$ 和 $\bar{z}(\lambda)$。然而,CIE 进一步提出,基本刺激定义的灵活性允许安排色匹配函数的区域设置(针对波长的线性标尺是相同的)。更进一步提出, $\bar{y}(\lambda)$ 色匹配函数和人眼的标准白昼视觉响应曲线是相同的。最后这点对薄膜从业者非常重要。色匹配函数如图 10.1 所示。

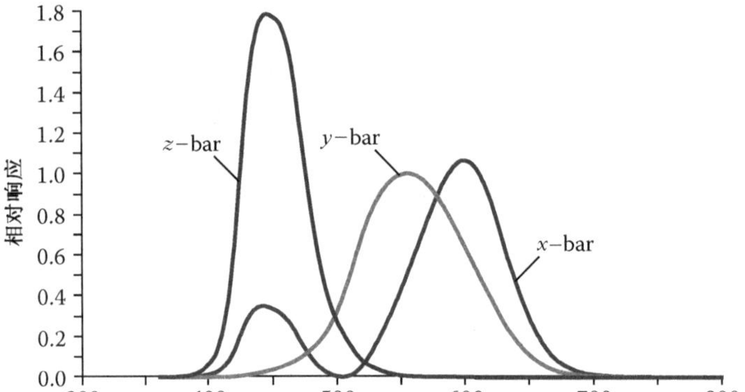

图 10.1　1931 年 CIE 定义的色匹配函数

(y- bar 曲线对应人眼的白昼视觉响应曲线)

人眼的锥形受体对正常的照明光和颜色产生响应。人眼的白昼视觉响应曲线是锥形受体对有着相同功率、不同波长的单色光的相对响应, 这是光的发光度或者亮度的光谱变化的测量尺度。$\bar{y}(\lambda)$ 的色匹配函数和标准视觉响应函数的对应关系意味着我们可以很容易地通过颜色计算推导出发光的特性。

光学薄膜自身不发光, 只有存在光源我们才能感知它们的颜色。显然,光源的光谱变化会影响经过膜层的反射光和透射光的颜色,那就是薄膜的颜色。照明光源的规格是薄膜颜色定义的一个很重要的部分, 照明光源的标准定义包含在 CIE 系统中, CIE 的定义给光源和发光体特殊的意义。光源是实际装置,可以搭建出来并且可以在颜色的实际测量中使用。发光体是一个相对输出的理论分布,将在纯粹计算中使用。有些光源能和发光体很好地对应, 可以认为二者等价; 而有些发光体没有准确对应的光源。在本章里,我们更多考虑的是发光体,而不是光源。

CIE 系统中有很多不同种类的发光体,但是在光学薄膜里特别感兴趣的是标准发光体 A、E 和 D_{65}。发光体 A 代表在温度为 2856K 时的黑体辐射,对应的光源是工作在相关颜色温度为 2856K 的充气钨丝灯泡。相关颜色温度意味着光源的颜色和在那个温度下的黑体之间有密切关系。E 代表在可见光区每个单位波长发出的等功率等能量发光体,这种发光体可以被认为假设在所有正常光学薄膜性质计算中出现,对应的光源在实际中不存在。D_{65} 代表日光(但不直接是太阳光),相关色温度为 6504K。可惜的是没有相匹配的实际光源,所以 CIE 发展了一项技术来量化代表 D_{65} 和其他日光发光体的人造光源的有效性。发光体 A、E 和 D_{65} 的光谱分布如图 10.2 所示。光谱分布是归一化的,所以在 560nm 波长时的相对输出为 100。

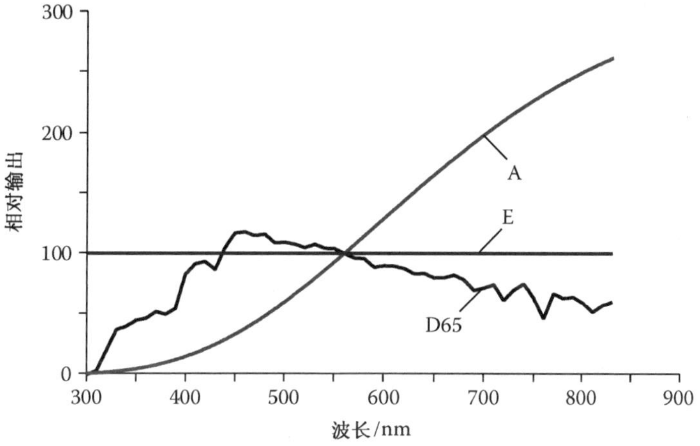

图 10.2　发光体 A、E 和 D_{65} 的相对输出

所有的颜色计算始于三个基本颜色坐标,即三刺激值,表示为 X、Y 和 Z。令光源的光谱输出为 $S(\lambda)$, 薄膜的响应度为 $R(\lambda)$,那么省略因子 100 后, $R(\lambda)$ 是百分比值而不是绝对的值。

$$X = 100\frac{\int_{\lambda} S(\lambda)R(\lambda)\bar{x}(\lambda)\mathrm{d}\lambda}{\int_{\lambda} S(\lambda)\bar{y}(\lambda)\mathrm{d}\lambda} \tag{10.1}$$

$$Y = 100\frac{\int_{\lambda} S(\lambda)R(\lambda)\bar{y}(\lambda)\mathrm{d}\lambda}{\int_{\lambda} S(\lambda)\bar{y}(\lambda)\mathrm{d}\lambda} \tag{10.2}$$

$$Z = 100\frac{\int_{\lambda} S(\lambda)R(\lambda)\bar{z}(\lambda)\mathrm{d}\lambda}{\int_{\lambda} S(\lambda)\bar{y}(\lambda)\mathrm{d}\lambda} \tag{10.3}$$

由于 $\bar{y}(\lambda)$ 的定义方式,Y 也是基于响应度 R 的光反射率或光透射率的百分比,因此也称为亮度因子。

X、Y和 Z 是三维空间中矢量的三个分量,三维空间难以形象地描绘颜色,二维空间则可以容易地描绘出来。保持三刺激值之间的关系,通过归一化分量使三个值的总和恒等于 1,可减少必要量的个数,这就是所谓的色坐标 x 和 y,定义为

$$x=\frac{X}{X+Y+Z} \tag{10.4}$$

$$y=\frac{Y}{X+Y+Z} \tag{10.5}$$

色坐标定义了在矩形图即色度图中的点。

我们考虑一个简单的装饰性薄膜,它将 300nm 厚的二氧化钛膜层沉积在一个不透明的钛金属箔或钛金属膜上。反射率随波长的变化如图 10.3 所示,从图中曲线可以推断薄膜的颜色是绿色。

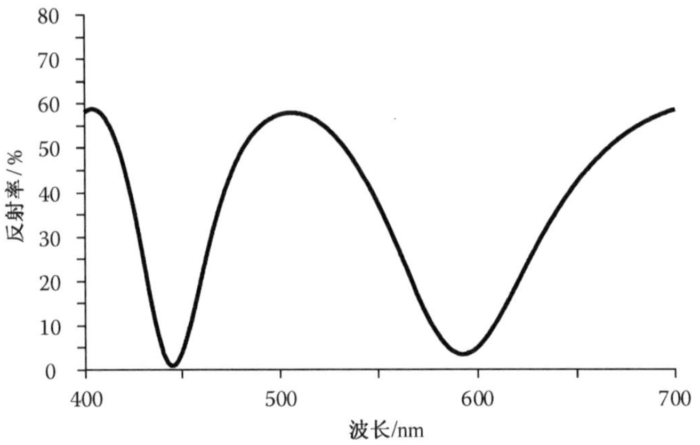

图 10.3　钛金属上 300nm 厚的二氧化钛膜层的反射率的光谱变化

使用图 10.2 中的三个发光体,计算出薄膜的色坐标如图 10.4 所示。对于一种颜色,其反射光的颜色没有进一步的频谱变化,即反射光和光源具有相同的颜色,那么我们就称其为白色。事实上,人眼适应于光源的颜色,即使一般的蓝光或黄光照射上去,白纸看上去依然是白的。因此,色度图中对应特殊发光体的点被称为白点,合适的白点在图 10.4 中绘出。注意,由于参数定义的方式,白点和发光体 E 相对应,坐标为(1/3,1/3)。光谱线刺激最纯粹的可能的颜色的响应,光谱线的色坐标轨迹也在图中展示出来,适当的波长也在图中标注出来。紫色不是光谱色,连接光谱线两端的线就是最纯粹的紫色的轨迹,称为紫色线。

我们很难在色坐标中得到薄膜自身的颜色,直到了解到它们是如何和发光体坐标或者白点坐标比较的,于是可以看到色坐标在不同情况下表现为光谱轨迹向绿色部分移动的趋势。

为了量化这个过程,可以在白点和光谱轨迹之间连一条直线,它穿过样品的色坐标。交叉点对应的波长称为主波长,主波长的颜色与样品的颜色具有相同的质量。事实上,我们可以认为样品的颜色是谱线颜色和白色的混合体,所加白光比例越大,输出颜色的纯度就越低,这就引出了色纯度的定义,常用的色纯度的定义有两种。色纯度是基于上述思想的一个表达式,颜

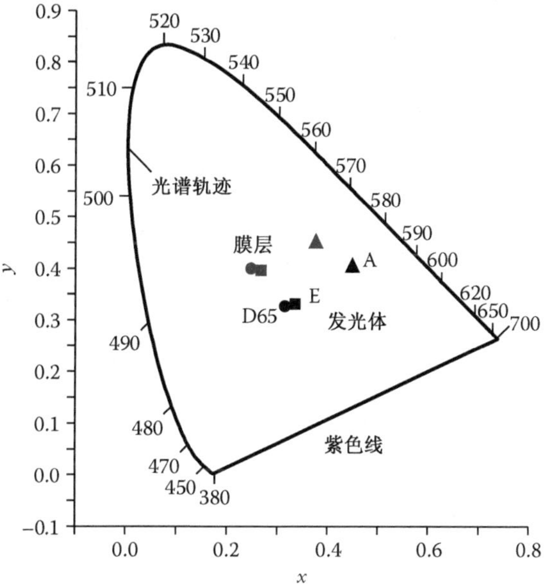

图 10.4　用发光体 D_{65}、E 和 A 计算的图 10.3 中薄膜的色度坐标

（光谱线的轨迹在图中标示出来并标注出了纯净的颜色。周围的刻度是以纳米为单位的波长值。紫色不是光谱色，并且纯粹的紫色在紫色线中。白色相当于特殊的发光体，所以对应点被称为白点）

色的所有发光部分是源于单色刺激。激发纯度是一个更简单的定义，表示从白点到所有颜色刺激的谱线总距离，激发纯度大致对应色饱和度这个称谓。

纯度的两种表达式都可以简化为色度图的测量。如果我们用 (x_w, y_w) 来表示白点的色度，用 (x_λ, y_λ) 表示谱线，用 (x, y) 来表示所讨论的点，那么两种纯度的表达式分别为

$$p_e = \frac{x - x_w}{x_\lambda - x_w} = \frac{y - y_w}{y_\lambda - y_w}$$
$$p_c = \frac{y_\lambda}{y} \cdot \frac{x - x_w}{x_\lambda - x_w} = \frac{y_\lambda}{y} \cdot \frac{y - y_w}{y_\lambda - y_w} \tag{10.6}$$

式中，用到的特定公式是舍入误差最小的公式。

如果薄膜色度在白点以下，那将会是紫色，从白点出发向后穿过色刺激的线和紫色线相交，而不是和光谱轨迹相交，如图 10.5 所示。在这种情况下，没有主波长。后面的那条线和光谱轨迹相交，交叉点对应的是互补波长。所有色度将有一个主波长或互补波长。某些蓝色和红色色度两个波长都有。

式(10.6)中纯度的表达式扩展到适用于没有主波长的颜色刺激。在激发纯度的情况下，坐标 (x_w, y_w) 是同紫色线的交叉点的坐标。在色纯度的情况下，(x_w, y_w) 用互补波长的坐标替代。

纯度和主波长或者互补波长很少作为颜色规范使用，而是用来辅助颜色鉴别。

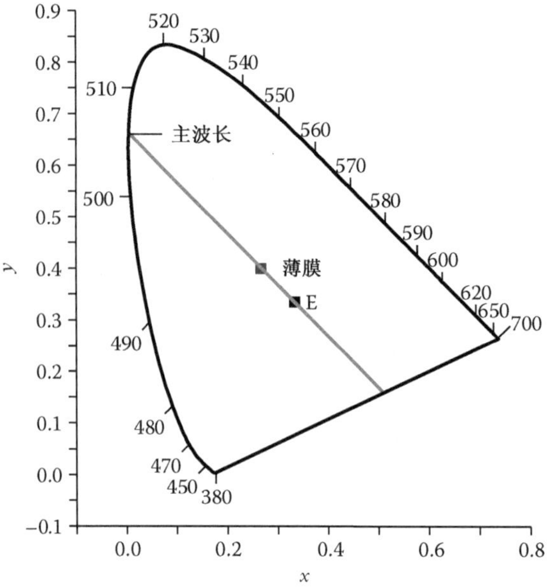

图 10.5　从白点到光谱轨迹连一条直线,穿过所讨论的色刺激,与光谱轨迹相交,交点对应的波长就是主波长

10.2　1964 补充标准色度观察者

人类产生色觉是一个复杂的过程,在这个过程中大脑和眼睛参与其中,色觉的产生不仅需要激励光谱,还需要考虑视网膜的尺寸, 即区域的视场。实验建立了 1931 标准色度观察者对 2°以内区域的参数,演示了在 1°至 4°之间区域函数的正确性,而区域扩大差异也将增大。因此,1964 年,CIE 定义了一组人眼 10°以内区域的色匹配函数, 相关的色匹配函数通常写成 $\bar{x}_{10}(\lambda)$、$\bar{y}_{10}(\lambda)$ 和 $\bar{z}_{10}(\lambda)$。补充观察者被安排,同等能量刺激仍然产生 1/3 的色坐标值,而这些观察者中函数 $\bar{y}_{10}(\lambda)$ 并不和光响应函数对应。图 10.6 比较了两种色匹配函数。

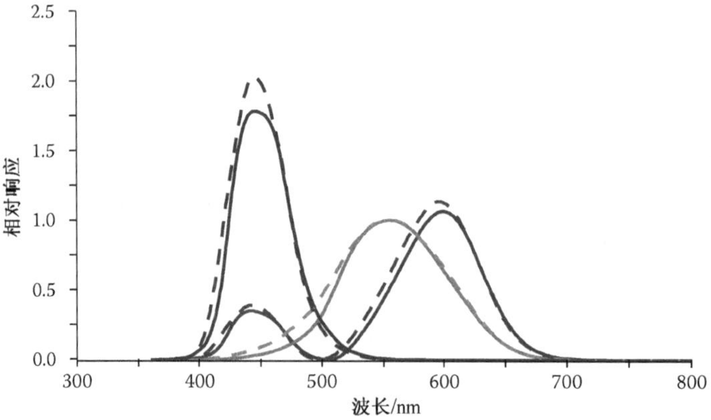

图 10.6　1964 补充色匹配函数(虚线)和 1931 色匹配函数(实线)的比较

10.3 同色异谱

三刺激值定义的性质表明,不同辐射功率分布的颜色刺激可能有相同的三刺激值, 这样的刺激被称为条件等色和同色异谱性。

对于光学薄膜(非自发光刺激)来说,光源的光谱分布必须考虑。因为光谱分布因光源而异,对一种光源是同色异谱的一对光学薄膜, 对另外一种光源可能就不是这样。在所有可能的光源品质下,只有两个薄膜的光谱响应相同,它们才显示出相同的色响应, 这种颜色匹配称为非同色异谱。

同色异谱在要求有特殊颜色响应的薄膜设计方面非常重要。要能得到响应,这个光源必须是特定的。在不同薄膜颜色特性总是相匹配的情况下,它们的光谱响应一定相同。

10.4 其他颜色空间

X、Y、Z 三刺激值明确地定义了颜色,用导出的色坐标可以在二维空间中标出颜色信息。我们必须有多接近匹配三刺激值系统,才能和感知到的颜色一致,或者在可接受的误差范围内? 这里色度图没有太大用处, 它可以直接地分辨颜色,但是点之间的距离不是简单地和感知到的色差有关。这产生了均匀颜色空间的想法,在颜色空间中两点之间的直线距离是和感知到的色差成比例的。但这仍然有改进的地方, CIE 建议两种接近均匀颜色空间概念的颜色空间。这两种颜色空间都是在 1976 年定义的, 第一个颜色空间为 CIE($L^* u^* v^*$)空间, 第二个为 CIE ($L^* a^* b^*$)空间,通常分别表示为 CIELUV 和 CIELAB。两种颜色空间都源于三刺激值,但表达式都十分复杂。在两种颜色空间中,坐标为三维直角坐标系,感知到的色差与两点之间的直线距离成比例。

L^*、u^* 和 v^* 定义为

$$
\begin{aligned}
L^* &= 116\left(\frac{Y}{Y_w}\right)^{\frac{1}{3}} - 16 \quad \left(\frac{Y}{Y_w} > 0.008856\right) \\
L^* &= 903.3\frac{Y}{Y_w} \quad \left(\frac{Y}{Y_w} \leqslant 0.008856\right)
\end{aligned}
\tag{10.7}
$$

$$
\begin{aligned}
u^* &= 13L^*(u' - u'_w) \\
v^* &= 13L^*(v' - v'_w)
\end{aligned}
\tag{10.8}
$$

式中,

$$
\begin{aligned}
u' &= \frac{4X}{X+15Y+3Z} \quad 和 \quad u'_w = \frac{4X_w}{X_w+15Y_w+3Z_w} \\
v' &= \frac{9Y}{X+15Y+3Z} \quad 和 \quad v'_w = \frac{9Y_w}{X_w+15Y_w+3Z_w}
\end{aligned}
\tag{10.9}
$$

下标 w 代表白点。

$(L^* a^* b^*)$空间中的 L^* 和$(L^* u^* v^*)$空间中的 L^* 具有相同的定义,而 a^* 和 b^* 为

$$
\begin{aligned}
a^* &= 500\left[f\left(\frac{X}{X_w}\right)-f\left(\frac{Y}{Y_w}\right)\right] \\
b^* &= 200\left[f\left(\frac{Y}{Y_w}\right)-f\left(\frac{Z}{Z_w}\right)\right]
\end{aligned}
\tag{10.10}
$$

式中,

$$
\begin{aligned}
f(\varphi) &= \varphi^{\frac{1}{3}} && (\text{若 } \varphi > 0.008856) \\
f(\varphi) &= 7.787\varphi + \frac{16}{116} && (\text{若 } \varphi \leqslant 0.008856)
\end{aligned}
\tag{10.11}
$$

这些空间的优势在于将感知到的色差和直线距离进行很好的统一,但是由于 u^* 和 v^* 的坐标,以及 a^* 和 b^* 的坐标涉及 L^* 的值,$u^* \sim v^*$ 的曲线图或者 $a^* \sim b^*$ 的曲线图不会产生独特的色坐标, 这使得鉴别颜色很困难,因此这些颜色空间并没有减弱色度图的重要性。

这些空间常用于给定要求的颜色参数。

10.5　色调和色度

色调和色度这两个术语用于描绘颜色。色调本质上就是我们常说的颜色,红、绿、蓝和紫都是色调。色度和纯度很类似。换句话说,色度表示颜色响应和单色刺激之间的匹配程度。这些术语常用于 Munsell 颜色系统,这一系统采用柱坐标颜色空间。任何颜色都有三个属性,色度、色调和色值,我们可以用柱坐标的 ρ、ϑ 和 z 来表示。我们可以把 Munsell 颜色系统形象地比喻为立式圆柱。色值即我们所说的亮度,在圆柱轴的垂直位置上; 色度是到圆柱边缘的距离; 色调是圆柱周长上的截距,圆柱周长可以看作颜色环,红、黄、绿、蓝和紫。在实际的 Munsell 颜色系统中,图形的边缘与完美的圆柱多少有些偏差,但坐标正像描述的那样。

CIE 认识到这种坐标的实用性,它们和色觉有紧密的关系,因此用 1976 $(L^* u^* v^*)$空间和$(L^* a^* b^*)$空间可以计算亮度、色度和色调的相关值。L^* 和亮度相关。色度的相关值为

$$
\begin{aligned}
C_{uv}^* &= [(u^*)^2 + (v^*)^2]^{\frac{1}{2}} \\
C_{ab}^* &= [(a^*)^2 + (b^*)^2]^{\frac{1}{2}}
\end{aligned}
\tag{10.12}
$$

色调的相关值定义为一个以度为单位的角度, 即

$$
\begin{aligned}
h_{uv} &= \arctan\left(\frac{v^*}{u^*}\right) \\
h_{ab} &= \arctan\left(\frac{b^*}{a^*}\right)
\end{aligned}
\tag{10.13}
$$

式中,u^*、v^* 和 a^*、b^* 是相互独立的,这样角度象限可以明确地指定。注意这些不以任何方式转换到 Munsell 颜色系统,它们只是适当的 CIE 空间中的柱坐标。

10.6　亮度和最佳刺激

装饰性薄膜通过改变光源的光谱质量来产生特定的色觉。大多数的装饰性薄膜以反射方式工作,为了简化,我们假设下文中是反射薄膜,尽管结果同样适用于透射薄膜。

色纯度是一个简单的概念,我们可以轻易地理解。但是还有一个重要的性质,被称为亮度。亮度很容易理解,但是很难定义,它可以描述一种刺激的趋势变得比其他的刺激强还是弱。更亮的刺激源发出更多的光。我们的亮度感遵循 1/3 幂律,将 1/3 幂律运用到 $L^* a^* b^*$ 和 $L^* u^* v^*$ 颜色空间定义中,但是由于本章的目的,我们着重于亮度因子,即 Y 三刺激值。Y 值越大,亮度值就越大。

假设一种装饰性薄膜的外观是纯白的,亮度因子是 100。我们缓慢改变镀层的光谱分布,这样反射光的频谱带宽缓慢减小。由于带宽减小,反射光颜色的纯度增加直到达到单一频谱颜色。纯度的增加一定伴随着反射光的减少,也就是薄膜亮度的减少。这样,颜色和亮度或者亮度因子之间就存在了一种关系。事实上,我们可以用亮度因子来比较两种具有相似色度坐标值的薄膜的质量。这使得我们直接产生用最佳色刺激表示对于相似色坐标中具有最大可能的亮度因子的想法。

可以猜想,最佳色刺激具有非常好的矩形光谱响应。两个边缘波长之间的响应是 100% ,之外的响应则是 0。更容易本能地感觉到这一点,而不是证明它。给出最佳色刺激的形式,可以算出任意给定色度的最大亮度因子,对于给定的亮度因子, 在色度图中描出的最佳刺激的轨迹,构成闭合曲线。这个轨迹和特定的发光体有关,已经计算得出并绘制成表。可见 Wyszecki 和 Styles [1] 的举例。图 10.7 为 D_{65} 发光体的计算轨迹。

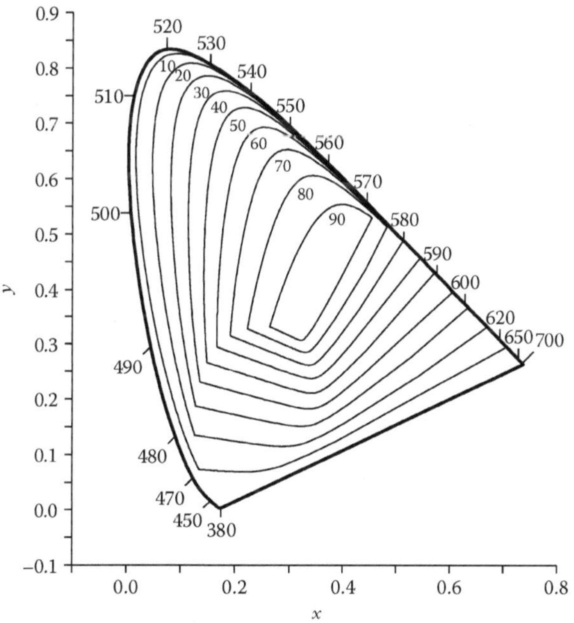

图 10.7　D_{65} 发光体最佳目标颜色刺激的色度轨迹

(Y 的取值范围为从 10 到 90)

既然我们可以给出任意已知色度的最可能的亮度因子,那么在估计任意装饰性薄膜的性质时可以加以利用。最有效的方法可能是在色度图中画出色度,以及恒定最大亮度因子(对应薄膜的亮度因子)的轨迹。

让我们用图表来评估简单薄膜的质量。图 10.8 为简单的 9 层光学薄膜的性能,D_{65}发光体的色坐标和1931 标准观察者在图 10.9 中绘出。亮度因子 Y的计算值为54.85,和这个亮度因子相对应的最佳刺激轨迹也在图中绘出。薄膜很明显不是最佳的,主要因为其反射率是90% 而不是 100% ,但是现有的性能和最佳性能间的差距不大。

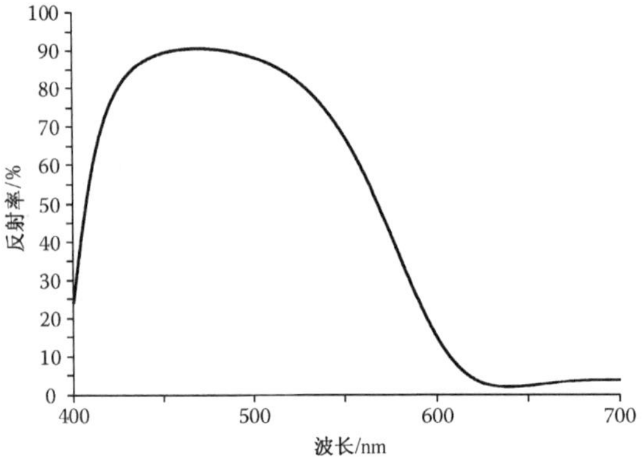

图 10.8　简单薄膜在可见光区的反射率

(薄膜设计为:空气 | $(0.5H\ L\ 0.5H)^4$ |玻璃,λ_0 =500 nm,

H 代表 Ta_2O_5的四分之一波长,L 代表 SiO_2的四分之一波长)

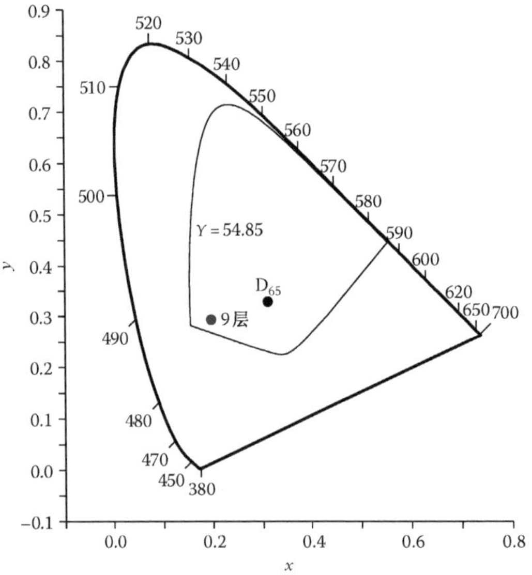

图 10.9　标记 9 层的点代表计算出来的用 D_{65}发光体照射的图 10.8 薄膜的色度

(右边的点为白点。薄膜的亮度因子计算结果为 54.85,其最佳刺激的轨迹也在图中

标记出来。薄膜和可能的最佳效果相差无几)

最佳亮度因子的相关知识帮助我们避免了在光学薄膜的设计中不切实际的颜色性能目标。

10.7　彩色条纹

等厚度的彩色条纹可以在简单薄膜系统（如水中的油或者金属防护漆等类似情况）中经常见到，有时这也称为牛顿环，因为第一个系统地给出这种条纹的相关知识的人是牛顿，他在著作[2]中给出了描述。这种条纹现象和观察条件及光源有很大关系。

相干性的思想以及相干长度（用于判断干涉现象出现与否的简单的参数）在第 2 章中已经介绍。相干性以及相干长度是整个系统的特性，相干长度是干涉效应刚好消失的光程差。当然，可以讨论干涉效应消失的准确点，但是更有用也是更常用的表示干涉长度的表达式为 $\lambda^2/\Delta\lambda$，这里 $\Delta\lambda$ 是系统的限制带宽，它与光源、接收器或者是中间部件的特性有关。当两次通过薄膜的光程大于相干长度时，薄膜中的条纹消失。

当我们使用宽带光源（如日光）时，光源的光谱带宽非常大，这种情况下视网膜视锥细胞的光谱响应控制着限制带宽。视锥细胞的带宽大致为 100nm，波长为 550nm，则相干长度为 $550^2/100$，也就是刚刚超过 3μm，这意味着略大于 1.5μm 即为限制薄膜光学厚度。当然还有其他的光源，荧光灯主要是基于水银放电，尽管放电过程中谱线加宽，而且还受放电管中磷光剂的影响，但输出光谱仍然有很强的谱线。我们可以用 CIE F10 发光体举例说明，它代表日光荧光源（图 10.10）。荧光灯的一个重要特性是光谱具有很窄的尖峰形式，大概 10nm 宽，这使得在波长为 550nm 时相干长度为 30μm，比人眼的相干长度大得多，是相干性的主要决定因素。因此我们可以期望，在这样的荧光灯中感应到的薄膜条纹的光学厚度为 15μm。

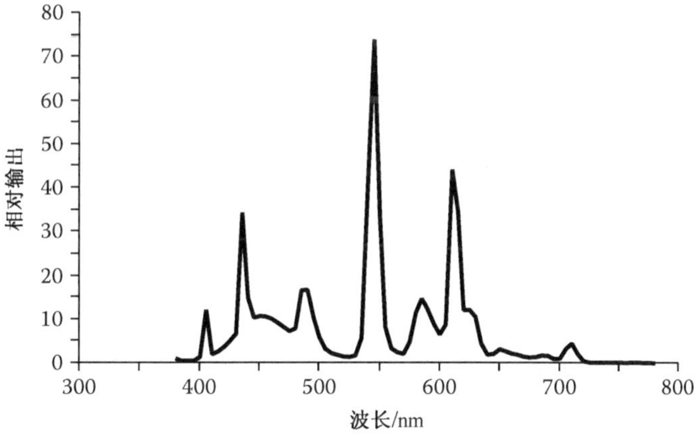

图 10.10　CIE F10（代表日光荧光源）发光体的相对输出
（除了输出中的显著尖峰，短波长部分略小于 D_{65} 发光体）

我们用一个非常简单的例子来阐明。假设油的折射率为 1.5，大于水的折射率 1.33。又假设油层的物理厚度由 0 变化到 5μm，使用 1931 标准观察者，我们可以计算出对于 D_{65} 和 F10

发光体,油层中条纹的外观。条纹在一定程度上受到再现过程的影响,但是这种比较是可靠的,如图 10.11 所示。对于 D_{65} 发光体,折射率为 1.5 的油在物理厚度为 1μm 时条纹消失,此时光学厚度为 1.5μm,这同预期的一样。而对于 F10 发光体,物理厚度为 5μm,光学厚度为 7.5μm, 条纹清晰可见。

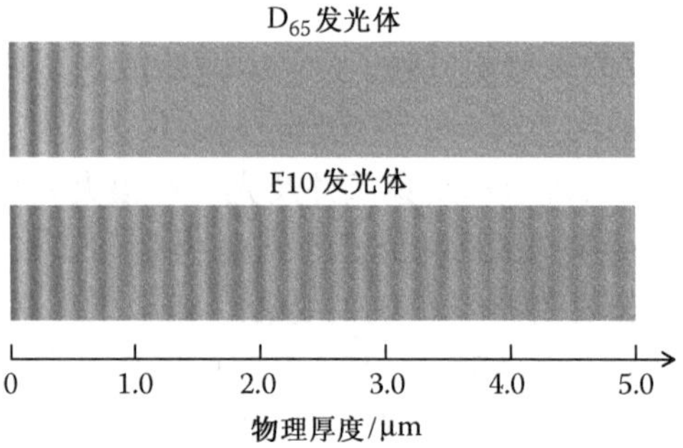

图 10.11　在水面(n≈1.33)上油膜(n=1.5)中的条纹

这种效应经常出现在透明漆包裹下的装饰金属物体中,如门把手、水龙头等。

参 考 文 献

[1] Wyszecki G and Styles W S 1982 *Color science* ed 2 (New York: John Wiley & Sons)

[2] Newton S I 1704 *Opticks or a Treatise of the Reflections, Refractions, Inflections and Colours of Light* (London: The Royal Society)

第 11 章　镀膜工艺及薄膜材料

本章简单地介绍镀膜的基本工艺、镀膜设备以及薄膜材料的一些性质，后续章节将详细研究在镀膜过程中遇到的一些问题。

本章大部分内容是关于材料的性质、测量的方法以及重要参数的一些测量结果。从薄膜的角度来看，下面列举的七点可能是最重要的性质，它们的次序是无关紧要的，因为对于不同的应用这些次序不同。

(1)光学特性，如折射率和透明区；

(2)镀膜材料所必须采用的制备方法；

(3)材料的机械特性，如硬度或耐磨性以及内应力的大小；

(4)化学特性，如溶解度、抗大气腐蚀的稳定性以及和其他材料的兼容性；

(5)毒性；

(6)价格和实用性；

(7)在特殊应用中的其他重要特性，如电导率或介电常数。

第(7)项在这里不深入研究。价格和实用性的问题，即第(6)项，也不过多地叙述，情况时刻都在变化，相比于适用性，价格是第二位的，一批失效的薄膜的成本和原材料相比是十分巨大的。许多公司完全可以为薄膜生产准备好各种材料，以及需要用到的所有技术信息。

11.1　薄膜的镀制

已有大量的过程可以用于并且已经用于光学薄膜的沉积。薄膜沉积通常在真空中进行的可以归结为物理气相沉积(缩写为 PVD)。在这些过程中，薄膜从蒸气凝聚为固态。“物理”和“化学”不同，但不代表在薄膜的形成过程中完全没有化学参数。事实上，其中是有化学反应的，但是化学气相沉积(缩写为 CVD)是指用化学反应的方法生长薄膜的一系列技术，这种过程生长出来的薄膜和初始材料相比有完全不同的组分和性质。

物理气相沉积过程可以有多种分类，但是最有用的分类法是基于产生蒸气的方法和沉积以及薄膜生长中的能量。在真空或热蒸发一直是首要的物理气相沉积工艺，而且由于它的简单化、灵活性、相对低廉的价格，以及现有的数量庞大的沉积系统，蒸发在今后很长一段时间内仍将是最重要的方法。然而，这种方法有明显的缺点，特别是在考虑薄膜的微结构及高性能特殊薄膜方面。其他沉积方法，如溅射正在被采用。在热蒸发过程中，材料(也就是蒸发物)堆积在一起，加热到可以汽化的温度，然后，蒸气在基底上凝聚成固体薄膜，基底温度控制在蒸发物的凝聚点之下。实际上，沉积分子在蒸发源和基底之间作直线运动，而且控制沉积物厚度的规则和控制发光的规则是相似的。在溅射中，通过高能粒子(大多数为离子)轰击目标产生蒸气,这样目标原子和分子将被轰离。这种方法产生的蒸气和热蒸发产生的蒸气相比具有更高的能量,这些能量对凝聚和薄膜生长过程产生重要影响,主要表现为薄膜通常更致密和牢固。在其他的物理气相沉积方法中,热蒸发材料的冷凝可以通过直接高能粒子轰击提供额外的能量。这些过程以及溅射过程都称为高能过程。

尽管物理气相沉积是光学薄膜沉积过程的主要一类,但化学气相沉积的应用正在逐步加强。利用原始材料的化学反应来形成薄膜材料,这一反应可以有许多不同的方式触发,但最常见的可能是在热蒸气中电离等离子体,这个过程称为等离子体增强。化学气相沉积和物理气相沉积是相互补充的,而不是相互对立的。物理气相沉积在材料、基底形状和薄膜类型方面是非常灵活的过程。化学气相沉积在灵活性上就稍差些,因为化学反应和沉积的反应器是针对特定的生产过程设计好的,或者至少是改进过的。化学气相沉积在相似部件的大批量生产中取得了巨大成功,它能够制备一些对于物理气相沉积方法来说具有挑战的薄膜,而两者之间的界限也越来越模糊了。

在第 1 章中,我们了解了薄膜制备这个主题可以认为是始于夫琅禾费的工作,即如何用玻璃表面化学腐蚀以及溶液沉积的方法制备薄膜。这些和类似的方法在薄膜生产中已经有了一定程度的应用。在薄膜生产发展的各个阶段,曾经用过至今偶尔还在使用的其他镀膜技术有:对铝进行阳极氧化,形成保护膜;以液体材料喷涂表面,或者喷涂可以通过化学反应生成要求材料的物质;有时候物质本身经高温火焰汽化,或许自身进行喷射;有时也通过凝聚或者其他方法使得单分子在表面聚合;自持多层薄膜的挤压也是一种方法。

想要一本书覆盖所有内容,或某个内容达到所希望的深度,是不可能的。有大量的书籍专门是和镀膜过程有关的,比较好的是 Vossen 和 Kern [1,2] 以及 Glocker 和 Shah[3] 的著作。我们主要研究物理气相沉积,特别是热蒸发过程。

11.1.1 热蒸发

在热蒸发过程中,蒸气是通过加热材料产生的,材料即蒸发物。由于反应腔内减压,蒸气以平稳的气流流出,蒸气分子沿直线运动,这样薄膜厚度的任意变化都将十分平滑,而厚度的变化是基于基底和蒸发源的位置和方向的。尽管在微观结构上存在巨大的差异,但薄膜的性质和块状材料是相似的。要采取如下措施保证薄膜的质量:细心清洗基底的表面,使蒸气流对基底接近垂直入射,有时在沉积前将基底加热到 200 ~300℃(对于不同材料,甚至要求更高的温度);蒸发是在封闭室里进行的,室内气压通常抽到 10^{-5} mbar(10^{-3} Pa);要沉积的材料通过将要提到的某种方法在腔室内熔化;整套设备包括腔室、真空泵压强计、用来熔化蒸发物的电源、制作过程中薄膜厚度的监控设备、基底夹具、基底加热器以及控制装置。现代镀膜机如图 11.1 和图 11.2 所示。下一部分我们将了解一个强大的热蒸发技术,称为离子辅助沉积,它提高了薄膜的质量。

离子辅助沉积包括热蒸发,通过高能离子轰击生长薄膜,并通过动量转移的冲击效应使薄膜致密。图 11.1 和图 11.2 中的机器都具有合适的高能离子产生源。

材料要放在坩埚中蒸发,在足够高的蒸气压下加热至熔化,有很多种方法可以做到这点,

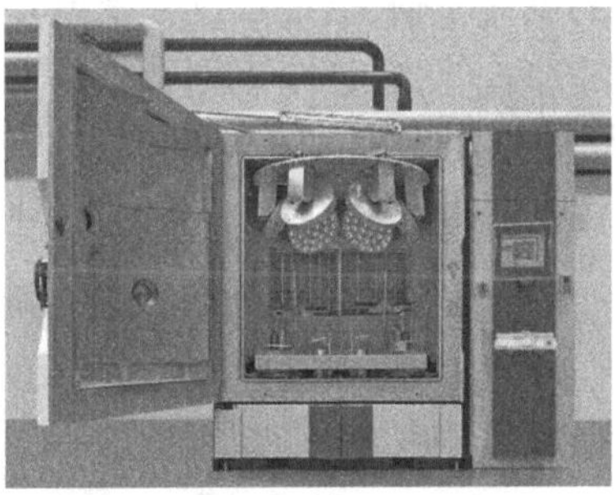

(a)　(b)

图 11.1　镀膜机

（这是箱状镀膜器，它的室被制成箱状的，前面有一个开门，而不是在一个基盘上呈钟状。这种机器通常镶嵌在干净房间的墙上，这样可以在室内完成基底的安装和卸载，而机器的维护则是在房间墙壁后面。(a) Leybold Optics 制造的 SYRUSpro 1510 镀膜机展示了行星式的基底载体。前表面加热器通常是行星系统，可以从后面泵浦系统端口的底部看到。(b) Optorun 公司制造的 OTFC 1800 型号镀膜机。引自 Optorun Co. Ltd., Kawagoe, Japan）

(a)　(b)

图 11.2　CES 系列连续真空镀膜机

（全自动操作。在进入镀膜室前，连续的夹具夹着基底在真空状态下加热。镀完膜后，夹具从系统中传出，新的夹具进入。(a) 镀膜室，运送室和加热室可以在图片的上部看到。(b) 镀膜室内部有两个电子束蒸发源，具有自动进料结构，右侧是圆片状，左侧是颗粒状。引自 Shincron Co. Ltd. Yokohama, Japan）

最简单的方法是使用难熔金属坩埚作为通电状态下的加热器。坩埚是细长形的，并且两端接触表面平滑，常常被称为金属舟。金属舟内的电极与结构是绝缘的，它既充当电极又是支撑。金属舟的电阻低，电流高，在低压状态下可达到几百安培，这有利于加热材料。需要相当大的一部分能量用来加热，包括加热电极，而为了保护密封环，又对电极进行水冷。图 11.3 为旧式钟罩形镀膜机的基底，以及一组电极。图 11.4 是安装在相似的镀膜机中的电极之间的正在加料的钼舟。钽、钼和钨是最适宜做舟的材料，钽和钼易于弯折成形，钨则很难。在特殊情况下，铂也可以做金属舟。钽舟可以蒸发许多种材料，因此钽舟是三种舟中最常用的一种。但是有些材料和钽反应，如二氧化铈，它和钼也发生反应，只能用很难制作但相对稳定的钨舟。

制造钨舟需要熟练的技术，只有用专业的制造方法才能制造出钨舟。如果需要，或者在紧急情况下,要将钨片制造成钨舟,钨片在弯折前要加热至红色,以免破裂,而且只能做成最简单的形状。有些蒸发物甚至和钨反应。在某些情形下,要加入氧化铝作为保护内衬,或者用氧化铝坩埚绕以钨加热子。其他的蒸发物如铝,它和钨的反应不快,因而螺旋钨丝就是非常好的热源。铝和钨相浸润,沿着具有水平轴线的钨螺旋形成液滴。就给定的蒸发面积而言,钨丝和铝的接触面积比常用的舟要小一些,而钨丝的厚度又要大一些,所以钨被溶解得更慢,在钨断裂前,大部分的铝都可以蒸发出去。即使钨溶入铝中也不会污染沉积膜。图 11.5 展示了不同样式的舟。

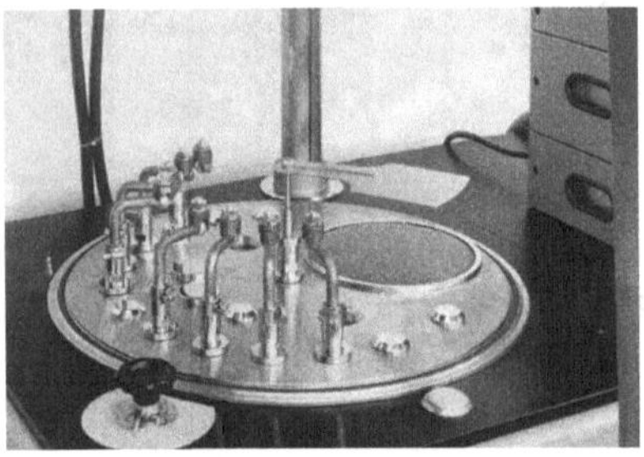

图 11.3 镀膜机的基盘、电极以及终止挡板
(引自 Balzers A G)

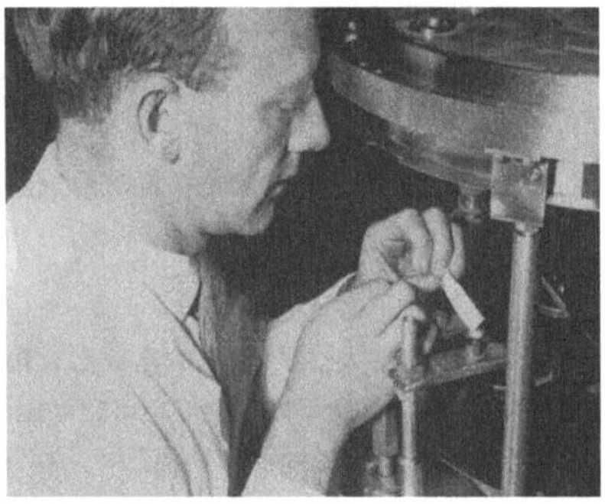

图 11.4 安装在 Edwards E19E 型镀膜机电极之间的正在加料的钼舟
(引自 Edwards High Vacuum)

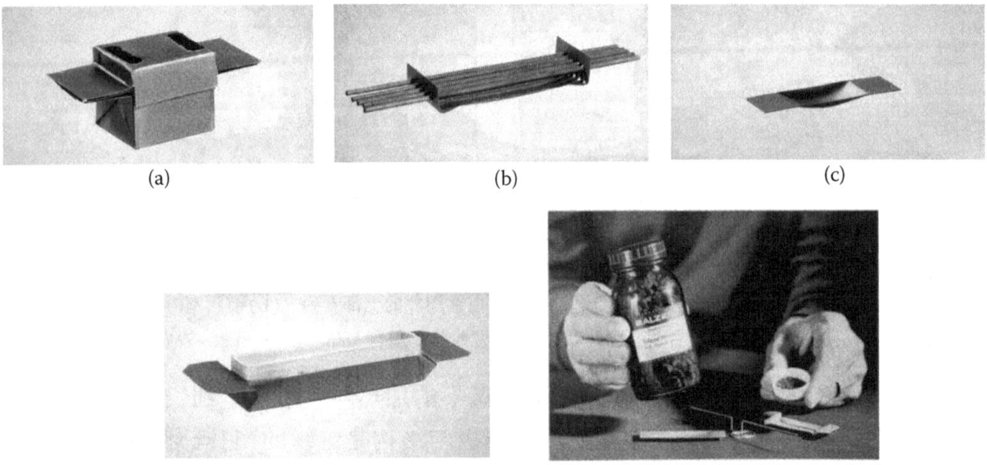

(a) (b) (c)

(d) (e)

图 11.5 不同种类的蒸发源:(a) 钽盒源(660A,1695W,1600℃);(b)针对大量金属(如铝、银和金)的钨源(475A,1400W ,1800℃);(c) 钨舟 (325A,565W,1800℃);(d)含钼热子的氧化铝坩埚;(e) 含钨丝的氧化铝坩埚, 图中还可以看到两个钨舟
(引自 Balzers A G)

像硫化锌、一氧化硅这些材料,它们在不太高的温度下升华,因此可以盛在氧化铝或熔石英坩埚中,从上方辐射加热。钨螺旋置于材料的上方即可产生足够的热量使之升华,这意味着

材料最热的部分是蒸发表面,这样不易溅射。图 11.5(e)所示为这样一个蒸发源,手持坩埚,桌子上为加热螺旋。这类热源的发展是"榴弹炮"形热源,如图 11.6 所示,它特别适于蒸发用于红外区的硫化锌膜,因为它的容量可以很大[4]。

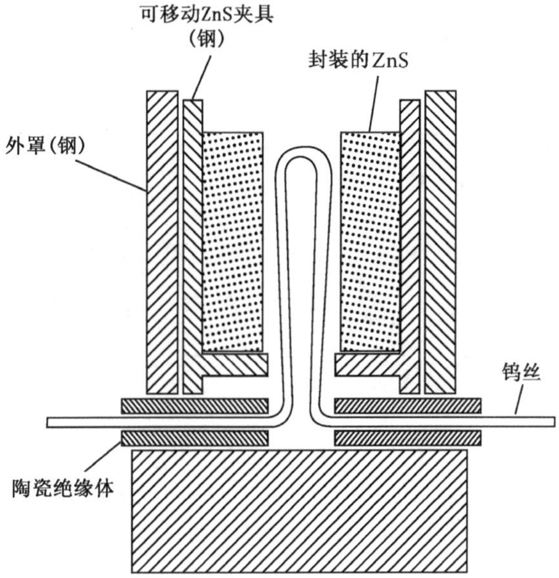

图 11.6　用于快速蒸发大量 ZnS 的"榴弹炮"形热源
(ZnS 的可移动夹具为钢材,也可用熔石英或者氧化铝替代,
发夹式热丝也可以用钨螺旋来替代。引自 Cox and Hass)

有些材料甚至和氧化铝发生反应,锗就是一个例子,反应虽然不是特别快,但是锗膜被污染了,显示出高于正常的长波红外吸收。在这种情况下,发现石墨可以用作舟材料。正如可做成热炉加热元件的棒状一样,石墨几乎可以轻易做成任意要求的形状和结构。石墨舟的接触常常由铜、石墨或者某一难熔金属做成。在蒸发的高温下,钢和石墨发生反应,致使钢近于熔化并塌陷,因此钢完全不适于用作接触。

有一种加热方式避免了与直接和间接加热舟有关的许多困难,这就是电子束加热,对于绝大多数材料, 这是一种更好的加热技术,特别是对于高熔点氧化物。这种方法是将蒸发物放在导电的坩埚或炉槽里,用电子束轰击加热并使之蒸发。受热部分是蒸发物外露表面的中心,从材料到炉槽有一个相当长的热传导通路,这样炉槽可以保持在比蒸发物的熔化温度低得多的温度,不至于损失过多的热量。这意味着蒸发物和炉槽的反应是可以抑制的,炉槽通常通过水冷来控制温度。

由于具有高热导率,铜一般被选作炉槽材料。热灯丝通常是钨丝,它发出电子,电子在 6~10kV 的电势下打到蒸发物上。不同时期使用不同的电极形状和聚焦形式,但是现在通常采用的装置是弯曲梁型电子枪。炉槽是接地的,热灯丝相对于炉槽是负极,热灯丝和电极都接在炉槽下方,不与蒸发物相接触。热灯丝的旁边有一个和热灯丝具有相同电势的圆盘,圆盘上有条狭缝,电子可以通过狭缝,这个圆盘紧跟着和炉槽具有相同电势的阳极,包含一个更大的狭缝,这样电子束即可通过。电子束在磁场作用下歪曲大半个圆,聚焦在炉槽中的材料上。这种方法避免了早期电子束系统中的热丝和炉槽视线一致的问题,以及电子束和蒸发物反应而引起的寿命显著缩短的问题。线圈产生的磁场使点的位置变化,经这样平均后,点可以控制在炉槽的中心,使用扫描来增大受热材料的面积。这减少了维持相同沉积速率所需的温度,提高了坩埚中材料的使用率,使得电子束源更加稳定。这种类型的典型电子束枪如图 11.7 所示。

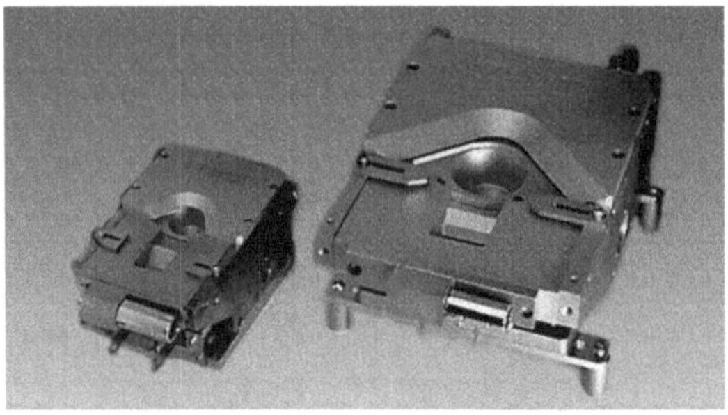

图 11.7　弯曲梁型电子束枪

(水冷坩埚有多个隔槽,通过旋转使得隔槽位于枪顶端开孔下方产生的电子束的焦点位置。枪的侧面是聚焦和偏转磁铁的磁极片。通过电子束源上面的调节旋钮可以实现磁场的微调。引自 Telemark, Hayward, California, USA)

电子束源对于和舟反应或者有较高蒸发温度的材料,或者两者兼有的材料来说具有重大的意义。即使是十分小的电子束源,当电压达到 10kV 左右时,电子束平均电流可达到 1A。高熔点氧化物,如氧化铝、氧化锆和氧化铪,以及反应半导体,如锗和硅,这些都可以很容易蒸发。此外,对于可以用舟直接加热的材料,用电子束加热将更加容易,所以更倾向于使用电子束源,几乎可用于所有材料。为了提高灵活性,在炉槽里有多个隔槽,这样在一个镀膜周期内,电子束源可以作用于四种不同的材料。在相同的电子束源作用下,多隔槽中单个隔槽的容量比只是单隔槽的少。随着电子束源使温度升高,在蒸发温度下维护可替换的坩埚是不可能的,意味着层与层之间有延迟。因此对于大规模生产以及红外薄膜,通常使用至少两个单隔槽源。

对于电子束源,不是所有的电子都打进坩埚里的蒸发材料中,因此存在反射电子和二次电子,它们有时影响薄膜的生长。有时将接地的金属板固定在电子束源的后面,试图吸收这些电子。Bangert 和 Pfefferkorn [5] 提出,特别是在硫化锌的情况下,这些电子的影响实际是有益的。我们对电子束源的这方面应用了解得不多。

基底的温度也决定着凝聚薄膜的特性,较高的基底温度使膜更加致密和稳定(见第 12 章)。高熔点氧化物的温度通常在 300℃左右,或者更高些。从一次镀膜到另一次镀膜的温度稳定性通常比绝对温度更重要,尽管 Ritchie [6] 致力于大于 12μm 的远红外区的薄膜的研究,发现基底的温度具有十分重要的意义,并且设计出将温度控制在不超过实验确定的最佳值 2℃的方法。基底的热导率通常很低,并且安装在旋转夹具上,确保薄膜厚度的均匀,这样使得基底绝对温度的测量十分困难。通常是在基底后面很近的距离处通过辐射加热,或者使用钨丝灯,这两种方法都是照射基底的前表面,后一种方法更普及。

对于行星式基底载体(图 11.1),很难对后表面加热,因此通常都是前表面热源。通常在基底载体前面放置热电偶来进行温度的测量。这无法精确测量基底温度,但会给出生产过程稳定性的指示,通常这就是我们想要的,可以通过在和基底同一类型的块状材料中植入热电偶来改进。

在旋转夹具上安装热电偶,信号通过银质滑环引出,但是即使在这种情况下,基底前表面的温度仍然无法精确地知道,特别是低热导率材料,如玻璃或者石英。锗或者硅基底可以得到更精确的结果,它们通常用于红外区。更常用的方法是使用近红外远程感应温度计,它可以接收热基底的红外辐射。这个装置通常安装在镀膜室外,通过红外透射窗口感应基底温度。装置的绝对校准取决于基底的发射强度,用于可见光区的玻璃和薄膜的发射强度相比红外元件变化小,再次强调,镀膜过程中的温度稳定性最重要。可以试图在实验室中发现更精确更复杂的装置,但是实验室中通常是小批量的样本制备,大批量的薄膜制备非常少。

通常金属应该沉积在温度较低的基底上,以免发生散射——这对金属-介质滤光片和紫外反射膜尤为重要。铑和铂是这一规律的例外,它们镀在温度较高的基底上效果更好[7,8]。在基底制冷方面存在困难,而且基底温度低于环境温度时就会增厚吸附气体层,抑制了薄膜的凝聚,并且引起污染。因此,通常不会在基底温度低于周围环境温度的情况下工作,在室温下就可以得到很好的结果。软介质材料,如硫化锌和冰晶石,可以在室温下镀在基底上(我们将看到,如果硫化锌用在红外区,则将是例外)。对于较硬的介质材料,往往需要升高基底温度至 200～300℃。这些材料包括二氧化铈、氟化镁和二氧化钛。某些红外半导体也应该用类似的办法处理。最佳机械性质要求的沉积温度通常不同于最佳光学性质的沉积温度,不同的应用有不同的偏重面。后面讨论各种材料时,将给出更详细的论述。

图 11.2 在很多方面具有重要意义。每次沉积室暴露在空气中,放入新的待镀基底,都会影响镀膜环境。沉积室的墙上吸附大量大气气体,特别是水蒸气,要进行除气,以达到最终的镀膜条件,即使这样,也很难断定沉积室的条件是否最终稳定。图 11.2 使用了装样取样系统,装样取样这一术语可能源于河流或运河的水闸,在这一系统下,沉积室可以在沉积条件下进行维护。

基底放入单独的装样室中,用闸门阀与沉积室分开。闸门阀只在装样室达到标准真空时开启,此时基底转移到沉积室。图 11.2 中的仪器使基底热浸透直到精确地达到沉积条件,只有在这种情况下基底才能转移,镀膜完成基底即被转移出去。补充基底时沉积室暴露在空气中,所以人们也设计出了多种在真空下完成的方法。

沉积室清洗是光学镀膜产业的一大问题。特别是热蒸发过程中,蒸气材料飘散到沉积源“看见”的所有位置,并且给所有东西镀膜。电子器件附近也有材料沉积,甚至有时基底后表面也有沉积出现。由于器件上的小块沉积后期很难清洗,因此将沉积室屏蔽起来,避免部件上小块沉积是常见的做法,如沉积室的壁。这种屏蔽物可以随时移动并在沉积室外清洗。通常用一次性铝箔盖在屏蔽物表面,这使清洗问题更加简便。清洗操作可以是机械方法,常用的是珠爆破,也可以是化学方法。屏蔽物清洗之后最好再进行烘干操作,可以除去任何种类的残留液,但是也会除去松散黏附的束缚粒子,这些束缚粒子可能对沉积过程造成很严重的影响。清洗操作不仅仅是技术问题,因为从一个领域到另一个领域有多种不同的要求。

11.1.2　高能沉积过程

顾名思义,高能过程就是包含能量而不是热量的过程。热蒸发产生的沉积薄膜有明显的柱状结构,这是薄膜不稳定和光谱漂移的主要原因,这些将会在本章后面提到。高能过程的想法就是通过提供额外的能量,造成柱状结构自身及伴随空洞的破坏,这是一个很有效的方法。有些高能沉积过程是老式的,通常含有过剩的能量,现在认识到正因为如此,这种老式高能过程具有某些优势。尽管我们形容这个过程为高能,其实动量才是其中的关键量。

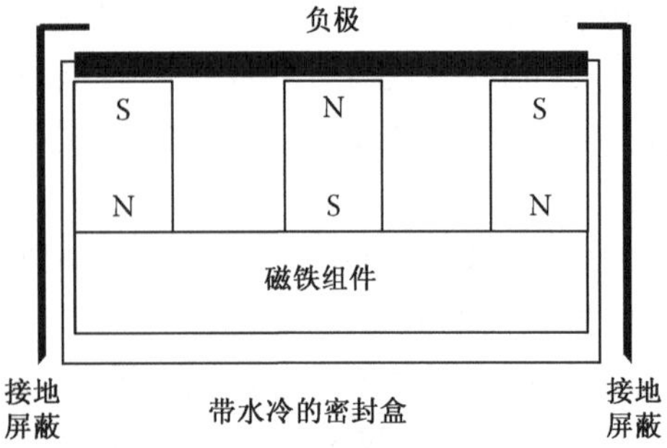

图 11.8　平面磁控管源的示意图

(靶或阴极和电源的负极相连,镀膜机(包括接地屏蔽)是正极。电子离开阴极表面向外运动,在磁场的作用下呈圆形轨迹。磁铁的极性不重要,只要如图所示的外磁极和内磁极相反即可)

溅射是一种比热蒸发更古老的工艺。入射的高能离子的动量用于从靶喷射出原子和分子成为气态。喷射出的粒子具有非常大的动能和动量,这样每次新粒子打到生长的薄膜上,薄膜都经受了更强的冲击,这些冲击破坏了空洞和柱状结构。传统形式的溅射,靶是金属的,这样靶可以导电,而且轰击离子是通过靶附近的直流放电得到的。这种放电可能会受到交叉电场和磁场的限制(即磁控溅射),这在光学薄膜中是常用的过程。直流平面磁控溅射靶是最常用的,图 11.8 是这种靶的示意图。磁控溅射最大的优势在于电子有更长的通道,这样可以在相当小的压强下释放出离子(例如,0.3Pa 或 0.3×10^{-2}mbar),这比没有磁场时的普通溅射的压强小得多。

这种方法也有一些不足。磁铁的排列使放电主要存在于两个磁片之间的区域,在这些区域靶要受到更大的侵蚀,其他区域几乎没有受到。在长矩形的靶上,被轰击区域的形状就像跑道(常用跑道这个词来形容它)。靶的利用率不是很高,因此常常修复使用过的靶而不是废弃它。

直流磁控溅射使用金属靶,因此必须使用反应溅射来产生氧化物、氮化物,因此溅射气体通常是一种惰性气体,如氩, 氧气或者氮气的混合。活性气体也会和靶反应,产生一层氧化物或氮化物,这层物质易于在受到较少侵蚀的区域产生。这层绝缘薄膜具有很高的电容,存储了大量电荷。它不像电容器具有很好的稳定性,容易瞬间崩塌以及暴力放电,从本质上来说就是电弧。这种电弧作用易于产生熔化的材料液滴,这些材料液滴常常嵌入薄膜中。最糟的情况是释放的电弧会损坏靶。绝缘层改变了溅射系统的电性质,导致磁滞现象而使控制更复杂。在硅靶上这种效应尤为明显,二氧化硅是唯一适用于溅射的低折射率材料。这种现象通常称为靶中毒。

有几种方法可以解决靶中毒问题。靶表面可以相对磁体移动,这样高侵蚀区域可以在表面移动并且清除产生的绝缘材料。通常具体情况下,靶是圆柱形的并绕磁体纵轴旋转,置于接地屏蔽,有极性周期反转的特殊电源供电,使电容器放电。由于电容量非常大,时间常数也非常长,放电可以在非常低的频率下完成。较新的解决方案,或许也是精密光学领域最流行的方案,是将两个相同的磁控靶连接到中频电源的相反极上,靶的正负极现在是交替的(图 11.9)。

这个装置在电容产生破坏前可有效对其放电，而且由于时间常数大，频率可以低至 10kHz，而通常频率为 40kHz 左右。有时这种方法被称为中频率溅射，或者叫做双重磁控溅射。装置中交替的阳极和阴极解决了另外一个问题——阳极消失，即在通常的单靶溅射中，沉积室为阳极，尽管有时有附加棒作为阳极，但绝缘薄膜逐渐覆盖住沉积室，使阳极的影响越来越弱，特别是对过程的控制，这个现象被称为阳极消失。中频装置每隔半个周期变化一次阳极，这个技术解决了阳极消失问题以及靶中毒问题。通常双重磁控管是平面的，但是这个过程也在旋转磁控管中应用。

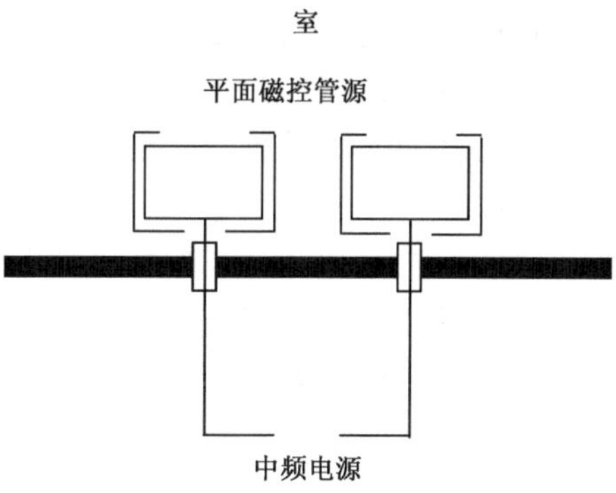

图 11.9　在两个孪生的磁控装置中两个磁控靶连接到中频电源，这样每个都交替地作为阳极和阴极（这个装置避免了无并发射频溅射的反应性 DC 溅射的充电问题）

与上述过程不同，在护罩下放置磁控源使其可以在氩气下操作，以避免靶中毒。材料从护罩中磁控源上面的大孔中溅射出来。在护罩外的主沉积室中，材料沉积到基底上，但是生长的薄膜在离子辅助沉积下，仍然受到氧离子或者氮离子的轰击。大量气体进入沉积室，因此要使用大容量的泵将气体快速排出。生长的薄膜是非晶态的，并且聚集密度非常高。这一过程称为微观等离子体，该过程因为授权的专利而为大家所熟知[9]。这一过程的优势在于镀膜室的几何构造和热蒸发的十分相似。磁控源位置的稳定性优于具有相似几何形状的蒸发源。

另一种方法[10,11]在圆柱形工件夹具上进行间歇性沉积，但等离子体完全扩展到圆柱的周围，这样金属到氧化物及氮化物的转换效率将会非常高。通常在圆柱周围安装多个磁控源，一般是 4 个，在任意时间只有一个适当材料的源发生反应。靶内装有磁体，通常靶的最外面为 N 极，则相邻靶的最外面为 S 极。这样，随着圆柱体的移动，相继出现的磁源类型为 NSN，SNS…这形成了一种磁瓶，等离子体围绕工件夹具扩展。已有使用这种方法生产高质量薄膜的相关报道。这个过程称作闭磁场磁控溅射。图 11.10 所示为相关仪器。

图 11.10　CFM450 闭磁场磁控镀膜系统

当然也存在其他解决方案。例如，可以使氧化和氮化过程远离薄膜沉积区域。这一方法要求少量材料参加沉积随后进行氧化和氮化反应，然后再加入一些材料继续沉积反应，这样进行下去。这一方法实施如下：将基底置于圆柱形滚轮上，滚轮快速旋转，并且持续经过线性磁控溅射源，这个溅射源通常是中频的，然后滚轮经过离子源，之后再次回到磁控靶。这一想法源于镀膜设备[12]，并且作者认为热蒸发是最适合的材料沉积方法。然而，间歇性沉积易用于其他形式的沉积，特别是光学薄膜的溅射沉积。早期版本中，这一过程称为 metamode，是“metal mode”的缩写，也是授权的专利[13]。

近期光学镀膜的新方法是将基底引入镀膜室的装样取样系统,这已经在图 11.2 中的仪器部分提到。不是每个沉积周期都要更新溅射源,所以特别适合添加装样取样设计。图 11.11 所示为一个小型间歇沉积溅射仪,但在这种情况下,由于装样取样系统,沉积室和外界是隔绝的。这种仪器原本是用于小批量眼科应用的,但是实践证明它对其他形式的镀膜也有很好的效果[14]。

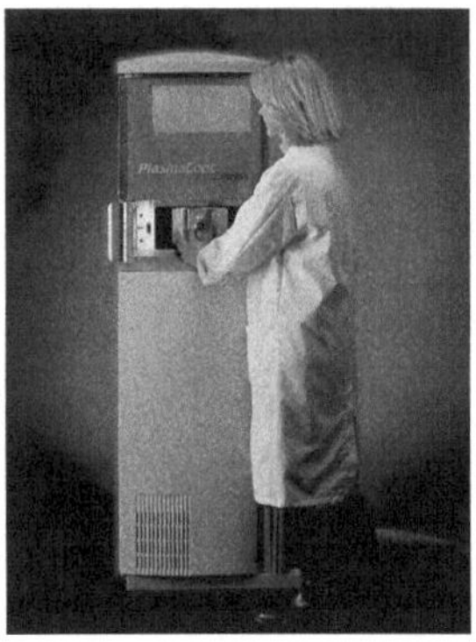

图 11.11 Plasmacoat 是一个小型的用于眼镜片镀膜的仪器,它也可以用于小批量其他类型的镀膜

(镀膜过程是反应溅射镀膜,整个操作过程是全自动的。镀膜室为永久真空状态。装样过程为基底载体脱离镀膜室,下落至装样室,通过入孔门装载。在基底装样时,入孔门是关闭的,基底载体上升回沉积室。引自 Applied Multilayers, Coalville, Leicestershire, England)

更进一步改进的仪器中,装样系统不仅有装样取样,而且是机器操作的,如图 11.12 所示。仪器的入口端和出口端位于清洁室,而沉积室则在一个灰色区域,在这个区域中,可以在不暴露仪器其他部分的前提下进行有计划的维护。

金属阴极上形成的绝缘层具有相对高的电容率,这就允许使用中频溅射方法。纯介质靶的表面电容非常小,这是因为介质材料的厚度非常大。小电容具有小时间常数,任何放电操作都要在高频率下进行,即在射频波段。射频(RF)溅射避免了绝缘靶的问题。尽管射频溅射在薄膜沉积的其他领域已经大量应用,但是在光学薄膜中还不是很普遍,部分原因可能是因为附加的屏蔽和匹配要求,也可能是因为它虽然能够制造高质量薄膜,但是并不比其他沉积技术明显优越。然而,在应用中,当质量比生产速度更重要时,射频溅射法更加可靠和稳定。在一定范围内,通过控制能量、气压和时间,不需要实时的膜层厚度测试,就可以控制更加复杂的镀膜过程[15]。在这里我们发现了和低频溅射相似的稳定性[16]。

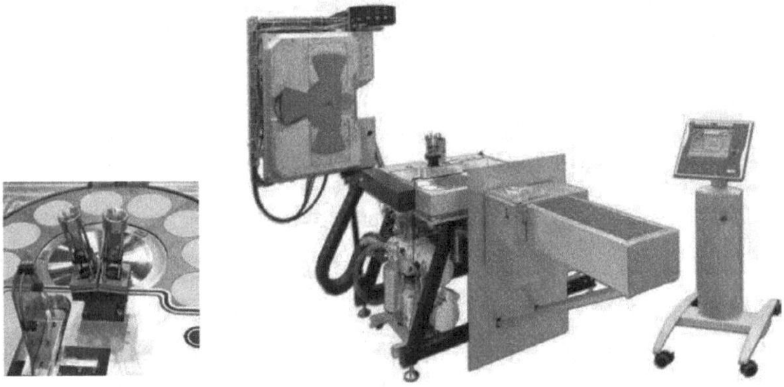

图 11.12 Leybold 光学公司的 Helios 磁控溅射系统

(沉积室采用间歇沉积技术,整个沉积室除了维护外不与空气接触。基底通过装样取样系统自动馈入镀膜室。装样端位于洁净室内,镀膜室在灰室内。图片左边为基底工装和光学监控系统。引自 Leybold Optics GmbH, Alzenau, Germany)

下面是一种完全不同的溅射方法,它使用单独的腔室来产生离子,引出离子后直接打到靶上(图 11.13 和图 11.14),这就是离子束溅射法[17]。这种方法可以生产高纯度薄膜和已报道的最低损耗多层反射薄膜,已经实现纯度为百万分之一或者更小[18,19]。由于离子束在加入电子后通常是中性的,那么绝缘靶的充电问题就可以避免了,这一方法对绝缘材料和导体同样有效。离子束溅射和其他大多数方法相比比较缓慢,而且无法完成大面积的沉积,对精密光学部件有巨大的损害。采用离子束溅射,部分是因为这一过程的明显成功,部分是因为涉及离子束溅射的持久的专利解除,当然还有一点运气。20 世纪 90 年代,这种方法成为生产密集波分复用滤光片的重要技术,在市场萎缩时,人们发现了它的其他用途,在制备其他类型的高质量薄膜方面,现在已取得可喜的成果。

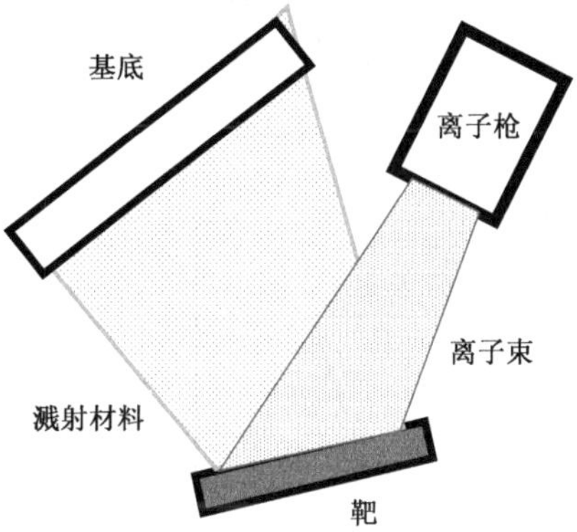

图 11.13　离子束溅射原理图
(产生的离子从离子枪中发射出去,然后从沉积室移走,这样可以制作更高质量的薄膜)

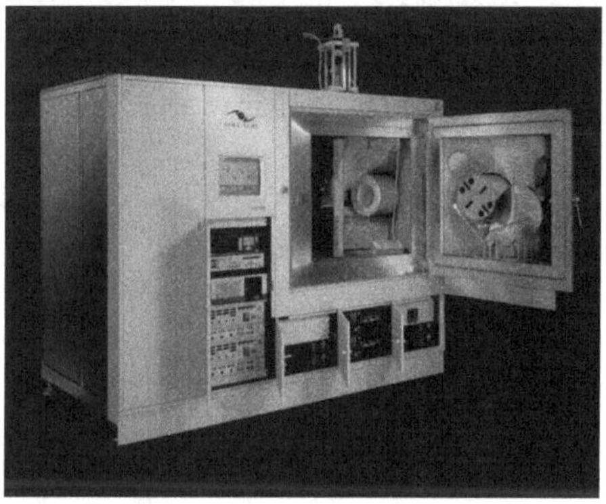

图 11.14　Spector 离子束溅射系统
(用于生产高质量光学薄膜,特别是用于密集波分复用的窄带滤光片。引自 Ion Tech, Inc., Fort Collins, Colorado, USA)

不是所有材料都适合溅射。尤其是氟化物在这方面难度很大,因为氟原子优先溅射,薄膜因此会缺氟,具有光学吸收性质。氟原子的空缺可以被氧原子填充——通常周围有足够的氧原子——氧原子起码在长波段消除了吸收效应,但是薄膜变成了氟氧化物,具有不同的(通常是更高的)折射率,以及常常退化的耐环境性。多种技术已经成功地实现了氟化物溅射,但是它们目前没有被普遍采用,说明其中的困难依旧存在。

在反应低压离子镀法中[20,21],一个低电压高电流电子源对准电子束源坩埚上方的区域,这引起了蒸发材料的高度电离,材料通常为金属或低值氧化物,以保证熔化物具有导电性。向沉积室内分别输入活性气体、氧气或者氮气,它们同样被高度电离。如图 11.15 所示,这构成了一个完整的回路,从电子源到电子束源,再到低电压高电流电源,最后回到电子束源,并且这一回路完全与结构的其余部分相隔离,基底夹具同样是电绝缘的。

由于有很多具有移动性的电子,绝缘基底得到了一个相对于电子束源的负电势。这一电势吸引了电子束源的正离子,所以当它们到达薄膜表面时具有额外的动量,并且这一动量被传递给薄膜,使其更坚实。薄膜很坚硬、密实,通常呈非晶态。由于与增加气体的充分反应,它们具有很好的光学性质。最近的设备改进使实现基底载体的独立偏压成为可能,而不是简单地使它聚集电子。

离子辅助沉积能够很容易在传统热蒸发设备中实现，是一种具有巨大优势的高能沉积过程。它由热蒸发组成，这一过程添加了利用一束中性高能粒子轰击生长薄膜的过程(也就是说，一束正离子与足够的电子一起注入)。因此，要想在常规仪器中操作，所需要的就是一个离子源。适用于这一目标的最普通类型的离子源为宽束离子源，通常带有提取栅网。大多数早期发表的研究成果和报告利用了 Kaufman 离子束源，或者带栅网的离子枪。

因此，电子源是一个热丝，提取系统由两个近似平行的栅网组成，其中内侧栅网不固定并且获得放电的电势使它能够限制在枪内，第二个栅网施加场将正离子拉出放电室。离子束在放电室外被电子中和，电子通常来源于热灯丝，浸没在离子束中，以避免空间充电限制，或者现在更常见的，来源于一个分离的空心阳极电子发射器。Kaufman 离子束源能够很好地控制离子能量，这是研究工作中的一个优势，但是栅网十分脆弱，很容易错位或者被损坏，因此人们开始开发一些不需要提取栅网的离子束源，这些离子束源的使用正在逐渐增加。我们可以从 Bovard[22] 和 Fulton[23] 那里得到更多的信息。

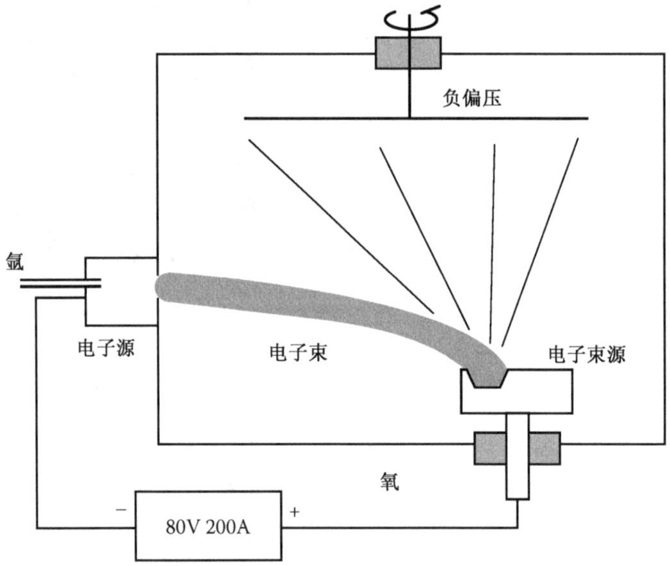

图 11.15　低压离子镀过程

(电绝缘基底上的负偏压通过沉积室内的自由电子得到。引自 Pulker H K and Guenther K H. Reactive physical vapor deposition processes, in *Thin Films for Optical Systems*, Flory F R Ed, Marcel Dekker, Inc, New York, 91-115, 1995)

离子化等离子体辅助沉积同时包含离子辅助沉积和低压离子镀的特点。它利用了所谓的先进等离子体源[24-26]，这种源与沉积室绝缘并且电势浮动，结构简单，一个中心处的间接加热阴极利用六硼化镧制造，沿圆柱体垂直轴线放置的为阳极，一种惰性气体(通常为氩气)充入了这种源中。圆柱体包含一组螺线管，它产生一个轴向的磁场。交叉的电场和磁场使电子在一条摆线形的轨迹上运动，随着路径长度和电离程度的增加，在这种源中产生了强烈的等离子体。场不在轴向上限制等离子体，因此它从源逃逸并进入沉积室中。

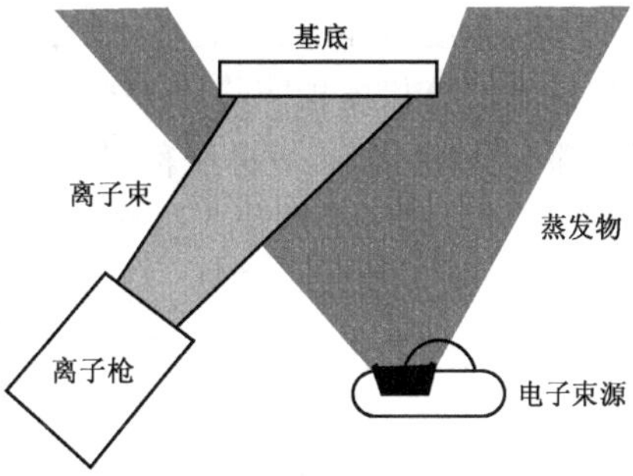

图 11.16 生长膜层的离子轰击将传统热蒸发转化为离子辅助沉积

移动性很强的电子更容易从室结构中逃逸出来,使得等离子体在不需要绝缘基底夹具的条件下可以具有正电性。沉积源是热蒸发的,通常为电子束,它们释放出蒸发物进入等离子体中,等离子体使其增加能量并且部分电离。蒸发物随后在生长膜层中凝聚,具有附加能量,正如离子镀一样,并且像如图 11.16 所示的离子辅助沉积过程一样,同时被等离子体中的离子轰击。对于反应过程,反应气体不被注入源中,而是在它离开源的时候被注入等离子体中。这一过程在制作用于密集波分复用的窄带滤光片中十分成功, 自从通信市场萎缩之后, 在精密光学领域应用普遍。图 11.17 所示为先进的等离子体源。

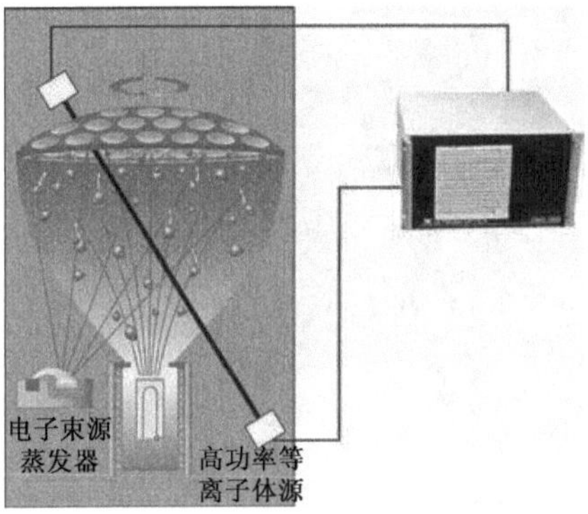

(a)

(b)

图 11.17 先进等离子体源

((a)先进等离子体源(APS)及等离子体离子辅助沉积(PIAD)仪器的示意图。示意图同时也展示了光学监控系统(OMS5000)的应用,它直接从一个批次的某个基底中提取信号,基底的光学性质在它每次经过光束的时候都会被取样。(b)SYRUSpro 1110 系统内部的照片展示了两个舟源(前部),以及两个电子束源(后部),以及中心的先进等离子体源。单旋转半球允许后表面加热,护罩可以在半球的后半部的上端看到,在半球的表面较低的地方有加热元件。电子束源在圆柱形的先进等离子体源的中心略微偏右。引自 Leybold Optics GmbH, Alzenau, Germany)

自由基辅助溅射或 RAS [27] 是近期一个比较重要的发展。它的结构在过去也是垂直鼓旋转结构,而现在则变成了双磁控源,但是同原子氧相互作用,在一些时候为原子氮,其中基本不需要轰击。原子氧的反应性很高,因而不再需要轰击,而事实上轰击被人为抑制, 薄膜因此具有很好的质量。尽管它不是一个严格的高能过程,薄膜具有恒定的高聚集密度以及高能过程的所有特性。机器具有装样取样结构,沉积室暴露在空气中仅用于维护。同样,完全可以通过时间监控薄膜厚度来描述过程的稳定性。这是一个很快的过程,批量生产的成本很低,机器也可以批量生产, 如图 11.18 所示。

似乎很明确的一点是,高能沉积过程的主要优点为薄膜的聚集密度增大。这一改进在相对低的基底温度时能够达到,在比较困难的塑料基底镀膜过程中可以提供帮助。

先进的计算机模拟[28,29]从理论上证明了主要的影响是由分子增加的动量,或者通过高能离子的碰撞提供,或者来自于额外的蒸发物的动能。实验结果[30,31]证明这些影响与动量有关,而不是轰击离子的能量。这些过程的主要好处是薄膜的聚集密度增加,使得它们更像体材料,并因此增加了强度。另外,由膜层之间界面处材料的混合而引起的黏附性也得到改善,并减小了膜层内的张应力。聚集密度提高的同时也减小了对潮湿的敏感程度,实际上可以将它一同消除[32]。聚集密度增加的同时也在其他方面增强了薄膜的稳定性。例如,氟化镁薄膜能够更好地抗高温氧化[33]。金属薄膜(尤其是带有介质层[34])的硬度以及耐腐蚀度,通过离子辅助沉积得以提高,但是光学性质会受到轻微的相反的影响,可能是由于小量轰击离子的注入[35]。轰击离子的反应性允许某些化合物的沉积,如氮化物[36],这些化合物很难或者不可能通过常规的方法真空蒸发沉积。

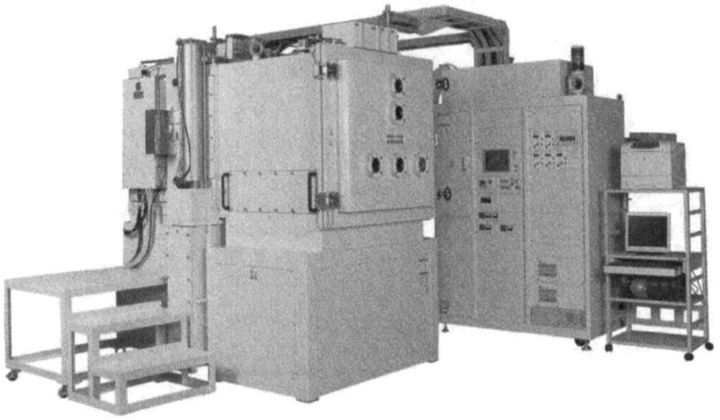

图 11.18　完成 RAS 过程的机器

(前门通向装样室,通向沉积室的门阀的制动器可以在左边的“墙壁”上看到,在它后面有一个盖子,可以通向其中一个磁控管源的后部。引自 Shincron Co. Ltd. Yokohama, Japan)

11.1.3　其他沉积过程

物理气相沉积过程经常用于制备光学薄膜。然而,在电子器件领域,化学气相沉积是薄膜沉积的主要方法,人们对它用于光学领域的兴趣在逐渐增加,尤其是对于特殊要求。

化学气相沉积不同于物理气相沉积之处在于,薄膜材料通过基底周围的蒸发组分之间的反应来进行制备。反应可以由基底本身的温度引发,如在经典热化学气相沉积中,或者在光学领域更加常见的,可能是等离子体引发的过程。

通常,反应物或者前驱物质,将会进入一种承载气体中,这种气体被允许在整个系统中流通。这保证了反应物对沉积表面的稳定供应,并允许足够的稀释以使反应不会太快而盖过了薄膜的生长。在化学气相沉积的经典形式中,过于有效的反应过程带来了很大的问题。因为一个进展太快的反应会制作出一个聚集和黏附性比较差的薄膜,“雪花”一词通常被用于描述这一情况。因此反应必须非常微弱,而这意味着具有强烈反应的杂质会在反应过程中起到十分不利的作用,并且严重限制过程的可能范围。

由于存在的困难,使得经典的热化学气相沉积过程不常用于光学镀膜,而脉冲过程被大量采用。如果材料在到达有利的位置之前被其他材料沉积在其上面使得它被固定,那么加入到薄膜中的材料会被吸收。问题不在于反应的强度,而在于给定时间内到达的大量材料。较早的材料被后续的材料埋在下面,不能够到达一个平衡状态,于是造成了“雪花”的结果。如果可以有效地使材料以一个合适的速率到达,那么膜层就会密实。正是总的沉积速率决定了薄膜微结构, 脉冲化反应可以达到所需的速率控制,利用等离子体辅助过程[37]可以有效地实现脉冲化过程。

一个相关的过程,有时被称为等离子体聚合,或者有时称为等离子体-增强(或诱导)化学气相沉积,或者 PECVD[38-40],被用于在弯曲不规则表面上均匀地沉积具有稳定光学性质的密集有机层。等离子体聚合物和通常的聚合物不太相同,其单体被连接至重复单元的链条中。等离子体的特点在于高能电子将反应物分离成活性的碎片,这些碎片相互连接以形成沉积层。一些这种组合会在气相中发生,形成团簇,沉积在生长层上,或者重新被等离子体分离成碎片。强的黏合使得沉积层足够结实、坚硬并且密集。它不是严格的聚合体,包含一些可能与任何存在的氧原子复合的自由基, 其力学性质可以从塑性到弹性变化,就像玻璃一样。薄膜是绝缘的,事实上它们在一些应用中被用作介质电容器,射频放电在这个过程中是平常的。沉积的速度可以很高,最高达到 1μm/min,而这个速率的十分之一或百分之一的速率是更常见的。

这一过程在半导体工业中一度被用于沉积二氧化硅。通常的前驱物质是四乙氧基硅烷(TEOS)及氧气,但是基底温度通常比较高,至少为 250℃,远高于塑料基底可能承受的温度。当温度被降低到塑性基底能够承受的范围时,薄膜沉积变得更加复杂。除了包括氧化硅外,还包括如与残留水蒸气的反应中出现的硅烷醇。事实上,有很多硅树脂化合物可以并且已经被用作了这种富硅薄膜 PECVD 沉积中的前驱物质, 它们所共有的特点是交替的硅原子和氧原子的骨架。除了四乙氧基硅烷,其他合适的化合物包括六甲基二硅氧烷(HMDSO)、四甲氧基硅烷(TMOS)、甲基三甲氧基硅烷(MTMOS)和三甲基甲氧基硅烷(TMMOS)。和想象的一样,它们都具有毒性,尽管它们的毒性不同。前驱物质的组成在很大程度上决定着薄膜的性质。利用有机硅树脂化合物或气态硅烷以及氧气,膜层会十分坚韧耐磨,并构成多种不同硬膜层的基础。硬膜层这一名词通常指一个塑性基底上的第一层,这一层充当有机塑料和上面非有机光学薄膜的过渡层。氟化物使薄膜具有很小的摩擦力、非亲水性,常常被用于减反射膜的最外层、耐脏层。前驱物质的精确细节很难得到,它们被认为是该过程专门知识的一部分。

原子层沉积或 ALD,具有一些和化学气相沉积相似的特点。在原子层沉积中,薄膜分子聚集到它们要被镀膜的实际表面上。基底被放置于一个反应器中,一种气相的前驱物质进入其中。这种前驱物质的选择标准是,其中一种组分在基底表面被化学吸收。理想状态下这种过程在表面完全被单原子层覆盖时达到饱和,尽管在实际操作中可能不是完全的原子层,或者可能会有一些多层的覆盖。在饱和状态下,反应器将被清洗,于是另一个循环开始,引入分子的第二种组分的前驱物质。第二种组分被化学吸收,并覆盖在第一种组分上,并且同样的理想的饱和过程保证表面化合物层是单原子层的,尽管在实际中可能会有一点偏离理想状态。反应器又一次被清洗,第一种组分又被引入,产生下一个分子层的第一部分。这一过程重复数次,以实现所需的薄膜厚度。如预想的那样,这一过程比任何传统的化学气相沉积过程或者物理气相沉积过程都要慢。在沉积过程中我们必须实施不同的步骤,并且可以通过很多种方法来完成,如简单地加热基底,或者用紫外辐射的方式提供能量,或者通过激发射频等离子体,以避免介质材料的充电效应。基本原理是生长由表面控制,而不是反应。这样,尽管沉积的速率很低,但是这一过程在复杂基底上均匀镀膜方面具有很大的固有优势,这是由于每一个循环中厚度增长的稳定性,能够保证比较高的质量以及比较容易控制厚度。二氧化钛和氧化铝已经被成功地用于光学镀膜。对于氧化铝,前驱物质可以是三甲基铝(TMA 或 $Al(CH_3)_3$)和水,它们轮流地以脉冲方式进入反应器中。对于二氧化钛来说,四(乙基甲基氨基)钛(TEMAT 或 $Ti[N(CH_3)C_2H_5]_4$)作为一种前驱物质,水作为另一种前驱物质,是可行的方案。

这一过程在光学以外的很多不同领域都有成功的应用,尤其是在半导体工业中,并且已经被成功地用于制造通信用窄带滤光片。在写作本书时,在光学应用方面更受欢迎的低折射率材料为氧化铝。如果能以二氧化硅作为补充,或者替换为二氧化硅,那么这一过程可能会被光学薄膜领域更广泛地接受。复杂基底上均匀的、高质量基本无针孔的、厚度可以精确控制的薄膜,使得这一过程很有吸引力。图 11.19 展示了一个典型的机器。

图 11.19 一个能够进行光学镀膜的原子层沉积 TFS500 系统
(引自 Beneq Oy, Vantaa, Finland. www. beneq. com)

光学薄膜还有很多其他的沉积方法。其中可能最重要的就是溶胶-凝胶(sol- gel)法。溶胶-凝胶过程指那些利用了溶胶-凝胶转换的方法,也就是说,一种溶液转化为凝胶的方法。溶胶-凝胶过程的通常形式起始于金属醇盐,当这种有机金属化合物与水混合时会以一种适当的溶解度水解,通常被处理成略偏酸性,以控制反应速率,并帮助形成线形分子的聚合材料,其结果是逐步过渡到液体填充孔隙的氧化物聚合物。这种凝胶可以通过提拉的方法被沉积到光学元件的表面。接下来膜层被加热处理以去除孔隙中的液体并使其致密,温度越高,薄膜越密实。通过在高达 1000℃的温度下处理凝胶膜,可以达到完全密实的结果。低一些的温度可以实现部分密实,但是在 600℃时薄膜已经不能渗透了。对于由二氧化硅组成的最终薄膜,典型的材料是 TEOS(正硅酸乙酯,$Si(OC_2H_5)_4$);对于氧化钛薄膜,典型的材料是四乙氧基钛($Ti(OC_2H_5)_4$)。这些材料在乙醇中溶解,接下来添加一些蒸馏水进行水解。对钛化合物的情况,水解速率更快,因而要添加含氮的酸控制转化速率,溶解将会减弱。

利用溶胶-凝胶法,在多层膜的制备中会出现很大的困难,因此只在一些需要高耐久力的层数较少的减反射膜中使用。这一方法还未能与更复杂的多层膜制备过程中的真空沉积相竞争。

当发现溶胶–凝胶沉积的减反射膜具有非常高的激光损伤阈值后,人们对溶胶–凝胶法的兴趣显著增加[41]。因此这一方法被大量用在制造聚变用大型激光器的元件的减反射膜中。这些薄膜没有被烘烤,并且多孔,否则折射率不会适合单层减反射膜所需的低折射率。在没有控制的环境中,这种多孔的膜层会吸收潮气和其他污染物,因而它们的折射率会在一段时间内有波动,并且薄膜的质量下降。常规的薄膜必须是经过高温烘烤的。然而,大型激光器的环境是严格控制的,兵器如果需要去除原先的膜层,对器件进行重新镀膜,那么未经烘烤的镀膜所具有的脆弱性可以被视为一个优点。

11.1.4　烘烤

光学薄膜制备过程的最后一个步骤是很少被提及的烘烤。这可能是因为这更多的是一种艺术,而不是一门科学。烘烤通常在空气中进行,温度为 100～300℃,薄膜元件被加热数小时。

对于批量制备的品质低于期望水平的薄膜,采取的一个通常的办法是,在空气中烘烤一段时间,观察其特性是否有所改善。通常是有改善的。毋庸置疑,这样的处理可以在几个方面改善薄膜的特性。

在经过镀制的基底被用作激光腔镜安装在激光管上之前,通常要经过烘烤,因为人们相信这一过程可以增加其稳定性。这样的处理一定会使激光器在初始阶段的运转更加稳定,但是其中的原因并不是很明了。

薄膜中的吸收经常下降,这可能仅仅是因为进一步氧化的问题。我们知道,空气中钛的低值氧化物在烘烤后透射率增加,吸收率下降[42]。高品质的薄膜常常是无定形的,长时间烘烤可能在这种薄膜中诱发一个缓慢的从无定形到结晶态的过渡。这种方法可以和氧化方法相比较,从而得出一个最优的烘烤周期。这就是烘烤的细节通常不被公开的原因。

多数关于烘烤的报道都是涉及窄带滤光片的,这类滤光片通常利用硫化锌和冰晶石制得。Meaburn[43]是这一领域的早期工作者,他发现在 90℃烘烤 10 个小时可以显著提高上述窄带滤光片的稳定性。如果随后通过粘上一盖片的方法来保护它们的话,效果会更好。

Title 等[44]报道了一种称作硬烘烤的方法,对象是与 Meaburn 所描述的相类似的滤光片。在这种方法中,周围温度被设定为 100℃。在烘烤过程中,峰值波长移向短波长。在一个临界时间之后,移动速率突然降低,滤光片变得更加稳定。移动以及时间的细节未公开。这与伴随着扩散的解吸附过程相一致,稍后讨论这一过程。

Richmond[45]和 Lee[46]都在窄带滤光片方面进行了烘烤实验。他们对薄膜中的吸收和解吸收过程感兴趣,发现烘烤过程不会改变滤光片吸收和解吸收水分的量。在给定相对湿度的变化时,性质的稳定性基本不变,但是,当变化的速率显著增加时,性质能够很快达到平衡。因此, 滤光片在实验室环境中更加稳定。

Müller[47]给出了薄膜退火过程的计算机模型。该模型的基本特点是,由于受到热激发,原子从填充位置移动到邻近的空缺位置。他发现填充密度在这个过程中不会变化,但是小的空洞会融合为大的空洞。表面看来这一过程是由于空洞在薄膜材料中游走,但实际上是一个围绕空洞内部表面的扩散过程。当两个空洞相遇时,从能量的角度组合具有优势,一旦组合之后就不会再分离。这样空洞体积逐渐增大,数量逐渐减少。Richmond 和 Lee 所发现的现象,或许也是 Title 和 Meaburn 的发现,其原因现在已经清楚了。在沉积之后,材料中的孔形空洞的形状十分不规则,尤其在两膜层之间的表面。退火或者烘烤过程会消除对孔的限制,这样尽管它们的体积不变,但它们的规则形状意味着当暴露在湿气中时,会由于毛细浓缩而导致更加快速的填充。这意味着会更加快速地到达平衡状态,并且滤光片会在稳定的环境状态下更加稳定。在已经接合有滤光片的情况下,实际的环境十分稳定,尽管滤光片的稳定性可能会受温度变化的影响。然而,当温度稳定时,平衡又会很快地被建立。

集成激光器腔镜稳定性改善的部分原因可能是由于达到稳态的时间常数减小。腔镜安装在激光器之后的任何漂移都可能立刻引起激光输出的起伏,一般情况下都是输出减小。如果腔镜可以在最终的调整之后达到平衡,那么从湿度和吸附角度来看激光器内部的环境是比较稳定的,激光器会比较稳定。

Müller[47] 同时还解释了为什么烘烤过程从来不会改善黏附性,而总是使它更差的原因。这里,如果界面原子化合键比其中任何一种材料的原子化合键弱的话,那么空洞就会有能量优势以到达并且维持在界面上。空洞因而聚集在这样的界面上,并逐渐弱化了相互的黏附性。

最近有一系列关于烘烤的研究,与通信品质的滤光片有关,主要是利用了高能量沉积材料。Prins 和同事们[48] 发现了在高能沉积的窄带滤光片的烘烤过程中一个有趣的现象,他们称其为蠕变,然而,正如他们指出的并不是字面上通常理解的意思。其中的材料没有明确给出,但是它们可能是 SiO_2 和 Ta_2O_5,化学性质类似于 Nb_2O_5,因为它们当时是在那个领域比较受欢迎的材料。这些材料在进行高能量沉积时变成无定形的。当高热膨胀系数基底上的滤光片暴露在一个较高的温度下时(如 340℃下暴露 1 分钟),会引起一个预期的向短波长的瞬间偏移。然而,当冷却回室温之后,初始波长不会立即恢复。相反,波长向初始值逐渐恢复的过程持续大约 5 分钟,而后续持续几天的时间仍然会有极小的偏移。可以观察到烘烤会带来一个小的永久偏移,似乎薄膜在室温下的弛豫慢得多。作者将薄膜的这一特性称为它的黏度,并且黏度随温度的增加而下降,于是其行为可以利用这种方式解释。

烘烤会降低薄膜的应变。Brown[49] 针对烘烤产生的薄膜变化做了很有用和翔实的研究。这里滤光片使用 SiO_2 和 Ta_2O_5 制备,利用离子束溅射的方法,这一方法经常用于通信领域的滤光片。在大约 500℃下退火,在滤光片中引入了一个向长波长方向的微小偏移。高能过程,如离子束溅射,在薄膜中产生高的压应变。退火使薄膜中的材料可以重新分布,这样薄膜变得更厚,同时应变减小。应变的减小同时也引起了折射率的减小,因为应变双折射减小。由于厚度的增加占主导地位,所以光学厚度增加。Brown 同时认为聚集密度部分取决于空洞体积。很难说薄膜中的实际空白空间是否真正是空洞,或只是薄膜元素间隔的一种表述,为得到精确定量的结果,文章进行了深入研究。

在弄清楚整个烘烤和后续滤光片稳定性问题之前,我们还需要做更多工作,但可以确定的是,烤炉已经是光学薄膜设备中必不可少的设备。

我们将在第 12 章中讨论水分吸附问题。

11.2　光学性质的测量

镀制特定薄膜的方法一旦确定,下一步就是测量薄膜的光学特性。有许多种测量方法,对此 Heavens[50]做了全面的评述。Liddell[51]的书中也包括了薄膜光学常数的测量方法。较新的一项研究由 Borgogno[52]完成。最近,薄膜光学特性的测量的重要性不断增加,已经开发出一些具有特殊目的的仪器。这些通常包括提取软件,并且通常仅需要按键方式就可以操作。然而,即使自动化的工具已经存在,我们依然需要了解一些过程的自然原理和其局限性。这里我们只讨论几种常用的方法。

我们首先要了解,永远不能直接测量 n 和 k 这两个光学常数,尽管厚度 d 更容易进行直接测量,它的值也常常利用间接方法进行测量。这些特性的提取包括薄膜特性的测量以及利用拟合方法,在这种方法中,一个薄膜模型的各个参数被不断挑战,使计算得出的模型的特性与测量值相匹配。模型的可调节参数随后被取为真实薄膜的对应参数。操作过程需要一个能够尽量与真实薄膜相对应的模型。模型的适当程度是次要的,如果我们只想以一种更加方便的形式进行拟合。即使利用一个具有合适参数的不完全的模型,我们也能够重建初始的测量。然而,那种情况下得出的参数很少被使用,我们宁可使用它们进行不同条件下薄膜特性的预测。薄膜厚度可能有很大差别,或者薄膜只是比较复杂的结构的一部分,这使我们产生光学常数(一个很大程度上偏离精确值的概念)的稳定性的概念。利用一个不合适的模型对测量数据进行精确匹配,可能会使测量的拟合具有很高的精度,但是其他薄膜厚度的测量结果具有很大的偏差。这样的参数就缺乏稳定性。稳定的光学常数可能会使测量结果具有满意的精度,同时也能很好地实现预测功能。例如,实际中无吸收的非均匀膜,可以模拟为有吸收的均匀膜,此时拟合的薄膜参数可能完全具有误导性。我们必须记住,薄膜的模型是最重要的。

与模型同样重要的是实际测量的精度。在用于光学常数拟合的光学特性的测量中,校准工作是必不可少的一个步骤。确定一条直线只需要两个参数,而检验线性度则需要更多的参数。测量中的小误差会在薄膜的消光系数和非均匀性方面导致严重的后果。样品需要具有适合测量的品质。例如,一个不合适的基底可能会将光束部分反射出系统,这样测量结果就不准确,或者会引入散射损耗,而这不是薄膜自身的特性。

计算一个给定光学薄膜的设计的特性是一个直接的过程。光学常数的拟合是非常不同的。每个薄膜都是一个独立的问题,可能需要尝试不同的方法以及不同的模型,也可能需要不同厚度或者置于不同基底上的薄膜。对一些薄膜可能无法做出合理的解释。一个常见的薄膜缺陷是不均匀性,它使常规的更简单的模型不能对测量结果拟合出合理的结果。它常常值得我们尝试重新利用模型进行计算并提取参数,寻找不足在什么地方。因此,由于这些注意事项,精确地拟合并不一定意味着好的结果。

正如我们在第 2 章中看到的,对于给定基底上薄膜的光学常数和光学厚度,光学特性的计算比较简单。把问题反过来,给定测得的光学特性,即使计算单层薄膜的光学常数和厚度,要远远比前一问题复杂,并且现在还没有通用的分析方法来解决这一问题。理想薄膜具有三个

常数 n、k 和 d,分别是折射率的实部、虚部以及几何厚度。n 和 k 都随波长变化,这增加了复杂程度。因此测量光学常数的传统方法需要特殊的限制条件,在这种情况下有简单的解法。

最简单的情况可能就是基底上镀四分之一波长厚度的材料,且没有损耗和色散,即 k 为零,n 不随波长变化。反射率为

$$R=\left(\frac{1-n_{\mathrm{f}}^{2}/n_{\mathrm{sub}}}{1+n_{\mathrm{f}}^{2}/n_{\mathrm{sub}}}\right)^{2} \tag{11.1}$$

式中,n_{f}为薄膜的折射率;n_{sub}为基底的折射率;入射介质的折射率设为 1。于是 n_{f}为

$$n_{\mathrm{f}}=n_{\mathrm{sub}}^{1/2}\left(\frac{1-R^{1/2}}{1+R^{1/2}}\right)^{1/2} \tag{11.2}$$

式中,基底的折射率 n_{sub}必须是已知的。反射率的测量必须相当精确。例如,如果折射率为 2.3 左右,玻璃为基底,那么对于折射率要求精确到小数点后第二位的情况,反射率的测量需要达到$\frac{1}{3}$% (ΔR 为 0.003)的精度。

有人认为,由于反射率的平方根在计算中的使用, 这种测量得到的折射率的精度高于反射率的原始测量值。事实可能如此,但是得到的折射率值将会被用到接下来的薄膜反射率的计算中,因此计算得到的值只能会与反射率的原始测量值一样。

在没有色散的情况下,对于薄膜来说,反射率曲线与波长的关系类似于图 11.20。极值对应四分之一波长的整数倍,偶数对应半波虚设层,与未镀膜基底的反射率相同,奇数对应式(11.1)和式(11.2)的四分之一波长。这样,很容易挑出这些对应于四分之一波长的反射率值。

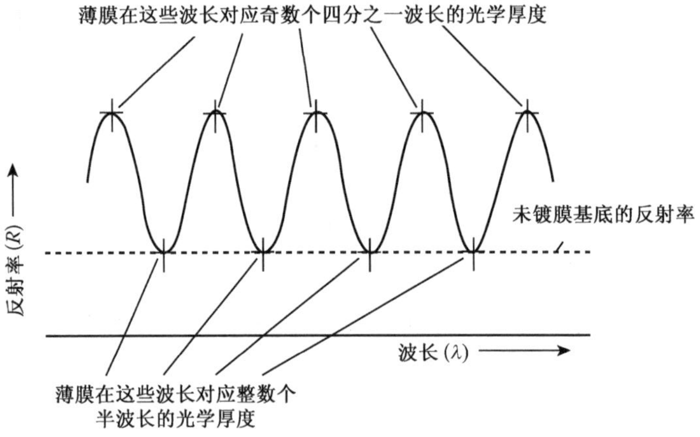

图 11.20　简单薄膜的反射率

对这一方法略作调整,可以用于微小色散的情况。那么图 11.20 中的各个最大值不再具有同样的高度,但是如果基底的折射率在整个范围内已知,最大值的高度可以用于计算薄膜对应某一个波长的折射率。可以使用插值的方法来构建一个折射率与波长的关系图, 图 11.21 为 Hall 和 Ferguson[53]得到的氟化镁的结果。

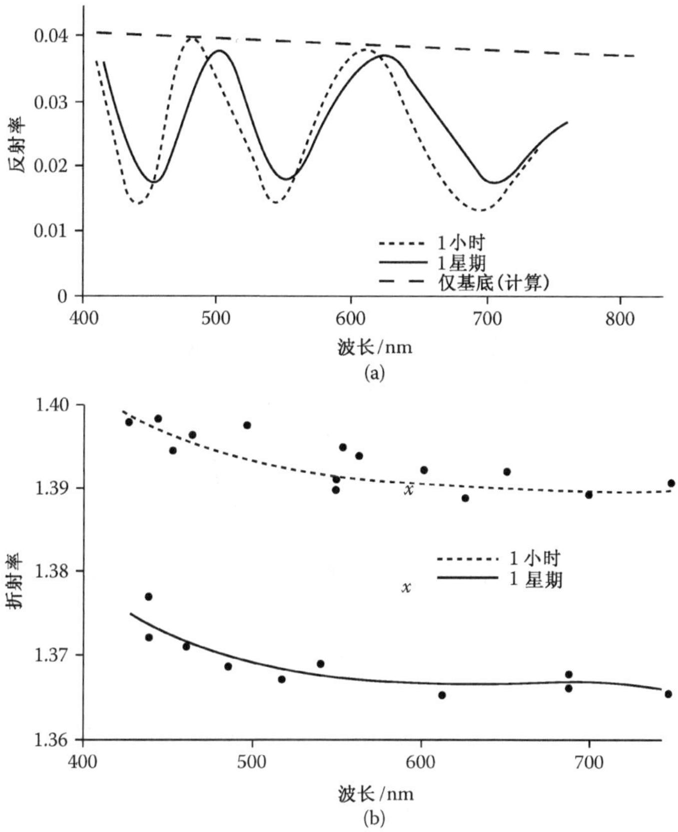

图 11.21　氟化镁薄膜的折射率。(a)单一薄膜的反射率;(b)反射率转换成折射率
(曲线由很多膜的结果组成。x 表示固态水晶的体折射率。引自
Hall J F Jr. and Ferguson W F C. *Journal of the Optical Society of America*, 45, 74-75, 1955)

对于膜系设计目标来说用简单方法得到的结果通常足够精确。然而,如果色散更大一些,或者如果结果需要更高的精度,那么就需要进一步借助 Hass 等[54]给出的方程组,此时依然假设吸收可以忽略。如果研究色散薄膜的反射率或透射率曲线,我们可以很容易发现,对应奇数倍的四分之一波长厚度的极值会偏移四分之一波长的真实值,而半波长的极值不变。这一偏移由色散造成,如果对这一偏移进行测量,就可以得到更加精确的折射率结果。不考虑吸收,R、T、$1/R$ 和 $1/T$ 的转向值必须一致。假设入射介质的折射率为 1,基底的折射率为 n_{sub},薄膜的折射率为 n_{f},那么 T 的表达式变为

$$T = \frac{4}{n_{\text{sub}} + 2 + n_{\text{sub}}^{-1} + 0.5 n_{\text{sub}}^{-1}(n_{\text{f}}^{2} - 1 - n_{\text{sub}}^{2} + n_{\text{sub}}^{2} n_{\text{f}}^{-2})[1 - \cos(4\pi n_{\text{f}} d_{\text{f}}/\lambda)]}$$

由于 T 和 $1/T$ 的转向值相对应,转向值的位置可以表示成关于 d/λ 的表达式,方法是将 $1/T$ 的表达式微分,并且令其等于零, 得到

$$\frac{1}{T}=\frac{n_{\mathrm{sub}}+2+n_{\mathrm{sub}}^{-1}}{4}+\frac{1}{8n_{\mathrm{sub}}}\left(n_{\mathrm{f}}^{2}-1-n_{\mathrm{sub}}^{2}+n_{\mathrm{sub}}^{2}n_{\mathrm{f}}^{-2}\right)\left[1-\cos\left(\frac{4\pi n_{\mathrm{f}}d_{\mathrm{f}}}{\lambda}\right)\right]$$

即

$$0=\frac{\mathrm{d}(1/T)}{\mathrm{d}(d/\lambda)}=0.25n_{\mathrm{f}}'\left(n_{\mathrm{sub}}^{-1}n_{\mathrm{f}}-n_{\mathrm{sub}}n_{\mathrm{f}}^{-3}\right)\left[1-\cos\left(\frac{4\pi n_{\mathrm{f}}d_{\mathrm{f}}}{\lambda}\right)\right]$$
$$+0.5\pi\left(n_{\mathrm{sub}}^{-1}n_{\mathrm{f}}^{2}-n_{\mathrm{sub}}^{-1}-n_{\mathrm{sub}}+n_{\mathrm{sub}}n_{\mathrm{f}}^{-2}\right)\left(n_{\mathrm{f}}+n_{\mathrm{f}}'\frac{d_{\mathrm{f}}}{\lambda}\right)\sin\left(\frac{4\pi n_{\mathrm{f}}d_{\mathrm{f}}}{\lambda}\right)$$

式中，$n_{\mathrm{f}}'=\mathrm{d}n_{\mathrm{f}}/\mathrm{d}(d/\lambda)$。我们可以很容易地发现，这一方程在半波长处可以很好地满足，因为 $\sin(4\pi n_{\mathrm{f}}d_{\mathrm{f}}/\lambda)$ 和 $(1-\cos 4\pi n_{\mathrm{f}}d_{\mathrm{f}}/\lambda)$ 都等于零。在对应奇数倍的四分之一波长厚度时，会出现一个偏移，偏移量可以通过将上述方程整理成下式来确定：

$$\tan\left(\frac{2\pi n_{\mathrm{f}}d_{\mathrm{f}}}{\lambda}\right)=-2\pi\frac{n_{\mathrm{f}}^{5}-\left(1+n_{\mathrm{sub}}^{2}\right)n_{\mathrm{f}}^{3}+n_{\mathrm{sub}}^{2}n_{\mathrm{f}}}{n_{\mathrm{f}}^{4}-n_{\mathrm{sub}}^{2}}\left(\frac{n_{\mathrm{f}}}{n_{\mathrm{f}}'}+\frac{d_{\mathrm{f}}}{\lambda}\right) \tag{11.3}$$

当然，我们不可能马上解出 n_{f}，因为有很多未知数。总的来说，最有效的方法是利用简单四分之一波长的式(11.2)来进行连续近似，以得到折射率和色散的第一个近似。我们应该明白在推导反射率曲线时测试玻璃基底后表面的反射率被考虑进来，测试玻璃的色散应小于薄膜色散，这一点很重要，否则将会使分析过程更复杂。

如果存在吸收，那么式(11.3)就不能使用了。在强吸收的情况下，可以假设不存在干涉，且消光系数的值可表示为

$$\frac{1-R}{T}=\exp\left(\frac{4\pi k_{\mathrm{f}}d_{\mathrm{f}}}{\lambda}\right)$$

$4\pi k_{\mathrm{f}}d_{\mathrm{f}}/\lambda$ 是因为在处理能量而不是振幅，此方程中的 k_{f} 为

$$k_{\mathrm{f}}=\frac{\lambda}{4\pi d_{\mathrm{f}}\log\mathrm{e}}\log\left(\frac{1-R}{T}\right) \tag{11.4}$$

式中，两个对数的底是相同的，通常是 10。

薄膜的设计者不是很关心强吸收的精确值。通常只要知道某一区域具有强吸收就足够了，式(11.4)给出的结果足以满足要求。在吸收较强但是不足以减弱薄膜干涉效应的时候，就需要使用一种更加准确的方法。

式(2.122)和式(2.125)对于折射率为 n_{sub} 的透明基底上任何薄膜的结构都是有效的，n_{sub} 满足

$$\frac{T}{1-R}=\frac{\mathrm{Re}(n_{\mathrm{sub}})}{\mathrm{Re}(BC^{*})} \tag{11.5}$$

对于透明基底上的单层薄膜，B 和 C 的值为

$$\begin{bmatrix}B\\C\end{bmatrix}=\begin{bmatrix}\cos\delta_{\mathrm{f}} & (\mathrm{i}\sin\delta_{\mathrm{f}})/N_{\mathrm{f}}\\ \mathrm{i}N_{\mathrm{f}}\sin\delta_{\mathrm{f}} & \cos\delta_{\mathrm{f}}\end{bmatrix}\begin{bmatrix}1\\n_{\mathrm{sub}}\end{bmatrix}=\begin{bmatrix}\cos\delta_{\mathrm{f}}+\mathrm{i}(n_{\mathrm{sub}}/N_{\mathrm{f}})\sin\delta_{\mathrm{f}}\\ n_{\mathrm{sub}}\cos\delta_{\mathrm{f}}+\mathrm{i}N_{\mathrm{f}}\sin\delta_{\mathrm{f}}\end{bmatrix}$$

而

$$\delta_f=\frac{2\pi N_f d_f}{\lambda}=\varphi-\mathrm{i}\psi=\frac{2\pi n_f d_f}{\lambda}-\mathrm{i}\frac{2\pi k_f d_f}{\lambda} \tag{11.6}$$

我们假设 k 相比 n 比较小,这意味着ψ将会小于 φ。在ψ足够小的时候有

$$\cos\delta=\cos\varphi\cosh\psi+\mathrm{i}\sin\varphi\sin\psi\approx\cos\varphi+\mathrm{i}\psi\sin\varphi$$

以及

$$\sin\delta=\sin\varphi\cosh\psi-\mathrm{i}\cos\varphi\sinh\psi\approx\sin\varphi-\mathrm{i}\psi\cos\varphi$$

得到 B 和 C 的表达式为

$$\begin{bmatrix}B\\C\end{bmatrix}=\begin{bmatrix}[1-(n_{sub}/n_f)\psi]\cos\varphi-\left(n_{sub}k_f/n_f^2\right)\sin\varphi+\mathrm{i}[\psi+(n_{sub}/n_f)]\sin\varphi\\(n_{sub}+n_f\psi)\cos\varphi+k_f\sin\varphi+\mathrm{i}(n_f+n_{sub}\psi)\sin\varphi\end{bmatrix} \tag{11.7}$$

在光学厚度为四分之一波长整数倍的各个波长上,$\sin\varphi$ 或者 $\cos\varphi$ 等于零,并且可以忽略 $\cos\varphi\ \sin\varphi$ 项。BC^* 实部的值为

$$\begin{aligned}\mathrm{Re}(BC^*)&=\cos^2\varphi\left(1+\frac{n_{sub}}{n_f}\psi\right)(n_{sub}+n_f\psi)+\sin^2\varphi\left(\psi+\frac{n_{sub}}{n_f}\right)(n_f+n_{sub}\psi)\\&=\left[n_{sub}+\left(\frac{n_{sub}^2}{n_f}+n_f\right)\psi\right]\end{aligned} \tag{11.8}$$

代入式(11.5)得到

$$\frac{1-R}{T}=1+\left(\frac{n_{sub}}{n_f}+\frac{n_f}{n_{sub}}\right)\psi \tag{11.9}$$

给出 k_f(将式(11.6)代入式(11.9)中)为

$$k_f=\left(\frac{\lambda}{2\pi d_f[(n_{sub}/n_f)+(n_f/n_{sub})]}\right)\left(\frac{1-R-T}{T}\right) \tag{11.10}$$

这个表达式只在接近反射率或者透射曲线的转向值时才准确。

在低吸收的情况下,折射率也要进行修正。Hall 和 Ferguson[55] 给出的表达式为

$$n_f\left[\frac{n_{sub}\left(1+\sqrt{R}\right)}{1-\sqrt{R}}\right]^{1/2}+\frac{\pi k_f d_f}{\lambda}\left[\frac{1+\sqrt{R}}{1-\sqrt{R}}-n_{sub}\right] \tag{11.11}$$

式中,R 为薄膜的最大反射率。

在之前的讨论中,我们都假设薄膜的厚度是未知的,当然, 可以通过反射率和透射率的测量结果推导出,极值也已成为薄膜厚度的主要指示器。然而,我们也可以使用其他的方式来测量薄膜的厚度,如多光束干涉测量,或者电子显微镜,或者使用一个台阶测量仪。如果物理厚度的测量具有独立的精度,那么计算光学常数会简单很多。这是 Hadley(见 Heavens[50])所发明的方法的基础。由于在每一个波长都具有两个光学常数 n_f和 k_f,那么我们必须测量两个参

数，最方便的测量方法是通过测量 R 和 T 进行。最理想的情况是，如果假定一个 n_f值，那么通过试错，可以得到一个 k_f值，而通过这个值和已知的几何厚度以及设定的 n_f值，就可以得到 R 的正确测量结果。接着可以利用同样的方法通过第二个 k_f值得到 T 的正确测量结果。由一个不同的 n_f值又可以得到两个 k_f值，以此类推。

完成这些之后，我们可以画出 k_f与 n_f的两条曲线，一个对应于 T 值，另一个对应于 R 值。在两条曲线相交处，可以得到薄膜的 k_f和 n_f值。曲线相交的角度可以作为结果精确度的标志。

在计算过于烦琐的时代，Hadley 给出了薄膜反射率和透射率的一组曲线，它们作为薄膜几何厚度与波长比例的函数，参数为 n_f和 k_f。这种方法极大加速了计算过程。现在，这种方法已经能够通过编程进行，并且做到了精确估计。这一方法能够用于任何厚度的薄膜，不仅是在极值点处，尽管如我们所预期的，已经在接近奇数个四分之一波长的光学厚度处得到了最高的精度，而在半波长光学厚度的情况下得不到任何结果。和很多其他方法一样，它的缺点是有多个解，尤其是当薄膜比较厚的时候。在实际情况中，会有一个波长范围，于是增加了一个冗余元素，这可以帮助排除一些可能性比较小的解。

Hadley 方法需要简单的迭代，不需要借助强大的计算工具。即使在没有 Hadley 提前计算好的曲线的情况下，也可以通过具有适当容量的可编程计算器来进行求解。然而，它却引入了一个对薄膜厚度的额外测量，与对 R 和 T 的测量不同，这是它的主要缺点。有一个对厚度进行独立测量的方法所共有的问题，除非厚度十分精确地给出，并且所用的薄膜模型选择的十分恰当，否则得出的光学常数值可能会有严重的误差。困难的根源在于反射率和透射率的极值通常固定于由 n_f和 d_f决定的位置，对 k_f的影响比较小。如果 d_f的值有偏差，那么就不能够正确选择一个既满足数值又满足极值点位置的 n_f。于是，极值的位置就由一个明显的色散决定，通常很大并且很虚假，n_f值因此严重不准确，有时在曲线上会有明显的突变。半波点的情况相比四分之一波点通常更糟，但是即使在极值点之间，也会存在比较明显的问题，相继的极值点对之间存在交替过高和过低的情况。避免这一问题的一种方法是，允许 d_f值在测量点附近有一些小的变化，并且寻找一个值以最大程度消除 n_f变化的错误特性。

Marseille 的 Pelletier 和他的同事们[56]提出了一种不同的方法，该方法需要强大的计算工具，保留了 R 和 T 的测量，但是增加了对 R'的测量，R'为薄膜基底一侧的反射率，舍弃了对薄膜厚度的独立测量。现在我们在每一个波长处，通过三次测量，能够得到三个参数来进行计算，并且似乎这三个量都可以通过迭代方法计算出来，不同于 Hadley 的方法。但是 Marseille 小组发现可能的精度比较差，并且当没有吸收的时候这一方法完全行不通。

为了解决这一问题，Marseille 方法利用了这样一个事实，即薄膜的几何厚度不随波长变化，因此如果利用了一个光谱区域的信息，那么就会有足够的冗余来得到一个几何厚度的精确近似。一旦几何厚度被确定下来，使用计算机进行类似于细化的算法就可以得到整个波长范围内光学常数 n_f和 k_f的精确值。对于光学薄膜使用的介质层，k_f通常很小，经常是可以忽略的，至少在一部分光谱区域内，一个包括适当 n_f值的初步计算能够得到一个几何厚度的值，该值在多数情况下对于接下来的光学常数计算来说具有足够的精度。正如我们看到的，给定了几何厚度，R 和 T 应该能够足以决定 n_f和 k_f。然而这就意味着丢掉了 R'的额外信息，因而对于光学常数的计算使用了连续近似,以减小品质因数。品质因数的值由测量所得的 T、R 和 R'的值和利用 n_f和 k_f的假设值计算得出的对应值之差的平方加权求和得出。尽管很少有必要,但新的光学常数值能够用在一个对几何厚度的改进估算中,于是光学常数也被重新计算。为了估计精度,T、R、R'的值改变一确定量(通常是 0.3%)时,n_f和 k_f的变化被计算出来。不变的是,在满足薄膜厚度为半波长整数倍的区域的波长附近,误差要大于能够接受的范围,因而这些区域的结果会被舍弃掉。实际中薄膜沉积在一半的楔形基底上,以减少多次反射效应,测量 R 和 R'以及 T 和T',透射率在相反方向测量(理论上相同),在基底上镀膜与未镀膜的部分都要进行。这保证了基底的光学常数能够被估计出来,对于 T 和T'测量的冗余能用来检验装置的稳定性。用这种方法测量了很多不同介质的薄膜材料, 图 11.22 所示为一个典型的测量结果。

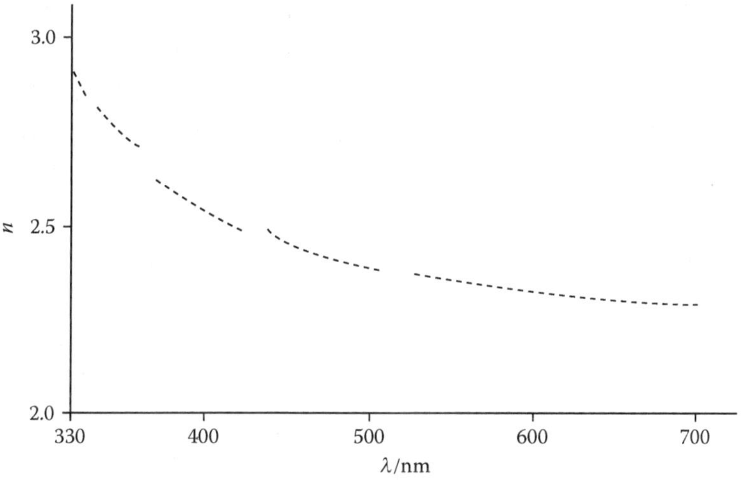

图 11.22　硫化锌薄膜的折射率曲线

(相对平滑曲线的细微偏差是由于薄膜结构的不完善,这告诉我们即使在这个例子中性质很好的光学材料也会具有一个轻微的残留非均匀性。引自 Pelletier E, Roche P and Vidal B. *Nouvelle Revue d' Optique*. 7, 353-362, 1976)

包络方法是一种实用并且简单直观的方法, 它得到的结果十分稳定。包络方法首先由 Manifacier 等[57]具体提出,之后 Swanepoel[58]也做了进一步阐述。

我们假设有一个均匀的介质膜,它完全不受吸收的影响, 将这种膜沉积在一个透明基底上,逐渐增加薄膜的厚度,并随时测量反射率。令最大反射率为 R_{max},最小反射率为 R_{min}, 可以得到在一个波长下随厚度增加的薄膜导纳图,如图 11.23 所示。

反射率最大值和最小值在导纳平面中分别用两个等反射率圆表示。薄膜任何可能的轨迹必须是和这两个圆都相切的圆。应该有四个这样的轨迹,但是由于入射介质通常为空气,有两个轨迹的特征导纳一定小于 1,因而被舍弃。剩下两个可能的轨迹,都在图 11.23 中表示出。如果薄膜厚度增加时的反射率大于基底未镀膜的情况,那么基底就必须用图中的 B 点表示。于是图中只有一个轨迹可以表示薄膜,也就是具有极值点 A 和 B 的轨迹。A 和 B 处的反射率

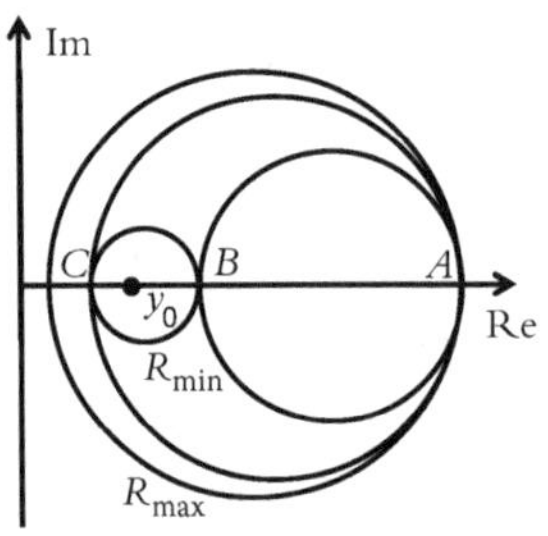

图 11.23　标记为 R_{max} 和 R_{min} 的圆为等反射率圆（两个圆相切的位置为薄膜可能的导纳轨迹，其他两个可能的圆轨迹与这两个圆相切，这在几何上具有可能性，但是可能导纳会小于 y_0，于是舍弃）

可以被转化为导纳，它们乘积的平方根就是薄膜的特征导纳。如果薄膜的反射率低于基底，那么基底必须用 A 表示，这样得到薄膜导纳两个可能的解。如果最小反射率不是太低，我们对于正确值有比较合理的认识，那么应该能够区分正确解。然而，我们能够很容易地发现作为基底的良好减反射膜的危险。两个可能的值会比较接近，从而很难区分它们。另外，可以发现，当极值非常小的时候，反射率测量的误差会更加显著地影响所得到的特征导纳。

到目前为止，为了得到薄膜特征导纳的值，我们不需要将基底的导纳分开计算。令薄膜以一个简单的方式具有非均匀性，即它的折射率在薄膜中缓慢、均匀地变化。于是导纳轨迹将不再是一个圆，而是一个缓慢收缩和扩张的螺旋形，并且在理论上的半波点和实际的基底导纳之间会有一个缺口。现在，对于基底导纳的认识同样可以对薄膜的非均匀性进行估计。

现在同样令薄膜具有轻微的吸收。相比于完全类似但透明的薄膜来说，一个具有轻微吸收的薄膜在反射率上的表现几乎没有什么不同。然而，透射率的情况有所不同，透射率对于非均匀性与吸收性都比较敏感。透射率的表达式更复杂些，然而，如果我们将透射率 T_{max} 和 T_{min} 测量，加到对应的反射率测量中，将能够区分并且分别估计吸收及非均匀性。

最后，如果我们知道薄膜导纳轨迹的起始点和终止点以及圆的个数，或者呈现的极值个数，那么将能够计算光学厚度以及薄膜的物理厚度。

可惜的是，我们几乎很少拥有所需要的这种形式的信息。我们知道的是已经沉积的薄膜在某一个波长范围的反射率和(或)透射率曲线，以及未镀膜基底的类似曲线。图 11.24 给出了作为波长的函数的典型波纹曲线。我们给这些波纹曲线加了两条包络曲线，包络曲线经过波纹的极值点。包络方法的基础是，假设反射率和透射率的包络曲线都能够被用于任何波长，来代替 R_{max}、R_{min}、T_{max}、T_{min}，这些沉积膜层在每一个波长点处连续测量的值。

尽管乍一看这可能是一个不甚准确的方法，因为它依赖于可能为任意的包络，但是从结果看，薄膜可以表示为一个简单的具有轻微吸收、轻微非均匀性的介质膜，它具有形状很好的波纹，包络曲线也很简单，如图 11.24 所示。具有更多变极值点的波纹曲线的薄膜总是具有更加复杂的结构，并且不能够表示成一个简单的模型。这种方法的一个很显著的优势是所提取的薄膜参数值具有出人意料的稳定性，使用它们预测性能不会给出位于包络值以外的结果。

Manifacier 等[57]只考虑透射率曲线，并且假设薄膜均匀且具有吸收。他们的分析集中于折射率高于基底的薄膜。令 T_{max} 和 T_{min} 为包络值，于是写成

$$\alpha = \frac{C_1[1-(T_{max}/T_{min})^{1/2}]}{C_2[1+(T_{max}/T_{min})^{1/2}]} \tag{11.12}$$

式中，

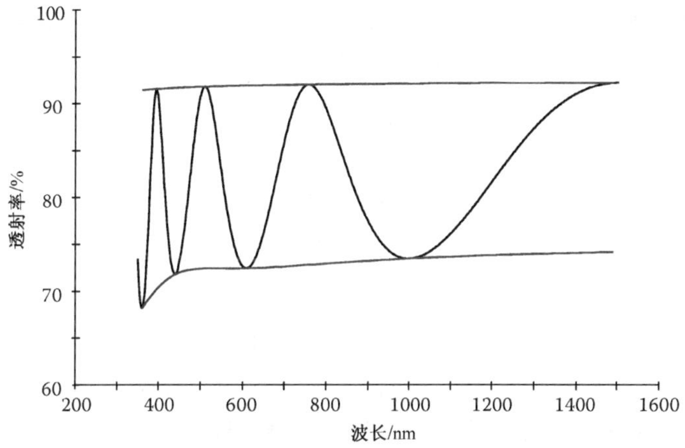

图 11.24　测量薄膜透射率所得的曲线，薄膜由五氧化二钽制成，位于玻璃基底上
（曲线波纹的包络如图所示。用像该薄膜这样好的薄膜，能够很简单地画出包络）

$$\alpha = \exp(-4\pi k_f d_f/\lambda) \tag{11.13}$$

$$4\pi n_f d_f/\lambda = m\pi(\text{二分之一波长或者四分之一波长厚度})$$

$$\begin{aligned} C_1 &= (n_f + n_0)/(n_{sub} + n_f) \\ C_2 &= (n_f - n_0)/(n_{sub} - n_f) \\ T_{max} &= 16 n_0 n_{sub} n_f^2 \alpha/(C_1 + C_2\alpha)^2 \\ T_{min} &= 16 n_0 n_{sub} n_f^2 \alpha/(C_1 - C_2\alpha)^2 \end{aligned} \tag{11.14}$$

于是，利用式(11.12)和式(11.13)，如果定义 N 为

$$N = \frac{n_0^2 + n_{sub}^2}{2} + 2n_0 n_{sub}\frac{T_{max} - T_{min}}{T_{max}T_{min}}$$

则 n_f 为

$$n_f = \left[N + (N^2 - n_0^2 n_{sub}^2)^{1/2}\right]^{1/2} \tag{11.15}$$

一旦 n_f 确定，式(11.12)能够用来寻找 α 的值。于是厚度 d_f 可以从对应于不同极值的波长中得出，消光系数 k_f 从 d_f 和 α 的值得出。这一方法的优势在于，对于不同的量，表达式都比较清楚，于是更加容易利用如可编程计算器之类的机器实现。

计算机带来的便利使得我们不再需要发明以便于计算为主要目标的光学常数的测量方法。相反，我们可以简单地从结果的精确程度上来选择方法，不用考虑所需要的分析方法的复杂程度。这是 Hansen [59] 所提倡的方法，他发明了一个测量反射率的附件装置，使得我们能够测量任何入射角和偏振态的薄膜的反射率，对于每一种薄膜有适合的具体方法。

关于快速简单地测量折射率的方法，Abelès[60] 的一个方法很有效。它依赖于基底和薄膜的 p 偏振的反射率在某个入射角下相同这一事实，而这一角度仅由薄膜和入射介质的折射率决定，与基底的折射率和薄膜厚度都没有关系。当然，除非膜层具有在某个波长和入射角下的半波厚度,这样无论折射率如何都会出现反射率等于未镀膜基底的反射率的情况。很容易利用 Snell 定律以及相等的 p 偏振导纳的表达式得到

$$n_f \sin\vartheta_f = n_0 \sin\vartheta_0$$

以及

$$n_f/\cos\vartheta_f = n_0/\cos\vartheta_0$$

于是

$$n_f = n_0 \tan\vartheta_0 \tag{11.16}$$

对折射率的测量简化为对反射率相等时角度 ϑ_0 的测量。Heavens[50] 给出了测量的最大精度,同样,这是在适当入射角下膜层厚度等于奇数倍四分之一波长时得到的。这是因为在这种情况下对于一个给定的相对于理想情况的角度失配值,能够得到有、无镀膜的基底的反射率的最大差值。如果给定薄膜和基底的折射率差别在 0.3 以内(但不相同),我们能够得到一个折射率在 0.002 附近的精度。Hacskaylo[61] 发明了一种改进的方法,它基于 Abelès 方法, 该方法利用几乎但不完全平行于入射平面的线偏振的入射光。反射光通过一个检偏器,未镀膜基底的反射光与镀膜基底的反射光相等时, 检偏器角度与入射角度相对应制成图表。在满足 Abelès 条件的角度时能够得到一个十分尖锐的零点,它保证了范围在 1.2 ~2.3 的折射率的测量精度在 0.0002 ~0.0006。薄膜的折射率不必接近于基底的折射率。

对于不透明表面,R 和 φ 的值完全并且清晰地定义了表面的光学常数。绝对反射率很难测量,通常利用将未知表面与已知表面相对比的方法进行测量,但这带来了更多的困难。相位测量更加困难, 需要利用干涉法进行测量,以及使用已知的标准。因而相位测量十分少见,对反射率的常规测量通常是具有比较性的。一个主要问题是对适合标准的校准和维护。然而,有一种方法可以避免这些困难。光在垂直入射时,只有一个反射率值和一个相位值,但是光在斜入射时有两对反射率值和相位值,s 偏振有一对,p 偏振有一对。因而从理论上来说,我们可以使用一对作为另一对的参考,这种方法称为椭圆偏光法[62,63]。对于这种方法的完整表述超出了本书的范围,但是我们还是需要进行一个简要的讨论。

椭偏仪的参数已经在第 9 章中关于延迟器的部分进行了介绍。我们回忆一下,它们是Ψ 和 Δ(psi 和 Delta),其中

$$\begin{aligned} \tan\psi &= \left|\frac{\rho_p}{\rho_s}\right| \quad \text{或} \quad \left|\frac{\tau_p}{\tau_s}\right| \\ \Delta &= \varphi_p - \varphi_s \quad （\text{透射时}） \\ \Delta &= \varphi_p - \varphi_s \pm \pi \quad （\text{反射时}） \end{aligned} \tag{11.17}$$

Δ 同时也被称为相对延迟或延迟。

椭偏仪具有很多优势,尤其是它能够在两个测量中使用单个入射点,不需要任何参考样器。尽管精度要求很高,但测量很简单,需要对偏振光进行简单的操作。其缺点是在光是倾斜入射时,测量的性能距离垂直入射时相差较远,使得很难直接判断结果。一个限制是其中只有两个参数,而不是通常对系统进行一个完整描述所需要的参数个数。这一限制经常可以通过

引入一个物理模型，或者改变入射角，或者改变波长，或者二者同时加以改变来解决。这一组合称为可变角度分光椭偏仪，通常简写为 VASE。

只有两个参数——折射率和消光系数，足够定义一个简单的表面。有两个椭圆偏振参数 Ψ 和 Δ，我们就能够使用简单的椭偏测量来决定表面的参数。事实确实如此，并且在两组参数中存在一个直接的解析关系。然而，在基底上的薄膜并不总能满足条件。即使在已知基底上只有一个简单的吸收层，也需要三个参数 n、k 和 d 来定义薄膜。具有吸收薄膜的特性可能相比块体材料的表面只有微小的不同，在这种情况下，通常假设它是一个简单的表面进行拟合。这种方法提取的参数 n 和 k 通常被认为是伪光学常数，它们通常能够代表真实光学常数宏观的特性，但是可能不适合进行薄膜材料的计算和预测。

在椭偏光谱仪中，波长会变化。由于薄膜的物理厚度对波长不敏感，这就引入了一个冗余，它足够引入一些额外信息。通常根据一些常规模型来决定光学常数的变化范围，其他的薄膜参数也可以包括进来，于是测量的冗余可以变得很大，甚至简单的多层膜也可以测量。

我们简单地考虑单波长、单角度测量的情况，用参数 n 和 k 表征表面反射，n 和 k 分别为折射率和消光系数，并且 $y=(n-\mathrm{i}k)$。

令入射介质的折射率为 1，$\varepsilon=\tan\Psi\exp\mathrm{i}(\Delta\pm\pi)$，于是有

$$\varepsilon=\frac{\rho_{\mathrm{p}}}{\rho_{\mathrm{s}}}=\frac{(\eta_{0\mathrm{p}}-\eta_{\mathrm{p}})}{(\eta_{0\mathrm{p}}+\eta_{\mathrm{p}})}\cdot\frac{(\eta_0+\eta_{\mathrm{s}})}{(\eta_{0\mathrm{s}}-\eta_{\mathrm{s}})}\tag{11.18}$$

式中的符号可以认为代表修正导纳，ε 的定义与通常的薄膜符号约定一致以及 Δ 也采用通常的符号约定。于是，将入射介质的导纳替换为 1，并且 $\eta_{\mathrm{p}}\eta_{\mathrm{s}}=y^2$，有

$$\varepsilon=\frac{(1-y^2)-(\eta_{\mathrm{p}}-\eta_{\mathrm{s}})}{(1-y^2)+(\eta_{\mathrm{p}}-\eta_{\mathrm{s}})}\tag{11.19}$$

现在

$$\eta_{\mathrm{s}}=\frac{\sqrt{y^2-\sin^2\vartheta_0}}{\cos\vartheta_0}\tag{11.20}$$

以及

$$\eta_{\mathrm{p}}=\frac{y^2\cos\vartheta_0}{\sqrt{y^2-\sin^2\vartheta_0}}\tag{11.21}$$

于是在进行一些推导之后可以写出

$$\begin{aligned}\gamma&=\frac{1-\varepsilon}{1+\varepsilon}=\frac{(\eta_{\mathrm{p}}-\eta_{\mathrm{s}})}{(1-y^2)}\\&=\frac{\dfrac{y^2\cos\vartheta_0}{\sqrt{y^2-\sin^2\vartheta_0}}-\dfrac{\sqrt{y^2-\sin^2\vartheta_0}}{\cos\vartheta_0}}{(1-y^2)}\\&=\frac{\sin^2\vartheta_0}{\cos\vartheta_0\sqrt{y^2-\sin^2\vartheta_0}}\end{aligned}\tag{11.22}$$

于是

$$y^2 = \frac{\sin^4 \vartheta_0}{\gamma^2 \cos^2 \vartheta_0} + \sin^2 \vartheta_0 \tag{11.23}$$

存在两个解,第四象限的解为正确解。

Hilfiker 等[64]对利用椭圆光谱仪表征吸收薄膜做了有用的评述。

椭偏仪在不透明金属膜的光学常数的推导方面尤其有用。假如它们的厚度合适,品质较高的金属膜能够通过表面等离子体共振的方法进行表征,第 9 章中已有讨论。这一工具所需要的光学系统相比椭圆偏光法要简单很多,但是在应用方面要受一些限制。薄膜镀在棱镜底部,在垂直方向测量谐振。需要的装置很简单,一个测角仪、激光器、准直器以及接收器。p 偏振谐振具有三个属性:角度位置、谐振宽度和谐振深度。金属膜有 n、k 和 d 三个参数,n 主要与谐振宽度有关,k 与位置有关,d 与深度有关,于是参数提取过程就是一个简单地与模型拟合的过程。

关于两个可能的解有一个小问题, 除了当最小反射率为零时两个解重合外,两个解有不同的 d 值。一个简单的区分正确值的方法是保证两个厚度值距离需要获得的正确值足够远。当然,这意味着样品需要进行准备,以使最小反射率离零值足够远。这限制了可测薄膜厚度的范围,作为选择可以进行多波长的测量。正确解为具有相似的 d 值的解。这一方法已经用于研究过程参数的微小变化对金属光学常数的影响[35]。

如果有一些可以测量的有限的透射率,那么金属层可以通过测量的反射率和透射率与波长的函数关系来表征。Dobrowolski 等[65]利用了一种称作逆向演化的方法,通过测量反射率和透射率,成功地测量了一系列薄膜材料包括金属的光学常数。逆向演化本质上是一个优化过程,其中模型的参数通过变化来减少模型预测与实际测量之间的偏差。模型的使用将参数减少到一个合理的数目。模型是 Lorenz 和 Drude 表达式的组合,这样介质膜和金属膜都可以进行处理。

可惜的是,真正的薄膜的性质经常比我们假设的更加复杂。它们通常是不均匀的,即它们的折射率在整个厚度上发生变化。它们趋向于各向异性,然而人们在这方面所做的工作很少。

如果薄膜中折射率为平滑上升或者平滑下降的变化,即在薄膜的厚度中没有极值,最大值和最小值出现在薄膜的边界,那么我们可以使用一个非常简单的方法来决定其性质在半波点和四分之一波点处的差别,这一差别将在一个非均匀薄膜中得到。我们假设薄膜没有吸收,并且它的性质可以通过多光束方法计算得出,计算中只考虑边界处的振幅反射和透射系数的大小。我们假设临近基底部分的薄膜折射率为 n_b,临近周围介质部分的折射率为 n_a,相对应的导纳分别为 y_b和 y_a,假设只有两个界面能够发生反射。在我们计算得出透射率和反射率之前,还有一个复杂因素,这在图 11.25 中可以看到。假设光从薄膜外表面透射到内表面时没有反射损耗,因此光照度没有改变。由于辐照度正比于电场振幅乘以导纳的平方,一束振幅为$\mathcal{E}_a^+$的光,在刚进入 a 界面时,在 b 界面会有振幅$(y_a/y_b)\ \mathcal{E}_a^+ = \mathcal{E}_b^+$。当光从 b 界面返回 a 界面时,这一修正恰好相反。这是一个对于所有相位改变的增加。相反的修正应用于磁场振幅。对于每一次来回过程这一修正被抵消了,它没有影响反射率的结果,但是当通过多光束叠加计算透射率的时候,必须对这一因素加以考虑。必要的表达式的推导在第 2 章中给出。这里,为了简化,我们限定在垂直入射, 倾斜入射是一个很简单的延伸。从 b 界面的总切向电场和磁场振幅入手,即

$$\mathcal{E}_b = \mathcal{E}_b^+ + \mathcal{E}_b^-$$
$$\mathcal{H}_b = y_b\mathcal{E}_b^+ - y_b\mathcal{E}_b^-$$

可得

$$\mathcal{E}_b^+ = 0.5[(\mathcal{H}_b/y_b) + \mathcal{E}_b]$$
$$\mathcal{E}_b^- = 0.5[-(\mathcal{H}_b/y_b) + \mathcal{E}_b]$$

接下来不同的光线入射到 a 界面,即

$$\mathcal{E}_a^+ = 0.5(y_b/y_a)^{1/2}[(\mathcal{H}_b/y_b) + \mathcal{E}_b]e^{i\delta}$$
$$\mathcal{E}_a^- = 0.5(y_b/y_a)^{1/2}[-(\mathcal{H}_b/y_b) + \mathcal{E}_b]e^{-i\delta}$$

可得

$$\mathcal{E}_a = \mathcal{E}_a^+ + \mathcal{E}_a^- = \left(\frac{y_b}{y_a}\right)^{1/2}(\cos\delta)\mathcal{E}_b + \frac{i\sin\delta}{(y_a y_b)^{1/2}}\mathcal{H}_b$$
$$\mathcal{H}_a = y_a\mathcal{E}_a^+ - y_a\mathcal{E}_a^- = i(y_a y_b)^{1/2}(\sin\delta)\mathcal{E}_b + \left(\frac{y_a}{y_b}\right)^{1/2}(\cos\delta)\mathcal{H}_b$$

膜层的特征矩阵为

$$\begin{bmatrix} \left(\dfrac{y_b}{y_a}\right)^{1/2}\cos\delta & \dfrac{i\sin\delta}{(y_a y_b)^{1/2}} \\ i(y_a y_b)^{1/2}\sin\delta & \left(\dfrac{y_a}{y_b}\right)^{1/2}\cos\delta \end{bmatrix} \tag{11.24}$$

这是由 Abelès [66,67] 首先得出的表达式。非均匀膜的特性的计算由 Jacobsson [68] 详细给出。

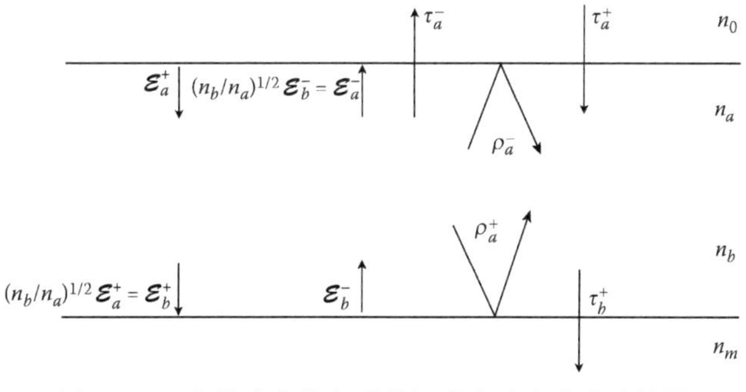

图 11.25　在构建非均匀膜的矩阵表达式中涉及的量

现在我们考虑薄膜厚度为奇数倍的四分之一波长或者为整数倍的半波长的情况。在常规条件下使用表达式(11.24),发现了著名的关系,即

$$R = \left[\frac{y_0 - y_a y_b/y_{\text{sub}}}{y_0 + y_a y_b/y_{\text{sub}}}\right] \quad (\text{四分之一波}) \tag{11.25}$$

和

$$R=\left[\frac{y_0-y_a y_{\text{sub}}/y_b}{y_0+y_a y_{\text{sub}}/y_b}\right]\text{(半波)} \tag{11.26}$$

四分之一波膜层反射率的表达式与导纳为$(y_a y_b)^{1/2}$的均匀膜层反射率的表达式很难区别，于是不可能使用四分之一波的结果来检测非均匀性的存在。半波膜层反射率的表达式有很大不同。这里膜层不再是虚设层，因而不能被表示为一个等价的均匀膜层。无吸收膜层在半波点处的反射率相对于未镀膜基底的变化，是一个可靠的非均匀性的标志，并且可以被用于测量非均匀性。

Hadley 推导光学常数的方法没有考虑非均匀性，因而任何非均匀性都会引入偏差。然而，Marseille 的方法使用了半波点，因此具有足够的信息来适应非均匀性。当非均匀性不是太大，并且导纳 y_a和 y_b显著区别于基底和入射介质的导纳时，矩阵表达式是一个很好的近似。为了避免任何由模型带来的困难，Marseille 小组实际中使用的模型至少包括 10 个均匀的子膜层，它们具有线性变化的 n 值，相同的 k 值和厚度 d 值。半波点依然能够提供非均匀性的主要信息。它们同样受消光系数 k 的影响，因而 k 也需要考虑进去。一个测量区域内的半波点可以用于测量非均匀性，假设区域外是均匀的。由数个半波点能够得出非均匀性，它能够拟合成 Cauchy 的表达式，即

$$\frac{\Delta n}{n}=A+\frac{B}{\lambda^2}+\frac{C}{\lambda^4} \tag{11.27}$$

Borgogno 等[69]给出了方法的细节，他们的一些结果在图 11.26 中给出。

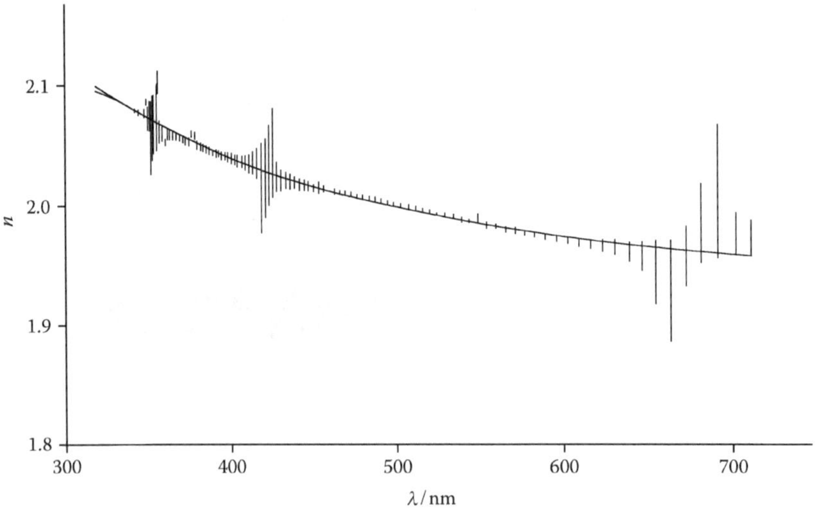

图 11.26　折射率 n 的平均值与不确定度，利用非均匀薄膜的模型计算氧化铪得出

（n 的 Cauchy 系数为 $A=1.9165$，$B=2.198\times10^4\ \text{nm}^2$，$C=-3.276\times10^8\ \text{nm}^4$，对于 $\Delta n/n$ 为 $A'=-5.39\times10^{-2}$，$B'=-1.77\times10^3\ \text{nm}^2$。引自 Borgogno J P, Lazarides B and Pelletier E. *Applied Optics*, 21, 4020-4029, 1982）

包络方法同样用来解决薄膜非均匀性的问题，利用非均匀矩阵表达式来进行计算[70]。与 Marseille 方法一样，假设消光系数 k 在薄膜中保持不变。

Netterfield[71]测量了薄膜反射率在单个波长的变化。如果假设已沉积的部分薄膜不受后续沉积材料的影响，那么反射率的极值可以用来计算折射率在整个薄膜厚度的分布。图 11.27 所示为利用这种方法得到的冰晶石的一些结果。

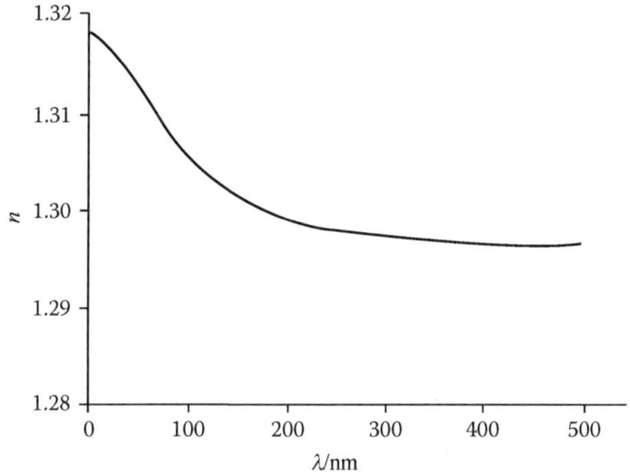

图 11.27　冰晶石膜层的折射率曲线

（$\lambda = 633$nm，通过拟合公式 $n^2 = A + [B/(t^2 + C)]$ 得出，其中 t 为真空中在厚度变化的硫化锌薄膜上沉积冰晶石膜层的反射率变化曲线的厚度坐标。

$A = 1.6773$，$B = 5.0431 \times 10^2\ \mathrm{nm}^2$，$C = 8.2986 \times 10^3\ \mathrm{nm}^2$。

引自 Netterfield R P. *Applied Optics*, 15, 1969-1973, 1976）

11.3　机械特性的测量

从光学薄膜的角度，机械特性的重要性主要在于它们与薄膜的稳定性有关，即当薄膜离开镀膜室后，或者在它们面临环境或者机械状态的扰动时，它们的特性能够保持的程度。稳定性包括很多因素，其中它们或者很难定义，或者很难测量，因而很难克服掉。第 12 章中将要讨论的在制造过程中保证其品质的方法完全是由经验得出的。测试为了再现实际情况下薄膜可能受到的扰动，将扰动施加在样品上并测量和观察对薄膜的损坏情况。有时人们有意使测试条件比实际使用中的更加严格。薄膜特性的指标通常针对这种级别的测试得出。

通常通过在一个薄的弹性基底上沉积材料的方法测量应力大小，这个基底在沉积的薄膜的应力作用下会形变。将形变进行测量，并且对导致形变的应力的值进行计算。基底可能为任何合适的材料，如玻璃、云母、石英、金属都使用过。基底的形状通常为一个薄的条带，并且被支撑以使它的一部分可以弯曲。接下来，或者以某种方式测量其弯曲程度，或者使用一个恢复力以使其恢复初始位置。通常形变或者恢复力是在沉积过程中持续测量的。使用光学显微镜、电容计、压电器件以及干涉测量都是一些有效的方法。

一个对薄膜中应力方面测量的有效论述是由 Hoffman[72] 给出的。Ennos[73] 发表了一篇非常有用的文章，其中单独对光学介质薄膜加以研究。Ennos 利用一个薄的熔石英条作为基底，在每一端使用球轴承作为支撑，这样石英条的中心可以自由移动。使用氦氖激光器作为光源，使用干涉测量法测量条的移动。石英条被设计成迈克尔逊干涉仪的一个镜面,如图 11.28(a)所示。由于激光为线偏光,棱镜的上表面设置为布儒斯特角,这样能够减少出射光束的反射损耗。除了相干长度大、准直性好等更加明显的优势外,激光束能够将干涉仪与位于高一点位置的机器的钟形罩准直(图 11.28(b))。机器中不需要高质量的窗口,比较差的光学质量的玻璃罩就足够了。为了完成测量工作,激光还入射到一个测试平台以监控薄膜的厚度。图 11.28(c)所示为由此装置得出的一个典型的测量结果。熔石英条的刻度由对一个已知施加力作用下的形变的计算和测量得到。

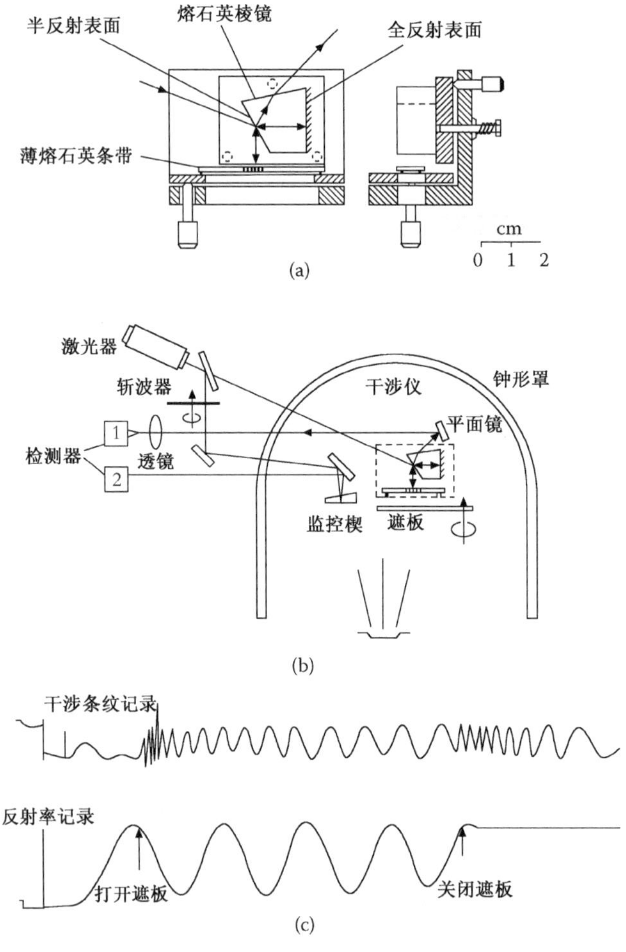

图 11.28 (a)薄膜应力干涉仪;(b)蒸发过程中连续测量薄膜应力的实验装置;(c)对条纹移动和薄膜反射率的测量所得的轨迹

(引自 Ennos A E. *Applied Optics*, 5, 51-61, 1966)

文章给出多种材料的曲线,它们作为薄膜厚度和蒸发条件的函数。这些曲线能够代表在实际生长过程中薄膜中应力的变化,图 11.29 给出了一些例子。当薄膜暴露在大气中时应力经常下降是令人感兴趣的,这主要是因为水蒸气的吸收,在本章的末尾会深入讨论这一效应。

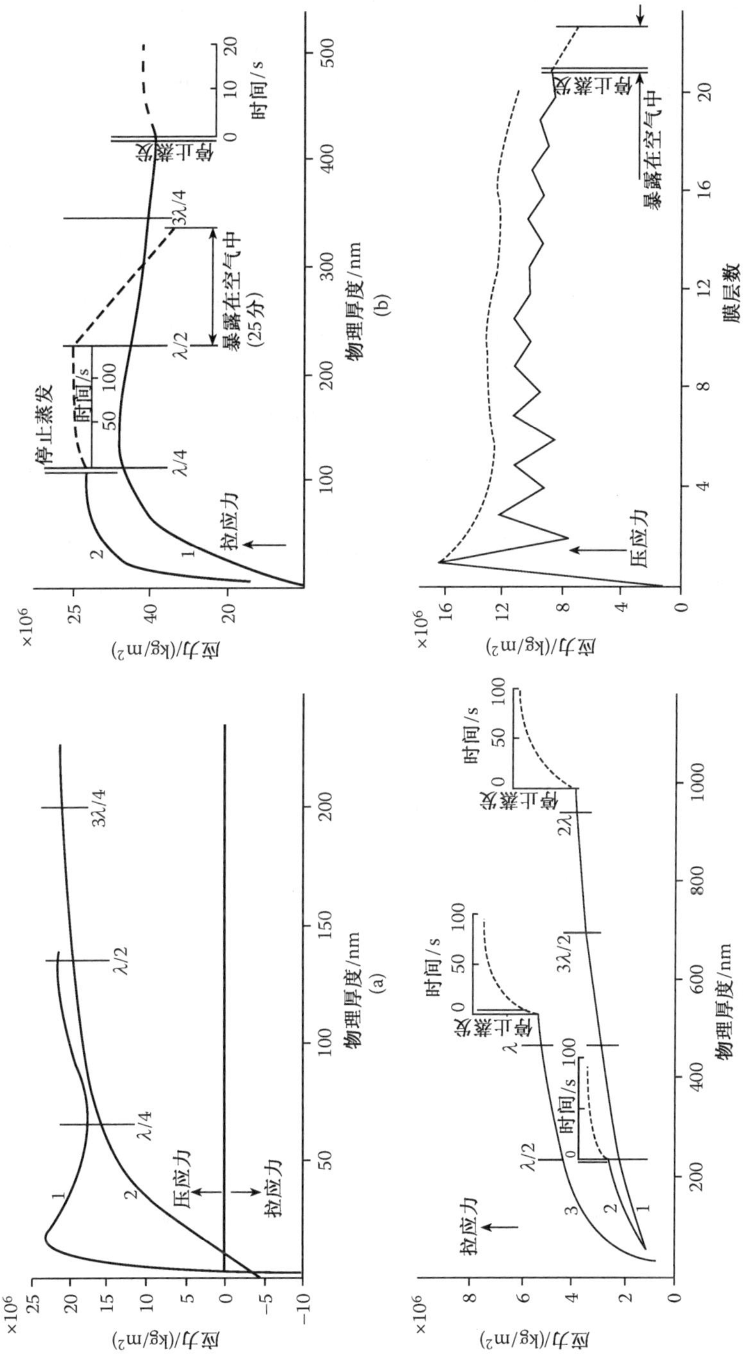

图11.29　(a)在外界温度下，在熔石英上蒸发硫化锌所得薄膜的应力的变化。蒸发速率1为0.25nm/s，2为2.2nm/s;
(b)氟化镁薄膜的应力，1为从钼直接蒸发，蒸发速率为4.2nm/s。2为间接辐射加热，蒸发速率1.2nm/s;
(c)冰晶石和锥冰晶石的间接辐射加热蒸发，1为冰晶石，蒸发速率3.5nm/s。2为锥冰晶石，蒸发速率为4nm/s;
(d)硫化锌-冰晶石多层膜，21层(HL)10H，虚线表示在薄膜开始蒸发之前的预热过程中薄膜应力的上限
(引自Ennos A E. *Applied Optics*,5,51-61,1966)

Roll 和 Hoffman[74,75]进一步发展了干涉测量方法。接下来 Ledger 和 Bastien[76]将 Ennos 的迈克尔逊干涉仪替换成了猫眼式干涉仪,它使用圆盘作为敏感元件,对温度的敏感性比较低,这样就可以用来在一个比较宽的基底温度范围内测量光学薄膜应力的大小。当基底温度在沉积之后发生变化时,对于相同材料在不同基底上的热致应力差别的测量,使我们可以测量薄膜材料的弹性模量和热膨胀系数。尽管块体氟化钍晶体的膨胀系数的测量值是小的负值,但是氟化钍薄膜的值较大并且为正值,从 $11.1\times10^{-6}℃^{-1}$到 $18.1\times10^{-6}℃^{-1}$变化。相同样品的杨氏模量从 $3.9\times10^{5}kg/cm^{2}$到 $6.8\times10^{5}kg/cm^{2}$变化(即 $3.9\times10^{10}\sim6.8\times10^{10}$ Pa)。

Ledger 和 Bastien 利用干涉仪,对薄膜沉积和应力变化过程中干涉仪中心处产生的条纹进行计数。条纹形状不对称使得能够辨别条纹的出现和消失,这意味着如果对条纹计数失败,就不能对应力的大小进行测量。光学科学中心[77]的一个研究小组改进了干涉仪,使得能够看到一个包含很多条纹的足够大的区域。于是条纹形状能够作为干涉图样的特性,给出形变基底表面的情况。这很有效地将每次测量分离开,从而使得即使遗漏或者跳过了某些测量,应力也能在任一阶段被测量出来。干涉仪被用来详细研究利用热蒸发沉积(用或不用离子辅助)的二氧化钛薄膜。

当新到达的材料覆盖已有材料时,热蒸发薄膜通常具有张应力,这是由于不规则冷凝成膜造成的。沉积速率的增加会使材料在表面重组的时间减少,这样会导致张应力的增加。由图 11.30 可以清楚地看到这一点。

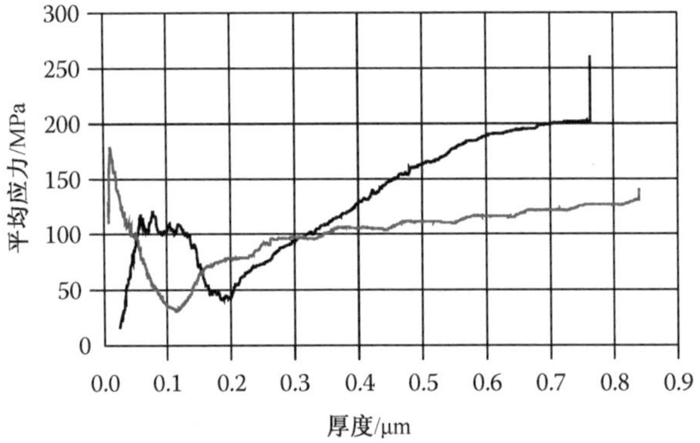

图 11.30 平均张应力作为二氧化钛薄膜的厚度的函数,沉积速率为 0.7nm/s (灰)和 0.97nm/s (黑)(更高的沉积速率导致更大的张应力。每条曲线末端的垂线为一个弛豫,这被认为是由于热梯度在沉积过程中消失的缘故。引自 Bovard B G, Lega X C d, Hahn S-H and Macleod H A. “Intrinsic stress in titanium dioxide thin films produced by ion-assisted deposition.” Optical Sciences Center, University of Arizona. Tucson, Arizona Private Communication)

在轰击条件下,薄膜填充得更紧密导致压应力增加,压应力的增加是由于动量向生长薄膜转移的缘故(图 11.31)。事实上,可以通过对轰击能量进行小心地控制来得到非常低的值。可惜,不是所有材料都具有这样简单的关系。

Pulker[78]研究了应力大小与光学薄膜微观结构的关系,进一步发展了 Hoffman 的一些思想, 其工作在别处得到验证[79]。测量所得的应力大小与从模型计算所得的结果吻合较好,但

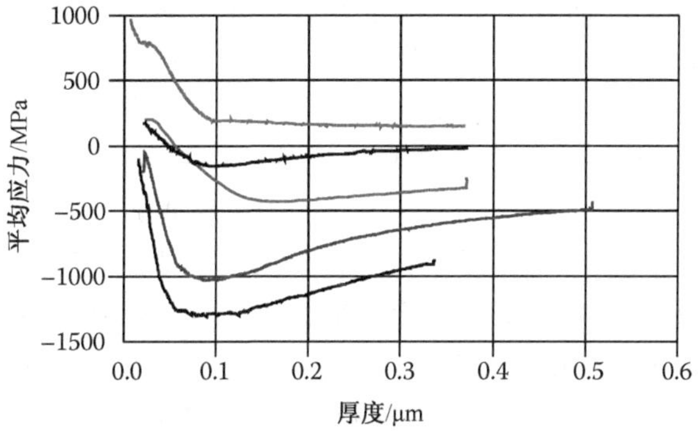

图 11.31　平均应力随一组通过离子辅助沉积得到的二氧化钛薄膜厚度的变化

(周围气体为氧气,薄膜使用 500eV 的氩离子进行轰击,从上到下分别为 0.16, 0.32, 0.48, 0.80 和 1.02mA/cm^2。引自 Bovard B G, Lega X C d, Hahn S-H and Macleod H A. "Intrinsic stress in titanium dioxide thin films produced by ion-assisted deposition." Optical Sciences Center, University of Arizona, Tucson, Arizona Private Communication)

是其中指出的最惊人的特点是, 与理论吻合, 较少的杂质可以对应力产生很大的影响,杂质在薄膜的柱状晶粒边界处聚集并减小了相邻晶粒之间的吸引力, 于是降低了应力。氟化镁中的少量氟化钙(约 4% mol),降低了约 50% 的张应力。Pellicori[80]展示了氟的混合物对降低红外光低折射率薄膜中开裂的有益影响。

Windischmann[81]讨论了离子束溅射薄膜应力的模型, 他认为动量转移是一个很重要的参数,这与离子辅助沉积的结论一致。图 11.31 的结果符合 Windischmann 的模型。

Strauss 最近回顾了光学薄膜中的机械应力[82]。

耐磨性是另一个重要的机械特性,并且除了经验之外很难进行定义。问题在于耐磨性不是一个单独的基础参数,而是几个参数的组合,包括黏附性、硬度、摩擦力、填充密度等。有很多方法能够说明耐磨性,但都是完全基于经验标准。该标准有时利用一个由橡胶制成的衬垫,负载一个特定等级的金刚砂。衬垫被拉过薄膜的表面,加以给定的负载。如果薄膜表面呈现出可见的破坏痕迹,那么说明没有通过测试。由于所使用的衬垫在早先为一块简单的橡皮,所以有时称这一测试为橡皮测试。类似的标准测试可能会使用粗棉布甚至钢丝绒。雨刮器和砂浆料也被用于再现这种由泥浆擦拭而产生的磨损。多数测试不能给出一个耐磨性等级的量度,而只是给出通过/不通过的结果。第 12 章中给出了一个对测试的改进,它确实能够通过测量一个可以控制的摩擦产生的破坏程度推导出耐磨性。目前为止这一方法可能是最好的,但是即使利用这种方法,所得到的结果也会随着薄膜的厚度和设计的变化而发生变化,因此它不能够对薄膜的基本特性进行绝对测量。下面要介绍的划痕测试有时被作为一个替代耐磨性的测量方法。因此耐磨性主要是一个质量控制工具,在第 12 章中将会进一步探讨。

黏附性是另一个重要的机械特性,在测量上仍存在很大难度。我们通常认为的黏附性是将单位面积上的薄膜与基底或者从多层膜结构中与相邻的膜层相分离所需要的力的大小。然而,对黏附性的精确测量是不可能的。类似于很多其他机械特性来说,质量控制测试只有通过或者不通过两个结果。一条胶带被粘在薄膜上,随后被取下, 如果薄膜被胶带剥离,那么测试不通过。Jacobsson 和 Kruse[83]研究了直拉测量方法在光学薄膜的应用。原理上,可以简单地通过测量将薄膜的一部分恰好剥离基底时所需要的力的大小的方法,来测量薄膜与基底之间的黏附性。当然,这是一种其他种类的薄膜(如涂膜)所用的方法。测量方法很简单,将一个具有平整底面的小圆柱粘到薄膜上,接下来拉小圆柱,将小圆柱下面部分的薄膜拉离基底,拉力尽量在垂直薄膜表面方向。完成这一过程所需的力就是要测量的黏附性。需要对细节十分注意:小圆柱的底面必须精确,并且必须粘在薄膜上,这样胶的厚度会均匀,并且小圆柱的轴线是垂直的。施加在小圆柱上的拉力必须与它的轴共线,并且与薄膜表面垂直。

Jacobsson 和 Kruse 认为应该小心处理并且保持容差。他们在小圆柱块的尾部进行了光学抛光,而且为了更加保证拉力与表面相垂直,薄膜和基底被粘在两个小圆柱中间,两个圆柱的轴是共线的。250nm 厚的 ZnS 薄膜和玻璃基底之间的平均黏附性为 2.3×10^7 Pa,如果在镀膜之前对基底进行 20 分钟的离子轰击,那么这一黏附性会上升到 4.3×10^7 Pa。硫化锌薄膜蒸发到 SiO 膜层上,大约 150nm 厚,可以得到更强的黏附性,达到 5.4×10^7 Pa。黏附性由于离子轰击和镀制在 SiO 膜层上而增加,是可重复的,在黏附性的连续测量中离散比较小,最差的情况约为 30%。

另一个测量黏附性的方法为划痕法测试,由 Heavens[84] 发明,并由 Benjamin 和 Weaver[85, 86] 将其使用到多种金属膜中,加以改进并对其细节进行了研究。同样,原理上,这是一种简单明了的测试,但是解释起来比较复杂。一个圆形底的金属压头从镀制薄膜的基底上划过,施加一系列逐渐增加的负载。那个使金属压头能够将薄膜从基底表面清除的负载就是所要测量的黏附性。Benjamin 和 Weaver 能够证明,基底的塑性形变的剪切力直接与金属压头施加的负载相关,表达式[85]为

$$F=\left[a/(r^2-a^2)^{1/2}\right]-P \tag{11.28}$$

式中,$a=[W/(\pi P)]^{1/2}$;P 为基底的压痕硬度;r 为金属压头的半径;a 为接触圆的半径;W 为金属压头施加的负载;F 为剪切力。

剪切力大体与金属压头施加负载的平方根成正比。在薄膜刚刚要被金属压头移除时,剪切力刚好足够破坏黏附键。利用这种装置,Benjamin 和 Weaver 能够定量地确认,以前只能够定性观察的形象,在大约 10^{-5} Torr (1.3×10^{-5} mbar 或 1.3×10^{-3} Pa)压强下沉积在玻璃上的铝膜的黏附性起初很弱,与范德瓦尔斯力的值相当,但是在大约 200 小时之后,黏附性增加至与化学键相当。在高的压强(大约 10^{-3} Torr(1.3×10^{-3} mbar 或 0.13Pa))下沉积,薄膜能够一开始就具有强的黏附性。这是由于铝膜和玻璃之间形成氧化物键合层,并且一系列实验说明了在玻璃上的其他金属膜上这种氧化物键合层的重要性。在碱金属卤化物晶体上,初始的黏附性在范德瓦尔斯力的量级,且不随时间有所增加。不久之前,Laugier[87, 88]在分析中利用划痕过程中的摩擦效应,研究了划痕测试。已经证明,硫化锌在两个明确的阶段具有异常的老化特性。在 18~24 小时,黏附性增加到原始值的 4 倍。三天之后,黏附性开始进一步增强,在七天之后到达最终的最大值,可以达到原始值的 20 倍。这是由于在薄膜和基底之间形成了氧化锌,首先界面处自由的锌原子与氧原子结合,并且从薄膜外表面开始穿过薄膜扩散,接下来从薄膜内部扩散到边界。

现在已经出现了能够开展这些测试以及帮助尽可能标准化测试的商用仪器。可惜的是,

这些黏附性测试并不总能令人满意。有些困难与测量的一致性有关,但是最大的问题是黏附性自身性质。将薄膜粘到基底上的力,或者将一层膜粘至另一层膜上的力,都非常大(通常大于 100ton/in^{2}或者大约 10^9Pa),但是同样具有很短的范围。事实上,它们主要存在于相邻原子之间。力的范围较短带来两个主要结果。第一,这种力可以被一个单独的原子或者分子的污染物阻挡,因而黏附性即使在只有轻度污染的情况下也会变得不确定。污染物单分子层足够破坏薄膜和基底之间的黏附性。单分子层的一小部分也具有足够大的影响。第二,尽管黏附性很强,但是使薄膜脱落所需要的功,即黏附力与长度的乘积非常小。通常薄膜黏附失败都是一个逐渐的过程,而不是在一片较大的区域突然且同时发生。在这种剥离失效的情况下,黏附薄膜的重要参数不是黏附力,而是功。这个功可以被认为是所需要的表面能量供应,与新鲜表面黏附失效以及任何在薄膜或者基底塑性形变中损失的功有关。

利用一些金属膜,尤其是沉积在塑料上的金属膜,有证据证明会逐渐形成静电双层膜,这会对黏附性起到积极的作用。在胶带测试中,黏附性相对较弱,但是它具有较长的范围, 使得它能够同时作用于一个相对大的区域中。这样,除非它的黏性很弱,否则薄膜不会从基底上脱落,甚至当黏性很弱时,薄膜也不太可能被去除,除非有一个应力集中区域能够诱导脱落过程。有时能够证明,通过在薄膜上刻画一系列小方块,胶带会倾向于剥离完整的方块的薄膜。

在使用直拉方法的时候,很难避免渐进性开裂,而不是在整个区域内同时开裂。黏附性厚度的不均匀,或者不是完全在中心上拉,都会造成渐进性开裂,从而导致测量结果减小。即使我们非常小心,也很难得到黏附性的真正值,因而这一测试主要是在质量控制过程中起作用。较差的黏附性通常会产生一个大大减小的力。

划痕测试面临一些其他的问题。在光学薄膜中使用的很多薄膜在从基底上分层之前会在足够大的施加力下被粉碎,这样的粉碎会散掉多余的能量,因而薄膜的硬度以及脆弱性会进入测试结果中。介质材料中很少能够得到纯粹的划痕。Goldstein 和 DeLong [89] 使用微硬度测试仪对薄膜进行划痕测试,成功地对一些介质膜进行了评估。大多数商用划痕测试仪会包括一个显微镜,对开裂的光学检查是测试中一个很重要的部分。一些仪器也会包括敏感的声学检测器,以检测损坏的存在。一个金属压头在表面滑行比在表面做出划痕并且同时粉碎材料发出的声音要轻得多。

薄膜的耐化学性也具有一些意义,尤其是在与潮湿空气相关的效应中,这个会在后文讨论。在这个方面,块体材料的溶解性是一个很有用的指引,尽管我们应常常记住,对于薄膜结构,表面积与体积的比可能会非常大,使块体材料中的任何溶解的倾向都会被显著放大。在很多其他的薄膜现象中,影响的大小在很大程度上依赖于材料的具体厚度、多层膜中的其他材料、特定的沉积条件和所用的测试类型。然而,一个宽泛的分类为耐潮湿(如氧化钛、氧化硅及氧化锆等材料)、轻微影响(如硫化锌等材料)及严重影响(如氟化钠材料)。

11.4　毒　　性

在薄膜领域,以及在很多其他使用多种化学材料的领域,通常人们应该考虑一种材料是否具有毒性。幸运的是,薄膜领域常用的大多数材料都是无毒的,但是一些明显有害的材料有时也会使用。薄膜工作者应该在使用一种新材料之前检查其是否有毒性。薄膜的技术文献主要是关注其物理和化学性质的,很少涉及材料的毒性。例如,氟化钍、氟氧化钍和氧化钍在文献中广泛出现,但很长一段时间内,很少有文献提及钍的放射性(现在会提及)。最近,人们更多地意识到其中的危险,因而这些材料逐渐被淘汰,但是在一些高功率红外应用中,它们仍然是必需的。一些铊盐是远红外方面有用的材料,但它们具有很大的毒性。

幸运的是,现在制造商的文献正在变成关于毒性的有用的信息源,人们在有任何疑问的时候,应该经常咨询制造商。只要有毒材料被密封在瓶中,就几乎没有危险,但是当瓶子被打开,有毒材料就可以扩散。在使用有毒材料时一个主要目标是将它们限制在一个有限空间中,并且应该采用适当的预防措施。如果材料从这一空间中逃逸,那么就会出现危险,可能会出现不可避免的事故。人们可能需要将整个实验室划归为危险区域,并且在离开的时候采取特殊的预防措施并加以清理。在实验室中可能需要特殊的衣服以及呼吸器。另外,机器需要通过特殊的带有空气循环和过滤装置的防尘柜与制造区域的其他地方相隔离。

大多数材料蒸发过程会在机器设备内部以及夹具和固定装置上形成一层膜,并通常形成粉末状的沉积。最大的危险是在随后的清洗中,一些溶剂和清洁液可能放出有害蒸气。当处理具有潜在危险的化学品时,一个很好的规则是将总量限制到最低限度,尤其是当总量在超过安全存储值的时候。这给任何重大灾难的规模施加了一个上限,而且,即使没有其他的预防措施,也要最大限度地减少任何泄漏。还应该记住,实际中许多毒物是累积的,虽然轻微的剂量在很短的实验过程中可能不是特别有害,但是同样的剂量在几年中反复多次,可能会造成无法挽回的损害。因此,在进行了足够多次某种过程并且完成了验证的目的之后,研究人员可能不再进行一个特定操作,但生产工人将每天都操作这个过程,可能会持续几年。因此,必须将生产车间的安全提高至最高标准,工人应该知道这些标准,并且不会因为这些标准而产生恐慌。应该记住,实验室在紧急情况下应迅速腾空,特别是对于任何紧急救援人员,有害物质应该被妥善储存并且保持它们的状态已知是十分重要的。良好的管理是必要的。薄膜产业工人应该明确,厂内的医疗人员完全了解目前正在使用的材料,这样可以在任何意外发生前,采取必要的预防措施。

当然,这有法律要求。但是法律要求可能不能达到严格的预防标准。总的来说,除非使用了绝对危险的材料,否则任何化学实验室都应采取相同的预防措施。

11.5 常见材料的特性

到目前为止,基本上还没有涉及在薄膜制备中实用的材料的实际特性。下面的内容并不包括所有,但是给出了一些常用材料重要的特性。薄膜特性依赖于制备条件,因而相同材料可能会呈现出一系列不同的性质,即使当从一台机器转移到另一台机器时。尤其重要的是,无论得到了何种特性,它们应该在不同的制备过程中具有足够的稳定性。只有通过更加严格的控制,才能解决随机起伏的问题。因而,被公布的材料数据应该被认为是对薄膜特性的一个指南,而不是一个准确的描述。

氟化镁可能是在薄膜领域中应用最多的材料。这种材料在可见光波段的折射率大约为

1.38 或者 1.39(图 11.21),并且被广泛应用于透镜增透,最简单情况仅使用单层膜。早期的研究者使用氟,但是发现它十分柔软且易损坏,于是逐渐将其替代为氟化镁。氟化镁可以从钽舟或钼舟中蒸发出来,并且能够在基底处于 200～300℃时得到最好的结果。当氟化镁被蒸发时,有时会出现溅射和材料从舟中飞出的问题。人们认为这是由于蒸发气体中氟化镁晶粒周围的氧化镁膜层造成的。氧化镁相比氟化镁具有相当高的熔点,并且晶粒会在它们达到某一个特定温度的时候发生爆裂。因而使用具有适合的纯度等级的材料就相当重要,选择一种特殊的材料用作薄膜沉积,并且保护它不受大气中湿气的影响。

和很多氟化物一样,氟化镁遭受相当高的张应力,这是它的一个不足。即使一个无限大区域的薄膜具有高应力,也不会沿基底或相邻材料的界面施加任何剪切力。然而,在一个有限大的薄膜中,剪切力在边缘上升到最大,薄膜在边缘常常开始分层剥落。在单层氟化镁薄膜中剪切力通常不会带来大的问题,但是多层氟化镁薄膜,如高反射器,总的应变以及由此带来的剪切力会大到能够使薄膜出现自发损坏。于是,氟化镁并不推荐用在包含多层膜的结构中。

可能最容易操作的材料是硫化锌和冰晶石。它们在可见光波段具有很好的折射率比例,硫化锌的折射率约为 2.35,冰晶石约为 1.35。这两种材料都会发生升华而不是熔化,因而可以利用钽舟或钼舟,或"榴弹炮"形热源进行沉积(图 11.6)。尽管这些材料不是特别的坚韧,但是它们容易操作,因此它们使用得比较多,尤其在制备可见光或近红外波段的多层膜滤光片中,这种滤光片可以随后使用胶合盖玻片进行保护。制备可见光区的器件时,基底在材料沉积过程中不必加热。硫化锌在 25μm 以内的红外波段也具有很重要的用途,但是在红外波段,基底必须进行加热,以达到最佳的特性。Cox 和 Hass[4] 给出了条件,并且提出基底的最佳加热条件约为 150℃并且在蒸发之前利用有效的辉光放电来进行清洗,二者间隔不超过 5 分钟。在这种条件下制成的薄膜随后在 5% 的盐水中煮沸几个小时,暴露在潮湿空气中,接下来使用清洁剂和棉絮进行清洗都能保持原有特性。

有时用一个技巧来提高硫化锌的耐用度,这就是使用电子轰击生长层。这可以通过将一个负偏压的热灯丝置于靠近基底载体的某处来实现,在这个方法中灯丝与到来的蒸发物阻隔开,但是与基底共线。人们还没能完全理解这个过程,但是有人认为[5]一个很重要的因素是电子轰击能够改变硫化锌的晶格结构。电阻加热舟产生了立方晶系的闪锌矿和六方晶系的纤锌矿结构的混合物,而电子束源能够使其成为纯闪锌矿结构。六方形式是一个高温改性,人们认为在低温时它会转化为立方改性,尤其是当存在水蒸气的时候,转化会伴随着黏附性的减弱,甚至分层剥落。对硫化锌生长膜层进行电子轰击会出现完全立方的结构,并且根据结构预期稳定性会得到提高。

对于更具有耐久性的可见光区的薄膜,可以采用各种难溶氧化层。相比于低折射率膜层,它们更多地适用于高折射率膜层。

二氧化铈是一种高折射率的材料,现在不如以往常用。它可以从钨舟蒸发(与钼反应强烈,产生致密白色粉状膜层完全覆盖系统的内部),Hass 等[90] 给出了应遵循的步骤。除非该材料是一种专门为真空蒸发准备的类型,否则应先在 700～800℃的温度下在空气中烘烤。如果不遵循本步骤,薄膜将具有较低的折射率。即使有这些预防措施,二氧化铈也很难处理。当钨舟中的材料用完后,它倾向于形成非均匀薄膜,其折射率在整个蒸发周期变化。因此,从滤光片或减反射膜的最大透射的角度来说,二氧化铈薄膜很难达到非常高的性能,因此它的主要用途往往是生产高反射薄膜,比如用于高功率激光器,在低损耗和高反射率为主要要求且通带中的透射并不重要的情况下。

当前,二氧化钛相比二氧化铈更受欢迎,并且在可见光和近红外区它可能是一种最常见的高折射率材料。它的优点是,在所有透明高折射率材料中,折射率最高。它十分坚韧,但具有相当高的熔点(1925℃),这使它很难直接从舟源蒸发, 钨舟是最有效用的舟源。早期的一个最成功的方法[42]是先蒸发纯钛金属,随后加热到 400 ~500℃,使其在空气中氧化。为了获得尽可能高的折射率,重要的是要尽可能快地在尽可能低的压强下将钛金属蒸发,使尽量少的氧气溶解在薄膜中。钛在空气中氧化,可以得到约 2.65 的折射率。如果钛氧化前被部分氧化,那么得到的折射率通常是相当低的,大约为 2.25。在其他早期的方法中,涉及了大气中的水分和四氯化钛之间的反应。当大气中存在水分时,四氯化钛在高温基底表面转化为二氧化钛。当玻璃的温度保持在约 200℃时,能够得到在玻璃上的最好结果。

这两种方法都适用于单层膜结构,但不适用于多层膜结构。现在更多的方法是利用电子束源蒸发或溅射反应沉积。

20 世纪 50 年代早期,反应蒸发被作为一种有用的方法,欧洲的 Auwärter 和他的同事们以及美国 Brinsmaid 在这方面做出了主要贡献[91-93]。直接蒸发二氧化钛的问题在于所需要的室温度很高,导致二氧化钛失氧,于是薄膜中出现了吸收。结果发现,在沉积过程中通过确保腔内的空气中具有足够的氧气,失氧的氧化钛可以再次被氧化成二氧化钛。氧化实际发生在基底表面,而不是在蒸气流中,因此残留的氧气的压强必须保持在足够高的值,以使得必要数量的氧分子与基底表面发生碰撞。如果压强太高,则薄膜会变得多孔和柔软。因此有一个可以使结果最优的压强范围,通常为 $5\times10^{-5}\sim3\times10^{-4}$ mbar ($5\times10^{-3}\sim3\times10^{-2}$ Pa)。然而,它们不可能是确定的数字,因为它们在不同的机器之间会发生变化,并且取决于特定的蒸发条件,如基底温度和蒸发速率。在每一个过程中,合适的条件必须在不断试错的过程中建立。低价氧化物通常作为起始材料,其中有两个原因。低价氧化物的熔点通常比二氧化物或金属的要低,这一点在必须使用钨舟的时候十分重要。在熔化和汽化中氧化物的减少已经提到。除非已知蒸气的组分与源中材料的组分相同,否则将导致蒸气的组成发生变化。实验表明,当组分接近 Ti_2O_3 或 Ti_3O_5[94]时,能够获得相当一致的蒸发。通常使用这些组分的其中一种作为起始材料, 蒸发应该进行得足够缓慢,以确保发生完全的氧化。这意味着,对应于可见光区四分之一波长的厚度,应该持续几分钟时间。如果蒸发速率基本上保持恒定,那么薄膜折射率可以在可见光区达到 2.45。二氧化钛在可见光范围是全透明的,在 350nm 左右的紫外区呈现强吸收。

一氧化钛也成功地用于溅射过程。溅射是用高能量正离子轰击将被沉积的材料,使得分子射出并在基底上沉积的过程。反应溅射过程相同,但室内的气体在溅射过程中可以与材料发生反应。通常这种气体是氧气,在这种情况下,它与钛发生反应生成二氧化钛,不再需要任何后续的氧化。与反应溅射相关的溅射阴极侵蚀的问题以及各种解决方案已经提到,旋转圆柱形磁控管和中频双磁控管是目前的两种解决方案。

Pulker 等[95]最完整地表述了二氧化钛的特性,并给出了它们依赖于沉积条件的方式。情况非常复杂,结果取决于起始材料、氧气压强、沉积速率以及基底温度。蒸发的 Ti_3O_5 作为起始材料,相比其他可能的起始材料,这提供了更一致的结果。以其他形式的钛氧化物作为起始材料,在材料用尽之后,组分会不断变化,但在每种情况下都趋向于 Ti_3O_5。

Apfel[96]指出了较好的光学性质与耐久性之间的冲突。当基底温度降低,并且残留气体的压强增加时,光吸收下降。与此同时,薄层的耐久性则会受到相反的影响,因而在实际操作中,通常需要在二者之间做出一个折中。基底温度在 200～300℃,气压在 10^{-4}Torr 左右(1.3×10^{-4}mbar 或者 1.3×10^{-2}Pa),通常是一个符合要求的范围。

通常与二氧化钛结合使用的低折射率材料是二氧化硅(石英),实际上在氧化物范围内不存在没有其他选择。目前通常使用电子束源方法来蒸发二氧化硅。人们使用块体石英或者经过加工的石英板作为源材料,有时会在本底加上一个较小的氧气压强。氧化硅形成致密、坚实的非结晶膜层。和大多数材料相同的是,在沉积过程中基底温度较高时会得到比较好的结果。

石英的高熔点使得人们很难直接从热舟中将其蒸发。然而,可以使用一种反应的方法[91, 93]来避免这一难题。一氧化硅作为起始材料是一个好选择,它本身就是一个红外波段的实用材料。一氧化硅可以直接从钽舟或“榴弹炮”形热源中进行蒸发,材料会发生升华而不是熔化。假如周围有足够的氧气,那么一氧化硅会发生氧化,大部分成为 Si_2O_3 的形式,折射率为 1.52～1.55,并且从 300nm 的长波长端到 8μm 范围[97]呈现非常好的透射性质。

有人报道了一个关于 Si_2O_3 薄膜被紫外光照射的有趣效应。在 20cm 外使用石英包络 Hanovia 灯出射的 435W 的紫外光照射,大约 5 小时的曝光之后,薄膜的折射率会降到 1.48(在 540nm 处)。折射率的改变是由于薄膜结构的改变,而不是组分的改变,其组分始终为 Si_2O_3。同时随着折射率的下降,能够观察到紫外透射率的上升,薄膜在大于 200nm 的波长范围变为透明。利用紫外光照射更长时间,在 150 小时之后,薄膜的组分最终会变为 SiO_2。这些改变为永久性的。Si_2O_3 对于保护铝镜是很有效的,并且这种使用紫外光照射的方法使得大幅度改进石英紫外镜的性能成为可能。Mickelsen[99]进一步详细研究了这一效应,并提出了电子陷阱解释。

Heitmann[100]通过在一个小的放电管中电离氧气的方法对反应性过程做出了重大改进,放电管是氧气进入镀膜室的通道。电离程度不是很高,但是氧气的反应性显著提高,并且利用这种方式制得的氧化钛和氧化硅的吸收性相比于先前的反应过程显著减小。氧化硅薄膜表现出 SiO 的红外吸收带特性,而不是更加常见的 Si_2O_3 的特性。Ebert[101]进一步改进了这一方法,他的同事发明了更加有效的中空阴极离子源,并将这种方法延伸到其他材料中,如氧化铍,这些材料在紫外波段具有更有效的透射。

人们发现的适用于薄膜的其他材料为镧系材料或者稀土元素的氧化物和氟化物。氧化铈[90]已经在前面提到过,尽管严格来说它不是稀土材料。氟化铈可以制成 550nm 处折射率为 1.63 的稳定薄膜,从钨舟中蒸发而成。

类似地,镧、镨、钇的氧化物和氟化物能够制成很好的薄膜,从钨舟中蒸发。Hass 等[54]对其特性进行了很好的总结。当使用电子束蒸发时,稀土氧化物[102]具有很好的透明性,尤其在紫外波段。

Lingg[103,104]对镧系元素的氟化物以及它们在极紫外波段的实用性进行了细致的研究，而事实上几乎没有其他材料可以用于这个波段。

很多其他的硬氧化材料很难蒸发，因而使用得相对较少，直到高功率电子枪的出现。二氧化锆[102,105]十分坚硬，在从350nm到大约10μm之间具有很好的透明性。它可以易于形成非均匀膜层，非均匀度主要依赖于基底的温度。氧化铪[102,106]在235nm附近具有很好的透明性，并且在300nm附近具有2.0的折射率，因而它是这个区域的一种理想的高折射率材料。氧化铪在高功率激光器腔镜的制造中是一种很受欢迎的高折射率材料。钇和铪的氧化物都能够在8~12μm的范围作为铝的保护层[107,108]，可以防止SiO_2和Al_2O_3保护层在大入射角时出现的反射率下降。

在红外波段，存在更多的可能性，半导体材料在某个波长具有一个从不透明到透明的突变，这个波长称为本征边，它对应电子填充的价带和空导带之间的带隙。在比该带隙短的波长，光子被材料吸收，因为它们能够将能量传递给价带中填充的电子，这通过将它们激发至空的导带实现。波长大于此值时，光子的能量不足，于是除了一小部分的自由载流子吸收，没有吸收光子能量的机制，因而材料呈现出透明性质，直到遇到长波长的晶格振动带。对于更常见的半导体硅和锗来说，本征边波长分别为1.1μm和1.65μm。这样，这两类材料都能用于红外波段。它们具有较高的折射率，硅为3.5，锗为4.0，这是一个很大的优势。

然而，硅比较难以蒸发，因为它会与坩埚材料强烈反应。因而唯一使其蒸发的方法就是使用电子枪和水冷坩埚，这样与坩埚相接触处的冷却的硅就可以作为它自己的容器。硅较高的导热性使得它需要使用高功率。溅射是一个可用的过程，事实上，绝大多数大面积二氧化硅薄膜都是通过利用磁控靶上的硅反应溅射制成的。前面已经提到了反应溅射过程的侵蚀问题及解决办法。另一方面，锗是最实用的材料，并且人们已经使用了一些简单的方法来利用它。如果材料沉积的总厚度不是太大，如2μm或3μm，那么可以使用钨舟，由于锗会与钨发生反应，钼舟的使用更加成功[106]。一个十分有效的方法是使用石墨制成的坩埚，直接或者间接加热，由此可以得到相当纯净的并且不具有吸收的锗膜。同样，现在人们的选择是电子束源，坩埚材料的选择可以为石墨或者水冷铜。

其他使用的半导体材料如下所述。碲[109,110]在5μm的折射率为5.1，从3.5μm到至少12μm具有良好的透射特性，并且可以容易地从钽舟蒸发。碲化铅[6,111-118]的折射率高达5.5左右，在从3.4μm至大于20μm的波长范围内具有良好的透射特性。钽舟是最合适的蒸发源。需要注意的是，不要过度加热材料，温度应恰好足以维持蒸发的进行，否则薄膜的组分会出现一些改变，从而导致自由载流子吸收增加，以及随之而来的在长波长的透明度下降。对基底加热，在250℃左右可得到最好的结果，但由于这个温度对于低折射率薄膜(通常是硫化锌)来说太高了，因而通常会采取一个折中的比较低的温度，通常为150℃左右。碲化铅的困难之一是它很容易出现杂质，这会引起自由载流子吸收。使用足够高的纯度等级的材料十分重要，特别是如果该材料用于其透明区域的长波长端，这一原则适用于硫化锌以及碲化铅。碲化铅与一些材料不能共存，尤其是一些卤化物，这可能是因为材料扩散到碲化铅中生成自由载流子。Evans和Seeley[114]提出，退火过程在某些情况下会增加12μm以上光谱区域的碲化铅薄膜的透射率，如果不经过退火，薄膜会具有吸收特性。

碲化铅有时会在沉积之后表现出一种奇异的性质[111,112]。当薄膜仍处于真空时,在大约 15 分钟的时间内观察到材料的光学厚度增加。典型的半波膜层光学厚度的增加大约在 0.007 个全波长的量级,然而在不同的情况下它会有很大的变化,甚至经常为零。导致这种特性的原因尚不清楚,但是一旦薄膜停止生长,它们没有表现出进一步的不稳定性。这只是在监控过程中是否允许这种行为发生的问题。

在红外波段能够使用很多种低折射率材料。与高折射率的半导体相比,硫化锌[4,55]具有相对低的折射率。为了得到最大的耐久性,如果电子束源不可用,硫化锌应该从钽舟(或者从"榴弹炮"形热源更好)沉积到刚刚通过辉光放电清洗过的温度在 150℃左右的基底上。这样处理过的硫化锌薄膜能够坚持在 5% 的食盐溶液中煮沸几个小时、使用脱脂棉清洗,以及暴露在潮湿的空气中,而不会出现损伤[4]。一氧化硅是另一种可能性[4,119],它也可以从钽舟或"榴弹炮"形热源沉积。沉积速率应该较快,并且压强较低,压强设定为 10^{-5} Torr (1.3×10^{-5}mbar 或 1.3×10^{-3}Pa),或者可能更低。折射率在 1μm 处为 1.85 左右,在 7μm 处下降到 1.6,一个强吸收带限制了它在超过 8μm 的区域的使用。氟化钍在过去大量使用,但是现在由于其放射性而不是很受欢迎。它仍然较多用于高功率 CO_2激光器的镀膜,因为还没有找到一个完全合适的替代方案。还有许多其他材料,如铅、镧、钡、铈的氟化物,以及钛、钇、铪和铈的氧化物。

硅和铝的氮化物是坚硬、牢固的材料,从紫外区至 10μm 左右的红外区具有优良的透明度。因为难以进行热蒸发,它们还没有大量用于光学薄膜中。由于氮的存在,氮气中的金属不存在反应蒸发过程,不容易与金属相结合, 除非氮以原子形式存在。例如,在氮气中蒸发铝会形成一层明亮的铝膜,而在氧气中的蒸发会形成氧化铝。当引入高能过程特别是离子辅助沉积的时候,情况完全不同。在这些过程中所使用的离子源释放出的氮束与金属强烈反应,形成致密的、硬而坚韧的透明度良好的氮化物薄膜。这些材料有另外一个巨大的优势。氧氮化物代表纯氧化物和纯氮化物之间的一个连续范围内的组合物。氧化物具有相对低的折射率,并且在氧氮化物的成分由氧化物向氮化物变化的过程中,折射率会平滑地变化。薄膜的组分是反应气体的组分的函数,而气体组分很容易进行改变,从而在良好的控制下改变薄膜的折射率。Hwangbo 和他的同事们[36]研究了氧氮化铝的离子辅助沉积,采用金属铝作为源材料。他们使用一种特别简单的方式来控制氧氮化铝薄膜的折射率在 550nm 处从 1.65 变化到 1.83,该方法利用从离子枪出来的恒定氮气流轰击生长薄膜,并提供变化量的氧气作为背景气体。氧的反应性非常强,任何少量的氧都会被薄膜优先占用。事实上在氧氮化物的生成过程中,几乎不可能完全消除氧,因而几乎不能达到纯氮化物的高折射率值。Hwangbo 等[36]能够构造简单的皱褶滤光片,在此过程中唯一的变量是氧的背景压强。所有其他量,包括轰击、蒸发速率等保持恒定。Placido[120]在氧和氮的混合物中利用铝金属的反应射频溅射,构建了精确控制的从氧氮化铝开始的多周期的皱褶结构。

Bovard 等[121]使用低电压的离子镀生产氮化硅薄膜。镀膜室中没有氧气,薄膜是纯粹的氮化物,在 550nm 处的折射率为 2.05。氧氮化硅薄膜折射率的潜在变化范围是非常大的。

在特定的非均匀薄膜和均匀薄膜领域,混合材料正在受到关注,因为混合材料的两种组分中间的折射率是人们需要的。通常,这样的混合材料可以替换一种更难得到的单组分材料。

Jacobsson 和 Martensson[122]使用氧化铈和氟化镁、硫化锌和冰晶石、锗和氟化镁的混合物,两种组分的相对浓度在整个薄膜中平滑变化,以制作非均匀薄膜,折射率变化符合设计规律。他们得到的关于减反射膜的一些结果在第 4 章中有所提及。为了制备该混合物,对于两种材料分别使用了不同的蒸发源。它们同时蒸发,但速率的控制相互独立。显然,在制备合理的薄膜过程中没有困难,混合没有导致出现吸收。

Fujiwara[123,124]对减反射的均匀薄膜的制备很感兴趣[125]。玻璃的 $\lambda/4$- $\lambda/2$- $\lambda/4$ 三层薄膜,需要中间折射率的膜层,这很难由简单的材料得到。Fujiwara 采用的解决办法是使用两种材料的混合物,一个具有稍微低于所需要的值的折射率,另一个稍高。尝试得到的两个成功组合是氧化铈和氟化铈,以及硫化锌和氟化铈。它们简单地按一个已知的比例(重量比),以粉末形式混合在一起,然后从一个单一源中蒸发。混合物蒸发得到的折射率对减反射膜具有足够好的重复性。氧化铈-氟化铈混合物能够得到的折射率范围为 1.60 ~2.13,氟化铈-硫化锌混合物的则为 1.58 ~2.40。第二种混合物的一个有趣特性是,虽然硫化锌自身不是很坚固,但是当混合物中有超过 20% (质量)的氟化铈的时候,坚固性大大增强,在蒸馏水中沸腾 15 分钟之后,薄膜没有任何损伤。文章中给出了折射率与混合比例的关系曲线。

Yadava 等[126]对硫化锌和氟化镁的混合物进行了研究。该混合物的折射率在氟化镁和硫化锌的折射率之间变化,并且依赖于混合比例,吸收边以非线性方式从氟化镁向硫化锌变化。他们[126,127]还研究了由不同组分(而不是混合物)的大量交替的极薄分立膜层组成的薄膜。对于广泛的材料组合,如 ZnS- MgF_2、ZnS- MgF_2- SiO、Ge- ZnS、ZnS- Na_3AlF_6,其结果与相同材料的混合物蒸发所得到的预期结果相类似。

二氧化硅是一种很难蒸发的材料,因为其熔点高,也因为其在红外区透明,这使得它难以加热。Libbey- Owens- Ford 玻璃公司的 Morgan[128]发现,如果进行一些预处理,二氧化硅可以很容易进行热蒸发,这需要将二氧化硅与一种金属氧化物组合起来,很多种氧化物都能够满足条件。氧化物可以与二氧化硅密集混合,涂覆在二氧化硅块的外表面上,或在当氧化物具有低于二氧化硅的熔融温度时,粗略地混合。只需要少量的氧化物,就可以用传统的方式从钨舟中进行蒸发。前面提到的氧化物包括铝、钛、铁、锰、钴、铜、铈和锌的氧化物。运用类似的方法,Balzers AG 的工作者[129,130]发现,将氧化铈与其他氧化物混合可以改进氧化,增加透明度并且易于蒸发。一些材料如二氧化钛,难以无吸收地蒸发, 对于这些材料,最有效的方法是在氧气中反应蒸发,这一过程会产生无吸收薄膜,尽管这个过程是相当耗时的,因为蒸发必须缓慢地进行。添加少量的氧化铈——混合物中氧化钛(一氧化物、二氧化物或者是纯的钛金属)相对于氧化铈的比例从 1:1 变化至 8:1——可以很容易得到无吸收的硬薄膜,即使在 10^{-5} Torr (1.3×10^{-5} mbar 或 1.3×10^{-3} Pa)的压强下迅速蒸发。显然,这种效应并不限于二氧化钛,很多不同的材料也已成功地进行了尝试。其他稀土氧化物和稀土氧化物的混合物也可以替代二氧化铈。

Stetter 等[105]指出无氧材料作为电子束蒸发的源材料的优势在于,在蒸发过程中组分几乎没有变化,这会导致更加稳定的薄膜性能。额外的氧气以通常的方式由机器中的残留气体提供。无氧的材料也有较高的导热和导电性。ZrO_2和 $ZrTiO_4$的混合物在高温高真空和无氧气的环境中烧结得到。这种材料被指定为“1 号物质”,从电子束系统蒸发出来,系统中残留氧气的压强为(1 ~2) $\times 10^{-4}$Torr ((1.3 ~2.5) $\times 10^{-4}$mbar 或(1.3 ~2.5) $\times 10^{-2}$Pa),基底温度为270℃,凝结速率在 10 nm/min 的量级,可以得到折射率为 2.15(在 500nm 处)的均匀膜层,这个折射率值对可见光区的 $\lambda/4$-$\lambda/2$-$\lambda/4$ 减反射膜是比较理想的。这促使人们对混合物进行进一步的研究[131],并且得到了几种类似的可用材料。H1 来自氧化锆/二氧化钛系统,在 500nm 处折射率为 2.1,在 360nm 到 7μm 的范围具有良好的透明性,但是由于熔化不完全而难以蒸发。H2 来自镨/氧化钛系统,具有类似的折射率和容易蒸发的优点,但具有良好透射率的范围更受限制,从 400nm 到 7μm,并且在透明区域中局部有轻微的吸收。H4 是镧/钛氧化物的组合,折射率在 500nm 处也为 2.1,透射区域从 360nm 到 7μm,并且熔化完全,因而通常比其他两种材料更受欢迎。M1 是镨/氧化铝的混合薄膜,在加热的基底上波长 500nm 处的折射率为1.71,从 300nm 至较长波长的范围内具有良好的透明度。

Butterfield[132]制作出了锗和硒的混合物薄膜。对于锗原子占 30% ~50% 的混合物,能够制作出折射率在 2.4 ~3.1 范围, 在 1.5 ~15μm 具有良好透明度的玻璃状薄膜。起始材料是正确配比的锗硒合金,通过在抽成真空的石英管中由纯净的物质熔化而成。蒸发源为一个石墨舟。对混合薄膜可能需要进行更多的工作,因为很明显,由这类沉积过程很容易得到宽的折射率范围,其中有许多是不可以用其他方法得到的。Jacobsson [68]对混合物的光学特性的理论进行了有用的总结,他还给出了混合薄膜和非均匀层薄膜的更多信息。

参 考 文 献

[1] Vossen J L and Kern W 1978 *Thin Film Processes* (New York/San Francisco/London: Academic Press)

[2] Vossen J L and Kern W 1991 *Thin Film Processes II* (San Diego: Academic Press)

[3] Glocker D A and Shah S I 1995 *Handbook of Thin Film Process Technology* (Bristol:Institute of Physics)

[4] Cox J T and Hass G 1958 Antireflection coatings for germanium and silicon in the infrared *Journal of the Optical Society of America* **48** 677-680

[5] Bangert H and Pfefferkorn H 1980 Condensation and stability of ZnS thin films on glass substrates *Applied Optics* **19** 3878-3879

[6] Ritchie F S 1970 *Multilayer Filters for the Infrared Region* 10 –100 *microns* PhD Thesis University of Reading

[7] Coulter J K, Hass G, and Ramsay J B 1973 Optical constants and reflectance and transmittance of evaporated rhodium films in the visible *Journal of the Optical Society of America* **63** 1149-1153

[8] Hass G and Ritter E 1967 Optical film materials and their applications *Journal of Vacuum Science and Technology* **4** 71-79

[9] Scobey M A Optical Corporation of America 1996 *Low pressure reactive magnetron sputtering apparatus and method* US Patent 5,525,199

[10] Gibson D R, Brinkley I, Waddell E M, and Walls J M 2008 Closed field magnetron sputtering: new generation sputtering process for optical coatings *Proceedings of SPIE* **7101** 710108 1-12

[11] Gibson D R, Brinkley I T, Waddell E M, and Walls J M 2008 *Closed field magnetron sputter deposition of carbides*

and nitrides for optical applications in 51st Annual Technical Conference Proceedings Chicago Society of Vacuum Coaters 487-491

[12] Schiller S, Heisig U, and Goedicke G 1975 Alternating ion plating: A method of high-rate ion vapor deposition *Journal of Vacuum Science and Technology* **12** 858-864

[13] Scobey M A, Seddon R I, Seeser J W, Austin R R, LeFebvre P M, and Manley B W Optical Coating Laboratory, Inc 1989 *Magnetron sputtering apparatus and process* US Patent 4,851,095

[14] Spencer A G 1997 *Precision optical coatings from express ophthalmic coaters in 40th Annual Technical Conference Proceedings New Orleans* Society of Vacuum Coaters 259-265

[15] Placido F 1998 *Radio frequency sputtering of optical coatings including rugate filters* Department of Physics Private Communication

[16] Pervak V, Tikhonravov A V, Trubetskov M K, Pistner J, Krausz F, and Apolonski A 2007 Band filters: two-material technology versus rugate *Applied Optics* **46** 1190-1193

[17] Wei D T, Kaufman H R, and Lee C-C 1995 *Ion beam sputtering, in Thin Films for Optical Systems* Flory F R Editor (New York/Basel/Hong Kong: Marcel Dekker, Inc) 133-201

[18] Lalezari R, Rempe G, Thompson R J, and Kimble H J 1992 *Measurement of ultralow losses in dielectric mirrors in Topical Meeting on Optical Interference Coatings Tucson* Optical Society of America 331-333

[19] Mackowski J M, Pinard L, Dognin L, Ganau P, Lagrange B, Michel C, and Morgue M 1998 *Different approaches to improve the wavefront of low-loss mirrors used in the VIRGO gravitational wave antenna*, in *Optical Interference Coatings* (Washington: Optical Society of America) 18-20

[20] Pulker H K, Buhler M, and Hora R 1986 Optical films deposited by a reactive ion plating process *Proceedings of the Society of Photo-Optical Instrumentation Engineers* **678** 110-114

[21] Pulker H K and Guenther K H 1995 *Reactive physical vapor deposition processes*, in *Thin Films for Optical Systems* Flory F R Editor (New York/Basel/Hong Kong: Marcel Dekker, Inc) 91-115

[22] Bovard B G 1995 *Ion-assisted deposition*, in *Thin Films for Optical Systems* Flory F R Editor (New York/Basel/Hong Kong: Marcel Dekker, Inc) 117-132

[23] Fulton M L 1994 Applications of ion-assisted-deposition using a gridless end-Hall ion source for volume manufacturing of thin-film optical filters. *Proceedings of the Society of Photo-Optical Instrumentation Engineers* **2253** 374-393

[24] Matl K, Klug W, and Zoller A 1991 Ion-assisted deposition with a new plasma source *Materials Science and Engineering* **A140** 523-527

[25] Pongratz S and Zoller A 1992 Plasma ion-assisted evaporative deposition of surface layers *Annual Review of Materials Science* **22** 279-295

[26] Zoller A, Boos M, Hagedorn H, and Romanov B 1994 Computer simulation of coating processes with monochromatic monitoring *Proceedings of the Society of Photo-Optical Instrumentation Engineers* **7101** 71010G-1.71010G-7

[27] Matsumoto S, Kikuchi K, Yamasaki M, Tang Q, and Ogura S Shincron Co., Ltd 2001 *Method of forming a thin film of a composite metal compound and the apparatus for carrying out the method* US Patent 6,207,536 B1

[28] Muller K-H 1986 Monte Carlo calculation for structural modifications in ionassisted thin film deposition due to thermal spikes *Journal of Vacuum Science and Technology, A* **4** 184-188

[29] Muller K-H 1988 Models for microstructure evolution during optical thin film growth *Proceedings of the Society of Photo-Optical Instrumentation Engineers* **821** 36-44

[30] Targove J D, Lingg L J, and Macleod H A 1988 *Verification of momentum transfer as the dominant densifying mechanism in ion- assisted deposition in Optical Interference Coatings Tucson, AZ, USA* Optical Society of America 268-271

[31] Targove J D and Macleod H A 1988 Verification of momentum transfer as the dominant densifying mechanism in ion- assisted deposition *Applied Optics* **27** 3779-3781

[32] Martin P J, Macleod H A, Netterfield R P, Pacey C G, and Sainty W G 1983 Ionbeam- assisted deposition of thin films *Applied Optics* **22** 178-184

[33] Messerly M J 1987 *Ion- beam analysis of optical coatings* PhD Dissertation University of Arizona

[34] Sainty W G, Netterfield R P, and Martin P J 1984 Protective dielectric coatings produced by ion- assisted deposition *Applied Optics* **23** 1116-1119

[35] Hwangbo C K, Lingg L J, Lehan J P, Macleod H A, Makous J L, and Kim S Y 1989 Ion- assisted deposition of thermally evaporated Ag and Al films *Applied Optics* **28** 2769-2778

[36] Hwangbo C K, Lingg L J, Lehan J P, Macleod H A, and Suits F 1989 Reactive ion- assisted deposition of aluminum oxynitride thin films *Applied Optics* **28** 2779-2784

[37] Segner J 1995 *Plasma impulse chemical vapor deposition*, in *Thin Films for Optical Systems* Flory F R Editor (New York/Basel/Hong Kong: Marcel Dekker, Inc) 203-229

[38] Hora R and Wohlrab C 1993 *Plasma polymerization: A new technology for functional coatings on plastics in 36th Annual Technical Conference* Society of Vacuum Coaters 51-55

[39] Mohl W, Lange U, and Pacquet V 1994 Optical coatings on plastic lenses by PICVD- technique *Proceedings of the Society of Photo- Optical Instrumentation Engineers* **2253** 486-491

[40] Wohlrab C and Hofer M 1995 *Plasma polymerization of optical coatings on organic substrates: Equipment and processes in 38th Annual Technical Conference* Society of Vacuum Coaters 222-230

[41] Thomas I M 1993 Sol- gel coatings for high power laser optics: past present and future *Proceedings of the Society of Photo- Optical Instrumentation Engineers* **2114** 232-243

[42] Hass G 1952 Preparation, properties and optical applications of thin films of titanium dioxide *Vacuum* **2** 331-345

[43] Meaburn J 1967 A search for nebulosity in the high galactic latitude radion spurs *Zeitschrift fur Astrophysik* **65** 93-104

[44] Title A M, Pope T P, and Andelin J P 1974 Drift in interference filters. Part 1 *Applied Optics* **13** 2675-2679

[45] Richmond D 1976 *Thin film narrow band optical filters* PhD Thesis Newcastle upon Tyne Polytechnic

[46] Lee C C 1983 *Moisture adsorption and optical instability in thin film coatings* PhD Dissertation University of Arizona

[47] Muller K- H 1985 A computer model for postdeposition annealing of porous thin films *Journal of Vacuum Science and Technology, A* **3** 2089-2092

[48] Prins S L, Barron A C, Herrmann W C, and McNeil J R 2004 Effect of stress on performance of dense wavelength division multiplexing filters: thermal properties *Applied Optics* **43** 633-637

[49] Brown J T 2004 Center wavelength shift dependence on substrate coefficient of thermal expansion for optical thin- film interference filters deposited by ionbeam sputtering *Applied Optics* **43** 4506-4511

[50] Heavens O S 1964 *Measurement of optical constants of thin films*, in *Physics of Thin Films* Hass G and Thun R E Editors (New York/London: Academic Press) 193-238

[51] Liddell H M 1981 *Computer- aided techniques for the design of multilayer filters* (Bristol: Adam Hilger Ltd)

[52] Borgogno J- P 1995 *Spectrophotometric methods for refractive index determination*, in *Thin Films for Optical Systems* Flo-

ry F R Editor (New York/Basel/Hong Kong: Marcel Dekker, Inc) 269-328

[53] Hall J F, Jr and Ferguson W F C 1955 Dispersion of zinc sulfide and magnesium fluoride films in the visible spectrum *Journal of the Optical Society of America* **45** 74-75

[54] Hass G, Ramsay J B, and Thun R 1959 Optical properties of various evaporated rare earth oxides and fluorides *Journal of the Optical Society of America* **49** 116-120

[55] Hall J F and Ferguson W F C 1955 Optical properties of cadmium sulphide and zinc sulphide from 0.6 micron to 14 micron *Journal of the Optical Society of America* **45** 714-718

[56] Pelletier E, Roche P, and Vidal B 1976 Determination automatique des constantes optiques et de l'épaisseur de couches minces: application aux couches dielectriques *Nouvelle Revue d'Optique* **7** 353-362

[57] Manifacier J C, Gasiot J, and Fillard J P 1976 A simple method for the determination of the optical constants n, k and the thickness of a weakly absorbing thin film *Journal of Physics E* **9** 1002-1004

[58] Swanepoel R 1983 Determination of the thickness and optical constants of amorphous silicon *Journal of Physics E* **16** 1214-1222

[59] Hansen W 1973 Optical characterization of thin films: theory *Journal of the Optical Society of America* **63** 793-802

[60] Abelès F 1950 La détermination de l'éindice et de l'épaisseur des couches minces transparentes *Journal de Physique et le Radium* **11** 310-314

[61] Hacskaylo M 1964 Determination of the refractive index of thin dielectric films *Journal of the Optical Society of America* **54** 198-203

[62] Azzam R M A 1995 Ellipsometry, in *Handbook of Optics* Bass M Editor (New York: McGraw Hill) 27.1-27. 27

[63] Rivory J 1995 *Ellipsometric measurements*, in *Thin Films for Optical Systems* Flory F R Editor (New York/Basel/Hong Kong: Marcel Dekker, Inc) 299-328

[64] Hilfiker J N, Synowicki R A, and Tompkins H G 2008 *Spectroscopic Ellipsometry Methods for Thin Absorbing Coatings in* 51*st Annual Technical Conference Proceedings Chicago* Society of Vacuum Coaters 511-516

[65] Dobrowolski J A, Ho F C, and Waldorf A 1983 Determination of optical constants of thin film coating materials based on inverse synthesis *Applied Optics* **22** 3191-3200

[66] Abeles F 1950 Recherches sur la propagation des ondes electromagnetiques sinusoidales dans les milieus stratifies. Applications aux couches minces. I *Annales de Physique*, 12*ième Serie* **5** 596-640

[67] Abeles F 1950 Recherches sur la propagation des ondes electromagnetiques sinusoidales dans les milieus stratifies. Applications aux couches minces. II *Annales de Physique*, 12*ième Serie* **5** 706-784

[68] Jacobsson R 1975 Inhomogeneous and coevaporated homogeneous films for optical applications *Physics of Thin Films* **8** 51-98

[69] Borgogno J P, Lazarides B, and Pelletier E 1982 Automatic determination of the optical constants of inhomogeneous thin films *Applied Optics* **21** 4020-4029

[70] Arndt D P, Azzam R M A, Bennett J M, Borgogno J P, Carniglia C K, Case W E, Dobrowolski J A, Arndt D P, Gibson U J, Hart T T, et al. 1984 Multiple determination of the optical constants of thin-film coating materials *Applied Optics* **23** 3571-3596

[71] Netterfield R P 1976 Refractive indices of zinc sulphide and cryolite in multilayer stacks *Applied Optics* **15** 1969-1973

[72] Hoffman R W 1976 Stresses in thin films: the relevance of grain boundaries and impurities *Thin Solid Films* **34** 185-190

[73] Ennos A E 1966 Stresses developed in optical film coatings *Applied Optics* **5** 51-61

[74] Roll K 1976 Analysis of stress and strain distribution in thin films and substrates *Journal of Applied Physics* **47** 3224-3229

[75] Roll K and Hoffman H 1976 Michelson interferometer for deformation measurements in an UHV system at elevated temperatures *Review of Scientific Instruments* **47** 1183-1185

[76] Ledger A M and Bastien R C 1977 *Intrinsic and thermal stress modeling for thin-film multilayers* (The Perkin Elmer Corporation, Norwalk, Connecticut 06856.)

[77] Bovard B G, Lega X C d, Hahn S-H, and Macleod H A 1991 *Intrinsic stress in titanium dioxide thin films produced by ion-assisted deposition* Optical Sciences Center, University of Arizona, Tucson, Arizona Private Communication

[78] Pulker H K 1982 Stress, adherence, hardness and density of optical thin films *Proceedings of the Society of Photo-Optical Instrumentation Engineers* **325** 84-92

[79] Pulker H K 1999 *Coatings on Glass* ed 2nd (Amsterdam: Elsevier)

[80] Pellicori S F 1984 Stress modification in cerous fluoride films through admixture with other fluoride compounds *Thin Solid Films* **113** 287-295

[81] Windischmann H 1987 An intrinsic stress scaling law for polycrystalline thin films prepared by ion beam sputtering *Journal of Applied Physics* **62** 1800-1807

[82] Strauss G N 2003 Mechanical stress in optical coatings, in *Optical Interference Coatings* Kaiser N and Pulker H K Editors (Berlin: Springer-Verlag) 207-229

[83] Jacobsson R and Kruse B 1973 Measurement of adhesion of thin evaporated films on glass substrates by means of the direct pull method *Thin Solid Films* **15** 71-77

[84] Heavens O S 1950 Some features influencing the adhesion of films produced by vacuum evaporation *Journal de Physique et le Radium* **11** 355-360

[85] Benjamin P and Weaver C 1960 Measurement of adhesion of thin films *Proceedings of the Royal Society of London, A* **254** 163-176

[86] Benjamin P and Weaver C 1960 Adhesion of metal films to glass *Proceedings of the Royal Society of London, A* **254** 177-183

[87] Laugier M 1981 Unusual adhesion-aging behaviour in ZnS thin films *Thin Solid Films* **75** L19-L20

[88] Laugier M 1981 The development of the scratch test technique for the determination of the adhesion of coatings *Thin Solid Films* **76** 289-294

[89] Goldstein I S and DeLong R 1982 Evaluation of microhardness and scratch testing for optical coatings *Journal of Vacuum Science and Technology* **20** 327-330

[90] Hass G, Ramsay J B, and Thun R 1958 Optical properties and structure of cerium dioxide films *Journal of the Optical Society of America* **48** 324-327

[91] Auwarter M 1960 *Process for the manufacture of thin films* US Patent 2,920,002

[92] Brinsmaid D S, Keenan W J, Koch G J, and Parsons W F Eastman Kodak Co 1957 *Method of producing titanium dioxide coatings* US Patent 2,784-115

[93] Vogt A 1957 *Improvements in or relating to the manufacture of thin light-transmitting layers* UK Patent 775-002

[94] Chiao S-C, Bovard B G, and Macleod H A 1998 Repeatability of the composition of titanium oxide films produced by evaporation of Ti_2O_3 *Applied Optics* **37** 5284-5290

[95] Pulker H K, Paesold G, and Ritter E 1976 Refractive indices of TiO_2 films produced by reactive evaporation

of various titanium-oxide phases *Applied Optics* **15** 2986-2991

[96] Apfel J H 1980 *The preparation of optical coatings for fusion lasers in International Conference on Metallurgical Coatings San Diego*

[97] Ritter E 1962 Zur Kentnis des SiO und Si_2O_3-Phase in dunnen Schichten *Optica Acta* **9** 197-202

[98] Bradford A P, Hass G, McFarland M, and Ritter E 1965 Effect of ultraviolet irradiation on the optical properties of silicon oxide films *Applied Optics* **4** 971-976

[99] Mickelsen R A 1968 Effects of ultraviolet irradiation on the properties of evaporated silicon oxide films *Journal of Applied Physics* **39** 4594-4600

[100] Heitmann W 1971 Reactive evaporation in ionized gases *Applied Optics* **10** 2414-2418

[101] Ebert J 1982 Activated reactive evaporation *Proceedings of the Society of Photo-Optical Instrumentation Engineers* **325** 29-38

[102] Smith D and Baumeister P W 1979 Refractive index of some oxide and fluoride coating materials *Applied Optics* **18** 111-115

[103] Lingg L J 1990 *Lanthanide trifluoride thin films: structure, composition and optical properties* PhD Dissertation University of Arizona

[104] Lingg L J, Targove J D, Lehan J P, and Macleod H A 1987 Ion-assisted deposition of lanthanide trifluorides for VUV applications *Proceedings of the Society of Photo-Optical Instrumentation Engineers* **818** 86-92

[105] Stetter F, Esselborn R, Harder N, Friz M, and Tolles P 1976 New materials for optical thin films *Applied Optics* **15** 2315-2317

[106] Baumeister P W and Arnon O 1977 Use of hafnium dioxide in mutilayer dielectric reflectors for the near uv *Applied Optics* **16** 439-444

[107] Cox J T and Hass G 1978 Protected Al mirrors with high reflectance in the 8.12μm region from normal to high angles of incidence *Applied Optics* **17** 2125-2126

[108] Lubezky I, Ceren E, and Klein Z 1980 Silver mirrors protected with Yttria for the 0.5 to 14μm region *Applied Optics* **19** 1895

[109] Greenler R G 1955 Interferometry in the infrared *Journal of the Optical Society of America* **45** 788-791

[110] Moss T S 1952 Optical properties of tellurium in the infra-red *Proceedings of the Physical Society* **65** 62-66

[111] Evans C S, Hunneman R, and Seeley J S 1976 Increments at the interface between layers during infra-red filter manufacture *Optica Acta* **23** 297-303

[112] Evans C S, Hunneman R, and Seeley J S 1976 Optical thickness changes in freshly deposited layers of lead telluride *Journal of Physics D* **9** 321-328

[113] Evans C S, Hunneman R, Seeley J S, and Whatley A 1976 Filters for *υ2* band of CO_2: monitoring and control of layer deposition *Applied Optics* **15** 2736-2745

[114] Evans C S and Seeley J S 1968 *Properties of thick evaporated layers of PbTe* in *Paper presented at the Colloquium on IV-VI compounds Paris*

[115] Seeley J S, Hunneman R, and Whatley A 1981 Far infrared filters for the Galileo-Jupiter and other missions *Applied Optics* **20** 31-39

[116] Smith S D and Seeley J S 1968 *Multilayer filters for the region* 0.8 *to* 100 *microns* Air Force Cambridge Research Laboratories)

[117] Yen Y-H, Zhu L-X, Zhang W-D, Zhang F-S, and Wang S-Y 1984 Study of PbTe optical coatings *Ap-*

plied Optics **23** 3597-3601

[118] Zhang K G, Seeley J S, Huneman R, and Hawkins G J 1989 Optical and semiconductor properties of lead telluride coatings *Proceedings of the Society of Photo-Optical Instrumentation Engineers* **1112** 393-402

[119] Hass G and Salzberg C D 1954 Optical properties of silicon monoxide in the wavelength region from 0.24 to 14.0 microns *Journal of the Optical Society of America* **44** 181-187

[120] Placido F 1997 *RF sputtering of aluminium oxynitride rugates. Micrographs of rugate structures.* Department of Physics Private Communication

[121] Bovard B B, Ramm J, Hora R, and Hanselmann F 1989 Silicon nitride thin films by low voltage reactive ion plating: optical properties and composition *Applied Optics* **28** 4436-4441

[122] Jacobsson R and Martensson J O 1966 Evaporated inhomogeneous thin films *Applied Optics* **5** 29-34

[123] Fujiwara S 1963 Refractive indices of evaporated cerium dioxide-cerium fluoride films *Journal of the Optical Society of America* **53** 880

[124] Fujiwara S 1963 Refractive indices of evaporated cerium fluoride-zinc sulphide films *Journal of the Optical Society of America* **53** 1317-1318

[125] Kogaku N Nippon Kogaku K K 1965 *Surface-coated optical elements* UK Patent 1,010,038

[126] Yadava V N, Sharma S K, and Chopra K L 1974 Optical dispersion of homogeneously mixed ZnS-MgF_2 films *Thin Solid Films* **22** 57-66

[127] Yadava V N, Sharma S K, and Chopra K L 1973 Variable refractive index optical coatings *Thin Solid Films* **17** 243-252

[128] Morgan W L Libbey-Owens-Ford Glass Company 1949 *Method of coating with quartz by thermal evaporation* USA Patent 2,463,791

[129] Balzers Patent und Lizenz Anstalt 1962 *Improvements in and relating to the oxidation and/or transparency of thin partly oxidic layers* UK Patent 895,879

[130] Kraus T and Rheinberger P Balzers Patent-und Lizenz-Anstalt 1962 *Use of a rare earth metal in vaporizing metals and metal oxides* US Patent 3,034,924

[131] Friz M, Koenig F, and Feiman S 1992 *New materials for production of optical coatings in 35th Annual Technical Conference Proceedings* Society of Vacuum Coaters 143-148

[132] Butterfield A W 1974 The optical properties of GexSe1-x thin films *Thin Solid Films* **23** 191-194

第 12 章　影响薄膜性能的因素

12.1　微观结构和薄膜的性能

光学薄膜最显著的特性之一就是它的性能和表现与块状相同材料的表现不同。当然，这一点对光学领域以外的薄膜也适用。几乎在所有情形下，薄膜的性能不如对应的块体材料的性能。通常薄膜的折射率要低一些，虽然偶尔对于某些半导体材料，薄膜的折射率会稍微高一些，其损耗也更大，耐久性和稳定性也更差。薄膜的性能对沉积条件也是敏感的，尤其是基底的温度。

Heitmann[1]研究了镀膜机内残留气体和沉积速率参数对冰晶石和氟化钍薄膜折射率的影响。残留气体(氮气)的压强从一种情况的 4×10^{-6} Torr(5.3×10^{-6} mbar 或 5.3×10^{-4} Pa)和另一种情况的 2×10^{-6} Torr(2.6×10^{-6} mbar 或 2.6×10^{-4} Pa)，提高到 2×10^{-5} Torr(2.6×10^{-5} mbar 或 2.6×10^{-3} Pa)，测量结果并没有什么变化，在实验精度之内(对氟化钍为 ±0.1%，冰晶石为 ±0.3%)继续提高残留气体压强到 2×10^{-4} Torr(2.6×10^{-4} mbar 或 2.6×10^{-2} Pa)，则会导致冰晶石的折射率下降 1.5%，氟化钍的下降 1.4%。在这种较高的压强下，氮分子的平均自由程小于舟和基底之间的距离，折射率的下降可能是由膜层的孔隙增加导致的。这也就证明了残留气体的平均自由程应当比源—基底之间的距离要大一些，但是在此基础上继续增加平均自由程影响就很小了。Heitmann 得出的结论是，分子的平均自由程是重要的参数，而不是单位时间内蒸发分子数目与碰撞到基底上的残留气体分子数目的比值，这一比值看起来对折射率没有影响。他还发现，当改变沉积速率，由每 0.5 分钟沉积四分之一波长(在 632.8nm 下测量)下降到每 1.5 分钟四分之一波长时，折射率在这种情况下下降了 0.6%，但继续降低沉积速率直到每 5 分钟四分之一波长，折射率只发生了很小的变化。

Heitmann 的结果最好的解释可能是在沉积条件改变引起的薄膜微观结构的细微变化。事实上，膜层的微观结构是决定光学薄膜特性最重要的因素，也是薄膜材料与相同块体材料的最重要的区别。在过去的 20 年里，人们对光学薄膜的微观结构以及微观结构效应产生了越来越浓厚的兴趣。

研究薄膜结构的一种有用的技术是电子显微镜，利用它迅速得到了重要结果。它在检测薄膜膜层方面的应用涉及压裂多层膜和复制裸露部分的技术的发展。Pearson、Lissberger、Pulker 和 Guenther[2-5]在这一领域都做出了重要贡献，他们的结果表明光学薄膜的膜层几乎总是具有显著的柱状结构，柱状结构横贯薄膜，与界面垂直。根据他们的发现，我们可以加入 Movchan 和 Demchishin[6]，以及 Thornton[7,8]的研究，他们都研究了基底温度对蒸发和溅射薄膜微观结构的影响，Thoronton 研究了残留气体的压强对薄膜微观结构的影响。这表明真空沉积薄膜的关键参数是基底温度 T_{sub} 与蒸发物熔化温度 T_{melt} 的比值。当这一比值低于 0.5 左右时，膜层的结构是强烈的柱状结构，柱状结构沿着薄膜生长的方向。气体压强的增加使得生长变为更加明显的柱状模式，即使基底温度稍高一些也是如此。

由于应用在光学薄膜中最重要的材料都有很高的熔点，基底的温度不可能高于蒸发物的熔融温度，因此薄膜的结构几乎总是柱状的，方向沿着生长的方向，与薄膜的表面垂直。柱体宽度有几十纳米，基本呈圆柱形。它们呈大致六角形结构排列，柱体之间有空隙，就像是皮肤上的毛孔一样，几乎遍及整个薄膜。柱体的表面积很大，并以这种方式暴露在周围的空气中。硫化锌薄膜的柱状结构如图 12.1 所示[9]。

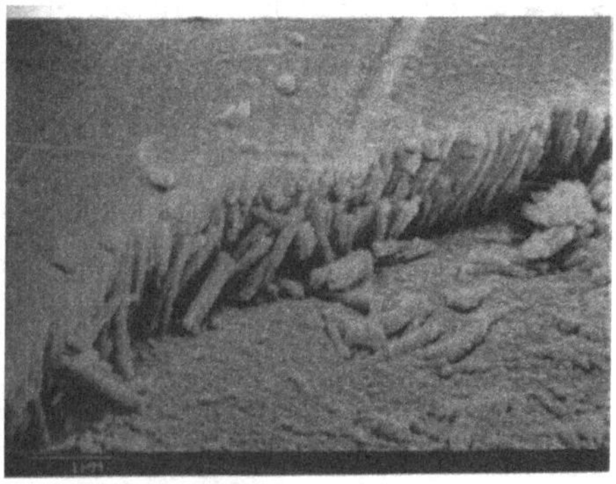

图 12.1　硫化锌薄膜的柱状结构

（薄膜的一部分已经通过机械方式去除，只留下横截面中的可见柱状结构。引自 Reid I M. Macleod H A, Henderson E and Carter M J. The ion plating of optical thin films for the infrared. in *Proc International Conference on Ion Plating and Allied Techniques* (*IPAT* 79), *London*, *July* 1979, Cep Consultants Ltd, Edinburgh, 55-65, 1979）

聚集密度 p 定义为

$$p=\frac{\text{薄膜固体部分体积}}{\text{薄膜总体积}}$$

这是一个非常重要的参数。对于光学薄膜该值通常在 0.75～1.0 的范围。对于热蒸发薄膜通常为 0.8～0.95，几乎不会达到 1。聚集密度比 1 小，会降低折射率，使其低于与柱体相同的固体材料的折射率。一个有用的表达式能足够准确地表示低折射率薄膜[10,11]，它将薄膜折射率 n_f，薄膜的固体部分折射率 n_s，孔隙折射率 n_v 和聚集密度 p 联系起来，即

$$n_f = pn_s + (1-p)n_v \tag{12.1}$$

具有较高折射率(2.0 及以上)的薄膜的特性可能是相当复杂的，但在多数情况下如式(12.1)表示的线性律已经足够准确，因此也常常使用这样的表达式。在通常情况下，如果填充密度的值已经利用式(12.1)通过光学测量推导出，那么当然就应该使用这一表达式。不管怎样，它指明了正确的方向。另一种可选择的表达式更加复杂，也更符合多数较为复杂的情况，虽然仍然不总是理想的，Harris 及其同事们[11]的文章是可以参考的。

聚集密度通常(但不总是)是基底温度的函数，它随基底温度的升高而增大，也与残留气体的压强有关，随压强的升高而降低。因此，薄膜的折射率也受基底温度和残留气体压强的影响。随着柱体由基底表面向外生长，它们在横截面区域中可能发生改变，这就会导致薄膜的非均匀性。基底温度参数的测量和控制是非常困难的，因此技术上的一致性，如相同的加热时间、相同的沉积速率、开始沉积前相同的抽气时间等，是保证整个过程稳定而可重复的最重要的问题。一再地改变基底的尺寸，尤其是基底的厚度，可能会导致薄膜的特性发生显著改变。在反应蒸发过程中，如果残留气体压强升高，以及在薄膜生长的表面上蒸发物和残留气体发生了反应的情况下，这种改变会更加明显。因此，在所有制作流程中需要进行大量的测试，并不令人意外。

有些研究模型[12-15]确认柱状结构的生长源于生长中的薄膜表面材料的迁移率受限。在热激发作用下,它在表面扩散,直到被到来的材料覆盖。块体材料中的扩散并不明显。因此,如果基底的温度较低而沉积速率较高,会导致柱状结构更明显,而聚集密度下降。高能沉积过程包含生长薄膜的离子撞击的因素。虽然柱状结构可能会持续到某种程度,但动量的转移仍会驱使材料深入薄膜,从而挤出孔隙。因此聚集密度通常接近或等于 1,更高的聚集密度几乎都是有益的。本章中接下来将要讲述的柱状结构的影响在高能过程沉积的薄膜中都不严重(图 12.2[16])。

图 12.2　通过铝的射频反应溅射沉积的皱褶氧氮化铝结构的致密微观结构
(聚集密度非常高,但某些柱状特性仍然存在。外表面的断层发生在皱褶周期的富氮区域,导致了阶梯状的外观。引自 Professor Frank Placido, University of the West of Scotland, Paisley, Scotland)

薄膜中微观结构的第二级是它们的晶态。虽然这方面的研究并不深入,但已经取得了相当大的进展。光学薄膜的沉积来源于相当高温的蒸气,而薄膜生长的基底处于相对较低的温度。因此正在生长的薄膜与到来的蒸气之间的平衡度很差。薄膜材料被迅速冷却或猝灭,这不但影响柱状结构的形式,而且影响结晶排序。凝结的材料将试图达到合适的与基底温度平衡的状态,但分子正确的重新排列需要一定的时间,而在这一重新排列的过程中薄膜将趋于形成高温晶态。如果冷却的速度超过结晶的速度,那么高温晶态将被冷却成膜层。薄膜中通常存在的迅速冷却意味着存在高温晶态,而且通常有混合相存在。乍看起来,这解释了薄膜一种非常奇怪的行为。在晶体结构中往往会发生反转,即在基底温度低时,高温晶态占优势,而基底温度高时,会形成更多低温材料。低的基底温度将导致更高的猝灭率,其他影响如下[17]。与较高温度相对应的非晶态,通常可以被迅速冷却而冻结,或因更高温度的形态的到达而增强。例如,在溅射过程中过来的分子具有额外的动能,通常产生非晶态薄膜。低压离子镀技术也具有高的入射能量,似乎本质上总会产生非晶态薄膜。高温晶态通常是亚稳的,在很低的温度下可能会改变它们的结构,从而带来各种各样的问题。有些通过溅射沉积的非晶态形式的薄膜,可能有时会以一种爆炸式的形式,通过轻微的机械扰动如划痕或激光照射,而导致再结晶[18]。

氟化钐具有两种主要晶态:高温晶态为六角晶系,低温晶态为正交晶系。表 12.1 列举了热蒸发和离子辅助沉积的结果，两种都导致了上述明显的反转结构[17]。随着温度的升高，氧化锆具有三种主要的结构——单斜、四角和立方。Klinger 和 Carniglia[19] 发现很薄的氧化锆表现出立方结构，厚度增加到超过 $\lambda/4$(波长为 600nm)时变成单斜结构。这种特性可以解释为，当薄膜较厚时热导率降低，猝灭率也较低。氧化铝在薄膜状态时通常是非晶态的，但当为了在电子显微镜下进行观察使其遭受电子轰击时[20]，它也可以再结晶。已经发现，当薄膜厚度非常小时可能产生的非晶态氧化锆显示出类似的特性[21]。

表 12.1　氟化钐(SmF_3)[17]

正常高温形式		六角晶系
正常低温形式		正交晶系
热蒸发	基底温度 100℃	六角晶系(111)
	基底温度≥200℃	具有某些六角晶系的正交晶系(111)
离子辅助沉积	基底温度 100℃	具有某些(111)的六方晶系(110)
	基底温度 100℃时的轰击	外观与 SmF_2(111)一致的六方晶系

因此，薄膜是不同晶态的复杂混合物，有些处于高温亚稳态。显然这种性质与具体材料和过程有关，每一种特殊的系统都需要单独进行研究。某种结构在一种应用场合非常好，但在另一种场合就不一定如此。非晶态材料的低散射特性使得它们在某些应用场合很有吸引力，但是它们的高温(或高通量)下的性能可能不是那么令人满意。为了试图增进我们的理解，还有很多工作需要去做。

柱状结构和晶态结构可以被认为是薄膜微观结构的常规的内在特性。那么，除此之外，存在的缺陷可以认为是这种内在特性的局部扰动。一类主要的也是非常重要的缺陷是节瘤。节瘤呈倒圆锥形式生长，穿过薄膜或多层膜。节瘤可能存在于所有的过程中，它们由一个种子开始——种子通常是一个很小的缺陷或无规结构，而且从本质上，似乎任何无规结构，甚至是极小的无规结构，都可以作为一个种子。基底上的划痕、凹坑、灰尘、污物，由材料源发出的粒子，气相材料松散的堆积，甚至是局部的电荷，都可能使节瘤开始生长。节瘤一旦开始生长，就会持续进行，直到在多层膜的外表面形成一个半球形的凸起。节瘤本身要比形成它的缺陷大得多，它本身并不是杂质，而是完全由薄膜材料构成，只不过是以一种不同的方式生长。节瘤的外表面与膜层其他部分的边界非常陡峭，这种陡峭的边界是薄膜的薄弱点，节瘤周围常常会发生部分或完全的开裂，有时节瘤会从薄膜上完全脱落，留下一个空洞。节瘤几乎存在于所有的薄膜中，似乎唯一能够抑制节瘤的方法就是使基底、表面以及它的准备过程和薄膜沉积过程更加完美。例如，在超光滑抛光的基底上节瘤的发生率与普通基底相比明显降低。典型的节瘤如图 12.3 所示，节瘤从薄膜脱落后剩下的空洞如图 12.4 所示。图 12.5 给出了利用二氧化硅和氧化钽通过离子辅助沉积得到的非晶态结构的显微照片；图 12.6 给出了用碲化铅和硫化锌制作的远红外多腔滤光片。

折射率的改变并不是伴随着薄膜柱状结构的唯一特征。柱体之间的细孔会使大气中的水汽进入薄膜，相对湿度低时，柱体表面会形成一层吸附层；在中等相对湿度时，会由于毛细管的凝结作用在细孔中填满液态水。Ogura[22,23] 已经对水汽吸附作用进行了大量的研究，他曾利

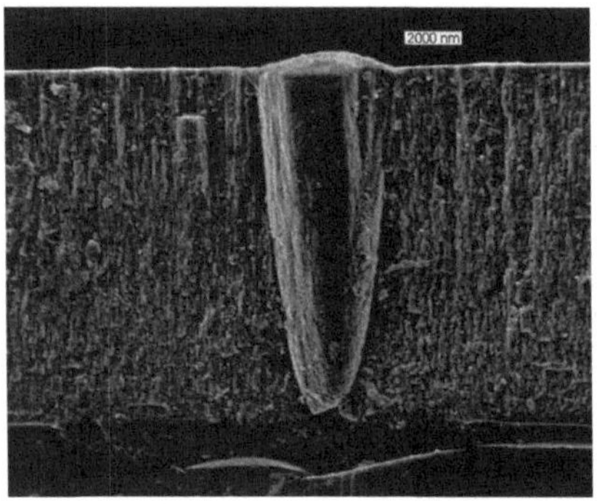

图 12.3　一个节瘤

（薄膜是铝通过射频反应溅射沉积的氧氮化铝皱褶结构。在薄膜的宽度方向剖开以显示包含一个完整节瘤的截面。陡峭的边界非常明显，薄膜中环绕节瘤而不是贯穿节瘤的部分会发生开裂，这就是薄膜的薄弱之处。节瘤在薄膜外表面（上面）的半球形凸起形状也是典型的特征。引自 Professor Frank Placido, University of the West of Scotland, Paisley, Scotland）

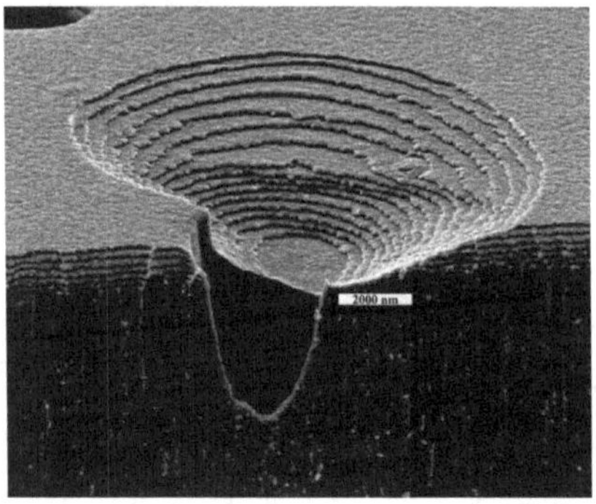

图 12.4　节瘤脱落后留下的空洞

（结构的外面有一部分已经随着节瘤移除了，阶梯状也是由氧氮化铝皱褶结构上富氮区域优先开裂引起的。引自 Professor Frank Placido, University of the West of Scotland, Paisley, Scotland）

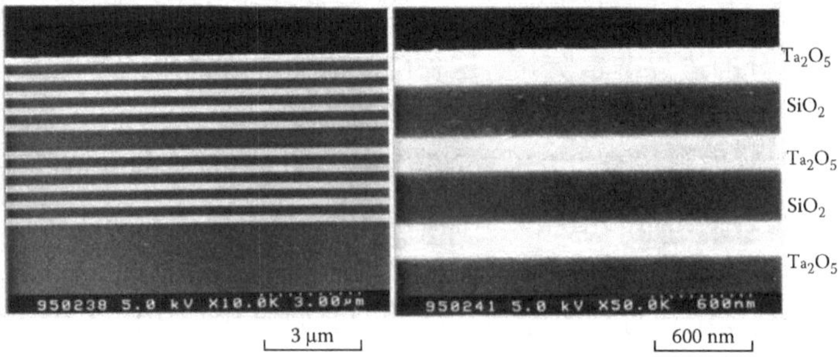

图 12.5　用二氧化硅和氧化钽制作的通过射频离子枪离子辅助沉积的窄带滤光片的致密非晶态结构显微照片

（引自 Shincron Co. Ltd. Tokyo, Japan）

用一定相对湿度下吸附效应的变化来获得薄膜细孔结构的信息。既然水汽(折射率大约为 1.33)与从空洞中逸出的空气(折射率为 1.0)的折射率不同,那么水汽替代空气会引起薄膜折射率的增加。由于薄膜的几何厚度不变,那么由于吸附作用引起的薄膜折射率的增加就伴随着其对应的光学厚度的增加。因此,薄膜暴露在空气中,通常会引起薄膜特性向长波方向移动。窄带滤光片中这样的移动已经成为大量研究的主题。Schildt 等[24]发现对于新制作的硫化锌与氟化镁滤光片(为 400~500nm 范围设计),其峰值波长的改变量可以表示为

图 12.6 由碲化铅和硫化锌制作的远红外多腔滤光片结构(这种特殊的滤光片是用于高分辨率动态肢体测深仪(HIRLDS)的 6~18μm 范围、尺寸为 1.2mm ×0.45mm 的一组滤光片中的一个,可以清晰地从显微图像中看出高质量的金刚石锯齿边。可以由 4μm 的腔层厚度估计出显微图像的尺度。引自 Roger Hunneman, University of Reading, England)

$$\Delta\lambda = q\log_{10} P$$

式中,q 为一个常数,变化范围为 1.4(放置时间久的滤光片)到 8.3(新制作的滤光片)之间,P 为局部的水蒸气压强,用 Torr(如果用 mbar 来表示,P 应当变为 $0.75\times P$;如果用 Pa 来表示,P 应当变为 $0.0075\times P$)来表示,$\Delta\lambda$的单位为 nm。当压强为 1Torr(1.3mbar 或 133Pa)时可以任选 $\Delta\lambda$为 0。当压强为 1~20Torr(1.3~26mbar 或 133~2660Pa)时,发现这一关系保持得很好。滤光片在一个新的湿度环境中放置 10~20 分钟,峰值波长开始稳定为新的值。他们发现峰值波长的改变量可以通过在薄膜上黏合一个环氧树脂保护盖片而使其稳定下来。Koch[25,26]表明窄带滤光片的特性在吸附过程中变得非常不稳定,直到滤光片达到新的平衡状态。Macleod 和 Richmond[27]、Richmond[28]以及 Lee[29]详细研究了吸附效应对窄带滤光片特性的影响,他们的结果对各种类型的多层薄膜都适用。正如我们已经看到的,滤光片特性的改变是由薄膜细孔中填充了液态水引起的。在多层膜中,一个薄膜的细孔不一定直接与下一个薄膜的细孔连接,那么空气中水汽的渗透过程通常是一个缓慢而复杂的过程,其中只有有限数目的细孔参与渗透,水汽以不断增加的圆斑形式穿过膜层。一般认为水汽最初的渗透点在节瘤处,其周围通常存在裂缝,可能会发生毛细管凝结作用。薄膜可能需要几周的时间来达到新的平衡,然后,随着环境条件发生改变,会表现出一定的不稳定性。这些圆斑,有时用肉眼看起来呈现为污点或斑点的样子,利用单色光观察得更加清楚,单色光的波长正好在或接近透射率变化迅速的位置(图 12.7)。截止滤光片的边缘或窄带滤光片的通带,是非常合适的。圆斑显示着波长的移动使它们的透射率由高变低,反之亦然,由图 12.8 和图 12.9 的照片可以很容易地看出来。

由于暴露在空气中,滤光片向长波方向漂移,漂移量随材料和波段变化较大,且对解吸附作用有一定的滞后性。在红外波段,膜层厚度大,很多用作高折射率膜层的半导体材料聚集密度都很高。这意味着与可见光及紫外波段相比,水汽引起的漂移的影响相对较弱,虽然在某些

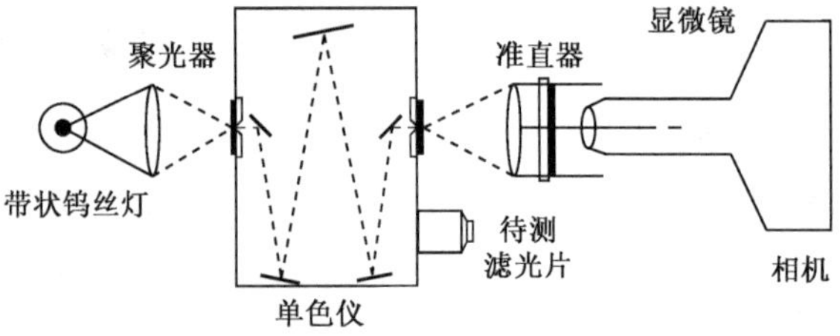

图 12.7　观察硫化锌和冰晶石多层膜中水汽渗透图样的设备图

(单色仪中实际用针孔作为狭缝。引自 Macleod H A and Richmond D. *Thin Solid Films*, 37, 163-169, 1976)

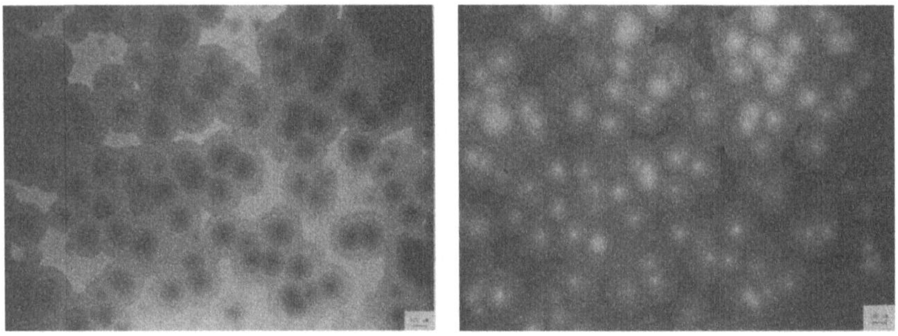

图 12.8　镀膜两周后硫化锌和冰晶石滤光片中水汽渗透图样的照片

(在这段时间内相对湿度约为 50% 。左面一幅图采集的波长为 488.5nm,右面一幅图为 512.8nm。左面一幅图中的暗斑对应的是右面一幅图中的亮斑,表明形成这种图案的原因是波长的漂移,而不是吸收。引自 Lee C C. Moisture adsorption and optical instability in thin film coatings, PhD Dissertation, University of Arizona, 1983)

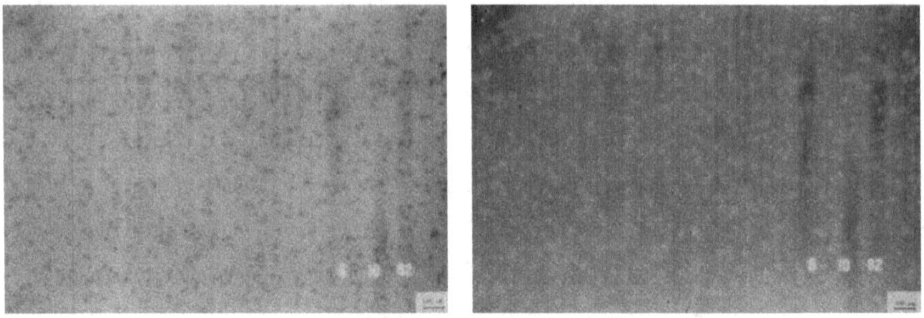

图 12.9　二氧化锆和二氧化硅多层膜中的水汽渗透图样

(照片是在薄膜从镀膜室中拿出后立即拍摄的。左面一幅图像的拍摄波长为 543nm,右面一幅为 553nm。引自 Lee C C. Moisture adsorption and optical instability in thin film coatings, PhD Dissertation, University of Arizona, 1983)

应用场合也是非常重要的。在可见光波段,向长波方向的漂移量可能达到 10nm,有时会更大。薄膜通常会随着老化和放置而达到平衡,从而逐渐趋于稳定。高能过程通常可以完全消除水汽引起的漂移,现在几乎已经在适当的薄膜中普遍使用。然而,需要注意的是,并不是所有的材料对于高能过程中标志性的野蛮轰击都响应很好。金属在这种不可避免的轰击过程中性能会变差,它们的光学特性会因导电电子的散射而劣化。氟化物会失去氟,因此这种轰击必须得到严格控制，否则空位缺陷的密度就会过大。氧可能会填补这些空位，形成氧氟化物，这样的话既不像最初的氟化物那样坚固，在紫外波段也不会那么有用。

水汽在薄膜中的问题不仅仅是引起光学漂移那么简单，它同时在机械，有时在化学上也会有很大的影响。薄膜中的应力沿柱体之间孔隙的这个力传递，这个力是短程力，短程力很容易被水分子阻隔。这种现象换一种解释就是，覆盖在柱体表面的水汽降低了表面能，就像液态水那样。由于表面能是薄膜中应力/应变平衡的一个重要因素，水汽吸附的结果就改变了应力的大小。应力通常是张应力，通常会由于水汽明显降低。我们已经提到 Pulker [30] 对薄膜中杂质的研究，它们以一种类似的方式减小了应力。黏附功同样也受水汽的影响。薄膜中使用的材料通常都具有很高的表面能，相应的黏附功也很大。薄膜暴露表面的表面能可能会因液态水的存在而下降至少一个数量级。如果水汽存在于黏附失败的位置，从而参与黏附传递的过程，而不是吸附后的黏附断裂，那么它将会减小黏附功的作用，这就更可能发生黏附失败的扩散。通常薄膜中存在足够的应变能来提供所需要的功。水斑渗透的位置通常与缺陷有关，而缺陷通常会成为应力的聚集区，在这里薄膜内部的应变能引起的黏附失败可能会开始形成。所有水汽导致黏附失败的因素都存在，那么通常在这种位置首先会观察到分层剥落现象。起泡是黏附失败的一种类似形式，通常伴随着水汽的渗透和具有压应变的薄膜。薄膜中均匀的应变会转化成横贯其界面的剪切应力，在中心为零，边缘处最大。因此，薄膜的边缘是尤其脆弱的。边缘处的缺陷作为应力的聚集区，如果应力足够大，分层剥落开始出现，并且它逐渐从边缘沿薄膜传播。水汽的存在会促使这样的黏附失败产生。因此，保持边缘处的缺陷尽量少是非常重要的。在镀膜过程中应该非常小心地处置基底的工装装置。更好地设计工装，以避免对基底边缘产生任何小的划伤或其他损伤是非常重要的。

第 7 章中提到过，温度的改变会引起薄膜光谱特性的变化，窄带滤光片本身的特性使其对这种改变非常敏感。我们必须把薄膜分成两类：一类是通过简单加热蒸发的，另一类是通过高能过程制作的。

到现在为止本章中报道的几乎所有的工作都是关于常规热蒸发薄膜的。对于小的温度变化，主要的影响就是随着温度升高，薄膜特性简单地向长波方向移动。对于在可见光波段经常使用的材料，漂移在 0.003% $℃^{-1}$ 量级，对于红外滤光片可能要大一些，有用的数据是 0.005% $℃^{-1}$，虽然可能会高达 0.0125% $℃^{-1}$。必须强调，这些数值严重依赖于所使用的具体材料。碲化铅和硫化锌滤光片实际上可能具有负漂移系数，高于 0.01% $℃^{-1}$，而且使用这些材料，甚至可以设计出具有零温度系数的滤光片[31]。当温度升高到 60℃或以上时，滤光片中所有的水汽都会部分地解吸附，导致滤光片的特性突然向短波方向移动（图 12.10）。这一移动不会随着冷却到室温而迅速恢复，因此特性中的滞后现象非常明显[32]。随后，在水汽重新吸附之前，温度的交替变化不会显出滞后现象。最终，如果保持在室温下，滤光片将重新吸附水汽，从而逐渐漂移回到它最初的波长。置于更高的温度（高于 100℃）下会导致永久性的改变，这种改变看起来与膜层结构的微小变化有关，改变了吸附特性，因此某些材料变得对水汽的吸附反应很慢，而另外一些材料吸附迅速[27-29]。通常采用的一种经验处理方法已经在第 11 章中提到过，包括在高温下烘烤滤光片，通常要在几百摄氏度下持续烘烤几小时。这种烘烤的过程降低了残留的吸收,尤其是对于反应沉积的氧化物薄膜,改进了薄膜随后的稳定性。这种烘烤过程看起来通过清除限制,打开了薄膜上的细孔,因此水汽的吸附过程更加迅速,薄膜在一般大气中也就可以更快地达到平衡状态。

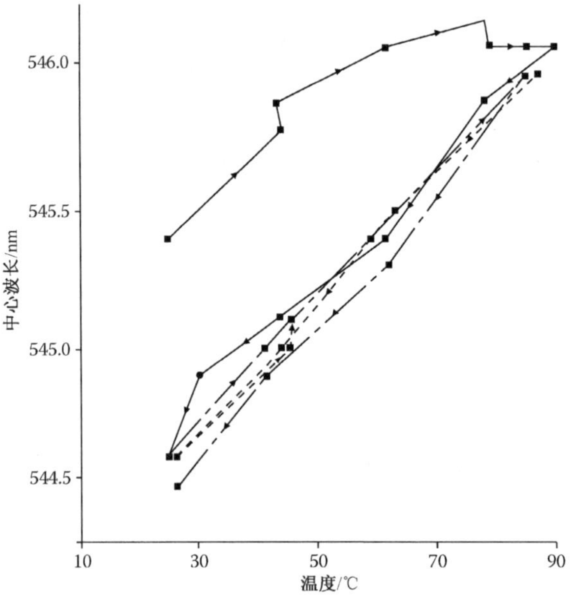

图 12.10　滤光片峰值波长随温度的变化

(滤光片的设计:空气 |(HL)^4 6H (LH)^4 |玻璃,L = 冰晶石,H = 硫化锌。引自 Roche P, Bertrand L and Pelletier E. *Optica Acta*, 21,927-946,1974)

通过高能过程沉积的薄膜与热蒸发薄膜相比通常表现出较小的温度系数,即使不考虑常规薄膜中的水汽吸附与解吸附过程也是如此。这个结果乍看起来很令人惊奇,但是,其解释看起来在于微观结构。在热蒸发薄膜中,松散堆积的柱体的横向热膨胀会因为温度的变化而加剧温度系数的漂移。在高能过程沉积的薄膜中,材料几乎是块状的,在任何残留的柱体之间没有空洞,因此材料表现出类似块体材料的特性。现在,温度改变引起的特性改变与块体材料预期的相对应。确实,Takahashi[33] 的研究表明,对于多腔窄带滤光片,一旦确定了薄膜设计和材料,基底的膨胀系数就决定了滤光片的特性,甚至可以改变导致光谱漂移的方式。薄膜中由于基底和膜层的横向膨胀与收缩不同而引起的应力,通过泊松比转化为垂直于薄膜表面的凸起或凹陷。源于这种模型及更深入的理解,对于高能沉积的通信用氧化钽/氧化硅滤光片在 1550nm 处实现了 3pm/℃(pm 即皮米,也就是 0.001nm,因此在 1550nm 处 3pm/℃代表 0.0002% ℃$^{-1}$)的峰值波长漂移的温度系数,甚至低于 1pm/℃都是可能的。Kim 和 Hwangbo 又深入发展了 Takahashi 的模型[34]。

在极低温作用下薄膜的特性通常向短波方向移动,与升高温度时的特性变化相一致。实际的薄膜通常不受机械作用的影响。基底变得更加脆弱,尤其是叠层的器件,由于不同的收缩和/或膨胀,具有破碎的风险。

所有的膜层都存在损耗,这种损耗可以分为散射损耗和吸收损耗两种。吸收导致最初光束能量的损耗,耗散发生在膜层中,通常转化为热量。而对于散射,能流发生偏离,然后要么重新在另一个不同的方向从薄膜中出射,要么因为超过了临界角而被限制在薄膜或基底中。吸收是材料的一种特性,既可能是本征的,也可能是由杂质引起的。例如,含氧量不足会导致大多数耐高温氧化物的吸收。散射通常是由膜层中的缺陷引起的,缺陷可以分为体缺陷和表面缺陷两类。表面缺陷简单地讲就是与理想薄膜光滑平整的表面有偏离,这样的偏离可能是由基底表面粗糙度引起的,基底表面的粗糙度又会在多层膜中每一个界面处得到复制,或者由于膜层的柱状结构,从而导致薄膜边界的节瘤形外观。体缺陷是光学常数的改变——通常是灰尘颗粒、针孔或裂缝引起的。在激光领域中薄膜的损耗尤其重要,在这里损耗决定了多层膜的极限性能。生产高质量激光薄膜时一个主要的问题是蒸发源或在镀膜室的低温壁上形成的粉末状沉积物所带来的灰尘。如果灰尘能够避免——只可能在细节上得到最严格的注意而且采取了最严密的预防措施时才能够做到,那么剩下的散射损耗源就是膜层之间以及多层膜与基底之间界面的粗糙度。如果极其小心,那么在可见光和近红外区吸收与散射的总损耗可以下降到低于 0.001% (对于某些非常特殊的应用,已经实现了损耗仅仅是这一数值的十分之一),而对于 1.06μm 波长 1ns 左右脉宽的激光脉冲,薄膜的承受能力可以达到 $5J/cm^2$ 量级。在 Duparré[35-37] 和 Amra[38,39] 的论文里,已经对薄膜系统的散射进行了有用的测试。

激光损伤仍然是一个非常活跃的研究课题。最好的块状晶体可以表现出本征损伤阈值,这最终与多光子现象引起的电子进入导带有关。另外,薄膜系统的损伤是由薄膜中的缺陷决定的,因此不能达到本征值的水平。在连续波应用中,尤其是在红外波段,伴随着吸收的热效应(不论是局部的还是整体的)看起来才是损伤的主要原因,小的缺陷貌似并不重要。在大多数其他状况下局部缺陷是主要问题。缺陷的具体属性可能各异,从杂质到裂缝,但近年来相当大的注意力集中到了节瘤上,它可以从任何基底的缺陷生长,贯穿到整个薄膜。在热作用下,这些节瘤与薄膜的结合可能非常糟糕,这也被怀疑是最初发生损伤的一个重要因素。在水强烈吸收的波段,薄膜中液态水的存在是一个重要因素。在其他波段,它的作用不太明显,但也是其中的因素之一。最近,Koslowski[40],以及 Stolz 和 Génin[41] 对激光损伤进行了研究。

12.2　对污染物的敏感度

光学薄膜很少在理想环境中应用,它们要经受各种各样的环境影响,从磨损到高温、潮湿等。这些影响将产生事实上不可逆而且通常是可见的膜层损伤,从而导致性能劣化。然而,性能的劣化可能是通过不太明显的简单污染物(对膜层并没有明显的损伤)造成的,不会从整体上降低薄膜的性能。通过毛细管凝结过程吸附水汽引起薄膜光谱发生漂移的现象已经被大家所熟知。这里我们关注数量少得多的吸收材料,如碳,其形式是亚分子厚度的,它们可能在薄膜结构的某个点处形成,更通常的情况是在沉积后遍布薄膜的表面。

虽然已经有很多对绝大多数环境干扰条件下的薄膜性能进行评估的测试方法,但并没有一种标准的测试方法来测量薄膜对于污染的敏感度。但可以确定的是,薄膜的响应可能有很大的变化，这取决于多种因素，包括薄膜设计、波长，甚至是在沉积过程中犯下的错误。通常原因可能是：细致的清洗将会使性能恢复，但这并不能避免在两次清洗之间性能的劣化，越是易受影响的薄膜，就越需要频繁的清洗。

幸运的是，可以对薄膜在轻度污染下的响应进行一些预测，尤其是对相对敏感度进行评估[42,43]。电场强度分布和可能吸收是理解这种现象的关键。

如果污染的膜层是前表面，那么它就接收到所有进入多层膜的辐照度，污染膜层的导纳决定了反射率和可能吸收率。吸收率 A 和可能吸收率$\mathcal{A}$的主要表达式已经在第 2 章中推导过，即

$$\mathcal{A}=\left(\frac{2\pi nkd}{\lambda}\right)\left(\frac{2}{\mathrm{Re}(Y)}\right) \tag{12.2}$$

和

$$A=(1-R)\mathcal{A} \tag{12.3}$$

那么我们可以写出

$$\begin{aligned}A&=(1-R)\mathcal{A}\\&=\left(\frac{4\pi nkd}{\lambda}\right)\left(\frac{1}{\mathrm{Re}(Y)}\right)\left\{1-\frac{\left[y_0-\mathrm{Re}(Y)\right]^2+\left[\mathrm{Im}(Y)\right]^2}{\left[y_0+\mathrm{Re}(Y)\right]^2+\left[\mathrm{Im}(Y)\right]^2}\right\}\\&=\left(\frac{4\pi nkd}{\lambda}\right)\left\{\frac{4y_0}{\left[y_0+\mathrm{Re}(Y)\right]^2+\left[\mathrm{Im}(Y)\right]^2}\right\}\end{aligned} \tag{12.4}$$

式(12.4)使我们能够得出由于外表面上的污染物引起吸收的等导纳图。在我们绘出实际曲线之前，需要定义一些量。最简单的是用允许我们容易地绘出图表的数字，因此，我们定义 H（并非磁场强度）来简化表达式为

$$H=\frac{4\pi nkd}{\lambda} \tag{12.5}$$

用 $x-\mathrm{i}z$ 来替代 Y，那么我们发现

$$\frac{A}{H}=\frac{4y_0}{(y_0+x)^2+z^2} \tag{12.6}$$

H 为表示薄膜吸收能力的量，而 A 为实际吸收率。我们可以认为 A/H 表示一个光学薄膜对吸收的敏感度[44]，这一敏感度纯粹是整个薄膜光学导纳的函数。此外，由表达式(12.6)可以看出，等敏感度线在导纳平面中是以点 $-y_0$为中心的圆，随着半径的增加敏感度降低。

为了进一步对这一问题进行简化，我们取 $y_0=1.00$，这种情况下的敏感度曲线如图 12.11 所示。

作为一个例子，我们可以给出非晶碳的 H 值（由 Palik 给出[45-47]），也就是在 1000nm 处光学常数是 2.26 −i1.025，其中厚度假设是 0.1mm。H 的曲线如图 12.12 所示，可见在大部分

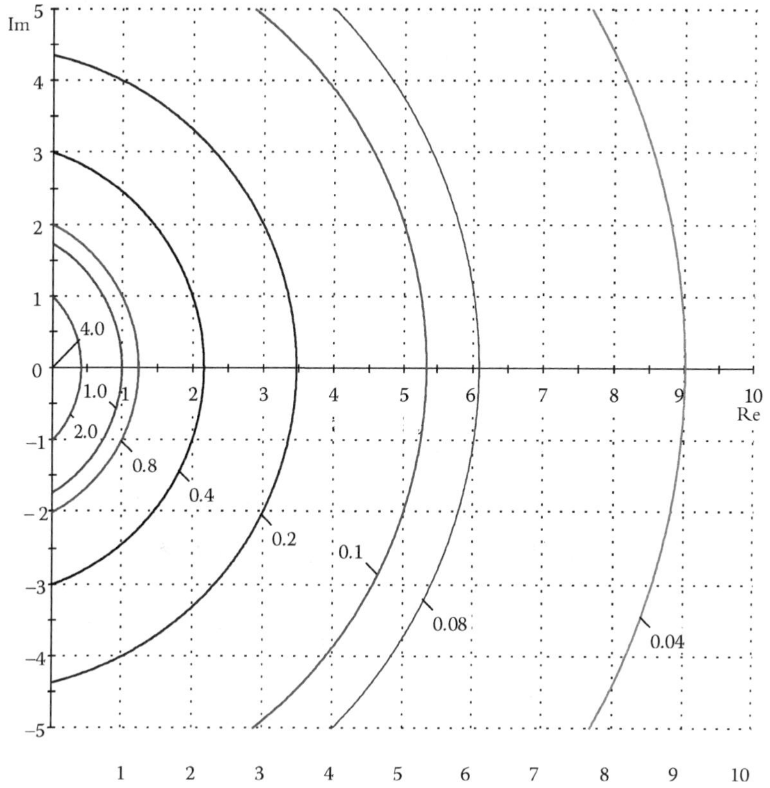

图 12.11　在入射导纳为 1.0 时计算出的导纳平面中的等污染敏感度圆
（最大敏感度对应于原点，其值为 4.0。引自 Macleod A. *SVC News Bulletin* 24, 25, 28, 2006）

波长区域内，H 值在 0.003 和 0.006 之间。

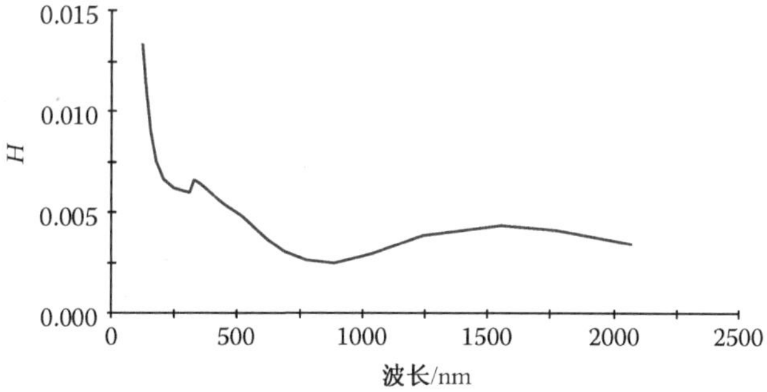

图 12.12　0.1nm 厚碳膜的 H 值与波长的关系

所有减反射膜的轨迹都试图终止于点$(y_0, 0)$，这意味着 A/H 的值为 $1/y_0$，当 y_0 为 1 时也就是 1.00。从图 12.12 可以看出，对于完美的减反射膜，0.1nm 厚的碳膜在整个可见光波段的吸收率变化为 0.3% ~0.6%。稍不完美的薄膜相应的数值要比这略大些或略小些，这全取决于终止导纳。4 层减反射膜在整个可见光波段的典型结果如图 12.13 所示。薄膜的设计对于这一结果影响很小，所有具有精确零反射率的薄膜将具有完全相同的敏感度。

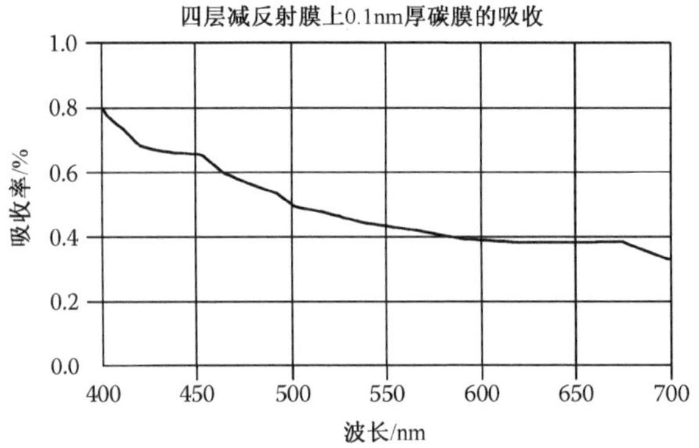

图 12.13　可见光波段的四层减反射(AR)膜前面镀有 0.1nm 厚度碳膜所产生的吸收率

反射膜的变化要更大。一个由 $\lambda/4$ 膜层构成且最后一层是高导纳膜层的介质反射膜的轨迹终止的位置将会在图的右边远处，对污染物的敏感度将会大大降低。然而，对于扩展区域的高反射膜情况并非如此。在这样的薄膜中，至少部分高反射区包含在薄膜的内部，薄膜的外部在某些波段显现出的导纳圆从右边远处一直到非常接近虚轴。A/H 的值几乎可以达到 4.0，因此在可见光的部分波段内，由 0.1nm 厚的碳膜导致的吸收率可能升高至 1.0% 到 2.0% 之间。一个 39 层扩展区域反射膜的性能如图 12.14 所示，其吸收率如图 12.15 所示，这两个图也可以说明上述情况。

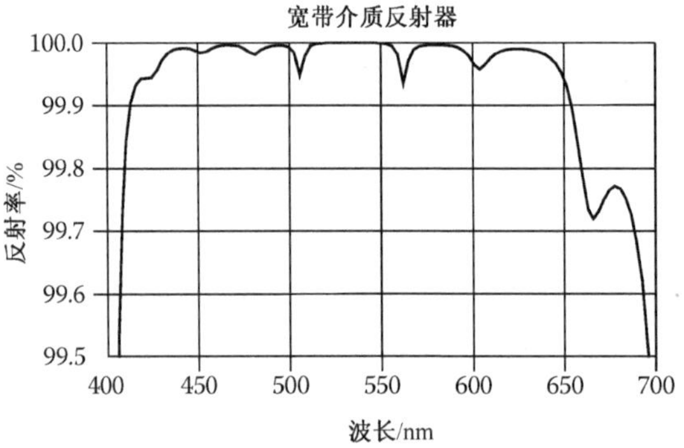

图 12.14　可见光波段扩展区域高反射膜的反射率

(薄膜由两个相互错开的 $\lambda/4$ 膜堆组成，总共包含 39 层)

铝反射镜通常有一层低折射率保护膜，大部分是 $\lambda/2$ 厚，虽然也可能使用 $\lambda/4$ 厚的膜层。$\lambda/4$ 厚的膜层在参考波长处反射率的降低更明显，同时电场更强。这两种薄膜对污染物的敏感度差异很大，如图 12.16 所示。

简单的 $\lambda/4$ 膜堆作为最常用的高性能反射膜具有重要的意义，我们已经看到了扩展区域高反射膜的性能有多差。我们从 $\lambda/4$ 膜堆可以得到什么结论呢？这可以以 1000nm 波长处污染的数据为例。在中心波长处，所有的膜层都是 $\lambda/4$ 层，一个 $\lambda/4$ 膜堆的导纳 Y 是实数。因此，采用

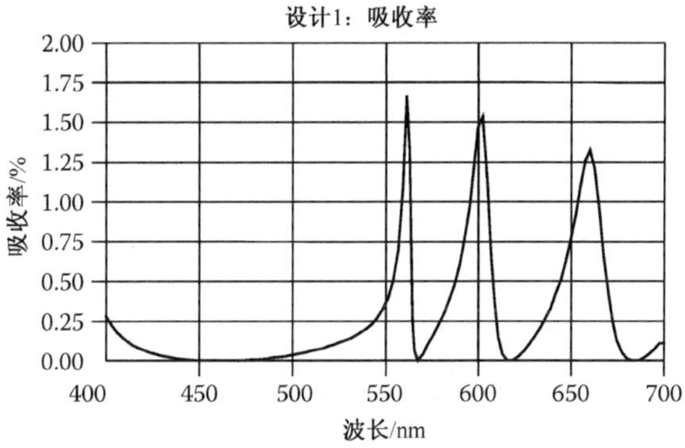

图 12.15　镀在图 12.14 所示的反射膜外表面的 0.1nm 厚的碳膜产生的吸收率

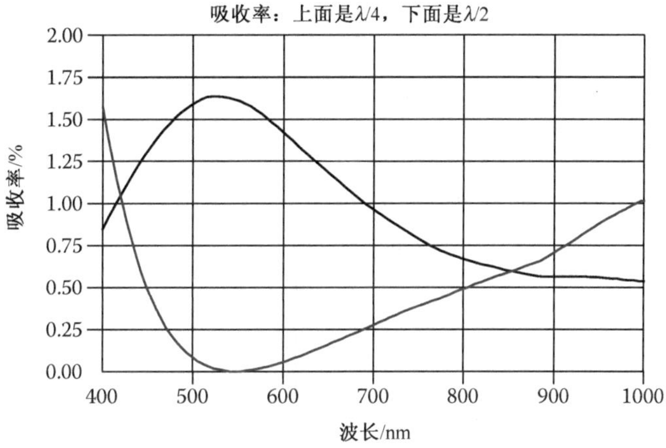

图 12.16　污染物(0.1nm 厚的碳膜)对外面覆盖 λ/4 厚的石英保护层(上面的曲线)和 λ/2 厚的石英保护层的(下面的曲线)铝反射镜的影响

1000nm 处的数据并且假设入射介质为空气，膜层的吸收率由式(12.5)和式(12.6)给出，即

$$A=\frac{0.0116}{(1+Y)^2} \tag{12.7}$$

以二氧化硅和二氧化钛的 λ/4 膜堆为例来计算吸收率与膜层数(奇数)的关系(假设二氧化钛在最外层)，计算的结果如图 12.17 中的虚线所示。同样还采用传输矩阵理论进行了计算。直到 15 层左右符合得都非常好，然后全矩阵计算发生了偏离，造成这种影响的原因是薄层近似失效。非常薄的污染层的导纳轨迹移向非常右边，而现在，即使是极薄的污染层，它的导纳轨迹也会突然转向虚轴。可能吸收率上升，并且乘以衰减因子$(1-R)$后，得到一个常数。这一常数非常小，小于亿分之一。式(12.7)表明，对于终止于低导纳膜层的 λ/4 膜堆，Y将会非常小，吸收率极限将是 0.0116，或 1.16%。准确的计算证明了这一点。

然而，随着波长的改变，λ/4 膜堆的导纳轨迹开始展开。主要影响就是 $\mathrm{Re}(Y)$ 的值下降，这也伴随着反射率的略微下降。结果是吸收率因为污染层而明显增加，图 12.18 表明吸收率

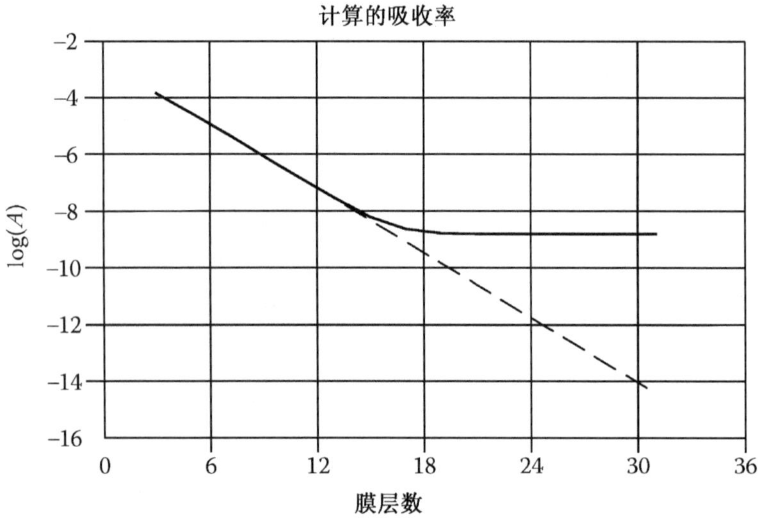

图 12.17　λ/4 膜堆的预期吸收率(用 log(A)表示)与膜层数(奇数)的关系

(虚线采用的是简单理论,实线是用严格矩阵理论计算的)

从中心波长处亿分之一迅速增加到万分之五。

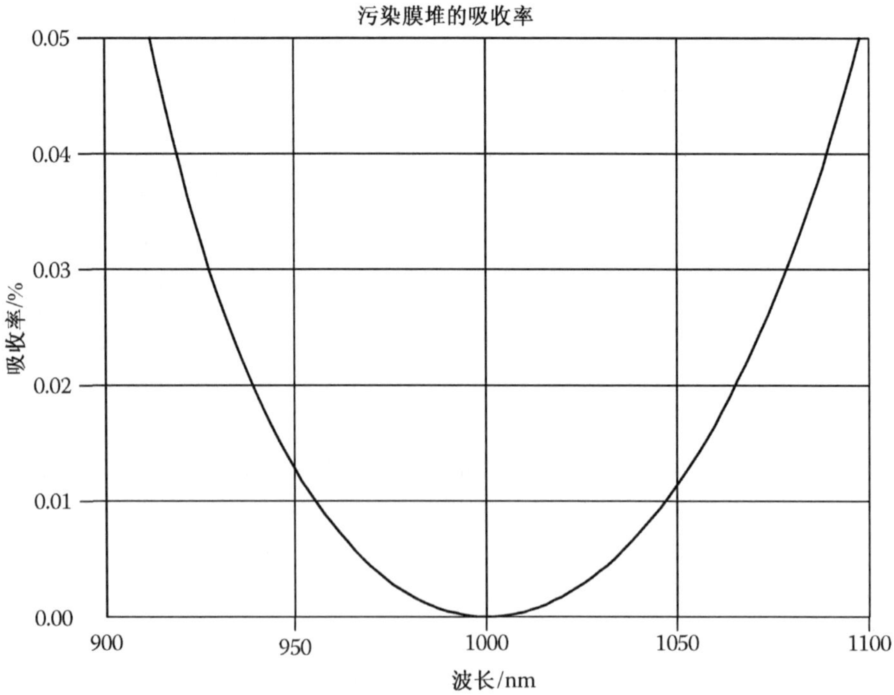

图 12.18　有污染层的 λ/4 膜堆的吸收率与波长的关系

我们已经知道,热蒸发薄膜易受水汽的影响。水汽进入局部的点,并以直径不断增加的圆斑的形式扩散。这就改变了薄膜中场的分布,因此也就改变了具有污染层的薄膜的吸收率(图 12.19)。λ/4 膜堆中对反射率没有明显影响的监控误差可能对污染物敏感度具有重要影响。

关于薄膜内界面处污染物敏感度的一些其他信息,在 Macleod 和 Clark 的文章中有所涉及[42]。

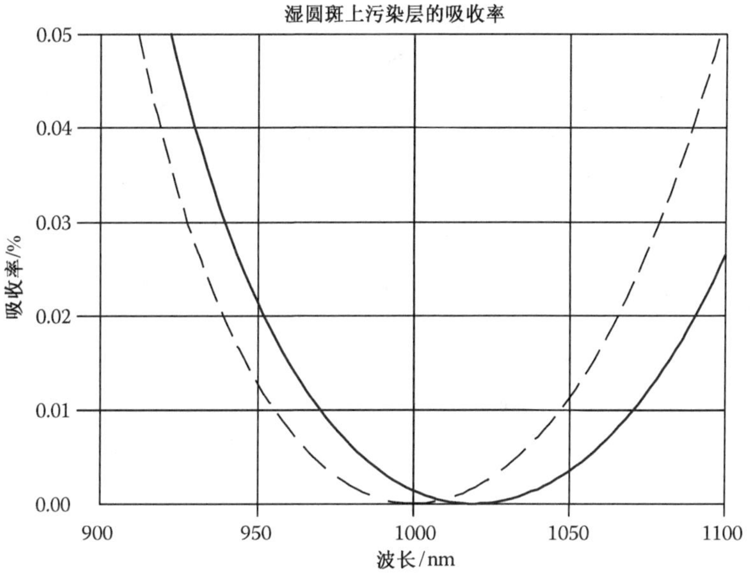

图 12.19　实线表示 λ/4 膜堆中一个湿圆斑上的污染层的吸收率;虚线表示污染层沉积在干燥区域上的吸收率

参考文献

[1] Heitmann W 1968 The influence of various parameters on the refractive index of evaporated dielectric thin films *Appl. Opt.* **7** 1541-1543

[2] Pearson J M 1970 Electron microscopy of multilayer thin films *Thin Solid Films* **6** 349-358

[3] Lissberger P H and Pearson J M 1976 The performance and structural properties of multilayer optical filters *Thin Solid Films* **34** 349-355

[4] Pulker H K and Jung E 1971 Correlation between film structure and sorption behaviour of vapour deposited ZnS, cryolite and MgF_2 films *Thin Solid Films* **9** 57-66

[5] Pulker H K and Guenther K H 1972 Electron optical investigation of cross- sectional structure of vacuum- deposited multilayer systems *Vakuum- Technik* **21** 201-207

[6] Movchan B A and Demchishin A V 1969 Study of the structure and properties of thick vacuum condensates of nickel, titanium, tungsten, aluminium oxide and zirconium dioxide *Fiz Metal Metalloved* **28** 653-660

[7] Thornton J A 1974 Influence of apparatus geometry and deposition conditions on the structure and topography of thick sputtered coatings *J. Vacuum Sci. Technol.* **11** 666-670

[8] Thornton J A 1986 The microstructure of sputter-deposited coatings *J. Vacuum Sci. Technol. A* **4** 3059-3065

[9] Reid I M, Macleod H A, Henderson E and CarterM J 1979 The ion plating of optical thin films for the infrared *Proc. Int. Conf. on Ion Plating and Allied Techniques* (*IPAT* 79) (*London*, *July* 1979) (Edinburgh: CEP Consultants) pp 55-62

[10] Kinosita K and Nishibori M 1969 Porosity of MgF2 films—evaluation based on changes in refractive index due to adsorption of vapors *J. Vacuum Sci. Technol.* **6** 730-733

[11] Harris M, Macleod H A, Ogura S, Pelletier E and Vidal B 1979 The relationship between optical inhomogeneity and film structure *Thin Solid Films* **57** 173-178

[12] Müller K-H 1986 Model for ion-assisted thin-film densification *J. Appl. Phys.* **59** 2803-2807

[13] Müller K-H 1988 Models for microstructure evolution during optical thin film growth *Proc. Soc. Photo-Opt. Instrumentation Eng.* **821** 36-44

[14] Sargent R B 1990 Effects of surface diffusion on thin-film morphology: a computer study *Proc. Soc. Photo-Opt. Instrumentation Eng.* **1324** 13-31

[15] Sargent R B 1989 *Surface diffusion: a computer study of its effects on thin film morphology* PhD Dissertation University of Arizona

[16] Placido F 1997 *RF Sputtering of Aluminium Oxynitride Rugates. Micrographs of Rugate Structures* Department of Physics, University of Paisley. Private communication

[17] Lingg L J 1990 Lanthanide trifluoride thin films: structure, composition and optical properties PhD Dissertation University of Arizona

[18] Messier R, Takamori T and Roy R 1975 Observations on the 'explosive' crystallisation of non-crystalline Ge *Solid State Commun.* **16** 311-314

[19] Klinger R E and Carniglia C K 1985 Optical and crystalline inhomogeneity in evaporated zirconia films *Appl. Opt.* **24** 3184-3187

[20] Targove J D 1987 The ion-assisted deposition of optical thin films PhD Dissertation University of Arizona

[21] Boulesteix C and LottiauxM 1987 *Behavior of Zirconia Film in Electron Microscope* University of Aix-Marseille III, Marseille, France. Private communication

[22] Ogura S 1975 Some features of the behaviour of optical thin films PhD Thesis Newcastle upon Tyne Polytechnic

[23] Ogura S and Macleod H A 1976 Water sorption phenomena in optical thin films *Thin Solid Films* **34** 371-375

[24] Schildt J, Steudel A and Walther H 1967 The variation of the transmission wavelength of interference filters by the influence of water vapour *J. Phys.* **28** C2/276-C2/279

[25] Koch H 1965 Optische Untersuchungen zur Wasserdampfsorption in Aufdampfschichten (inbesondere in MgF_2 Schichten) *Phys. Status Solidi* **12** 533-543

[26] Koch H 1967 *Über Sorptionsvorga¨nge beim Belüften von MgF_2 Schichten Proc. Coll. on Thin Films Budapest*, 1965 (Budapest: Verlag: Kultura) 199-203

[27] Macleod H A and Richmond D 1976 Moisture penetration patterns in thin films *Thin Solid Films* **37** 163-169

[28] Richmond D 1976 Thin film narrow band optical filters PhD Thesis Newcastle upon Tyne Polytechnic

[29] Lee C C 1983 Moisture adsorption and optical instability in thin film coatings PhD Dissertation University of Arizona

[30] Pulker H K 1982 Stress, adherence, hardness and density of optical thin films *Proc. Soc. Photo-Opt. Instrumentation Eng.* **325** 84-92

[31] Seeley J S, Hunneman R and Whatley A 1981 Far infrared filters for the Galileo-Jupiter and other missions *Appl. Opt.* **20** 31-39

[32] Roche P, Bertrand L and Pelletier E 1974 Influence of temperature on the optical properties of narrowband optical filters *Opt. Acta* **21** 927-946

[33] Takashashi H 1995 Temperature stability of thin-film narrow-band pass filters produced by ion-assisted deposition *Appl. Opt.* **34** 667-675

[34] Kim S-H and Hwangbo C K 2004 Temperature dependence of transmission center wavelength of narrow bandpass filters prepared by plasma ion-assisted deposition *Journal of the Korean Physical Sciety* **45** 93-98

[35] Duparré A and Kassam S 1993 Relation between light scattering and microstructure of optical thin films *Appl. Opt.* **32** 5475-5480

[36] Duparré A 1995 *Light scattering of thin dielectric films Handbook of Optical Properties. Volume 1. Thin Films for Optical Coatings* ed R E Hummel and K H Guenther (Boca Raton: CRC) 273-303

[37] Duparré A and Kaiser N 1998 AFM helps engineer low-scatter films *Laser Focus World* **34**(4) 147-152

[38] Amra C 1993 From light scattering to the microstructure of thin-film multilayers *Appl. Opt.* **32** 5481-5491

[39] Amra C 1995 *Introduction to light scattering in multilayer optics Thin Films for Optical Systems* ed F R Flory (New York: Marcel Dekker) 367-391

[40] Koslowski M 1995 *Damage-resistant laser coatings Thin Films for Optical Systems* ed F R Flory (New York: Marcel Dekker) 521-449

[41] Stolz C J and Génin F Y 2003 *Laser resistant coatings*, in *Optical Interference Coatings* Kaiser N and Pulker H K Editors (Berlin: Springer-Verlag) 310-333

[42] Macleod A and Clark C 1997 *How sensitive are coatings to contamination?* 11th *International Conference on Vacuum Web Coatings* (*Miami, FL*) (New Jersey: Bakish Materials Corporation) 176-186

[43] Macleod H A and Clark C 1997 *Electric field distribution as a tool in optical coating design* 40*th Annual Technical Conf. Proc.* (*New Orleans*) (Society of Vacuum Coaters) 221-226

[44] Macleod A 2006 Potential transmittance *SVC News Bulletin* 24, 25, 28

[45] Palik E D (ed) 1985 *Handbook of Optical Constants of Solids* (San Diego: Academic)

[46] Palik E D 1991 *Handbook of Optical Constants of Solids II* (San Diego: Academic)

[47] Palik E D 1998 *Handbook of Optical Constants of Solids III* (San Diego/London: Academic Press)

第 13 章　膜厚均匀性与厚度监控

在第 12 章中,我们考虑薄膜和滤光片制作中可能最困难的方面，就是相关薄膜材料的选择。如我们所见,这些材料并不总是令人满意的,并且在稳定性方面仍存在问题。一旦材料被选定,它们的特性就是已知的。设计者采用第 4 ~9 章中所讲述的方法,通常可以设计一个方案来满足特定的要求。即使材料选择合适,设计方案也可行,在实际滤光片的制作方面仍需要克服更大的困难，其中仍存在最重要的两个因素:第一,控制基底区域内薄膜厚度的均匀性;第二,控制每层膜的整体厚度。厚度的不均匀会导致滤光片的特征波长发生变化,在其他性能方面没有必然的影响,而膜层厚度误差则会使其性能下降。所允许的误差大小也会随设计的不同而变化,因此需要对误差进行简要的估计。本章将主要讨论如何从源头上减小这两种误差；另一个重要的内容是基底准备,这将在 13.2 节中详细论述。

13.1　均　匀　性

在蒸发过程中,通常需要保持容器内部的气压足够低,以保证蒸发物气流中的分子沿直线传播，直到与基底表面碰撞。为了计算镀膜机内薄膜厚度的分布,通常假设每个蒸气分子都在其碰撞点凝结。尽管这一假设不完全正确,但借此方法进行的均匀性计算在大多数情况下足够精确。厚度分布的计算与光学中光照强度的计算所使用的方法完全相同，在估算厚度时都需要知道从蒸发源蒸发出的蒸汽分子的分布。

Holland 和 Steckelmacher[1]曾发表了一项早期的研究成果来详细解释膜层厚度与均匀性的预测方法,同时建立了相应的理论，直到现在,这些理论在均匀性预测中仍被沿用。Behrndt[2]后来延伸并拓展了他们所提出的计算公式。在计算中,Holland 和 Steckelmacher 将蒸发源分为两大类:一类是蒸汽分子在空间均匀分布,可将其看作点源;另一类蒸汽分子的空间分布与来自面源的分布相似,强度随着所关心的方向与表面法线夹角的余弦值而变化。从这两种类型的源所蒸发的物质在空间上分布的表达式如下。

点源为

$$dM = [m/(4\pi)]d\omega$$

面源为

$$dM = [m/\pi](\cos\varphi)d\omega$$

式中,m 为从蒸发物释放出的各个方向物质的总质量;dM 为通过立体角 $d\omega$ 的质量(在第二种源的情况下与表面法线的夹角为 φ 时对应的立体角为 $d\omega$)。

如果蒸发物沉积在基底面元 dS 上,面元法线与蒸发物方向之间的角度为 ϑ，则蒸发物在该面元上沉积的质量如下。

点源为

$$\mathrm{d}M=\left(\frac{m}{4\pi}\right)\left(\frac{\cos\vartheta}{r^2}\right)\mathrm{d}S$$

面源为

$$\mathrm{d}M=\left(\frac{m}{\pi}\right)\left(\frac{\cos\varphi\cos\vartheta}{r^2}\right)\mathrm{d}S$$

为计算沉积厚度 t,我们需要知道薄膜的密度,这里用符号 μ 来表示,则薄膜厚度如下。

点源为

$$t=\left(\frac{m}{4\pi\mu}\right)\left(\frac{\cos\vartheta}{r^2}\right)$$

面源为

$$t=\left(\frac{m}{\pi\mu}\right)\left(\frac{\cos\varphi\cos\vartheta}{r^2}\right)$$

以上所讲的是 Holland 和 Steckelmacher 在均匀性计算中估算薄膜厚度的基本公式。

13.1.1　平面夹具

最简单的情况是直接将平面夹具平行放置在蒸发源上方。这里,φ 与 ϑ 相等,厚度计算如下。

对于点蒸发源有

$$t=\left(\frac{m}{4\pi\mu}\right)\left(\frac{\cos\vartheta}{r^2}\right)=\frac{mh}{4\pi\mu(h^2+\rho^2)^{\frac{3}{2}}}$$

对于面蒸发源有

$$t=\left(\frac{m}{\pi\mu}\right)\left(\frac{\cos^2\vartheta}{r^2}\right)=\frac{mh^2}{\pi\mu(h^2+\rho^2)^2}$$

式中各符号如图 13.1 中所示。对于点蒸发源,公式可简化为

$$\frac{t}{t_0}=\frac{1}{[1+(\rho/h)^2]^{\frac{3}{2}}}$$

对于面蒸发源,公式可简化为

$$\frac{t}{t_0}=\frac{1}{[1+(\rho/h)^2]^2}$$

根据上述表达式,绘制得到图 13.2。t_0表示在 $\rho=0$ 的蒸发源正上方的膜厚, 利用这两种蒸发源所得到的薄膜厚度的均匀性不是很理想。显然,这样的几何结构不适合用于均匀性要求很精确的场合,除非基底极小,并且位于镀膜机的中心。

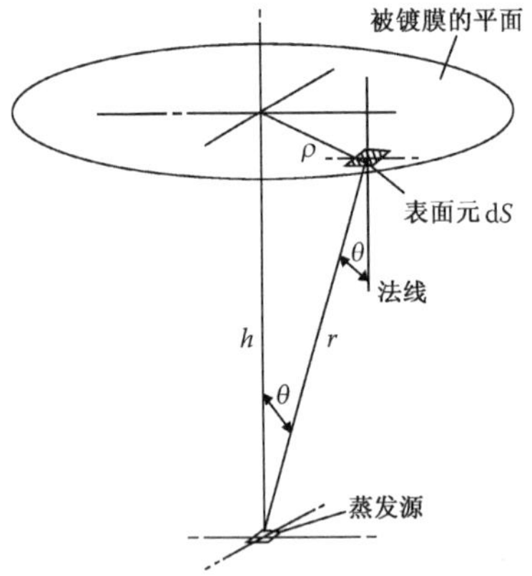

图 13.1　蒸发物质从中心蒸发源到平行平面的几何示意图

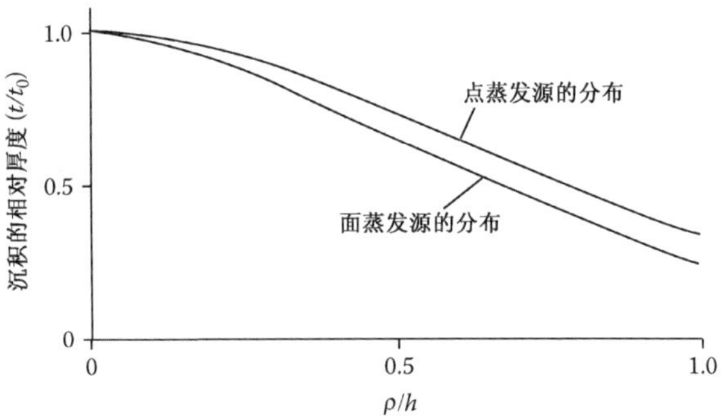

图 13.2　从中心蒸发源蒸发到静态基底上的薄膜的厚度分布图

13.1.2　球面夹具

一个较好的解决办法是利用球面结构,将基底置于球体表面, 将点源置于球心时,可在球体内侧沉积厚度均匀的膜层。对于具有方向性的面源, 当面蒸发源作为球面的一部分时,同样也可以得到相似的均匀厚度分布。事实上,Knudsen[3] 根据球面内部镀膜均匀现象首先提出了薄膜厚度分布的余弦定律。这种方法常常用来给均匀性要求不高的元件(如透镜等)镀膜,通常均匀性约为中心膜厚的 10% 即可。但是,对于精度要求较高的场合,这样的均匀性仍是不能满足要求的。

薄膜较好的均匀性与基底夹具的转动也是有关的,下面我们将详细讨论。

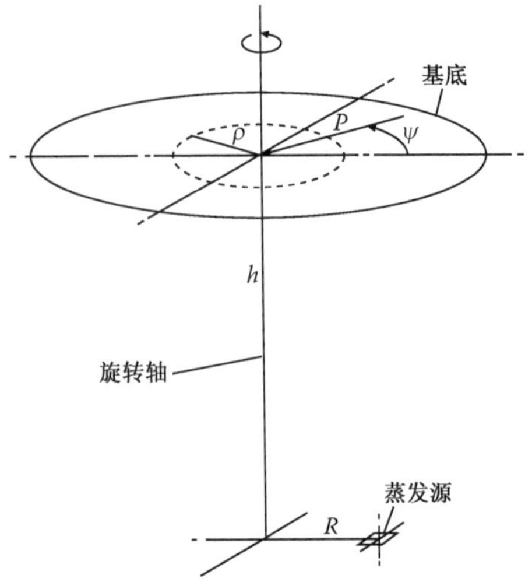

图 13.3　被镀表面绕距离蒸发源 R 的垂直轴旋转时的几何示意图

13.1.3　旋转基底

这种情况与图 13.1 相似,被镀表面绕距离蒸发源 R 的垂直轴旋转。由于被镀表面旋转,在任意一点沉积的膜层的厚度等于静态基底上以旋转轴为中心的圆环周围的厚度平均值。这里,旋转轴在蒸发过程中的转数足够大,使得在不完全的旋转中蒸发量仅为总膜厚的很小一部分。通过选择蒸发源和旋转轴之间的正确距离,所获得的均匀性能够大大优于静态基底的情况。

首先,我们考虑面源的情况。如图 13.3 所示,其计算基本上与中心放置蒸发源的平面夹具相似。这里我们先让夹具停止转动,来计算包含研究点在内的以旋转轴为中心的圆环周围的平均厚度。圆环半径为 ρ,定义所研究的任意一点 P 在圆环上转

过的角度为Ψ,那么该点的厚度为

$$t=\frac{m}{\pi\mu}\cdot\frac{h^2}{(h^2+\rho^2+R^2-2\rho R\cos\psi)^2}$$

式中,r 为蒸发源到研究点的距离,其值为

$$r^2=h^2+\rho^2+R^2-2\rho R\cos\psi$$

然后,取圆环上各点厚度的平均值,得到旋转条件下的沉积厚度为

$$t=\frac{m}{\pi\mu}\cdot\frac{1}{2\pi}\int_0^{2\pi}\frac{h^2\mathrm{d}\psi}{(h^2+\rho^2+R^2-2\rho R\cos\psi)^2}$$

积分 $\int_0^{2\pi}\mathrm{d}\Psi/(1-a\cos\Psi)^2$ 可通过围道积分法计算得出

$$\int_0^{2\pi}\frac{\mathrm{d}\psi}{(1-a\cos\psi)^2}=\frac{2\pi}{(1-a^2)^{\frac{3}{2}}}$$

因此,厚度的表达式变为

$$t=\frac{m}{\pi\mu}\cdot\frac{h^2}{(h^2+\rho^2+R^2)^2}\cdot\frac{1}{\{1-[2\rho R/(h^2+\rho^2+R^2)]^2\}^{\frac{3}{2}}}$$

$$\frac{t}{t_0}=\frac{(1+R^2/h^2)(1+\rho^2/h^2+R^2/h^2)}{[1+\rho^2/h^2+R^2/h^2-2(\rho/h)(R/h)]^{3/2}[1+\rho^2/h^2+R^2/h^2+2(\rho/h)(R/h)]^{3/2}}$$

式中,t/t_0 与前面所讲的一样,是所研究的半径处的厚度与基底夹具中心处的厚度之比。

图 13.4 给出了几种典型的中等尺寸镀膜机根据不同尺寸所绘制的膜厚分布曲线。由图可见,这样的厚度分布大大优于基底静止时的情况。对于对应 $R=7$ 的一个特定尺寸组合,镀膜机中心区域(半径为 3.75)的厚度分布极其均匀。这一方法常被用于镀制对薄膜厚度均匀性有较高要求的窄带滤光片。若对薄膜厚度均匀性的要求不高,如镀制宽带滤光片和增透膜,则蒸发源可以向外移动,这样以稍微降低薄膜厚度均匀性来换取更大的镀膜面积。

对于点蒸发源可求出类似的表达式,不过此时需要进行椭圆积分。假定基底不旋转,则在 P 点的厚度为

$$t=\frac{m}{4\pi\mu}\cdot\frac{h^2}{(h^2+\rho^2+R^2-2\rho R\cos\psi)^{\frac{3}{2}}}$$

当基底旋转时,在半径为 ρ 的圆环上任意点的薄膜厚度便为上式的平均值,即

$$\begin{aligned}t&=\frac{m}{4\pi\mu}\cdot\frac{1}{2\pi}\cdot\int_0^{2\pi}\frac{h\mathrm{d}\psi}{(h^2+\rho^2+R^2-2\rho R\cos\psi)^{\frac{3}{2}}}\\&=\frac{m}{4\pi^2\mu}\cdot\int_0^{\pi}\frac{h\mathrm{d}\psi}{(h^2+\rho^2+R^2-2\rho R\cos\psi)^{\frac{3}{2}}}\end{aligned}$$

令 $(\pi-\Psi)/2=\gamma$, 得到 $\mathrm{d}\Psi=-2\mathrm{d}\gamma$,于是薄膜厚度的表达式为

$$t=\frac{m}{4\pi^2\mu}\cdot\int_{\frac{\pi}{2}}^{0}\frac{-h\mathrm{d}\gamma}{[h^2+(R+\rho)^2-4\rho R\sin^2\gamma]^{\frac{3}{2}}}$$

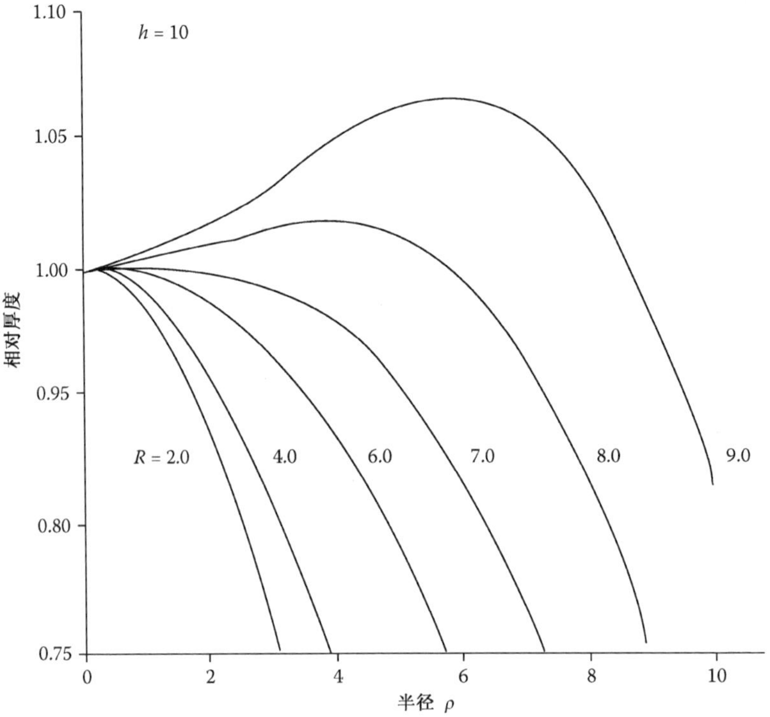

图 13.4　对于不同的蒸发源半径和基底高度,沿中心轴旋转的基底的理论膜厚分布
(假定蒸发源是平行于基底的小的方向性面源)

上式可改写为

$$t = \frac{m}{4\pi^2\mu} \cdot \frac{h}{[h^2 + (R+\rho)^2]^{\frac{3}{2}}} \cdot \int_{\frac{\pi}{2}}^{0} \frac{\mathrm{d}\gamma}{\{1 - [4\rho R/\{h^2 + (R+\rho)^2\}]\sin^2\gamma\}^{\frac{3}{2}}}$$

上式中的积分为标准形式

$$\frac{1}{(1-k^2)} E(k,\alpha) = \int_0^{\alpha} \frac{\mathrm{d}\gamma}{(1 - k^2 \sin^2\gamma)^{\frac{3}{2}}}$$

式中,$E(k,\alpha)$为第二类椭圆积分,其值已列成函数表[4]。因此,薄膜厚度的表达式为

$$t = \frac{hm}{4\pi^2\mu} \cdot \frac{E(k,\pi/2)}{[h^2 + (R+\rho)^2]^{\frac{1}{2}}[h^2 + (R-\rho)^2]}$$

式中

$$k^2 = 4\rho R/[h^2 + (R+\rho)^2]$$

这一表达式的曲线已由 Holland 和 Steckelmacher 给出[1],其形状与面蒸发源的非常相似。

通常在薄膜光学滤光片的镀制过程中几乎所有所用的蒸发源,特别是舟形源,其产生的薄膜厚度分布与面源相似。Holland 和 Steckelmacher 也描述了为证明这一结论所进行的一系列实验。Keay 和 Lissberger[5]研究了蒸发硫化锌用的“榴弹炮”形热蒸发源,发现它所产生的薄膜厚度分布状况介于点源与面源之间。这可能是由靠近加热源上方的蒸发物气流发生散射所致,因为此处气压较高,形成的蒸气团在一定程度上扮演了二次点源的角色。“榴弹炮”形热源的这种特性在相当大的程度上与被蒸发的材料有关。Graper[6]曾研究了电子束源蒸发物的膜厚分布,发现在一定程度上电子束源比面源具有更强的方向性。它的分布可用 $\cos^x\vartheta$ 法则来描述,其中 x 的取值在 1 和 3 之间并与功率输入和坩埚内材料的量有关。在使用硫化锌和冰晶石时,Richmond[7]发现,电子束源的膜厚分布更加符合 $\cos\vartheta$ 法则。

通常,为了计算特定几何形状的镀件所能获得的膜厚均匀性的分布,均假定采用面源。若第一次安装镀膜机,则把蒸发源放在理论上的最佳位置。经过几次试用之后即可看出是否需做进一步调整;如果需要,则常用试错法稍加调整。一旦最佳位置确定,最重要的是要始终保证蒸发源准确地安放在这个位置,同时要保证角度对准的正确性。若蒸发源倾斜偏离正确的方向,即使是放置在正确的几何位置上,也会像横向移位一样造成均匀性误差。

若要在尽可能大的面积(包括很多较小的基底)上获得良好的均匀性,可以采用球面夹具并加以旋转。圆顶形工作夹具绕其中心轴旋转并将蒸发源置于其下,使得源和镀件近似位于同一球面上(在安装时需要稍加调整),这样可以得到很好的结果,膜厚均匀的面积比简单的旋转平面夹具所获得的均匀面积大很多。按照这样布置的镀膜机的内部结构如图 13.5 所示。

图 13.5　圆顶帽形镀膜机的内部结构
(引自 Balzers A G)

若要求进一步提高膜厚的均匀性,则可采用所谓的“行星式”夹具来实现。在这样的结构布局中,基底放置在很多小的夹具,它们不仅绕机器的中心轴公转,而且以更大的转速各自绕其本身的中心轴自转。因此,夹具作为一个整体每转一周,各个基底则已相应转过数周,这样就将单独旋转夹具时所产生的膜厚均匀性提高到更高的程度,相当于对简单旋转夹具的结果进一步进行了取平均。“行星式”系统如图 11.1(a)所示。

13.1.4　掩膜的用途

恰当使用光学掩膜可以修正薄膜厚度的分布。最简单的方式就是将这些静态的掩膜放置在沿单一旋转轴转动的基底前面,这样通过切割掩膜来修正膜厚的径向分布。通过理论计算可以近似给出形状正确的掩膜尺寸的大小,然后根据实验结果来进行修正以确定其最后的形式。由于很多原因,中心监控镜片部分通常不用矫正。镀膜室的中心区域较难矫正,在这里掩膜的宽度接近于零并且在任何情况下监控通常是静态的。而且,在一些监控装置中,在监控片上沉积较多的材料更有优势。

Ramsay 等[8]提出了一种更加灵活的旋转掩膜。对于尺寸接近镀膜机的较大平面基底,其作为载体只能通过简单旋转来改善膜厚的均匀性。“行星式”夹具装置需要较大空间,而静态掩膜可以克服这一缺点,但是由于静态掩膜对蒸发源的特性较为敏感,所以不能保证膜厚的高度均匀性。一种相对稳定的镀膜装置,可以使直径约为 200mm 的区域内的膜厚均匀性达到 0.1% 的量级,需要掩膜沿垂直旋转轴以超过基底夹具的旋转速度转动,这样可以有效矫正蒸发源的角度分布, 因此可以将蒸发源放置于镀膜机中心。通常掩膜的旋转轴靠近蒸发源放置,以使蒸发源与掩膜中心的连线横切基底夹具的边缘。实际上,旋转轴和旋转挡板与蒸发源的位置非常接近,这样可以稍微调整旋转轴来达到修正掩膜的目的。这种装置被认为是异常稳定的。

13.2 基底准备

基底在镀膜前必须加以清洗。短程的原子间和分子间的力可以使薄膜与基底结合在一起, 这种力非常强,但是它们的短程特性意味着我们可以认为每个原子层仅受相邻原子层的束缚,离其较远的材料对其影响甚微。因此在薄膜与基底的黏附中,基底表面的条件至关重要。即使在基底表面的污染物是非常微小的单分子层,也会以几个量级的大小改变黏附力。蒸发物凝结对于表面条件也很敏感,而表面条件能够完全改变后续膜层的特性。基底清洗可以使蒸发材料凝结黏附在基底上面,而不是污染物的中间层,因此这一步是非常重要的。

清洗不彻底的基底,其典型特征是表面呈现斑驳的油膜。镀在这种基底上的薄膜常有很差的黏附性和光学性质, 这也可能是由镀膜机中诸如泵油的反流这类缺陷所引起的。当出现这类现象时,应将整个镀膜机的清洗技术做进一步改进。

各种清洗方法已由 Holland[9]做了详细的论述,最近 Mattox[10]也做了相关描述。最好的清洗方法是根据污染物自身的特性来去除,在所有的清洗方法中最主要的是避免污染表面而不是清洗表面。对于实验室工作,当基底本来就是清洁(达到常用显微镜盖片玻璃的清洁程度)的,那么对于大多数的使用要求来说,比较满意的方法是将基底在溶剂和温水中彻底擦洗(不要用家用洗涤剂,否则清洗后会在薄膜上留下污点),然后在流动的温水中漂洗(在有相当纯净的自来水的地方,用温热自来水即可),之后立即用清洁毛巾或者柔软棉纸彻底地擦干,或者更好的办法是用干燥的氮气流将其吹干。

绝不允许让基底自行晾干,否则会留下不易除去的污点。在清洗后要尽可能少地接触基底,因为其不能长时间保持清洁, 将清洗干净的基底立即放入镀膜机内并开始镀膜。蜡或油脂则用醇类如异丙醇清洗,可用沾有乙醇的清洁湿棉球擦拭,然后用液体冲洗表面。务必要保证乙醇本身的清洁度,盛放乙醇的瓶子在实验室中很难长期保持清洁,所以比较好的办法是将乙醇用专柜保管起来。用时用洗涤瓶带入实验室,挤压瓶身即喷射出乙醇以供使用。

这些基本的清洗步骤可采用各种方法来改进和补充,特别是当大量的基底需要被自动处理时。在清洗剂溶液或乙醇中使用超声波清洗是一种非常有效的方法,但是应当避免长时间暴露在超声波中,因为这样最终会造成表面损伤。在整个清洗过程中基底应保持湿润状态直到最后变干。蒸气清洗常被用在最后的干燥阶段。基底被暴露在乙醇或者其他清洗剂蒸气中,开始时蒸气凝结并流出,带走残留污染物或者前面清洗阶段所残留的清洗剂,基底的温度逐渐上升并达到蒸气的温度,这时凝结过程停止,取出基底并做干燥处理。因为清洗剂是从蒸气态开始凝结的,所以这是一种非常纯净的状态。清洗过程的最后也可以选择用去离子水漂洗,然后用干燥、过滤的氮气流使其干燥。

肉眼很难发现基底表面的污痕。用倾斜的灯光可检查有无灰尘,但不能检查是否有蜡和油脂。通常的办法是对着基底哈气,使其表面凝结出薄薄的一层潮雾,从而大大有利于显示残留的污痕。潮雾的作用几乎如同一层凝结薄膜,其凝结图案取决于基底表面的状况。用这种办法检验的表面,称为好的或不好的"呼吸图"。有污痕的表面呈现斑状图案,而清洁的表面则呈现一片均匀。这一步会给基底带来少许残留污染物,因此最好仅在一个样品上测试从而来检测一批样品的情况。

待到基底清洗干净之后,应尽快装入工装放进镀膜室,可以用辉光放电做最后一次镀前清洗。放电设备包括一个高压电源(最好是直流电源),以及必要的导入电极,多数镀膜机已将此作为标准配置。在适当的气压下(气压随电极的尺寸不同而变化,但通常为 0.06mbar(6Pa)),便产生辉光放电。只要放电结构的几何布置正确,样品表面便受到正离子的轰击。这有效地去除了所有轻薄的残留污染物,但是浓厚的污迹却顽固不易去掉。目前尚不清楚辉光放电的清洗作用是来自离子轰击的溅射效应,还是辉光放电仅作为一种方便的加热表面的手段,从而使污染物因高温分解。一般来说,辉光放电持续的时间限制在 5 分钟或 10 分钟以内。尽管辉光放电可以除去油脂,但它会增加颗粒。在蒸发过程中若要求颗粒最少,如高性能激光反射镜等,辉光放电清洗则常常被忽略。Lee[11] 研究发现忽略辉光放电清洗会极大增加薄膜上水分的渗透范围,并会导致滤光片的性能降低。

在辉光放电停止后应尽快开始镀第一层膜。Cox 和 Hass[12] 在镀硫化锌薄膜之前利用电流为 80mA、电压为 5000V 的辉光放电持续 5 分钟来清洗基底。他们研究发现,从停止放电到开始蒸发之间的时间间隔不应超过 3 分钟。如果时间超过 5 分钟,则薄膜的性质,特别是薄膜与基底的黏附性将恶化。

若滤光片尚未镀制完成留在真空室内,如隔夜之后再镀(往往有这种情况发生),则经常发现,在重新开始蒸发剩下的膜层之前,用辉光放电进行短时间的清洗是适宜的。

在高能沉积过程中,如离子辅助沉积,在镀膜前用离子束轰击基底是一种非常有效的清洗方法。但是,要注意不要延长这种轰击的时间。通常基底表面与污染物一起被溅射,因为这种剧烈的清洗过程可以在薄膜沉积的温度和气压下进行,当表面清洗干净后立即开始沉积过程,甚至在轰击尚未暂停时。

13.3　膜层厚度监控和控制

有了适宜的材料、清洁的基底、配有基底夹具装置(以达到要求的膜厚均匀性)的镀膜机,接下来的主要问题是控制膜层的沉积以达到薄膜或滤光片设计所要求的特性。当然,许多特性是必须具有的,其中折射率和光学厚度是最重要的参数。目前,还没有一种满意的方法可以测量出正在沉积的薄膜的折射率。这种测量可以在后期进行,但是对于封闭循环控制,动态测量是必需的。因此,通常的简单操作是尽可能控制影响折射率的沉积参数,进而使折射率与给定的单一材料或混合材料的折射率保持一致。尽管利用这种简单方法常常可以得到满意的结果,但它并不是最理想的。目前,还没有找出更好的解决办法。幸运的是,对于高能过程,特别是溅射过程,折射率和其他特性确实呈现出非常好的稳定性。

为控制薄膜厚度,首先必须测量它的厚度。最简单的操作系统给操作者一个信号,操作者根据信号分析评估终止沉积的最佳时刻。另一种则是完全自动化系统,几乎不用操作者参与。"监控"这一词的严格含义是监视某一因素的变化,而在薄膜领域常被理解为测量和控制。

测量薄膜厚度有很多方法,关键在于必须找出一个适当的随膜层厚度变化的参数,然后设计出一个能在镀膜过程中监控该参数的方法。因此,诸如膜层质量、电阻、光密度、反射率、透射率等均可作为参数。在所有的监控方法中,经常采用的方法有,用光学方法测量透射率或反射率,用石英晶体微天平测量总的沉积质量,或者是在一些非常稳定的过程中测量沉积时间。

当然,何种监控薄膜的方法最好与如何精确控制膜层是不可分的,第二个问题似乎更难回答。事实上,不可能将这两个问题隔离开来。允许的偏差和用于监控的方法关系密切,不能将其单独考虑。但是,为了方便我们将考虑一些常见的监控方法,包括最基本的精确性,后面将考虑伴随着一些更先进的监控方法和各种分类所产生的容差问题。

13.3.1　光学监控技术

光学监控系统包括照明测试基底(此样品可以是也可以不是同一批被镀膜片之一)的光源和分析反射光或透射光的检测器。根据分析结果,每一层的蒸发应尽可能快地终止于正确的信号。通常,在镀膜机的蒸发源前面置一挡板,以便当膜层镀到正确厚度时蒸发能够及时停止。这种方法比仅仅切断蒸发舟的加热电源要好,因为断电以后,舟源需要一段时间才能停止蒸发。挡板示意图如图 11.3 所示。

早期的镀膜工作者几乎全是用眼睛作为探测器,根据薄膜在白光照射下所呈现的颜色来判定薄膜厚度。在大多数情况下,他们所考虑的是简单的单层膜,如单层增透膜,因为这类薄膜的特性对膜厚的误差很不敏感。对可见光而言,当增透膜达到正确的厚度时,则表面对白光的反射颜色呈现品红,这是因为绿光的反射率被减小了。在这种情况下,目测法是足可胜任的,而且至今为止仍被广泛采用。Mary Banning[13] 对这种方法做了十分清楚的说明,并编制了表 13.1。

表 13.1　用于目视光学监控的颜色变化

颜色变化		绿光的光学厚度
ZnS	Na_3AlF_6	
偏蓝的白色	黄色	
↓	↓	
白色	品红色	$\lambda/4$
↓	↓	
黄色	蓝色	
↓	↓	
品红色	白色	$\lambda/2$
↓	↓	
蓝色	黄色	
↓	↓	
偏绿的白色	品红色	$3\lambda/4$
↓	↓	
黄色	蓝色	
↓	↓	
品红色	偏绿的白色	λ
↓	↓	
蓝色	黄色	
↓	↓	
绿	品红色	$5\lambda/4$

资料来源：After Banning, M., *Journal of the Optical Society of America*, 37, 792-792, 1947.

在镀制其他类型的薄膜时,目测法的误差就显得太大,因而必须采用其他的膜厚监控方法。单波长监控法,是利用接收器测量某一波长的反射率或透射率的变化,这可能是最简单的方法,很多薄膜工作者在蒸发过程中也同时采用这种方法。Polster[14] 在早期的文章中描述了一种光电监控法,它与现在常用的光电法基本相同。Holland[9] 赞扬 Dufour 早期就提出了这一系统(1948 年)并包含一个监控片更换器。Billings[15] 在 1950 年指出, 多层膜技术已被 Fogelsanger 在蒸发金属膜中应用多年。在第 2 章中我们看到,如果薄膜没有吸收,则在任一波长处测得的反射率和透射率将随膜厚呈周期变化,形如正弦波,不过折射率越大波纹的顶部越平坦。转向值对应于薄膜的光学厚度为 $\lambda/4$ 整数倍的那些波长。当膜厚为 $\lambda/4$ 的偶数倍时,在这些波长膜层表面的反射率等于基底的反射率;当膜厚为 $\lambda/4$ 的奇数倍时,薄膜表面的反射率与基底的反射率相差最大。图 13.6 说明了具有不同折射率值的薄膜的这种特性,这些特性提供了膜厚测量的方法。如果系统探测器具有高度的选择性,如在它前面安置一块窄带滤波器,则实测反射率或透射率将呈周期变化,因而只要确定在蒸发过程中反射率或透射率所通过转向点值的数目,便可将膜厚控制为 $\lambda/4$ 的整数倍。完成这种监控操作的典型装置如图 13.7 所示。滤波器可以是干涉滤光片,或者是更通用的可调棱镜或光栅单色仪。

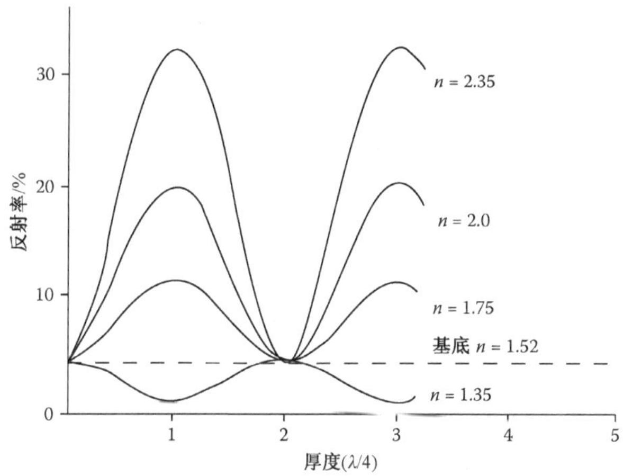

图 13.6　不同折射率的薄膜的反射率随厚度变化的曲线

下面考虑各层厚度均为 $\lambda/4$ 的高反射率多层膜堆的镀制问题。令监控波长为 λ,各层膜厚度均为 $\lambda/4$,则监控片的反射率变化将如图 13.8 所示[16]。图示实例是用于可见光区的典型反射膜堆。当镀高折射率的第一层膜时,反射率会逐渐增大,最后达到最大值时便停止蒸发。当镀第二层膜时,反射率逐渐下降,最后降至最小值时蒸发便停止。第三层膜则使反射率再次增大,而第四层膜又将反射率再次减小。反射率的周期性起伏叠加在它趋近于 1 的总趋势上,因此监控信号的变化幅度与信号总幅度之比逐渐变得越来越小。这使得反射法所能监控的膜层数受到限制,大约每镀四层之后就需要更换新的监控片。在用透射法监控时,这种限制便不存在,因为监控信号的变化幅度与信号总幅度之比始终保证足够大。仅有的问题是信号有趋于零的总趋势,这使得信号最终会变得比系统的噪声还小。若采用合适的光学系统和光电倍增管检测器,则用透射法大约可监控 21 层膜。但在这种情况下,噪声通常变得非常大。

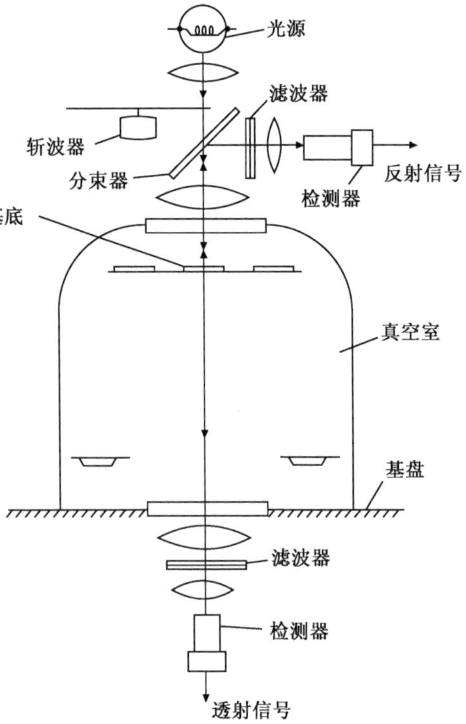

图 13.7　测量反射率和透射率的膜厚监控系统示意图

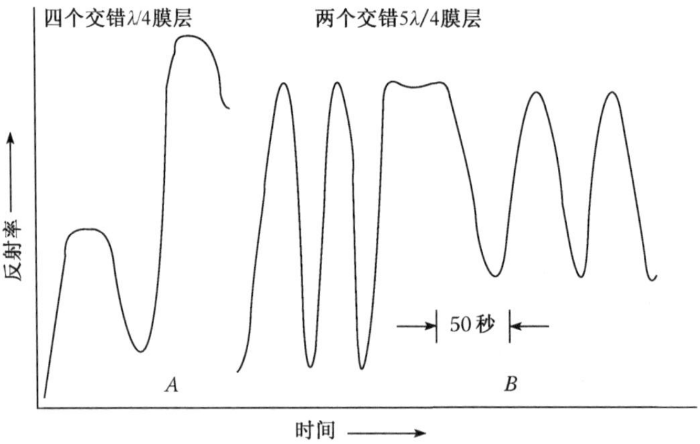

图 13.8　在薄膜沉积过程中笔式记录器所描绘的监控片的反射率曲线
(引自 Perry D L. *Applied Optics*, 4, 987-991, 1965)

膜层终止点自动检测法常常被用到,但是这种方法并不是通用的,人工操控法目前仍是一种非常重要的方法。为了使这种方法有最高的精度,检测器的输出应在图表记录仪上显示,使其更容易确定转向值点。通常利用这种装置,一个训练有素的操作者能够将监控基底上膜厚精度控制在 5% 或更高(这取决于薄膜的折射率)。若多加小心可将精度提高到 2%。当然，我们将会看到，这并不一定意味着同一批滤光片的实际厚度都同样精确，因为其他误差来源使得监控片与同一真空罩内的其他基底的镀膜情况有了差别。

为了提高信噪比，通常要在信号光进入镀膜机之前对其进行斩波。其部分原因是在蒸发过程中，对舟加热会产生大量的杂散光，而主要的原因是所涉及的信号电平，若没有某种选频滤波，电子噪声将会很大。斩波器应放在光源之后、镀膜机之前，而滤波器应置于镀膜机之后。这样的设计对于抑制杂散光来说，比滤波器置于镀膜机之前或斩波器置于镀膜机之后要好很多。当然，尽量限制入射到探测器上的总光强始终是适宜的，这一方面由于非斩波辐射光有可能使探测器工作在非线性区域，另一方面是因为它可能使探测器件特别是光电倍增管烧毁。若不用单色仪而用一个滤波器，则必须十分注意，要确保滤波器的边带可以被很好地抑制。光电倍增管和其他探测器具有随波长的变化而变化的特性。若监控波长不处在它的峰值灵敏区域，则在滤波器的特性曲线中相对于光电倍增管最灵敏的那些波长，不太明显的微弱泄漏光也可能引起相当严重的杂散光，假信号与真信号大小相当甚至超过真信号。在这方面棱镜或光栅单色仪就要安全可靠得多，而且具有更大的通用性。

在信号达到极值时膜层蒸发终止的这项技术，有时称为转向值监控或转向点监控。下面我们将研究在这种监控系统中可能出现的误差。假设在监控单一 $\lambda/4$ 膜层时，蒸发终止时反射率值的误差为 γ，则有

$$\gamma = \Delta R/R$$

它所引起的膜层相位厚度 δ 所对应的误差为 φ，即

$$\delta = (\pi/2) - \varphi$$

最后的结果在转向值附近呈对称分布，因此我们可以通过假设是下冲而不是过冲来做简单的分析。由于单层膜反射率曲线的特性，相位厚度的误差将远大于反射率的原始误差。膜层的表面导纳为

$$\begin{bmatrix} \cos\delta & (\mathrm{i}\sin\delta)/y \\ \mathrm{i}y\sin\delta & \cos\delta \end{bmatrix} \begin{bmatrix} 1 \\ y_{\text{sub}} \end{bmatrix}$$

式中

$$\cos\delta = \sin\varphi \qquad \sin\delta = \cos\varphi$$

从而得到

$$Y = \frac{y_{\text{sub}}\sin\varphi + \mathrm{i}y\cos\varphi}{\sin\varphi + \mathrm{i}(y_{\text{sub}}\cos\varphi)/y}$$

式中，各符号具有它们通常的含义。引入 $\sin\varphi$ 和 $\cos\varphi$ 近似式，并只精确到二次幂项，则有

$$Y = \frac{y_{\text{sub}}\varphi + \mathrm{i}y(1-\varphi^2/2)}{\varphi + \mathrm{i}(y_{\text{sub}}/y)(1-\varphi^2/2)}$$

真空中监控片的反射率为

$$R=\left|\frac{(y_{\text{sub}}-1)\varphi+\mathrm{i}(y-y_{\text{sub}}/y)(1-\varphi^2/2)}{(y_{\text{sub}}+1)\varphi+\mathrm{i}(y+y_{\text{sub}}/y)(1-\varphi^2/2)}\right|^2$$

上式可以简化为

$$R=\frac{(y-y_{\text{sub}}/y)^2}{(y+y_{\text{sub}}/y)^2}\left\{1+\frac{4y_{\text{sub}}(1-y^2+y_{\text{sub}}^2-y_{\text{sub}}^2/y^2)}{(y^2-y_{\text{sub}}^2/y^2)^2}\varphi^2\right\} \tag{13.1}$$

γ 和 φ 的关系为

$$\gamma=\frac{4y_{\text{sub}}(1-y^2+y_{\text{sub}}^2-y_{\text{sub}}^2/y^2)}{(y^2-y_{\text{sub}}^2/y^2)^2}\varphi^2=\sigma\varphi^2 \tag{13.2}$$

当 γ 和 φ 趋于零时,式(13.1)中的第一个因子正好是反射率。

在大多数场合,在转向点处反射率的误差很难准确控制到真实值的 1% 以下。在许多情况下,特别是有噪声时,就连这样的精度(1%)也很难达到。不过,假定 γ 为此值(即 1%),则厚度误差表达式便为

$$\pm 0.01=\sigma\varphi^2$$

上式中的正负号与 $\sigma\varphi^2$ 相一致,即根据转向值是最大值还是最小值而定。如果用 $\lambda/4$ 厚度表示误差,等效为 $\pi/2$ 弧度,则上式为

$$误差=\frac{\varphi}{\pi/2}=\frac{0.1}{(\pi/2)\sigma^{1/2}} \tag{13.3}$$

一个典型的例子是监控玻璃基底上 $\lambda/4$ 厚的硫化锌薄膜,其中 $y=2.35$,$y_{\text{sub}}=1.52$,将这些值代入式(13.2)中,并应用式(13.3),则小数误差便为 0.08。与反射率的原始误差相比,这一误差是非常大的,说明这种监控方法的固有精度很差。

在红外区,常可能采用所镀滤光片的主峰波长的 1/2 或者 1/4 波长作为监控波长,这样就以同样的倍数提高了这种方法的固有精度。对于类似于上述的膜层,误差则为 0.04 或 0.02,这些误差是允许误差的极限。很明显,这种简单的监控系统并不适合所有膜系的镀制,只适用于那些最简单的膜系。

这种方法之所以很难运用,是因为只有在转向点之前的信号部分才可以被操作者所利用。因此,他们不得不估测转向值。事实上,熟练的机器操作者能够达到理论的监控精度,这全靠他们的技巧。

固有精度更高的另一种替代方法是在远离转向点的某处停止蒸发,在此处信号变化非常明显。预先算出膜层达到正确厚度时监控片的反射率值,然后待反射率达到此值时停止蒸发。这种方法的一个缺点是监控片的反射率或透射率不是一个易于绝对测量的值,因为在蒸发过程中校准常常漂移。引起漂移的部分原因是镀膜机窗口被逐渐镀上膜层,这是无法避免的。另一个缺点是,用转向值法监控时,常常可以仅用一块监控片,将全部膜层均镀其上,结果监控片成为同一批次膜片的严格复制品;而在采用这种替代方法时,若仅用一块监控片,则作为控制终止点的反射率值就很难预先确定,因为先镀膜层中的微小误差会影响后镀膜层的特性曲线的形状。然而,在后面我们将看到单点法(其中有一些创新)在蒸发中仍被有效应用。

对每一膜层使用单独分开的监控片可以避免上述的这些困难。为了避免由于更换监控片或在镀膜机窗口被镀上膜层所产生的校准漂移误差，最好是选择一个系统参数，使膜层厚度大于 $\lambda/4$（λ为监控波长）。这将保证膜层停镀点至少超过第一个转向值，因此该转向值便可作为刻度校准。同时还发现，必须对每一个新监控片建立反射率标度，而未镀膜基底的精确的初始反射率值可做此用。由于需要大量的监控片，故设计了专门的监控片转换器。目前已有此类商品，它能更换四十多片监控片。低折射率材料的信号在监控基底上差别不大。在上述方法中常见的变化是沉积两层膜，在每一个监控基底上，高折射率材料先完成沉积，接着是低折射率材料。对于监控片来说，"芯片"这一词已成为最常用的术语，并且常用"芯片更换器"来指代监控片转换器。

大多数工作者几乎都直观地认为这种监控系统的主要缺点是，监控片并非是同一批次滤光片的精确复制品。在一定程度上这确实是个障碍，沉积在无膜基底上的凝结的膜层，其结构与镀在同一批次半成品滤光片上的膜层结构大不相同。Behrndt 和 Doughty[17] 研究发现，膜层在光洁的基底和已镀膜的基底上存在很明显的可测量差异。他们利用晶体监控装置（这种特殊类型的监控装置将在后面讨论）比较了硫化锌薄膜的不同沉积情况，一种沉积在已有若干层膜的监控晶体上面，另一种沉积在新鲜的玻璃基底上。他们发现，当打开蒸发源后，膜层便立即开始在晶体上沉积，而光学监控却需要若干时间后才显示膜层沉积。在两种薄膜的沉积率变为相等之前，其厚度差可达到几十纳米。他们认为，这是因为在新鲜玻璃基底上形成节瘤需要一定的时间，而在节瘤尚未很好形成之前，硫化锌分子的黏附概率是比较小的。一旦形成了节瘤，则所有到达基底表面上的分子都将凝附其上。在晶体上因为已经存在膜层，早有节瘤存在，不再需要硫化锌重新成核的时间，因而新镀膜层便立即开始生长。材料对新鲜基底表面的黏附系数随蒸气压的上升而下降，而硫化锌具有特别高的蒸气压，沉积氟化钍则不会遇到这样的问题，因为氟化钍的蒸气压要低得多。Behrndt 和 Doughty 研究发现，在清洁的监控片上先镀一层氟化钍（其折射率与玻璃极为接近）作为成核位置，便可解决这个问题。研究发现氟化钍薄膜约 20nm 厚就足够了，并且不影响对后续硫化锌薄膜沉积的监控（因为氟化钍是有放射性的，在一定程度上并不受欢迎，建议使用其他低折射率氟化物）。监控片表面温度越高，氟化钍层的效果便越好。若将蒸发源的类型改成电子枪，此时对于同样的蒸发速率，蒸发源产生的辐射热较少，监控片可以在足够低的温度下导致氟化钍的作用完全消失。

这些研究人员还注意到薄膜光学中一种人们熟悉的效应，即在镀膜机内相同或相近的位置，厚基底要比薄基底更有利于凝结较厚的膜层。在他们所引证的情况下，薄基底约为 0.040 英寸，而厚基底约为 0.5 英寸。这两种基底所镀膜层的厚度差可以使 632.8nm 处的反射率转向值位置偏移 40～50nm。定性地说，这是由于两种基底的温度不同所致。厚基底的温度上升比薄基底需要更长的时间。在这种特定的情形中，加热基底几乎全靠蒸发源的辐射热量；而当采用电子束蒸发源时，上述效应便大大减弱。

如果采用 Giacomo 和 Jacquinot 所设计的 maximètre 系统[18]，监控过程的精度则会大大提高，这一系统测量的是监控片的反射率对波长的导数。在反射率的各个转向点，反射率对波长的导数为零，并且在反射率为最大值的各点，导数将从正值迅速变为负值，而在最小值的各点则相反。最初的仪器包含一台单色仪,在单色仪的出射狭缝前面安装一块小的振动镜,使一个窄的光谱波段被正弦扫描。探测器的输出信号包含一个稳定的直流分量,代表间隔扫描波段上的平均反射率或透射率;一个频率为扫描频率的基波分量,代表反射率对波长的一阶导数;一个频率为扫描频率的二倍频分量,代表反射率曲线的二阶导数;如此等等。略为麻烦的是系统灵敏度随波长而变化,其主要原因是光源输出与检测器灵敏度均随波长改变,如不加补偿将引起反射信号的变化。Giacomo 和 Jacquinot 在他们的装置中,让光谱的中间像形成在单色仪内,沿它放一枚刀片,使相当宽的波段内的光强得到线性修正,并且发现这种修正是足够精确的。现在更普遍的做法是通过电子方法修正。这一系统的精度可以精确到十分之几纳米,通常的精度为 0.2～0.3nm,这当然是可以实现的。但是,如我们在第 9 章中看到的,这种系统存在一个不足,即膜层自身并不足够稳定,以保持达到这种精度的光学厚度,特别是当膜层暴露在空气中。

Ring[19] 和 Lissberger[20] 提出了一种类似的方法,这种方法更便于理解。该方法就是测量监控片对两个波长的反射率或透射率,并求出其差值。在最初的系统中,采用带有斩波装置的单色仪。斩波装置可以切换单色仪波长的输出,使其从一个值变为另一个值,之后又变回到初始值。探测器的交流信号即为测得的反射率差值。事实上,因为两个波长可以置于探测器敏感区域的任何地方,所以这种方法比 Giacomo 和 Jacquinot 的系统具有更大的灵活性。在沉积某层膜时,将两个波长选在此时膜系的特性曲线的斜率相差最大的点上,便可得到两个反射信号的最大对比度。当两个波长的反射信号相等时,系统输出会通过一个零值点。如果用图表记录仪显示,对特定膜层沉积终点的检测通常由零值点的指示,这变得特别容易判断。

最近,这些方法的本质思想已拓展到宽光谱区域。尽管这些更现代的方法的原理不是最新的,但由于探测器、电子学和数据分析技术的发展,使得这些方法更加实用。许多在工业生产中发展起来的系统方法常常并不公开发表,而那些被记录在案的方法,常常缺失它们所采用的精确方法的详细描述。通常这一技术需要对在任何时刻实际获得的光谱特性和特定膜层在蒸发终止时所要求的光谱特性进行对比。在早期的系统中,这一对比通过在监控器上显示两条特性曲线来完成。当预测值与测试值接近时,这种方法效果较好,但是先镀膜层中的误差和膜层特性变化引起实际特性曲线或多或少与所预测的不同。事实上,在这种情况下很难估计膜层蒸发停止的准确时刻。因此,最新的设计系统通常是与计算机连接的,通过计算机来计算性能曲线,这样可以准确地将信息呈现给机器操作者,甚至可以用于膜层蒸发的完全自动终止。

扫描单波长监控系统的细节已被许多学者研究并发表。Hiraga 等[21] 在早期对这一系统进行了描述,当时是通过旋转螺旋狭缝来实现扫描的。Pelletier 和他的同事们曾在法国马赛开发了两套这样的系统[22,23],第一套采用一个步进电机来旋转光栅,从而扫描一个宽波长区域;第二套使用带有平坦光谱平面的全息光栅,在里面放置一个可以通过电子扫描的硅光电二极管阵列检测器。Sullivan 和他的同事们[24-26] 在实现系统的完全自动监控和误差补偿方面取得了重大成功。最近,Ristau 等[27] 对从深紫外到近红外的宽光谱光学监控进行了研究。

从过去到现在,椭偏光监控方法不时地被应用。这一方法的优点在于可以很容易地监控沉积膜层折射率的稳定性,而它的主要缺点是增大了实现的难度,因为这一系统要求在测试监控片上有大的入射角。Dligatch 和 Netterfield[28] 充分利用了椭偏光监控的优点。

我们不能认为在监控过程中这些改进了的系统比直接单点监控系统更有优势。在单点监控系统中,所有膜层都在单一基底监控到,而这一基底是蒸发的同一批次样品的其中一个。如图 11.17(a)所示是 SYRUSpro 镀膜机的结构图(Leybold Optics GmbH),该镀膜机利用单一波长监控所有膜层,其中波长随膜层的变化而变化。一般来说蒸发的终止时刻是在振荡监控曲线的一端而不是在转向点。被选择的单个监控片位于同一批次样品的中间,每个基底工装旋转一周,则监控光束会穿过监控片一次。然而,监控信号的取样是足够精确的,完全可以满足高精度控制。被选择基底有一个较大的优势,它比置于中心的分离的监控片更能代表同一批次的薄膜[29]。

13.3.2　石英晶体监控

石英晶体机械振动的正常模式有很高的 Q 值。通过石英的压电效应,可以将机械振动转化为电信号,反之亦然。因此,石英晶体可以作为一个很有效的调谐电路,通过在两端加电极,可以将其耦合到振荡电路中。对晶体机械性质的任何扰动都会引起谐振频率的改变,这种扰动可以是晶体温度的变化,也可以是晶体质量的改变。石英晶体微天平监控装置的原理就是将晶体置于材料的蒸气流中,由于晶体表面被镀上薄膜,其质量会相应发生改变,从而引起谐振频率的相应改变。在大部分这类系统中,将石英晶体的谐振频率与蒸发室外的一个标准频率相比较,测出频率差;另外数字测量给定时间间隔内振动的次数。通常利用操作者提供的薄膜常数,将频率的改变转换成薄膜厚度的测量。因为来自石英晶体监控器的信号经常往同一方向变化,所以在自动化系统中它比光信号更容易使用。

石英晶体薄片的机械振动模式是十分复杂的。研究发现,可以通过某些办法限制其中的一些振动模式,也可以使它们彼此耦合,如相对于晶轴按特定方式将晶体切割成薄片,薄片的尺寸保持正确的比例,并用合适的方法将晶体用夹具固定。石英晶体的振动模式也会随温度的变化而变化,有些模式具有正温度系数,有些则具有负温度系数。已发现可以按某种方式切割薄片,使具有相反温度系数的模式彼此耦合,其合成效果是在某一有限的温度范围内,晶体的谐振频率与温度无关。作为薄膜监控器用的晶体,其通常的切割方式是 AT 切割。这样切割下来的薄片具有固定的取向,它包含晶体的 x 轴,与 z 轴成 35°15′的夹角。振动模式为高频剪切模式(图 13.9),其温度系数在 −40 ~ +90℃范围内均很小,约为 $\pm10^{-6}$/℃的数量级或稍大一点。在整个温度变化范围内,温度系数多次改变符号。因此,总的频率变化比仅为 5×10^{-5}左右。尽管频率可以选择从 0.5MHz 到 50MHz 或 100MHz 范围内的任何值,但通常选为 5MHz,有时也选择 6MHz。通常晶体的温度必须限制在 120℃以内(否则晶体的温度系数会变得非常大)。因此,常常不能使晶体与镀膜机内的其他基底保持同样的温度,而在一些应用中这一点可能会非常重要。

随着蒸发膜层厚度的增加,晶体的频率下降,频率的降低与谐振频率的平方以及沉积薄膜的质量均成比例。系统的精度与很多因素相关,而与设备稳定性相关的因素要多于与晶体本

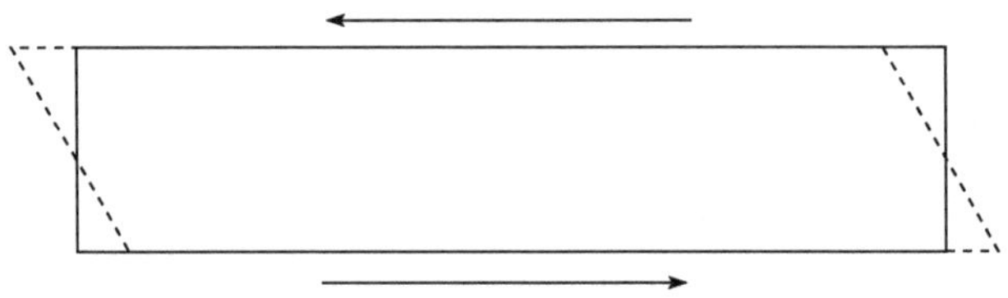

图 13.9　按剪切模式振动的石英晶体

身相关的因素。在典型的晶体监控系统中,质量厚度的测量精度可达到2%左右,这对大多数光学滤光片已足够了。遗憾的是,晶体的敏感度随膜层质量的增加而降低,在晶体必须清洗前所能蒸发的材料总量是有限的。现成的晶体监控对多层膜来说很少有用,特别是红外区,因为大多数情况下仅用一块晶体不可能完成一个完整膜系的监控任务。解决此问题的一种办法是在晶体上方放置一块屏,减少到达的材料,使之仅为到达同一批次基底的材料的一小部分。当然这样做会降低系统的精度。另一个较为满意的解决办法是使用多晶体头,当一块晶体使用完毕后可以自动更换另一块晶体。

因为晶体监控测量的是质量而不是光学厚度,故必须分别对所用的每一种材料进行定标。定标工作主要依靠晶体和蒸发材料的声学性质。对于边界处的特定剪切模式而言,声阻抗的任何失配都会如同光学导纳的失配一样,干扰组合在一起的晶体和薄膜的自然频率,所以在计算中必须考虑到这一点。在大多数商业晶体监控器中都有对声阻抗的一个输入值,而对薄膜材料而言这些值常常是未知的,这就带来一个问题。更深入的问题存在于晶体上的多层膜沉积中,声阻抗的不连续发生在每一个界面处并且会使计算复杂到无法完成的程度。这些不连续点造成的困难使在单一晶体上多层膜沉积的控制具有额外的不准确性,这将导致在实际工作中每一种材料使用单独的晶体,这样对于每个晶体只有一个不连续点并且只需要定标一次。

因为这些困难,一些最新的晶体监控装置多采用多振动模式,对于每个振动模式,所加材料的质量的余量应当完全相等。根据这些余量可以估算声阻抗的失配量,这样可以避免采用用户所提供的值。这一技术甚至可以用来校正一块晶体上多层膜的沉积[30]。

使用石英晶体监控装置有很多好处。因为其信号的输出总是沿着固定的方向从不发生反转,该监控器更容易适合自动控制系统。另外,晶体监控器不需要光学窗口,光学窗口常常需要维护和避免蒸气,给蒸发工作带来额外的困难。尽管系统对空间稳定性的要求非常严格,但石英监控装置的装调要比光学监控装置更简单。近年来,多晶体传感器得到很大的发展,这些传感器分布在蒸发室周围,它们能够测出从蒸发源所蒸发的材料量的变化,并且能对监控计算进行适当的校正。对声阻抗的自动校正将消除相关的不确定性。在这种改进下,纯晶体监控可以达到很好的效果。

对于窄带滤光片,由于有内在的误差补偿过程,光学监控是成功的,这使晶体监控装置很难取得同样的效果。在需要误差补偿方法来提高光学性能的过程,更适合采用光学监控装置。在这些情况下,晶体监控仍然可以被采用,用于对蒸发源和蒸发速率的控制,而不是基本的薄膜厚度监控。

关于石英晶体监控器的有效说明和操作技巧在 Riegert[31] 的文章中可以找到。文章详细严密地论述了上面所讨论的问题,尽管已经过了很多年,还是很有用。另外在操作手册中也包含了一些有用的信息。

13.3.3　通过沉积时间监控

在第 11 章曾讲过,溅射沉积过程的稳定性使镀膜材料在每一生长过程中的生长厚度始终保持一致,这使得根据沉积时间来控制膜层厚度成为可能,或者也可通过基底转动的次数来控制。

Spencer[32]介绍了一个通过沉积时间监控膜层厚度的成功实验。该实验在一个小型眼镜片镀膜机中进行,光学薄膜采用材料为 ZrO_2 和 SiO_2 的溅射蒸发源,包括一个单腔窄带滤光片。Pervac 等[33]使用如图 11.12 所示的 Helio 镀膜机,利用纯时间控制成功地镀制了窄带负滤光片。Gibson 等[34]采用如图 11.10 所示的闭合场磁控溅射系统,表明对于由 TiO_2 和 SiO_2 材料镀制的用于可见光区的截止滤光片的特性,多次制备的可重复性为 ±0.3% 。

图 13.10 所示为在图 11.18 中 RAS 方法的薄膜沉积中使用时间监控的稳定性, 采用 SiO_2 和 Si_3N_4 构成的 10 层薄膜设计进行的连续批次减反射膜的蒸发。

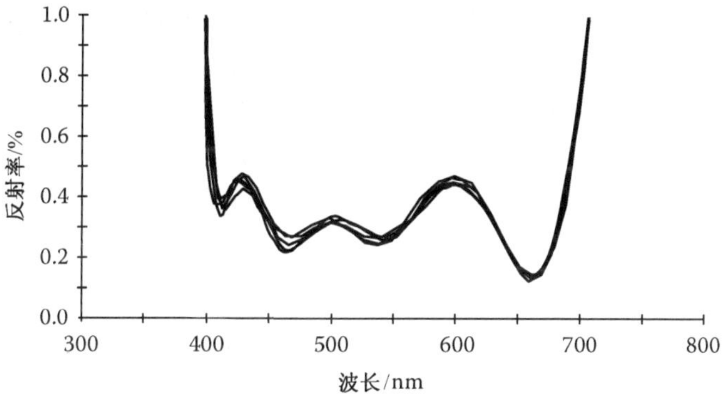

图 13.10　通过沉积时间监控蒸发的 10 层减反射膜的特性
(图中,5 次连续蒸发的结果基本重合。所采用的材料是 SiO_2 和 Si_3N_4,
沉积方法为 RAS 过程(见第 11 章)。引自 Shincron Company Ltd. Yokohama,Japan)

时间监控的一种变形常被用在在线溅射系统中,在该系统中基底以固定的速率通过。蒸发过程中的短期稳定性是良好的,但是这种稳定性在超过一段时间后就会缓慢改变。通常通过沉积膜层厚度的测量来逐渐调整溅射功率以确保过程的长期稳定性。

13.4　厚度容差

在多层膜沉积中控制膜层厚度必须达到的精确程度是一个非常难回答的问题,这一问题已被关注多年。如今,当我们想进行数值研究时会立刻想到计算机,但这只是最近的发明。早期的研究由于缺少这样的计算设备,因此计算量的限制对研究有很大影响。但是,早期的结果至今仍有很大的价值。

估算在多层膜中的误差允许值的最早的方法之一是由 Heavens[35] 提出的。他根据式(3.16)中的替代矩阵公式,利用近似计算的方法,该方法在必须采用人工计算时显得非常有用。这一方法所包含的技术是简单重复计算膜堆中某一层薄膜有较小误差的情况。他认为四分之一波长的多层膜的最终反射率几乎不会被任一膜层中 5% 的误差影响。

Lissberger[36,37] 研究出一种方法来计算多层膜的特性,包括界面的反射率。在四分之一波长构成的多层膜中,表达式采用一种相当简单的形式,以至于可以评价在任何或者全部膜层中的厚度误差对多层膜反射引起的相位的影响。Lissberger 的研究结果被应用在全介质单腔滤光片中,结果表明最关键的膜层是腔层, 腔层两边的膜层是次敏感的,剩余膜层随着远离腔层敏感度逐级下降。

在第 8 章中曾经提到 Giacomo 等[38] 的文章。他们检测了膜层厚度的局部变化或膜层粗糙度对窄带滤光片特性的影响,同时也对任意一层膜层厚度的变化对整个滤光片峰值频率的影响做了研究。这种分析方法在一定程度上与 Lissberger 的方法相似。对于传统的单腔滤光片,位于中心处的膜层有最大的影响。如果假设所有膜层的粗糙度相同,受粗糙度影响最小的结构设计是使所有的膜层具有相同的敏感度,因此我们应该尽可能地寻求这样的设计。相位色散滤光片比简单的常规单腔滤光片能获得更好的效果,但是仍然存在不足。

Baumeister[39] 引入了滤光片性能随任一特定膜层厚度变化敏感度的概念。他的方法具体包括在滤光片有用特性的全部区域内绘制敏感度曲线,曲线可以表示由任一膜层的误差所引起的特性变化。对于一个 $\lambda/4$ 膜堆的研究结果显示,中心膜层是最敏感的,最外层膜层是最不敏感的。$\lambda/4$ 膜堆敏感度曲线的一个有意思的特点是其敏感度在边缘波长附近最大, 这一现象可以利用截止滤光片在实际中得到证实,在这里误差常常会在靠近透射区域的边缘产生比理论设计中更明显的下陷。

Smiley 和 Stuart[40] 利用模拟计算机采用另一种不同的方法。在设计模拟计算机时有一些困难,但是一旦成功,它的优势在于可以很容易地改变任意薄膜的参数。他们所检验的一个特殊的滤光片是

空气 |4H L 4H |空气

其中,$n_H = 5.00$,$n_L = 1.54$。这是一个多腔滤光片的简单设计。他们分别对 4H 膜层和 L 膜层中的其中一层的误差进行测试研究,发现在一个 4H 层中误差大于 1% 会有重要影响。如果误差为 5% ,则会使峰值透射率下降到 70% ;若误差为 10% ,则峰值透射率下降到 50% ,同时伴随着通带形状的严重劣化。当 L 层的误差达到 10% 时,对通带或者峰值透射率没有实质性的影响。这完全符合如今我们对多腔滤光片的认识。

作为 Smith 和 Seeley[41] 研究报告的一部分,Heather Liddell 曾做过一项关于红外单腔滤光片在监控过程中误差影响的调查分析。该滤光片的结构为

空气 |HLHL HH LHLHL |基底

和

空气 |HL HH LHL |基底

在沉积过程中的任何阶段,利用计算机程序来计算多层膜的反射率。假设监控频率等于

或者接近整个滤光片峰值频率的 4 倍(所要求峰值波长的 1/4)。结果显示,如果所有膜层在单一基底上监控,假设在沉积过程中的反射率曲线是可以预测的,并且可以在反射率达到一定值(不是转向值)时停止沉积,则选择稍微偏离 4 倍峰值频率的监控频率具有一定的优势。在偶数阶监控中(监控频率是峰值频率的偶数倍),若对先前的误差没有修正,则会产生一个很明显的误差累积的趋势。

容差的主要问题是,真正的误差不能认为很小,也就是说一阶近似已不现实。一个膜层中的误差与其他膜层的误差相互影响,这种影响是非线性的。将误差的影响隔离开来进行计算,然后再把各个影响线性组合,这种方法是不切实际的。

近年来,在处理误差影响和容差大小的方法中最让人满意的是蒙特卡罗方法。在该方法中,首先计算没有误差时的滤光片的工作特性,然后计算一定数量次将误差分布在所有的膜层上的滤光片的工作特性。这一方法的原始形式是由 Ritchie[42] 提出的,误差指的是厚度误差,并且这些误差是完全随机的和不相关的,且都属于相同的无限总体,一般用平均值和标准差来表述。滤光片在没有误差和存在各种误差时的特性曲线可以计算出来。尽管能够对结果进行数据分析,但当误差的影响效果可以肉眼判断的时候,常常可以非常简单地绘制出各种特性曲线。这种方法尽可能地提供了一系列曲线,使其在实际的批量生产中能复制。另外,无限正态总体的特性可以变化,并且过程能够重复。对于一组误差参数,我们计算出 8 条或 10 条曲线就足够。符合要求的生产过程中的误差量级随后可以很容易地确定。在该方法的最早版本中,从随机数字图表中人工抽出各种误差,然后使用误差曲线下方的面积将其转化成正态总体中的个体(在统计学的教科书中对该过程有相关描述,如 Yule 和 Kendall 的著作[43])。该方法的后期版本是利用计算机简单地生成随机误差。尽管误差通常是从正态总体中抽取,但是总体的类型对于结果的数量级几乎没有影响。正态分布对编程非常方便,没有足够的理由不使用它,并且由许多不相关效应组成的误差可以很好地用正态分布替代。因此,大多数误差分析可以利用它。

允许误差的大小在一定程度上依赖于滤光片中的折射率对比度。图 13.11 所示为一些薄膜性能考虑了零均值随机厚度误差。从这些简单相似的结果可以看出简单的截止滤光片和减反射膜能够允许大约 2% 的厚度误差。这些和在正常的光学或石英晶体监控可以达到的值非常接近。当包含厚度的随机误差时,窄带滤光片需要更好的精确度。图 13.11 所示的是双腔滤光片,标准差为 0.5% 随机厚度误差就会引起不可接受的通带失真。这种滤光片有大约 2% 的半宽度。对于较窄的滤光片或者有更多腔的滤光片,允许量必须更小。在单腔滤光片中,随机误差的主要影响是使峰值波长漂移,即使误差的大小达到 10%,通带的形状也几乎不会被影响。峰值波长处离散的标准差略小于膜层厚度误差的标准差,尽管它们的数量级是相同的,仍需要进行一些平均处理。

在一类监控系统中,不同膜层的厚度误差是不相关的,系统需要对每一膜层进行独立监控。因此,在这种类型的监控系统中,我们不能期待窄带单腔滤光片中心获得较高的精度,并且我们可以预见在窄带多腔滤光片生产中会面临更大的困难。

这个监控系统就是我们曾经提到过的间接监控系统,该系统是对每一膜层在独立的监控

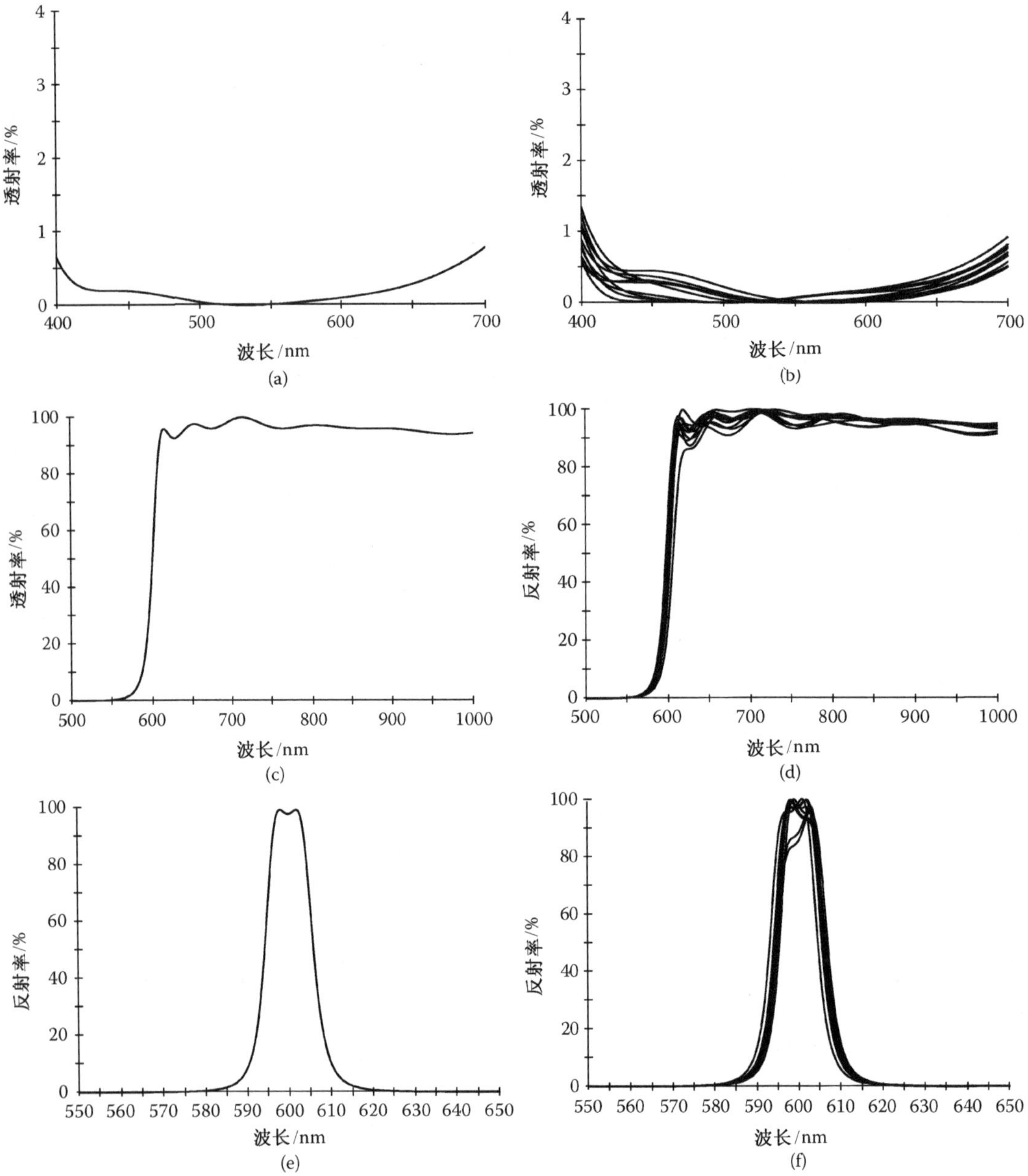

图 13.11　薄膜滤光片膜层厚度的随机误差对其特性的影响。(a)无误差的四层减反射膜；(b)四层减反射膜，膜厚误差的标准差为 2%；(c)无误差的长波通滤光片；(d)长波通滤光片，膜厚误差的标准差为 2%；(e)无误差的双腔滤光片；(f)双腔滤光片，膜厚误差的标准差为 0.5%

片上进行控制。因为透射率和反射率的微小变化，在新的玻璃基底上监控低折射率膜层时会遇到很多困难。因此，在镀完低折射率膜层且在镀高折射率膜层之前，需要更换监控片，每个片上有两层或四层膜是正常的。有时，这些膜层会被极值监控。更多情况下，在监控中会使用一种称作"定值监控"的方法。这里膜层的反射和透射信号在偏离极值的某点终止,这时信号仍然处在变化之中,可以获得固有的更高精度。这一方法包含对反射率和透射率真正的绝对测量,因此终止点通常是选在极值的后面而不是前面,这样极值可以作为定标值。这种方法常常意味着在监控中采用较短波长或者在镀膜片和监控片间引入厚度差异,将监控片靠近蒸发源或者在镀膜片前放置挡板。

窄带滤光片通常不采用上述方式进行监控。相反,所有的膜层都在同一基底上被监控,通常这就是实际制作的滤光片,该系统称为"直接监控"。在滤光片的峰值波长处,膜层厚度应该是 $\lambda/4$ 或者 $\lambda/2$,因此我们期望在每一个终止点信号都能达到极值。因此对于每一个单独的膜层而言,精度不是特别高。乍一看,它所能达到的精度远低于我们所要求的。因为在监控基底上每一膜层的沉积都是在其他膜层之上,这样在任意膜层中的误差就会相互影响,但在上述的容差计算中没有将先镀膜层的误差包括在内。我们确实需要一种尽可能模拟真实过程的技术,并且能够直接通过计算机操作。对于多层膜的沉积过程,每一膜层可以被简单地认为在对应的先镀的多层膜的光学导纳表面上沉积,而不是在一块全新的基底上。图 13.12 所示的是 Macleod[44] 给出的模拟结果,它证明我们已找到一种有效的误差补偿机制。这一补偿机制同时被 Pelletier 和他的同事们[45] 证实, 其属性也许可以利用导纳图最好地解释。

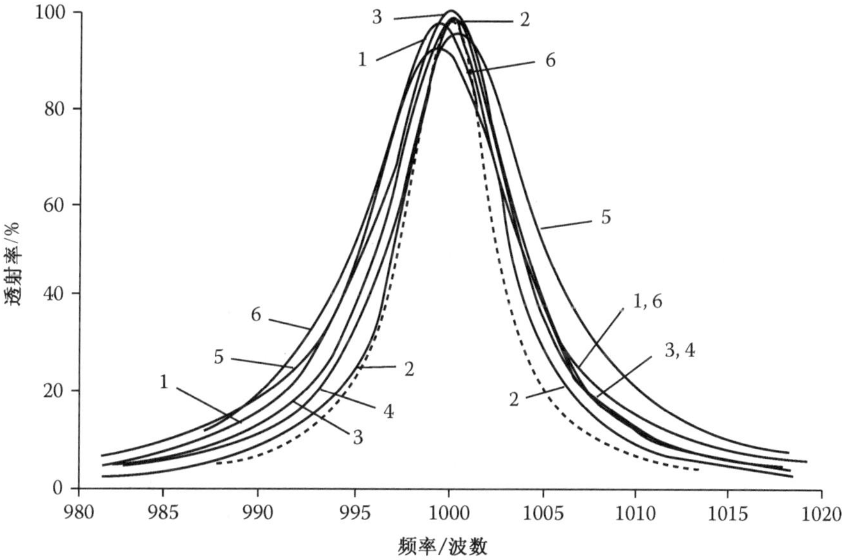

图 13.12　当反射率误差的标准差为 1% 时,对法布里-珀罗滤光片特性的影响

(结构为空气 |HLHL HH LHLH |锗, 基底为锗(n=4.0),L 表示 $\lambda/4$ 的 ZnS(n=2.3),H 为 $\lambda/4$ 的 PbTe (n=5.4)。监控为一阶,图中虚线表示没有误差时系统的特性曲线。引自 Macleod H A. *Optica Acta*, 19, 1-28, 1972)

图 13.13 所示为前两个 $\lambda/4$ 膜层的导纳轨迹。因为等反射率线(见第 2 章)和独立膜层的导纳轨迹都是中心位于实轴上的圆,转向值一定总是在轨迹与实轴的交点上,不管之前沉积的是什么。在每一膜层的终止点,都可能使相位恢复到 0 或 π。对于考虑的任何独立膜层,原则上先镀膜层的过冲或欠冲会对其产生影响。如果先镀膜层太厚,当前的膜层将趋于较薄来进

行补偿,反过来也一样。当然,不可能完全消除膜层中误差的所有影响。因为导纳轨迹将会稍稍偏离理论位置,这一过程实际上是将厚度误差转化为每一阶段的反射率误差,这不是一个很严重的误差。通过导纳图的形状我们可以猜测,反射率误差是二阶效应。因为膜层的每一次沉积,相位都是自我校正的,所以滤光片的峰值波长仍然保持在期望值,且为监控波长。剩余误差,即反射率中的残留值,也随后转化为峰值透射率和半宽度的变化。因为反射率的变化总是减小,实际滤光片的带宽总是比理论值要宽。当间隔层两侧的反射率不均衡时,峰值透射率下降到一定程度。通常这非常小,相对于带宽的增加,峰值透射率的减小一般不太重要。

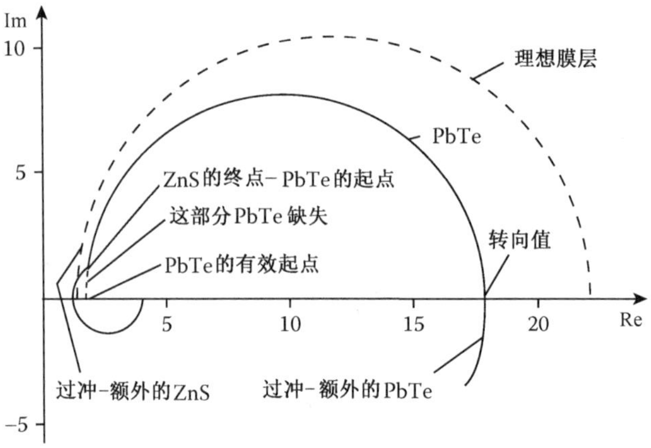

图 13.13　在图 13.12 中的滤光片中,当第一层膜(光学厚度为 $\lambda/8$)有过冲时,前两个膜层的导纳轨迹

(引自 Macleod H A. *Optica Acta*, 19, 1-28, 1972)

在这一监控系统中,任意单独膜层的厚度误差是先镀膜层的误差补偿与膜层自身固有误差的组合。在解释是否可以成功制成滤光片时,膜层厚度误差的大小可以极大地引起误导。例如,在图 13.12 中,一些膜层厚度误差的量级达到 50%,可是滤光片的特性是全部有效的。

在决定转向值时反射率和透射率的误差实际上是一个重要的特性。可以推导出反射率和透射率误差与最终的滤光片的性能降低相互关系的理论表达式[44],这个分析包括评估每一膜层对误差敏感度,表明哪些膜层在监控中需要万分小心。这些不同于 Lissberger[36,37] 提到的厚度敏感度。对于高折射率腔,腔下面的低折射率膜层有最大敏感度;而对于低折射率腔,腔本身具有最高的敏感度。这一分析的特点是,它证明了对于特定的误差大小,存在这样一点,在此处带宽的改善不是因为膜层数的增加,因为误差效应的增加要比带宽的理论减小快得多。这样,如果要得到带宽减小,那么必须转向二阶或者更高阶的间隔层,这对应于实际中的发现。误差分析也表明,从监控的角度而言,高折射率腔比低折射率腔更受欢迎。在第 8 章中曾讲到高折射率的间隔层会降低角度敏感度、增大调谐范围。然而,对可见光区的滤光片而言,高折射率膜层的吸收损耗要比低折射率膜层的大,因此低折射率腔更加常见。

存在用来计算反射率、半宽度、峰值透射率的误差随决定极值的随机误差大小变化的关系式[44],但是对于大多数情况,计算机模拟就足够了。应当注意的是,补偿仅对一阶监控有效,二阶监控在保持峰值波长方面不是最有效的。我们可以理解，因为导纳图是完全不同的，因此补偿具有不同的性质。同样地，三阶监控不像一阶监控那么有效，并且尽管在峰值波长处的弥散量小于二阶监控中所得到的弥散量，但是这一弥散量是非常大的。

多腔滤光片在表现方面较为相似，但是有点复杂。已经证实，各个法布里-珀罗滤光片的耦合层以一种非常独特的方式对误差非常敏感。就这些膜层和单腔滤光片膜层之间的误差敏感度而言，对多腔滤光片各膜层的导纳图的初步检查，甚至是标准误差分析，都不会立刻揭示出任何明显的不同。进一步的研究发现，常常有一个转变发生在中心耦合层附近，这里厚度误差用相同的而不是相反的误差来补偿[46]。相关条件在图 13.14 中已描绘出来。第一膜层厚度的增长导致随后膜层厚度的增长，反之亦然。在每对腔之间，这种情况必须发生一次。结果表明，减小或者增加腔的相对间距会引起多峰特性曲线的出现。峰越显著，间距的相对误差就越大。其中一个峰值总是对应正常的中心波长，并且接近于理论透射率；其他峰值（对于两腔有一个峰，对于三腔有两个峰）根据特定误差的属性可以出现在主峰的任意一侧。如果双层膜中的第二层可以被独立控制，或者使其位于单独的监控片上，或者采用石英晶体监控，甚至是通过简单的时间监控，这种误差补偿就可以被破坏。同样有必要仍在常规监控片上进行沉积，这样可以使整个滤光片的补偿不被破坏[46]。

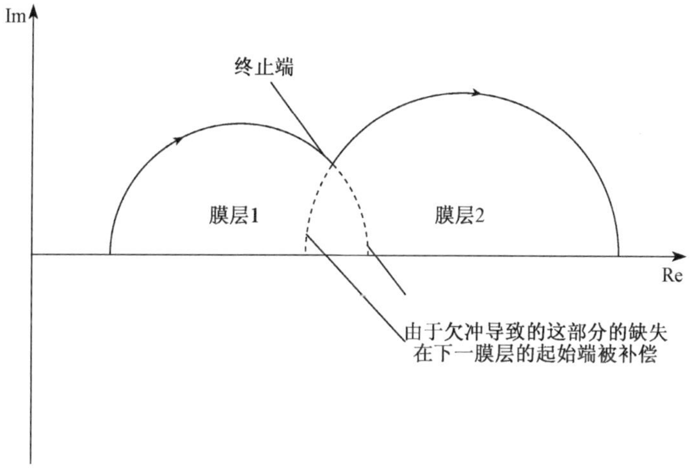

图 13.14　导纳圆位于实轴同侧时的误差补偿

（引自 Macleod H A and Richmond D. *Optica Acta*, 21,429-443, 1974）

在应用于通信的窄带滤光片的生产中出现了另外一个问题。图 13.15 所示为 10 套具有独立的随机厚度误差的密集波分复用滤光片的性能说明，这些误差取自于标准差为 0.003% 的无限正态总体。这会干扰滤光片的性能，达到说明书中所能接受的限制范围。我们已经在这一章中看到，极值监控的进行伴随着厚度误差的自动补偿，但是在一些情况下，特别是在那些高性能滤光片中，随机厚度误差也会有一定的影响。通过沿轴旋转蒸发源上方的基底，滤光片的均匀性将会得到保证。这些复用和解复用滤光片通常都非常小，通常为 1.4mm^2，所以在常规的生产中是在圆盘上制作一个相当大的滤光片，然后在镀膜后将其切割成较小的单元。

随着圆盘的旋转,偏离旋转中心的圆盘的不同部分将具有各种沉积速率。但是,每次完整的旋转都将使厚度有所增加,或故意调整使厚度增加,这样来使从圆盘切割的滤光片横跨多个通信信道。但是,不可能保证每个膜层都对应准确的转数。因此,在每层膜的沉积终止点都将会有随机误差,这与最后的部分转动相一致,且距旋转中心越远,部分转动越大。这里随机误差不能超过已确定的 0.003% 。为了解释,我们假定最大半径,是使得在一次完整的沉积中厚度的典型误差为 25% 。为了使误差不超过 0.003% ,转动的总数应为 0.25/0.00003,也就是 8333 个完整的旋转。假定单个 λ/4 厚度的沉积需要 5 分钟,则需要圆盘的旋转速度为每分钟 1700 转。这样的旋转速度对于生产通信滤光片的镀膜机来说是非常典型的。

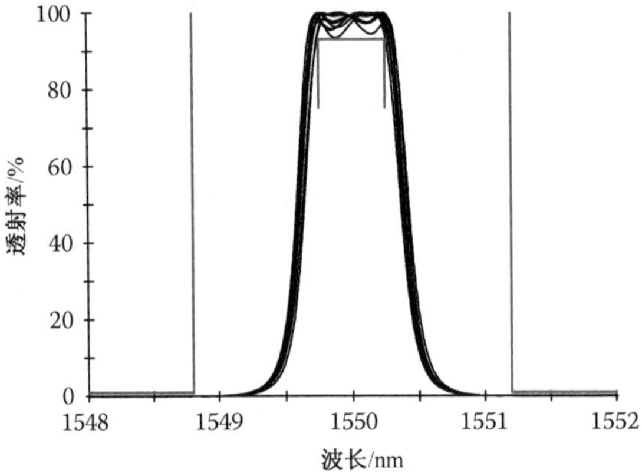

图 13.15　当膜层厚度的标准误差为 0.003% 时随机误差的影响
(在规格范围内受干扰的特性曲线用直线表示)

Pelletier 和他的同事们[47]从理论上研究了 maximètre 型监控系统在窄带滤光片生产中的行为。他们得出的结论正如我们所期待的:在单层膜的生产中,该系统的精度要远好于单波长系统。在对窄带滤光片监控时,在一个监控片上监控所有膜层存在一个类似转向值法的补偿方法,但是这种补偿方法在操作中更加复杂。在大多数膜层都具有较小的误差时,系统可以正常工作。但是在大多数膜层中存在较大的误差或者关键膜层中的小误差,这些误差会逐渐累积,这样会引起单腔滤光片带宽的急剧增大或者使多腔滤光片完全损坏。Pelletier 引入精度和稳定性这两个概念来描述这一行为。精度指的是特定膜层的误差,并不涉及整个多层膜系统。稳定性指的是随多层膜沉积的进行误差累积的方式。maximètre 系统的精度很好,且优于转向值法,但是在窄带滤光片的控制中稳定性非常差且能很容易变为完全不稳定的。因此,如果要利用该系统精度高的优点,则需要一个辅助方法来确保其稳定性。Macleod[48]曾研究了窄带滤光片和它的监控系统。

精度和稳定性的概念,以及它们两者不能确保彼此的这一发现,意味着采用不同的监控方法也许可以使这两种特性同时得到保证,这就产生了宽带监控的想法。在宽光谱区的许多波长处采用同时测量的方法,并且用一个可计算的品质函数来表示实际信号和理想信号的差异。品质函数可以当作监控信号, 当品质函数达到最小值时膜层沉积的终止信号。尽管完美的沉积应该保证品质因数的最小值为零,但在膜层折射率和均匀性中不可避免的误差将会干扰最后的结果。在监控特定元件如分束器时,这种宽带系统的精度和稳定性已通过计算机模拟研究, 发现了有效的误差补偿迹象[49]。除了上述讨论的定性理由外,对于这种补偿机制还没有理论解释,可能它只在一些特殊的场合中应用。

宽带监控的扩展对于系统来说是可行的,这样系统将会在先镀膜层误差测量的基础上被再次优化,并对设计膜层进行沉积,但是,也存在相当大的危险。这个过程最重要的方面是应该准确地表征误差,这种误差可能存在于厚度或光学常数中,或者两者兼而有之。如果不能准确地表征,最后的结果可能比缺少补偿机制更加糟糕[25,26]。不能认为这项技术可以消除对稳定的可重复材料的需求。

随着计算能力的提高,已有能力来模拟生产过程。这种模拟几乎总是采用蒙特卡罗模型,它可以在近乎实际的情况下来研究误差和容差。Macleod[50] 和 Clark[51] 给出了一些研究结果。这一技术最近被 Tikhonravov 等[52-54] 命名为“计算制造”。

我们可以用一个简单的例子来说明这种方法。例如,可见光和近红外区的长波通滤光片,它包含了总共 31 层二氧化硅和氧化钽膜层,作为四分之一波长的膜层排列在中间, 两侧都有 4 个膜层作为波纹压缩的匹配层,其理论特性如图 13.16 所示。

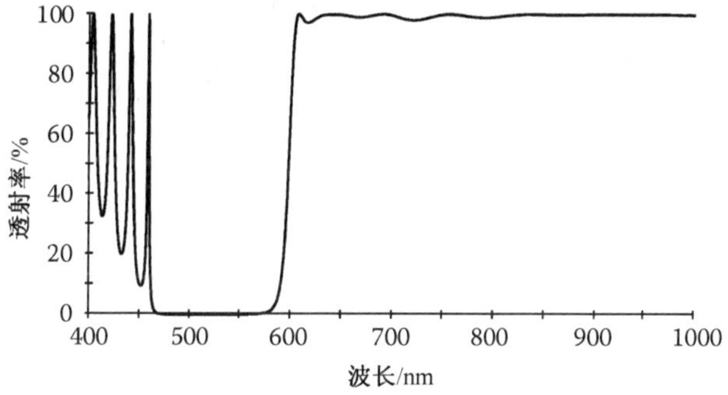

图 13.16　用来作为模拟练习的长波通滤光片的理论特性

对于这一练习,我们将限制该模型仅包含信号噪声。考虑透射率监控,我们假设透射率的标准差为 0.4% ,图 13.17 所示为模拟前两个膜层的信号,它可以说明噪声的水平。

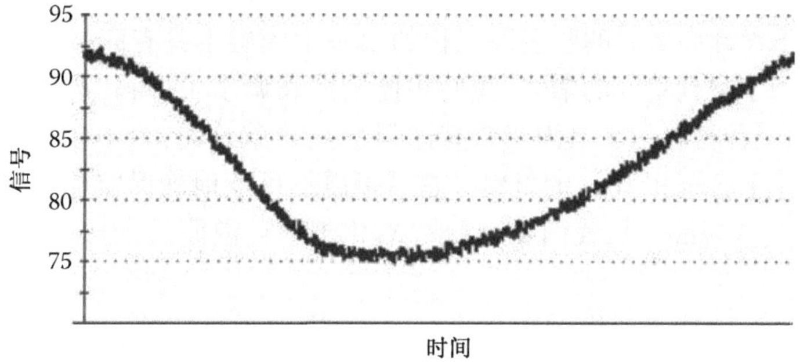

图 13.17　在条状记录纸上记录的长波通滤光片的前两个膜层的模拟监控信号

(引自 Thin Film Center Inc, Tuscon, Arizona, USA)

我们的首要任务是解读监控信号。因为保持反射率或透射率的精确校准较为困难,实际中的光学监控常常都要安排沉积终止点紧跟着信号极值点。沉积终止信号值确定为极值点后信号增加或减小值。因此,监控系统必须能够识别极值,并检测必要的过冲。在我们的模拟中,将使用简单明了的方法,这种方法被许多商业系统借鉴。含噪声信号将会产生许多极值,我们将通过引入等量的机械回差来选择出正确的极值。从某种意义上讲,一旦信号反转一个指定量,并且该指定量比信号的全部噪声干扰大,则系统将会接受一个极值。结果在识别时将会有延迟,而且延迟会随着噪声强度而增加。一旦极值以这种方法被确定,指定的过冲将会被应用到所接受的极值上以获得终止信号。于是,一旦达到该终止信号的电平,膜层就终止沉积,或者如果在实际中该信号值小于回差,则沉积也会立即停止。图 13.18 说明了这种方法。噪声暗示着极值的检测将会较晚,但是指定电平的终止信号将趋于较早出现。

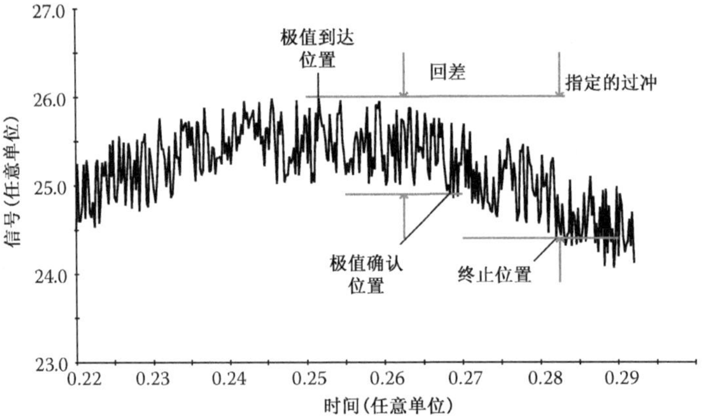

图 13.18　信号上的噪声意味着大量的局部极值

(当信号反转一个指定量,并且该反转量大于由噪声引起的总漂移时,则正确极值的出现位置将会被找到。一旦找到极值点,指定的过冲将用来获取信号的正确终止值)

接下来我们需要决定监控过程。如常规操作一样,我们将使用多个监控片并且最初选择每个监控片四个膜层。理想情况下,监控片上的第一层膜应具有高折射率,以增强信号。可喜的是,在这种情况下设计中最后的膜层即沉积的第一个膜层也具有高折射率。设计的参考波长为 523nm,但是为了得到更好的信号,我们将监控波长调至 450nm,选择光谱带宽为 10nm,并且增大镀膜机内两种材料的工具因子使其达到 1.1,也就是说,为了在这一部分达到正确的厚度,必须在监控片上多沉积 10% 的材料。这就可以尽可能地确保监控信号在沉积终止前出现极值。当波长超过 450nm 时,我们要“翻越”氧化钽的色散曲线,但是因为没有特殊的蒸发源,结果徒劳无功。

对于这样的练习,蒙特卡罗模型独立运行 10 次通常是足够的。这种特殊模型的第一个 10 次运行的结果如图 13.19 所示,通带特性不好并且结果不能被接受。模拟的优势在于可以检验所有可获得的设计,我们能很快地确定问题在于沉积的前 4 个膜层的第一个光控片。第二对膜层受第一对膜层所积累的误差的不利影响。用两个光控片替代第一个光控片,则每一

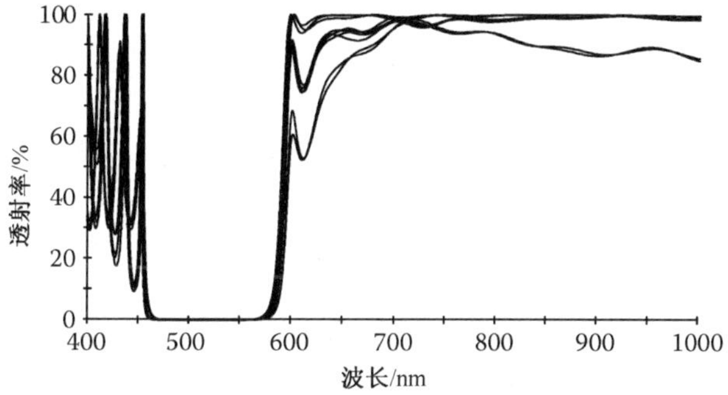

图 13.19　在模拟滤光片的构建中,第一次尝试导致通带的特性不佳
(引自 Thin Film Center Inc, Tuscon, Arizona, USA)

个光控片只有两层膜,这样可以得到成功的监控安排,如图 13.20 所示。由达到监控值的噪声引起的膜层的固有缩短已将边缘波长稍微向短波移动,这在图 13.20 中很难发现。在实际操作中通过增大监控波长可以很容易进行修正。

这确实是一个非常简单的例子,改变工具因子、改变温度、噪声随时间变化等,都可以很容易地模拟,这使得设计过程包括元件模拟都很容易实现。

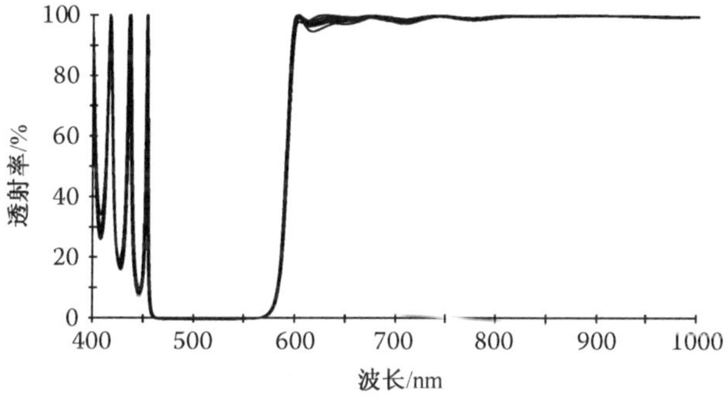

图 13.20　通过将前 4 层膜的一个光控片变为两个双层膜光控片来解决问题
(现在运行 10 次可以得到令人满意的特性。引自 Thin Film Center Inc, Tuscon, Arizona, USA)

石英晶体监控看起来不可能具有有效的补偿,它在监控中测量的是质量而不是光学厚度。然而,利用简单宽带监控系统模拟减反射膜的沉积过程,将光学监控与石英晶体监控作对比,结果显示,石英晶体监控绝不比光学监控差[50]。石英晶体监控和光学监控的相对优点形成了一个有争议的话题,并且已发表的对石英晶体监控的研究结果令人印象深刻[55,56]。显然,窄带滤光片如果需要控制峰值波长,则需要直接的光学监控,但是石英晶体监控则适合其他大多数滤光片。一般认为,根据直觉,石英晶体监控最适合元件相同、批次连续的滤光片的生产。对于每次制备不同薄膜类型的单一流水线,光学监控更受欢迎。光学监控还在远红外滤光片生产中优先采用,这时在每次镀膜过程中要沉积非常厚的材料。

参考文献

[1] Holland L and Steckelmacher W **1952** The distribution of thin films condensed on surfaces by the vacuum evaporation method *Vacuum* **2** 346-364

[2] Behrndt K H 1963 *Thickness uniformity on rotating substrates*, in *Transactions of the 10th AVS National Vacuum Symposium* (London: McMillan) 379-384

[3] Knudsen M 1915 Das Cosinusgesetz in der kinetischen Gastheorie *Annalen der Physik*, *4th Series* **48** 1113-1121

[4] Jancke E and Emde F 1952 *Tables of Higher Functions* ed 5th (Leipzig: Teubner)

[5] Keay D and Lissberger P H 1967 Application of the concept of effective refractive index to the measurement of thickness distributions of dielectric films *Applied Optics* **6** 727-730

[6] Graper E B 1973 Distribution and apparent source geometry of electron-beam heated evaporation sources *Journal of Vacuum Science and Technology* **10** 100-103

[7] Richmond D 1976 *Thin film narrow band optical filters* PhD Thesis Newcastle upon Tyne Polytechnic

[8] Ramsay J V, Netterfield R P, and Mugridge E G V 1974 Large-area uniform evaporated thin films *Vacuum* **24** 337-340

[9] Holland L 1956 *Vacuum Deposition of Thin Films* (London: Chapman and Hall)

[10] Mattox D M 1978 Surface cleaning in thin film technology *Thin Solid Films* **53** 81-96

[11] Lee C C 1983 *Moisture adsorption and optical instability in thin film coatings* PhD Dissertation University of Arizona

[12] Cox J T and Hass G 1958 Antireflection coatings for germanium and silicon in the infrared *Journal of the Optical Society of America* **48** 677-680

[13] Banning M 1947 Practical methods of making and using multilayer filters *Journal of the Optical Society of America* **37** 792

[14] Polster H D 1952 A symmetrical all-dielectric interference filter *Journal of the Optical Society of America* **42** 21-25

[15] Billings B H 1950 A birefringent frustrated total reflection filter *Journal of the Optical Society of America* **40** 471-476

[16] Perry D L 1965 Low loss multilayer dielectric mirrors *Applied Optics* **4** 987-991

[17] Behrndt K H and Doughty D W 1966 Fabrication of multilayer dielectric films *Journal of Vacuum Science and Technology* **3** 264-272

[18] Giacomo P and Jacquinot P 1952 Localisation précise d'un maximum ou d'un minimum de transmission en fonction de la longeur d'onde. Application à la préparation des couches minces *Journal de Physique et le Radium* **13** 59A-64A

[19] Ring J 1957 PhD Thesis University of Manchester

[20] Lissberger P H and Ring J 1955 Improved methods for producing interference filters *Optica Acta* **2** 42-46

[21] Hiraga R, Sugawara N, Ogura S, and Amano S 1974 Measurement of spectral characteristics of optical thin film by rapid scanning spectrophotometer *Japanese Journal of Applied Physics* 689-692

[22] Borgogno J P, Bousquet P, Flory F, Lazarides B, Pelletier E, and Roche P 1981 Inhomogeneity in films: limitation of the accuracy of optical monitoring of thin films *Applied Optics* **20** 90-94

[23] Flory F, Schmitt B, Pelletier E, and Macleod H A 1983 Interpretation of wide band scans of growing optical thin films in terms of layer microstructure *Proceedings of the Society of Photo-Optical Instrumentation Engineers* **401** 109-116

[24] Sullivan B T and Dobrowolski J A 1992 *Optical multilayer coatings produced with automatic deposition error compensationin Optical Interference Coatings Tucson*, *Arizona* Optical Society of America 278-279

[25] Sullivan B T and Dobrowolski J A 1992 Deposition error compensation for optical multilayer coatings. 1. Theoretical description *Applied Optics* **31** 3821-3835

[26] Sullivan B T and Dobrowolski J A 1993 Deposition error compensation for optical multilayer coatings. II. Experimental results: sputtering system *Applied Optics* **32** 2351-2360

[27] Ristau D, Ehlers H, Gross T, and Lappschies M 2006 Optical broadband monitoring of conventional and ion processes *Applied Optics* **45** 1495-1501

[28] Dligatch S and Netterfield R P 2007 *In-situ Monitoring and Deposition Control of a Broadband Multilayer Dichroic Filterin Optical Interference Coatings* Optical Society of America WC4, 1-3

[29] Zoeller A, Boos M, Goetzelmann R, Hagedorn H, and Klug W 2005 Substantial progress in optical monitoring by intermittent measurement technique *Proceedings of the Society of Photo-Optical Instrumentation Engineers* **5963** 59630D 1-9

[30] Wajid A 1992 *Measuring and controlling deposition on a piezoelectric monitor crystal* US Patent 5,112,642

[31] Riegert R P 1968 *Optimum usage of quartz crystal monitor based devices* in *IVth International Vacuum Congress Manchester* Institute of Physics and the Physical Society 527-530

[32] Spencer A G 1997 *Precision optical coatings from express ophthalmic coaters* in *40th Annual Technical Conference Proceedings New Orleans* Society of Vacuum Coaters 259-265

[33] Pervak V, Tikhonravov A V, Trubetskov M K, Pistner J, Krausz F, and Apolonski A 2007 Band filters: two-material technology versus rugate *Applied Optics* **46** 1190-1193

[34] Gibson D R, Brinkley I, Waddell E M, and Walls J M 2008 Closed field magnetron sputtering: new generation sputtering process for optical coatings *Proceedings of the Society of Photo-Optical Instrumentation Engineers* **7101** 710108-1-710108-12

[35] Heavens O S 1954 All-dielectric high-reflecting layers *Journal of the Optical Society of America* **44** 371-373

[36] Lissberger P H 1959 Properties of all-dielectric filters. I. A new method of calculation *Journal of the Optical Society of America* **49** 121-125

[37] Lissberger P H and Wilcock W L 1959 Properties of all-dielectric interference filters. II. Filters in parallel beams of light incident obliquely and in convergent beams *Journal of the Optical Society of America* **49** 126-130

[38] Giacomo P, Baumeister P W, and Jenkins F A 1959 On the limiting bandwidth of interference filters *Proceedings of the Physical Society* **73** 480-489

[39] Baumeister P W 1962 Methods of altering the characteristics of a multilayer stack *Journal of the Optical Society of America* **52** 1149-1152

[40] Smiley V N and Stuart F E 1963 Analysis of infrared interference filters by means of an analog computer *Journal of the Optical Society of America* **53** 1078-1083

[41] Smith S D and Seeley J S 1968 *Multilayer filters for the region* 0.8 *to* 100 microns Final Report on Contract AF61 (052)-833 (Air Force Cambridge Research Laboratories)

[42] Ritchie F S 1970 *Multilayer filters for the infrared region* 10-100 *microns* PhD Thesis University of Reading

[43] Yule G U and Kendall M G 1958 *An Introduction to the Theory of Statistics* ed Fourteenth (London: Charles Griffin & Co, Ltd)

[44] Macleod H A 1972 Turning value monitoring of narrow-band all-dielectric thinfilm optical filters *Optica Acta* **19**

1-28

[45] Bousquet P, Fornier A, Kowalczyk R, Pelletier E, and Roche P 1972 Optical filters: monitoring process allowing the auto-correction of thickness errors *Thin Solid Films* **13** 285-290

[46] Macleod H A and Richmond D 1974 The effect of errors in the optical monitoring of narrow-band all-dielectric thin film optical filters *Optica Acta* **21** 429-443

[47] Pelletier E, Kowalczyk R, and Fornier A 1973 Influence du procédé de contrôe sur les tolérances de réalisation des filtres interférentiels à bande étroite *Optica Acta* **20** 509-526

[48] Macleod H A 1976 Thin film narrow band optical filters *Thin Solid Films* **34** 335-342

[49] Vidal B, Fornier A, and Pelletier E 1978 Optical monitoring of nonquarterwave multilayer optical filters *Applied Optics* **17** 1038-1047

[50] Macleod H A 1981 Monitoring of optical coatings *Applied Optics* **20** 82-89

[51] Clark C and Macleod H A 1997 *Errors and tolerances in optical coatings* in 40*th Annual Technical Conference Proceedings New Orleans* Society of Vacuum Coaters 274-279

[52] Tikhonravov A V and Trubetskov M K 2005 Computational manufacturing as a bridge between design and production *Applied Optics* **44** 6877-6884

[53] Tikhonravov A V, Trubetskov M K, and Amotchkina T V 2006 Investigation of the effect of accumulation of thickness errors in optical coating production by broadband optical monitoring *Applied Optics* **45** 7026-7034

[54] Tikhonravov A V, Trubetskov M K, and Amotchkina T V 2006 Statistical approach to choosing a strategy of monochromatic monitoring of optical coating production *Applied Optics* **45** 7863-7870

[55] Pulker H K 1978 Coating production: new ideas at a time of demand *Optical Spectra* **12** 43-46

[56] Laan C J v d and Frankena H J 1977 Monitoring of optical thin films using a quartz crystal monitor *Vacuum* **27** 391-397

第 14 章　滤光片规格与环境影响

理想情况下,如果滤光片的制造是为了满足用户的特定应用,则用户要求的滤光片性能、设计、制造和测试方法都应该被明确规定,这些细节组成了滤光片规格的不同方面。

对于建立光学滤光片或薄膜的规格说明还没有一种标准的方法,这一问题与其他器件面临的问题大致相同。需要考虑的主要有三个方面:第一,性能指标,主要列举滤光片所需性能的详细信息,这通常是用户指标;第二,生产指标,这主要是定义滤光片的设计结构并详述滤光片制作过程中所涉及的步骤;第三,测试指标,它规定必须在滤光片上进行的测试来保证达到性能要求。后两个方面要求则是操作者主要关注的。在接下来的章节中,将会提到一些比较重要的方面,但这不能作为规格编写的一份完整的指导,因为其本身是一个独立的话题。

光学滤光片规格主要分为两个部分:一部分侧重光学特性,另一部分侧重物理和环境特性。我们首先要关注的是光学特性。

14.1　光学特性

14.1.1　性能指标

滤光片的性能指标是使用一种语言对滤光片性能进行必要的描述,且所用说明语言可以被系统设计者、用户、滤光片制造者等很容易地理解。有时滤光片生产者会根据滤光片可实现的性能进行编写,可能为了用户,或者并没有明确应用的标准产品目录,这里我们不讨论后者。在大多数情况下,性能指标常常是由系统设计者来编写的。为了从系统中获得理想的性能,设计者会在指标中描述滤光片所要求的性能。在编写这样的指标时,首先必须回答一个问题:滤光片是用来做什么的?滤光片的目的必须被清晰准确地确定下来,并且这将会是编写工作的基础。对于如何具体说明性能详情,确实没有系统的方法。有时,滤光片所应用的系统性能必须达到一定的水平,否则在进一步的说明中将会没有着重点。滤光片的性能要求应该可以很容易地确定下来,但是,这常常不是一件容易的事情。对于性能来说,不存在绝对的要求,性能应该在复杂性或可能价格的允许范围内尽可能的高。在这种情况下,系统采用不同性能的滤光片,其性能必须与它的造价、复杂性,以及能否对合理情况做出判断相平衡。最终的指标将会是所要求的情况与可实现的情况的折中。这常常需要输入大量的设计和制造信息,并且要使用户和制造者紧密沟通。需要记住的是,不能满足实践应用的规格指标仅仅只是学术兴趣。

这里举一个例子,让我们来简要地思考这个问题:在连续谱中如何获得一条谱线。很明显,需要的是窄带滤光片,但是需要什么样的带宽和什么类型的滤光片呢?滤光片透射的谱线能量主要取决于其峰值透射率(假设在问题中滤光片的峰值位置总可以调整到谱线),而连续谱的能量将取决于透射率曲线下方的总面积,包括远离峰值的波长截止区。通带越窄,则谱线与连续谱的对比度就越高,特别是随着通带的变窄,一般会提高截止度。然而,由于通带的变窄会增加制造的困难,所以通带越窄,造价会越高;并且由于进一步增加光非准直性的敏感度,所以也会使得可允许焦比变大。这里的后一点意味着,对于相同的视场,拥有较窄带宽的滤光片必须做得更大,这样可以使用较大的焦比,但这会增大制作难度和整个系统的复杂性。另一个提高滤光片性能的方法是增大通带的边缘陡度但仍然保持相同的带宽。一个矩形的通带形状与具有相同半宽度的简单法布里-珀罗滤光片相比,有更高的对比度,并且该通带有一个额外的优势是,远离滤光片峰值的截止度也会变得更大。通过 1/10 带宽或 1/100 带宽描述,这一边缘陡度可以被确定。同样地,边缘越陡,制作越困难,并且造价越高。

由于滤光片像其他任何人造产品一样,不能制造得完全符合说明书的规范,因此一些允许值必须说明。对于窄带滤光片,应该给定容差的主要参数是:峰值波长、峰值透射率和带宽。因为几乎在所有的应用中都是峰值透射率越高越好,通常说明它的下限就足够。对于峰值波长容差主要有两个方面。第一,在滤光片表面上峰值波长的均匀性。在薄膜上总会有一些变化,尽管非常小,但必须给出一个限度。这一影响效果与我们在 8.2.4 节中讨论的入射光锥相似,通常最好在规格中限定均匀性误差,使其不超过半宽度的三分之一。第二,在滤光片的整个区域上测量平均峰值波长的误差。这个允许值常常是正的,因此滤光片总是可以通过倾斜来调整到正确波长。对于给定的带宽,在任何应用中所允许的倾斜量将在很大程度上由系统的孔径和视场来决定,因为随着倾斜角的增大,滤光片所能接受的入射角的全部范围会下降。

滤光片的带宽也应该被规定,并且给予其一个允许量,但是因为非常准确地控制带宽很困难,通常不能够将带宽限制得非常严格,并且允许量应该尽可能的宽,一般来说,不小于标定值的 0.2 倍,除非对它有特殊要求。

在光学性能指标中另一个重要的参数是截止区的截止度,这一参数可以通过多个不同的方式来定义,或者是整个范围内的平均透射率,或者是整个范围内任意波长的绝对透射率,它们都可以给出一个上限。第一种常常应用在干扰源是连续光谱的情况,第二种应用于线源,在这种情况下,所应用的波长如果是已知的,则应该说明。

另一种完全不同的滤光片性能的说明方法是绘制透射率随波长变化的最大和最小包络,滤光片的性能一定不能落在包络所覆盖的区域之外;重要的是对滤光片的接受角也应该作出说明。这种类型的指标要比上面提到的第一种更加明确,然而,这种指标说明存在一个不足,那就是当用平均值可能刚好的时候,该方法用绝对的方式对每个环节进行描述,这就可能显得非常苛刻。进一步来看,我们不可能设计一种测试来确定滤光片是否符合这种类型的绝对指标,测试仪器的有限带宽最后都会影响。因此,如果要用这种方法来描述滤光片,建议包括一个注释,也就是在每一波长上所描述的滤光片性能是一定间隔上性能的平均。

一般来说,关于光学性能指标的描述已经几乎不用再补充了。在任何一种应用中,这些因素将会表现出不同的重要性,并且每一种情况在很大程度上必须从它们自身的目标来考虑。很明显,在这一领域,重要的是系统设计者与滤光片设计者的工作紧密结合起来。

14.1.2　制作指标

现在我们应该简单地考虑制作指标，该指标包括滤光片设计和一些制作方法的详细内容。在大多数情况下，这种指标是为了机器操作者的使用。

首先，滤光片的设计包括给出所用的薄膜材料。大多数滤光片包括不超过三种不同的薄膜材料，这些材料分别具有低、中、高的折射率。设计常常以参考波长 λ_0 的四分之一波长光学厚度来进行编写，符号分别为 L、M、H。典型的设计可以写为

$$L|Ge|LHLHHLH \qquad L = ZnS \qquad H = Ge$$

$$M|Si|MHLHHLH \qquad L = CaF_2 \qquad M = ZnS \qquad H = Ge$$

基底用符号 Ge 和 Si 来表示。接下来，应该写出制备的细节，这些包括将被用到的监控方法，主要有监控波长、信号形式及其他重要的细节，如基底温度、特殊类型的蒸发源等。我们将会发现，将整个制作参数用表格的形式来安排是非常有用的，这样可以作为清单分发给机器操作者。应当鼓励操作者仔细观察机器的运行，这样可以在早期阶段发现其缺点或不正常，并且这种方法有助于操作者将自己想列举的意见写在表格中适当的地方。我们也发现给每一批次生产的滤光片一个不同的批次号是非常方便的。一旦滤光片被生产出来，操作者可以将已完成的指标表格装订，形成机器工作日志。附加的信息如泵的性能也可以在图表中记录，从设备维护的角度而言，这一步是很有用的。

为了计算的目的，关于入射介质是应该在设计表格的顶端还是低端没有统一的意见。然而，对于制造来说，第一沉积膜层必须紧挨着基底，并且在制作说明表格中，通常是从紧挨着基底的最内层到最外层依次将膜层列出。

软件可以帮助建立制作指标，特别是监控信号的先后顺序。在一些情况中，这些可以自动反馈给沉积控制者，所以打印版可以简单地作为参考和记录保存。

14.1.3　测试指标

也许最重要的指标是测试指标，这是指在滤光片上完成的整套测试，以便测试其性能。应该记住的是，尽管滤光片是被设计来满足一定的特殊性能，但只有在测试指标中记录的性能是在实际中可以得到保证的性能。很显然地，测试指标必须按照性能指标的要求来编写。事实上，描述滤光片的性能可能是非常简单的，就是让其通过合适的性能测试一样。有时，我们会发现测试指标是一个宽泛的文件，甚至有时用户的性能指标也将作为测试指标。如果这样的话，一些人会理解用性能指标来决定将被应用的测试，因此在编写中包含测试和解释方法常常会比较好。

在任何测试说明书中，首先最重要的是关于性能或者制作、采用的测试设备类型的明确陈述。这确保在必要的情况下结果可以重复，即使是远离原始测试点。接着，各种测试及其可接受水平才能够被确定下来。

在这类如均匀性等因子的测量中，相关测试和解释方法是非常重要的。利用常规的测试方法是不可能得到绝对的均匀性的。在薄膜中每一个点的性能必须用一个极微小的测量光束

来测试。通常简单和满意的方法是用一定面积的测量光束在滤光片的中心区域和圆周周围四个相近的等间隔区域检查其性能,如峰值波长。在五次独立的测试中,滤光片的差异可以认为是峰值波长,或者其他性能属性的差异。测量中用到的光谱仪也有一定的带宽并且滤光片的带宽要比它小,一般来说滤光片的这种特性不会被识别,这尤其会出现在截止度测量中。截止度测量常常必须在非常宽的范围中进行,为了在合理的时间内完成测量,必须有一个快速的扫描速度,这反过来需要一个较宽的带宽。我们在一定区域上将测量值取平均,如果被截止的能量是谱线而不是连续光谱,则这种结果是不符合要求的。在这种情况下,谱线应该被标定,并且这些测试应包括在确定的谱线处更仔细的测量。Bousquet 和 Richier[1] 提出了一种利用傅里叶变换光谱仪测量滤光片截止度的技术。尽管这项技术很难应用在可见光波段,但红外波段的商用傅里叶变换光谱仪使得将该技术应用于红外滤光片是可行的。

当然,不可避免的是,在每一个独立的滤光片上进行的测试量越大,滤光片的价格就越贵。低价格标准滤光片的性能测试主要根据批次进行,且在每一个独立的滤光片上仅需要检查很少的细节。我们需要在头脑中形成这样的观点,预期客户从一份产品目录中购买一个标准的滤光片,其最好性能水平不能由单一给定的滤光片得到绝对的保证。由于价格因素,我们不可能进行除了基本测试以外的其他性能测试。

目前为止,我们讨论了滤光片的直接可测量的光学性能,但是仍有一些物体的自然属性相当难以测量,这些与薄膜和基底的质量和加工有关系。对于任何光学工作组件,基底都是会被详细描述的,如表面的面形、抛光程度和允许的玷污、光洁度等,这里我们不应该进一步考虑基底。有一个指标 MIL- E13830A,特别是在美国被广泛使用,这为包括基底在内的光学元件提供了一套有效的标准。

镀膜的质量可以通过是否存在缺陷来衡量,如针孔、污点、溅射标记及未镀膜的区域。针孔的重要性主要有两个原因。第一,它们实际上是很小的未镀膜区域或者部分未镀膜区域,这些区域将会使额外的光线透射截止区,从而降低滤光片的整体性能。第二,特别是对于可见光区的滤光片,这些不足会影响整体的美观。实际上,与它们在实际中对性能的影响相比,它们使外观看起来更糟。除了单纯的外观判断,我们可以根据一定尺寸单位面积上给定的最大数值来确定针孔的允许大小,这个最大数值是通过计算滤光片截止度降低到一个给定数值时的针孔数目。为了计算这一数值,必须对将会随时用到的滤光片的最小面积进行假定。这主要取决于实际应用,但是当在这一方面缺少明确的信息时,合适的数值是 5mm ×5mm。很明显,这一面积越小,最大针孔的数目便越小。当然,在任何滤光片中,针孔的实际计算将涉及高昂的劳动量,在实际中将滤光片与参考样本相比较,对于可见光滤光片进行测量常常是视觉上的。一个含有灯箱的简单固定支架可以很容易地建造起来,在其上面放置许多滤光片,可以和参考样品比较判断是否符合要求。对于透明基底上的红外滤光片,这一方法仍然可以使用,但是对于在不透明基底上的滤光片,则更容易的是测量其实际的截止性能。

溅射痕迹是由从蒸发源喷出的材料碎片造成的。一般而言,它对光学性能几乎没有影响,除非数量巨大。一个重要风险是材料碎片可能掉落而出现针孔。有时溅射过程可能会引起节瘤的增长从而带来相关问题(见第 12 章),或者如果大量的溅射碎屑存在,散射损耗可能会增大。就像控制针孔一样,这种情况是可以控制的,但是因为镜面反射光学性能几乎不会被影响到,除非溅射痕迹的数量非常大,决定允许值的方式常常是主观的。如果溅射产生了针孔,这些针孔将单独处理。通常指标中会陈述:无裸眼可见的溅射痕迹,但是这种描述非常模糊,特别是当检查员没有光学经验的时候。当用户的检查员用镜片来辅助裸眼进行检测时,用户和制造商之间的分歧可能会产生。当它能够像测试针孔一样采用同样精确的方法时,最好的途径是将测试与双方商定的参考样品相关联。

很多方法都能够引起污点,最常见的原因是基底不合格。一种常见的污点类型是由光学加工中的缺陷造成的,特别是包含减反射(增透)膜时。抛光过程包括通过材料的移动来平整表面的不规则。如果抛光之前的研磨太粗糙,在随后的抛光中更深的坑将会被材料填充。尽管肉眼看上去抛光显得完全令人满意,但这种填充仅仅是很松散的黏合于表面。在对表面加热和镀膜时,这种较差的黏附材料会掉落,在表面上留下斑块,并且常常会有较为明显的边界。这种类型的污点的唯一补救方法就是提高抛光技术。其他污点可能是由于基底清洁造成的。如果允许水或者酒精在表面自然风干,则会留下水印。在整个清洁过程中,表面上的小水滴应该通过最后的蒸发清洁阶段除去,或者通过洁净的空气吹干(千万注意要保持空气的洁净度并且不能含有油脂),或者利用洁净的纸或抹布拭干。水滴是坚决不允许在表面自然风干的,除非是非常严重的情况。污点通常不会影响光学性能(除了在一些性能要求非常高的元件中,如法布里-珀罗干涉仪或者激光镜片中),这种判断的基础是主观的。

最后,在镀膜期间滤光片必须固定在夹具上,这样至少存在一些未镀膜区域。在滤光片的外围,这些区域通常呈环状形式,大概有 0.5mm 宽。在薄膜的最边缘处会形成一个微小的锥形,这是允许的。这个锥形与未镀膜区域结合形成一个大约 1.0mm 宽的条带。未镀膜区域实际上起到积极的作用,因为机械装置能够控制这一区域而不会破坏薄膜。在边缘附近的损坏是危险的,因为分层剥落常常从这里开始。在夹具旋转过程中如果基底发生振动可能会引起这类缺陷。未镀膜区域不应该出现在滤光片合适的边界区域内,当出现时,则是附着失败的标志,这种失败可能会再次发生。这可能是由于基底污染或者水分渗透引起的黏附性减弱造成的,在第 11 章和第 12 章中有详细的介绍,但是这也常常会造成元件的报废。气泡,实际上是同一种缺陷的略微不同的版本,也会引起直接报废。

14.2　物理性质

就我们所关心的滤光片的物理性质而言,主要有两个方面。第一,滤光片的尺寸大小必须符合要求。这纯粹是一个机械允许量的问题,这里不做深入讨论。第二,滤光片必须具有尽可能大的承受力,能够接受工作中的操纵和抵抗任何来自环境的干扰。薄膜耐用性的评价将在这里详细讨论。

在定义和测试薄膜的耐用性时经常用到的方法是将性能和测试指标结合起来。我们建立一系列的受控测试,这些条件可能会符合实际生产的要求。随后定义性能为通过特定测试的能力,这就避免了在建立一个通用的性能指标时所面临的困难。

在光学性能测试和我们将要讨论的问题之间存在一个基本的不同。光学测试中除了激光损伤阈值外，通常在性质上没有任何损坏，但薄膜耐用性测试是有损坏的。滤光片在测试中故意引起一些损坏，如果损坏的程度或者可以被检测到的损坏点能够测量，则其可以作为滤光片耐用性的量度。因此不可能在向用户提供的实际滤光片中进行全部系列的测试，并且采用批次测试也是很正常的。在制造的同一批次的滤光片中，随机选择一个或者两个进行测试。假设我们发现这些测试滤光片是可以接受的，则认为整个批次是符合要求的。当然这种装置对镀膜器件来说并不是特有的。这种批次测试的另一个方面是我们熟知的典型测试。通常，如果大量的滤光片全部都是相同的类型和特征，则需要从一些生产批次中选择一个滤光片样品，对其进行一系列大量的和非常严格的测试。假定测试结果可用于这种滤光片的所有产品，一旦滤光片通过这种类型的测试，正常的生产测试量就会大幅度下降。最重要的是，一旦这种测试成功，则对于生产过程来说就不会有随后的变化，即使是很小的特性，否则这种测试将变得无效。

14.2.1　耐磨性

暴露的表面上的薄膜，如在透镜上镀减反射膜，可能要求随时都要保持清洁。在使用抹布或者镜头纸等材料进行清洁时，通常包括某种摩擦。透镜的表面常常会有灰尘或者颗粒，在摩擦处理前不可能将其移除。这种处理方式会引起磨损，重要的是暴露表面要有尽可能高的耐磨性。关于耐磨性的绝对测量方法是不容易建立的，因为很难用绝对的语言对其进行定义。所采用的方法是在受控条件下将会再产生磨损，这类似于在实际操作中所造成的磨损一样，并且这种磨损会非常严重。薄膜所能承受的这种处理的程度在实际应用中对其性能具有指导作用。英国 Sira 研究所(前身为英国科学仪器研究协会)就标准化这种测试并进行了大量的研究。他们的方法包括利用橡胶制成一个标准垫，其中装有金刚粉。利用精确的负载，该标准垫沿表面拉伸，通常对 $5\mathrm{lb/in^2}$($1\mathrm{lb/in^2}=7.03070\times10^2\mathrm{kg/m^2}$)的负载拉伸次数为 20 次。这些工作直接用于评价在可见光波段应用的单层氟化镁减反射膜的性能。在上述给定的正常测试条件下，这种足够牢固的膜层并没有被损坏的迹象。然而他们发现耐磨性不仅与镀膜材料有关，而且与膜层厚度也有关系。一般来说，多层膜比单层膜更容易损坏，因此很有必要为每一种类型的薄膜建立一个新的标准。

美国军用指标 MIL-E-12397B，可追溯到 1954 年，直到现在仍在采用。这一指标详述了一个在测试薄膜光学元件时所用到的浮石研磨材料构成的擦除器。这种擦除器在许多包括磨损测试的美国军用指标中用到。一个重要的相关指标是 MIL-C-675C，这一指标严格地应用于单层氟化镁减反射膜，但也被作为宽波段光学薄膜(包括多层膜)的标准。尽管这是一个严格的军用指标，但它经常用在光学薄膜中。

来自不同批次的研磨垫很难达到完全相同的研磨性能。利用可能包含或者不包含研磨颗粒的衬垫进行类似的测试，该方法被广泛使用。利用粗糙的布甚至是钢丝绒进行类似的测试也是常见的。

可惜的是，通常这样的测试不能形成一种实际的耐磨性测量方法，只是仅仅能够决定一个给定的薄膜是否合格。因此，Holland 和 vanDam[2] 对一些更好的装置进行了研究。他们的测试所依据的原理是耐磨性的测量必须对薄膜有实际的损坏。损坏测试可以被认为是耐磨性测量。他们的方法是让薄膜受磨损作用的影响，这种作用在薄膜表面会随其强度发生变化，并且在其最强点处可以完全移除薄膜。磨擦过程一停止，就会发现薄膜被完全移除的点。当然，这种方法仍然是相对的，因为对于每一个薄膜组合必须建立不同的标准。但是，这种方法允许比较相似的薄膜的耐磨性测量，而先前的方法则是不能实现的。仪器装置如图 14.1 所示，它包括一个往复运动臂，其装载着一个直径为 0.25in(1in =2.54cm) 的 Sira 型研磨垫，负载为 5.5lb(1lb = 0.453592kg)。在测试中，研磨垫每冲击三次，装有测试样品的夹具近似旋转一次。研磨垫在样品的表面勾画出一系列的螺旋线，通过设计使研磨区域的直径大概为 1.25in。研磨采用从圆内到圆外强度逐渐降低的方式，并且当中心区域的膜层被完全移除而外部没有移除的时候开始进行测试。Holland 和 van Dam 研究发现大约 200 次冲击足以使氟化镁单层膜完成这样的测试。随后，他们用下面的公式定义了薄膜的耐磨性，即

$$w = (d^2/D^2) \times 100\% \tag{14.1}$$

式中，d 为圆的直径，圆中的膜层已被完全移除；D 为受到磨损的区域的直径，这一区域受到磨损。Holland 和 van Dam 特别研究了可见光区的单层氟化镁减反射膜这种情况，并且他们给出了不同条件下的有趣结果。

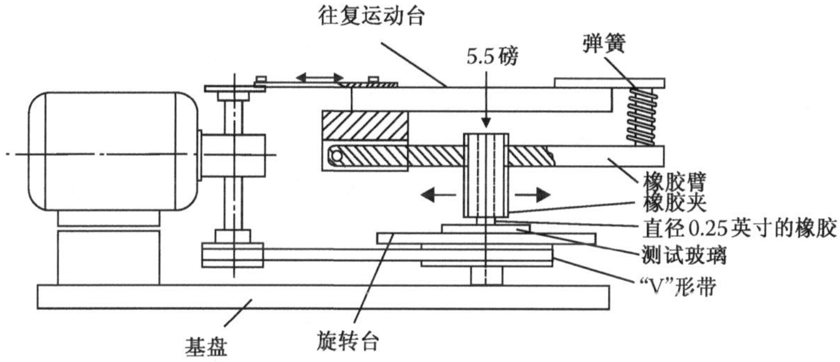

图 14.1　磨损测试仪的示意图
(往复运动台被两个水平的长条支撑，在图中没有显示出来。
引自 Holland L and van Dam E W. *Journal of the Optical Society of America*, 46, 773-777, 1956)

他们研究了许多不同的蒸发条件，包括入射角和基底温度。对于典型的在绿光波段具有增透作用的氟化镁薄膜，其耐磨性的常见值是 2～5，这依赖于具体的沉积条件。当基底的温度在蒸发期间达到 300℃，且在蒸发前通过辉光放电持续清洗 10 分钟，则可获得最佳效果。如果温度降低到 260℃或者只有 5 分钟的辉光放电清洗，则耐磨性会明显降低。他们还发现通过粗绒布(擦光用，光学清洗中常用的一种布)抛光或者沉积之后在空气中以 400℃的温度进一步烘烤，则薄膜的耐磨性会相应地增强。获得的另一个重要结果是在薄膜沉积过程中蒸气入射临界角的出现，大于临界角时耐磨性迅速下降。临界角随薄膜厚度而发生轻微的变化，但是当厚度超过 300nm 时，这一角度近似为 40°，并随厚度的减小而增大。

看来耐磨性测试从未在指标上达成共识。在生产中将其作为一种质量控制测试是非常有用的,特别是在质量降低到正常磨损测试水平以下之前,能够及时检测到质量的降低,这样在薄膜报废之前可以采取相应的补救措施。

14.2.2 黏附性

我们曾在第 11 章中讨论了黏附性,在最简单的黏附性测试中,一个具有黏附性的胶带黏在膜层表面并且撕开, 能否移除薄膜被用来说明薄膜对基底的黏附力是小于还是大于胶带对薄膜的黏附力。

如果想要获得一致的结果,在测试中采取一些预防措施是非常重要的。首先,胶带应该具有一致的剥离黏结比率,这在指标中应该说明。剥离黏结比率是通过在清洁的表面(通常为金属)黏贴一个新的胶带切片,然后沿表面法线平稳地将其拉起来测量。单位胶带宽度的拉力(通常用 g/in 表示)即为胶带的剥离黏结比率。用这种方法求得的比率通常与从薄膜涂层移除胶带所得的比率几乎一样。在应用测试中,一些注意事项是必需的。采用的应该总是新胶带,并且这种胶带能够牢固地黏附着膜层,只需施加很小的压力就能将其弄平整。胶带应该与表面成直角稳定缓慢地移走,决不能迅速拿走,否则会在薄膜上施加一个不可控制的冲击负载,并且会导致不一致的结果。在全部的测试中应该使用相同厚度的胶带。如果用具有相同剥离黏结比率的较厚胶带,测试结果可能会稍微不精确。但是胶带的宽度不影响测试。常用到的剥离黏结比率是 1200g/in。如果有必要,任何胶带的剥离黏结比率可以很容易地用弹簧秤来测得。由于显而易见的原因,该测试常被称为“透明胶带测试”。

这一测试的主要问题在于胶带与薄膜、薄膜与基底之间的黏附性质存在着很大的不同。胶带的黏附力相对小一些,但是因为黏附的延伸,黏附力的范围较大。薄膜与基底之间的黏附力很大,但是范围较小。因此,该测试是检测实际上不存在黏附性的区域而不是低于正常水平的区域。

在对黏附性的测试中,曾做过一些尝试来开发定量测试技术, 这些技术在第 11 章中有过详细的讨论。最简单和最直接的方法是直接拉动测试,指的是连接圆柱形针的平面端与膜层,紧接着测量将其拉起所需的力。假设膜层与针分离,则需要的拉力除以针的面积就是所测的黏附性。因为薄膜的黏附性的范围非常小,按照完全避免薄膜黏附的任何渐进龟裂的方式,几乎是不可能进行测试的,因此结果显示的黏附性通常低于实际水平。当然,在薄膜性能的测试中,这种测试结果的减小是一种比人为高估它更好的特性。

另一种可供选择的测试是划痕测试,其同样具有优势和不足。在这种测试中,一个负载测头以逐渐增大的负载划过膜层,在每一次冲击中,都会在显微镜之下检测膜层是否有损坏。膜层完全被移除时的负载被认为是黏附性的量度。在第 11 章中曾提到 Goldstein 和 DeLong[3] 方法,该方法就是利用显微硬度计作为划痕测试仪。

14.2.3 耐环境性

耐环境性是薄膜性能的另一个方面,常常也是非常重要的,它指的是薄膜器件遇到环境干扰时所表现的抵抗力。薄膜的耐环境性能中普遍重要的是它对湿度影响的抵抗力，但是根据实际应用，薄膜对其他方面的抵抗力也是非常重要的，如温度、振动和腐蚀性液体（如盐水）等。

有两种可能的方法。一种是滤光片在实际进行的测试中的运转令人满意，另一种是尽管滤光片的性能在实际的应用测试中欠佳，但要求其能承受测试条件而不造成任何永久的损伤。若考虑干涉滤光片，则后者是一种很普遍的方法。在这种情况下，因为耐环境性指标能够充分说明滤光片的性能不会永久地被应用测试条件所扰乱，所以被认为是“扰乱指标”。扰乱指标比其他类型的指标更容易应用，因为正常的性能测试设备可以在远离环境测试室使用。然而，薄膜的使用者需要意识到该指标本身的性质，它是可操作型的还是扰乱型的。

似乎所有的作用都可以造成损坏，空气湿度可能是最危险的。对于大多数应用，特别是一些不考虑极端环境因素的应用，我们发现将被测试的滤光片暴露在相对湿度为 98%±2%、温度为 50℃±2℃的大气环境中 24 小时就足够了。另外也常常会发现尽管膜层在这种测试中没有被移除，但它变软了。一般在黏附性和耐磨性测试前进行这项测试，随后再进行黏附性和耐磨性测试。

在设备和组件的环境测试方面，政府机构做了大量的工作，这就使得指标都等价于在许多严苛条件下，如热带和极地气候。这些指标包括英国关于飞行器装备的 DEF133 和 DTD1085，美国的相关指标有 MIL-C-675、MIL-C-14806、MIL-C-48497 和 MIL-M-13508。测试会随着指标的不同而发生变化，它包括暴露在周期超过 28 天的高湿度和高温度环境中的影响，暴露条件等价于尘埃风暴，暴露在霉菌腐蚀、振动、冲击中，以及暴露在盐、雾、雨和浸没在盐水中。对于薄膜来说，不可能总符合这些指标中的所有测试，并且如果薄膜被封闭在一个仪器中，则常常会做出妥协。湿度和暴露在盐、雾和水中是特别严格的测试。正常来说霉菌不会是薄膜的主要问题，不像它会对基底造成严重的影响一样。霉菌会对特定类型的玻璃造成损坏，在这种情况下，即使薄膜自身不受到腐蚀，它也会与基底一样受到影响。可能暴露在沙粒和尘埃中的大多数仪器都会被很好地密封，因为如果尘埃和沙粒进入的话，它们的性能会受到影响。因此，尘埃风暴通常只对仪器外表面暴露的元件构成威胁。

参考文献

[1] Bousquet P and Richier R 1972 Etude du flux parasite transmis par un filtre optique à partir de la détermination de sa fonction de transfert *Optics Communications* **5** 27-30

[2] Holland L and van Dam E W 1956 Wear resistance of magnesium fluoride films on glass *Journal of the Optical Society of America* **46** 773-777

[3] Goldstein I S and DeLong R 1982 Evaluation of microhardness and scratch testing for optical coatings *Journal of Vacuum Science and Technology* **20** 327-330

第 15 章　系统考虑:滤光片和薄膜的应用

薄膜滤光片或者薄膜很少单独使用，它们通常构成一个光学系统的组成部分,并且在将薄膜与系统一体化时会出现很多问题。有一个不好的趋势是将薄膜留到设计过程的最后,一旦设计的剩余部分已经冻结,试图集成薄膜就会出现一些严重的问题。薄膜仍有一定设计余量的时候，灵活的设计时,这种问题在研究薄膜集成的时候常常可以避免。

薄膜不能在任何表面都同样轻松简单地自动沉积。进一步来说,薄膜性能的一些容差是允许的。另外,薄膜的性能会随着入射角、温度和大气湿度的变化(除了高能沉积方式)而发生一些改变。薄膜常常具有明显的固有应变,且由此产生的应力能够引起薄膜的形变。如果具有干涉性质的基底不是足够厚,则在其上面产生的形变会非常明显。薄膜缺少均匀性也会引起问题,其中一些困难产生于薄膜特性如相位随波长快速变化的情况,宽带反射器常常具有这样的特性。如果薄膜是介质,薄膜缺少均匀性就大概等价于表面波长的变化;如果相位色散非常大,则最终的相位误差会体现出所有的厚度误差。最终结果是镀膜组件的参数值的明显损失,它会随着波长的改变而发生很大的变化。宽带反射器常常有快速相位色散,因此在需要干涉性质的应用中应该小心使用。所有的这些要点都在书中别处有详细的讨论,在这里重复的目的是为了强化这样一个观点,即薄膜就像任何其他组件一样,必须作为系统的一个不可或缺的部分来进行设计,而不是简单地在后期阶段加入。

薄膜很少能正确地延伸到基底的边缘。在镀膜中基底必须被支撑在夹具上,通常用夹具边缘遮挡住基底的边缘,这样就会留下一个未镀膜的环,这不完全是个缺点。膜层剥落总是最有可能从薄膜的边缘开始,在薄膜周围的未镀膜边缘使薄膜具有更加规则的边缘,这样将会降低薄膜分层剥落的危险。进一步,元件的夹具不需要与薄膜接触,这里接触点会损坏薄膜并且增大自发分层剥落的概率。然而,如果元件是一个阻挡特定波长区域的滤光片,则未镀膜的环将是一个缺陷。因为杂散光可以通过未镀膜部分泄漏出来,除非使用隔板进行预防。在沉积期间通过使用钢丝夹来固定基底的边缘,未镀膜的区域可以显著减小。这一技术常用于一些类似于太阳镜的元件,但是杂散光的泄漏问题有时会要求无论如何都不能有未镀膜区域。实现上述要求的正常方法是元件镀膜后再进行切割,但这只是在绝对需要的情况下进行。因为在切割操作中会有失败的风险,这样就大大增加了镀膜的成本,并且不可避免地会留下一个镀膜边缘,其在微观尺度下是不规则的,而且很可能包括一个可以导致分层的应力集中区。

通常曲面镀膜要比平面镀膜难,并且难度会随着弯曲程度的增加而增大。紧容差的镀膜应该尽可能在平面上进行沉积,窄带滤光片可以通过倾斜调整到较短波长,如果允许较小的倾斜调整的话(如可以采用楔形支架),则在峰值波长处的容差可以被放宽。

薄膜常常优先选择标准尺寸元件。制造商已经有必需的夹具和固定装置,并且基底的数量足够。这时需要进行的试镀较少,并且很少有意料之外的困难出现。当在测试过程中出现一些错误时,整个批次的组件通常会浪费掉。在组件不是常用的形状和尺寸时这样的失败更容易出现,所以必须生产大量的未镀膜组件以确保最终镀膜组件的正确数目。所有这些意味着非标准组件的成本会大大高于标准组件的成本。

大多数滤光片包含一系列的组件,其中一些组件的设计是为了在通带以外的范围抑制光波。当被抑制的光波被反射而不是被吸收时,实现的性能可能是非常糟糕的。以下我们来进行说明:考虑反射率和透射率分别为 R_1、T_1 和 R_2、T_2 的两个表面,光线可以被认为是在前后两个表面反射并且不相干地叠加在一起。最终的透射率由表达式(2.11)给出,即

$$T=\frac{T_1T_2}{1-R_1R_2}$$

如果 R_1 或者 R_2 中的一个或者全部为零,即没有透射的光被吸收了,则得到的结果为

$$T=T_1T_2$$

但是,如果 $R_1=1-T_1$ 且 $R_2=1-T_2$,则最后的结果类似于表达式(2.149),即

$$T=\frac{1}{(1/T_1)+(1/T_2)-1}$$

考虑 $T_1=T_2=0.01$ 的情况。从第一个表达式得出 $T=(0.01)^2=0.0001$,这是一个非常令人满意的数字,而从第二个表达式则会得出

$$T=\frac{1}{100+100-1}=\frac{1}{199}=0.005$$

这等于单个表面透射率的一半,且从光被抑制的角度来看,这一结果是非常令人失望的。这种情况的解决办法是以某种方式降低 R_1 和 R_2 的影响,或者是保证反射光束迅速离开系统孔径。例如,将组件相对倾斜放置或者在两个表面之间放置吸收组件以使光被迅速衰减。

有时候,在系统中反射组件和吸收组件是组合使用的。例如,在热反射滤光片镀膜中,包括在一个热吸收玻璃片上的干涉短波通滤光片,或者由一个全介质干涉膜、一个金属-介质膜和一个吸收玻璃片组成的窄带滤光片。在这样的情况下通常最好是将组件组合使用,且低损耗干涉膜正对着蒸发源。这就保证了能量的最大部分被反射,温度上升最小,避免导致损坏。根据上述讨论的原因,在窄带滤光片组合中,滤光片的整体截止性能可以通过将吸收玻璃放置在两个干涉区之间来得到提高。

通过反射作用抑制的光不会自动消失,它仅仅是改变了方向,在系统设计时应当考虑到这一点。如果被抑制的光不受限制,它可能会返回到截止组件中。如果它以不同的入射角到达组件的后面,则可能会发生透射,从而影响截止性能。

偏振效应有时会引起不可预测的性能变化。我们可以用稍微极端的例子来进行说明。如图 15.1 所示为简单的单层介质分束器,假设其为 $\lambda/4$(垂直入射下)厚的硫化锌($n=2.35$)以 45°入射角浸入玻璃($n=1.52$)中,该膜层的性能为

$R_s=33.15\%$	$R_p=4.03\%$	$R_{mean}=33.15\%$
$T_s=66.85\%$	$T_p=95.97\%$	$T_{mean}=81.41\%$

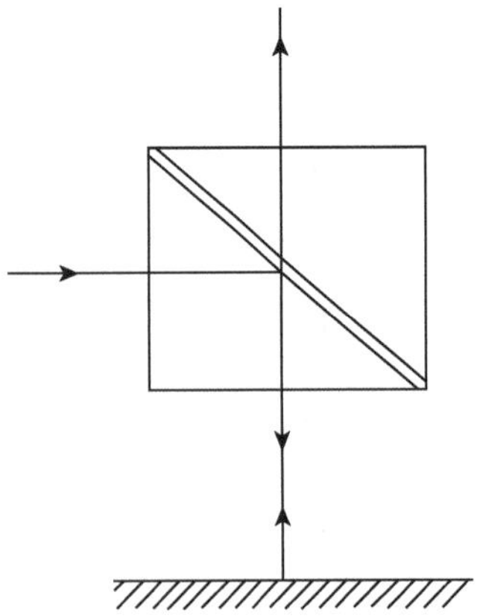

图 15.1　文中用于效率计算的单层介质分束器的示意图

假设反射表面的反射率为 100%，计算出射光线和入射光线的辐照度的比。对于 T 和 R 的非偏振数值，一个简单的计算为 $TR=(18.59\%\times81.41\%)=15.13\%$。但是，这种计算没有考虑分束器自身的偏振效应。对于非偏振入射光，真实值应该为 $0.5(R_sT_s+R_pT_p)=13.01\%$。输入光束的偏振特性会进一步改变最后的结果。对 s 偏振入射光所对应的数值应该是 $R_sT_s=22.16\%$，而对 p 偏振光，其数值低至 $R_pT_p=3.87\%$。因此，随着入射光偏振度的改变，系统的效率从 3.87% 到 22.16% 变化。为了避免这种效应引起的性能起伏，常常在系统的输入端插入光轴与入射面成 45°的 $\lambda/4$ 波片，这样可以将 s 偏振光和 p 偏振光转化为圆偏振光，这会使系统的整体性能等价于非偏振光（入射光如果不幸是圆偏振的，在那种情况下，$\lambda/4$ 波片可能使状况变得更糟）。金属膜层受偏振效应的影响较小，但是它们仍然具有显著的偏振敏感特性。

在胶合膜层的例子中，需要注意的是，浸泡膜层常常有非常大的有效入射角，因为对于斯涅尔定律而言，重要的量是 $n_0\sin\vartheta_0$ 而不是 ϑ_0。因此，在浸泡膜层中，入射角的影响总是增强的。偏振效应也是特别的显著，但是伴随着入射角的改变会有简单的波长漂移。

即使在未浸泡的膜层中，入射角的改变与光束的发散和汇聚也有着密切的联系，因此会引起一些问题，特别是当组件沿轴发生倾斜的时候。有时，这些问题通过专门在组件表面上引入膜层厚度变化来得到缓解。当使用的点源接近一个组件的时候，这种方法会非常有效。当光源的尺寸较小时，可以保证仅一个小范围的入射角与组件表面的每个点相对应。

值得关注的一点是倾斜光线的偏振效应。p 偏振和 s 偏振性能的计算与入射平面有关。斜光线拥有这样的一个入射平面，该平面通常相对于包括系统轴线在内的入射主平面旋转。这在大孔径的偏振器中会引起一些问题。例如，尽管斜光线 s 分量的透射率非常低，但实际上，相应的偏振面是旋转的，并且会导致一个略微大的光泄漏，这种泄漏光对于轴向光线的入射平面是 s 偏振的。我们举一个粗略的例子，考虑偏振分束器上的光锥度数为 1°、入射角为 45°的情形。边缘方位光线的入射平面相对轴向光线的入射平面将会以接近 1°/sin45°或者 1.4°的度数进行旋转。对于 s 偏振光，我们假设轴向光线和边缘方位光线的透射率为 0，对于 p 偏振光透射率为 1。由于入射平面的旋转，边缘方位光线在轴向光线的 s 平面上的有效透射率将为 $\sin^2(1.4°)$ 或者 0.06%。

Matteucci 和 Baumeister[1] 已经对在光学系统中薄膜集成相关的问题做了有益的解释。

15.1　干涉滤光片的能量获取

一个非常值得考虑的问题是为什么在实际应用中总是优先考虑干涉滤光片而不是其他类型的波长选择器件，如棱镜和光栅单色仪。薄膜滤光片的尺寸和非常好的机械稳定性，是支持它使用的充分理由,特别是在空间和质量非常有限的地方,如卫星运载设备中,理由可能非常充分。然而,还有一个关于采用薄膜滤光片的非常有说服力的原因,这就是在色散系统中能量获取的显著增加。

例如,与光栅单色仪相比,薄膜滤光片在具有相同的带宽的情况下,假设系统的其他部分的设计合理可行,则薄膜滤光片可以收集的能量是单色仪的几百甚至几千倍。因此,这一节将对干涉滤光片与衍射光栅进行比较,特别是从能量获取的角度。

为了比较各种组件的能量收集特性,我们必须假设每一组件都是在理想系统中使用的,这种系统的设计是为了最大化地利用能量收集功能,并且各种系统的带宽是相同的,任何色散组件在它们有限的分辨率范围内都能被很好地使用,因此通过较大的衍射效应,它们的响应函数不会很复杂。我们应当假设照明源在所有情况下具有相等的辐射量,且聚光光学器件能使所有系统的入射孔径完全被填满。在这些条件下,每种情况计算的能量是组件适当面积的函数,并且相关的比较也是依据这些数据进行的。

事实上,Jacquinot[2]已对衍射光栅、棱镜和法布里-珀罗干涉仪做过这样的分析。他首次证明了使用衍射光栅要比使用棱镜具有更加明显的优势,因棱镜材料的色散不同,这种优势约在3～100 之间变化。正因如此,我们主要关注干涉滤光片和衍射光栅之间的比较。Jacquinot 还曾经比较了具有空气腔的法布里-珀罗干涉仪与衍射光栅,并证明了在相同面积的光栅上,干涉仪的能量获取有明显的 3～400 倍的增益。干涉滤光片的情况大致相似,但是腔层的折射率稍大于 1,特别是在红外区域,这进一步增加了能量获取。在下面的分析中,我们将遵循 Jacquinot 论证的主线,但是将对比拓展到,考虑腔层的折射率不为 1 的情况。

Jacquinot 考虑的一台光谱仪包括一个入射狭缝、一个收集准直器、一个色散组件(这里是光栅)和一个可将入射狭缝在出射狭缝(系统的最后组件)上成像的输出组件。假定分辨率受狭缝宽度的限制,并且如果需要的话光栅可以具有较高的分辨率。这意味着我们能够仅从狭缝宽度和色散的角度来定义分辨率。在这种条件下,当从仪器中获得一个三角响应函数时,对于给定分辨率的最大亮度在入射狭缝和出射狭缝具有相同的宽度时将会成功实现,狭缝宽度用光谱间隔来表示。假设扩展光源是单色的并且具有均匀的辐射。

一个成像系统将会在入射狭缝上产生光源的一个像。光源像的照度将等于实际光源的照度,除了成像系统的透射之外,我们可以认为两者是一致的且不会影响最终的结果,因为被比较的所有系统在入射孔径前的装置都大致相似。假设像的亮度与光源相同,为了使放置在光栅前的收集准直器的孔径被填满,成像系统的孔径应足够大。再者,我们可以假设在所有装置中进行的这个过程一般来说没有任何损耗。装置示意图如图 15.2 所示,这里使用的记号和 Jacquinot 的原著中用到的大体相似,除了我们用 L 来表示辐射外,这样便于比较。对单色仪进行适当调节以使入射狭缝的像可以直接落在出射狭缝上,并且使两个狭缝的宽度和长度相同,这对应于三角相应函数的顶点。系统透射的能量的大小可表示为

$$E = LS\omega T$$

式中,ω 指的是在合适的收集器中由任何一个狭缝所对的立体角;S 为收集器中光束的面积;$S\omega$ 对于入射狭缝和出射狭缝来说是相同的,因为我们通过调节使一个狭缝的像与另一个狭缝

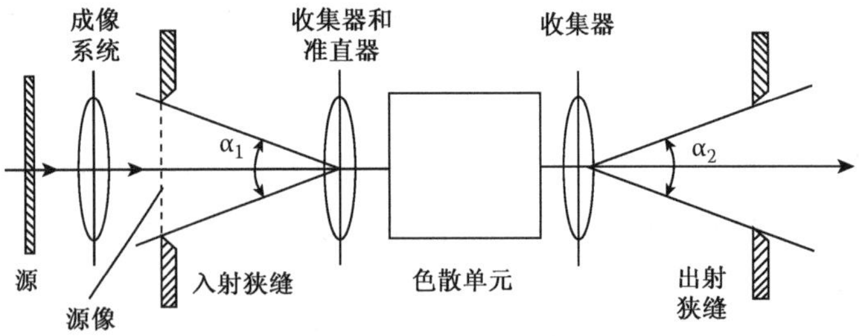

图 15.2 理想的色散单色仪

(引自 Jacquinot P. *Journal of the Optical Society of America*, 44,761-765, 1954)

的像一致;T 为单色仪的透射率。如果出射狭缝的宽度是 α_2、长度是 β_2,那么表达式变为

$$E = LST\,\beta_2\alpha_2$$

如果我们将系统的分辨能力记为 R,则我们可以得到 $\alpha_2 = \lambda D_2/R$,其中 D_2 是系统出射狭缝的角色散,于是有

$$E = LST\,\beta_2(\lambda D_2/R)$$

对于光栅单色仪,角色散可由下面的方程推导出, 即

$$\sigma(\sin i_1 + \sin i_2) = m\lambda$$

式中,σ 为光栅常数,即沟槽之间的间隔;m 为级次; i_1 和 i_2 分别为入射角和衍射角。

$$D_2 = \frac{\mathrm{d}i_2}{\mathrm{d}\lambda} = \frac{m}{\sigma\cos i_2} = \frac{\sin i_1 + \sin i_2}{\lambda\cos i_2}$$

即

$$\lambda D_2 = \frac{\sin i_1 + \sin i_2}{\cos i_2}$$

而

$$S = A\cos\, i_2$$

式中,A 为光栅面积,我们假设光栅是完全被照明的且没有光损失,因此

$$S\lambda D_2 = A(\sin i_1 + \sin i_2)$$

Jacquinot 证明,对 Littrow 装置 $S\lambda D_2$ 为最大值(这里 i_1 和 i_2 尽可能地相等)。定义 φ 为闪耀角,则有

$$S\lambda D_2 = 2A\sin\varphi$$

和

$$E = \left(LT\beta_2/R\right)2A\sin\varphi$$

我们可以取 φ 为 30°,这样当 $\sin\varphi = 1/2$ 时,有

$$E = LT\beta_2\,A/R$$

现在我们考虑干涉滤光片,并将其与衍射光栅进行比较。Jacquinot 研究的是传统的法布里–珀

罗干涉仪,它由一对平板组成标准具,且腔的折射率为 1。这里我们更关心的是腔层的折射率大于 1 的干涉滤光片。如在第 8 章中一样,引入有效折射率的概念,它控制着滤光片的角度大小。我们应该采用与 Jacquinot 相似的分析方法,但是需要采用第 8 章的研究结果对其进行进一步的改进。

Jacquinot 建议使用的滤光片应采用可以使滤光片的有效带宽为$\sqrt{2}$乘以垂直入射时的值的可接受角。式(8.41)给出

$$W_\Theta^2 = W_0^2 + \left(\Delta\nu'\right)^2$$

式中,W_0和 W_Θ分别为对应垂直入射的准直光的半宽度和半角为 Θ 的光锥的半宽度。如果 Θ 在空气中测量,则

$$\Delta\nu' = \nu_0\Theta^2/2n^{*2}$$

若 $W_\Theta = \sqrt{2}\times W_0$, 我们必须使 $W_0 = \Delta\nu'$,即

$$W_0 = \nu_0\Theta^2/2n^{*2}$$

且由式(8.42)得到

$$\hat{T}_\Theta = (W_0/\Delta\nu')\arctan(\Delta\nu'/W_0) = \arctan(1) = \pi/4 = 0.78 \qquad (15.1)$$

式中, $\hat{T}_\Theta$ 为当入射光是半角为 Θ(对入射介质而言)的光锥时滤光片的有效峰值透射率,这里我们假设入射介质为空气。

如果 R_0是垂直入射时理想平行光的分辨率,R_Θ是半角为 Θ 的光锥的分辨率,则

$$R_0 = \nu_0/W_0$$

因为与 ν_0相比 $\Delta\nu'$非常小,则

$$R_\Theta = \nu_0/W_\Theta = R_0/\sqrt{2}$$

但是当 $W_0 = \Delta\nu'$时,则

$$R_0 = \nu_0/\Delta\nu' = 2n^{*2}/\Theta^2$$

且

$$\Theta^2 = \sqrt{2}n^{*2}/R_\Theta \qquad (15.2)$$

如果 L 为光源的辐照度,A 是被完全照明的滤光片的面积,则收集到的能量为

$$E = LAT(\pi/4)\omega \qquad (15.3)$$

式中,ω 为孔径所对的立体角;T 为垂直入射的透射率。因子$\pi/4$ 源自式(15.1)。从图 15.3 中可以得出

$$\omega = 2\pi(1-\cos\Theta) \approx \pi\Theta^2 \qquad (15.4)$$

于是,由式(15.2)~式(15.4),可得

$$E = LAT\frac{\pi^2}{2}\frac{n^{*2}}{\sqrt{2}R_\Theta}$$

这个式子与 Jacquinot 给出的表达式在形式上相似,除了 Jacquinot 的表达式中缺少因子 n^{*2}外。

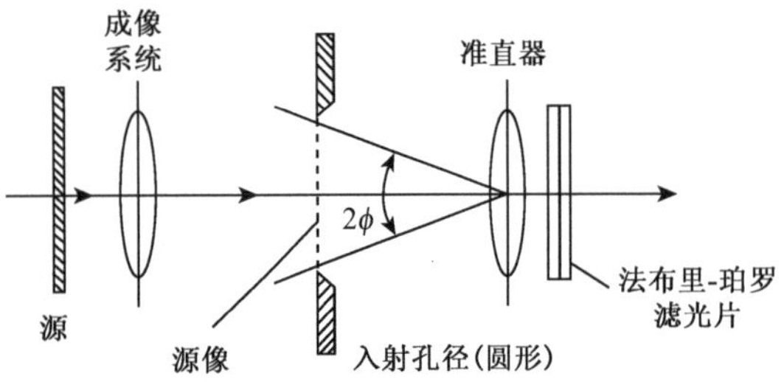

图 15.3 采用干涉滤光片的单色仪

现在我们来比较效率。两个系统的相对能量获取之比为

$$\frac{E_{\text{filter}}}{E_{\text{grating}}}=\frac{LAT(\pi^2/2)n^{*2}/(R\sqrt{2})}{LT\beta_2 A/R} \tag{15.5}$$

为了比较可以假定这两个系统的分辨率、面积和透射率(指的是干涉滤光片在垂直入射时平行光的透射率)是相等的,则式(15.5)简化为

$$\frac{E_{\text{filter}}}{E_{\text{grating}}}=\frac{\pi}{2\sqrt{2}}\cdot\frac{n^{*2}}{\beta_2}=3.4\frac{n^{*2}}{\beta}$$

Jacquinot 估计 β 的通常值为 0.01 弧度,在设计中通过努力可以使其达到 0.1 弧度,尽管这可能代表一个极限值。于是,当 n^* 为 1 时,能量比在 34 和 340 之间变化。

但是,在可见光区 n^* 通常超过 1.5,这会将范围变为 76 ~760。对于红外区,滤光片的优势则会更大,n^* 的值通常为 3,则范围变为 306 ~3060,这是一个非常大的优势,意味着我们可以很轻松地将干涉滤光片做得比光栅更小,而仍然能够获取很大的能量。

这一分析是针对单个法布里–珀罗型滤光片的。双腔型滤光片的优势要稍微大于法布里–珀罗型的,因为对于光锥来说,双腔型滤光片的有效透射率要高于法布里–珀罗型滤光片的。

15.2 天文学中的窄带滤光片

这一部分在本书 1969 年的第一版中完成的。从那时起,检测方法已有了很大的发展,但是本节中的计算和讨论仍然是有效的,并且它们说明了滤光片是如何被集成到感兴趣的测量系统中的。因此,我们将保留这部分内容不变。

利用夜空光线检测暗淡的天体更加困难,这种光线主要由被大气和星际空间中的尘埃散射的星光(也包括太阳自身的光)连同来自高层大气的辐射组成,尽管同样存在很多发射谱线,但可以认为它们主要具有连续光谱性质。天空光线可以引起感光片整体图像不清,大多数常规检测器在工作中都使用这种感光片(尽管近些年来显像管的使用呈增长趋势)。当天空中的雾刚好在感光片上清晰可见时,可以获得星体或其他物体的摄影图像和天空背景的最大对比度。选择的曝光时间则是刚好使图像模糊时,成像检测器的效率在最优值的两侧会迅速下降。当图像刚好在背景下被识别时,则会达到暗淡物体的检测极限。

在所用方法中的检测极限会随着系统参数的变化而发生改变,Baum[3] 曾对这一问题做过专门的研究,Bowen[4] 给出了一个简单的分析,在这里我们遵循后者的形式进行分析。Bowen 用到的符号与 Baum 的稍微不同,这里采用 Bowen 给出的符号定义。

从物体接收到的信号包括以恒定平均速率到达但在空间上是随机的离散光子。假如平均速率足够小(对我们所考虑的信号这是满足的),可以认为光子形成一个泊松分布(这一分布会有一系列的现象,它们在特定时间间隔出现的概率是非常小的,但是这里总的观测时间足够长以保证该现象有一定数量)。对于泊松分布,在固定时间内光子数为 N 的连续测量的标准差可以简化为$\sqrt{N}$。

设 D 代表望远镜的孔径直径,f 为望远镜的焦距,t 为观测时间,β 为物体图像的直径,n 为每秒钟在望远镜孔径单位面积上接收到的来自物体的光子数,s 为每秒钟在单位空间立体角单位望远镜孔径面积上接收到的背景光子数,p 为感光乳剂的线分辨率极限,q 为整个系统的量子效率,它包括感光乳剂和光学系统的透射率,m 为能产生正确本底雾的感光片单位面积所记录的光子数。

Bowen 在他的文章中定义一个星体或者物体的模糊度为 $1/n$。现在我们检验限定的可测模糊度随系统参数的变化而改变的趋势。测量中的相对误差用 B 表示,定义为测量结果与测量自身比值的标准差。因此当测量的光子数为 N 时,相对误差则为 $B=(\sqrt{N})/N=1/\sqrt{N}$。

在时间 t 内所记录的来自物体和来自相同天空面积的光子数由下式给出,即

$$D^2ntq+\beta^2sD^2tq$$

这里忽略了$\pi/4$ 因子,在连续测量中的标准差为

$$\left(D^2ntq+\beta^2sD^2tq\right)^{\frac{1}{2}}$$

在测量中的相对误差为

$$\begin{aligned}\beta&=\frac{(D^2ntq+\beta^2sD^2tq)^{\frac{1}{2}}}{D^2ntq}\\&=\frac{(n+\beta^2s)^{\frac{1}{2}}}{Dnt^{\frac{1}{2}}q^{\frac{1}{2}}}\end{aligned}$$

对于非常模糊的物体,$n\ll\beta^2$,则

$$B=\frac{\beta s^{\frac{1}{2}}}{Dnt^{\frac{1}{2}}q^{\frac{1}{2}}}\tag{15.6}$$

并且限定的模糊度为

$$\left(\frac{1}{n}\right)_1=\frac{B_1Dt^{\frac{1}{2}}q^{\frac{1}{2}}}{\beta s^{\frac{1}{2}}}\tag{15.7}$$

这里 B_1是 B 的最高可能值,这时物体仍然是可检测的。Bowen 建议 B_1应当取 0.2。这个式子可用于光电检测器,并且可以证明可检测的模糊度是如何随孔径的增大而增大的。但是,对于成像检测器来说,情况则不同。这里必须选择合适的曝光时间 t 以给出正确的本底雾。如果背景的密度不正确以至于任何其他曝光时间都是小得多的值,则感光片的效率会很快下降。正确的曝光时间 t_0 由下式给出:

$$D^2t_0sq=mf^2$$

即

$$t_0=\frac{mf^2}{D^2sq}$$

将其代入式(15.7),得到

$$\left(\frac{1}{n}\right)_1=\frac{B_1Dq^{\frac{1}{2}}}{\beta s^{\frac{1}{2}}}\sqrt{\left(\frac{mf^2}{D^2sq}\right)}=\frac{B_1m^{\frac{1}{2}}f}{\beta s} \tag{15.8}$$

式中,假设β大于底片的分辨率极限。假如不是这种情况,如f较小,则β必须用p/f替代,得到

$$\left(\frac{1}{n}\right)_1=\frac{B_1m^{\frac{1}{2}}f^2}{ps} \tag{15.9}$$

Bowen 得到的这些结果并不是我们所期望的,因为它们似乎表明模糊物体摄影检测时的重要参数是望远镜的焦距而不是孔径。不管系统孔径的直径大小是多少,焦距越长,可以被观测到的模糊度就越大。但是,到目前为止我们一直忽略观测时间是一个夜晚的限制。焦距增大而没有孔径的相应增大,则会增加必要的曝光时间,这里曝光时间随着焦距的平方发生改变。设t_m是最长的允许曝光时间,对于任何给定的系统,焦距f_m的最大值为

$$f_m^2=\frac{t_mD^2sq}{m},\quad 即\quad f_m=\frac{t_m^{\frac{1}{2}}Ds^{\frac{1}{2}}q^{\frac{1}{2}}}{m^{\frac{1}{2}}} \tag{15.10}$$

将上式代入式(15.8)和式(15.9)中,对于较大f或者较大β,有

$$\left(\frac{1}{n}\right)_1=\frac{B_1t_m^{\frac{1}{2}}Dq^{\frac{1}{2}}}{\beta s^{\frac{1}{2}}} \tag{15.11}$$

对于较小f和较小β,有

$$\left(\frac{1}{n}\right)_1=\frac{B_1m^{\frac{1}{2}}t_mD^2sq}{psm}=\frac{Bt_mD^2q}{pm^{\frac{1}{2}}} \tag{15.12}$$

这些表达式确实如我们所预料的那样,证明对于较大的望远镜存在一个增益。

给定D和f的最大可能值,如何通过滤光片的使用来改善这种情况?如果来自物体和天空背景的辐射光谱的分布不同,在系统中插入滤光片可能会改善从物体接收到的光子和从天空接收到的光子的比率。如果这一过程导致n减少到xn(衰减因子为x),s减少到ys,于是比率n/s则变为xn/ys。如果x/y足够大,则可能导致模糊度改善。将这些值代入表达式,在感光乳剂分辨率不是限制因素的情况下,式(15.11)变为

$$\left(\frac{1}{n}\right)_1=\frac{xB_1t_m^{\frac{1}{2}}Dq^{\frac{1}{2}}}{y^{\frac{1}{2}}\beta s^{\frac{1}{2}}}$$

并且,假设我们如前面那样调节系统的焦距使最长曝光时间为t_m,则结果增益为$1/n$,这里假设$x>\sqrt{y}$。

在感光乳剂分辨率是限制因素的情况下,式(15.12)中的 $1/n$ 说明不可能通过滤波来改变这种情况。只有在物体被扩大或者当望远镜的焦距足够大,或者当底片的粒度足够好, 保证底片的分辨率不是限制因素时,滤波才能起作用。

大部分天空光线是散射光,它们或多或少具有连续光谱。只有来自高层大气的辐射具有由离散谱线组成的光谱成分。由于对于因滤波得到的增益,$x>y$ 不够充分, 必须保证 $x>\sqrt{y}$,在 n 具有连续的光谱分布且 n 和 s 的分布没有太大区别的情况下,几乎不可能通过滤波来获得增益。事实上,检测光子比率的稍微增大伴随着透射率的下降,这会导致性能的下降而不是增加。然而,有些物体主要由谱线来表征,在这些情况中,可以通过使用位于光谱线中心的滤光片来保持 n 仅仅只有稍微减少,但是 s 却减小很多。这种类型的物体是氢气星云。我们知道氢是一种星际气体成分,其含量可能是最多的。在氢气云靠近发光星体的地方,氢原子被星体中辐射的 X 射线和强烈的紫外线电离,当电子和质子重新结合时,就会产生特征的氢光谱。在地球表面可检测的波长范围内主要的射线是巴耳末线系的第一条线——波长为 656.3nm 的 Hα 线,尽管其不是最亮的线,但它可以极大地提高对比度。

中心位于 656.3nm 的干涉滤光片可极大提高星云和夜空之间的对比度,并且能够极大地增大我们所检测星云的模糊度。

式(15.10)说明当安装干涉滤光片时,必须调节望远镜的焦比以使本底雾达到正确的水平。

$$\frac{f}{D}=\frac{t_m^{\frac{1}{2}}}{m}(ys)^{\frac{1}{2}}q^{\frac{1}{2}}$$

一般来说,对于典型的干涉滤光片,焦比应该接近 1, 这样的焦比在光线直接入射窄带干涉滤光片时会对其带宽和峰值透射率有很糟糕的影响。然而,大型望远镜的光学组件是允许选择的, 一个较大望远镜的主镜面通常产生 $f/5$ 的焦比。如在第 8 章中所看到的,对于可见光区,一个带宽约为峰值波长 1% 的窄带滤光片将会非常令人满意地接收这一光锥,并且通常将干涉滤光片安装在主焦点或靠近主焦点的地方。在超出主焦点的地方安装照相机,这样可以降低系统的焦比以达到理想的值。装置如图 15.4(a)所示。在这种布局下,滤光片通带视场角的变化(由于入射角变化)会保持非常小。如果可能,通过一个额外透镜的使用,可以完全将这种视场角的变化消除掉,如图 15.4(b)所示。

在图 15.4 中,滤光片作为一个视场光阑可以限制仪器的视场。直径达到 6 英寸的滤光片已经制造出来,尽管直径为 4 英寸的滤光片可能是最常见的尺寸。直径为 2 英寸的滤光片则比较容易获得。

Courtes[5] 给出一些特别好的成像的例子,他将有色玻璃滤光片和一些带宽非常窄的干涉滤光片进行组合而得到。Ring[6] 第一个成功使用全介质滤光片实现了这个目标,开拓了这类滤光片在英国的发展,并且他的一篇文章中包括几张相关照片。Meaburn[7] 拍到了一幅极好的照片,见图 15.5,在他的文章中非常好地说明了这类通过干涉滤光片解决了的问题,可读性很强。这部分内容在第一版中曾出现过,Meaburn[8] 曾出版了一本特别有用的书,该书可以提供更为详尽的相关信息。

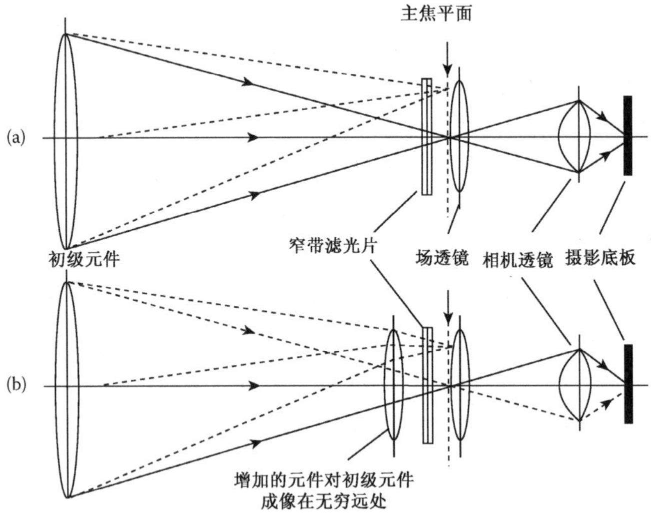

图 15.4　天文望远镜中的窄带滤光片

(这里镜的主要部分是透镜,但在大的望远镜中主要部分,通常是平面镜。(a)场透镜将主孔径成像在照相机镜头的孔径之上。如果需要的话,另外的一个组件将会插入系统。(b)中改变光线倾斜或离轴光锥,这样可使滤光片的有效峰值波长在整个场中为常数)

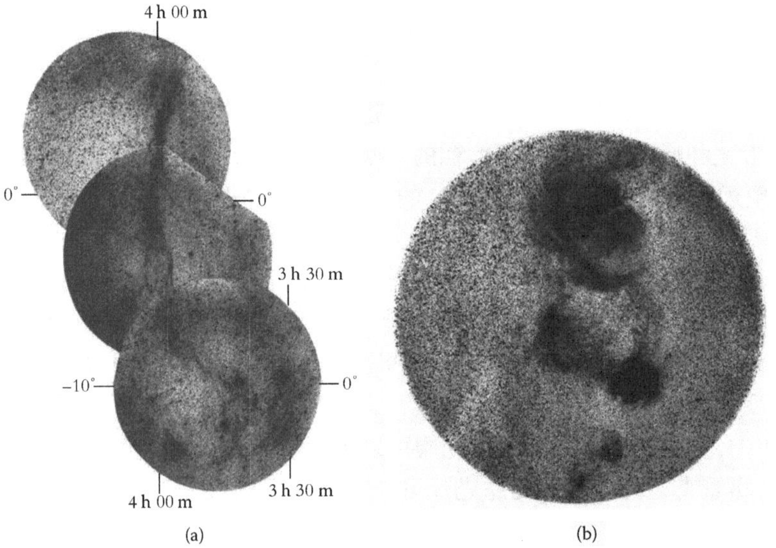

图 15.5　(a)鲸鱼座的星云状态照片;(b)在银河系中心的星云状态

(照片(a)是采用孔径为 6 英寸的 *f*/1 施密特望远镜通过 4nm 带宽、中心波长位于 Hα(656.3nm)的滤光片拍摄的,曝光时间为 1h。图片(b)是采用孔径为 6 英寸的施密特望远镜通过一个 4nm 带宽、波长中心位于 Hα 的滤光片进行拍摄的,曝光时间为 1.75h[7]。引自 Dr. J Meaburn)

15.3　大气温度检测

20 世纪 60 年代中期,为了测量高层大气的温度分布,科研人员开始了在人造卫星中安装一系列辐射计的工作,这一工作取得了巨大的成功。这种辐射计首先是由来自英国的牛津大学和雷丁大学的团队合作设计的,雷丁大学团队在项目的后期去了赫瑞瓦特大学。辐射计搭载在灵光 IV 航天器中。因为辐射计设计的基本原理以及其充分利用了滤光片,它被认为是选择性斩波辐射计(SCR)。在 10km 的高度分辨率下它能测量的高度范围在 15 ~50km 的大气温度分布,即对流层和部分平流层中的大气温度分布。SCR 和其他温度检测辐射计中所用的基本温度检测方法是对来自大气中二氧化碳辐射的检测和测量。

关于大气温度分布结构的一些观点已经形成。在高度为 10km 时,典型的温度为 200K,在高度为 50km 左右时温度上升到 240 ~280K。在温度为 200K 时,黑体辐射曲线的峰值对应于波长 15μm;而温度为 280K 时,波长则为 11μm。在辐射检测中,大气温度测量的最适合的波长范围为 11 ~15μm。当然大气仅在其吸收区发生辐射(吸收量等于辐射量是基本的物理定律),与其相关的一个事实是,一定高度的辐射需要穿透大气中超过该高度的剩余大气部分而到达航天器中的检测仪,这就需要使用一种巧妙的方法来推理温度结构,这种方法由 Kaplan[9] 第一次提出使用。

二氧化碳均匀地分布在大气中并且有大约 15μm 附近的吸收带,因此它可以作为整个大气温度的指示符。幸运的是,在大多数重要的区域,二氧化碳是仅有的一种显示出吸收的大气成分(水蒸气可能会干扰,但只是在近地面时才比较重要;在 25 ~40km 的区域,O_3在 14μm 处的影响可以被忽略),这可以大大简化计算。二氧化碳在较低压强下的吸收光谱包括一些分立的光谱线,它们会随着压强的增大而逐渐变宽。在航天器上安装的检测器仅对在二氧化碳光谱中波长非常窄的频带有反应。如果所选择的波段对二氧化碳的吸收率非常高,则从大气底部发出的辐射不会到达空间,因为在它上面的大气透射率非常低。在较高的高度,辐射的更大部分能量将会到达检测器。

但是,也是在较高的高度,大气辐射的能量将会下降,这是因为二氧化碳密度和压强的下降,并且在一定高度这将依赖于所选择的特定波段内的吸收率。第二个过程将会超过第一个,结果是检测器接收的大部分能量将会从一个较窄的、一定深度的大气中产生。平均深度随着所检测波段的中心波长的变化而变化,同时随着高度变化会改变吸收的变化。相关实验和装置在其他文献中有描述[10-14]。

接下来的讨论是直接根据 John Houghton 的工作来进行的一个非常简要的说明。首先,我们通过计算吸收率可以得到任何大气层的辐射率,因为吸收率等于辐射率。考虑大气层位于航天器下方深度为 z 的区域,令在这层之上大气层在频率 ν 处的透射率为 T_z,在通过厚度为 $\mathrm{d}z$ 的大气层时,辐照度的损失部分将等于该层的吸收率。接下来,假设频率为 ν、深度为 z 的初始辐照度为 I,出现在航天器中的检测器响应水平之内的这一部分将为 IT_z或者 $(I-\mathrm{d}I)T_{(z-\mathrm{d}z)}$,因为这两个量相等,我们可以写为

$$(I-\mathrm{d}I)T_{(z-\mathrm{d}z)}=IT_z$$

对上式略作调整后我们可以得到

$$A_{\mathrm{d}z}=\frac{\mathrm{d}I}{I}=\frac{T_z-T_{(z-\mathrm{d}z)}}{T_{(z-\mathrm{d}z)}}=\frac{-(\mathrm{d}T_z/\mathrm{d}z)\mathrm{d}z}{T_{(z-\mathrm{d}z)}}$$

式中，$A_{\mathrm{d}z}$指的是吸收率并且也是大气层的辐射率，如果$\mathcal{T}$是大气层的平均温度，则单位频率间隔的黑体辐射在频率为 ν 时由 $B(\mathcal{T})$ 给出。实际从大气层中辐射的辐照度由这一表达式乘以辐射率给出，即

$$\mathrm{d}I_z=KT_{(z-\mathrm{d}z)}A_{\mathrm{d}z}B_\nu(\mathcal{T})$$

式中，$\mathrm{d}I_z$为单位频率间隔到达辐射计的辐照度，它来自厚度为 $\mathrm{d}z$、深度为 z 的大气层中；K 为常数。于是

$$\mathrm{d}I_z=-K\frac{\mathrm{d}T_z}{\mathrm{d}z}B_\nu(\mathcal{T})\mathrm{d}z$$

如果航天器中的检测器的带宽为 $\Delta\nu$，则在这一波段的功率表达式为

$$\int_{\Delta\nu}\mathrm{d}I_z\mathrm{d}\nu=\int_{\Delta\nu}-K\frac{\mathrm{d}T_z}{\mathrm{d}z}B_\nu(\mathcal{T})\mathrm{d}z\,\mathrm{d}\nu$$

如果 R_ν/K 是辐射计在频率为 ν 时的响应，则仪器的输出将由下式给出：

$$D_z/\mathrm{d}z=\int_{\Delta\nu}-R_\nu\frac{\mathrm{d}T_z}{\mathrm{d}z}B_\nu(\mathcal{T})\mathrm{d}z\,\mathrm{d}\nu$$

我们能够选择频率间隔 $\Delta\nu$ 足够小，使得 $B_\nu(\mathcal{T})$ 在这个频率间隔内为一个常数，于是 $B_\nu(\mathcal{T})\,\mathrm{d}z$ 可以被移到积分号外，剩下的为函数

$$W_z=\int_{\Delta\nu}-R_\nu\frac{\mathrm{d}T_z}{\mathrm{d}z}\mathrm{d}\nu$$

我们知道这是一个权重函数，代表着系统对来自深度为 z 的辐射的响应。现在进一步研究这个权重函数的形式，假设单个孤立的吸收谱线被包括在内。

对于频率为 ν 的辐射，吸收系数 k_ν用如下关系式定义，即

$$\mathrm{d}I_\nu=-k_\nu I_z\mathrm{d}u$$

式中，$\mathrm{d}I_\nu$为在穿过通道长度为 $\mathrm{d}u$ 的吸收气体之后辐照度 I_ν的变化；u 为通过穿过气体的质量而不是物理距离来进行量度的，它的单位是 $\mathrm{g/cm^2}$或者 atmo-cm（在正常大气压和温度下气体中等价的通道长度）。谱线强度 S 被定义为吸收系数在整个线宽内的积分。

对于接近单个气体吸收谱线中心的波数为 ν 的辐射，k_ν由气压展宽的洛伦兹公式给出

$$k_\nu=\frac{S}{\pi}\cdot\frac{\gamma}{(\nu-\nu_0)^2+\gamma^2}$$

式中，γ 为吸收线的半宽度，它与压强成比例，并能够写为 $\gamma=\gamma_0(p/p_0)$。γ 还与绝对温度的平方根成反比，但是它所呈现的变化要远小于我们所考虑的大气中压强的变化，因此可以忽略计算中的温度变化。

如果频率 ν 满足 $\gamma^2 \ll (\nu-\nu_0)^2$,则可以写为

$$k_\nu = \frac{S}{\pi}\cdot\frac{\gamma_0 p}{p_0(\nu-\nu_0)^2} = \beta p$$

现在 CO_2 均匀地混合在大气中,则在大气顶部和深度为 z 之间单位面积的 CO_2 质量将正比于这一深度的大气压,即

$$u = cp$$

这里 c 是一个常数。因此,在压强为 p 时,深度 z 上方大气的透射率为

$$\begin{aligned} T_z &= \exp\left(-\int_{p=0}^{p} k_\nu \mathrm{d}u\right) \\ &= \exp\left(-\int_{p=0}^{p} ck_\nu \mathrm{d}p\right) \\ &= \exp\left(-\frac{1}{2}c\beta p^2\right) \end{aligned}$$

为了简化分析,我们可以假设 p 与 z 呈线性关系,即

$$p = fz$$

相应地,我们可以利用 p 来量度深度 z,因为这是一个关于 z 的单值函数,压强会随着 z 的增加而相应增大。对于频率为 v 的单色线的权重函数,假设 $R=1$,则得到

$$W_z = -\frac{\mathrm{d}T_z}{\mathrm{d}z} = \beta cf^2 z\exp\left(-\frac{1}{2}\beta f^2 cz^2\right)$$

这个函数的形式如图 15.6 所示。为了便于绘图,引入一个新的变量 $y=(1/2\beta cf^2)^{1/2}z$,这样得到

$$-\frac{\mathrm{d}T}{\mathrm{d}z} = (2\beta cf^2)^{1/2} y\mathrm{e}^{-y^2}$$

在图 15.6 中绘出的实际函数是 $y\mathrm{e}^{-y^2}$。

通过选择合适的波长,吸收系数的变化形式在一定程度上可以被控制,并且从高度或者深度来看,最大吸收系数的位置会发生变化。CO_2 在 15μm 处的吸收光谱包含大量的分立线。牛津大学和雷丁大学的研究团队对这些问题进行了详细的研究,列出了分立线的位置和强度,可以选择一系列的波长在 10km 的分辨率下对 15～50km 的大气层的温度结构进行检测。

存在的困难之一是辐射计的带宽有限。实际滤光片的带宽不能任意小,因为 CO_2 的吸收系数随波长变化,辐射计的带宽将会导致高度分辨率的减小。对于所设计的用来研究深层大气层的通道,带宽不会对结果有太大影响,可以为 $10\mathrm{cm}^{-1}$,这在干涉滤光片的能力范围之内。然而,所设计的这个通道是用来研究大气层顶部的,其必须位于最强线的中心处,即在 $667\mathrm{cm}^{-1}$ 的 Q 分支,且带宽一定不能大于 $1\mathrm{cm}^{-1}$。这超过了在 15μm 处的当前技术发展水平。所采用的巧妙解决方法是使用充满 CO_2 的斩波器。

为了解释选择性斩波器的作用,我们将首先考虑带有可接受滤光片的较简单通道的工作。在这些通道中,部分是为了确保电子设备中的噪声足够低;部分是为了确保辐射计记录仅仅来

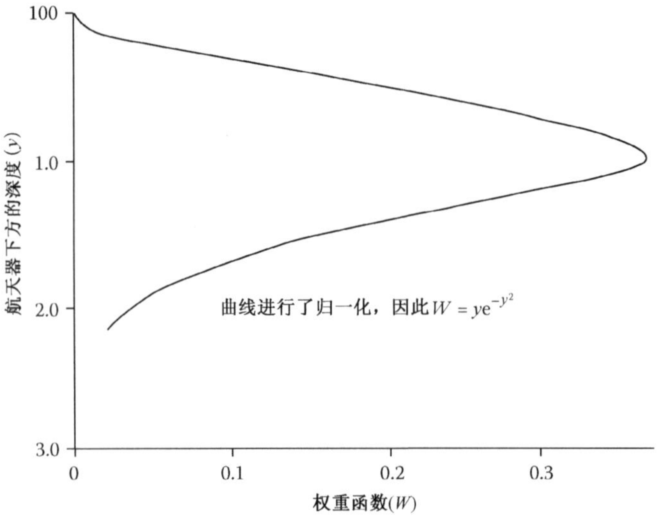

图 15.6　辐射计权重函数的形式

自大气层的辐射而不是辐射计自身辐射的一部分,辐射计发出的辐射都在 15μm。斩波器放置在入射孔径处,斩断来自大气层的辐射,而来自辐射计自身的辐射则不会被斩断并且可以逃过检测。当然,斩波器也会发生辐射,所以通常在辐射计入射孔径前选择性地插入和移走关闭挡板的方法都是没用的,因为来自挡板的辐射将会被斩断并且可以和信号一起被检测到。所使用的这种方法非常简洁,每个通道的入射孔径被分隔成两个相等的部分,这样一半的孔径观察通过固定反射镜反射的深度空间(假定深度空间处于绝对零度),并且如果反射镜的反射率足够高,它将代表零度辐射基准。另一半孔径用来观察通过第二个反射镜反射的地球大气,为了达到校准的目的,反射镜可随位置变化。斩波器包括一个摆动的黑色刀片,这样可以交替掩盖被固定的反射镜和可变化的反射镜,从而有效地斩断进入的信号。来自斩波器刀片的辐射不能被检测到,因为刀片始终在系统的孔径内部。

辐射计的选择性斩波器通道与其他通道类似。然而,当使用较窄的滤光片时,在 667cm^{-1}处带宽为 3.2cm^{-1},这是在这个频率下可实现的最窄带宽。另外,在入射孔径的每部分前都有一个充有 CO_2的盒,斩波器的黑色刀片用反射镜来替代,这样可以看到深度空间。如果斩波器的反射镜完全被移除,入射孔径的两部分都将会通过反射镜的反射看到大气,这也随位置而发生变化。斩波器反射镜在原位或摆动,孔径的一部分将会看到深度空间而另一部分通过合适的 CO_2盒将会看到大气层,反之亦然。这个效果如同输入辐射被选择性 CO_2盒斩断。最简单的装置是使一个盒空着,另一个盒充满 CO_2,当 CO_2在正确的压强下,斩波仅在线中心的上方是有效的。这种方法与窄带滤光片一起给出一个大约 1cm^{-1}的有效带宽。因为 CO_2盒始终在系统的孔径内部,来自它们的辐射将不会被斩断并且也不会被检测到。用这种方式检测到的辐射源自大气层的顶部。向空盒加入少量 CO_2会吸收窄线中心,在中心的每一侧留下一个非常窄的带宽,并且给出一个仍然尖锐的权重函数,它允许检验恰是大气层顶部的下方区域。滤光片和斩波器的各种组合已经被提出,图 15.7 中给出了一组权重函数,每一个卫星装置包括六个独立的通道。

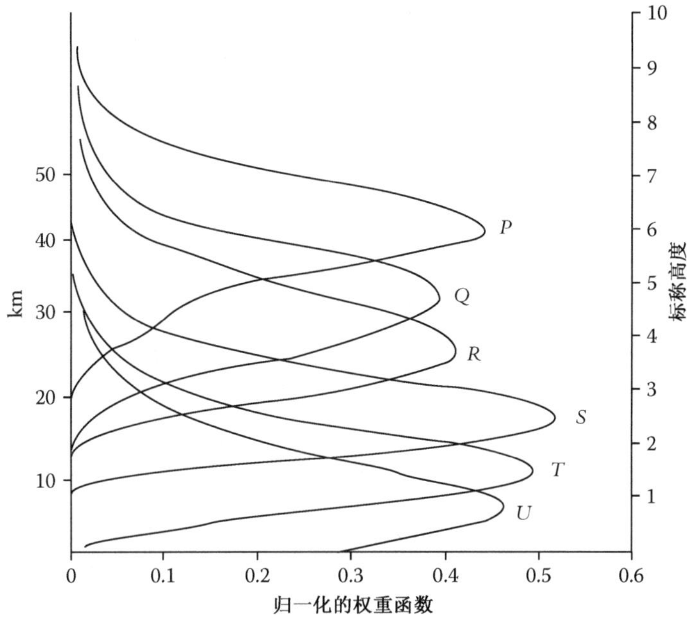

图 15.7　卫星辐射计的各种权重函数

(字母 P、Q、R、S、T 和 U 代表不同的通道。引自 Dr. S D Smith)

为了保障仪器在飞行中的精度,可能需要进行重新校准。在校准系统中主要的组件是可变反射镜,它们被安装在每个通道的前面,并可以正常地反射来自大气层的辐射, 使其进入孔径。这些反射镜由一个小的步进电机进行驱动,可以通过倾斜来观测大气层、深度空间或者一个校准黑体,从而对每个通道的失调和增益给出参考。提出的校准顺序(这将在飞行中对其自身进行不确定地重复)是大气辐射 20 分钟、太空 2 分钟和校准黑体 2 分钟。通道有多余的 CO_2盒也要进行平衡校准,以确保每个半孔径之间的不同仅仅是因为斩波器盒中的 CO_2。当波长超出 CO_2的吸收区时,通道中使用的窄带滤光片被宽带滤光片替换,来观察地球的表面。在这些环境下所检测到的任何信号是因为通道两半之间的灵敏度不同,如果有必要的话可以进行校正。

在图 15.8 中,曲线为测量所得的两个基本滤光片元件的透射率。在仪器中边带被图 7.22 所示类型的滤光片抑制。截止滤光片的干涉区沉积在一个锗透镜上并且锑化铟滤光片放置在检测器之上光导管的末端。另外,因为发现法布里-珀罗滤光片边带的抑制不是足够的高,一个中心具有相同波长但类型不同的滤光片:

L | 锗 | LHLHHLHLHLHHLH | 空气

应与每个法布里-珀罗滤光片串置,它是一个相当宽的两腔型滤光片,半宽度大约为 20cm^{-1},比图 15.8(b)所示的要宽。这个复合滤光片具有法布里-珀罗滤光片窄的半宽度,同时具有双腔滤光片典型的较高的边带抑制。

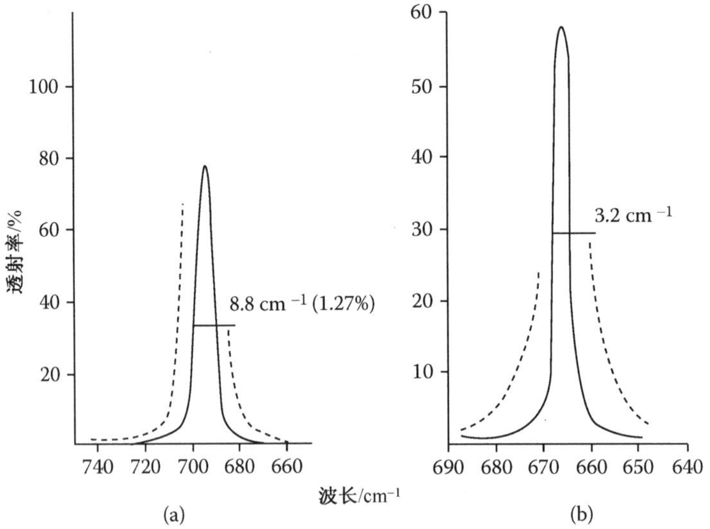

图 15.8　用于制造辐射计的滤光片的测量透射率

(虚线是实线 ×10。(a)空气 |HLHHLH L HLHLHHLHL |锗基底 |空气,在 694.4cm −1 处的峰值透射率为 78% 。(b)空气 |HLHLHHLHLH L |锗基底 |L |空气,在 666.4cm −1 处的峰值透射率为 58% 。L = ZnS;H = PbTe。引自 Dr. S D Smith and Sir Howard Grubb, Parson & Co Ltd)

辐射计的构造如图 15.9 所示。光学系统的设计利用了窄带滤光片的整个区域,并且在不破坏光谱分布的情况下使用最大的角度范围。这一情况推动了 Pidgeon 和 Smith 对滤光片特性中的角度依赖的研究工作,这曾在第 8 章中讨论过。

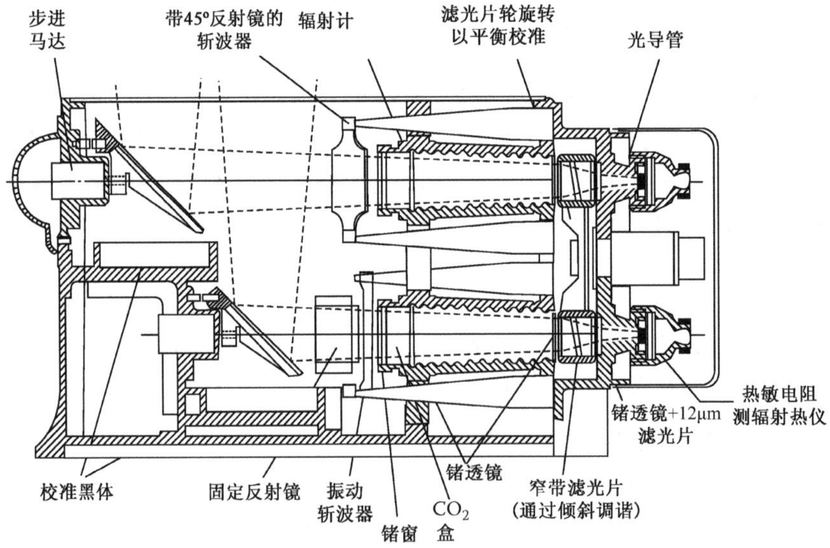

图 15.9　选择性斩波辐射计的示意图

(引自 Dr. S D Smith)

辐射计在 1970 年 4 月发射成功,并成功用于高层大气的温度调查,发现了许多新的和没有预料到的情况。仪器的早期相关说明可以在参考文献中找到[15-17]。

15.4　光栅光谱仪中的级次选择滤光片

在单色仪和光谱仪中选择波长,使用衍射光栅比使用棱镜具有更加明显的优势。因为在相同的分辨率下,前者的亮度要大得多。然而,衍射光栅存在的一个问题是,使用棱镜的情况下不存在。在光谱中会出现其他级次,而它们必须被消除。这个问题在红外区特别严重,通常采用的解决办法是利用低分辨率棱镜单色仪与高分辨率光栅单色仪串置。低分辨率的棱镜部分是非常必要的,因为级次选择是它专有的功能,这意味着亮度可以调得和光栅区域的一样高,且与光栅相关的优势会因此保留下来。光栅和棱镜必须被驱动,这样它们各自的工作波长将保持步调一致,存在的一个困难就是它们的角度色散以非常不同的方式变化。一个简单且有吸引力的选择是长波通薄膜滤光片,最近市场上出现的一些仪器都采用这个系统而不是棱镜。

Alpert[18]曾在一篇文章中给出了用于红外波段仪器的这种滤光片各种因素的解释。最重要的特性是截止区所要求的截止度。在我们对截止特性进行评估之前,首先必须考虑的是能量在光栅各个级次中变化的方式。评价中一定要包括光源和检测器的特性。

在大多数光学课本中关于衍射光栅的简单理论都有涉及。对于我们目前所考虑的,需要注意两点,第一是对特定波长的入射角和衍射角由光栅方程给出:

$$\sin\vartheta+\sin\varphi=\pm m\lambda/\sigma \tag{15.13}$$

这里 ϑ 和 φ 分别是入射角和衍射角,符号约定如图 15.10(a)所示。σ 为光栅常数,指的是沟槽之间的间距,m 为衍射级次。从式(15.13)可以直接看出目前存在的问题的根源,就是在第一级次中与任意波长 λ对应的角度,也与第二级次中的 $\lambda/2$ 对应,还与第三级次中的 $\lambda/3$ 对应。第二是任意波长的各种衍射级次中的能量分布由式(15.13)中线的图样给出,它被任意一个沟槽在合适波长下的单缝衍射所调制。现在的衍射光栅是沟槽"闪耀"或倾斜的反射型光栅。因此,对一个特定波长,一级次(而不是零级次)单缝衍射图样具有最大值,该波长称为闪耀波长,这样会在波长范围内大大地增加光栅的效率。为了估计能量分布的形状,可以假定沟槽的结构如图 15.10(b)所示,尽管实际中沟槽的结构与图中所示的不同。α 和 β 是相对于沟槽法线的入射角和衍射角,而不是相对于光栅法线,但是所应用的符号约定是完全相同的。衍射光束的能量由下式给出:

$$I=I_0\frac{\sin^2[\pi\nu\sigma\cos\psi(\sin\alpha+\sin\beta)]}{[\pi\nu\sigma\cos\psi(\sin\alpha+\sin\beta)]^2} \tag{15.14}$$

这里假设光栅足够大,可以截获整个入射光束而不用考虑其入射角。这个表达式在整个范围内不是足够的精确,因为在一些角度下在沟槽的末端可能会稍微干扰该过程,但是对于我们的目的来说已经是足够好了。Ψ为光栅法线和闪耀法线之间的角度。

大多数单色仪的类型是入射狭缝和出射狭缝固定在一定位置,通过旋转光栅来扫描光谱,

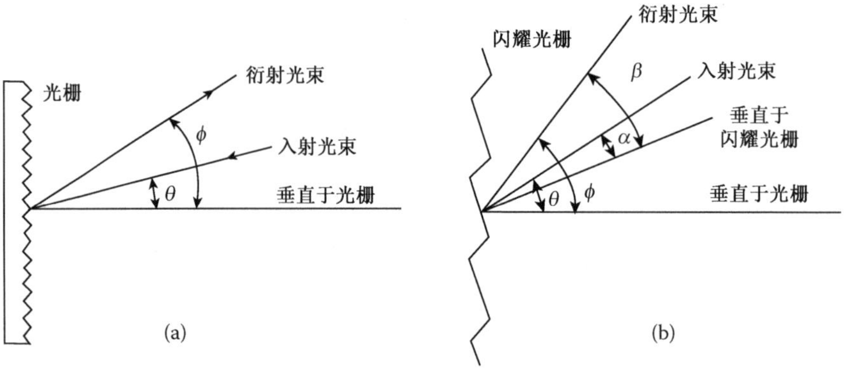

图 15.10　(a)ϑ 和 φ 的符号约定；(b)α 和 β 的符号约定

(图(a)中如果入射光和衍射光在光栅法线的同侧，ϑ 和 φ 有相同符号，一侧可以随机选择为正。图(b)中如果入射光和衍射光在闪耀法线的同侧，α 和 β 有相同符号。当它们与 ϑ 和 φ 的正方向有相同意义的时候，选择 α 和 β 为正号)

这时入射角几乎等于衍射角。通常假设这两个角相等，因此几乎没有损耗。在这种假设下，对于典型光栅可以得到如图 15.11 所示的曲线，这一曲线显示了各种不同级次下的能量分布。对于图 15.10(b)所示的沟槽装置，重要的一点是与沟槽间距成反比的色散可以平衡随沟槽宽度变化而改变的衍射图样的宽度变化，结果在任何级次下随波长的能量变化仅与闪耀波长有关。一个好的经验法则是：对于一级次波长 λ_0，闪耀光栅的有用范围是一级次的 $2\lambda_0/3$ 到 $2\lambda_0$，二级次的 $2\lambda_0/5$ 到 $2\lambda_0/3$，n 级次的 $2\lambda_0/(2n+1)$ 到 $2\lambda_0/(2n-1)$。从波数来看这是非常简单的，范围由一级次的 $\nu_0 \pm (1/2)\nu_0$ 和 n 级次的 $n\nu_0 \pm (1/2)\nu_0$ 给出。从波数来看，带宽或多或少保持恒定。对光栅所做的测试确定了图 15.11 中的曲线形状。Alpert 也重复了这样的测量。

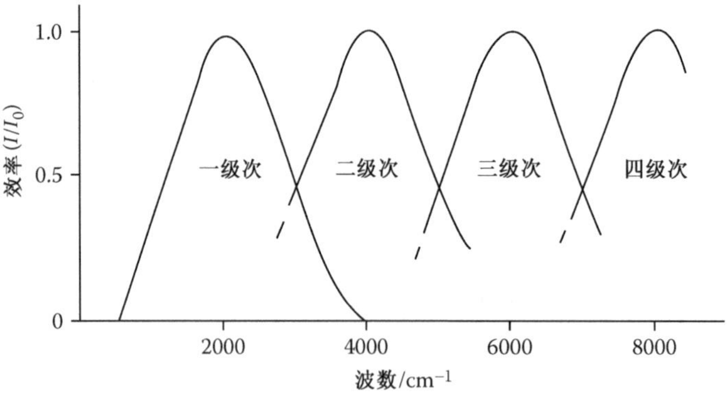

图 15.11　衍射光栅在各级次中的强度分布，或者在波数 $2000\mathrm{cm}^{-1}$ ($5\mu\mathrm{m}$) 处(理论上的)一级次闪耀的典型的衍射光栅的强度分布

现在我们来做一个假设，使用衍射光栅的一级次衍射，且滤光片的问题是消除二级次或者更高级次。只要考虑滤光片，重要的参数是一级次检测器信号与其他任何高级次信号的比率。所包括的因素有：第一是检测器灵敏度的变化；第二是光栅效率的变化，这在上面我们已经讨

论过;第三是在各级次中光栅的色散,这使得可以计算单色仪中通过狭缝透射的各级次能量;第四是光源输出的变化。当然,在一些应用中可能有其他因素,如一些光学组件的透射率,或者镜片反射率的变化。

在红外区常用到的检测器是热探测器,它具有合理的平坦响应曲线。接下来,我们假设它们非常平坦。如果需要的话,任何变化都可以容易地包含在分析中。

在任何波长,狭缝将会通过一个小的波长带。如果我们假定狭缝足够窄,则通过狭缝的整个波长范围内的能量变化是可以忽略的,在任意级次透射的能量将与该级次狭缝的带宽成反比。从式(15.13)可知,带宽与级次是成反比的,这样有助于降低对滤光片性能的要求。

在红外区域,常用的源是 Nernst 灯丝或硅碳棒。对于我们目前所考虑的问题,假设源是一个黑体,可能的峰值波长约在 2μm 处,这不会产生太多误差,尽管这一特殊波长没有太大意义。对于一个黑体源,能量随波长的变化由普朗克公式给出:

$$E_\lambda = \frac{c_1}{\lambda^5[\exp(c_2/\lambda T)-1]} \tag{15.15}$$

式中,E_λ为光谱的辐射能量;c_1和c_2分别为第一和第二辐射常数,其值分别为$3.74\times10^{-16}\mathrm{Wm^2}$和$1.4388\times10^{-2}\mathrm{mK}$。

对于任意波长λ,光栅的效率用ε_λ表示,且级次选择滤光片的透射率为T_λ。因此 m 级次,所以杂散光表示为一级次能量的一小部分,可由下面的公式给出:

$$r_m = \frac{\varepsilon_{\lambda/m}E_{\lambda/m}T_{\lambda/m}}{m\varepsilon_\lambda E_\lambda T_\lambda} = \frac{\varepsilon_{\lambda/m}(\lambda/m)E_{\lambda/m}T_{\lambda/m}}{\varepsilon_\lambda \lambda E_\lambda T_\lambda}$$

这里,我们在分子和分母中乘以λ。r_m的允许大小主要依赖于产生显著泄漏时的级次。令这个值为 N,允许杂散光的总量为 S,它可以表示为全部一级次能量的一部分。这样可以要求

$$r_m = S/N$$

在波长为λ/m时,所允许的最大透射率为

$$T_{\lambda/m} = T_\lambda \frac{S}{N}\cdot\frac{\lambda E_\lambda}{(\lambda/m)E_{\lambda/m}}\cdot\frac{\varepsilon_\lambda}{\varepsilon_{\lambda/m}} \tag{15.16}$$

现在除了在闪耀波长外,$\varepsilon_\lambda/\varepsilon_{\lambda/m}$将会大于 1。在对精度影响不是很大的情况下,我们可以假设每一级次 m 仅在$2\lambda_0/(2m+1)$到$2\lambda_0/(2m-1)$的范围内是有效的,并且在这个范围内$\varepsilon_\lambda/\varepsilon_{\lambda/m}$等于 1。在别处,可以假设第 m 阶次不会产生泄漏并且可以忽略它。

为了完成这一计算,我们需要$\lambda E_\lambda/(\lambda/m)E_{\lambda/m}$的值。图 15.12 绘出了函数$\lambda E_\lambda$随波长的变化。为了尽可能应用这一数值,在所示的方法中已经对变量进行了归一化并且采用对数坐标,这样通过沿坐标轴滑动标尺,任何特殊的条件都可以被简单地再现。

在为实用的一组滤光片编制说明书时,第一步是决定滤光片的需求数量。单个衍射光栅具有的有用波长范围为 3∶1,这将大于一个滤光片的覆盖范围。

设一个光栅或一套光栅工作波长范围的界限为λ_F和λ_S,这里$\lambda_F>\lambda_S$。如果从最长的波长开始,则串置的最后的滤光片必须阻隔波长$\lambda_F/2$和更短的波长。一个理想的长波通滤光片应该具有一个直角边缘形状并且可以在从$\lambda_F/2$到λ_F的整个范围内使用。实际滤光片

的边缘是有坡度的,在边缘的位置处必须允许存在一定的误差,否则在实际中无法制作。这意味着说明书必须明确最后的滤光片的透射区域是以 $(1+\gamma)\lambda_F/2$ 开始的。假设整套滤光片中的所有滤光片的结构或多或少相似,则相同的表达式也会应用于该套滤光片中的下一个滤光片,透射范围的波长将起始于 $[(1+\gamma)^2/2^2]\lambda_F$,并结束于 $[(1+\gamma)/2]\lambda_F$。其他滤光片的范围也用同样的方法确定。如果在一套中共有 n 个滤光片,则第一个滤光片的起始波长必须为 $[(1+\gamma)^n/2^n]\lambda_F$。我们可以让起始波长等于 λ_S 并且解得 γ 为

$$\gamma=2(\lambda_S/\lambda_F)^{1/n}-1$$

在实际例子中,给定几个可能的 n 值,给定最佳安排的整套滤光片,以及选择最佳的紧容差,则可以求该表达式的值。

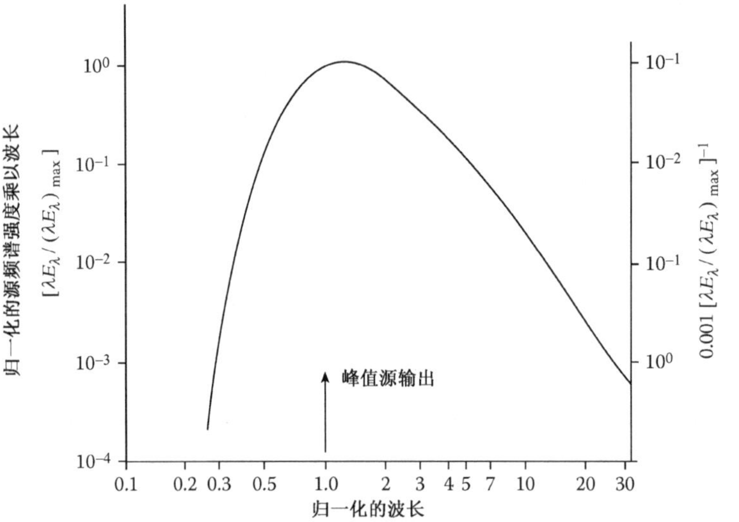

图 15.12　黑体源的 λE_λ 随波长变化的曲线

使用这种类型规格的优点在于:组成指标的整套滤光片中的任何一个特殊滤光片都可以与任何其他滤光片套中的对应滤光片进行互换。如果不要求这种互换性,则会稍微放宽允许值,但这使组成每个单独一套滤光片的问题更加困难。

为了说明这种方法,我们考虑一套滤光片的规格,该套滤光片采用一对工作范围为 3～30μm 的光栅。我们认为第一个光栅的闪耀波长为 5μm,第二个光栅与第一个类似,但闪耀波长为 15μm。3～3.3μm 的范围将不会像其他区域一样被有效地覆盖,但是光源在该范围内的效率较高,这在一定程度上可以弥补光栅效率的下降。

首先,确定滤光片的数量。通过检验,我们得出的结论是滤光片的最小数量为四个。但是这个数量将会使规格非常严格,所以最好使用五个滤光片。如果我们假设容差在它们中间平分,则通带范围和截止区边缘如表 15.1 所示。

接着,我们决定在这种情况下泄漏光的可接受水平,如为实际一级次信号的 1% 。另外还必须确定滤光片在通带范围内可接受的最小透射率,如 50% 。在实际中,相关水平一定比这些数值要大,但是在编写说明书时,采用较小的数值将会给截止区的特定水平一个保守的数值。

表 15.1　初始滤光片的规格

滤光片序号	通带区域/μm	截止区的长波边缘/μm
5	19～30	15
4	12～19	9.5
3	7.6～12	6
2	4.8～7.6	3.8
1	3～4.8	24

然后我们对产生泄漏光或杂散光有影响的各级次计算其对应的范围。结果如表 15.2 所示,它给出了泄漏光的实际波长和在第一级次中发生干涉的对应波长。我们选择锗作为滤光片的基底材料,这样可以忽略波长小于 1.6μm 的光,因为这些光可以被锗的本征吸收有效地抑制。

表 15.2　光栅级次的有效范围

级次	范围/μm	第一级次中对应的范围/μm
15μm 光栅		
第一级次	30～10	30～10
第二级次	10～6	20～12
第三级次	6～4.29	18～12.85
第四级次	4.29～3.33	17.15～13.33
第五级次	3.33～2.72	16.70～13.65
第六级次	2.72～2.31	16.35～13.85
第七级次	2.31～2.00	16.15～14.00
第八级次	2.00～1.76	16.00～14.10
第九级次	1.76～1.58	15.90～14.20
第十级次	第十和更高级次超过锗的边缘	
5μm 光栅		
第一级次	10～3.33	10～3.33
第二级次	3.33～2.00	6.67～4.00
第三级次	2.00～1.43	6.00～4.28
第四级次	第四和更高级次超过锗的边缘	

我们考虑的第一个滤光片是滤光片 4,其透射范围包括长波长光栅的闪耀波长。在闪耀波长处,最高级次是 9,因此 $N=8$,也就是

$$T_{\lambda_0}S/N = 0.5\times 0.01/8 = 0.000625$$

因此,我们可以在图 15.12 中设定右边标尺的大小使得在 15μm 处对应 0.000625,从曲线上可以直接读出高级次波长处的允许透射率, 如图 15.13 所示。

为了简化规格的编写工作,我们假定已设定的透射率大小适用于每个合适级次的全部范围。例如,对于第 m 级次,按照这种方式透射率的范围为 $2\lambda_0/(2m+1)$ 到 $2\lambda_0/(2m-1)$,这是一个略微悲观的结果。唯一例外的是,部分截止区在透射区边缘的旁边。这里重要的是,指标没有必要比实际要求严格。透射区的末端是 19μm, 从高级次干涉的范围可以看到仅有一个级次(即第二级次)在这个波长是有效的。因此 $T_\lambda S/N$ 为 $0.5\times0.01/1.0=0.005$,将这一值所对应的点置于图 15.13 的右侧坐标轴上,则在曲线上对应于 19μm。我们可以读出 0.0009 对应于 9.5μm,这是在这一波长处的最大允许透射率。在 18μm 处,包括第二和第三级次衍

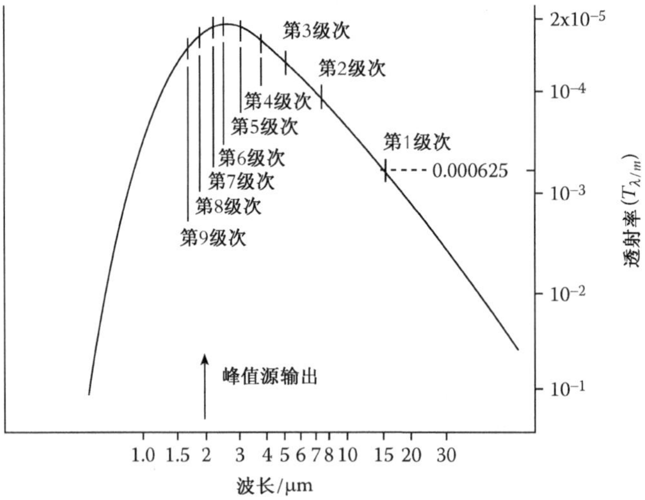

图 15.13　对滤光片 4 如何实现最大的透射率

射，$T_\lambda S/N$ 的值为 0.0025，将这一值所对应的点置于图 15.13 中，则在曲线上对应于 18μm，我们可以读出 0.0004 对应于 9μm，这是在这一点的最大允许透射率。在 17.15μm 处，包含三个级次，因此在 8.6μm 处的透射率应该不大于 0.0003。这个过程在每个波长处重复，此时更高级次将变得显著，直到实现各级次的全部输出。在图中绘出这些对应的点，通过每一点的水平线与通过短波一侧相邻点的垂线相互连接起来。在 12～19μm 范围内增加一个最小的透射率 0.50，则可实现滤光片的规格。图 15.14 为完整的图示。

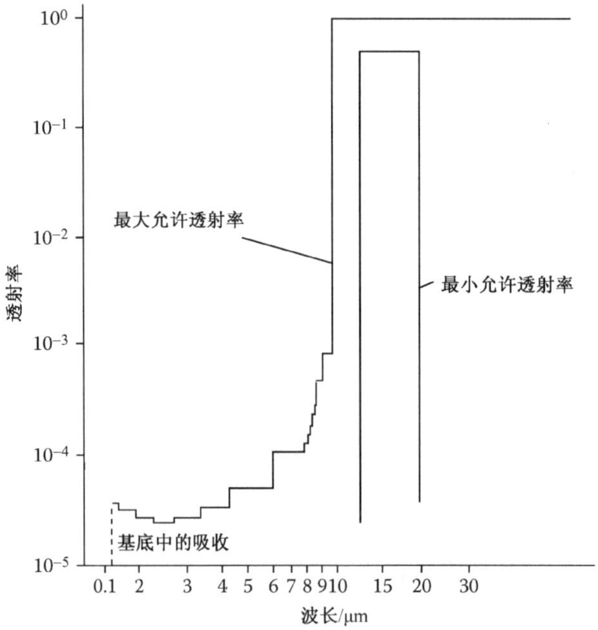

图 15.14　滤光片 4 的规格说明

接下来,我们考虑滤光片 5,其为最长波长的滤光片。这里条件不会很糟糕,因为滤光片覆盖的范围不包括一级次闪耀波长,因此仅有少量的高级次泄漏。根据表 15.2,在超过 20μm 时,二级次泄漏会迅速下降并且在通带区内第三级次是无效的,因此关键的区域是 9.5 ~10μm。

$T_{\lambda}S/N$ 再一次为 0.005 时,将这一值与图 15.12 中 20μm 所对应的点相比较,我们发现在截止区 10μm 处的允许透射率为 0.0009,超出了 9.5 ~10μm 范围,预测完全没有泄漏的简单理论不再足够精确。一个常见的消极假设是在截止区的边缘,即在 15μm 处,透射率约为 0.01,并且可以从这一点引出一条直线到 10μm 处。在 9.5μm 的短波长一侧,我们可以保持透射率为 0.0009。滤光片最终透射率的规格说明在图 15.15 给出。

滤光片 3 控制着从一个光栅向下一个光栅的转换。超出 10μm 时,光栅的闪耀波长为 15μm。二级次泄漏的主要区域为 12 ~20μm,因此除了恰好在 12μm 处外,二级次泄漏较低。在 12μm 处,$T_{\lambda}S/N$ 的值为 0.005,且由图 15.12 可知,6μm 处的允许透射率刚好超过 0.001。我们可以认为透射范围远至 5μm,这对应于一级次衍射中的 10μm(光栅转换波长)。在 10μm 的短波长一侧,使用 5μm 的光栅。从表 15.2 可看出从通带的边缘 7.6μm 到 10μm 不存在干涉。然而,为了安全起见,我们假设在 7.6μm 处存在二级次干涉,且在图 15.12 中设定值 0.005 对应于 7.6μm。我们可以在 3.8μm 即第二级次波长处确定一个透射率值,如图 15.15 所示,我们进一步假定它可以应用于锗边缘和 5μm 之间的全部区域。

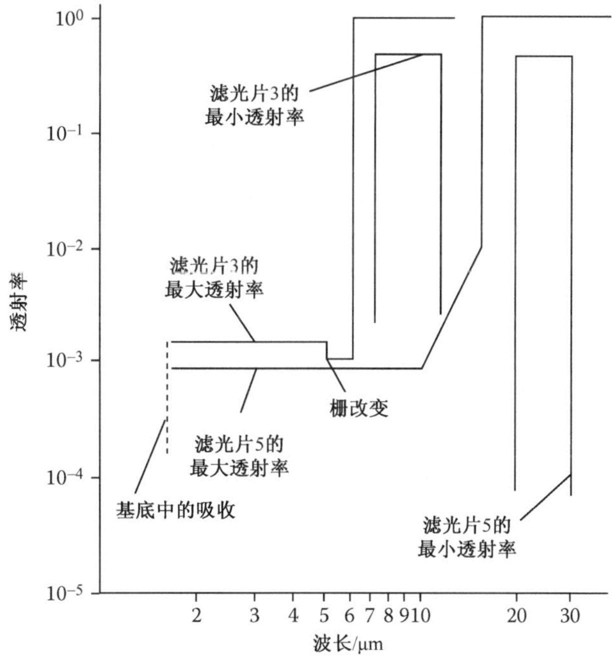

图 15.15　滤光片 3 和 5 的规格说明

滤光片 2(图 15.16)的规格的编写和滤光片 4 的基本一样,因为它同样包括闪耀波长。但是,要求并不是很严格,因为源的峰值和锗基底的吸收边缘与滤光片的通带非常接近。

滤光片 1 与其他滤光片相似(图 15.17),从 1.6μm 到 2μm 的短波带被一条水平线替代,其大小与 2μm 处的允许透射率相同。此处简单的理论预测没有高级次泄漏(二级次消失,三级次对应于一级次波长超过 4.8μm 的通带边缘)。

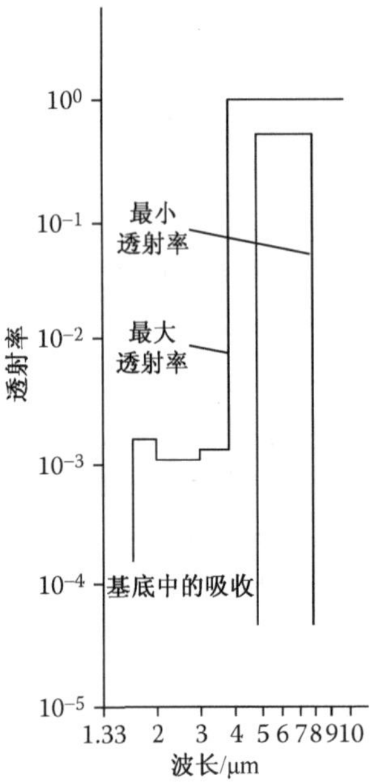

图 15.16　滤光片 2 的规格说明

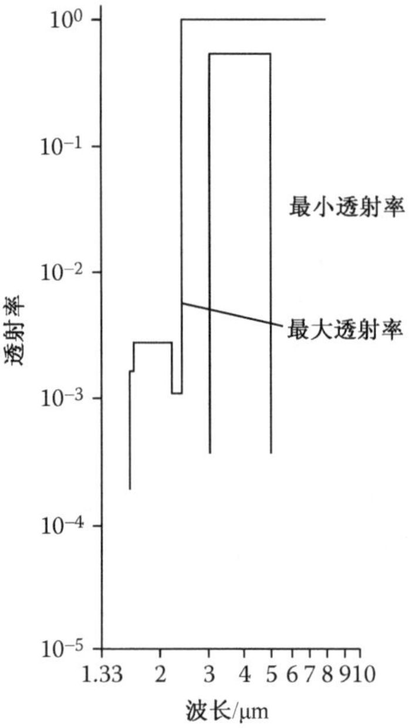

图 15.17　滤光片 1 的规格说明

尽管已经考虑了滤光片的光学性能,但是有一点需要进一步规定,即用于检测滤光片的光谱仪的带宽。这里要求带宽不能太大,但也不能明显小于应用滤光片的最终仪器的带宽。任何不能通过这种方式解决的透射率峰值问题也不能通过仪器自身解决。很明显,完全没有必要进行严格测试,这不但会浪费时间和金钱,还会导致滤光片被抵制,而事实上对于应用来说它是完全符合条件的。

一旦规格建立起来,滤光片的设计就仅仅是一个对我们在第 7 章中讨论的原理的直接应用。对结果的研究揭示了一些常见的法则。第一点是,通带包括一级闪耀波长的滤光片在它们的规格中至关重要,为了降低过渡带陡度,滤光片闪耀波长应该更加接近带通的短波极限,而不是长波极限。第二点是,因为那些不包括一级闪耀的滤光片具有非常小截止度的要求,因此需要确保最长波长滤光片(这是最难制作的)具有一个除了闪耀波长之外的通带,即使在一些应用中,这意味着需要一个额外的滤光片。

15.5　眩光抑制滤光片和镀膜

眩光(glare)是一个含义很广的词语,在这里我们指的是来自亮光源的光线的镜面反射。这种反射会进入人眼,掩盖了一个通常微弱、所需的可视像。

偏振太阳镜就是一个抑制眩光的早期例子。通过水或者石英砂反射的太阳光是一个常见的眩光源。当太阳位于某一角度使得眩光成为一个问题时,反射通常在一个垂直平面中且在入射角等于或接近布儒斯特角时发生,因此理论上认为反射光是 s 偏振的。站立的人接收到的这种眩光主要是线性水平偏振的,所以实际中可以用一个合适定位的偏振器将其消除。

这种解决方案依赖于布儒斯特角附近的反射,对于由不合适的光照(视觉显示单元所关注)引起的普通眩光是无效的。在这种情况下,在玻璃板后表面,来自荧光剂的信号光被来自该玻璃板两个表面周围的镜面反射光遮盖。入射面的方位可以发生极大的变化并且眩光可以在接近法线的角度下被反射。在电子设备中常用到一种有效的解决方法,即在显示器前插入一个圆偏振器。近垂直入射的镜面反射光使得圆偏振眩光的旋转方向发生反转,此时,该眩光已经在入射方向通过偏振器,但是由于其旋转方向发生改变,当光反射回去时,则不能通过偏振器。当偏振器外表面的镜面反射稍微小于本底显示的镜面反射时,这种方法效果很好。在其他情况下,应用减反射膜来减小反射率。因为圆偏振器可以避免来自自身后表面的眩光,所以仅需要在前表面镀减反射膜。

随后,研究发现利用中性密度滤光片(如一片吸收玻璃或塑料)来替代圆偏振器,可以实现效果非常好的眩光衰减。来自滤光片的镜面反射被前面和后面的减反射膜消除,这样眩光通过滤光片两次,而信号光只通过一次(图 15.18)。这名义上减小了眩光与信号光的比率,减小因子等于滤光片的透射率。但是,这可以通过提高显示亮度来补偿,并且典型的眩光衰减等于透射率的平方。这样,当透射率为 50% 时,就可以将眩光衰减 4 倍,这是一个完全可以接受的数值。

这种类型的眩光衰减滤光片是一个独立的组件,在最后阶段作为显示单元的一个附件安装。最新的发展趋势是将这种眩光衰减组件作为显示单元的一部分。在最简单的结构中,这是一个薄膜,其具有吸收作用,同时可作为减反射膜。实现的最简单的方法是用高折射率吸收材料来取代常规的完全透明的高折射率材料,最常见的方法是采用四层高效减反射膜并且用铟锡氧化物(ITO)来替代通常的氧化锆或二氧化钛,如图 15.19 所示。一个完全透明的减反射膜可以将眩光降低 50% 。正常情况下,该装置具有一定的吸收,这样可以进一步衰减眩光。图 15.20 给出了一个计算的特性曲线,其中利用了 Gibbons[19] 等的 ITO 数据。薄膜的整体透射率约为 90% ,因此眩光进一步衰减到原来的 0.8。显示面板上的玻璃也通常是吸收的,这也会有利于眩光衰减。薄膜中的 ITO 是一种导电材料,这会减少电磁场辐射和静电场,但不会降低低频磁场。

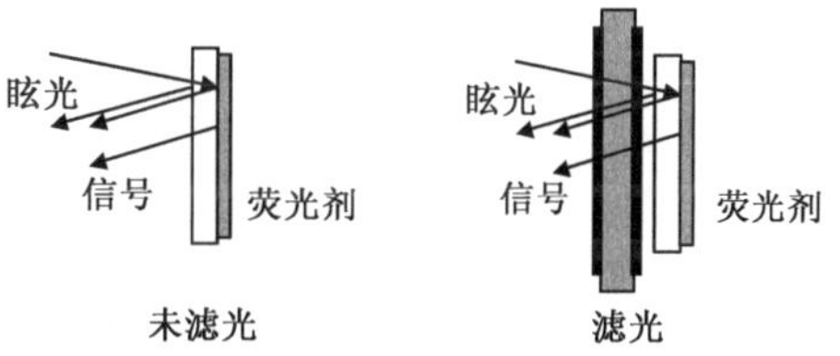

图 15.18　表面眩光抑制滤光片的原理图
(眩光通过滤光片两次,而信号光只通过一次)

为了进一步增大吸收率和提高眩光抑制,可以使用具有更高吸收率的材料。过渡金属氮化物[20],如氮化钛,是一种可能。Wolfe[21] 用银膜和镍膜来增加吸收率,同时保证了导电性。银膜被整合到子系统中,该子系统由大约 8nm 厚的银膜组成,银膜被 1.2 ~ 2.0nm 厚的 $NiCrN_x$ 包围,而 $NiCrN_x$ 又被 20 ~ 30nm 厚的 SiN_x 或者 $SiZrN_x$ 包围,外层采用 SiO_2 来完成镀

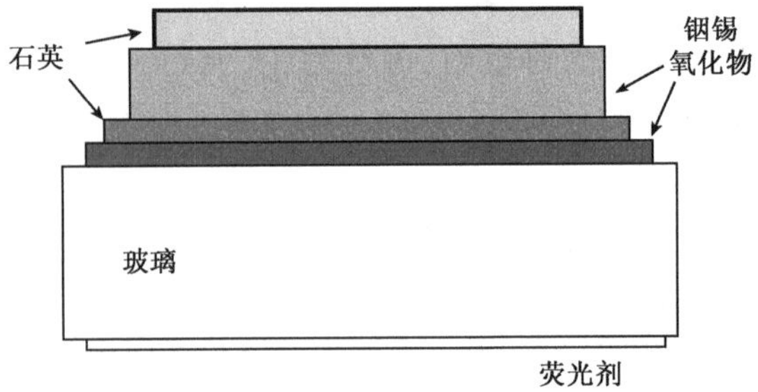

图 15.19　眩光衰减滤波片应用于显示器的表面
(采用的高折射材料具有吸收和导电特性)

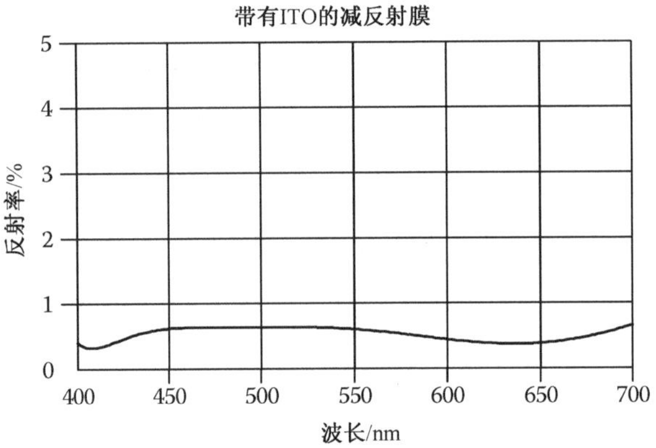

图 15.20　利用二氧化硅和 ITO 制成的四层减反射膜的响应曲线
(ITO 的常数来源于 Gibbons 等的著作[19])

膜。或者,采用厚度为 6 ~ 9nm 的镍膜,其周围镀 SiN_x 保护层以防止被氧化,也可以达到满意的效果。含有这些材料的薄膜的透射率在 30% ~80% 的范围。

最近提出一种设计巧妙的双层膜系来实现眩光衰减。日本朝日玻璃有限公司的一个研究小组[22]做了早期的研究,并将这种膜命名为 ARAS。Ishikawa 和 Lippey[23]给出了进一步的描述。郑和他的同事们详细地讨论了吸收性双层膜设计[24]。在最短波长处,薄膜可以被认为是一个典型的 V 形膜,它由紧挨基底的高折射率膜层和最外层一个较厚的低折射率膜层构成。为了简单起见,这里的基底可看作是透明的,但这不是一个必要条件。现在,我们让波长移至一个较长值。膜层的物理厚度将保持不变,但是在没有色散时,光学厚度将会变为波长的一小部分,并且导纳轨迹将会收缩。现在推测随着波长的改变,膜层的反射率仍然为零。最外面的低折射率膜层可以认为是常规介质材料,如氧化硅,因此它的色散可以忽略不计。导纳轨迹终点被牢牢地固定在实轴上的“1”处,即入射介质的导纳,因为轨迹较短,起点在现有的导纳圆周围移动。类似地,如果高折射率内膜层的折射率是一个常数,且起点被牢牢固定在实轴上的基底导纳值处,则终点会在高导纳圆周围移动,轨迹中将会出现缝隙,因此它不再有效。现在,设高折射率内膜层的光学常数完全可调,通过调节折射率和消光系数,导纳轨迹的终点可以扫过导纳图的大部分区域。导纳轨迹中的缝隙可以闭合,所以它将会变的有效且反射率仍然维持为零。通过在 n 和 k 中设置适当的平滑变化,在整个可见光区反射率可以保持为零。

掺钨氮化钛的性质非常接近于理想情况。表 15.3 给出了 Ishikawa 和 Lippey 测量的数值,其中掺钨氮化钛薄膜和二氧化硅薄膜的厚度分别为 10nm 和 80nm。

表 15.3　掺钨氮化钛的光学常数

波长/μm	折射率	消光系数
405.00	2.5	0.7
510.00	1.8	1.3
632.80	1.2	1.7

我们使用三次样条函数插值法来平滑表 15.3 给出的常数,假设玻璃基底具有正色散值,计算结果如图 15.21 所示,该结果非常好。

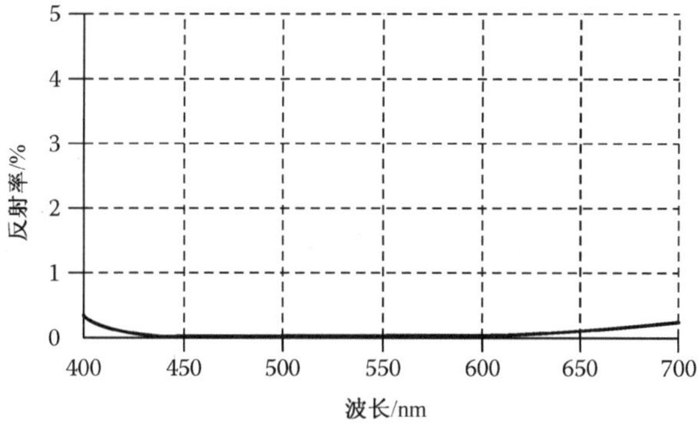

图 15.21　空气 | SiO_2:80nm | TiN_xW_y:10nm | 玻璃这种结构的计算性能

(计算参数来自于 Ishikawa H and Lippey B. *Two layer broad band antireflection coating in Tenth International Conference on Vacuum Web Coating Fort Lauderdale*, *Florida*, Bakish Materials Corporation, Englewood, NJ, 1966)

图 15.22 所示为膜层透射率的计算值。出人意料的是,这一计算结果是中性的,因此它可以对眩光起到满意的衰减作用。尽管没有给定膜层的数据,但它也可以减少来自显示单元的辐射。

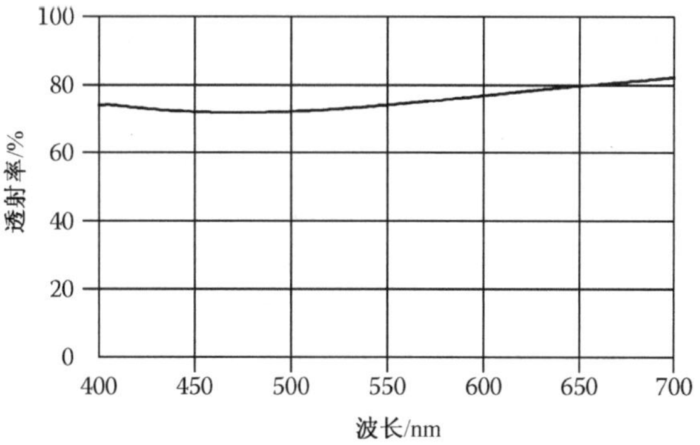

图 15.22　计算所得的图 15.21 所示膜层的透射率

图 15.23 所示的导纳图清楚地说明了吸收膜层光学常数的色散是如何将导纳轨迹终点控制在入射介质导纳的附近且保持较低的反射率的。

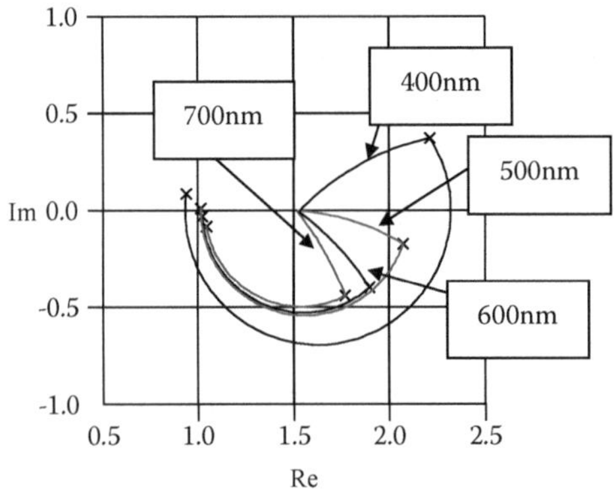

图 15.23　图 15.21 所示的减反射膜的导纳轨迹
（它表明紧挨基底的膜层的光学常数的色散在波长增加时是如何补偿轨迹的缩短的）

15.6　包含金属层的薄膜

15.6.1　用于肖特基势垒光电二极管的电极薄膜

一个简单的光电二极管检测器由在半导体上沉积金属层而形成肖特基势垒组成，这种光电二极管可以实现高量子效率。入射光通过金属接触层进入二极管的耗尽层，产生电子-空穴对。金属接触层必须能够透射入射光，而它本质上具有高的反射率，因此必须通过镀膜来减少其自身的反射损耗。这里我们给出一种非常简单的设计方法，将电极和减反射膜结合起来。在这一领域很多工作者[25-27]做出了贡献，其中对解析法可能最完善的说明是由 Schneider 给出的[27]。

薄膜的基底是二极管的半导体部分，并且它固定在自身的光学导纳中。金属层直接在半导体上（在一些装置中，有一个非常薄的绝缘层，可以忽略光学干涉的影响），并且可能透射率由金属厚度完全固定。为了使实际透射率最大化，可以做的是降低反射率，直到为零。

我们以在硅上沉积金电极层为例。假设波长为 700nm，则金的光学常数为 0.131 − i3.842，而硅的光学常数为 3.92 − i0.05[28]。银和铜的光学常数在这一波长下与金的光学常数相似，因此所得结果可以很好地应用在这两种可供选择的金属上。在硅上单个金膜层的导纳轨迹如图 15.24 所示。减反射膜必须连接金属导纳轨迹上的合适点与空气的导纳相对应的点(1,0)之间的缝隙，我们可以假设：作为减反射膜有效的介质膜层的导纳的最大值和最小值分别为 2.35 和 1.35。利用这些值，我们可以在导纳图中增加两个圆，使其通过点(1,0)并且对应于介质材料的导纳轨迹，这些介质材料的特征导纳分别为 2.35 和 1.35。这些轨迹定义了复平面中的一个区域界限。假设金属的导纳轨迹在这一区域内结束，当厚度选择恰当时，则可能找到导纳值在 1.35 和 2.35 之间的一个介质膜层，它会将反射率降至零。从图中可以清楚地看到，金属膜层越厚，则减反射膜的导纳一定越高。一旦金属的导纳轨迹延伸超过了这一区域,单一介质膜层就不能再使用,此时就有必要使用多层膜(或者一个单一吸收层,这会减小透射率,因此在特殊应用中并不是非常有效)。在诱导透射滤光片的小节中已经考虑过多层膜,这里,我们只考虑单一膜层,并且采用最大可用的折射率 2.35。

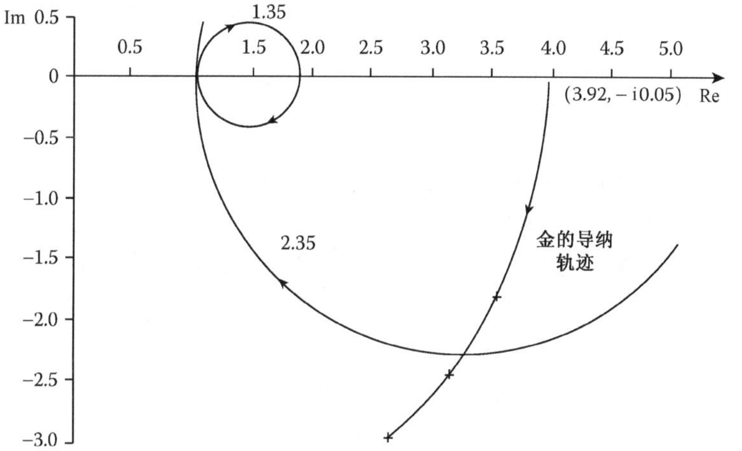

图 15.24　光电二极管中金属电极的减反射膜的导纳图

(假设在波长 700nm 处金的光学常数为 0.131 −i3.842, 金沉积到硅上,而硅的光学常数为 3.92 −i0.05。金的导纳轨迹的交点表明厚度增加了 0.005 λ_0,即 3.5nm, 同时表明,对应于折射率为 1.35 和 2.35 的介质膜层的导纳轨迹在点 1.00 处终止)

设计中剩下的任务是找到金属膜层和介质膜层的厚度,它们分别与图 15.24 中基底和交叉点之间的轨迹以及交叉点与点(1,0)之间的轨迹相对应。图中沿金属导纳轨迹标记的点在几何厚度上对应的间隔为 0.005 λ_0,即厚度间隔为 3.5nm,目视估测到交叉点的厚度为 0.013 λ_0。更精确的计算表明为 0.0133 λ_0,即厚度为 9.3nm。介质膜层的光学厚度介于 $\lambda_0/8$ 与 $\lambda_0/4$ 之间,精确计算得到 0.186 λ_0。

图 15.25 所示为计算得到的这种膜层的特性曲线。当然,金属薄膜的厚度非常小,在较厚薄膜上所测得的光学常数不能在没有校正的情况下就应用到这种薄膜上,但是曲线的形式和膜层的基本原理同这里讨论的一样。

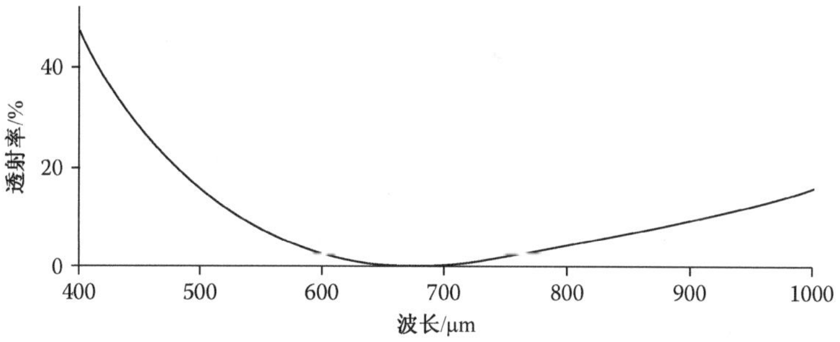

图 15.25　计算文中设计的金电极薄膜和减反射膜的透射率,其中考虑色散

15.6.2　用于太阳能光热转换的光谱选择薄膜

薄膜在太阳能领域的应用代表着一个完整的课题，Hahn 和 Seraphin[29] 曾对其进行了详细的讨论。这里，我们简单考虑一类有限范围的薄膜，即金属层上的减反射膜，这与前面所讲到的电极薄膜类似。

在高温下运转的太阳能吸收器会通过辐射损失热量，除非采取相应的措施来减少红外区的辐射。就高效运转而言，这些吸收器在可见光和近红外区必须具有较高的太阳能吸收率。可以从吸收薄膜中获得的最好结果的情况是，在近红外区的一定波长下从吸收到反射呈现出一个明显的转变，同时这会随着吸收器的运转温度而发生变化。构建这种薄膜的一种方法是以一个较厚的金属层或金属基底开始，然后镀减反射膜，使减反射膜在整个可见光区是有效的，但在红外区是无效的，因此在波长较长时，反射率是很高的，结果热辐射较低。幸运的是，我们仅对反射率的减小感兴趣。

透射率是不重要的，在膜层中没有被吸收的能量会在基底中被吸收，因此，减反射膜可以包括吸收层。

一个有用的设计方法是在金属面上采用半导体层。在超过本征吸收边缘的红外区半导体变得透明，因此在这一区域底层金属的反射占支配地位。在可见光和近红外区，半导体的吸收足以抑制金属的反射，并且为了完善该设计，需要增加一个减反射膜降低半导体前表面的反射率。因为金属层控制着红外区的性能，半导体层在红外区必须相对较薄，或者金属层必须有足够高的 k/n 值，该值在透明区域受半导体的高折射率影响很小。从光学常数的角度来看，银当然是最好的金属材料，但是它在温度上升时易凝结，稳定性难以保持，这样光学常数会发生变化并且反射率会降低。Seraphin 和他的同事们（见文献[29]，该文献总结了现有的研究成果，并给出更多详细的参考文献）研发出一种薄膜，在这种薄膜中通过氧化铬层可以使银膜达到稳定，这里氧化铬起到扩散抑制剂的作用。通过化学气相沉积可产生硅薄膜，在该过程中，流过基底的硅烷气中的硅氢键会随着基底温度的升高而断裂，结果导致硅的沉积。在气流中加入氧气或者氮气能够得到氮化硅或氧化硅减反射膜，这样通过气流组分的持续变化可以使减反射膜的组分渐变。此薄膜可以承受超过 600℃的温度而不被破坏。

这种薄膜的设计是简单明了的。首先，硅的厚度一定要对可见光的吸收足够高，这样可以遮住底层的银。但是硅的厚度不能太厚，这样会产生干涉效应，反而会减少反射率并且增加在红外区的辐射。在可见光区，进入硅层并在后表面被银反射的光应该被充分减弱，以使只有很小的一部分会再次出射。我们假设这种光的衰减遵循公式 $\exp(-4\pi kd/\lambda)$，对于整个往返，从薄膜的前表面到后表面并且再次从后表面返回前表面，我们应该有一个大概在 0.01～0.05 范围的值。在第一个例子中，我们选择设计波长为 500nm，这里以薄膜形式出现的硅的光学常数为 $4.3-i0.74$[28]。这样，表达式 $\exp(-4\pi kd/\lambda)$ 的值为 0.05，d 的值必须是 160nm。因为这是对于整个往返过程的，所以薄膜厚度应为该值的一半，即 80nm。必须加入减反射膜来降低硅膜层前表面的可见光反射。由于我们已经将干涉影响降到一个很低的水平，前表面将与块体硅相似，其光学常数特性即为块体材料本身具有的特性。Seraphin 和同事们使用氮化硅和二氧化硅渐变折射率薄膜,但是为了简单起见,这里假设导纳约为 2.0 的均匀薄膜,其厚度为波长 500nm 的四分之一。我们以特征导纳为 2.07 的二氧化锆为例。图 15.26 中显示了完整薄膜的特性：在 600nm 处的尖锐凹陷是硅膜层厚度影响的结果，硅导纳轨迹螺旋环绕,汇聚于光学常数；在 600nm 处,螺旋稍微有点短,但是终点通过一个区域,在这个区域中二氧化锆膜层可以再次作为一个合理有效的减反射膜,因此凹陷出现。在这种设计的 700nm 处,银开始表现出它自身的优势。通过采用完全相似的步骤,可以将反射率凹陷移到一个较长的波长,如 750nm,但这次采用的硅的光学常数为 4.17 − i0.37。现在,0.05 的双程衰减导致往返厚度为 480nm,即表示薄膜厚度为 240nm。这个特性在图 15.26 中也有体现，在这两条轨迹中,硅和银的光学常数由 Hass 和 Hadley[28] 给出。

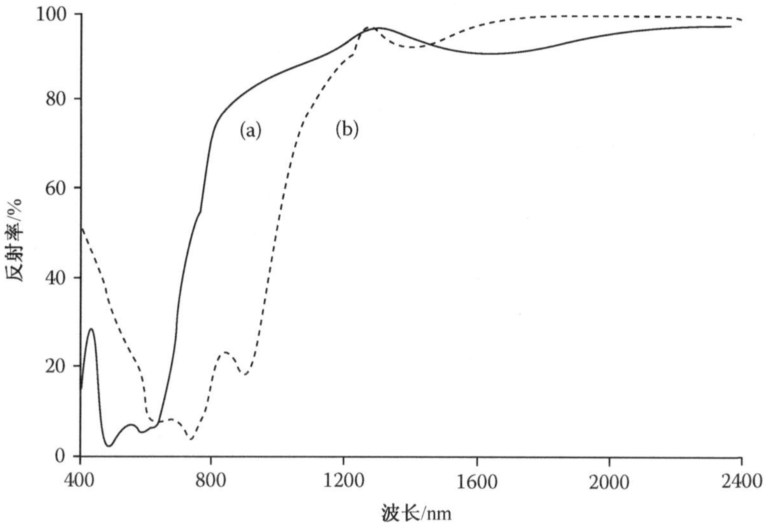

图 15.26　计算所得的太阳能吸收器薄膜的特性,其中考虑色散

(该薄膜由在银上镀减反射膜构成。设计为(a)$\underset{0.25\ \lambda_0}{ZrO_2}$ | $\underset{80nm}{Si}$ | Ag, λ_0 =500nm;

(b)$\underset{0.25\ \lambda_0}{ZrO_2}$ | $\underset{240nm}{Si}$ | Ag, λ_0 =750nm, 更多的细节在文中给出)

另一种可供选择的方法是利用金属层作为银的减反射膜的一部分。对于完全采用介质层设计的高效金属减反射膜所存在的最大问题是导纳(在该位置,第一个介质层即紧贴金属层的膜层的导纳轨迹第一次切割实轴)远离点(1,0)(在该点处我们想要终止镀膜)。对每对后续的 $\lambda/4$ 膜层,可以仅通过$(n_H/n_L)^2$来修正导纳。正如我们所看到的,诱导透射滤光片需要许多 $\lambda/4$ 膜层。另外,金属层会遵循与介质层不同的导纳轨迹,穿过介质层的导纳轨迹,该金属层可以被用来连接紧挨金属层的介质层的大半径导纳圆环与终点为(1,0)的介质层导纳轨迹之间的缝隙。

通过设计,金属层自身的导纳轨迹可以通过点(1,0),但是额外的介质层具有稍微广泛的特性并且能够对金属层进行保护。银可作为一种匹配金属,但是由于它具有较高的 k/n 比值,

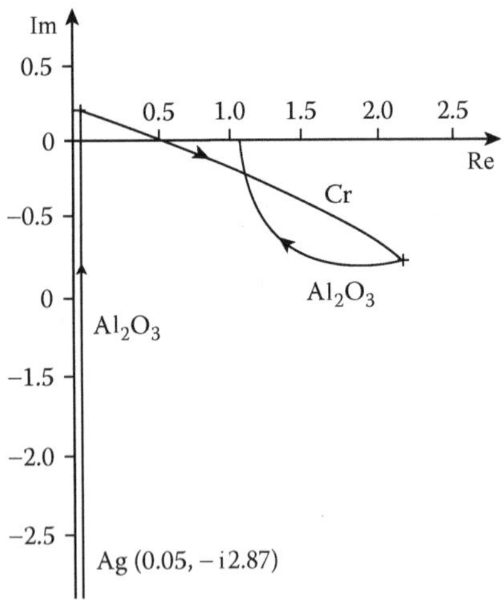

图 15.27　设计的吸收器薄膜在波长 λ_0 处的导纳图

（结构为空气 $\left|\begin{matrix}Al_2O_3\\0.184\lambda_0\end{matrix}\right|\begin{matrix}Cr\\7.5nm\end{matrix}\left|\begin{matrix}Al_2O_3\\0.184\lambda_0\end{matrix}\right|$ Ag（λ_0 = 500nm），解释见文中）

会导致非常窄的尖峰特性，即使采用终止介质层。具有较大损耗的金属比较好，这里以铬为例，同时用氧化铝作为介质。在已发表的镀膜资料中有这些材料的相关介绍（Hahn 和 Seraphin[29] 的文章中有进一步的详细资料）。在设计中，我们选择的波长为 500nm，并且所选材料为银，其光学常数是 0.05 −i2.87；氧化铝是 1.67；铬是2.86 −i4.11。再者，如果有必要的话，可以用插值法由 Hass 和 Hadley[28] 的文章中的数据得出金属的光学常数。如图 15.27 所示为一个薄膜的导纳图，其设计为

$$\text{空气}\left|\begin{matrix}Al_2O_3\\0.1841\lambda_0\end{matrix}\right|\begin{matrix}Cr\\7.5\ nm\end{matrix}\left|\begin{matrix}Al_2O_3\\0.184\lambda_0\end{matrix}\right|\text{银}\ (\lambda_0 = 500\ nm)$$

铬的导纳轨迹连接了两个介质层之间的缝隙。因为它的 k/n 比值比银的低，其轨迹更加平坦且其整体特性对波长变化不敏感。当轨迹长度随波长或者 g 的变化而增大或减小时，这种结构有助于使薄膜导纳轨迹的终点保持在(1,0)附近。

我们没有尝试来改进这个设计，尽管很明显，由于可能的厚度组合的范围很宽，所以会导致在设计波长下的反射率为零，通过细化一定可以提高其性能。薄膜的特性如图 15.28 所示。通过采用合理的光学常数重复设计过程，反射率的最小值将向长波移动。

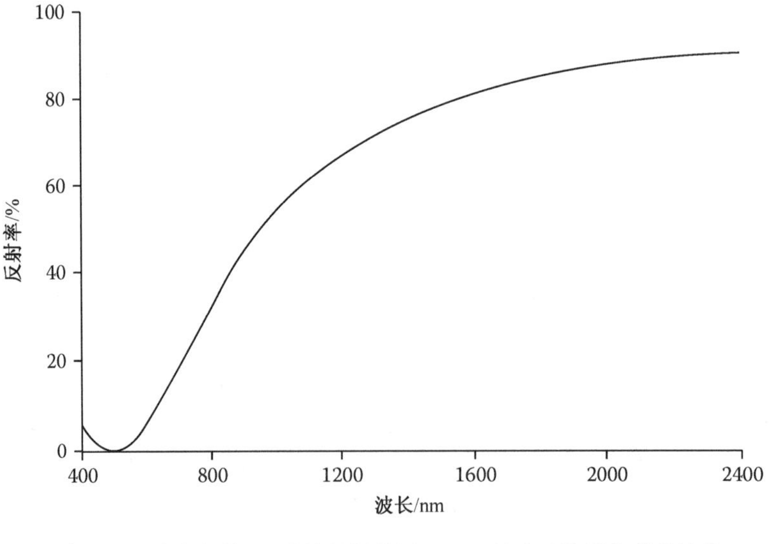

图 15.28　考虑色散后，计算所得的图 15.27 所示吸收器薄膜的性能

这会给出期望的零值，但是随后在较短波长处（这里介质层的导纳轨迹会越来越远离理

想值，且铬层不能够连接它们之间的缝隙），会产生高反射率的峰值。在较短的波长处，存在一个二级最小值，这里介质层会完成一次完整的循环，并再次接近正确的位置。对于在计算中所用到的理想值，高反射率的中心峰值确实非常高。实际的薄膜也显示了这个双重最小值（见 Hahn 和 Seraphin[29]），但是中心最大值非常不明显，最可能的解释是实际的薄膜具有比假设更大的损失。特别是，较薄的铬层不可能具有理想的光学常数。高损耗将会使导纳轨迹向图的中心移动并降低波长敏感度。

与这种薄膜相关的主要问题不是它们自身的设计，而是必要的高温稳定性。光谱选择太阳能吸收器仅仅当它们被用来产生高温时是经济实用，并且确实仅在高温下，它们可以提供超过常规的光谱平坦的黑色吸收表面的优势，这种黑色吸收表面的成本低得多。在真空条件下，使用它们来消除气体传导的热量损失，因此主要的劣化机制是在薄膜中的扩散。银在高温下特别容易凝结成块，经过艰苦的努力发现，在其中加入薄的扩散阻挡层（如氧化铬），可以避免组分的扩散与凝结，同时不影响光学特性，关于薄膜在高温下寿命所取得的成绩令人瞩目。更多的细节可以在 Hahn 和 Seraphin[29] 的文章中查阅到。

15.6.3　热反射金属-介质膜

在一些应用中，使用便宜且简单的热反射滤光片是特别重要的。例如，一个通常的光谱平坦的太阳能吸收器可以与这样的一个滤光片组合，这个组合体可以作为一个光谱选择吸收器。这样，可能会构造一个非常简单的符合所要求的带通滤光片，它具有被两层介质匹配层包围的单金属层[30-33]。该滤光片在一些方面与诱导透射滤光片相似，尽管理论上的最大可能透射率不能经常实现。一种设计方法是利用导纳图，我们举例来说明，这里考虑玻璃基底，且入射介质为空气或真空。银的光学常数在 600nm 处为 0.06 − i3.75，可以作为金属。假设介质层材料的折射率为 2.35，具有该折射率的硫化锌被用在其中，但是性能最持久稳定的薄膜是氧化物的薄膜。在图 15.29 所示的导纳图中，介质层的一个导纳轨迹从基底开始，第二个导纳轨迹终止于对应入射介质的(1, 0)处。如果最终的薄膜具有零反射率，则剩余的膜层一定要连接这两个轨迹的缝隙。再者，很容易看出金属层可以完成这一任务且金属的特定光学常数是不重要的，它们只会改变与两条轨迹的交点。所示轨迹近似与最厚的银层相对应，这层膜仍然具有零反射率。为了增加银层的厚度而不牺牲零反射率，要求两个介质层的折射率增加。金属层厚度的微小增加（不会引起设计的严重变化）可以通过在基底旁边插入一个低折射率 $\lambda/4$ 层，使下一个高折射率介质层的起点（在导纳图上方）沿实轴向原点移动来实现。新的轨迹将在已存在轨迹的外面，这就需要一个更厚的金属匹配层。在没有这种低折射率膜层时，最终的三层设计为

	ZnS	Ag	ZnS		
空气	2.35	0.06 − i3.75	2.35	玻璃 1.52	$\lambda_0 = 600$ nm
	$0.146\lambda_0$	15 nm	$0.141\lambda_0$		

性能如图 15.30 所示。陡度沿红外区下降，部分原因是因为匹配效率的下降，但是通过检查导纳图很快揭示，伴随着波长增加每条轨迹长度的减小自身不会导致反射率的严重变化。然而，

金属具有很大的色散,它的特性是在红外区 k 与 λ 同步增加。这使得 $2\pi kd/\lambda$ 的值较大,随着 k 的增加,红外区的轨迹变长,导致反射率也显著增大。此薄膜实质上以任何具有高红外反射率的金属和高折射率的介质材料为基础。金和氧化铋曾被成功地使用[33]。

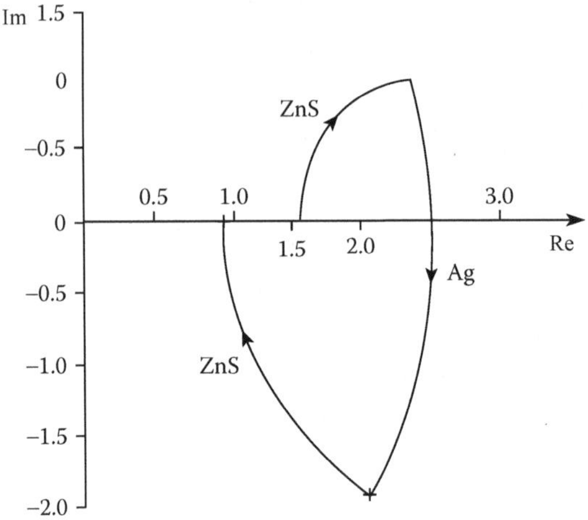

图 15.29　热反射金属-介质滤光片的导纳图

(图中给出了沉积于玻璃上的 ZnS | Ag | ZnS 组合在波长 600nm 处的轨迹)

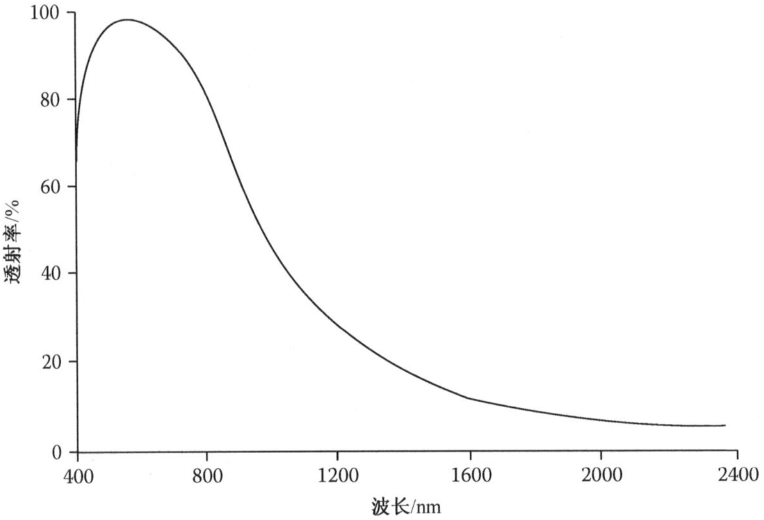

图 15.30　图 15.29 所示的热反射膜的透射率,计算中考虑了色散

如果薄膜暴露在空气中,银会趋于氧化。因此通常在银的周围包一层扩散阻挡层,可以是镍、铬、钛等。这些保护金属被就地氧化,它们膨胀并且随后形成高聚集密度使它们成为一个有效的阻挡层。这些薄的氧化层具有很小的光学效应。

参考文献

[1] Matteucci J and Baumeister P W 1980 Integration of thin-film coatings into optical systems *Proceedings of the Society of Photo-Optical Instrumentation Engineers* **237** 478-485

[2] Jacquinot P 1954 The luminosity of spectrometers with prisms, gratings or Fabry-Perot etalons *Journal of the Optical Society of America* **44** 761-765

[3] Baum W A 1962 *Chapter 1: The detection and measurement of faint astronomical sources*, in *Stars and Stelar Systems* Hiltner W A Editor (Chicago: University of Chicago Press)

[4] Bowen I S 1964 Telescopes *Astronomical Journal* **69** 816-825

[5] Courtes G 1964 Interferometric studies of emission nebulosities *Astronomical Journal* **69** 325-333

[6] Ring J 1956 *The Fabry-Perot interferometer in astronomy*, in *Astronomical Optics and Related Subjects* Kopal Z Editor (Amsterdam: North Holland) 381-388

[7] Meaburn J 1967 A search for nebulosity in the high galactic latitude radion spurs *Zeitschrift für Astrophysik* **65** 93-104

[8] Meaburn J 1976 *The detection and spectrometry of faint light* (Boston: D Reidel Pub Co)

[9] Kaplan L D 1959 Inference of atmospheric structure from remote radiation measurements *Journal of the Optical Society of America* **49** 1004-1007

[10] Houghton J T 1961 The meteorological significance of remote measurements of infra-red emission from atmospheric carbon dioxide *Quarterly Journal of the Royal Meteorological Society* **87** 102-104

[11] Houghton J T 1963/4 Stratospheric temperature measurements from satellites *Journal of the British Interplanetary Society* **19** 381-385

[12] Houghton J T and Shaw J H 1965 The deduction of stratospheric temperature from satellite observations of emission by the 15 micron CO_2 band *Memoires de la Société Royale des Sciences de Liège 5ième Serie* **9** 350-356

[13] Smith S D 1961 Design of interference filters for the observation of infra-red emission from atmospheric carbon dioxide by an earth satellite *Quarterly Journal of the Royal Metereological Society* **87** 431-434

[14] Smith S D and Pidgeon C R 1963 Application of multiple beam interferometric methods to the study of CO_2 emission at 15μm *Memoires de la Société Royale des Sciences de Liège 5th Series* **9** 336-349

[15] Ellis P J, Peckham G, Smith S D, Houghton J T, Morgan C G, Rogers C D, and Williamson E J 1970 First results from the Selective Chopper Radiometer on Nimbus 4 *Nature* **228** 139-143

[16] Houghton J T and Smith S D 1970 Remote sounding of atmospheric temperature from satellites. I. Introduction *Proceedings of the Royal Society of London*, *A* **320**23-33

[17] Abel P G, Ellis P J, Houghton J T, Peckham G, Rodgers C D, Smith S D, and Williamson E J 1970 Remote sounding of atmospheric temperature from satellites. II. The selective chopper radiometer for Nimbus D *Proceedings of the Royal Society of London*, *A***320** 35-55

[18] Alpert N L 1962 Infra-red filter grating spectrophotometers - design and properties *Applied Optics* **1** 437-442

[19] Gibbons K P, Carniglia C K, Laird R E, Newcomb R, Wolfe J D, and Westra S W T 1997 *ITO coatings for display applications* in *40th Annual Technical Conference New Orleans* Society of Vacuum Coaters 216-220

[20] Bjornard E J Viratec Thin Films 1992 *Electrically-conductive, light attenuating antireflection coating* US Patent 5,091,244

[21] Wolfe J 1995 *Anti-static, anti-reflection coatings using various metal layers* in 38*th Annual Technical Conference Chicago* Society of Vacuum Coaters 272-275

[22] Oyama T and Katayama Y *Light absorptive antireflector* US Patent 5,691,044

[23] Ishikawa H and Lippey B 1996 *Two layer broad band antireflection coating* in *Tenth International Conference on Vacuum Web Coating Fort Lauderdale, Florida* Bakish Materials Corporation, POB 148, Englewood, NJ 07631, USA 221-233

[24] Zheng Y, Kikuchi K, Yamasaki M, Sonoi K, and Uehara K 1997 Two-layer wideband antireflection coating with an absorbing layer *Applied Optics* **36** 6335-6339

[25] Hovel H J 1976 Transparency of thin metal films on semiconductor substrates *Journal of Applied Physics* **47** 4968-4970

[26] Yeh Y C M, Ernest F P, and Stirn R J 1976 Practical antireflection coating for metal-semiconductor solar cells *Journal of Applied Physics* **47** 4107-4112

[27] Schneider M V 1966 Schottky barrier photodiodes with antireflection coating *Bell System Technical Journal* **45** 1611-1638

[28] Hass G and Hadley L 1972 *Optical constants of metals*, in *American Institute of Physics Handbook* Gray D E Editor (New York and London: McGraw Hill Book Company) 6.124-6.156

[29] Hahn R E and Seraphin B O 1978 Spectrally selective surfaces for photothermal solar energy conversion *Physics of Thin Films* **10** 1-69

[30] Fan J C C and Bachner F J 1976 Transparent heat mirrors for solar energy applications *Applied Optics* **15** 1012-1017

[31] Fan J C C, Bachner F J, Foley G H, and Zavracky P M 1974 Transparent heatmirror films of TiO_2/Ag/TiO_2 for solar energy collection and radiation insulation *Applied Physics Letters* **25** 693-695

[32] Bhargava B, Bhattacharya R, and Shah V V 1977 A broad band (visible) heat reflecting mirror *Thin Solid Films* **40** L9-L11

[33] Holland L and Siddall G 1958 Heat-reflecting windows using gold and bismuth oxide films *British Journal of Applied Physics* **9** 359-361

第 16 章 其 他 主 题

16.1 皱褶滤光片

术语皱褶(rugate)源于生物学,主要的意思是波状。这里用这个术语来描述折射率按一定规律周期变化的结构,其变化类似于正弦波或余弦波。这种结构具有的特性是,能够反射一个窄波段光谱并且透射其他全部光谱。它们呈现的特性与 $\lambda/4$ 膜堆相似,但是没有较高级次的反射带。因此,它们被称为滤光片,在从弱连续谱中移除强光谱线时特别有用。它们的很多应用包括激光源,特别是与激光保护领域相关联。皱褶严格的原始定义已经有所放宽,因此这个术语有时也可以用在任何膜层系统中,在这些系统中会有意试着产生一些非均匀性,而不管系统是不是周期性的。

我们首先从皱褶的严格原始定义出发,可以很容易地看出,所有来自由一系列高折射率和低折射率 $\lambda/4$ 膜层构成的多层膜前表面的光束,是完全同相位的,这会导致高反射率。但是从波长或者频率来看,反射率在宽度上会受到限制。因为相长干涉条件仅适应于特定波长,膜层厚度应严格等于该波长的 1/4,在高反射区的外部,透射率非常高。因此,$\lambda/4$ 膜堆可作为一个负滤光片。在界面处,高、低折射率的比值越小,振幅反射系数越低,需要达到给定反射率的光束数量就越多。随着波长的改变干涉条件减小的速率决定了高反射区的宽度。越小的折射率差意味着越多的光束,相长干涉减小得越快,因此反射区就越窄。反过来,高反射率的狭窄区域意味着大量低折射率对比度的膜层。在第 5 章和第 6 章中,已经对这些进行了详细的考虑。

由分立的介质层组成的系统的局限性在于:除了由色散引起的少量振幅改变,波长的变化不会改变光束的振幅。具有相同振幅的相同光束存在于整个光谱区,不可能区分具有相位差 φ 的两个光束与具有完全相同的振幅和相位差为 $\varphi \pm 2m\pi$ 的两个光束之间的干涉效果,这里 m 为整数。在 $\lambda/4$ 膜堆中,在波长 λ_0 处成立的干涉条件,在波长 $\lambda_0/3$、$\lambda_0/5$、$\lambda_0/7$ 等处同样也成立,这就导致了高级次反射区,而这些高级次反射区会限制其作为负滤光片的有效性。从 g 即 λ_0/λ 出发,绘制的典型曲线如图 16.1 所示。

在特定的应用中,较高的级次可能不会存在任何问题,且对于这些分立的膜层而言,效果非常理想。对于高级次峰值是问题的情况,我们确实需要抑制。在所有界面反射的光束中,都有它们干涉的来源,换句话说,它们的来源分布在整个多层膜结构中。因此,需要一个分布解决方案。我们需要在 $g=1.0$ 时的基次峰值处保留光束,但是,必须在 g 为其他整数值时完全消除光束。我们需要一种减反射膜,在 $g=1$ 时,减反射膜不会影响其性能。但是,当 g 的值大于 1 时,在每个界面处都起作用。非均匀膜层就是这样的减反射膜。

我们应该回过头来推测这种系统的性能。这时,需接受如图 16.2 所示的非均匀膜层的两种可能的折射率分布。如果假设在 $g=1.0$ 时,膜层的光学厚度为 $\lambda/4$,则反射率与 g 的关系如图 16.3 所示。

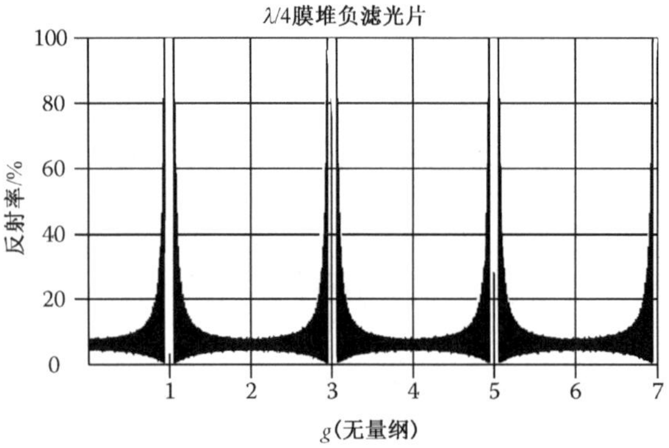

图 16.1　当 g 为 3、5、7 时,1/4 膜堆用作负滤光片的膜堆的典型特性

(通带的波纹非常紧密,因此无法区分开)

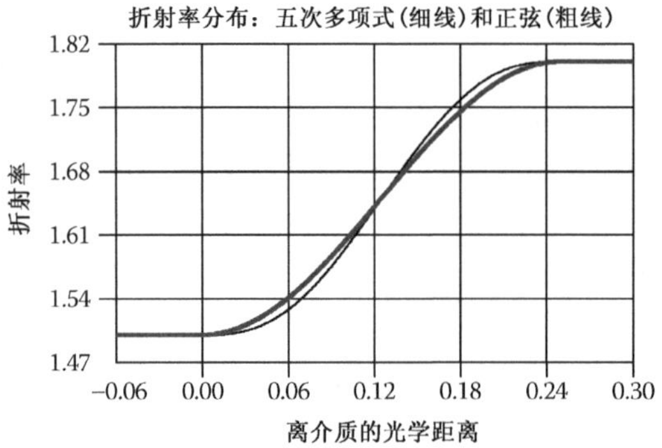

图 16.2　从 1.50 到 1.80 的非均匀膜层的折射率分布

(膜层的光学厚度为 λ/4,折射率分布遵循正弦定律(粗线)

或五次多项式(细线),其中多项式的一阶导数为 0,在端点处对厚度求二阶导数)

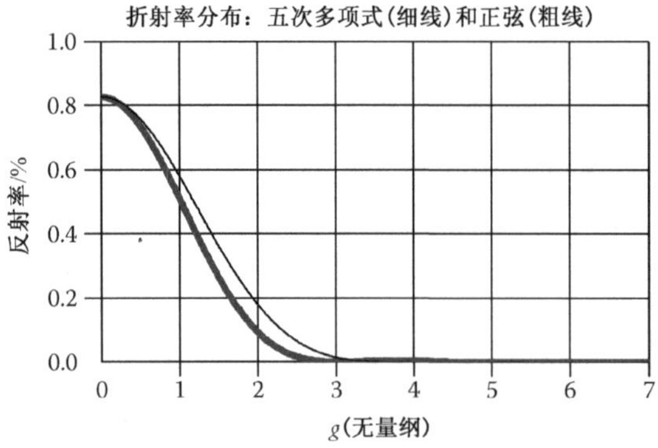

图 16.3　图 16.2 所示的非均匀膜层的反射率与 g 的关系

(正弦定律变化比五次多项式变化的陡度小,因此,反射率曲线(左侧曲线,粗线)下降很快,

但五次多项式(右侧曲线,细线)在较大的 g 值处的反射率较低)

在分立膜层的每个界面必须插入减反射膜。图 16.4 所示为所得的光学导纳的分布。此时，膜层具有一个呈正弦变化的折射率，且平滑地周期变化，所以称为皱褶结构。

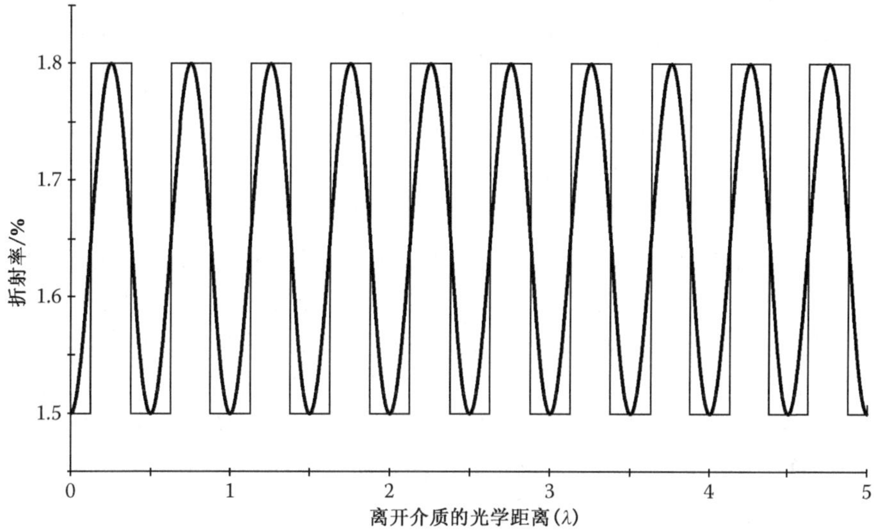

图 16.4　将每个独立的界面(矩形表示，细线)用正弦形状(光滑的曲线，粗线)替代后的结果，这给出皱褶结构

(反射率的新变化如图 16.5 所示。注意到在 $g=2.0$ 处有一个小的残留峰，这是因为折射率正弦变化不完全像在分立设计中的虚设 λ/2 层。反射率的微小变化在具有很多膜层的薄膜中聚集，这会给规则的条纹图样一个微扰。Southwell[1] 指出这种以指数正弦为基础的非均匀膜层在 g 为偶数时，确实相当于一个虚设层，即使它的分布几乎和遵循正弦函数规律的分布无法区分)

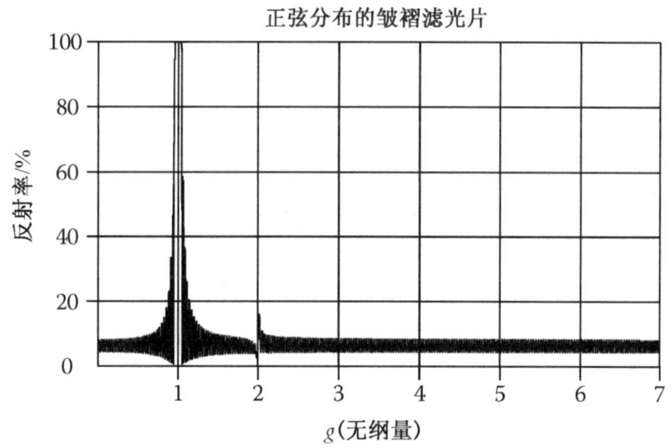

图 16.5　皱褶滤光片的反射率曲线

(折射率的变化如图 16.4 所示，实际计算的滤光片是含 64 个分立膜层的等效滤光片)

从误差的角度来看，非均匀减反射膜是非常健壮的，它对实际折射率分布不敏感。在给定波长下，只要厚度大于半波长，则在该波长下的反射率就会非常低。因此，即使皱褶滤光片的折射率分布有较大的误差，一般也不会非常严重，除非这些误差是系统性的并能够导致折射率

变化周期改变,这样的误差会将基频反射带展宽。在较高级次峰值开始返回前,需要非常严格的误差，这对于制造这种滤光片有着有用的暗示。

皱褶滤光片的沉积控制是一项相当复杂的工作,比简单分立的 $\lambda/4$ 膜堆的沉积复杂得多。在分立的膜层沉积中,光学厚度常常是闭合回路控制系统的目标。折射率被认为是被沉积的特殊材料的特性,并且对于折射率的控制采用开放回路。沉积的方法主要是对源温度,沉积速率等的控制。皱褶滤光片代表一个更大的挑战,因为没有一种天然的材料可以满足折射率的分布要求。它必须被制造出来,其中组分的改变是非常必要的,并且在真正的皱褶滤光片中这些改变应该是平缓的,这就意味着需要一些动态的折射率控制方法。

然而,不需要折射率的直接控制使分立的膜层具有更大的吸引力。尽管它们不是严格意义上真正的皱褶薄膜,但是可能生成具有相似特性的分立层结构。为了用分立层结构来替代皱褶结构,我们可以假想将一个皱褶周期分成大量具有相同光学厚度的薄片,每一个薄片都具有一个不均匀的折射率分布,但是可以将其转换成具有中心值的均匀折射率分布，这使得折射率呈阶梯状。事实上,在本节的后面我们将回到这一点,对于任意折射率分布的皱褶滤光片,其特性的计算通常都采用这种方法来进行。因为所选择的厚度很薄,所以进一步的细分对于结果没有任何改变。这里我们将使用较厚的薄片。

利用上述方法转换所获得的皱褶滤光片的折射率分布如图 16.6 所示。每个皱褶周期中有 10 个分立膜层,这意味着在基频反射率峰值处,如果皱褶周期为 $\lambda/2$ 厚,则单独的分立膜层就是波长的 1/20 厚。只要单个膜层与 $\lambda/4$ 相比较薄,分立膜层就能很好地工作。随着波长的减小,单个膜层的相位厚度会增加,甚至与波长相比变得非常厚。但是系统的性能不会简单地劣化,而是非常有规律和易于理解。当 $g=0$ 时,膜层实际为零相位厚度,并且系统的反射率等于未镀膜基底的反射率。当 $g=1.0$ 时,皱褶周期为 $\lambda/2$,且反射率很高。随着 g 的增加,这个周期保持了它的增透特性,且较高级次的峰值被抑制。现在考虑当 g 足够大的时候,膜层厚度为 $\lambda/2$,此时具有虚设层并且反射率等于未镀膜基底的反射率。在这个 g 值处,我们仍可以获得与在其他 g 值处一样参与干涉的相同光束。但是,它们之间的相移与 $g=0$ 时完全相同,除了每次存在一个波长的额外的路程差(即相位变化为 360°),它很难与零区分开来。进一步

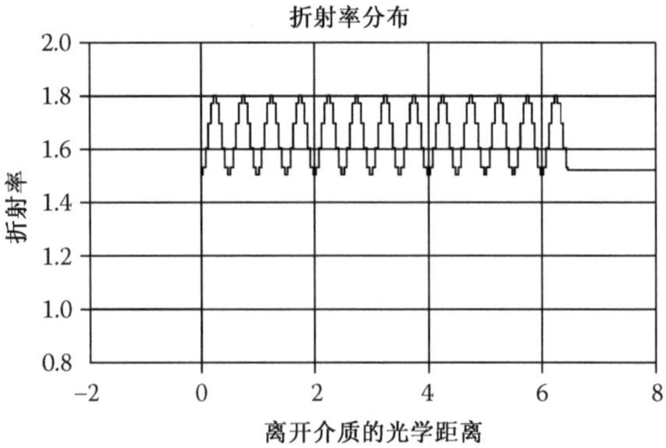

图 16.6　一个皱褶滤光片的折射率分布图,每个周期包括 10 个分立的子膜层,而不是连续变化的分布

讲，当使 g 从该值开始减小时，我们发现作为 g 的函数的干涉图样和将 g 以正常方式从零开始增大的函数得到的干涉图样完全相同。因此，如果有 10 个相同厚度的分立膜层组成皱褶周期，且在 $g=1$ 时具有一个基次峰，则在 $g=9$ 时也会存在一个相似的谐振峰。一个由 4 个膜层组成的周期在 $g=3$ 时具有另一个谐振峰，等等。图 16.7 说明了图 16.6 所示的皱褶滤光片的性能。图 16.8 给出了一个具有 4 个膜层周期的皱褶滤光片具有与图 16.6 中的滤光片相似的性能。在这种情况下，在 $g=3$ 时出现皱褶，在 $g=2$ 时出现了消除皱褶的峰。这与两层周期可能没有任何不同，但事实上，多余的膜层可以帮助抑制当两层周期的镀膜倾斜的时候，在 $g=2$ 时出现的半波孔。

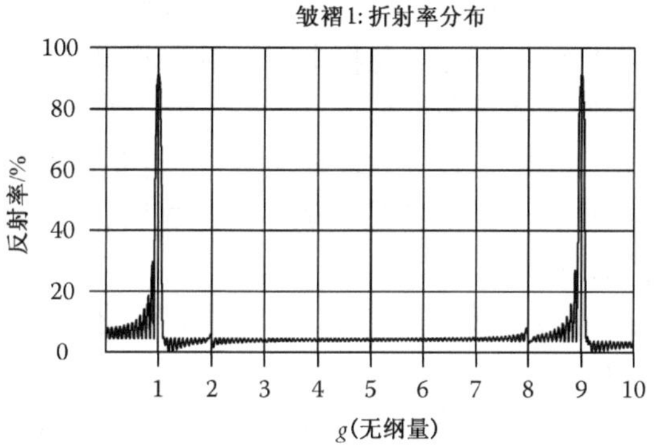

图 16.7 图 16.6 所示的皱褶滤光片的特性随 g 的变化，图中表明在 $g=9$ 时出现一个谐波峰
（注意到从 $g=0$ 到 $g=2$ 和从 $g=8$ 到 $g=10$ 低反射率的特性有细微的差别。这是因为[1]图 16.6 所用的半周期，仅当最外层为其他层厚度的一半时，它才为另一个半周期的镜像）

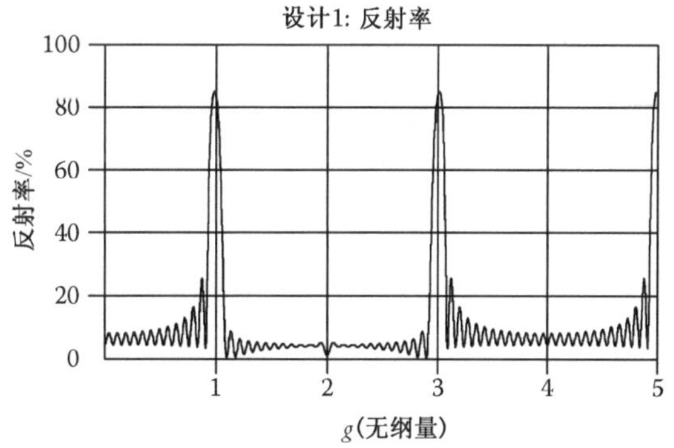

图 16.8 与图 16.6 所示的皱褶滤光片相似的滤光片的性能，其周期由 4 个相同厚度的分立层组成，谐波峰出现在 $g=3$ 时

Southwell[1]曾指出图 16.7 所示的结果稍微缺少对称性，这是使用一系列相同厚度的子膜层的结果，两个相邻子膜层的折射率都不相同。只有当两个最外层的子膜层被认为是其他子膜层厚度的一半时，才可以有效地使皱褶周期变得对称。在重新安排的结构中，最外层的子膜层具有相同的折射率和厚度，这提供了一个很好的对称特性。同时，这意味着最里层的子膜层

以及每个周期的结束子膜层与下一周期的开始子膜层的融合。

在一系列的分立膜层中,取代折射率连续变化的一个可供选择的方法是利用折射率固定的两种材料。必须有一个材料折射率等于或者小于皱褶结构中的最低值,而另一个折射率等于或者大于最高值。此方法利用了薄膜特征矩阵的性质,其中有两个主要的变形。第一个是任意对称排列膜层的矩阵,包括吸收和非均匀膜层,可以被单个等效的均匀膜层的特征矩阵替代[2,3]。这一等价性在第 4 章中曾做过详细的解释,它是单纯的解析关系而不是物理关系,但是不论在什么地方,只要性质中仅包含特征矩阵,它就是有效的。这一关系可以反过来,因此均匀薄膜矩阵可以被对称性薄膜的组合矩阵来替代。因为最终的结果包括相等的矩阵,当这些等价的膜层序列交替变化时,一些性质,如在一定入射角和波长下的反射率与透射率都不会发生变化。这些关系中最有用的一个方面是将中间折射率的膜层用高折射率和低折射率膜层的对称组合来替代。在一定的入射角和波长下,这种等效性对于利用特征矩阵计算的任何特性都是成立的。为了使波长变化时这种等效性依然成立,需要替代层的折射率有一个特定的色散,这意味着当真正的膜层将它们的自然色散考虑进去时,等效性会随着波长的变化逐渐减弱,特别是当波长减小的时候。

严格地讲,等效性不会延伸到入射角的变化,尽管这种劣化通常不会非常快。第二个变形是基于膜层对使用一种近似的方法。当膜层对中的每一层与波长相比较薄时,两个膜层组合的特征矩阵等效于具有中等折射率的单个膜层的特性矩阵[4]。同样地,这一关系在入射角变化时是无效的,并且随着波长的减小这一关系会变弱。两个变形都可以采用阶梯近似成为皱褶周期,并将这一周期转换成一个具有不同厚度的、高折射率和低折射率膜层交替的等价序列。我们利用第二个变形来解释这一方法,即双层膜近似法。如果膜层与波长相比非常薄,两个薄膜矩阵的乘积可以相应地简化。根据 Southwell[4] 的理论,令膜层为介质且物理厚度为 d,折射率为 n,采用自由空间单位时导纳 $y=n$,有

$$\begin{bmatrix} \cos\delta & \dfrac{\mathrm{i}\sin\delta}{y} \\ \mathrm{i}y\sin\delta & \cos\delta \end{bmatrix} \rightarrow \begin{bmatrix} 1 & \mathrm{i}\dfrac{2\pi}{\lambda}d \\ \mathrm{i}\dfrac{2\pi}{\lambda}n^2 d & 1 \end{bmatrix} \tag{16.1}$$

则两个薄膜矩阵的乘积变为

$$\begin{bmatrix} \cos\delta_1 & \dfrac{\mathrm{i}\sin\delta_1}{y_1} \\ \mathrm{i}y_1\sin\delta_1 & \cos\delta_1 \end{bmatrix}\begin{bmatrix} \cos\delta_2 & \dfrac{\mathrm{i}\sin\delta_2}{y_2} \\ \mathrm{i}y_2\sin\delta_2 & \cos\delta_2 \end{bmatrix} \rightarrow \begin{bmatrix} 1 & \mathrm{i}\dfrac{2\pi}{\lambda}d_1 \\ \mathrm{i}\dfrac{2\pi}{\lambda}n_1^2 d_1 & 1 \end{bmatrix}\begin{bmatrix} 1 & \mathrm{i}\dfrac{2\pi}{\lambda}d_2 \\ \mathrm{i}\dfrac{2\pi}{\lambda}n_2^2 d_2 & 1 \end{bmatrix}$$

$$= \begin{bmatrix} 1 & \mathrm{i}\dfrac{2\pi}{\lambda}(d_1+d_2) \\ \mathrm{i}\dfrac{2\pi}{\lambda}(n_1^2 d_1 + n_2^2 d_2) & 1 \end{bmatrix} \tag{16.2}$$

这里我们忽略 $d_1 d_2$ 这一项。然后,比较式(16.2)和式(16.1),我们发现

$$d = d_1 + d_2$$
$$n^2 = \frac{n_1^2 d_1 + n_2^2 d_2}{d_1 + d_2}$$

现在,知道了 n_1 和 n_2,并且确定了 n 和 d,可以得到双层膜组合的等价参数,对 d_1 和 d_2,有

$$d_1 = \left(\frac{n^2 - n_2^2}{n_1^2 - n_2^2}\right) d \qquad (16.3)$$
$$d_2 = d - d_1$$

注意到总物理厚度仍然为常数,因此将要被替代的皱褶滤光片的总物理厚度是可以保持的。膜层的顺序也是不重要的,相互交换两个膜层并不会使该组合的等价参数发生变化。需要重点考虑的是 n 必须介于 n_1 与 n_2 之间,否则将会出现一个负的厚度值。

图16.9所示为一个利用这种方式替代的单个周期(在末端有一个多余膜层,严格来说,这是下一个周期的第一个膜层)。具有14个这种周期排列的皱褶滤光片的性能如图16.10所示。

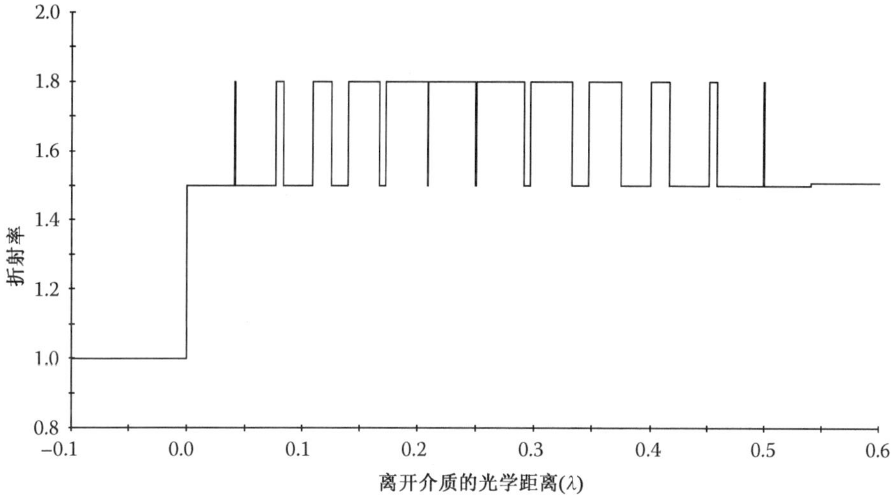

图16.9 具有22层膜的单个半波皱褶周期

(膜层为高折射率(1.8)或低折射率(1.5)的膜层,厚度也在变化,使整体效应与经典皱褶平滑变化的情况类似)

关于这些计算重要的一点是:对于由分立膜层近似的一个皱褶滤光片,其给出的性能仍然是可以接受的。材料的透明范围很少大于图16.7和图16.9所示的光谱范围。薄膜生产中的许多技术使得它们对分立膜层系统的制作要比对平滑变化折射率分布的生成好得多。

当折射率出现任何连续变化时,我们转到皱褶更宽泛的意思上,并考虑一些更加详细的理论问题。图16.11所示为一个连接两种介质的非均匀膜层,其光学导纳 y 与光学厚度 z 的关系在图中绘出。这种膜层的精确计算包括将它们切割成足够薄的均匀子膜层,然后采用通常的计算方法。在计算中切割的子膜层厚度应该比最短波长的1/4薄,没有必要使用小于波长1/10的厚

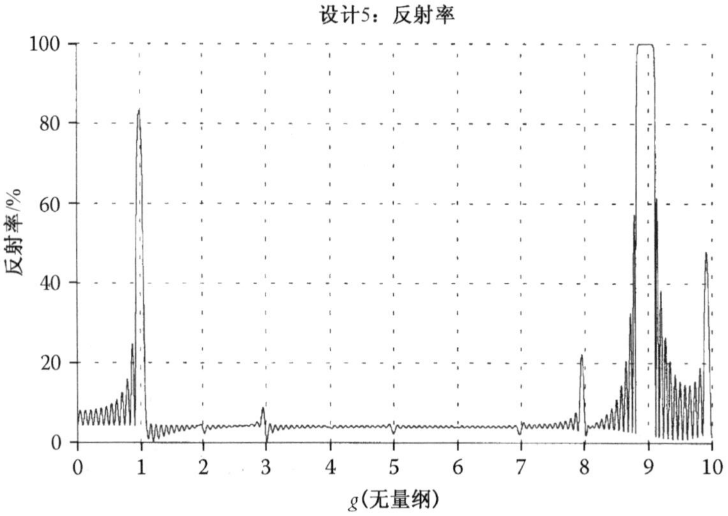

图 16.10　图 16.9 所示的皱褶滤光片的性能
（性能与推导的阶梯式滤光片的类似）

度值。为了测试这种近似的准确性，膜层仍可以做得更薄并且进行重复计算。完全未改变的性能表明，这一近似是令人满意的。对于这种结构设计，通常应用基于矢量方法的近似法。如果计算在平面 $z=0$ 处的性能，则从平面 z 处推导出的矢量为

$$\rho\exp(-\mathrm{i}2\delta)=\frac{\Delta y}{2y}\exp(-\mathrm{i}2\kappa z)$$

式中，κ 为波数，由 $2\pi/\lambda$ 给出，λ 为自由空间波长。如果用 x 来表示二倍光学厚度 z，则可以写出所有各种矢量的总和为

$$\sum\frac{\Delta y}{2y}\exp(-\mathrm{i}\kappa x) \tag{16.4}$$

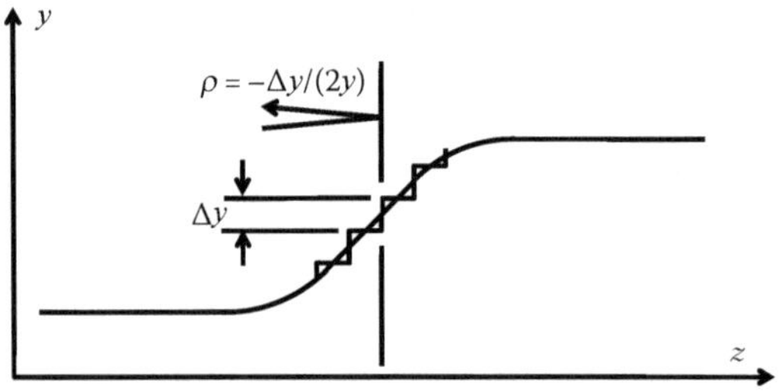

图 16.11　为了推导非均匀介质膜层的性能的表达式，首先将膜层分成一系列独立的子膜层，这些阶梯足够小，以至于在很近的间距上仍然能够产生不变的结果（每个阶梯的振幅反射系数为 $-\Delta y/(2y)$）

在简单的矢量法中，这一总和等于振幅反射系数。但是，当许多这样的矢量包含在非常厚的非均匀结构中时，可能需要做一个修正，以得到较好的近似。将式（16.4）的求和变换为积

分的形式,得到

$$\int_{-\infty}^{\infty} \frac{dy}{dx} \cdot \frac{1}{2y} \cdot \exp(-i\kappa x) \cdot dx = Q(\kappa) \cdot \exp[i\varphi(\kappa)] \tag{16.5}$$

该式通过傅里叶积分将性能函数与特征导纳的分布函数联系起来。上述情况也可以反过来,因此 y 的分布可以通过性能的分布来计算。Q 是一个性能函数,$\kappa = 2\pi/\lambda$,x 是二倍光学厚度。$\varphi(\kappa)$ 是相位因子,它必定是一个奇函数,这样可确保 $n(\kappa)$ 是实数。虽然忽略了多光束效应,但谨慎选择 Q 可以减小这种近似引起的误差。需要注意的是,式(16.5)中的指数函数部分常常写为正值,这是使用特定符号约定的一个简单结果。

提出并用于 Q 的函数主要包括(第一个表示简单的振幅反射系数):

$$\begin{aligned} Q &= \sqrt{R} \\ Q &= \sqrt{\frac{R}{T}} \\ Q &= \sqrt{\frac{1}{2}\left(\frac{1}{T} - T\right)} \\ Q &= \sqrt{\frac{1}{\sqrt{T}} - \sqrt{T}} \end{aligned} \tag{16.6}$$

更加完整和详细的处理见 Bovard[5] 的文章。

这种方法的很大优势是从两个方向将设计函数与性能函数解析连接起来。如果我们已知性能,则可以找出相应的设计,反过来也一样。不足之处是该方法是近似的,在选择合适的 Q 函数和相位因子 φ 时,需要相当的技巧和经验。尽管最终得到的设计是一个连续变化的导纳分布,但它可以转换为一个分立膜层设计,厚度要足够薄,在感兴趣的最短波长下不会影响性能。

16.2 超快薄膜

传统上,薄膜设计者关注的是他们所设计薄膜的稳态特性。现在有一种激光系统,就是我们提到的超快激光系统,它可以产生足够短的激光脉冲, 使瞬态响应变得显著,这一现象现在变得很重要。一个由 $\lambda/4$ 膜堆组成的正常高反镜在厚度上可能是 25 个 $\lambda/4$。在波长为 1μm 时,这意味着光从薄膜的前面到后面,然后再返回的行程长度为 12.5μm,行程时间约为 42fs(1fs $=10^{-3}$ ps)。现在长度约为 50fs 的脉冲很普遍,且最短的脉冲在长度上约为 5fs。在这种应用中,很明显的是薄膜的瞬态响应被认为是非常重要的,但是,事实上,即使脉冲的长度变大两个或者三个数量级,效应仍是很明显的。薄膜性质应当对短脉冲具有一定的影响,并且可能用它们来获得特定效果的想法已不是很新颖。然而,直到最近,相关领域的发展和技术的进步已经达到使应用变得非常重要的阶段。

短脉冲可以看作一个载波的包络。这个载波包含与脉冲相关的相位信息,且它以我们所熟知的相速度进行传播。很明显,能量与包络有关,它以群速度向前传播。存在色散时,群速

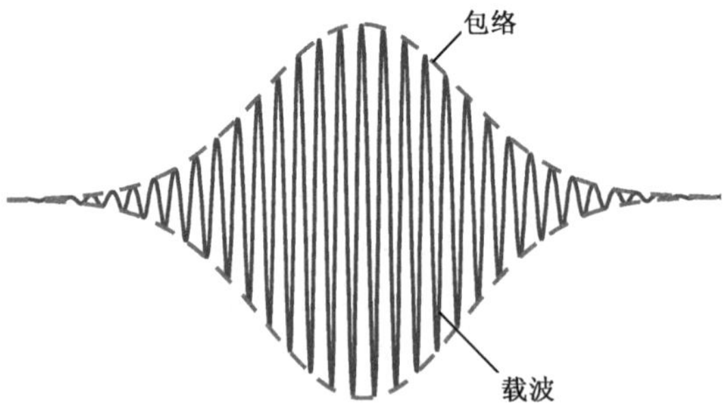

图 16.12　一个由包络和一定频率的载波组成的高斯形脉冲
（当载波在传播过程中超过包络时，载波的相位可能会比脉冲移动得快）

度和相位速度是不同的，在正常色散下相速度要大一些。这样，载波看起来超过了脉冲包络。高斯包络的短脉冲如图 16.12所示。

还可以用一种不同的方法使脉冲可视化，即将它看成是给定带宽内的连续分布的单色波的集合。这些单色波的相干组合会产生另一种模型的载波和包络。这两种模型是完全等价的，如果我们愿意，可以通过傅里叶变换将一种模型变换为另一种模型。

脉冲包络通常为高斯形[6,7]。为了简单起见，我们观察坐标原点 $z=0$ 处的时域变化，并且如果脉冲的峰值与 $t=0$ 相对应，有

$$F(t)=\mathcal{A}\mathrm{e}^{-\frac{t^2}{2\mu^2}} \tag{16.7}$$

这里 μ 具有时间的量纲。傅里叶变换会给出频率的分布，且它也是一个高斯函数，即

$$G(\omega)=\mathcal{B}\mathrm{e}^{-\frac{\mu^2(\omega-\omega_0)^2}{2}} \tag{16.8}$$

如果半极大点之间的时间间隔为 τ，且在半极大处的脉冲角频率分布的宽度为 $\Delta\omega$，则得出

$$\tau\cdot\Delta\omega=4\cdot\log_e 2$$

注意到这两个量都是 μ 的函数。例如

$$\tau=2\sqrt{\log_e 2}\cdot\mu$$

在脉冲的中心，所有的波分量都具有相同的相位。如果所有的波分量以真空中的光速进行传播，则相位相同的波分量将会以真空中的光速传播且脉冲中心将与其一起移动。类似地，如果所有的波分量都等量地减慢速度，则脉冲也会相同程度地减慢，不会改变。

在脉冲内载波的相对相位由所有波分量的相位达到一致时的相位值确定，如果载波的相位是零，则载波将在脉冲峰值处有一个明显的峰值。通过一个简单的步骤可以在任何时候找到脉冲峰值的位置。

脉冲可以认为由单色波分量组成。当这些单色波在传播时，它们之间的相位关系将会发生变化，但是如果脉冲形状在传播过程中没有改变，则在任何特定时间沿着路径必定有一段距离，这里对于所有波分量来说相位是相同的，并且与脉冲中心的相对应。我们在相位因子中使用薄膜的习惯约定（$\omega t-\kappa z$），这里 $\kappa=2\pi n/\lambda$，λ为自由空间波长。在距离为 z、时间为 t 时，波分量的相位可记为 $\varphi=\varphi_0+\Delta\varphi$。为了使所有波分量的相位一致，$\Delta\varphi$ 必须为零。

这一条件是

$$(\omega_0+\Delta\omega)t-(\kappa_0+\Delta\kappa)z=\varphi_0+\Delta\varphi$$
$$\omega_0 t-\kappa_0 z=\varphi_0$$

$$\Delta\varphi = 0 = \Delta\omega t - \Delta\kappa z$$

$$z = \frac{\Delta\omega}{\Delta\kappa}t = v_g t \tag{16.9}$$

$\Delta\omega/\Delta\kappa$ 这个量被称为群速度 $\boldsymbol{v}_g$。很明显,如果位置 z 对于所有波分量是相同的,并且脉冲形状不变,这个值必须为常数。

另一个形象化的表示方法中有一个简单的图,图中,我们以 z 方向为横坐标,ω 为纵坐标。我们画出一组构成膜冲的波分量,用一组通过合适的 ω 值且平行于 z 轴的线表示。在这组线上标记出常数 φ 的等值线。假设有一条等值线垂直地通过这组线,那么这就对应于一个精确的相位一致点,这样脉冲峰值就会出现在该点,且脉冲形状不会发生改变。

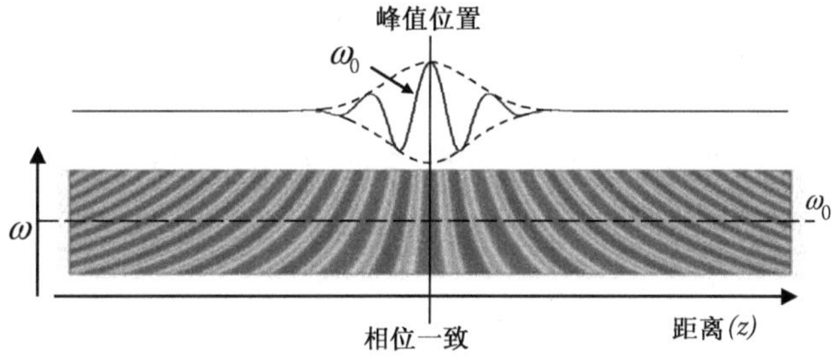

图 16.13 一个脉冲的波分量沿传播方向的连续分布,它们的相对相位用等值线来表示(脉冲峰值位置与所有波分量的相位相等时的位置重合)

在无色散的介质中,峰值处的相位将为零,因为所有的波分量将以一个相同的速度传播,即使该速度小于在自由空间中的传播速度。在色散介质中,根据特定的折射率,波分量将会以不同的速度传播。假设这些速度的变化仍可以保证相位在一些地方一致,则脉冲会在这些地方出现并且它的形状不会发生改变,尽管此时载波的相位会发生改变。由式(16.9)可以明显地看出,关键的条件是群速度沿脉冲的频率谱保持不变。

在色散介质中,折射率随频率而改变。可以通过这种改变来计算群速度,即

$$\kappa = \frac{2\pi n(\omega)}{\lambda} = \frac{\omega n(\omega)}{c}$$

$$\frac{d\kappa}{d\omega} = \frac{n(\omega)}{c} + \frac{\omega}{c}\cdot\frac{dn(\omega)}{d\omega} \tag{16.10}$$

$$v_g = \frac{c}{n(\omega) + \omega\cdot\dfrac{dn(\omega)}{d\omega}}$$

在正常色散介质中,这不是常数。

这样,我们不能保证随着频率的变化群速度为常数。如果 κ 对于 ω 的二阶导数不为零,就没有相位一致点,而且脉冲会受到干扰。再者,我们考虑采用两种不同的等价方法。如果我们仅局限于二阶导数,则可以将任意波分量的相位表达式写成

$$(\omega_0+\Delta\omega)\cdot t-\left(\kappa_0+\Delta\omega\cdot\left.\frac{\mathrm{d}\kappa}{\mathrm{d}\omega}\right|_0+\frac{1}{2}(\Delta\omega)^2\cdot\left.\frac{\mathrm{d}^2\kappa}{\mathrm{d}\omega^2}\right|_0\right)\cdot z=\varphi+\Delta\varphi \tag{16.11}$$

通过上式能很快说明问题。第三项中 z 的系数是偶函数,并且不能被其他项补偿。因此,我们必须将脉冲的频率分布分为两部分,一部分具有正的 $\Delta\omega$,另一部分具有负的 $\Delta\omega$,独立的看待它们。在每种情况中,要保证 $\Delta\varphi$ 的值为零,这将给出两个等式来替代通常的一个等式。我们保证 z 的值在每个等式中是相同的,并引入一个不同的时间 t 来表示脉冲中心之间在时间上的间隔。如果光谱宽度被分为两半,则每个脉冲分量的宽度将为基本脉冲宽度的 2 倍。为了对这一结果进行粗略校正,在下面的表达式中将 $\Delta\omega$ 作为初始脉冲频率分布的宽度。

$$\Delta\omega\cdot t_1-\Delta\omega\cdot\left.\frac{\mathrm{d}\kappa}{\mathrm{d}\omega}\right|_0\cdot z-\frac{1}{2}(\Delta\omega)^2\cdot\left.\frac{\mathrm{d}^2\kappa}{\mathrm{d}\omega^2}\right|_0\cdot z=0$$

$$-\Delta\omega\cdot t_2+\Delta\omega\cdot\left.\frac{\mathrm{d}\kappa}{\mathrm{d}\omega}\right|_0\cdot z-\frac{1}{2}(\Delta\omega)^2\cdot\left.\frac{\mathrm{d}^2\kappa}{\mathrm{d}\omega^2}\right|_0\cdot z=0$$

因为

$$\frac{\mathrm{d}}{\mathrm{d}\omega}\left(\frac{\mathrm{d}\kappa}{\mathrm{d}\omega}\right)=-\frac{1}{v_g^2}\cdot\frac{\mathrm{d}}{\mathrm{d}\omega}(v_g)$$

$$\Delta t=(t_1-t_2)=-\Delta\omega\cdot\frac{\mathrm{d}^2\kappa}{\mathrm{d}\omega^2}\cdot z=\Delta\omega\cdot\frac{\mathrm{d}v_g}{\mathrm{d}\omega}\cdot\frac{1}{v_g^2}\cdot z \tag{16.12}$$

式(16.12)的结果实际上与使用高斯脉冲的严格推导相对应。对于有相当展宽的极短脉冲,式(16.12)给出了展宽脉冲的宽度。对于较长的脉冲或者较小的展宽,情况会有些复杂。

另外,我们可以利用示意图来研究相位一致性受群速度变化影响的方式。图 16.14 所示为各种波分量的改进排列和它们的相等相位的等值线。相位展宽本身会引起脉冲的展宽,因此在脉冲传播过程中存在一个更大的展宽。通过脉冲宽度的改变使载波频率发生变化,这就是通常所说的啁啾。脉冲被展宽并且带有啁啾。

这种效应是由在脉冲频率范围内群速度发生变化而引起的,所以通常称为群速度色散。相似的效应也发生在波导和光纤中。群速度色散(Group Velocity Dispersion, GVD)的测量单位为时间的平方/单位长度, 可由下式给出:

$$\mathrm{GVD}=\left.\frac{\mathrm{d}^2\kappa}{\mathrm{d}\omega^2}\right|_0 \tag{16.13}$$

如果初始脉冲为式(16.7)表示的高斯脉冲, 则有

$$\tau_g^2=\left.\frac{\mathrm{d}^2\kappa}{\mathrm{d}\omega^2}\right|_0\cdot z$$

新脉冲的宽度可表示为[6]

$$\tau_{\text{new}}=\tau\left[1+\frac{\tau_g^4}{\mu^4}\right]^{\frac{1}{2}} \tag{16.14}$$

所有这些效应都是线性的,所以它们可以采用类似但相反的效应恢复。进一步来说,效应发生的顺序不重要,色散展宽可能被一个相反的色散而抵消。

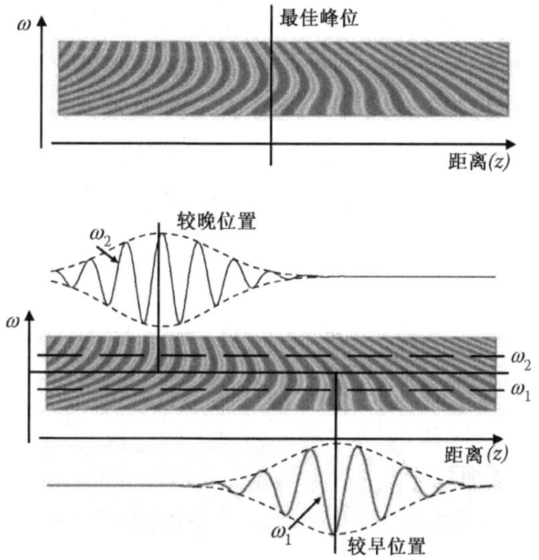

图 16.14 各种波分量的改进排列和它们的相等相位的等值线

(上图中的脉冲频率分布理论上可分成下图中的两部分,每部分可以看作具有自己的中心位置的分量脉冲。因为群速度色散对分开的这两个脉冲不同,一个脉冲比另一个脉冲滞后,组合后的脉冲会展宽。图中,组合脉冲的载波会从前面的一个较小值移到后面的一个较大值。脉冲载波频率的偏移称为啁啾,我们称脉冲被展宽并产生啁啾)

由载波上的包络组成的一个脉冲,容易被外部条件改变。例如,通过一个晶体调制器,载波的相位在整个脉冲长度上会逐渐改变。如果这个变化是时间的线性函数,就好像载波的频率发生改变,几乎不会有其他效果。但是,如果相位的变化是时间的二次函数,则在整个脉冲长度中载波频率逐渐发生改变[7]。

$$\cos(\omega t+at^2)=\cos[(\omega+at)t] \tag{16.15}$$

脉冲的频率为 $\omega+at$,换句话说,脉冲是啁啾的。除了色散的符号明显与正常色散相反外,这种啁啾脉冲与色散展宽的短脉冲的区别不是很明显。脉冲易受色散介质的行为的影响,在这些介质中存在明显的群速度色散。假设该色散具有合适的大小和意义,则它会抵消在脉冲中人为诱导的效应,使脉冲大大变窄。为了达到这个目的,人们尝试了各种元件,其中光学薄膜的灵活性使得它们在这项应用中非常有吸引力[8-11]。

光学薄膜会影响入射光的振幅和相位,因此,在原理上它们可以对所考虑的入射光做一些相应修正。光学薄膜比色散系统更具有优势,因为修正非常迅速。我们首先必须考虑的是薄膜对脉冲影响的本质。

在频率范围的某一部分,振幅的减小会导致脉冲展宽,因为频谱越窄,脉冲就越宽。因此,我们仅考虑这些具有平坦特性(如透射率或反射率)且可以调节相位的系统。

符号约定是非常重要的,我们采用通常的薄膜约定。坐标系的原点在薄膜表面,反射的发生和相移变化的测量都是在该表面进行的。电场保持它的入射正方向,一束入射光 $\mathcal{E}\cos(\omega t-\kappa z+\varphi_{\text{inc}})$ 在表面 $z=0$ 处会产生一个相位变化 φ_{ref}。因此,对于表面的反射光,电场变为 $\mathcal{E}\cos(\omega t-\kappa z+\varphi_{\text{inc}}+\varphi_{\text{ref}})$。这随后会形成一束反射光,表达式为 $\mathcal{E}\cos(\omega t+\kappa z+\varphi_{\text{inc}}+\varphi_{\text{ref}})$,即返回的光束现在沿 z 轴的负方向传播。如果我们引入波通过的总路程这一概念(用 x 表示),x 总是随波的传播而增加,并且在反射前沿 z 轴的正方向,反射后沿 z 轴的负方向,这样就可以避免 z 的符号改变(需要注意的是,当使用另一种相位因子法则($\kappa z-\omega t$)来反转波的传播方向时,($\kappa z+\omega t$)是错误的,这改变的是时间的方向而不是波传播的方向,正确的写法应该为($-\kappa z-\omega t$)。

那么,波的表达式可以写为

$$\mathcal{E}\cos(\omega t-\kappa x+\varphi_{\text{inc}}+\varphi_{\text{ref}}) \tag{16.16}$$

当传播长度增加时,x 总是正值。

现在我们考察一下各种相位角对脉冲及其分量的影响。利用式(16.10),在它左边加入反射引起的相位变化,重新整理得到

$$\begin{aligned}&\omega_0 t-\kappa x+\Delta\omega\cdot t-\Delta\omega\left.\frac{\mathrm{d}\kappa}{\mathrm{d}\omega}\right|_{\omega_0}x-\frac{1}{2}(\Delta\omega)^2\left.\frac{\mathrm{d}^2\kappa}{\mathrm{d}\omega^2}\right|_{\omega_0}x+\varphi_0+\Delta\omega\left.\frac{\mathrm{d}\varphi}{\mathrm{d}\omega}\right|_{\omega_0}\\&+\frac{1}{2}(\Delta\omega)^2\left.\frac{\mathrm{d}^2\varphi}{\mathrm{d}\omega^2}\right|_{\omega_0}=(\omega_0 t-\kappa L)+\Delta\omega\left\{t-\left(\left.\frac{\mathrm{d}\kappa}{\mathrm{d}\omega}\right|_{\omega_0}x-\left.\frac{\mathrm{d}\varphi}{\mathrm{d}\omega}\right|_{\omega_0}\right)\right\}\\&-\frac{1}{2}(\Delta\omega)^2\left(\left.\frac{\mathrm{d}^2\kappa}{\mathrm{d}\omega^2}\right|_{\omega_0}x-\left.\frac{\mathrm{d}^2\varphi}{\mathrm{d}\omega^2}\right|_{\omega_0}\right)\end{aligned} \tag{16.17}$$

其中,$-(\mathrm{d}\varphi/\mathrm{d}\omega)$ 具有时间的单位,可以认为它等同于色散引起的群延迟效应,这就是我们熟悉的群延迟,有时简写为 GD。另一项 $-(\mathrm{d}^2\varphi/\mathrm{d}^2\omega)$ 的效果等同于群速度色散。负的一阶导数被认为是群延迟,二阶导数被认为群延迟色散,简写为 GDD,且单位为时间的平方。三阶导数有时候我们称为三阶色散,尽管在这里我们对它的介绍很少,其单位为时间的三次方,简写为 TOD。三阶色散通常很小,如果它很大,则会严重影响脉冲的形状。群延迟色散特别重要,因为它能够调整符号,所以可用来抵消群速度色散的影响,并且也可以用来调整啁啾脉冲。

对于大多数简单的反射镜,φ 随着波长的增大而增加,如典型的 $\lambda/4$ 膜堆,φ 随着 λ 的增大而缓慢增加,在中心波长处的变化速率最小,并且在膜层中折射率对比度越大,变化就越缓慢。外部的低折射率膜层实际上会进一步减小变化的速率。图 16.15 所示为 $\lambda/4$ 膜堆的群延迟色散的计算结果。在这种情况下最外层的膜层具有高折射率。尽管低折射率的最外层膜层会引起稍微的增强,但它在外表面会形成一个电场波腹,这不是我们所希望的。很明显,$\lambda/4$ 膜堆的群延迟色散通常非常小,因此在使用短脉冲时,它是一类非常安全的反射镜。

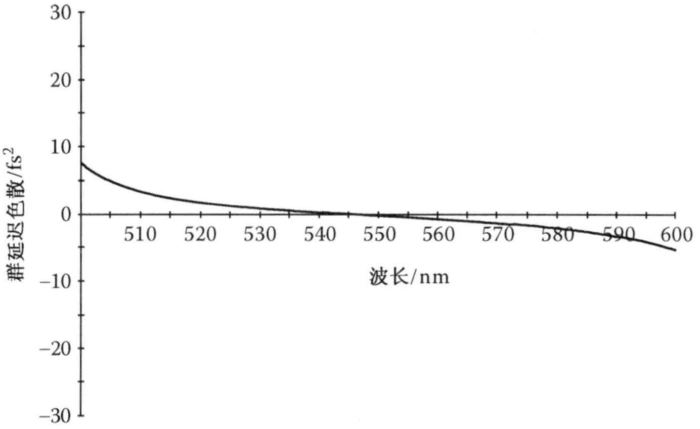

图16.15 计算得到的23层典型的二氧化钛与二氧化硅 λ/4 膜堆的群延迟色散
(二氧化钛在最外层,参考波长为550nm。很明显,该效应非常小,这对 λ/4 膜堆比较正常。膜层总数的变化对该效应影响不大)

具有正常色散的透明光学材料的折射率 n 会随波长的增加而减小,我们可以将 κ 写成

$$\kappa=\frac{2\pi n}{\lambda}=\frac{n\omega}{c}$$

按照惯例,c 为真空中的光速。在正常色散区,n 的变化可以用柯西公式表示为

$$n=A+\frac{B}{\lambda^2}+\frac{C}{\lambda^4}$$

因为 $\lambda=2\pi c/\omega$,则得出

$$\kappa=\frac{n\omega}{c}=\frac{A\omega}{c}+\frac{B\omega^3}{4\pi^2c^3}+\frac{C\omega^5}{16\pi^4c^5}$$

并且群速度色散为

$$\begin{aligned}\frac{\mathrm{d}^2\kappa}{\mathrm{d}\omega^2}&=\frac{6B\omega}{4\pi^2c^3}+\frac{20C\omega^3}{16\pi^4c^5}\\&=\frac{1}{2\pi c^2}\left(\frac{6B}{\lambda}+\frac{20C}{\lambda^3}\right)\end{aligned}\tag{16.18}$$

B 的典型值在 $10^4/\mathrm{nm}^2$ 的数量级,C 的典型值在 $10^9/\mathrm{nm}^4$ 的数量级,c 的近似值为300nm/fs。因此式(16.18)的数量级为 $10^{-4}\mathrm{fs}^2/\mathrm{nm}$ 或者 $100\mathrm{fs}^2/\mathrm{mm}$。

图16.16给出了计算得到的SK7玻璃[12](来自生产商的数据)的群速度色散。很明显,对于几个飞秒长度的短脉冲,在色散介质中传播数毫米就可以使脉冲劣化。

相对较长的脉冲,如皮秒脉冲,可以用于通信中。这里,脉冲在介质(如光纤)中能够传播几千米。群速度色散和三阶色散的效应大到足以影响这些长脉冲。

净群延迟色散由

$$\left(\left.\frac{\mathrm{d}^2\kappa}{\mathrm{d}\omega^2}\right|_0 L-\left.\frac{\mathrm{d}^2\varphi}{\mathrm{d}\omega^2}\right|_0\right)\tag{16.19}$$

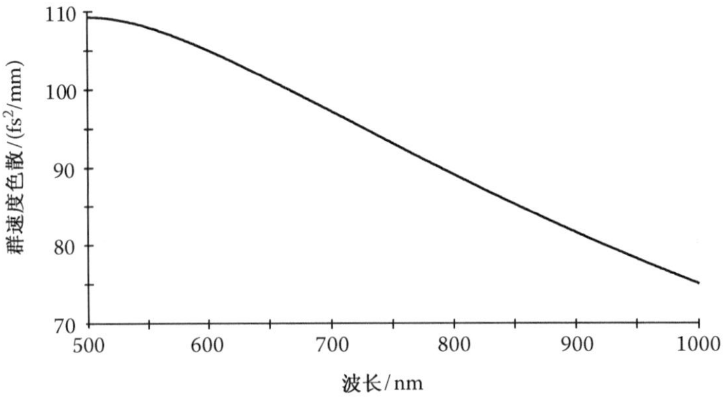

图 16.16　计算得到的 SK7 玻璃的群速度色散

（引自 Schott, *Schott Optical Glass*, Schott Glass Technologies Inc, Duryea, PA, 1992）

给出。简单地说，$\lambda/4$ 膜堆显示出一个小的群延迟色散，尽管这对无失真地反射短脉冲是有用的，但在群速度色散效应的校正时它们是无用的。薄膜用于色散效应校正的原理是，光线可以穿透薄膜，并迅速发生变化，从而显示出快速的相位色散，这反过来会转换成所需要的大的群延迟色散。具有扩展区域的宽带反射镜显示了这一效应，并且当它们用做简单的反射器时，可能会有一个很大的展宽效应。但是，它们对处理啁啾脉冲非常有用[10,11]，因为它们通常具有一种可以使膜层厚度呈现平缓渐变的结构，这通常被称为啁啾镜。表 16.1、图 16.17 和图 16.18 所示为这种设计的详细信息，并计算了在 750 ~900nm 的波长区域群延迟色散为 $-30fs^2$ 的这种薄膜的性能。这是一个简单合成的设计例子，除了知道所用的材料为二氧化硅和二氧化钛外，我们不知道任何初始信息。Szipöcs 和 Köházi-Kis[10,13]详细给出了这种啁啾镜设计的系统方法。

表 16.1　啁啾反射镜的设计（薄膜中心公司提供）

λ_0 =700nm					
膜层	材料	光学厚度	膜层	材料	光学厚度
介质	空气	大块材料			
1	TiO_2	0.048	13	TiO_2	0.282
2	SiO_2	0.239	14	SiO_2	0.285
3	TiO_2	0.336	15	TiO_2	0.275
4	SiO_2	0.208	16	SiO_2	0.291
5	TiO_2	0.231	17	TiO_2	0.306
6	SiO_2	0.197	18	SiO_2	0.324
7	TiO_2	0.225	19	TiO_2	0.362
8	SiO_2	0.292	20	SiO_2	0.320
9	TiO_2	0.292	21	TiO_2	0.355
10	SiO_2	0.287	22	SiO_2	0.323
11	TiO_2	0.279	23	TiO_2	0.273
12	SiO_2	0.288	基底	玻璃	大块材料

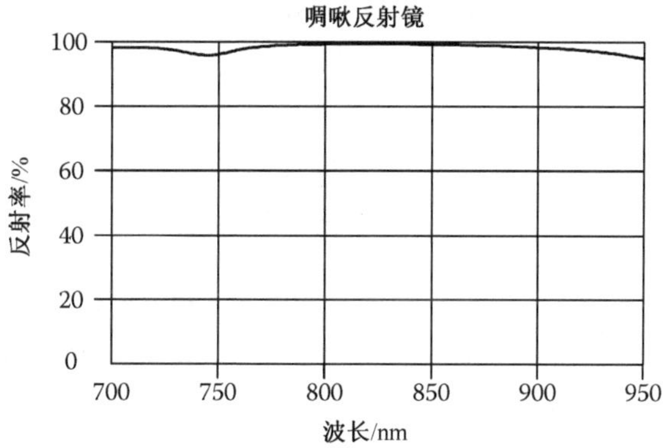

图 16.17 计算得到的表 16.1 所示薄膜的反射率

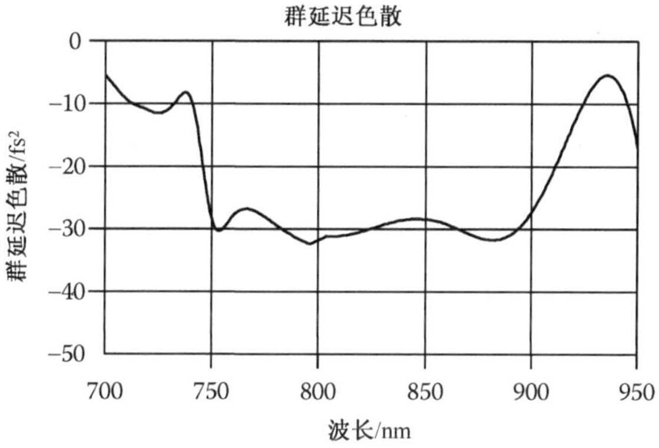

图 16.18 计算得到的表 16.1 所示薄膜的群延迟色散

对于较长脉冲通过很厚的光学材料所引起的群速度色散的补偿,啁啾镜的用处不大。这里所需要的是非常窄的光谱范围,但是具有很大的群延迟色散。因此,我们需要一些方法来增大光学薄膜的群延迟色散负值的大小。假设波长范围是有限的,也就是说脉冲长度比较合理,在 $\lambda/4$ 膜堆的前面附加一个弱腔可以成功获得这个结果。腔的出现可以认为是引起了可变的群延迟,这种延迟在谐振波长处有一个最大值并且在两边会降低。这种装置在发明之后被称为 Gires-Tournois 干涉仪[14,15]。弱腔不会使反射率减小太多,但是在反射过程中相位迅速改变,这会导致我们所希望的效果。

图 16.19 给出了简单 Gires-Tournois 干涉仪的色散参数,其设计为

$$\text{空气}|(HL)^6HH(LH)^6L(HL)^9H|\text{玻璃} \qquad (16.20)$$

利用五氧化二钽和二氧化硅作为材料。这种干涉仪对于补偿光纤中的三阶色散[16]非常有效。它具有大的中心波瓣和非常不明显的次级波瓣特征,非常适合用在反射元件级联的装置中,其中每一部分有轻微的谐振频率偏移以将所得的性能曲线展宽。

在一些干涉仪中,最后的 $\lambda/4$ 膜堆大多被银膜替代,这样可以节省很多膜层。通过金属反射器来避免减弱而不是增加反射率,相同的考虑也适用于这种情况。

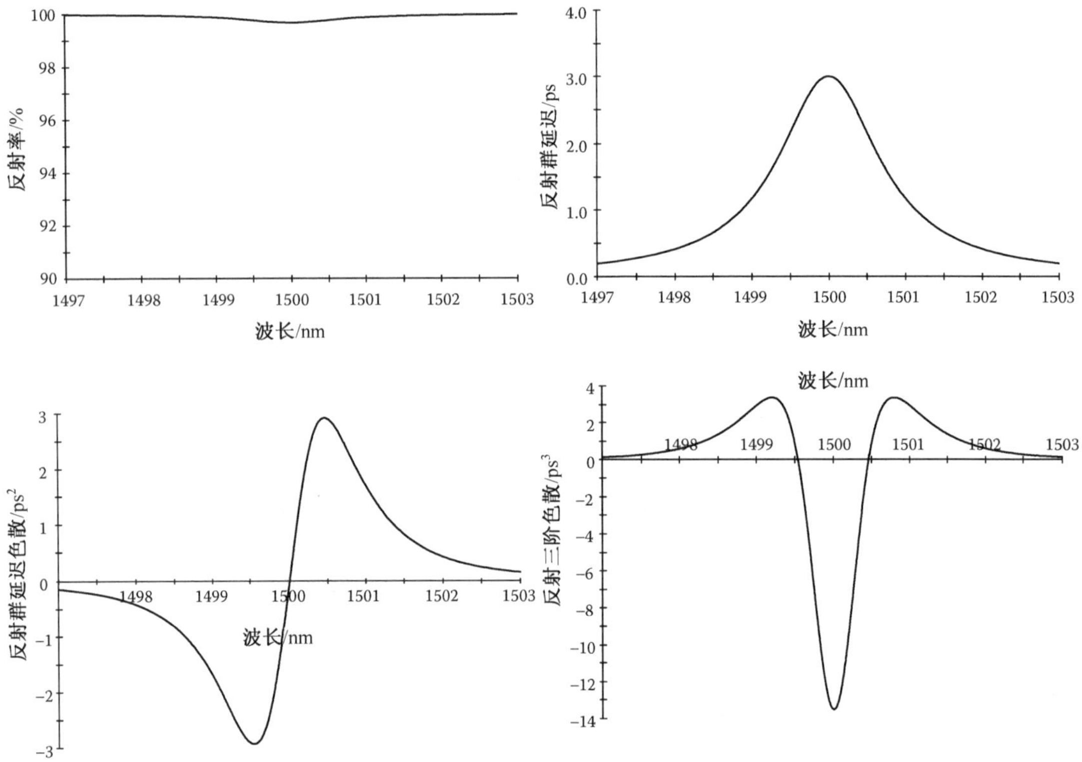

图 16.19　Gires- Tournois 干涉仪的各种色散参数

(其设计如式(16.20)所示,这些参数的大小比啁啾薄膜的参数

大几个数量级,但光谱范围很窄,所以非常适合用于通信脉冲,而不是超快脉冲)

16.3　自动设计方法

考虑一个薄膜设计问题可能的解决方案,是否可以找到一种客观的方法来改变参数,从而使它变为一个更好的设计?是否可以继续该过程使设计尽可能地好?是否最终可以利用计算机来实现这种方法?所有这些问题的答案在一定条件下是肯定的。

我们称对已存在的设计方案进行调整而不做主要改变的自动过程为“优化”,而常称包含设计构造组成元素的自动过程为“综合设计”。综合设计这个术语表示任何过程,包括对已有设计的优化和从无到有的过程,将一系列的材料和性能指标构建成可接受的设计。“最优化”仅意味着提高性能并且包括“综合设计”和“优化”。这里没有一个通用的定义,并且这些术语在意义上没有达成一个共识。

在更好地镀膜之前,我们必须定义什么是“更好”,并且我们的定义能够应用于自动方法之中。在这一主题发展的现阶段,相关概念的表达从单个数即品质因数的变化来看是不变的。通常的方法是,较小的品质因数要好于较大的品质因数,并且如果薄膜具有理想的性能时,品质因数将为零。但是,自动过程可以在运转中表现较好,即使品质因数会随着品质的改善而增大。品质因数来自于系统的实际计算性能与指标中要求的理想性能的比较。这一推导包括了一些法则的应用,并且重要的是,这些法则应该产生一个完全清晰的品质因数。

性能可以包括薄膜的任何可以被量化属性。但是,它常常被认为是在指定波长范围的某些指定点的反射率、透射率或者一些性能的常规表达。性能的每一个单独表达可以称作"目标"。通常,计算品质因数的规定形式与下面的表达式类似,即

$$F=\frac{\sum_j[W_j|T_j-P_j|^q]}{\sum_j W_j} \tag{16.21}$$

式中,F为品质因数;T_j为第j个目标;P_j为性能的相应计算值;W_j为权重,它表明特定目标的相对重要性,或者它的容差,特别是如果在目标中存在混合量,需要在目标中包括权重来表示特定性能在目标函数中的贡献大小。通常将式(16.21)归一化,这样"优化"或者"综合设计"过程总会近似具有相同的工作范围,这在式(16.5)中通过除以权重之和来表示。表示性能差别的幂指数q,可以由使用者自由选择,或者在一些过程中被完全定义。经验表明:当q的值为2时,在很多情况下可以很好地工作。增加q值可以使过程在低成本的情况下对较大的性能差别反应更灵敏。

品质因数与特定的设计参数有关,我们认为它是设计参数的函数,且是可变的,在这种情况下,称它为评价函数。对于有效的、可靠的最优化,评价函数应该是设计参数的一个连续的单值函数。当设计参数改变时,评价函数的突然变化会抑制有效优化,这应当避免。与突然变化一样,过程中的硬性限制具有相同的影响,因此,通过用惩罚函数与评价函数一起来表示它们的影响常常可以有效地弱化限制,而不是采用严格的边界。

在定义评价函数时,如果目标的个数与设计中参数的个数相同,原理上,假设目标是可实现的并且不会相互排斥,则问题应该是完全可以解决的,尽管可能需要不可能存在的光学常数或者厚度。然而,在大多数情况下,我们的参数非常少,或者这些参数不能使我们获得非常理想的性能,因此优化过程的目标变为使品质因数尽量小。我们可以使评价函数直观化,如用多维空间的一个面来表示,一个维数表示每个可调节的参数,另一个维数表示品质因数,使品质因数尽可能地小,这样转化为寻找评价函数的最小值,随后即为寻找可能的最小值,或者称为"全局最小值"。如果在参数中存在一些限制,如允许范围,则在限制范围内的最小值被称为"约束全局最小值"。因为常常存在限制(如不可能有无限的厚度),所以我们所关注的最小值是约束全局最小值。可惜的是,尽管找到评价函数的最小值相对容易一些,但并不是非常容易找到或者正好能够确定所找到的值是约束全局最小值,除非评价函数比较容易分析。完全确定约束全局最小值的唯一方法是在给定的参数范围内做穷举搜索。举例来说明这里面的一些问题。假设一个20膜层的设计,对于每一膜层的厚度值有20个可能值,这里折射率已经确定。假设一个完整的品质因数在1ns内可以产生,则全部可能设计的穷举搜索共耗时20^{20}ns,也就是大约2×10^9年。这个问题很明显受到限制,但是给出了穷举搜索中包含的一些思想。因此,所有的最优化技术执行一个非常受限的程序,可能达到一个经济的局部最小值。形容词"全局的"有时候也会应用在一些过程中,如在限制参数空间中对多个的评价函数的最小值

进行必要的搜索,从而可以提高找到约束全局最小值的机会。

在初始设计的概念中可能存在一些主要差距。也许我们没有想过膜层的折射率超出现有的可能范围,或者不知道超过规定的最大值的膜层数量, 在这种情况下存在综合设计问题。如果我们有一个非常好的设计,仅需要较小的调整,随后我们对它做一些优化。很显然,合成比优化的维度要大。刚开始我们主要集中在优化,假设有一个确定膜层数的起始设计,则处理过程仅限于某些有限的方式,如改变膜层的厚度、折射率或者两者都有。

在光学薄膜设计中,我们可利用许多现有技术做出一个好的设计,这种设计可能会令人非常满意。换句话说,它们在评价函数可接受最小值的区域中,并且所有的要求是能够尽可能快地达到实际最小值。这是在光学薄膜工作中使用很多最优化技术的目的。这就是评价函数的复杂特性,没有必要从相同的起始设计中找出相同的最小值。有一些专门的设计技术,它们没有必要选择邻近的最小值。相反,它们采用一种逐步的越来越受约束的方式在参数空间的区域上变化。这使得它们有机会发现其他任何评价函数的最小值,这可能会相对于在起点的最近处优化提高系统性能。

目前,有许多方法对各种最优化技术进行归类。我们可以将这些方法分成几种,一种是采用单一设计,利用指定的方法逐渐改变直到达到最小值。另一种是采用族设计,舍弃几个组分并用其他设计替代,从而达到最小值。这也可以归类为试图通过连续移动达到评价函数的最小值,或是在最终选择特定评价函数的最小值前花费一些时间,因此,用这种方法有更大的机会来找到满意的最小值。

仅有的一个解析方法包括参数的连续变化。在计算机优化过程中,参数以一定的步长改变,步长大小通常在程序进行中调整。这包括检测评价函数曲面,前面检测的结果用于指导进一步的选择。最优化在正常情况下被分为若干个重复单元,称作迭代。每次迭代通常包括对设计的单次或者多次调节,以及对新的品质因数进行重新评估。这个过程会持续下去,直到获得一个满意的结果或者新的迭代不能够实现任何进一步的改善。设计的调节特性和它在预测中所用到的方法是和其他技术有本质区别的地方[17]。

我们试图寻找评价函数的最佳斜率作为可调节设计参数的函数,并且依靠斜率的陡度,通过改变设计参数来简单降低这一斜率。然而,如果不采取预防措施,在一个接一个的过度校正下,该项技术很容易变得极不稳定。最陡下降法选择最大的斜率,并且保持这个值,但是根据斜率的导数可知参数的改变通常受到限制。如果这一值很高,则说明斜率的改变非常快,保持参数的改变较小。最陡的斜率不会直接引出期望的最小值。曲折路径是收敛性常见的一个特性。阻尼最小二乘法是更有效的。根据实际性能与目标性能之间偏差的平方,我们可以选择路径使品质因数最小化。方向的计算需要局部评价函数表面斜率的详细信息。如果评价表面具有二次方形式,则可以实现理想的收敛性。通过限制一个可调节的阻尼参数的移动来确保稳定性。这样,有几种单变量搜索技术,其中在每次迭代中只有一个参数改变。最常见的可能是黄金分割技术,这里,每个参数对应的评价函数的最小值可以依次实现。参数可以根据预先设定的方案的顺序选择或者任意选择。在每种情况下最小值的搜索包括交叉程序,这里主要维持参数的三个值,中心的品质因数小于其他两个外部值之一,这意味着在两个外部值之间存在一个最小值。利用比例 $1:(3-\sqrt{5})/2$,也就是黄金分割 1:0.382,总可以分割合适的区域,这样可以进行最有效的最小值搜索。

线性搜索技术与单变量搜索技术相似,但它们是沿参数空间的搜索,可以自由选择方向。最有效的技术是根据前面的程序随时改变方向,它们通常被称为方向族搜索法。最有效的尝试是找到一组共轭方向,根据最小化过程(在第一个方向之后沿第二个方向进行最小化,但这不会改变第一个方向的最小值)这些方向彼此之间是不相关的,只有一个方向可以达到最小值。对于简单的二次函数,这种方法可以达到很好的效果。可惜的是,薄膜函数是非常复杂的,并且必须在非常大的区域内对其进行搜索,因此,仅通过一次几乎不能达到它们最终的最小值,但是只要持续尝试找到共轭方向,搜索可以变得更加有效。

"触发最优化"[4]是一个相对新的术语,在一定程度上,这是一种数字技术。设计包括大量具有相同几何结构或光学厚度的膜层,这些膜层可能仅具有两个可能的折射率或者导纳,通常是一个较高值和一个较低值。现在,建立评价函数并计算品质因数,对所设计的膜层从一端到另一端进行扫描,在每一次迭代中,评估膜层的品质因数,依次确定合适膜层折射率的两个允许值。品质因数较低时,选出较好的结构设计,并将膜层的折射率设为该值。该过程随后会跳转到相邻膜层,等等。设计中也许会用到几个完整的迭代过程,且在膜层中被检查的顺序可以改变。通常,该设计在几次迭代后稳定在评价函数的最小值。设计中常常包括非常长的一个或者几个折射率块,与正常的分立膜层相对应,通过块分离后很明显地与中间折射率的分立膜层相对应,并且有些时候会得到一个代表较厚的、非均匀膜层的结构。该过程看起来非常稳定,且工作性能很好,所有膜层的初始设置具有两个折射率中的一个,相对容易的是采取正常分立膜层设计并将它转化为合适的初始设计。

不需要立即选择最小值可能方向的优化过程,称为模拟退火[17],它用到了玻耳兹曼概率分布,即

$$\mathrm{Prob}(E)=\exp(-E/kT) \tag{16.22}$$

式中,E 被一个评价函数替代;kT 被一个退火参数 T 替代。这样,如果现有的品质因数为 E_1,新设计的品质因数为 E_2,新设计取代旧设计并被接受的概率为

$$p=\mathrm{probability}=\exp[-(E_2-E_1)/T] \tag{16.23}$$

除 $E_2<E_1$ 以外,概率等于 1。这一过程包括在指定区域根据参数的随机选择计算一个新的品质因数。如果评价函数小于旧设计的评价函数,则新设计将取代旧设计。如果评价函数大于旧设计的评价函数,根据随机数值的提取,评价函数被接受的概率为 p。这里需要退火程序,该程序决定了一种方式,按照这种方式,T 允许下降直到不会有进一步的改善。

利用整体设计而不是个体设计的一个较好的技术是单纯形法,有时称其为非线性单形技术,以区分线性程序中相似命名的技术。设计族是单形的,且数目比设计参数要多一个。在每一次迭代中,具有最大品质因数的最差设计会被排斥,并被新的较好的设计取代。可供选择的新设计可以用三种可能的方法来生成。首先,取最差设计关于单形的重心反射点并和计算品质因数,如果这里产生一个更好的设计,则在相同的方向有进一步的相同移动,并计算对应品质因数。这两个设计中较好的那个会替代现有的最差的设计。如果第一步不能产生更好的性

能,则将最差的设计向重心移动一半,这在正常情况下是一个提高。在很少的例子中,两种方法都无法产生可选择的更好设计,通过将所有的设计向已知的最好设计移动[17],产生一个全新的单工。

Tang 和 Zheng[18]的统计测试方法也包括设计族。像模拟退火一样,它不会立即以特定的斜率下降,而是需要较长的时间,所以这就有更好的机会来找到一个更加合适的最小值。选择参数的起始范围并且逐渐缩小这一范围,直到找到可能的全局最小值。在起始范围内随机选择设计直到在评价函数中找到一个规定数值小于起始目标值,范围随后会缩小直到它包括仅有的这些设计,新的目标也就是评价函数的平均值。这个过程不断重复直到达到最终的最小值。

关于哪项技术更好目前有很大的争论,很明显,对于不同的起始设计和薄膜类型,它们在性能方面存在很大的不同。有人曾经做过一些比较研究[19,20],但是他们不能明确地说明哪些技术比其他技术更好。在细化中成功的秘诀是一个好的初始设计,它提供了改进的空间。在上面提到的文章中,各种不同方法之间基本没有区别。

综合设计与优化较为相似,但是除了对已有膜层的调节外,还包括对设计的一些构造。可能的设计的数量是无限的,因此综合设计问题可以仅通过引入一些限制条件来解决。假设我们有一个非常有效的优化技术,它能够处理那些远离理想状态的起始设计。现在让我们用正常的方法建立目标和评价函数,接着生成一个起始设计,设计中膜层数较少,也许只有一层。我们不断改进这一设计直到它为最优值,随后根据一些规定的法则增加膜层。也许这时品质因数要比之前的大,但是我们会不断改进,最终实现最佳的、较小的品质因数。另外,我们会根据之前的规定增加膜层,并且像之前一样进行优化。这一过程会一直持续下去,直到达到不能继续提高的阶段,此时认为该状态是可以接受的最好设计。这是一个可行的综合设计技术,且很好地代表了在实际应用中的一些技术。膜层的增加方法是这些技术之间的主要区别。

Dobrowolski[21]是这一领域的主要先驱者,他意识到单一膜层的增加常常是无效的,所以考虑较多膜层的增加。利用针式算法[22]可以得到一些很好的结果。这种方法是在设计中找到一个最好的地方来增加一个材料薄层,最初为零厚度。从增加膜层厚度的角度来看,“最好”的定义是评价函数关于增加的膜层厚度的最大负导数。这种难以察觉的薄片,就是我们所说的针,它可以有效地增加两个膜层,因为它把现有的膜层切割成两部分。一些还没有公开的商业技术是根据综合设计阶段和系统限制来增加不定数量的膜层的。这些全部依靠有效的优化技术。统计优化技术似乎不太适合,因为它们需要大量的计算时间,并且在综合设计中经常会用到梯度阻尼最小二乘法或者线性搜索技术。

有时要支持某种特定的技术,该技术可以为设计提供新的可能性并实现高性能,而这些不能用任何其他方法实现。但是,任何设计,不管它是如何实现的,都存在于受限的参数空间中。我们可以认为它是已经存在的,各种技术都可以通过搜索受限的参数空间来找到合适的评价函数的最小值,但它们不可能找到不存在的最小值。尽管合成看起来是一种理想的技术,在寻找约束全局最小值或较好的最小值(当膜层增加时,这与复杂性的迅速增加相关)的困难,意味着最终的设计可能没有那些具有好的起始设计且随后进行最低程度的优化过程给出的好[23]。在一些技术中,非常薄的膜层可能是最终设计的一部分,但难以生产,所以这些膜层在后面的过程中会被移除。例如,针式算法引入这样的膜层作为过程中的一个必需部分,它们可能在结果中依然保留。因此,当设计者不清楚如何操作时,最好利用合成法,并且当膜层的总数不大时,这种方法是最有效的。

当目标需要高透射率时,优化和合成最为有效。高反射率存在一些问题。光学薄膜的性能本质上是一系列干涉条纹,应该设定优化目标,使得它们比条纹间距更加密,否则目标间的性能表现可能会严重出错。该问题有时称为混淆现象。对于正弦和余弦波纹,避免混淆大致意味着:如果薄膜是 m 个 $\lambda/4$ 厚,则波长目标点的空间间隔应该为 λ/m。我们通常采用的是波长而不是波数来增加一个常数,因此对于 m 个 $\lambda/4$ 厚的薄膜,目标应该具有 $m+1$ 个点来覆盖 $\lambda\sim2\lambda$的倍频程。若薄膜厚度为 25 倍的波长,则它应该具有这样一个目标函数,该目标函数在每个倍频程内有 100 个波长点。这一适度要求对低反射膜是足够的,但是,可惜的是,对于高反射膜,该要求完全不合适[24],原因是干涉条纹不总是正弦或者余弦函数。在减反射膜中,反射率很小并且多光束干涉较弱,条纹实际上是正弦曲线,我们可应用简单的计算。在高反射膜中,条纹是多光束干涉的结果,因此非常窄。这会极大地增加所需的目标数,以保证条纹不会在它们之间来回移动。

另外,有一个明显的趋势,即在需要较高的反射率的薄膜中出现较低反射率的窄条纹。我们可以很容易理解其原因。图 16.20 给出了两个相似薄膜的反射率曲线。一种是具有较高反射率的 $\lambda/4$ 膜堆,另一种是将其中心层厚度从中心波长的 $\lambda/4$ 增加为 $\lambda/2$。尽管这会将膜层转化为一个单腔窄带滤光片,高反射区的宽度会显著增加,代价是中心条纹非常窄。图 16.21 是相同滤光片的密度曲线,显示出曲线没有基础增益,但是大多数评价函数是以反射率和透射率为基础的,并且在较宽的曲线中分配较低的品质因数。$\lambda/2$ 膜层厚度的较小改变可以调节条纹的位置,这实质上没有什么其他变化。因此,这种位于宽带反射器的目标点之间的特性的出现一点都不意外。该现象是持续的并且很难消除,特别是采用自动方法。在条纹中增加多余的目标点并不是非常成功,因为腔层厚度的简单调节可以将条纹移到目标点较宽的地方。因此对于细化而言,一种简单的方法是稍微改变一个膜层的厚度并且将条纹正好移到两个目标点中间,这会造成品质因数的明显下降。比起条纹的移动这是一个非常简单的操作,深条纹具有稳定的性质,正常情况下它们位于目标点之间,因为实际中任何膜层(特别是腔层)厚度的一个小的变化,将会简单地移动条纹而几乎不改变它的形状。

当薄膜在其中心(中心被最大的反射镜包围)为单腔形式时,条纹峰值位于它们的最窄处。我们假设薄膜的全部厚度是 x 个全波长,并安排它为一系列高、低折射率交错的 $\lambda/4$ 膜层,以及一个中央 $\lambda/2$ 腔层。这种膜系的半宽度近似为

$$\frac{\Delta\lambda}{\lambda}=\frac{4y_{\mathrm{L}}^{2x-1}y_{\mathrm{sub}}}{\pi y_{\mathrm{H}}^{2x}} \tag{16.24}$$

这里忽略相移的任何色散。波长点的间隔应是该值的一半,即

$$\frac{\Delta\lambda}{\lambda}=\frac{2}{\pi}\cdot\frac{y_{\mathrm{L}}^{2x}}{y_{\mathrm{H}}^{2x}} \tag{16.25}$$

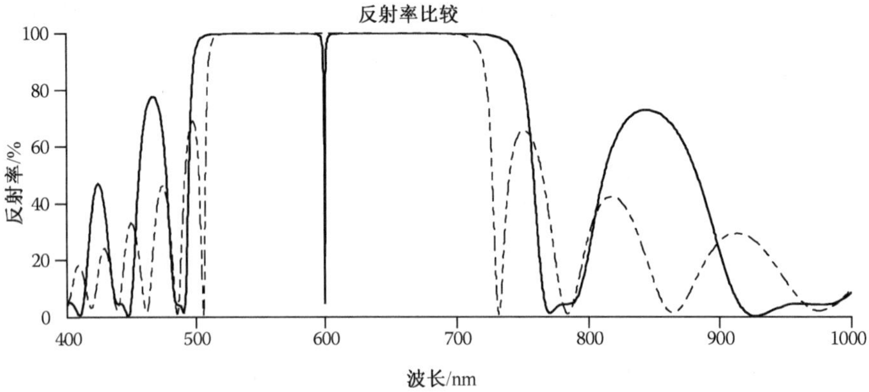

图 16.20　在高反射膜的中心插入一个窄条纹会引起高反射区带宽的明显增加
（λ/4 膜堆高反射器用虚线表示）

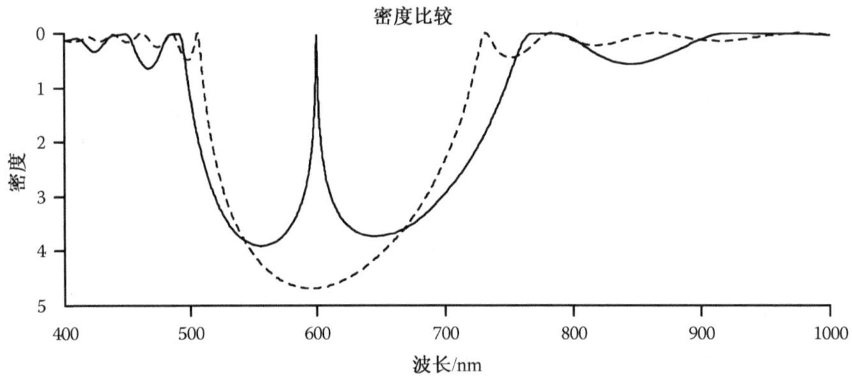

图 16.21　密度变化表明性能并不是很好，但是大多数评价函数是以透射率或反射率为基础的，而不是密度，所以更倾向于图 16.20 所示的较宽带反射设计

这里假设基底的导纳等于 y_L。取波长间隔为 λ 到 2λ，也就是说，导纳比为 $\sqrt{2}$，因此规格中的总点数为

$$N = \pi 2^{x-1} \approx 2^x \tag{16.26}$$

每次增加另一个全波长时，规格中评价函数的点数应该加倍。

有时候人们认为这些计算太悲观了，但是可以肯定的是，膜厚增加的计算要求是无情增长的。如果可能的话，计算负荷的增加变得非常严峻。许多更新的程序可以计算大量的膜层，特别是在聚合物薄膜中，可以完成几千层膜的计算。

自动设计方法彻底革新了薄膜的设计。该方法没有完全抛弃旧的技术，但却很大程度上改变了旧技术的地位。手工计算已经被完全舍弃，但是，当光学薄膜的复杂性增加时，全自动方法在适当衡量品质因数的提高方面碰到障碍，设计技术需要进一步的发展。计算机的出现并没有减少对技术、经验和创新的需求，这些直到现在也是该领域的特色。

16.4　光学薄膜中的增益

很少有关于光学薄膜中的增益的描述，这可能是因为这个话题目前在实际中不是非常重要。但是，存在一些很有趣的甚至很有吸引力的与增益有关的效应，因此在这里我们将介绍一些要点。我们可以利用与吸收相同的方法，通过消光系数来处理增益计算，只是两者之间的系数符号相反。这一部分主要依据的是2006年欧洲真空镀膜研讨会上的一篇文章[25]。

观察正负 k 值之间不同的一种特别有用的方法是绘制导纳轨迹图。当 k 为正值时，代表材料有损耗，其轨迹逐渐呈螺旋下降，如果有足够的材料，轨迹最终会到达点 $(n-\mathrm{i}k)$（图16.22）。对于 k 为负值或者有增益的膜层，轨迹会展现出螺旋上升。如果材料足够厚，螺旋线最终会到达虚轴，并且会通过它到达另一侧。在虚轴上它会反转方向并且螺旋线向内直到点 $-(n-\mathrm{i}k)$（图16.23）。图16.23中特意采用非常大的 k 值，从而可以很清晰地显示螺旋线。在实际情况中，k 的值应该非常小并且螺旋非常慢。

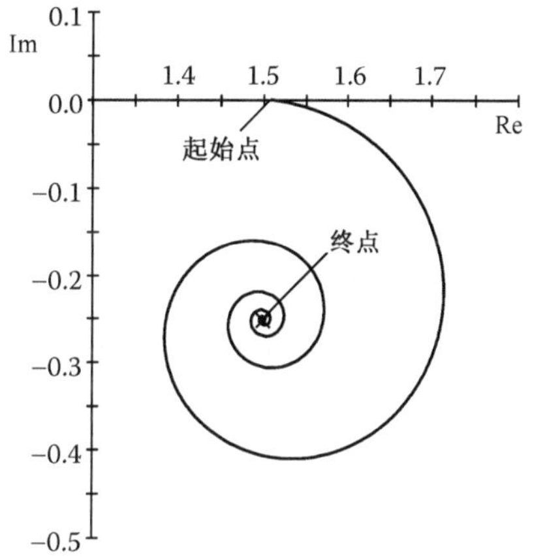

图16.22　沉积于玻璃之上的厚吸收膜层的导纳轨迹
（终点对应于 $(n-\mathrm{i}k)$，在图中的值为 $(1.5-\mathrm{i}0.25)$）

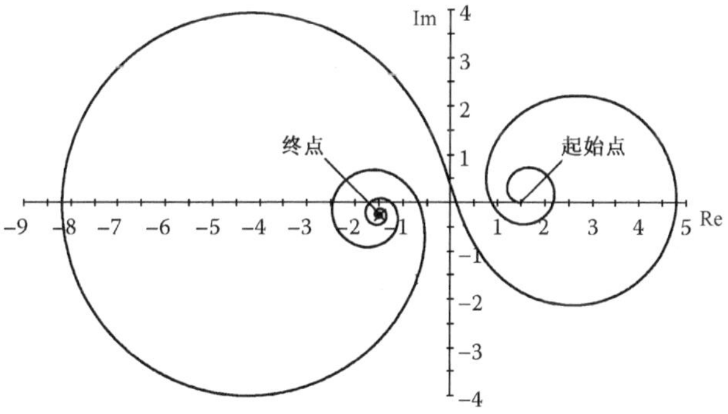

图16.23　具有负 k 或增益的材料的导纳轨迹
（当它进入导纳图的左侧时，螺旋会反转方向，并逐渐会聚到点 $-(n-\mathrm{i}k)$。图中左侧的反射率永远大于100%，并在点 $-y_0$ 处为无穷大）

在任何实际情况中，增益是一些泵浦过程中粒子数反转的结果，并且存在一个耗散速率，它是辐照度的函数。增益最终会稳定在一个水平，此时消耗刚好与泵浦相抵消。因此，在任何实际情况中，仅对于极低功率水平，k 是常数，在这个简短的讨论中我们将不考虑这种效应。假设功率水平非常低,增益的影响将会增大透射率和反射率,使它们可以大于1。图16.24给出了由光学常数为(1.5 +i0.1)、厚度为4000nm的薄膜组成的光学系统的透射率与反射率,其中入射介质为空气,出射介质为BK7玻璃。入射介质空气意味着比出射介质BK7玻璃有更高的反射损失,这会使透射输出远远大于反射输出,两者都大于100%。同样地,为了简化和清楚地说明结果,我们假设增益非常高。

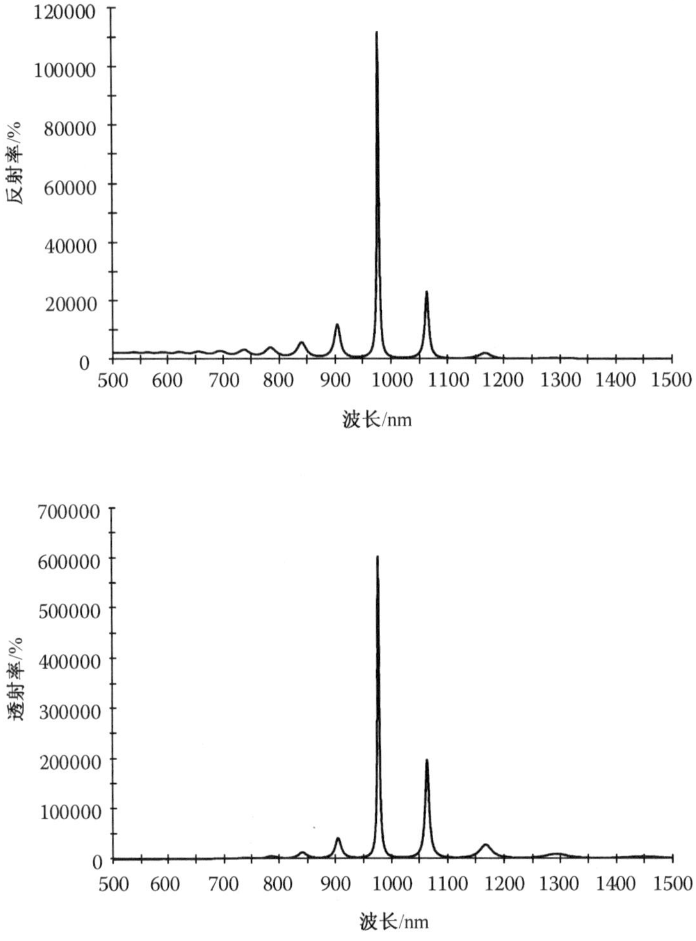

图16.24　光学常数为(1.5 +i0.1)、厚度为4000nm的薄膜的反射率(上图)与透射率(下图)

(其中入射介质为空气,出射介质为BK7玻璃。不稳定的残留反射率是造成结果缺乏对称性的原因)

增益和波长的调节将会产生一个无穷大的反射率,这个结果会引起系统的振荡。功率输出将决定消光系数的最终水平。如果反射率足够高,也就是轨迹的终点接近点 $-y_0$,则薄膜中的自发辐射将足以引起振荡。注意我们通常采用的薄膜计算都常常假设从入射介质输入。随着反射率的升高,这种输入与输出相比会变得越来越小,但是计算本身不考虑自发辐射。

如果在输出端的反射(0.11%,出射介质为BK7玻璃)被理想的减反射膜消除,则反射率变为前表面的反射率,该装置可以作为一个理想的放大器(图16.25)。另外,增益被设置得非常高，这样我们可以清楚地看到效果。但是，在这个例子中，任何小的不规则，如小的非均匀性残留反射率或者自发辐射，都可以影响装置的稳定性，表现为导纳轨迹的突然增大。在任何实际的放大器中，都需要考虑这些因素，从而避免这种不稳定性。一个重要的要求是输出反射率应该足够低。

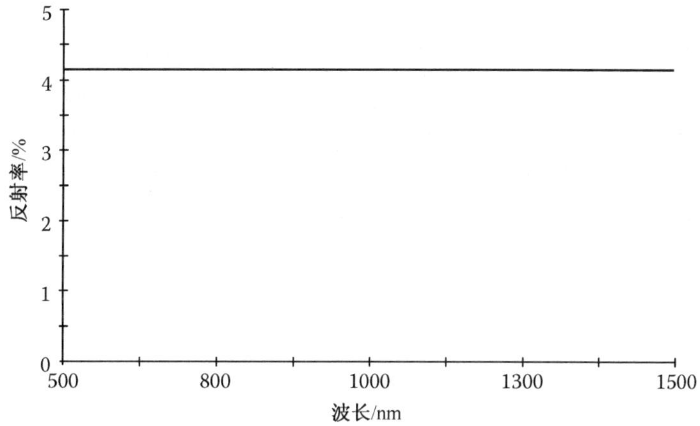

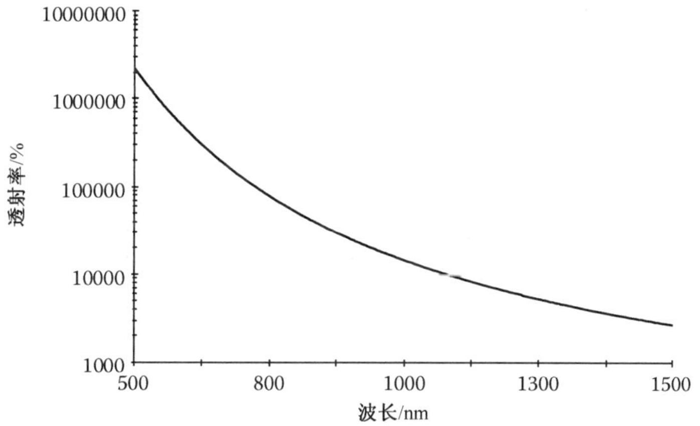

图 16.25　图 16.24 所示系统的反射率和透射率
（其中输出一侧与基底很好地匹配）

在复平面左侧增加的介质膜层几乎是以正常的方式工作。介质膜层的导纳轨迹仍然是圆且圆心位于实轴上，同时 $\lambda/4$ 法则成立，所不同的是轨迹是沿逆时针而不是顺时针方向描绘的。如果介质膜层的起点在虚轴的左边，则整个轨迹以及后面任意介质膜层的轨迹将位于左侧。

将增益膜层的后表面与最终的出射介质相匹配，显示出一些有趣的方面。对于吸收基底的后表面，最大通过量是最佳匹配系统的标准。在第 2 章中给出了透射率的有用定义[26]（式(2.80)）为

$$T=\frac{4y_0y_0^*\operatorname{Re}(Y)}{\operatorname{Re}(y_0)[(y_0+Y)(y_0+Y)^*]} \tag{16.27}$$

式中，y_0为吸收入射介质的导纳；Y为后表面的导纳。当 Y是入射导纳 y_0的复共轭时，透射率达到最大。假设匹配系统没有损耗，很容易证明，如果光线方向发生反转，则这一薄膜对于吸收材料来说正好是减反射膜。透射率的同样定义可以应用于增益材料。我们可以得到最大透射率，此时出射导纳由特征导纳的复共轭给出，但是在放大应用中，这不是一个有用的定义。

在放大器中，最重要的是要避免增益介质中的任何驻波，或者是不能有反向传播的波，这一条件的存在是用一个张开的导纳螺旋线来表示的。为了避免螺旋线张开，增益介质的出射导纳必须等于增益介质的特征导纳，而不是复共轭的关系。如果满足这一条件，导纳轨迹将是一个点，即前表面的反射率也就是简单块体材料的反射率。前表面的减反射膜将会遵循正常的法则。需要注意的是匹配仅应用于给定的增益值。增益的改变将会扰乱匹配，并且螺旋线开始张开。

16.4.1 倾斜入射

第 9 章介绍了修正的倾斜导纳，吸收材料的表达式由式(9.10)和式(9.11)给出，这些在式(16.28)和式(16.29)中重复得到

$$\eta_s = \frac{\sqrt{n^2 - k^2 - n_0^2 \sin^2 \vartheta_0 - 2\mathrm{i}nk}}{\cos \vartheta_0} \text{（第四象限）} \tag{16.28}$$

$$\eta_p = \frac{(n - \mathrm{i}k)^2}{\eta_s} \tag{16.29}$$

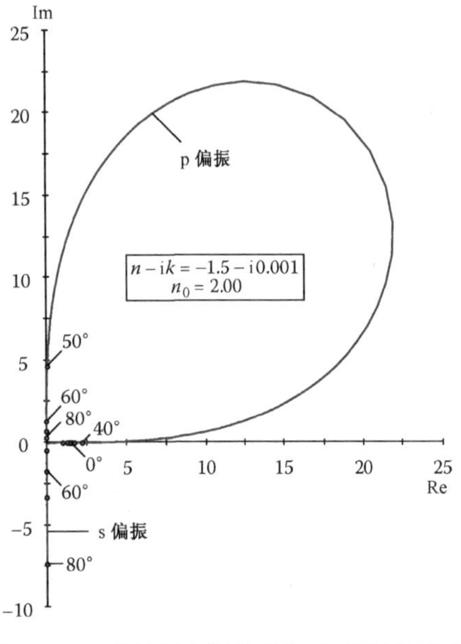

图 16.26 当材料有轻微吸收时，倾斜导纳会从轴上移开，对于 p 偏振光，它会移入第一象限，对 s 偏振光，则移入第四象限

我们回想一下，将修正的导纳进行归一化可以保证波是垂直入射到入射介质中的，这使得导纳图更容易解释。当然，这些表达式对于全介质层也是有效的，当 $k=0$ 时，具有一个特别简单的形式。只要 n 大于 $n_0\sin\vartheta_0$，则 η_s是正实数，且 η_p一定也这样；如果 n 大于 n_0，则随着 ϑ_0接近 90°，η_s趋于无穷大，最后 η_p趋于零。当 n 小于 n_0时，情况会有一点复杂。随着入射角的增加，η_s趋于零，而 η_p趋于无穷大。当$n_0\sin\vartheta_0$等于 n 时，在临界角处可以达到这些值。超过临界角，η_s是负虚数，并且随着 ϑ_0趋向于 90°，它会沿虚轴降低，直到负虚部为无穷大。在临界角，η_p转化为虚部无穷大并且随着 ϑ_0的增加沿虚轴变到零。当导纳在实轴上时，反射相移是零或者 180°。超过临界角，当导纳在虚轴上时，反射率变为 100%，通常称为全内反射，且 s 偏振光的相移是从第一象限移至第二象限，而 p 偏振光的相移则从第三象限移至第四象限。所有这些如图 9.8 所示。

吸收材料仅可以稍微改变结果，η_s 的值从实轴或虚轴移到复平面的第四象限，且 η_p 进入第一象限，如图 16.26 所示。全内反射被高反射率替代，并且反射相移被稍微修正，如图 16.27 所示。对于无损材料（细线）拐角处有一个稍微的取整操作，其他没有任何实质的变化。

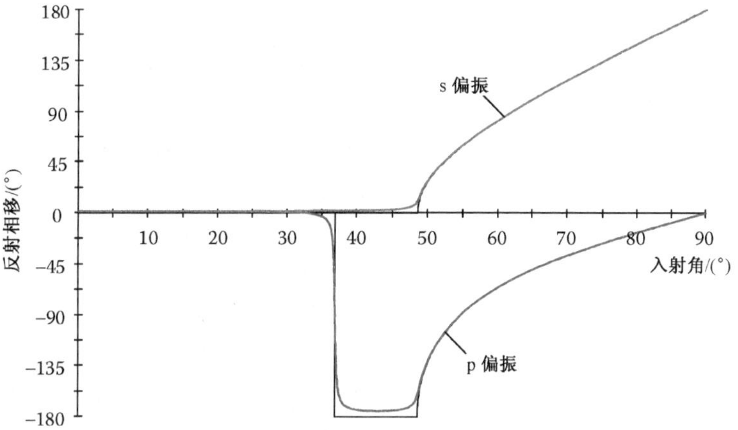

图 16.27　无损介质材料和弱吸收材料的反射相移，细线是无损材料的结果

但是，当考虑增益时存在一个急剧的变化。现在，式(16.28)中的 k 为负数，且在平方根下的量位于第一或第二象限，因此，两个可能的解一定位于第一或第三象限。物理条件要求被选择的解必须为第一象限中的那个。当入射介质的折射率大于出射介质的折射率时，图 16.28 给出了倾斜导纳随入射角的变化。全内反射没有完全发生，这类似于有弱吸收的出射介质。与图 16.26 相比，导纳跳至不同的象限。图 16.28 实质上是图 16.26 的反转。

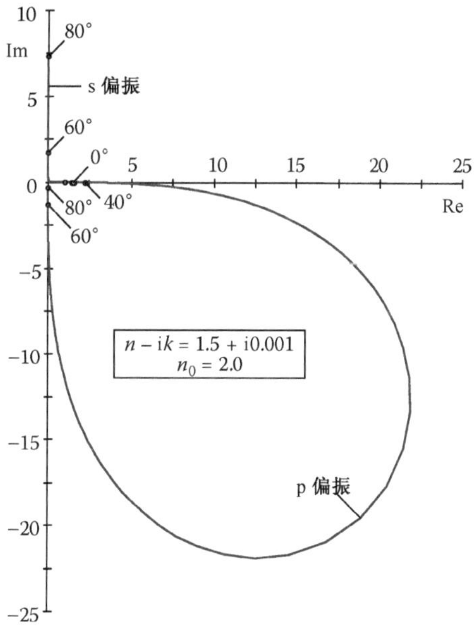

图 16.28　当材料有稍许增益时，倾斜导纳从实轴和虚轴移开。但是，与轻微吸收材料不同，导纳会跳到相反的象限，即 s 导纳在第一象限，p 导纳在第四象限

正常情况下表面等离子体谐振作为一个特别有趣的效应[25]在第 9 章中有所描述。正常情况下导致等离子体谐振的 p 偏振的金属导纳轨迹必须从第四象限开始，并且很明显不能移至与入射介质导纳相对应的点。图 16.29 的下部为最后的导纳轨迹，它可以与位于该图上部的无吸收出射介质的导纳轨迹相比较。图 16.30 比较了有增益和无增益两种情况下的性能。在有增益的情况下，谐振则会完全消失。

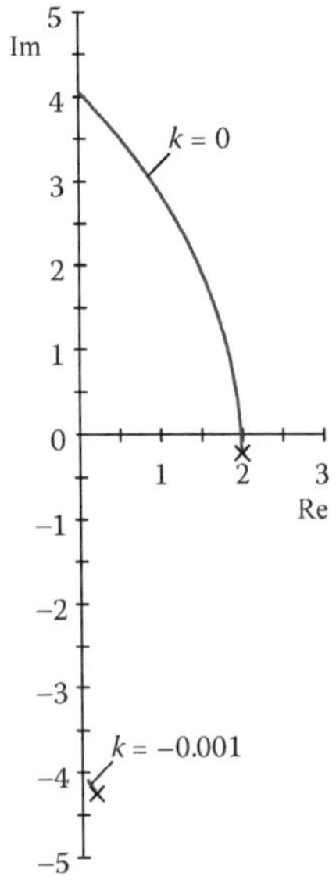

图 16.29　图的上部是金属层(金属为金)的导纳轨迹,它具有典型的表面等离子体谐振(金属轨迹从虚轴开始,移向或者靠近入射介质的导纳。但是,当出射介质存在增益时,金属轨迹的起始导纳位于第四象限(图中下部),并且金属轨迹简单移向终点,该点对应于高反射率)

为了明白发生了什么,我们需要考虑波的完整表达式,在增益介质中该表达式为

$$E = \mathcal{E}\exp\left[\mathrm{i}\left\{\omega t - \frac{2\pi}{\lambda}\left(n_0 \sin\vartheta_0 x + [\xi + \mathrm{i}\zeta]z\right)\right\}\right]$$
$$= \mathcal{E}\exp\left(\frac{2\pi\zeta z}{\lambda}\right)\exp\left[\mathrm{i}\left\{\omega t - \frac{2\pi}{\lambda}(n_0 \sin\vartheta_0 x + \xi z)\right\}\right] \tag{16.30}$$

这里 ξ 和 ζ 都是正值。波相位的传播方向由系数 $n_0\sin\vartheta_0$ 和 ξ 给出,波振幅的增加由 ζ 决定,而且波只是沿 z 方向传播。在这个波中,波的等振幅和等相位面不再平行,即波是非均匀的。ξ 略大于临界值,且波以角度 $\arctan[\xi/(n_0\sin\vartheta_0)]$ 非常近地滑过界面。在小增益情况下,角度也较小。因为它是一个无限大的平面波,在小增益的情况下,它可以传播特别长的距离。传播角的影响会补偿增益的影响,因此在出射介质中会有一个指数增长。对于零增益和零吸收,波与界面平行,对于吸收出射介质,波会再次变得不均匀并且向表面倾斜,但是这次在出射介质中有一个指数递减。这样,我们可以很容易理解导纳象限中的相位跃变和切换。图 16.31 给出了入射角大于临界角时,有无增益时反射相移的跃变现象。

很少有关于这一效应的研究发表,但是 A. E. Siegman[27] 描述了增益诱导相位跃变(采用不同的约定),并提出一个实验来检测这种现象。随后 Brudny[28] 讨论了倏逝隧穿。

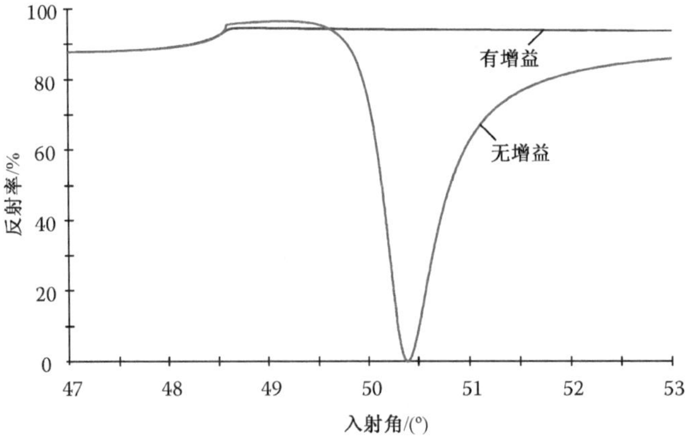

图 16.30　当在出射介质中引入增益时,表面等离子体谐振瓦解,反射率上升并接近于金属的反射率(在临界角以下,两条曲线实质上没有区别,相位也会伴随着甚至最小的增益而出现较大的跃变。在临界角以下,增益、有损耗与无损耗之间没有实质的区别。当大于临界角时,情况会突然改变)

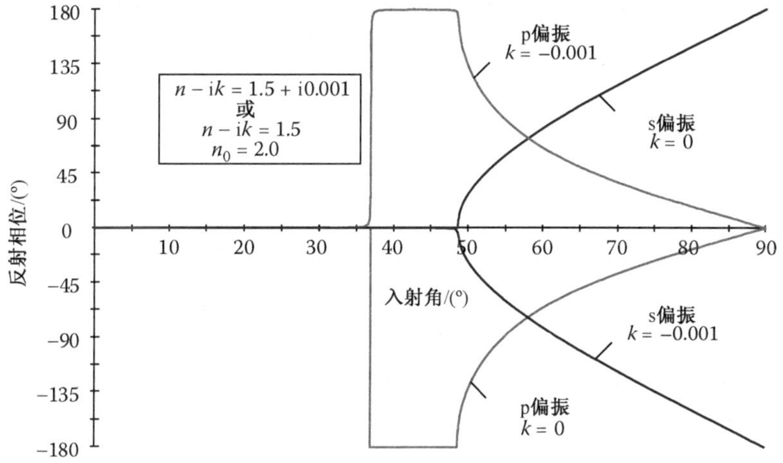

图 16.31 当入射角大于临界角时,有增益和无增益时的反射相移存在一个很大的相位跃变

在光学领域几乎没有现象可以展示对如此小刺激的主要影响。在 1000nm 处,10^{-20} 的增益代表信号在约为地球周长 5000 倍的一定距离上增加 1dB,然而,在特定的环境下,这一较小的实际不可测的影响可以使反射率几乎改变 100%。

16.5 光子晶体

最近,我们开始看到"光子晶体"这一术语出现在光学薄膜的文献中。这一术语首先是由 Yablonovitch 创造的,并且在其他文献中可找到更多的信息[29,30]。本节将从光学薄膜工作者的角度来解释光子晶体的概念及它在光学薄膜中的应用。

16.5.1 什么是光子晶体

在晶体中能带结构与电子相互关联,这是波的属性的结果。电子波长和晶格间距具有相同的数量级,这样就会出现干涉现象,这一现象与电子波长(即能量)有关。主要的影响是存在禁止的能量区域,称为"带隙",它位于约束价电子和自由电子所具有的能量之间,并且这一间隙对晶体的光学性质具有巨大的影响。例如,如果电子可以获得能量,使其位于禁带区域,则光子和束缚电子之间不可能发生相互作用。在这种情况下,光子只是简单地通过晶体。如果光子具有更高的能量,足以超出带隙,将电子能量移入允带即导带,那么它将会被吸收,这就解释了半导体具有高的红外透射率和高的可见吸收率。但是,与晶体的晶格间隙相比,光的波长非常大,所以晶格没有直接的影响,它与光的相互作用是间接的。晶格影响电子,然后电子又影响光子。所有的这些涉及三个维度,而通常假设晶体介质的面积是无穷大的。

对于直接影响光子的晶格,它们的间距应该与光波长相当,因此,其尺度应该比晶体的大几个数量级。我们可以得出这样一个想法,即具有单一折射率的常规三维块体材料在另一个具有选择性间距的不同基质中,当光通过时可以产生干涉效应。如我们所料,这样的组合显示了传播被禁止的区域和传播被允许的区域。通过与正常的晶体和它们的电子属性类比,这个大得多的结构称为“光子晶体”,禁止光传播的区域称为“光子带隙”。

与三维光子晶体相关的主要问题有两个,第一个是特性计算,第二个是制作。这两个问题可以通过减小维数很容易地解决。

16.5.2　二维光子晶体

二维光子晶体可以利用光纤生产过程中的拉制过程来制作。基质是光纤制作所用到的普通介质玻璃材料,而散射特征是与轴平行的柱状孔。通过移除中心孔,光能够有效地耦合到光纤中,因此,光可以沿着它的路径传播并被周围的光子晶体结构来回反射。因为该过程从晶格中有效地移除了“原子”,这种孔的缺失被称为“缺陷”,尽管它是这种结构有意留下的特征。这种意义上的“缺陷”常常在光子晶体术语中用到。

16.5.3　一维光子晶体

光子晶体维数的减少意味着大大降低了其复杂性,且可以使光子晶体的理论迅速发展。一维光子晶体是多层光学薄膜的不同名称。可惜的是,在早期的光子晶体研究中,这一表示不能被完全理解,而且所采用的语言和方法大部分源于固体理论。相关问题和所提出的解决方案一般使用这种不同的语言来描述,所增加的困惑是传统薄膜理论中的许多基本结果是在很早以前取得的,而最近的许多文献中提到的只是较早文献中很少意识到的。结果,早期的一维光子晶体的出版物有时会重复那些在光学薄膜领域我们已经熟知和了解了的结果。最近,人们意识到了光学薄膜与光子晶体之间的紧密联系。事实上,Yablonovitch(光子晶体的创始人)曾建议为二维和三维结构保留“光子晶体”这个术语,因为这些结构确实与光学薄膜不同[30]。可惜的是,这一术语现在仍然被用来指一维结构,并且伴随的一个副作用是,一些薄膜领域重要的研究发展仍然在光子晶体的研究发展中提到。本节试图努力弥补这一隔阂。

常用到的一个术语是“光子带隙”(Photonic Band Gap,PBG)。在一维结构中,光子带隙就是一个高反射区域。我们知道任何重复的介质结构会显示这样的一种性能,从波长来看,包括明确的反射区域和透射率较高的区域。对于反射区域,反射率会简单稳定地升高且它为结构重复次数的函数;对于透射率较高的区域,在两个明确的包络之间有振荡波纹。随着重复次数的增加,振荡波纹的密度增加,但是波纹会继续遵循相同的包络。高反射区域是光子带隙,而薄膜是我们熟知的光子带隙结构。

早期关于一维光子晶体的一个假设是,完全不可能支持一个禁带覆盖在0°～90°角度范围,或者从光学薄膜的角度来说,从垂直入射到90°入射角入射,反射率可以保持较高值。关于这一假设,没有好的证据表明其存在,所以很难确定它的出处。通过与固体理论对比,光子晶体理论趋于将其看作无限组合。很自然,对于光子晶体理论学家,他们考虑的是光子在晶体内的传播,而薄膜理论学家注意的是膜层数目的限制,以及入射和出射介质。如果传播在晶体内是可视的,则水平传播将沿着膜层而不会穿过膜层,并且对传播的阻碍将会消失。同时,还认识到在晶体的两种材料之间,存在一个与布儒斯特条件相对应的特殊传播方向,这意味着对于 p 偏振光而言,带隙或者反射区域瓦解。当入射介质是空气并且材料的高折射率与低折射率之间有明显的对比度时,对于限定的波长范围,完全有可能建造一个反射镜,对于 p 和 s 偏振它在从 0°到 90°的整个入射角范围内都具有高反射率。因此,这对光子晶体领域而言是一个惊喜。这种效应我们称为“全角度反射镜”[31]或者“理想反射镜”。

$\lambda/4$ 膜堆是基本的介质反射镜。随着多膜层倾斜到一个更大的入射角,特性曲线移至更短的波长,但是一些波长仍然在漂移的高反射区域内。对于全角度反射镜,至少有一个波长留在高反射区域内直到掠入射。为了构建这样的反射镜,我们应该做两件事情。第一件是应该使高反射区域尽可能宽,并且当入射角改变时该区域的移动要尽可能小。为了使区域变宽,选择两种不同折射率的材料,并且为了使高反射区域的移动最小,设定其中的一种材料具有最大的折射率。另一件必须做的事情是使用足够多的膜层来实现整个范围的高反射率。

周期的双层膜结构的高反射区域的限制由下式给出,即

$$\cos\delta_A\cos\delta_B-\frac{1}{2}\left(\frac{y_B}{y_A}+\frac{y_A}{y_B}\right)\sin\delta_A\sin\delta_B=\pm1 \tag{16.31}$$

式中,各个参数具有常规的意义。在垂直入射时且对于 $\lambda/4$ 膜堆,$2\delta_A$ 与 δ_B 相等,这个公式可以很容易变化,以给出高反射区域的边缘和宽度。在倾斜入射时,情况更加复杂并且不容易解析处理。但是在计算机中安排一种计算方法并不困难,并且一旦有了计算程序,就可以很容易地计算出任何特定的情况。这里选择的材料折射率分别为 1.45 和 2.5,它们在可见光和近红外区域比较典型。

高反射区域边缘可以以介质中的入射角 ϑ_0 为变量作图得到。但是一个更为方便的量是 $n_0\sin\vartheta_0$,因为这是斯涅尔定律的基础,且作的图更具有一般性。再者,对于 p 偏振,我们可以使 $n_0\sin\vartheta_0$ 为负值[31],这不会影响最后的结果,但是可以让图形更容易读取。图 16.32 显示了前三级高反射区域的边缘。在垂直入射时,$g=2$ 和 $g=4$ 处的级次缺失,因为所有膜层均为虚设层。但是,当膜层通过倾斜失谐时,反射区域则会出现,这就是常说的半波孔现象,它是短波通滤光片的主要问题。在薄膜材料之间的布儒斯特角将偏左,这里 p 反射区域边缘交叉。

当入射介质为空气时,$n_0\sin\vartheta_0$ 的范围从 0 到 1,因此,如果我们在图上包括 p 偏振和 s 偏振,则其范围为 −1.0 到 +1.0。很容易看到:当 g 的值在 1.1012 到 1.1713 时,第一级次反射在高反射区域。对于 1000nm 的参考波长,这一波长范围为 854nm 到 908nm。图 16.33 显示了 31 层膜结构的性能,结构为空气 | $(0.5\mathrm{H}\ \mathrm{L}0.5\mathrm{H})^{15}$ | 玻璃,参考波长为 1000nm,并计算了垂直入射和 p 偏振 85°入射时的情况。在 854 ~908nm 的范围内反射率明显保持较高。s 偏振的曲线(没有示出)则更宽。在 85°和掠入射 90°之间,反射率会在各处简单增加,并在掠入射时为 1。

在研究固体中的电子时,侧重于能量–动量图。如果 x-z 面是入射面,z 为法线,且 x 平行于表面,则倾斜传播的波在入射面的完整相位因子为

$$\exp[\mathrm{i}\{\omega t-(\kappa_x x+\kappa_z z)\}] \tag{16.32}$$

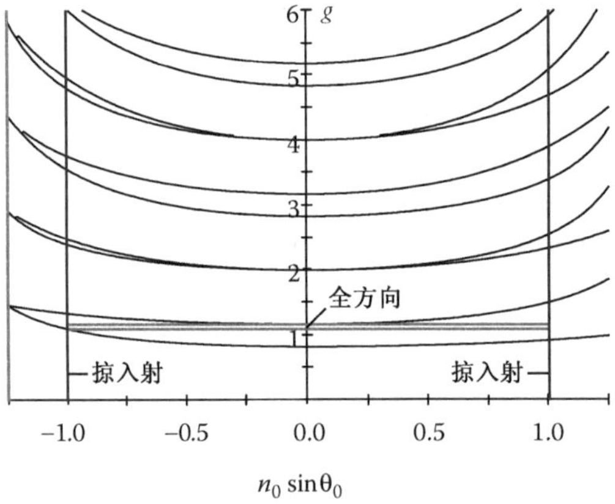

图 16.32 通过画出 g 与 $n_0\sin\vartheta_0$ 的关系来表示高反射区域的限制

（图中右侧为 s 偏振的结果，左侧为 p 偏振的结果。内部的垂线表示空气中的掠入射。材料的折射率为 1.45 和 2.5。最左面的外层线表示膜层材料之间的布儒斯特角）

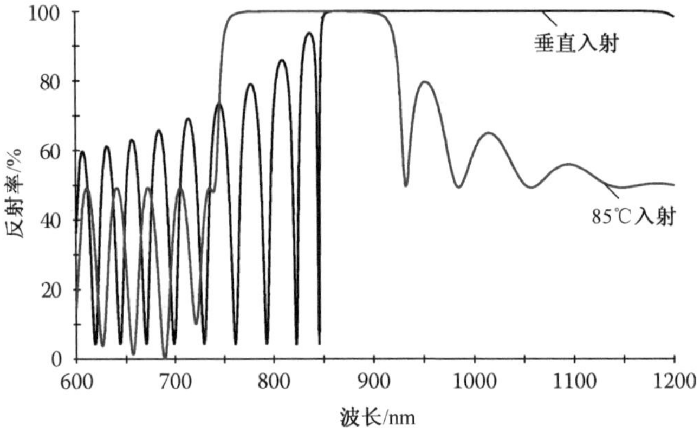

图 16.33 31 层膜结构的反射率

（结构为空气 | $(0.5\text{H L}0.5\text{H})^{15}$ | 玻璃，折射率 H 为 2.5，L 为 1.45，玻璃为 1.52）

式中，ω 为角频率，类似于能量，$\boldsymbol{\kappa}$ 为波数，类似于动量。在薄膜光学中，我们感兴趣的是 z 分量，所以忽略 x 分量。但是，这里我们选择 x 分量，$\boldsymbol{\kappa}_x$ 可以写为

$$\kappa_x = \frac{2\pi n_0 \sin\vartheta_0}{\lambda} = \frac{2\pi}{\lambda_0}\cdot g\cdot n_0 \sin\vartheta_0 \tag{16.33}$$

且 ω 为

$$\omega = \frac{2\pi c}{\lambda} = \frac{2\pi c}{\lambda_0}\cdot g \tag{16.34}$$

这里 c 是光在自由空间中传播的速度，我们可以移除常数因子 $2\pi/\lambda_0$ 和 $2\pi c/\lambda_0$ 使该式归一化，这给出了 g 随着 $g\cdot n_0\sin\vartheta_0$ 变化的曲线，与图 16.32 所示的曲线相同，只是横坐标乘以了 g。现在常数 $n_0\sin\vartheta_0$ 的垂线变为来自原点且斜率为 $1/n_0\sin\vartheta_0$ 的线，有时称其为“光线”。如果 n_0

随频率变化，也就是说，如果入射介质是有色散的，则直线会变成曲线。图 16.34 所示为这种新的类型。对于空气入射介质中掠入射的光线，在图中表示为两个通过原点的倾斜直线。Fink[3] 给出了类似的图，这里我们使用薄膜领域中非常熟悉的参数。

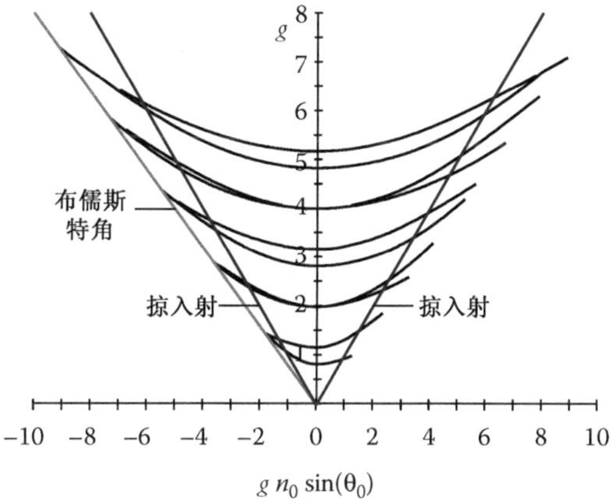

图 16.34　用能量-动量图来表示能带限制

光子带隙结构具有所谓的“缺陷”，这一缺陷由多余的或缺失的材料组成。缺陷最常见的形式是在 $\lambda/4$ 膜堆中缺失一个 $\lambda/4$ 膜层，最后的结果是一个 $\lambda/2$ 膜层被反射器包围，换句话说就是一个单腔滤光片。如果缺陷周围的结构是对称的，则装置会显现出一个窄的透射带，即一个单腔滤光片。如果结构是不对称的，则结果将取决于不对称的程度。在不对称非常显著的情况下，我们有 Gire- Tournois 干涉仪[14]，这种装置具有一定的反射率和谐振群延迟。具有多个缺陷的结构变为多腔滤光片，或者多峰滤光片，这些主要取决于结构的详细情况。

在晶体中与电子运动行为有关的一些其他术语有时被用来描述薄膜结构中的光学行为。布洛赫波是用在固体能带结构中的一个术语。在光学中，它的意义与多层膜的等效特性相关。特别地，有色散关系

$$\begin{aligned}\cos(K\Lambda) = {} & \cos\left(\frac{\omega n_1 d_1}{c}\right)\cos\left(\frac{\omega n_2 d_2}{c}\right) \\ & -\frac{1}{2}\left(\frac{n_2}{n_1}+\frac{n_1}{n_2}\right)\sin\left(\frac{\omega n_1 d_1}{c}\right)\sin\left(\frac{\omega n_2 d_2}{c}\right)\end{aligned} \tag{16.35}$$

式中，$\Lambda = d_1 + d_2$，可以看作是等效相位厚度的表达式；K 为布洛赫波数。禁带或者带隙是 K 变为虚数的区域。

量子隧穿是另一个与光子带隙结构有关的术语。量子隧穿实际上就是描述诱导透射理论预言的效应时的另一个很重要的术语。

尽管严格地说，一维光子晶体是一个多层光学薄膜，但是从另一个角度对它的属性的表达可以帮助我们更深入地了解这一领域。

参考文献

[1] Southwell W H 1998 *Rugate filter structures* Rockwell Science Center Private Communication

[2] Epstein L I 1952 The design of optical filters *Journal of the Optical Society of America* **42** 806-810

[3] Epstein L I 1955 Improvements in heat reflecting filters *Journal of the Optical Society of America* **45** 360-362

[4] Southwell W H 1985 Coating design using very thin high- and low- index layers *Applied Optics* **24** 457-460

[5] Bovard B G 1993 Rugate filter theory: an overview *Applied Optics* **32** 5427-5442

[6] Saleh B E A and Teich M C 1991 *Fundamentals of Photonics* (New York: John Wiley and Sons Inc)

[7] Yariv A and Yeh P 1984 *Optical Waves in Crystals* (New York: John Wiley & Sons)

[8] Ferencz K and Szipös R 1993 Recent developments of laser optical coatings in Hungary *Optical Engineering* **32** 2525-2538

[9] Stingl A, Spielmann C, Krausz F, and Szipöcs R 1994 Generation of 11- fs pulses from a Ti:sapphire laser without the use of prisms *Optics Letters* **19** 204-206

[10] Szipöcs R, Ferencz K, Spielmann C, and Krausz F 1994 Chirped multilayer coatings for broadband dispersion control in femtosecond lasers *Optics Letters* **19** 201-203

[11] Szipöcs R and Krausz F 1998 *Dispersive dielectric mirror* US Patent 5,734,503

[12] Schott 1992 *Schott Optical Glass* (Duryea, PA: Schott Glass Technologies Inc)

[13] Szipöcs R and Köházi- Kis A 1997 Theory and design of chirped dielectric laser mirrors *Applied Physics* **B 65** 115-135

[14] Gires F and Tournois P 1964 Interféromètre utilisable pour la compression d' impulsions lumineuses modulées en fréquence *Contes Rendus de l' Academie de Science* **258** 6112-6115

[15] Kuhl J and Heppner J 1986 Compression of femtosecond optical pulses with dielectric multilayer interferometers *IEEE Transactions on Quantum Electronics* **QE-22** 182-185

[16] Jablonski M, Takushima Y, and Kikuchi K 2001 The realization of all- pass filters for third- order dispersion compensation in ultrafast optical fiber transmission systems *Journal of Lightwave Technology* **19** 1194-1205

[17] Press W H, Flannery B P, Teukolsky S A, and Vetterling W T 1986 *Numerical recipes. The art of scientific computing* ed 1 (Cambridge/New York: Cambridge University Press)

[18] Tang J F and Zheng Q 1982 Automatic design of optical thin- film systems: merit function and numerical optimization method *Journal of the Optical Society of America* **72** 1522-1528

[19] Aguilera J A, Aguilera J, Baumeister P, Bloom A, Coursen D, Dobrowolski J A, Goldstein F T, Gustafson D E, and Kemp R A 1988 Antireflection coatings for germanium IR optics: a comparison of numerical design methods *Applied Optics* **27** 2832-2840

[20] Dobrowolski J A and Kemp R A 1990 Refinement of optical multilayer systems with different optimization procedures *Applied Optics* **29** 2876-2893

[21] Dobrowolski J A 1965 Completely automatic synthesis of optical thin film systems *Applied Optics* **4** 937-946

[22] Furman S A and Tikhonravov A V 1992 *Basics of Optics of Multilayer Systems* ed First (Gif- sur- Yvette: Editions Frontières)

[23] Thelen A 1998 *Computer aided design*, in *Optical Interference Coatings* (Washington, DC: Optical Society of America) 268-270

[24] Macleod H A 1996 Recent trends in optical thin films *Review of Laser Engineering* **24** 3-10

[25] Macleod A and Clark C 2006 *The strange case of the disappearing plasmon resonance* in 7*th Symposium of European Vacuum Coaters Anzio*, *Italy* Romana Film Sottili 1-13

[26] Macleod H A 1995 *Antireflection coatings on absorbing substrates* in 38*th Annual Technical Conference Chicago* Society of Vacuum Coaters 172-175

[27] The effect is described by A E Siegman in a slide show that can be downloaded atwww. stanford. edu/ ~ siegman/optics_with_gain. pdf

[28] Brudny V L and Mochán W L 2001 On the apparent superluminality of evanescent waves *Optics Express* **9** 561-566

[29] Yablonovitch E 1993 Photonic band-gap structures *Journal of the Optical Society of America*, ***B*10** 283-297

[30] Yablonovitch E 2007 Photonic crystals: what's in a name? *Optics and Photonics News*(March) 12-13

[31] Fink Y, Winn J N, Fan S, Chen C, Michel J, Joannopolous J D, and Thomas E L 1998 A dielectric omnidirectional reflector *Science* **282** 1679-1682

第 17 章　介质薄膜材料的特性

下表给出了常用介质薄膜材料的详细特性。表中的材料尽管不全面,但是尽可能覆盖了常用的介质薄膜材料。金属材料具有很大的色散,因此在表中给出简要的数值用处不大,金属材料光学常数的详表可参考其他文献[1-4]。Ritter[5,6] 和 Palik[2-4] 给出了很多薄膜材料特性的汇总;Lingg[7] 给出了更完整的稀土氟化物材料的特性。

在大多数情况下,都能使用不同的技术对表中的材料进行镀膜。表中热蒸发是主要的镀膜工艺。许多材料(氟化物材料除外)可以利用射频溅射或离子束溅射的方法进行溅射镀膜。极少数材料,如氮化物材料,不能用蒸发和反应蒸发的方法进行镀膜,需要采用如离子辅助沉积的高能过程进行镀膜。

薄膜的光学特性非常依赖于材料沉积条件及其他因素,因此,这里引用的数据只能简单解释为在某一时间内报道的数据,并不是材料本身必须具有的可以重复的特性。

材料	沉积工艺	折射率	透明区域	备注	参考文献
三氧化二铝(Al_2O_3)	电子束蒸发	基底温度为 300℃时 1.62(0.6μm) 1.59(1.6μm) 基底温度为 40℃时 1.62(0.6μm) 1.59(1.6μm)		铝在酒石酸铵溶液中的阳极氧化也可以制备 Al_2O_3 膜[8]	[9]
氧氮化铝(AlO_xN_y)	在氮离子辅助和氧气环境中用电子束蒸发 Al 材料	1.71~1.93(350nm) 1.65~1.83(550nm)	<300nm~6.5μm	折射率随组分的变化而连续变化	[10,11]
三氧化二锑(Sb_2O_3)	钼舟	2.20(366nm) 2.04(546nm)	300nm~1μm	注意应避免过热分解	[12]
硫化锑(Sb_2S_3)		3.0(589nm)	500nm~10μm	主要注释见文献[13]	[14,15]
氧化铍(BeO)	钼舟,活性氧中进行铍金属反应蒸发	1.82(193nm) 1.72(550nm)	190nm~红外	剧毒	[16]
三氧化二铋(Bi_2O_3)	电子束蒸发[17],也可以在氧气环境中铋材料发生反应溅射[18]	2.7(600nm)(电子束蒸发) 2.2(9μm)(溅射法) 2.45(550nm)	<550nm~12μm	很好的红外材料,但是抗磨损能力不如其他氧化物[17]	[17,18]
三氟化铋(BiF_3)	石墨锅加热	1.74(1μm) 1.65(10μm)	260nm~20μm		[19]

续表

材料	沉积工艺	折射率	透明区域	备注	参考文献
硫化镉(CdS)	石英坩埚绕以电热丝	2.6(600nm) 2.27(7μm)	600nm ~7μm	避免过热,电热丝温度应为1025℃	[14,15]
碲化镉(CdTe)	钼舟	3.05(在近红外波段)			[21]
氟化钙(CaF_2)	钼舟或钽舟,电子束蒸发[17]	1.23 ~1.26(546nm)(多孔的) 1.40(600nm)(电子束蒸发) 1.32(9μm)	150nm ~12μm		[14,17,21,22]
二氧化铈(CeO_2)	钨舟	基底温度为500℃时 2.2(550nm) 2.18(550nm) 基底温度为350℃时 2.42(550m) 2.2(在近红外波段)	400nm ~16μm	容易形成非均匀层,易吸潮	[23-26]
氟化铈(CeF_3)	钨舟, 电子束蒸发[17]	1.63(550nm) 1.59(2μm) 1.57(9μm)(电子束蒸发)	300nm ~12μm	热基底上镀膜,冷基底产生裂纹[23],张应力大	[17,21,23,24,27]
锥冰晶石 ($5NaF\cdot3AlF_3$)	"榴弹炮"形热源或钽舟			类似于冰晶石	[21]
氧化铬(Cr_2O_3)	电子束蒸发	2.242(700nm) 2.1(8μm)	<600nm ~8μm		[17]
冰晶石(Na_3AlF_6)	"榴弹炮"形热源或钽舟	1.35(550nm)	<200nm ~14μm	略微潮解,软膜,易损伤	[14,21 −23,28,29]
氟化钆(GdF_3)	电子束蒸发	1.55(400nm)	140nm ~ >12μm		[7]
锗(Ge)	电子束蒸发或石墨舟	4.25(红外波段)(一般比体材料值稍高一些)	1.7 ~100μm	吸收带中心在波长25μm附近	[21,23]
氧化铪(HfO_2)	电子束蒸发	2.088(350nm) 2.00(500nm) 1.88(8μm)	220nm ~12μm		[17,24,30,31]
氟化铪(HfF_4)	电子束蒸发	1.57(600nm) 1.46(10μm)	<600nm ~12μm		[17]
氟化镧(LaF_3)	钨舟, 电子束蒸发[17]	1.59(550nm) 1.57(2μm) 1.52(9μm)(电子束蒸发)	200nm ~12μm	加热基底	[17,23,24,27,32,33]
氧化镧(La_2O_3)	钨舟	1.95(550nm) 1.86(2μm)	350nm ~ >2μm	热基底,约为300℃	[23,24,27]

续表

材料	沉积工艺	折射率	透明区域	备注	参考文献
氯化铅($PbCl_2$)	铂舟或钼舟	2.3(550nm) 2.0(10μm)	300nm~ >14μm		[21,34]
氟化铅(PbF_2)	铂舟或电子束蒸发[17]	1.75(550nm) 1.70(1μm) 1.3(10μm) (电子束蒸发)	240nm~ >20μm		[17,21,23,35,36]
碲化铅(PbTe)	钽舟	5.5(红外波段)	3.4μm~ >30μm	使用热基底，避免过热(见正文)	[37-39]
氟化锂(LiF)	钽舟	1.36~1.37(546nm)	110nm~7μm		[14,40]
氟化镥(LuF_3)	电子束蒸发	1.51(400nm)	140nm~12μm		[7]
氟化镁(MgF_2)	钽舟	1.38(550nm) 1.35(2μm)	210nm~10μm	镀于热基底上的膜更坚固，张应力大	[14,21,22,24,30,41-43]
氧化镁(MgO)	电子束蒸发	基底温度50℃时 1.7(550nm) 基底温度300℃时 1.74(550nm)	210nm~8μm		[44]
氟化钕(NdF_3)	钨舟， 电子束蒸发[17]	1.60(550nm) 1.58(2μm) 1.60(9μm) (电子束蒸发)	220nm~12μm	热基底(300℃)	[17,23,24,27]
氧化钕(Nd_2O_3)	钨舟	2.0(550nm) 1.95(2μm)	400nm~ >2μm	热基底(300℃)；舟温度过高易分解	[23,27]
氧化镨(Pr_6O_{11})	钨舟	1.92(500nm) 1.83(2μm)	400nm~ >2μm	热基底(300℃)	[27]
氟化钐(SmF_3)	电子束蒸发	1.56(400nm)	160nm~ >12μm		[7]
氧化钪(Sc_2O_3)	电子束蒸发	1.86(550nm)	350nm~13μm		[45]
硅(Si)	电子束蒸发(水冷坩埚)，溅射	3.5(红外波段)	1.1~14μm		[23]
一氧化硅(SiO)	钽舟或"榴弹炮"形热源	2.0(550nm) 1.7(6μm)	500nm~8μm	低压快速蒸发	[21](摘要) [9,14,23,30,46]
三氧化二硅(Si_2O_3)	钽舟或"榴弹炮"形热源	1.52~1.55(550nm)	300nm~8μm		[9,23,47-52]
二氧化硅(SiO_2)	电子束蒸发，在钨舟中混合蒸发	1.46(500nm) 1.445(1.6μm)	<200nm~8μm (薄膜中)		[9,23,53,54]

续表

材料	沉积工艺	折射率	透明区域	备注	参考文献
氮化硅(Si_3N_4)	低压反应离子镀膜	2.06(500nm)	320nm ~ 7μm		[55]
氟化钠(NaF)	钼舟	1.34(可见光波段)	<250nm ~ 14μm		[14](摘要)
氟化锶(SrF_2)	电子束蒸发	1.46(600nm) 1.3(10μm)	<600nm ~ >12μm		[17]
氧化钽(Ta_2O_5)	电子束蒸发或溅射	2.16(550nm) 1.95(8μm)	300nm ~ 10μm		[17,24]
碲(Te)	钼舟	4.9(6μm)	3.4μm ~ 20μm		[21,23,56,57]
二氧化钛(TiO_2)	TiO、Ti_2O_3 或 Ti_3O_5 在氧气中反应蒸发; 电子束反应蒸发	2.2 ~ 2.7(550nm) 取决于结构	350nm ~ 12μm	钛膜氧化也可以制备 TiO_2	[14,23,47,52,53,58-63]
氯化亚铊(TlCl)	钼舟	2.6(12μm)	可见光区 ~ >20μm		[21,64]
二氧化钍(ThO_2)	电子束蒸发	1.8(550nm) 1.75(2μm)	250nm ~ 15μm	有放射性	[21,23,65-67]
氟化钍(ThF_4)	钼舟	1.52(400nm) 1.51(750nm)	200nm ~ >15μm	有放射性。注意：蒸发时 $ThOF_2$ 实际形成了 ThF_4	[21,23,65-68]
氟化镱(YbF_3)	电子束蒸发	1.52(600nm) 1.48(10μm)	<600nm ~ 12μm		[17]
氧化钇(Y_2O_3)	电子束蒸发	1.82(550nm) 1.69(9μm)	250nm ~ 12μm		[17,24,30,69]
硒化锌(ZnSe)	钼或钽舟	2.58(633nm)	600nm ~ >15μm		[66]
硫化锌(ZnS)	钼舟或"榴弹炮"形热源	2.35(550nm) 2.2(2.0μm)	380nm ~ 25μm		[14,21,23,26,29,39,41,67]
二氧化锆(ZrO_2)	电子束蒸发	2.1(550nm) 2.05(9.0μm)	340nm ~ 12μm		[17,24,46]
材料 H_1 * (氧化锆/二氧化钛)	钨舟或电子束蒸发	2.1(550nm)	360nm ~ 7μm	不能完全熔化[70]	[70,71]
材料 H_2 * (氧化钛和氧化镨的混合物)	电子束蒸发	2.1(550nm)	400 ~ 7μm	在可见光波段具有弱吸收带[70]	[70]
材料 H_4 * (镧和钛的氧化物)	钼衬电子束蒸发	基底温度 300℃时 2.1(500nm),	360nm ~ 7μm		[70]
材料 M_1 * (氧化铝和氧化镨的混合物)	电子束蒸发	基底温度 300℃时 1.71(500nm),	300nm ~ 9μm		[70]

* 材料 H_1、H_2、H_4 和 M_1 是 Patinal 系列光学镀膜材料的组分,这些镀膜材料是由德国达姆施塔特的 E Merck 制造的。

参考文献

[1] Hass G and Hadley L 1972 *Optical constants of metals*, in *American Institute of Physics Handbook* Gray D E Editor (New York/London: McGraw-Hill Book Company) 6.124-6.156

[2] Palik E D, ed 1985 *Handbook of Optical Constants of Solids* (New York: Academic Press Inc)

[3] Palik E D, ed 1991 *Handbook of Optical Constants of Solids II* (San Diego/London: Academic Press)

[4] Palik E D, ed 1998 *Handbook of Optical Constants of Solids III* (San Diego/London: Academic Press)

[5] Ritter E 1975 *Dielectric film materials for optical applications*, in *Physics of Thin films* Hass G, Francombe M H, and Hoffman R W Editors (New York/San Fransisco/London: Academic Press) 1-49

[6] Ritter E 1976 Optical film materials and their applications *Applied Optics* **15** 2318-2327

[7] Lingg L J 1990 *Lanthanide trifluoride thin films: structure, composition and optical properties* PhD Dissertation University of Arizona

[8] Hass G 1949 On the preparation of hard oxide films with precisely controlled thickness on evaporated aluminum mirrors *Journal of the Optical Society of America* **39** 532-540

[9] Cox J T, Hass G, and Ramsay J B 1964 Improved dielectric films for multilayer coatings and mirror protection *Journal de Physique* **25** 250-254

[10] Hwangbo C K, Lingg L J, Lehan J P, Macleod H A, and Suits F 1989 Reactive ion-assisted deposition of aluminum oxynitride thin films *Applied Optics* **28** 2779-2784

[11] Targove J D, Lingg L J, Lehan J P, Hwangbo C K, Macleod H A, Leavitt J A, and McIntyre L C, Jr 1987 *Preparation of aluminum nitride and oxynitride thin films by ion-assisted deposition* in *Materials Modification and Growth using Ion Beams Symposium Anaheim, CA, USA* Materials Research Society, Pittsburgh, PA, USA 311-316

[12] Jenkins F A 1958 Extension du domaine spectral de pouvoir réflecteur élevé des couches multiples diélectriques *Journal de Physique et le Radium* **19** 301-306

[13] Heavens O S, Ring J, and Smith S D 1957 Interference filters for the infra-red *Spectrochimica Acta* **10** 179-194

[14] Heavens O S 1960 Optical properties of thin films *Reports on Progress in Physics* **23**1-65

[15] Billings B H and Jr M H 1947 The infra-red refractive index and dispersion of evaporated stibnite thin films *Journal of the Optical Society of America* **37** 119-121

[16] Ebert J 1982 Activated reactive evaporation *Proceedings of the Society of Photo-Optical Instrumentation Engineers* **325** 29-38

[17] Kruschwitz J D T and Pawlewicz W T 1997 Optical and durability properties of infrared transmitting thin films *Applied Optics* **36** 2157-2159

[18] Holland L and Siddall G 1958 Heat-reflecting windows using gold and bismuth oxide films *British Journal of Applied Physics* **9** 359-361

[19] Moravec T J, Skogman R A, and Bernal G E 1979 Optical properties of bismuth trifluoride thin films *Applied Optics* **18** 105-110

[20] Hall J F and Ferguson W F C 1955 Optical properties of cadmium sulphide and zinc sulphide from 0.6 micron to 14 micron *Journal of the Optical Society of America* **45** 714-718

[21] Ennos A E 1966 Stresses developed in optical film coatings *Applied Optics* **5** 51-61

[22] Heavens O S and Smith S D 1957 Dielectric thin films *Journal of the Optical Society of America* **47** 469-472

[23] Ritter E 1961 Gesichtspunkte bei der Stoffauswahl für dünne Schichten in der Optik *Zeitschrift für Angewandte Mathematische Physik* **12** 275-276

[24] Smith D and Baumeister P W 1979 Refractive index of some oxide and fluoride coating materials *Applied Optics* **18** 111-115

[25] Hass G, Ramsay J B, and Thun R 1958 Optical properties and structure of cerium dioxide films *Journal of the Optical Society of America* **48** 324-327

[26] Cox J T and Hass G 1958 Antireflection coatings for germanium and silicon in the infrared *Journal of the Optical Society of America* **48** 677-680

[27] Hass G, Ramsay J B, and Thun R 1959 Optical properties of various evaporated rare earth oxides and fluorides *Journal of the Optical Society of America* **49** 116-120

[28] Pelletier E, Roche P, and Vidal B 1976 Détermination automatique des constantes optiques et de l' épaisseur de couches minces: application aux couches diélectriques *Nouvelle Revue d' Optique* **7** 353-362

[29] Netterfield R P 1976 Refractive indices of zinc sulphide and cryolite in multilayer stacks *Applied Optics* **15** 1969-1973

[30] Borgogno J P, Lazarides B, and Pelletier E 1982 Automatic determination of the optical constants of inhomogeneous thin films *Applied Optics* **21** 4020-4029

[31] Baumeister P W and Arnon O 1977 Use of hafnium dioxide in mutilayer dielectric reflectors for the near uv *Applied Optics* **16** 439-444

[32] Bourg A, Barbaroux N, and Bourg M 1965 Propriétés optiques et structure de couches minces de fluorure de lanthane *Optica Acta* 151-160

[33] Targove J D, Lehan J P, Lingg L J, Macleod H A, Leavitt J A, and McIntyre L C 1987 Ion-assisted deposition of lanthanum fluoride thin films *Applied Optics* **26** 3733-3737

[34] Penselin S and Steudel A 1955 Fabry-Perot-Interferometerverspiegelungen aus dielektrischen Vielfachschichten *Zeitschrift für Physik* **142** 21-41

[35] Carl-Zeiss-Stiftung 1965 *Interference filters* UK Patent 994,638

[36] Lès Z, Lès F, and Gabla L 1963 Semitransarent metallic-dielectric mirrors with low absorption coefficient in the ultra-violet region of the spectrum (3200-2400A) *Acta Physica Polonica* **23** 211-214

[37] Smith S D and Seeley J S 1968 *Multilayer filters for the region* 0.8 *to* 100 *microns* Final Report on Contract AF61 (052)-833 (Air Force Cambridge Research Laboratories)

[38] Yen Y-H, Zhu L-X, Zhang W-D, Zhang F-S, and Wang S-Y 1984 Study of PbTe optical coatings *Applied Optics* **23** 3597-3601

[39] Ritchie F S 1970 *Multilayer filters for the infrared region* 10-100 *microns* PhD Thesis University of Reading

[40] Schulz L G 1949 The structure and growth of evaporation LiF and NaCl films on amorphous substrates *Journal of Chemical Physics* **17** 1153-1162

[41] Hall J F Jr and Ferguson W F C 1955 Dispersion of zinc sulfide and magnesium fluoride films in the visible spectrum *Journal of the Optical Society of America* **45** 74-75

[42] Wood O R, II, Craighead H G, Sweeney J E, and Maloney P J 1984 Vacuum ultra violet loss in magnesium fluoride films *Applied Optics* **23** 3644-3649

[43] Hall J F 1957 Optical properties of magnesium fluoride films in the ultraviolet *Journal of the Optical Society of America* **47** 662-665

[44] Pulker H K 1979 Characterization of optical thin films *Applied Optics* **18** 1969-1977

[45] Arndt D P, Azzam R M A, Bennett J M, Borgogno J P, Carniglia C K, Case W E, Dobrowolski J A, Arndt D P, Gibson U J, Hart T T, et al. 1984 Multiple determination of the optical constants of thin-film coating materials *Applied Optics* **23** 3571-3596

[46] Hass G and Salzberg C D 1954 Optical properties of silicon monoxide in the wavelength region from 0.24 to 14.0 microns *Journal of the Optical Society of America* **44** 181-187

[47] 1957 *Improvements in or relating to the manufacture of thin light transmitting layers* UK Patent 775,002

[48] Ritter E 1962 Zür Kentnis des SiO und Si_2O_3-Phase in dünnen Schichten *Optica Acta* **9** 197-202

[49] Okamoto E and Hishinuma Y 1965 Properties of evaporated thin films of Si_2O_3 *Trans 3rd Int Vac Congress* **2** 49-56

[50] Bradford A P, Hass G, McFarland M, and Ritter E 1965 Effect of ultraviolet irradiation on the optical properties of silicon oxide films *Applied Optics* **4** 971-976

[51] Bradford A P and Hass G 1963 Increasing the far-ultra-violet reflectance of silicon oxide protected aluminium mirrors by ultraviolet irradiation *Journal of the Optical Society of America* **53** 1096-1100

[52] Auwärter M 1960 *Process for the manufacture of thin films* US Patent 2,920,002

[53] Reichelt W 1965 Fortschritte in der Herstellung von Oxydschichten für optische und elektrische Zwecke *Transactions of the Third International Vacuum Congress* **2** 25-29

[54] Libbey-Owens-Ford Glass Company 1947 *Method of coating with quartz by thermal evaporation* UK Patent 632,442

[55] Bovard B B, Ramm J, Hora R, and Hanselmann F 1989 Silicon nitride thin films by low voltage reactive ion plating: optical properties and composition *Applied Optics* **28** 4436-4441

[56] Moss T S 1952 Optical properties of tellurium in the infra-red *Proceedings of the Physical Society* **65** 62-66

[57] Greenler R G 1955 Interferometry in the infrared *Journal of the Optical Society of America* **45** 788-791

[58] Hass G 1952 Preparation, properties and optical applications of thin films of titanium dioxide *Vacuum* **2** 331-345

[59] Brinsmaid D S, Keenan W J, Koch G J, and Parsons W F Eastman Kodak Co 1957 *Method of producing titanium dioxide coatings* US Patent 2,784,115

[60] Balzers Patent und Lizenz Anstalt 1962 *Improvements in and relating to the oxidation and/or transparency of thin partly oxidic layers* UK Patent 895,879

[61] Pulker H K, Paesold G, and Ritter E 1976 Refractive indices of TiO_2 films produced by reactive evaporation of various titanium-oxide phases *Applied Optics* **15** 2986-2991

[62] Heitmann W 1971 Reactive evaporation in ionized gases *Applied Optics* **10** 2414-2418

[63] Chiao S-C, Bovard B G, and Macleod H A 1998 Repeatability of the composition of titanium oxide films produced by evaporation of Ti_2O_3 *Applied Optics* **37** 5284-5290

[64] Perkin Elmer Corporation 1961 *Infrared filters* UK Patent 970,071

[65] Heitmann W and Ritter E 1968 Production and properties of vacuum evap-rated films of thorium fluoride *Applied Optics* **7** 307-309

[66] Heitmann W 1966 Extrem hochreflektierende dielektrische Spiegelschichten mit Zincselenid *Zeitschrift für Angewandte Physik* **21** 503-508

[67] Behrndt K H and Doughty D W 1966 Fabrication of multilayer dielectric films *Journal of Vacuum Science and Technology* **3** 264-272

[68] Ledger A M and Bastien R C 1977 *Intrinsic and thermal stress modeling for thin-film multilayers* (The Perkin Elmer

Corporation, Norwalk, Connecticut 06856)

[69] Lubezky I, Ceren E, and Klein Z 1980 Silver mirrors protected with Yttria for the 0.5 to 14 μm region *Applied Optics* **19** 1895

[70] Fritz M, Koenig F, Merck E, and Feiman S 1992 *New materials for production of optical coatings*, in 35*th Annual Technical Conference Proceedings* (Albuquerque, New Mexico: Society ofVacuum Coaters) 143-147

[71] Stetter F, Esselborn R, Harder N, Friz M, and Tolles P 1976 New materials for optical thin films *Applied Optics* **15** 2315-2317

参 考 书 目

由于主要参考文献的完整目录过于冗长，因此，在可能的情况下，这里只列出主要参考书目。

Anders H 1965 *Dünne Schichten für die Optik (English translation: Thin Films in Optics, Focal Press, 1967)* (Stuttgart: Wissenschaftliche Verlagsgesellschaft mbH)

Bach H and Krause D eds 1997 *Thin Films on Glass* (Berlin/Heidelberg: Springer-Verlag)

Baumeister P W 2004 *Optical Coating Technology* (Bellingham, WA: SPIE Press)

Dobrowolski J A 1995 *Optical properties of films and coatings*, in *Handbook of Optics* Bass M, *et al.* Editors (New York: McGraw-Hill, Inc) 42.1–42.130

Flory F R ed 1995 *Thin Films for Optical Systems* (New York: Marcel Dekker Inc)

Frey H and Kienel G eds 1987 *Dünnschicht Technologie* (Düsseldorf: VDI-Verlag GmbH)

Furman S A and Tikhonravov A V 1992 *Basics of Optics of Multilayer Systems* (Gif-sur-Yvette: Editions Frontières)

Hartnagel H L, Dawar A L, Jain A K, and Jagadish C 1995 *Semiconducting Transparent Thin Films* (Bristol/Philadelphia: Institute of Physics Publishing)

Heavens O S 1955 *Optical Properties of Thin Solid Films* (London: Butterworths Scientific Publications)

Hodgkinson I J and Wu Q h 1997 *Birefringent Thin Films and Polarizing Elements* (Singapore: World Scientific Publishing Co Pte Ltd)

Holland L 1956 *Vacuum Deposition of Thin Films* (London: Chapman and Hall)

Hummel R E and Guenther K H eds 1995 *Thin Films for Optical Coatings* Handbook of Optical Properties (Boca Raton, FL: CRC Press)

Jacobson M R ed 1989 *Deposition of optical coatings* SPIE Milestone Series ed Thompson B J MS 6 (Bellingham, WA: SPIE)

Jacobson M R ed 1990 *Design of optical coatings* SPIE Milestone Series ed Thompson B J MS 26 (Bellingham, WA: SPIE)

Jacobson M R ed 1992 *Characterization of optical coatings* SPIE Milestone Series ed Thompson B J MS 63 (Bellingham, WA: SPIE)

Kaiser N and Pulker H K eds 2003 *Optical Interference Coatings* Optical Sciences ed Rhodes W T (Berlin/Heidelberg/New York: Springer-Verlag)

Knittl Z 1976 *Optics of Thin Films* (London: John Wiley and Sons)

Liddell H M 1981 *Computer-aided techniques for the design of multilayer filters* (Bristol: Adam Hilger Ltd)

Lissberger P H 1970 Optical applications of dielectric thin films *Reports of Progress in Physics* **33** 197–268

Perilloux B E 2002 *Thin Film Design: Modulated Thickness and Other Stopband Design Methods* (Bellingham: SPIE Optical Engineering Press)

Pulker H K 1999 *Coatings on Glass* ed 2nd (Amsterdam: Elsevier)

Rancourt J D 1987 *Optical Thin Films: Users' Handbook* (New York: Macmillan Publishing Company)

Thelen A 1988 *Design of Optical Interference Coatings* (New York: McGraw-Hill Book Company)

Vasicek A 1960 *Optics of Thin Films* (Amsterdam: North Holland)

Willey R R 2002 *Practical Design and Production of Optical Thin Films* ed 2nd (New York/Basel: Marcel Dekker Inc)

中英文对照表

A

Abrasion resistance，耐磨性
Absorbing media，theory see Theory，absorbing media 吸收介质
Absorption coefficient，吸收系数
Absorption filters，吸收滤光片
  germanium，锗
  indium antimonide，锑化铟
  indium arsenide，砷化铟
  lead telluride，碲化铅
Absorption in coatings，膜层中的吸收
Adhesion，黏附性
  blistering，（薄膜）起泡
  direct pull test，直接拉伸测试
  effect of moisture on，湿度的影响
  failures，故障
  scratch test，划痕测试
  tape test，胶带测试
Admittance diagram，导纳图
  electric field in，电场
  ideal metal，理想金属
  potential absorption in，可能吸收
  silver，银
  theory，理论
Admittance loci，see Admittance diagram，导纳轨迹，见导纳图
Admittance，see optical admittance，导纳，见光学导纳
Aluminium oxide（Al_2O_3），氧化铝
Aluminium oxynitride（AlO_xN_y），氧氮化铝
Aluminum nitride（AlN），氮化铝
Antimony sulphide（Sb_2S_3），硫化锑
Antimony trioxide（Sb_2O_3），三氧化锑
Antireflection coatings，减反射膜，增透膜
  buffer layers in，缓冲层
  equivalent layers in，等效层
  for two zeros，两个零点
  high-index substrates，高折射率基底
  infrared，红外
  inhomogeneous layers in，非均匀层
  low-index substrates，低折射率基底
  maximally flat，最大平坦
  multilayer coatings，多层镀膜
  Musset and Thelen's technique，Musset 和 Thelen 技术
  Schulenburg's technique，Schulenburg 技术
  Schulz's technique，Schulz 技术
  Schuster diagram，Schuster 图
  single-layer，单层
  two-layer，双层
  visible，可见
  visible and infrared together，可见和红外
Apfel technique for retarder design，延迟器设计的 Apfel 技术
Applications，应用
  astronomy，天文学
  atmospheric temperature sounding，大气温度测量
  general points，一般点
  glare suppression，眩光抑制
  heat reflecting metal-dielectric，热反射金属-介质
  order sorting filters，级次选择滤光片
  Schottky-barrier photodiodes，肖特基势垒光电二极管
  spectrally selective coatings，光谱选择性薄膜
Astronomy，天文学
Atmospheric temperature sounding，大气温度测量
Atomic layer deposition（ALD），原子层沉积
Automatic design methods，自动设计方法
  Baumeister，鲍迈斯特
  damped least squares，阻尼最小二乘法
  Dobrowolski，多布罗沃尔斯基
  edge filters，截止滤光片（边缘滤光片）
  figure of merit，品质因数
  flip-flop，触发器
  function of merit，评价函数
  golden section，黄金分割
  needle method，针式算法
  refinement，优化
  simplex，单形
  simulated annealing，模拟退火

spikes in high reflectance components, 高反射元件中的尖峰
statistical testing, 统计测试
synthesis, 综合设计

B

Baking, 烘烤
Band-pass filters, 带通滤光片
Banning, 班宁(人名)
polarizer, 偏振器
visual monitoring, colors in, 视觉监控, 颜色
Beam splitters 分束器
correct use of metallic, 金属分束器的正确使用
dielectric, 介质分束器
metallic, 金属分束器
neutral, 中性分束器
Beryllium oxide (BeO), 氧化铍
Bismuth oxide (Bi_2O_3), 氧化铋
Bismuth trifluoride (BiF_3), 三氟化铋
Blistering, (涂料)起泡
Boat sources, 舟源
Brewster angle, 布儒斯特角
Brewster angle polarizer, 布儒斯特角偏振器
Broadband-pass filters, 宽带通滤光片
Buffer layers, 缓冲层

C

Cadmium sulphide (CdS), 硫化镉
Cadmium telluride ($CdTe$), 碲化镉
Calcium fluoride (CaF_2), 氟化钙
Capillary condensation, 毛细管冷凝
Cavity layer, 腔层
Ceric oxide(CeO_2), 二氧化铈
Cerous fluoride(CeF_3), 三氟化铈
Chemical resistance, 耐化性
Chemical vapor deposition(CVD), 化学气相沉积
Chiolite ($5NaF \cdot 3AlF_3$), 锥冰晶石
Chirped pulse, 啁啾脉冲
Chirped reflector, 啁啾反射镜
Chromium oxide(Cr_2O_3), 氧化铬
Circle diagrams, 圆图
Cleaning, 清洗
abrasion, 磨损
deposition chamber, 沉积腔
glow discharge, 辉光放电
improvement in abrasion resistance, 耐磨性的改进
problems of faulty, 故障问题
substrates, 基底
Closed field magnetron sputtering, 闭合场磁控溅射
Coherence, 相干
Color, 颜色
1931 Standard Observer, 标准观察者
1964 Supplementary Observer, 补充观察者
brightness, 亮度
chroma, 色度
chromaticity coordinates, 色度坐标
chromaticity diagram, 色度图
CIELAB, LAB 色彩空间
CIELUV, LUV 色彩空间
color matching, 配色
color matching functions, 色匹配函数
colored fringes, 彩色条纹
complementary wavelength, 互补波长
cones, 视锥细胞
definition of color, 定义颜色
dominant wavelength, 主波长
hue, 色调
illuminants, 发光体
luminance factor, 亮度因子
metamerism, 同色异谱
optimal color stimuli, 最佳的颜色刺激
photopic response of human eye, 人眼的白昼视觉响应
primary stimuli, 初级刺激
purity, 纯度
purple line, 紫色线
rods, 棒
sources, 源
standard illuminants, 标准发光体
tristimulus values, 三刺激值
white point, 白点
Commission Internationale de l'Eclairage(CIE), 国际照明委员会
Computational manufacturing, 计算制造
Complex wave,复波
Computer-aided design, see Automatic design methods 计算机辅助设计,见自动设计方法
Cone of illumination, 照明光锥
Contamination sensitivity, 污染敏感性
Coupled plasma waves, 耦合的等离子体波
Coupling layer, 耦合层

Critical angle, 临界角
beyond critical, 大于临界角
Cryolite (Na_3AlF_6), 冰晶石
Cube polarizer, 胶合棱镜偏振器

D

Degree of polarization, 偏振度
Density, optical, 密度, 光
Deposition processes, 沉积工艺
atomic layer deposition(ALD), 原子层沉积
boat sources, 舟源
chemical vapor deposition(CVD), 化学气相沉积
closed field magnetron sputtering, 闭合场磁控溅射
deposition chamber cleaning, 沉积室清洁
electron beam source, 电子束源
energetic processes, 高能过程
energetic processes, benefits, 高能过程, 优势
germanium, source for, 锗, 源
howitzer source, 发射器源
ion-assisted deposition, 离子辅助沉积
ion-beam sputtering, 离子束溅射
ionized plasma-assisted deposition, 离子化等离子体辅助沉积
magnetron sputtering, 磁控溅射
microplasma process, 微等离子体过程
mid-frequency sputtering, 中频率溅射
physical vapor deposition(PVD), 物理气相沉积
plasma-enhanced chemical vapor deposition(PECVD), 等离子体增强化学气相沉积
radical assisted sputtering(RAS), 自由基辅助溅射
reactive low-voltage ion plating, 低压反应离子镀
reactive sputtering, 反应溅射
sol-gel, 溶胶-凝胶
sputtering, 溅射
substrate preparation, 基底准备
substrate temperature during deposition, 沉积过程中的基底温度
thermal evaporation, 热蒸发
DHW filter, DHW(双腔)滤光片
Direct pull adhesion test, 直接拉动黏附性测试
Disilicon trioxide(Si_2O_3), 三氧化二硅
ultraviolet irradiation of, 紫外辐射

E

Edge filters, 截止滤光片(边缘滤光片)
absorption filters, 吸收滤光片
computer-aided design of, 计算机辅助设计
computer refinement of, 计算机细化
edge steepness, 边缘陡度
extending the pass region, 扩展通带区域
extending the stop region, 扩展阻带区域
half-wave hole in shortwave pass, 短波通的半波孔
inhomogeneous layers for matching, 匹配的非均匀层
interference, 干涉
Jacobsson inhomogeneous matching, Jacobsson 非均匀匹配
longwave-pass, 长波通
matching layers in, 匹配层
nonpolarizing at oblique incidence, 斜入射的非偏振
order suppression, 级次抑制
practical filters, 实际滤光片
quarterwave stack, 四分之一波长膜堆
reduction of pass-band ripple, 通带波纹的减小
reduction of pass-band width, 通带宽度的减小
reduction of polarization splitting, 偏振分离的减小
ripple envelopes, 波纹包络
ripple in, 波纹
Seeley's design technique, Seeley 设计技术
shortwave pass, 短波通
simple rules for longwave pass, 长波通的简单法则
stop-band width, 禁带宽度
Thelen's shifted period technique, Thelen 转移周期法
transmittance at stop-band center, 禁带中心的透射
transmittance at stop-band edge, 禁带边缘的透射
transmittance in pass band, 通带的透射
vagueness of term edge, 术语“边缘”的模糊性
Welford's ripple reduction method, Welford 波纹减小方法
Young and Crystal matching, Young 和 Crystal 匹配
Effective index in tilting, 倾斜滤光片的有效折射率
Electric field distribution, 电场分布
Electron beam source, 电子束源
Energetic processes, 高能过程
benefits, 优势
Epstein, see Symmetrical periods 爱泼斯坦, 见对称周期
Equivalent admittance, 等效导纳
Equivalent layers, see Symmetrical periods 等效层, 见对称周期

Equivalent phase thickness, 等效相位厚度
Extended zone reflector, 扩展区域反射器
  spurious reflectance dip in, 反射率凹陷
  use of symmetrical periods, 采用对称周期
Extinction coefficient, 消光系数

F

Fabry-Perot, 法布里-珀罗
  absorptance in, 吸收
  effect of losses, 损耗的影响
  effects of plate flatness, 波片平坦度的影响
  filter, 滤光片
  finesse, 精细度
  free spectral range, 自由光谱范围
  interferometer, 干涉仪
  resolving power of, 分辨率
Figure error due to lack of uniformity, 均匀性不够引起的误差
Figure of merit, 品质因数
Film thickness monitoring, see thickness monitoring 薄膜厚度监控,见厚度监控
Finesse, 精细度
Free spectral range, 自由光谱范围
Fresnel rhomb, 菲涅耳菱形镜
Fringes, see also Ripple 条纹
  coherence, 相干
  colored, 彩色的
  fringes as ripple, 条纹
  in narrowband filters, 窄带滤光片
  multiple-beam, 多光束
  visibility, 可见度
Function of merit, 评价函数

G

g, definition, 定义
Gadolinium fluoride(GdF_3), 氟化钆
Gain, 增益
  effect on surface plasmon, 对表面等离子体的影响
  oblique incidence, 斜入射
  parameter jump at oblique incidence, 斜入射的参数跳变
Gaussian pulse, 高斯脉冲
Germanium(Ge), 锗
  absorption filter, 吸收滤光片
  source for, 源
Gires-Tournois interferometer, Gires-Tournois 干涉仪
Glare suppression, 眩光抑制
Group delay, 群延迟
Group delay dispersion, 群延迟色散
Group velocity, 群速度
Group velocity dispersion, 群速度色散

H

Hafnium dioxide(HfO_2), 二氧化铪
Hafnium fluoride(HfF_4), 四氟化铪
Halfwaves, 半波
Half-wave hole, 半波孔
Hard coal, 硬煤
Heat reflecting metal-dielectric, 热反射金属-介质
Herpin, see Symmetrical periods, Herpin, 见对称周期
High reflectance coatings, 高反射膜
  effect of losse, 损耗的影响
  enhanced reflectance of metallic mirrors, 增强金属反射镜
  extended zone, 扩展区域
  metallic mirrors, 金属反射镜
  multilayer, 多层
  nonpolarizing at oblique incidence, 斜入射的非偏振
  protection of metallic mirrors, 金属镜的保护
  spikes in, 尖峰
  ultraviolet, 紫外
History, 历史
Howitzer source, 发射器源,“榴弹炮”形源

I

Incoherent beam combination, 非相干光束合成
Index of refraction, 折射率
Indium antimonide absorption filter, 锑化铟吸收滤光片
Indium arsenide absorption filter, 砷化铟吸收滤光片
Induced transmission filter, 诱导透射滤光片
  design examples, 设计实例
matching stacks, 匹配膜堆
  optimum admittance formula, 最佳导纳公式
  potential transmittance formula, 可能透射率公式
  ultraviolet, 紫外
Influence of deposition parameters, 沉积参数的影响
Inhomogeneous layers, 非均匀层
Introduction, 引言
Ion-assisted deposition, 离子辅助沉积
Ion-beam sputtering, 离子束溅射
Ionized plasma-assisted deposition, 等离子体辅助沉积

L

Lanthanide fluorides, 镧氟化物
Lanthanum fluoride(LaF_3), 氟化镧
Lanthanum oxide(La_2O_3), 氧化镧
Laser damage, 激光损伤
Lead chloride($PbCl_2$), 氯化铅
Lead fluoride (PbF_2), 氟化铅
Lead telluride (PbTe), 碲化铅
absorption filter, 吸收滤光片
Lithium fluoride (LiF), 氟化锂
Long range surface plasmon, 长程表面等离子体
Lutetium fluoride(LuF_3), 氟化镥

M

MacNeille polarizer, MacNeille 偏振器
Magnesium fluoride(MgF_2), 氟化镁
Magnesium oxide(MgO), 氧化镁
Magnetron sputtering, see Sputtering 磁控溅射,见溅射
Manufacture, see Deposition processes 制造,见沉积工艺
Manufacturing errors, effect of, see Tolerances in manufacture, 制造误差,见制造容差
Matching, see Antireflection coatings; Ripple; Edge filters, 匹配,见增透膜,波纹,截止滤光片(边缘滤光片)
Material properties, summary, 材料特性,总结
Materials 材料
aluminium oxide(Al_2O_3), 氧化铝
aluminium oxynitride (AlO_xN_y), 氧氮化铝
aluminum nitride (A1N), 氮化铝
antimony sulphide (Sb_2S_3), 硫化锑
antimony trioxide (Sb_2O_3), 氧化锑
beryllium oxide (BeO) 氧化铍
bismuth oxide(Bi_2O_3), 氧化铋
bismuth trifluoride (BiF_3), 氟化铋
cadmium sulphide (CdS), 硫化镉
cadmium telluride (CdTe), 碲化镉
calcium fluoride (CaF_2), 氟化钙
ceric oxide(CeO_2), 二氧化铈
cerous fluoride (CeF_3), 三氟化铈
chiolite ($5NaF \cdot 3A1F_3$), 锥冰晶石
chromium oxide(Cr_2O_3), 氧化铬
cryolite (Na_3AlF_6), 冰晶石
disilicon trioxide(Si_2O_3), 三氧化二硅
disilicon trioxide, ultraviolet irradiation of, 三氧化二硅,紫外辐射
gadolinium fluoride(GdF_3), 氟化钆
germanium (Ge), 锗
hafnium dioxide(HfO_2), 二氧化铪
hafnium fluoride(HfF_4), 四氟化铪
lanthanide fluorides, 镧氟化物
lanthanum fluoride(LaF_3), 氟化镧
lanthanum oxide(La_2O_3), 氧化镧
lead chloride ($PbCl_2$), 氯化铅
lead fluoride (PbF_2), 氟化铅
lead telluride(PbTe), 碲化铅
lithium fluoride(LiF), 氟化锂
lutetium fluoride(LuF_3), 氟化镥
magnesium fluoride(MgF_2), 氟化镁
magnesium oxide(MgO), 氧化镁
mixtures, 混合物
neodymium fluoride(NdF_3), 氟化钕
neodymium oxide(Nd_2O_3), 氧化钕
nickel chromium nitride, 镍-铬氮化物
praseodymium oxide(Pr_6O_{11}), 氧化镨
samarium fluoride(SmF_3), 氟化钐
scandium oxide(Sc_2O_3), 氧化钪
semiconductors, 半导体
silica, see silicon dioxide 石英,见二氧化硅
silicon(Si), 硅
silicon dioxide(SiO_2), 二氧化硅
silicon monoxide(SiO), 一氧化硅
silicon nitride(Si_3N_4), 氮化硅
silicon oxynitride, 氧氮化硅
sodium fluoride (NaF), 氟化钠
strontium fluoride (SrF), 氟化锶
substance H1(Zirconia/titania), 物质 1(氧化锆/二氧化钛)
substance H2(Mixed praseodymium and titanium oxides), 物质 H2(混合的镨氧化物和钛氧化物)
substance H4(Lanthanum and titanium oxide), 物质 H4(镧和钛氧化物)
substance M1(Mixed praseodymium and aluminum oxides), 物质 M1(混合的镨氧化物和铝氧化物)
substance no 1, 物质
tantalum pentoxide (Ta_2O_5), 五氧化二钽
tellurium(Te), 碲
thallous chloride (TlCl), 氯化亚铊
thorium fluoride(ThF_4), 氟化钍
thorium oxide(ThO_2), 氧化钍

P

Q

R